DICTIONNAIRE

DE

PHYSIOLOGIE

CHARLES RICHET

MEMBRE DE L'INSTITUT

PROFESSEUR DE PHYSIOLOGIE A LA FACULTÉ DE MÉDECINE DE PARIS

AVEC LA COLLABORATION

DE

E. ABELOUS (Toulouse) — ANDRÉ (Paris) — ATHANASIU (Bukarest) — BARDIER (Toulouse)
BATTELLI (Genève) — G. BONNIER (Paris) — F. BOTTAZZI (Florence) — E. BOURQUELOT (Paris)
A. BRANCA (Paris) — ANDRÉ BROCA (Paris) — H. CARDOT (Paris) — J. CARVALLO (Paris)
A. CHASSEVANT (Paris) — R. DUBOIS (Lyon) — G. FANO (Florence) — L. FREDERICQ (Liége)
J. GAUTRELET (Paris) — E. GLEY (Paris) — GOMEZ OCAÑA (Madrid) — L. GUINARD (Lyon) — GUILLAIN (Paris)
H. J. HAMBURGER (Groningen) — M. HANRIOT (Paris) — HÉDON (Montpellier) — P. HÉGER (Bruxelles)
F. HEIM (Paris) — P. HENRIJEAN (Liége) — J. HÉRICOURT (Paris) — HÉRISSEY (Paris) — F. HEYMANS (Gand)
J. IOTEYKO (Bruxelles) — P. JANET (Paris) — E. LAMBLING (Lille) — P. LANGLOIS (Paris)
L. LAPICQUE (Paris) — R. LÉPINE (Lyon) — CH. LIVON (Marseille) — MANOUVRIER (Paris) — MARCHAL (Paris)
M. MENDELSSOHN (Paris) — E. MEYER (Nancy) — J.-P. MORAT (Lyon) — NEVEU-LEMAIRE (Lyon)
M. NICLOUX (Paris) — P. NOLF (Liége) — J.-P. NUEL (Liége) — AUG. PERRET (Paris) — A. PINARD (Paris)
F. PLATEAU (Gand) — M. POMPILIAN (Paris) — G. POUCHET (Paris) — E. RETTERER (Paris)
J. ROUX (Paris) — P. SÉBILEAU (Paris) — W. STIRLING (Manchester) — TIFFENEAU (Paris)
TIGERSTEDT (Helsingfors) — TRIBOULET (Paris) — E. TROUESSART (Paris) — H. DE VARIGNY (Paris)
G. WEISS (Paris) — E. WERTHEIMER (Lille)

DEUXIÈME FASCICULE DU TOME X

AVEC GRAVURES DANS LE TEXTE

PARIS

LIBRAIRIE FÉLIX ALCAN

108, BOULEVARD SAINT-GERMAIN, 108

29

DICTIONNAIRE

DE

PHYSIOLOGIE

PAR

CHARLES RICHET

MEMBRE DE L'INSTITUT

PROFESSEUR DE PHYSIOLOGIE A LA FACULTÉ DE MÉDECINE DE PARIS

AVEC LA COLLABORATION

DE

E. ABELOUS (Toulouse) — BARDIER (Toulouse) — BATTELLI (Genève) — F. BOTTAZZI (Florence)
A. BRANCA (Paris) — H. CARDOT (Lyon) — J. CARVALLO (Paris)
A. CHASSEVANT (Paris) — R. DUBOIS (Lyon) — G. FANO (Florence) — L. FREDERICQ (Liége)
J. GAUTRELET (Paris) — E. GLEY (Paris) — GOMEZ OCAÑA (Madrid) — GUILLAIN (Paris) — L. GUINARD (Lyon)
H. J. HAMBURGER (Groningen) — M. HANRIOT (Paris) — HÉDON (Montpellier)
F. HEIM (Paris) — P. HENRIJEAN (Liége) — J. HÉRICOURT (Paris) — HÉRISSEY (Paris) — F. HEYMANS (Gand)
J. IOTEYKO (Bruxelles) — P. JANET (Paris) — L. LAPICQUE (Paris)
MARCHAL (Paris) — M. MENDELSSOHN (Paris) — E. MEYER (Nancy) — NEVEU-LEMAIRE (Lyon)
M. NICLOUX (Paris) — P. NOLF (Liége) — J.-P. NUEL (Liége) — AUG. PERRET (Paris) — A. PINARD (Paris)
F. PLATEAU (Gand) — M. POMPILIAN (Paris) — G. POUCHET (Paris) — E. RETTERER (Paris)
J. ROUX (Paris) — P. SÉBILEAU (Paris) — W. STIRLING (Manchester)
TIFFENEAU (Paris) — TRIBOULET (Paris) — E. TROUESSART (Paris) — H. DE VARIGNY (Paris)
G. WEISS (Strasbourg) — E. WERTHEIMER (Lille)

TROISIÈME FASCICULE DOUBLE DU TOME X

MAN-MO

AVEC 300 GRAVURES DANS LE TEXTE

PARIS

LIBRAIRIE FÉLIX ALCAN

108, BOULEVARD SAINT-GERMAIN, 108

—

1928

Le protozoaire photogène le mieux connu est *Noctiluca miliaris*, dont la présence à a surface de la mer en grande abondance à certains moments produit la plus belle des phosphorescences. La densité de ces animalcules est légèrement inférieure à celle de l'eau de mer, et pourtant ils peuvent descendre au fond et remonter à la surface sous des influences de milieu encore peu connues. VIGNAL (25) en comprimant une eau contenant des Noctiluques, les a vus descendre au fond à la manière d'un ludion. On sait depuis les expériences de R. DUBOIS (26, p. 697) que, sous l'influence de fortes pressions, il peut se faire une hyperhydratation des éléments cellulaires, mais, à elle seule la pénétration de l'eau dans la Noctiluque pourrait-elle augmenter suffisamment la densité du cytoplasme pour expliquer la plongée observée par VIGNAL? Ce fait n'en est pas moins curieux.

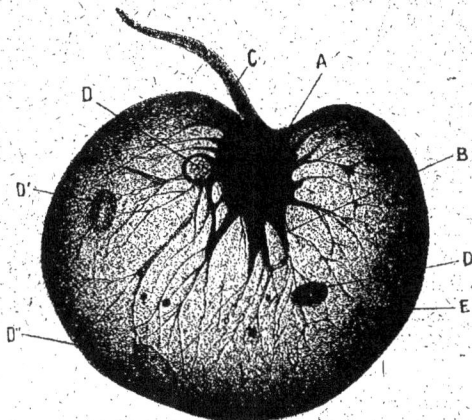

FIG. 114. — *Noctiluca miliaris* Sur. montrant le long des tractus protoplasmiques de nombreuses granulations photogènes (25).

La forme générale de la Noctiluque miliaire est variable : c'est le plus souvent celle d'une pêche, d'une pomme, mais parfois aussi celle d'un cœur (fig. 114); son diamètre moyen est de 450 μ.

Le siège de la luminosité est surtout dans la masse cytoplasmique centrale, mais aussi dans les tractus qui partent de celle-ci pour aller à la membrane d'enveloppe.

Dans toutes ces parties, on rencontre un grand nombre de granulations très réfringentes et de nombreuses vacuoles. ROBIN les considérait comme de très fines gouttelettes huileuses. VIGNAL les divise en granulations colorables et non colorables par le picrocarmin. Il mentionne, en outre, deux autres espèces de granulations graisseuses entourées d'une mince couche de protoplasme, puis des granulations alimentaires. Enfin, on voit très nettement des radiocristaux sur les belles figures qu'il donne dans son mémoire. Ces derniers ainsi que les granulations réfringentes colorables et non colorables sont les mêmes que ceux que l'on trouve en si grande abondance dans les organes

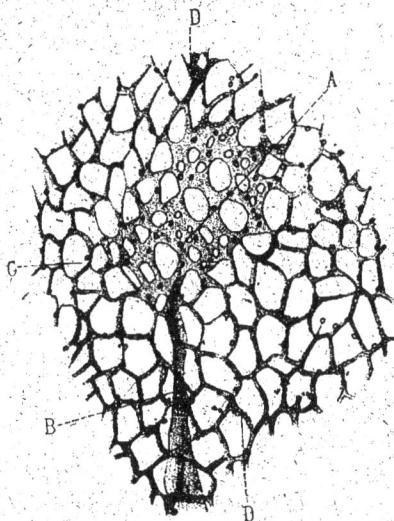

FIG. 115. — Tractus protoplasmiques de la Noctiluque avec granulations photogènes vus à un fort grossissement (25).

lumineux des Insectes : ils représentent des stades différents des vacuolides lumineuses (v. p. 311, 335 et fig. 133 et 139). De même que chez les Insectes phosphorescents et chez d'autres animaux lumineux, ces granulations ne préexistent pas, mais on peut les faire apparaître, là où elles n'existaient pas, par l'excitation électrique (VIGNAL), qui est aussi un excitant de la lumière.

L'apparition simultanée des granulations et de la lumière est facile à mettre en évidence par simple excitation mécanique chez *Hippopodius gleba*, joli Cœlentéré de la rivière de Nice (R. DUBOIS, v. p. 293).

DE QUATREFAGES a vu, sous l'influence d'excitations très différentes, que le protoplasme se contracte, et qu'alors les cordes et les fils cassent souvent : l'effet lumineux est plus vigoureux aux endroits où cette rupture a lieu. Il a observé, en outre, qu'à des endroits où la lumière paraissait d'abord diffuse, apparaissait, après chaque excitation, une quantité de points lumineux distincts comme ceux d'une nébuleuse vue au télescope, et que la plus grande quantité de ces points correspondait aux ruptures. C'est pourquoi il attribuait la production de la lumière à la contraction, qui, ne pouvant donner lieu à des mouvements intérieurs, change en lumière l'énergie qui aurait été employée à ces mouvements (27) (fig. 116).

GIESBRECHT (28) suppose que les particules photogènes sont disséminées dans le protoplasme, et que la rupture provoque le contact des particules photogènes avec de l'eau interstitielle; de ce conflit naîtrait la lumière.

DE QUATREFAGES admettait qu'il s'agit d'une combustion chez les animaux aériens, mais il n'y croyait pas pour les Noctiluques, parce que, dans un bocal plein d'eau de mer, ceux de la profondeur brillent autant que ceux de la surface, et que la luminosité se

FIG. 116. — Segment d'une Noctiluque observée dans l'obscurité : les points lumineux correspondent aux granulations photogènes (27).

montre dans une atmosphère d'acide carbonique, d'hydrogène, aussi bien que dans l'oxygène pur. Cette anomalie apparente a disparu le jour où R. DUBOIS a découvert le véritable mécanisme intime de la fonction photogénique (v. p. 379); ce qui ne veut pas dire que la contraction et la rupture des tractus protoplasmiques ne soient pas dans un certain rapport avec l'émission de la lumière.

VIGNAL a vu les Noctiluques briller dans l'eau bouillie. Pour MASSART (29), les Noctiluques réagissent sous l'influence des excitants, en donnant de la lumière, comme d'autres montrent leur irritabilité en produisant du mouvement. Les excitants sont la déformation du corps, les variations brusques de la contraction, la température et un grand nombre de substances chimiques. L'irritabilité de l'organisme varie sous l'influence des conditions extérieures. Leur faculté de réagir aux secousses diminue rapidement par suite de la fatigue. Lorsqu'ils sont placés dans des conditions d'obscurité et d'éclairement continus, ils peuvent néanmoins donner de la lumière par excitation, mais ils restent cependant plus excitables pendant la nuit que pendant la journée, « par une sorte de mémoire », d'après MASSART.

DUBOIS a depuis longtemps signalé le même fait chez *Pyrophorus Noctilucus* (v. p. 313).

HENNEGUY (30) a observé que la lumière extérieure a une action inhibante sur les Noctiluques au point de vue de l'excitabilité lumineuse. Les Noctiluques ne deviennent phosphorescents qu'après une heure de séjour à l'obscurité. Dans toutes ces expériences, il faut se méfier de l'état de l'œil qui n'est pas le même la nuit et le jour au point de vue de l'évaluation comparative de faibles intensités lumineuses.

VIGNAL a montré que l'agitation de l'eau intensifie la production de la lumière, ce qui se constate d'ailleurs dans la mer phosphorescente, mais cet auteur établit expérimentalement que, dans ces conditions, c'est l'irritabilité qui est en jeu et non une exagération de l'oxygénation. D'après lui, une chaleur modérée (37°) augmente la luminosité et la rend plus persistante, mais l'extinction se produit à 39°7. Les décharges électriques peuvent provoquer l'apparition de la lumière, mais ni les courants induits, ni les courants continus, à la rupture ou à la fermeture, ne produisent de diminution ou d'augmentation de la luminosité. VIGNAL a éliminé les causes d'erreur pouvant résulter de l'électrolyse.

Il est facile d'anesthésier les Noctiluques avec diverses vapeurs et de supprimer ainsi la luminosité : aussi MASSART compare-t-il les Noctiluques à la Sensitive. La différence résiderait seulement pour lui dans le mode de la réaction : la Noctiluque émet de la lumière, la Sensitive exécute du mouvement.

ZACHARIAS Otto (31) a étudié la phosphorescence chez un Infusoire cilio-flagellate, Ceratium tripor, MÜLL. Ce phénomène ne serait pas spontané, mais en rapport direct d'intensité avec le plus ou moins grand nombre de Cératies contenues dans une quantité d'eau déterminée. Lorsque les Cératies s'entre-choquent, la luminosité se produit. Sous l'action chimique de l'iode, du chlorure de mercure, du formol, la luminosité se montre avec son maximum d'intensité. Avec le nitrate d'uranium, la durée du phénomène est plus longue.

C'est une opinion très répandue que la fonction photogénique est une des formes de l'irritabilité, mais c'est une conception incomplète de la véritable nature du phénomène, car la photogénéité survit à l'irritabilité. Les rapports de l'irritabilité et de la fonction photogénique seront déterminés dans le chapitre consacré à l'étude du mécanisme intime de la biophotogénèse (v. p. 379).

D'ailleurs, SMIROTH (32) a vu que des Radiolaires morts conservent leur luminosité pendant dix heures dans la glycérine, et que, après desséchement, on pouvait encore, au bout de trois semaines, rallumer la lumière par contact avec l'eau douce.

EN RÉSUMÉ, chez les Protozoaires, la fonction photogénique n'est pas localisée dans des organes ou des parties délimitées nettement. Elle n'est pas non plus absolument diffuse, en ce sens qu'elle se manifeste sous forme d'étincelles isolées correspondant à des granulations caractéristiques que l'on retrouve dans tous les organes photogènes des Métazoaires. L'irritabilité, qui semble n'avoir que peu ou point d'importance chez les végétaux photogènes, en acquiert une très grande chez les Protozoaires, qui répondent aux irritations par une émission de radiations lumineuses. La fonction photogénique est affaiblie par la fatigue, quelle que soit sa cause; toutefois, la production de la lumière survit à l'irritabilité, et même à la vie somatique de l'individu. Ces infiniment petits organismes produisent parfois des quantités colossales de lumière, par exemple dans la phosphorescence de la mer, dont ils sont la cause la plus ordinaire.

Cœlentérés. — L'embranchement des Cœlentérés comprend un très grand nombre d'espèces photogènes, réparties principalement dans les sous-embranchements des Cnidiaires et des Cténophores. Ils sont groupés en colonies ou sont solitaires. Parmi ces derniers, les plus remarquables sont les Béroës et les Cestes, communs dans la Méditerranée, principalement dans la « rivière de Nice »; ces animaux pélagiques ont été étudiés surtout par PANCERI (33). Beroe ovata présente huit côtes longitudinales. Autour des troncs gastro-vasculaires qui leur correspondent, le tissu photogène formé une véritable gaine de plastides qui, au moment où on les examine, se transforment ordinairement en vésicules remplies de granulations jaunâtres de même matière que celle que l'on rencontre partout et que PANCERI avait, à tort, prise pour de la graisse. Dans Beroe Forskali, le siège de la lumière n'est pas limité aux deux points indiqués plus haut. Après s'être un peu ramifiés, les canaux secondaires se répandent dans le corps et s'anastomosent entre eux de façon à constituer un réseau photogène l'envahissant tout entier.

Chez Cydippe la distribution est la même que dans Beroe ovata et dans la magnifique Ceinture de Vénus ou Cestus Veneris, qui forme de longs rubans de cristal ondulant gracieusement au sein des eaux, les canaux des deux côtes supérieures, le canal marginal inférieur et les canaux costaux des petits ambulacres jouissent aussi du pouvoir photogène.

Dans ces trois espèces, quand on a enlevé les parties indiquées avec des ciseaux fins toute la luminosité est perdue, alors qu'à l'état normal, l'excitation mécanique la fait se manifester aussitôt. Quelquefois la clarté reste localisée au point touché, mais souvent aussi elle va courant le long des côtes en produisant des lueurs fugitives, ordinairement verdâtres et du plus bel effet.

Les tissus de ces Cténophores sont mauvais conducteurs, aussi l'électricité agit-elle difficilement sur eux, mais les excitants mécaniques restent actifs entre des limites de température assez étendues, de 0° à 40°.

L'embryon brille déjà avant d'être sorti de l'œuf et jouit des mêmes propriétés que l'adulte, d'après ALTMAN (34).

On a dit que *Beroë* après une exposition à la lumière cesse d'émettre de la clarté quand on l'observe ensuite à l'obscurité. Cela est possible, mais si l'on veut répéter les expériences qui ont fait admettre cette sorte de suppression de la lumière par la lumière, cette photo-inhibition des organes lumineux, il faut se tenir en garde contre une cause d'erreur fréquente : c'est l'éblouissement éprouvé par l'observateur passant d'un endroit éclairé dans un endroit sombre. Cet état d'insensibilité relative de la rétine pour les très faibles lumières ne se dissipe parfois qu'au bout d'un temps assez long.

A côté des Cydippes, des Cestes et des Beroës, se rencontrent encore de magnifiques Cténophores, les *Eucharis*,

En 1887, R. DUBOIS (38) à vu après le tremblement de terre de Menton la mer devenir très phosphorescente sans cependant qu'il fût possible de découvrir des Noctiluques ou autres Protozoaires lumineux. Mais, en filtrant l'eau, il vit qu'il s'était déposé sur le filtre de papier blanc employé une foule de très fines granulations jaunâtres semblables à celles que l'on rencontre partout dans les cellules photogènes. Elles provenaient certainement d'une innombrable quantité de Cœlentérés lumineux qui, poussés vers la côte, venaient y mourir et se désagréger. Pour vérifier cette interprétation du phénomène observé, R. DUBOIS captura des Eucharis, qui se montraient en ce moment en grande abondance, et les transporta dans des bacs renfermant de l'eau de mer non phosphorescente. Ces Cœlentérés lumineux ne tardèrent pas à mourir et à se fondre, pour ainsi dire, dans l'eau des bacs; alors toute la masse de l'eau devint phosphorescente : quand on l'agitait, on voyait de tous les points partir des myriades d'étincelles, comme cela avait eu lieu dans la mer elle-même. Ce scintillement de particules lumineuses, ce pétillement, pourrait-on dire, cessait de se produire quand on ajoutait à l'eau de mer une certaine quantité de sel marin, mais, chose curieuse, il reparaissait quand on ajoutait ensuite de l'eau douce et s'exagérait même si la proportion d'eau douce dépassait celle qui existait normalement dans l'eau de mer. Manifestement la lumière se produisait dans de fines particules répandues dans la masse de l'eau et provenant de la désagrégation des Eucharis.

W. PETERS (35) a expérimenté sur un Cténophore *Mnemiopsis Leideji* A. AGASSIZ abondant, en été, à VOON'S HOLE. Pour cet observateur, la matière morte des Cténophores n'est pas phosphorescente; mais il avoue qu'il est très difficile de dire à quel moment commence la mort des particules de désagrégation. Il a constaté que le siège de la phosphorescence est situé exclusivement le long des bandes des palettes natatoires. La plus petite partie lumineuse qu'il ait pu observer était composée de quatre palettes. Il n'a pu obtenir de phosphorescence sans les mouvements des palettes, mais les mouvements de celles-ci ne sont pas forcément accompagnés de phosphorescence. Les organes des sens n'ont pas de rapport avec le phénomène lumineux : le circuit sensoriel producteur de la phosphorescence est local.

Il est regrettable que cet expérimentateur n'ait pas essayé de refaire l'expérience de R. DUBOIS : il est vraisemblable qu'il eût réussi à la reproduire avec *Mnemiopsis*.

AGASSIZ avait déjà noté la phosphorescence des œufs des Cténophores (36). D'après PETERS, on ne peut constater la phosphorescence chez les œufs avant la segmentation; mais dans les premiers stades du clivage, alors même qu'il n'y a pas encore de cils, ils sont phosphorescents. L'importance des palettes ainsi que leurs mouvements est donc très secondaire pour l'accomplissement du phénomène lumineux : leur intégrité n'est pas indispensable. La gastrula est phosphorescente ainsi que tous les stades où les palettes sont présentes. Le pouvoir photogène des embryons s'épuise vite. L'auteur croit que la lumière solaire et la lumière diffuse inhibent le pouvoir phosphorescent. Il se formerait dans l'obscurité, par métabolisme, une substance qui se détruirait peu à peu pendant l'éclairage ou bien brusquement, avec émission de lumière, par excitation mécanique. Dans les deux cas, il y aurait catabolisme et épuisement : toutefois l'excitation mécanique longtemps continuée réduit l'intensité de la phosphorescence, sans toutefois pouvoir l'inhiber complètement.

Le phénomène photogénique a été observé entre + 9° et + 37° avec un optimum à environ 21°5, qui est la température de la mer.

L'ordre des Acalèphes a permis aussi de faire quelques observations et des expériences intéressantes, particulièrement chez les Méduses supérieures. Dans cette catégorie les granulations photogènes se trouvent dans les cellules pavimenteuses de l'épiderme des diverses parties du corps. Chez la *Cunina albescens*, une des espèces les plus lumineuses de la Méditerranée, la clarté se manifeste seulement à la surface des tentacules et de la membrane qui pend au-dessous de ces organes.

Pelagia noctiluca, abondante dans la rade de Villefranche-sur-Mer, brille par l'épithélium de la surface externe du chapeau, par celui des canaux radiaires et des glandes génitales. Quand on touche ces parties, les doigts restent imprégnés du mucus lumineux provenant de la fonte des éléments photogènes. Si on enlève l'épithélium, en

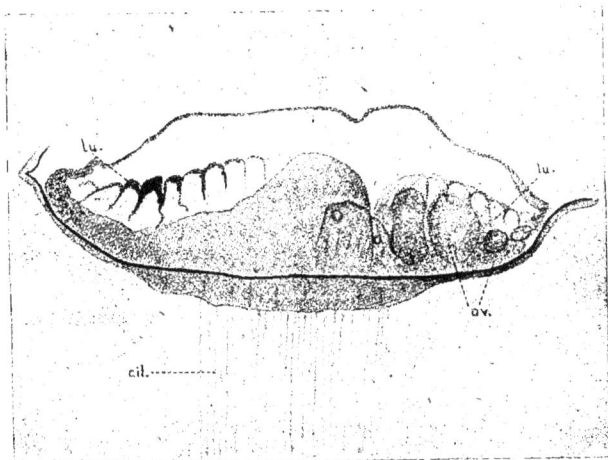

Fig. 117. — Coupe d'un canal vasculaire aquifère de *Pleurobrachia pileus*.
ov, ovaire ; t, testicule ; cil, cils en palettes ; lu, couche de cellules lumineuses couvrant l'ovaire et le testicule (172).

frottant avec un linge sec ou bien avec un scalpel, la luminosité est supprimée. L'épithélium de *Pelagia noctiluca* présente déjà une différenciation. On y peut distinguer des cellules sécrétant la luciférine et encore remplies de granulations vacuolidaires, ainsi que d'autres dont le contenu a été vidé à l'extérieur. A côté de ces cellules, on voit des cellules à mucus, dont le contenu se mélange avec celui des cellules à luciférine pour fournir le mucus lumineux, quand l'animal est excité. Ces cellules présentent des prolongements probablement contractiles, qui s'enfoncent dans la profondeur du tissu (172). Certaines Méduses sont nocturnes : on ne les rencontre à la surface qu'exceptionnellement dans le jour. Chez *Oceania scintillans*, la luminosité est circonscrite à des organes glandulaires particuliers, qui se trouvent à la base épaissie des plus grandes cirrhes du bord ou du voisinage et ressemblent à une couronne d'étincelles. R. Dubois a montré qu'on peut se rendre très exactement compte des modifications morphologiques qui se produisent dans une cellule épithéliale photogène, au moment où elle donne de la lumière à la suite d'une excitation, en s'adressant à un joli Cténophore que l'on rencontre assez souvent dans la baie de Villefranche, *Hippopodius gleba* (35 et 3, p. 462). Quand il est dans l'eau de mer, au repos, il n'émet aucune clarté et la chaîne de ses segments, en forme de sabot de cheval, reste d'une transparence de cristal ; mais vient-on à exciter mécaniquement l'animal, la transparence est remplacée par un aspect louche laiteux, opalescent, en même temps que se développe une magnifique illumination azurée de toute la surface visible dans l'obscurité. Le même phénomène peut être provoqué sur un anneau isolé, ou seulement sur un mince fragment, en procédant avec précaution. Dans ces conditions, l'examen microscopique devient possible et permet de constater qu'au moment précis de l'excitation le cytoplasme des cellules de l'épithélium, et celui-là seulement, devient trouble, de transparent qu'il était, parce que l'excitation a été suivie de la formation d'une foule de granulations, formation provoquée par l'ébranlement et comparable à celle des cristaux apparaissant brusquement à la suite d'un choc au sein d'une solution sursaturée. Cette modification protoplasmique de même nature que celle des cellules glandulaires excitées se montre au moment même et dans les points seulement où paraît la lumière, il n'y a pas lieu de douter de la relation existant entre la formation des granulations et le phénomène photogène. On peut donc ici saisir sur le vif une des phases principales du mécanisme intime de la fonction photogénique. Ces faits sont à rapprocher de ceux qui ont été observés chez

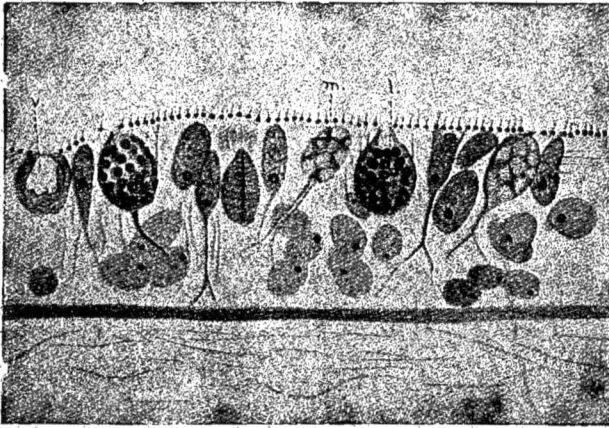

Fig. 118. — Coupe de la partie externe de l'ombrelle de *Pelagia noctiluca*.
; cellules lumineuses ; *m*, cellules à mucus ; *v*, cellule vidée de sa luciférine (172).

les Noctiluques (p. 290) et, comme on le verra plus tard, chez beaucoup d'autres organismes lumineux.

Chez les Cténophores possédant des cellules lumineuses, sous l'influence du jour ou de toute autre lumière brillante, ces dernières ne sécrètent pas du tout de luciférine, mais lorsqu'elles sont placées dans l'obscurité, la sécrétion commence assez rapidement : toutefois l'accumulation en est limitée (172).

Dans l'ordre des Siphonophores, beaucoup de genres, presque tous les types du sous-ordre des Calycophoridés : *Praya, Diphyes, Abyla*, etc., sont photogènes. Il en est de même d'un grand nombre d'animaux de la classe des Polypoméduses et de l'ordre des Hydroméduses appartenant à divers genres : tels que *Sertula abietina, Obelina geniculata*, etc.

Les Polypiers anthérozoaires du sous-embranchement des Cnidiaires ont fourni également des observations intéressantes. On a retiré des profondeurs du golfe de Gascogne, entre autres, des spécimens appartenant à la famille des *Gorgonidés*, qui devaient former au fond de la mer de véritables forêts lumineuses, car ces Polypiers peuvent atteindre jusqu'à deux mètres de hauteur. Amenés sur le pont du navire *Talisman*, qui les avait pêchés, ils produisaient des jets de feu dont les éclats s'atténuaient, puis se ravivaient pour passer du violet au pourpre, du pourpre au rouge, à l'orangé, au bleu et aux différents tons du vert, parfois même au blanc du fer surchauffé, et ce n'est pas là une des particularités les moins curieuses de lumière froide physiologique.

La clarté était si vive qu'on pouvait lire à une distance de six mètres. Les types les plus remarquables sont les *Isis*, les *Gorgones*, les *Mopsea* et surtout les *Melithea*. Citons encore *Plumarella Grimaldi* et les *Ombellulaires* présentant une longue tige surmontée d'un bouquet de Polypes produisant une lumière violette. Le prince de Monaco a pêché de très lumineux spécimens de ce genre dans des fonds de plus de 4 400 mètres. La lumière paraît siéger dans le mince sarcosome recouvrant l'axe calcaire entre les zooïdes, mais ceux-ci aussi sont lumineux, de sorte qu'on se trouve en présence de sortes d'arbustes dont les branches éclairantes porteraient elles-mêmes des fleurs lumineuses d'un effet féerique.

Au point de vue de l'analyse physiologique, les plus intéressants parmi les Polypiers sont ceux de la famille des Plumes de mer ou *Pennatulides*. Ici la lumière émane exclusivement des polypes rudimentaires ou zooïdes. Les organes photogènes sont les huit cordons adhérents à la surface externe de la cavité gastro-vasculaire et se continuant dans chacune des papilles buccales. Ils renferment de ces cellules à granulations caractéristiques, dont il a été déjà souvent parlé. Celles-ci peuvent laisser échapper leur contenu sous forme de mucus lumineux, comme dans l'épithélium des Méduses. Si l'on touche une Pennatule, qui se trouve dans de bonnes conditions physiologiques, il se produit une série d'étincelles sur les bords polypifères, et celles-ci vont en se propageant de proche en proche, d'un polypier à l'autre et d'une branche à une autre.

En appliquant avec soin un stimulus sur un point quelconque de la colonie, on détermine des courants lumineux réguliers; il y a plus : une excitation portée sur une région du polypier, comme celle du pied, où ne se trouve aucun polype, peut se transmettre tout le long des prolongements latéraux et déterminer des courants lumineux réguliers qui indiquent évidemment la direction et la rapidité de la transmission de l'excitation. Ces phénomènes ont été étudiés avec le plus grand soin par PANCERI (33) qui a donné des schémas montrant bien la direction que prennent les courants lumineux selon les différents points de la colonie où le stimulus est appliqué.

Le temps qui s'écoule entre le moment de l'excitation et l'apparition d'un courant est d'environ quatre cinquièmes de seconde et celui-ci se propage, chez *Pennatula rubra* et *P. Phosphorea*, avec une vitesse de deux secondes, en moyenne, sur tout l'étendard.

D'après NIEDERMAYER A., chez les *Ptéroïdes*, la phosphorescence serait localisée aux polypes et aux siphonozoïdes : elle est amoindrie pendant la journée et toujours provoquée par les excitations mécaniques, électriques, thermiques ou chimiques (37).

EN RÉSUMÉ, *l'irritabilité continue à jouer un grand rôle dans la manifestation réactionnelle photogénique, laquelle commence à se localiser, par exemple dans les cellules glandulaires de l'épiderme et aussi dans des organes fonctionnant comme des glandes génitales chez l'adulte. La fonction photogénique existe déjà dans l'œuf et chez la larve. Le siège du phénomène intime, fondamental de la photogenèse peut facilement être localisé dans des granulations distinctes auxquelles R. DUBOIS a donné le nom de vacuolides, et que l'on peut faire apparaître facilement dans certaines circonstances.*

Par leur désagrégation, les Cœlentérés peuvent, dans certains cas, provoquer la phosphorescence de la mer.

Échinodermes. — Les Échinodermes chez lesquels on a constaté avec certitude la biophotogénèse appartiennent seulement à la classe des Astéroïdes ou Étoiles de mer : parmi ces *Stellérides*, on connaît surtout les *Brisinga* et, parmi les *Ophiures*, des *Ophiothrix*, *Ophiacantha*, *Amphiura*, etc.

Les *Brisinga* sont des Étoiles de mer d'une grande beauté aux bras longs et flexibles. ASBJOENSEN leur a donné ce nom générique emprunté à BRISING, l'étincelant bijou posé sur le sein de Freya, déesse de l'amour et de la beauté dans la mythologie scandinave. On en a trouvé dans l'expédition du *Travailleur* par des fonds de 4 000 à 5 000 mètres. EDMOND PERRIER a recueilli sur la côte occidentale d'Afrique, pendant la campagne du *Talisman*, un brisingidé, l'*Odinia elegans* ED. PERRIER, très lumineux, retiré de fonds de 800 à 1500 mètres. Les Étoiles de mer lumineuses paraissent être très abondantes dans les régions abyssales. Chez *Ophiacantha spinulosa*, la lumière est d'un vert éclatant, comme chez beaucoup d'Astéries. D'une manière générale, elle est plus intense chez les individus jeunes.

La lumière d'*Ophiacantha* n'est pas continue : de temps en temps, une lueur de feu dessine le disque et l'éclaire jusqu'au centre, puis la lueur pâlit, et une zone circonscrite d'un centimètre de longueur apparaît au centre d'un des bras et s'avance lentement vers la base, ou bien les cinq branches s'enflamment vers les extrémités, et la lueur s'étend jusqu'au centre. Les jeunes récemment affranchies de leurs membranes étincellent brillamment.

D'après Mangold (39), la phosphorescence serait relativement rare chez les Échinodermes : il n'aurait personnellement constaté ce phénomène que sur neuf Ophiures, une Étoile de mer et un Oursin sur 3200 formes, à peu près, appartenant à ce groupe.

Il a surtout étudié la phosphorescence chez un Ophiure : *Ophiopsila annulosa* de la baie de Naples. Sa lumière est jaune verdâtre et facile à provoquer par des excitations mécaniques. Les bras luisent et à la face inférieure seulement. La lumière apparaît par points « comme une fusillade ». Elle serait produite par une substance sécrétée par les téguments des bras, se répandant dans l'eau à la suite d'une excitation, mais s'y détruisant très vite. Cette sécrétion a son siège dans de petites glandes mono-cellulaires.

Chez *Ophiopsila*, d'après Trojan (40), les organes photogènes sont des cellules glandulaires. La luminescence est intra-cellulaire, la sécrétion et l'excrétion se font équilibre : elle est quand même soumise à l'influence du système nerveux.

Suivant Herzinger (41), chez *Amphiura squammata*, la luminosité est produite par un mucus sécrété à l'extrémité des bras par l'épithélium externe de la pointe des ambulacres : il y a deux sécrétions muqueuses : une lumineuse et une qui ne l'est pas. Le même fait a été observé sur d'autres animaux lumineux, certains Crustacés, par exemple (v. p. 299). Pour Sokolow également, la lumière des Ophiures résulte d'une sécrétion glandulaire (42).

Chez les *Ophiacantha*, la lumière apparaît sur les épines, sur les plaques basales des épines et sur les plaques latérales, ou encore à la base des ambulacres. Riechensperger et Trojan ont décrit dans ces points de grosses cellules couchées profondément dans le tissu de l'épine ou de la plaque. Leur cytoplasme est rempli de granules de la même dimension que ceux des autres cellules lumineuses. Ces cellules envoient des prolongements vers la surface, où ils se renflent; mais ces auteurs sont en désaccord sur la question de savoir s'il y a sécrétion externe ou seulement consommation interne de la luciférine. En réalité, ils n'ont pas compris la nature de ces éléments, qui sont des cellules migratrices ou clasmatocytes, de même nature que celles que nous rencontrerons bientôt chez les Mollusques lamellibranches et qui constituent l'élément sécrétoire dans la clasmacytose de Ranvier (v. p. 332).

Chez les Oursins, on a signalé la phosphorescence de *Diadema setosum* Gray, mais de nouvelles recherches sont indiquées pour l'étude de ces Échinodermes.

Chez *Ophiothrix*, qui vit dans des profondeurs de 40 à 80 mètres, les jeunes seuls sont lumineux, la fonction photogénique disparaîtrait chez l'adulte, d'après Mac Intosh.

Entéropneustes. — Les Entéropneustes forment une transition naturelle entre les Échinodermes et les Vers : il en est de même sous le rapport de la photogénèse. On trouve aux environs de Roscoff et de Concarneau, enfoncé dans le sable, un *Balanoglossus* qui émet lorsqu'on le brise une belle couleur vert émeraude (R. Dubois). Diguet a signalé également un grand Balanoglosse lumineux sur les côtes de Californie.

En résumé : *Chez les Échinodermes, la fonction photogénique affecte nettement le caractère d'une sécrétion.*

Vers. — Certains *Annélides Oligochètes* de la famille des *Lombricidés* jouissent de la propriété photogène. Bien que ces Annélides aient été rencontrés à Montpellier, à Villefranche-sur-Mer, à Tamaris-sur-Mer, à Wimereux et dans beaucoup d'autres localités du territoire français, Giard (43) les a considérés comme d'origine exotique ; ils auraient été apportés de régions lointaines avec des végétaux : il en existe, en abondance, dans la Nouvelle-Zélande, une grande espèce (*Octochætus multiporus*), qui y est utilisée pour l'élevage des volailles, et rien n'est plus curieux, paraît-il, que de voir le soir ces volatiles ingurgiter cette sorte de macaroni lumineux (44). Giard a assimilé notre Lombric lumineux *Lombricus phosphoreus* de Dugès à un genre nouveau créé par lui, le genre *Photodrilus*. Il a observé sur les Vers non blessés une sécrétion lumineuse qu'il croit êtr produite par des glandes situées latéralement et dorsalement sur les anneaux de la région antérieure, depuis le cinquième jusqu'au neuvième. MICHAELSEN (45) assimile le *Photodrilus phosphoreus* Giard au *Microscolex modestus* Rosa, espèce surtout cantonnée en Patagonie, mais qui se trouve aussi en Europe continentale et en Angleterre. Cet auteur attribue sa luminosité à des bactéries photogènes logées dans la couche sous-cutanée. Cette opinion est erronée : R. DUBOIS n'a pu obtenir aucune culture lumineuse avec les Lombrics phosphorescents que l'on rencontre fréquemment autour du laboratoire maritime de biologie de Tamaris-sur-Mer : il s'agit d'une sécrétion glandulaire. WALTER partage cette opinion (46). ISSATSCHEYGKO B. (23) a vainement cherché également les microbes photogènes parasites dont parle MICHAELSEN.

Parmi les Oligochètes, citons encore *Euchytracus albidus*, organisme lumineux typique.

Dans le groupe des *Annélides Polychètes errantes*, la photogénèse est très nette et a été signalée par une foule d'observateurs. Une des espèces les plus brillantes est *Polynoe torquata* (47), qui offre des points brillants sur l'épiderme de la face intérieure de

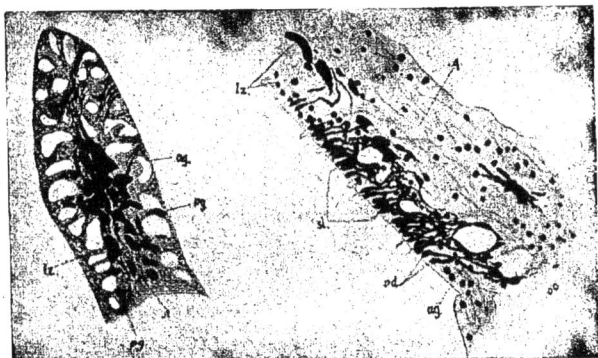

FIG. 119. — Coupe d'une épine d'*Ophiopsila annulosa* (à gauche) et d'une épine latérale d'*Amphiura filiformis* (à droite). Les cellules lumineuses apparaissent en noir (172).

chaque élytre, dans le voisinage des élytrophores. Ils sont constitués par une cuticule anhiste, à la face profonde de laquelle s'appliquent des cellules épidermiques chargées de sécréter cette cuticule : entre celles-ci, se trouvent des fibrilles de forme conique, portant à leur extrémité des cellules arrondies photogènes soutenues par un stroma conjonctif. Cette structure a beaucoup d'analogie avec celle du tissu lumineux de *Pholas dactylus* et avec celui d'un ver photogène *Acholœ astericola* (172).

Dans le même ordre, on a encore signalé les genres suivants : *Acholoe, Nereis* (N. Cirrigera = Noctiluca L.), *Pionosyllis, Odontosyllis, Phyllodoce, Tomopteris*, etc.

Parmi les *Annélides Polychètes sédentaires*, on peut citer les genres *Polycirrus, Spirographis* et *Chœtopterus variopedatus*, commun dans la Méditerranée et *Chœtopterus pergamentaceus*. Ce dernier, trouvé par WILL (cité par DITTRICH, 161), possède une glande à mucus sur le dos de l'avant-corps et d'autres glandes semblables au bord supérieur des membres de la partie moyenne du corps et sur les vestiges de pieds de la partie postérieure du corps. Toutes ne luisent que par sécrétion chez *Nereis cirrhigera*, d'après EHRENBERG, les glandes sont à la base des cirrhes, et la base des parapodes portant les cils. D'abord la lumière paraît sous forme d'étincelles isolées à chaque cirrhe, puis la lumière s'étend sur tout le corps : elle est d'une couleur vert-jaune, et vient d'un mucus que l'on peut essuyer et qui continue ensuite à briller.

La luminosité chez les Annélides, en général, est disséminée sur les élytres, les antennes, les appendices et la peau. *Chœtopterus variopedatus* fournit une abondante sécrétion, qui rend l'eau ambiante phosphorescente quand on excite l'animal.

Les larves de la plupart des Annélides marines possèdent la lumière, qui s'aperçoit déjà chez des larves polytroques indéterminées, avant la différenciation des tissus mésodermiques.

P. Dœflein a observé dans les mers du Japon un Chœtopode qui produit un effet merveilleux : sur les deux côtés de toute la longueur du corps, il est muni de petites taches lumineuses qui répandent un éclat vert-jaune.

Chez un Annélide errant, *Acholoe astericola*, F. Folger aurait constaté qu'il existe une relation directe entre la réaction lumineuse et l'excitation, et que la présence de l'oxygène est nécessaire. D'après Kutschera (49), la sécrétion lumineuse chez *Acholoe astericola* viendrait de cellules glandulaires épithéliales arrangées en forme d'étoiles et se ferait au travers de la cuticule des papilles de la surface des élytres. Par son mélange avec de l'eau de mer, le produit de la sécrétion devient lumineux.

D'après les observations de Galloway T. W. et Paul S. Welch (50), sur *Odontosyllis enopla* Verrill et peut-être chez d'autres Annélides, la phosphorescence ne se montrerait qu'au temps de la maturité sexuelle et servirait à faciliter le rapprochement des sexes.

Michaelis a décrit un Rotifère, *Synchaeta baltica*, comme étant lumineux, tandis que Ehrenberg n'aurait trouvé dans cette classe de Vers que des formes obscures. Pütter pense que l'espèce peut être lumineuse au moment de la ponte et qu'il y avait seulement des femelles luisantes, ce qui expliquerait la divergence signalée.

En résumé : *Chez les Vers, comme chez les Échinodermes, le fonctionnement photogénique affecte le caractère d'une sécrétion externe. La biophotogénèse existe chez les larves et probablement aussi dans l'œuf.*

EMBRANCHEMENT DES ARTICULÉS

Dans l'embranchement des Articulés, on trouve chez les Crustacés, les Myriapodes et les Insectes des espèces très intéressantes au point de vue de l'étude de la fonction photogénique : elles sont particulièrement nombreuses dans le groupe des Insectes.

Crustacés. — Il ne faut pas confondre les Crustacés véritablement photogènes avec des individus naturellement obscurs, mais qui peuvent devenir accidentellement éclairants par suite d'inoculation parasitaire. Chez les premiers, on rencontre deux sortes d'organes lumineux : 1° des glandes photogènes à sécrétion interne; 2° des glandes à sécrétion externe.

La fonction photogénique appartient en propre particulièrement à deux ordres de Crustacés : les *Schizopodes* et les *Décapodes*. C'est chez les *Schizopodes Euphausidés* que se rencontrent les organes photogènes localisés, auxquels on a donné le nom de *photosphères*.

Chun a donné de bonnes figures de ces organes (51). Chez *Nematoscellis rostrata*, l'organe lumineux est étroitement annexé à l'organe-oculaire, de sorte que ce dernier peut facilement distinguer les objets éclairés par le premier, d'autant mieux que la lanterne en question est munie d'un réflecteur et d'une lentille. On a même prétendu que ce foyer pouvait être mis en mouvement par trois petits muscles destinés à orienter dans diverses directions ses radiations. Mais la disposition même de l'organe photogène et sa situation doivent écarter cette hypothèse : ces muscles ont un autre usage, dont il sera question plus loin.

La figure 120 montre la situation occupée par la photosphère, ses rapports avec l'œil, et même les homologies de structure de ces deux organes, qui pourtant ont deux fonctions opposées, puisque la première est un organe d'émission lumineuse, et le second un photo-récepteur. Mais on trouve de semblables homologies dans le siphon de la Pholade dactyle, dont la paroi interne est un organe photogène, tandis que la partie externe est le siège de la fonction photodermatique ou dermatoptique (R. Dubois) (v. p. 333). C'est ce qui explique pourquoi les premiers observateurs, qui n'avaient pas eu l'occasion de voir de ces Crustacés vivants, ont pris les photosphères pour des yeux : la même remarque s'applique d'ailleurs aux Poissons lumineux et même aux Céphalopodes photogènes. Les figures de Chun sont très instructives, mais on peut dire avec Trojan (54) que cet auteur a localisé à tort les éléments lumineux dans le corps strié. En réalité, voici comment il convient d'interpréter les figures de Chun en ce qui concerne la photosphère (fig. 120). Le réflecteur *rfl* se compose d'une couche pigmentaire *pg* extérieure à l'organe, tapissant la face profonde, et d'une couche de fibres. Le réflecteur est traversé par un nerf dont les ramifications se répandent dans l'intérieur de l'organe. Au centre de la photosphère, se trouve le corps strié que Chun avait considéré comme la partie photogène. En réalité celle-ci est représentée par les grandes cellules granuleuses *c* qui entourent le corps strié et dont la masse est creusée par les ramifications d'un vaste sinus *sin*. L'ensemble de ces cellules constitue une glande à sécrétion interne, dont les produits se déversent dans le sang apporté à l'organe par le sinus. Il est évident que les choses se passent ici comme dans l'organe photogène des Insectes lumineux, et particulièrement dans celui du Pyrophore, de la manière qui a été décrite par R. Dubois (v. p. 325). De même que dans les organes lumineux du Pyrophore, les petits muscles annexes ont certainement pour objet, non de faire mouvoir la photosphère, qui est fixe, mais de faire pénétrer le sang dans le sinus qui se distribue dans la glande et où se déversent les produits de la sécrétion interne. Comme le réflecteur, la lentille *l* est un organe de perfectionnement.

La seconde espèce d'organes lumineux chez les Crustacés est représentée par des glandes à sécrétion externe ordinairement isolées et unicellulaires, comme celles que l'on rencontrera plus loin chez d'autres articulés : les Myriapodes.

Elles ont été bien observées par Giesbrecht (55) qui les a étudiées dans le golfe de Naples sur plusieurs *Entomostracés* de l'ordre des *Copépodes* : ce sont, dans la famille des *Centropogidés* : *Pleuromma abdominale*. Lubb., *Pleuromma gracile* Claus, *Leuchartia flavicornis* Claus, *Heterochæte papilligera* Claus et dans la famille des *Oncéidés* : *Oncea conifera* Giesbrecht. Cet éminent observateur a montré que les organes lumineux correspondent à des glandes unicellulaires cutanées, se distinguant des autres, qui sont jaunâtres, par leur couleur verdâtre. Ces petites glandes, en forme de poire, renferment une liqueur qui peut être lumineuse déjà avant son émission et est parfois lancée assez loin de l'orifice. La glande ne brille pas ; mais seulement sa sécrétion, quand elle entre au contact avec le milieu

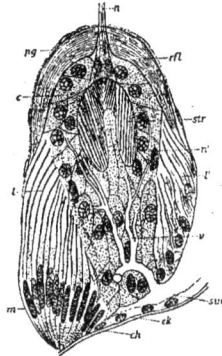

Fig. 120. — Organe lumineux de *Nematoscellis rostrata*.
rfl, réflecteur; *pg*, couche pigmentaire; *str*, corps strié; *n*, nerf; *sin*, sinus sanguin; *l*, lentille; *c*, cellules photogènes; *m*, muscle (51).

aqueux. Les organes sont très nombreux chez *Pleuromma abdominale* : Giesbrecht en a compté dix-huit : trois sur le front, très rapprochés, un médian et deux latéraux. Plus loin, un de chaque côté dans l'angle antéro-latéral du deuxième anneau thoracique, plus une paire dans chacune des pointes postéro-latérales des segments anaux et une aussi de chaque côté, à égale distance de la fourche. Enfin, on en rencontre encore à la place du bouton pigmentaire du premier anneau thoracique, sur chacun des côtés de la tête, presque dans le haut des mandibules, et près du milieu du dos.

La grosseur des glandes varie selon leur remplissage de $0^{mm},010$ à $0^{mm},013$. Leur nombre peut rester le même chez les mâles et chez les femelles, mais il peut varier avec les métamorphoses. Il est vraisemblable que les Nauplies brillent aussi à des places caractéristiques. Dans certaines espèces, les organes photogènes sont beaucoup plus nombreux : Hansen (36) en a compté sur *Segester Challengeri* jusqu'à 117, disséminés sur le corps et les membres en nombre indéfini.

D'après Giesbrecht, la sécrétion photogène peut être provoquée par des excitants mécaniques (pression), par des excitants physiques (chaleur), par des excitants chimiques (ammoniaque, vinaigre, eau douce). *Heterochæta papilligera* y répond, en général, par une décharge de toutes les glandes, mais, chez les autres espèces, il n'y a que des décharges partielles plus ou moins localisées, provoquées par les divers excitants.

La sécrétion photogène se distingue de celle des autres glandes, qui est incolore, par sa coloration verdâtre. Les gouttelettes ne présenteraient aucune structure et paraîtraient homogènes. On ne peut pas dire exactement, selon Giesbrecht, comment se fait l'émission de la substance lumineuse, mais il est probable que c'est par la contraction musculaire, comme cela a été démontré pour les Myriapodes (p. 301) par R. Dubois. Dœflein a noté également chez un Crabe japonais lumineux, qu'il a eu l'occasion d'observer, que la sécrétion s'accumule dans des sacs, d'où elle est chassée par la compression due à la contraction des muscles. Chez cet Ostracode, il s'agissait d'une glande céphalique, d'où s'échappait un liquide qui indiquait comme un ruban étincelant le chemin que l'animal parcourait dans l'eau.

Chez les *Euphausidés* observés par Giesbrecht, la luminosité persistait assez longtemps après la mort et, dans les cadavres desséchés, on pouvait la ramener par le contact avec l'eau douce. L'ammoniaque excite la sécrétion lumineuse, tandis que l'acide chlorhydrique dilué à 1/200 l'empêche. L'alcool en déshydratant, dit Giesbrecht, le produit de sécrétion, détruit la luminosité définitivement. Pour cet auteur, le concours des autres glandes cutanées n'est pas nécessaire à la production de la lumière. Il se demande si la sécrétion lumineuse contient une matière qui, comme le potassium, rend l'eau lumineuse en la décomposant, ou bien s'il se trouve dans la sécrétion deux substances qui, au contact de l'eau, réagissent l'une sur l'autre, en produisant de la lumière.

Dans le genre *Gnathophausia*, suivant Illig (33), l'organe producteur de la sécrétion lumineuse est placé dans une protubérance en forme de bouton situé à l'exognathe du deuxième maxillaire. La sécrétion est contenue dans deux poches glandulaires. Celles-ci débouchent dans un réservoir plus grand, dont le canal déférent s'ouvre à l'extrémité de la protubérance.

D'après Vatanabe (57), le liquide lumineux chez un Ostracode, *Cypridina Hilgendorfi* Müller, est sécrété par des glandes unicellulaires situées sur les lèvres inférieures. La lumière ne paraît que lorsque la sécrétion entre en contact avec l'eau. Il est probable qu'il s'agit du Crustacé japonais, dont parle Dœflein.

Parmi les *Décapodes* : les *Macroures*, les *Anomoures* et les *Brachyures* possèdent des espèces lumineuses. *Achanthephysa pellucida* montre de nombreuses photosphères disséminées sur le corps et sur les membres. Les *Lucifer*, les *Aristeus*, Macroures du même genre, ont des yeux émettant une clarté magnifique. Parmi les Anomoures, le genre *Munida*, et chez les Brachyures, le *Geryon Aristeus* seraient remarquables aussi par l'éclat des foyers lumineux accompagnant les yeux.

Il est important de noter que, de même que pour les photosphères, les organes lumineux nettement glandulaires des Euphausidés sont entourés d'un sinus sanguin, et c'est cette riche circulation que l'on retrouve si nettement accusée chez les Insectes, qui aurait dû tout d'abord attirer l'attention des observateurs. Des nerfs se rendent aux organes et les entourent, mais on ignore leur terminaison (Trojan). Des discussions se sont élevées, particulièrement entre Giesbrecht et Trojan au sujet de la localisation des cellules lumineuses. Cela tient à ce que, dans l'organe photogène des Schizopodes, en particulier, on trouve, comme chez les Insectes, des cellules photogènes granuleuses et d'autres qui le sont peu ou point. En réalité, ce sont des cellules toujours glandulaires, mais à des degrés différents d'évolution ou de fonctionnement.

En résumé, chez les Crustacés, on trouve deux sortes d'organes lumineux : 1° des photosphères composées d'une glande photogène à sécrétion interne, en rapport avec de larges sinus sanguins, et pourvues de parties accessoires, telles que des réflecteurs ; 2° des glandes photogènes à sécrétion externe, avec ou sans réservoir et conduit excréteur, entourées de sinus sanguins avec lesquels elles sont dans un rapport étroit.

Le rôle important des muscles dans l'irrigation des sinus sanguins se dessine également, et permet de comprendre déjà l'action indirecte du système nerveux sur le fonctionnement des organes photogènes.

Thysanoures. — Dans l'ordre des *Thysanoures*, la photogénèse a été constatée chez des *Podurides* des genres *Lipura* : pour la première fois, ces petits organismes lumineux ont été signalés sur la colline d'Horwaths, près de Dublin, au mois de février 1850, par Allman (59). Ils ont été retrouvés au mois d'octobre 1886, dans une houblonnière, près du village d'Handschuhsheim, près d'Heidelberg, dans le duché de Bade par Raphaël Dubois, qui les a étudiés (60). Ils rendaient le sable de la houblonnière étincelant comme celui d'une plage remplie de Noctiluques. Ces petits animaux, d'une longueur de 2 à 3 millimètres, émettent par toute la surface du corps une lueur bleuâtre, qui émane des glandes cutanées dont le corps est recouvert (fig. 121). La chaleur, l'agitation augmentent la luminosité. L'espèce étudiée est *Lipura noctiluca* Dubois.

Molisch, qui ne paraît pas connaître la littérature de cette question, parle seulement (p. 46-47) d'un petit Insecte qui rendrait le bois lumineux : le *Neomura muscorum* Templeton.

Myriapodes. — Il existe un assez grand nombre d'observations de Myriapodes lumineux (61) ; mais la fonction photogénique n'a pu être bien étudiée que sur des individus vivants de deux espèces : *Scolioplanes crassipes* et *Orya barbarica* (62). Le premier est assez commun dans l'Europe centrale : en Angleterre, en Allemagne et en France. R. Dubois en a rencontré en assez grande abondance dans la localité signalée plus haut à propos de *Lipura noctiluca*. Ces mille-pattes laissent après eux une traînée lumineuse d'une couleur verdâtre produite par un mucus visqueux, clair, se desséchant rapidement. Il est sécrété par des glandes situées sur la face abdominale de chaque anneau sur toute la longueur du corps. Ce mucus peut être recueilli facilement en immobilisant l'animal sur une plaque de verre. Il se dépose alors deux séries parallèles de gouttelettes : il y a quatre glandes par anneau. Si l'animal est fatigué, il cesse de sécréter le liquide photogène, mais le corps reste lumineux depuis le dernier anneau jusqu'à la tête exclusivement. Quand les Scolioplanes ont cessé d'être lumineux, en captivité, on peut faire reparaître la lumière par excitation mécanique ou par la chaleur jusqu'à 40° ou 50°, mais au-dessus de cette température la lumière cesse brusquement.

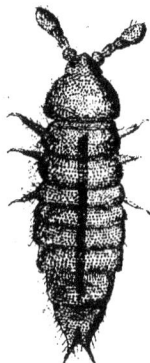

Fig. 121. — *Lipura Noctiluca* Dubois, grossi 20 fois.

Les deux sexes sont phosphorescents.

L'*Orya barbarica*, qui se trouve aussi en assez grande abondance dans le Sud-Ouest de l'Algérie et en Tunisie est un superbe Géophile, qui a donné lieu à d'importantes observations dues à Gazagnaire (62) et à R. Dubois (3). C'est un animal robuste pouvant atteindre jusqu'à 10 et même 12 centimètres. Dans le Sud oranais, aux environs de Tlemcen, on le trouve sur le versant des collines dénudées, mais non dans les endroits absolument secs et dépourvus de végétation. Il se tient pendant le jour sous les pierres, très souvent en compagnie d'un Scorpion que la phosphorescence de son compagnon ne semble pas effrayer.

Comme chez les Scolioplanes, les deux sexes sont phosphorescents.

La luminosité se montre dans les lames sternales et sur les plaques antérieures et postérieures des épisternums. Avec une bonne loupe, on peut reconnaître sur ces points la présence de nombreux pores cutanés groupés en ellipses, dont les bords sont

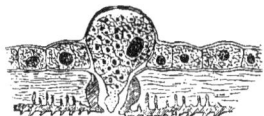

Fig. 122. — Glande photogène d'*Orya barbarica* (3).

tangents à ceux de la lame, dans la partie de la lame qui porte deux dépressions peu marquées, transversales, linéaires, situées à droite et à gauche.

Par l'excitation de contact et la pression, ces pores sécrètent une substance jaunâtre visqueuse, d'une odeur *sui generis*, de saveur âcre. Elle est très phosphorescente. La lumière qu'elle émet est assez intense et persistante, d'un bleu verdâtre, ressemblant beaucoup à la lueur du phosphore. R. Dubois a montré que le mucus phosphorescent est sécrété par des glandes unicellulaires piriformes de huit à dix centièmes de millimètre de longueur et de cinq à six de largeur : elles sont de nature hypodermique (fig. 122). Aussitôt après avoir recueilli un peu de ce mucus sur une lame porte-objet, on voit au microscope des vacuolides dont le centre est le point de départ de formations cristallines magnifiques de formes variées, mais dont quelques-unes (fig. 123) sont semblables à celles qui prennent naissance par la réaction photogène du mucus de Pholade dactyle (V. p. 139) ou bien des substances contenues dans les organes lumineux des Insectes. Chez d'autres Myriapodes, dont la sécrétion n'est pas lumineuse, on voit aussi se former des cristaux, mais ils sont différents : ici, comme dans beaucoup d'autres cas de réaction lumineuse, on assiste au passage des substances photogènes de l'état colloïdal à l'état cristalloïdal. Cette réaction n'est pas une simple oxydation directe par l'oxygène de l'air, car la matière frottée entre les doigt ou desséchée rapidement cesse de briller, mais peut reprendre tout son éclat quand elle est humectée d'eau. Ce même résultat a été obtenu au bout de deux mois avec du papier à filtrer qui avait été imprégné de mucus phosphorescent. Ce dernier est acide, comme celui des Podures, ce qui permet de différencier nettement ce processus photogène de celui que l'on obtient avec la potasse alcoolique et la lophine (Radziszewski) et une foule d'autres corps (R. Dubois, 128). Il donne toutes les réactions des substances albuminoïdes. Traité par l'alcool absolu, il s'éteint subitement ; mais le coagulum peut être rendu de nouveau lumineux par l'eau après évaporation de l'alcool.

En résumé, *chez les Thysanoures et chez les Myriapodes, la fonction photogénique est localisée dans des organes glandulaire à sécrétion externe. Le produit photogène excrété peut être éteint par dessiccation et, longtemps après, la lumière peut être ravivée par l'a !di-*

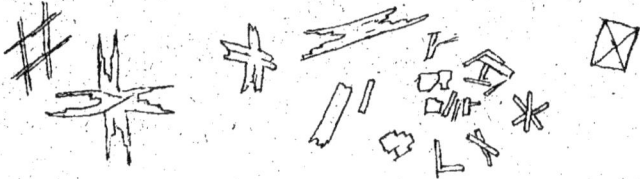

Fig. 123. — Cristaux de la sécrétion photogène d'*Orya barbarica.*

tion d'un peu d'eau : *au sein de ce liquide prennent naissance, pendant le phénomène de la photogénèse, des cristaux caractéristiques, dont il sera question à propos du mécanisme intime de la fonction photogénique.*

INSECTES

Ce sont les Insectes qui, de tous les animaux photogènes, ont suscité le plus grand nombre de recherches, parce que, d'une part, on les rencontre sur un grand nombre de points du globe, où ils peuvent être facilement capturés ; et, d'autre part, parce que, si l'on met de côté quelques animaux très rares, ce sont eux qui fournissent la plus belle lumière. Ajoutons également que parmi les Insectes se trouve le genre *Pyrophorus,* dont les individus de l'espèce *P. Noctilucus* sont de véritables animaux de laboratoire, très vivaces et se prêtant admirablement à l'expérimentation physiologique, ainsi que l'a démontré R. Dubois dans son livre sur les *Élatérides lumineux* (2).

Déjà, en 1887, Gadeau de Kerville mentionnait les noms de plus de trois cent vingt-six chercheurs ayant publié des travaux sur les Insectes lumineux. Depuis vingt-cinq ans, un certain nombre de publications sont venues s'ajouter à celles qui ont été cataloguées par Gadeau de Kerville. On comprend qu'il soit impossible d'analyser ici, même sommairement, tous ces travaux, dont quelques-uns sont très volumineux ; et d'ailleurs l'intérêt ne serait pas très grand, parce que la plupart des auteurs ont été pour ainsi dire hypnotisés par une idée préconçue qui consistait à voir dans les trachées des Insectes des sortes de tuyaux de forge enflammant le protoplasme comme un vulgaire charbon. On trouve, notamment, dans cette littérature, d'interminables discussions, sur le mode de terminaison des trachées que, finalement, on n'est pas arrivé à comprendre complètement, pas plus que celui des nerfs, dont l'existence même dans la substance des organes lumineux est très problématique, tous paraissant aboutir dans les muscles qui règlent l'apport du sang dans ces organes, en ouvrant ou fermant des sinus.

Si les auteurs qui se sont vainement obstinés à chercher le secret de la lumière physiologique dans le jeu des trachées ou des nerfs avaient su que les œufs des Insectes photogènes sont lumineux, même avant d'avoir été fécondés, peut-être eussent-ils eu la sagesse de chercher la solution du problème dans une autre direction.

Tous les Insectes lumineux appartiennent à l'ordre des *Coléoptères*; la luminosité observée dans d'autres ordres d'Insectes n'était, très vraisemblablement, que le résultat d'un emprunt parasitaire ou autre. Et parmi les Coléoptères, tous ou presque tous se rangent dans les deux familles affines des *Malacodermidés* et des *Élatéridés*. Chez les premiers, deux tribus seulement, les *Cantharinés* et les *Lampyridés*, renferment des espèces photogènes : la première en nombre peu élevé, la seconde en grande quantité. Parmi les Cantharinés, on rencontre les deux genres *Phengodes* et *Zarhipis* renfermant des espèces photogènes habitant le Nouveau-Monde.

Nous plaçant ici plus particulièrement au point de vue physiologique, nous étudierons plus spécialement dans ce chapitre, parmi les Lampyrinés, *Lampyris noctiluca*, *Luciola italica*, et, parmi les Élatéridés, *Pyrophorus noctilucus*.

Œufs lumineux des Insectes. — Les œufs du Lampyre, comme ceux de la Luciole, sont lumineux, même avant d'être pondus. WIELOWIEJSKI a réédité, à ce propos, la grossière erreur de NEWPORT, qui croyait que l'œuf n'est pas lumineux par lui-même (67); mais cette opinion a été démontrée fausse par R. DUBOIS (63). La luminosité des œufs se manifeste, chez la femelle du Lampyre, de très bonne heure dans les oviductes, pour aller en s'accentuant de plus en plus, au fur et à mesure que se fait le développement ovarien. Vers le milieu de juin, la femelle du Ver luisant pond quatre-vingts ou quatre-vingt-dix œufs, qui continuent à briller jusqu'à l'éclosion de la jeune larve; celle-ci sort de la coque obscure, emportant avec elle le foyer lumineux légué par les ancêtres. La clarté des œufs n'est pas due, au début, à la présence dans leur intérieur d'un embryon, car on l'observe déjà avant toute formation blastodermique. Elle est très nette, même chez les femelles non fécondées, avec cette différence, toutefois, que ces derniers se dessèchent vite et ne brillent que quelques jours. La fécondation n'est donc pas indispensable à la production du phénomène, mais seulement à sa conservation et à sa transmission héréditaire.

L'œuf brille par toute sa surface, et, s'il n'est pas blessé, cette faculté ne se communique pas aux objets avec lesquels on le met en contact, ce qui arriverait s'il s'agissait d'un enduit photogène. Il n'existe pas de foyer distinct, et, aussi longtemps que l'embryon est immobile, la luminosité est fixe; mais dès qu'il se déplace dans l'intérieur de l'œuf, ce qui a lieu seulement un peu avant l'éclosion, on peut apercevoir des intermittences dans la lumière émise.

En écrasant un œuf non fécondé, mais lumineux, ou mieux en le perforant avec une aiguille, on peut s'assurer que la lumière est produite par la substance interne. La faculté photogénique appartient donc en propre à l'œuf, et celui-ci fabrique lui-même sa lumière sans le concours d'aucun appareil (R. DUBOIS). La fonction des muscles, celle des trachées et celle des nerfs ne sont que des fonctions accessoires au service d'une fonction principale : la fonction photogénique, qui, chez les Insectes, peut s'exécuter dans l'œuf sans tout cet appareil. Il n'était pas nécessaire d'avoir recours à l'accessoire pour expliquer le principal.

Les mêmes constatations ont été faites sur les œufs des Pyrophores des Antilles, que R. DUBOIS avait fait pondre au laboratoire de PAUL BERT, à Paris, et il doit en être de même pour les œufs de tous les Coléoptères lumineux.

Ce n'est ni dans le chorion de l'œuf, ni dans le vitellus nutritif, mais dans le vitellus de formation que se produit la lumière après la segmentation. C'est du blastoderme, d'ailleurs, que dérive l'ectoderme, qui donnera plus tard naissance, par sa face profonde, aux organes lumineux, quand la différenciation sera plus avancée.

Pendant la ponte, la luminosité des organes photogènes de la femelle diminue progressivement, et, quand elle meurt, après avoir pondu, la substance des organes lumineux a complètement disparu, comme si elle avait passé en totalité dans les œufs pour transmettre le feu sacré à toute la lignée des descendants. Le mâle meurt bientôt après l'accouplement, en perdant aussi presque complètement son pouvoir éclairant, tandis que celui-ci persiste assez longtemps après une mort accidentelle non précédée d'accouplement.

'Considérés dans leur ensemble, ces faits permettent de penser qu'il peut se faire dans les organismes des réserves de matériaux provenant de l'œuf, mais non utilisés pour le développement de l'individu, et que, plus tard, ces mêmes matériaux se retrouvent dans les germes destinés à la conservation de l'espèce. En tout cas, c'est un bien curieux phénomène, que cette transmission d'une clarté qui jamais ne s'éteint un seul instant, en passant par des milliers de générations successives.

Larves lumineuses. — A la naissance, la larve du Lampyre n'a pas plus de 1 à 2 millimètres de longueur; elle est incolore, mais ne tarde pas à brunir sur toute son étendue, sauf à la surface ventrale du deuxième et avant-dernier anneau. Dans cette région, on distingue facilement, grâce à la transparence du tégument, aussitôt après l'éclosion, deux petits organes ovoïdes, opaques, respectivement situés de chaque côté de la ligne médiane. La partie du tégument avec laquelle ils sont en rapport restera très mince et transparente. Ce sont les organes lumineux larvaires. On ne s'expliquerait pas pourquoi, en ces points, les téguments restent privés de pigment, alors que,

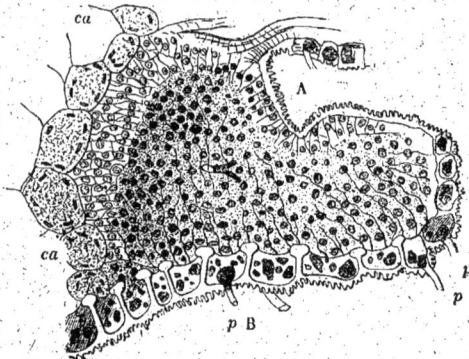

FIG. 124. — Formation de la glande photogène interne dans la larve du *Lampyris noctiluca*.
ca, cellules du corps adipeux; *pp*, poils de quelques cellules hypodermiques; A, face supérieure et postérieure de l'anneau; B, face inférieure de l'anneau.

d'ordinaire, celui-ci se dépose précisément dans les parties éclairées, si les coupes ne montraient pas que l'hypoderme est ici réduit presque exclusivement à la cuticule. Les plastides que l'on retrouve à la face profonde dans toutes les régions du tégument, sauf peut-être dans celle de l'œil, ont disparu ici, précisément parce qu'ils ont contribué à donner naissance à l'organe lumineux. Les uns se sont multipliés dans un certain nombre de grosses cellules hypodermiques; et de celles-ci, partent des files de jeunes éléments, dont la masse forme l'organe lumineux larvaire : plus tard, celui-ci s'isolera.

Le Lampyre subit six mues : quatre pendant la période larvaire, une pour passer de l'état de larve à celui de nymphe, et une dernière lorsque la nymphe se transforme en insecte parfait. Les quatre premières mues se font à des époques parfois très variables, suivant les individus. Les uns peuvent accomplir toute leur évolution dans l'année, alors que d'autres sont obligés de passer l'hiver en état d'hibernation, et d'attendre le retour de la belle saison pour se transformer. Dans la période d'activité, ils sont très voraces, et se nourrissent d'Escargots.

L'organe lumineux larvaire conserve son aspect depuis la première mue jusqu'à la dernière.

A ce moment, son volume n'a pas même atteint celui de l'œuf, dont il rappelle un peu la forme. C'est un corps ovoïde, à grosse extrémité tournée vers le dernier segment; il est entouré d'une membrane très fine, anhiste, et présente, vers le milieu de sa face supérieure, un sillon dans lequel s'insèrent des fibres musculaires. Un gros tronc trachéen, dont la spirale est visible seulement dans la partie externe, pénètre dans l'intérieur du sac anhiste, et se ramifie dans l'intérieur de l'organe en une foule de petites branches de plus en plus fines, et dont le mode de terminaison n'a pu être exactement précisé. R. Dubois n'a pu retrouver les filaments nerveux qui, d'après certains auteurs, pénétreraient dans l'organe lumineux.

Les cellules lumineuses se présentent sous deux aspects différents, mais il est bien évident qu'il ne s'agit pas de deux formations distinctes; seulement celles de la couche supérieure sont devenues granuleuses, ce sont les plus anciennement formées. Les autres, dont les noyaux et les contours se voient bien distinctement, ont un protoplasme très finement granuleux et, vis-à-vis des réactifs colorants, se comportent, à l'encontre des premiers, comme des plastides jeunes.

Cette opinion, émise pour la première fois en 1887, par R. Dubois, à propos des Pyrophores et, ultérieurement, à propos des Lampyrides, a été adoptée par Wielowiejski (67) et Bongardt pour les Lampyrides adultes, les seuls insectes lumineux qu'ils aient étudiés. Bongardt, pourtant, fait quelques réserves, parce qu'il n'a pas rencontré de cellules de transition à la séparation des deux zones. C'est ce qui montre que ce n'est qu'après la transition en question que les cellules subissent la dégénérescence granuleuse, mais ce passage est brusque, comme cela a lieu dans tous les organes glandulaires (68).

Quand on écrase sous le microscope l'organe larvaire, il s'en échappe une quantité de très petits corpuscules arrondis, animés non seulement de mouvements d'oscillation, mais encore de mouvements de translation curvilignes, *mouvements duboisiens* dénommés ainsi par Lancien, qui les a étudiés dans d'autres milieux colloïdaux (66). On croirait voir de très petites spores de végétaux inférieurs, ou des micro-organismes possédant des mouvements propres. Ils sont très réfringents, et scintillent dans la lumière polarisée, les nicols étant croisés, à cause des changements d'axe dus à leur mobilité, ce sont des vacuolides de luciférine (v. fig. 133).

Chez les larves de *Pyrophorus noctilucus*, observées pour la première fois, au sortir de l'œuf, par R. Dubois, en 1885, il existe un foyer lumineux à l'union de la tête et de l'anneau prothoracique. L'organe est composé de deux lobes accolés rappelant un peu la disposition et la forme des hémisphères cérébraux (fig. 125). Ils sont soumis à des déformations rythmiques qui coïncident avec la contraction de petits muscles latéraux, et aussi avec des variations d'intensité lumineuse semblant dépendre de ces mouvements quand l'animal est agité. Au moment de ces observations, les larves avaient une longueur de 3 millimètres.

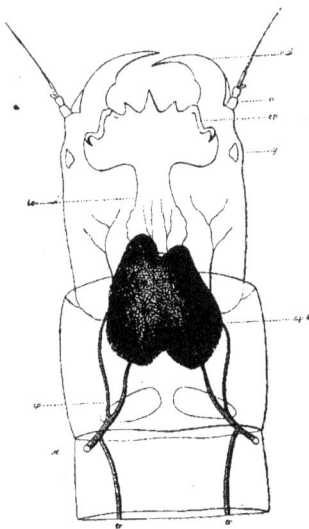

Fig. 125. — Glande photogène interne de la larve de *Pyrophorus noctilucus*.
apl, appareil lumineux; *st*, stigmate; *tr*, trachées; *y*, yeux; *ep*, épistome; *a*, antennes; *md*, mandibule; *lc*, ligne claire; *p*, insertion de la première paire de pattes.

Après la deuxième mue, la larve mesure cinq millimètres : elle peut atteindre quinze à vingt millimètres, et sans doute davantage. Mais R. Dubois n'a pas pu observer leur développement à une période plus avancée. Chez celles qui ont une longueur de douze à quinze millimètres, on voit apparaître dans la région abdominale, depuis le premier segment jusqu'à l'avant-dernier inclusivement, des points brillants, dont les contours sont d'abord mal limités; mais, dès que la taille atteint de quinze à dix-huit millimètres, les endroits d'où s'échappe la lumière se montrent mieux circonscrits et se trouvent bientôt rangés en séries parfaitement régulières.

Le foyer éclairant primitif situé à l'union de la tête et du premier segment thoracique a persisté; seulement sa forme s'est un peu modifiée; elle affecte alors celle d'un λ avec deux points plus brillants et bien déterminés à l'extrémité des branches postérieures : ils éclairent parfois isolément. Aucune luminosité ne se montre dans le thorax. Les huit premiers anneaux de l'abdomen portent chacun trois points brillants : deux latéraux très éclairants et un médian plus faible, qui semble n'être que le reflet des deux autres, vus par transparence. Ces points sont disposés par trois séries longitudinales s'étendant depuis le bord postérieur du premier anneau abdominal jusqu'au bord antérieur du dernier segment de la même région. Cet anneau ne contient qu'un point beaucoup plus gros et plus brillant que ceux de l'abdomen, mais moins puissant que celui de l'espace céphalo-thoracique. Quand la larve est éclairante et immobile, on pourrait la comparer à un bracelet ouvert formé de trois rangées de perles lumineuses et portant sur chaque fermoir un point unique plus brillant.

Les parties lumineuses de l'abdomen correspondent à de petites saillies du tégument situées à l'extrémité postérieure des bords latéraux de chaque segment, en arrière des stigmates.

La lumière a la même couleur dans tous les points, au moins dans les larves du second âge : celle de l'espace céphalo-thoracique est plus stable et se montre ordinairement la première. Lors de l'extinction, c'est elle qui disparaît en dernier lieu.

La luminosité va en se propageant d'un bout à l'autre du corps, ou par places isolées, selon la nature des mouvements de l'Insecte. Toute excitation, toute irritation, provoquée ou spontanée, augmente l'intensité de la lumière. Celle-ci ne se produit parfois que dans le point excité, mais elle se généralise d'ordinaire et s'exagère avec les mouvements généraux, principalement pendant la marche, quand l'Insecte cherche à fuir, à franchir un obstacle ou à se défendre d'une attaque. On ne peut mieux comparer l'effet produit qu'à celui qui résulte de l'action du vent sur une rampe de petits becs de gaz. Rien n'est plus merveilleux et plus singulier que l'étrange illumination de cet être bizarre, dans les entrailles duquel semble circuler un métal en fusion. On se figure difficilement l'impression que pourrait produire l'apparition inattendue d'un animal semblable cinquante fois plus long seulement et large à proportion. Parfois ces larves se livrent des combats acharnés pendant lesquels on les voit faire feu de toutes parts ; à chaque choc jaillissent des gerbes de rayons étincelants, et rien n'est plus curieux à observer que cette lutte du feu contre le feu dans la nuit ! A partir de ce moment, les larves creusent des galeries dans les vieux bois : leur développement n'a pu être suivi plus loin.

Les appareils lumineux larvaires ne sont pas, chez tous les Malacodermes, réduits au nombre de deux, situés dans l'avant-dernier segment; certaines espèces en possèdent sept à huit paires, et d'autres en ont tous leurs anneaux pourvus, comme cela se voit sur des larves qu'on avait confondues, avant mes recherches, avec celles des Pyrophores, et que l'on a reconnues depuis pour être celles des *Phengodes.* Ces dernières présentent un fanal rouge à l'union de la tête avec le premier anneau et vingt petits feux d'un bleu verdâtre sur les suivants, répartis de chaque côté de la ligne médiane et correspondant aux espaces intersegmentaires membraneux. Ces jolis Insectes habitent l'Amérique du Sud. Au point de vue de la topographie des organes lumineux, ces larves exotiques constituent une transition naturelle entre la famille des Malacodermes et celle des Élatérides.

Avant de terminer l'étude de la biophotogénèse chez les larves des Insectes, il importe de rappeler qu'après chaque mue larvaire et pendant assez longtemps, le tégument reste transparent; or, si on examine dans l'obscurité complète, et après qu'elle y a séjourné suffisamment, une larve qui vient de muer, on constate que toute sa surface est faiblement éclairée, sans qu'on puisse attribuer cet effet à la propagation de la lumière des organes, non plus qu'au tissu adipeux. C'est à la face profonde de l'hypoderme, dont les fonctions sont activées à ce moment par la mue, que se passe le phénomène. D'après ce qu'on a dit de l'appareil larvaire, cela ne peut surprendre, mais ce qu'il y a de remarquable, c'est l'existence transitoire de cet éclairage général, à moins qu'il ne soit masqué par la couleur et l'épaisseur des téguments, ce qui n'est pas probable.

Organes photogènes des nymphes et des insectes parfaits. — L'importance de la couche profonde de l'hypoderme, au point de vue qui nous occupe, se retrouve encore quand on fait des coupes histologiques parallèlement au plan médian de la nymphe du lampyre, au moment où elle va se transformer en insecte parfait femelle. Là où doivent apparaître les nouveaux organes photogènes, qui seront décrits plus loin, les éléments de l'hypoderme donnent naissance à des formations cellulaires dont il n'existait aucune trace auparavant. Celles-ci sont constituées, en grande partie, par des cellules polyédriques, finement granuleuses, se colorant facilement, et tout à fait analogues à celles qui constituent la masse de l'organe larvaire. Elles sont réunies en files dirigées d'avant en arrière, mais les cellules situées à la terminaison des files, c'est-à-dire les plus anciennes, ont subi une altération qui en modifie beaucoup l'aspect, sans que, pourtant, on puisse méconnaître leur origine commune (v. p. 309 et 312, fig. 126, 128, 129, 132). Elles ont perdu leur aptitude à se colorer et sont devenues très réfringentes par suite de la transformation partielle de leur protoplasme en une foule de granulations très réfringentes, biréfringentes même, et de la nature des sphéro-cristaux. Lorsque ces cellules modifiées, altérées, sont assez nombreuses, la couche qu'elles forment prend un aspect opaque, crétacé, et semble former alors une zone absolument distincte ; cette apparence a trompé certains observateurs, qui n'avaient pas suivi le développement de l'organe chez le même animal, ou dans les espèces voisines : ils ont eu le tort d'affirmer

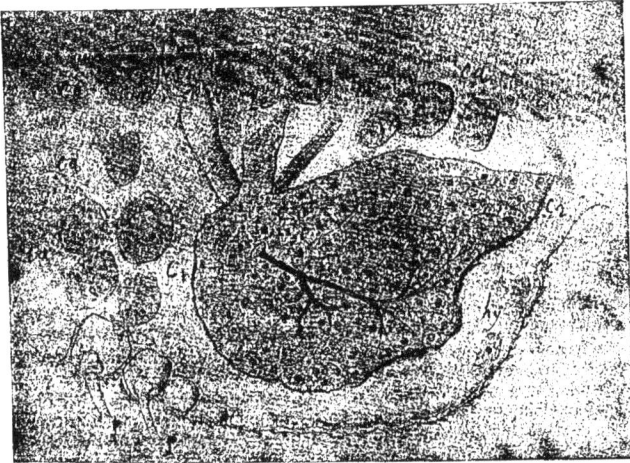

Fig. 126. — Organe larvaire du *Lampyris noctiluca* : B, face inférieure de l'avant-dernier anneau ; *hy*, cellules hypodermiques ; *ca, ca, ca*, cellules du corps adipeux ; *tr*, tronc trachéen pénétrant dans l'organe et dont la branche principale reparaît avec ses arborisations au milieu de la coupe ; *Pe*, pédicule de l'organe ; *m*, petit muscle moteur de l'organe ; *c₁*, couche de plastides transparents ; *c₂*, masse des plastides granuleux ; *p, p*, poils.

que les éléments de cette zone opaque, qu'ils ont nommée *couche crétacée*, avait une autre origine que celle de la partie sous-jacente formée de plastides jeunes, non dégénérés et appelée, par opposition, *couche parenchymateuse*. Bongardt (68) penche cependant vers l'origine commune, défendue par R. Dubois, bien qu'il n'ait pas trouvé de cellules de transition, comme il a été dit plus haut.

Pendant toute la période nymphale, les téguments restent rosés, transparents, et la nymphe est immobile, ramassée sur elle-même en boule, comme les Mammifères hibernants, dans un état de torpeur profonde et continue. Tant que dure cet état d'inertie extérieure, on voit briller d'une lueur fixe, calme, vive, les appareils larvaires qui ne semblent pas prendre part aux métamorphoses internes bouleversant silencieusement l'organisme, en vue des nouvelles fonctions qu'il aura à remplir. Il est bien évident aussi que, pendant toute cette période, la volonté ne peut intervenir en rien dans l'accomplissement du phénomène.

Les organes larvaires persisteront après la transformation de la nymphe, soit en insecte mâle, soit en insecte femelle ; mais chez cette dernière apparaîtront deux organes nouveaux très lumineux, formés par les amas plastidaires dont il a été question tout à l'heure et qui se développent beaucoup; ils occupent les dixième et onzième anneaux, tandis que l'organe larvaire se retrouve dans le douzième et dernier anneau.

Arrivée à son complet développement, la femelle du Lampyre noctiluque conserve son aspect larvaire vermiforme; elle est aptère. Seulement les sternites des trois derniers anneaux restent transparents, jaunâtres et par cette partie terminale et inférieure de l'abdomen s'échappe une belle lumière bleuâtre formant deux bandes transversales, plus fortement éclairante dans la partie antérieure du dixième et du onzième segment. Quand son intensité diminue, il n'y a plus que trois foyers séparés le long de ces bandes, un médian et deux latéraux. Les organes larvaires apparaissent comme un point brillant toujours isolé de chaque côté du dernier anneau. La luminosité s'exagère dans les deux ou trois premiers jours après la métamorphose et reste très belle jusqu'au moment de l'accouplement, lequel dure environ une heure et demie; elle décroît jusqu'à la ponte, qui a lieu de vingt-quatre à quarante-huit heures après la fécondation et s'éteint peu à peu pour devenir à peine visible au moment de la mort : les faibles lueurs qui restent alors s'évanouissent très vite.

Les femelles brillent plus fortement à l'approche du mâle dans les belles nuits de juin et juillet et ne montrent leur splendeur que par les temps calmes, quand la lune, qui semble être pour elles une rivale redoutée, ne luit pas. Elles se cachent aussi dans les soirées humides, pluvieuses et froides : on ne les voit plus alors grimper au sommet des herbes et des branches des buissons, dressant dans l'air leur petit fanal, qu'elles balancent parfois coquettement pour convier le mâle aux joies de l'amour, qui vont causer sa mort. Ne pouvant voler faute d'ailes, au-devant de l'amant attendu souvent pendant de longues soirées et fort avant dans la nuit, faute de voix pour l'appeler, n'ayant pas de vives couleurs pour le séduire, elles brillent, et brillent encore de toutes leurs forces.

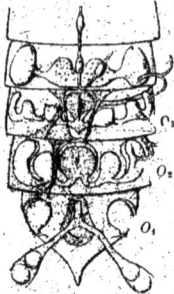

FIG. 127. — Organes photogènes de *Lampyris noctiluca* femelle.
O_1, organe larvaire persistant; O_2, O_3, organes de l'adulte.

Leurs yeux sont petits par rapport à ceux du mâle, qui sont très développés et semblent faits pour aimer la lumière, la boire à pleine coupe et la voir de loin. Lui, il a des ailes, mais il est peu brillant, ne possédant que les deux organes larvaires qui ont persisté à la même place et à peu près avec les mêmes dimensions, mais dans lequel on observe cependant quelques modifications.

La couche réfringente à granulations cristallines a beaucoup augmenté d'importance et, sur une coupe verticale, on voit très nettement la formation de granulations sphérocristallines aux dépens des cellules parenchymateuses. Le petit muscle qui se rend à la face supérieure de l'organe a certainement pour effet d'écarter les deux zones pour permettre l'accès du sang, qui ne peut se faire ici que par la partie postérieure de l'organe (fig. 128).

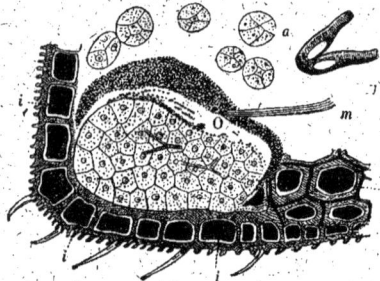

FIG. 128. — Coupe de l'organe mâle (gross. 120 diam.). — a, a, a, a, cellules du corps adipeux; tr, trachées; m, faisceau musculaire; c, couche crayeuse ou radiocristalline; g, granulations libres; p, p, couche parenchymateuse; i, i, i, cellules de l'hypoderme.

Les deux couches sont aussi très distinctes dans l'organe larvaire de la femelle adulte, ainsi que dans les grands organes du dixième et du onzième segment. On peut facilement écarter les couches l'une de l'autre vers leur bord antérieur : elles se continuent sans interruption par le bord postérieur de l'organe et pourraient être comparées à un morceau de frange replié sur lui-même, mais dont la moitié supérieure aurait subi une altération. On distingue très facilement les files de cellules qui composent ces feuillets, et, entre celles-ci, des méats nombreux que les mouvements des muscles intrinsèques et extrinsèques peuvent écarter ou fermer pour régler l'apport du sang entre les deux feuillets (fig. 129). Ces muscles, signalés pour la première fois par R. Dubois, ont été décrits de nouveau par Bongardt, qui porte leur nombre à 6 faisceaux musculaires par organe.

Par leurs extrémités latérales, les organes reçoivent de gros troncs trachéens, qui se ramifient dans tous les lobules, et dont les plus petites branches se dirigent vers la ligne médiane. R. Dubois n'a pas trouvé d'autres filets nerveux que ceux qui se rendent aux faisceaux musculaires. La partie crayeuse ou éteinte est, ici encore, située du côté supérieur ou dorsal.

Ces organes sont directement appliqués sur l'hypoderme et placés au-dessous de tous les autres : chez la femelle, on voit la chaîne nerveuse ganglionnaire (fig. 127) s'appuyer sur le milieu de leur face dorsale.

Chez *Lampyris splendidula*, le mâle possède deux organes blanchâtres aplatis, formés par la réunion des deux lobes latéraux situés du côté ventral des dixième et septième anneaux abdominaux. Les femelles ont aussi des organes semblables, mais celui du dixième anneau est nettement double. On trouve, en outre, quatre à cinq paires latérales, qui ne sont pas toujours absolument symétriques et s'étendent du premier au sixième segment. Leur forme est celle d'une sphère aplatie, et c'est du côté du dos qu'on voit le mieux briller leur lumière blafarde.

La texture des organes lumineux de la *Luciole italique* n'est pas fondamentalement différente de celle des organes du Lampyre noctiluque ; toutefois, la disposition générale n'est pas la même. Ces Insectes sont les plus brillants de nos contrées.

Les deux sexes sont ailés, et on les voit, dans la nuit, lancer des éclairs d'une lumière scintillante, blanche, légèrement teintée de vermeil.

Le mâle possède seulement deux taches lumineuses à l'antépénultième anneau : leur structure est la même que celle des organes de la femelle, chez laquelle ils occupent les trois derniers segments de l'abdomen.

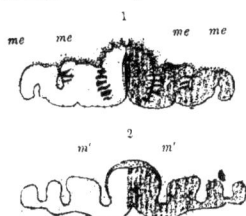

FIG. 129. — Appareil photogène de la femelle adulte de *Lampyris noctiluca* vus par leur face ventrale montrant les files de nos cellules parenchymateuses et les méats *me*, *me* par où le sang circule dans les organes : en 2 *m'*, *m'*, grand méat central entre la couche crayeuse et la couche parenchymateuse.

D'après Emery (70), les plaques lumineuses en continuité directe avec l'hypoderme reposent sur la cuticule transparente : on y distingue deux zones, l'une profonde ou dorsale, opaque, l'autre translucide, toujours composée de cylindres dirigés perpendiculairement à la surface. L'ensemble de ces couches est constitué, en définitive, par des agglomérations de plastides en forme d'*acini* digitiformes accolés les uns aux autres par leur surface latérale.

Dans la zone dorsale, ou à la surface, courent les rameaux principaux des trachées, portant eux-mêmes de petits ramuscules perpendiculaires, qui passent dans la couche ventrale pour aller former l'axe de la partie translucide des *acini*. L'arbre trachéen est entouré de plastides transparents, dont les contours sont difficiles à voir, mais dont les noyaux se colorent assez facilement. La partie transparente est elle-même limitée par de grosses cellules granuleuses en rapport intime avec des éléments semblables de l'*acinus* voisin. Les éléments transparents, granuleux et crayeux, sont morphologiquement équivalents. C'est au niveau des plastides parenchymateux granuleux que se produit la lumière. Quant aux trachées qui pénètrent dans les *acini*, et aux nerfs qui se dirigent vers eux, on ne sait pas exactement comment ils se terminent. Les coupes d'Emery font bien voir que les *acini* ne sont autre chose que le résultat de la prolifération des noyaux de la face profonde de l'hypoderme, ce qui confirme les faits révélés par R. Dubois au sujet de l'étude ontologique de l'appareil lumineux du Lampyre.

Dermott et Chus G. Crane (71) ont étudié la structure des organes photogéniques de certains Lampyrides américains : *Photinus pyralis*, *Photinus consanguineus* et *Photuris pennsylvatica.* Ils ont trouvé que cette structure est en réalité la même, ou très analogue à celle des organes bien étudiés d'autres espèces de Lampyrides. Les figures données par ces auteurs ne laissent voir aucun détail de structure ; malgré cela ils croient pouvoir conclure que la disposition des trachées donne une nouvelle force à cette idée que la production de la lumière est le résultat d'une oxydation directe. C'est l'idée naïve, simpliste, mais désuète du tuyau de forge embrasant le protoplasma, qui renaît de ses cendres, comme le phénix.

R. Dubois a démontré que non seulement les organes lumineux du Lampyre sont d'origine hypodermique, mais qu'il en est de même pour ceux du *Pyrophorus noctilucus.*

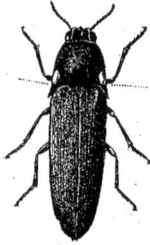

La nymphe de ce superbe Coléoptère, de ce roi, pourrait-on dire, de la gent lumineuse, n'est pas connue. Les deux sexes, à l'état adulte, sont ailés et présentent la même apparence : le mâle est seulement plus petit. L'insecte parfait présente trois fanaux qui émettent une lumière d'une incomparable beauté. Deux sont situés sur le prothorax, et le troisième à la face ventrale du corps, à l'union du thorax et de l'abdomen. Ce dernier n'est visible que lorsque l'insecte relève en haut la pointe de l'abdomen, ce qu'il ne peut faire qu'en écartant les ailes et les élytres : il ne s'en sert que pendant le vol et la natation (fig. 130).

Les organes prothoraciques sont placés longitudinalement près du bord latéral, au-devant de la base des angles postérieurs du prothorax. Ils ne sont séparés de l'extérieur que par une partie amincie du tégument formant une tache ovalaire, jaunâtre et transparente. La couche translucide de chitine est doublée, à sa face profonde, d'une mince couche membraneuse d'hypoderme renfermant des trachées et des nerfs et que l'on avait considérée comme l'enveloppe de l'organe lumineux, quand elle n'est pour ainsi dire que sa matrice. On retrouve encore ici deux couches distinctes : une couche de cellules parenchymateuses tournées du côté de l'hypoderme, et une couche crayeuse plus profonde. Entre les deux existe un vaste méat qui peut largement s'ouvrir et recevoir le sang de la cavité générale, lorsque les muscles extrinsèques ou intrinsèques se contractent. Un gros tronc trachéen envoie, comme à l'ordinaire, ses ramifications dans la profondeur de l'organe (fig. 131).

Fig. 130.
Pyrophorus noctilucus
(grandeur naturelle).

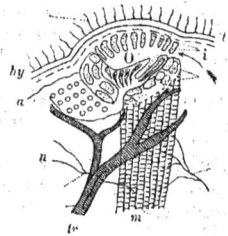

L'organe ventral, de beaucoup plus puissant que chacun des foyers prothoraciques, est une dépendance du premier anneau abdominal : il occupe la région intermédiaire du sternite et du premier zonite de l'abdomen. Dans l'attitude du repos, c'est-à-dire quand les ailes sont fermées, si l'on pratique une coupe antéro-postérieure médiane divisant l'animal en deux parties symétriques, en voit que l'appareil lumineux, s'il n'est pas en activité, a la forme d'un bissac, dont l'ouverture serait tournée du côté de la cavité abdominale. Les deux sacoches de ce bissac, plus développées dans le sens transversal, occupent une partie de l'espace laissé libre entre l'abdomen et le thorax. Leur section moyenne est comprise dans un espace triangulaire à sommet dirigé en bas, et dont la base est occupée par une membrane mince, tandis que le côté antérieur et une partie du côté postérieur représentent la substance chitineuse épaissie du tégument des deux anneaux contigus.

Fig. 131. — Coupe schématique antéro-postérieure d'un organe photogène prothoracique de Pyrophore.
O, organe photogène ; t, tégument ; hy, hypoderme ; a, corps adipeux ; n, nerf ; tr, trachée ; I, ouverture du sinus sanguin.

Si au contraire on examine la plaque ventrale quand l'animal est dans l'attitude du vol, l'appareil lumineux vu de face prend la forme d'un écusson accolé à la partie antérieure et inférieure du premier zonite abdominal, dont elle occupe presque toute la région moyenne et inférieure. La plus grande largeur est suivant une ligne transversale marquée par un sillon, qui divise la plaque en deux parties inégales : elle est, en moyenne, de 4 à 5 millimètres. Dans ce sillon transversal s'ouvre à angle droit un sillon plus court, antéro-postérieur, répondant seulement au tiers antérieur de la ligne médiane. Le bord antérieur sinueux présente à sa partie moyenne une échancrure indiquant l'origine du sillon antéro-postérieur. Dans l'extension, le bissac forme une poche unique. Le sillon antéro-postérieur et le sillon transversal correspondent à un hiatus I creusé dans l'épaisseur de l'organe et communiquant par la branche antérieure avec la cavité générale du côté du métathorax. On peut s'en assurer facilement en injectant dans celle-ci un liquide coloré, qui gonflera la poche et dessinera par transparence la forme et le trajet des lacunes, que l'on voit d'ailleurs facilement sur une coupe horizontale de l'organe en état d'extension (fig. 132). Chez les Pyrophores jeunes, les coupes qu'on pratique dans la zone superficielle montrent que le pourtour de l'écusson

est bordé par des amas mûriformes de jeunes éléments nés de la prolifération des cellules de la face interne de l'hypoderme, réduit ici à une couche très mince, constituée principalement par la cuticule transparente qui forme la paroi externe de la couche lumineuse. De ces amas

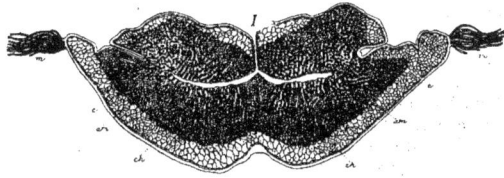

Fig. 132. — Coupe horizontale de l'appareil lumineux ventral du Pyrophore noctiluque.
I, hiatus ou sinus central antérieur et lacunes ou méats latéraux ; m, m, muscles latéraux intrinsèques écarteurs des méats sanguins et tenseurs de la plaque ventrale.

de proliférations, d'origine évidemment hypodermique, partent des files de cellules parenchymateuses se dirigeant vers les bords des méats, d'où elles se réfléchissent vers les parties profondes de l'organe.

Cette couche profonde, dorsale ou supérieure, est la zone crayeuse, formée de plastides remplis de granulations arrondies plus ou moins transformées en sphéro-cristaux (fig. 133).

La position de cette zone est facile à déterminer dans son ensemble par les coupes transversales antéro-postérieures pratiquées perpendiculairement au plan abdominal et non parallèlement à celui-ci, comme dans la figure 132.

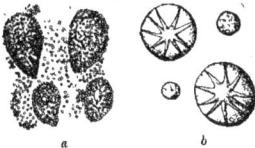

Fig. 133. — Cellules de l'appareil photogène du Pyrophore noctiluque.
a, granulations de luciférine résultant de la fonte glandulaire ; b, granulations transformées en radio-cristaux.

De la deuxième paire de stigmates, dont l'obturation ne peut jamais être complète, partent deux troncs trachéens qui viennent s'étaler à la face supérieure de la zone crayeuse, où ils forment une couche épaisse. De nombreux rameaux partent de ces branches et se rendent dans la couche parenchymateuse, où ils se divisent à l'infini, en se contournant pour enlacer les plastides à la surface desquels ils se terminent vraisemblablement. Mais il est difficile d'être affirmatif sur leur mode de terminaison, qui n'a pu d'ailleurs être élucidé par les nombreux histologistes qui se sont occupés de cette question chez les Lampyrides. HEINEMANN (72) a prétendu qu'ils pénétraient dans les plastides et les enfilaient comme les perles d'un collier. Ce mode de terminaison n'a pu être retrouvé par R. DUBOIS et divers autres auteurs.

Au-dessus du plan constitué par les gros troncs trachéens, s'appliquent de minces couches musculaires, dont les fibres sont dirigées dans le sens antéro-postérieur et vont du thorax à l'abdomen.

Sur la partie médiane de ce plan musculaire passe la chaîne ganglionnaire et, au-dessus de celle-ci, le tube digestif, à la surface duquel on voit ramper les canaux urinaires : enfin, de part et d'autre, sont situés les tubes ovigères, qui pénètrent dans le thorax.

Comme je l'ai dit déjà, la paroi extérieure de la poche est formée par la cuticule qui est anhiste ; mais, à sa face profonde, on distingue une mince membrane chitinogène avec les plastides sécrétant la chitine. Au-dessus de ceux-ci, espacés assez régulièrement, existent de petits groupes composés de deux corpuscules placés de chaque côté d'un plastide plus volumineux. Ce sont les vestiges des éléments formateurs de l'organe lumineux, ou bien simplement des poils tactiles avortés.

Les cellules de la partie non crayeuse ou parenchymateuse, nées des amas mûriformes hypodermiques, se rangent en files quelquefois ramifiées. Celles-ci paraissent entourées d'une très mince membrane diaphane et, le long des files, on trouve des noyaux allongés rappelant un peu par leur disposition ceux du sarcolemme : peut-être s'agit-il seulement de noyaux trachéens.

Les cellules parenchymateuses sont légèrement aplaties vers leur point de contact : elles présentent un noyau volumineux facilement colorable par l'hématoxyline. Le protoplasme est plus dense à la partie externe, plus clair autour du noyau et contient, principalement dans la périphérie, une grande quantité de fines granulations.

La zone crayeuse est formée de plastides plus ou moins reconnaissables, ayant subi la dégénérescence granuleuse et remplis de radio-cristaux provenant de leur désagrégation. Lorsqu'on examine une coupe de cette couche à la lumière réfléchie, ou à la lumière polarisée, on croirait qu'elle luit par elle-même, tant elle est brillante : on la trouve au contraire opaque à la lumière transmise ; le protoplasme des plastides ne fixe plus les réactifs colorants.

Outre les *muscles extrinsèques* dont nous aurons à nous occuper à propos du fonctionnement de l'organe, il existe dans celui-ci quatre *muscles intrinsèques* : deux antérieurs et deux latéraux.

Les muscles antérieurs sont constitués par deux minces bandelettes horizontales situées de part et d'autre de la ligne médiane. Leurs fibres sont dirigées d'arrière en avant et un peu de dedans en dehors : elles s'insèrent, à leur extrémité antérieure, sur le bord postérieur de l'antothorax et, en avant, à la face profonde de la membrane hypodermique, à l'endroit où elle se recourbe pour former le rebord antérieur du sac.

Les muscles latéraux se fixent, d'une part, sur ce même rebord et, de l'autre, aux angles externes et antérieurs du premier anneau abdominal. On ne peut suivre les nerfs du deuxième ganglion abdominal se rendant à la plaque ventrale que jusqu'aux muscles et sur les parois des trachées dans lesquels ils se perdent en filaments extrêmement déliés et flexueux. On n'a pu découvrir aucun filament nerveux se rendant dans le tissu photogène, ni aucune terminaison particulière.

Il est nécessaire d'avoir une idée très complète de l'organisation du Pyrophore noctiluque avant d'aborder l'étude expérimentale qui a fourni à R. Dubois tant de faits nouveaux.

Physiologie de l'Insecte lumineux. — Le Pyrophore noctiluque de la belle race des Antilles a été choisi par R. Dubois de préférence à tout autre Insecte lumineux, non seulement à cause de la grande supériorité et de la beauté de sa lumière, mais parce que c'est un Coléoptère robuste, facile à nourrir en captivité et se prêtant admirablement à tous les genres d'expériences, en un mot, un véritable animal de laboratoire. Si, au lieu de s'attaquer à de chétifs Lampyrides, difficiles à manier et à observer, tels que les Lucioles, les Photuris américains, les Lampyres, etc., on s'était adressé tout de suite aux Pyrophores, il y a longtemps que les divergences qui se perpétuent parmi les savants auraient cessé.

R. Dubois a poursuivi l'étude de la physiologie du Pyrophore, pris comme type, dans l'ordre suivant : 1° Pyrophore normal considéré dans son milieu normal; 2° Pyrophore normal dans des milieux anormaux ; 3° Pyrophore anormal dans des milieux normaux ; 4° Pyrophore anormal dans des milieux anormaux.

Le Pyrophore noctiluque est un Coléoptère de la famille des Elatérides, très voisine de celle des Lampyrides, malgré les différences extérieures parfois très grandes qui servent à les séparer : il se range dans la tribu des Pyrophorides, qui ne contient que les deux genres *Pyrophorus* et *Photophorus*.

Le Pyrophore noctiluque est construit comme notre Taupin, mais il est beaucoup plus grand et s'en distingue par la présence des organes lumineux.

Cependant toutes les espèces de Pyrophores ne sont pas lumineuses; il y en a qui semblent avoir perdu leur foyer ancestral, car on ne retrouve plus sur leur prothorax que la place des organes lumineux, qui sont là comme des lanternes éteintes.

Le Pyrophore, que l'on appelle *cœcus*, improprement, puisqu'il n'est pas aveugle, aurait mieux mérité le nom d' « *extinctus* ». Les espèces éteintes vivent cependant à côté des autres. Le genre renfermait 77 espèces, en 1886, mais quelques autres ont été signalées depuis cette époque. Vingt-trois habitaient entre l'équateur et le 30e degré de latitude nord, 54 étaient cantonnées dans l'hémisphère austral; toutes sont distribuées dans une zone remarquablement limitée, puisqu'elle s'étend au 30e degré de latitude nord au 30e degré de latitude sud, entre le 40e et le 180e degré de longitude : presque toutes sont donc américaines, à l'exception de quelques-unes qui sont océaniennes.

Les Nègres de la Guadeloupe leur ont donné des noms qui rappellent le bruit qu'ils font avec leur corselet et avec leurs ailes quand ils prennent leur vol le soir : ils les appellent *Labelle, Clindindin, Clinclinbois*. Les anciens Espagnols les appelaient *Cucuyo, Cucullo, Cucujo*, mots dérivés de celui de *Locuyo* employé par les Indiens.

Aux Antilles, où ces animaux vivent en grand nombre, ils se montrent à la saison des pluies, de la fin mars jusqu'en septembre, mais il est probable qu'ils vivent plus longtemps, deux ans peut-être, car on retrouve en mars des femelles pleines d'œufs et des larves. Du reste, dans ces pays, les saisons ne sont pas très accentuées, et les époques du développement peuvent être variables. Ce sont des Insectes lécheurs, qui, à l'état parfait, se nourrissent de jus de Canne à sucre, particulièrement. Les larves se creusent des galeries dans les vieux bois; pendant une partie de leur vie, elles sont lignivores. A une certaine période, elles mangent de la moelle des roseaux et des palmiers. Au Mexique, on garde les Pyrophores adultes en captivité quatre semaines en leur donnant de la Canne à sucre et des fleurs de Pluméria. Ils doivent être baignés une fois par jour dans l'eau fraîche. Je les ai conservés, à Paris, pendant aussi longtemps en les nourrissant avec des dattes fraîches, des bananes, des troncs de Laitues, des rondelles de Carottes. Ils aiment beaucoup les meringues et ingèrent également le glucose, le sucre de raisin, le galactose, la mannite, sans que leur pouvoir photogénique soit modifié. L'eau surtout leur est indispensable, mais, quelle que soit la quantité de nourriture qu'ils prennent, leur poids va toujours en diminuant.

C'est grâce aux envois de M. Guède, de la Guadeloupe, que R. Dubois a pu faire ses nombreuses recherches sur les Pyrophores et les conserver bien vivants, en été, pendant six semaines à Paris. Ils étaient expédiés des Antilles dans des boîtes en bois contenant des tronçons de bois vermoulus et creusés de galeries. Les caisses ne recevaient le jour que par une ouverture étroite fermée par une toile métallique pour empêcher la trop grande lumière pendant le jour et le dessèchement. Dans l'intérieur des boîtes, on avait placé des tiges de canne à sucre fendues en deux moitiés suivant leur longueur. Chaque moitié du cylindre était creusée d'une gouttière longitudinale. En appliquant l'une contre l'autre les deux surfaces de section, on avait au centre de la tige un canal dans lequel les Pyrophores trouvaient réunies toutes les conditions favorables à leur conservation. On évite ainsi un dessèchement trop rapide de la canne à sucre et on peut chaque jour mettre à nu les couches plus profondes dont s'écoule une nouvelle quantité de suc : le même fragment peut ainsi servir pendant plusieurs jours.

Les Pyrophores se rencontrent surtout dans les endroits chauds et humides, médiocrement élevés. Ils sont très nombreux sur la lisière des bois, dans les plantations de canne à sucre. Pendant le jour, ce n'est qu'accidentellement qu'on les aperçoit : ils se tiennent ordinairement cachés dans les feuilles et semblent affectionner particulièrement les parties verdoyantes. Ils sont, à ce moment, toujours engourdis, comme du reste tous les Insectes crépusculaires, leur marche est lente et difficile ; la lumière du jour paraît les plonger dans un état hypnotique, qui expliquerait pourquoi ils sont fascinés par une vive clarté. Le soir, leur vol est très court et ne dure pas plus de deux à trois heures.

Pendant la nuit, si l'on approche d'eux une lumière quelconque, leurs feux s'éteignent : ils deviennent immobiles, ainsi que les Lampyres par le clair de lune. Aussi, quand cet astre brille, se réfugient-ils dans les parties sombres des forêts.

Lorsque le soir arrive, on les voit s'agiter, même en captivité, *à des heures déterminées*. Les place-t-on dans le cabinet noir, c'est-à-dire dans des conditions où ils ne peuvent apprécier ni le jour et la nuit, ils éclairent cependant leurs appareils vers sept heures du soir avec une grande régularité. Comment expliquer cette singulière périodicité qui s'observe dans les mêmes conditions chez les végétaux sommeillants tels que la Sensitive? Cette concordance spontanée entre la période d'activité de l'insecte et l'apparition de son pouvoir éclairant est intéressante à noter, car on verra bientôt qu'il existe une relation fonctionnelle entre ces deux phénomènes.

Le soir donc les Pyrophores prennent leur vol, en dardant leurs rayons de tous les côtés. Ils produisent à la limite des forêts un effet véritablement féerique qui, de tous temps, a frappé les voyageurs. « Ce sont, disait un auteur du xviie siècle, le Père DUTERTRE, comme de petits astres animés, qui dans les nuits les plus obscures, remplissent l'air d'une infinité de belles lumières, qui éclairent et brillent avec plus d'éclat que les astres qui sont attachés au firmament. »

Au moment de la conquête du Nouveau-Monde, les Indiens s'en servaient à divers usages : pour la pêche, pour la chasse, et, en temps de guerre, ils en faisaient, pendant la nuit, d'excellents télégraphes optiques, car leur flamme ne craint ni la pluie, ni le vent. Ils avaient aussi coutume de suspendre ces Insectes au plafond de leurs cases, pour s'éclairer et éloigner les Moustiques et les Serpents. Dans les réjouissances publiques, les indigènes s'en frottaient le visage et obtenaient ainsi un masque lumineux du plus curieux effet. On raconte que les femmes au Mexique s'en servent comme de parure pouvant rivaliser, le soir, par l'éclat de leurs feux, avec les plus beaux bijoux.

Les premiers missionnaires arrivés aux Antilles nous apprennent que, lorsqu'ils manquaient de chandelle, chacun prenait en sa main un Cucuyo pour lire matines, et que les choses n'en allaient pas plus mal.

Leurs feux sont si vifs qu'à l'époque où les Anglais arrivèrent en Amérique, une de leurs troupes se réfugia précipitamment sur les vaisseaux parce qu'elle avait pris les Pyrophores voltigeant sur les buissons pour les mèches des arquebuses espagnoles.

Les ouvrages des premiers explorateurs de l'Amérique sont pleins d'anecdotes analogues, qui prouvent assez combien ils furent frappés par la beauté et l'originalité de ces lumières vivantes.

Pendant la marche, les deux appareils prothoraciques brillent seuls : la lanterne ventrale ne s'éclaire que pendant le vol ou la natation.

Détermination expérimentale du bilan énergétique du Pyrophore en fonction de son éclairage. — Dans son livre sur les Élatérides lumineux, R. Dubois (64, p. 369-377) a déterminé expérimentalement les relations existant entre la dépense faite par le Pyrophore éclairant et non éclairant et comparé la dépense de ses combustions avec celles des foyers ordinaires d'éclairage usuel.

La dépense du Pyrophore, encore qu'à son activité générale soit joint le rayonnement d'une quantité d'énergie lumineuse relativement considérable dans le milieu ambiant, est bien faible, si on la compare à celle d'une bougie par exemple.

Échanges respiratoires. — Vingt Pyrophores furent enfermés pendant trois jours et trois nuits dans un flacon de verre plat posé horizontalement; ce récipient, dont la forme permettait aux Insectes de se mouvoir librement, avait une contenance de 300 c. c. La composition de l'air dans lequel les vingt Insectes avait respiré fut déterminée matin et soir, après un séjour de douze heures de nuit et de douze heures de jour : à la suite de chaque analyse, l'air était renouvelé avec soin.

L'analyse de l'air a donné les chiffres suivants :

	cent. cubes.
Oxygène absorbé pendant le jour :	
Premier jour.	16,9
Deuxième jour.	24,2
Troisième jour.	20,6
Acide carbonique exhalé pendant le jour :	
Premier jour.	15,7
Deuxième jour.	21,3
Troisième jour.	18,3

cent. cubes.

Oxygène absorbé pendant la nuit :
    Première nuit. 32,7
    Deuxième nuit. 34,7
    Troisième nuit. 37,5

Acide carbonique exhalé pendant la nuit :
    Première nuit 21,4
    Deuxième nuit. 22,3
    Troisième nuit. 28,2

L'examen de ces différents chiffres indique que des Pyrophores absorbent toujours plus d'oxygène en volume qu'ils ne rejettent d'acide carbonique, et que le rapport $\frac{CO^2}{O^2}$ s'éloigne beaucoup plus de l'unité la nuit que le jour.

En outre, la consommation d'oxygène et l'excrétion de l'acide carbonique se sont toujours montrées plus fortes la nuit que le jour.

Le récipient ne renfermait aucune trace d'excréments; l'air analysé ne paraissait pas contenir de produits gazeux particuliers susceptibles d'expliquer l'emploi de l'oxygène disparu; il n'y avait non plus aucune trace d'ozone dans le flacon, ni même dans l'air contenu dans l'arbre trachéen, air que l'on pouvait extraire facilement par le vide.

La quantité d'acide carbonique produite pendant les trois jours par vingt Pyrophores avait donc été de 55cc,3, et, pendant les trois nuits de 71,9, soit en tout, de 127cc,2.

D'autre part, le poids des vingt Insectes était de :

gr.
    Avant l'expérience 8,95
    Après   —   8,32
    La perte avait donc été de. 0,63
    Soit environ 0gr,03 par Insecte.

Mais le poids de 127cc,2 d'acide carbonique étant de 0gr,249, cette quantité d'acide carbonique représente moins de 0gr,06 de carbone.

L'excédent de la perte du poids doit être attribué en grande partie à la vapeur d'eau exhalée, car il n'y avait pas de traces d'excréments dans le flacon.

Si, par la pensée, on compare la dépense d'un foyer par combustion, quel qu'il soit, avec celui des vingt Coléoptères qui ont donné ces résultats, il est déjà difficile d'admettre que l'énergie lumineuse produite soit le résultat d'une vulgaire combustion de carbone, surtout si l'on considère que l'acide carbonique exhalé représente le produit de tout l'organisme, et que, d'autre part, la consommation de l'oxygène pendant la nuit n'a été supérieure à celle du soir que de 42cc,4 pendant toute la durée de l'expérience pour les vingt Pyrophores.

D'autres considérations tirées non de la connaissance des échanges respiratoires, mais du mécanisme de la respiration, tendent également à faire rejeter cette hypothèse des anatomistes et de quelques physiologistes, que les trachées agissent sur le cytoplasme à la manière des tuyaux de forge alimentant un brasier.

Mouvements respiratoires. — Les mouvements qui entretiennent la ventilation trachéenne chez notre Taupin lumineux sont localisés dans l'abdomen et on peut les enregistrer au moyen d'un dispositif très simple.

Il se compose d'un levier assez long, mais très léger, formé d'une paille ou d'une mince tige d'aluminium. Près de son axe de rotation est situé un petit cylindre de moelle de sureau qui s'appuie sur les tergites de l'abdomen. La pointe du levier inscrit la courbe de leurs mouvements sur un cylindre enregistreur. Les tergites sont facilement mis à nu, en pratiquant une fenêtre par l'ablation d'une partie des élytres et des ailes. L'animal est fixé par le thorax et le prothorax sur un petit support de liège, au moyen de quelques gouttes de paraffine fusible à 45°. On constate alors facilement que les mouvements d'expiration coïncident avec l'affaissement et l'excavation des tergites abdominaux et que, à l'instant où ils se produisent, la pointe de l'abdomen se relève. Or, c'est précisément ce même mouvement qui se manifeste au moment où les appareils ventraux se démasquent en resplendissant de leur plus vif éclat.

De plus, quand on excite la sensibilité périphérique, les tracés indiquent, comme chez beaucoup d'autres animaux, un mouvement d'expiration prolongé; celui-ci est justement accompagné d'une apparition ou d'une augmentation de la luminosité.

Ajoutons encore que la paraffine permet d'obturer les stigmates par où l'air pourrait *directement* pénétrer dans les trachées des organes photogènes, sans que cependant l'activité de ceux-ci paraisse en être modifiée. D'ailleurs, l'occlusion du stigmate droit, par exemple, n'entraîne pas une diminution de lumière de ce côté. Il en est de même pour le prothorax par rapport à l'abdomen, et réciproquement, si l'on immerge dans l'eau, soit la partie antérieure du corps, soit la moitié postérieure. Toutefois, le libre exercice de la respiration est nécessaire au fonctionnement des organes photogènes, mais nous verrons plus loin pourquoi il n'est pas sous la dépendance du jeu de tel ou tel des stigmates considérés par certains auteurs comme des ouvertures de réglage pour l'apport de l'air, capables d'exagérer ou de modérer une prétendue combustion photogène semblable à celle de nos appareils de chauffage.

Les faits anatomiques relatifs à l'arbre respiratoire du Pyrophore plaident également contre la théorie des « tuyaux de forge ».

Les stigmates abdominaux sont en partie situés dans une gouttière longitudinale suivant le bord latéral des tergites, et transformée en une sorte de canal distribuant l'air à tous les orifices respiratoires de cette région. L'ouverture stigmatique des troisième, quatrième, cinquième, sixième, septième et dernier tergites a la même forme, et ne peut se fermer. Le stigmate du deuxième anneau est déjà plus grand, et possède un petit clapet, mais celui du premier a des dimensions quadruples de celles des autres. Celui-ci peut s'obturer complètement par le rapprochement des lèvres dont ses bords sont garnis. Il ne se découvre que dans le vol, et semble destiné à augmenter la ventilation pendant cet exercice. Le stigmate mésothoracique situé entre le bord postérieur du prothorax et le bord antérieur du mésothorax, peut aussi se fermer par un dispositif très spécial, et qu'on ne rencontre pas chez d'autres Insectes. Quant au stigmate prothoracique, il est situé de chaque côté du ressort du saut, en dessous. Mais ce qu'il faut retenir surtout, c'est qu'il existe de nombreuses anastomoses entre les différents troncs principaux, et au moyen desquels la respiration pourrait continuer à s'effectuer partout, alors qu'il ne resterait qu'un seul stigmate ouvert. De chacun des petits stigmates de l'abdomen, part un tronc très court, relié immédiatement par une large branche anastomotique avec celui qui le suit ou qui le précède. L'ensemble de ces conduits forme un large canal trachéen collecteur parallèle au bord de l'abdomen. C'est du deuxième et non du premier stigmate abdominal, qui est pourtant le plus grand, que vient le tronc se rendant à l'organe lumineux ventral. Après avoir fourni ses branches anastomotiques, il envoie seulement un tout petit rameau vers les bords de l'organe photogène, où celui-ci se divise en deux autres : l'un pour la face superficielle, et l'autre pour la face profonde.

L'appareil prothoracique et ses muscles intrinsèques reçoivent des rameaux du canal collecteur, qui est constitué par la branche ascendante d'un gros tronc venu du stigmate mésothoracique et, en outre, des rameaux profonds de la trachée du stigmate prothoracique. Il est manifeste qu'il n'y a pas de ventilation spéciale pour les organes, et que le grand développement des trachées dans le thorax est surtout en rapport avec la fonction du saut, de la marche et du vol, qui nécessitent une importante musculature.

A ces quelques indications anatomiques, auxquelles R. Dubois a donné un grand développement dans son livre sur les Élatérides, nous en ajouterons plusieurs autres qui pourront servir à l'intelligence de ce qui va suivre.

L'*appareil circulatoire* est constitué comme chez tous les Coléoptères, et les particularités qu'on y rencontre ne sont guère intéressantes qu'au point de vue du saut.

L'étude complète du *système nerveux* a été faite également par R. Dubois (64). Elle était nécessaire à un double point de vue : d'abord pour déterminer l'origine des nerfs qui se rendent aux organes photogènes, ensuite parce que la connaissance de sa topographie était indispensable pour pratiquer des opérations de vivisection, dont il sera question plus tard. Il est à remarquer d'abord que le ganglion prothoracique envoie une paire de nerfs aux pattes, et un filet nerveux de chaque côté se dirigeant en arrière des appareils lumineux, pour distribuer ses rameaux aux muscles avoisinants. Il a été impossible de constater l'existence de filets nerveux se rendant à la substance photogène.

Le premier ganglion abdominal émet une paire de longs filets nerveux qui suivent les connectifs en descendant; puis ceux-ci s'écartent brusquement, en prenant une position perpendiculaire à la première, pour se rendre dans les parties situées sur les côtés du premier anneau abdominal et aux stigmates de cet anneau; de leur point de courbure se détache un mince filament qui innerve les *muscles* de l'organe lumineux central.

Action des agents mécaniques, physiologiques, physiques et chimiques sur la fonction photogénique chez le Pyrophore.

Action des agents mécaniques. — Les chocs, les ébranlements mécaniques agissent en exagérant l'intensité de la lumière à toutes les périodes du développement, aussi bien chez l'œuf et chez la larve que chez l'insecte parfait. Il existe donc, en dehors de l'action du système nerveux, qui est indirecte, comme on le verra plus tard, une irritabilité photogénique cellulaire, puisqu'on la constate sur l'œuf du Pyrophore aussi bien que chez la Noctiluque. Les excitations mécaniques ne restent sans résultats que par suite de la fatigue, si elles sont trop prolongées ou trop répétées.

L'extinction de la lumière par épuisement peut être mise en évidence de la façon suivante :

On place des Pyrophores dans un flacon de verre cylindrique fixé horizontalement à l'extrémité d'un des rayons d'une roue tournant dans le plan vertical, de façon qu'il soit animé d'un mouvement excentrique, l'axe du flacon ne se confondant pas avec celui de la roue. Dans ces conditions, les Insectes sont projetés sur les parois du flacon avec une violence et une rapidité qui varient suivant la marche du moteur : avec 60 tours par minute, ils subissent autant de chocs successifs d'une intensité toujours la même, à des intervalles de temps égaux, soit un choc par seconde. Au bout de deux à trois heures, les chocs ne produisent plus de lumière : tous les Insectes placés dans le flacon sont éteints; les uns ont cessé de briller longtemps avant les autres, selon le degré de résistance, qui varie, d'ailleurs, avec chaque individu. Cependant, ces petits animaux éteints peuvent encore exécuter des mouvements, et la sensibilité générale ne paraît pas profondément atteinte.

En prolongeant l'expérience, on constate, après avoir immobilisé l'appareil, qu'aucune excitation nouvelle ne peut faire reparaître la lumière. Celle-ci ne reparaît spontanément qu'au bout d'un temps fort long, dont la durée peut atteindre douze, vingt-quatre ou trente-six heures, selon que tous les Insectes sont restés plus ou moins longtemps soumis à l'influence des chocs. A l'état normal, il suffit de promener à la surface des téguments un pinceau de blaireau ou les barbes d'une plume, pour voir aussitôt apparaître la lumière dans les organes prothoraciques. Le résultat est obtenu, quel que soit le point du corps touché ; cependant, la sensibilité est plus vive sur les bords de l'abdomen, et principalement à l'extrémité du corps du côté des armures génitales. Il n'est même pas nécessaire de toucher le tégument, mais seulement les poils tactiles dont il est parsemé.

La plaque ventrale actionnée directement s'illumine de même que les plaques thoraciques, mais plus difficilement cependant. Ces dernières réagissent encore quand, à l'aide d'un scalpel, on a enlevé la petite calotte de chitine protectrice portant des poils tactiles; ils sont donc directement excitables.

Chez des Insectes qui, pour des raisons diverses, ne répondent plus aux excitations tactiles, le renversement forcé du prothorax en arrière fait reparaître aussitôt la luminosité, mais elle cesse dès que l'on fléchit fortement le prothorax en avant. En alternant ces mouvements, on obtient une série de lueurs et d'extinctions successives. Une pression exercée sur l'abdomen et sur le thorax fait briller de nouveau les appareils éteints soit par les toxiques, soit par épuisement, parce qu'elle provoque une poussée de sang dans les appareils lumineux, poussée qui, chez l'individu normal, se fait spontanément par le mécanisme qui sera exposé plus loin.

On peut dire que chez le Pyrophore normal les *excitations mécaniques* amènent toujours de la lumière, ou exagèrent son intensité. Si l'animal n'est pas épuisé par la fatigue ou la maladie, il est incapable de résister à ce résultat immédiat de l'excitation, qui dénonce sa présence, alors précisément qu'il cherche à se soustraire aux poursuites. On ne peut mieux, sous ce rapport, comparer l'état lumineux qu'à celui de la veille, et l'état d'extinction qu'à celui du sommeil. Quoi que l'on fasse, on ne saurait, dans le sommeil normal, échapper au réveil, qui toujours sera amené par une excitation mécanique externe. Toutefois, en dehors des excitations périphériques et de tout mouvement extérieur et apparent de l'animal, la lumière peut se montrer subitement dans les appareils ; de même, les mouvements se produisent spontanément sans qu'il y ait éclairage. Ainsi, on verra souvent un Pyrophore se mettre en marche sans éclairer ses lanternes ; on peut même dire que c'est la règle quand il se meut dans un espace très éclairé. Les petites larves réagissent aussi aux excitations mécaniques. Quand on remue doucement les fragments de bois pourris où elles vivent, on voit ceux-ci se couvrir tout à coup de constellations brillantes, et l'on est surpris qu'un aussi bel effet puisse être produit par des êtres qui n'ont parfois qu'un à deux millimètres de longueur. Si le mouvement cesse, tout rentre dans l'ombre. Cette propriété a été mise à profit par R. Dubois pour fixer le siège des organes lumineux des larves de Pyrophores découvertes par lui. Nous avons déjà dit que le choc mécanique augmente la lumière de l'œuf, et il convient d'ajouter que le fait se produit même avant qu'il ait subi la moindre différenciation.

On peut donc déjà conclure de l'ensemble de ces faits que, chez l'Insecte, l'intervention des systèmes nerveux et musculaire, des appareils respiratoire et circulatoire ne constitue pas une condition nécessaire à l'exercice du phénomène fondamental de la fonction photogénique, même sous le rapport de l'action des excitants mécaniques extérieurs.

Pour rechercher l'influence des *vibrations rapides*, R. Dubois a placé des Pyrophores dans une petite cuvette cylindrique de verre mince, fixée, à l'aide de la cire à modeler, à l'extrémité d'une des branches du diapason, dont les vibrations étaient entretenues par un électro-aimant.

Dans une première expérience, on se servit d'un diapason donnant deux cent cinquante vibrations doubles par minute. Le son était en grande partie supprimé par la présence de la petite cuvette. Quand le diapason entrait en mouvement, très rapidement on voyait la lumière baisser, puis s'éteindre dans les appareils prothoraciques ; mais elle reprenait presque aussitôt avec son intensité ordinaire, lorsque les vibrations cessaient.

L'effet produit dans ces conditions ne peut être attribué qu'à l'ébranlement moléculaire, qui a une influence diamétralement opposée à celle des excitations mécaniques ordinaires. Avec un diapason donnant seulement cent vibrations, R. Dubois n'a rien obtenu de semblable : il y avait plutôt de l'excitation ; la rapidité des vibrations semble donc jouer un rôle prépondérant.

Action du son. — Les *vibrations sonores* paraissent sans action sur les manifestations lumineuses. Les Indiens croyaient autrefois que les chants attiraient les Pyrophores ; cette croyance s'est conservée chez les nègres des Antilles, qui les poursuivent en frappant sur des vases ou des ustensiles de métal d'une manière rythmique, en criant : « *Labelle, Labelle, Labelle, Clindin-din, Clin-clin-bois* ».

Mais c'est en vain que R. Dubois a cherché à modifier à volonté le jeu des appareils lumineux au moyen des sons musicaux les plus variés ; et, même lorsque les *Cucujos* sont entrés dans la période du repos, il faut produire un bruit assez violent pour les forcer à éclairer.

Action de la lumière. — Nous avons vu (p. 314) qu'à la chute du jour les Pyrophores s'agitent, allument leurs lanternes et prennent leur vol. Ce fait est aussi difficile à expliquer que les exacerbations vespérales de la fièvre dans certaines maladies. On peut alors se demander si le Pyrophore produit de la lumière parce qu'il a besoin de s'éclairer pour se guider, ou bien si l'apparition de la lumière n'est que le résultat de la suractivité vespérale. En tout cas, la chute de l'éclairage extérieur n'est pas la cause directe de cet allumage. Nous savons que des Pyrophores enfermés dans le cabinet noir pendant plusieurs jours éclairaient leur lanterne à la chute du jour, dont ils étaient privés, de même que la Sensitive prend l'attitude du sommeil à heure fixe dans l'obscurité continue.

Nous étudierons plus loin le rôle de la lumière des lanternes du Pyrophore dans la marche, le vol et la natation (V. p. 354, du rôle de la biophotogénèse).

Les expériences de R. Dubois (64, p. 209-212) ont montré que les Pyrophores recherchent le jour les radiations qu'ils produisent eux-mêmes, c'est-à-dire les rayons verts et jaunes. On sait que la longueur d'onde moyenne de leur lumière est voisine de la raie du *thallium*, qui signifie *rameau vert*, et il n'est pas surprenant que ces insectes se tiennent de préférence dans le jour à la face intérieure des feuilles vertes. Il est remarquable aussi qu'ils fuient la trop grande lumière, et recherchent au contraire les rayons possédant la plus forte intensité visuelle et la plus puissante intensité éclairante. On peut dire que ces petits animaux préfèrent la bonne qualité à la grande quantité, et qu'il y a là un enseignement dont on devrait toujours tenir compte. Les expériences de R. Dubois montrent, en outre, que les Insectes savent distinguer les différentes couleurs du spectre, comme l'avait déjà démontré, avec les Daphnies, son maître Paul Bert.

Heinemann a vu que non seulement la clarté du jour, mais même celle d'une lampe à pétrole peut faire cesser le soir le mouvement et la clarté des *Cucuyos*, et c'est ce que cet auteur a appelé, l' « action ensommeillante et inhibante » de la lumière. R. Dubois a contrôlé l'exactitude du fait rapporté par Heinemann, mais il a fait remarquer qu'il ne s'agissait pas, à proprement parler, d'une action inhibante, puisque les Pyrophores sont attirés par les lumières vives, qui les éblouissent, ainsi que les autres insectes nocturnes.

Divers auteurs ont prétendu que les organes lumineux des Lampyrides ont la faculté de condenser, pendant le jour, la lumière solaire pour l'émettre ensuite dans l'obscurité, comme les sulfures phosphorescents. Ce point était d'autant plus utile à examiner qu'il existe (v. p. 383) une substance fluorescente dans le sang et dans les organes lumineux du Pyrophore et que les belles recherches de E. Becquerel tendent à assimiler complètement la fluorescence à la phosphorescence.

En ce qui concerne les Lampyrides, l'hypothèse de la condensation avait été réfutée par Peters et Matteucci. R. Dubois a constaté également qu'il n'y avait aucun emmagasinement de la lumière solaire par les appareils lumineux du Pyrophore.

L'*électricité* a été essayée dans ses diverses formes comme agent modificateur.

Après avoir foudroyé et fait jouer un Pyrophore au moyen d'une batterie de huit flacons condensateurs capables de donner des étincelles de vingt-cinq centimètres de longueur, R. Dubois a constaté que les appareils brillaient encore au bout de douze heures : ils sont donc dans une large mesure indépendants des autres organes.

Si l'on fixe un individu éteint par asphyxie sur un liège par deux épingles, une dans la tête et l'autre passée au travers de l'abdomen, et qu'on lance entre elles un courant induit, la lumière reparaît facilement dans les appareils prothoraciques, mais plus difficilement dans la plaque ventrale.

Les interruptions espacées du courant rendent la lumière intermittente; elle reprend sa fixité quand la rapidité des interruptions s'accroît. Si l'insecte a perdu par la fatigue son excitation musculaire, les courants induits n'agissent plus : il faut alors porter l'excitation directement sur les organes pour les ranimer : on observe le même effet sur des sujets anesthésiés assez profondément par le chloroforme. La fermeture des courants continus ascendants ou centripètes produit de la lumière à la fermeture, tandis que c'est la rupture qui agit pour les courants descendants ou centrifuges.

Si les électrodes sont enfoncés dans les deux appareils lumineux prothoraciques, pendant le passage du courant, celui qui est en rapport avec le pôle positif brille d'un bel éclat, tandis que l'autre s'éteint. Cet effet prouvé par l'oxydation de l'épingle fixatrice, et sur lequel nous aurons à revenir, est le résultat d'une action électrolytique.

Action de la chaleur et du froid. — La soustraction de calorique peut produire des effets différents, selon qu'elle est plus ou moins rapide, plus ou moins considérable, ou bien encore qu'elle agit soit sur l'animal entier, soit sur des organes photogènes isolés.

Quand les Élatérides lumineux ont à lutter contre une température inférieure à celle pour laquelle ils sont adaptés, ils tombent dans un état de torpeur, de somnolence, pendant lequel on n'obtient que très difficilement une faible lueur par les excitants ordinaires. Si la température du milieu ambiant n'est pas supérieure à 15° ou 16°, ils succombent, et on voit la fonction photogénique s'éteindre avant les manifestations motrices et sensitives, comme cela arrive d'ailleurs dans d'autres conditions de misère physiologique, telles que l'inanition, le desséchement, etc.

Chez les Insectes tués par ce procédé, on ne peut plus ranimer la lumière comme après une mort violente causée par d'autres moyens.

Un des deux appareils s'éteint souvent avant l'autre : c'est d'ordinaire celui de gauche qui résiste le plus longtemps. Si l'action du refroidissement a été progressive, et assez rapide, on peut voir la sensibilité et le mouvement disparaître avant la lumière ; c'est le contraire de ce qui se passe dans le dernier cas, les causes de l'extinction ne sont plus ici du même ordre.

Des expériences faites sur des Pyrophores soumis à l'action du froid (V. 64, p. 139-144 et 3, p. 383-386), montrent que le système musculaire peut être profondément atteint, et même ses manifestations extérieures complètement abolies un peu avant que la lumière soit éteinte. Cependant, il est bien évident déjà qu'il existe une étroite corrélation entre le libre exercice de la musculature et la production de la lumière, puisque tous deux s'accroissent ou diminuent presque parallèlement, soit par l'action du froid, soit par l'action de la chaleur, comme on le verra plus loin. On peut en dire autant de la sensibilité : celle-ci disparait longtemps avant la faculté photogénique, ce qui indiquerait qu'elle n'exerce aucune action directe. Il n'est pas admissible qu'elle persiste, mais que l'engourdissement du muscle l'empêche de se manifester, car il se produit encore quelques mouvements musculaires, alors que l'éclat lumineux ne peut plus être exagéré que par les excitants mécaniques de la sensibilité portés vers la périphérie. On doit en conclure que les nerfs sensitifs n'ont pas de pouvoir direct sur la luminosité. On a remarqué que pendant le réchauffement aucun mouvement *extérieur* ne s'était produit, tandis que les plaques thoraciques brillaient déjà légèrement et que leur excitabilité par le choc avait disparu.

Tels sont les effets du refroidissement brusque s'exerçant dans les limites compatibles avec la vie.

On peut se demander également ce que devient la faculté photogénique après que la congélation a détruit complètement et définitivement la vitalité des tissus.

Des Pyrophores gelés à — 15° conservèrent leurs appareils encore lumineux et l'éclat moyen reparut vers — 4°.

La même expérience fut recommencée plusieurs fois de suite et toujours avec le même résultat. Un autre Pyrophore enfermé dans un tube plongé dans un mélange d'acide carbonique et d'éther, capable de produire un froid voisin de — 100° se comporta de la même manière. A la sortie du tube, le corps était rempli de petits glaçons, mais, à cause du givre, on n'avait pas pu voir si, à un moment, la lumière s'était éteinte. R. Dubois a vu également la lumière des œufs de Lampyres disparaître rapidement à — 15° et reparaître à — 3°. On ne peut ici, en tout cas, invoquer l'action des nerfs ou des muscles et encore moins celle des trachées.

Le fait que la luminosité, chez l'animal congelé reparaît quand on lui fournit le calorique nécessaire indique déjà le rôle excitant de la *chaleur*. Pour le bien mettre en évidence, il suffit de réchauffer un Insecte seulement engourdi par le froid, soit en le tenant dans la main, soit en lui faisant prendre un bain dans de l'eau à 25° ou 30°, ou mieux encore en le plaçant dans une étuve chauffée à cette température. Lorsque cette dernière s'élève à + 46° ou + 47°, la lumière, après avoir passé par un maximum, s'éteint bientôt sans qu'on puisse en provoquer le retour, bien que la sensibilité générale et la motilité soient conservées : il y a donc ici une curieuse dissociation de ces fonctions.

Si la chaleur peut être considérée comme un excitant de la luminosité, il ne faut pecendant pas qu'elle dépasse un certain degré.

Lacordaire avait prétendu que l'eau bouillante possède la propriété de faire reparaître la lumière éteinte dans les « appareils phosphoriques » séparés du corps du Pyrophore. C'est une erreur : si l'on plonge des fragments de tissu photogène ou des organes bien lumineux dans de l'eau à 90° ou 100°, l'extinction est immédiate et définitive. Immergés dans l'eau dont la température est seulement de 55°, les organes lumineux s'obscurcissent et s'éteignent en quelques secondes et il est ensuite impossible de faire reparaître la lumière : la propriété photogénique est pour toujours détruite ; mais, immédiatement avant leur extinction, la substance photogène prend subitement un éclat plus vif : la dernière étincelle de cet organe, qui meurt, brille avec une force extrème et s'évanouit aussitôt pour toujours.

Nous verrons toutefois plus tard (p. 380) qu'on peut, dans certains cas, ressusciter cette lumière morte.

Il y a la plus grande analogie avec ce que R. Dubois a observé chez les Pyrophores et ce qu'ont noté Macaire et Matteucci dans les expériences qu'ils ont faites pour étudier l'action de la chaleur sur la luminosité des Lampyres.

Macaire a vu qu'une certaine élévation de température peut provoquer l'émission de la lumière sur les Lampyres vivants, qui ont cessé d'être phosphorescents. Ainsi, un de ces Insectes qui était obscur, ayant été plongé dans de l'eau à 14°, Macaire éleva progressivement la température de l'eau à 26° et la lumière reparut alors. Sous l'influence d'une chaleur plus forte, l'éclat augmenta jusqu'à ce que la température eût atteint environ 41°. En chauffant davantage cette eau, l'animal mourut, mais continua d'être phosphorescent et ne cessa de luire qu'à 57° C. Matteucci, de son côté, a constaté que la lumière émise par la Luciole italique augmente à mesure que la température approche de 37°,5 et qu'alors elle cesse d'être intermittente pour devenir continue.

Chez les Pyrophores, la lumière, ordinairement fixe, devient souvent intermittente dans ces conditions.

En chauffant davantage ses Lucioles, Matteucci vit la lueur devenir rougeâtre vers 50° et la phosphorescence se perdit complètement. R. Dubois a observé le même fait sur les femelles de Lampyre. Les résultats furent absolument les mêmes, soit que Matteucci opérât sur des individus vivants, soit qu'il ne fît usage que des fragments du corps de ces Insectes contenant des organes phosphorescents.

Dans ces dernières années, des faits du même ordre ont été obtenus avec le Lampyre noctiluque par Bongardt. En outre, avec les organes lumineux des Lampyrides américains, tels que les Photinus, les expériences de Mc Dermott n'ont rien appris de nouveau et servent tout au plus de contrôle. Bongardt (68) a remarqué, après Macaire, Matteucci, et d'autres, que chez les Vers luisants mis dans l'eau chaude la lueur augmente jusqu'à 40° et disparaît définitivement à 50°. Il oppose cette expérience à celle de R. Dubois qui a vu, chez des Pyrophores enfermés dans une étuve à 47°, les appareils lumineux s'éteindre, alors que la motilité et la sensibilité existaient encore. L'expérience de Bongardt montre simplement que la courbe vitale d'un organisme chauffé n'est pas la même que celle de la luminosité, ce qui a été déjà établi pour les Champignons et les Bactéries, en particulier, et qu'il faut aussi, quand on veut critiquer des expériences, se placer dans des conditions de déterminisme exactement comparables. Il n'y a rien de commun entre un Lampyre que l'on jette dans l'eau chaude et un Pyrophore que l'on chauffe progressivement dans une étuve. En outre, il n'est pas surprenant que le Pyrophore des tropiques supporte plus facilement, sans mourir, des températures élevées que les Vers luisants allemands.

Action des agents chimiques. — Quand on raréfie l'air, l'extinction est plus ou moins rapide suivant la *dépression barométrique*; de même que les mouvements, la lumière cesse très vite si la pression est réduite à deux ou trois centimètres de mercure, pour reparaître dès qu'elle devient normale. Lorsqu'elle est seulement de 50 centimètres, l'extinction est plus longue à se produire, mais ce qu'il y a de curieux, c'est qu'une fois éteints, les animaux continuent d'aller et de venir dans la cloche, sans paraître incommodés. Dans ce cas encore, il y a une véritable dissociation de la photogénèse et des autres fonctions.

Avec l'hypothèse que la lumière est produite par une combustion ordinaire, on pouvait se demander quelle serait l'influence d'une *atmosphère suroxygénée*. Or l'expérience prouve que les Pyrophores se comportent dans l'*oxygène pur* exactement comme dans l'air et qu'ils ne sont pas même influencés par la présence d'une forte proportion d'*ozone*; leur tolérance pour ce dernier gaz est même véritablement singulière.

Dans l'*oxygène comprimé* à cinq atmosphères, les Insectes étaient notablement moins lumineux. Dans ces conditions l'oxygène serait plutôt extincteur. Les vapeurs d'*essence de térébenthine*, qui éteignent ou empêchent la phosphorescence ordinaire du phosphore, sont sans action sur la luminosité des Pyrophores.

Le *chlore* gazeux provoque subitement l'extinction, qui est définitive. L'*acide hypoazotique* détermine d'abord une vive agitation de l'animal sans accroissement d'éclat, et bientôt celui-ci disparaît avec la motilité et la sensibilité. Les vapeurs d'*acide osmique* agissent de même : à aucun moment, sur un Pyrophore anesthésié par le *chloroforme*, chez lequel la lumière persiste quoique affaiblie, on ne voit cette dernière augmenter d'éclat.

Dans les *gaz inertes* : azote, hydrogène, les Pyrophores se comportent à peu près comme dans l'air raréfié. L'acide carbonique agit, suivant les circonstances, à la fois comme gaz irrespirable et comme anesthésique : la lumière disparaît en même temps que les mouvements, mais elle reparaît avant ces derniers. Toutefois les Pyrophores sont peu sensibles à l'action de ce gaz. Lorsqu'il est mélangé à parties égales avec l'oxygène, ils n'en paraissent nullement incommodés, même après y avoir séjourné longtemps.

Le mélange de protoxyde d'azote et d'oxygène, à la pression de cinq atmosphères, ne produit aucun effet. Dans le protoxyde d'azote pur, les Pyrophores ne se comportent pas comme dans un gaz neutre et, sans prétendre qu'il constitue pour eux une atmosphère respirable, certainement ils peuvent y vivre longtemps : seulement, toutes leurs fonctions subissent une diminution d'activité. On sait, d'autre part, que certains Insectes ont dans leurs trachées et dans leur sang des provisions d'oxygène assez fortes pour résister pendant plusieurs jours à l'asphyxie. Bongardt (68) dit avoir obtenu, en opérant avec *Lampyris noctiluca*, des résultats différents de ceux que R. Dubois (64, p. 181-192) a observés par l'action des gaz sur *Pyrophorus noctilucus*. Sous certains rapports cela n'est pas surprenant; car le Lampyre ne réagit pas toujours sous l'influence de certains excitants comme le Pyrophore. Cependant l'auteur allemand aboutit à des conclusions qui renforcent celles de R. Dubois. Bongardt a mis des organes desséchés dans un tube avec de l'eau et a fait le vide à un centimètre de mercure. La lueur s'affaiblit et cessa au bout de deux minutes et demie. Dès que l'air rentra, les organes reprirent leur éclat intense, les organes frais se conduisirent de même. Dans une autre expérience, les organes desséchés furent mis dans un tube. On y fit le vide à un centimètre de mercure et on ferma à la lampe : au bout d'une quinzaine de jours, ils reprirent peu à peu leur lumière avec l'humidité quand le tube fut ouvert. Mc Dermott a obtenu des résultats de même ordre : les organes lumineux de Photinus américains desséchés depuis longtemps et conservés dans le vide reprennent leur luminosité au contact de l'eau ou de l'humidité et de l'oxygène. Mais ce sont là des faits connus depuis très longtemps et dont R. Dubois a donné l'explication expérimentalement (v. p. 379 et suiv.).

Bongardt a fait sur ses Vers luisants des remarques curieuses. Elles n'infirment nullement les résultats publiés par R. Dubois dans son livre sur les Élatérides, et prouvent une fois de plus et simplement que les Lampyres ne réagissent pas, sous tous les rapports, comme les Pyrophores. Bongardt fait passer CO ou H dans un tube contenant des Vers luisants; ceux-ci s'éteignent et tombent sur le dos : il ferme alors le tube et les Insectes se remettent à briller jusqu'au lendemain. Il obtient les mêmes résultats avec CO^2, O et Az. Il attribue l'extinction provisoire, dans ces cas, à l'influence du courant d'air, ce qui est très vraisemblable, car les Vers luisants en liberté ne brillent pas quand il fait du vent. Mais Bongardt a eu tort de conclure sous ce rapport du Ver luisant au Pyrophore, qui, lui, n'est nullement éteint par les courants d'air, surtout pendant le vol : ils paraissent plutôt l'exciter.

« Par toutes ces expériences, dit Bongardt, on voit que l'influence des gaz, de tous ceux au moins que j'ai essayés, offre de très faibles différences par rapport au processus lumineux, et que les animaux, aussi bien dans l'oxygène que dans le protoxyde d'azote, l'acide carbonique, l'hydrogène et l'oxyde de carbone, brillaient encore au bout de quatre et même six jours, mais que la lueur cessait quand on faisait passer dans le tube un courant gazeux. » Il conclut de ses expériences que la lueur se fait sans consommation d'oxygène, mais il ajoute que, dans l'air raréfié, il y a toujours des traces d'oxygène et qu'il n'a pu se servir de corps absorbants, d'oxydule de cuivre, de fer, etc. Le même auteur rappelle aussi l'expérience d'Owsjannikow, qu'il a répétée et qui montre que les organes du Ver luisant peuvent briller pendant une heure et demie dans une forte solution de strychnine et de curare. Il a vu aussi la lumière reparaître au bout de 3 et de 5 heures chez des Insectes tués par l'acide cyanhydrique.

Tout cela prouve qu'il n'y a aucune relation *directe* entre la respiration et la luminosité, et c'est justement la conclusion générale que R. Dubois a tirée des expériences critiquées par Bongardt. La conclusion de l'auteur est que dans l'organe lumineux est sécrétée *une* substance qui s'éclaire quand elle dispose d'un certain degré d'humidité. Cette explication est insuffisante.

Avec les *gaz réducteurs*, tels que l'acide sulfureux et l'acide sulfhydrique, la fonction photogénique est supprimée en même temps que la sensibilité et la motilité : l'action de l'acide sufhydrique est particulièrement foudroyante, les Pyrophores ne pouvant se défendre contre la pénétration de ce gaz dans les trachées, comme le font certains Insectes, peut-être même des Insectes lumineux, ce qui pourrait expliquer certaines divergences entre les expérimentateurs, parce que l'occlusion des stigmates chez le Pyrophore n'est jamais complète. Avec d'autres agents réducteurs, tels que l'aldéhyde, la paraldéhyde, la lumière peut cependant disparaître longtemps avant les mouvements spontanés.

C'est à tort que l'on a attribué à l'*hydrogène phosphoré* un rôle important dans la phosphorescence du Ver luisant, car son introduction dans les trachées la détruit, avec les mouvements, qui, d'ailleurs, à l'air libre, reparaissent bien avant elle.

Dans l'anesthésie par le chloroforme et par l'éther, on constate toujours la persistance d'une faible lueur dans les organes, mais elle ne peut être exagérée par l'excitation. En faisant refluer le sang vers la plaque ventrale par une pression sur l'abdomen, l'intensité éclairante augmente. Ainsi donc ici, avec la motilité et la sensibilité, l'éclat moyen ordinaire disparaît, ainsi que la possibilité de l'exalter par les excitateurs.

En résumé, les expériences de R. Dubois montrent que, sous l'influence des gaz non respirables, des agents oxydants ou réducteurs, des anesthésiques, la lumière disparaît ou reparaît, soit en même temps que la sensibilité et la motilité, soit avant ou après elles.

En outre, on voit que les oxydants chimiques directs ne semblent être photo-excitants dans aucune circonstance, si ce n'est quand ils produisent un ébranlement général. C'est à un effet de ce genre que Mc Dermott rapporte l'action excitante d'un certain nombre de corps dont il a essayé l'effet sur les Photinus américains (69). Sur un Pyrophore anesthésié, le plus actif et le plus pénétrant d'entre eux est incapable de relever l'éclat des organes. Mais parmi les agents réducteurs, il en existe, comme l'aldéhyde, qui peuvent supprimer isolément la fonction photogénique, les autres continuant à s'exécuter, ainsi que cela arrive avec une dépression barométrique modérée, ou encore par le fait d'une forte chaleur. Enfin, il est à noter que le froid et les anesthésiques abolissent la sensibilité et la motilité ou les diminuent sans supprimer complètement l'éclat, mais empêchent les excitations extérieures de l'exagérer.

Il y a donc des relations assez étroites entre la respiration, la motilité, la sensibilité et la fonction photogénique, seulement les tissus où elle s'exerce jouissent aussi d'un individualisme caractérisé par des propriétés qui leur sont propres, et que nous allons chercher à déterminer.

Pour arriver à établir quelle part spéciale revient dans le fonctionnement normal des organes photogéniques, soit à leur tissu même, soit aux systèmes respiratoire, musculaire et nerveux ou au sang, il sera nécessaire de provoquer des désordres expérimentaux, de troubler l'harmonie de l'ensemble par des poisons, des vivisections, ou autrement.

Action des poisons non gazeux. — La plupart des poisons employés comme réactifs physiologiques ayant besoin d'être dissous dans l'eau, il fallait d'abord se rendre compte des résultats de l'introduction de ce liquide dans le milieu intérieur.

L'injection de l'eau au moyen d'une petite seringue hypodermique dans la cavité générale d'Insectes morts et éteints depuis plusieurs heures fait réapparaître la luminosité, même quand la pression sur l'abdomen ne réussit plus : on peut recommencer plusieurs fois de suite avec succès en injectant à chaque fois trois ou quatre gouttes d'eau. Nous verrons plus tard à quoi tient cette propriété. Chez l'animal vivant, une très petite quantité d'eau est très bien tolérée, sans aucun trouble.

Si le curare agissait comme chez les Vertébrés, son emploi aurait pu fournir des renseignements importants sur le rôle des muscles; malheureusement, il n'a pas d'action bien marquée chez les Insectes.

Il n'en est pas de même de la strychnine. Cinq gouttes d'une solution saturée de cette base ayant été injectées, quatre minutes après, l'Insecte se mit à exécuter des bonds violents, presque incessants, dans l'intervalle desquels il marchait très rapidement. Après être resté dans cet état pendant trois minutes, il tomba sur le dos pour ne plus se relever. On observa alors du côté des pattes et des antennes de véritables convulsions cloniques éclatant tantôt dans une patte, tantôt dans l'autre irrégulièrement. Les mouvements d'ensemble étaient saccadés, évidemment produits par des contractions musculaires dissociées, incoordonnées. Par l'excitation mécanique directe, ou en frappant sur la table, apparaissaient des secousses tétaniques bien manifestes. Elles ne tardèrent pas à devenir spontanées et intermittentes. En examinant la plaque ventrale, on voyait, au moment où elles se produisaient, jaillir brusquement un éclair, puis toute la plaque ventrale devenait subitement brillante, pour s'éteindre rapidement et recommencer ce cycle à de courts intervalles. À l'aide de la loupe on distinguait très nettement au début, comme une onde de fluide lumineux pénétrant par la partie antérieure et moyenne de la plaque, s'élançant jusqu'au milieu de celle-ci pour s'étendre aux deux canaux latéraux et embrasser finalement tout l'appareil.

La brusquerie dans l'apparition de la lumière et la coïncidence d'une explosion de convulsions musculaires simultanées constituent une nouvelle preuve de l'importance des muscles, dont l'action est manifestement ici plus directe que celle du système nerveux.

La cocaïne détermine d'abord une excitation musculaire très vive avec des symptômes analogues à ceux de la strychnine, puis ensuite l'Insecte s'étend et tombe en inertie, pour retrouver au bout d'un certain temps à la fois la lumière et les mouvements.

La digitaline agit simultanément sur la motilité et sur la faculté de produire spontanément de la lumière.

Avec l'atropine et la morphine, toutes les fonctions, y compris la photogénèse, s'affaiblissent progressivement jusqu'à la mort; mais ce qu'il y a de plus remarquable, c'est qu'une heure après celle-ci, on peut encore ranimer la lumière par une pression sur l'abdomen. Ce n'est donc pas l'organe lui-même qui a été affecté, quoique les substances injectées l'aient bien pénétré.

Ces expériences et celles qui ont été faites avec d'autres poisons montrent que les alcaloïdes ne portent pas directement leur action sur la substance photogène, mais qu'ils modifient son activité indirectement en agissant sur les muscles, les nerfs ou la circulation. Toujours, en effet, une lueur persiste longtemps après la mort, et la pression sur l'abdomen qui fait refluer le sang vers les organes, ainsi qu'une injection d'eau pure, suffit à lui rendre un vif éclat. Ces remarques conduisent à étudier l'influence du sang et de la circulation sur le mécanisme photogénique.

Du rôle de la circulation et du sang dans la fonction photogénique. — Si l'on fait une blessure à un organe prothoracique, après l'avoir mis à nu, on voit se former, en ce point, une gouttelette de sang qui augmente de volume chaque fois qu'une *pulsation* de la substance photogène se produit. Celles-ci sont rythmiques et bien certainement en rapport avec la circulation du sang dans l'organe. Dans cette région, le sang a la même apparence que dans les autres : c'est un fluide vert foncé, rendu opalescent par la présence de la *pyrophorine* (v. p. 361 et 383). Il est spontanément coagulable, mais en partie seulement, et brunit rapidement à l'air. Il est alcalin, même après son oxygénation, et ne modifie pas sensiblement les papiers ozonosco-

piques. A l'époque où R. Dubois a fait ses recherches, les caractères des oxydases et des peroxydases n'étaient pas encore connus et, par conséquent, les réactifs propres à déceler leur présence dans le sang n'existaient pas.

Le sang paraissait plus vert, plus épais, plus coagulable dans les appareils photogènes que dans le vaisseau dorsal.

Chez les Lampyres et les Lucioles d'Italie, non seulement la clarté peut spontanément s'accroître subitement, mais encore présenter des variations d'intensités isochrones avec celles des battements du vaisseau dorsal. R. Dubois a pu facilement observer, chez le Pyrophore, les mouvements de la circulation en enlevant les parties tergales des anneaux de l'abdomen. Après l'opération, on pouvait compter jusqu'à cent six pulsations par minute, mais après un certain temps de repos leur nombre tombait à soixante ou soixante-dix. A ce moment, les appareils lumineux sont peu ou pas lumineux ; mais vient-on à exciter l'insecte, ou s'agite-t-il fortement, le nombre et l'amplitude des pulsations du *vaisseau dorsal* augmentent et l'éclat de la lumière s'exagère aussitôt. Lorsqu'on amène le prothorax en flexion forcée, en arrière, la circulation est entravée et se ralentit dans le prothorax : aussi la lumière faiblit-elle aussitôt, tandis que c'est le contraire si l'on amène le prothorax en flexion forcée sur le thorax.

Dans l'anesthésie chloroformique, qui arrête presque complètement la circulation, le vaisseau dorsal reste en diastole, gorgé de sang : c'est à ce moment que l'Insecte met ses lanternes en veilleuses : on ne peut en ranimer l'éclat que quand la sensibilité reparaît, et avec elle la possibilité d'activer la circulation par l'excitation. Une section pratiquée entre le *ganglion frontal* et les masses cérébroïdes ne modifie pas sensiblement les pulsations ni l'excitation photogénique. L'ablation de la tête par torsion, pour éviter l'hémorrhagie, ne détruit pas immédiatement les mouvements cardiaques : ils deviennent même plus rapides, mais irréguliers, moins amples ; toute excitation mécanique extérieure est alors impuissante à ranimer la lumière, malgré l'influence évidente du cours du sang et l'existence de pulsations dans les organes.

Jamais, chez le Pyrophore, on ne constate les intermittences rythmiques signalées chez le Lampyre et le Luciole. Le sang ne vient pas directement du vaisseau dorsal, mais du sinus inférieur, c'est-à-dire de la cavité générale. La pénétration dans les lanternes prothoraciques se fait d'avant en arrière, exactement comme dans la plaque lumineuse ventrale, *où on le voit se précipiter dans le sinus en T, allumant sur son passage une trainée de lumière en même temps que l'organe devient turgescent* (v. fig. 132).

Les pulsations du vaisseau dorsal ont certainement une action sur la circulation générale, mais elles paraissent agir principalement sur les centres nerveux céphaliques, qui sont excités par l'apport brusque d'une plus grande quantité de sang. Si l'on détruit le vaisseau dorsal en un point, au moyen d'une pointe de fer rougie, une lumière tranquille persiste, mais il n'y a plus d'accroissements subits sous l'influence d'une excitation. *Le sang donne à l'organe lumineux au repos* la nourriture et l'oxygène nécessaires à sa nutrition, à son développement, à la réparation de ses pertes, comme cela a lieu, par exemple, pour la glande salivaire sous-maxillaire : au moment où la glande devient photogène, il se produit une congestion sanguine de l'organe, comme lorsque la salive va être sécrétée. Dans les deux cas, le système nerveux intervient, mais c'est toujours en agissant sur des éléments contractiles et non directement sur les éléments glandulaires (v. p. 377, 378), et alors il peut intervenir de deux façons, soit parce qu'un afflux de sang plus considérable arrive aux centres nerveux et les excite, soit parce que sous l'influence d'un réflexe sensitif, par exemple, il se produit directement une congestion des sinus de l'organe photogène par un mécanisme exposé plus loin.

Quand la cavité générale est ouverte, la faculté photogénique disparaît assez rapidement. R. Dubois a démontré que, dans les deux cas, pour se manifester l'action nerveuse a besoin du *système musculaire*. Ce qui a été dit des poisons, et en particulier de la strychnine, des excitants physiques, et plus spécialement de l'électricité, ne permet pas de douter de l'intervention de l'élément contractile, mais il importe de définir maintenant son rôle exactement.

En jetant un coup d'œil sur la figure schématique 134, on comprend facilement le dispositif et le fonctionnement des muscles intrinsèques et extrinsèques de l'appareil lumineux prothoracique.

Le muscle m^1 est dirigé d'avant en arrière et de dedans en dehors : son insertion fixe se fait à la face interne du squelette tégumentaire prothoracique, en haut et en avant, tandis qu'il prend son insertion mobile à la face inférieure de l'organe lumineux, où les fibres s'enchevêtrent avec celles des muscles m^2 et avec les nombreuses trachées qui soutiennent le tissu adipeux sous-jacent à l'organe. Quand il se contracte isolément, il agit comme le muscle m^2. Celui-ci extrinsèque, en ce sens qu'il prend son insertion fixe sur le bord antérieur recourbé en arrière du mésothorax, envoie une partie de ses fibres à la face inférieure, postérieure et interne de l'organe lumineux ; ces dernières lui forment une sorte de gaine et se confondent, comme il a été déjà dit, par leur extrémité mobile avec celle du muscle m^1.

Chacun de ces muscles agissant séparément peut ouvrir l'hiatus, par lequel le sang se précipite dans l'organe L (dans le sens de la flèche), au moment où la lumière va paraître ; quand ils se contractent simultanément, l'écartement de l'hiatus est plus grand et la direction des fibres de ces vaisseaux tend à se rapprocher de celle du muscle m en même temps que l'espace lumineux qu'il limite s'efface, en se vidant du sang qu'il contient.

Ces groupes contractiles ne forment pas en réalité des muscles bien distincts : ils représentent plutôt des faisceaux particuliers du muscle m extenseur du prothorax. On peut facilement apercevoir l'extrémité mésothoracique commune des muscles m et m^2 en détachant par torsion, avec quelques précautions, le prothorax et le mésothorax : alors, en saisissant à l'aide d'une pince la pointe de ce pinceau, et en exerçant des tractions intermittentes, on voit, avec chacune d'elles, la lumière apparaître dans l'organe du côté correspondant et disparaître aussitôt qu'elle a cessé.

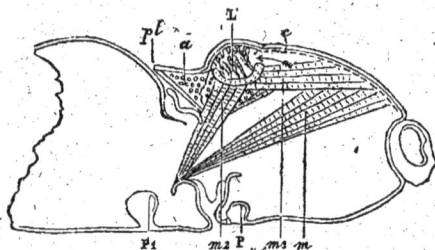

Fig. 134. — Coupe schématique de la musculature de l'organe lumineux du Pyrophore noctiluque.
pt, pointe prothoracique ; *a*, tissu adipeux ; L, organe lumineux ; hypoderme ; P_1, insertion de la patte de la première paire ; m_1, m_2, muscles intrinsèques ; m, muscles extrinsèques.

Si l'on enlève la calotte chitineuse transparente de l'organe, on constate que ces tractions reproduisent les pulsations de sa surface, qu'il ne faut donc pas attribuer alors aux mouvements du cœur, avec lesquels d'ailleurs ils ne sont pas isochrones.

En dehors des modifications qu'ils peuvent imprimer à la circulation, les mouvements de flexion et d'extension forcés, dont il a été question plus haut, agissent aussi directement sur la photogénèse, puisqu'ils s'accompagnent soit de relâchement, soit de tension des muscles en question. Cette influence contraire s'observe aussi bien chez l'insecte vivant que chez celui qui est mort récemment.

C'est principalement dans l'acte du saut du Taupin lumineux des Antilles que l'action des muscles extenseurs se fait remarquer. Lorsqu'on saisit un Cucuyo par l'abdomen, il cherche à se dégager par des secousses successives, qu'il imprime à tout son corps en faisant jouer coup sur coup l'appareil à ressort : il projette alors une très vive lumière par le prothorax. Celle-ci n'est pas intermittente, mais présente des périodes d'exaltation correspondant à la tension, et d'affaiblissement après la détente. Dans le premier cas, s'il y a une blessure de la lanterne, l'hémorrhagie augmente, et, dans le second cas, elle se suspend.

Examinons maintenant le fonctionnement de la musculature de l'appareil abdominal (fig. 132).

Les muscles extrinsèques ou accessoires sont ici encore des extenseurs ; mais, au lieu de provoquer le relèvement du prothorax, c'est celui de l'abdomen qu'ils déterminent. Quand ils se contractent, les élytres s'ouvrent et l'extrémité postérieure du corps se relève, la face inférieure du premier anneau s'écarte de la partie postérieure et inférieure du métathorax, et l'organe lumineux est mis à découvert. Il en est toujours ainsi dans le vol et souvent dans la natation.

Le même mécanisme qui démasque ainsi l'appareil chargé d'éclairer l'insecte, pendant ces deux actes, lui fournit donc, en même temps, les conditions indispensables à son fonctionnement.

Les muscles extenseurs forment deux bandelettes très minces appliquées sur le hile de l'organe lumineux ventral. Le tissu adipeux, qui prolonge en avant le pédicule glisse dans les muscles et va se jeter dans celui qui remplit l'angle inférieur et postérieur du métathorax. En arrière, il descend entre les insertions postérieures de ces muscles pour se continuer avec la masse adipeuse située dans l'angle antérieur et inférieur du premier anneau abdominal.

En avant, leurs bords internes sont contigus, et leur insertion se fait sur la partie postérieure de l'entothorax. Ces mêmes muscles, qui sont comparables à ceux du prothorax, fournissent chacun un faisceau particulier que l'on peut considérer comme un muscle propre ou intrinsèque. Il est l'analogue de m^3 (fig. 134) du prothorax qui prend son insertion fixe à la partie antérieure de l'entothorax, tandis que son insertion mobile se fait sur la partie inférieure de la cuticule membraneuse enveloppant l'organe photogène.

Comme il a été dit, l'organe ventral a la forme d'un bissac quand l'insecte est au repos ou en marche. Son repli principal correspond au sinus transversal. On conçoit facilement que le jeu des muscles extenseurs ait pour effet d'écarter les bords primitivement accolés de ce sinus en tendant la cuticule, qui perd sa forme de bissac pour prendre celle d'une poche unique, aplatie, en forme d'écusson, au moment où l'insecte relève la pointe de l'abdomen. Du sinus intérieur thoracique, le sang pourra alors pénétrer dans le sinus transversal pour s'échapper ensuite par le hile postérieur et dans le sinus abdominal inférieur. Mais, pour que cette pénétration soit possible, il est nécessaire que le petit sinus antéro-postérieur médian qui vient se jeter à angle droit dans le premier, soit perméable. L'écartement de ses bords est déterminé par la contraction de deux petits muscles latéraux, dont l'insertion mobile se fait aux extrémités latérales de l'organe lumineux, et l'insertion fixe aux angles antéro-externes du premier anneau abdominal. L'élargissement du sinus médian antéro-postérieur établit alors une communication entre le sinus intérieur du thorax et celui de l'abdomen, au travers de l'organe ventral qui devient turgescent et lumineux, au moment où le sang y afflue (fig. 132, $m, m.$).

Chez la larve du premier âge, on constate au microscope que les muscles latéraux faisant mouvoir la tête en la portant à droite, à gauche et en haut, exercent une grande influence sur l'activité des organes lumineux. Mais, dans tous les cas, *les muscles ne font que favoriser l'acte fondamental de la fonction photogénique sans se confondre avec lui.*

Il convient maintenant, pour se faire une idée complète du fonctionnement des organes photogènes, d'étudier le rôle de l'*innervation.*

Si l'on enfonce une aiguille rougie au feu dans le ganglion frontal, on constate, au bout de quelques minutes, que l'insecte n'a perdu aucune de ses manifestations motrices proprement dites, mais il semble privé de la faculté de coordination et de la notion du monde extérieur : il se dirige tantôt à gauche, tantôt à droite et son allure incertaine, que l'on peut inscrire en le faisant promener sur un papier enduit de noir de fumée, méthode imaginée par R. Dubois, contraste singulièrement avec la marche des insectes, contraste singulièrement avec la marche rectiligne, assurée, qu'il a toujours à l'état normal. S'il se heurte à un obstacle, il ne cherche ni à le tourner, ni à le franchir. Les appareils prothoraciques sont alors éteints, ou à peu près, mais le réflexe sensitif n'est pas aboli, car toujours l'excitation mécanique est suivie de l'effet ordinaire. Dans l'intervalle des excitations l'animal est comme en sommeil.

Une section transversale entre le ganglion frontal et les ganglions cérébroïdes divisant complètement les connexions produit les mêmes résultats.

Dans les deux cas, on voit l'insecte ouvrir fréquemment ses élytres et prendre la même attitude que dans l'air raréfié ou dans une atmosphère trop chauffée; la respiration est manifestement gênée.

En séparant les deux ganglions cérébroïdes par la section de la commissure, on n'observe rien de spécial du côté photogénique.

La destruction d'un ganglion cérébroïde imprime à la marche une direction circulaire en sens inverse de la lésion, qui tient, comme R. Dubois l'a démontré autrefois, à ce que les pattes du côté opposé à la lésion étant frappées de parésie, leurs mouvements sont moins amples. Cette suppression unilatérale ne modifie pas le fonctionnement spontané ou provoqué des appareils prothoraciques. Mais, si les deux ganglions sont détruits, les pulsations rythmiques disparaissent et le phénomène lumineux est immédiatement aboli. C'est alors que l'on excitera, en vain, les divers points du corps de l'Insecte : le réflexe photogène n'existe plus : l'animal peut marcher, étendre ses ailes, mais non plus éclairer ou sauter. On ne peut faire reparaître une faible lueur, d'ailleurs passagère, qu'en irritant directement l'organe. La décapitation produit le même effet.

La suppression du ganglion thoracique, d'où partent les nerfs qui innervent les muscles des organes, les éteint définitivement, et aucune excitation portée soit au-dessus, soit au-dessous, ne peut les rallumer.

Quant à l'abolition de la masse ganglionnaire sous-œsophagienne, elle équivaut à celle des ganglions cérébroïdes ; seulement les mouvements des palpes et des antennes persistent. Une excitation portée entre le point lésé et l'appareil, ou bien entre celui-ci et la région des ganglions prothoraciques, mais non en arrière de lui, provoque toujours la lumière.

La plaque ventrale se comporte de la même façon après la destruction du ganglion œsophagien : l'excitation portée entre elle et le point blessé peut ranimer la lumière éteinte ; mais l'effet est nul si l'on agit au-dessous de l'organe ou encore après avoir détruit le ganglion qui commande à ses muscles.

En résumé, quatre indications principales ressortent de ces expériences :

1° La lésion d'un des ganglions cérébroïdes ne suffit pas pour supprimer ou modifier la fonction photogénique, ce qui indique une sorte de suppléance ;

2° La destruction des deux ganglions cérébroïdes montre, d'une part, que la volonté intervient dans l'éclairage spontané, et, de l'autre, que le réflexe sensitif a son siège dans ces organes ;

3° Les ganglions cérébroïdes agissent par l'intermédiaire des ganglions prothoraciques sur les muscles qui actionnent les lanternes du prothorax ;

4° L'organe abdominal se comporte comme les autres, sous le rapport de l'innervation.

Ainsi donc toute manifestation photogénique dépend soit d'une impulsion venant directement des centres de l'intelligence et de la volonté, soit d'un réflexe ayant son point de départ dans les terminaisons sensitives et son centre dans les ganglions cérébroïdes ou dans ceux qui commandent aux muscles des appareils. Ces derniers agissent de deux manières : principalement en réglant l'afflux du sang ou encore par excitation mécanique directe. La circulation assure l'apport du sang qui doit être convenablement oxygéné par la respiration trachéenne. Ce sont là des fonctions accessoires, mais la fonction principale, fondamentale, réside dans l'organe photogène exclusivement.

Fonction de la cellule photogène. — L'étude des *organes photogènes détachés* du reste de l'organisme de l'Insecte, de même que celle des *œufs lumineux* des Lampyrides et des Élatérides, montrent que c'est dans la cellule photogène que réside la *fonction principale, fondamentale, générale.*

Les organes lumineux jouissent d'une *vitalité propre*, et, dans une certaine mesure, indépendante du reste de l'organisme, comme le prouvent les expériences suivantes :

En isolant les organes et en les plaçant dans une atmosphère humide, oxygénée, ils continuent à briller pendant de longues heures d'une lueur calme et fixe, mais qui va en s'affaiblissant de plus en plus.

Comme celle des œufs, leur luminosité peut être augmentée par le choc : ils jouissent donc d'une irritabilité cellulaire propre.

Ils résistent également à l'action des froids intenses, et leur éclat se ranime vers — 3° à — 4° ; il augmente progressivement jusqu'à + 25° ou + 30° pour rester encore fixe vers + 55° ; au-dessus il s'éteint pour ne plus reparaître. Au moment de son extinction définitive par la chaleur, dans l'eau bouillante, il brille avec une force extrême en mourant, mais ce n'est qu'un éclair.

Les courants faradiques peuvent, comme le choc, mettre en jeu l'irritabilité photogène cellulaire, mais faiblement.

La luminosité, qui persiste souvent douze heures dans l'oxygène, disparaît au bout d'une demi-heure à une heure dans l'azote et dans l'hydrogène pur, mais se ranime quand on laisse de nouveau agir l'air. C'est une preuve de plus qu'il n'y a pas oxydation *directe*, mais que cependant il faut à la cellule, pour qu'elle satisfasse à la fonction photogénique, une certaine quantité d'oxygène renouvelée de temps à autre.

Une plaque abdominale isolée est restée lumineuse pendant trente minutes dans l'acide carbonique ; mais, en élevant la pression de ce gaz à cinq atmosphères, l'oxygène a été impuissant à faire renaître l'éclat qui avait été supprimé. Dans certaines conditions, le gaz acide carbonique est donc un poison de l'élément photogène et ne se comporte pas comme un gaz neutre.

L'oxygène pur ou comprimé n'agit pas plus énergiquement que l'air ordinaire. En présence des vapeurs d'acide osmique, la luminosité s'est abaissée progressivement, au fur et à mesure que le poison pénétrait dans le tissu, lequel prenait une teinte noire de la périphérie vers le centre, sauf du côté protégé par la cuticule, où la lumière a persisté le plus longtemps. *Il ne s'agit donc pas ici d'une oxydation vulgaire.*

L'action de l'eau est très remarquable. Des œufs de Lampyre et de Pyrophore ont été desséchés jusqu'à leur dernière limite, à la température ordinaire et, après être restés huit jours dans le vide sulfurique, il a suffi d'une goutte d'eau pour leur rendre leur éclat primitif. Les organes isolés se comportent de même.

Dans ces dernières années, divers observateurs ont obtenu des résultats semblables à ceux qui ont été publiés dès 1886 par R. Dubois (64, 162-170) ; ils ne font que confirmer l'exactitude de ses conclusions et les généraliser. Mc Dermott et Kastle, entre autres, ont montré que les organes photogènes des *Photinus*, Lampyrides américains, séchés et conservés dans des tubes scellés où l'on a fait le vide, peuvent pendant très longtemps conserver le pouvoir de retrouver leur luminosité dès qu'ils sont mis en présence de l'eau. Bongardt, et d'autres encore, ont présenté aussi comme nouvelles des choses anciennement connues à propos des Lampyres.

Il est donc bien établi, sans contestation possible, que les cellules photogènes des Insectes, comme l'œuf des Lampyrides et des Élatérides, possèdent une luminosité propre, et que les efforts considérables et multipliés des anatomistes et de quelques physiologistes pour expliquer la lumière des Insectes par le jeu des trachées ont été pour le moins superflus.

Mais on peut se demander si la réaction photogène des Insectes exige l'intégrité fonctionnelle de la cellule, si c'est en un mot une *fonction cellulaire*, ou si au contraire, la cellule étant détruite, le phénomène lumineux peut néanmoins s'effectuer. Il y a lieu d'être profondément surpris et même attristé de voir encore aujourd'hui, après les expériences si démonstratives de R. Dubois, remontant à un quart de siècle, cette question remise sur le tapis et discutée à nouveau par certains auteurs qui semblent s'être fait une spécialité du rajeunissement des vieilles vérités. La méthode consiste à prendre un Insecte lumineux, qui n'a pas été étudié, à refaire avec lui le nouveau venu tout ce qui a été fait avec les autres, mais à ne parler que peu ou point de ces derniers. Une autre méthode consiste à nier, sans contrôle, l'exactitude de ce qui a été fait et dit antérieurement et à présenter les résultats anciens comme des choses nouvelles. De ces pitoyables pratiques, il ne peut résulter que du discrédit pour leurs auteurs et malheureusement du préjudice pour la science elle-même.

La biophotogénèse chez l'Insecte n'est pas un phénomène cellulaire.

1° Les organes photogènes des Lampyrides et des Élatérides desséchés et *broyés* peuvent retrouver à l'aide d'une goutte d'eau leur pouvoir photogène.

2° Les organes photogènes frais des Insectes, écrasés avec de l'eau, de façon que toute trace de cellule normale ait disparu par l'action de l'eau et du broyage fournissent un liquide lumineux qui traverse les filtres en papier : le liquide filtré reste lumineux pendant un certain temps, bien qu'il ne renferme aucune cellule.

3° On écrase un organe frais bien brillant de Pyrophore, et on le triture jusqu'à ce qu'il ait cessé de donner de la lumière, d'une part. D'autre part, on fait la même opération avec un organe semblable, immergé dans l'eau bouillante juste pendant le temps nécessaire pour éteindre la lumière. Par le mélange des deux substances *qui restaient obscures l'une et l'autre au contact de l'air*, on voit reparaître la lumière. De cette réaction typique, R. Dubois avait en 1886 tiré cette conclusion que la réaction photogène, chez l'Insecte, est de la même nature que celles qui prennent naissance sous l'influence des zymases[1] (v. p. 379 : *Mécanisme intime de la production de la lumière physiologique*.)

En résumé : La fonction photogénique, chez les Insectes, se montre déjà dans l'œuf, même avant la fécondation; plus tard, elle se localise dans les cellules ectodermiques du blastoderme. L'existence de trachées ne lui est donc pas nécessaire. Le flambeau ancestral passe sans jamais s'éteindre de l'œuf à la larve, à la nymphe et à l'adulte, et de l'adulte à l'œuf.

Chez l'adulte, les organes photogènes sont des glandes à sécrétion interne typiques. La lumière est faible ou nulle, quand le sang n'arrive pas en contact avec les éléments glandulaires : elle apparaît, au contraire, et prend un vif éclat, quand il se précipite dans les sinus de la glande interne. Cet apport du sang est réglé par les muscles, ceux-ci à leur tour obéissent aux nerfs moteurs, et ces derniers, par l'intermédiaire des ganglions, concourent aux actes réflexes, dont le point de départ est dans les nerfs sensitifs, ou dans leurs terminaisons sensorielles. Les muscles sont striés et peuvent obéir aux centres nerveux de la volonté, même en dehors de tout phénomène réflexe. Les trachées, comme ailleurs, mais avec plus d'activité peut-être ici, assurent l'oxygénation du sang. La ventilation trachéenne peut être suspendue au moment même où apparaît la lumière dans les organes lumineux. L'action du sang est primordiale et prépondérante.

La réaction photogène est localisée dans des cellules de l'organe, qui sont manifestement en voie de désagrégation sécrétoire, de fonte glandulaire; elles sont bourrées de ces granulations que l'on rencontre dans tous les organes lumineux. On peut écraser complètement les cellules de l'organe photogène, détruire exactement toute organisation cellulaire, sans arrêter la production de la lumière. La substance écrasée, délayée dans l'eau, laisse passer à travers les filtres de papier un liquide lumineux.

La substance des organes lumineux desséchée rapidement s'éteint, mais on peut la rallumer en l'humectant d'eau. Des organes photogènes éteints par la chaleur, puis écrasés, ne donnent plus de lumière, même au contact de l'eau; mais ils sont rallumés quand on les met au contact avec des organes frais éteints à froid par trituration prolongée.

Le phénomène lumineux n'est pas d'ordre cellulaire : il naît d'une double réaction d'ordre zymasique. L'éclat de la lumière est modifié et renforcé dans les appareils lumineux des Insectes par des substances fluorescentes qui transforment des radiations obscures inutiles ou nuisibles en radiations éclairantes.

MOLLUSQUES

Si l'embranchement des Mollusques ne fournit pas un grand nombre d'espèces photogènes, celles qu'il renferme sont très curieuses par les types variés de leurs appareils lumineux. C'est un animal photogène de cet embranchement, la *Pholade dactyle*, qui, par l'abondance de sa sécrétion lumineuse, a fourni à R. Dubois le moyen d'obtenir complètement et définitivement la solution du problème de la biophotogénèse si longtemps cherchée, en vain, par un nombre considérable de savants.

Sur les cinq classes de l'Embranchement des Mollusques, trois seulement fournissent des animaux lumineux : ce sont celles des *Lamellibranches*, des *Gastéropodes* et des *Céphalopodes*.

---

1. R. Dubois a démontré, contrairement à l'opinion généralement admise, qu'il ne s'agissait pas d'une oxydation *directe*, mais d'une action de l'ordre de celle des zymases pour les raisons qu'il a développées dans son ouvrage sur les Élatérides (64, p. 264-269). Il n'a pas dit qu'il s'agissait d'une hydratation mais seulement que : « l'analogie est frappante entre la réaction qui provoque l'apparition de la lumière et celle qui se passe dans l'élément hépatique, pour la fonction glycogénique. Ces phénomènes sont absolument de même ordre, bien que différents par les substances mises en présence et le résultat final. » La zymase en question est la *luciférase*, c'est-à-dire le premier ferment oxydant connu.

Mollusques lamellibranches. Pholas dactylus L. (fig. 135). — La *Pholade dactyle* habite les côtes de la Méditerranée et de l'Océan, où elle est assez connue, sous les noms de *Dayes, Daillon, Datte de mer*. C'est un singulier Mollusque bivalve lamelli- branche, dont la frêle coquille, incomplète, mais couverte d'aspérités, formerait une protection très insuffisante à l'animal, si elle ne lui permettait de creuser dans des roches tendres, telles que les gneiss et les calcaires, aussi bien que dans l'argile, des trous, où il vit en reclus, n'ayant de communication avec l'extérieur que par un siphon rétractile, organe très singulier, fait d'un prolongement du manteau et servant à la fois d'organe de tact, de gustation, de préhension, d'excrétion, etc., en même temps que d'appareil principal pour la photogénèse. C'est un long tube membraneux percé de deux canaux, à la façon d'un fusil double. L'orifice supérieur de l'un d'eux est garni de papilles tactiles chargées de veiller à ce qu'il n'entre aucun corps nuisible; en effet, dès qu'il s'en présente un, les papilles sont touchées, et aussitôt l'ouverture se ferme;

Fig. 135. — Pholade dactyle, dans les trous qu'elle creuse dans l'argile et les roches tendres.

par là pénètre l'eau fraîche destinée à conduire l'oxygène jusqu'aux branchies, et, vers la bouche, les petits êtres servent d'aliments : c'est le *canal aspirateur*. Le deuxième sert à rejeter l'eau qui a servi et les détritus de la nutrition; on lui donne le nom de *canal expirateur* ou *excréteur*. Grâce à une disposition particulière des palpes labiaux et des cils vibratiles de la muqueuse, les matières solides inutiles peuvent être rejetées, sans passer par le tube digestif, ni même par le siphon expirateur.

Quand on excite le siphon mécaniquement, il se rétracte brusquement, en lançant une véritable trombe d'eau, parfaitement capable de rejeter au loin un agresseur, tel qu'un petit Crabe ou une Annélide, qui aurait tenté de s'introduire dans la retraite de la Pholade. Mais, ce qu'il y a de singulier, c'est que l'eau ainsi projetée est lumineuse dans l'obscurité, ou même simplement dans l'ombre. Or, quand un animal est plongé au sein d'un semblable liquide, en un endroit peu éclairé, il ne peut plus rien distinguer et disparaît lui-même, enveloppé et masqué par la lumière!

En cherchant d'où vient cette sécrétion, on voit, dans le cabinet noir, que toute la surface interne du siphon aspirateur, ainsi que les bords du manteau entourant le pied, laissent suinter un mucus lumineux, brillant fortement et longtemps sur les doigts qui ont touché ces parties. Mais si, comme l'a montré Panceri (73), on ouvre le canal aspi- rateur suivant sa longueur et qu'on fasse couler à sa surface interne de l'eau pour balayer le mucus, on distingue aussi deux triangles t, t, et deux raies très lumineuses c, c, (fig. 136); ils sont formés par un relief de la muqueuse, qui, en ces points, est jaunâtre, striée transversalement, et comme gaufrée. Ces organes sont très photogènes et laissent échapper en abondance le mucus lumineux. Contrairement à l'opinion de Panceri, qui a limité à ces organes la fonction photogénique, R. Dubois a montré que le reste du siphon, dans son épaisseur, quoiqu'à un moindre degré, jouit de la même propriété. Pour s'en assurer, il suffit d'enlever avec de fins ciseaux courbes les sillons et les triangles, et de faire de nouveau couler à la surface interne du siphon un courant d'eau : on voit alors une lueur uniforme répandue dans toute la muqueuse, et même sur la coupe du siphon à la face profonde de celle-ci.

Il est possible que, dans certains cas, le mucus lumineux ait pour rôle de masquer l'animal, comme le noir de la poche des Céphalopodes, ou d'effrayer ses ennemis, mais il se peut également qu'il serve à attirer les Infusoires ou les animalcules dont la Pholade se nourrit; cette hypothèse sera discutée à propos du rôle de la fonction photogénique.

Pour bien comprendre les rapports et la nature des organes et de la muqueuse photogène, ainsi que le mécanisme de la sécrétion, il faut avoir une idée d'ensemble de l'anatomie du siphon (74). La paroi du siphon est composée de l'accolement de deux membranes formées de couches symétriquement disposées les unes par rapport aux autres et dont la juxtaposition se fait entre les deux couches interne et externe des grands muscles longitudinaux. Les trois premières couches servent à la fonction dermatoptique ou photodermatique étudiée par R. Dubois (v. 74) puis, plus en dedans, se montrent les couches destinées à assurer les mouvements d'allongement, de rétraction, d'inclinaison, de resserrement du siphon. Ce sont seulement les trois couches formant la face interne de la paroi du siphon qui sont intéressantes pour l'étude de la fonction photogénique, parce que c'est à leurs dépens que se forment les triangles et les cordons lumineux. Ces organes, en saillie, résultent d'un épaississement portant principalement sur la couche myoconjonctive. Sur les autres points, la muqueuse est formée de cellules ganglionnaires éparses soutenues par des éléments conjonctifs, musculaires et par des vaisseaux; on y rencontre de nombreux clasmatocytes fournissant une partie du mucus déversé dans le canal. Ces clasmatocytes sont des cellules migratrices qui s'insinuent entre les éléments de la couche myo-neuro-conjonctive, puis finalement entre les cellules épithéliales de revêtement du canal.

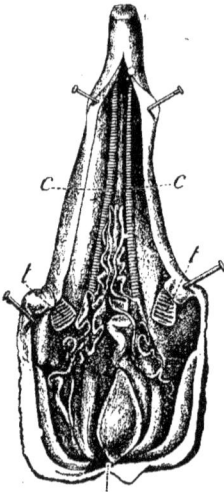

Fig. 136. — Pholade ouverte montrant dans le canal expirateur les cordons photogènes C et les triangles lumineux t.

Chemin faisant, elles deviennent granuleuses, et les granulations nageant dans le mucus présentent les caractères des vacuolides des Phyllirrhoë, des Insectes, etc. (38 et 74, pages 139-141, Pl. xiii, fig. 1, 2, 3 et Pl. xv, fig. 25 et 26). Ce sont ces clasmatocytes que Johannes Förster (74 bis) a pris pour des glandes unicellulaires fixes et qu'il désigne sous le nom de Leuchtdrüsen pour les distinguer des glandes unicellulaires, dont il a été question et qu'il nomme Mucindrüsen. Ces clasmatocytes semblent jouer le rôle principal dans la photogénèse et les granulations qu'ils renferment offrent tous les caractères des vacuolides ou granulations de la luciférase (v. p. 335).

Les cellules migratrices granuleuses sont très nombreuses dans les organes lumineux. Elles ont la même apparence et sont vraisemblablement de même nature que les éléments photogènes granuleux signalés par Riechensper et Trojan chez certains Échinodermes (v. p. 297, f. 119). Leurs prolongements étirés, pour leur permettre d'atteindre la surface du canal, ont été pris à tort par Förster pour des conduits glandulaires. La figure 137 donnée par l'auteur lui-même, montre pourtant bien nettement que ni la cellule granuleuse ni son prolongement ne présentent de paroi. On les rencontre, mais en beaucoup moins grand nombre, dans l'épaisseur de la muqueuse du canal expirateur, en dehors des organes photogènes, et c'est probablement ce qui explique pourquoi cette paroi est lumineuse dans son épaisseur même, même sous les cordons et les triangles. Les véritables cellules sécrétrices fixes des organes lumineux sont des éléments épithéliaux ciliés, différenciés en vue de la sécrétion. Quand ils sont vidés de leur contenu, ils sont caliciformes ; utriculaires dans le cas contraire. Ils sont en rapport avec des segments contractiles, ainsi qu'on peut s'en assurer par l'excitation mécanique directe des organes, et aussi par les coupes et la dissociation. Ces rapports ont échappé à FÖRSTEU. Les segments contractiles sont eux-mêmes en rapport avec des cellules nerveuses. L'ensemble de ces trois segments forme un système neuro-myo-épithélial, en tout comparable à celui qui fut découvert plus tard par TROJAN dans les organes photogènes d'un autre Mollusque le *Phyllirhöé bucéphale* (v. p. 337, fig. 140).

Les connexions que ces segments épithéliaux affectent avec la masse ganglionnaire nerveuse permettent de les considérer, ainsi que ceux de la couche correspondante

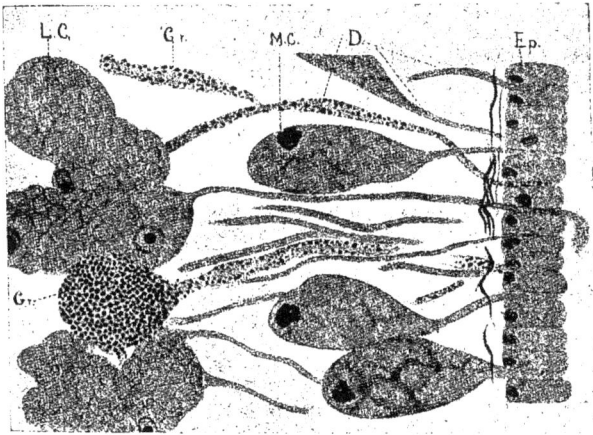

Fig. 137. — Coupe d'un organe lumineux de *Pholas dactylus*.
Ep, épithélium ; *Gr, Gr*, éléments granuleux migrateurs s'insinuant entre les cellules épithéliales ;
MC, cellules à mucus (?) (172).

externe servant à la vision dermatoptique, comme les homologues des éléments neuro-myo-épithéliaux de certains Cœlentérés, de la *Lizzia*, par exemple, et, d'autre part, de les comparer avec les éléments rétiniens, composés d'un plastide pigmentaire, suivi d'un cône ou d'un bâtonnet contractiles, en continuité avec un segment nerveux. Ces remarques permettent de comprendre comment il se fait que les photosphères qui existent chez les Crustacés, et aussi, comme nous le verrons plus loin, chez les Poissons, aient pu être considérées comme des yeux accessoires, et pourquoi il se pourrait qu'elles fussent à la fois des organes photogènes et visuels, ou bien encore simplement des yeux transformés.

CHUN a signalé les grandes analogies de structure existant entre certains appareils photogènes des Céphalopodes et leurs organes oculaires et, à de certains points de vue, l'œil humain lui-même a pu être considéré comme une sorte de glande. Ces rapprochements sont d'autant mieux justifiés que la Pholade dactyle présente à la face interne du siphon aspirateur, dans ses appareils photogènes, une structure et des éléments anatomiques qui offrent les plus grandes analogies avec la structure de la paroi externe et des éléments fondamentaux qui la composent, mais, tandis que les premiers font de la lumière, les autres au contraire sont des photorécepteurs. R. DUBOIS a longuement insisté (3, 74) sur les homologies et les analogies anatomiques que présente la surface externe du siphon avec la rétine, mais il a montré surtout ce fait curieux que c'est cette partie du tégument de la Pholade qui est le siège de la fonction photodermatique ou dermatoptique. Ce sont ces considérations qui ont amené R. Dubois à la conception d'une nouvelle théorie de la vision basée sur de très nombreuses expériences et qu'il a opposée à celle qui est encore actuellement classique de Young et Helmholtz, et ne repose que sur des hypothèses. Ainsi donc il existe de très faibles différences anatomiques entre ce qui fait de la lumière chez la Pholade et ce qui est destiné à la percevoir, ce qui confirme ce qui a été dit plus haut (v. 169, pp. 253-270).

Les segments épithéliaux des éléments situés en dehors des cordons et des triangles ne sont pas caliciformes, mais possèdent aussi des prolongements contractiles qui forment, en se recourbant sur les bords des cordons, une couche horizontale au-dessous des calices. Quand on excite ces organes directement ou par action réflexe, les segments musculaires des cellules caliciformes et ceux des éléments voisins se contractent et,

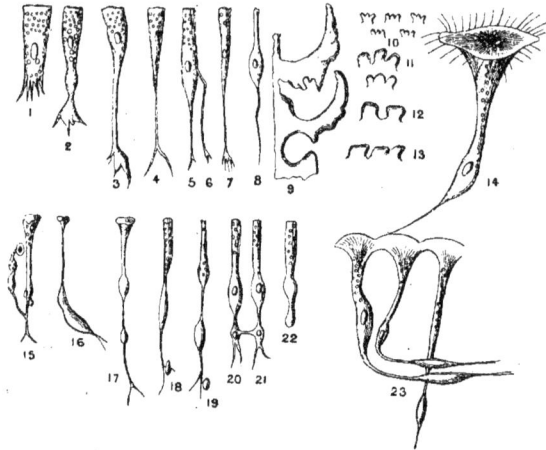

Fig. 138. — 1 à 8, éléments non glandulaires de la paroi externe du siphon de la Pholade dactyle ; 9-13, papilles pigmentées ; 14 à 23, éléments épithéliaux et glandulaires de la paroi interne du siphon expirateur.

pressant en tous sens les éléments glandulaires, ils en font jaillir le contenu granuleux, qui vient se mêler au mucus du siphon. Celui-ci renferme donc, outre les clasmatocytes granuleux venus de la couche neuro-conjonctive, le contenu également granuleux des calices. Sans doute, on y trouve encore des débris épithéliaux, des micro-organismes, des Infusoires, des débris de toutes sortes existant en tout temps dans le canal aspirateur, mais surtout des granulations spéciales, protéiques, dont il sera question dans le chapitre consacré à l'étude du mécanisme intime de la biophotogénèse (v. p. 379).

R. Dubois a signalé l'existence possible de *Photobactériacées* dans le mucus du siphon ; mais elles ne jouent aucun rôle dans la fonction photogénique proprement dite de la Pholade.

Ajoutons quelques mots sur le rôle joué par l'irritabilité nerveuse et musculaire dans le phénomène de la production de la lumière dans le siphon de la Pholade dactyle. R. Dubois a pu souvent observer directement les cordons sur des individus bien vivants, dont le siphon était ouvert, sans jamais les voir s'illuminer spontanément, mais venait-on à les toucher, la lumière paraissait aussitôt au point de contact, et ne tardait pas à se propager de proche en proche, sur toute l'étendue du cordon ou du triangle.

L'apparition de la lumière, dans ce cas, est due évidemment à une action directe, qui se propage comme le mouvement des éléments contractiles, lorsque ceux-ci sont excités en un point de la surface des siphons, c'est-à-dire par irradiation. Il est certain que cette irritabilité, dont on constate facilement l'existence dans l'épaisseur des cordons et des plaques, entre également ici en jeu, car au point touché on voit se produire, au moment de l'excitation, une dépression et un froncement des sillons. Ceux-ci, à leur tour, agissent mécaniquement sur la couche neuro-conjonctive sous-jacente, dont le développement est considérable au niveau des organes photogènes. L'excitation peut se propager plus loin encore, mais par un autre mécanisme. Si l'excitation du cordon ou de la plaque a été assez forte, ces organes peuvent aussi se mettre à briller du côté qui n'a pas été excité. Il s'agit manifestement ici d'un phénomène réflexe comme pour les réactions sensorielles ou motrices.

Le centre du réflexe photogène est situé dans les ganglions viscéraux, d'où partent les nerfs palléaux qui fournissent les rameaux se rendant aux triangles et aux cordons.

On peut s'en assurer de la façon suivante : on place une Pholade sur la face dorsale, dans une cuvette garnie de morceaux de toile mouillée formant une sorte de gouttière, et on maintient les valves écartées par de petits morceaux de liège ; on arrive facilement, après avoir divisé les branchies à leur base, à découvrir les ganglions viscéraux et les branches qui en partent. L'animal ainsi préparé est recouvert d'une cloche, et laissé en repos pendant une heure ou deux.

Au bout de ce temps on s'assure que l'éclairage bilatéral peut être provoqué, en excitant seulement l'un des cordons, ou l'une des plaques d'un seul côté. Lorsque le résultat de cette excitation a disparu, on irrite directement le ganglion et il se produit également un éclairage bilatéral. Mais si l'on coupe un des nerfs palléaux à sa sortie du ganglion, on ne provoquera plus, par l'excitation directe du cordon et du ganglion, l'apparition de la lumière que du côté

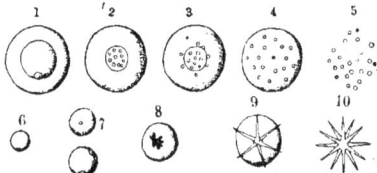

Fig. 139. — Éléments photogènes de la Pholade dactyle. 1, cellule photogène ; 2, désagrégation granuleuse du noyau ; 3 et 4, granulations photogènes nageant dans le contenu fluidifié de la cellule ; 5, granulations mises en liberté par la destruction de la paroi cellulaire ; 6, granulation photogène ; 7, état vacuolidaire de la granulation ; 8, 9, 10, passage de la granulation à l'état radio-cristallin.

du nerf intact. Ces excitations sont suivies également de contractions des fibres longitudinales et circulaires, qui se produisent aussi d'un seul côté après la section.

On peut observer un phénomène plus intéressant encore. Après l'excitation, quand les nerfs sont intacts, l'éclairage des cordons et des triangles cesse peu à peu, pour disparaître ensuite complètement ; mais si l'un des nerfs est coupé, on voit persister constamment jusqu'à la décomposition même du siphon, une lueur faible tranquille du côté de la section. Tant que le siphon conserve sa vitalité, il est possible, en excitant le bout périphérique du nerf palléal, de provoquer l'accroissement de la lumière dans la région où il se distribue, mais le cordon et la plaque ne s'éteignent plus jamais complètement dans l'intervalle des excitations.

Il y a lieu de faire remarquer, à ce propos, que c'est précisément ce qu'on observe sur un siphon détaché de la Pholade, ou sur un animal mort.

Le ganglion, quand le système nerveux est intact et l'animal au repos, joue donc le rôle d'un véritable centre inhibiteur ; aussi, dès que les organes sont séparés de celui-ci, les phénomènes sécrétoires s'accélèrent-ils et la lumière apparaît. De même que le nerf palléal est mixte, à la fois centrifuge et centripète, de même il peut être excitateur ou modérateur, selon le genre d'excitation qui lui vient du ganglion ou l'absence d'excitation. La fonction photogénique est donc liée à un phénomène d'usure, de destruction cytoplasmique se manifestant sous l'influence d'une forte excitation, soit directe, soit indirecte, aussi bien que par la suppression de l'action inhibitrice ou modératrice provoquée par la section d'un nerf, de même que par la mort du système nerveux ganglionnaire. Pour obtenir des résultats assez nets dans les expériences dont il vient d'être question, il est préférable de se servir d'animaux fatigués, chez lesquels la sécrétion de matière lumineuse est ralentie, peu abondante, parce que celle-ci masquerait en partie les phénomènes provoqués dans l'épaisseur des plaques et des cordons.

L'excitation directe des triangles et des cordons, ou des nerfs qui s'y rendent, ainsi

que des régions où ils avaient des terminaisons, a pour effet de déterminer, non seulement l'apparition de la lumière, mais encore une abondante sécrétion de mucus
lumineux.

La Pholade dactyle a fourni à R. Dubois d'importants renseignements pour la connaissance de la fonction photogénique au point de vue du fonctionnement organique; elle
nous en donnera de plus précieux encore pour l'explication de son mécanisme interne.
(V. p. 380).

Gastéropodes. — Enrico Giglioli a trouvé des *Gastéropodes* lumineux. Dans l'ordre
des *Hétéropodes*, il y en a plusieurs espèces, particulièrement une grande, vue dans
l'Océan Indien.

Le même auteur signale aussi parmi les *Ptéropodes*, un *Hyalea* et un *Créseis*,
observés pendant la nuit dans la rade d'Anger (Java), et chez lesquels la lumière était
limitée à la partie basale de la coquille; en outre, un *Cleodora*, dont le sommet de la
coquille émettait une belle lumière rouge, et qui fut pêché dans l'Atlantique austral. Le
Cleodore cuspidé (*Cleodora cuspidata* Quoy et Gaimard), émet une lumière bleuâtre produite dans la région abdominale, et apparaissant à l'intérieur et au sommet de la
coquille.

Dans les *Opisthobranches*, on rencontre le genre *Aeolis*, qui possède des larves lumineuses, et principalement *Phyllirhoé bucephala* Péron et Lesueur, petit Mollusque très
curieux et assez commun dans les rades de Villefranche-sur-Mer et de Naples. Son
corps est pisciforme et aplati; on peut le comparer encore à une petite feuille d'un
centimètre de longueur en moyenne. Il est transparent, ce qui permet de distinguer
les organes internes, et d'observer directement les mouvements du cœur.

Dans l'obscurité, quand l'animal est tranquille, on ne remarque rien de particulier.
Mais, à la moindre excitation chimique, physique ou mécanique, toute la surface du
corps se pare d'une belle lueur bleuâtre. Au microscope, on voit que celle-ci émane
d'une infinité de petits points nombreux à la périphérie, surtout dans le tiers supérieur
du corps.

Trojan (75), auquel on doit une belle étude anatomique du *Phyllirhoé bucephale*, a montré que les points lumineux correspondent à de petites cellules glandulaires cutanées,
en forme de bouteilles, s'ouvrant à l'extérieur par un pore situé à l'extrémité du goulot. Les plus petits points brillants correspondent à des glandes unicellulaires isolées,
les plus gros à des groupes de ces mêmes cellules. Comme chez les Crustacés Centro-
popidés, si bien étudiés par Giesbrecht, on rencontre deux espèces de glandes unicellulaires que Trojan désigne respectivement sous les noms de glandes à mucus et
de glandes à albumine. Il pose, sans la résoudre, la question de savoir si le concours
de ces deux espèces de glandes, ou plutôt de leurs sécrétions, est nécessaire pour la
production de la lumière. Ces deux espèces de glandes se trouvent parfois groupées
ensemble, ou bien les groupes sont formés d'une seule espèce de cellules glandulaires.
Il arrive parfois que les goulots de ces éléments s'ouvrent par un même pore, constituant ainsi une sorte de glande pluricellulaire; d'autres fois, le canal excréteur s'atrophie, de sorte que sur ce même animal on peut, d'après Trojan, suivre l'évolution
phylogénique de l'organe glandulaire tel qu'il existe dans la série (fig. 140).

1° Sécrétion intracellulaire (comme chez les protistes); 2° sécrétion extracellulaire
(myriapodes); 3° intraglandulaire et intracellulaire; 4° sécrétion extra-glandulaire. Ces
organes glandulaires présentent les plus grandes ressemblances avec ceux qui ont été
décrits depuis longtemps par R. Dubois chez les Myriapodes (v. p. 304 et fig. 122).

La sécrétion extra-glandulaire se fait sous forme de petits globules lumineux ou de
traînées lumineuses.

Le contenu des *cellules glandulaires à albumine* est éosinophile, et ressemble à celui
des glandes à venin sous ce rapport; ce qui a fait penser à Trojan que leur sécrétion
pouvait constituer un moyen de défense. Il est important, à ce propos, de faire remarquer que c'est dans le contenu de ces glandes que R. Dubois a signalé, pour la première
fois, en 1886 (38), l'existence des *vacuolides*, qu'il devait retrouver ensuite dans tous les
autres organes photogènes et, d'une manière générale, dans tout bioprotéon actif. Ces
vacuolides sont surtout visibles dans les cellules purpuripares des Murex, qui sécrètent
un venin, comme l'a montré R. Dubois (76), et que Grynfeld, de Montpellier (77) com-

pare aux granulations que l'on rencontre d'ordinaire dans les glandes à venin. Or la glande à pourpre des Murex est une glande hypobranchiale, qui est précisément l'homologue des glandes lumineuses de la Pholade dactyle, un Mollusque photogène comme Phyllirhoë bucéphale.

Trojan a fait sur Phyllirhoë une découverte importante en ce qu'elle vient corroborer complètement celle que fit R. Dubois en 1892 (74), laquelle permet d'expliquer le mécanisme organique sécrétoire, non seulement chez les Mollusques lumineux, mais dans beaucoup d'autres cas (v. p. 334). Chaque cellule sécrétante a une fibre considérée par Trojan comme nerveuse. Ces fibres s'anastomosent avec d'autres, qui vont à d'autres cellules sécrétantes. Aux embranchements se voient des cellules nerveuses, lesquelles sont elles-mêmes en rapport avec des ganglions profonds. Ces fibres se termi-

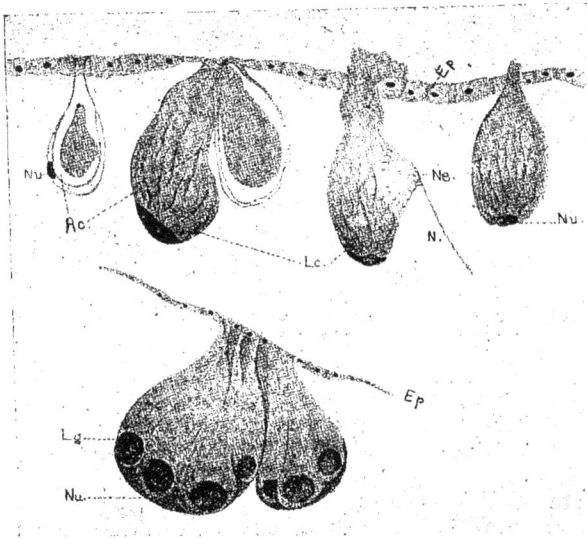

Fig. 140. — Coupe du tégument de *Phyllirhoë bucephala* (75).
Ep, épiderme ; *Lc*, cellules photogènes ; *Lg*, glande photogène composée de deux ou plusieurs cellules ; *N*, nerf ; *Nu*, noyau ; *Ac*, cellule à albumine (?) (172).

nent sur la paroi de la cellule sécrétante par une saillie conique. Du plan d'implantation de ce cône partent en rayonnant des fibrilles, bâtonnets ou cordons équidistants qui vont se perdre dans le cytoplasme cellulaire (75). D'après Ulric Dahlgren (172), la présence de ces cordons colorés en noir par hémotoxyline ferrique peut indiquer la *présence d'un élément musculaire* dans la cellule sécrétoire, lequel peut servir, par suite de l'excitation nerveuse, à exprimer au dehors le produit sécrété dans la cellule. C'est le mécanisme indiqué par R. Dubois, dès 1892, servant à exprimer le contenu des cellules sécrétoires des organes lumineux de la Pholade dactyle (v. p. 334).

Panceri a montré (73) que le corps du Phyllirhoë, après avoir été desséché et broyé, peut encore donner de la lumière quand on l'humecte avec une goutte d'eau. Après sa mort, il continue à briller d'une manière continue, et sans excitation, ce qui n'arrive pas quand il est vivant et au repos (R. Dubois).

Comme toujours, l'ammoniaque excite non seulement l'animal à briller, mais exalte la réaction photogène elle-même, tandis que, d'après Trojan, ce serait le contraire pour les Photobactéries, ce qui pourrait faire penser que le mécanisme intime de la photogénèse chez les Mollusques n'est pas le même que chez les végétaux. Cette opinion de TROJAN repose sur une erreur de fait.

Céphalopodes. — En septembre 1834, VÉRANY découvrit la phosphorescence des Céphalopodes sur un *Histioteuthis bonelliana* vivant, pêché au large de la mer de Nice, par un fond de près de 1 000 mètres. Il dit que les taches qui couvraient la surface ventrale du manteau et des bras luisaient la nuit et émettaient de magnifiques feux bleus et jaunes. Il a aussi constaté la luminescence de taches semblables sur un autre Céphalopode décrit par lui : *Histioteuthis Ruppelli* VER.

En 1893, JOUBIN s'étant procuré un exemplaire conservé de ce dernier animal a pu étudier la structure des organes photogènes signalés par VÉRANY, et, plus tard, celle d'organes appartenant à d'autres espèces (79).

Des recherches anatomiques du même ordre avaient été faites antérieurement en Angleterre par HOYLE (81).

C'est en 1900-1903 seulement qu'ont paru celles de CARL CHUN (80) faites sur des Céphalopodes lumineux pêchés pendant l'expédition de la *Valdivia* : elles sont d'une importance beaucoup plus grande parce que ce savant a pu examiner les animaux photogènes encore vivants, et fixer les organes lumineux à l'état frais. Il a même réussi à photographier un de ces curieux Mollusques, *Eunoploteuthis diadema* CHUN, pêché dans la région de l'île Bouvet, en 1900, par des fonds de 1 300 mètres (fig. 141).

Ce brillant Céphalopode est pourvu de vingt-quatre organes lumineux : chacun des deux grands bras préhenseurs en a deux. Le bord inférieur des yeux est entouré de cinq organes pour chacun d'eux, et le reste est dans l'ordre apparent de la figure 141, sur le côté ventral du manteau. Ces appareils émettent des feux incomparables en beauté à tout ce que l'on connaît ; on croirait que le corps est paré d'un diadème de pierreries de couleurs variées et de la plus belle eau. Les plus médians des organes brillaient en bleu d'outremer, et les latéraux offraient des éclats nacrés. Les organes ventraux antérieurs envoyaient des rayons rouge rubis, tandis que les postérieurs étaient d'un blanc de neige, à l'exception du plus médian, offrant du bleu céleste. Les organes sont conformés en godets. Leur surface extérieure se bombe en

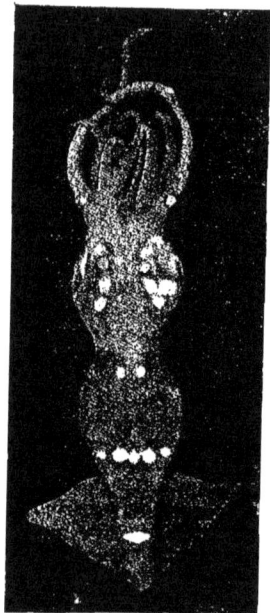

FIG. 141. — Eunoploteuthis diadema (80).

lentille et la surface interne est revêtue de pigment noir ou brun. D'après CAULLERY, un observateur ancien, RUPPEL, les avait vus dans la forme décrite par lui-même comme *Eunoploteuthis margaritifera*, RUPP.

Le siège des organes lumineux varie beaucoup suivant les espèces ; on avait même proposé une classification des espèces basée sur ces caractères.

Leur structure est également, en apparence, très différente, en raison des parties accessoires qui s'ajoutent au foyer photogène pour en perfectionner ou en régler l'action : réflecteurs, écrans, miroirs, etc. La partie lumineuse elle-même ne semblerait pas, d'après CHUN, uniformément constituée. Chez *Thaumatolampas*, elle est formée de cellules polyédriques fortement réfringentes, montrant des noyaux sphériques avec des corpuscules nucléaires très distincts. Ces cellules sont entourées de capillaires sanguins, et offrent un contenu homogène dans lequel il y a parfois des vacuoles plus claires. Mais, tandis que, dans ce cas, il y a séparation nette des cellules, au contraire, chez *Chiroteuthopsis*, les cellules peu nombreuses, mais très grandes, des corps lumineux se confondent en partie. Chez *Pterydioteuthis*, la fusion va si loin, qu'on ne peut plus parler de limites de cellules, et qu'il y a une substance plasmatique à grains fins dans laquelle de nombreux noyaux de différentes grandeurs sont répartis. Dans d'autres cas, d'après Chun, les cellules s'étirent en fibrilles, comme chez *Calliteuthis*, *Bathyteuthis* et *Chiroteuthis*. Mais il est infiniment probable que, dans la figure qu'il donne (fig. 1, p. 72), cet auteur indique comme élément de la lentille ce qui est, en réalité, la partie active de l'organe photogène composé de tractus réticulés renfermant de nombreux noyaux. D'ailleurs, comme il le dit à propos de *Pterydioteuthis*, il est difficile de juger sur des organes non vivants de la position exacte du foyer lumineux. Dans l'espèce *Abralia*, comme Joubin l'a montré, on ne peut trouver des contours cellulaires nets.

Chun a pu suivre le développement de ces corps, qui font penser, dit-il, aux corps en tractus des organes lumineux des Crustacés Euphausidés. Chez *Abraliopsis*, il se compose de cellules qui se fusionnent et qui, finalement, perdent leur noyau. Il est évident qu'il s'agit d'un véritable processus de *fonte de cellules de sécrétion*.

Dans certains cas rares, le corps photogène est le seul contenu de l'organe lumineux. Il en est ainsi, par exemple, dans l'organe tentaculaire inférieur de *Thaumatolampas*, où il n'y a qu'un peu du tissu conjonctif épaissi entourant un corps lumineux assez grand, puisqu'il a près de 2 millimètres.

Les organes, dit Chun, sont avant tout caractérisés par leur richesse en vaisseaux et en nerfs, et la vascularisation peut être si riche, qu'à l'intérieur du corps lumineux elle forme vraiment un « réseau admirable » de capillaires, comme, par exemple, dans les organes de *Bathyteuthis* et *Thaumatolampas*. Chun n'a pu prouver qu'exceptionnellement la présence de branches nerveuses dans l'organe lumineux ; Joubin et Hoyle ont vu de fines fibrilles nerveuses s'*approcher* de l'organe lumineux ; mais, pas plus ici que chez les Insectes, on n'a pu mettre en évidence leur terminaison, même chez *Thaumatolampas*, où Chun a pu les suivre très loin.

La comparaison avec la structure des organes lumineux des Insectes, particulièrement ceux du Pyrophore, peut être poussée extrêmement loin, par exemple dans les

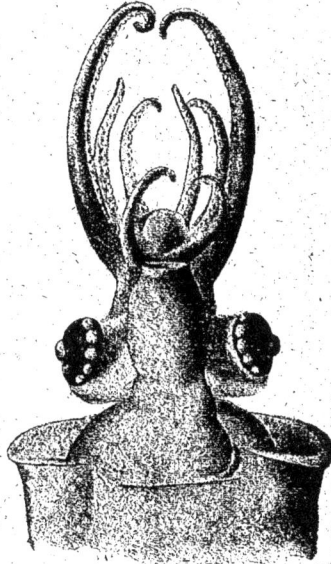

Fig. 142. — *Leachia cyclura* montrant cinq organes photogènes marginaux ou périorbitaires et un organe isolé sur le cristallin (face ventrale) (79).

organes étudiés par Joubin sur des *Leachia cyclura* pêchés encore vivants, mais dont les organes photogènes avaient cessé d'être excitables (fig. 142). Ces organes sont situés autour des yeux, dont ils forment d'étroites annexes. On est d'abord frappé de la ressemblance de forme que présentent ici les éléments cellulaires photogènes avec ceux des organes lumineux des Insectes, et particulièrement des *Lampyris* (v. p. 307, fig. 124 et 126) ; mais ce qu'il y a de plus remarquable peut-être, parce que c'est un fait qui établit nettement l'homologie et l'analogie de ces organes, c'est que, comme chez l'Insecte, l'organe lumineux de *Leachia cyclura* montre deux couches très distinctes de ces mêmes cellules qui, d'après Joubin, formeraient, les unes, la lentille, et les autres, la partie photogène ; pourtant il est manifeste que ces éléments sont de même nature et de *même origine*. C'est ainsi qu'avant les recherches de R. Dubois on admettait que la couche crayeuse des Insectes différait de la couche parenchymateuse, et que l'on faisait jouer à la première le rôle de miroir. On ne peut hésiter à faire cette comparaison, si l'on examine attentivement le dessin fourni par Joubin (fig. 143 et 144). On voit les cellules photogènes, disposées en files, naître de la face profonde de la cornée, c'est-à-dire de l'épithélium sous-cornéen, de même que les cellules photogènes des Lampyres et des Pyrophores naissent des cellules de l'hypoderme. Enfin, comme chez les Insectes, de larges sinus sanguins mettent l'organe lumineux en communication avec la circulation générale.

Dans la figure 144, on voit également la coupe de chromatophores s'avançant sur la cornée comme chez *Histiopsis atlantica*. Chez *Calliteuthis*, il y a des chromatophores devant le miroir, et ces corpuscules auraient une influence sur la couleur de la lumière, et aussi sur son intensité, les rayons émis pouvant être en partie arrêtés par cet écran mobile fonctionnant comme une sorte de pupille.

On trouve chez *Chiroteuthis grimaldi*, d'après Chun, des organes ressemblant à des yeux ou à des organes photogènes couverts de chromatophores, remplis de pigment rose.

En plus, Joubin décrit à leur face antérieure une lentille d'un noir intense arrêtant les rayons lumineux, mais capable de concentrer des rayons calorifiques précisément sur la terminaison d'un nerf qui se trouve au foyer de cette lentille. Joubin a donné à ces organes le nom d'*œil thermoscopique*. Chun dit que cette conception manque de preuve expérimentale, et qu'on pourrait tout aussi bien considérer la peau du Céphalopode comme un filtre ; il ne s'agirait donc ici que d'un écran coloré par des chromatophores roses. Il rappelle que Steinach ayant soumis à l'action de la lumière des chromatophores, les vit subir une extension ; il croit que le même fait se produit pendant la phosphorescence, et qu'ainsi le rôle d'écran mobile serait établi.

R. Dubois a autrefois combattu cette conception d'un œil thermoscopique, en faisant remarquer qu'il ne pourrait être d'un grand avantage pour des animaux vivants dans un milieu aqueux, qui arrête

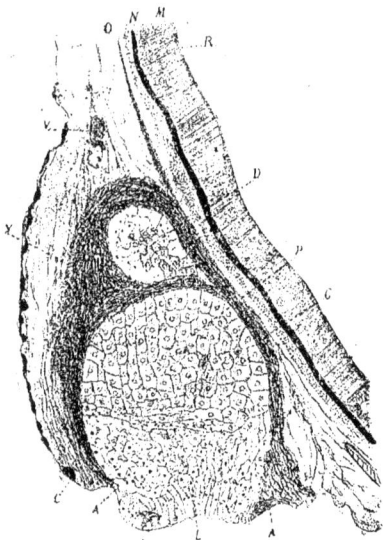

FIG. 143. — *Leachia cyclura* : coupe d'un organe photogène marginal (gross. : 65 diam. [79]).
A, cercle cartilagineux ; C, chromatophores ; D, organe postérieur ; G, gaine conjonctive ; L, lentille ; M, N, O, R, couches de la rétine ; P, cellules photogènes ; V, vaisseau ; Y, cellules lenticulaires de la gaine.

la propagation des radiations calorifiques. Mais il est possible qu'il n'en soit pas de même pour d'autres radiations, telles que des radiations photochimiques. Un semblable organe pourrait, en effet, non seulement recevoir certains rayons obscurs capables de développer de la lumière par fluorescence, puisque R. Dubois a démontré l'existence de ces substances chez d'autres animaux marins, même non lumineux, ou bien encore être impressionnés par des radiations obscures qui deviendraient lumineuses dans l'organe, après avoir traversé l'écran noir ; l'animal serait ainsi en puissance d'un récepteur de télégraphe optique qui ne serait visible que pour lui-même. Mais, comme pour les rayons calorifiques, on peut objecter le peu de perméabilité de l'eau pour les rayons ultra-violets. C'est ce mode de transmission que R. Dubois avait proposé avant l'invention de la télégraphie sans fil. Il avait, en effet, demandé au ministère de la Marine d'établir des écrans fluorescents à bord des navires, et ceux-ci auraient pu être éclairés d'une manière intermittente, comme le récepteur du télégraphe optique ordinaire, mais avec des radiations invisibles, dans l'espèce, les rayons ultra-violets du spectre des prospecteurs électriques; les signaux optiques seraient ainsi restés invisibles pour l'ennemi, les plaques fluorescentes réceptrices devenant seules lumineuses.

CHUN croit que les appareils lumineux peuvent servir non seulement à attirer des proies, mais aussi à favoriser le rapprochement des sexes.

Les *appareils accessoires* ou de *perfectionnement* donnent parfois aux organes une assez grande complexité.

Chez *Calliteuthis*, le tissu photogène rappelle celui que nous trouverons chez les Poissons : c'est un tissu réfringent formant lentille, un réflecteur supérieur, une enveloppe pigmentaire, et, à l'intérieur de celle-ci, un tissu formé de cellules fusiformes constituant un *tapis* grâce auquel ces organes ont souvent l'éclat de la nacre.

Voici, d'après JOUBIN, la description du premier type d'organes lumineux compliqué de parties accessoires étudié par lui sur *Histioteuthis Ruppelli* Ver, grand Céphalopode ayant plus d'un mètre de longueur et remar-
quable par la puissance de ses bras. La face ventrale du corps, de la tête et des bras est semée de nodosités noires, faisant saillie sous la peau et surmontées d'une surface légèrement concave, brillante, ovale. Il a autour des yeux, qui sont énormes, un cercle complet de ces petits organes. L'animal habite dans les grands fonds, à l'abri de la lumière.

Le grand axe de ces organes est parallèle à celui des corps, et le *petit tubercule noir*, toujours dirigé vers l'arrière, est recouvert par les chromatophores qui, au contraire, font défaut sur la *tache ovale* (fig. 145).

Le premier est destiné à produire de la lumière et le second à la réfléchir. Le tubercule noir est fixé à un des foyers de l'ellipse, qui constitue le réflecteur. En ce point, le sphéroïde photogène est pourvu d'une calotte transparente : c'est une lentille convexe enchâssée dans une capsule opaque, comme la cornée dans la sclérotique. L'axe polaire de cet ovoïde n'est pas perpendiculaire, mais très oblique à la surface du réflecteur.

Le *miroir supérieur* M est formé de lamelles conjonctives parallèles transparentes superposées, soudées les unes aux autres, ce qui lui donne un aspect irisé. Cet appareil est

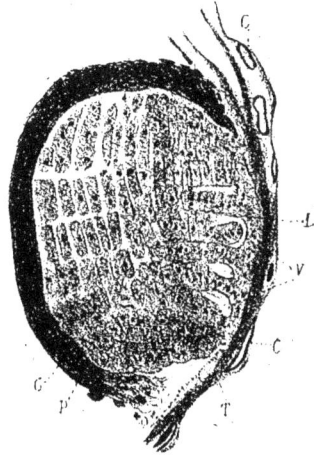

FIG. 144. — *Leachia cyclura*, coupe d'un organe photogène marginal (gross. 65 diam. 79).
C, chromatophore ; G, gaine conjonctive ; L, lentille ; T, cornée et épithélium sous-cornéen ; V, vaisseaux internes ; P, cellules photogènes.

recouvert par l'épithélium cutané transparent, et doublé en arrière d'une épaisse couche de chromatophores noirs C, constituant un véritable écran opaque. La lumière incidente est réfractée par cette série de lamelles superposées, et, comme elles sont nombreuses, le miroir est presque parfait, grâce à l'écran noir C₁.

L'*appareil photogène proprement dit* se compose de dehors en dedans des parties suivantes : 1° un *enduit noir* C, formé de granules juxtaposés empêchant la lumière de diffuser à travers la paroi; 2° un *miroir réflecteur* R, très curieux, formé d'un grand nombre de *petites lentilles* constituées par des couches concentriques, transparentes, ressemblant chacune à un petit cristallin. Elles sont orientées de façon que leur axe principal soit parallèle à la surface de l'écran noir; 3° une *couche photogène* F contenant des éléments cellulaires de différentes formes, dont les principales sont ovales, nucléées, à *contenu granuleux;* ce sont les cellules photogènes; on y trouve aussi des éléments nerveux *situés à la périphérie* de la couche. Les *vaisseaux sont nombreux* dans la couche photogène, rares ou absents dans les autres; 4° les *milieux transparents* comprennent un *cône cristallin* A, une lentille concavo-convexe T, complétant le système achromatique. Le tout est formé de fibres transparentes différant seulement par leur densité, leur orientation, leur dimension et leur susceptibilité plus ou moins grande à se colorer, ce qui suffit à constituer des milieux inégalement réfringents. La lentille concavo-convexe externe est formée de deux sortes de fibres, les unes continuant la direction des lames du réflecteur, les autres normales à la surface.

Si l'on compare les éléments des milieux réfringents et ceux de la couche photogène de JOUBIN, on est conduit à penser qu'ils pourraient bien être des éléments de même nature, mais à des degrés divers d'évolution, les plus jeunes et les plus faciles à colorer étant les cellules des milieux dits réfringents et les autres plus grosses granuleuses celles de la partie photogène active. De semblables apports se constatent dans les organes photogènes des Insectes et c'est un fait de plus à ajouter à ce qui a été dit plus haut à propos de *Leachia cyclura*.

D'après VÉRANY, chaque organe lumineux était, sur le vivant, constitué par un point très brillant bleu et une tache jaune. Il est probable, d'après JOUBIN, que le premier correspondait à la lentille frontale, et le second au miroir cutané. Il y a dans l'appareil des *Histioteuthis* environ 120 lamelles, ayant pour distance environ 2 μ. Toute lumière qui aura pour longueur d'onde 1/2, 1/3, etc., de 4 μ, sera réfléchie en totalité, les autres manqueront. Ici la lumière bleue $\left(\dfrac{4\,\mu}{10}\right)$ présente un maximum, la lumière jaune, un minimum. Ce phénomène s'observe même sur l'animal mort tant que les lamelles ne sont pas déshydratées.

CHUN admet également, à propos des diverses couleurs de la lumière de *Thaumatolampas,* qui sont bleu marin autour des yeux, bleu ciel dans les autres points, et, dans les deux organes anaux, couleur rubis, se voyant même sur des organes conservés, que la couleur doit avoir des rapports avec les cellules lenticulaires lesquelles joueraient le rôle d'écrans colorés. Dans un cas, ce sont les chromatophores qui donnent la couleur, dans l'autre, ce sont des phénomènes de diffraction, comme ceux que l'on observe dans le *tapis* des animaux nocturnes.

Les organes d'*Histiopsis atlantica* HOYLE sont constitués sur le même type que le précédent, mais simplifié; le miroir extérieur manque, les milieux réfringents sont moins perfectionnés : la lentille frontale est recouverte d'une cornée. On trouve sur le pourtour des organes lumineux des chromatophores qui en s'avançant au-devant peuvent former des écrans transparents et colorés, ou mieux une sorte d'iris.

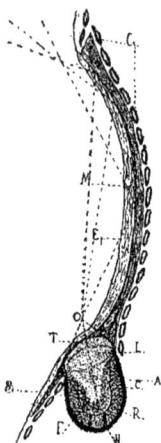

FIG. 145. — *Histioteuthis rupelli* (79), coupe longitudinale médiane de l'organe lumineux grossi 20 fois environ; marche théorique des rayons lumineux concentrés au point O par le réflecteur parabolique et réfléchis par le miroir concave.
Cr, chromatophores; C, écran noir; R, réflecteur; Ep, épiderme; L, lentille biconvexe; A, cône transparent; N, nerfs; F, couche photogène; M, miroir supérieur; Mi, miroir inférieur; T, lentille concavo-convexe.

Deux auteurs ont étudié des organes *photogènes oculaires*, HOYLE d'abord, sur l'œil de *Pterygoteuthis morgaritifera* RUPPEL, puis CHUN chez un *Abraliopsis* et chez *Thaumatolampas diadema* CHUN. *Pterigoteuthis* en présente neuf, dont cinq sous le globe de l'œil, à peu près en ligne sous l'équateur et quatre sur la face antérieure de l'œil, entre le cristallin et la ligne formée par les cinq premiers. CHUN a trouvé à la face inférieure de l'œil des Thaumatolampas cinq organes lumineux qu'il a pu photographier en pleine activité photogénique. Leur type de structure diffère beaucoup des organes oculaires d'*Abraliopsis*, mais ici la diversité et la polymorphie sont fréquentes.

Plus tard, JOUBIN (79) a étudié les organes photogènes oculaires des Céphalopodes sur des femelles de *Leachia cyclura* qui, après la ponte, étaient venues à la surface mourantes et *inexcitables* au point de vue de la phosphorescence.

Sur le bord ventral de l'œil, il a signalé cinq corps très brillants, d'aspect argenté, enchâssés dans la peau transparente qui recouvre le globe oculaire : un sixième organe analogue se trouve sur la face plane pigmentée de l'œil, entre le cristallin et le bord ventral. La peau s'arrête devant certains d'entre eux; devant d'autres, au contraire, elle passe accompagnée de chromatophores. Dans l'organe isolé, les cellules photogènes sont divisées en 2 lobes : un profond, plus petit et l'autre plus grand ; ils sont continus entre eux, mais semblent séparés dans les organes périorbitaires.

La figure 143 présente les mêmes dispositions générales que les coupes étudiées antérieurement, mais ici la ressemblance est encore plus frappante avec les organes photogènes des Insectes. Les cellules photogènes ont la même forme exactement que chez les Lampyres : elles se disposent en files, comme chez ces derniers, et comme chez les Pyrophores. Il y a, comme dans les organes photogènes des Insectes, deux zones distinctes formées par ces files de cellules, l'une transparente formée de cellules claires facilement colorables peu ou pas granuleuses : ce sont des éléments encore jeunes, en repos physiologique au point de vue de la photogénèse : celles qui composent la seconde zone sont devenues irrégulières, se déforment, s'aplatissent et marchent vers la fonte glandulaire. Les jeunes cellules claires sont tournées, comme celles des Insectes, du côté de l'extérieur, parce qu'elles naissent de la couche profonde de la cornée, comme celles des Insectes naissent de la face profonde de l'hypoderme.

Le phénomène de la luminosité avait été reconnu chez des Céphalopodes pélagiques, tels que *Cranchia scabia* Leach, d'après Gadeau de Kerville. De plus, Enrico Giglioli aurait observé ce phénomène dans d'autres espèces pélagiques de cette classe, entre autres, chez un *Loligo* et chez quelques Octopodidés de petite taille, pêchés à plusieurs reprises, dans l'Océan Pacifique, pendant une traversée de Callao à Valparaiso. D'après ce naturaliste, la surface du corps émettait une lumière pâle et blanchâtre uniformément répandue, manquant toutefois à la surface des bras, où sont situées les ventouses.

Il s'agissait probablement de glandes sécrétant extérieurement un mucus lumineux. Meyer et Verner ont, en effet, décrit des glandes à sécrétion externe lumineuse chez des Sepiolidés (82).

En résumé : *Nous rencontrons chez les Mollusques et même dans la seule classe des Céphalopodes, deux types d'organes photogènes : les uns sont des appareils glandulaires à sécrétion interne plus ou moins compliqués par l'adjonction de parties accessoires ou de perfectionnement, et les autres sont simplement des organes glandulaires à sécrétion externe d'un mucus lumineux. Le mécanisme de la sécrétion photogène est, dans les animaux de cet embranchement, le même que celui qui a été décrit chez les Articulés, sauf dans les cas où intervient la sécrétion par clasmocytose, et le produit de la sécrétion se comporte aussi de même partout. Il est très abondant chez Pholas dactylus et c'est cette condition exceptionnelle qui a permis surtout à R. Dubois de résoudre définitivement le problème de la réaction qui, en dernière analyse, donne naissance à la lumière physiologique (v. p. 380).*

Tuniciers. — Les Tuniciers vivent isolés ou en colonies, ils sont fixés ou libres, et leur corps est protégé par une sorte de squelette externe, cartilagineux, composé en majeure partie d'une substance analogue à la cellulose végétale, la tunicine ou cellulose animale.

Parmi les Tuniciers, on a observé la photogénèse dans les quatre ordres des *Appendiculaires : Ascidies simples* et *agrégées, Synascidies,* et *Ascidies salpiformes,* composant la classe des *Téthyodés,* et aussi dans les ordres des *Salpes* et des *Barillets* formant la classe des *Thaliacés.*

Les *Appendiculaires* sont solitaires, nageurs, de forme ovale allongée, pourvus d'un appendice caudal, et ressemblent par leur configuration extérieure à des larves d'Ascidies.

D'après Enrico Giglioli, cité par Gadeau de Kerville (170, p. 149), la luminosité des Appendiculaires aurait son siège dans l'axe central de l'appendice caudal, autrement dit dans l'urocorde, ce qu'il serait utile de vérifier. Cet auteur a observé des changements de coloration chez une belle espèce de l'Atlantique austral : l'urocorde émettait à différents intervalles une lumière vive d'une couleur rouge foncé, puis azurée et finalement verte. Il rencontra beaucoup d'Appendiculaires dans la traversée de Montévidéo à Batavia, et chez presque toutes il observa cette luminosité tricolore. Une grosse espèce, trouvée dans l'Océan Indien, émettait une lumière qui avait pour couleur le blanc, l'azur et le vert.

La faculté photogénique existe dans la famille des *Salpidés,* qui appartient à l'ordre des *Salpes* et renferme des animaux nageurs. D'après Enrico Giglioli, beaucoup de Salpes sont lumineux, et la luminosité serait circonscrite dans cette masse formée par le tube digestif pelotonné et que l'on nomme le *nucleus* : il en aurait rencontré dans l'Océan Indien, dans la mer de Chine, à Poulo-Condor et Formose et dans l'Atlantique austral dont le nucleus brillait d'une vive lumière rouge foncé. On a enfin signalé la phosphorescence chez des Barillets du genre *Doliolum*, chez *Ciona intestinalis* L. (Ascidie simple) et *Botryllus Schlosseri* Sav. (synascidies). La luminosité ne serait pas localisée dans des organes spéciaux ; mais de nouvelles observations plus précises paraissent indiquées.

Les animaux photogènes les mieux connus parmi les Tuniciers sont les *Pyrosomes*, principalement grâce aux recherches de Panceri (85) et de Polimanti (84). Ce sont des Ascidies salpiformes coloniales nageant à la surface des mers. Le *Pyrosoma giganteum* Lesueur, sur lequel Panceri a fait ses remarquables observations, se trouve dans la Méditerranée ; on rencontre aussi dans l'Atlantique *P. Atlanticum* Péron. Les individus de cette espèce mesurent de 3 à 7 pouces de longueur. Mais, dans l'Océan Indien, d'après Polimanti, on trouve des Pyrosomes pouvant atteindre jusqu'à quatre mètres de longueur. Le *Pyrosoma elegans* Les, se rencontre surtout au printemps et en automne dans le golfe de Naples. La colonie présente la forme d'une pomme de pin creuse, ou d'un dé à coudre allongé : elle est transparente, et composée d'un grand nombre d'individus situés perpendiculairement à l'axe longitudinal de la colonie et réunis par un tissu commun de consistance gélatino-cartilagineuse. Chaque individu possède deux orifices : un orifice d'entrée et un orifice de sortie. Les orifices d'entrée forment des cercles irréguliers à la surface externe de la colonie ; quant aux orifices de sortie, ils débouchent du côté opposé, dans la cavité centrale qui fait l'office de cloaque commun. Le Pyrosome est une association animale, dont tous les membres qui la composent agissent d'une manière tellement concordante pour atteindre les mêmes buts que cette colonie se comporte absolument comme le ferait un seul individu.

Le Pyrosome a des mouvements d'ensemble permettant à la colonie tout entière de se déplacer et aussi de faire circuler l'eau dans sa cavité centrale. Il est important de noter que la colonie s'illumine d'une manière intermittente à chaque contraction. Ces contractions ont pour effet non seulement de faire cheminer l'animal et de renouveler l'eau servant à la respiration et apportant la nourriture, mais encore de faire circuler le sang du sinus qui baigne directement l'organe lumineux, comme cela arrive chez les Insectes, les Crustacés, etc.

Fig. 146. — *Pyrosome géant* (2/5 grand. natur.).

Chaque colon, ou zooïde, est une Ascidie simple en forme de petite bouteille dont le goulot serait dirigé en dehors, ce qui fait que la surface du Pyrosome paraît hérissée de pointes. On a compté jusqu'à 3 200 de ces colons sur un seul *Pyrosoma atlanticum*. Sur chacun d'eux, près du col, au niveau et près des branchies, un peu au-dessus des deux nerfs latéraux de la première paire voisins des arches ciliées, on distingue deux petits points brillants.

Ils sont généralement de forme ovale, quelquefois triangulaires, compris entre le sinus sanguin et l'enveloppe de l'animal : ils sont constitués par de nombreuses *granulations arrondies*, une matière lipoïde et des substances albuminoïdes.

Ces éléments se développent aux dépens de l'ectoderme. D'après Charles Julin (86), non seulement les œufs ovariens (non segmentés, mais presque mûrs) ainsi que les embryons du Pyrosome sont phosphorescents, mais encore cette luminosité a deux sources distinctes et consécutives : d'une part les cellules du *testa*, et, d'autre part, les glandes latérales des quatre ascidiozoïdes primaires. Tant que les glandes latérales n'ont pas atteint leur complet développement, seul le cytozoïde est phosphorescent ; il montre de très petits points lumineux, dont la distribution est absolument semblable à celle qu'offrent les cellules du *testa* aux stades correspondants. Lorsque, à la dernière étape de l'ontogénèse, le cytozoïde s'atrophie, ou n'est plus représenté que par un vestige, il cesse d'être lumineux, les cellules du *testa* ayant sans doute disparu ou tout au moins perdu leur structure spécifique. Alors seules sont lumineuses les glandes latérales, paires, symétriques, des ascidizoïdes primaires. D'après JULIN, les cellules du *testa* n'interviennent ni directement, ni indirectement dans la formation de l'embryon : elles ont pour seule fonction la phosphorescence du cytozoïde.

Les cellules lumineuses sont globuleuses, assez volumineuses : leur noyau ovalaire est relativement petit, pauvre en chromatine et situé au voisinage de l'enveloppe ou corps cellulaire. Le cytoplasme est littéralement bourré par un boyau, continu ou discontinu, montrant un réticulum très délicat, mais à larges mailles, dont les travées achromophiles sont parsemées de grains chromophiles, siégeant surtout *aux nœuds du reticulum*. L'auteur considère ce boyau comme d'origine cytoplymique, et ses grains chromophiles comme de nature mitochondriale, mais on sait que les mitochondries ne sont autre chose que les vacuolides signalées par R. DUBOIS dans les glandes de Phyllirrhoë bucéphale dès 1886 (20 et 38) et dans les organes lumineux des Lampyres, des Pyrophores et de la Pholade dactyle.

En écrasant l'animal, dit PANCERI, on obtient par compression un liquide lumineux, susceptible de briller même après avoir passé au travers d'un linge, mais qui s'éteint rapidement. Toutefois l'extinction n'est pas définitive; car, si l'on ajoute de l'eau douce et que l'on chauffe, la lumière se montre aussitôt à nouveau. Si au lieu d'eau on ajoute de l'alcool, la lumière ne revient pas. L'eau acidulée à l'acide sulfurique produit le même résultat. La dessiccation suspend la lumière des organes, mais on peut la faire reparaître par l'eau de mer ou même par l'eau douce.

Sur l'animal vivant l'alcool et l'éther se comportent comme des excitants de la lumière, mais il est bien évident que ce n'est que parce qu'ils provoquent l'excitation qui met en liberté les substances photogènes, puisque celles-ci sont paralysées par l'alcool.

Comme chez tous les autres animaux photogènes, en général, les excitants mécaniques, physiques ou chimiques ont la propriété de provoquer la luminosité dans de certaines limites.

D'après POLIMANTI, la lumière solaire laisse les Pyrosomes indifférents ; leur pouvoir phosphorescent reste le même aussi bien après l'action de la lumière diffuse qu'après l'action directe des radiations solaires, mais, avec une lampe électrique de 36 bougies, POLIMANTI a pu presque toujours provoquer la luminescence de la colonie tout entière : avec 32 bougies, le résultat est incertain. Avec *Pyrosoma elegans*, dont il s'est servi, la lumière se produit presque toujours de dehors en dedans, soit en des endroits isolés, soit à l'un ou à l'autre pôle ou aux deux en même temps ; enfin l'animal peut s'éclairer par toute la surface de la colonie. Ce qu'il importe de noter, c'est que cet effet se produit aussi bien au moment où l'on allume la lampe qu'au moment où on l'éteint. R. DUBOIS a noté le même résultat pour la contraction des muscles du siphon de Pholade dactyle qui renferme à son intérieur les organes photogènes (74, p. 73). Il est très probable que l'éclairage ou l'obscurité subite en provoquant la contraction des muscles, agit comme excitant mécanique sur l'organe lumineux ou sur le sinus sanguin qui le baigne. POLIMANTI compare l'excitation lumineuse à une excitation mécanique légère. Il pense même que l'on en peut faciliter l'action en préparant le terrain par des excitations mécaniques, qui auraient une action dynamogène favorable. La période d'excitation latente lumineuse est de cinq secondes : pour les différents excitants mécaniques ou physiques, elle varie de une à cinq secondes. Ce n'est qu'au bout d'un temps variable de 10 à 30 secondes, après l'excitation, que la lumière cesse. La lumière dure d'autant plus longtemps que l'excitation a été plus prolongée, la période latente d'excitation est d'autant plus longue que l'excitation aura été plus faible. En résumé, d'après POLIMANTI, on peut comparer la réaction lumineuse à la réaction musculaire : elles seraient du même ordre. Cette remarque est très intéressante, surtout si on la rapproche des expériences de R. DUBOIS sur le mécanisme de la sécrétion de la Pholade dactyle et d'autres animaux lumineux démontrant que c'est la contraction musculaire qui actionne la sécrétion photogène.

Polimanti a noté également que la lumière s'étend de proche en proche comme une sorte d'onde, de vague allant du milieu excité vers les deux extrémités de la colonie, avec accroissements progressifs lumineux, comme une « avalanche » (ondes musculaires).

Avec les courants faradiques, le seuil d'excitation est compris ordinairement entre 26° et 30° du chariot de du Bois-Reymond. Un courant trop fort diminue beaucoup l'excitabilité photogène. Il faut tenir compte dans ces expériences de l'action mécanique exercée par le contact des électrodes; et, suivant Panceri, l'effet de l'électricité serait nul.

D'après le même auteur, l'élévation de température de 0° à 11° de l'eau de mer contenant un Pyrosome ne change rien à son état : en continuant à chauffer, la luminosité s'accroît jusqu'à 28° pour diminuer progressivement jusqu'à 60°, où elle cesse. Pour Polimanti, le degré optimum de luminescence de P. elegans est entre 10° et 15°, pour baisser au delà. Il fait remarquer que la lumière du phosphore continue à s'accroître au contraire et que par conséquent il ne s'agit pas d'une oxydation directe, comme le pensait Panceri, mais plutôt d'une réaction physico-chimique, de l'ordre de celle qui a été indiquée par R. Dubois.

La persistance de la lumière du Pyrosome dans une atmosphère d'acide carbonique dépourvue d'oxygène est une nouvelle preuve contraire à l'opinion d'une oxydation directe. Si des bulles d'air se dégageant dans l'aquarium peuvent exciter la lumière du Pyrosome, cela tient à une excitation mécanique. Néanmoins, le manque d'aération, le séjour en dehors de l'eau, l'empoisonnement du Pyrosome par l'acide carbonique hâtent son épuisement et provoquent l'inexcitabilité d'abord, puis la mort et la décomposition. Quand la lueur reste persistante, continue, c'est un indice que le Pyrosome va mourir. On a vu que le même phénomène se produit chez la Pholade dactyle ou sur des fragments de celle-ci séparés du système nerveux central et portant des organes lumineux. La luminosité du Pyrosome est l'*ultimum moriens*, comme dans la Pholade et dans beaucoup d'autres organismes lumineux.

Une des remarques les plus curieuses faites sur les Pyrosomes, c'est que non seulement la lumière peut ne pas être la même chez les diverses espèces, mais encore qu'elle peut changer de couleur chez le même individu sous diverses influences. Voici ce que dit Péron à propos du *Pyrosoma atlanticum* : « La couleur des Pyrosomes, quand ils sont en repos ou qu'ils viennent de mourir, est d'un jaune opalin, mêlé de vert, assez désagréable. Dans les mouvements de contraction spontanés qu'il exerce, dans ceux que l'observateur détermine à son gré par la plus légère irritation, le Pyrosome s'embrase si l'on peut parler ainsi; il devient presque instantanément d'un rouge de fer fondu, d'un éclat extrêmement vif; et, de même que ce métal, à mesure qu'il refroidit, présente diverses nuances de coloration, de même aussi ce Pyrosome, à mesure qu'il perd sa luminosité, passe successivement par une foule de teintes extrêmement agréables, légères et variées : le rouge, l'aurore, l'orangé, le verdâtre et le bleu d'azur. Cette dernière nuance surtout est aussi vive qu'elle est pure. »

Polimanti a remarqué chez P. elegans qu'à mesure que l'animal s'altère, ce ne sont plus les rayons vers caractéristiques qui sont émis, mais une lumière rouge; c'est-à-dire que les rayons plus réfringents sont remplacés par des rayons qui le sont de moins en moins. La même observation peut se faire lors d'une élévation de température d'après Polimanti; le ton vert indiquerait clairement que, contrairement à ce que croyait Panceri, il ne s'agit pas d'un processus d'oxydation. Mais que penser alors des tons rouges? Panceri n'a pu d'ailleurs révéler la plus petite production de chaleur au moyen de thermomètres très sensibles au moment de l'embrasement maximum du Pyrosome, mais il explique ce fait en disant que l'énergie calorifique est transformée en lumière. Il faudrait alors admettre qu'il existe dans les organes photogènes une substance capable de ramener les radiations calorifiques vers les longueurs d'onde moyennes, comme cela a lieu pour les radiations chimiques avec les luciférescéines fluorescentes. C'est ce que nous discuterons plus loin (p. 360).

En résumé : *Dans l'embranchement des Tuniciers, on voit encore l'immortel flambeau ancestral se transmettre de l'adulte, de l'ancêtre à l'œuf, de l'œuf à la larve et de la larve à l'adulte... et toujours ainsi, sans jamais s'éteindre, comme le feu des Vestales. C'est bien là*

*le véritable bioprotéon ancestral, dont le certificat de vie est signé à la fois par l'ana-
tomie et par la physiologie!*

*Et la lumière aussi est, chez les Tuniciers, toujours fournie par des éléments ectoder-
miques, par des glandes entourées de grands sinus sanguins. Enfin, dans ces éléments
glandulaires, on reconnaît ce que Julin appelle des mitochondries, c'est-à-dire les vacuolides de R. Dubois, signalées, décrites, figurées, caractérisées anatomiquement et physiologiquement bien des années avant que le mot « mitochondrie » fût inventé pour faire croire à
la nouveauté d'une découverte scientifique.*

Quant à la substance photogène, elle se conduit ici comme partout ailleurs.

VERTÉBRÉS

Poissons lumineux. — Ces curieux animaux habitent ordinairement les régions
abyssales, où la lumière du jour ne pénètre pas. Leurs formes sont des plus bizarres, ce
qui, joint à leur pouvoir éclairant, leur donne une étrange originalité.

On en connaît aujourd'hui un assez grand nombre d'espèces, grâce particulièrement
aux recherches d'Albert Günther, sur les Poissons recueillis par le *Challenger*, de
Brauer (88), sur ceux qui ont été pêchés par la *Valdivia*, de Carl Chun (97), de Max
Weber (89) pour l'expédition de *Siboga*, de Mangold (90), etc. La position, la couleur,
la structure des organes lumineux des Poissons sont extrêmement variées. Dans les
genres *Malacosteus, Photonectes, Pachystomias, Opostomias, Echiostoma*, ils sont représentés par de nombreux tubercules faisant plus ou moins saillie à la surface de la
peau, couvrant les côtés du corps, et réunis en très grande quantité par bandes transversales correspondant aux segments musculaires dans les genres *Malacosteus, Photonectes,
Pachystomias, Opostomias, Echiostoma*.

On trouve des nodules plus grands, moins nombreux et plus saillants sous la peau,
sur la tête suivant les canaux mucipares, et le long de la ligne latérale. Ils sont distribués en quinconces dans le genre *Xenodermichthys*, dont une espèce a été pêchée au
Maroc par le *Talisman*, par des fonds de 1300 mètres, et par le Prince de Monaco aux
Açores, par 700 mètres de profondeur. Chez *Stomias boa* Risso, on voit sur la partie
ventrale deux lignes parallèles de ces organes qui partent de la tête sous les mâchoires
pour aboutir de chaque côté de la queue. Signalons encore parmi les Poissons lumineux de ce type ceux des genres *Astronectes, Chauliodus, Gonostoma*.

Les organes photogènes sont grands, ronds, aplatis, avec un éclat de perle, disposés
en rangées sur la partie inférieure du corps et de la tête, et aussi jetés isolément sur
les côtés de l'abdomen, et sur les opercules dans les genres *Nannobrachium, Scopelus,
Photichthys, Polyipnus, Sternoptyx, Argyropelecus*. Viennent ensuite des organes non
différenciés se présentant sous forme de simples taches, plus ou moins diffuses,
d'une substance glandulaire, blanche, d'épaisseur variable. Ils occupent les côtés du
tronc chez *Astronectes*, la partie ventrale ou dorsale du pédoncule de la queue chez
Nannobrachium et *Gonostoma*, les clavicules et les cavités branchiales dans les genres
Holosaurus, Opostomias, Sternoptyx; les régions intra-orbitaires chez les *Photichthys* et
les *Gonostoma*; le museau en avant des yeux, dans les genres *Scopelus, Melanocetus,
Melamphaes*, les barbillons des *Idiacanthus*, des *Opostomias, Linophryne*, et les
nageoires des *Himantolophus Reinhardti, Chaunax* et *Melanocetus*.

D'après tous les observateurs, il est bien évident qu'il s'agit de transformations des
organes glandulaires et sensoriels de la ligne latérale et des expansions qu'elle envoie
du côté des mâchoires et de la tête.

D'autres fois, les organes glandulaires sont des groupes plus simples et bien isolés,
mais parfois différenciés davantage. Ils peuvent former une masse plus ou moins
allongée, située dans une cavité de la région infra-orbitaire. C'est ce que l'on voit
dans les genres *Idiacanthus, Melanocetus, Photonectes, Pachystomias, Opostomias, Echiostoma, Astronecthes, Anomalops*.

Chez les *Linophrynes, Oneirodes, Ceratias* (pédiculates) et *Himantolophus*, on les a
signalés sur la mâchoire dorsale, dans des cavités munies d'un orifice, d'où pouvaient
sortir un filament ou un tentacule.

Des *organes diamantiformes* se montrent au-dessous du tégument demi-transparent chez *Halosaurus*, sur la ligne latérale, en une seule rangée, ainsi que sur la tête, suivant les branches inférieures des canaux mucipares et dans ces canaux mêmes.

Ipnops Murrany porte deux grands organes photogènes, à contours entièrement symétriques situés à droite et à gauche de la ligne médiane de la face supérieure de la tête et s'étendant, à partir d'une région un peu postérieure aux cavités nasales, presque au-dessus de la partie postérieure du crâne.

Melanocetus Johnsoni est un poisson des grandes profondeurs : il a un corps très court, une gueule énorme, avec des dents très développées : derrière cette gueule, se

FIG. 147. — *Melanocetus Johnsoni.*

trouve un estomac formidable ; ces animaux se cachent probablement dans la vase et ils ne laissent passer que leur bouche au-dessus de laquelle se trouve un piège pour attirer sans doute les petits animaux du voisinage : ce piège consiste en un petit barbillon mobile terminé par un organe lumineux.

Dans le genre *Malthopsis*, l'aiguillon qui existe chez *Melanocetus* se raccourcit en une sorte de bouton, qui, chez d'autres espèces, se retire de plus en plus dans une cavité formée par la région du museau et prend une forme bilobée semblable aux appendices nasaux de la Chauve-souris fer à cheval.

Mais, d'après Chun, tous les Poissons lumineux ne sont pas armés de dents aiguës et de mâchoires puissantes : c'est cependant la majorité.

Presque tous appartiennent aux Poissons osseux, mais certains Poissons cartilagineux, voisins des Requins et des Chiens de mer, produisent par leur ligne latérale un mucus brillant qui se répand sur le corps et lui communique une luminosité bleuâtre. C'est une lueur vague plutôt que des rayons bien déterminés, qui forme comme un enduit brillant à la surface du corps.

Les appareils photogènes sont parfois mobiles. Chun a constaté chez une espèce nouvelle du genre *Echiostome* l'existence d'un organe triangulaire placé sur la mâchoire supérieure derrière les yeux. Il émettait une splendide phosphorescence bleuâtre, était recouvert par une partie cutanée transparente bombée en avant à la façon d'une cornée et pouvait

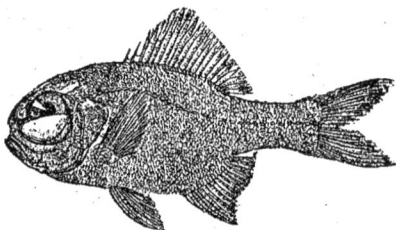

FIG. 148. — *Photoblepharon palpebratus* WEBER.

être tourné par des muscles de façon que l'éclat disparaissait ou se montrait tout à coup.

Le *Photoblepharon palpebratus* Weber, pêché par le *Siboga*, possède également des appareils photogènes mobiles bien curieux. Ce Poisson a été rencontré sur les côtes ouest des Indes Néerlandaises, à Banda. Les pêcheurs se servent comme amorce des organes photogènes de deux Poissons lumineux : *Anomalops Graeffi* Kner ou *Heterophtalmus Katoptron* Bleeker et *Photoblepharon palpebratus* Weber. Le disque lumineux peut facilement s'exciser et rester plusieurs heures lumineux ; on les attache à l'hameçon pour prendre de plus gros Poissons. La disposition de l'organe est telle que la lumière ne paraît pas quand il est retiré dans la cavité orbitaire. Mais, dès que le Poisson l'en fait sortir, la lumière reparaît. Elle ne gêne pas la vue de l'animal, car elle ne se projette qu'au-dessous du bord inférieur de la pupille. L'animal voit par-dessus le faisceau éclairant les objets qu'éclaire l'organe. La face de cette lanterne tournée du côté de l'œil est revêtue d'un pigment noir intense qui empêche l'organe lumineux d'éclairer l'œil lui-même.

D'après WEBER, cette lumière ne représenterait que la 780e partie de l'intensité de la lumière blanche solaire; elle est certainement plus forte. Au spectroscope, les rayons bleus et ultra-rouges ne traversent pas, tandis que les rayons rouge clair, orangés, jaunes et verts passent presque sans être affaiblis. *Anomalops Katoptron* ou *Ikan leweri batoe* se montre par bandes à la surface de la mer, mais *Photoblepharon palpebratus* ou *Ikan leweri ajer* vit isolément entre les pierres. Ce ne sont donc pas des Poissons abyssaux, comme les autres Poissons lumineux. On en a signalé dans l'archipel des Touamotou aux Nouvelles-Hébrides, à Amboine et aux Iles Fidjii.

MANGOLDT (90) a pu faire quelques observations intéressantes sur *Maurolicus*, petit Poisson lumineux de 5 à 6 centimètres de long pêché dans les grandes profondeurs de la baie de Naples. Il présente 144 appareils lumineux distincts répartis en ordre déterminé sur les deux côtés du ventre, les plus antérieurs formant un groupe important sur la tête. La lumière n'apparaît pas d'elle-même, mais toujours à la suite d'une excitation, pincement de la queue par exemple; elle est agréable, ne vacille pas. Sa nuance varie du blanc au jaune-vert, au vert clair et au bleu, mais le jaune et le vert apparaissent d'abord particulièrement. C'est l'organe de la tête qui s'éclaire le premier sous l'action réflexe, parfois seul quand on excite le Poisson dans l'eau. Tout le reste s'illumine par une excitation plus forte. Si on place ce Poisson de mer dans l'eau douce, la lumière devient continue, de même si on le soumet à un courant électrique : les autres réactifs n'agissent pas.

La structure des autres appareils ressemble à celle des autres Poissons : ce sont des sortes de perles enfoncées dans les replis

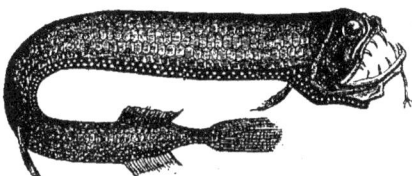

FIG. 149. — *Stomias boa* RISSO.
Poisson présentant deux doubles rangées latérales
d'organes lumineux.

de la peau, en forme de sac, et se terminant extérieurement par une espèce de lentille oculaire : celle-ci concentre les rayons qui sortent des appareils lumineux, après qu'ils ont traversé un écran circulaire à reflets nacrés. L'organe, comme l'œil, est recouvert latéralement par une épaisse couche de pigment.

Structure des organes. — Le polymorphisme des organes lumineux des Poissons est encore plus grand que celui des Crustacés et des Mollusques, mais, de l'avis de tous les auteurs, et principalement de BRAÜER, qui a fait d'importantes recherches sur les animaux pêchés par la *Valdivia*, tous ces organes sont de nature glandulaire.

Les uns sont simples et s'ouvrent directement au dehors pour rejeter dans le milieu ambiant la substance photogène, d'autres, au contraire, n'ont pas de canal excréteur, ce sont des glandes à *sécrétion interne* et non, comme l'ont dit BRAÜER et PUTTER (162), à *sécrétion cellulaire*, ce qui est bien différent. Ce sont, en somme, les deux types que l'on rencontre chez les Insectes, les Crustacés et les Mollusques.

Les glandes photogènes à sécrétion interne sont ordinairement accompagnées d'organes accessoires ou de perfectionnement, comme cela a été signalé déjà pour *Maurolicus*. Chez *Stomias* (fig. 149 et 150), on constate l'existence d'une masse centrale *t* formée de cellules photogènes rappelant exactement par leur forme celles des organes lumineux des Lampyres et des Céphalopodes et par d'autres cellules également photogènes *l'*, mais légèrement différentes des premières, à contenu granuleux et à noyau périphérique. Ce sont les deux couches photogènes des Insectes et des Céphalopodes. Ces deux sortes de cellules ont manifestement la même origine. En haut de la figure 150 on voit en *Cr* un véritable cristallin recouvert d'une cornée destinée à faire converger les radiations lumineuses. Enfin, au-dessous de la glande photogène se trouve un réflecteur composé de deux couches et tapissé par du pigment.

Une disposition analogue se rencontre dans les organes photogènes de *Chauliodus* (fig. 151), où les deux zones de la masse glandulaire photogène sont encore plus nettement marquées et où cependant on peut bien constater leur identité d'origine.

Les organes à sécrétion interne sont remplacés par des glandes à sécrétion externe, particulièrement dans les organes tentaculaires des *Cératidés* et des *Onchocéphalidés*. Cette disposition est très nettement marquée chez *Gigantactis* (fig. 152). L'organe photogène est constitué par un sac en forme de boule dont les parois sont tapissées par un épithélium glandulaire *dr* à plusieurs assises et dont la cavité, assez vaste, s'ouvre à l'extérieur. Cette cavité est remplie d'une sécrétion à grains très fins provenant de la désagrégation des cellules glandulaires.

Le sac de la glande, formé d'une membrane claire, joue le rôle de réflecteur avec une couche pigmentaire extérieure *r*. D'après BRAÜER, les vaisseaux et les nerfs sont richement distribués à l'organe, mais il n'a pas pu montrer avec certitude la présence des muscles. R. DUBOIS pense que les fibres qui forment les parois du sac sont contractiles, comme certaines fibres du siphon de la Pholade, qui pourtant diffèrent des véritables fibres musculaires et semblent se rapprocher beaucoup des éléments fibrillaires conjonctifs. C'est très vraisemblablement grâce à la contractilité de ce sac que le mucus lumineux est chassé de la glande.

Chez les *Onchocéphalidés*, les organes lumineux sont de même des glandes à sécrétion externe, soit qu'il y ait de nombreux canaux sécrétoires séparés, comme par exemple chez *Chaunax*, soit que plusieurs glandes se réunissent pour sécréter par un canal unique, comme, par exemple, chez *Alychnetus* et *Gonostoma elongatum*. Chez les *Gonostomidés*, on peut suivre l'évolution des organes glandulaires. On y trouve un groupe particulier d'organes photogènes se composant de sacs avec de forts replis intérieurs d'une membrane peu épaisse, dont la cavité est remplie de sécrétion et entre souvent en rapport avec les canaux sécréteurs d'autres organes glandulaires lumineux. Dans la majeure partie des cas, chez les organes lumineux des *Gonostomidés*, on peut encore distinguer que la structure est bien de nature glandulaire, mais la sécrétion externe cesse.

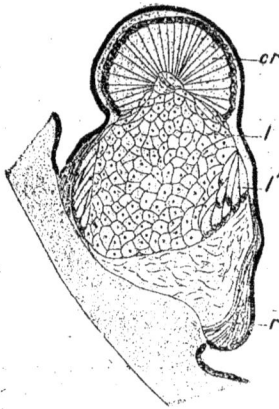

FIG. 150. — *Organe lumineux latéral d'un Stomias; cr*, cristallin ; *l*, cellules lumineuses ; *l'*, les mêmes plus âgées (2e couche); *r*, réflecteur.

Les cellules lumineuses formant l'épithélium sécréteur de canaux peuvent être rangées en rayons autour d'un sinus, qui, le plus souvent, se déverse au dehors par un canal, comme chez *Gonostoma elongatum* G., mais qui, par exemple, chez *Cyclostomum*, peut finir en cul-de-sac. La cavité glandulaire peut disparaître, ainsi que l'ouverture extérieure, et même, dans certains cas, chez les *Nyctophidés*, on ne trouve plus que des cellules formant des lamelles plates et minces, isolées, en partie, les unes des autres pour représenter les organes photogènes. BRAÜER cependant soutient qu'il s'agit d'éléments glandulaires et attribue la forme observée aux procédés de conservation. Un examen attentif de *Neosopelus* l'a confirmé dans ses vues : là, il trouve des cellules semblables, mais groupées autour d'une cavité centrale s'ouvrant à la surface par un canal.

Dans certains cas, comme chez *Cyclotone*, les organes lumineux sont disposés autour de l'orbite. BRAÜER a combattu l'opinion de PÜTTER, qui suppose que la lumière émise par l'organe vient renforcer l'image des objets extérieurs sur la rétine, ce qui ne pourrait évidemment que l'affaiblir.

En 1908, DOHLGREN (91) a décrit une nouvelle espèce de Poisson lumineux *Anomalops*, chez lequel les photophores sont placés sous chaque œil. L'organe lumineux a la forme d'un ovoïde et se compose de cellules sécrétant un liquide, qui s'amasse dans une invagination, sous la peau, et, en prenant contact avec la surface des téguments largement irriguée par le sang, produit la lumière par oxydation.

L'organe réflecteur est formé de tissu conjonctif modifié. Sous l'organe réflecteur existe une couche de pigment noir destiné à protéger l'œil contre la lumière de l'organe. Dans la paupière inférieure se trouvent des cellules nerveuses paraissant, d'après l'auteur, être quelque ganglion destiné au contrôle de la production de la lumière.

Moreau (95) dit avoir observé chez un *Hérisson de mer* indien la phosphorescence du sang : le fait aurait besoin d'être vérifié, mais il s'expliquerait assez bien par la sécrétion photogène déversée dans le sang par les organes à sécrétion interne. Peut-être aussi s'agissait-il d'une infection bactérienne. Les pêcheurs des côtes du Portugal obtiennent, a-t-on dit, un liquide lumineux en pressant l'abdomen d'un poisson (158). La luminosité pourrait être communiquée à la chair d'autres Poissons servant d'appât, grâce aux Photobactéries que contient ce liquide. Ce dire aurait besoin d'être soigneusement contrôlé.

Les organes photogènes des Poissons sont donc des organes glandulaires, les uns à sécrétion externe, les autres à sécrétion interne, ce qui est conforme à tout ce que nous avons rencontré précédemment. Ces organes sont complétés souvent chez les Poissons par des parties accessoires ou de perfectionnement : réfracteurs, comme les lentilles, ou réflecteurs comme les miroirs, qui en font des appareils plus compliqués, mais aussi plus parfaits.

La structure de ces appareils a alors beaucoup de rapports avec celle de l'œil lui-même, dont ils forment souvent des annexes, et lequel peut aussi, par certains côtés, être considéré comme un organe glandulaire.

En résumé : *On trouve chez les Poissons, c'est-à-dire chez les êtres photogènes les plus hautement différenciés, pour ainsi dire la répétition générale de tout ce qui a été vu dans les degrés inférieurs de l'échelle des êtres vivants. C'est surtout dans cet embranchement que l'on peut suivre pas à pas l'évolution de l'organe glandulaire photogène, depuis la simple cellule épidermique, nue, superficielle, jusqu'à ces curieux aapareils oculiformes que sont les photosphères les plus compliquées, avec leurs organes de concentration, de réflexion, leurs diaphragmes, leurs écrans d'adaptation et d'accommodation et même leurs appareils d'orientation. C'est dans l'étude des Poissons lumineux que se trouve la confirmation la plus éclatante de l'unité des procédés fondamentaux des mécanismes intimes qui nous sont révélés par la physiologie générale, dont la simplicité ne nous est le plus souvent masquée que par des complications accessoires de perfectionnement, d'adaptation, que la physiologie comparée seule nous permet de discerner.*

Biophotogénèse chez les autres vertébrés. — Chez les Vertébrés autres que les Poissons, on n'a pas constaté d'une manière certaine l'existence de la biophotogénèse normale ou physiologique. De même que, chez les végétaux autres que les Champignons,

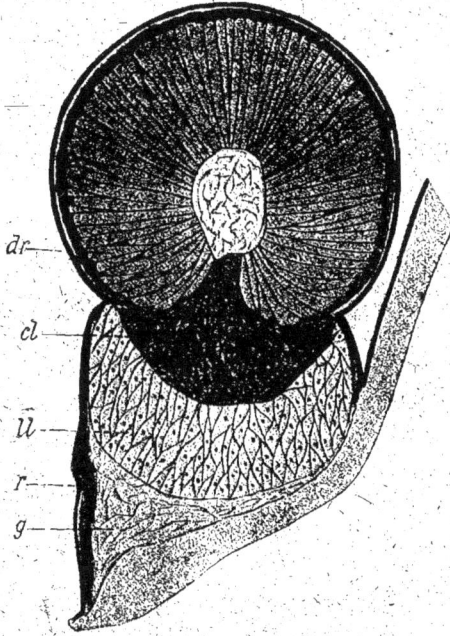

Fig. 151. — *Chauliodus.*
dr, cellules ectodermiques formant un cristallin; *cl*, *ll*, cellules de l'organe photogène formant deux conches distinctes, comme chez les Insectes.

on doit considérer comme accidentels les cas de luminosité signalés par quelques auteurs.

Dans ces conceptions prennent place les cas de luminosité apparente due à des phénomènes de réflexion, de diffraction, etc. Comme, par exemple, l'apparente luminosité des yeux du Sphinx à tête de mort, des fauves, du Phoque (R. Dubois), qui résulte de la présence au fond de l'œil d'un tapis ou de quelque chose d'analogue. On a prétendu que l'œil pouvait être une source de lumière. Cette hypothèse méritait d'être examinée, puisque les appareils lumineux des Crustacés, des Céphalopodes et des Poissons présentent souvent de grandes homologies avec les organes oculaires. R. Dubois a vainement cherché à influencer des plaques photographiques par la fixation du regard maintenu d'une manière prolongée sur des plaques photographiques très sensibles ; dans aucun cas, par d'autres moyens, il n'a pu constater que l'œil fût un foyer producteur de lumière.

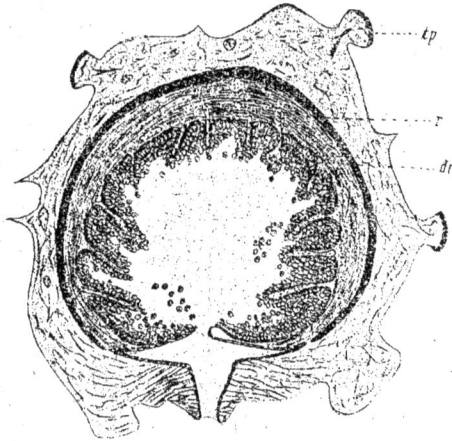

FIG. 152. — Glande photogène à sécrétion externe du *Gigantactis*.
r, réflecteur ; dr, épithélium glandulaire.

La luminosité de la gorge d'un Pinson australien (*Poëphila gouldiæ*) est due d'après Chun à un phénomène de réflexion analogue à celui qu'on observe sur certaines Mousses (97). On a signalé encore des cas de luminosité chez d'autres oiseaux : le plumage du *Héron*, de l'*Effraie* aurait été vu lumineux (98 et 100). S'il ne s'agit pas d'illusions d'optique, il faut attribuer ici le phénomène à des cas de parasitisme, ou d'emprunt, de maladie, etc., qui n'ont rien de commun avec une fonction normale, physiologique. On en peut dire autant de la lumière produite par des œufs (99).

On a parlé d'un Crapaud de Surinam, qui avait l'intérieur de la bouche lumineux, peut-être avait-il avalé quelque Myriapode ou autre animal lumineux à sécrétion photogène externe.

La phosphorescence du mucus des œufs de *Grenouille*, celle des œufs du *Lézard* et du *Gecko* restent encore problématiques (99). D'après Pütter la lueur des œufs du lézard ne rappelle que très faiblement celle des organismes marins des grandes profondeurs. L'observation de Quoy et Gaymard (116), d'une Tortue qui portait une plaie phosphorescente sur le dos est certainement un cas de parasitisme.

On n'en peut pas dire autant de tous les cas de phosphorescence observés chez l'Homme : si l'infection photobactérienne ne paraît pas douteuse dans les cas de plaies par blessures observés par Percy et Pariset, par Fernier et Pescay, cités par Valle (della) (121), il y a lieu de faire les plus expresses réserves au sujet des observations relatant l'existence de sueurs et d'urines lumineuses.

Ces dernières seraient d'ailleurs normales chez la Mouffette d'Amérique, d'après Azara (113) et chez celle de Zorillo ou Sorillo, qui n'est autre chose que le *Viverra putorius*.

Ces animaux, dont l'urine serait lumineuse au moment de l'émission, s'en serviraient comme de moyen de défense pour éloigner leurs ennemis. Ce liquide ne serait pas seulement repoussant par son odeur, mais encore effrayant par la lumière émise pendant la nuit. Après avoir été recueilli dans un verre, il brillerait encore assez longtemps.

Le lait de vache est, paraît-il, susceptible d'acquérir la luminosité, mais moins souvent pourtant que le lait de femme.

Plusieurs observations de sueurs lumineuses existent dans la science (114). Un individu, grand mangeur de graisse, atteint de psoriaris, ayant un soir étendu sa chemise sur le dossier d'une chaise, pour se coucher, fut très surpris, après avoir éteint sa lampe, de voir la silhouette de son buste et de ses bras dessinée par une lueur phosphorescente. Ce fait se renouvela plusieurs fois, quand le malade avait mangé beaucoup de corps gras.

Dans un autre cas, il s'agit d'un individu sain qui avait ingéré du poisson en grande abondance, le soir et qui, en se réveillant de bon matin, avant le jour, vit sur ses cuisses une myriade de points brillants, comme un champ parsemé de Lucioles; en faisant glisser le doigt d'un point à un autre, on produisait une voie lumineuse; le phénomène dura peu d'instants.

Des lueurs passagères se communiquant aux mains ont été vues sur la peau des hanches et des cuisses d'un enfant atteint d'affection intestinale.

Ces sécrétions dégageraient parfois une odeur phosphorée, qui cependant n'a été notée que par un seul observateur.

Une affection de même nature fut signalée à R. Dubois chez une servante de brasserie. Le sujet a guéri spontanément de ses sueurs lumineuses et pendant leur durée n'avait rien éprouvé de particulier. Plusieurs personnes avaient constaté la réalité du fait.

Des lueurs vacillantes furent aussi signalées chez deux jeunes filles arrivées au dernier degré de la consomption tuberculeuse. Vallad, d'après Perroncito, aurait observé des plaques et une auréole lumineuse autour de la tête de moribonds.

De véritables lueurs peuvent persister après la mort et, plus d'une fois, dans les amphithéâtres d'anatomie, on a observé des cadavres présentant de la luminosité autour de la tête. Patruban a vu des cerveaux briller fortement, et Mascagni a prétendu avoir fait des préparations de vaisseaux lymphatiques à la lueur des cadavres !

Chez une femme atteinte de cancer du sein, et soignée dans un hôpital, en Angleterre, on constata l'existence d'une vive luminosité de la plaie. Elle était assez forte pour être reconnue à vingt pas, et, à la distance de quelques pouces, permettait de lire la nuit l'heure à une montre. La sanie qui en découlait était aussi très lumineuse.

Sur des sujets bilieux, nerveux, à cheveux rouges, et généralement alcooliques, on a observé des plaies phosphorescentes des membres. Le tissu adipeux paraissait plus particulièrement brillant, et on nota que l'éclat était plus vif quand il y avait de l'hyperthermie, pour cesser avec la défervescence et le collapsus.

On rapporte encore qu'à la suite de l'ingestion d'une certaine quantité de Squilles mal conservées, un individu rendit des excréments lumineux (115).

L'urine de l'homme s'est montrée plusieurs fois lumineuse. Un auteur a même prétendu que l'on pouvait à volonté obtenir ce phénomène en se soumettant à une grande fatigue. Il serait intéressant d'examiner à ce sujet les *sportsmen* de la course, de la bicyclette, etc.

Il ne faut pas confondre ces cas avec d'anciennes observations, où il est question d'étincelles accompagnées de crépitations obtenues en frottant la peau avec un linge, ou en peignant les cheveux; il s'agit, ici, de phénomènes manifestement électriques.

Il n'est donc pas impossible que certaines excrétions ou sécrétions deviennent lumineuses dans des états pathologiques inconnus et sur lesquels l'attention des médecins doit être appelée. C'est pour ce motif que nous avons donné une bibliographie étendue de la question, qui est traitée très brièvement ici puisqu'il ne s'agit que de la biophotogénèse physiologique dans cet article.

Il résulte de tout cela qu'après les Poissons, la fonction photogénique semble disparaître du règne animal en tant que fonction d'ordre physiologique.

En résumé : *L'existence de la biophotogénèse normale ou physiologique signalée chez les Vertébrés plus élevés que les Poissons a besoin d'être prouvée par de nouvelles observations.*

Il serait désirable également que la biophotogénèse pathologique fût l'objet d'une étude spéciale. Il se peut que des sécrétions glandulaires, telles que celle du lait, de l'urine, de la sueur fournissent parfois des liquides lumineux, en dehors de toute infection parasitaire, mais dans la grande majorité des cas observés sur des blessés, des moribonds, des cadavres, il semble bien certain qu'on se soit trouvé en présence de faits provoqués par les Photobactéries parasites.

Du rôle de la biophotogénèse. — Les finalistes, surtout ceux qui sont en même temps des anthropomorphistes, ont expliqué, avec la facilité qui les caractérise et grâce à la méthode intuitive qui leur est familière, la raison d'être, l'utilité, le but et même l'origine de la fonction photogénique; mais la plupart de leurs hypothèses, ne reposant pas sur des observations et des expériences précises, doivent rester dans le domaine métaphysique.

Certaines pourtant de ces hypothèses méritent d'être mentionnées à cause de leur vraisemblance.

On ne peut pas dire si la lumière des Photobactéries ou celle des Champignons sert à quelque chose et, *a fortiori*, à quoi elle sert. Pourtant MOLISH a supposé que les larves munies d'yeux pouvaient, pour se guider sous les feuilles mortes des forêts, utiliser la phosphorescence que ces dernières doivent au développement de mycéliums à leur surface. La phosphorescence de grands Champignons pourrait, en attirant vers eux des Insectes ou d'autres animaux, servir à la dissémination des spores et à la multiplication de l'espèce. D'autres ont avancé que si les Photobactéries ne brillent que sur les animaux marins morts, c'est pour indiquer la place des charognes aux bêtes chargées de les détruire en en faisant leur pâture... et sans doute aussi d'attirer les chats vers les garde-manger renfermant du Poisson de mer ou des viandes phosphorescentes!

En réalité, on ne voit pas bien le rôle que peut jouer la lumière chez les végétaux inférieurs. Il y a bien des Bactéries lumineuses dans les profondeurs des abîmes, mais, dans les conditions naturelles, elles ne doivent pas briller davantage que celles de la surface, et ce n'est pas à elles qu'il convient d'attribuer l'éclairage, présumé continu, des régions abyssales. On peut en dire autant des Protozoaires, comme les Noctiluques. On peut s'imaginer seulement que, par ce moyen, ils attirent vers eux les petits organismes dont ils se nourrissent, ou bien qu'ils s'en servent comme de moyen de protection pour effrayer et éloigner leurs ennemis; mais il est permis également de supposer que la lueur les attire, et que c'est le contraire d'un moyen de défense. Beaucoup d'animaux, comme les Protozoaires, les Cœlentérés, les Polypes lumineux, ne brillent que quand on les excite : il s'agirait donc plutôt d'une réaction de défense : R. DUBOIS n'a jamais vu briller spontanément les Pholades au repos; mais vient-on à exciter fortement ce paisible Mollusque, il lance une abondante quantité de liquide lumineux qui enveloppe de lumière à la fois la Pholade et son agresseur, s'il s'agit de quelque Crabe, par exemple, et rend l'un et l'autre invisibles, aussi bien que le fait le Poulpe ou la Seiche en vidant la poche du noir et produisant autour d'eux une profonde obscurité.

Les Polypiers ne paraissent pas davantage briller quand ils ne sont pas excités, et il est fort possible que, s'il existe dans les grands fonds des abîmes des forêts lumineuses, c'est que les rameaux des Polypiers sont constamment agités par le passage d'autres animaux tels que les Poissons. On a invoqué en faveur de cet *éclairage abyssal* l'existence d'animaux colorés, alors que dans les cavernes on ne trouve que des organismes non colorés. Pourtant, d'une manière très générale, il en est de même des animaux abyssaux. Si l'on a retiré des grandes profondeurs des Étoiles de mers à pigment rouge, cela peut tenir à la dépression brusque qui produit une déshydratation, comme l'a montré R. DUBOIS (154). La couleur rouge aurait alors la même origine que celle du Homard ou de l'Écrevisse cuite ou simplement déshydratés par l'alcool.

C'est peut-être à l'insuffisance de l'éclairage des forêts abyssales qu'est due dans les grandes profondeurs l'absence de végétaux chlorophylliens, mais la lumière y existerait elle en plus grande abondance que cela ne suffirait probablement pas. En effet, R. DUBOIS a prouvé que la vive lumière des Pyrophores est impuissante à faire verdir des végétaux étiolés dans l'obscurité. BEIJERINCK a pourtant dit avoir pu faire décomposer l'acide carbonique et dégager l'oxygène par des cultures de Photobactéries renfermant de la chlorophylle, même en l'absence de chloroblastes. L'exactitude de ce fait aurait besoin d'être contrôlée, car ce que l'on sait du spectre de la lumière des organismes photogènes montre que cette dernière est dépourvue de radiations favorables à l'exercice de la fonction chlorophyllienne. Le même résultat négatif obtenu par R. Dubois avec les Pyrophores s'est reproduit lorsque Molisch a essayé de faire apparaître la chlorophylle avec la lumière des Photobactéries.

Molisch et Nadson ont montré que cependant la lumière des Photobactériacées et des mycéliums lumineux n'est pas sans influence sur les végétaux, particulièrement sur les végétaux chlorophylliens, tels que les Vesces, Moutarde blanche, Pois et Lentilles. En faisant germer des graines dans l'obscurité auprès d'un vase de verre rendu lumineux par des cultures de Photobactériacées ou de mycéliums, ils ont vu les jeunes pousses se diriger par un phénomène d'héliotropisme vers la source de lumière. Il est intéressant de constater que la lumière émise par des végétaux peut modifier profondément la croissance, et par conséquent la nutrition d'autres végétaux.

Cette expérience montre, en outre, que les radiations actives pour le phototropisme végétal ne sont pas les mêmes que celles qui agissent dans la fonction chlorophyllienne.

Beaucoup d'animaux des grandes profondeurs sont aveugles, mais cela ne prouve pas qu'ils soient insensibles à l'action de la lumière, et d'ailleurs d'autres sont pourvus d'organes oculaires très développés. L'existence de foyer lumineux autour des yeux, ou sur les parties antérieures de la tête, indique bien nettement que la lumière de l'animal peut servir à assurer sa locomotion dans des régions obscures et lui permettre ainsi de poursuivre sa proie ou d'échapper à la poursuite d'un agresseur; mais, dans beaucoup d'autres cas, les appareils sont placés de telle façon qu'ils ne peuvent éclairer que des objets placés en dehors du champ de la vision.

Alors on peut supposer que les feux, qui sont, comme on l'a vu souvent, de diverses couleurs et toujours disposés d'une manière caractéristique, doivent avoir les mêmes usages que les couleurs des téguments des animaux habitant des régions éclairées. Les foyers lumineux pourraient ainsi servir aux rapprochements des sexes d'une même espèce. Enfin, les œufs de certains organismes photogènes, étant lumineux même après la ponte, on peut supposer qu'il en est de même pour les Poissons abyssaux et que leur fécondation est assurée par cet élégant moyen.

Comme on le verra plus loin, il n'est pas douteux que l'éclairage ne serve à favoriser l'accouplement, car on sait que dans les eaux, comme sur terre, la lumière attire certains animaux, et l'on s'est servi avec succès de nasses renfermant un foyer électrique pour capturer des espèces marines. Les pêcheurs en France ont parfois amorcé leurs lignes dans ce but avec des Vers luisants et les Indiens se servaient pour le même objet des Pyrophores, qu'ils enfermaient dans des vases de verre disposés dans des nasses. Enfin dans les îles Néerlandaises, à Banda, les pêcheurs se servent des disques lumineux du *Photoblepharon palpebratus* dans le même but. Les expériences faites par M. R. Dubois à Tamaris-sur-Mer n'ont pas été très démonstratives : elles seront reprises dans de meilleures conditions. D'après Ozorio, les pêcheurs de Cezimbra (Portugal) compriment l'abdomen du *Malacocephalus lœvis* Lowe, faisant sortir ainsi par le pore anal un liquide excrémentitiel jaune épais, trouble et phosporescent à l'obscurité (lumière bleu de ciel); ils le répandent sur un morceau de tissu musculaire, adhérent à la peau d'un Squale *Scyllium canicula* Cuv. ou *Pristurus artedi* Risso; la phosphorescence s'y communique et se conserve plusieurs heures au dire des pêcheurs, et elle se ravive quand ils plongent dans la mer le morceau de Squale préparé ainsi et qu'ils appellent « candil » (sans doute chandelle). Ils coupent le candil en petits morceaux qu'ils attachent aux lignes de pêche, et les Poissons, attirés par la lumière, se prennent aux hameçons.

D'autres fois, la lumière, au lieu d'attirer d'autres animaux, les éloigne. Les Indiens se servaient de cages renfermant des Pyrophores, non seulement pour éclairer leurs huttes, mais encore pour éloigner les Moustiques, et, quand ils voyageaient la nuit, ils fixaient sur leurs doigts de pieds des Pyrophores pour faire fuir les Serpents. Les petits Passereaux appelés Baya, qui vivent en société dans les forêts de la Malaisie font des nids d'une architecture admirable : ils auraient, d'après certains observateurs, coutume de coller des boulettes d'argile sur les parois du long couloir qui conduit à la chambre du nid pour y fixer des Vers ou des Mouches lumineuses destinés à éclairer leur demeure et aussi à éloigner leurs ennemis les plus dangereux qui sont les Serpents. R. Dubois a vainement cherché sur ces boulettes d'argile, qui existent bien réellement, des traces d'élytres ou de pattes d'Insectes. Peut-être ces boules d'argile ont-elles uniquement pour but de lester les nids suspendus. Le rôle protecteur de la lumière ne paraît pas toujours efficace, car Emery a vu les Araignées du vieux château d'Heidelberg manger des quantités de Vers luisants. Mc Dermott affirme avoir rencontré un *Photinus* qui allait être mangé par une Poule, sauvé par sa propre lumière : il paraît qu'en Amérique les Poules mangent la nuit.

Trojan dit que les glandes lumineuses du *Phyllirhoë bucéphale* sécrètent peut-être un principe toxique, car elles sont très éosinophiles, comme toutes les glandes à venin. Dans le jour la forme de l'animal suffirait à faire fuir ceux qui pourraient être intoxiqués par lui, et la nuit ils seraient prévenus par la luminosité, qui alors devient un moyen de défense.

D'après Giesbrecht, la luminosité ne semble pas avoir pour but de faciliter le rapprochement des sexes chez les petits Crustacés Copépodes, attendu qu'elle existe en dehors des périodes d'accouplement et même alors que le stade de nauplius n'a pas été dépassé. D'après ce savant observateur, la sécrétion lumineuse servirait plutôt à donner le change aux ennemis qui, croyant saisir le Copépode, se jetteraient de préférence sur le liquide lumineux éjaculé par les glandes. S'il s'agissait d'un moyen de défense, on serait surpris que ces animaux en fussent privés pendant une partie du temps, car ils ne brillent pas dans les premiers mois de l'année. Il ne semble pas qu'ils tirent grand avantage de leur luminosité pour la locomotion, puisque ce seraient précisément ceux qui possèdent les appareils photogènes qui ont les plus petits yeux, et que ces organes manquent même totalement chez certaines autres espèces de Crustacés pourtant lumineuses.

D'autres ont prétendu que les Copépodes brillent seulement pendant les mois de l'accouplement et que le reste du temps ils se reproduisent par parthénogénèse.

L'opinion de Chun et de Lendenfeld est que les Crustacés Euphausidés se servent de leur lumière pour éviter les dangers et chercher leur nourriture.

Pour Brandt, la lumière des Cœlentérés et des Polyzoaires éloignerait les ennemis parce que beaucoup de ces êtres sont urticants. La lumière jouerait le même rôle que les étiquettes rouges que les pharmaciens mettent sur les flacons renfermant des poisons. Dohl voit dans la phosphorescence une sorte de mimétisme. Pour Mc Instosh (155), les petites Astéries, les jeunes Ophiures sont plus lumineuses que les adultes, parce que les jeunes sont prédestinés en grand nombre à servir de nourriture.

D'après Nutting (156), la fonction photogénique facilite la motilité chez les Vers, les Crustacés, les Méduses, les Étoiles de mer. On peut objecter cependant que les Ophiures sédentaires sont lumineuses. Il admet aussi qu'elle sert à l'accouplement des Noctiluques.

En somme, à part chez les Poissons et les Céphalopodes, où il est bien évident que la lumière sert à permettre la vision dans l'obscurité et principalement dans la nuit abyssale, on ne sait avec certitude que peu de chose sur le rôle de la photogénèse physiologique chez les animaux marins.

Il n'en est pas de même pour les Insectes. On avait depuis longtemps pensé que la lumière de la femelle du Lampyre, qui est aptère, sert à attirer le mâle qui, lui, a des ailes, de grands yeux et est fort peu lumineux. L'attitude que prend la femelle pour briller ne laissait guère de doutes à cet égard. D'autre part, les mâles sont fortement attirés par les lumières même artificielles, car il suffit de laisser ouverte la fenêtre d'une pièce éclairée pour les voir arriver en grande quantité. Mais avant Emery, il n'avait été fait aucune expérience à ce sujet. Le savant biologiste de Bologne avait enfermé dans des flacons de verre des femelles de *Luciola italica* et les avait exposées ainsi dans les endroits qu'elles habitent ordinairement. Il vit que ces femelles brillaient plus fortement dès qu'elles apercevaient la clarté d'un mâle, mais qu'elles ne brillaient plus dès que le mâle avait pénétré dans le flacon. Emery a donné une charmante description du rôle de la lumière dans les amours des Lucioles italiques écrite dans le langage de leur pays, et dont la traduction ne vaut pas l'original (153).

« C'est la nuit, les dernières lueurs du crépuscule ont disparu et les Lucioles sortent peu à peu de leurs cachettes ; les bocages ombreux, les haies, les bosquets, les berges des ruisseaux se peuplent de petites flammes volantes, qui envahissent les champs et les prés découverts. Vers neuf ou dix heures, la fête a atteint toute sa splendeur. Les mâles lorgnent en volant, volant, scrutant le sol avec leurs grands yeux à facettes, cherchant partout dans l'herbette les coquettes femelles, qui attendent leur passage; à la vue de leur scintillement, ils répondent fascinés par l'appel timide de cette lumière tremblante. De là les duos d'amour et partout la pluie de lumière fait l'office des roulades et des gazouillements. Les appels succèdent aux appels : ce n'est pas assez d'un galant : en voici deux, trois et plus encore; autour de chaque femelle se produisent nombreuses disputes, de façon que les mâles volants s'éclaircissent et ensuite, à un moment, il ne s'en voit plus que peu. Les autres sont alors tous assemblés en cette étrange cour d'amour : ma science finit là. »

La lumière vivante a eu pour rôle ou plutôt pour effet, en France, de faire vibrer aussi la lyre des poètes qui ont ainsi chanté les amours de notre Ver luisant :

Notre cœur a soif de tendresse,
Et nous aimons à pleine ivresse
Jusqu'à l'heure où blanchit le jour...
Cette lueur qui nous éclaire,
Diamant qui jamais ne s'altère,
C'est l'ardent flambeau de l'amour!

Et, pendant que dans le ciel sombre
L'étoile glisse rayant l'ombre
De sa fine aigrette de feu,
On voit nos amoureuses flammes,
Lumineux reflets de nos âmes,
Scintiller dans leur éclat bleu...

Les vers luisants de Despeylou, 1887.

EHRENBERG avait admis, bien que chez les Lampyrides la luminosité fût un accessoire des fonctions sexuelles, que cette vue ne peut être appliquée aux animaux marins, parce que beaucoup sont hermaphrodites et cependant lumineux; mais on sait que l'hermaphroditisme pas plus que la parthénogénèse n'exclut absolument l'accouplement.

DERMOTT a observé aussi l'influence de la luminosité sur le rapprochement des sexes chez *Photinus pyralis* de WASHINGTON; BARBER a publié des observations analogues sur *Phengodes laticollis* (157).

D'après BONGARDT, les femelles du Lampyre se tiennent sur le dos pendant le temps du vol du mâle, montrant ainsi leur appareil lumineux ventral : ensuite elles se remettent sur le ventre tandis que la femelle du *Lampyris splendidus*, dont les organes latéraux brillent fortement, ne se montre jamais sur le dos.

La lumière chez les Insectes lumineux jouerait donc le même rôle que l'olfaction chez d'autres. Les seules expériences relatives au rôle de la biophotogénèse dans la locomotion sont celles qui ont été publiées par M. R. DUBOIS (64).

Pendant la marche du Pyrophore, les deux appareils prothoraciques brillent seuls : la lanterne ventrale ne s'éclaire que pendant le vol ou la natation.

Le champ d'éclairage des appareils lumineux prothoraciques a été mesuré de la façon suivante par DUBOIS et AUBERT:

L'Insecte était immobilisé sur une plaque de liège placée à une certaine distance d'un écran sur lequel on marquait les contours de la surface éclairée. Les limites du champ d'éclairage ne peuvent être tracées d'une manière absolue, puisque la lumière va en s'affaiblissant graduellement vers la périphérie. Mais on peut cependant avoir une zone d'éclairage nettement circonscrite. Il suffit de placer entre l'Insecte et l'écran une pointe quelconque, que l'on éloigne du centre du champ éclairé, vers les bords; à une certaine distance, l'ombre projetée par celle-ci n'est plus visible; on marque cette position de la pointe, et l'opération est renouvelée dans différentes directions. On obtient ainsi une série de points qui, reliés par une ligne continue, donnent la forme et les dimensions de la surface éclairée.

Cette dernière a été déterminée par quatre positions de l'écran placé successivement dans divers plans, toujours à la même distance :

1° verticalement en avant, à 0^m,50 de l'Insecte;

2° latéralement;

3° horizontalement et au dessus de l'Insecte ;

4° suivant un plan horizontal au-dessous de l'animal (v. 64, fig. 140, 141, 142, 143).

Ces figures ont été exécutées à la même échelle de 1/40°. Les parties ponctuées indiquent celles qui sont communes, de sorte qu'il est facile de se représenter l'espace que l'Insecte éclaire autour de lui. Le quatrième plan est beaucoup moins éclairé que les trois autres, ce qui indique une véritable adaptation, car pendant la marche il n'est pas nécessaire que les objets placés au-dessous du thorax et de l'abdomen soient éclairés.

Il n'en est pas de même pendant le vol et la nage ; aussi voit-on l'Insecte démasquer dans ces cas sa lanterne ventrale, qui projette en bas un éclairage intense, beaucoup plus étendu que celui des appareils prothoraciques. Ce foyer ventral est suffisant pour permettre de distinguer les objets dans une chambre de 5 à 6 mètres de côté. Pour celui-là encore on peut admettre une véritable adaptation.

R. Dubois a prouvé expérimentalement que l'Insecte met à profit pour se guider dans l'obscurité la lumière qu'il produit. D'ailleurs l'appareil ventral n'existe pas chez la larve, et ne paraît qu'au moment où les ailes peuvent fonctionner.

La moitié du champ d'éclairage est supprimée en obturant d'un côté un appareil thoracique avec une boulette de cire noircie et opaque ; ensuite, l'animal est placé dans le cabinet noir sur une feuille enduite de noir de fumée. On obtient ainsi un tracé très net de sa marche montrant qu'il est entraîné du côté éclairé (64) parce qu'il a de la tendance à fuir les points qu'il ne voit pas et qui pourraient présenter des obstacles, ou bien plutôt parce que l'énergie musculaire des membres est accrue de ce côté et affaiblie de l'autre. Cette direction n'est pas déterminée par le poids de la boulette de cire, car si on la place tout près de l'appareil éclairant, mais non à sa surface, l'Insecte retrouve son allure normale, dont la direction est rectiligne.

Enfin, si les deux appareils prothoraciques sont obturés à la fois, la marche devient hésitante, irrégulière. L'animal se dirige tantôt à gauche, tantôt à droite, tâtant le terrain avec ses palpes et ses antennes et il ne tarde pas à s'arrêter.

Il n'est donc pas douteux que les Insectes lumineux, tout au moins, utilisent leur lumière pour la locomotion.

C'est aussi cette lumière qu'ils paraissent préférer entre toutes, car dans le jour, R. Dubois a vu qu'ils se plaçaient sous les verres de couleur dans les zones du vert et du jaune et de préférence à leur jonction ; ce sont ces rayons qui dominent dans le spectre de leur propre lumière. Ils fuient le trop grand éclairement et se tiennent, dans le jour, à l'état naturel, à la face inférieure des feuilles de Canne à sucre, par conséquent dans un demi-jour verdâtre.

Que peut-on désirer de plus et de mieux qu'un flambeau qui ne s'éteint ni par le vent, ni par la pluie, qui brille aussi bien au fond des abîmes que dans l'air et ne saurait mettre le feu ? Si l'on joint à cela qu'il ne coûte presque rien, comme on le verra plus loin, que son éclat est admirable et la composition de ses rayons calculée, pour ainsi dire, d'après les besoins de l'œil, on trouve que l'Homme est beaucoup moins bien partagé que le Pyrophore, les Céphalopodes et les Poissons sous le rapport de l'éclairage.

EN RÉSUMÉ : *Dans beaucoup de cas le rôle de la lumière est impossible à définir, mais dans d'autres manifestement il sert à assurer les fonctions de locomotion, de préhension, de défense et de reproduction. En outre, la réaction photogénique, surtout dans le cas de sécrétion interne, peut être intimement liée à quelque processus nutritif intérieur utile, mais non indispensable, car chez les Pyrophores, par exemple, à côté d'espèces très brillantes, il y en a qui sont éteintes. Enfin R. Dubois est arrivé à priver les larves du Ver luisant de leurs organes lumineux sans entraver le fonctionnement général.*

COMPOSITION PHYSIQUE DE LA LUMIÈRE

Caractères organoleptiques. — Chez les Photobactériacées, la lumière émise est une lueur tranquille, continue ; il en est de même de celle d'*Agaricus olearius* et des mycéliums, tels que ceux d'*Agaricus melleus*, qui rendent le vieux bois lumineux. R. Dubois a observé également sur la cassure de branches encore vivantes et fraîchement brisées une lueur tranquille et régulière ; il n'a pu y déceler la présence d'aucun mycélium, mais seulement d'une Bactériacée, non lumineuse par elle-même, mais présentant une belle fluorescence verte.

HARTIG et LUDWIG ont dit que parfois la lumière des vieux bois était ondulante, mais ni R. DUBOIS, ni MOLISCH n'ont pu vérifier sur dés mycéliums l'exactitude de cette assertion. Cette apparence est bien marquée chez les Myriapodes lumineux, au point qu'elle pourrait faire croire à l'émanation sur la surface de l'animal d'une vapeur phosphorescente : il n'en est rien pourtant et R. DUBOIS s'est assuré que cet aspect tient uniquement aux variations d'intensité de la lumière se succédant dans des points différents.

Parfois le bois pourri peut sembler scintiller, comme le sable renfermant des Noctiluques, mais cela est dû à la présence de *Lipura noctiluca* DUBOIS (60) ou de *Neanura muscorum* TEMPLETON (5, p. 47). Mais, dans certains cas, la lumière est véritablement intermittente, scintillante, comme chez les Lucioles, les Photinus et autres Lampyrides, pendant le vol.

EATON dit que la Luciole lusitanique brille 36 fois par minute. D'après PARFITT, ces intermittences seraient dues à des mouvements réflexes, mais pour R. DUBOIS elles sont le résultat de pulsations sanguines.

Dans les cultures en semis de Photobactéries, au début de la formation des colonies et alors qu'elles n'ont encore qu'un très faible diamètre, juste suffisant pour impressionner la rétine reposée, R. DUBOIS a constaté l'existence d'un scintillement. Mais celui-ci est subjectif : il l'a expliqué, de même que le scintillement des étoiles et celui de faibles sources de lumière situées à une grande distance et vues sous un très petit angle, en admettant que les faisceaux lumineux fins qui pénètrent dans l'œil n'excitent que des parties réduites de la rétine et provoquant des contractions isolées des cônes et des bâtonnets ; celles-ci agissent mécaniquement sur les fibres du nerf optique, comme dans le phénomène des phosphènes et donnent une sensation lumineuse. Dans les conditions d'un éclairage assez intense et assez étendu, ces contractions élémentaires se fusionnent, s'irradient et, de plus, les cônes et les bâtonnets entrent dans un état de contraction soutenue, tonique, de fusion tétanique. Tandis que, si la lumière est très faible, les contractions isolées ne sont pas fusionnées, il en résulte des tractions successives et isolées sur les terminaisons du nerf optique donnant l'impression du scintillement (V. Action de la lumière, Fasc. 2 et bibliog. 124 et 169).

Couleur de la lumière. Les cultures de Bactéries peuvent présenter des nuances diverses : blanche, bleuâtre, légèrement dorée, verdâtre.

La couleur peut changer dans une même espèce suivant les milieux de culture. R. DUBOIS a depuis longtemps montré (3, p. 510 et 7) que celle de la lumière du *Photobacterium sarcophilum* est bleu verdâtre sur la viande de porc et blanche sur les bouillons de gélatine peptone. FISCHER et d'autres ont remarqué que la lumière de certaines Bactéries, qui était pâle et jaunâtre sur des bouillons gélatineux pauvres en chlorure de sodium, devenait verdâtre sur les bouillons fortement salés. D'après MOLISCH, la couleur varie aussi, suivant que la culture est faite sur bouillon de gélatine peptone ou sur pomme de terre.

L'âge de la culture a aussi une influence, et le séjour prolongé à la lumière modifie non seulement l'intensité, mais aussi parfois la nuance. R. DUBOIS a vu que des cultures faites avec des Photobactéries prises à la surface d'animaux marins différents donnaient, sur le même bouillon, des colorations très diverses : blanche, bleuâtre, dorée, verte.

On a noté que *Photobacterium pflugeri* émet ordinairement une lumière bleu verdâtre celle de *P. luminosum* est plutôt verte : elle devient orangée ou jaune avec *P. fischeri*. O. KATZ (5, p. 122) a même proposé de baser sur la couleur de la lumière une classification des Photobactéries, mais ce caractère est trop inconstant pour avoir une valeur taxonomique. En outre, il faut tenir grand compte de l'état de l'œil au moment de l'observation : si celui-ci est reposé, la lumière du *Photobacterium phosphorescens*, par exemple, peut paraître blanc jaunâtre ou blanche, et, dans le cas contraire, vert bleuâtre. L'appréciation d'une nuance varie également avec les observateurs.

La lumière émise par les mycéliums de Champignons est ordinairement blanc mat.

Il en est de même pour celle du pied et du chapeau d'*Agaricus olearius*. Mais, chez les Champignons exotiques, elle peut prendre une, belle couleur vert émeraude et bleu verdâtre. Molisch croit que la couleur de cette lumière est influencée par la coloration des Champignons : cette hypothèse est en désaccord avec ce que l'on observe chez *Agaricus olearius*, dont la chair est jaune foncé.

Chez les Protozoaires et les Cœlentérés, la couleur de la lumière est ordinairement blanche ou blanc bleuâtre, quelquefois vert clair. Les Méduses rencontrées en grand nombre par le Prince de Monaco aux environs de Ténériffe émettaient une lueur douce allant du bleu tendre au rose. Folin raconte à propos de Gorgonidés retirés des grands fonds que de tous les points des tiges et des branches de ces Polypiers s'élançaient des jets, des faisceaux de feux dont les éclats s'atténuaient, puis se ravivaient pour passer du violet au pourpre, du rouge à l'orange, du bleuâtre aux différents tons du vert, parfois au blanc du fer surchauffé. Cependant la couleur dominante était sensiblement verte : les autres n'apparaissaient que par éclairs et se fondaient rapidement avec elles.

Les mêmes changements dans la couleur de la lumière se produisent chez *Pyrosomum atlanticum*, quand on l'excite mécaniquement ou que l'on chauffe l'eau ambiante. La couleur qui est ordinairement bleu foncé peut passer de l'orangé au rouge et au rose.

La nuance peut varier suivant le *sexe* : elle est jaune vert chez le Lampyre mâle et blanche chez la femelle. L'*âge* a également une influence ; *Pyrophorus noctilucus* émet une belle lumière verte, fluorescente, tandis que celle de ses œufs et des larves du premier et du deuxième âge est blanc bleuâtre. Celle de la larve du Lampyre adulte est jaune verdâtre, mais elle est jaunâtre au moment de l'éclosion.

Enfin, sur un même animal, on peut observer des fanaux de couleurs diverses. Les larves de certains Insectes américains, telles que celles de *Phengodes* présentent un fanal rouge à l'union de la tête avec le premier anneau et vingt petits feux d'un blanc verdâtre répartis de chaque côté de la ligne médiane et correspondant aux espaces intersegmentaires membraneux.

Cette diversité dans les feux des fanaux est plus remarquable encore chez les Mollusques Céphalopodes. Pendant l'expédition de Carl Chun (80) en 1900, ce savant captura vivant dans la région de l'île Bouvet, par 1 500 mètres de profondeur, un Poulpe lumineux d'une espèce nouvelle : *Euploteuthis diadema* Chun. Des appareils lumineux multiples (v. fig. 141, p. 338) s'échappaient des feux de couleurs supérieurs en beauté à tout ce que l'on connaît ; on aurait cru que le corps était paré d'un diadème de pierreries variées. Le plan médian des organes brillait en bleu d'outremer et les latéraux offraient des éclats nacrés. Les organes ventraux antérieurs envoyaient des rayons rouges rubis, tandis que ceux des régions postérieures étaient d'un blanc de neige nacré, à l'exception du médian, qui était bleu céleste.

Des observations de même ordre ont été faites sur des Poissons.

Dans les larves des *Phengodes*, il semble bien que les différences de coloration de la lumière tiennent à la couleur des téguments qu'elle traverse.

Cependant, d'après Coblentz, qui attribue à tort la découverte de la couleur rouge de la lumière de Phengodes à Knale et Barber, cet effet ne serait pas dû au tégument, attendu, dit-il, que ce serait contraire à l'économie de la Nature de produire une lumière si efficace pour en absorber ensuite une partie avant qu'elle ait pu quitter l'organe générateur. Les arguments finalistes ne sont plus aujourd'hui tenus en grand honneur.

On trouve, aux environs de Washington, plusieurs Lampyrides : *Photinus pyralis* Linn., *Photinus consanguineus* Lec., *Photinus scintillans* Say, *Photurus pennsylvaticus* Geer, et *Lecontea Pyractomena augulata* Say.

Chacune de ces espèces semble, d'après Mc Dermott, émettre sa lumière d'une manière différente et caractéristique. Certains individus l'émettent même de diverses manières : ces lumières sont ordinairement bleues ou bleu verdâtre. Leur spectre a été étudié par Mc Dermott (69). Knale et Turner ont appelé également l'attention sur les différences de qualité des lumières des *Photinus scintillans*, *Photinus pennsylvaticus*, *Photinus pyralis* et *Pyrophorus noctilucus*.

Les variations que Gosse a notées dans les lumières de la plaque ventrale du Pyrophore, pendant le vol, sont dues uniquement à la nuance rouge brun des élytres et des ailes, qui réfléchissent la lumière, ou la laissent voir par transparence dans les attitudes variées que prend l'Insecte dans ses rapides évolutions aériennes.

R. Dubois a montré que la couleur verte de la lumière des Pyrophores tient à la présence dans le sang qui traverse les organes lumineux d'une matière verte, qu'il ne faut pas confondre avec le principe fluorescent dont il sera question plus loin et qui fournit l'éclat. Ce dernier, ainsi que la nuance verte, peut être changé en une belle luminescence rouge-jaune feu par l'injection, dans la cavité générale de l'Insecte, d'éosine en solution dans l'eau.

Il n'a pas été possible d'expliquer physiquement, jusqu'à présent, les changements de coloration survenant chez le même animal et se succédant *in situ* parfois très rapidement, comme chez *Pyrosomum atlanticum*, sous l'influence de violentes excitations : il y a là tout un chapitre de la biophotogénèse intéressant à étudier.

On a vu que de Quatrefages (27 et p. 290) avait montré la résolution d'un point lumineux du corps d'une Noctiluque en une multitude de petites étincelles distinctes avec un grossissement suffisant. La luminosité par éclairs, accompagnés d'une lumière bleuâtre passagère, ne se manifeste que chez les Noctiluques bien portantes et bien reposées. A mesure que les excitations deviennent plus fréquentes, la lumière devient de plus en plus blanche, fixe, et envahit peu à peu tout le corps : c'est un signe de mort prochaine, ou, d'une façon plus exacte, c'est le signe que la Noctiluque ne possède plus que cette excitabilité que l'on constate jusque chez de simples fragments du corps de cet animalcule. Ces individus à demi morts et ces fragments émettent une lumière pâle, blanche et fixe. La lumière fixe est produite aussi par des points lumineux scintillants, mais ces points *sont bien plus petits et bien plus rapprochés* que les étincelles qui produisent la luminosité par éclairs, accompagnés d'une lumière bleuâtre passagère. Il est probable que, dans les autres cas, les différences des couleurs changeantes résultent de modifications dans le nombre et surtout dans le volume des particules lumineuses produites par l'énergie plus ou moins grande, par la rapidité plus ou moins vive de la réaction photogène. R. Dubois a vu que les organes lumineux du Lampyre, broyés et desséchés, donnent avec l'eau une lumière bleuâtre, qui prend une couleur feu quand, au lieu d'eau pure, on additionne celle-ci d'ammoniaque, ou bien que l'on chauffe brusquement les organes frais dans un tube à essai; l'ammoniaque, dans tous les cas, est un excitant puissant de la réaction photogène. Plus tard M. C. Dermott a constaté que, si on humecte avec du peroxyde d'hydrogène à 3 p. 100 le tissu desséché des organes lumineux de *Photinus pyralis*, le spectre de la lumière ainsi produite est localisé dans la partie jaune ou jaune orangé du spectre.

Éclat. — On ne doit pas confondre la couleur avec l'éclat. Tous les observateurs, qui ont vu la lumière des Pyrophores, par exemple, lui ont trouvé un « éclat spécial », que Robin et Laboulbène ont attribué, à tort, à des « phénomènes d'interférence dus à des dispositions particulières ». C'est cette impression qui avait fait donner par Perkins à cette « belle lumière » des Pyrophores le nom de « lumière intangible ». Cet éclat étrange se retrouve chez la Luciole et aussi chez d'autres animaux photogènes, mais à un moindre degré.

R. Dubois, en 1886 (nos 64 et 127), en a le premier donné l'explication par la découverte dans le sang et les organes lumineux du Pyrophore noctiluque d'une *substance fluorescente*, à laquelle il a donné le nom de *pyrophorine*.

Si l'on écrase sur une carte de bristol ou sur du papier noir vernissé un organe lumineux de Pyrophore et qu'on le promène ensuite dans le spectre fourni par une lampe à arc et un prisme de quartz, on voit, après extinction totale, et même après dessiccation de la partie écrasée, une lueur reparaître dès que l'on atteint certaines régions de l'ultra-violet. Le point où cette substance fluorescente acquiert sa plus grande intensité correspond aux rayons ultra-violets d'une largeur d'onde = 0. 391 μ. Cette matière fluorescente existe également dans le sang. Une goutte déposée sur une carte glacée, puis desséchée, conserve indéfiniment sa fluorescence. La nuance de la lumière qu'elle donne dans l'ultra-violet est moins verdâtre que celle qui émane de l'Insecte. L'acide acétique fait disparaître la fluorescence de la pyrophorine, mais l'ammoniaque peut lui rendre ensuite son éclat primitif. On peut aussi, plusieurs fois de suite, faire disparaître puis reparaître la fluorescence d'une goutte de sang ou d'un fragment écrasé d'un organe photogène de Pyrophore. Si l'ammoniaque est déposée d'abord sur les taches, leur fluorescence est augmentée. Il semble donc qu'il s'agisse d'une substance basique dont les combinaisons avec des acides ne sont pas fluorescentes. Le sang d'un certain nombre d'Insectes : Sauterelles, etc., non lumineux, mais ayant du sang vert ne donna aucune fluorescence. Il en fut de même pour les larves de Pyrophores et pour celles de Lampyre.

Ultérieurement, en 1909 (127), R. Dubois a signalé l'existence de la fluorescence chez un certain nombre d'animaux marins et aussi chez la *Luciole italique* qui, mise à macérer en grand nombre dans de l'alcool, avait fourni une substance susceptible de donner une belle fluorescence bleuâtre.

Les substances fluorescentes découvertes chez les Insectes lumineux (Élactérides et Lampyrides) par R. Dubois ont été retrouvées en Amérique, par Ives, Coblentz, Kastle, Mc Dermott (126) chez divers Lampyrides américains lumineux : *Photinus pyralis* et *Photinus pennsylvatica*. L'étendue du spectre fluorescent observé par Ives et Coblentz (125) chez Photinus allait de 0. 380 μ à 0. 510 μ, tandis que celui de la lumière émise allait de 0. 510 μ à 0. 670 μ. Cette dernière était donc de longueur d'onde plus grande que celle de la lumière fluorescente et était *presque* complémentaire de la première. Le maximum de clarté du spectre fluorescent était situé vers 0. 410, mais la plaque photographique, dont se sont servis ces auteurs pour fixer cet optimum ayant une sensibilité maximale à 430 μ, le maximum du spectre a dû être déplacé vers les longueurs d'onde les plus longues, ce qui expliquerait l'écart entre le chiffre de 0. 391 μ donné par R. Dubois pour l'optimum de fluorescence de la pyrophorine et celui qu'ont trouvé chez Photinus Ives et Coblentz. On peut, en effet, supposer qu'il y a sinon identité absolue, au moins grande analogie entre les substances fluorescentes des Lampyrides américains et celles du Pyrophore noctiluque et de la Luciole italique. Des essais chimiques préliminaires avaient fait penser à R. Dubois qu'il s'agissait d'un glucoside auquel la combinaison avec un acide enlevait la fluorescence. Mc Dermott incline à penser qu'il s'agit d'un alcaloïde. Malheureusement les très petites quantités de produits que l'on peut se procurer en rendent l'exacte détermination extrêmement difficile.

Mc Dermott a proposé de donner à la substance fluorescente découverte dans les Lampyrides américains le nom de *luciféroscéine*, formé par les trois premières syllabes des mots employés par R. Dubois pour désigner les substances photogènes : *luciférase* et *luciférine*, avec la terminaison de « fluorescéine » pour indiquer la propriété fluorescente et alcaloïdique du produit.

Le mot de luciféroscéine pourrait être adopté comme générique pour désigner tous les produits fluorescents trouvés chez les animaux photogènes : on dirait alors luciféroscéine du Pyrophore, de la Luciole, du Photinus, etc.

La luciféroscéine de Mc Dermott se détruit à 100°, mais elle se conserve bien dans des conditions convenables de température et d'humidité : elle n'est pas colorée. Comme il s'agit d'Insectes carnivores, elle ne peut dériver de la chlorophylle alimentaire. Elle disparaîtrait avec le pouvoir lumineux chez *Photinus corsuscus*, véritable Lampyride non lumineux devenu diurne : il serait intéressant de rechercher s'il en est de même chez *Pyrophorus extinctus* de la Nouvelle-Grenade.

Ainsi que R. Dubois l'a indiqué depuis longtemps (n° 64, pp. 118, 200, 217, 271), la fluorescence des Insectes est un procédé de perfectionnement indépendant de la réaction photogénique proprement dite. Elle permet à l'animal de transformer des radiations obscures inutiles, peut-être même nuisibles et d'augmenter ainsi notablement le rendement des appareils éclairants. Cette découverte de R. Dubois a suggéré ainsi le secours que l'on peut tirer pour l'éclairage usuel des matières fluorescentes et les indications qu'il avait fournies à ce sujet, en 1886, ont été le point de départ d'utiles applications industrielles. C'est l'éclat caractéristique que les luciféroscéines donnent à la lumière des Pyrophore et de la Luciole qui ont conduit R. Dubois à leur découverte : on ne saurait donc contester avec Ives et Coblentz leur pouvoir d'accroissement éclairant.

En injectant quelques gouttes d'une solution aqueuse d'éosine dans la cavité générale d'un Pyrophore, R. Dubois a vu se produire une magnifique fluorescence différente de celle de la solution d'éosine employée : elle a persisté pendant plus d'une heure. Il serait curieux de rechercher si tout le pouvoir chimique de la lumière peut être totalement supprimé par l'injection de substances fluorescentes telles que l'éosine ou l'esculine.

La phosphorescence minérale n'a pu être obtenue avec la lumière des Pyrophores. Divers échantillons de sulfures alcalin-terreux préparés de façon à émettre après une courte exposition à la lumière solaire des rayons rouges, orangés, verts, bleus, n'ont donné aucune lumière sous l'action prolongée de l'éclairage par les Pyrophores.

R. Dubois a pu parfois avec ce même éclairage déterminer de faibles phénomènes de fluorescence dans des solutions d'éosine, de fluorescéine, d'azotate d'urane : le résultat a été nul avec le sulfate de quinine et l'esculine. Ce n'est donc pas à ces substances qu'il faudrait s'adresser pour remplacer ou renforcer la lumière physiologique comme le fait la pyroluciférescéine.

Wadson dit avoir obtenu la fluorescence de la chlorophylle avec la lumière des Photobactériacées; il s'agit peut-être ici d'un simple effet de dichroïsme.

R. Dubois n'a pas réussi à augmenter le pouvoir lumineux du mucus de Pholade en y ajoutant un nombre assez considérable de produits fluorescents variés, lesquels ne doivent pas présenter les mêmes résonances que les luciférescéines de couleurs différentes. Celle de l'éosine a persisté pendant plus d'une heure. Il serait curieux de rechercher si toutes les radiations chimiques de la lumière émise pourraient être ainsi supprimées par l'éosine, l'esculine et autres corps fluorescents. R. Dubois n'a pas dit, comme pourrait le laisser croire le travail de Mc Dermott, que la pyrophorine ou luciférescéine du Pyrophore est de l'esculine (69). Il a montré, ce qui est bien différent, que l'esculine en solution alcoolique donne dans certains cas une magnifique lumière bleuâtre capable de rivaliser avec celle de la Luciole (127, 128, 186, 187, 188).

Les phénomènes de fluorescence découverts par R. Dubois indiquent déjà l'existence de radiations photochimiques et ultra-violettes dans la lumière des Pyrophores. Mais en est-il de même chez les autres êtres lumineux?

Radiations chimiques, pouvoir actinique. — Les phénomènes de fluorescence chez les Insectes lumineux indiquent déjà l'existence dans leur lumière de radiations photochimiques et de radiations ultra-violettes. Mais en est-il de même chez les autres organismes photogènes? La première réponse à cette question est due à R. Dubois et Aubert qui obtinrent, en 1884, des photographies à l'aide de la lumière du Pyrophore noctiluque (129). Plus tard, en 1886, R. Dubois présenta à la Société de biologie des photographies directes d'une *Orphie* morte rendue lumineuse par le développement à sa surface de Photobactéries (130) et fit figurer en tête de son ouvrage sur les Élatérides lumineux (64) une photographie du buste de Claude Bernard obtenue avec la lumière du Pyrophore. En 1887, d'après Forster (131), des épreuves photographiques de culture bactériennes auraient été obtenues par Hazen-Noman et, la même année, Fischer aurait photographié un Hareng.

A l'occasion de l'Exposition universelle internationale de 1900, à Paris, R. Dubois a fait une photographie du buste de Claude Bernard éclairé par les microbes et une autre de sa « *lampe vivante* » (132) par photographie directe. Barnard (142) obtint aussi des photographies de Photobactéries en 1902, puis, en 1903, Molisch répéta avec succès les expériences d'éclairage par les Microbes imaginées par R. Dubois en 1900. Enfin Nadson, en 1903, reproduisit par la photographie les contours d'une Grenouille parasitée par inoculation de Photobactéries.

Pour obtenir une photographie avec les appareils prothoraciques du Pyrophore, il faut immobiliser l'Insecte, mais le dispositif employé par R. Dubois en 1885, est préférable; et il a pu arriver à avoir une bonne épreuve en cinq minutes avec une plaque bien sensible (n° 64, pp. 124-26). Celle-ci était placée horizontalement sur une table et le cliché à reproduire était posé sur la surface sensible. Sur ces deux plaques de verre, on avait posé un petit trépied en verre soutenant une cuvette de cristal à fond plat à une hauteur de cinq centimètres environ au-dessus du cliché. Un, ou même plusieurs Pyrophores, avaient été mis dans la cuvette à demi remplie d'eau, et ils exécutaient, en nageant, des mouvements rapides dans tous les sens. Quand l'Insecte nage, comme lorsqu'il vole, il découvre son appareil ventral, qui alors brille d'un très vif éclat et éclaire fortement les objets placés au-dessous de la cuvette. C'est de cette façon qu'ont été obtenus les clichés qui ont servi pour le tirage de l'épreuve positive du buste de

CLAUDE BERNARD et du portrait de PAUL BERT illustrant le livre des *Élatérides lumineux* de R. DUBOIS, dont il a été question plus haut. Les plaques employées étaient assez sensibles pour donner, dans les conditions ordinaires, une épreuve en une fraction de seconde, ce qui prouve que le pouvoir actinique est très faible par rapport au pouvoir éclairant. Cela n'a rien de surprenant, en raison de la transformation d'une partie des radiations obscures en radiations éclairantes de longueur d'onde moyenne par la *pyroluciférescéine*.

ABEL BUGUET (134), en 1895, a montré également que la puissance ou intensité graphique du rayonnement du Pyrophore est très faible et ne dépasse pas un millionième de bougie décimale graphique $P = 0\,000\,001$. En s'appuyant, d'autre part, sur les évaluations photométriques de R. DUBOIS, il a conclu que la machine éclairante vivante du *Cucuyo* fournit des radiations parmi lesquelles $\frac{1}{5\,000}$ seulement est perdu en rayons actiniques; elle voilerait donc 5 000 fois moins vite la plaque qu'une bougie.

Cet éclairage, ajoute l'auteur, pourrait être utilisé pour les photographies qui doivent être obtenues très lentement.

Recherche des vibrations électriques. — L'hypothèse émise par plusieurs auteurs que la lumière physiologique est de nature électrique a suggéré à R. DUBOIS en 1885 (64, pp. 132-33) l'idée de rechercher si, comme le fait le radium, les appareils lumineux du Pyrophore émettent des radiations électriques. Un électroscope à feuille d'or très sensible ayant été placé devant les appareils lumineux, on ne put découvrir la moindre trace d'un état électrique agissant par influence. La recherche de phénomènes électro-moteurs pendant l'émission lumineuse a été faite à l'aide d'électrodes impolarisables, placées dans une goutte d'eau, d'une part sur l'appareil lumineux et, d'autre part, sur le prothorax. On a reconnu qu'il n'existait aucune différence de potentiel mesurable entre l'appareil lumineux et les parties obscures du corps de l'Insecte. L'appareil pouvait accuser un $\frac{1}{10\,000}$ de volt, on peut dire qu'il n'existe pas de valeur supérieure à cette mesure.

Recherche des rayons X. — Néanmoins R. DUBOIS crut devoir rechercher si les rayons lumineux capables d'induire la fluorescence de la luciférescéine ne jouissaient pas d'une puissance de pénétration plus grande que les rayons de la lumière ordinaire.

N'ayant plus de Pyrophore à sa disposition, R. DUBOIS se servit successivement pour cette recherche de la lumière fournie par les appareils lumineux de la Pholade dactyle et par des cultures liquides de Photobactéries. Des photographies directes furent faites d'abord pour se rendre compte de la rapidité d'action actinique dans les conditions ordinaires. Dans une autre série d'expériences, on interposa une feuille de papier noir entre cette dernière et une plaque photographique dont la surface sensible était tournée du côté de la source lumineuse. Quinze heures après, avec la Pholade dactyle, la plaque avait été impressionnée *seulement dans les points correspondants aux organes lumineux*, mais les contours de ceux-ci étaient moins nets que dans la photographie obtenue sans interposition du papier noir; les autres points, pourtant aussi en contact avec le papier noir, comme les parties impressionnées, n'avaient nullement été influencés.

Dans deux autres expériences, en interposant une pièce d'argent d'un franc entre le papier noir et la plaque, cette dernière ne fut pas impressionnée dans la partie protégée par la pièce de monnaie, ce qui prouve que les radiations actives venaient bien de l'animal et non d'autre part.

Les plaques ont aussi été impressionnées, après interposition entre elles et la Pholade du couvercle d'une boîte en bois et de celui de la boîte en carton qui renfermait le siphon du Mollusque étalé sur une feuille de liège.

Les clichés développés montraient la structure interne de la planchette de bois et même du carton, mais moins nettement. Il avait fallu pour obtenir ce résultat dix-huit heures de pose.

On n'obtint aucune impression en substituant au bois et au carton une mince feuille d'aluminium. Il y avait bien çà et là sur l'épreuve quelques points noirs, mais on sait que l'aluminium, surtout en lames très minces, est poreux.

R. DUBOIS a également exposé au-dessus de cultures liquides de Photobactériacées bien lumineuses des plaques photographiques enveloppées de deux et même de trois feuilles de papier dont on se sert ordinairement pour les préserver de la lumière du jour. Une pièce en argent d'un franc fut également ici interposée entre deux des feuilles de papier. Le tout ayant été placé dans l'obscurité la plus complète, au bout de 24 heures de pose, et après développement, on distinguait nettement les contours de la pièce de monnaie et ceux du vase ouvert contenant la culture. L'espace compris entre les deux contours était nettement impressionné. Molisch a critiqué les expériences de R. Dubois, bien qu'il n'ait pu, dit-il, trouver où elles avaient été publiées, mais ses critiques, mal fondées pour cette raison sans doute, ont été réfutées par R. Dubois (136), qui a nettement montré qu'on ne pouvait pas attribuer à la chaleur, à l'humidité, à la pression, au contact ou à de vagues émanations, mal définies, comme le prétendait Molisch, les impressions obtenues après interposition de planchettes de bois mince, de carton et de papier, c'est-à-dire de corps opaques *pour notre œil*, dans les conditions ordinaires. Toutes ces substances sont plus ou moins translucides et poreuses et peuvent parfaitement laisser passer des radiations de « lumière invisible », expression qui doit être préférée à celle de « lumière noire » employée par Lebon, pour désigner des radiations autres que les rayons X, capables d'impressionner les plaques sans agir d'une manière perceptible sur notre rétine. C'est à des effets *cumulatifs* que R. Dubois a attribué les résultats ci-dessus mentionnés; ils doivent être rapprochés de ceux que MM. Lumière, de Lyon, ont obtenus avec les radiations d'une lampe séparée d'une plaque sensible par une mince couche d'ébonite.

Muraoka (138) a publié des résultats assez singuliers pour qu'il soit nécessaire de les contrôler avec soin. Ce savant japonais a mis sur des plaques photographiques des plaques de métal séparées des premières par un carton qui portait dans son milieu une ouverture. Le tout fut entouré de beaucoup de papier et soumis à la lumière de 300 Lampyres. Contre toute attente, Muraoka trouva que la partie correspondante du rond découpé du carton n'avait pas été noircie, mais seulement les parties sur lesquelles reposait le carton. Si l'on enlevait les plaques de métal pour ne laisser que le carton sur la plaque, la partie découpée correspondait au noir, tandis que les endroits touchés par le carton n'étaient que peu attaqués. Pour l'auteur, la lumière du Ver luisant se comporte comme de la lumière ordinaire, mais par la filtration à travers le carton, ou une lame de cuivre, elle acquiert des propriétés analogues aux rayons de Rœntgen ou à ceux de Becquerel par un « phénomène de succion » comparable à l'allure des lignes de force magnétique vis-à-vis du fer. Les propriétés des rayons filtrés sembleraient, d'après le savant japonais, dépendre des corps filtrants et peut-être de la densité de ces derniers. Ils offrent une réflexion nette, mais ni la réfraction, ni l'interférence, ni la polarisation n'ont pu être démontrées, bien que Muraoka croit qu'elles existent.

Il y aurait lieu d'examiner encore plus attentivement les radiations émanant d'organes lumineux renfermant de la luciférescéine au point de vue de la pénétration : les mieux qualifiés sont ceux des Pyrophores.

Recherche des radiations calorifiques. — En 1869, Maurice Girard (139) avait songé à chercher si les rayons lumineux de *Luciola italica* étaient accompagnés de radiations calorifiques. Il s'était servi dans ce but d'un thermomètre dont la cuvette était creusée de manière à recevoir l'Insecte, mais ainsi que l'auteur lui-même l'a fait remarquer, il fallait s'adresser à des Insectes plus lumineux que les Lampyrides : il aurait pu ajouter que le dispositif dont il s'était servi pour étudier « la chaleur libre dégagée par les Insectes », ne pouvait donner aucune indication précise relativement au point d'origine des radiations calorifiques. On peut faire la même critique au sujet des recherches de Dieckhoff, de Matteucci, de Girard sur les Lampyres, d'Ehrenberg sur les animaux marins, de de Quatrefages chez les Noctiluques, de Panceri chez les Pholades, Pyrosomes, Méduses, Siphonophores et Pennatules : tous ont admis qu'il n'y avait que peu ou point de chaleur, mais leurs moyens d'investigation étaient insuffisants.

En 1884 et 1885, R. Dubois entreprit d'élucider la question en se servant de beaux Pyrophores noctiluques qu'il avait reçus des Antilles et d'instruments très délicats permettant des recherches physiques précises (64, p. 126-132). Les rayons fournis par les douze appareils prothoraciques de six Pyrophores dirigés sur les ailettes d'un radiomètre très sensible, que la lumière diffuse du jour pouvait mettre en mouvement, n'ont exercé aucune influence sur ce délicat instrument. Dans l'obscurité du cabinet noir, la seule approche de la main suffisait pour faire tourner les ailettes : il était dès lors acquis que les appareils lumineux de six Pyrophores placés à une très petite distance rayonnaient moins de chaleur que la main placée à quinze ou vingt centimètres du radiomètre.

Cependant, la présence des rayons rouges dans le spectre lumineux des Insectes pouvait faire supposer que les rayons éclairants étaient accompagnés d'une notable quantité de rayons calorifiques. R. Dubois eut recours alors à l'emploi d'une pile thermo-électrique de Melloni d'une très grande sensibilité, bien isolée, sans cornet, en communication avec un galvanomètre à réflexion également très sensible.

Dans une première série d'essais préliminaires, un Pyrophore bien éclairant, fixé sur un bouchon de liège, dont la température propre n'exerçait aucune action sur la pile, était placé, à chaque détermination, à une distance de trois centimètres environ de l'ouverture de la pile. Le bouchon était tenu à la main au moyen d'une tige de bois de soixante centimètres de longueur environ, qui permettait d'agir à distance.

Chaque fois que l'on présentait à la pile la partie du prothorax portant les appareils lumineux, l'aiguille du galvanomètre subissait une déviation. Cette déviation était *extrêmement faible*, et, dans six déterminations successives, elle n'excéda pas neuf dixièmes de degré, déplacement indiquant une quantité de chaleur presque insignifiante, étant donnée l'exquise sensibilité de l'appareil. Ces déviations étaient toujours de même sens, mais elles n'avaient pas la même amplitude.

On pensa qu'il était nécessaire, pour obtenir un résultat significatif, de disposer l'expérience de telle façon que les rayons de l'appareil lumineux vinssent frapper la surface sensible de la pile suivant une même direction et de manière que l'animal fût toujours à la même distance de l'ouverture de la pile.

A cet effet, on construisit un appareil qui permettait, en outre, de tourner, tantôt la face dorsale prothoracique, d'où venait la lumière, tantôt le support de liège, du côté de la pile. Cet appareil comprenait :

1° Une pile thermo-électrique et un galvanomètre très sensibles; la pile, inclinée à 45° dans la direction des faisceaux lumineux principaux, était complètement isolée ;

2° Un pivot de bois vertical traversant, selon son axe principal, un cylindre de liège creusé d'une gouttière dans laquelle était fixé l'animal. Ce pivot, entraînant dans son mouvement de rotation le bouchon et l'Insecte, était mû par une poulie à gorge horizontale placée à son extrémité inférieure. Le support de liège était maintenu à une distance de 1/2 centimètre de la pile.

3° Une deuxième poulie, de même diamètre, fixée sur le même support horizontal à un mètre cinquante de la première, était mue par une manivelle : le mouvement imprimé à cette poulie était transmis à la poulie du pivot par un fil de soie. On pouvait ainsi, de loin, faire exécuter, au bouchon qui portait l'Insecte, une rotation suffisante pour présenter à la pile, soit l'Insecte, soit la surface du support par quelque point que ce fût.

4° Une pile en communication avec un chariot de du Bois-Reymond était mise en rapport avec la face ventrale de l'Insecte par deux fils de platine pénétrant dans le bouchon et venant émerger dans le fond de la gouttière; on pouvait ainsi exciter, à distance, l'Insecte sans avoir à craindre aucune influence étrangère.

Dans chaque détermination, la mise au zéro de l'aiguille du galvanomètre était obtenue en amenant la surface du bouchon opposée à la face dorsale de l'Insecte en face de la pile. Dans ces conditions, on nota les résultats suivants :

1° Quatre déterminations successives donnèrent, en présentant la face prothoracique dorsale, les appareils étant lumineux, des déviations de même sens d'une valeur de 1°8, 2°7, 1°8, 1° (moyenne 1°8) de l'échelle du galvanomètre.

2° L'aiguille du galvanomètre étant immobile et l'appareil éclairant étant en face de la pile, on fit passer le courant électrique : l'Insecte fit quelques mouvements, et l'éclat de l'appareil lumineux fut un peu augmenté : l'aiguille du galvanomètre accusa, dans deux essais successifs, des déviations de 0°2 et 0°4 (moyenne 0,3) de même sens.

3° Les appareils lumineux ayant été obturés à l'aide de boulettes de cire opaques, la face non lumineuse du prothorax fut présentée à l'ouverture de la pile; on observa, dans deux opérations, des déplacements de même sens, de 1°à 0°9.

4° L'Insecte étant maintenu en face de la pile, on fit à l'aide de celle-ci trois excitations successives ; on nota les déviations suivantes : 0°3, 0°4 (moyenne 0.33).

5° Les boulettes de cire étant enlevées, et l'Insecte étant lumineux, la déviation fut de 1°8 exactement. Cette dernière déviation établit qu'il n'y a pas eu d'épuisement de l'Insecte pendant l'expérience.

De l'ensemble de ces expériences, on a pu tirer les conclusions suivantes :

α. Les appareils prothoraciques et la surface du prothorax laissent échapper une quantité de chaleur rayonnante capable de produire une déviation moyenne de 1°8, qui, avec un appareil aussi sensible, n'indiquait qu'une quantité infinitésimale de chaleur rayonnée.

β. L'augmentation de la quantité de chaleur dégagée par la surface dorsale prothoracique (parties obscures et lumineuses) sous l'influence de l'excitation électrique, ne dépasse pas 0°3, en moyenne.

γ. Les parties obscures du prothorax dégagent une quantité de chaleur produisant une déviation égale à la différence des moyennes des expériences n° 1 et n° 3, c'est-à-dire équivalente à 0°85, ce qui réduirait la valeur de la déviation due aux rayons calorifiques obscurs, accompagnant les rayons lumineux, à 0°95.

δ. L'augmentation de la chaleur rayonnée par le prothorax et les organes lumineux paraît due à l'exagération de la calorification dans toute cette partie de l'Insecte.

En résumé, si l'on considère qu'avec un instrument comme celui dont s'est servi R. DUBOIS, on peut obtenir un véritable affolement de l'aiguille sous l'action de variations de température qui échappent à notre sensibilité, on doit considérer comme *à peu près nulle la quantité de chaleur rayonnée par les foyers lumineux* de l'Insecte, surtout si l'on veut bien, par la pensée, établir une comparaison entre la chaleur produite par les organes et le dégagement calorifique qui accompagne la flamme d'un petit bec de gaz d'une intensité éclairante égale.

Enfin, deux aiguilles thermoélectriques, dont l'une était appliquée sur l'appareil ventral, tandis que l'autre était promenée sur tous les points du corps, n'ont indiqué aucune différence notable de température entre les diverses régions. De plus, les aiguilles étant maintenues dans deux points fixes, l'une sur la plaque ventrale lumineuse, l'autre à la partie postérieure de l'abdomen, sous les ailes, il ne s'est produit aucun changement appréciable, au moment où l'appareil ventral a cessé de briller.

LANGLEY et VERY, en 1890 (140), ont vérifié, en Amérique, l'exactitude des conclusions de R. DUBOIS qui avait, dès 1886, annoncé que les Pyrophores ne rayonnaient par leurs organes lumineux qu'une quantité *infinitésimale* de chaleur. Ils ont cherché à évaluer cette quantité à l'aide du bolomètre et ont trouvé que la quantité de chaleur rayonnée par un centimètre carré de surface lumineuse en dix secondes, est environ de 0.0004 de petite calorie, et que la radiation totale de la tache la plus lumineuse, celle de l'abdomen, ne doit pas excéder 0.000.07 calories dans le même temps.

Analyse qualitative des radiations visibles. — Dès 1783, ACHARD constata que la lumière émise par les corps en décomposition, le bois pourri, c'est-à-dire les mycéliums de champignons, traversait les verres colorés et n'était pas décomposée par le prisme.

En 1885, R. DUBOIS (64, p. 105-106) examina les téguments d'une Orphie, rendue lumineuse par les Photobactéries, au moyen d'un bon spectroscope à vision directe de DUBOSCQ et également avec un prisme de flint et de Crown, ayant un pouvoir dispersif considérable, sans pouvoir décomposer la lumière émise, même après l'avoir concentrée par différents dispositifs. Elle était pourtant assez forte pour qu'on pût lire facilement, mais elle ne permettait pas de distinguer les couleurs.

LUDWIG, en 1887, vit que la lumière des Photobactériacées donnait une bande allant de la raie de FRAUENHOFFER *b* aux rayons violets, c'est-à-dire comprenant des rayons verts et bleus. La même année, FORSTER et ENGELHMAN trouvèrent que la lumière d'une Barbue est continue entre 0,58 et 0,43. De 0,48 à 0,51, le spectre était extrêmement éclairant et diminuait rapidement d'intensité après la bande rouge, ainsi qu'après la bande violette. En 1888, FISCHER et KASTEN annoncent que la lumière d'un Poisson concentrée par une lentille cylindrique donnait un spectre continu s'étendant

depuis la ligne de Frauenhoffer D. jusqu'au dessous de G. et ayant son maximum entre
la ligne E. et le milieu de F. à G. on ne distinguait aucune couleur différente. Vers
1889, Beijerinck trouve que les différentes cultures de Bactéries (B. *phosphorescens*,
indicum, *Fischeri*, *luminosum*, donnent un spectre compris entre D et G. Dans les
cultures de A. Dubois, *P. sarcophilum*, la raie D correspondant au n° 10 du micromètre,
la lueur s'étendait du n° 12 formant limite extrême du jaune, du côté du vert, jusqu'à
la division 21, limite extérieure dans le bleu, c'est-à-dire un peu au delà de la raie
F. (3, p. 510) et le maximum de clarté se trouvait dans la région des rayons verts. De
sorte, dit Nadson, que la luminosité des Bactéries se distingue qualitativement en ce
qu'elle donne un spectre continu et se compose de rayons jaunes et principalement
de verts et de bleus. La clarté a la même apparence que celle de la lumière
électrique, mais le spectre de cette dernière est déplacé vers le rouge et, de
plus, le maximum de sa clarté se trouve près de λ 0,60 et disparaît tout à fait près de
λ 0,50, de telle sorte que, comme l'a fait remarquer R. Dubois, la lumière émise par
les Bactéries est relativement riche en rayons de longueur d'onde moyenne, c'est-
à-dire de rayons lumineux et contient très peu de rayons thermiques et chimiques.

Molisch (5) a donné un tableau comparatif de la composition respective des spectres
du Soleil, du Pyrophore noctiluque et des mycéliums de champignon et de *Photobacterium phosphoreum*. Ces mesures n'ont qu'une valeur qualitative, mais non quantitative, bien qu'il ait pris pour point de comparaison les spectres connus du Soleil et
du Pyrophore. Pour ce dernier, il a emprunté les mesures dues à Langley et Very, qui
n'ont fait que confirmer celles de R. Dubois, dont il semble ignorer l'existence. Le
même auteur a fixé les limites suivantes pour le spectre de diverses Photobactéries :

Bacterium phosphorescens (Cohn) Molisch. . .	λ 570-λ 450
Bacterium phosphorescens Fischer.	λ 570-λ 450
Bacillus photogenus.	λ 570-λ 450
Mycelium X.	λ 570-λ 480

Les recherches de la composition de la lumière chez les animaux sont relativement
nombreuses.

En 1849, Pasteur étudie le spectre des Pyrophores, qu'il trouve très beau, continu,
sans bandes ni raies (143). Becquerel, en 1867, examine la lumière d'un grand
nombre d'animaux lumineux (149) et trouve que la lumière des Lampyres, Pyrophores,
Lombrics, Pholades, Pyrosomes, Pélagies noctiluques, Alcyones papilleuses, et Umbel-
lulaires donne, comme l'avait déjà vu Pasteur pour le Pyrophore, un spectre continu
sans bandes ni raies obscures. Dans la même année, Panceri et Ray Lankester (144)
étudient le spectre d'animaux marins lumineux : Pholades, Elédones, Alcyones, Hippo-
podes, Méduses, au moyen du spectro-micro-cope et voient que le spectre de leur
lumière est compris entre les raies G et F. Weber (89) a examiné au spectroscope la
lumière de l'organe photogène d'un Poisson *Photoblepharon palpebratus* et vu qu'elle
renfermait seulement des rayons rouge clair, orangés, jaunes et verts. Citons encore
les recherches de Lehmann, de Secchi en 1872, de Jousset de Bellesme, sur *Lampyris
noctiluca*, et celle de Young, sur la mouche lumineuse américaine (Photinus?) chez
laquelle il constate que le spectre est sans bandes ni raies obscures et va de la raie
C. de Frauenhoffer dans le rouge à la raie F dans le bleu, se terminant graduellement
aux deux extrémités. Secchi examina également les organes desséchés du Pyrosome,
que lui avait envoyés Panceri, et vit que son spectre donnait les rayons ordinaires.
Toutefois le spectre obtenu était moins riche en rayons rouges que celui du Lampyre.
Il rappelle que Gerner avait fait une semblable observation sur le Ver luisant.

R. Dubois a noté que le spectre des organes lumineux de la Pholade, ou du liquide
qui en sort paraît monochromatique à l'œil, mais sa bande azurée a une place permanente s'étendant de E en F, et dépassant celle-ci de très peu. Sa nuance est bleu
pâle, comme celle de la luminosité de beaucoup d'animaux marins, de larves, de
Champignons, de Bactéries, et doit être attribuée à la faible intensité du foyer. C'est
pour la même raison que l'examen spectroscopique ne permet pas à notre œil de
distinguer la couleur des radiations différentes qui entrent dans la composition de
leur spectre ; mais les limites extrêmes de ce dernier ne laissent aucun doute sur sa

nature polychromatique. L'intensité lumineuse se trouve seulement légèrement accrue dans les régions moyennes de ce pâle spectre. SEVERN, en 1881, étudie la lumière verte du *Glow-Fly* (PHOTURIS ?) américain, qui présente un spectre continu. Puis viennent, en 1884, les recherches de DUBOIS et AUBERT sur la lumière du Pyrophore noctiluque, continuées par R. DUBOIS jusqu'en 1886. Le spectre est bien, comme l'avait vu PASTEUR, continu, sans bandes ni raies obscures. Pour préciser les limites du spectre, on s'est servi d'un prisme de flint très réfringent muni d'un micromètre. Un petit prisme à réflexion totale permettait d'observer simultanément la lumière du Pyrophore et une autre, prise comme terme de comparaison. Avec le micromètre on pouvait déterminer les limites du spectre et les rapporter ensuite aux raies du spectre solaire.

L'examen a porté sur les deux organes prothoraciques, dont la lumière est plus fixe que celle de la plaque ventrale.

Le spectre, fort beau quand l'animal est très lumineux, est assez étendu du côté du rouge et va jusqu'aux premiers rayons bleus : il recouvre environ 80 divisions du micromètre, On peut lui assigner comme limites approchées, d'un côté la raie B, de l'autre la raie G du spectre solaire ; du côté du rouge, il s'étend un peu plus loin que la raie B ; ce sont ces dernières radiations qui ont dû fournir les quantités *infinitésimales* de chaleur mises en évidence par R. DUBOIS. W. W. COBLENTZ, n'a pu découvrir aucune radiation intra-rouge dans le spectre de la Luciole américaine *Photinus*) (195). Du côté du bleu, les derniers rayons sont si pâles que leur position ne peut être déterminée avec une grande exactitude.

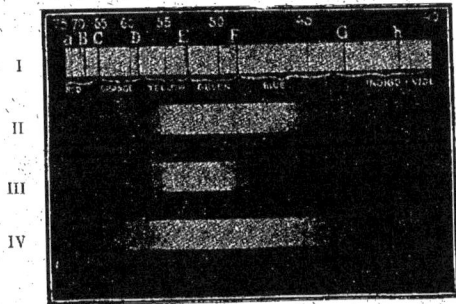

FIG. 153. — Limites comparées des spectres de la lumière d'organismes photogènes. — I, spectre de la lumière solaire ; II, spectre de la lumière du *Bacterium phosphorescens* ; III, spectre d'un mycelium de Champignon ; IV, spectre du *Pyrophorus noctilucus*.

Lorsque l'intensité de la lumière varie, sa composition change d'une manière remarquable. Quand l'éclat diminue, le spectre se raccourcit un peu du côté du bleu, mais beaucoup de l'autre côté ; le rouge et l'orangé disparaissent complètement et les derniers rayons qui persistent sont les rayons verts d'un indice de réfraction un peu inférieur à celui de la raie E : c'est d'ailleurs cette région du spectre qui a le plus vif éclat. L'effet inverse se produit quand l'animal commence à être lumineux ; les rayons verts apparaissent les premiers et le rouge s'étend de plus en plus jusqu'à ce que l'éclat de la lumière ait atteint son maximum.

La discussion de ces faits, de leur nature et de leurs causes a trouvé sa place dans le chapitre consacré à la comparaison de la lumière physiologique avec celle qui provient d'autres sources que celle du bioprotéon ou substance vivante (voir 64, p. 103 et suiv.).

Analyse quantitative de la lumière physiologique. Photométrie. — S'il est vrai que l'œil puisse servir à établir une comparaison entre deux quantités de lumière de même qualité, telles que deux quantités de lumière blanche ou bien deux quantités de lumières simples, il n'en est plus de même quand il s'agit de comparer la lumière des Pyrophores avec une source quelconque de lumière artificielle. La teinte de cette lumière est verte et de plus elle a un *éclat* particulier, comme nous l'avons dit plus haut (p. 361), dû à la présence de radiations fluorescentes.

Lors de ses premières recherches avec AUBERT, R. DUBOIS avait été frappé du fait suivant. L'intensité lumineuse d'une bougie étant trop considérable pour pouvoir être comparée à celle qui était émise par l'Insecte, on avait songé à diaphragmer cette lumière de la bougie. A cet effet, on avait pratiqué dans un écran opaque une petite ouverture ayant exactement les dimensions de la surface éclairante d'un des organes prothoraciques. Mais la quantité de lumière qui passait au travers du diaphragme, quel que fût d'ailleurs le point de la flamme considéré, était, à l'œil, tellement inférieure à celle de l'Insecte qu'il était facile-de prévoir que les résultats photométriques ainsi obtenus ne seraient pas même approximatifs : c'est ce que l'expérience vérifia plus tard.

Si, au lieu de faire passer la lumière de la bougie au travers de l'orifice béant de l'écran, on lui fait traverser le tégument jaunâtre, chitineux, transparent, qui recouvre l'appareil, après que celui-ci a été enlevé, on ne constate aucune modification dans l'intensité lumineuse.

Les divers renseignements tirés de la détermination des limites des différentes bandes lumineuses du spectre étant absolument insuffisants pour expliquer la supériorité de la lumière du Pyrophore, R. Dubois pensa ultérieurement à employer le spectrophotomètre de Gouy. Le détail des expériences a été consigné dans le livre de R. Dubois sur les Elatérides lumineux (64, p. 114-118). Les chiffres fournis par la spectrophotométrie

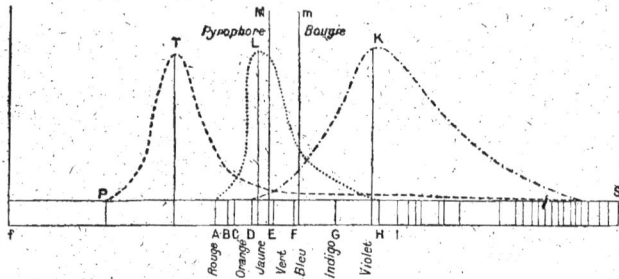

Fig. 154. — Courbe des intensités calorifique, lumineuse et chimique dans le spectre solaire comparé à celui d'une bougie et d'un Pyrophore.
T, courbe des radiations calorifiques ; K, courbe des radiations chimiques ; L, courbe des radiations lumineuses ; M, position du maximum spectrophotométrique de la lumière du Pyrophore ; m, position du maximum spectrophotométrique de la flamme d'une bougie.

comparée de la lumière d'une bougie et de celle du Pyrophore ont permis de construire des courbes comparatives qui ont fait voir que l'aire comprise entre l'axe des longueurs d'onde et la courbe est pour la lumière des Pyrophores presque en totalité occupée par des rayons verts et jaunes, ces deux derniers comprenant environ le tiers de cette aire. On remarqua également que le maximum d'intensité correspond à la longueur d'onde 528.56; or cette longueur d'onde se trouve être précisément la même que celle qui a été indiquée par Charpentier pour le maximum de clarté dans le spectre solaire. Les courbes montrent également que, pour la bougie, le maximum ne correspond plus qu'à la longueur d'onde 496 μ 67 et se trouve par conséquent reporté du côté des rayons les plus réfrangibles. On devrait obtenir, d'après les expériences de Dove, un résultat inverse, si la composition du spectre de Pyrophores devait ses propriétés à la faiblesse de son intensité. Enfin, l'aire délimitée par la courbe des intensités de la bougie et la ligne des longueurs d'onde n'est occupée que dans une partie beaucoup plus restreinte par les rayons jaunes.

Les calculs spectrophotométriques et les courbes obtenues montrent que la valeur photométrique d'un appareil prothoracique de Pyrophore est d'environ $\frac{1}{150}$ de bougie du Phénix (de 8 à la livre).

Si l'on admet que l'appareil ventral possède un pouvoir éclairant double d'un des appareils prothoraciques, on voit qu'il faudrait trente-sept à trente-huit Pyrophores, lumineux à la fois par tous leurs appareils, pour éclairer un appartement avec la même intensité qu'une bougie.

En 1904, Lodge a essayé de déterminer l'intensité lumineuse d'une colonie micro-

bienne (photovibrions) au moyen du photomètre à tache d'huile de Bunsen compara-
vement à celle d'une bougie, mais les chiffres qu'il a donnés sont manifestement beaucoup trop faibles (R. Dubois, Molisch).

L'emploi du spectrophotomètre est infiniment supérieur à celui du photomètre à
tache d'huile. Toutefois, il convient de ne pas attribuer aux données obtenues avec la
lumière du Pyrophore une valeur absolue. L'observation directe montre que le pouvoir
éclairant peut varier d'un Insecte à un autre, et, chez le même Insecte, d'un moment à
un autre, et aussi pour l'appareil symétrique.

Pourtant il importe de faire remarquer que les résultats des recherches de R. Dubois
concordent absolument avec ceux qui ressortent des expériences de contrôle faites par
Langley et Very (140) quelques années plus tard en Amérique avec le même Insecte,
Pyrophorus noctilucus des Antilles.

Le véritable intérêt de ces recherches consistait principalement à déterminer la
composition de la lumière du Pyrophore comparativement à celle des autres foyers
lumineux.

Or les recherches de R. Dubois, de même que celles de Langley et Very, conduisent
à la même conclusion, savoir : que la composition de la lumière vivante, si profondément différente de celle de nos foyers usuels et si supérieure à elle, ne tient nullement
à la faiblesse relative des foyers physiologiques, ni à l'absorption de son spectre par les
appareils employés; mais constitue bien réellement un *type* de lumière, d'une composition caractéristique spéciale : c'est une *lumière froide*, peu photochimique, et par
conséquent d'une très haute valeur économique.

D'ailleurs, la longueur d'onde moyenne de la lumière diffractée, fournie par les
appareils prothoraciques donnant le maximum de leur pouvoir éclairant, a été déterminée aussi à l'aide du réseau, et on a trouvé les nombres suivants :

$$0,538$$
$$0,522$$
$$\text{Moyenne.} \quad 0,530$$

Ce résultat confirme l'exactitude de celui qu'on a obtenu avec le spectrophotomètre
de Gouy, car, en faisant la moyenne des longueurs d'onde fournies par les diverses longueurs d'onde du spectre, on trouve le nombre très approché de 0.533.

On sait que la quantité d'énergie W rayonnée par un foyer lumineux se compose de
deux parties : l'une W_1 représente l'énergie des radiations lumineuses, l'autre W_2 celle
des radiations obscures.

$$W = W_1 + W_2$$

Le rapport $\dfrac{W_1}{W}$ de l'énergie des radiations lumineuses à celle de la totalité des
radiations, s'appelle le rendement lumineux du foyer.

Tout ce qui a été dit antérieurement démontre que dans la lumière des Pyrophores
W_2 est représenté pour l'énergie chimique par $\dfrac{1}{5.000}$ de l'énergie totale et que
l'énergie calorifique ne dépasse pas pour la plaque ventrale 0.00007 calorie : cela
signifie que le rendement est donc presque égal à l'unité ou, en d'autres termes, qu'il
sera, à très peu près, de 100 pour 100, alors que nos meilleurs foyers ne donnent guère
un rendement supérieur à 1 pour 100, d'après le bilan de la lampe à mercure à enveloppe de quartz dressé par Fabry et Buisson.

D'ailleurs les conclusions de R. Dubois trouvent encore leur confirmation et leur
généralisation dans les recherches de Ives et Coblentz (125). Ces auteurs ont montré
que la lumière de *Photinus pyralis* est sans symétrie et sans bandes ou raies obscures
dans le rouge, le jaune et le vert. Du côté du rouge, elle ne dépasse pas 0.670 μ et du
côté du violet 0.510 μ. Le pouvoir radiant évalué par une autre méthode que celle employée par R. Dubois a fourni des résultats à peu près semblables, puisque les physiciens américains ont estimé à environ 96 °/° le pouvoir radiant du Photinus.

Le tableau suivant donné par Guillaume (fig. 154) montre aussi la valeur comparative des rendements respectifs et de la composition des spectres du soleil, de la lampe à arc et du Pyrophore.

D'après GUILLAUME, si l'on considère comme unité le rendement économique de la lumière du Pyrophore, on trouve que celui de la flamme d'une bougie est égal à 0.00014 ; celui de la flamme d'un bec Benzel est égal à 0.00018 ; celui d'une lampe à incandescence est égal à 0.0005 ; celui d'une lampe à arc est égal à 0.0025 ; enfin celui de la lumière solaire est égal à 0.14.

Toutes les recherches qui ont suivi celles de R. DUBOIS publiées en 1886 aboutissent à la même conclusion, à savoir : l'incomparable supériorité de la lumière physiologique, au point de vue économique, sur celle de tous les autres foyers éclairants connus, et en outre, qu'il s'agit bien d'une lumière d'une espèce particulière, dont le mode de production doit être également d'une nature spéciale.

Recherche de la lumière polarisée. — Enfin, pour ne pas laisser incomplet l'examen des propriétés physiques de la lumière vivante, R. DUBOIS a recherché si les foyers du Pyrophore n'émettaient pas de lumière polarisée. Cette recherche était indiquée par l'existence de nombreuses granulations réfringentes dans les organes photogènes et aussi parce que certains auteurs avaient avancé que la couche crayeuse de ces organes avait pour objet de disperser la lumière et de la réfléchir au dehors. Les recherches les plus minutieuses n'ont pu déceler aucune modification du plan d'ondulation ordinaire de la lumière.

Examen organoleptique : supériorité visuelle. — Les radiations lumineuses, c'est-à-dire visibles pour notre œil, sont comprises entre 0 μ 810 et 0 μ 360 : leur action dépend, à énergie égale, de leur longueur d'onde. De nombreuses mesures ont prouvé que l'œil est beaucoup plus sensible aux radiations dont la longueur d'onde est voisine de 0 μ 530 qu'aux autres. Ce sont les radiations rouges qui agissent le moins sur la rétine. Voici d'ailleurs sur ce tableau quelques chiffres donnant la sensation lumineuse produite par des radiations de diverses longueurs d'onde correspondant à la même quantité d'énergie. La sensation lumineuse dans le rouge est ici prise pour unité.

	Violet.	Vert.	Jaune.	Rouge.	Rouge sombre.
Longueur d'ondes en microns.	0,400	0,530	0,580	0,650	0,750
Sensation lumineuse	1 600	100 000	28 000	1 200	1

Ces chiffres montrent que la même quantité d'énergie dépensée dans le rouge sombre pour produire une sensation égale à l'unité provoque une sensation 28 000 fois plus forte dans le jaune, cent mille fois plus forte dans le vert !

Ces valeurs varient naturellement d'un observateur à un autre ; mais leur ordre relatif de grandeur reste toujours le même, et le maximum de sensibilité de l'œil a toujours lieu pour les radiations vert jaunâtre (0 μ 530). Or ce sont celles-là précisément qui, d'après les observations de R. DUBOIS, occupent la plus grande partie de l'aire limitée par les courbes spectrophotométriques. Cela permet d'admettre déjà qu'au point de vue des qualités éclairantes, la lumière des Pyrophores présente sur tous les autres foyers connus une énorme supériorité.

R. DUBOIS s'est assuré qu'il en était bien ainsi par l'examen oculaire direct.

Ce qui a été dit (p. 369) à propos de l'emploi des diaphragmes essayés pour comparer la lumière de la bougie à celle du Pyrophore devait déjà faire penser de suite à une grande supériorité relative de la seconde sur la première. En outre, il est certain que la lumière du Cucujo agit sur l'œil d'une manière très spéciale, qui lui a valu le nom de « belle lumière », « lumière intangible, » etc. et qui a frappé d'étonnement tous les observateurs. Elle possède un éclat ou plutôt une luminescence étrange, qu'il ne faut confondre ni avec l'intensité, ni avec la coloration. R. DUBOIS a montré (v. p. 383) qu'elle est due aux radiations fluorescentes de la *pyrophorine*, qui s'ajoutent aux radiations de la substance photogène proprement dite. C'est probablement à cet ensemble de circonstances qu'il faut attribuer les résultats suivants. En comparant l'*intensité visuelle* de ces foyers vivants avec celle d'une bougie, à l'aide des échelles typographiques employées en oculistique pour mesurer l'acuité visuelle, R. DUBOIS a constaté qu'elle est encore supérieure à celle que dénote l'analyse spectrophotométrique.

On pourrait être surpris de ce que cette lumière, si vive dans l'obscurité, si éblouissante lorsque le foyer d'où elle s'échappe est placé près de l'œil, ne laisse pas d'impression persistante sur la rétine, si l'on ne savait que l'intervalle du temps pendant lequel une impression se conserve sans perte sensible est d'autant plus grand que l'impression est moins intense. Ceci explique pourquoi, quand l'Insecte vole en rond avec cette extrême vitesse qui lui est propre, on ne voit pas un cercle lumineux continu, comme lorsque l'on fait tourner avec rapidité un charbon ardent, mais bien une succession de vives et rapides étincelles d'une très courte durée dues aux mouvements si brefs pourtant des ailes, qui aurait pu faire croire que pendant le vol la lumière était intermittente, sautillante. Les *images accidentelles* complémentaires, malgré la coloration verte de la lumière, ne se produisent également qu'avec une extrême difficulté et dans des conditions particulières, par exemple, lorsque, après avoir longtemps fixé cette lumière, on porte son regard sur la flamme jaune d'un bec de gaz : celle-ci peut alors paraître rouge.

Malgré cette teinte verte, le *sens chromatique* n'est pas influencé ou l'est peu : on reconnaît facilement la couleur de chaque objet et sauf le bleu foncé et le violet, qui n'existent pas dans le foyer, toutes les couleurs dites « à confusions » des oculistes sont facilement reconnues.

Il y a donc encore, non seulement sous le rapport économique, mais aussi sous celui de la vision, une incomparable supériorité de la lumière physiologique sur toutes les autres lumières connues.

En résumé :

La lumière physiologique est surtout constituée par des radiations de longueurs d'onde moyennes, c'est-à-dire par les plus éclairantes du spectre solaire.

L'examen optique direct prouve que cette lumière présente pour la vision une supériorité incontestable sur la lumière fournie par tous les autres foyers connus.

Elle ne contient que très peu de radiations chimiques, et des quantités infinitésimales de radiations calorifiques. Ces constatations ne peuvent pas être attribuées à la faiblesse des foyers étudiés, ni à l'absorption par les appareils employés (R. Dubois, Langley et Very) : il s'agit bien d'une lumière froide, spéciale.

Au point de vue économique, son rendement est presque de 100 pour 100 et la dépense d'énergie exigée pour sa production est des plus réduites.

Dans certains cas, son intensité est renforcée par des substances fluorescentes, qui tout en transformant une partie des radiations chimiques inutiles ou nuisibles en radiations éclairantes, ajoutent aux autres qualités physiques et organoleptiques de cette belle lumière un éclat particulier du plus agréable effet.

ÉCLAIRAGE PAR LA LUMIÈRE PHYSIOLOGIQUE. — LA LAMPE VIVANTE DE R. DUBOIS. — C'est en raison des considérations exposées ci-dessus que R. Dubois, en 1900, tenta d'adapter la lumière produite par les Photobactériacées à l'éclairage usuel (132, 133 et 137).

Pendant l'Exposition internationale de Paris, au palais de l'Optique, il fut mis à la disposition du public une grande quantité de petits ballons de verre renfermant des Microbes lumineux et pouvant servir de veilleuses pendant plusieurs semaines. En outre, une vaste salle située dans les sous-sols du palais, fut éclairée assez fortement pour que l'on pût y voir, la nuit, comme par un très beau clair de lune. On pouvait facilement y reconnaître de loin les personnes, lire un journal et l'heure à une montre.

R. Dubois s'était appliqué d'abord à perfectionner les bouillons de culture.

Jusqu'à ce moment, on s'était contenté de cultiver les Photobactériacées dans des petits tubes de verre sur des bouillons gélatineux : on n'obtenait ainsi qu'une faible traînée lumineuse.

Aux bouillons solides, il substitua d'abord des bouillons liquides, qui, très rapidement, fournissaient de grandes masses de liquide éclairant. La pullulation des Photobactéries en bouillon liquide était assez intense pour que l'on pût songer à obtenir industriellement de grandes quantités de liqueur éclairante. Cela se conçoit aisément si l'on songe à l'immense quantité de boissons fermentées, bière, vin, etc., qui chaque année résulte du travail d'un autre microorganisme, la levûre de bière.

Les premiers bouillons liquides renfermaient des matières très putrescibles, telles que des peptones et de la gélatine. De grandes masses de liquide étant difficilement stérilisables complètement, il en résultait parfois des fermentations étrangères qui nuisaient à la luminosité des bouillons et souvent les éteignaient rapidement.

En outre, ces matières étaient d'un prix élevé, particulièrement les peptones, et exigeaient des manipulations assez compliquées.

R. Dubois parvint, pour obvier à ces inconvénients, à obtenir des bouillons de culture liquides difficilement putrescibles, ne contenant plus de matières animales colloïdales, mais seulement des cristalloïdes. L'azote était fournie à la Photobactérie par l'asparagine.

Pendant quelque temps, on se servit de bouillons simplifiés, dont la formule a été donnée plus haut. Mais un autre inconvénient subsistait, c'était la grande masse de liquide à manipuler, transporter, etc. Ce dernier était réparti dans de vastes récipients de verre d'une cinquantaine de litres de capacité, en forme de tonneaux munis d'un large et court goulot. Pour maintenir assez longtemps et d'une manière continue la luminosité du liquide, il fallait qu'il fût constamment aéré et agité. On y arrivait en faisant passer dans les récipients des bulles d'air stérilisé, ce qui compliquait le problème.

R. Dubois songea alors à supprimer les bouillons liquides des grands récipients et à remplacer la masse liquide de bouillon par une mince couche gélatineuse, ensemencée avec des Photobactéries sélectées et fixée sur toute l'étendue de la paroi interne du tonneau de verre. Ces récipients avaient été préalablement stérilisés en promenant à leur intérieur un tampon de coton imbibé d'alcool enflammé porté au bout d'une tige de fer. Puis la large tubulure des tonneaux était fermée à l'aide d'un cristallisoir renversé également flambé. La quantité d'air contenue dans le flacon était assez grande, et la couche de bouillon de la paroi assez mince pour qu'il ne fût pas nécessaire de renouveler l'atmosphère intérieure : on pouvait également employer comme obturateur du goulot une feuille de coton stérilisé.

Des vases ainsi préparés purent encore servir de veilleuse au bout d'un mois.

R. Dubois construisit également une lampe (fig. 112 et 113) à laquelle il donna le nom de *lampe vivante*. Elle se composait d'un ballon à fond plat, dont la partie supérieure, convexe, était recouverte de papier d'étain pouvant servir de réflecteur ; l'intérieur, revêtu d'une mince couche de bouillon solide lumineux, était mis en rapport avec l'air extérieur par deux tubes fermés avec du coton stérilisé : une inférieure et l'autre supérieure. Le tout était soutenu par un support à pied. On pouvait, la nuit, lire facilement avec cette lampe d'un nouveau genre.

Les essais de R. Dubois ont été répétés, plus tard, avec succès par Molisch, de Prague.

Le prix de la « lampe vivante » et celui de son entretien sont insignifiants. Avec dix centimes on peut avoir pendant un mois une belle et douce lumière, sans avoir à prendre aucun soin particulier. A l'avantage économique se joint celui de la sécurité. Ainsi qu'on l'a vu plus haut, la lumière physiologique est de la *lumière froide* : il ne peut donc avec elle être question de danger d'incendie. En outre, elle ne chauffe pas, comme cela arrive même pour les lampes à incandescence, ce qui est une qualité très appréciable surtout dans les pays chauds. Un semblable éclairage convient particulièrement dans les endroits où l'on peut redouter des explosions : mines de charbon, poudrières, magasins d'essence de pétrole, etc. La lampe de R. Dubois pourrait déjà, sous ce rapport, rendre certains services.

Ajoutons qu'elle ne s'éteint pas par le vent, ni même par la pluie : de plus, étant indépendante de tout fil conducteur de courant, de tout tuyau de conduite, elle peut se transporter partout comme une lampe ordinaire, avec cet autre avantage qu'elle ne peut se renverser.

Enfin, elle ne dégage aucun gaz désagréable, nuisible ou dangereux, ni de la vapeur d'eau, comme le gaz d'éclairage.

Pourquoi, avec de si grands et de si nombreux avantages, la « lampe vivante » à lumière froide de R. Dubois n'a-t-elle pas encore définitivement remplacé tous nos procédés usuels, qui ne sont guère supérieurs, comme rendement, à la torche du sauvage, puisqu'ils ne fournissent que 4 pour 100 d'énergie transformée en lumière, tandis que la lumière physiologique donne presque 100 pour 100 ?

C'est parce que, jusqu'à présent, et malgré d'innombrables et persévérants efforts de son inventeur, l'intensité lumineuse n'a pu être accrue au delà de celle du plus beau clair de lune; ce qui n'est pas suffisant pour éclairer des salons ou illuminer des édifices publics.

Le problème pourtant ne paraît pas insoluble : rien ne s'oppose théoriquement à sa réalisation : il serait même déjà résolu, si l'on avait pu seulement donner à la « lampe vivante à Photobactériacées » l'intensité des foyers lumineux du Pyrophore noctiluque des Antilles.

Peut-être même un jour arrivera-t-on à faire synthétiquement, artificiellement, ce que les organismes font naturellement, c'est-à-dire de la bonne lumière froide.

On verra dans le chapitre suivant que, par l'analyse, R. Dubois est parvenu à pénétrer le secret du procédé naturel, et de l'analyse à la synthèse il n'y a pas toujours un long chemin à parcourir.

En résumé :

Des essais publics d'éclairage usuel ont été faits en 1900 au moyen de la lumière des Photobactériacées (Lampe vivante de R. Dubois).

Cet éclairage est susceptible d'applications immédiates, mais restreintes en raison de son intensité insuffisante, car elle ne dépasse pas celle d'un très beau clair de lune.

Outre les qualités physiques et organoleptiques supérieures de la lumière physiologique, la « lampe vivante » présente d'autres avantages. La dépense qu'elle exige est des plus minimes, son entretien ne nécessite aucun soin pendant des semaines. Elle ne produit pas de chaleur, par conséquent évite tout danger d'incendie. Cette lampe ne craint ni le vent, ni la pluie, ne dégage aucune vapeur désagréable, nuisible ou délétère. Elle n'exige aucun fil conducteur, aucune canalisation, est légère et peut se déplacer très facilement.

La lumière physiologique est la lumière de l'avenir.

Mécanisme fonctionnel comparé et général de la biophotogénèse. — Ontogénie et phylogénie. — L'opinion depuis longtemps soutenue par R. Dubois que tous les appareils photogènes sont de nature glandulaire ne fait plus de doute aujourd'hui pour les savants qui sont au courant de la question de la biophotogénèse. Toutefois, dans certains cas, chez les Photobactéries, les Champignons plus élevés et chez les Protozoaires, la sécrétion n'est pas localisée dans des organes différenciés, mono ou polycellulaires. Cette remarque, qui s'applique ici aux êtres occupant les degrés les plus inférieurs de l'échelle des organismes vivants, se présente également si l'on considère des êtres beaucoup plus élevés en organisation, mais au début, à l'origine de la vie, c'est-à-dire dans la période embryonnaire, et même avant celle-ci. R. Dubois a démontré que l'œuf de Lampyre et celui de Pyrophore brillent de très bonne heure dans l'ovaire, même avant la fécondation. Cependant, avant même la formation de l'embryon, il existe une localisation de la fonction photogène, qui commence avec la segmentation. Celle-ci amène la formation d'une couche de cellules blastodermiques entourant le vitellus nutritif. Si l'on compare les caractères morphologiques, optiques, histochimiques de ces plastides blastodermiques avec ceux des éléments fondamentaux que l'on rencontre dans les organes lumineux de la larve, de la nymphe et de l'Insecte parfait, on est frappé de leur ressemblance. D'ailleurs, c'est de ce blastoderme que dérive l'ectoderme, c'est lui, et non le vitellus de nutrition, qui donne naissance aux organes lumineux : Ces derniers renferment, en définitive, des éléments blastodermiques du vitellus de formation qui conservent, pendant toute la vie de l'Insecte, leurs caractères primitifs, ce qu'il importe de retenir, comme on le verra plus tard (V. mécanisme intime, p. 380).

Chez les Protistes, bien que la fonction photogénique ne se confonde pas avec la fonction respiratoire, ainsi que le prouvent les courbes comparées de ces deux fonctions, elle est, comme cette dernière, répandue dans la masse cytoplasmique, et c'est dans celle-ci, ou dans les tractus qu'elle forme, que l'on trouve ces granulations caractéristiques, facilement visibles dans les Noctiluques, les Pyrocystes, les Collozoon, et que nous retrouverons partout où il y a biophotogénèse. Nous en étudierons plus loin la nature et le rôle.

Chez les Champignons supérieurs et les Photobactéries, R. Dubois n'est pas arrivé à extraire les principes photogènes parce qu'ils ne se forment qu'au fur et à mesure du besoin et ne sont pas emmagasinés dans des cellules spéciales, comme chez les Métazoaires. En outre, l'un d'eux, la luciférase, s'y trouverait à l'état d'endoenzyme, d'après Newton Harvey (179 c).

Chez ces derniers, dans les degrés inférieurs, par exemple, après la fécondation, la luminosité des organes photogènes de la femelle diminue progressivement, et, quand celle-ci meurt après avoir pondu, la substance de ces organes a presque complètement disparu, comme si elle avait passé à peu près en totalité dans les œufs. Le mâle meurt, bientôt après l'accouplement, en perdant aussi presque entièrement son pouvoir éclairant, tandis que celui-ci persiste assez longtemps après une mort accidentelle non précédée d'accouplement.

Considérés dans leur ensemble, ces faits permettent de supposer qu'il peut se faire dans les organismes des réserves de matériaux provenant de l'œuf, mais non utilisés par l'individu, et que, plus tard, ces mêmes matériaux se retrouvent dans les germes destinés à la conservation de l'espèce. En tout cas, c'est un bien curieux phénomène que cette transmission d'une clarté qui jamais ne s'éteint un seul instant en passant par des milliers de générations.

Ces faits sont non seulement intéressants parce qu'ils montrent que tout à fait au début de la vie individuelle, un Articulé d'une organisation très avancée, à l'état adulte, peut se comporter comme un Protozoaire au point de vue de la fonction photogénique et même de la morphologie, et qu'il y a là un nouvel exemple, dans l'ordre biodynamique ou physiologique, de la vraisemblance et de l'exactitude des idées transformistes. Cependant ce qui intéresse le plus le physiologiste, c'est de trouver là une nouvelle preuve à l'appui de la *théorie vacuolidaire* (20 et 169 [introduction]) de R. Dubois, d'après laquelle il y a dans l'œuf des granulations, dont beaucoup peuvent ne pas être vues, même à l'ultra-microscope, parce que leurs dimensions se confondent peut-être avec celle de la molécule, mais qui toutes sont spécialisées déjà en vue de fonctions à remplir dans les générations successives. Ces granulations, qui sont susceptibles de se multiplier, donnent naissance aux *vacuolides*, c'est-à-dire à ce qu'on appelle aujourd'hui des mitochondries, qui elles-mêmes peuvent devenir, principalement par hydratation, des leucites, hydroleucites, tonoblastes, etc., en un mot de petits laboratoires où s'opèrent tous les phénomènes de synthèse et d'analyse, de métabolisme, d'anabolisme et de catabolisme, qui constituent en réalité l'assimilation et la désassimilation, c'est-à-dire le fonctionnement vital intime. Les granulations ancestrales biophotogéniques se transmettraient, en même temps que celles destinées à d'autres fonctions, de générations en générations, par le mécanisme indiqué plus haut. Ainsi s'expliquerait l'hérédité ininterrompue de la fonction. L'accouplement et la fécondation, dans la théorie de R. Dubois, n'aurait pour effet que de rétablir les proportions dans lesquelles, pour être viable, un œuf doit contenir les granulations ancestrales destinées à assurer les fonctions de l'individu, et dans le cas particulier, la fabrication de la substance photogène.

Il est intéressant de faire remarquer à ce sujet que chez *Photinus marginellus*, et chez d'autres insectes, sans doute, les vacuolides ou granulations de luciférine des cellules photogènes ont la forme et l'apparence de microcoques chez le mâle et de bactéries chez la femelle (*172*) (Voir p. 379).

La luminosité des cellules ovariennes et des œufs paraît être un fait général. Au cours de ce travail, en dehors des Insectes, elle a été signalée chez les Cœlentérés, chez les Tuniciers, les Vers et même chez le Lézard.

Ehrenberg a noté que chez *Polynoe fulgurans* les étincelles lumineuses se montrent seulement dans le champ des deux ovaires, organes pairs situés de chaque côté du corps.

Chez *Cydippe pileus* et aussi chez une *Oceania*, le même observateur vit la luminosité partir des ovaires, comme chez le Pyrosome. Enfin, d'après Johnston, cité par Mc Intosh, une Alcyonaire, *Funiculina quadrangularis*, aurait à la base des polypes une lumière bleue dont le point d'émission est en rapport avec les ovaires.

Dans des cas exceptionnels, la luminosité pourrait exister dans l'œuf des vertébrés, par exemple chez les Lézards ; on aurait même observée sur des œufs de Crapauds et de Grenouilles de certaines espèces ; mais les faits de ce genre exigent confirmation et ne sont peut-être d'ailleurs que le résultat du parasitisme.

Chez les Cœlentérés, les Échinodermes (Ophiures adultes), la sécrétion photogène reste parfois aussi intracellulaire.

Au moment où la lumière apparaît dans les cellules épidermiques des anneaux de l'*Hippopodius gleba*, après excitation, on voit le contenu de celles-ci devenir opalescent par formation de granulations. Mais il n'y a pas transsudation extérieure.

La sécrétion photogène est, dans ces cas, intracellulaire. On n'en peut pas dire autant de tous les Cœlentérés lumineux. Chez *Pelagia noctiluca* et chez d'autres, l'épithélium ectodermique subit une désagrégation, une fusion, d'où résulte un mucus lumineux, mais il s'agit bien encore d'un véritable mécanisme de sécrétion, qui peut aussi être localisé dans des glandes unicellulaires (fig. 118).

A un degré plus avancé de différenciation, on voit les cellules glandulaires prendre un canal excréteur, même d'une certaine longueur. Quelquefois il ne s'élimine par cette voie que des détritus qui seraient le résultat du fonctionnement photogénique, et dans ce cas, la photogénèse serait intra-cellulaire. Parfois le mécanisme de la sécrétion est celui de la clasmacytose (v. p. 296 et 332):

Mais, en général, les cellules photogènes périphériques sont munies d'un canal excréteur par lequel sort un liquide qui brille au dehors, comme R. Dubois l'a bien montré autrefois chez les Myriapodes; il résulte également de ses recherches qu'alors même que chez les Articulés tels que *Scolioplanes crassipes*, la sécrétion lumineuse a été tarie, les cellules glandulaires peuvent encore briller sous le tégument. Même quand elles ont cessé de sécréter et aussi de briller, on peut encore faire reparaître, non pas la sécrétion, mais bien la luminosité dans les glandes monocellulaires à sécrétion externe tarie.

Chez le même individu, on peut donc observer les deux types : sécrétion intracellulaire et sécrétion extracellulaire photogène.

Les glandes unicellulaires à sécrétion externe peuvent se grouper pour former un véritable organe photogène, comme cela arrive chez *Phyllirhoë bucéphale* en certains points. Elles peuvent aussi s'associer avec des cellules analogues, mais cependant différentes, sous certains rapports, et Trojan, qui les a bien décrites, se demande si le mélange de la sécrétion de deux glandes n'est pas nécessaire pour que la lumière se produise. Giesbrecht s'était antérieurement posé la même question à propos de la sécrétion lumineuse des Crustacés Euphausidés, qui se produit d'une manière très analogue à celle du Gastéropode marin, dont il vient d'être parlé.

Chez les Myriapodes, en particulier chez *Orya barbarica*, R. Dubois n'a pu trouver de nerfs, ni même de trachées se rendant aux glandes unicellulaires photogènes, qui paraissent puiser directement dans le sang qui les baigne par leur face profonde tout ce qui leur est nécessaire. Cependant, quand on excite l'animal, la sécrétion est accrue, mais cela est très facile à expliquer par le seul jeu des muscles situés dans le voisinage des glandes, lesquelles se trouvent comprimées au moment de la contraction réflexe provoquée par l'excitant extérieur (v. fig. 122).

Avec les Insectes, on voit apparaître un autre type d'organe glandulaire : c'est la *glande à sécrétion interne*, dont on saisit ici très facilement le fonctionnement, resté pendant longtemps problématique, surtout chez les animaux supérieurs, où cependant ce mode de sécrétion joue un rôle si important. Chez l'Insecte lumineux, il se montre dans sa plus grande simplicité, comme on l'a vu par les recherches de R. Dubois sur le *Pyrophore noctiluque* et sur les *Lampyres*. Les organes photogènes sont situés à l'intérieur du squelette externe et sans communication avec l'extérieur. Ils sont formés de files de cellules glandulaires d'origine hypodermique, à différents degrés d'évolution, de transformation : les plus jeunes ont un contenu homogène, ou très finement granuleux et se teintent facilement par les colorants ordinaires (cellules parenchymateuses); les plus anciennes sont remplies de ces granulations que l'on rencontre dans tous les organes glandulaires, leur noyau est désagrégé, leurs contours déformés ou même supprimés, les colorants ne s'y fixent que peu ou point. Ce sont manifestement des éléments ayant subi la fonte glandulaire (cellules crayeuses). Sur les coupes on voit très nettement (fig. 128 et 133) que les granulations et les parties fluides, résultant de la fonte de la cellule photogène, tombent dans des méats ou des sinus où le sang a accès et que cet accès du sang est nécessaire pour que le phénomène lumineux se produise. R. Dubois a montré cela expérimentalement d'une manière irréfutable dans ses expériences sur les Pyrophores. Quand on provoque l'écartement des bords du sinus en T de l'appareil ventral du Pyrophore (v. fig. 132), le sang se précipite dans ce dernier, et aussitôt la lumière apparaît. Or, normalement, dans cet organe ventral, comme dans les organes prothoraciques, l'ouverture des sinus sanguins est commandée par des muscles faciles à mettre en évidence par la dissection. D'autre part, R. Dubois a accumulé les preuves expérimentales que ce sont bien ces muscles qui sont les véritables régulateurs de l'apport du sang dans l'organe, d'où dépend, avant tout, l'activité de la glande photogène. Mais ces mêmes muscles sont eux-mêmes soumis à l'action du système nerveux, et ce n'est que par l'intermédiaire des parties contractiles que le système nerveux agit sur la fonction photogénique. C'est sans doute ce qui avait fait dire à DE QUATREFAGES que la « fonction-lumière » était dans certains cas le résultat de la contraction musculaire, avec laquelle cependant il avait eu le tort de la confondre.

Par de nombreuses expériences, R. Dubois a montré aussi que tous ceux, et ils sont légion, qui avaient voulu expliquer la production de la lumière animale par le jeu des trachées et leur mode de terminaison plus ou moins hypothétiques, avaient fait fausse route. En effet, quand on excite un Pyrophore, sa respiration se suspend immédiatement, en expiration, et les foyers s'illuminent! Les preuves abondent que les trachées ont un autre rôle dans les organes lumineux, où elles sont certainement très nombreuses; mais les expériences de R. Dubois sur les Pyrophores ont pour toujours détruit la théorie naïve, soutenue d'ailleurs par des anatomistes, que les trachées devaient être comparées à des tuyaux de forge embrasant le cytoplasme ou ses produits. L'œuf de l'Insecte n'a pas de trachées, et pourtant il brille. Mais c'est lorsqu'on aura lu l'exposé du mécanisme intime de la fonction générale photogénique que l'on pourra se demander comment tant de travaux, tant d'efforts, tant de science, de passion, de polémiques ont pu naître de cette conception absolument fausse que c'était dans le mode de terminaison des trachées qu'il fallait chercher le secret de la lumière des Vers luisants, des Lucioles, des Pyrophores, etc., alors surtout que tant d'autres animaux photogènes sont dépourvus de ces organes. Pourtant il y a des pseudo-physiologistes qui prétendent que la physiologie comparée est inutile pour le développement de la physiologie générale!

C'est donc la contraction musculaire et l'arrivée du sang dans l'organe photogène qui provoquent la désagrégation de la cellule photogène, sa fusion et la réaction lumineuse qui en résulte. L'apport du sang est réglé par le jeu des muscles qui sont ici des muscles striés, obéissant aux nerfs, commandés eux-mêmes par les centres ou réflexes, ou volontaires. On ne peut rapporter ici toutes les expériences que R. Dubois a relatées dans son livre sur les Elatérides lumineux (64). C'est à cet ouvrage et à l'expérimentation que devront avoir recours ceux qui pourraient conserver quelques doutes, et, après, il n'est pas douteux qu'ils demeureront convaincus que c'est bien ainsi que se fait le fonctionnement, non de l'organe, mais de l'*appareil* photogène chez l'Insecte lumineux. Ce qui va suivre ne peut que renforcer la théorie de R. Dubois en ce qui concerne le fonctionnement des parties accessoires, qui, avec la glande photogène proprement dite, constitue l'*appareil lumineux* complet.

Chez la Pholade dactyle, c'est encore la contractilité qui entre en jeu pour mettre en mouvement l'appareil photogène et faire apparaître la lumière. A l'état de repos, ce Mollusque n'est pas lumineux, mais vient-on à l'exciter, il sécrète en abondance du mucus très lumineux. Or, on a vu (p. 331, 332, 333) que la substance photogène est contenue surtout dans des cellules glandulaires réunies en organe formant des triangles et des cordons dans le siphon expirateur. Quand on excite les centres nerveux, ou simplement les téguments de l'animal, il se produit des contractions dans toutes les fibres musculaires du siphon, qui pressent en tous sens les cellules glandulaires unicellulaires et les font vider de leur contenu. Il en est d'ailleurs de même pour la sécrétion par « clasmacytose ».

Ici, comme chez l'Insecte, les parties contractiles jouent un rôle, et c'est un rôle indirect qui se rapproche beaucoup de celui des fibres musculaires voisines des glandes unicellulaires des Myriapodes.

La sécrétion est sous la dépendance de la contractilité, et cette dernière sous celle du système nerveux; mais il ne faut pas confondre ce mécanisme accessoire organique, excrétoire, avec le mécanisme intime de la réaction photogénique.

Les glandes à sécrétion interne se retrouvent chez les Céphalopodes et chez les Poissons, ainsi d'ailleurs que celles à sécrétion externe.

Chez les Céphalopodes et les Poissons, on constate entre les éléments photogènes, qui constituent leurs organes et ceux des Insectes, les plus grandes analogies, la plus grande ressemblance. Comme chez ces derniers, on distingue deux couches d'éléments manifestement de même origine ectodermique, mais à des degrés différents d'évolution : le sang est apporté en abondance dans l'intérieur de l'organe photogène par des capillaires et des sinus sanguins actionnés par des muscles, tandis que les nerfs semblent s'arrêter à la périphérie. Les histologistes ont décrit des pièces accessoires de perfectionnement formant des miroirs réflecteurs, des lentilles ou cristallins propres à réfracter, condenser les radiations lumineuses et des écrans pigmentés; mais certains éléments périphériques, qu'on a considérés comme les éléments conjonctifs, nous semblent bien plutôt être des éléments contractiles par l'intermédiaire desquels, comme chez les autres animaux à sécrétion photogène externe, agirait le système nerveux dans le fonctionnement de l'appareil d'éclairage. On a avec raison comparé ces curieux appareils à sécrétion interne des Céphalopodes et des Poissons, aux organes de la vision, qui leur ressemblent parfois beaucoup dans leurs traits généraux; mais on n'ignore pas que l'œil humain lui-même a été comparé à une glande, et qu'en outre, il renferme, comme tous les organes visuels, en plus des fibres contractiles destinées à l'accommodation, des éléments contractiles tels que les cônes et les bâtonnets de la rétine.

Enfin l'anatomie générale des organes glandulaires dans la série animale montre dans toutes les glandes la présence d'éléments contractiles, et, comme on n'a jamais vu se terminer des fibres nerveuses dans des cellules glandulaires, il y a tout lieu d'admettre que, dans tous les autres cas, comme dans ceux qui viennent d'être signalés, le système nerveux actionne les organes glandulaires par l'intermédiaire d'éléments contractiles, c'est-à-dire mécaniquement.

Chez les Céphalopodes, on trouve aussi des organes glandulaires photogènes à sécrétion externe, mais ils sont plus rares et on ne les a guère rencontrés que chez les Sépiolidés.

Ce sont les Poissons qui montrent le mieux les transformations successives que subissent les glandes à mucus pour devenir des organes photogènes, et, chez eux, comme chez les Crustacés d'ailleurs, on trouve un grand polymorphisme des organes lumineux; il y est encore plus prononcé que chez ces derniers. Les Poissons offrent pour ainsi dire la récapitulation de tout ce qui a été vu chez les organismes inférieurs à eux, et c'est aussi avec eux que cesse véritablement la fonction biophotogénique.

On a constaté chez les Vertébrés que parfois l'appareil, ou plutôt l'organe lumineux, est réduit à une couche de minces cellules ectodermiques, comme chez les Méduses : ou bien ce sont des glandes s'ouvrant à l'intérieur avec ou sans canal excréteur, ou bien encore des glandes à sécrétion interne pourvues généralement de vaisseaux sanguins volumineux et abondants. On y rencontre, comme chez les Crustacés et les Céphalopodes, des organes accessoires, de perfectionnement, tels que lentilles, miroirs, obturateurs, écrans pigmentaires et des muscles même permettant le déplacement de l'appareil. L'étude des éléments contractiles n'y a pas été poursuivie avec assez de soin, et c'est sans doute à ceux-ci, comme cela a lieu ailleurs, que se rendent les fibres nerveuses que l'on a pu suivre jusqu'à l'organe lumineux.

A la suite de la découverte de Photobactéries dans les organes photogènes de la Pholade dactyle, R. Dubois avait supposé un instant que leur pouvoir éclairant était le résultat d'une symbiose; il semblait en être de même pour d'autres organismes marins, Pelagia noctiluca, par exemple, mais l'auteur de cette hypothèse dut conclure de ses recherches ultérieures qu'elle était inexacte (74, p. 138).

Tous ou presque tous les organismes marins sont porteurs de Photobactéries, sans que cela leur donne le pouvoir de briller. Ce n'est qu'après leur mort et au bout d'un certain temps de séjour à l'air que les Poissons de mer deviennent lumineux par les Photobactéries qui les accompagnaient pendant leur existence pélagique. Ce n'est que dans des cas anormaux, pathologiques (inoculation de Crustacés, de Grenouilles, plaies de Tortues), que les Photobactéries ont pu communiquer la luminosité à des organismes vivants : il s'agit alors non de symbiose, mais de parasitisme et jamais on n'a pu extraire des microbes lumineux d'animaux terrestres tels que Vers (v. p. 297), Lampyrides ou Pyrophores. Piérantoni a cherché à ressusciter l'hypothèse abandonnée par

R. Dubois (171), mais sans succès (186). M. Harvey (192) a cru devoir attribuer la luminosité des organes photogènes des *Anomalops* et des *Photoblepharon* à des bactéries que l'on y rencontre en grande abondance : il en a obtenu des cultures, mais elles n'étaient pas lumineuses. D'autre part, les caractères spectroscopiques de la lumière de ces Poissons étudiés par Weber (v. p. 349) ne sont pas ceux que présentent les cultures photobactériennes.

Ce qui fit hésiter assez longtemps R. Dubois, c'est qu'il avait obtenu par un procédé de culture spécial (v. p. 282) des pseudo-cellules lumineuses au moyen de Photobactéries dont l'assemblage ressemblait au tissu d'un organe photogène : ces pseudo-cellules étaient lumineuses et sécrétaient une substance nacrée semblable à celle qui constitue la couche crayeuse des lanternes des Vers luisants (fig. 155). Elles ne présentaient pas de noyau, mais de nombreuses et fines granulations arrondies, probablement des microcoques résultant d'une transformation des grandes Photobactéries en forme de biscuit qui avait donné naissance à ces curieuses formations que R. Dubois a considérées comme des zooglées lumineuses (3, p. 508 et 509 et fig. 220, 221 et 193).

L'inexactitude de l'hypothèse de Piérantoni a été de nouveau démontrée par un récent travail de Silvia Mortara (202).

Fig. 155. — Pseudo-cellules symbiotiques photogènes.

Résumé. — *Il n'est plus permis aujourd'hui d'avoir de doutes sur la nature des organes photogènes : l'anatomie et la physiologie, l'ontologie et la phytogénie, tout nous montre que ce sont des organes glandulaires d'origine ectodermique, plus ou moins pourvus parfois de parties accessoires ou de perfectionnement.*

MÉCANISME INTIME DE LA PRODUCTION DE LA LUMIÈRE PHYSIOLOGIQUE :
LUCIFÉRASE, LUCIFÉRINE, OXYLUCIFÉRINE, LUCIFÉRESCÉINE.

Si l'on voulait faire l'énumération, l'analyse et la critique de toutes les hypothèses qui ont été imaginées pour expliquer la manière dont la lumière prend naissance chez les végétaux et chez les animaux, il faudrait consacrer à ce travail un fort volume.

Ce dernier serait peut-être de quelque utilité, si la solution définitive du problème était encore à chercher ; mais elle a été trouvée, puis démontrée expérimentalement et publiquement[1], et un ouvrage de ce genre ne présenterait plus qu'un intérêt historique et philosophique, montrant principalement combien ont été multiples les efforts de nombreux chercheurs parmi lesquels se trouvent les hommes éminents, qui ont en vain essayé de déchiffrer cette fascinante énigme de la Nature.

L'insuccès de ces efforts a tenu à trois causes principales :

La première est que les substances photogènes ne sont produites que par des organismes assez rares, de petite taille, en petite quantité et ne se montrant souvent qu'à de certains moments. Ces substances sont très instables, et souvent détruites au fur et à mesure de leur production.

[1]. Les expériences fondamentales de Raphael Dubois ont été répétées avec succès par une Commission académique composée de MM. Bouchard, d'Arsonval, Dastre, Henneguy à la Sorbonne, au Congrès international de zoologie de Monaco (1913), au Congrès international de physiologie de Grœningue (1913), au Congrès du Havre des Associations française et britannique pour l'avancement des sciences (conférence publique à l'Hôtel de Ville, avec démonstrations expérimentales, juillet 1914), etc.

La deuxième difficulté est venue de ce que, avant R. Dubois, aucun chercheur n'avait étendu à toute la série des animaux et des végétaux ses recherches anatomiques et physiologiques, aux divers moments de leur évolution. L'étude directe, sur nature, de la fonction biophotogénique, au double point de vue ontologique et phylogénique, était indispensable pour établir l'unité de son mécanisme, et pour découvrir les organismes les plus aptes à l'étude expérimentale.

La troisième cause d'insuccès est venue principalement de ce qu'un grand nombre de savants, au lieu de se laisser guider par les faits, sont partis d'une idée préconçue.

Aujourd'hui, on sait d'une manière certaine que les substances photogènes sont ordinairement le produit de sécrétion de glandes soit internes, soit externes.

Dès 1886 (64), R. Dubois démontrait que chez les Insectes lumineux la réaction photogène n'est nullement liée à l'intégrité de la cellule, mais que cette dernière fournit un produit qui, en présence d'un autre, au contact de l'eau et de l'air, donne de la lumière. L'expérience fondamentale de R. Dubois consistait, d'une part, à éteindre brusquement un organe lumineux de Pyrophore en le plongeant pendant un temps très court dans l'eau bouillante, et, d'autre part, à triturer entre deux lames de verre un organe cru jusqu'à destruction complète de toute cellule et extinction totale de la lumière. Les deux substances réduites en bouillie avec une goutte d'eau ne brillaient pas isolément au contact de l'oxygène de l'air; mais venait-on à les mélanger, la lumière apparaissait aussitôt.

De cette expérience capitale et de nombreuses autres, R. Dubois conclut qu'il ne s'agissait pas d'une oxydation directe, puisqu'aucun des deux agents photogènes ne brillait au contact de l'air, mais bien d'une action zymasique.

Depuis cette époque, l'étude générale de la question qu'il poursuivit, sans interruption, pendant un quart de siècle, ne put que confirmer la conclusion qu'il avait tirée de ses recherches sur les Élatérides lumineux des Antilles en 1886, et montrer l'universalité de cette réaction, toujours la même fondamentalement, et seulement variée en apparence, grâce aux dispositions accessoires de perfectionnement.

De tous les organismes lumineux, celui qui se prête le mieux à l'expérimentation est la Pholade dactyle, à cause de l'abondance de la sécrétion du mucus lumineux, de sa richesse en produits photogènes, de son facile maniement.

On peut, de la façon suivante, résumer les principales expériences faites par R. Dubois avec ce curieux Mollusque, expériences que chacun peut facilement répéter :

a) Le siphon de la Pholade, avec ses glandes lumineuses (v. p. 331), est fendu et séché au soleil. Plusieurs semaines après les avoir conservés au sec, on peut rallumer la lumière éteinte dans les glandes, en humectant d'eau le siphon desséché.

b) Au lieu de dessécher à l'air libre les siphons, on les fend et on les enrobe de suite dans du sucre en poudre fine ; ils cessent de briller.

c) Les siphons ainsi confits conservent pendant plusieurs mois le pouvoir de fournir un liquide très lumineux quand on les fait macérer dans l'eau pendant quelques instants.

d) Le sirop résultant de la fonte d'une partie du sucre dans le liquide rejeté par les siphons frais, conservé à l'abri de la lumière, a donné encore au bout de huit mois un liquide lumineux par son mélange avec trois ou quatre parties d'eau ordinaire.

e) Si l'on introduit dans une théière eu grès des fragments de siphons frais ou conservés dans le sucre, et que l'on verse dessus de l'eau bouillante qui, par son contact avec le vase et les fragments de siphon, tombe rapidement à 70° environ, on obtient une infusion non lumineuse.

f) Ce liquide ne brille pas par agitation au contact de l'air: c'est le liquide A.

g) Si, d'autre part, on fait macérer dans de l'eau salée tiède, en agitant de temps en temps, des fragments de siphons confits, on obtient un liquide lumineux qui finit par s'éteindre et ne plus briller au contact de l'air par agitation : c'est le liquide B.

h) Si l'on mélange les deux liquides A et B, la lumière apparaît.

i) L'action photogène du liquide B peut être remplacée par une parcelle de permanganate de potasse ou par de l'eau oxygénée neutre, ou mieux encore additionnée d'un peu d'hématine, de liqueur cupro-potassique de Fehling ou de sang. Le bioxyde puce de plomb PbO^2 et le bioxyde de baryum agissent de même.

j) Si l'on chauffe à une température peu supérieure à 70° le liquide A, il ne donne plus aucune lumière avec le liquide B, ni avec le permanganate de potasse, ni avec l'eau oxygénée ; il s'est formé par la chaleur un précipité floconneux.

k) Il se produit aussi des flocons de coagulation quand on chauffe à l'ébullition le liquide B, mais on constate, en outre, que vers 60° il perd tout pouvoir photogène définitivement.

l) La réaction photogène s'opère donc entre deux substances thermolabiles dont l'une est détruite vers 70°, et l'autre vers 60°. Si l'on porte à l'ébullition le liquide où la réaction lumineuse a commencé à se produire, et où elle se continuerait à froid pendant longtemps, elle est aussitôt supprimée.

m) Les deux substances photogènes des liquides A et B présentent tous les caractères chimiques et physiques des substances protéiques.

n) La substance active de A est une albumine naturelle présentant cependant certains caractères des nucléoprotéines; R. Dubois lui a donné le nom de *luciférine*.

o) L'ammoniaque liquide active fortement la réaction photogène.

p) Dans le liquide où s'est opérée la réaction se déposent des granulations et des cristaux semblables à ceux qui abondent dans les organes photogènes.

q) Les siphons frais, séchés ou confits ne renferment aucune substance *lipoïde* photogène.

r) La substance active A peut être isolée sans perdre son pouvoir photogène par précipitation à l'aide d'une solution faible d'acide picrique, dont elle doit être séparée immédiatement par filtration. Le précipité recueilli sur le filtre, et repris par l'eau, brille avec le permanganate de potasse.

s) Toutes les causes physiques ou chimiques qui favorisent, retardent, entravent ou suppriment les réactions zymasiques, agissent de même sur le mélange de A et B; la réaction photogène s'obtient avec l'eau renfermant 1 p. 100 de fluorure de sodium, et même davantage; on ne saurait donc persister à faire de la fonction photogénique une fonction cellulaire, ou bien le résultat d'un processus vital, à moins d'admettre que les zymases, dans l'espèce la luciférase, sont quelque chose d'encore vivant, mais cependant respecté par le fluorure de sodium.

t) Le principe actif B jouit des propriétés générales des zymases; il présente, en outre, les caractères d'une peroxydase, et en partie également ceux des oxydones de BATTELLI et STERN. R. Dubois lui a donné le nom de *luciférase*.

Cette zymase oxydante n'est pas spéciale aux organismes photogènes, car on peut provoquer la lumière dans le liquide A renfermant la luciférine au moyen du sang de divers animaux à sang froid (certains Mollusques et Crustacés marins).

R. Dubois n'a pas, au contraire, rencontré de luciférine, malgré de nombreuses recherches, en dehors des organismes photogènes.

u) Si l'on chauffe A à 100° et B à 65° on obtient deux liqueurs nouvelles : A′ et B′. Elles ne brillent pas isolément par le permanganate de potassium, ni aussitôt après avoir été mélangées, mais au bout d'une heure ou deux, la luciférine a reparu dans le mélange A′ + B′.

v) B′ additionné de saccharose et maintenu à l'étuve à 70° pendant quelques instants, caramélise le sucre et il se dégage des bulles d'hydrogène libre qui, à l'état naissant, constituent un puissant agent réducteur : il renferme une hydrogénase très active. Elle caramélise le sucre, même à froid, mais beaucoup plus lentement. Cette hydrogénase peut coexister avec la luciférase et lui survivre dans le liquide chauffé à 65°, à moins que l'on admette qu'elle résulte de la reversion de la luciférase, qui tantôt serait oxydante et tantôt réductrice, suivant que le milieu est alcalin ou bien qu'il est devenu acide par oxydation de la luciférine. Cette hydrogénase, c'est la *coluciférase* de R. Dubois. On conçoit combien serait économique une lampe dont la substance photogène (huile, essence, gaz) pourrait, comme le Phénix, renaître de ses cendres. C'est pourtant ce que font les lampes vivantes : cela explique pourquoi les insectes lumineux peuvent faire tant de lumière sans prendre aucune nourriture.

N. HARVEY a obtenu, de son côté, la régénération de la luciférine de son produit d'oxydation qu'il nomme oxyluciférine, au moyen de divers composés chimiques réducteurs *in vitro* (190).

Dans l'expérience *v*, on peut remplacer A′ par divers corps : peptone (de BYLA), taurine, tyrosine, lécithine, asparagine ; la réaction de la luciférine par le permanganate de potassium reparaît au bout de plusieurs heures. HARVEY explique ce résultat par la pullulation de microbes, qui agiraient comme agents réducteurs.

x) D'autre part, R. Dubois a depuis longtemps (74) démontré dans les organes photogènes de la Pholade l'existence d'un prophotogène qu'il a nommé *préluciférine* et qui donne de la luciférine sous l'influence de la coluciférase. Ce corps est thermostable comme le produit de l'oxydation complète de la luciférine, ce qui avait fait croire que l'un des deux principes photogènes luciférase-luciférine est thermostable, ce qui est une erreur.

HARVEY appelle « oxyluciférine » le produit ultime de l'oxydation de la luciférine, mais il existe un corps intermédiaire, spontanément oxydable avec émission de lumière, ainsi que le prouve l'expérience suivante et c'est ce corps que R. Dubois désigne sous le nom d'*oxyluciférine*, réservant pour l'oxyluciférine de HARVEY le nom de *peroxyluciférine*.

y) En provoquant la lumière par l'addition d'oxyde puce de plomb PbO^2 au liquide A, et en filtrant le liquide lumineux rapidement, tout le PbO^2 reste sur le filtre. Il passe seulement un liquide lumineux qui ne renferme plus de corps oxydisant, mais un composé spontanément oxydable à l'air : l'*oxyluciférine* qui, après oxydation complète, donne la *peroxyluciférine* ou *oxyluciférine* d'HARVEY, laquelle peut par les agents réducteurs régénérer la luciférine.

z) Une foule de corps peuvent, soit en cytolysant les vacuolides (granulations) de luciférine, soit en modifiant mécaniquement, physiquement ou chimiquement le milieu où s'opère la réaction photogénique, favoriser ou même provoquer l'accomplissement de cette dernière. C'est pour ces agents auxiliaires qu'il convient de réserver l'expression proposée par Harvey de « photophélines » (de *phos* lumière et *phelein* assister).

Le sirop photogène résultant du contact des siphons avec le sucre en poudre est louche : au bout de plusieurs mois de repos dans l'obscurité, on voit monter à sa surface une couche crémeuse brun-jaunâtre. On y trouve en abondance des granulations semblables à celles que l'on rencontre partout dans les organes photogènes : par leur contact avec l'eau, ces granulations prennent la forme des *vacuolides* découvertes par R. Dubois en 1886; ces éléments actifs ultimes de la matière vivante ou bioprotéon ne sont autre chose que ce que l'on a nommé depuis « mitochondries ». Le nom de vacuolides, proposé par R. Dubois il y a un quart de siècle, est préférable à celui de « mitochondries », en ce sens qu'il indique nettement la nature morphologique de ces *bioultimates*, d'une part, et leur mode de multiplication. C'est dans ces vacuolides ou microleucites que s'élabore la luciférine (fig. 139). Il importe de ne pas confondre les vacuolides des organes photogènes avec les microorganismes symbiotiques que U. Pierantoni (173) a signalés dans l'organe lumineux du Lampyre et des Céphalopodes. Toutes les tentatives de R. Dubois pour rechercher des organismes symbiotiques héréditaires photogènes chez les Insectes ont eu un résultat négatif.

Comme il a été dit déjà (pp. 379 et 380), Harvey a récemment attribué, sans preuves suffisantes, à une symbiose la biophotogénèse chez deux Poissons : *Anomalops* et *Photoblepharon*, dont les organes lumineux ont cependant été bien étudiés par Dahlgren (91) et par Steche (191) et considérés comme des organes glandulaires; mais, d'après Harvey, le liquide sécrété par ces glandes constituerait seulement un milieu de culture favorable pour des bactéries symbiotiques; pourtant les cultures artificielles qu'il a obtenues n'ont montré aucune luminosité ! (192) (v. p. 283).

La luciférase et la luciférine sont des substances très altérables à l'état de pureté : leur préparation et leur purification exigent des manipulations délicates, compliquées dont le détail ne saurait figurer ici. R. Dubois en a donné les caractéristiques suivantes (168) :

Luciférase. — Elle n'est pas détruite par une solution de fluorure de sodium à 1 p. 100, ce qui exclut l'idée d'une action cellulaire ou microorganique : elle traverse facilement les filtres en papier, beaucoup plus difficilement les filtres en porcelaine et ne dialyse pas. La luciférase décompose énergiquement l'eau oxygénée; la chaleur augmente son activité photogène avec un optimum compris entre 30° et 40° : elle est détruite à 60°. Elle résiste aux plus grands froids et son mélange aqueux avec la luciférine brille encore à — 5°, même après congélation, mais très faiblement. Les sels neutres, le sucre en solutions concentrées, suspendent, sans la détruire, son activité, qu'elle retrouve par dilution suffisante dans l'eau. L'alcool fort la précipite, mais en la détruisant : le chloroforme, l'éther, l'acétone, le formol la décomposent lentement. La luciférase présente les caractères généraux des substances protéiques.

Comme les autres zymases oxydantes, la luciférase résulte de l'union d'un corps oxydant (probablement métallique : fer ou manganèse suivant les cas) avec un corps colloïdal organique : quand on chauffe la luciférase à 60°, le corps oxydant est réduit par le corps organique et les propriétés zymasiques disparaissent. R. Dubois a pu isoler de la luciférase de Pholade un composé oxydant thermostabile. On peut imiter la luciférase par un mélange, à froid, de permanganate de potassium avec un colloïde protéique.

Le caractère spécifique de la luciférase est de donner de la lumière avec la luciférine en présence de l'eau. Son pouvoir oxydant est établi par ce fait que, dans la réaction photogène, elle peut être remplacée par le permanganate de potasse, le bioxyde de plomb, le bioxyde de baryum, et surtout en traitant la luciférine d'abord par un peu d'eau oxygénée, puis par un peu de protosulfate de fer ou de citrate de fer ammoniacal additionné d'une trace d'ammoniaque, ou bien encore plus simplement de sang ou d'une substance protéique (ovoalbumine) renfermant des traces de permanganate de potassium.

On peut encore démontrer son caractère oxydant par une foule de réactifs :

Elle ne bleuit pas ou très faiblement la teinture de gaïac, sauf après addition d'un peu d'eau oxygénée neutre; elle colore le gaïacol en jaune, le pyrogallol en brun marron, la quinone en brun, le chlorhydrate de diamido-phénol en bleu, puis en vert, puis en brun, le mélange de naphtol et de paraphénylènediamine en bleu, etc.; la plupart de ces réactions sont activées par l'ammoniaque. Elle décolore la liqueur de Tromsdorf bleuie par une trace de nitrite de sodium et d'acide sulfurique. La luciférase constitue un type d'oxydase assez spécial, se rapprochant par certains côtés des peroxydases et par d'autres des oxydones de STERN et BATTELLI.

Luciférine. — Cette substance présente les caractères spécifiques des albumines naturelles qu'il est inutile d'énumérer ici.

Le rôle de la luciférase consiste, en définitive, à emprunter de l'oxygène au milieu ambiant et à le combiner à la luciférine. La biooxyluminescence exige donc non seulement de l'eau et de l'oxygène, mais encore un agent oxydant indirectement la luciférine. Il n'y a pas d'oxydation directe, comme avec le phosphore et avec certains corps organiques volatils. Dans la liqueur photogène de la Pholade, il se forme des cristaux présentant les mêmes formes que ceux de la sécrétion lumineuse de l'*Orya barbarica.*

Quand on fait agir *in vitro* la luciférase et la luciférine, toutes deux purifiées par dialyse, on voit se former une infinité de petites granulations arrondies, en tout semblables à celles que l'on trouve en abondance dans les Noctiluques, les organes lumineux des Insectes, etc. Ces granulations non photogènes, séparées par centrifugation, donnent la réaction xanthique : elles proviennent manifestement de l'oxydation de la luciférine (v. pour les détails 166, 167, 168).

Les recherches les plus récentes de R. DUBOIS sur la *Pholade dactyle* confirment donc absolument les conclusions de ses études anciennes sur les Élatérides lumineux (64).

La luciférase et la luciférine, très altérables à l'état pur, se conservent longtemps dans des solutions saturées de sucre, soit ensemble, soit séparément.

Le pouvoir éclairant de la réaction photogène est très augmenté chez certains animaux (Insectes, Céphalopodes, Poissons) par des dispositifs ou des produits auxiliaires de perfectionnement et non par des réactions de nature différente de celle de la Pholade. Quand ces dispositifs structuraux sont supprimés, par exemple par le broyement des organes, la lumière continue à se produire, mais elle n'a pas plus d'éclat que le mucus de la Pholade.

Il ressort évidemment de ces expériences que la réaction photogène est le résultat d'une action zymasique, et que cette action est une oxydation indirecte.

Toutefois, celle-ci peut être remplacée par une oxydation indirecte de nature purement chimique, par celle du permanganate de potassium, par exemple.

La luciférine peut s'oxyder lentement en présence de l'oxygène libre sans donner de lumière : pour que cette dernière éclate, il faut que la réaction soit brusquée par le corps « oxydisant » ou par une excitation extérieure au moment où la saturation par l'oxygène est devenue suffisante pour que l'oxyluciférine spontanément photogène ait pu prendre naissance.

Il n'est donc pas douteux que la réaction fondamentale de la biophotogénèse doive être rangée dans le groupe des *chimioxyluminescences.*

WIEDEMANN a réuni, sous le nom de « luminescences », tous les phénomènes d'émission lumineuse qui ne sont pas dus à un simple échauffement. Ils forment plusieurs groupes importants : phénomènes de cristalloluminescence, de triboluminescence, etc. Les oxyluminescences sont toujours accompagnés de processus d'oxydation.

Ces réactions photogènes sont connues depuis très longtemps, mais elles ont été étudiées avec un soin particulier par RADZISZEWSKI, qui avait soupçonné que la lumière des organismes vivants pourrait bien être due à une réaction de ce genre, mais il ne fit aucune recherche dans cette voie. R. DUBOIS combattit, en 1887, cette hypothèse, parce que RADZISZEWSKI employait comme agent d'oxydation la potasse en solution concentrée dans l'alcool, et que ces deux produits chimiques détruisent instantanément les produits photogènes extraits des organismes. Il reprit cependant les expériences de RADZISZEWSKI, et les étendit à un nombre considérable de composés chimiques appartenant aux groupes les plus divers, et fit voir que la réaction photogène de certains composés organiques peut servir à reconnaître leur état de pureté par l'examen photométrique, procédé original et précieux, par exemple s'il s'agit de produits très chers, et, pour ce motif, souvent falsifiés comme l'essence de roses, par exemple (128, 163 et 169).

Entre autres corps pouvant fournir une oxyluminescence à froid, R. DUBOIS signala un glucoside fluorescent, principe immédiat végétal, l'esculine, mais il fallait encore employer la potasse alcoolique.

Plus tard il parvint à faire briller l'esculine en solution aqueuse, d'abord au moyen de l'eau oxygénée additionnée d'une substance catalytique, l'hématine et ensuite avec le permanganate de potassium après action de la coluciférase (187). Dissoute dans l'ammoniaque, elle donne avec l'eau de Javel une belle lumière verdâtre.

La luminescence fournie par l'esculine est aussi belle que celle que produit la luciférase et la luciférine, mais la luciférase est sans action sur l'esculine.

Cependant, cette oxyluminescence est celle qui se rapproche le plus de celle de la biophotogénèse; l'ammoniaque l'excite comme cette dernière, et, comme elle, elle résiste au refroidissement au-dessous de zéro, et persiste même après la congélation.

Elle offre aussi cet intérêt qu'il s'agit d'une substance fluorescente et que R. Dubois a découvert, presque en même temps que le mécanisme d'oxyluminescence zymasique, la présence de composés fluorescents dans les organes des Insectes lumineux, les *luciferescéines*, et montré le rôle important qu'ils y jouent (v. p. 361).

Le nombre des corps pouvant fournir l'oxyluminescence chimique aujourd'hui connus est assez grand; ils appartiennent aux espèces les plus diverses : corps gras, aldéhydes, par exemple l'aldéhyde cuminique ou essence de cumin, et d'autres essences nombreuses, sans qu'il soit encore possible de dire à quelle fonction chimique est liée la luminescence. Les essences contenant des phénols et leurs dérivés paraissent être celles qui donnent les plus beaux résultats : telles sont l'essence de thym (thymol), de girofle (eugénol), de badiane (anéthol); viennent ensuite les acétones (essence de carvi), thuyone (essence d'absinthe), les terpènes ou sesquiterpènes (térébenthine, genièvre, citron). On a noté encore l'oxyluminescence de produits azotés quaternaires protéjques, des peptones et de diverses matières complexes telles que l'extrait de viande et l'urine.

La quantité des produits chimioxyluminescents a été encore accrue par les recherches de Trautz. Delépine a récemment découvert l'oxyluminescence spontanée des vapeurs de certains sulfo-éthers ou sels en éthers thioniques (170 *bis*); ces éthers sont des liquides jaune-pâle, insolubles dans l'eau, d'une odeur désagréable. Il a fait connaître 11 cas de phosphorescence qui offrent l'intérêt de se rattacher à la présence dans une molécule organique d'un groupement atomique $-C\!\!<^S_O-$ constant.

De l'ensemble de ces recherches il semble résulter qu'il existe un groupe « photophore », comme il y a un groupe fluorophore et un groupe chromophore.

Mais s'il n'est pas douteux que la réaction biophotogénique soit un phénomène d'oxyluminescence, cela n'explique pas comment, de cette action chimique, naît la lumière. Cette dernière est-elle le résultat direct de la réaction elle-même, ou bien d'un phénomène d'ordre physique qui lui serait consécutif. Dans les produits des glandes internes des Insectes, dans les sécrétions externes photogènes des Myriapodes, de la Pholade, etc., on voit apparaître des cristaux qui se montrent sous forme de radiocristaux dans la vacuole même des vacuolides représentant les granulations photogènes. S'agirait-il secondairement d'un phénomène de *cristallolumimescence*? Ces cristaux, une fois formés, subiraient-ils des transformations telles qu'alors serait-on en présence de phénomènes de *triboluminescence*? R. Dubois a appelé l'attention sur ces points depuis longtemps (163 et 164) : il s'était même montré partisan de la réduction de la biophotogénèse à un phénomène de cristalloluminescence à la suite de l'observation suivante. Ayant placé des fragments desséchés d'organes lumineux de Pholade avec de l'eau contenant 1 pour 100 de fluorure de sodium dans un tube de collodion pour soumettre cette macération à la dialyse, il vit que par le repos et l'absence d'oxygène la macération avait perdu sa luminosité dans toute la longueur du tube, mais il suffisait d'un choc, même léger, pour la faire reparaître d'abord au point ébranlé et, chose remarquable, elle s'étendait de ce point et de proche en proche à tout le contenu du tube, sans que pourtant on pût attribuer ce curieux résultat à la pénétration d'oxygène. Le même effet fut obtenu avec une macération filtrée, c'est-à-dire ne renfermant plus aucune trace de tissu photogène. Cette excitation mécanique suivie d'une réaction se propageant de proche en proche rappelle ce qui se passe avec l'onde musculaire et l'influx nerveux. Peut-être ces trois phénomènes sont-ils produits par le même mécanisme. Ce qui confirmerait cette opinion c'est la façon dont se fait la propagation de la lumière chez les *Plumes de mer*, si bien étudiée par Pancéri (v. p. 295). La provocation de la lumière par le choc a été depuis longtemps signalée par R. Dubois dans les récipients contenant de l'eau de mer dans laquelle s'étaient désagrégés des Cœlentérés (*Eucharis*). Sur la Côte d'azur, la mer devient parfois phosphorescente par ce seul mécanisme, en l'absence de Noctiluques ou autres petits organismes analogues (v. p. 292).

Harvey a obtenu le même résultat plus récemment avec la liqueur photogène de *Cypridine*.

R. Dubois avait été ainsi conduit à rapprocher ce phénomène de celui signalé jadis par Henri Rose dans les solutions saturées d'acide arsénieux dans l'acide chlorhydrique à chaud, puis refroidies : un simple ébranlement mécanique provoque la formation de cristaux avec émission de lumière.

Enfin, ne s'agirait-il pas plutôt de phénomènes de *fluoroluminescence* et le rôle des substances fluorescentes découvertes chez les Insectes lumineux par R. Dubois en 1886, serait-il général ? En ce qui concerne la nature physique du phénomène, on peut faire encore d'autres hypothèses. Une des moins heureuses est celle d'Achalme (165), qui pense que peut-être il s'agit de phénomènes électriques. R. Dubois a vainement cherché à les mettre en évidence : l'oxyluminescence animale, aussi bien que celle de l'esculine, n'ont aucune action sur l'électroscope ; le mélange de la luciférase et de la luciférine n'est pas radioactif ; il ne fournit que de la lumière froide, c'est-à-dire accompagnée seulement de quantités infinitésimales de radiations calorifiques et de quelques radiations lumineuses actiniques et ultra-violettes, ainsi qu'il ressort des recherches de R. Dubois, dont les résultats ont été vérifiés par Very et Langley, et par d'autres physiciens.

C'est le phénomène de l'explosion qui, en dehors des êtres vivants, se rapproche le plus de celui qui, en dernier ressort, caractérise la biophotogénèse. La luciférase semble jouer le rôle d'amorce en engendrant l'*oxyluciférine* (v. p. 382) spontanément oxyluminescente. Chez certains organismes, la luciférine serait, au fur et à mesure de sa formation, transformée en oxyluciférine, d'où impossibilité de l'en extraire, par exemple, dans les Champignons, où la production de la lumière est continue.

Au point de vue physico-chimique, l'exactitude des résultats de R. Dubois a été proclamée en France et à l'étranger.

Dans une publication récente (179, *f*), Newton Harvey s'exprime ainsi : « *There is absolutly no doubt on the existence of luciferase and luciferine and the possibility of separating these two substances* ». Et dans la même note : « *The credit of the discovery belongs entirely to professor Raphaël Dubois of the University of Lyons* » [1].

En résumé, *le phénomène ultime de la biophotogénèse se produisant à froid, doit prendre place parmi ceux que* Wiedemann *a groupés sous le nom de* luminescences *et qu'il a divisés en un certain nombre de groupes.*

---

1. Newton Harvey ne s'est pas contenté de confirmer les résultats de R. Dubois, il les a étendus d'une façon très heureuse, en montrant, non seulement, que la Mouche lumineuse américaine commune contient la luciférase et la luciférine, mais en outre que la luciférase d'une espèce de Mouche lumineuse (*Photinus*) peut agir sur la luciférine d'une autre espèce (*Photuris*) et vice-versa, et aussi que la luciférase d'un Lampyre peut agir sur la luciférine d'un Pyrophore.

Il est même arrivé à obtenir de la lumière par l'action de la luciférase du *Photinus* (Lampyrides) sur la luciférine des Photobactéries, c'est-à-dire par une luciférase animale agissant sur une luciférine végétale.

Par ses recherches sur la luciférine de *Cypridina*, Harvey (196) a également confirmé la justesse de la dénomination de « lumière froide » donnée par R. Dubois à la lumière physiologique et aussi une des plus anciennes conclusions de cet expérimentateur, qui a toujours soutenu que la biophotogénèse n'est pas le résultat d'une vulgaire combustion directe de carbone, quoiqu'elle fût le résultat d'une oxydation (v. p. 315). Par des expériences précises, Harvey a réduit à néant l'affirmation tout à fait surprenante de Kanda (197) que la luminescence animale n'est pas une oxydation, ce qui est contraire à tout ce que l'on sait depuis longtemps sur ce sujet. Harvey a expliqué (198) que s'il avait abandonné les expressions, qu'il avait créées, de « photogénine » et de « photophéline » et adopté la terminologie de R. Dubois, luciférase et luciférine, c'est parce qu'il considérait comme exacte l'interprétation de cet expérimentateur (février 1920). En somme, les travaux du savant américain constituent la meilleure et la plus complète vérification de l'exactitude des conclusions tirées par R. Dubois des recherches qu'il a poursuivies depuis de nombreuses années sur la biophotogénèse.

La biophotogénèse s'obtenant en dernière analyse, en dehors de toute cellule ou débris
de cellule, in vitro, par double réaction, en présence de l'eau et de l'air, peut être rangée
dans le groupe des chimilùminescences, à moins que l'on admette que la luciféràse soit
encore quelque chose de vivant, toutes les zymases présentant la plupart des propriétés du
bioprotéon ou substance vivante. Il y aurait lieu, dans ce cas, de conserver le groupe des
bio-luminescences : autrement, cette luminescence appartient au sous-groupe des chimi-
luminescences par oxydation ou oxyluminescences et à la catégorie des zymooxylumi-
nescences représentées uniquement jusqu'à présent par l'oxydation de la lucifériné par la
luciféruse.

C'est en 1886 que R. Dubois a signalé l'existence de cette zymase oxydante dans les
organes lumineux du Pyrophore noctiluque (64).

A cette époque, on connaissait déjà des phénomènes d'oxyluminescence, mais purement
chimiques, tels que celui du phosphore et ceux qui accompagnent l'échauffement des corps
gras dans certaines préparations pharmaceutiques. RADZISZEWSKI avait aussi montré que la
potasse alcoolique et même d'autres alcalis peuvent, en oxydant certaines substances (la
lophine, par exemple), donner « froid de la lumière. Mais ce chimiste ne fit aucune
expérience sur les animaux ou sur les végétaux photogènes. Avec TRAUTZ, H. Dubois
a accru beaucoup le nombre des corps chimiques susceptibles de fournir de la lumière à
froid par oxydation indirecte en milieu liquide, et montré, en même temps, qu'il y avait là
le principe d'une nouvelle méthode permettant de déterminer le degré de pureté et de
déceler les falsifications de certaines substances (essence de rose, par exemple) (163 et 170).
La plus curieuse substance photogène (signalée par R. Dubois) est un glucoside, principe
extractif végétal naturel : l'esculine. Non seulement elle est fluorescente, comme les luciférescéines, mais encore elle donne une belle lumière très analogue à celle du mélange luci-
férine-luciférase et se manifestant également par l'action de l'eau oxygénée, de l'hématine
et de l'ammoniaque. Cette substance pourtant ne brille pas avec la luciférase seule. Il existe
peut-être plusieurs variétés de luciférases et de luciférines, mais ce ne sont que des variétés,
et le processus photogène est partout le même.

On rencontre chez certains animaux des dispositifs organiques de perfectionnement qui
augmentent beaucoup le pouvoir éclairant de la réaction photogène.

On peut affirmer aujourd'hui que ce problème de la biophotogénèse, considéré dans son
essence même, et en dernière analyse, est résolu, puisqu'il s'agit d'une chimioxylumines-
cence pouvant être produite in vitro par des composés chimiquement caractérisés extraits
d'organismes lumineux.

Bibliographie.

Préface. — **1.** EHRENBERG (C.-G.). Das Leuchten des Meeres (In Abhand. d. Königl.
Akad. des Wiss., II, Berlin, 1834). — **2.** GADEAU DE KERVILLE. Les Insectes phosphorescents
Bibliographie générale, Rouen, 1887). — **3.** DUBOIS (Raphaël). Leçons de physiologie
générale et comparée (Masson, éd., Paris, 1898) ; et La Vie et la Lumière (In Bibl. sc.
intern., 336 p., 48 fig. chez Félix Alcan, Paris, 1914).

Végétaux lumineux. — **4.** MAC ALPINE (M.-C.). Phosphorenzierende Pilze in Australien (Proceedings of the linnean Society of New South Wales, XXV, 548-62, 1900). — **5.**
MOLISCH HANS. Leuchtende Pflanzen, Iéna, 1904. — **6.** PATROUILLARD (M.). Journ. of the
micr. Soc., 106. London, 1883. — **7.** DUBOIS (Raphaël). Les Microbes lumineux (Echo des
soc. et ass. vétér., Lyon, 1889) ; — Sur la production de la phosphorescence de la viande
par Photobacterium sarcophilum (Bull. de la Soc. des Sc. phys. et nat. Vaudoises, Lau-
sanne, 1891) ; — Nouvelles recherches sur la phosphorescence de la viande, Lyon, 1871.
— Sur la production de la phosphorescence de la viande par Photobacterium
sarcophilum (Ann. de la Soc. linn. de Lyon, XXXIX, 1892). — **8.** BREFELD (O.). Bota-
nische Untersuchungen über Schimmelpilze (III. Heft, Basidiomyceten, I, 136, Leipzig, 1887).
— **9.** BEIJERINCK (M.-W.). Le Photobacterium luminosum, Bactérie lumineuse de la mer du
Nord (Arch. néerl., XXIII, 401-415, 1889) ; — Sur l'aliment photogène et l'aliment plastique des bactéries lumineuses (Arch. néerl., XXIV, 369-442). — **10.** LEHMANN (K.-B.). Studien über Bacterium phosphorescens (Centralbl. f Bakteriologie, etc. Bd. V, n° 24, 1889).
— **11.** MC KENNEY (R.-E.-B.). Observations on the conditions of licht production in lumi-

nous bacteria (Proceed. of the Biological Society of Washington, xv, 213-234, 1902). — 12. LUDWIG (F.). *Micrococcus Pflugeri, ein neuer photogener Pilz. (Hedvigia,* n° 3, 1884). — 13. RICHARD. *Halibactéries de la Princesse Alice (C. R. Ac. des Sc.,* 1906 et *L'Océanographie,* Vuibert et Nony, éd., Paris). — 14. QUOY et GAIMARD. *Observations sur quelques Mollusques et Zoophytes considérés comme cause de la phosphorescence de la mer (Ann. des Sc. nat.,* IV, 8, 1825). — 15. DUBOIS (Raphaël). *Sur la phosphorescence des Poissons (C. R. de la Soc. de biol., sér.* 8, II, 231, 1885). — 16. GIARD (A.) et BILLET (A.). *Observations sur la maladie phosphorescente des Talitres et autres Crustacés (C. R. de la Soc. de biol., sér.* 9, I, 593, 1889 ; — *Nouvelles recherches sur les bactéries lumineuses pathogènes (Ibid.,* II, 188, 1890 et *C. R. Ac. des Sc.,* 1889). — 17. TARCHANOFF (J.). *Lumière des bacilles phosphorescents de la mer Baltique (C. R. Ac. des Sc.,* CXXXIII, 246-249, 1901). — 18. PARIS (P.). *Rev. franç. d'Ornithol.,* 216, 1910. — 19. *Éphémérides des curieux de la nature,* 1687. — 20. DUBOIS (Raphaël). *Les Vacuolides (C. R. de la Soc. de biol.* Mém. IX, sér. 8, IV, 1887) ; — *Les Vacuolides de la Purpurase et la Théorie vacuolidaire (C. R. de l'Ac. des Sc.,* 1912). — 21. DUBOIS (Raphaël). *L'éclairage par la lumière froide physiologique, dite lumière vivante (C. R. de l'Ac. des Sc.,* 1900) ; — DUBOIS (Raphaël). *Sur une lampe vivante de sûreté (C. R. de l'Ac. des Sc.,* juin, 1903). — 22. NADSON. *Sur la phosphorescence des bactéries (Bull. du Jardin imp. botan. de Saint-Pétersbourg,* III, 1903). — 23. ISSATSCHENKO (B.). *Erforschung des bacteriellen Leuchtens der Chironimus (Diptera). Bulletin du Jardin imp. bot. de Saint-Pétersbourg,* XI, n° 2, 1911). — 24. DUBOIS (Raphaël). *Les rayons X et les microbes lumineux (C. R. de la Soc. biol.,* sér. 10, III, 479, 1896 et *Les rayons X et les êtres vivants (C. R. de la Soc. de biol.,* sér. 10, III, 995). — 24 bis. *Un Champignon lumineux (Pleurotus japonicus) (Revue des Sciences pures et appliquées,* 30 juillet 1916).

Animaux lumineux.

Protozoaires. — 25. VIGNAL. *Recherches histologiques et physiologiques sur les Noctiluques (Archiv. de physiol.,* 1878). — 26. DUBOIS (Raphaël). *Hydratation (fonction d'). (Dictionnaire de physiologie* de Charles Richet, fasc. 3, III, Alcan, Paris, 1909). — 27. DE QUATREFAGES. *Observations sur les Noctiluques (Ann. Sc. nat. zool.,* sér. 3, XIV, 1850, 226-235). — 28. GIESBRECHT (W,). *Mittheilungen über Copepoden (Mit. a. d. Zool., Stat. zu Neapel.* Bd. II, Heft 4, 1895 et sur *l'Origine de la lumière dans les photosphères des Euphausidés (Ann. biol.,* 3e année, 385, 1897). — 29. MASSART (Jean). *Sur l'irritabilité des Noctiluques (Bulletin scientifique de la France et de la Belgique,* Paris, XXV, 59-76, 1893). — 30. HENNEGUY. *Influence de la lumière sur la luminosité des Noctiluques (C. R. de la Soc. biol.,* 1888). — 31. ZACHARIAS (Otto). *Beobachtungen über das Leuchtvermögen von Ceratium tripos Müll. (Biol. Centralbl.,* Bd. XXV, 20-30, 1905). — 32. SIMROTH (Heinrich) (*Abriss der Biologie der Tiere,* 1 Teil, Leipzig, 163, 1901).

Cœlentérés. — 33. PANCERI (P.). *La Luce degli organi luminosi dei Beroïdei (Atti R. Acad. Sc. fis. mat.,* v, n° 20, 15 p., 1 pl.); et des *Organes lumineux et de la lumière des Béroïdiens (Ann. Sc. nat. zool.,* sér. 5, XVI, art. 8, 56-67); — *Du siège du mouvement lumineux dans les Méduses (C. R. des séances de l'Acad. de Naples,* cahier VIII, août 1881 et *Ann. Sc. nat. Zool.,* sér. 5, XVI, art. 8, 4-12) ; — *Gli organi luminosi e la luce delle Pennatule,* traduit en français (*Ann. Sc. nat. Zool.,* sér. 5, XVI, 1872, art. 8, 13-21). — 34. ALTMAN (G.-J.). *Note of the phosphorescence of Beroe (Proceed. Roy. Soc., Edinburgh,* IV, n° 57, 518-519). — 35. PETERS (W.). *Phosphorescence in Ctenophores (in Contrib. from the Zoological laboratory of the Museum of the comparative zoology at Harvard College,* n° 163. Cambridge, Mass., U. S. a., 1903). — 36. AGASSIS (A.). *Embryology of the Ctenophorœ (Mem. amer. Acad. arts and Sc.,* x, 2, n° 3, 357-398, 5 pl.). — 37. NIEDERMEYER (Albert). *Studium über den Bau von Pteroïdes griseum (Arb. Zool. Inst.,* Wien, XIX, 99-164, 2 pl., 1911). — 38. DUBOIS (Raphaël). *Les vacuolides (Mém. de la Soc. de biol., Mém.,* IX, sér. 8, IV, 1887 et *C. R. de la Soc. de biol.,* LX, 526 et 328, 1906 et *C. R. de l'Ac. des Sc.,* CLIII, 507, 1911).

Echinodermes — 39. MANGOLD (Ernst). *Leuchtende Schlangensterne und die Flimmerbewegung bei Ophiopsilen (Arch. ges. Physiol.,* CXVIII, 613-640, 1907). — 40. TROJAN (E.). *Leuchtende Ophiopsilen (Arch. Mikr. Anat.,* LXXIII, 883-912, 1909). — 41. HERZINGER (I.). *Über das Leuchtvermögen von Amphiura squammata* Sars. (*Zeitsch. Wiss. Zool.,* LXXXVIII, 358-384, 1907). — 42. SOKOLOW (I.). *Zur Frage über das Leuchten und die Drüsen gebilde der Ophiuren (Biol. Centralbl.,* XXIX, 637-648, 6 fig.).

Vers. — 43. GIARD (A.). *Sur un nouveau genre de Lombricus phosphorescens et sur* *l'espèce type de ce genre, Photodrillus phosphoreus* Dugès (*C. R. Ac. des Sc.*, 1887) et sur *la distribution géographique du Photodrillus phosphoreus* Dugès, *et la toxonomie des Lombricus* (*C. R. de la Soc. de biol.*, 9º sér., III, 252, 1891). — **44.** BENHAM (W.-BLAXLAND). *Phosphorescent Earthworms* : *Nature*, 60, 591 (*Octochœtus multiporus*) (*New Zealand*, 1899). — **45.** MICHAELSEN. *Zool. Jahrb.*, XII, 216, 1899. — **46.** WALTER (A.). *Das Leuchten einer terrestrischen Oligochaeten* (*Trav. Soc. nat. St-Pétersbourg*, 40, I; *C. R.*, 136-137, 3 fig.). — **47.** JOURDAN (Ét.). *Structure des élytres chez quelques Polynoës* (*Zool. Anz.*, 128, VIII, 128-134, 1885). — **48.** FALGER (F.). *Untersuchungen über das Leuchten von Acholoe astericola* (*Biol. Centralbl.*, XXVIII, 644-649, 1908). — **49.** KUTSCHERA (F.). *Die Leuchtorgane von Acholoe astericola* Clprd. (*Zeitsch. Wiss. Zool.*, XCII, 75-102, 1 fig., 7 tab, 1909). — **50.** GALLOWAY (T.) and WELCH (Paul-S.). *Studies on a Phosphorescent Bermuden Annelid, Odontosyllis enopla* Verrill (*Trans. Amer. Micr. Soc.*, 30 p.13-39, 5 pl., 1911).

Arthropodes. — Crustacés. — 51. CHUN. *Leuchtorgane und Facettenauge* (*Biol. Centralbl.*, XIII, et *Atlantis*, VI, *Bibliotheca Zoologica*, Heft 19, 1896). — **52.** CAULLERY (M.). *Les yeux et l'adaptation aux milieux abyssaux* (*Rev. gén. des Sc.*, 16º année, 324, 1906). — **53.** ILLIG (G.). *Das Leuchten der Gnatophausien* (*Zool. Anz.*, XXVIII, 662, 1 fig., 1905). — **54.** TROJAN (Emmanuel). *Zur Lichtentwicklung in]den Photosphärien der Euphausiden* (*Arch. Mikr. Anat.*, LXX, 177-189, 2 fig., 1907). — **55.** GIESBRECHT (W.). *Mittheilungen über Copepoden* (*Mit. a. d. Zool. Stat. zu Naepel*, II, Heft 4, 1893), et sur *l'Origine de la lumière dans les photosphères des Euphausidés* (*Ann. biol.*, 3º année, 385, 1897), et *Ueber den Sitz der Lichtent wickelung in den Photosphärien der Euphausiden* (*Zool. Anz.*, XIX, 486-490, 1896). — **56.** HANSEN (H.-J.). *On the crustaceous of the genera Petallidium und Segester from the « Challenger » with account of luminous organs in Segestes Challengeri* (*Proc. Zool. Soc., London*, 1903, I, 52-70, 2 pl.). — **57.** WATANABE (H.). *The phosphorescent of Cypridina Hilgendorfii* Müller (*Ann. Zool. japan.*, I, 1869-70). — **58.** KIERNIK (E.). *Ueber einige bisher unbekannt Leuchtende Tiere* (*Zool. Anz.*, XXXIII, 376-380, 1908). — **58 bis.** ARATA TERAO, RIGAKUSKI: *Note of the Photophores of Sergestes prehensilis* Bate (*Zoological Institute, Science College*, Tokyo Imperial University, 1917).

Thysanoures. — 59. ALLMAN (G.-J.). *On the emission of Licht by anurofimetarius* (*Proceed. ir. Acad.*, 125-126). — **60.** DUBOIS (Raphaël). *Leçons de physiologie générale et comparée*, 419-430 (Paris, Masson, éd., 1898) ; — *De la fonction photogénique chez les Podures* (*C. R. de la Soc. de Biol.*, sér. 8, III, 600, 1886) ; — *La lumière physiologique* (*Rev. gén. des Sc. pures et app.*, 529-534. Paris, 1894) ; — *Das physiologische Licht*. *Prometheus*, Berlin, 1895 ; — *Physiological Licht : from the Smithsonian Report for 1895*, Washington Government printing Office.

Myriapodes. — 61. RICHARD (J.). *Sur la phosphorescence des Myriapodes* (*Ann. de la Soc. entom. de Belgique*, XXIX, 1885). — **62.** GAZAGNIAIRE (J.). *La Phosphorescence chez les Myriapodes* (*Bull. de la Soc. Zool. de France*, XIII, 182, 1888). — **63.** DUBOIS (Raphaël). *Sur les Myriapodes lumineux* (*C. R. Soc. de Biol.*, sér. 8, IV, 600, 1886).

Insectes lumineux. — 64. DUBOIS (Raphaël). *Les Élatérides lumineux* (*Bull. de la Soc. Zool. de France*, XII, 1887 et *thèses de la Faculté des Sc. de Paris*, 1886). — **65.** DUBOIS (Raphaël). *De la fonction photogénique chez les œufs du Lampyre* (*Bull. de la Soc. Zool. de France*, XII, 1887). — **66.** LANCIEN (André). *Du rhodium colloïdal électrique* (*C. R. de l'Ac. des Sc.*, CLIII, 1088, 1911). — **67.** WIELOWIEJSKI. *Studien über die Lampyriden*, Leipzig, 1882. — **68.** BONGARDT (Johannes). *Beiträge zur Kentniss der Leuchtorgane einheimischer Lampyriden* (*Zeitsch. Wiss. Zool.*, 1903, 1-45, 3 pl., 4 fig.). — **69.** MC DERMOTT (ALEX.). *Physiologic Light* (*Popular Science Monthley*, 1910). — STECHE (O.). *Beobachtum über das Leuchten Tropischer Lampyriden* (*Zool. Anz.*, XXXII, 710-712, 1908). — **70.** ÉMERY (C.). *La Luce della Luciola italica osservata col microscopio* (*Bull. Soc. ent. ital.*, anno 17, 1885, 351-355) ; et *Untersuchungen über Luciola italica* L. (*Zeitschr. Wiss. Zool.*, XL, 1884, 2 p., 338-355). — **71.** MC DERMOTT and CRUS. G. CRANE. *A comparative Study of the structure of photogenic organs of certain American Lampyridæ* (*The American naturalist*, XLV, 206-214, 1911, New-York). — **72.** BIBLIOGRAPHIE DES PYROPHORES. Voir DUBOIS (R.). *Les Élatérides lumineux*, nº 64.

Mollusques. — 73. PANCERI. *La Luce dei Pirosomi e delle foladi* (*Atti Soc. fis. mat. Napoli*, apr. 1872) et *Intorno alla luce che emana delle cellule nervose della Phyllirhoë bucephala* (*Atti Soc. Napoli*, XIV, 1873). — **74.** DUBOIS (R.). a) *Anatomie et physiologie comparées* *de la Pholade dactyle : structure, locomotion, tact, olfaction, gustation, vision dermatop- tique, photogénie, avec une théorie générale des sensations,* 68 fig. dans le texte, 15 pl. hors texte. (*Ann. de l'Un. de Lyon,* II, fasc. 2, Masson, éd., 1892); — b) *Fonction photogénique chez les Pholades* (*Bull. Soc. biol.,* sér. 8, III, 600, 1886); — c) *Fonction photogénique chez les Pholades* (*Bull. de la Soc. biol.,* sér. 8, IV, 564, 1887); — d) *Sur la fonction photogénique chez les Pholades* (*C. R. de l'Ac. des Sc.,* sér. 9, V, 451, 1888); — e) *Physiologie et anatomie du siphon de la Pholade dactyle* (*Bull. de la Soc. biol.,* sér. 9, I, 521, 1889); — f) *Sur le mécanisme des fonctions photodermatique et photogénique dans le siphon de Pholas dactylus* (*C. R. de de l'Ac. des Sc.,* CIX, 233, 1889); — g) *Anatomie et physiologie de la Pholade dactyle* (*Bull. de la Soc. de biol.,* sér. 9, V, 149, 1893); — h) *Sur le mécanisme de la biophotogénèse* (*Bull. de la Soc. de biol.,* LII, 569, 1898); — i) *Mécanisme intime de formation de la lucifèrine ; analogies et homologies des organes de Poli et de la glande hypobranchiale des mollusques purpuri- gènes* (*Bull. de la Soc. de biol.,* LXII, 850, 1907); — j) *Nouvelles recherches sur la lumière physiologique chez Pholas dactylus* (*C. R. de l'Ac. des Sc.,* CLIII, 690, 1911). — **74** bis. FÖRSTER (Johannès). *Ueber die Leuchtorgane und das Nervensystem von Pholas dactylus* (*Zeitschr. für Wissensch. Zool.,* 15 fig. et 1 tab., CIX, 3ᵉ partie, Berlin, 1914). — **75.** TROJAN (Emmanuel). *Ein Beitrag zur Histologie von Phyllirohe bucephala* Péron et Lesueur *mit bezonderer Berücksichtung des Leuchtvermögens des Tieres,* 2 pl. et 4 fig. (*Arch. f. Mikrosc. Anat.,* LXXV, 473-516). — **76.** DUBOIS (R.). *Recherches sur la Pourpre et sur quelques pigments animaux* (*Arch. de Zool. exp. et gén.,* 5ᵉ sér., II, nº 7, 503 et 519, 1909). — **77.** GRYNFELLT (E.). *Sur la glande hypobranchiale de Murex trunculus* (*Bibliog. anatom.,* Berger-Levrault, éd., Paris, fasc. 4, XXI, 1911). — **78.** VERANY (*Cephalop. medit.,* p. 116, 1851). — **79.** JOUBIN (Louis). (a) *Notice sur les travaux scientifiques* (Rennes, 1902). (b) *Note sur les organes photogènes de l'œil de Leachia cyclura* (*Bull. du musée océanog. de Monaco,* nº 33, avril 1905); — *Note sur les organes lumineux de deux Céphalopodes* (*Bull. Soc. Zool.,* 1905); — *Expédition du Travailleur et du Talisman : Céphal.,* 1906. — **80.** CHUN (Carl). *Ueber Leuchtorgane und Augen Tiefsee Cephalopoden* (*Verh. deutsch. Zool. Ges. Vers.,* 67-91, 14 fig., 1903); — *Aus den trefen des Weltmeeres Schilderungen von der deutschen Tiefsee-expedition* (Verlag von Gustave Fischer, Iéna, 1900). — **81.** HOYLE (W.-E.). *The luminous organs of Pterigoteuthis margaritifera et Mediterranean Cephalop.* (*Mem. and proceed. of the Manchester literary and philos. Soc.,* 1901-1902, XLVI, part. VI, nº 6); — *On an intrapallial luminous organ in the Cephalopoda,* Verh. 5 (*Internat. Zool.,* Berlin, 774 et *Position of luminous organs in Cephalopoda* (*Rep.* 77, *th. meat. Brit. Ass. adv. Sc.,* 1907, 520-539). — **82.** MEYER, VERNER (Th.). *Ueber leuchtorgan der Sepiolini.* (*Zool. Anz.,* XXX, 388-392, 3 fig. et *Zool. Anz.,* XXXII, 505-508, 4 fig., 1908. — *Ueber das Leuchtorgane der Sepiolini. II : Das Leuchtorgan von Heteroteuthis dispar* E. Rüpp. — **83.** CAULLERY. *Les yeux et l'adaptation au milieu chez les animaux abyssaux* (*Revue générale des sciences pures et appliquées,* 15 avril 1905). — **83** bis. STILMAN BIERRY (S.). *Nematolampas, a remarkable new Cephalopod from the South Pacific* (*Biol. Bull.,* XXV, nº 3, 1913); — *Licht production in Cephalopods* (*Biol. Bull.,* nᵒˢ 3 et 4, 1920).

Tuniciers. — **84.** POLIMANTI (Osw.). *Ueber das Leuchten von Pyrosoma elegans* Les. (*Zeitsch. f. Biologie,* LV, 505-29, 2 fig. dans le texte, 1911). — **85.** PANCERI (P.). *Gli organi luminosi e la luce dei pyrosomi e delle foladi* (*Atti della R. Acc. d. Sc. fis. Mat. di Napoli,* V, 1872). — **86.** JULIN (Charles). *Les embryons du Pyrosoma* (*C. R. de la Soc. de biol.,* LXVI, 80, 1909). — **87.** DUBOIS (Raphaël). *Anat. et Physiol. comp. de la Pholade dactyle,* 68 fig. dans le texte et 15 pl. hors texte (*Ann. de l'Un. de Lyon,* II, 2ᵉ fasc.; 1892).

Vertébrés. — Poissons. — **88.** BRAÜER (August). *Ueber die Leuchtorgane und Augen von Tiefsee-Cephalopoden* (*Verhandl. d. deutsch. Zool. Geselsch.,* 67-91, 14 fig. dans le texte, 1904 et *Die Leuchtorgane der Tiefseefische. Der Senckenberg nat. Ges.,* Frankfurt a. M., 7-9, 1905 et *Ueber die Leuchtorgane der Knochenfische* (*Verh. d. Deutsch. Zool. Gesellsch.,* mai 1904, 17-35, 15 fig. texte). — **89.** WEBER (Max). *Introduction et description de l'expédi- tion du Siboga* (*Siboga-expeditie I : Leide,* 1902, 107). — **90.** MANGOLD (Ernst). *Arch. für die Gesammte Physiologie,* nº 12, CXIX, 1907, 583-601, 4 fig. et *Ueber das Leuchten der Tiefsee- fische* (*Arch. ges. Physiol.,* CXIX, 583-601, 1907). — **91.** DAHLGREN (Ulrich). *The luminous Organ of a New Species of Anomalops* (*Ann. Soc. Zool.,* Science N. S., 27, 454-455, 1908). — **92.** LEYDIG (F.). *Bauerkung zu den Leuchtorganen der Selachien* (*Ann. Anz.,* XXII, 297- 301, 1902). — **93.** BURCKHARDT (Rud.). *On the luminous organs of Selachian Fisches* (*Ann.*

Mag. nat. Hist., vi, 558-568, 8 fig., 1900). — **94.** Brandes (G.). *Die Leuchtorgane der Tiefseefische Argyropelecus und Chauliodus (Zeits. Naturw., Halle,* lxxi, 447-452, 1899). — **95.** Moreau (L.). *On the indian Porcupine (Journal Bombay nat. Hist. Soc.,* xi, 166, 1897). — **96.** Greene (Ch.-W.). *The phosphorescent organ in the Toadfish, Porichthys notatus (Journ. Morph.,* xv, 667-696, 3 pl.). — **97.** Chun (Carl.). *Ueber die Sogenannten Leuchtorgane australischer Pracht-finken (Zool. Anz.,* 61, xxvii, 1903-1904) et *Ueber eigenthümliche Schnabelbildung bei Nesthockern, speciell Leuchtorgane bei Prachtfinken (Verh. Ges. deutsch Naturf., Erste Vers.,* lxiii, th. 2, Halfte 1, 274). — **98.** Stenta (Mario). *Leuchtorgane bei hoheren Tieren (Verh. Zool. bot. Ges.,* Wien. lv, 265-266). — **99.** Geyer (Hans). *Leuch-tenden Eier der Zauneidechse (Lacerta)* (87-88, 1908). — **100.** Paris (Paul). *Revue française d'Ornithologie* (7 juin 1910, 216).

Mammifères et Homme. — **101.** Bartholin (Thomas). *De luce hominum et brutorum,* 1647, 1669 (8 volumes dont le dernier a été ajouté au traité de Gesner : *De raris et admirandis herbis quæ nocte lucent.* — **102.** Fabricio (Jérôme), d'Aquapendente. *Sur la phosphorescence de la viande (Opera omnia,* Leipzig, 1687). — **103.** Boyle (Robert). *Observation on Shining flesh. philos. trans.,* 1672. — **104.** Vallisnerius. *De rariore ignis labentis specie (Acta Ac. nat. Curios. Norinb.,* 1733). — **105.** Dictionnaire des Sciences médicales, xli, *Phosphorescence,* 1820. — **106.** Donavan (D.). *Case of emanation of light from the human body (Med. Press.,* iii, 52, Dublin, 1840). — **107.** Sharkey (E.). *Emanation of light from the human Body (Med. Press,* iii, 129-131, 1840, extrait de *Allgem. Litt. Zeit.* en 1786). — **108.** Macartney (J.). *Evolution of light living animals (Prov. med. a Surg.,* London, iv, 218, 1842). — **109.** Marsh (H.). *On the evolution of light from the living human subject (Prov. med. a Surg. journ.,* iv, 163-172 et *Edinb. med. a surg. journ.,* lviii, 1842). — **110.** Colliers (G. F.). *Case of psoriasis palmaria in which the entire body becomes luminous from a phosphorescent secretion* (Lancet Londonii, 374, 1842-43). — **111.** Cormack (H.). *Case of phosphorescence of the human body (Edinb. med. a surg. journ.,* lxvi, 285, 1846). — **112.** Wood (A.). *Notice on a case of alleged luminous appearance on the hand and other parts of the body before death (North. Journ. med. Edinb.,* i, 368-370, 1844). — **113.** Azara. *Phosphorescence de la Moufette d'Amérique : Essai sur l'histoire naturelle des quadrupèdes du Paraguay,* 1801. — **114.** Heinrich (Pl.). *Die phosphorescenz der Körper (sueur et urine).* (5. Abhand., Nürnberg, 1811-20). — **115.** Mulder. *Arch. f. d. Hollendish. Beiträge. Natur. in Heikunde,* ii, 4e partie, 1860. — **116.** Quoy et Gaimard. *Observations sur quelques mollusques et zoophytes considérés comme cause de la phosphorescence de la mer (Ann. des sc. nat.,* iv, 8, 1825). — **117.** Lanusdorff. *Reise in die Welt,* ii, 184, 1812. — **118.** Treviranus. *Biologie,* 7, 9 et 604, 1818. — **119.** Kane. *Art. Exploration (The second Grinnel expedition in search of sir John Franklin,* 269, 1853, 54, 55). — **120.** Panceri. *Intorno ad un caso di sudore luminoso (Rendic. Accad. sc. fis. mat.,* Napoli, sett. 1871) et *Due casi di fosfuria (Rendic. Accad. sc. fis. mat.,* 14 et 18, Napoli, 1872). — **121.** Valle (della) (A.). *La Luce negli animali,* 14-18, Napoli, 1875. — **122.** Vatson. *Case of luminous Breath* (The Lancet, 1845, i, 11). — **123.** Holder (F. C.). *Living Lights,* London. *Man's relation to the phenomenen of phosphorescence,* 116-120, 1887.

Propriétés physiques de la lumière physiologique. — **124.** Dubois (R.). *Vues nouvelles sur la scintillation des étoiles (Comptes rendus du Congrès de l'Association française pour l'avancement des sciences,* Lyon, 1906 et *Ann. de la Soc. lin. de Lyon,* 1899). — **125.** Ives (H. E.) et Coblentz (W. W.). *Luminous efficiencies of the Firefly (Bull. of the Bureau of Standars,* vi, n° 3,1910, 321-336). — **126.** Mc Dermott. *Luciferesceine, the fluorescent material present in certain luminous insects (Journ. of the Amer. Chem. Soc.* xxxiii, n° 3, mars, 1911). — **127.** Dubois (R.). *Sur la fluorescence chez les insectes lumineux* (C. R. de l'Ac. des Sc., cliii, 208, 17 juillet 1911) et *Sur l'existence et le rôle de la fluorescence chez les insectes lumineux* (C. R. du Congrès de l'A. F. A. S., Dijon, 1911). — **128.** Dubois (R.). *Luminescence par certains composés organiques (C. R. Ac. Sc,* 431, 1901). — **129.** Dubois (R.) et Aubert. *Sur la lumière des Pyrophores (C. R. Ac. des Sc.,* Paris, 1884, et *Bull. Soc. de Biol.,* sér. 7, v, 602. 1884). — **130.** Dubois (R.). *De l'action de la lumière émise par les êtres vivants sur la rétine et sur les plaques photographiques de gélatino-bromure (Bull. de la Soc. de Biol.,* 26 mars, 1886, n° 11, p. 130 et *C. R. Ac. des Sc.,* 9 avril, 1912). — **131.** Forster (J.). *Ueber einige Eigenschaften leuchtender Bakterien (Centralb. f. Bakter., etc.,* ii, 339, 1887). — **132.** Dubois (R.). *Sur le pouvoir éclairant et le pouvoir photochimique comparés de bouil-*

*lons liquides avec photobactériacées, photographies obtenues avec les photobactériacées,
lampe vivante* (Bull. de la Soc. de Biol., 263, 1901). — Id. *Photographie de l'invisible* (Bull.
de la Soc. de Biol., LIII, 263, 1901). — **133.** Dubois (R.). *Sur une lampe vivante de sûreté*
(C. R. de l'Ac. des Sc., 15 juin 1903 et Journ. de la nature, n° 1454, 6 avril 1901, 294 avec
3 figures). — **134.** Buchet (Abel). *Lumière graphique du Cucujo* (Photo-journal, Paris,
juillet, 286, 1895). — **135.** Dubois (R.). *Les rayons X et les êtres vivants* (Bull. de la Soc.
de Biol., sér. 10, III, 381, 1896) et *Les rayons X et les microbes lumineux* (Bull. de la Soc.
de Biol., sér. 10, III, 479, 1896). — **136.** Dubois (R.). *Revue scientifique*, Paris, 25 novembre 1905, n° 22, sér. 5, VI, 699-700. — **137.** *Sur l'éclairage par la lumière froide physiologique dite lumière vivante* (C. R. de l'Ac. des Sc., 27 août 1900). — **138.** Muraoka. *Das
Johannis Käfer Licht* (Rein physiologisch.) (Journ. Coll. Sc., Japan, IX, 1897 et Wiedemann Annalen, LIX, 773). — Muraoka und M. Katoya. *Das Johannis Käferlicht* (Wiedemann Annalen, 1898, LXIV, n° 186). — **139.** Girard (Maurice). *Sur la chaleur libre dégagée
par les animaux invertébrés et spécialement par les insectes* (Paris, 1869). — **140.** Langley
(S. P.) and Véry (F. W.). *On the Cheapest Form of Light, from Studies at the Allegheny
Observatory with plates, III, IV, and V* (The Amer. Journ. of science, third series, XL,
n° 236, August, 1890). — **141.** Dubois (R.). *Propriétés physiques de la lumière physiologique* (C. R. Ac. des Sc., 1912). — **142.** Barnard (J. E.). *Luminous Bacteria* (Nature, 1920).
— **143.** Pasteur. *Sur la lumière phosphorescente des Cucuyos.* — **143 bis.** Blanchard.
Remarque à cette communication (C. R. de l'Ac. des Sc., 1864, LIX, 509-511). — **144.** Panceri.
Études sur la phosphorescence des animaux marins (Ann. des Sc. Nat., 5, XVI, 38, 1872).
— **145.** Guillaume (C. E.). *Soc. Int. Elect. Bull.*, 5, 396-400, mai 1905. — **146.** Mc Dermott.
A note on the Light emission of some american Lampyridæ (In the Canadian Entomologist,
XLII, 1910, nov. 357). — **147.** Knale (F.). *Can. Ent.*, 1905, XXXVII, 230-239. — **148.** Turner.
Psyche, III, 309, 1882. — **149.** Becquerel. *La lumière*, Paris, 1867. — **150.** Coblentz
(William). *A physical study of the Firefly*, Washington, 1912.

Rôle de la biophotogénèse dans la nature. — **151.** Kiernick (E.). *Ueber einige
bisher unbekannte leuchtende Tiere* (Zool. Anz., XXXIII, 376-80, 1908). — **152.** Dubois (R.).
Les Vers luisants et l'éclairage des nids (Science et Nature, 12 septembre 1905, Paris, VI,
n° 94). — **153.** Emery (Carlo). *La luce negli amori delle Lucciole* (Boll. della Soc. Entom.
Ital., an. XVIII, Firenze, 1886). — **154.** Dubois (R.). *V. Fonction d'hydratation* (hyperhydration) (Dictionnaire de physiologie de Charles Richet, Paris, Alcan, 1909, fasc. 3, III).
— **155.** Mc Instosh. *Proc. roy. soc.*, n° 121, 1870, 432. — **156.** Nutting. *The utility of phosphorescence in Deepsea Animals* (Amer. Nat., XXXIII, 793-799, 1899). — **157.** Barber. *Proc.
Wash. Ent. Soc.*, 7, 196-197. — **158.** Ozario. *Une singulière propriété d'une bactérie phosphorescente* (Bull. de la Soc. de biol., LXXII, 432, 16 mars 1912).

Bibliographie générale. — **159.** Milne Edwards. *Leçons sur la physiologie et l'anatomie comparées de l'homme et des animaux*, VIII, Paris, Masson, 1863, 93 et suiv. — **160.**
Della Valle (Antonio). *La luce negli animali*, Napoli, 1875. — **161.** Dittrich (Rudolf).
Ueber das Leuchten der Tiere (Breslau, Druck von Grass. u. Comp. (W. Friedrich), 1888).
— **162.** Pütter (A.). *Leuchtenden organismen* (Sam. Refer. z. Allgem. Physiol., V, 17-53,
1905). — **163.** Dubois (R.). *Sur l'oxyluminescence* (Ann. Soc. Linn., Lyon, 1913); — **164.** Id.
Lumière animale et lumière minérale (C. R. Soc. de Biol., LVI, 476, 1904). — **165.** Achalme
(P.). *Électrotonique et biologie*, 245, chez Masson, 1913. — **166.** Dubois (R.). *Mécanisme
intime de la production de la lumière chez les organismes vivants* (Ann. Soc. Linn. de Lyon,
1913); — **167.** *Examen critique de la question de la biophotogénèse* (Ann. de la Soc. linn.,
Lyon, 1914); — **168.** *De la place occupée par la biophotogénèse dans la série des phénomènes
lumineux* (Ann. de la Soc. linn., Lyon, 1914); — **169.** *La Vie et la Lumière*, 1 vol. 338 p.,
48 fig. dans le texte, chez Alcan, éd., Paris, 1914; — **170.** *Luminescence obtenue avec certains composés organiques* (C. R. de l'Ac. des Sc., 431, 1901). — **170 bis.** Delépine (M.).
Sur quelques composés organiques spontanément oxydables avec phosphorescence (C. R. de
l'Ac. d. Sc., 1, p. 876, 1910), et *sur les sulfo-éthers-sels en éthers thioniques* (C. A. de l'Ac.
d. Sc., II, p. 279, 1911). — **171.** Pierantoni (Umberto). *La luce degli insetti luminosi e
la simbiosi ereditaria*, Napoli, 1914; — *Sulla luminosità degli organi luminosi di Lampyris
noctiluca L.* (Bollet. d. Soc. di naturali in Napoli, XXVII, série 2, vol. VII, 1914);
— *Organi luminosi, organi simbioci e glandola nidamentale accessoria nei cefalopodi* (Bull. d. Soc. d. Natur. in Napoli, vol. XXX, 1917). — **172.** Dahlgreen (Ulric).

The production of light by animals (Journ. of the Franklin Institute, 1915, 1917). — 173. Newton Harvey (E.). Studies of Light production by luminous bacteria (The Amer. Journ. of physiology, xxxvii, 1915) et Experiments on the Nature of the Photogenic Substance in the Firefly (Journ. of the Amer. Chemic. Soc., 1915). — 174. Dubois (R.). Examen critique de la question de la biophotogénèse (Ann. Soc. Linn. de Lyon, 1914) ; — 175. De la place occupée par la biophotogénèse dans la série des phénomènes lumineux (Ann. Soc. Linn. de Lyon, 1914); — 176. La biophotogénèse réduite à une action zymasique, mécanisme intime de la production de la lumière physiologique : Luciférase, luciférine, luciférescéines (Physiological Light. Intern. Congress of app. Chem., v. 19, p. 83, Washington and New-York, septembre 1912); — 177. La vie et la lumière. Alcan, éd., Paris, 1914. — 178. Gadeau de Kerville (H.). Les végétaux et les animaux lumineux. J.-B. Baillière, éd., Paris, 1887. — 179. Harvey (Newton). a) Studies on Light production by luminous bacteria (Amer. Journ. of physiology, xxxvii, n° 2, mai 1915); b) Studies on bioluminescence; c) On the Presence of Luciferin in luminous Bacteria (Amer. Journ. of physiology, xli, n° 4, octobre 1916); d) Experiments on the Nature of the photogenic Substance in the Fire-fly (Journ. of Amer. Chem. Soc., 1915, 37, p. 396); e) Experiment on the photogenic substance in the Fire-fly (Journ. of Amer. Chem., n° 2, 1915); f) The mecanism of Light production in animals (Science N. S., xliv, n° 1128, p. 208-209, aug. 11, 1916); g) Studies on bioluminescence and the Production of light of certain substances in the presence of oxidases (The Amer. Journ. of physiology, xli, n° 4, octobre, 1916); h) The light-producing substances photogenin and photophelein of luminous animals (Science, N. S., xliv, n° 1140, p. 652-654, 5 novembre 1916); — h) Studies on bioluminescence : The chemistry of Light production in Japanese Ostracod Crustacean, Cypridina hilgendorfi Müller. The Chemistry of Light production by Fire-fly; Light Production by a japanese Pennatulid; Cavernularia haberi (The Amer. Journ. of physiology, xlii, n° 2, janvier 1917); — i) What substance is the Source of the Light in the Firefly (Science N. S., vol. xlvi, n° 1184, 1917). — 180. Förster (G.). Ueber die Leuchtorgane und das Nerven system von Pholas dactylus (Zeitsch. für Wissensc. Zool., cix, H. 3, Leipzig und Berlin, 1914). — 181. Dubois (R.). Sur l'anatomie de la glande photogène de Pholas dactylus, à propos d'un travail de J. Förster (Ann. Soc. Linn. de Lyon, lxiii, 1916). — 182. Du rôle de la contractilité musculaire dans les sécrétions glandulaires (Ann. Soc. Linn. de Lyon, 1918). — 183. Les animaux et les végétaux lumineux et le secret de leur fabrication; la lumière de l'avenir. Conférence publique, avec projections et démonstrations expérimentales, faite au Congrès anglo-français pour l'Avancement des Sciences, au Havre, 30 juillet 1914 (C. R. de l'A. F. A. S., Paris). — 184. La biophotogénèse ou production de la lumière par les êtres vivants (Rev. gén. des Sc., p. et app., n° 17-18, 15-30 septembre, Paris, 1916). — 185. A propos des recherches de M. Newton Harvey, sur la biophotogénèse (C. R. de l'Ac. des Sc., clxv, p. 33, 1917). — 186. Étude critique de quelques travaux récents relatifs à la biophotogénèse (Ann. Soc. Linn. de Lyon, 1917). — 187. Dubois (A.). A propos de quelques recherches récentes de M. Newton Harvey, sur la biophotogénèse et du rôle important de la prélucifé-rine (C. R. de la Soc. de Biol., t. lxxx, p. 964, 1917). — 188. Dubois (R.). Nouvelles recherches sur la biophotogénèse. Synthèse naturelle de la Luciférine (C. R. de la Soc. de Biol., lxxxi, p. 317, 1918). — 189. Dubois (R.). Sur la lumière physiologique (C. R. de la Soc. de Biol., lxxxi, 1918). — 190. Réversibilité de la fonction photogénique par l'hydro-génèse de la Pholade dactyle (C. R. de la Soc. de Biol., 840, 1919). — 191. Harvey (N.). The action of the acid and Light in the reduction of Cypridina oxyluciferin (Journ. of Gen. Physiol., ii, n° 3, 207-213, 1920). — 192. Steere (Zeit. Wiss. Zool., 349, 1909). — 193. Harvey (N.). A fish with a luminous organ designed for the growth of luminous bacteria (Science, N. s., liii, n° 1370, 314-315, 1921). — 194. The Nature of animal light (Monography on experimental biology, J.-P. Lippincott Company, Philadelphia and London, 170 p., 32 fig., 1920). — 195. Dubois (R.). Analyse de l'ouvrage ci-dessus (Revista biologia, Perugia, 1921). — 196. Harvey (N.). Heat production during luminescence of Cypridina luciferin (Journ. of Gen. Physiol., ii, 137-143, 1919 et Carbon dioxyde production during luminescence of Cypridina luciferin, ibid., 133-135, 1919). — 197. Dubois (R.). Pseudo-cellules symbiotiques aérobies et photogènes (C. R. de la Soc. de Biol., lxxxii, 1-3, 1919). — 198. Coblentz (W.-W.). Carnegie Institution of Washington publications, n° 164, 1912). — 199. Kanda (N.) (Journ. of Gen. Physiol., i, 544-545, 1920). — 200. Harvey (N.). Is *the luminescence of Cypridina an oxydation. (Journ. of Gen. Physiol.,* LI, n° 3, 1920). — **201.** TRAUTZ *(Zeitsch. f. Electrochem.,* 1904 et *Zeitsch. Phys. Chem.,* 1905).—**202.** MORTARA (S.) *Sulla biofotogenesi (C. R. d'Acc. naz. de Lincei,* XXXI, sér. 5, fasc. 5, 1922); et *E. accettabile teoria simbiotica della fotogenesi animale ? (Rivista di biologia,* IV, fasc. 11, 1922).

LUMIÈRE (Action de la sur les êtres vivants). — Il est

vraisemblable que dans la Nature, dans l'Univers, le mouvement est représenté par une gamme chromatique ininterrompue, insensiblement continue, ascendante depuis les ondulations de longueur d'onde infinitésimales, intimement unies et confondues avec les dernières particules de ce que les dualistes appellent encore « matière », jusqu'aux ondulations à très grandes périodes, dont la longueur et la durée sont peut-être très supérieures à certaines variations cosmiques, qui nous sont connues, mais dont nous ignorons encore les lois.

De cette gamme continue, nous ne connaissons que quelques fragments épars, dont l'existence et la nature nous sont révélées soit par nos organes des sens, soit par les effets qu'ils produisent en dehors d'eux, soit encore par les instruments ou appareils imaginés par l'homme pour les étudier par l'observation, l'expérimentation et avec le secours du calcul.

Les ondulations qui impressionnent notre rétine et que nous appelons « lumière » intéressent au plus haut point le physiologiste, puisque sans elles, la vie, telle qu'elle est actuellement tout au moins, ne pourrait exister. Mais dans la gamme ascendante, dont il est question, les ondulations lumineuses proprement dites, sont précédées par de plus petites et suivies par d'autres plus longues, qui n'agissent pas sur notre organe visuel, bien qu'elles se continuent d'une manière insensible avec les ondulations lumineuses. Aux plus petites, on a donné le nom de rayons *ultra-violets* et aux plus longues, celui de rayons on radiations *infra-rouges.*

Les longueurs de ces ondes λ sont habituellement comptées en unités Augström (unités A.), chaque unité étant égale au dix-millionième de millimètre. Le spectre visible se trouve ainsi limité à ses extrémités aux longueurs d'onde 8 000 A. environ pour le rouge et de 4 000 A. pour le violet ; au delà de 8 000 A, on a l'infra-rouge, en deçà de 4 000 A., l'ultra-violet, sans qu'il existe de démarcations précises réelles, car il ne s'agit que de simples divisions subjectives et artificielles. Pour déceler les radiations qui n'impressionnent pas notre rétine, il faut des détecteurs très sensibles, mais autres que l'œil : on se sert pour l'étude des radiations infra-rouges d'*appareils thermométriques* (piles thermo-électriques, radiomètres, bolomètres,...) et pour l'étude des radiations ultra-violettes, de la *plaque photographique, des actinomètres,* etc.

Cela ne veut pas dire que les radiations infra-rouges soient seules calorifiques, car les appareils thermométriques sont sensibles à toutes les radiations lumineuses, même à l'ultra-violet, sensibilité qui va en s'atténuant sans doute avec l'accroissement de réfrangibilité des rayons, mais sans devenir nulle ; et, de même, l'emploi de la plaque photographique n'est pas limitée à la région ultra-violette ; on sait que les plaques au gélatino-bromure sont parfaitement utilisables jusqu'à la naissance du bleu dans le spectre visible. Et, si l'on se sert de plaques orthochromatiques, on peut photographier non seulement tout le spectre visible, mais encore le commencement de l'infra-rouge.

Dans l'état naturel, on ne peut donc pas étudier séparément ce qui doit être attribué à l'action globale des radiations obscures et des radiations lumineuses du spectre solaire. Pour faire la part respective du rôle spécifique de chacune d'elles, il faut avoir recours à des artifices d'expérimentation, et au lieu de s'attacher d'abord à définir les propriétés de la zone lumineuse, qui sont enchevêtrées avec celle des deux zones obscures voisines, infra-rouge et ultra-violette, nous commencerons par rechercher les propriétés dominantes de ces dernières.

I. — ACTION DES RADIATIONS ULTRA-VIOLETTES
SUR LES ÊTRES VIVANTS

Pour étudier expérimentalement l'action physiologique des rayons ultra-violets, il faut se servir de foyers construits spécialement. Le verre (flint) laisse passer les radia-

tions ultra-violettes d'une longueur d'onde supérieure à 3 600. Au-dessous de 3 600 et
jusque vers 1 700 A, il faut substituer le quartz au verre. Au delà, l'air lui-même devient
opaque sous une très faible épaisseur et pour permettre d'aller jusqu'à la longueur
d'onde de 1 250, il faut remplacer le quartz par de la fluorine (fluorure de calcium ou
spath fluor) ; en outre, il faut opérer dans le vide.

On se sert dans les laboratoires de lampes composées d'un tube fermé, en quartz,
dans lequel on fait un vide aussi parfait que possible et dont les extrémités renferment
du mercure représentant ainsi les électrodes auxquelles des fils de fer ou de platine
scellés dans le tube même amènent le courant. Le spectre ultra-violet du mercure
allant de λ 3 650 jusqu'à λ. 2. 225 A., le quartz le transmet en totalité. Les qualités
physiques du quartz permettent, en outre, de dépenser une quantité plus considérable
d'énergie dans la lampe, c'est-à-dire d'accroître notablement la densité de la vapeur
de mercure et d'augmenter énormément le rayonnement.

Pour mesurer l'intensité des radiations, on peut utiliser la formation du précipité
de calomel, qui a lieu quand on expose aux rayons chimiques un mélange de solutions
d'oxalate d'ammonium et de sublimé. BORDIER se sert du ferro-cyanure de potassium,
qui, exposé aux U. V., passe du blanc à un jaune de plus en plus foncé selon le temps
de pose et l'intensité des rayons. De la sorte, on obtient une échelle des teintes, dont
on fixe les degrés en fonction d'une unité déterminée et qui est la quantité de U. V,

qui, agissant normalement, sur une solution de $\frac{n}{10}$ d'azotate d'argent et sur une épaisseur de 1 centimètre, est capable de réduire 1 millimètre d'argent par centimètre carré.

En 1901, ANDERSON a inventé un appareil de mesure basé sur l'influence qu'exercent
les U. V. sur la longueur de l'étincelle produite par une bobine.

L'intensité des U. V. croît avec le voltage très vite : c'est-à-dire avec la différence de
potentiel entre les électrodes et dans des conditions égales. Cette intensité décroît en
s'éloignant de la lampe comme l'intensité lumineuse elle-même, c'est-à-dire selon le

carré des distances $\frac{1}{D^2}$. Suivant certains auteurs, il y a avantage à employer des
lampes refroidies, mais alors il faut consommer davantage de courant que pour une
lampe non refroidie pour avoir un égal rendement en U. V. Les lampes refroidies conviennent mieux pour l'expérimentation physiologique. On a avantage à employer un
faible régime électrique avec une lampe refroidie qui permettra d'opérer à courte
distance de la colonne lumineuse.

Propriétés chimiques des U. V. — Pour comprendre l'action physiologique exercée
par les U. V. sur le bioprotéon ou substance vivante, il est utile de dire quelques mots
de leurs propriétés chimiques, qui ont été étudiées systématiquement dans ces temps
derniers principalement par BIERRY, Victor HENRI, Albert RANC (29), puis par D. BERTHELOT
et GAUDECHON (5) et par divers autres expérimentateurs. BIERRY, Victor HENRI, ALBERT
RANC ont été les premiers à expérimenter l'action de U. V. sur les hydrates de carbone.
Ils ont constaté l'apparition de réductions dans les solutions de certains polyases, comme
le saccharose, et de glucosides tels que l'amygaline. Pour analyser le phénomène, ils se
sont ensuite adressé à des molécules moins complexes, tels que le d-fructose ou bien
lévulose. Ils constatèrent alors que sous l'influence des U. V, la molécule de ce monose
subit une dégradation profonde jusqu'à formation d'aldéhyde formique et d'oxyde de
carbone. C'était la première fois que, sans ferments, ni agents chimiques, on obtenait
une telle dégradation de ce sucre. La présence d'aldéhyde formique parmi les produits
de cette décomposition a une certaine importance biologique. On sait, en effet, qu'au
cours d'un travail chlorophyllien, l'aldéhyde formique prend naissance au dépens de
CO^2 et de H^2O et se condense ultérieurement pour former des réserves hydro-carbo-
nées. Ce composé se trouve donc à la base de la synthèse et de la dégradation des sucres.

Comme type de polyalcools, les mêmes auteurs ont choisi la glycérine. Cet alcool
triatomique soumis à l'action des U. V, s'oxyde en milieu neutre, en donnant la glycé-
rose qui est un sucre à trois atomes de carbone. La même expérience faite en milieu
alcalin donne naissance à un hexose : le β-acrose. Dans les cas d'une source de U. V
très puissante, la glycérine se dégrade très vite jusqu'à production d'aldéhyde formique, d'acides et d'autres produits à fonctions aldéhydiques.

Les mêmes expérimentateurs ont obtenu avec la saccharose, l'hydrolyse en glucose et lévulose, l'oxydation avec production d'acide et dégradation allant jusqu'à la formation, entre autres corps, de l'aldéhyde formique et de l'oxyde de carbone. La réaction d'hydrolyse apparaît comme une réaction d'ordre primaire se produisant sur les molécules de saccharose et d'eau aussi bien dans le vide qu'en présence de l'oxygène, il ayant lieu en solution neutre, comme en solution acide. La réaction d'acide par oxydation est aussi une réaction primaire. L'apparition des produits gazeux au contraire est secondaire et ne se montre pas quand on immobilise les acides par le carbonate de calcium.

Ces expériences, dans des conditions différentes, peuvent être produites par des agents chimiques ou biochimiques, comme les ferments, mais la délicatesse de l'action des agents photochimiques les rapproche surtout de l'action des diastases. D'une manière générale, les effets des U. V. sont comparables à ceux de la chaleur et de l'électricité. Ils produisent, à froid, une foule d'oxydations et de combustions totales que la chaleur ne réalise qu'à la température du rouge. Ils ont des effets analogues à ceux qu'opèrent les ferments, par exemple, le ferment nitreux, car l'azote ammoniacale est par eux ramenée au stade nitreux, comme dans la nitrification naturelle.

Les U. V. possèdent le pouvoir de polymérisation et aussi de combinaison, qui leur permet de réaliser à la température ordinaire des *photosynthèses* rappelant les synthèses effectuées par les végétaux. Telle est la polymérisation du cyanogène gazeux, qui est condensé en paracyanogène solide, la polymérisation des carbures non saturés à liaison double (l'éthylène est polymérisé sous la forme d'un liquide cireux) ou triple (l'acétylène est précipité au bout de quelques secondes sous forme d'un composé solide, jaune ; l'allylène sous forme d'un solide blanchâtre) : les carbures saturés n'ont pas de tendance à la polymérisation ; toutefois, si le méthane se trouve en présence de l'oxygène, il perd de l'hydrogène sous l'influence des U. V. et forme des homologues très condensés du groupe des paraffines. La reproduction de la synthèse chlorophyllienne a été réalisée dans ses traits principaux par Berthelot et Gaudechon (5), à savoir : décomposition de CO^2, combinaison de CO et de H (synthèse de l'aldéhyde formique) et polymérisation de HCOH en hydrates de carbone plus condensés et cela à la température ordinaire, c'est-à-dire dans les conditions naturelles. Il y a lieu de signaler encore dans les composés quaternaires, la synthèse de l'amide formique avec CO et AzH^3 (point de départ des substances albuminoïdes).

J. Stoklasa et W. Zdobnicky en soumettant à l'action des U. V. un mélange d'acide carbonique et de vapeur d'eau en présence de la potasse, ont vu se former de l'aldéhyde formique. Si au lieu de vapeur d'eau, on emploie de l'hydrogène naissant, il se forme du sucré : si l'on ne fait pas agir les U. V, il se forme de l'acide formique. Dans la cellule contenant de la chlorophylle, d'après ces auteurs, l'hydrogène, à l'état naissant, exerce une action réductrice non pas sur CO^2, mais sur le bicarbonate de potasse ; il se forme ainsi de l'aldéhyde formique, qui, en présence de la potasse, se transforme en hydrate de carbone.

Ce qu'il y a de plus remarquable dans une foule d'actions photochimiques, c'est leur réversibilité : combinaison de H et de O, d'une part, et inversement, décomposition de la vapeur d'eau ; combinaison de CO et de H et décomposition de HCOH ; polymérisation de HCOH en hydrates de carbone plus condensés et dépolymérisation : on peut avoir de même, selon les cas, formation et destruction d'eau oxygénée.

Action sur les toxines. — D'après Dreyer, et Haussen, c'est aux U. V. que la lumière doit son action affaiblissante sur les enzymes, toxines, anticorps et décomposante sur les glucosides : la cyclamine et la saponine se dédoublent avec un fort éclairage.

L'action sur les toxines est entravée par l'absorption due à l'état colloïdal, laquelle est considérable : il faut, par exemple, d'après les recherches récentes de Courmont et Nogier, Cernovodeanu et V. Henri (11), diluer la toxine tétanique avec de l'eau au 1/2000 pour obtenir la suppression de la toxicité. La même observation a été faite sur les toxines diphtéritiques et rénitique par Baroni, Jouesco, Mohaiesti. Si l'on ne fait pas de dilution, il faut faire agir les U. V. sur des couches extrêmement minces. La tuberculine de Kock offre une grande résistance.

L'action sur les sérums est au contraire très sensible. Les sérums tuberculeux et d'autres perdent rapidement leur faculté d'être précipités. Ils deviennent opalins et visqueux, puis, à la longue, se gélatinisent.

D'après VEINBERG et RUBINSTEIN, les U. V. détruisent le pouvoir antiseptique et antitryptique du sérum humain. BRETON a constaté qu'un sérum syphilitique, donnant par la méthode WASSERMANN une réaction positive, ne semblait pas modifié à ce point de vue par l'exposition aux U. V., pendant 1 h. 1/2 à 2 h., à dix centimètres de la lampe.

JOUESCO, MOHAIESTI et BARONI ont remarqué que, sous l'action des U. V., le sérum alexique du cobaye, le sérum hémolytique du lapin agissant sur les hématies du mouton perdaient plus ou moins rapidement leurs propriétés spécifiques. Le sérum anticholérique cesse de fixer l'alexine en présence du vibrion-cholérique : il cesse aussi de produire la bactériolyse des vibrions et son agglutinine est rapidement détruite. De même, le sérum antidiphtérique du cheval perd son pouvoir protecteur contre la toxine. Ces mêmes auteurs ont fait perdre au sérum dilué du cheval la toxicité diphtéritique et il devient inoffensif, pour les animaux anaphylactisés. Il perd également la propriété d'être précipité par un antisérum.

STASSANO et LAMOTTE ont vu que les bacilles typhiques tués par stérilisation au moyen des U. V. conservent leur aptitude agglutinative initiale. Ils sont agglutinés au même titre que les bacilles vivants, avec seulement un léger retard. Mais ce retard est beaucoup moindre pour les bacilles irradiés que pour les bacilles tués par la chaleur ou par le formol. Ce moyen offrirait donc des avantages pratiques réels dans la préparation des émulsions bactériennes destinées aux séro-diagnostics.

L'action des U. V. sur les *venins* a été également étudiée. Le venin de cobra est détruit beaucoup plus rapidement que le sérum anti-venimeux, même si le venin est dilué dans le sérum de cheval (MASSOL).

Action des U. V. sur les ferments dits solubles ou zymases. — Au point de vue physico-chimique, la substance vivante ou bioprotéon est à l'état colloïdal instable. Elle se présente sous l'aspect gélatineux (biohydrogèles) ou plus ou moins fluide (biohydrosols). Comme toute substance colloïdale, elle est constituée fondamentalement par des granulations en suspension, comme sont les gouttelettes dans une émulsion. Les plus petites de ces granulations ne sont même pas visibles à l'ultramicroscope, mais on peut le faire apparaître par certains artifices, par exemple par hydratation. Les granulations zymasiques sont les parties actives du bioprotéon ; ce sont elles qui produisent les phénomènes de synthèse et d'analyse, dont il est le siège : les unes sont très petites (microzymases), d'autres plus visibles au microscope, présentent une forme et une constitution morphologique déterminées (purpurase, luciférase). C'est à ces dernières que R. DUBOIS a donné le nom de « macrozymases » pour les distinguer des précédents. Elles possèdent la constitution de ces corpuscules élémentaires de la substance vivante ou bioprotéon qu'il avait découverts et décrits sous le nom de *vacuolides* et que les Allemands ont nommés depuis « mitochondries ». Il les avait comparés à de très petits leucites, à des microleucites et l'exactitude de cette assimilation a été bien mise en lumière, mais beaucoup plus tard, par GUILLIERMOND, de Lyon.

Il convient donc de commencer l'étude de l'action des U. V. sur la substance vivante par celle qu'ils exercent sur les zymases qui, non seulement interviennent dans tous les phénomènes de l'activité bioprotéonique, mais encore sont influencés de la même manière que le bioprotéon par les agents physiques et chimiques dans un grand nombre de cas et, à tel point, qu'on ne peut s'empêcher de les considérer comme quelque chose d'encore vivant.

Les U. V. agissent sur les diastases ou zymases, mais avec des sensibilités différentes.

AGULHON (1) a reconnu que l'amylase et la sucrase du malt sont très rapidement atténuées par les U. V. L'amylase pancréatique et la pepsine sont beaucoup plus résistantes ; l'émulsine et la présure le sont moyennement. En tous cas, il y a toujours atténuation en quelques heures d'exposition. Elles sont d'autant plus résistantes qu'elles sont plus concentrées, ce qui n'a rien d'extraordinaire puisqu'elles sont à l'état colloïdal.

D'après Schmidt et Nielsen, la lumière de la lampe à arc agissant pendant 15 secondes rend inactifs les 75 ou 95 centièmes de la diastase.

Selon J. Giaja, les U. V. diminuent l'action du suc d'Hélix et ils agissent également sur les deux agents diastasiques contenus dans l'émulsine : sur celui qui met en liberté C N H et sur celui qui hydrolyse la biose de l'amygdaline. C'est sans doute à l'action des U. V. qu'il convient d'attribuer l'action des radiations solaires sur l'émulsine notée par Marino et Sericano. L'émulsine soumise aux rayons du soleil présente de jour en jour de très grandes oscillations de son activité. Cela tient, d'après ces auteurs, aux sels que la solution renferme. Si l'on enlève le phosphate de magnésie, l'émulsine est rendue indifférente à la lumière, le phosphate étant uni, semble-t-il, à l'émulsine en une véritable combinaison sensible à la lumière.

C'est encore aux radiations chimiques probablement qu'il faut attribuer la destruction de la catalase par les rayons visibles du spectre, si la lumière est suffisante, aussi bien en présence de O^2 qu'en son absence. L'alcool, l'aldéhyde, les formiates protègent la catalase contre la lumière.

On n'a pu donner aucune explication du mécanisme intime de l'action des U. V. sur les diastases. On sait seulement que, toutes choses égales d'ailleurs, la catalase de panne de porc, par exemple, et l'émulsine sont moins activement détruites dans le vide qu'en présence de l'O., tandis que la présure est attaquée d'une façon aussi intense en présence d'oxygène et dans le vide.

Action des rayons ultra-violets sur les cellules vivantes et sur les organismes. — On connaît depuis longtemps déjà l'action bactéricide, stérilisatrice de la lumière solaire. D'après les recherches de Hestel sur *bacillus Coli*, de Rang, de Raybaud sur des moisissures et celles d'autres expérimentateurs, c'est à la présence des U. V. dans la lumière solaire qu'il convient de l'attribuer. Mais ces effets de la lumière solaire ne peuvent être comparés à ceux des U. V. produits par la lampe en quartz à vapeur de mercure. La limite des U. V. solaires est, en effet, de 2.950 A., car tous les rayons de longueur d'onde inférieurs à 2.950 A sont absorbés par l'atmosphère et ne nous arrivent pas; or, les U. V. sont surtout bactéricides au-dessus de 2.800 A. et c'est en s'appuyant sur ce fait et sur des expériences directes que Paul Becquerel (4) a pu démontrer l'inanité de la théorie des cosmozoaires, c'est-à-dire des germes vivants traversant les espaces célestes pour venir se développer à la surface du globe.

L'étude de l'action bactéricide des rayons solaires, ou plutôt de l'action de la lumière sur les bactéries a été, d'après E. Lobstein, faite pour la première fois dans le remarquable mémoire de Downes et Blunt datant de 1877. « Les différents facteurs, dit Lobstein, dont dépend cette action sont si nettement indiqués que les travaux publiés depuis par Duclaux, Arloing, Strauss, Roux, Buchner, Franckland et Marshall-Ward n'ont pu que préciser leur influence sans rien ajouter d'essentiel ».

D'après ces divers auteurs, la partie chimique seule du spectre est active. Il y a simplement retard du développement de la colonie si l'insolation a été courte, empêchement total si elle a été longue.

La lumière diffuse est très peu active, et même, si la lumière diffuse est très peu intense, les cultures peuvent se faire aussi bien que dans l'obscurité.

Pour les diverses espèces microbiennes, il y a évidemment des différences de résistance individuelle. La virulence va en diminuant à mesure que le bacille se rapproche de la durée d'exposition mortelle. La présence de l'air favorise l'action de la lumière, car dans le vide Roux a montré que la résistance est beaucoup plus grande toutes choses égales d'ailleurs. Cet expérimentateur a montré que des spores de bactéries charbonneuses insolées à l'abri de l'air donnaient encore une belle culture après 83 heures d'insolation, alors qu'exposées à l'air dans les mêmes conditions, elles périssaient en moins de 30 heures. Duclaux et Roux constatèrent également que ces spores charbonneuses ne se développent plus dans un milieu de culture qui avait été exposé en plein soleil pendant 3 ou 4 heures : ils émirent alors l'hypothèse que sous l'action du soleil et de l'air, il se produisait dans le milieu nutritif un changement chimique nuisible au développement des germes (changement de réaction des liquides, oxydations des corps gras).

Quelques années plus tard, Richardson (1893), puis Dieudonné et Marshal-Ward

(1894), signalèrent la formation d'eau oxygénée dans les liquides de culture exposés au soleil et attribuèrent à l'apparition de cet antiseptique un rôle prépondérant mais, d'après LOBSTEIN, exagéré.

TRESKINKAJA au sanatorium de DAVAS, en 1910, constata que l'action bactéricide de la lumière est plus grande en été qu'en hiver, que cette action croît avec la hauteur du lieu, que d'autre part, l'action de la chaleur, qui se superpose à celle de la lumière, ne peut être invoquée, car une culture soumise à une chaleur sèche de l'étuve de 65° à 70° demeure encore virulente au bout de 80 heures.

H. THICLE et KURT WOLF (34) pensent que les U. V. ne tuent pas les bactéries par un changement de milieu, mais par une action directe. Pour rechercher quels rayons sont effectivement nuisibles aux bactéries, les auteurs interposent entre la source et le bac qui les contient divers corps absorbants pour tout ou partie de l'ultra-violet. Une plaque de verre de 0 c. m. 135 arrête toute action. Une solution d'acide oxalique à 10 pour 100, qui limite vers 300 $\mu\mu$ le spectre ultra-violet, agit de même : une solution de même teneur en sulfocyanure de potassium, qui le limite à 265 $\mu\mu$, laisse au contraire la lumière détruire les bactéries. C'est donc entre ces limites que se trouve la partie la plus active du rayonnement de l'arc. Pour ne laisser agir que la lumière ultra-violette, les auteurs n'ont trouvé comme écrans convenables que le sel gemme bleu.

Il résulte des recherches de HERTEL sur *bacillus Coli* de RANG, de RAYBAUD, de BECQUEREL sur les spores, de DONFLÈRES et RAYBAUD sur les mucorinées et les moisissures, que les U. V. sont surtout bactéricides au-dessous de 2800 A., par conséquent la limite des U. V. solaires arrivant à la surface du globe étant de 2.950 A., leur pouvoir abiotique est beaucoup moins grand que celui des U. V. de la lampe en quartz à vapeur de mercure.

Cette dernière action est tellement forte que Paul BECQUEREL (3) a pu démontrer que dans le vide et aux plus basses températures, les spores, même sèches, étaient tuées. ROCHAIX et COLIN ont signalé plus tard des résultats analogues avec des bacilles desséchés, nouvel argument invoqué par PAUL BECQUEREL contre la théorie des poussières cosmiques renfermant des cosmozoaires ou des germes emportés par la pression de la lumière au travers des espaces planétaires, suivant l'hypothèse de SWANTE ARRHENIUS.

En 1907, PAUL BECQUEREL a vu également que les radiations de l'arc au fer oxydent les téguments des graines et les graines décortiquées en état de vie latente et qu'à la longue cette action peut retarder et même abolir la germination.

En 1907, HERTEL a montré que l'action des U. V. s'étend plus loin dans le domaine de l'activité abiotique ou destructive que l'activité chimique sur la plaque photographique, car il existe encore des U. V. bactéricides à 2.100 A. RAYBAUD (26) a obtenu des résultats de même ordre avec *Phycomyces nitens* : alors que l'action de l'ultra-violet s'arrête sur la photographie à 2.302 A., elle s'étend sur *Phycomyces* jusqu'à la radiation 2.200 A.

D'après le même auteur, les U. V. déterminent une énorme contraction des mycéliums des mucorinées, la membrane mycélienne peut être même déchirée et la masse plasmique s'en détacher. Le suc cellulaire forme un manchon liquide épais entre ce dernier et la membrane : il est plasmolysé, ou mieux deshydraté et l'on ne voit plus alors les courants se produire.

C'est à un mécanisme du même ordre qu'il convient d'attribuer les effets des U. V. sur les végétaux plus élevés. Les feuilles de végétaux chlorophylliens exposés pendant quelques minutes deviennent noires au bout de deux à trois jours. Si on les fait agir sur des plantes susceptibles, par le contact des zymases avec des glucosides ou autres corps qu'elles contiennent, mais à l'état séparé, de donner des essences (Laurier-Cerise, Moutarde, Mélilot et autres plantes à Coumarine, gousse de Vanille etc.), il se dégage très vite les odeurs caractéristiques par suite des déplacements des sucs cellulaires se produisant par le même mécanisme que celui qui a été découvert et décrit par R. DUBOIS sous le nom d'*atmolyse*. Sous ce rapport, il y a donc lieu de rapprocher l'action des U. V. de celle des vapeurs de chloroforme, d'éther et de tous les anesthésiques généraux, qui, comme l'a montré R. DUBOIS, agissent d'ailleurs comme la congélation (35). Mais l'action des U. V. diffère en ce qu'elle détruit les spores sèches, comme l'a fait voir P. Becquerel, tandis qu'elles peuvent résister aux vapeurs des anesthésiques généraux et aux températures les plus basses.

Dufour et Forel avaient depuis longtemps indiqué la sensibilité des fourmis à l'action des U. V. En faisant agir la lumière ultra-violette d'un spectre intense sur des fourmis et sur leurs nymphes, les auteurs ont vu les fourmis transporter les nymphes de la partie soumise à l'ultra-violet, dans les régions complètement obscures de la caisse servant à l'expérience. Loeb observe ce qu'il appele improprement l' « héliotropisme » sur des larves de Balanes, sur des Daphnies, des *Gammarus* et des Copépodes divers sous l'action des U. V., mais cet effet disparaît au bout de 10 à 20 minutes.

D'après Lévy F., les U. V. ont une action toxique sur les spermatozoïdes et les œufs de grenouille. Il en serait de même sur les œufs d'oursin (*Paracentrotus lividus*), ce qui constitue une difficulté pour cinématographier la marche de la segmentation : des œufs chez lesquels on la provoque par des procédés artificiels, et qui sont moins résistants que les autres (Fred Vlès).

Les animaux inférieurs adultes, tels que les amibes, infusoires, trypanosomes, sont comme les moississures, et autres champignons inférieurs (mucorinées et microbes), détruits par les U. V.

D'après Raybaud (26), les U. V. de la lampe à mercure peuvent encore exercer une action mortelle sur des animaux d'un ordre plus élevé. Ceux qui ont la peau nue ne résistent pas aux effets de la lampe placée à un mètre cinquante centimètres, alors que la température n'excède pas d'un degré celle du milieu ambiant. Les animaux qui possèdent une enveloppe ou un tégument épais ont plus de chances de résistance. Certains insectes, tels que les mouches qui sont blessées mortellement par les radiations ultra-violettes, doivent, d'après l'auteur, présenter quelque défaut à leur cuirasse chitineuse. Il a expérimenté sur des têtards de grenouilles, des mouches domestiques, des sauterelles grises, des scarabées et des souris blanches.

Victor Henri (M. et Mᵐᵉ) (31) ont étudié l'excitation des organismes par les rayons ultra-violets et ont tiré de leurs expériences les conclusions suivantes :

1° Il existe un seuil très précis pour l'excitabilité par les rayons ultra-violets ; 2° la photo-excitabilité est d'autant plus grande que la proportion de rayons ultra-violets est plus forte ; 3° il existe une valeur au delà de laquelle l'animal ne réagit plus, quelle que soit la durée de l'irradiation ; 4° lorsqu'on augmente l'intensité du rayonnement de l'ultra-violet, la durée nécessaire pour provoquer une excitation diminue de plus en plus ; 5° lorsqu'on augmente l'intensité du rayonnement, l'énergie du rayonnement ultra-violet nécessaire pour provoquer une excitation passe par un minimum ; 6° il y a une loi d'induction physiologique qui consiste en ce qu'une excitation ultra-violette de durée inférieure au seuil provoque des effets qui augmentent encore pendant un certain temps après la cessation de l'irradiation : ces effets s'effacent ensuite progressivement.

De sorte qu'en résumé, il existerait une excitabilité physiologique par les rayons ultra-violets ; elle pourrait être étudiée avec autant de précision que l'excitabilité électrique, lumineuse de la rétine, tactile et auditive.

La photo-excitabilité obéit à des lois de seuil, de minimum d'énergie et à la loi d'induction physiologique.

D'une manière générale, les petites longueurs d'onde sont plus destructives que les grandes pour le bioprotéon. Ce pouvoir abiotique augmente au fur et à mesure que la longueur d'onde diminue : il est proportionnel au coefficient d'absorption du bioprotéon. Sous l'action des U. V., ce dernier devient granuleux. L'épiderme exposé à des longueurs d'onde inférieures à 3 000 A. est brûlé, desquamé et une action prolongée peut amener de la vésication. Les yeux sont atteints de conjonctivite très douloureuse. On peut les protéger cependant, en se servant de lunettes de verre renfermant un sel de chrome ou bien dont les verres ordinaires sont recouverts par une pellicule de gélatine imbibée de picrate d'ammonium ou d'acide picrique, qui arrête le violet et l'ultra-violet.

Les effets sur la peau se rapprochent beaucoup de ceux que déterminent les rayons X, mais les radiodermites produites par les U. V. sont beaucoup plus bénignes et plus rapidement guéries que les radiodermites Röntgeniennes. Aussi les U. V. ont-ils été employés, surtout en Allemagne, par FINSEN, contre une foule de maladies bactériennes : eczéma, lupus, acné, furonculose, herpès tonsurant.

Mlle CERNOVODEANU et M. NÈGRE ont signalé l'action énergétique que les rayons de la lampe à quartz exerce sur les tissus cancéreux des souris : ils auraient pu, dans certains cas, obtenir une destruction complète des tumeurs.

Les différences dans l'absorption des rayons ultra-violets par les divers constituants chimiques du bioprotéon ont été étudiés par une nouvelle méthode permettant d'agir électivement sur ses divers constituants, par Mme V. HENRI et VICTOR HENRI. *Biol.*, 20 décembre 1912, LXXIII.

Une loi générale domine toutes les actions photochimiques : c'est la loi d'absorption photochimique qui a été énoncée d'abord par GROTTHUS en 1818 : « Ce sont les rayons absorbés par une substance qui produisent les actions chimiques sur cette substance. » Cette loi a été vérifiée d'une façon quantitative par LASAREFF, en 1906, pour les rayons visibles et par WURMSER pour les U, V. : il y a proportionnalité entre l'intensité de l'action photochimique produite sur un corps par des rayons de longueur d'onde déterminée et l'absorption de ces rayons par ce corps.

Il en résulte que si l'on veut connaître l'action produite par des rayons différents sur un corps, on doit avant tout déterminer d'une façon quantitative l'absorption de ces rayons par ce corps, c'est-à-dire établir son spectre d'absorption.

En appliquant ces principes avec des sources intenses (arc à mercure ou étincelles condensées entre les électrodes de cadmium) les auteurs ont déterminé quelles sont les valeurs de l'absorption par divers corps et montré que l'on peut, par exemple, attaquer dans une cellule vivante seulement les lipoïdes en laissant presque intacts les albuminoïdes, ou, au contraire, agir plus particulièrement sur les constituants albuminoïdes.

Pour les usages médicaux, la lampe ordinairement employée est celle de KROMAYER, qui a été perfectionnée de façons diverses. Nous renvoyons à l'article **Photothérapie**.

Stérilisation de l'eau. — En 1903, PREISZ, puis SEIFERT en 1905, MARC DE BILLON-DAGUERRE en 1906, proposèrent les premières applications des U. V. à la stérilisation de l'eau et de divers liquides alimentaires. En particulier pour l'eau, DE BILLON-DAGUERRE entreprit des recherches en faisant arriver le liquide dans un cylindre portant à son centre une lampe en quartz, mais ce n'est qu'en 1909 que la stérilisation de l'eau fut étudiée d'une façon très approfondie par COURMONT et NOGIER (LOBSTEIN).

L'eau ne doit pas être trouble. On peut la faire passer avec une vitesse convenable sous la lampe ou mieux immerger celle-ci. Les U. V. ne sont actifs dans l'eau claire qu'à 0 cm.30 de leur source. NOGIER a fait construire, à cet effet, des appareils permettant de stériliser de la sorte 400 à 600 et jusqu'à 1 000 litres d'eau à l'heure.

La stérilisation est complète, immédiate. Ainsi COURMONT et NOGIER avaient souillé des eaux avec du Bacille de la fièvre typhoïde et des Coli-bacilles presque dans la proportion de mille millions par centimètre cube (alors que les eaux les plus impures en renferment et rarement plus de 1 000) et, à la sortie de l'appareil NOGIER, dans lequel l'eau passe en couches minces autour de la lampe, avec un débit pouvant cependant atteindre 1 000 litres à l'heure, l'eau était absolument privée de germes. Ces résultats ont été confirmés par MIQUEL, VICTOR HENRI, VALLET.

D'après les expériences de MIQUEL, des spores de *B. mesentericus* ou d'une espèce analogue, qui résistent pendant plusieurs heures à la température de l'ébullition de l'eau, n'ont pas résisté avec un débit de 80 litres à l'heure. Cette stérilisation ne communique aucun goût et n'altère en rien la potabilité de l'eau.

Dans le court laps de temps nécessaire à la stérilisation, les impuretés ne sont pas modifiées. Il ne se forme pas d'eau oxygénée, pas d'ozone, ce ne sont donc pas ces produits qui détruisent les microbes.

Tous les microbes ne sont pas sensibles aux mêmes degrés. Par ordre de sensibilité décroissante, on peut les classer ainsi d'après Mlle CERNOVODEANU et V. HENRI : Staphylocoques, Vibrion cholérique, Coli-bacille, Bacille typhique, Pneumobacille de Friedlander, Bacille charbonneux, Bacille tétanique, Bacille phléole, Bacille subtilis, Sarcine orange.

La durée de l'exposition est diminuée par l'augmentation du voltage ; avec un voltage double, la durée est diminuée de cinq fois. Les microbes jeunes sont beaucoup plus sensibles que ceux des cultures âgées.

La température n'exerce pas une grande influence sur l'action des U. V. Ainsi, la stérilisation s'obtiendrait aussi bien lorsque le milieu microbien est congelé et les différences sont insignifiantes pour les températures de 0°, 18°, 25° et 50° (V. HENRI). Ces résultats concordent d'ailleurs avec ce fait que les vitesses de réaction purement photochimiques varient excessivement peu avec la température. Ainsi pour la réaction photochimique de l'acide oxalique et du perchlorure de fer, la vitesse est égale à 13,25 à 4° et à 13,65 à 44°.

Cependant, d'après THICLE et WOLFF (1907), l'élévation de la température activerait le pouvoir bactéricide des U. V., ainsi d'ailleurs que celui des autres longueurs d'onde.

L'irradiation préalable pendant pendant plusieurs heures de l'eau ou d'un liquide nutritif n'aurait aucune influence sur les microorganismes que l'on introduit ensuite dans cette eau ou dans ce milieu et qui s'y développeraient parfaitement, contrairement à certaines conclusions de DUCLAUX.

La *stérilisation des liquides opaques*, surtout des liquides renfermant des colloïdes (lait, bouillon, bière) ou du cidre et du vin, est rendue très difficile par l'absorption très rapide des U. V. qui ne pénètrent plus que de quelques millimètres (FINSEN, COURMONT et NOGIER).

Pour tourner cette difficulté, Victor HENRI et STODEL ont imaginé de faire passer sous une lampe à films une couche de lait de 0m21 d'épaisseur entraînée par un cylindre tournant sur son axe horizontal et pouvant donner un débit de 50 litres à l'heure. La coagubilité du lait par les ferments reste la même, mais il prend vite un goût de suif assez marqué par suite sans doute de l'oxydation des corps gras.

L'action sur les toxines se trouve aussi entravée par l'absorption colloïdale. Pour stériliser la toxine tétanique, il faut la faire dans l'eau avec dilution à 1/2000. (COURMONT et NOGIER, CERNOVODEANU et VICTOR HENRI.)

Notons encore que les bactéries soumises à l'action des U. V. subissent des modifications dans la manière de se comporter vis-à-vis des colorants, conséquence des modifications de leur substance mince. Certaines spores peuvent être teintes sans mordants, des bactéries perdent la réaction de Gram (Bacille du charbon, Staphylocoque, Streptocoque, B. subtilis, B. tétanique). Si l'action des rayons est prolongée, on n'arrive plus du tout à colorer les microbes. Le corps microbien apparaît alors comme désagrégé : on obtient soit des granulations, soit une véritable bactériolyse, comme dans le phénomène de PFEIFFER.

Avec les colorations par les méthodes de MUCH et de GRAM, on assiste à des colorations électives. Les granulations dites de MUCH gardent encore fortement le colorant, alors que déjà le reste du corps microbien n'est plus coloré par suite d'une moindre résistance à l'action des U. V. Par le ZIEHL, au contraire, la décoloration se fait en même temps, sous zones électives, dans le corps microbien tout entier.

L'*influence des substances fluorescentes sur l'activité* des U. V. est particulièrement intéressante à étudier. On a expérimenté avec des corps fluorescents retirés des goudrons (dérivés périodiques) et des produits d'origine biologique (hématoporphyrine, bilirubine). D'après les expériences de HAUSSMANN, NEUBAUER et TAPPEINER, les microbes, levures, infusoires et aussi les organismes pluricellulaires deviennent extrêmement sensibles aux U. V., lorsqu'on leur ajoute une très faible quantité de ces substances. D'après METLLER, l'action bactéricide de la lumière serait augmentée si l'on ajoute de l'éosine ou de l'érythrosine au milieu de culture.

Les toxines et les diastases seraient de même sensibilisées. Ces actions sensibilisatrices se produisent déjà avec la lumière solaire ou avec celle de l'arc électrique. Ainsi des infusoires mis dans une solution d'un sel d'acridine meurent si on les expose au soleil et vivent, au contraire, parfaitement si on les laisse dans l'obscurité.

Des souris blanches ayant reçu en injections sous-cutanées 2 milligrammes d'hématoporphyrine périssent en trois heures à la lumière de l'arc, tandis qu'à l'obscurité, elles ne présentent aucun trouble.

Plusieurs auteurs auraient, d'après LOBSTEIN, remarqué que chez des sujets atteints d'hydroa d'été (coup de soleil), dermatose provoquée par la lumière solaire, il y a hématoporphyrinurie. Cette matière jouerait donc le rôle de sensibilisateur photodynamique et NEUBAUER fit à ce sujet des recherches très intéressantes. Ayant provoqué de l'hématoporphyrinurie chez des lapins en leur administrant du sulfonal, il constata sur les oreilles de ces animaux exposées trois minutes aux rayons de la lampe Kromayer, la formation d'une dermite bulbeuse, avec nécrose consécutive évoluant tout à fait comme l'hydroa d'été chez l'homme. Des lapins témoins, c'est-à-dire non traités au sulfonal, ne présentèrent, dans les mêmes conditions d'irradiation, qu'un léger érythème rapidement disparu. Cette action, en quelque sorte catalytique, que l'hématoporphyrine exerce vis-à-vis des U. V. serait retardée et même empêchée par le bisulfate de quinine, accélérée, au contraire, par l'éosine. Mais le mécanisme de ces sensibilisations est encore mal connu.

Il semble que l'on doive rapprocher de ces faits ceux qui ont été observés par OEHMKE, d'après lesquels l'ingestion du sarrasin produit la mort des souris, lapins, cobayes blancs même a la lumière diffuse, alors que cet aliment est bien supporté par ces mêmes animaux dans l'obscurité. La substance active se trouverait dans l'extrait alcoolique, nettement fluorescent, du sarrasin.

CHARLES RICHET dit qu'il paraît probable que les rayons émis par des tubes de verre renfermant des sulfures alcalino-terreux phosphorescents ont une faible action retardante sur la fermentation lactique, et DIENERT a fait une remarque curieuse : il existe dans les eaux superficielles des substances fluorescentes d'origine organique : or, la quantité en est notablement diminuée après stérilisation par les rayons ultra-violets. Il s'agit probablement de microbes fluorescents très communs dans les eaux douces.

En étudiant l'action de la lumière sur la toxicité de l'éosine pour les Paramœcies, LEDOUX et LEBARD (36, 1902) ont vu que le pouvoir microbicide de l'éosine éclairée augmente avec l'intensité de la lumière, comme l'a observé RAAB, mais contrairement à ses conclusions, les radiations altèrent la composition de l'éosine et y développent une substance toxique pour les Paramœcies. Il en est de même de l'acridine, de la fluorescéine, des sels de quinine. Les U. V. agiraient donc, d'après ces faits, non pas en exagérant la toxicité des corps fluorescents, mais en les transformant en produits plus toxiques.

Peut-être doit-on rattacher à la même cause l'effet inhibiteur de l'éosine plus marqué à la lumière qu'à l'obscurité, noté par SHIPPEN, sur le développement des œufs.

D'ailleurs, les substances fluorescentes ne jouiraient pas exclusivement du pouvoir d'accroître le pouvoir bactéricide des U. V. RIEGEL a indiqué, en effet, que l'eau contenant 6 p. 100 d'acide citrique était beaucoup plus rapidement stérilisée : il y aurait lieu de multiplier les recherches dans cette direction.

C. NEUBERG (37, 1912) a vu la lumière solaire produire des effets catalytiques en présence de substances inorganiques : une série de corps : sucres, alcools, acides, ont pu être transformés en présence de sulfate ferrique ou ferreux.

R. DUBOIS a le premier signalé l'existence de corps fluorescents chez divers invertébrés terrestres et marins.

Chez les insectes lumineux, Élatérides et Lampyrides (38), les luciférescéines, telles que la pyrophorine, servent manifestement à accroître le pouvoir éclairant en modifiant ses qualités. En outre, du fait que les U. V. contenus dans la lumière produite par l'insecte sont transformés en très grande partie en radiations éclairantes, le pouvoir abiotique de ces radiations doit être considérablement atténué. Mais si, d'un autre côté, les luciférescéines augmentent l'activité des U. V, on peut se demander si ce bénéfice est perdu et s'il y a compensation des deux actions inverses. Il se peut également que la présence simultanée dans le corps d'un organisme lumineux d'un foyer d'U. V. et d'un corps fluorescent ne constitue pas pour lui un moyen de défense contre l'invasion parasitaire. Le sang pénètre en abondance dans les appareils photogènes, peut-être y a-t-il là un procédé de purification, de stérilisation, de destruction de toxines, etc. On peut penser encore que la sensibilité des U. V. étant excitée par les luciférescéines, les actions chimiques qui se passent dans les organes photogènes en sont exaltées, que les déchets de la réaction photogène sont plus facilement détruits. Mais il faut bien l'avouer, on en est réduit à des hypothèses et il serait fort intéressant de les soumettre au contrôle de l'expérience.

On doit en dire autant au sujet de la présence de substances fluorescentes signalées par R. Dubois dans le sang de certains vers et échinodermes : *Morphysa sanguinea* Mont., *Eulalia clavigera* Syn. *viridis, Bonellia viridis,* Holothuria Forskali.

Quand on expose à la lumière solaire, dans l'eau de mer l'*Eulalia clavigera*, ce vers polychète émet bientôt un pigment colorant qui donne au liquide ambiant une belle coloration rosée. Par l'alcool, on peut extraire de cet animal un corps fluorescent. On se demande alors si l'émission de ce corps au moment de l'exposition au soleil n'aurait pas pour objet de protéger l'animal de radiations solaires nuisibles ou bien, au contraire, si l'action de ces dernières étant accrue, par la fluorescence, il n'en résulte pas une altération rapide de cet organisme, d'où émission de produits résultant de cette altération. Avec *Bonellia viridis*, l'effet est plus marqué encore. Cet animal fuit la lumière intense, mais si on l'oblige à la subir, en le plaçant dans une cuvette de porcelaine blanche, exposée au soleil et remplie d'eau de mer, il ne tarde pas à s'entourer d'un nuage de fluorochlorobonelline. Même un certain temps après la suppression de l'éclairage, l'émission continue par un de ces singuliers *phénomènes d'induction* observés chez les végétaux et chez les minéraux et que R. Dubois avait déjà signalé dans la formation du pigment dans les téguments des Protées aveugles des grottes de la Carniole (38).

C'est vraisemblablement à des influences de même ordre qu'il faut rapporter certains faits relatifs à l'influence du milieu sur les manifestations motrices de l'Oursin (103) et que R. Dubois a résumées ainsi :

L'action de certains excitants, comme la lumière, peut provoquer chez les Oursins des modifications motrices comparables dans beaucoup de cas entre elles, pour un même excitant et une même intensité de cet excitant. Mais, dans bon nombre de cas, R. Dubois a vu les *Strongylocentrotus lividus* se comporter de diverses manières, souvent opposées, bien qu'ils fussent placées dans des conditions de milieu absolument identiques.

Ces modifications diverses ne pouvaient s'expliquer ni par l'éclairage actuel, ni par l'orientation, ni par aucune variation énergétique connue du milieu ambiant.

L'aération, le jeûne, le sexe, l'âge, ne paraissent avoir aucune influence sur les manifestations d'indépendance, d'individualisme, de personnalité de l'Oursin.

En ce qui concerne le « phototropisme » en particulier, il est impossible d'appliquer l'idée d'un mécanisme aussi simpliste que celui que Loeb a proposé pour expliquer les photoréactions de certains animaux libres ou fixés.

Dans les manifestations motrices des Échinodermes, il faut tenir compte à la fois des influences venant du *milieu actuel*, de celles du *milieu intérieur* et aussi du *milieu antérieur*.

Georges Bohn (109) a signalé l'influence de *l'éclairement passé sur la matière vivante*. Laurens et Pearse (110) ont également étudié cette curieuse induction.

On sait que chez la Bonellie, le pigment vert est localisé dans des sortes de papilles qui font saillie sur la peau et qui sont disposées à des intervalles réguliers. Il est probable que sous l'influence d'une lumière très vive, ces papilles deviennent turgescentes, comme les branchies externes et les vaisseaux capillaires cutanés des Protées et qu'elles crèvent en laissant échapper leur pigment. On peut supposer aussi, en raison de ce qui a été dit plus haut, que les papilles sont fortement attaquées par l'action combinée des U. V. et de la fluorescence de la fluorochlorobonelline, et qu'il en résulte une destruction des cellules qui la contiennent. En tout cas, le mécanisme de cette émission serait curieux à élucider complètement. Ce qu'il y a de certain c'est que la Bonellie fuit le bleu et le violet pour se placer dans les lumières vert-jaune et rouge. La lumière bleue et la lumière violette, après 24 heures d'exposition de la solution alcoolique, ne détruisent pas la chlorofluorobonelline et ne suppriment pas son dichroïsme. La lumière blanche (soleil) provoque complètement, en deux jours, une décoloration complète. Les radiations rouges, jaunes et vertes, agissant isolément, produisent dans le même temps une décoloration de moyenne intensité. Le dichroïsme et la fluorescence persistent très longtemps et, sans doute, indéfiniment à l'obscurité (38).

Ultérieurement W. J. Crozier (114) a constaté que certaines Holothuries sont négativement phototropiques, c'est-à-dire qu'elles fuient la lumière. Le mécanisme de la photoréceptivité reposerait sur l'action d'un pigment vert fluorescent intertégumentaire sensibilisateur.

En résumé, les U. V. reproduisent les phénomènes de la vie, à la température où s'exerce celle-ci, par des synthèses semblables à celles qu'effectuent les plantes vertes et ils déterminent, à froid, des oxydations rapides intenses. On les voit encore agir à la façon des ferments, comme agents catalyseurs accélérant la vitesse des réactions et, comme eux, ils peuvent décomposer, par exemple, les solutions de glucose et de lévulose, en produisant un dégagement gazeux rappelant celui de la fermentation. Autre part, ils agissent en qualité d'agents abiotiques puissants, de stérilisateurs énergiques ou simplement en exerçant sur les produits biologiques, toxines, anticorps, diastases, des modifications, des transformations, dont la médecine et l'hygiène pourront tirer un grand profit : sortant ainsi des simples recherches de laboratoire, où elle semblait devoir rester tout d'abord confinée, l'étude des U. V. est d'un très grand intérêt pratique.

Il est infiniment probable qu'une très grande partie des phénomènes provoqués par la lumière visible est due aux propriétés que l'on trouve si exaltées dans la région ultra-violette du spectre solaire et dans certains foyers artificiels. L'étude rapide qui vient d'en être faite montre clairement qu'il doit en être ainsi.

On verra bientôt que les radiations infra-rouges ne sont pas non plus inactives dans les phénomènes de la vie, mais leur étude rentrant plus spécialement dans celle de l'action physiologique de la chaleur, nous n'ouvrirons pas ici un chapitre spécial. D'ailleurs, il existe aussi bien du côté de l'infra-rouge que du côté de l'ultra-violet de vastes territoires à conquérir auxquels on pourrait donner le nom de « Continent noir de la science », des richesses duquel nous ne pouvons avoir qu'une faible idée par nos connaissances actuelles.

II. — ACTION DES RADIATIONS LUMINEUSES VISIBLES

Dans ce chapitre, il ne sera pas question de l'action des radiations ultra-violettes, qui vient d'être étudiée, et il ne sera parlé que d'une manière incidente des radiations infra-rouges dont l'étude rentre plutôt dans celle de l'action de la chaleur sur les organismes vivants[1].

Les radiations visibles naturelles sont presque complètement d'origine astrale,

1. *Remarque.* — Dans toute la partie consacrée à l'action des radiations visibles, il s'agit la plupart du temps de résultats complexes dus aux radiations obscures ultra-violettes ou infra-rouges, qui accompagnent d'ordinaire les radiations visibles, ou encore aux propriétés calorifiques ou chimiques, qui semble appartenir en propre à ces dernières.

D'après la théorie de Newton, la lumière blanche solaire serait le résultat du mélange de plusieurs radiations colorées élémentaires, simples. On peut admettre aussi que la lumière blanche est une lumière simple ayant une longueur d'onde de 5 200 A environ, mais pouvant être modifiée par le prisme ou par les corps sur lesquels elle tombe. Les corps qui nous paraissent jaunes auraient la propriété de ralentir la vitesse et d'allonger la longueur d'onde de la lumière blanche, les rouges encore davantage, le noir la transformerait en radiations calorifiques et c'est pourquoi ils s'échaufferaient davantage que les blancs, qui n'absorbent rien et réfléchissent toute la lumière. Inversement les corps bleus ou violets accéléreraient la vitesse de la lumière blanche en diminuant la longueur de ses ondes. En résumé, c'est l'idée, mais généralisée, que l'on se fait du rôle des corps fluorescents, qui transformeraient en rayons éclairants des radiations chimiques obscures, les U.-V., simplement en ralentissant leur vitesse et en accroissant leur longueur d'onde. Cette idée peut être étendue à certains corps phosphorescents, qui deviennent lumineux sous l'influence des radiations infra-rouges par une action inverse. La lumière blanche devrait alors occuper la place que l'on attribue à la lumière verte, laquelle n'existerait dans le spectre que parce que des radiations voisines, jaunes et bleues auraient envahi la région de la lumière blanche.

Il y a longtemps que les expériences de R. Dubois sur la vision photodermatique de la pholade dactyle (v. p. 450) l'avaient conduit à cette conception que la lumière blanche est un excitant de rapidité moyenne.

Dans ces transmutations de la lumière blanche en lumières colorées, il n'y aurait qu'un exemple de plus du transformisme universel, qui est à la base de la philosophie protéonique. La lumière que quelques physiciens considèrent comme pesante, à cause de la pression qu'elle exerce en certaines circonstances, constitue le passage, le trait d'union entre l'immatériel ou énergie et le matériel, qui comme on l'admet enfin, se volatilise, s'évanouit en électrons, et peut, en se transformant ainsi, se dématérialiser suivant la théorie du Protéon de R. Dubois, qui ne fait de la force ou énergie et de la matière que deux aspects différents d'un principe unique consti-

solaire principalement ou bien bioprotéonique, c'est-à-dire produites par les êtres vivants. On ne connaît pas la source de ces dernières, qui a coulé depuis le premier ancêtre lumineux sans interruption jusqu'à son dernier descendant, mais on sait que ceux-là, comme tous les autres êtres vivants, ont besoin, plus ou moins directement, pour vivre et se perpétuer, de la lumière solaire.

Dans les êtres vivants on peut considérer : 1° la lumière ancestrale rayonnée (énergie ou bioprotéon ancestral); 2° la lumière astrale absorbée.

Cette dernière peut jouer le rôle de simple excitant, comme l'étincelle minuscule qui provoque la plus formidable des explosions (*énergie ou protéon excitateur*), ou bien comme aliment destiné à remplacer ce que perd à chaque instant le bioprotéon par son fonctionnement (*énergie compensatrice ou protéon compensateur*). Le protéon excitateur agit surtout par sa qualité et le protéon compensateur par sa quantité.

Les organismes sont des transformateurs d'énergie (protéon) dont l'immense majorité est empruntée au soleil. Cette absorption et cette transformation ne peuvent se faire que par l'intervention de l'énergie ancestrale (bioprotéon ancestral).

Mais tous ces effets sont plus ou moins confondus dans les résultats de l'observation et de l'expérimentation : aussi pour l'exposition de ces derniers serons-nous obligés d'adopter une division arbitraire et qui ne permet pas d'empêcher complètement un enchevêtrement inévitable de phénomènes d'ordres différents.

Action de la lumière sur les végétaux. — **Végétaux achlorophylliens.** — L'action de la lumière solaire est très différente selon qu'elle s'exerce sur des végétaux pourvus ou non pourvus de matière verte ou chlorophylle.

GAILLARD (39) a, en 1888, donné une idée générale de l'action de la lumière sur les microorganismes dans un excellent travail dont voici les conclusions :

1° La lumière solaire active les mouvements d'un certain nombre de bactéries, lorsqu'elle détermine un dégagement d'oxygène autour d'elles;

2° Elle paraît peu favorable à la production des matières colorantes par les microbes;

3° Les bactéries, en général, et plusieurs bacilles et microcoques pathogènes (à l'état de mycélium et de spores) perdent rapidement leur végétabilité, quand ils sont exposés aux rayons solaires;

4° La rapidité avec laquelle disparaît la végétabilité varie avec la nature du milieu ambiant;

5° A un moment donné, la virulence de plusieurs d'entre eux peut être atténuée à un certain degré, qui permet de les utiliser comme vaccin (*Bacillus anthracis*);

6° La lumière du soleil favorise le développement de plusieurs champignons microscopiques et de levures;

7° L'action de la lumière est accrue en présence de l'air, diminuée en l'absence de ce gaz;

8° Les différents rayons du spectre ont tous une certaine activité, moindre que celle de la lumière composée;

9° L'action de celle-ci est en rapport avec celle des rayons éclairants;

La plupart des faits consignés par GAILLARD, en 1888, s'expliquent parfaitement par ce que nous savons aujourd'hui des U. V.

---

tuant en dernière analyse la Nature, laquelle doit à ses innombrables et intéressantes métamorphoses son infinie et merveilleuse variété.

Le mouvement ne pouvant se comprendre qu'à la condition qu'il y ait quelque chose qui se meuve, R. DUBOIS a donné le nom de « protéonides » aux états ultimes de division du Protéon. Les protéonides lumineuses ne peuvent agir que sur des protéonides en état d'évolution tel qu'elles sont susceptibles d'adopter le même mouvement vibratoire que celles qui les rencontrent. On dit alors qu'il y a résonance, c'est dans ces conditions seulement qu'il peut y avoir fusion des protéonides, asssociation, en un mot absorption. La lumière n'agit sur le bioprotéon ou substance vivante qu'autant qu'elle y rencontre des protéonides susceptibles de vibrer à l'unisson, de contracter par résonance cette union qui constitue l'absorption.

On admet aujourd'hui que le principe unique de R. DUBOIS est de l'électricité, que la lumière est identique à l'électricité, mais n'est-il pas plus rationnel d'admettre, pour éviter toute confusion, que ce ne sont que des avatars plus ou moins transitoires du Protéon universel? En tout cas, le physiologiste doit savoir distinguer la biophotogénèse et la bioélectrogénèse et aussi l'action de la lumière sur les organismes vivants de celle de l'électricité dans les phénomènes de la vie.

Weinzirl (37, 1907), en perfectionnant les méthodes employées par ses prédécesseurs, a pu accroître beaucoup l'action bactéricide des rayons solaires, notamment en supprimant les récipients en verre qui arrêtent une partie des U. V.

D'un travail long et documenté, Wiesner (37, 1907) a tiré les conclusions suivantes :

La quantité des germes est sans influence sur l'action bactéricide solaire. Si on mélange plusieurs espèces, le soleil les tue individuellement, d'après leur résistance propre, les bactéries les plus résistantes étant celles qui sont âgées de 16 à 20 heures. Toutes les parties du spectre sont bactéricides. Parmi les rayons invisibles, les rayons ultra-rouges aussi bien que les ultra-violets sont microbicides. La lumière non décomposée paraît la plus active. De hautes températures de l'air favorisent l'action des rayons solaires : les basses températures l'affaiblissent.

Si on expose des cultures au soleil avec intermittences, les actions s'additionnent. Les expositions fractionnées, même de courte durée (centième de seconde), nuisent aux bactéries.

Si l'atmosphère est riche en oxygène, les bactéries meurent plus vite.

Le soleil a certainement, d'après Orsi (36, 1906), une action nuisible sur les cultures bactériennes, mais n'aboutit pas à leur destruction totale. Il ne les atténue pas en réalité, car, si on les repique sur un milieu favorable, leur virulence est et reste accrue. L'atténuation est apparente, due à ce que si on inocule directement la culture exposée au soleil, celle-ci est beaucoup moins riche en bacilles qu'une culture témoin. Les caractères physiques des bactéries sont modifiés par l'épreuve solaire.

Les bactéries absorbent ces radiations infra-rouges et peuvent pour ce motif se développer en dehors de toute radiation visible, par exemple derrière une solution d'iode dans le sulfure de carbone.

Dans l'étude de la biophotogénèse, nous avons mentionné l'action inhibitrice signalée par divers auteurs sur la production de la lumière chez certains animaux photogènes (voir p. 290).

R. Dubois a étudié l'*action de la lumière sur l'émission de la lumière par les bactéries photogènes* (40), il a vu que le *Photobacterium sarcophilum* Dubois recueilli sur un lapin dont la chair était devenue phosphorescente subissait à la lumière des modifications, entraînant au bout de quelques semaines à une température de 10° environ, la perte de la luminosité. Les cultures avaient pris une belle coloration rouge orange ; elles étaient devenues opaques et la luminosité avait disparu sauf sur les bords du sillon de culture. Les inoculations faites avec la substance jaune de la culture donnèrent des colonies qui s'accroissaient avec activité, mais ne brillaient pas. Elles retrouvèrent un peu de leur éclat primitif en les maintenant de nouveau à l'obscurité. Dans ce cas, les cultures étaient devenues d'abord jaune sale, puis grisâtres et enfin transparentes, comme les cultures primitives. Les tubes témoins maintenus dans l'obscurité, dans le même local, n'avaient montré rien de particulier.

M. Randolph E. B. Mc Kenney (41) n'a pas constaté les mêmes effets sur *Bacillus phosphorescens*. Il dit dans ses conclusions qu'un certain degré d'éclairement est sans effet: mais il ne s'est nullement placé dans les mêmes conditions que R. Dubois et il a opéré sur une espèce différente.

Mc Kenney a pris de toutes jeunes cultures placées à différentes températures entre le minimum de chaleur et le maximum pour la luminescence. Elles ont été divisées en trois lots : un a été laissé continuellement à l'obscurité ; l'autre alternativement à la lumière du jour et à l'obscurité de la nuit et un autre exposé continuellement à la lumière d'une *lampe à incandescence* de 16 bougies, à deux pieds de distance ; les trois lots ont été observés pendant *quarante huit heures* (!) ; au bout de ce temps, ils étaient tous lumineux et il n'y avait aucune différence notable.

Cette expérience de Mc Kenney n'est pas à comparer avec celle de R. Dubois et ne saurait infirmer les résultats obtenus par ce dernier. Ce qui rend particulièrement difficile l'étude de l'action de la lumière sur les êtres vivants, c'est que les différents expérimentateurs ne se placent pas dans des conditions de déterminisme comparables et qu'il en résulte des contradictions qui ne sont qu'apparentes, mais fâcheuses pourtant pour la solution des questions qu'ils se proposent de résoudre. Beaucoup de critiques injustes découlent de cette absence de discipline expérimentale consciente parfois et inconsciente souvent.

RAYBAUD, qui a étudié l'action de la lumière sur des végétaux non chlorophylliens autres que les microbes, sur des champignons inférieurs, les *mucorinées* (26), a observé que la sensibilité du bioprotéon à la lumière est très différente suivant l'état du développement. Le maximum d'action s'exerce au moment où la spore vient de se gonfler et s'apprête à germer. Les pointes des filaments mycéliens chez lesquels n'existent ni vacuoles, ni gouttelettes graisseuses sont particulièrement sensibles. Le passage de l'obscurité à la lumière augmente le nombre de vacuoles et des gouttelettes, ce qui indique une augmentation d'activité biologique. Le contraire a lieu dans le passage de la lumière à l'obscurité. L'action de la lumière se prolonge après que le champignon a été soustrait à l'action de la lumière : ce phénomène dit d'induction se rencontre dans d'autres circonstances, non seulement chez les organismes vivants, comme il a été dit plus haut (p. 404), mais encore dans le monde inorganique. Une trop vive lumière agissant sur une spore gonflée d'eau peut retarder la germination et même tuer la spore.

L'influence de la lumière sur la germination paraît être très différente selon les cas. D'après LAURENT (36, 1902), la lumière solaire exerce sur les graines des végétaux supérieurs, surtout sur les petites, une action nuisible, qui se traduit par un retard dans la germination et quelquefois même par la mort de l'embryon.

Suivant HEINRICHER (36, 1913), l'action de la lumière est nécessaire pour la germination de certaines graines : *Pitcairnia maïdifolia* et *Drosera capensis* et la faculté germinative se perd par un séjour prolongé à l'obscurité. Dans d'autres cas, la lumière hâte simplement la germination. Certaines graines sont indifférentes à la lumière. Enfin chez d'autres, comme celles d'*Acanthostachys*, elle détruit la faculté germinative (36, 1903). REMER (36, 1904) a également étudié l'influence de la lumière sur la germination et conclut que la plupart des graines sont indifférentes : un petit nombre sont favorablement influencées : *Viscum, Poa.* D'autres réagissent négativement. Il importe de faire remarquer que certaines graines, comme celles du Potiron, renferment de la chlorophylle, tandis que d'autres en sont dépourvues, de là des différences probables.

KINZEL (36, 1908) a analysé l'effet des diverses couleurs du spectre sur la germination des graines de Véronique : Les expériences ont montré que les couleurs de faible réfringence sont plus favorables à la germination que les couleurs de forte réfringence : les rayons bleus arrêtent nettement la germination à cause de leur effet chimique.

TRAVERSO a constaté que le nombre des stomates par unité de surface est plus grand sur les cotylédons, qui se sont accrus dans l'obscurité, que sur ceux qui sont restés exposés à la lumière. Au point de vue de la respiration embryonnaire des végétaux, la lumière exercerait donc une action défavorable. D'une manière générale, la lumière nuit à la germination ; certaines graines pourtant ne germent qu'à la lumière et d'autres très lentement à l'obscurité. La chlorophylle existant dans la graine des Citrouilles, des Potirons et autres Cucurbitacées, joue certainement un rôle, à cet égard.

Un éclairage intense, direct et prolongé, suivant DACHNOWSKI (A. C. 1908), est nécessaire à la formation des organes sexuels de *Marchantia* : le résultat est le même en employant la lumière rouge ou bleue. Si l'on diminue l'intensité éclairante, même en augmentant l'humidité, il ne se forme ni propagules ni organes sexués.

PIURVIS et WARWICH ont étudié l'influence des couleurs du spectre sur la sporulation des *Saccharomyces*. Ils en ont conclu que les rayons rouges ou de faible réfrangibilité accélèrent la formation des spores qui se forment plus vite qu'à la lumière blanche. A l'obscurité, les spores se forment à peu près avec la même vitesse que sous l'action des rayons rouges. Les rayons verts paraissent retarder la sporulation ; les rayons bleus et violets retardent cette dernière d'une manière très nette. Les rayons ultra-violets sont encore plus actifs comme retardateurs de la sporulation ; de plus s'ils agissent un certain temps, ils influencent désavantageusement la vitalité des cellules des Saccharomyces.

Ces faits, d'après l'auteur, peuvent être expliqués chimiquement, car les rayons de haute réfrangibilité ont une énergie chimique plus grande que ceux de faible réfrangibilité. Cela est peut-être ainsi parce que les premiers excitent des changements chimiques dans la cellule antagoniste au développement des spores, tandis que les derniers, ayant une énergie chimique bien inférieure, ont peu ou point d'influence, ce qui permet à la sporulation de se faire dans des conditions favorables. D'un autre côté, le retard peut être expliqué physiologiquement, car il est possible que le pouvoir vibratoire des rayons de haute réfrangibilité ne neutralise que le protoplasme des cellules qui aurait pour résultat la formation des spores, tandis que les rayons de faible réfrangibilité sont incapables d'exercer une telle influence.

L'action sur le *pollen* semble variable ou bien nulle : mais il y aurait lieu de reprendre cette étude.

La lumière active l'affinité des gamètes mâles pour les gamètes femelles de la Fougère.

Chez les Phanérogames, le développement des fleurs exige un certain éclairement dont la limite varie avec les espèces.

Si les plantes sont exposées à une lumière d'intensité trop faible pour obtenir le développement complet des fleurs, on obtient des modifications intéressantes : la corolle peut être frappée d'un arrêt de développement (*Melandryum rubrum, Silene noctiflora*) ou bien toutes les parties de la plante se réduisent (*Mimulus Ilingti*). En tous cas, tous les caractères servant à attirer les insectes : grandeur et coloris des fleurs, parfums disparaissent et la fleur devient *cléistogame*, c'est-à-dire qu'elle est destinée à se féconder elle-même. Vöchting a pu transformer les fleurs *chasmogames* de *Stellaria media* et de *Lanium purpureum* en fleurs cléistogames par un affaiblissement de l'éclairement. Concurremment avec la réduction et la disposition des fleurs, on observe un plus grand développement des organes végétatifs. C'est sans doute à cause d'une insuffisante intensité lumineuse que les plantes tropicales introduites dans les serres fleurissent si rarement. Il y a beaucoup à faire encore dans cette direction.

Gaiduko (37, 1903) a étudié le changement des plantes à *chromophylle* par la lumière colorée. L'exposition à la lumière prolongée de cultures de plantes à chromophylle amène des changements de coloration prévus par la théorie des couleurs complémentaires. Ainsi des cultures exposées pendant deux mois à la lumière

Rouge		vertes.
Jaune	deviennent	bleu-vert.
Verte		rouge.

D'après l'auteur, ces expériences prouvent l'existence d'un processus physiologique d'adaptation chromatique.

Il a observé également (36, 1903) que lorsqu'on cultive dans la lumière verte *Oscillatoria caldariorum*, espèce naturellement bleu verdâtre, elle passe par les teintes suivantes : gris vert, gris violet clair, brun violet, jaune brun.

Les fleurs doivent être sujettes à des variations analogues.

Chez les algues, les variations de l'intensité lumineuse sont sans action sauf chez *Vaucheria sessilis*, certaines *Spirogyra, Closterium cosmarium, Œdogonium*, où les organes sexués apparaissent dans une intensité lumineuse très vive et, au contraire, ne se forment pas à l'obscurité : il en est de même chez les *Marchantia*.

Chez les fougères, les prothalles du *Polypodium aureum* ne développent pas d'organes sexués dans une lumière de faible intensité. Il ne se forme que des bourgeons adventifs.

J. J. Gerassimow (42) a étudié l'action de la lumière chez les *Spirogyra* et a vu que la vie normale de la cellule n'est possible que par un fonctionnement normal de son noyau aussi bien en pleine lumière qu'à l'obscurité.

D'après Iltis, il y a une forte accélération de croissance des racines adventives des plantes aquatiques dans l'obscurité, mais le phénomène ne s'observe que sur un certain nombre d'espèces et pas sur d'autres (36, 1903).

On a remarqué que sur la lisière des bois l'écorce des arbres était plus développée du côté de la lumière : la même remarque a été faite à propos des chênes producteurs de liège; ce dernier serait plus précoce et plus abondant du côté éclairé, ce qui peut avoir une importance économique.

R. Dubois a montré que l'on avait attribué à tort la maladie que les arboriculteurs désignent sous le nom de « coup de soleil » et qui frappe souvent les arbres fruitiers, à l'action directe de la lumière. C'est là une fausse interprétation : en réalité, cette maladie est le résultat du parasitisme de larves d'insectes xylophages, qui s'orientent de préférence du côté de l'arbre le plus échauffé par les radiations solaires. Il y a bien, certainement, une action de la lumière, mais elle est indirecte.

Sous l'action de la lumière, on voit apparaître encore d'autres modifications morphologiques. Le parenchyme en palissade est caractéristique d'une grande intensité lumineuse et le parenchyme lacuneux apparaît de préférence dans les plantes ou dans les régions des plantes exposées à une lumière de faible intensité.

Toutefois, d'après Mangili (36, 1904), quelques plantes ne présentent à ce point de vue que des différences très légères, ce qui prouve que la plasticité des organismes montre tous les degrés possibles.

Enfin, on a noté que les feuilles sont généralement plus grandes à l'ombre qu'au soleil, mais aussi leur épaisseur est moindre. Nous reviendrons sur ce point à propos des végétaux verts.

D'une manière générale, la lumière a une action marquée sur le bioprotéon végétal incolore.

La *respiration* peut être diminuée d'un tiers du volume de gaz échangés, par l'éclairage, comme cela a été constaté chez des champignons, des phanérogames sans chlorophylle (*Neottia nidus avis*, *Monotropa hypopitys*, graines en germination). Cette diminution est constatée chez les plantes en voie de croissance : elle s'est montrée nulle chez les moisissures adultes.

Ce sont les rayons jaunes et rouges qui affaiblissent le plus la respiration, les radiations les plus réfrangibles ont une influence plus faible d'après Mangin (43).

La *transpiration* est accélérée par la lumière, mais beaucoup moins que chez les végétaux verts.

Les végétaux non chlorophylliens se nourrissent et s'accroissent, grâce à l'existence de molécules organiques élaborées par les végétaux verts sous l'influence de la lumière et modifiées parfois par leur passage au travers des organismes animaux.

Dans certains cas pourtant, ils peuvent faire œuvre de synthèse, même dans l'obscurité la plus complète. C'est ainsi que les microbes nitrifiants utilisent l'acide carbonique pour leur fonctionnement, mais, comme le travail de synthèse nutritive est endothermique, il est de toute nécessité qu'ils puisent à une source d'énergie extérieure autre que l'énergie solaire, celle qui leur est indispensable. Ils la trouvent dans la réaction exothermique de la transformation par l'oxygène de l'air du carbonate d'ammoniaque en produits nitreux et nitriques, d'où résulte le salpêtre ou nitrate de potasse qu'ils fabriquent.

Action de la lumière sur les végétaux verts. — Dans l'immense majorité des cas, les phénomènes de synthèse organique chez les végétaux ne peuvent s'exercer que grâce à la présence d'une substance verte : la *chlorophylle*. Celle-ci prend naissance sous l'influence de la lumière dans ces *éléments primordiaux du bioprotéon* découverts et décrits par Raphaël Dubois, dès 1886, et auxquels il a donné le nom de *vacuolides*. On les a désignés dans ces temps derniers sous le nom de *mitochondries*. Mais il est évident que les vacuolides et les mitochondries sont identiques. D'ailleurs, dès 1898, R. Dubois dans ses « Leçons de physiologie générale et comparée » (44) a nettement indiqué que les leucites, en général, et les chloroleucites, en particulier, où l'on avait constaté la formation de grains d'amidon, sous l'influence de la chlorophylle, ne sont autre chose que des *vacuolides arrivées à un certain développement*. Cette théorie de R. Dubois a été adoptée beaucoup plus tard par Fauré-Frémiet et Guilliermond, qui en ont vérifié l'exactitude.

On n'est pas fixé actuellement sur la nature exacte de la « chlorophylle active ».

Armand Gautier a retiré des organes verts des végétaux un corps cristallisé présentant les caractères généraux de la « chlorophylle ». Ce pigment vert est un lipochrome ayant pour formule $C^{38}H^{42}O^7N^3Mg$. Bien que sa formation exige la présence du fer, il n'en contient pas, ainsi que l'a montré le premier A. Gautier ; il a établi, d'ailleurs, que le magnésium existe dans la chlorophylle à l'état organique soluble dans le sulfure de carbone et l'éther de pétrole et non pas à l'état de sel minéral, mais le magnésium paraît constituer le noyau métallique aussi nécessaire à son activité que le manganèse l'est.à celui de l'oxydase, ou de certaines oxydases tout au moins, comme la laccase, d'après les belles recherches de BERTRAND.

Les travaux d'ETARD confirmant ceux de GAUTIER semblent indiquer qu'il existe un certain nombre de chlorophylles, différentes au point de vue chimique, suivant leurs origines. En réalité, ce que l'on obtient par les procédés usités par les chimistes pour l'analyse immédiate et l'extraction des principes immédiats de la substance organisée pourrait bien n'être que des altérations plus ou moins profondes du pigment vert actif et normal des végétaux verts.

Dans le végétal vivant, la chlorophylle paraît être à l'état colloïdal et unie à la substance fondamentale du leucite.

La présence du magnésium, ainsi que l'état cristallisé de la chlorophylle ont été confirmés par les recherches récentes de WILLSTÄTTER (112), mais contrairement aux conclusions de BORODIN (113) et de MONTEVERDE, la chlorophylle amorphe, méthylphytochlorophylline ou phytochlorophyllide, serait la seule sorte de chlorophylle normale existant chez les végétaux. La chlorophylle cristallisée, éthylméthylchlorophylline ou éthylchlorophyllide, serait, d'après eux, un produit d'altération de la chlorophylle physiologique. Enfin, d'après F. CZAPEK, il est à prévoir que la synthèse des chlorophylles communes serait effectuée par une zymase, la chlorophyllase, au moyen du phytol et de l'éthylchlorophyllide.

Dans l'action de la chlorophylle, le magnésium paraît jouer un rôle très important. La chlorophylle serait alors une sorte de dérivé magnésium $R \rightarrow Mg$ analogue aux composés de GRIGNARD; elle fixerait :

$$CO^2 \text{ en donnant } CO^2Mg - R$$

qui, par hydratation, fournirait de l'acide formique et de l'oxygène, en régénérant la chlorophylle.

$$CO^2 - Mg - R - H^2O = HCO^2H + O + R - Mg$$

L'acide formique subirait, sous l'influence des radiations lumineuses, une réduction, en donnant du méthanol et de l'oxygène :

$$HCO^2H = H - COH + O$$

Le magnésium apparaîtrait alors comme un agent de synthèses chimiques, dont l'action ne serait plus limitée aux recherches de laboratoire.

A l'heure actuelle, on ne peut, d'après ISVETT (50), faire que des hypothèses sur la nature et le mécanisme de l'action intime de la chlorophylle (V. p. 417).

L'étude détaillée de la *fonction chlorophyllienne* ayant été faite à l'article « Chlorophylle » du Dictionnaire de physiologie (Voir ce mot), nous n'avons pas à reprendre ici l'historique de cette question, mais seulement à indiquer son état actuel.

Le fait que certaines fougères et beaucoup d'algues verdissent à l'obscurité complète constitue une exception.

Les expériences poursuivies dans le lac de Genève, montrent qu'au mois d'avril, la lumière cesse d'exister à 250 mètres de profondeur et au mois de septembre à 170 mètres. Or, déjà à 25 mètres de profondeur, les algues vertes deviennent rares et à 60 mètres on n'en trouve plus qu'une seule espèce : la mousse d'Yvoire (*Thomnium Lemani* SCHNETZL).

Les radiations lumineuses traversant l'eau douce et l'eau de mer paraissent se transformer progressivement en radiations calorifiques.

Mais il importe de ne pas oublier que pour les recherches qui ont été faites sur la pénétrabilité de la lumière à de grandes profondeurs, on s'est servi, comme indicateur, de l'impressionnabilité des plaques photographiques, ce qui est un critérium qui ne peut s'appliquer qu'au pouvoir actinique ou photochimique de la lumière et non à ses autres propriétés.

Quoi qu'il en soit, la profondeur de l'eau exerce une influence manifeste sur la végétation aquatique.

Aux algues marines vertes de surface succèdent, à une plus grande profondeur, des algues brunes, puis, au-dessous, on ne rencontre plus que des algues rouges. Les cyanophycées s'adaptent à des profondeurs différentes en changeant de couleur. Expérimentalement on a pu constater que leur couleur naturelle, qui est un violet sale, devenait vert dans le rouge et rouge dans le vert. Il apparaît donc que la chlorophylle verte ne soit pas le seul pigment capable de permettre aux végétaux de fabriquer par synthèse des molécules organiques. Pourtant, il semble que l'on ait poussé trop loin l'esprit de généralisation en accordant aux *purpuro-bactéries*, comme l'a fait ENGELMAN, le pouvoir de décomposer l'acide carbonique pour en fixer les éléments. On a pu démontrer seulement qu'elles utilisaient la lumière pour les besoins de leurs synthèses intimes, mais sans que la matière rouge, qui les caractérise, pût jouer, en aucune façon, le même rôle que la chlorophylle dans les végétaux verts.

Quel est ce rôle?

Des recherches récentes de WURMSER R. (108), il résulte que toute idée d'une relation simple entre l'absorption et le pouvoir assimilateur de la chlorophylle doit être rejetée. Le pigment n'est pas seul à intervenir dans la réaction photochimique. D'autre part, à énergie égale, les radiations violettes sont plus actives que les rouges : il n'y a donc pas de relation directe entre la photosynthèse et la photooxydation de la chlorophylle : celle-ci n'intervient dans la réaction photochimique qu'à la manière d'un sensibilisateur optique.

Les algues rouges ont une assimilation intense dans la région verte du spectre, la phytoérythrine intervient comme un sensibilisateur, déplaçant le maximum de sensibilité du système assimilateur vers le maximum d'intensité du spectre solaire et permet ainsi l'assimilation aux faibles éclairements; son rôle ne serait pas sans analogie avec celui de la pourpre rétinienne dans la vision.

On sait que les sensibilisateurs n'agissent qu'autant qu'ils sont fixés sur le corps qu'ils sensibilisent. On est donc conduit à penser que le stroma du leucite est le siège essentiel de la photosynthèse, qu'il s'agisse des algues vertes ou des algues rouges.

Si l'on fait germer dans l'obscurité des graines de végétaux verts, la chlorophylle ne se forme pas, sauf dans quelques cas exceptionnels. Les plantes issues de ces graines sont d'un blanc jaunâtre et elles ne tardent pas à dépérir et à mourir : ce sont des *plantes étiolées*. Si on les compare à des végétaux issus de graines de même espèce exposées aux effets périodiques du jour et de la nuit, on constate que non seulement les premières n'ont fabriqué aucune matière de réserve, telle que l'amidon, mais qu'en outre, elles ont consommé celles qui avaient été accumulées par l'ancêtre dans la graine. Si l'on place ces plantes encore vivantes, mais étiolées, à la lumière, elles verdissent bientôt et l'amidon ne tarde pas à s'accumuler dans les vacuolides qui deviendront des chloroleucites, des chloroblastes, ou chloroplastes, peu importe le nom. De ce fait, on peut déjà induire que la lumière est nécessaire à la synthèse, à l'élaboration des réserves alimentaires des plantes vertes destinées à réparer les pertes causées par la respiration de la plante principalement et à permettre son accroissement. On peut empêcher l'étiolement dans l'obscurité en fournissant au végétal des sucres assimilables.

Avec des filaments d'algues ou des feuilles de mousses qui permettent d'observer les cellules au microscope sans les tuer, il est facile, en soumettant des plantes à des alternatives d'éclairage et d'obscurité de faire apparaître ou disparaître les grains d'amidon dans les vacuolides chlorophylliennes.

On peut également montrer l'influence de la lumière sur la formation de l'amidon en couvrant une feuille verte avec une feuille d'or ou d'étain dans laquelle on aura découpé une croix. Au moyen de l'iode, on révèle l'existence des grains d'amidon, après une exposition de quelques heures au soleil, mais seulement dans l'espace en croix découpé dans la feuille d'or ou d'étain et par où auront pu pénétrer jusqu'à la feuille verte les radiations lumineuses.

STAHL a montré que la pénétration de l'air dans le parenchyme de la feuille est nécessaire également. Si l'on obture les stigmates d'une feuille étiolée avec de la paraffine, il ne se forme pas d'amidon malgré son exposition à la lumière. Mais si l'on égratigne la cuticule avec une aiguille, il se produit de l'amidon sur les bords de la déchirure.

L'air et la lumière sont donc deux conditions indispensables : il y en a d'autres qui favorisent ou entravent le développement et le fonctionnement des vacuolides chlorophylliennes. La chlorophylle isolée est rapidement décolorée par oxydation, sous l'influence de la lumière. Cette décoloration est très atténuée par la présence de colloïdes tels que la gélatine et par le bioprotéon du leucite (WURSMER).

La *température* optima est, en moyenne de 35°, mais elle ne doit pas dépasser 40 à 45°, ni s'abaisser au-dessous de 4 à 5°. La fonction chlorophyllienne peut s'exercer encore à des températures plus basses, par exemple dans les feuilles du *Prunus laurocerasorum* ou elle persiste par des froids de — 6°. Cependant, sous l'influence du froid, on la voit se suspendre avant la respiration.

CLAUDE BERNARD a montré que les vapeurs *anesthésiques* comme celles de l'éther ou du chloroforme peuvent également suspendre la fonction chlorophyllienne sans arrêter la respiration, ce qui permet de dissocier les deux phénomènes et montrer qu'ils sont distincts l'un de l'autre.

C'est une autre preuve de l'exactitude de la théorie de R. DUBOIS, qui a démontré que le froid et les anesthésiques généraux agissent de la même manière, en déshydratant le bioprotéon.

L'activité chlorophyllienne augmente avec l'*intensité* lumineuse jusqu'à un certain point au delà duquel il y a ralentissement de l'activité et même mort de la vacuolide chlorophyllienne. Pour la grande culture, l'optimum correspond à l'éclairage solaire, mais pour beaucoup de végétaux, il répond à des éclairages beaucoup plus faibles par exemple pour les capillaires, les polypodes, les fougères et les mousses qui croissent à l'ombre des grottes ou des frondaisons d'autres végétaux.

D'après WIESNER, pour un même arbre à feuilles caduques, l'optimum n'est pas le même pour les divers organes foliacés. Les bourgeons exigent un éclairage intense tandis que les feuilles inférieures se comportent mieux à la lumière diffuse.

WEISS (36, 1903) a montré qu'*Œnothera biennis* assimile trois fois plus à la lumière solaire qu'à la lumière diffuse ; au contraire *Polypodium vulgare* assimile davantage à la lumière diffuse qu'à la lumière directe et *Marchantia polymorpha* tient une place intermédiaire entre les deux plantes précédentes.

Dans son travail sur la dépendance de l'émission d'oxygène par les plantes illuminées vis-à-vis des conditions externes (36, 1903), FONTIANELLI dit que par une lumière intense et par action des sels qui diminuent l'activité réductrice, c'est le plasma du chloroplaste qui est le premier atteint : bientôt après, la chlorophylle, pour ainsi dire abandonnée à elle-même, tombe en butte à l'oxydation photochimique : l'altération de ce pigment est donc secondaire.

D'après NORDHAUSEN (36, 1903), les différences qui caractérisent les feuilles d'une plante suivant qu'elle se développe au soleil ou à l'ombre, ne sont pas dues à une réaction directe et actuelle de l'organe vis à vis du facteur lumière. Les particularités qui caractérisent les rameaux ombrophiles et héliophiles seraient des acquisitions héréditaires.

Les végétaux possèdent des *moyens de défense* contre une lumière trop vive. Il a été déjà question de la transformation du tissu en palissade des feuilles en tissu lacuneux, mais on voit aussi dans les cellules les corps chlorophylliens se déplacer et fuir, par exemple, la paroi frappée normalement par une lumière trop vive pour se grouper sur la paroi située dans un plan parallèle aux radiations. Dans d'autres cas, les feuilles s'orientent de façon à éviter la grande lumière (Voir *phénomènes des mouvements provoqués par la lumière chez les végétaux*, p. 428).

La *continuité de l'éclairage* constitue une condition défavorable à l'exercice de la fonction chlorophyllienne et de la vie de la plante verte, tandis que la succession du jour et de la nuit produit l'effet contraire.

Si, après avoir exposé à la lumière pendant un certain temps une plante étiolée par le séjour à l'obscurité, on la remet dans un endroit obscur avant qu'elle n'ait reverdi, le verdissement commence au bout d'un temps plus ou moins long après la suppression de la lumière, en vertu d'un *phénomène d'induction*, qui a été noté également pour l'héliotropisme, dont il sera question plus loin et pour d'autres phénomènes analogues.

La *qualité de la lumière* exerce aussi une influence sur le verdissement des plantes :

il commence dans l'infra-rouge à une distance du bord A du spectre visible = A, D et se continue dans l'ultra-violet jusqu'à une distance égale à la longueur du spectre visible. Entre ces limites, l'action des radiations passe par un maximum qui correspond à la raie D.

Le *spectre de la solution de chlorophylle*, non mélangée à la xantophylle et à la carotine, qui l'accompagnent dans les feuilles vertes, offre sept bandes d'absorption : la première dans l'extrême rouge est large, noir foncé et nettement limitée : les trois bandes suivantes, qui vont jusqu'au jaune vert, sont estompées sur les bords : les trois dernières occupent l'espace compris entre la limite du vert et du violet : elles ont aussi les bords estompés. Les bandes d'absorption, c'est-à-dire les parties de la solution de chlorophylle dans lesquelles l'énergie lumineuse est transformée en une autre espèce d'énergie, augmentent de largeur avec l'épaisseur de la couche de solution chlorophyllienne. Les couches très épaisses ou les solutions très concentrées ne laissent plus passer que quelques radiations rouges correspondant à peu près à la raie B et deux autres dans la région du vert.

Assimilation du carbone. — D'après les idées généralement adoptées aujourd'hui, l'énergie qui résulte de l'absorption des radiations spectrales solaires, dont il vient d'être question, est destinée à assurer la fixation du carbone par les végétaux verts. Toutefois, il importe d'ajouter que cette énergie seule n'est pas suffisante, car la chlorophylle ne peut faire œuvre de synthèse assimilatrice qu'à la condition d'être unie au bioprotéon qui lui fournit l'énergie ancestrale, dont il est lui-même animé. La chlorophylle peut persister dans la plante morte, mais non la fonction chlorophyllienne. ENGELMANN, HABERLANDT et PFEFFER ont bien admis que les *corps* chlorophylliens isolés, dépouillés du cytoplasme, ont une individualité propre et peuvent décomposer l'acide carbonique. Cette persistance s'explique parfaitement par ce fait que la chlorophylle reste dans ces conditions attachée aux vacuolides, devenues des leucites, des chloroblastes, c'est-à-dire à des éléments principaux du bioprotéon. REGNARD a voulu montrer que la solution de chlorophylle isolée est capable, dans un milieu inerte, de décomposer le gaz carbonique : mais une individualité propre et peuvent été contredits par KNY, et le sujet réclame de nouvelles observations.

Ajoutons que l'éther et d'autres poisons, abaissent l'action de la chlorophylle, sans l'altérer chimiquement. Il en est de même du froid et aussi de la chaleur dans certaines limites, de la lumière elle-même, ce qui prouve bien que son activité est liée intimement à celle du bioprotéon. Ceci ne veut pas dire cependant que l'énergie de ce dernier ne puisse être remplacée par une autre.

Ce n'est pas ici le lieu de faire l'historique des hypothèses et des théories qui ne sont pas d'actualité relatives à la fixation du carbone par les plantes; nous renvoyons pour cette étude à l'article « Chlorophylle et fonction chlorophyllienne ».

Disons cependant que l'on sait seulement : 1° Que la lumière est indispensable à la fixation du carbone par les plantes vertes ; 2° Qu'il en est de même de la chlorophylle et du bioprotéon réduit à ses éléments vacuolidaires (vacuolides chlorophylliennes, chloroleucites, chloroblastes) ; 3° Qu'on ignore complètement par quel mécanisme intime le concours de ces trois éléments : lumière, chlorophylle et bioprotéon, fixe le carbone et fabrique avec lui des molécules organiques.

L'origine du carbone destiné à cette fabrication a été très discutée et est encore discutable. On se trouve à ce sujet en présence de trois hypothèses :

1° Le carbone vient des matériaux organiques contenus dans la terre, dans l'humus (acide ulmique, etc.);

2° Le carbone vient de l'acide carbonique de l'air ou bien dissous dans l'eau (plantes aquatiques) ;

3° Le carbone vient des carbonates contenus dans le sol.

Ces trois hypothèses renferment chacune une part de vérité et le tort des savants a été de vouloir les rendre exclusives les unes des autres. Mais, toutes les trois, prises isolément, sont également insuffisantes, tandis que, dans leur ensemble, elles se complètent parfaitement.

Si les plantes vertes puisaient leur carbone dans les matières organiques du sol, on ne pourrait s'expliquer ni l'origine de ces matières organiques, ni surtout leur renouvellement; en outre, l'expérience montre que les végétaux peuvent se passer de matières organiques préformées, bien qu'ils sachent parfaitement les utiliser et même, grâce à elles, braver les effets néfastes de l'obscurité.

La seconde hypothèse repose sur des expériences dont on a tiré des conclusions discutables : la disproportion entre les faibles quantités d'acide carbonique contenues dans l'air et la masse de carbone fixée par les végétaux est inquiétante ;

La troisième n'exclut pas les deux autres, mais semble bien avoir un rôle prépondérant.

Actuellement, c'est la seconde hypothèse qui est en faveur : les végétaux verts, sous l'influence de la lumière, absorberaient l'acide carbonique de l'air et avec lui fabriqueraient les molécules organiques, principalement les composés ternaires renfermant du carbone, de l'oxygène, de l'hydrogène : tels que l'amidon, et les sucres. Le carbone des composés quaternaires, c'est-à-dire renfermant en outre l'azote, aurait d'ailleurs une même origine.

Cette fixation nécessite la réduction de CO^2 et pour un volume d'acide carbonique absorbé, il y aurait un volume d'oxygène rejeté par la plante.

Rapport entre le volume du gaz carbonique absorbé et le volume d'oxygène exhalé : excédent d'oxygène. — Les recherches de Boussingault ont établi que le volume de gaz carbonique absorbé est sensiblement égal au volume d'oxygène exhalé. Comme le gaz carbonique renferme un volume d'oxygène égal au sien, on admettait que ce gaz subit dans la plante une décomposition totale et que le carbone naissant s'unit à l'eau pour former des composés ternaires de la forme $C^n (H^2O)$ n. De la sorte, la fonction chlorophyllienne aurait pour résultat simple et direct la formation de composés ternaires de la plante.

En réalité, d'après Mangin (43), le phénomène serait beaucoup plus complexe, car Boussingault s'est borné à mesurer la résultante de deux phénomènes opposés : la respiration et la fonction chlorophyllienne. Si l'on cherche, comme l'ont fait Bonnier et Mangin, à séparer l'action chlorophyllienne de la respiration, on obtient des résultats tout différents. Entre autres procédés, l'emploi des anesthésiques, qui supprime la fonction chlorophyllienne sans altérer la respiration, a permis de trouver le rapport $\frac{O}{CO^2}$ des gaz échangés par l'action chlorophyllienne seule.

Ce rapport serait toujours supérieur à l'unité de 1 à 2 dixièmes. Ce résultat a été confirmé que les recherches de Schlœsing fils sur le bilan des échanges gazeux pendant la végétation.

D'après ces auteurs, il y a donc toujours, dans l'action chlorophyllienne, un excédant d'oxygène exhalé égal à 1 ou 2 dixièmes, qui ne peut provenir de la décomposition de l'acide carbonique. Le procédé employé par Bonnier et Mangin pour étudier séparément ce qui est dû à la respiration et ce qui appartient à la fonction chlorophyllienne est celui qui a été préconisé par Claude Bernard, mais il n'est pas à l'abri de toute critique et, à l'heure actuelle, on ne peut pas dire que l'on puisse obtenir une séparation radicale de ces deux phénomènes opposés, en apparence tout au moins.

Frank Schwarz a montré qu'un *Elodea canadense* qui, initialement, dégage 20 bulles par demi-minute, soumis au chloroforme en dégage 25 après trois minutes, 39 trois minutes plus tard, 36 deux minutes plus tard, et enfin 0 bulle.

Kogel Werner, de son côté, a mis en évidence qu'une dose de 0,7 à 0,4 pour 100 (avec 0,6 pour 100 comme optimum) de chloroforme agissant sur *Elodea canadense*, accélérait l'assimilation, et que celle-ci n'était suspendue que par des doses inférieures comprises entre 0,4 pour cent et 0,05 pour 100.

Il se peut donc que le quotient $\frac{O}{CO^2}$ s'éloigne encore plus de l'unité que ne l'ont admis Bonnier et Mangin. L'expérience suivante, due à R. Dubois, vient encore jeter des doutes sur l'exactitude de l'opinion généralement admise que l'oxygène dégagé par la plante sous l'influence de l'action solaire vient toujours et complètement de la réduction de l'acide carbonique puisé dans le milieu extérieur.

Dans cinq éprouvettes A, B, C, D, E, il a introduit de l'eau de mer et des filaments d'une confervacée marine; *chœtomorpha crassa* Kutznig. L'éprouvette A contenant de l'eau de mer naturelle servait de témoin. B, C, D, E, contenaient de l'eau de mer purgée de gaz par l'ébullition et refroidie à la même température que A : le tout fut exposé au soleil. Au bout de peu de temps, de nombreuses bulles de gaz se dégageaient en A. Plus d'une heure après on ne constatait rien en B, C, D, E. On introduisit alors quelques bulles de CO² en B. et une quantité assez abondante du même gaz en C sans pouvoir faire apparaître le dégagement. De l'éprouvette E, on retira un peu de l'eau bouillie, et on agita l'algue avec l'eau de façon à bien aérer le tout; avec un agitateur de terre, on facilita le dégagement des bulles retenues mécaniquement : quand les bulles en question eurent disparu, on exposa de nouveau E au soleil : bientôt apparut le dégagement gazeux. On ne saurait attribuer ce dégagement au dédoublement de la quantité infinitésimale de CO² contenue dans l'air introduit par agitation. On ne peut pas non plus l'expliquer par la décomposition de CO² contenue dans l'algue, car celle-ci aurait pu s'effectuer dans l'eau bouillie et dans B et C surtout.

D'après R. Dubois, il n'y a d'autre moyen d'expliquer ces faits qu'en admettant que l'algue prend de l'oxygène dans le milieu ambiant et qu'elle le rejette au fur et à mesure sous l'influence de la lumière. Quand celle-ci n'agit pas, l'oxygène n'est pas rejeté; il sert à la respiration et aux phénomènes bioprotéoniques : c'est alors principalement de l'acide carbonique qui est éliminé. Ordinairement, il y a un enchevêtrement de ces deux phénomènes plus ou moins accentué (45).

D'expériences faites ultérieurement dans le laboratoire de R. Dubois, sur des plantes aquatiques d'eau douce, Elodea canadensis Michx, il résulte que les phénomènes sont les mêmes. Toutefois, si l'on prive complètement d'acide carbonique l'air ou l'oxygène ajouté à l'eau purgée de gaz préalablement, le dégagement gazeux n'a pas lieu. Il faut donc que l'eau renferme à la fois de l'oxygène et une quantité, fût-elle extrêmement petite, d'acide carbonique.

Dans les deux cas, l'oxygène dégagé ne vient pas de la décomposition de l'acide carbonique, puisqu'une très petite quantité est suffisante, mais elle est nécessaire pour amorcer le phénomène.

Dans une autre série d'expériences, R. Dubois a montré que cette élimination d'oxygène sans absorption d'un volume équivalent d'acide carbonique ne pouvait s'expliquer par l'activité cellulaire, que l'on peut supprimer par le formol; mais on sait que ce dernier ne détruit pas celle de diverses zymases soumises préalablement à son action.

La chlorophylle seule ne fournissant aucun renseignement satisfaisant, il faut cependant qu'un corps actif intervienne, et R. Dubois a été amené, par élimination, à supposer l'intervention d'une zymase, à effet réversible, sous l'influence de la lumière, ou de deux zymases, l'une oxydante et l'autre réductrice. Il a d'ailleurs pu extraire de Chœtomorpha un corps qui paraît être réducteur à la lumière et oxydant à l'obscurité; mais l'auteur n'a pas poursuivi ses recherches.

Friedel avait également fait intervenir l'activité des zymases dans la fonction chlorophyllienne.

En somme, ces observations de Bonnier, Mangin et R. Dubois, ainsi que d'autres auteurs anciens, tels que Spallanzani, prouvent que le fait admis comme classique, depuis Boussingault surtout, à savoir qu'à un volume d'oxygène éliminé par une plante verte au soleil correspond la réduction d'un même volume d'acide carbonique est entaché d'erreurs probablement de nature à fausser complètement l'idée que l'on doit avoir de la nature et de l'origine des échanges gazeux des plantes vertes exposées à l'action de la lumière.

On peut faire la même réflexion au sujet d'une autre expérience classique qui consiste à recueillir les bulles gazeuses qui se détachent d'une plante verte immergée dans l'eau et exposée au soleil. R. Dubois a démontré que l'apparition de ces bulles peut être attribuée à un phénomène purement physique. Si au lieu de rameaux verts, ou d'algues vivantes, on introduit des morceaux de bois mort, des baguettes de verre, du coton de verre, etc., on voit apparaître à leur surface de nombreuses bulles gazeuses. Ce qui a facilité encore l'erreur des expérimentateurs qui ont considéré les gaz ainsi recueillis comme le produit de la décomposition de CO², c'est que précisément ils sont très riches en oxygène. Mais il en est de même de ceux qui se dégagent de l'eau pour aller former des bulles à la surface des objets inertes, attendu que l'eau ne dissout presque que de l'oxygène et très peu d'azote.

Pour serrer de plus près l'analyse du phénomène physique en question, R. Dubois (45) a immergé dans des cuves de verre à faces parallèles une série de tubes de verre à essais renfermant de l'eau colorés en rouge, en jaune, en vert, en bleu et en violet et incolore; le tout a été exposé ensuite au soleil, de façon à ce que tous les tubes fussent frappés par une égale quantité de lumière. De nombreuses bulles gazeuses n'ont pas tardé à se déposer à la surface des tubes, principalement du côté exposé au soleil. Elles se sont déposées plus vite et en beaucoup plus grand nombre sur le tube dont le contenu était coloré en vert par du chlorure de nickel : sur les autres, il n'y avait que peu de bulles, mais, sur le tube bleu, elles étaient notablement plus volumineuses.

Il ne faut donc pas oublier que, sur des objets inertes, et particulièrement sur des tubes immergés dans l'eau et colorés en vert, il peut se déposer de nombreuses bulles gazeuses simulant absolument le dégagement gazeux observé sur les végétaux verts placés dans les mêmes conditions et qu'en outre, ces bulles de gaz sont presque complètement formées d'oxygène. Ce sont là autant de causes d'erreurs susceptibles d'éveiller des doutes sur l'exactitude de la théorie classique de la transformation par les plantes vertes à la lumière d'un volume d'acide carbonique absorbé en un égal volume d'oxygène exhalé, c'est-à-dire de l'opinion de Boussingault, que le quotient $\frac{O}{Co^2}$ est égal à l'unité.

Tout ce qui précède ne veut pas dire qu'il n'y a pas réduction de l'acide carbonique et éliminination sous forme gazeuse de l'oxygène provenant de cette réduction, cet acide carbonique pouvant d'ailleurs provenir soit des carbonates contenus dans le sol, dans les eaux ou dans l'air, soit de l'acide carbonique libre, bien que l'air n'en contienne qu'un dix-millième de son volume, ce qui est une proportion bien faible pour expliquer la puissance de la végétation. Cette dernière ne semble pas d'ailleurs exercer une influence quelconque sur la composition de l'air dans les endroits couverts de forêts.

Mécanisme de la fixation du carbone. — On a d'abord supposé que l'acide carbonique était complètement réduit. Mais comme d'une part, on ne trouve jamais de carbone pur dans les plantes et que, d'autre part, il faudrait une puissance très forte pour opérer cette séparation du carbone et de l'oxygène, on a abandonné cette hypothèse.

Pour cette seconde raison, on a également pensé que CO^2 ne pouvait pas être réduit à l'état de CO. Boussingault introduisit en même temps que la notion de la réduction de l'acide carbonique celle de la décomposition de l'eau; alors la formation de l'amidon et du glucose pouvait s'exprimer ainsi en langage atomique :

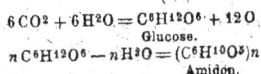

$$6\,CO^2 + 6\,H^2O = C^6H^{12}O^6 + 12\,O$$
$$\text{Glucose.}$$
$$n\,C^6H^{12}O^6 - n\,H^2O = (C^6H^{10}O^5)n$$
$$\text{Amidon.}$$

Mais on sait aujourd'hui que cette transformation de l'acide carbonique et de l'eau en hydrates de carbone ne se fait pas d'emblée, mais par étapes successives et, à ce sujet, il existe un certain nombre de théories et d'hypothèses ayant un caractère d'actualité : il ne paraît donc pas inutile de reproduire ici un résumé emprunté à un ouvrage relativement récent (46). Actuellement, toutes les hypothèses formulées peuvent être réparties en deux groupes suivant que les auteurs n'ont pas ou bien, au contraire, ont pris la formation du méthanal pour base de leur système.

On peut citer au nombre des premières :

1° l'hypothèse de Liebig, que l'on peut appeler de Liebig-Ballo, parce que c'est surtout Ballo qui l'a soutenue;

2° l'hypothèse de Crato;

3° l'hypothèse d'Etard.

Au nombre des deuxièmes, il convient de citer :

1° l'hypothèse de Baeyer;

2° l'hypothèse de Bach;

3° l'hypothèse de Pollacci ;

4° l'hypothèse diastasique de Friedel ;

5° l'hypothèse d'Usher et Priestley.

Hypothèses du premier groupe. — Dans la théorie de *Liebig-Ballo*, on considère que la formation des acides oxalique et formique marque le premier terme de la réduction de CO^2, laquelle procédant par degrés intermédiaires se poursuit par l'apparition d'acides glycoliques, succinique, malique, tartrique qui, par une réduction plus avancée, se transforment en glucose. On a constaté, en effet, que lorsque les crassulacées, par exemple, étaient maintenues à l'obscurité, on voyait les acides s'accumuler dans leurs tissus et que l'exposition à la lumière a pour effet de faire disparaître ces mêmes acides.

Dans la conception de *Crato*, ce sont un acide carbonique, hydrate instable, l'acide ortho-carbonique, dans lequel les quatre valeurs du carbone sont saturées par quatre groupements oxhydryles

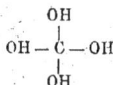

$$OH - \overset{\displaystyle OH}{\underset{\displaystyle OH}{C}} - OH$$

et un corps cyclique, phénol hexavalent proche parent de l'inosite, qui marquent les différentes phases des transformations opérées, lesquelles s'expriment alors par les réactions :

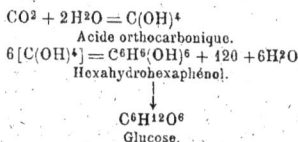

$$CO^2 + 2H^2O = C(OH)^4$$
Acide orthocarbonique.
$$6[C(OH)^4] = C^6H^6(OH)^6 + 12O + 6H^2O$$
Hexahydrohexaphénol.

$$C^6H^{12}O^6$$
Glucose.

On invoque ici, comme preuve à l'appui, l'existence dans la plante de l'inosite, reconnue notamment par Maquenne.

Pour Etard, le carotène, qui des trois pigments chlorophylliens est le moins connu et moins étudié, joue dans la synthèse des hydrocarbones un rôle important qu'il emprunte à sa constitution chimique. Carbure d'hydrogène, il est un carbure non saturé, présentant des lacunes qui s'expriment dans les formules par des doubles liaisons ($=$) et qui impliquent la possibilité d'obtenir des produits d'addition.

Soit un pareil élément lacunaire simple,

$$- \overset{\displaystyle H}{C} = \overset{\displaystyle H}{C} -$$

Etard montre qu'en unissant aux éléments de l'acide carbonique $HO - CO - OH$, il devient

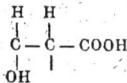

$$\overset{\displaystyle H}{C} - \overset{\displaystyle H}{\underset{\displaystyle OH}{C}} - COOH$$

lequel perdant aussitôt O^2 redevient lacunaire, mais s'est enrichi dans cette transformation d'un groupement CHOH, si bien qu'il s'écrit maintenant :

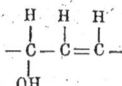

$$- \overset{\displaystyle H}{\underset{\displaystyle OH}{C}} - \overset{\displaystyle H}{C} = \overset{\displaystyle H}{C} -$$

Le même jeu se reproduisant, on arrive par la même marche au corps en C^4 et ainsi de suite, chaque nouvelle action de $HO - CO - OH$ « plastifiant » d'un $(C+H^2O)$ de plus la chaîne commencée. On obtiendra ainsi des polyalcools de plus en plus élevés; mais, il faut remarquer que même, si l'on assigne au carotène une formule lacunaire à liaisons triples ($\equiv$) et que, pour simplifier, on en fasse un corps en C^6

$$- C \equiv C - C \equiv - C \equiv CH -$$

on ne verra pas apparaître de corps à fonction aldéhydique, et partant point de glucose.

C'est une conception ingénieuse, mais purement théorique. C'est l'antithèse des théories formoliques et il semble qu'ETARD ait eu surtout en vue de démontrer que le méthanal, étant toxique pour le bioprotéon, ne pouvait en aucune façon exister dans les plantes.

Cette idée préconçue est incompatible avec les expériences de BOKARNY. Cet expérimentateur dispose des *Spirogyra* dans une solution de CH^2O (SO^3HNa) ou oxyméthyl-sulfite de sodium, qui dégage *lentement* de l'aldéhyde formique à température peu élevée

$$CH^2O(SO^3HNa) = CH^2O + SO^3HNa$$

et remarque que dans ces conditions, non seulement l'algue ne meurt pas, mais qu'elle acquiert même la propriété de conserver une forte proportion d'amidon à l'obscurité. Bien plus, grâce à cette solution, et bien que l'algue soit privée de CO^2, elle fabrique beaucoup d'amidon pourvu qu'elle soit exposée à la lumière.

Hypothèses du deuxième groupe. — L'idée formolique était déjà en germe dans l'exposé de BOUSSINGAULT.

BAEYER formule expressément l'hypothèse que le méthanal marquait le premier stade de la réduction de l'anhydride carbonique en présence de l'eau.

$$(1) \qquad CO^2 + H^2O = H - COH + O^2$$

Le méthanal ainsi formé, en se polymérisant, conduit directement au sucre

$$6(CH^2O) = C^6H^{12}O^6$$

qui, d'après SCHIMPER, est le premier sucre qui apparaisse; mais si l'on en croit BROWN et MORRIS, ce sucre en C^6 dérive lui-même d'un sucre en C^{12} qui est le premier formé suivant la réaction :

$$\underset{\text{Méthanal.}}{12 H - COH} = \underset{\text{Saccharose.}}{C^{12}H^{22}O^{11}} + H^2O$$

Le premier membre de l'équation (1) peut aussi s'écrire CO^3H^2, ce qui exprime que l'anhydride carbonique s'est uni aux éléments de l'eau pour former un *acide carbonique* inconnu à l'état libre, mais dont on connaît bien les carbonates.

La théorie de BACH est un peu plus compliquée et suppose aussi que cet acide est formé dans une phase préliminaire et se décomposerait ainsi :

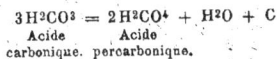

$$\underset{\substack{\text{Acide} \\ \text{carbonique.}}}{3 H^2CO^3} = \underset{\substack{\text{Acide} \\ \text{percarbonique.}}}{2 H^2CO^4} + H^2O + C$$

H^2CO^4 serait l'acide percarbonique correspondant à l'anhydride CO^3. Cet acide percarbonique se décomposerait ensuite spontanément ou sous l'influence de substances contenues dans les plantes de la manière suivante :

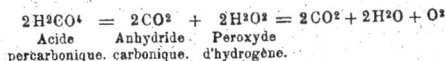

$$\underset{\substack{\text{Acide} \\ \text{percarbonique.}}}{2 H^2CO^4} = \underset{\substack{\text{Anhydride} \\ \text{carbonique.}}}{2 CO^2} + \underset{\substack{\text{Peroxyde} \\ \text{d'hydrogène.}}}{2 H^2O^2} = 2 CO^2 + 2 H^2O + O^2$$

et l'ensemble des réactions s'exprime finalement par les réactions :

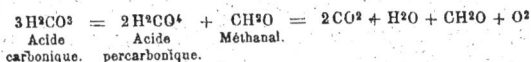

$$\underset{\substack{\text{Acide} \\ \text{carbonique.}}}{3 H^2CO^3} = \underset{\substack{\text{Acide} \\ \text{percarbonique.}}}{2 H^2CO^4} + \underset{\text{Méthanal.}}{CH^2O} = 2 CO^2 + H^2O + CH^2O + O^2$$

La présence de peroxyde d'hydrogène, qui est la clef de voûte de la théorie de Bach, n'a pu malheureusement pour elle être constatée que chez un nombre encore restreint de plantes.

On peut faire la même objection à la théorie des deux auteurs anglais Udher et Priestley. Ils admettent que, de l'union de l'anhydride carbonique et de l'eau naissent, avec l'intervention de la chlorophylle, et en une action réversible, de la formaldéhyde et du peroxyde d'hydrogène; grâce à l'activité d'une enzyme, de l'oxygène se dégage de ce dernier et par l'activité du bioprotéon ou protoplasme vivant, la formaldéhyde se condense en hydrate de carbone.

En 1899, Baranetzky a émis l'idée que la fonction chlorophyllienne s'exerce sous l'influence d'une diastase; Friedel, puis Macchiati ont ensuite affirmé avoir découvert cette diastase et avoir, grâce à elle, réalisé la photosynthèse chlorophyllienne en dehors de l'organisme : ils auraient constaté qu'en faisant agir cette diastase dans des conditions convenables, on pouvait constater, en même temps qu'un dégagement d'oxygène, l'apparition du méthanal.

Les conclusions de Friedel et Macchiati ont été combattues par Harry, Herzog, Ch. Bernard et Molisb. Les expériences de R. Dubois sur *Chætomorpha crassa* indiquent cependant qu'on ne peut guère expliquer certains faits expérimentaux relatifs à la fonction chlorophyllienne qu'en admettant l'existence d'une substance (zymasique?) à action réversible, oxydante dans l'obscurité et réductrice à la lumière, ou bien de deux substances (zymasiques?) : l'une oxydante et l'autre réductrice.

D'ailleurs pour R. Dubois, les zymases ne sont autre chose que des particules bioprotéoniques vivantes pouvant devenir des vacuolides c'est-à-dire des éléments primordiaux et différenciés de toute substance vivante. Les leucites, en général, et les chloroleucites ou chloroblastes, en particulier, ne seraient que des vacuolides différenciées en vue de la fonction chlorophyllienne et très développées. Ces vacuolides formeraient de l'amidon dès qu'elles auraient atteint le stade vacuolidaire des mitochondries pour se transformer en chloroleucites; les recherches de Guilliermond ont pleinement confirmé l'exactitude de la théorie que R. Dubois enseigne depuis longtemps à la Faculté des Sciences de Lyon (47).

On s'explique ainsi pourquoi Engelmann, Haberlandt et Pfeffer ont pu dire que les corps chlorophylliens, isolés, dépouillés du cytoplasme ont une individualité propre et peuvent décomposer l'anhydride carbonique quand ils sont isolés, alors qu'au contraire tout prouve que la fonction chlorophyllienne ne peut s'exercer qu'avec le concours du bioprotéon. Ces contradictions ne sont qu'apparentes, puisque les corps chlorophylliens, comme l'a fait voir R. Dubois, ne sont que le produit des vacuolides développées, c'est-à-dire des éléments primordiaux du cytoplasme ou bioprotéon. Regnard avait bien prétendu qu'il avait obtenu la réduction de CO^2 avec la chlorophylle en dissolution et isolée des corpuscules chlorophylliens, mais ses conclusions ont été contestées par Kny, comme il a été dit plus haut.

Notons encore la théorie de Pollaci d'après laquelle l'acide carbonique (CO^3H^2), premièrement formé, serait ensuite décomposé sous l'influence de la lumière par l'hydrogène naissant :

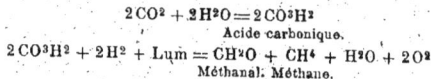

$$2 CO^2 + 2 H^2O = 2 CO^3H^2$$
Acide carbonique.

$$2 CO^3H^2 + 2 H^2 + Lum = CH^2O + CH^4 + H^2O + 2O^2$$
Méthanal. Méthane.

L'hydrogène, qui est ici l'agent de réduction principal, proviendrait de réactions de fermentations intra-moléculaires : l'état naissant qu'il aurait acquis, grâce à l'intervention de l'électricité, en ferait un puissant réducteur : la lumière et la chlorophylle interviendraient dans la production de cette électricité, mais sans que ce point soit précisé dans la conception de l'auteur.

Chacune de ces théories reposent plus ou moins sur des données expérimentales : si l'on y ajoute celles qui résultent des expériences de Daniel Berthelot et Gaudechon (v. p. 395) sur l'action des radiations ultra-violettes, on arrive à cette conviction globale que *sous l'influence de la lumière, de la chlorophylle et de la substance vivante repré-*

sentée par les vacuolides (mitochondries), *l'acide carbonique se combine d'abord aux éléments de l'eau et que cette combinaison en se dissociant donne naissance à de l'oxygène libre et à de l'aldéhyde formique. Celle-ci en se polymérisant engendre des hydrates de carbone.*

$$CO^2 + H^2O = CH^2O + O^2$$

Mais les explications théoriques les plus séduisantes conservent un caractère précaire tant qu'elles ne sont pas fondées sur des faits d'observation ou d'expérimentation. Pour le triomphe des théories formoliques, il importait donc, au premier chef, de démontrer qu'il pouvait se former du formol dans la plante vivante à l'état naturel.

On a cherché à prouver expérimentalement la formation de l'amidon dans la plante par transformation de l'aldéhyde formique en produits de polymérisation par deux méthodes : l'une indirecte et l'autre directe.

La première a consisté à montrer qu'on peut nourrir une plante au moyen du méthanal ou de corps très voisins. Il a été question déjà (p. 419) des expériences de BOKARNY dans cette voie. Mais de ce qu'une plante peut faire des hydrates de carbone à partir du méthanal, il ne s'en suit pas obligatoirement qu'elle procède à partir de ce corps dans sa vie normale. Il n'est pas impossible qu'un résultat identique soit obtenu avec d'autres corps; cela est même si peu impossible que Em. LAURENT a vu se former de l'amidon dans les parenchymes de la tige d'une pomme de terre étiolée mise à végéter sur une solution à 5 p. 100 de glycérine. Or on sait que les chimistes ont fait la synthèse des sucres à partir de la glycérine. Cette même synthèse est aussi possible à partir du bromure d'acroléine et l'on a pu, comme avec le méthanal et la glycérine, faire apparaître au moyen de l'acroléine de l'amidon dans des prothalles de mousses dans des conditions où il ne s'en serait pas formé sans le secours de ce corps.

La méthode indirecte ne peut donc servir à montrer la nécessité de la formation du méthanal dans la plante.

RENIKE, en 1881, constata parmi les produits de la distillation des végétaux verts la présence d'aldéhydes volatils, mais les réactifs employés (liqueur de FEHLING et nitrate d'argent ammoniacal) étaient des réactifs généraux ne permettant pas de décider s'il s'agissait d'aldéhyde formique.

En 1899, PALLACCI, de l'Université de Pavie, a consigné dans une série de travaux parus dans *Atti del R. Instituto botanico dell' Università di Pavia* des résultats très intéressants.

Les produits de la distillation d'un très grand nombre de végétaux verts traités successivement par les réactifs de Von GERICHTEN, de TRILLAT, de HENNER, de RIMINIS, de VITALI ont montré positivement la présence du méthanal parmi ces produits aldéhydriques. Il a pu, en outre, sur la plante vivante obtenir une coloration rose violacée au moyen du réactif de SCHIFF (bisulfite de rosaniline) qu'il considère comme caractéristique de la présence du méthanal. De ses recherches il a conclu que :

1° La réaction était positive avec les plantes vertes mises à la lumière;

2° Négative avec les champignons;

3° Négative avec les plantes vertes maintenues à l'obscurité ;

4° Négative avec les plantes vertes privées d'acide carbonique.

On peut donc considérer l'apparition de la coloration rose violacée donnée par le bisulfite de rosaniline comme intimement liée aux phénomènes chlorophylliens.

En perfectionnant le procédé de POLLACCI (48) (p. 117), on a cru pouvoir localiser dans les chloroplastides la coloration, qui ne se manifeste pas dans la cellule chlorophyllienne. Pourtant une remarque importante indique que la question n'est pas définitivement résolue; car on a trouvé ailleurs que dans les feuilles, par exemple dans les régions avoisinant les points végétatifs de *Lemna minor* LIN. (lentille d'eau), la coloration rouge violacée, notamment dans les cellules de la coiffe et dans les poils absorbants, alors que la lumière ne joue aucun rôle, car la coloration apparaît aussi bien quand elle fait défaut.

Malgré cela, il paraît bien que le méthanal existe dans les plantes et que dans certains cas, mais pas toujours, la lumière joue un rôle dans sa formation (46).

Bien des points restent obscurs dans la transformation de l'acide carbonique en hydrates de carbone. Ainsi d'autres gaz que l'acide carbonique peuvent être exhalés par les végétaux : Boussingault avait déjà reconnu qu'ils dégagent un hydrocarbure qui est probablement le méthane (CH⁴) et dernièrement Pollacci a constaté en outre que les plantes vertes exhalent de l'hydrogène.

La fonction chlorophyllienne joue également un rôle important dans la *synthèse des composés quaternaires azotés ou phosphorés.*

L'influence de la lumière et de la chlorophylle sur l'assimilation des phosphates a été observée par Schimper, et Posternak a fait connaître que le premier produit d'organisation de l'acide phosphorique dans les plantes à chlorophylle doit être un acide phospho-organique, dont il a reconnu la présence, qu'il a vu se former aux dépens des phosphates minéraux sous condition qu'il y ait lumière et chlorophylle. Il lui a donné le nom d'acide oxyméthylphosphorique parce que sa composition brute PCH⁵O⁵ exprime la somme PO⁴H³ + CH²O et qu'il doit, par conséquent, être considéré comme résultant de l'action de l'acide phosphorique sur le méthanal, qui est très vraisemblablement le premier degré de la photosynthèse carbonée.

On pense que les substances azotées des végétaux verts résultent de l'union des hydrocarbones avec les azotates venus du sol, avec réduction de ces derniers. Em. Laurent et Marchal ont bien vu que la lumière est nécessaire à l'obtention d'albuminoïdes dans les organes à chlorophylle, mais on est bien indécis au sujet du mécanisme de cette synthèse et l'on ignore quel est le premier produit de la réduction des azotates. Les uns pensent que les azotates agissant sur le méthanal donnent le méthane nitrile H-C ≡ Az, puis l'asparagine C⁴H⁸Az²O³ ; d'autres que ce corps résulte de l'action immédiate des azotates sur le glucose. En mettant des feuilles de vigne et des ronces coupées dans une solution nutritive et exposée à la lumière, Saposnikov a montré qu'après deux jours et demi d'exposition, il y avait un gain de matières azotées = 1ᵍʳ,78 quand on leur fournit des nitrates, tandis que dans l'eau distillée, la formation des matières azotées est 30 fois moindre.

Mais si la synthèse des albuminoïdes est entravée, celle de l'amidon augmente.

Les feuilles étiolées n'absorbent pas l'azote nitrique, mais assimilent l'azote ammoniacal.

Godlewski admet la formation des albuminoïdes par la lumière et les nitrates, mais avec deux phases :

1° Formation de corps non protéiques (ammoniaque, amides) ;

2° Leur transformation en matières protéiques par la lumière.

Les radiations violettes et ultra-violettes exerceraient une influence prépondérante sur la synthèse des matières azotées.

On n'a pu faire jusqu'à présent que des hypothèses sur le *mode d'action de la lumière* et particulièrement des radiations rouges. Les nombreuses bandes d'absorption dispersées dans le spectre solaire que présente la chlorophylle, semblent indiquer que des énergies nouvelles naissent de la transformation des ondes lumineuses absorbées. Il est possible qu'à chacune de ces énergies correspondent des effets déterminés : que, par exemple, les radiations absorbées et transformées par le rouge remplissent une fonction et que celles qui résultent de l'absorption dans le bleu en remplissent une autre. On peut supposer, par exemple, que les ondes absorbées dans les parties les plus réfrangibles du spectre opèrent principalement des actions réductrices, et que celles des parties les moins réfrangibles provoquent des polymérisations.

On a admis comme très acceptable (46, p. 125) l'intervention de l'électricité dans l'ensemble du phénomène. L'existence de courants trophiques signalés par R. Dubois (49) la rend très légitime. Si l'on réfléchit que la lumière est considérée par Maxwell comme une onde électrique, on ne voit rien d'impossible à ce que la radiation lumineuse soit transformée par la feuille en radiation électrique : la chlorophylle serait, dès lors, non plus un réducteur chimique, mais l'agent de transposition de longueurs d'onde, comme l'esculine pour les rayons ultra-violets. Elle peut encore, par exemple, accroître la quantité de rayons ultra-violets agissant sur la cellule, ou bien celle des rayons calorifiques.

Enfin, il n'est pas impossible qu'à la manière des corps fluorescents, elle sensibilise d'une manière spéciale la substance vivante à l'action des rayons ultra-violets. Ce qu'il y a de certain, c'est que l'on constate des effets électro-moteurs très nets quand on fait tomber sur le limbe d'une feuille verte une radiation lumineuse (WALLER), mais il est difficile de dire s'ils sont cause ou effet, ou les deux à la fois, des réactions photochimiques. On verra plus loin (p. 450) qu'il en est de même quand on fait tomber un rayon de lumière sur la peau d'une Pholade dactyle (R. DUBOIS) ou sur la rétine oculaire. Ainsi en ce qui concerne le rôle physico-chimique des pigments chlorophylliens, ou analogues, surtout des chrorophyllines, on en est réduit à des hypothèses, d'après M. S. ISVETT (50).

Ce sont cependant, à n'en pas douter, des organes de transmission de l'énergie radiante, intermédiaire efficace entre le soleil et le monde végétal dans la biosphère tout entière. On peut supposer que les chlorophyllines, sous l'action des radiations absorbées, subissent une transformation réversible en molécules dites tontomères et se régénèrent promptement en rayonnant sous forme de lumière fluorescente ou plutôt phosphorescente rouge l'énergie polychromatique emmagasinée l'instant d'auparavant.

L'acide carbonique H^2CO^3 ou ses ions, circulant dans la trame des corpuscules chlorophylliens, au voisinage immédiat des centres d'émission lumineuse, sont décomposés par cette radiation intense. De nouvelles combinaisons atomiques s'ébauchent parmi lesquelles le bioprotéon, armé de ses enzymes, fait son œuvre de sélection chimique, séquestrant certains produits et assurant ainsi, par une rupture continuelle d'équilibre chimique, la marche ultérieure de la réaction photochimique; point n'est besoin d'ailleurs d'imaginer que toute l'énergie mise en réserve dans les composés hydrocarbonés de photosynthèse s'y assimile photochimiquement. Une partie pourrait être d'origine thermochimique, puisée à l'énergie totale absorbée par la feuille.

Chlorovaporisation. — La lumière exerce une action sur l'élimination de la vapeur d'eau ou transpiration des plantes.

Comme il a été dit plus haut (p. 410), elle peut accroître d'un tiers celle des plantes à protoplasme incolore. Cette influence se fait sentir également sur les fleurs et sur les plantes étiolées. Voici quelques chiffres comparatifs donnés par CHODAT (51, p. 346).

	Obscurité.	Lumière diffuse.	Soleil.
Fleurs jaunes du *Spartium junceum*	64	69	174
— rouges du *Lilium croceum*	38	59	114
Maïs étiolé	106	112	290

	Feuille étiolée.	Feuille verte.
Feuilles de *Tradescantia zebrina* (surfaces égales).	28	41
— de *Funkia ovata*.	51	76

D'après CHODAT, on a voulu voir dans cette différence, la preuve que la chlorophylle joue un rôle éminent en transformant l'énergie lumineuse en calorique qui accélérait la transpiration. C'est à cette portion de la fonction de la transpiration qu'on a donné le nom de *chlorovaporisation*.

Il ne faut cependant pas oublier que les organes étiolés sont dans des conditions très différentes de celles des organes normaux; dans les feuilles panachées, les portions décolorées ont une autre structure que les régions vertes. En outre, il est certain que, dans ces portions albicantes, les substances assimilées sont moins mobiles. Il faudrait tenir compte de tous ces facteurs dans une théorie perfectionnée de la chlorovaporisation.

Néanmoins il ressort des meilleures expériences qu'il y a bien coïncidence entre l'action de la lumière sur la transpiration des plantes vertes et l'absorption de la lumière par la chlorophylle. Mais dans ce phénomène, les rayons bleus paraissent les plus actifs d'après WOLLNY.

	Rouge.	Jaune.	Bleu.
	100	48	144

L'intensité la plus grande correspond aux radiations les plus réfrangibles, contrairement à ce qui existe pour l'assimilation du carbone, ce qui permet de supposer qu'il n'y a pas une relation directe entre ces deux phénomènes.

Il est curieux que la lumière qui fait fermer les stomates par turgescence de leur lèvre accélère la transpiration : il s'agit donc plutôt d'un phénomène de déshydratation du bioprotéon que d'une fonction d'excrétion superficielle.

Phénomènes de mouvement provoqués par la lumière chez les végétaux . — Dans un grand nombre de cas, les végétaux, comme les animaux, répondent à l'action de la lumière par des mouvements parfois bornés à l'intérieur de la cellule et d'autres fois extérieurs. Il serait véritablement superflu de s'attarder à vouloir démontrer, comme l'ont fait certains savants, que ces réactions motrices sont intimement liées à des phénomènes physico-chimiques provoqués par la lumière. Aucune réaction ne s'opère dans un organisme vivant sans que simultanément il ne se produise des modifications dans le jeu des ions, des électrons, des atomes, des molécules, des granulations colloïdales et des vacuolides ou organites élémentaires du bioprotéon. Cette corrélation connue depuis fort longtemps ne constitue pas une découverte nouvelle à mettre à l'actif de l'école de LOEB, qui croit avoir inventé le déterminisme scientifique en physiologie et semble ignorer que CLAUDE BERNARD lui-même ait existé. Ce qui est véritablement méritoire, mais aussi très difficultueux, c'est de déterminer le mécanisme intime par lequel la lumière provoque des phénomènes de mouvements. Malheureusement on a confondu ensemble une foule de phénomènes très divers et au lieu d'une systématisation méthodique, d'une étude véritablement philosophique et scientifique, on a dans ces derniers temps abouti par une généralisation trop hâtive à une confusion des plus regrettables. Au Congrès de psychologie de Genève, en 1909 (52), R. DUBOIS a montré, à propos des communications de LOEB et de ses adeptes, que l'on a confondu sous les noms *héliotropisme, actinesthésie, phototactisme, phototaxie, actitypie, photoantitypie, somatoptisme, lucitactisme,* etc., une foule de phénomènes fort différents, qu'ils ont cru utile de réunir pêle-mêle sous le nom de *phototropismes.*

R. DUBOIS a indiqué les raisons pour lesquelles cette expression devait être abandonnée, ainsi d'ailleurs que celle plus générale de tropisme (de τρέπειν, se diriger), qui ne convient pas à tous les cas où la lumière provoque des mouvements et qui a le grave inconvénient d'avoir été appliqué indistinctement aux phénomènes les plus disparates, aussi bien à l'homme qui s'approche d'une lampe pour lire qu'à la tige d'une plante qui s'incurve vers une source de lumière. Nul ne peut dire aujourd'hui où commence et où finit un tropisme, que l'on s'élève du microbe ou de l'infusoire à l'homme ou que l'on descende de l'homme à l'infusoire ou au microbe, que l'on soit, en d'autres termes, anthropomorphiste ou « zoomorphiste ».

Les mouvements provoqués par la lumière chez les végétaux peuvent être groupés de la façon suivante :

1° Déplacements cytoplasmiques à l'intérieur des membranes rigides;

2° Déplacements du corps de la plante chez les organismes uni ou pluri-cellulaires;

3° Déplacements temporaires, périodiques ou alternatifs des organes adultes;

4° Mouvements consécutifs à une modification de la croissance ayant souvent pour conséquence une déformation de la plante.

Mouvements intracellulaires. — On observe souvent chez les végétaux verts des déplacements des vacuolides chlorophylliennes (chloromitochondries et chloroleucites).

Une algue de la famille des conjuguées, *Mesocarpus*, est formée de cellules superposées présentant, dans chaque cellule, un corps chlorophyllien en forme de plaque qui traverse la cellule dans sa longueur et suivant son axe. Si l'intensité lumineuse est très grande, la plaque verte du *Mesocarpus* prend la situation dite *de profil*, c'est-à-dire que son plan est parallèle aux rayons incidents, mais si l'intensité lumineuse est très faible, la plaque se dispose perpendiculairement aux rayons incidents : elle occupe la situation dite *de face*.

Entre ces deux situations, on peut observer, d'après OLTMANN, toutes les autres intermédiaires. Toutes les intensités lumineuses comprises entre la valeur I, à partir de laquelle la plaque va abandonner la situation de profil, et la valeur I' pour laquelle elle prend la position de face, correspondent à l'optimum, car pour toutes ces valeurs, le produit de l'intensité lumineuse par la surface utile demeure constant.

Chez les mousses, *Lemna, Elodea,* Callitriche, Joubarbe, etc., on observe des déplacements analogues. Si on expose une feuille de lentille d'eau (*Lemna*) à une lumière 'intensité moyenne et à peu près constante et que les radiations soient perpendiculaires à la feuille, les grains de chlorophylle, entraînés par le cytoplasme, viennent se placer sur les faces des cellules parallèles à la surface et s'orientent dans une direction perpendiculaire aux radiations : ils occupent la position *diurne* ou *de face*. Si les rayons frappent la face très obliquement, les grains de chlorophylle abandonnent les faces parallèles à la surface pour se grouper sur les faces perpendiculaires. Dans cette position, ils offrent aux radiations une surface utile encore considérable : c'est la position nocturne ou *de profil*. Mais si l'intensité des radiations perpendiculaires est trop forte, cette position de profil est encore mise à profit.

La régulation automatique des masses cellulaires se manifeste donc soit pour favoriser l'utilisation des radiations, soit pour protéger les vacuolides chlorophylliennes contre leur action nocive.

L. RAYBAUD (53) a étudié l'influence de la lumière sur les mouvements du protoplasma à l'intérieur des mycéliums de mucorinées. De ses observations il a tiré les conclusions suivantes :

1° Les changements brusques d'éclairement provoquent des mouvements également brusques du protoplasma à l'intérieur du mycélium tout jeune : et ces changements sont comparables au déplacement des protoplasmes libres tels que les plasmodes des myxomycètes sous la même influence.

2° Ces mouvements seront des mouvements de recul, si le champignon passe de l'obscurité à la lumière, et au contraire des mouvements de progression, si le champignon passe de la lumière à l'obscurité.

3° Dans les spores en voie de germination, le recul du protoplasma a pour effet de vider complètement le tube germinatif, la masse protoplasmique se réfugiant tout entière dans la spore, au centre de laquelle l'éclairement est moindre.

4° Dans ces mêmes spores, au début de la germination, quand le tube germinatif est encore excessivement court, le mouvement a pour effet de transformer ce tube en une forte ampoule accolée à la spore.

5° Ces phénomènes sont du reste passagers et ne semblent durer que le temps qui est nécessaire au protoplasma pour se mettre en équilibre avec le nouveau milieu, redevenu physiologiquement normal.

6° Lorsque sous l'action de la lumière le protoplasma s'est réfugié dans la spore, il réoccupe dans la suite le filament qui s'était vidé, mais qui toutefois reste plissé ; et c'est seulement à l'extrémité de ce filament que l'allongement fait apparaître un filament normal.

7° Quand après la suppression de l'éclairement, le protoplasme a déterminé la formation d'ampoules, c'est de chacune de ces ampoules que repart de même un filament de calibre ordinaire.

On a vu que la sensibilité du cytoplasme est à peine marquée pour les radiations peu réfrangibles : rouge, orangé, etc. Au contraire, dans les milieux recevant les radiations les plus réfrangibles, bleues et violettes, les mouvements se manifestent avec une activité presque aussi grande que dans la lumière blanche.

Déplacements du corps de la plante. — Cette forme de la réaction à la lumière s'observe souvent chez les algues inférieures flagellées, volvocinées, zoospores de chlorophycées, en général, chez des êtres mono ou pauci-cellulaires.

La sensibilité à la lumière de ces divers organismes est variable : on peut, par exemple, d'après CHODAT, trier un mélange de *Gonium* et de *Pandorina*, en exposant dans un vase assez large l'eau qui les contient à la lumière : une forte lumière attire les uns et repousse les autres.

Si ce triage n'est pas absolu, c'est que l'âge change le *tonus*, c'est-à-dire l'état amené par des circonstances préparatoires qui disposent, prédisposent ou indisposent l'organe ou l'organisme à percevoir l'excitant et à réagir conséquemment. Si c'est la température qui indispose ou prédispose, on a un *thermotonus ;* si c'est la lumière, un *phototonus.*

Dans toute riposte à un excitant, le tonus est l'état particulier créé par un second facteur qui peut accélérer, retarder, renverser ou inhiber la réaction. C'est ainsi que beaucoup de spores deviennent plus photophiles à une température plus basse. Autrement dit, telle intensité lumineuse qui serait répulsive à une basse température devient attractive à une plus haute température (*Botrydium, Ulothrix*).

Les mouvements provoqués par la lumière, ou d'autres causes, sont souvent déviés en raison de modifications amenées dans les sensibilités internes par des agents extérieurs secondaires ou par l'effet même de modifications internes dont dépendent les *autotactismes* qui font mouvoir l'animal.

L'état de repos et d'immobilité est un état d'équilibre établi par des autotactismes opposés, qui peuvent être affaiblis ou renforcés par la radiation lumineuse, entraînant ainsi une rupture d'équilibre traduite extérieurement par du mouvement dans un sens ou dans un autre, en général dans la direction des radiations lumineuses ou en sens inverse.

Chez les Euglènes (*Euglena viridis*), le corps présente en avant un bec incolore dans lequel on observe un *stigma* rouge. Il semble que ce stigma puisse être considéré comme un appareil de perception, car l'orientation positive ou négative n'a lieu que si cette région est éclairée ou obscurcie. Il n'est pas certain que chez toutes les algues ou zoospores d'algues, ce stigma puisse être regardé comme un organe de perception lumineuse fonctionnant à la manière d'un appareil visuel, car il peut occuper une position latérale, qui ne semble guère compatible avec l'idée qu'on se fait d'une inégalité sensitive de la moitié antérieure et postérieure pour expliquer que la zoospore oriente son axe dans celui de l'excitation incidente.

La présence de cils, de flagellums, etc., n'est pas une condition indispensable au déplacement du corps de la plante : il peut s'observer soit chez des organismes cellulaires nus, soit chez des cellules à membranes rigides.

Chez les cellules nues, isolées ou réunies en massifs, comme dans les plasmodies des Myxomycètes, la sensibilité à la lumière est très grande. Ainsi *Fuligo septica, fleur de la tannée* qui vit dans le tan, élève son plasmode à la surface du substratum quand l'intensité est faible ; mais, si elle s'accroît, le plasmode disparaît et s'enfonce dans le tan pour échapper à l'influence nocive exercée par les radiations.

Chez certaines Desmidiées, Algues de la famille des conjuguées, pourvues de parois rigides non ciliées, on observe de curieux mouvements dont le mécanisme est resté mystérieux.

Le *Closterium moniliferum* à corps fusiforme, oriente son grand axe dans la direction de la lumière incidente. En outre, chaque individu exécute une série de pirouettes se succédant à intervalles réguliers, de manière à présenter successivement chacune de ses extrémités à la source : il y a là un phénomène de polarisation périodiquement renversé dans chaque moitié. On pourrait dire que chaque « tropisme » provoque aussitôt un « antitropisme ». Chaque individu manifeste nettement, par le sens dans lequel il exécute ses pirouettes, les modalités de l'intensité lumineuse ; pour une certaine valeur, qui constitue l'optimum, les pirouettes s'exécutent sur place : si l'intensité diminue, chaque cellule se rapproche de la source par une série de pirouettes ; si elle augmente, elle s'en éloigne par le même mécanisme. Quand le récipient qui contient les espèces étudiées est éclairé de façon que tous les points soient au-dessous de l'intensité optimum, les Clostéries viennent se coller toutes contre la paroi la plus rapprochée de la source : dans le cas contraire, elles ne tardent pas à s'accumuler sur la face la plus éloignée de la source.

Penium curtum, de la même famille, s'oriente vers la source et se dirige vers elle en tournant toujours la même extrémité.

Chez une autre Desmidiacée, *Micrasterias rota*, les cellules aplaties se placent perpendiculairement au rayon incident.

Chez certaines Diatomées, les Navicules, par exemple, on n'observe plus d'orientation, ni de polarité, mais un certain nombre d'oscillations qui tendent à les éloigner ou à les rapprocher de la source de lumière unilatérale (MANGIN).

Les mouvements caractéristiques des diatomées vertes cessent lorsqu'on les place à l'obscurité et à l'abri de l'oxygène, mais ils reprennent aussitôt que l'on fait agir de nouveau la lumière. Dans un espace confiné, surtout à l'intérieur de si petits organismes, l'oxygène est bientôt consommé et la saturation par CO_2 arrive rapidement. Mais si l'on rétablit l'éclairage c'est le contraire qui arrive. Ce phénomène est probablement une cause très générale de suspension et de reprise de mouvements (R. Dubois).

Ces mouvements de translation et d'orientation amènent les végétaux dans les conditions les plus favorables et constituent une régulation automatique par la lumière. L'optimum varie non seulement pour chaque espèce, mais encore dans une même espèce pour les différents individus, d'après Oltmann. Par exemple, chez les *Volvox*, les colonies composées de cellules végétatives recherchent une intensité lumineuse plus grande que celles qui renferment les organes reproducteurs.

Paul Desroche a noté que la vitesse des zoospores de *Chlamydomonas*, positivement phototropiques, n'est pas influencée par la valeur de l'intensité lumineuse à laquelle on la soumet. La lumière a sur elle une action purement directrice, mais n'influe pas par son intensité sur la vitesse du mouvement.

D'autres expériences sur les zoospores, il conclut d'une manière paradoxale que le phototropisme positif a le plus souvent pour effet d'écarter les organismes des régions éclairées et de les ramener dans les régions d'ombre.

L'action de la lumière sur les *bactéries colorées* a été étudiée en 1882 par Engelmann. Il décrit une bactérie chromogène rouge et mobile douée de la faculté de distinguer les radiations d'intensité et de longueur d'onde différentes, et lui a donné le nom de *Bacterium photometricum*. Plus tard, il en a découvert une dizaine d'autres espèces analogues. Elles renferment une substance bien étudiée par Lankaster; la bactério-purpurine, et pour cette raison il a proposé de les réunir dans le nom de *Bactéries pourprées*.

La rapidité des mouvements est d'autant plus grande que l'intensité est plus forte. Dans l'obscurité complète, à la température ordinaire, toutes ces bactéries finissent par tomber en repos, dans un espace de temps variant de quelques heures à quelques jours, suivant les espèces.

La présence de l'oxygène retarde l'immobilisation à l'obscurité. La lumière fait reparaître le mouvement quand il n'est pas suspendu depuis trop longtemps, mais au bout d'un temps variable qu'Engelmann appelle stade d'*induction photocinétique*.

Inversement, une lumière constante pourrait amener le repos, et le mouvement ne reparaîtrait qu'après un séjour à l'obscurité. Si l'on fait décroître brusquement la lumière, il y a renversement subit de la rotation et recul immédiat. C'est le « mouvement de frayeur » d'Engelmann. Si on répète l'expérience, il y a fatigue ou accoutumance.

Si les bactéries pourprées entrent dans un point fortement éclairé en sortant d'une partie obscure, leur mouvement en avant est accéléré, mais elles n'en peuvent plus sortir à cause du « mouvement de frayeur » qu'elles éprouvent à la limite de l'obscurité et qui les repousse vers la partie éclairée; — c'est ce qu'Engelmann appelle le « piège ».

Elles distinguent certaines radiations infra-rouges invisibles pour nous. Dans le microspectre de la lumière électrique, elles s'accumulent dans l'ultra-violet de λ 0,90 à λ 0,80. Elles se rassemblent en quantité moindre dans une zone étroite de l'orangé et du jaune, comprise entre λ 0,60 et λ 0,58, puis à un degré rapidement décroissant, dans le vert, environ λ 0,55 et 0,52 dans le bleu et dans le violet et enfin dans le rouge environ entre λ 0,75 et 0,64; c'est dans l'ultra-rouge, au delà de λ 1,0, et dans l'ultra-violet, qu'elles sont le moins nombreuses. Ces points correspondent exactement au spectre d'absorption de la bactériopurpurine. Une augmentation subite de la tension de CO^2 agit comme l'obscurité : l'oxygène produit un effet contraire et Engelmann a prétendu que précisément, sous l'influence de la lumière, CO^2 était décomposé et que O était mis en liberté. La bactério-purpurine agirait, selon lui, comme la chlorophylle. Après avoir absorbé l'énergie actuelle de la lumière, elle la transformerait en énergie potentielle, car les cultures augmentent à la lumière.

La lumière de couleurs différentes dégagerait d'autant plus d'oxygène qu'elle est plus fortement absorbée par les bactéries pourprées.

Il y aurait, d'après Engelmann, d'autres pigments que la chlorophylle qui donneraient au bioprotéon la faculté de dégager de l'oxygène. L'assimilation proposée par Engelmann a été reconnue inexacte : les bactéries pourprées ne décomposent pas l'acide carbonique et n'utilisent l'énergie absorbée que pour leur fonctionnement interne sans dégagement de l'oxygène.

Engelmann s'est servi de l'attraction que l'oxygène exerce sur les bactéries pourprées

pour rechercher quel est le point où s'exerce avec le plus d'activité l'action chlorophyllienne, ou plutôt le dégagement d'oxygène sur le trajet d'une algue filamenteuse placée
en travers du micro-spectre. Il a vu que les purpuro-bactéries s'accumulent surtout
dans le rouge et le violet, c'est-à-dire dans les zones du spectre où l'on admet que la
fonction chlorophyllienne s'exerce avec le plus d'intensité.

Mouvements provoqués par la lumière dans les organes adultes des plantes. — Les pétales
et les sépales des fleurs, les folioles et les feuilles elles-mêmes peuvent prendre sous
l'action de la lumière ou plutôt du passage de la lumière à l'obscurité des attitudes qui
sont le résultat de mouvements auxquels on a donné le nom de *nyctotropiques.* Ces mouvements sont assez réguliers pour que l'on ait pu dresser avec eux un « *horaire de
Flore* ». Chez un certain nombre d'espèces : *Mirabilis* (Belle-de-nuit), Tulipe, Nénu-

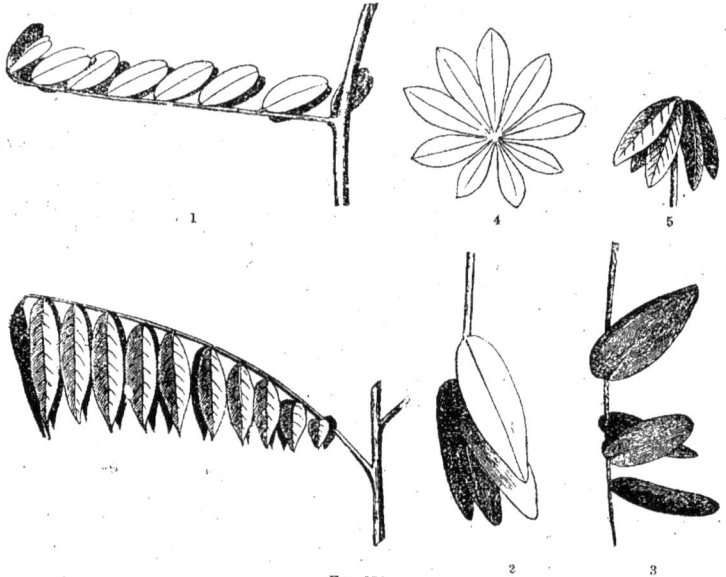

Fig. 156.

1, Feuille de Coronille rose (*Coronilla rosea*) en état de sommeil ; — 2, Tige de *Strephium floribundum* le
jour ; — 3, Tige de *Strephium floribundum* la nuit ; — 4, Feuille de *Lupinus pilosus* le jour ; — 5, Feuille
de *Lupinus pilosus* la nuit.

phar, etc., les mouvements d'ouverture et de fermeture des fleurs sont provoqués par
des variations dans l'intensité des radiations (fig. 156).

La Belle-de-nuit ouvre ses fleurs pendant la nuit. Mais DE CANDOLLE a pu intervertir
les mouvements en éclairant la plante pendant la nuit et en la maintenant à l'obscurité
pendant le jour.

Au contraire, la Tulipe, le Safran, le Pissenlit, l'*Oxalis* ferment leur fleur pendant la
nuit. Chez un certain nombre d'espèces, ces mouvements peuvent être intervertis par une
faible variation de température ; ainsi le Safran, la Tulipe s'ouvrent même à l'obscurité
par une faible élévation de température ; toutefois certaines espèces (Pissenlit, *Oxalis*)
résistent à l'influence de la température.

Les mouvements nyctotropiques des fleurs sont localisés à la base des sépales ou
des pétales et sont dus à un phénomène de turgescence comme celui de l'ouverture et
de la fermeture des stomates ; il ne saurait être question de tropismes dans ces sortes
de mouvements, d'où résulte une véritable autorégulation des exhalations de gaz et de
vapeurs de la plante. Les cellules stomatiques qui bordent l'ostiole ont leur paroi
interne limitant l'ostiole fortement épaissie suivant deux crêtes, l'une interne, l'autre

externe, tandis que la paroi qui confine aux cellules épidermiques normales est mince. Si ces cellules sont flasques, elles se touchent par leur surface interne et l'ostiole est fermée; mais si la turgescence augmente par l'afflux de l'eau, la membrane externe s'allonge, tandis que la membrane interne, plus épaisse, résiste; nécessairement alors la cellule se déforme en devenant concave du côté interne et l'ostiole s'ouvre. Au soleil, les stomates sont toujours ouverts largement et, à l'obscurité, ils sont fermés. Un changement d'intensité suffit pour provoquer la fermeture, ainsi le passage d'une plante du soleil à la lumière diffuse.

Mouvements nyctotropiques des organes verts, veille et sommeil. — Les mouvements nyctotropiques des plantes vertes adultes sont périodiques et aboutissent à donner aux organes deux positions différentes : l'une observée pendant le jour, dite *position de veille*, l'autre, observée pendant la nuit, dite *position de sommeil*.

Dans la position de veille, les feuilles sont généralement étalées dans une direction normale aux radiations. Pendant la nuit, les feuilles simples ou composées présentent des situations variables suivant les espèces (fig. 156) : les feuilles de la Coronille rose se relèvent pour se toucher par la face supérieure; celles du *Strephium*, qui sont alternes, se relèvent pour envelopper la tige. Les feuilles du Lupin rabattent leurs folioles de manière à se toucher par leur face inférieure, tandis que les feuilles composées pennées du *Colutea* se redressent autour du pétiole commun pour le toucher par leur face supérieure. Dans le Carambolier, elles se rabattent pour se toucher par leur face inférieure, etc.

Les cotylédons montrent plus souvent que les feuilles des mouvements nyctotropiques. Ordinairement, ils se relèvent à l'obscurité pour se toucher par leur face supérieure; parfois, ils s'abaissent : en tous cas, leurs mouvements diffèrent de ceux des feuilles adultes de la même espèce.

C'est bien la lumière qui est la cause des mouvements de veille et de sommeil, car DE CANDOLLE a réussi, avec la Sensitive, à intervertir les périodes en éclairant la plante pendant la nuit et en la maintenant à l'obscurité pendant le jour. Toutes les plantes analogues sont susceptibles de subir l'inversion. Mais ce qu'il y a de curieux, c'est qu'elle ne se produit pas d'emblée. Ainsi des Sensitives maintenues pendant plusieurs jours consécutifs à l'obscurité continuent pendant un certain temps à fermer leurs folioles et à abaisser leurs pétioles à l'heure où elles le font quand elles sont exposées aux effets périodiques du jour et de la nuit. Il y a là un phénomène d'induction, de remanence, de mémoire, si l'on veut, que R. DUBOIS a noté chez les Pyrophores lumineux qui, placés dans les mêmes conditions, allument exactement leurs lanternes à la même heure que dans la vie libre. L'influence de la cause provocatrice se fait encore sentir longtemps après qu'elle a cessé d'agir. Ce fait peut jusqu'à un certain point encore être rapproché de ceux que R. DUBOIS a observés sur des animaux décapités. Les modifications imprimées à la locomotion par des désordres provoqués dans le cerveau expérimentalement se prolongent après la décapitation brusque de l'animal quand il y a survie de quelques moments, ce qui arrive dans certaines espèces. Il est très intéressant de noter que les mouvements nyctotropiques s'effectuent par une série d'oscillations des feuilles passant d'une position à une autre, comme celle de la tête d'un homme ou d'une marmotte luttant contre l'envahissement du sommeil. BOHN a signalé également chez certains animaux l'influence de l'éclairement passé sur la matière vivante (109).

Les variations de température peuvent accélérer ou ralentir l'action de la lumière. A + 10°, les mouvements ont lieu difficilement, ils cessent à + 5°; d'autre part, une élévation brusque de température peut provoquer le mouvement de sommeil en pleine lumière.

Les diverses radiations ne sont pas également actives : dans le rouge, les feuilles prennent très vite leur position de sommeil; dans le jaune, le passage est plus lent; dans le vert, il est très lent ou même nul, et enfin dans les radiations bleues et violettes, les feuilles demeurent dans la situation de veille. Sous l'action des radiations les moins réfrangibles, les feuilles se comportent donc comme à l'obscurité : sous celle des radiations les plus réfrangibles, elles se comportent comme à la lumière. Par contre, quand les plantes sont endormies, les radiations rouges les réveillent aussi bien que les radiations violettes.

Les mouvements nyctotropiques sont utiles à la plante en diminuant la cause du refroidissement nocturne en même temps que la surface exposée au rayonnement et à la rosée. On admet généralement que le *mécanisme du mouvement nyctotropique* est dû à la plus ou moins grande turgescence des *renflements moteurs* qui se trouvent à la base du pétiole unique ou des pétioles secondaires des feuilles. Dans la position nocturne, le renflement moteur est rigide, par suite de l'accumulation de l'eau dans ses cellules : dans la position diurne, il est mou pour la raison opposée. Au moment du passage à l'obscurité, la chlorovaporisation est annulée et l'eau qui afflue dans le pétiole s'accumule surtout dans le renflement moteur, à cause de la grande quantité de sucre qui s'y trouve le soir ; mais comme le sucre est consommé dans la nuit, sa proportion diminue et devient minimum le matin, au moment où, par rétablissement de la chlorovaporisation, l'eau est aspirée dans les tissus pour s'évaporer en abondance ; c'est alors que le renflement moteur devient flasque et mou et la feuille reprend sa position diurne. R. Dubois a montré expérimentalement que l'on peut expliquer autrement le sommeil des plantes, tout en admettant l'existence du rôle du sucre et de la turgescence par le mécanisme signalé plus haut (55).

L'expérience de R. Dubois consiste à placer des plantes nyctotropiques dans des atmosphères chargées d'acide carbonique. On voit alors se produire les attitudes de sommeil, même en pleine lumière, mais les plantes comme la Sensitive retrouvent la sensibilité perdue dès qu'on les remet à l'air libre.

Pendant le jour, les phénomènes de réduction de l'acide carbonique sont en pleine activité et la lumière inhibe au contraire les phénomènes respiratoires. Quand le jour baisse et que la nuit arrive, c'est le contraire qui se produit : l'acide carbonique cesse d'être décomposé et sa production augmente avec l'activité des phénomènes respiratoires. Si l'on ajoute à cela que les stomates sont ouverts, on conçoit que malgré que l'acide carbonique soit éliminé en partie, une autre partie puisse s'accumuler à l'intérieur de la plante. Elle forme alors une atmosphère interne très riche en acide carbonique, comme dans le cas où l'on plonge la plante en plein jour dans une atmosphère surchargée de ce gaz.

D'autre part, R. Dubois fait remarquer que l'acide carbonique est un anesthésique et que ce même gaz s'accumule aussi dans le sang de la Marmotte au moment où elle s'endort. Leclerc, de Tours, a depuis longtemps montré que la Sensitive, comme l'animal, est aussi endormie par les anesthésiques généraux comme l'éther et le chloroforme et, de son côté, R. Dubois a prouvé expérimentalement que ces mêmes vapeurs, par un phénomène auquel il a donné le nom d'*Atmolyse* (58) provoquent des déplacements d'eau dans l'intérieur des tissus, laquelle quitte certaines parties pour aller s'accumuler dans d'autres, ce qui permettrait également d'expliquer les modifications de la turgescence des renflements moteurs sous l'influence *indirecte* de la lumière.

R. Dubois a établi ainsi un lien des plus simples et des plus étroits entre le sommeil des plantes et celui des animaux (57).

Tout indique, d'autre part, que c'est en faisant varier dans le milieu intérieur la quantité d'acide carbonique que la lumière produit les phénomènes d'autorégulation signalés plus haut, en dehors même des mouvements nyctotropiques. En ce qui concerne les animaux, l'autorégulation fonctionnelle générale par l'acide carbonique que l'on avait considéré jusqu'à ce jour comme un simple déchet, a été mis en lumière par les recherches de R. Dubois sur la calorification, chez les hibernants principalement (55).

D'après certains auteurs, les mouvements des feuilles seraient liés à une véritable sensation, comparable à celle des organes visuels des animaux.

D'après Gaulhofer (36, 1908), la perception de la direction de la lumière se fait au moyen de pores, de fentes marginales de parois radiales plissées qui réfractent et reflètent la lumière de telle façon que les parties profondes soient impressionnées de façons différentes suivant la *direction de la lumière*, ce qui donnerait à la plante le sens de cette dernière. D'après le même auteur, la feuille ombragée a de plus fortes papilles concentrant la lumière : la paroi extérieure de l'épiderme est en forme de lentille convexe. Les coussinets mucilagineux bien développés dans la feuille ensoleillée manquent dans les cellules ombragées. Enfin les épais conduits de cire et les sculptures de la cuticule sont plus faibles à l'ombre.

Kniep (36, 1908) a étudié la perception de la lumière par les feuilles et il assure que si la lumière exerce une action héliotropique sur les feuilles par l'influence des cellules épidermiques, cette action ne peut être que très faible. En effet, si l'on recouvre d'huile de paraffine la surface d'une feuille, ce qui fait diverger les rayons lumineux, au lieu de les faire converger dans le protoplasme, les feuilles se comportent comme auparavant.

Parhéliotropisme. — Des mouvements qui viennent d'être étudiés il convient de rapprocher ceux auxquels Darwin a donné le nom de phénomènes parhéliotropiques, mais qui avaient été étudiés déjà par Valérius Cordus chez *Glycirrhiza equinata* en 1561 et par Charles Bonnet au XVIII° siècle. Ils consistent en ce que le limbe des feuilles ou des folioles, qui dans une lumière modérée est orienté perpendiculairement aux radiations, se déplace peu à peu dans une lumière intense de manière à présenter sa tranche aux rayons incidents (*Robinia*, *Mimosa albida*, etc.). Dans d'autres cas, le limbe se plisse si la lumière est trop forte et s'étale au contraire dans un éclairage modéré.

Wachter (36, 1903) a obtenu par un éclairage unilatéral des aiguilles d'*Abies pertinata* une position des aiguilles perpendiculaire à la direction de la plante.

Il s'agit ici encore de phénomènes d'autorégulation de l'action de la lumière.

Photomorphoses et Héliotropisme. — L'héliotropisme ayant été traité déjà dans le Dictionnaire de physiologie (voir ce mot : 1ᵉʳ fasc. du t. VIII, 1908), il n'y sera consacré dans cet article qu'un espace restreint mais nécessaire pourtant en raison surtout des faits et des idées qui sont le résultat des recherches effectuées dans ces dernières années.

Chez les végétaux, l'héliotropisme est à rapprocher des phénomènes que l'on a désignés sous le nom de *Photomorphoses*, dont une partie a déjà été étudiée dans cet article à propos de l'action de la lumière sur les végétaux ou sur les organes chlorophylliens. Nous y ajouterons seulement quelques observations propres à éclairer le mécanisme de l'héliotropisme.

En ce qui concerne la tige et les rameaux, la lumière a ordinairement une action retardatrice sur la croissance. Arloing, de Lyon, a depuis longtemps fait remarquer que les tiges du Bambou s'allongent plus la nuit que le jour et, depuis lui, de nombreuses remarques analogues ont été faites. On a étudié au moyen d'un microscope placé sur un cathétomètre, l'influence de l'alternance de la lumière et de l'obscurité sur l'allongement de l'hypocotyle d'*Hélianthus* et obtenu, d'après Chodat, les chiffres suivants :

Pauses de 15 minutes, accroissement en μ.

Obscurité.	Lum.	O.	L.	O.	O.
125	60	120	54	116	71

Pendant l'été, on remarque que les gaines foliaires de Zea mays présentent des bandes inégalement colorées formant une zébrure transversale. Les zones les moins colorées et les plus hautes sont celles qui dans la nuit sont sorties des anciennes gaines. Cet allongement nocturne a lieu également si les plantes ont à leur disposition les réserves nécessaires, comme dans le cas de la germination des semences (*Phaseolus*), l'allongement des rhizomes de pommes de terre. Un cas très intéressant différent des précédents est celui fourni par le *Cyclamen europæum*. Les tiges rhizomes, ordinairement souterraines, restent courtes sur le tubercule même dans l'obscurité ; mais sous l'influence de cette dernière les pétioles s'allongent excessivement, le limbe reste petit. Grâce aux réserves, le facteur nutrition n'intervient pas. Dans ces conditions, ces pétioles peuvent atteindre 50-70 cm. de longueur; alors que si le tubercule est situé un peu au-dessous du sol, les pétioles n'atteignent que 5-10 cm.

Ceci explique, d'après Chodat, la manière d'être des plantes enfoncées dans le sable ou dans les éboulis; leurs entrenœuds s'allongent excessivement par étiolement, ce qui amène les limbes à la lumière. Comme on le voit, l'étiolement, c'est-à-dire l'accélération de croissance dans l'obscurité, frappe tantôt un appareil, tantôt l'autre.

Cependant les branches de *Fagus sylvatica* (Hêtre), les tiges de plusieurs plantes grimpantes n'ont pas leur allongement accéléré par l'obscurité. Chez d'autres lianes, au contraire, au soleil, les rameaux restent courts et buissonnants (*Montabea*).

Certaines tiges, c'est-à-dire les rhizomes, ne présentent pas ce phénomène de l'étiolement d'une manière aussi marquée : aussi beaucoup d'axes de monocotylédonés qui, sous terre, conservent des entrenœuds courts, les tiges des *Oxalis* bulbeuses, celles de beaucoup de plantes sylvatiques ont néanmoins des pétioles qui s'allongent excessivement dans l'obscurité et à la lumière diffuse. Alors que dans les cas ordinaires, les limbes grossissent plus que dans la lumière, ceux de ces plantes ne se développent largement que dans un milieu peu éclairé. Dans les montagnes, sous la neige, au printemps, beaucoup de végétaux s'allongent excessivement et finissent par ce procédé par arriver à la lumière.

S'il est vrai que les limbes des plantes étiolées ne prennent qu'un faible accroissement (*Phaseolus vulgaris*, etc.), on sait d'autre part que si on permet à une partie de la plante de se développer à la lumière, la portion de la plante qui vit dans l'obscurité prend un développement normal (*Cucurbita*).

Beaucoup de moisissures voient l'allongement de leurs sporangiophores aériens retardés par la lumière (*Mucor racemosus*, *Mucor mucedo*) ; d'autres s'allongent plus dans ce milieu que dans l'ombre (M. Prainü, Chodat). Il en est de même de beaucoup de tiges héliophiles comme les cactées dont la croissance est accélérée par la lumière. Certains rhizomes stolonants, comme ceux de *Adoxa Moschatellina*, s'allongent beaucoup dans la lumière.

L'action de la lumière est donc différente selon les plantes ou les appareils. Dans certains cas l'action de la chaleur peut remplacer celle de la lumière et produire des *thermomorphoses*.

L'influence morphogénétique de la lumière est surtout remarquable chez les plantes qui présentent un dimorphisme foliaire. Les feuilles écailleuses de beaucoup de rhizomes (*Circaea*, *Dentaria*, etc.) sont remplacées sur les mêmes tiges quand elles sont exposées à la lumière par des feuilles normales. Les cactées bilatérales, qui ont leurs axes aplatis dans la lumière, deviennent cylindriques (radiaires) dans l'obscurité.

Nous avons déjà dit que la lumière peut provoquer également des modifications anatomiques, que sous son influence, par exemple, le tissu palissadique pouvait être plus ou moins remplacé par du tissu lacuneux.

Le faux épiderme des Marchantiacées, leurs poils assimilateurs confervoïdes, leurs hydrocytes réticulés, font place dans l'obscurité à un parenchyme presque uniforme. Dans de curieuses siphonées, plantes acellulaires, les *Caulerpa*, on a vu se former des feuilles du côté éclairé des rhizomes et des rhizoïdes du côté opposé. Les archégones et les anthéridiés des prothalles de fougères naissaient du côté obscur. Les racines adventives du lierre, *Hedera helix*, ne naissent que du côté opposé à la lumière.

Si l'on vient à placer en terre une tige foliifère de pomme de terre et qu'on assombrisse la base de cette tige par une caisse qui ne laisse pas arriver la lumière, on voit partir de cette base assombrie des rhizomes nombreux qui se terminent par des tubercules : on peut donc forcer la plante à développer des bourgeons aériens en tubercules, en se servant, pour bouturer la pomme de terre, d'une tige dont on avait enlevé les bourgeons de la partie souterraine. Si, en outre, on obscurcit le sommet, l'amidon ira se déposer dans un tubercule subapical.

Chez les mousses, dont le développement débute par un état filamenteux (*protonema*), on peut prolonger cet état parfois indéfiniment en les maintenant dans une faible lumière. L'action de la lumière plus vive, qui aboutit à la production de bourgeons feuillés est certainement tout d'abord d'arrêter l'allongement excessif des cellules du protonema, de faciliter le cloisonnement perpendiculaire, qui détermine l'apparition des bourgeons. Ce n'est pas seulement, d'après Chodat, affaire de diminution d'alimentation, car dans la lumière très faible, même avec la nutrition sucrée abondante, il ne se produit pas de bourgeons à feuilles.

Héliotropisme. — On donne souvent le nom de « ruines » à de gracieuses petites personnées (*Linaria cymbalaria*) parce qu'elles poussent le long des vieux murs dans les fissures desquels elles enfoncent leurs racines. Leurs tiges grêles et décombantes se relèvent vers leur extrémité : les feuilles, assez longuement pétiolées, étalent leurs limbes de telle façon qu'ils reçoivent la lumière perpendiculairement à leurs surfaces. Les pédoncules floraux se tournent vers la lumière ; les fleurs, après avoir été fécondées, changent de direction : on voit les pédoncules fructifères se tordre et se diriger à l'opposé de la direction du jour, vers des anfractuosités obscures pour y déposer finalement les graines dans des points où elles pourront germer.

Il y a, comme on voit, des mouvements variés et qui changent avec l'âge. On dirait que les *Linaria cymbalaria* sont animées, comme les animaux, d'amour et de prévoyance maternels ! On doit voir simplement dans ces manifestations des photomorphoses dues à un *héliotropisme positif* produisant des courbures à concavité tournée vers la lumière d'abord, puis plus tard d'autres courbures inverses dues à un *héliotropisme négatif*.

Ces flexions dépendent, d'une part, du *tonus* temporaire de l'organe et d'autre part, des causes directrices.

Du seuil de l'excitation par la lumière, qui est variable avec chaque plante, même dans des conditions identiques, l'action de l'excitant croît jusqu'à un certain point qui est l'*optimum*. Si l'intensité de l'excitant continue à augmenter, toutes autres conditions externes restant égales, l'action, au lieu de croître, peut, au contraire, décroître progressivement jusqu'à être complètement annulée.

Dans les phénomènes d'héliotropisme, il y a donc un minimum d'action de la lumière, suivie d'un maximum ou optimum, puis la courbe descend ensuite vers un second minimum.

L'optimum est le point où les conditions favorables contrebalancent les conditions défavorables.

Toutes les conditions restant égales dans le milieu extérieur, sauf l'accroissement de la lumière, il se fait dans le milieu intérieur des modifications qui empêchent l'action favorisante de la lumière de dépasser une certaine limite.

Dans le cas de l'héliotropisme négatif des tiges de *Linaria*, succédant, après la fécondation, à un héliotropisme positif, il s'est passé un changement de cet ordre entraînant un changement de signe du tropisme, vraisemblablement une diminution de l'état de turgescence ou plutôt d'hydratation de la tige. Sans être finaliste, on ne peut s'empêcher d'admirer la merveilleuse adaptation des moyens au but à atteindre.

En raison des causes, tant internes qu'externes, qui influent sur l'héliotropisme, on a beaucoup de difficultés pour fixer le seuil de l'excitation et l'optimum.

Cependant on a pu déterminer ce seuil d'intensité excitatrice de la lumière pour plusieurs plantes : à partir de 0,002 bougies, la courbure des plantules étiolées de *Vicia sativa* n'a plus lieu, tandis qu'à la lumière d'une demi-bougie la courbure est maximum. D'autres plantes réagissent à une lumière plus faible, ainsi *Lepidium sativum* (0,0003 bg.), tandis que pour certaines, le seuil n'est atteint qu'à une plus grande intensité : *Raphanus sativus* (0,016) (Wiesner).

La faible lumière émise par les Photobactéries suffit pour provoquer les courbures héliotropiques de diverses plantules.

En augmentant la lumière, on voit finalement certaines plantes se courber en sens contraire (il faut 100000 lampes Hefner pour *Phycomyces nitens*). On a montré qu'à une intensité intermédiaire située à mi-chemin dans l'intervalle de celles qui produisent l'optimum de courbure positive ou négative il y a une zone neutre où la plante reste indifférente. Les actions positives et négatives s'annulent réciproquement.

Si les plantes sont éclairées avec des intensités différentes dans deux directions opposées, il faut pour que se manifestent les effets d'une *sensibilité différentielle*, qu'il y ait un écart suffisant entre l'intensité des deux sources opposées. Le *Phycomyces nitens* (champignon) n'effectue une courbure positive, que si la différence est de 18 p. 100 et ceci aux différentes intensités moyennes.

Dans les phénomènes héliotropiques, ce sont les radiations les plus réfrangibles qui sont les plus actives.

Ce n'est qu'au bout d'un certain temps d'exposition à la lumière que se montre la courbure, il y a pour chaque espèce de plante un *seuil de durée*.

Il n'est pas nécessaire pour que le seuil de durée soit atteint que la plante reste exposée à la lumière jusqu'au moment où apparaîtra la courbure héliotropique. Si après avoir exposé pendant un temps suffisant une plante à l'éclairage unilatéral, on la replace dans l'obscurité, on peut ne voir apparaître la courbure qu'au bout d'un séjour plus ou moins prolongé à l'abri de la lumière. Cette sorte de mémoire est désignée sous le nom de *remanence* :

C'est un phénomène de l'ordre de ceux que l'on désigne encore sous le nom de *phénomènes d'induction*.

Quand la courbure a été produite et que l'on cesse l'éclairage unilatéral, la courbure peut se défaire et la plante reprendre sa situation du début. Si avant qu'elle soit revenue de sa position, on l'éclaire de nouveau unilatéralement, et dans le même sens qu'avant, elle recommence à se courber dans le sens de la source lumineuse. On peut aussi faire décrire à la plante des mouvements pendulaires à volonté. Mais si les intervalles diminuent et que l'illumination soit suffisamment intense, la réaction négative est compensée par la réaction positive et la courbure paraît continue. De même notre œil prend pour une lumière continue un éclairage intermittent de 20 périodes à la seconde.

D'après la loi de TALBOT, on sait que l'effet de l'excitation intermittente est égal au produit de l'intensité de l'excitation et de la fraction de période pendant laquelle elle agit. Si l'on a un excitant de valeur i, qui alterne avec une période d'intermittence de même longueur, le résultat sera le même que si l'effet était constant d'intensité et demie. Si l'intervalle est trois fois plus long, l'effet résultant sera un quart, etc. D'après CHODAT, cette loi est satisfaite chez les plantes si le nombre des périodes est considérable de $1/500$ de seconde à $1/20$ de seconde. L'intervalle peut être plus de 15 fois plus long que l'excitation.

En physiologie animale, on sait que le temps minimum pendant lequel il faut exposer un organe ou une plante à un excitant, comme la lumière, par exemple, pour qu'une réaction ait lieu s'appelle *seuil de durée*; le temps qui s'écoule à partir de ce seuil jusqu'au moment où commence à s'effectuer la réaction prend le nom de *temps de latence*; la durée de la réaction du moment où elle devient visible jusqu'à celui où elle cesse comprend le *temps de riposte*.

Ces démonstrations s'appliquent aux végétaux aussi bien qu'aux animaux. On observe chez les premiers des phénomènes d'*addition latente*. Aussi, il suffit d'exposer la moisissure de *Phycomyces* pendant sept minutes à l'action d'une lumière unilatérale pour que plus tard s'effectue une riposte. Mais cette durée exprimerait la somme des seuils, si l'on avait éclairé pendant des périodes intermittentes extrêmement courtes, ce qui donnerait le même résultat. Pendant chaque période la plante a dû être influencée, mais cette influence ne se traduit par une courbure visible que si la somme de ces seuils absolus est suffisante.

La lumière unilatérale semble intervenir en accélérant et orientant, ou retardant des phénomènes autonomes qui se produisent normalement dans la plante, entraînant ici une rupture d'équilibre dans les *phénomènes de croissance*.

On explique le phototropisme positif par cette propriété qu'a la lumière de provoquer une diminution de la croissance du côté éclairé.

La face non éclairée ayant conservé toute sa faculté de croissance, il en résulte une courbure à concavité tournée vers la lumière.

En ce qui concerne le phototropisme négatif bien plus rare d'ailleurs, on fait intervenir l'explication par les variations d'intensité de la source.

Pour une lumière de réfrangibilité déterminée, le retard de croissance, très faible d'abord, va en augmentant jusqu'à une intensité optimum, variable suivant les plantes puis, à partir de l'optimum, si l'intensité continue à croître, le retard diminue.

Certains auteurs ont supposé que la face éclairée reçoit des variations dépassant notablement l'optimum et, dans ce cas, la face opposée pourra recevoir, par diffusion, les radiations dont l'intensité est plus voisine de l'optimum; par suite, le retard de croissance sera plus fort sur la face opposée que sur la face éclairée, et la courbure amènera le sommet de l'organe plus loin de la source.

Mais la possibilité de provoquer dans les tiges, comme l'ont montré, en particulier, les expériences de ROTHERT, des courbures phototropiques sans que la région de croissance soit éclairée suffit à réduire à néant ces explications ingénieuses.

Voici quelques-unes des expériences les plus caractéristiques faites avec des plantules de graminées *Avena sativa, Phalaris canariensis*, etc.

Deux séries de plantules, aussi semblables que possible furent placées à la même distance d'une source de lumière : dans l'une, les plantules étaient entièrement éclairées; dans l'autre, le sommet était protégé contre la radiation par une coiffe en papier ou en étain. Au bout de quelques heures, les premières étaient courbées depuis la base et formaient avec la direction de la verticale un angle variant de 50° à 70°; les secondes, à sommet protégé contre la radiation, présentaient une courbure de 15° à 30°.

La courbure des deux séries de plantules montre que le sommet du cotylédon et la partie inférieure sont sensibles héliotropiquement, mais la sensibilité du sommet est plus grande que celle de la partie inférieure, car la courbure provoquée par l'éclairement de cette dernière région est bien plus faible que la courbure consécutive à l'éclairement du sommet.

ROBERTH a établi que la zone sensible est surtout limitée à la région de croissance du cotylédon et que la sensibilité est à peu près constante partout, sauf dans la région très courte du sommet (environ $1^{mm},5$) où la sensibilité héliotropique est très considérable.

La propagation de l'excitation est mise en évidence par l'expérience suivante : on place des plantules dans des pots et on les recouvre de terre fine, sèche et très meuble, de manière à ne laisser dépasser que le sommet. Au bout de quelques heures, toutes les plantules sont courbées jusqu'à la base dans la partie soustraite à l'action de la lumière; la courbure d'abord faible, située au voisinage du sommet, s'étend progressivement jusqu'à l'insertion du cotylédon. Les radiations qui ont frappé le sommet ont donc déterminé une excitation héliotropique qui se propage peu à peu dans la partie obscure et y détermine des courbures très prononcées.

En outre, si l'on éclaire avec des sources d'égale intensité, la partie supérieure du cotylédon d'avoine, sur l'une de ses faces et, en même temps, la face opposée de la région inférieure, on obtient au bout de quelques heures, une courbure en forme de S, due à la réaction sur place des régions sensibles; mais si l'on prolonge l'éclairement, l'excitation perçue par le sommet étant plus puissante que la réaction basilaire, elle ne tarde pas, en se propageant dans toute l'étendue du cotylédon, à annihiler cette dernière et à déterminer une courbe totale dans le même sens.

Si l'on compare deux séries de plantules dont l'une a les faisceaux coupés, la courbure est la même. La section des faisceaux n'ayant pas amené de modifications, il en résulte que la propagation de l'excitation héliotropique a lieu par le parenchyme du tissu fondamental, et probablement grâce aux communications protoplasmiques de ce tissu.

La vitesse de propagation n'est pas considérable; sa valeur maxima a atteint chez *Brodiœa congesta* 2 centimètres par seconde.

Les mêmes résultats ont été obtenus chez les monocotylédones et chez les dicotylédones. La sensibilité héliotropique n'est pas localisée au sommet, elle se rencontre, en réalité, avec des variantes, dans toute la zone de croissance.

Il existe donc, dans les tissus où la croissance s'exerce, deux propriétés du bioprotéon : la sensibilité héliotropique et l'excitabilité héliotropique. Quand les radiations unilatérales frappent la région sensible, une excitation prend naissance dans cette région et se propage dans les tissus voisins; si ceux-ci sont excitables, ils réagissent sous l'influence de l'excitation qui leur est transmise par des modifications de croissance, déterminant des courbures phototropiques. Ces deux propriétés sont souvent indépendantes, l'une de l'autre ; ainsi dans le *Panicum*, la tige hypocotylée est héliotropiquement excitable, mais insensible. En outre, quand la croissance a cessé de se manifester dans une région, la faculté de réagir à la suite d'une excitation héliotropique s'annule, mais la sensibilité et la propagation de l'excitation perçue persistent encore.

Les réactions phototropiques sont donc toutes la conséquence d'une excitation par la région sensible de l'organe, et leur apparition a nécessairement lieu après la perception et au bout d'un temps dont la durée dépend à la fois de la vitesse de la propagation de l'excitation et de la distance qui sépare la région sensible de la région excitable : c'est pourquoi, d'après MANGIN, le phototropisme est, comme le géotropisme, un phénomène d'induction.

On ignore le mécanisme intime de ces déformations, mais on constate qu'elles ont pour but d'amener la plante dans la situation la plus favorable à l'utilisation des radiations.

LOEB n'a pas craint, non seulement d'assimiler les courbures héliotropiques des végétaux au phototropisme que l'on observe chez les animaux fixés, mais encore il en a donné l'explication en les attribuant à des actions physico-chimiques, provoquées par la lumière et dans lesquelles il a fait jouer aux ions et aux électrons un rôle important. Mais il n'est pas une seule manifestation physiologique de laquelle on n'en puisse dire autant : en réalité, ses explications n'expliquent rien.

III. — ACTION DE LA LUMIÈRE SUR LES ANIMAUX

Contrairement à l'opinion de NUEL, on doit logiquement comprendre sous le nom de « photoréactions » toutes les réactions constituant des « ripostes » des « réponses » à une excitation lumineuse, que cette réponse consiste soit dans une réaction chimique d'ordre purement interne, d'où dépendra, par exemple, la formation du pigment, soit de mouvements internes, comme ceux des chromatophores pouvant amener un changement de couleur du tégument, ou bien ceux des cônes, bâtonnets et de tous les autres « photeurs » oculaires produisant une perception visuelle, soit encore des effets électromoteurs ou bien l'inhibition de la photogénèse chez des organismes lumineux, etc.

Les photoréactions peuvent être artificiellement divisées de la façon suivante, en faisant remarquer immédiatement que toutes pourraient rentrer dans le groupe des *réactions trophiques*, car aucune d'elles ne peut se produire sans qu'il en résulte simultanément des modifications d'ordre « trophique » ou « nutritif ».

Il est véritablement puéril de clamer qu'un phototropisme, par exemple, s'explique par des actions physico-chimiques, par le jeu des ions, des électrons, etc., sans qu'on puisse spécifier desquelles il s'agit. LOEB et ses adeptes ont donné, dans ces temps derniers à des hypothèses « creuses » une apparence de rigueur scientifique qu'elles ne méritent pas.

1° *Photoréactions motrices*, dont la réponse est constituée par un mouvement. Ce mouvement peut être *extérieur*, comme dans le cas de déplacement d'un organe, d'un organisme entier; ou bien *interne* : mouvements intracellulaires, des chromatophores de la peau, des franges rétiniennes, des cônes, des bâtonnets et de tous les « photeurs » oculaires, en général. Ces derniers, dont l'importance est fondamentale pour l'explication du mécanisme de la vision, font rentrer cette fonction dans l'ordre des photoréactions motrices, qu'il s'agisse de vision dermatoptique ou de vision oculaire.

2° *Photoréactions physiques internes* : comme la production d'effets électromoteurs dans la rétine dermatoptique de la Pholade ou dans celle de l'œil ou bien *externes* : émission de lumière fluorescente par les insectes photogènes, inhibition de la photogénèse par la lumière, etc.

3° *Photoréactions trophiques*. Dans cette catégorie viennent se ranger toutes les autres photoréactions : action de la lumière sur la segmentation et le développement des œufs, sur l'accroissement des larves et des adultes, sur les photomorphoses des animaux des cavernes et autres, sur la circulation, la respiration, la formation des pigments, la photothérapie, etc.

Il ne faut pas confondre les « photomorphoses », c'est-à-dire des modifications permanentes de la forme ou de la structure d'un organe ou d'un organisme imprimées par la lumière, avec les photoréactions motrices, qui ont toujours un caractère temporaire. Les phénomènes d' « héliotropisme végétal » rentrent dans la catégorie des photomorphoses, tandis que ceux que LOEB désigne sous le nom d' « héliotropisme animal » rentrent dans celle des photoréactions motrices et sont absolument différents des premiers sous plusieurs rapports (60)[1].

Photoréactions motrices. — Action de la lumière sur les animaux fixés. — Si l'on soumet à un éclairage latéral une tige de l'hydroïde *Eudendrium racemosum*, les polypes

---

1. *Remarque*. — Cette question ayant été longuement traitée ainsi que celle des autres phototropismes au mot « Héliotropisme » du *Dictionnaire de physiologie* (voir cet article), nous n'en rappellerons ici que les traits essentiels ou ce qu'elle présente de récent.

s'inclinent de façon à ce que les points symétriques de ces derniers soient atteints sous un angle égal par les rayons lumineux (LOEB).

Un Ver annélide tubicole, *Spirographis spallanzani*, vivant dans un tube membraneux et flexible, qu'il sécrète, laisse épanouir à l'extrémité de ce tube le magnifique panache horizontalement étalé de ses branchies si la lumière vient d'en haut. Quand la lumière est brusquement supprimée, le panache rentre aussitôt dans le tube. Lorsque la lumière ne vient que d'un côté, dans un aquarium, par exemple, le panache de branchies et le Ver lui-même s'inclinent dans la direction de la source lumineuse. Si la position de la couronne de branchies imprimée par l'unilatéralité de l'incidence des rayons lumineux est maintenue, le tube qui se moule sur le ver dans ces conditions artificielles, puisque c'est le résultat d'une sécrétion du tégument de l'animal, pourra garder ensuite la courbure qui lui a été imprimée. Mais ce tube est une demeure bâtie par le ver, quelque chose d'inerte, qui ne fait pas corps avec lui. Il ne saurait être que très grossièrement comparé, et par quelqu'un dépourvu de connaissances biologiques, à une tige d'un végétal héliotropique : il ne faut pas confondre le pied avec le soulier ! Le ver peut être extrait ou même sortir lui-même de son tube sans montrer aucune déformation correspondante à celle de la demeure qu'il a bâtie. Il peut alors se diriger en rampant vers la source de la lumière, si l'intensité lumineuse est convenable, alors même qu'il aurait été amputé d'une partie de son corps (R. DUBOIS). Un autre annélide, *Serpula uncinata*, dont les individus sont rassemblés en colonies au nombre de plusieurs milliers, vit enfermé dans un tube rigide calcaire qu'il sécrète et dont l'allongement se fait par le pôle oral. Si la lumière tombe normalement, les tubes sont droits parce que l'annélide étale son panache de branchies dans un plan perpendiculaire à la direction des rayons. Mais si ces derniers prennent une direction telle que la colonie soit éclairée d'un seul côté, comme dans le cas précédent, la corolle de branchies s'incline vers la source lumineuse : il en résulte une courbure du tube rigide, dont la croissance suit la position de l'extrémité orale du ver qui le sécrète. Le tube acquiert une courbure *définitive*, mais il n'en est pas de même de son habitant.

Loeb explique ces phénomènes en disant que, quand la couronne des branchies est éclairée d'un seul côté, il se produit des « *modifications de nature probablement physicochimiques* » qui, chez *Spirographis spallanzani* provoquent une augmentation réflexe de tension dans les muscles situés du même côté que les branchies ou dans ceux qui portent la tête de ce côté ; le frottement se trouvant plus intense de ce côté, détermine par voie réflexe une sécrétion plus abondante des glandes. Pour *Serpula uncinata*, il s'agit encore d'une « modification physico-chimique » qui se propageant par les nerfs jusqu'aux muscles du même côté, les amène à se contracter plus fortement que de l'autre. Pour LOEB, qui ne fournit d'ailleurs aucune preuve à l'appui de cette opinion, le phénomène est le même que dans les poils du *Drosera*. Il croit que cette idée d'assimiler la conduction d'une excitation de la plante à un phénomène nerveux a été « entrevue » par DARWIN, NEMEC et HILDEBRANDT. Il ne sait pas qu'antérieurement à ces auteurs, LECLERC, de Tours, l'auteur de la belle découverte de l'anesthésie de la Sensitive par l'éther et le chloroforme, avait doté les plantes d'un véritable système nerveux. Mais ce n'est pas une raison pour soutenir que le tube membraneux ou calcaire d'un annélide tubicole, y compris l'habitant, sont comparables de tous points à une tige héliotropique végétale ou même à un poil de *Drosera*. Sous prétexte de généralisation, il ne faudrait pourtant pas tout confondre.

On peut observer aussi des courbures du siphon de la Pholade dactyle quand, après avoir extrait ce mollusque du trou qu'il a creusé et où il vit en reclus, on l'éclaire d'un seul côté : mais ce n'est que métaphoriquement que R. DUBOIS a donné jadis à ce phénomène le nom d' « héliotropisme animal ». On trouvera plus loin (p. 451) l'explication de ce mouvement, qu'il ne faut pas confondre avec les photomorphoses végétales.

Les tentacules formant une couronne autour de l'extrémité libre du siphon se meuvent aussi sous l'influence des variations de l'éclairage. Celles des Actinies sont aussi influencées par la lumière et même, d'après BOHN, on pourrait modifier leurs photoréactions motrices par une éducation particulière.

Mouvements de totalité du corps provoqués par la lumière. — *Chez les animaux sans yeux.* Les animaux dont il vient d'être question, peuvent être considérés comme dépourvus d'yeux. Parmi les animaux libres, on en connaît un grand nombre appartenant à presque tous les groupes, qui sont dans le même cas et qui, malgré cela, présentent des photoréactions motrices. On en rencontre chez les protozoaires (*Pelomyxa palustris*), en particulier chez une foule d'infusoires (*Glenodium, Stentor*), chez les Cœlentérés (larves d'*Eudendrium* de *Raniera filigrana, Hydra veretillum, Edwarsia, Cerianthus, Sertularia*), les bryozoaires (*Cristatella*), Vers (*Lumbricus agricola*), Arthropodes *Balane, Geophilus longicornis*, larves de Diptères, etc.), les Mollusques (*Solen vagina, Mactra, Pinna, Avicula, Dentalium, Arion empiricorum, Pholas*), les Vertébrés (*Proteus anguinus, Amphioxus*).

Certains animaux privés d'yeux artificiellement ont aussi des photoréactions motrices. Les Cancrelas, les Salamandres, les Grenouilles aveuglées se placent dans les points les plus obscurs d'après GRABER.

H. PARKER (62) a vu que *Rana pipiens* est positivement phototropique à la lumière variant de 1 à 20 bougies métriques. Cela sert à l'orientation et à la locomotion usuellement.

Les individus qui ont la peau couverte et les yeux exposés sont positivement phototropiques. Mais les individus qui ont les yeux et la peau exposés sont généralement négativement phototropiques. Les organes récepteurs du phototropisme, d'après l'auteur, sont les yeux et la peau, mais non le système nerveux central.

Les Insectes des cavernes, qui sont aveugles, fuient la lumière et c'est ce qui les empêche de sortir de leurs retraites, d'après VIRÉ.

Chez *Proteus anguinus* des grottes de la Carniole, les yeux existent bien encore mais ils sont atrophiés. R. DUBOIS a démontré depuis longtemps qu'il existe chez cet animal une véritable sensation de lumière par la peau du corps tout entier. Il en est certainement de même chez beaucoup d'autres animaux cavernicoles.

L'intensité de la lumière ainsi que sa qualité exercent une influence sur les photoréactions motrices de tous ces animaux dans beaucoup de cas : ils sont attirés ou repoussés et ce n'est pas qu'exceptionnellement qu'ils restent indifférents.

On a donné depuis longtemps les noms de « lucifuges » ou de « nyctalophiles » aux animaux qui fuient la lumière et recherchent l'obscurité, et ceux « d'héméralophiles », de « nyctalophobes » à ceux qui se dirigent vers la clarté. Mais PAUL BERT a fait remarquer qu'il ne faut pas attacher une valeur absolue à ces expressions : pour le célèbre physiologiste, tous les animaux vont à la lumière, ce n'est qu'une question d'intensité. Ainsi les Limaces grises, les Blattes, les Ténébrions sont lucifuges. Si on les place dans une boîte obscure, sauf dans un point ou quelques piqûres d'épingle laissent arriver une faible lueur, ils se dirigent bientôt vers celui-ci, mais une forte lumière les fait fuir, comme elle nous ferait fuir nous-mêmes.

D'après GEORGES ADAMS (68), le Ver de terre (*Allolobophora fœtida*) est négativement phototropique envers une source de lumière électrique incandescente d'une intensité variant entre 192 bougies métriques et 0,012 bougie métrique. Mais il est positivement phototropique envers une lampe de 0,0011 bougie métrique. Les vers de terre rentrent dans leurs trous dans le jour, à cause de leur phototropisme négatif et ils en sortent la nuit non à cause de l'obscurité, mais en raison de leur phototropisme positif pour les faibles lumières.

On sait aussi que beaucoup d'animaux nocturnes, des insectes principalement, sont attirés pendant la nuit par des foyers lumineux de grande intensité auxquels ils viennent se brûler les ailes. Cela est vrai encore pour des animaux plus élevés, pour des oiseaux qui se tuent en se jetant sur les phares des côtes.

R. DUBOIS a suggéré à l'un de ses élèves d'utiliser cette attraction pour capturer certains insectes nuisibles, principalement des papillons nocturnes : Pyrale de la vigne (*Tortria pilleriana*), Cochylis (*Tortria ambiguella*), Pyrale du Pommier (*Carpocapsa pomonella*). Ils ne sont pas également sensibles à toutes les lumières colorées. La majorité va se grouper dans le jaune, le vert, l'orange, un assez grand nombre va dans le rouge, très peu dans le bleu et encore moins dans le violet. En se servant de verres colorés éclairés par une unité de lumière fixe, la bougie, et en ajoutant à cette série une lumière blanche de source identique, on peut constituer des foyers-pièges et compter e nombre des insectes pris au piège. Avec les foyers-pièges la capture s'est opérée dans les proportions suivantes :

Lumière blanche 33 p. 100; jaune 21,3; verte 18,8; orange 13; rouge 11,5; bleue 4,9; violette 2,2. C'est la lumière blanche qui a le plus d'action sur les insectes, mais la puissance captivante de la lumière blanche vis-à-vis des papillons nocturnes n'est pas protionnelle à leur intensité.

De même le rayon d'attraction d'un foyer n'est pas proportionnel à son intensité. Il est de 12 mètres à 14 mètres pour une lampe d'une bougie et de 16 à 18 mètres par une lampe de sept bougies. L'organe visuel des papillons ne semble pas percevoir à une distance plus grande. Les insectes paraissent plus fortement attirés par une lumière diffuse que par une lumière éclatante. Les lampes munies de manchons diffuseurs ont toujours donné de meilleurs résultats que les foyers plus brillants même plus gros.

Chez certains Crustacés inférieurs, les Cladocères, Davenport et Caunon ont vu en 1897 que les Daphnies vont toujours de la partie la moins éclairée à la plus lumineuse, si faible d'ailleurs que soit la luminosité. Verkea, de son côté, en 1900, a confirmé ces résultats à l'aide d'expériences faites avec une précision telle que le nombre des Daphnies était compté dans chaque compartiment éclairé par une partie du spectre.

Ces dernières expériences tendraient à démontrer qu'il faut tenir compte de l'intensité éclairante, même quand on opère avec des radiations colorées. Mais il est fort difficile d'établir sous le rapport de l'intensité éclairante une échelle des couleurs, qui d'ailleurs varierait avec chaque individu.

D'après certains auteurs, les radiations les plus réfrangibles seraient plus favorables au phototropisme positif que les radiations rouges, par exemple. Pourtant Paul Bert en faisant tomber un spectre solaire sur un bac contenant des Daphnies a vu, depuis fort longtemps, que les petits crustacés venaient se grouper dans les régions jaunes et vertes.

R. Dubois, de son côté, a fait voir que les Pyrophores noctiluques préfèrent à toutes les lumières celles qui se rapprochent le plus par l'intensité et par la composition spectrale de la lumière qu'ils fabriquent eux-mêmes.

Torelle, qui a étudié la réaction de la Grenouille à la lumière, trouve que le phototropisme décroît à mesure qu'on prend des rayons moins réfrangibles : entre le rouge et le jaune, la Grenouille choisit le jaune. Le mouvement a toujours lieu du rouge au bleu.

Minkiewicz (66) a analysé chez les Pagures et chez d'autres Crustacés, le chromatoptisme normal vis-à-vis des surfaces colorées et confirmé indirectement les expériences de Paul Bert et de John Lubbock sur les Daphnies. Il a combattu l'opinion de Nuesch que tous les insectes sont achromatropes.

Sprengel, Hermann, Müller, Delpino, L. Errera, Lord Avebury, Lubbock, Paul Knuth ont affirmé que le sens visuel, beaucoup plus que le sens olfactif, est exercé par les insectes dans leurs rapports à l'égard des plantes. Les couleurs de ces dernières sont plus attractives que les odeurs.

D'après H. A. Allard (67), la force attractive des colorations florales est indéniable et doit se comparer à une espèce de fascination et même de tropisme.

Pour Minkiewicz, les preuves objectives de l'existence du chromatropisme chez les Majas, c'est le choix des couleurs pour la composition des costumes étudiée par l'auteur au moyen de papiers colorés placés sur certains fonds et dans des conditions minutieusement déterminées. Il ne s'agit pas, dans ce cas, de mimétisme car les Majas choisissent souvent pour se les coller sur la carapace des objets colorés qui les rendent plus voyants.

On peut résumer ainsi l'expérience de Minkiewicz relative à la vision chromatique chez un crustacé du groupe des Majidæ, le *Maja squinado*.

1° Les crabes sont mis dans un aquarium à fond coloré et où on a déposé des fragments de papier de diverses couleurs. Ils se chargent sur le dos exclusivement ceux qui sont de la couleur du fond de l'aquarium : rouge sur fond rouge, vert sur fond vert;

2° On met des crabes dans un aquarium à deux fonds, vert et rouge, où sont disposés des papiers verts et rouges; ceux sur fond vert prennent les papiers verts, ceux sur fond rouge les papiers rouges;

3° On porte les crabes à papiers verts et rouges dans un aquarium à deux fonds également vert et rouge : ceux à papier vert vont sur le fond vert, ceux à papier rouge sur le fond rouge;

4° On aveugle les crabes : ils continuent à se charger le dos de fragments de papier mais de couleurs diverses et sans rapport avec la couleur du fond.

Le même expérimentateur a cherché à savoir si, comme le pensent Sachs et Loeb, les photoréactions motrices sont chez les végétaux, comme chez les animaux, influencées par les seuls rayons les plus réfrangibles du spectre et si l'action de ces rayons est la même que celle de la lumière blanche. Minkiewicz a voulu dissocier ces deux actions, celle de la lumière colorée (chromotropisme) et celle de la lumière blanche (phototropisme). Il a fait des expériences sur des Zoes et des Némertes.

Les premières se montrent positivement photo et sont en même temps attirées par les rayons les plus réfrangibles. Les deuxièmes sont négativement phototropiques et se dirigent vers les rayons les moins réfrangibles. Ceci concorderait avec la théorie de Loeb, mais d'autres la contredisent. En plongeant les Némertes dans une solution de 25 à 80 centimètres d'eau distillée pour 100 d'eau de mer, on constate une inversion. Le phototropisme reste négatif, mais le sens du chromatropisme est changé. Cette inversion apparaît le deuxième jour, dure deux jours, puis normalement revient; mais après un séjour de deux à trois semaines dans cette solution, les animaux deviennent purpurotropes par suite d'un nouveau changement. Au moment du passage de l'état normal à l'état purpurotrope, il y a une période d'insensibilité aux rayons colorés. De ces faits, Minkiewicz conclut : 1° Qu'il existe, contrairement à la théorie de Loeb, des animaux chromatropes par rapport aux régions moyennes du spectre; 2° que le purpurotropisme n'est pas lié au prototropisme positif et l'érythrotropisme au phototropisme négatif; 3° que les animaux peuvent être (comme le montrent les états de passage) phototropes et en même temps achromatropes; 4° que certains êtres, comme les plantes étudiées par Wienner, peuvent être insensibles à certaines radiations déterminées; 5° que des expériences faites avec des Zoés placés dans des tubes verticaux, montrent que le chromatropisme peut avoir une certaine influence sur la distribution verticale des animaux.

Tous ces faits et beaucoup d'autres encore, montrent que dans les photoréactions motrices, il faut, en général, tenir le plus grand compte de l'intensité des sources lumineuses employées, c'est-à-dire de la quantité de la lumière dans les expériences faites, aussi bien sur les animaux possédant des yeux que sur ceux qui en sont dépourvus (V. **Dermatoptisme, photodermatisme**). En dehors de toute question d'intensité éclairante, la longueur d'onde des radiations, la couleur exercent certainement une action particulière : chez les vertébrés inférieurs et même chez les invertébrés, il existe donc un chromatoptisme et il faut faire la part de la *qualité* de la lumière.

Les réactions photomotrices n'orientent pas toujours l'animal suivant la direction des radiations lumineuses, bien que ce soit le cas le plus fréquent. Dès 1748, Réaumur avait remarqué que ce sont précisément les papillons nocturnes, ceux qui fuient la lumière du jour, qui recherchent le soir les lumières artificielles. Mais les insectes ne volent pas droit vers la lumière, pour s'en éloigner de nouveau, s'en rapprocher et ainsi de suite indéfiniment, s'ils ne sont tombés d'abord dans la flamme. En réalité, ils s'en approchent obliquement, décrivent un ou deux cercles autour de la source lumineuse, puis s'en éloignent, s'ils n'ont pas les ailes roussies en passant près de la flamme. En expérimentant avec des insectes marcheurs (*Coccinelles*), on observe les mêmes irrégularités dans les mouvements alternatifs de rapprochement et d'éloignement.

Toutes ces réactions, si diverses, ont été confondues sous le nom de « phototropisme » ou d' « héliotropisme animal » par Loeb.

Certains auteurs divisent volontiers les animaux en phototropiques positifs et phototropiques négatifs, ce qui fausse complètement l'idée que l'on doit se faire des photoréactions motrices [1].

---

1. *Remarque.* — Dans la *théorie biocinétique* de R. Dubois, toute action exercée sur le bioprotéon provoque une réaction qui peut se traduire par des manifestations extérieures à l'organisme : lumière, électricité, chaleur, sons, mouvements de déplacement total ou partiel. Les uns, comme les autres, sont liés à d'autres mouvements internes, cellulaires, moléculaires, atomiques, ioniens, électroniens, etc.

Pour les mouvements extérieurs, on peut considérer trois cas :

1° La puissance de l'action excitatrice est égale à celle de la réaction; il y a immobilité ou *acinèse*;

2° La puissance de l'action est plus grande que celle de la réaction : le mouvement se produit

Une foule d'influences souvent très difficiles à déterminer, exercent une action sur ce qu'on appelle les « phototropismes ».

R. Dubois a montré que si l'on place l'oursin *Strongylocentrotus lividus* dans une cuve allongée remplie d'eau de mer à l'extrémité de laquelle se trouve une lampe à gaz à régulateur, munie d'un bec à incandescence, l'animal s'éloigne d'abord de la source lumineuse pour revenir vers elle au bout d'un temps plus ou moins long. Il s'est produit ce que R. Dubois avait appelé un *antitropisme* constitué par des changements qui se sont opérés dans l'intérieur de l'animal pendant l'action de la lumière. Il ne s'agit pas ici d'un phénomène de fatigue, comme dans les cas observés par Pearl et Cole : les crustacés du genre *Hyalella*, d'abord excités par une lumière intense, tombent bientôt dans une phase de quasi-prostration : il en est de même pour *Clepsine*.

Walter a vu que que les Planaires se meuvent beaucoup plus à l'obscurité qu'à la lumière. Lorsque celle-ci agit d'une façon continue, les mouvements deviennent plus lents, la fatigue se manifeste et l'animal cesse d'être sensible à la lumière. Cependant la réaction aux facteurs de même nature n'est pas toujours la même. Ainsi la locomotion des planaires varie d'un jour à l'autre, les conditions restant identiques. Les *variations individuelles* de cet ordre sont plus grandes que celles qui résultent des différences d'intensité lumineuse. C'est ce qui a fait dire à Loeb qu'à l'intérieur de certains animaux comme les papillons de nuit, par exemple, ont lieu, sans règle apparente, des processus qui provoquent des mouvements ou des changements de direction des mouvements. Il s'en faut, en effet, que les réactions phototropiques soient partout aussi nettes que dans les expériences typiques de Loeb, qui ne sont d'ailleurs que des rééditions de celles de du Tremblay (1791), de Pouchet, etc.

Parmi les conditions internes capables de changer ou de modifier les réactions phototomotrices, il faut signaler la phase d'évolution de l'individu. Les pucerons verts ne sont positivement phototropiques que lorsqu'ils sont ailés, tandis que pour les larves de la mouche commune, c'est quand elles sont complètement développées et près de se transformer. Les larves de *Limulus* à un certain stade de leur développement, ainsi que beaucoup d'autres sont négativement phototropiques, tandis que plus tard, ce sera le contraire. Le changement de saison peut amener le renversement complet de la direction des tropismes : les chenilles de *Portesia chysorrhœa* à l'état d'hivernage, sont positivement phototropiques; plus tard, elles le seront négativement. On en peut dire autant d'une quantité d'autres causes : telles que l'âge, la nourriture, la température, la maturité sexuelle. Au moment du vol nuptial, les fourmis ailées et les abeilles ont un phototropisme positif. Mais Anna Drzewina a montré que les *Clibanarius misanthropus* de la Méditerranée présentent un phototropisme positif de signe constant. Ceux de l'Atlantique (Arcachon) ont un phototropisme qui périodiquement varie de signe. D'après l'auteur, un rapport entre ces faits et la présence ou l'absence des oscillations de la marée paraît s'imposer.

Bohn avait déjà observé l'influence de la marée sur le phototropisme des animaux littoraux *Littorines*, *Hédistes*, et aussi celle de l'état de plus ou moins grande hydratation (70).

R. Dubois a noté que la *Pholade dactyle* est beaucoup moins sensible à la lumière dans la Méditerranée que dans l'Océan.

D'après Bauer (37, 1910), les changements de signes observés chez un poisson, *Smaris alcedo*, tenaient au contraste de clartés successives.

Loeb a dans beaucoup de cas pu changer le sens du tropisme en modifiant la composition chimique de l'eau de mer, où étaient placés les animaux en expérience : il suffit pour cela d'ajouter des traces d'acides (chlorhydrique, oxalique, carbonique) ou des

dans le sens de direction de l'action; il y a alors *homocinèse*. Tel est le cas, par exemple, de l'animal qui se déplace dans le même sens que la lumière excitante (phototropisme négatif, organisme fuyant la lumière);

3° C'est la réaction qui l'emporte (phototropisme positif) : l'organisme va vers la lumière, en sens inverse, de la propagation de celle-ci, c'est l'*anticinèse*. Dans la *cinèse rotatoire*, l'organisme qui marche à contre-mouvement de celui qui déplacerait un objet inerte mis à sa place, est en *anticinèse rotatoire*. Dans le cas où il marche dans le même sens, il est en *homocinèse rotatoire*, et s'il reste immobile sur le support tournant, il y a *acinèse rotatoire*.

alcalis et même des alcools. Sur les larves de *Polygordius*, l'abaissement de la température agit comme la concentration de l'eau de mer (LOEB). Ceci confirme ce qui a été établi par R. DUBOIS (35) depuis longtemps, à savoir que la déshydratation des tissus agit dans le même sens qu'un abaissement de température et l'hydratation dans le même sens que l'élévation de la température.

Un amphipode terrestre, *Orchestria*, positivement phototropique devient rapidement négatif si on le met dans l'eau.

Un changement de pression de 0, 80 centimètres d'eau fait changer le phototropisme des larves de Homard : il en est de même pour les *Calonides*, mais les *Convoluta* sont insensibles à la pression (BOHN, 1912).

Les secousses, la faiblesse, la maladie et une foule d'autres causes inconnues compliquent considérablement le déterminisme des expériences relatives aux tropismes.

Des expériences de divers auteurs, il semble admissible que la lumière puisse agir sur le sens des mouvements en modifiant les échanges respiratoires : c'est ainsi qu'ils conviendrait d'expliquer l'action de certains poisons, tel le cyanure de potassium, qui aurait pour effet de les diminuer. ANNA DRZEWINA (71), en entravant les oxydations par de faibles doses de ce sel, a combattu l'action nocive de la lumière sur certains invertébrés marins, en particulier chez *Convoluta*.

OSTWALD a fait de curieuses recherches (v. p. 460) pour déterminer l'action exercée par la lumière sur les phénomènes intimes de la respiration.

Dans toutes ces questions, d'après LOEB, il ne faut pas confondre ce qu'il appelle la *sensibilité différentielle*, c'est-à-dire les photoréactions motrices qui se produisent par un changement brusque dans l'éclairage avec les véritables facteurs du phototropisme.

Dans un vase transparent éclairé latéralement des animaux positivement phototropiques se rassembleront du côté qui regarde la lumière, des animaux négativement phototropiques du côté opposé, indépendamment de la répartition de l'intensité lumineuse à l'intérieur du vase. Au contraire, les animaux doué de sensibilité différentielle se grouperont aux endroits ou l'intensité est minimum.

Chez les *Branchellions*, d'après ANNA DRZEWINA, la sensibilité différentielle peut entraîner le changement de signe du tropisme, mais on peut obtenir à la fois le changement de signe du phototropisme et celui de la sensibilité différentielle par divers moyens : 1° dessalure; 2° insolation prolongée; 3° décapitation; 4° modifications du support. D'après le même auteur, le chlorure de sodium ne provoque pas de changement de signe du phototropisme chez le *Pagure misanthrope*, mais exalte la sensibilité à la lumière (69).

C'est à des phénomènes de sensibilité différentielle qu'il convient d'attribuer les faits observés par HJALMAR DIETLEVESEN dans ses recherches sur les réactions de quelques animaux du plancton vis-à-vis de la lumière. Ces organismes (crustacés surtout) recherchent les régions les plus éclairées. S'ils sont exposés brusquement à une lumière d'intensité moindre, ils tendent instantanément à s'enfuir, et enfermés dans un aquarium, à en gagner le fond. Au bout de quelque temps, il se fait une adaptation aux nouvelles conditions, et ils se répartissent régulièrement dans l'aquarium. Les lumières de qualités différentes ont à peu près une influence semblable. Cependant les rayons de faible longueur d'onde agissent plus énergiquement.

LOEB réserve le nom de phototropisme aux réactions qui dépendent de la structure symétrique (ou approximativement symétrique) des organismes, et dont le trait essentiel est l'orientation des animaux par rapport à la lumière.

L'influence de la direction des radiations lumineuses sur l'orientation des photoréactions motrices est connue depuis fort longtemps. En 1888, R. DUBOIS a montré que le siphon de la Pholade dactyle s'incline du côté de la source lumineuse qui le frappe (v. p. 451), et dès 1886 il avait étudié le problème de l'éclairage asymétrique sur l'orientation des animaux libres (73).

Dans la nuit, grâce à l'éclairage latéral symétrique de ses deux lanternes prothoraciques, le Pyrophore noctiluque, le magnifique coléoptère lumineux des Antilles, marche en ligne droite; mais vient-on à masquer un de ses fanaux, aussitôt il est entraîné vers le côté opposé : si c'est la lanterne droite qui est masquée, il est fatalement entraîné vers la gauche, c'est-à-dire du côté éclairé (fig. 157). Le même phénomène se produit

si, laissant les lanternes libres, on obture l'œil d'un côté. Quand on obture les deux
lanternes, la marche de l'animal devient hésitante, mais il s'avance en ligne droite. Il
en est de même si on obture ou détruit les deux yeux : le Pyrophore se sert alors de
ses antennes et de ses palpes comme quelqu'un qui marche à tâtons. Enlève-t-on une
des antennes, l'animal est entraîné du côté opposé, et si les deux antennes sont supprimées, ce sont les palpes maxillaires qui les suppléent. La lésion d'un ganglion cérébroïde d'un côté entraîne la marche curviligne du côté opposé. Après la destruction du
lobe optique d'un côté, ou bien de la cornée par une pointe rougie, on peut aussi obtenir des déviations en rond de la marche, comme lorsqu'une des lanternes prothoraciques est obturée ; le graphique est alors identique. R. Dubois avait noté qu'il y avait
une corrélation entre l'état de tonicité des muscles et le mouvement de manège provoqué par l'asymétrie de l'éclairage.

Plus tard, Bethe, Holmes, Axenfeld, Rädl, Bohn ont noté également les mouvements

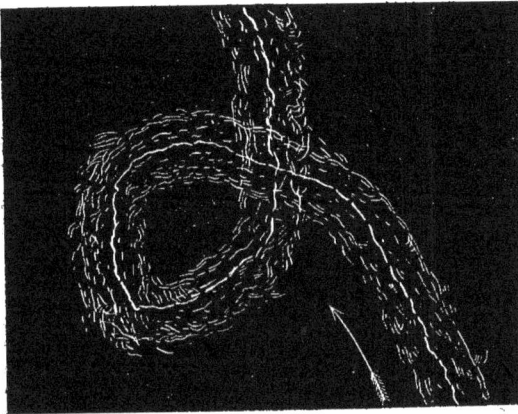

Fig. 157. — Tracé de la marche d'un Pyrophore dans le cabinet noir,
la lanterne droite étant éteinte.

de manège provoqués par un inégal éclairement des deux yeux (excision ou noircissement d'un œil). Axenfeld a constaté une corrélation entre le signe du phototropisme
et le sens du mouvement de manège. Rädl a trouvé que la lumière reçue par un œil
a une influence sur la tonicité des muscles du même côté, et Bohn a observé des mouvements rotatoires d'origine oculaire non seulement chez les annélides et les gastéropodes, mais encore chez les crustacés et les poissons.

Les anciennes expériences de R. Dubois, étendues à d'autres animaux, semblent
favorables à l'explication du mécanisme du phototropisme proposée par Loeb. Soit un
insecte frappé latéralement par la lumière, celle-ci aura pour effet de mettre en action
les muscles qui dirigent la tête de l'animal vers la source lumineuse ; une fois l'animal
placé dans le sens de la radiation, la lumière frappera avec la même intensité les
deux côtés de son corps, il ne pourra donc plus dévier ni à droite, ni à gauche, et
continuera à se mouvoir vers la lumière. Cette conception de Loeb, ainsi qu'il l'a dit lui-
même, est empruntée à la notion physique des lignes de force de Faraday (lumière,
pesanteur, etc.), agissant sous des angles inégaux, ce qui provoque un travail inégal
des deux moitiés du corps et une rotation, jusqu'à ce que les lignes de force soient
parallèles au plan de symétrie.

Si les idées théoriques de Loeb semblent découler naturellement des anciennes
expériences de R. Dubois et de celles, plus anciennes encore, de Paul Bert sur le
Caméléon prouvant que la suppression de la vision d'un côté peut entraîner une rupture de l'équilibre physiologique des deux côtés du corps et une asymétrie fonction-

nelle, il ne s'ensuit pas que l'on puisse dire avec RÄDL que le phototropisme des animaux inférieurs et l'acte de regarder chez les animaux supérieurs ne sont pas différents l'un de l'autre, et qu'on peut trouver tous les intermédiaires. On trouve aussi tous les intermédiaires entre le rouge et le bleu, entre l'eau glacée et l'eau bouillante et, d'une manière générale, dans la nature entière : *natura non facit saltus ;* et, encore une fois, sous prétexte de généralisation, il ne faudrait pas tout confondre.

JEANNINGS (74) a opposé aux idées radicalement cartésiennes de LOEB de nombreux faits d'observation et d'expérimentation qui montrent qu'on ne doit s'avancer qu'avec prudence sur le terrain des généralisations ; il s'est appuyé, en particulier, sur les réactions des infusoires ciliés et des flagellés à la lumière. *Stentor cæruleus* a un phototropisme négatif. Or, si le bassin qui le renferme est éclairé sur une moitié, la théorie de LOEB exigerait qu'arrivé à la ligne de séparation l'animal soit orienté instantanément ; il n'en est pas ainsi. Il y a d'abord recul, puis essai de progression dans différentes directions, jusqu'à ce que le Stentor trouve une place où il pourra progresser sans rencontrer de lumière. Avec certains dispositifs, on voit même le Stentor nager vers la source lumineuse avant de rentrer dans l'ombre, on n'observe d'orientation brusque que si la lumière tombe directement sur un des côtés du Stentor.

Euglena viridis recherche, au contraire, la lumière. Lorsque la lumière est modifiée, il y a accentuation de certains composants des mouvements. Dans le cas d'une excitation forte, l'extrémité antérieure décrit un cercle autour de la postérieure prise comme centre de ce phénomène, et ce dernier se répète jusqu'à ce que l'extrémité antérieure se trouve dans une zone lumineuse. La diminution de l'éclairage produit la même réaction que son accroissement.

Des faits de même ordre ont été observés par JEANNINGS chez *Cryptomonas* et *Chlamydomonas*, d'où il résulte que les êtres inférieurs agissent par *essais successifs*, et n'obéissent pas positivement aux lignes de force de FARADAY. MAST (64) a été conduit par ses recherches sur les Stentors aux mêmes conclusions que JEANNINGS et contre la théorie des tropismes de LOEB.

GEORGES BOHN a fait sur divers animaux, et plus particulièrement sur les Littorines, des expériences intéressantes au point de vue de l'action exercée par des écrans noirs et blancs sur l'adaptation des réactions phototropiques. Il en a conclu que pour expliquer les attractions et les répulsions exercées par les écrans noirs et blancs, il faudrait faire intervenir des éléments nombreux et variés, et en particulier, tenir compte de divers mouvements que l'animal exécute dans diverses circonstances de sa vie, et de tous les *essais* infructueux antérieurs, ce qui conduit bien loin des explications si simples où on ne fait intervenir que l'éclairement asymétrique des deux côtés du corps.

On peut dire, avec BOHN, que les idées émises par LOEB sur le mécanisme des tropismes en 1890 ont exercé une réaction salutaire contre certaines exagérations des psychologues-anthropomorphistes, mais qu'elle eut l'inconvénient de servir d'encouragement à l'exclusivisme fâcheux de l'école mécaniste de BETHE, UEXKÜLL, TH. BEER, ZIEGLER, qui firent du principe de FARADAY-LOEB une application trop exclusive et trop étroite à l'explication des actes de tous les animaux. Il ne faut pas craindre le reproche d'anthropomorphisme en rapprochant ce qui se passe chez l'Homme et chez les organismes inférieurs ; c'est toujours une tendance malheureuse que de séparer l'Homme du reste de la nature animée. D'autre part, il est certain qu'on ne peut pas transporter directement les états psychiques de l'Homme dans les organismes inférieurs, sans tomber dans un « zoomorphisme » regrettable. L'Homme doit être étudié de la même façon objective que les autres animaux. Il ne diffère de ces derniers que parce que nous connaissons directement les états subjectifs qui accompagnent ses manifestations psychologiques, tandis que chez les animaux, on ne peut les connaître que par analogie.

Dans toutes ces questions, on ne doit jamais oublier que les organismes inférieurs ont des *moyens de défense* contre les agents extérieurs nocifs, et que, d'autre part, les phénomènes d'*adaptation au milieu*, si fréquents, ne seraient pas possibles sans une éducation de l'être vivant. Or, celle-ci suppose une sorte de *remanence*, comme nous en avons signalé divers exemples chez les animaux, et même chez les végétaux, puis, à un degré plus élevé une *mémoire associative*. Les exemples d'habitudes acquises, d'accoutumance sont nombreux, même chez les végétaux. Les étamines irritables des fleurs des *Mahonia*, des *Berberis* souvent visitées par les insectes, ne réagissent plus à leur contact, alors que la plus légère excitation mécanique différée les met encore en mouvement. Il a déjà été question plus haut de l'Oursin *Strongylocentrotus lividus* qui, après avoir reculé quelques instants devant un foyer lumineux, retourne vers lui par une réaction de l'ordre de celles que R. Dubois a appelé des *antitropismes* (52). Ces antitropismes finissent même, dans certains cas, par se substituer aux tropismes naturels, et d'ailleurs, toutes les fois que l'on renverse le sens d'un tropisme ne provoque-t-on pas un antitropisme? Holme a montré que l'expérience passée a une influence sur le phototropisme chez *Ranatra*. Hachet Souplet affirme avoir modifié des tropismes par dressage. On connaît, d'ailleurs, des exemples populaires d'éducation d'animaux inférieurs, sans parler de l'araignée de Latude ou des célèbres puces travailleuses. Mais voici une expérience scientifiquement combinée qui met bien en évidence la possibilité de l'éducation chez des êtres relativement très inférieurs. Szymanski (77), à l'Institut expérimental de biologie de Vienne, a obtenu le renversement habituel du phototropisme de la Blatte (*Periplaneta orientalis*) par la méthode classique employée en psychologie animale pour l'acquisition des habitudes. L'insecte est placé dans une boîte de verre dont une partie est obscurcie, et sur le plancher de laquelle circulent des conducteurs électriques où l'on peut envoyer des courants faradiques. Lorsqu'il va dans la région obscure, l'insecte reçoit des chocs mais non lorsqu'il reste dans la région éclairée. Au bout d'un nombre variable de chocs (entre 23 et 18), suivant les individus, la Blatte finit par s'éloigner spontanément de la région obscure. Elle a acquis, pendant un temps qui dure de quatre à quarante-cinq minutes, un phototropisme positif. D'après H. Piéron, on ne peut parler ici du « Lichtsklaven » de Loeb, quand il suffit de quelques secousses électriques pour qu'un animal astreint à fuir la lumière puisse se mettre à sa recherche. Il y a tout un déterminisme à faire intervenir.

R. Dubois a insisté (52), en 1909, au Congrès de psychologie de Genève, sur la nécessité de ne pas continuer à grouper sous le nom d'héliotropisme ou même de phototropisme des phénomènes dont les processus sont si différents. Il y a certainement une partie de vérité dans les idées de chacune des deux écoles adverses de Loeb et Jennings, mais il est urgent d'éviter les exagérations systématiques, et de classer méthodiquement les faits que l'on étudie.

Si la théorie de Loeb était rigoureusement exacte et généralement applicable, les borgnes tourneraient en rond, et l'on ne pourrait pas se rendre chez son oculiste avec un bandeau sur l'œil. Il y a lieu surtout d'étudier avec la plus grande attention les *antitropismes* de R. Dubois.

La question des « tropismes » devant être traitée ultérieurement avec tous les détails qu'elle comporte et celle de l'« héliotropisme » l'ayant été antérieurement, nous renvoyons à ces deux mots pour les parties qui n'ont pu trouver place dans ce court exposé de l'état actuel de la question des phototropismes.

Mouvements provoqués directement par la lumière. — Certains éléments anatomiques sont, comme beaucoup d'organismes uni cellulaires, directement excitables par la lumière, sans que la sensibilité neurale intervienne. Déjà, en 1859, Brown-Séquart (79) avait signalé, dans l'iris isolé du reste de l'œil de différents vertébrés à sang froid, et en particulier de l'Anguille, des mouvements provoqués par l'action directe de la lumière. Il avait constaté la conservation de ces mouvements au bout de plusieurs jours, alors que la rétine était déjà en partie décomposée. Plus tard, Steinach a confirmé que la contraction des fibres iriennes de l'œil isolé de la Grenouille pouvait encore être excitée par l'action directe de la lumière au bout de quatorze jours. Brown-Séquart s'était assuré que ces contractions n'étaient provoquées ni par les radiations chimiques, ni par les radiations calorifiques. Avec les radiations jaunes, il y avait une action très marquée, marquée avec l'orangé et le vert, et très faible avec les autres radiations. Le resserrement était plus *rapide* avec le jaune, et c'est là une remarque importante, parce qu'elle est de l'ordre de celles qui ont permis à R. Dubois d'établir le mécanisme respectif de la notion d'intensité visuelle et de celle de la chromatopsie. Il n'est plus douteux aujourd'hui que les contractions excitées par la lumière dans l'iris des poissons et des amphibiens aient leur siège exclusivement dans les fibres musculaires libres de cet organe (Steinach).

Ce ne sont pas les seuls mouvements élémentaires, susceptibles d'être provoqués directement par la lumière dans l'œil. Quand un faisceau lumineux tombe dans cet organe, il se produit : 1° Une descente du pigment le long des cônes et des bâtonnets ; 2° un raccourcissement des cônes et des bâtonnets (Van Gederen Stort et Engelmann). Ce raccourcissement est dû à la contraction de cette partie des cônes et des bâtonnets qui porte des striations analogues à celles des muscles striés et que Van Gederen Stort a nommée *conomyoïde*. Cette contraction serait suivie d'une diminution de colorabilité des cônes et des bâtonnets (Birnbacher), probablement due à une acidité résultant, comme dans le muscle, de la contraction. Cette analogie des cônes et des bâtonnets avec les muscles est encore accentuée par ce fait que Barbieri (81) a, en vain, paraît-il, cherché les principes chimiques du nerf optique dans la rétine, que l'on considérait comme l'épanouissement de ce dernier.

Stéphanowska, S. Exner, G. G. Parker et d'autres ont étudié les changements photomécaniques, dans les yeux des arthropodes, sous l'influence de la lumière ordinaire et Pergens, Lodato, et d'autres les changements histologiques et chimiques de la rétine des vertébrés sous l'influence des radiations chromatiques.

Suivant Van Gederen Stort et Engelmann, l'intensité seule de la lumière agit et la qualité rouge, verte ou bleue de la lumière paraît sans influence. Tandis que d'après Dor, Angelucci, Birnbacher et Lodato, les cônes seraient différenciés en vue de la perception consciente avec toutes ses modalités, vision de lumière blanche et vision de couleur. Ils pensent que la lumière rend acides certains éléments de la rétine préalablement alcalins. Les radiations bleues ne provoqueraient aucune différence de colorabilité des noyaux, mais avec la lumière rouge, les cônes et les bâtonnets se coloreraient diversement. Il est regrettable, ainsi que nous le verrons plus loin, qu'à l'exemple de Brown-Séquart pour l'excitation directe des fibres iriennes par les radiations colorées, les observateurs n'aient tenu aucun compte de la *rapidité* différentielle des cônes et des bâtonnets.

Toutefois, la plupart des auteurs ne considèrent les mouvements du pigment que comme un phénomène d'ordre secondaire, ayant surtout pour effet de préserver les véritables éléments visuels, c'est-à-dire les cônes et les bâtonnets, d'un excès de lumière inutile et de les isoler par des écrans mobiles. Ils agiraient comme les stores que les photographes font mouvoir pour éclairer convenablement leur modèle. Ce qui confirme cette opinion, c'est que les albinos ne sont pas aveugles, mais seulement gênés par la grande lumière et qu'il existe des éléments (cellules optiques de Hesse) dépourvues de pigment chez le Lombric et d'autres animaux. Mais ce qui prouve jusqu'à l'évidence le simple rôle protecteur modérateur du pigment et infirme son rôle « photeur » c'est qu'il fait défaut complètement chez certains animaux abyssaux. (crustacés), par exemple chez *Nemoscelis mantis* et dans le genre voisin *Stylocheiron*, qui ont cependant des yeux bien développés et adaptés pour percevoir de faibles éclairages.

D'après Smith (36, 1906) la migration du pigment dans l'œil des crustacés serait dans un certain rapport avec le phototropisme.

La pourpre rétinienne n'a qu'une fonction sensibilisatrice, un rôle passif, protecteur transitoire ayant pour objet de modérer l'effet de l'excitation lumineuse sur l'appareil des bâtonnets (appareil crépusculaire) en attendant que se fasse sentir l'influence modératrice des centres supérieurs, innervés différemment, du système des cônes (appareil diurne), d'après C. Doniselli. On sait que le Hibou ne possède dans sa rétine que des bâtonnets.

La durée nécessaire pour obtenir avec l'érythropsine un optogramme (15 minutes d'après Kuhne) exclut toute idée que le phénomène fondamental de la vision soit en rapport avec une impression photochimique produite sur la pourpre rétinienne. Barbieri affirme même n'avoir pu découvrir aucune trace de rhodopsine dans la rétine du Bœuf, la coloration violacée qu'elle présente parfois serait le résultat de sang extravasé (?)

Ce qui est certain, c'est que la pourpre rétinienne n'existe pas dans les yeux d'une foule d'animaux. C'est donc, en définitive, dans les cônes et les bâtonnets, ou plutôt dans leur segment conomyoïde que se localise la véritable réaction visuelle. Peu importe d'ailleurs qu'il s'agisse de cônes ou de bâtonnets : comme nous l'avons vu les cônes manquent chez le Hibou, tandis qu'on ne trouve plus de bâtonnets chez certains reptiles et seulement des cônes. Dans *l'élément photeur* proprement dit des arthropodes, on trouve encore la striation myoïde des bâtonnets, mais elle ne tarde pas à disparaître. Au fur et à mesure que l'on descend dans l'échelle animale, on trouve que l'appareil rétinien se simplifie de plus en plus, comme le montre une coupe pratiquée dans l'œil d'un ver, *Euplanaria gonocephala* (fig. 159), et dans celle d'un ocelle de *Dendrocœlum luteum* (fig. 160). Enfin, dans l'œil d'une Méduse *Lizzia Kol-*

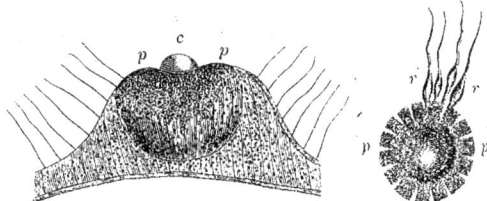

Fig. 158. — Œil de *Lizzia* vu de profil et de face.
p, segments pigmentaires ; — *r*, cônes rétiniens ou éléments sensoriels fusiformes.

likeri (fig. 158), on ne trouve plus que des éléments ayant les plus grandes analogies avec les éléments épithélio-musculaires des *Sagastia parasitica* (fig. 161), et les plastides contractiles à nématocystes d'autres cœlentérés (fig. 162).

La physiologie et l'anatomie comparées nous amènent par la voie phylogénique à considérer finalement les cônes et les bâtonnets, organes photeurs essentiels de la vision, comme les analogues et les homologues de segments myo-épithéliaux, en contiguïté ou en continuité avec l'élément neural, qui met le photeur en rapport avec les centres réflexes ou psychiques de l'animal.

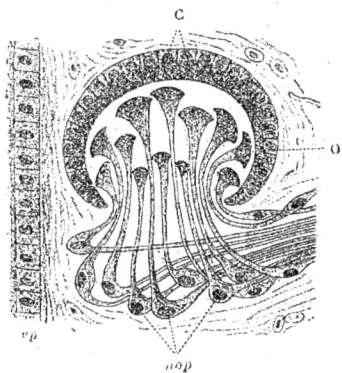

Fig. 159. — Coupe d'un ocelle d'*Euplanaria gonocephala*.
ep, épithélium ; — C, capsule pigmentée de l'ocelle ; — O, terminaison périphérique des plastides optiques : — *nop*, noyaux des plastides optiques (grossi 120 fois).

Dès 1791, du Tremblay avait observé que les Hydres d'eau douce se dirigent vers la lumière ; or, dans le tégument de ces cœlentérés sans yeux, on ne trouve comme éléments photeurs capables de réagir par des mouvements à une excitation lumineuse que des plastides épithélio-musculaires, dont les prolongements contractiles sont en rapport de continuité les uns avec les autres, ce qui, soit dit en passant, permet de comprendre les phénomènes d'irradiation. On sait depuis longtemps que beaucoup d'animaux terrestres et aquatiques, cœulentérés, échinodermes, annélides, mollusques, crustacés, amphibiens, poissons, reptiles, ont la propriété de prendre une coloration se rapprochant plus ou moins du milieu où ils se trouvent, ce qui leur permet de dissimuler leur présence. En 1834, MILNE-EDWARDS a montré que chez les Caméléons les changements de coloration sont dus aux déplacement de corpuscules pigmentés diversement colorés, les chromatoblastes (chromatophores) (voir ce mot *in* Dictionnaire de physiologie de Charles RICHET, v. III, p. 742). C'est surtout aux travaux de G. POUCHET et de PAUL BERT que l'on doit de connaître bien exactement le mécanisme de cette fonction du tégument chez le Caméléon (voir ce mot *in* Dictionnaire de physiologie de Charles RICHET, vol. II, p. 115).

La vision a ici une influence évidente sur la peau, ce qui est l'inverse de ce que l'on observe chez la grenouille pour les mouvements du pigment rétinien. Si l'on enlève un œil à un Caméléon, le côté correspondant du corps ne change presque plus de couleur, et, en tout cas, conserve une nuance beaucoup plus claire que celle du côté opposé. L'ablation du second œil rétablit l'équilibre. Lorsqu'un Caméléon est exposé à la lumière solaire, sa couleur prend un ton foncé dû à une action directe. Ce phénomène a lieu pendant le sommeil, pendant l'insensibilisation chloroformique et même après la mort. Paul Bert plaça avec précaution une sorte de selle en papier découpé sur le dos d'un Caméléon qui dormait dans l'obscurité et avait pris la teinte

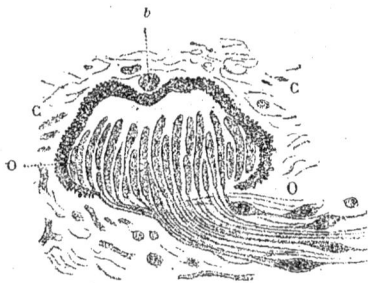

Fig. 160. — Coupe d'un ocelle de *Dendrocœlum luteum.*
C, capsule de l'ocelle ; — *b*, bouton ocellaire ; — O, O, plastides optiques (grossi 750 fois).

jaune grisâtre habituelle en ces circonstances. Puis, il approcha de l'animal, sans le réveiller, une lampe. Très rapidement la peau devint brun foncé ; enlevant alors le papier protecteur, il vit que les parties sous-jacentes avaient gardé leur premier aspect. Ce sont les rayons les plus réfrangibles du spectre qui produisent ce phénomène, la lumière rouge est inactive.

Les changements de coloration peuvent être produits : 1° par la volonté de l'animal ; 2° par une action réflexe ; 3° par *excitation lumineuse directe.*

Ces changements de coloration sont dus soit à des déplacements des corpuscules pigmentaires dans les cellules tégumentaires (Parker), soit aux déplacements des chromatophores, soit encore à leurs changements de forme.

Les déplacements et les déformations provoqués directement par la lumière s'observent chez les deux types connus : *chromatophores simples* (invertébrés) et *chromatophores composés.* Ceux du premier type sont constitués par une cellule de nature amiboïde dépourvue de membrane propre. Les ramifications que ces cellules émettent peuvent en se touchant se fusionner complètement.

Les chromatophores composés, qui ont été surtout bien étudiés chez les céphalopodes, sont formés par une vésicule arrondie, hyaline, renfermant un noyau et des granulations pigmentaires. La vésicule est entourée d'une membrane propre transparente, très mince et élastique ; sur cette membrane s'insèrent des fibres radiaires, qui donnent au chromatophore une figure étoilée. Ces prolongements sont de nature *musculaire* et, sous l'action directe de la lumière, ils se contractent très rapidement à la façon des muscles striés (Klemensiewicz, Phisalix, etc.). Ce sont des cellules très allongées, pourvues d'un noyau et entourées d'une membrane ; elles s'insèrent par

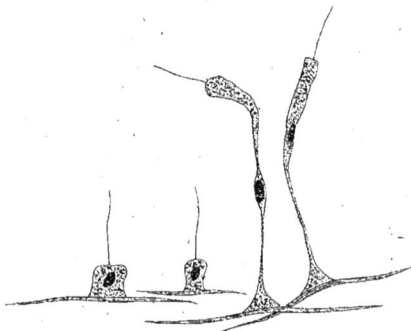

Fig. 161. — Filaments cilio-épithélio-musculaires de *Sagastia parasitica.*

leur base un peu élargie sur la membrane qui entoure la vésicule pigmentaire centrale. Les *fibres radiaires ne contiennent pas de pigment.* Ce dernier point est important à retenir, puisque, comme les cônes et les bâtonnets dans le segment conomyoïde comme dans les photeurs des Lombrics, ou dans l'œil des crustacés abyssaux, la présence du pigment n'est pas nécessaire pour produire la photo-réaction.

On doit distinguer trois sortes de mouvements dans les chromatophores des céphalopodes : 1° des *mouvements de trémulation* constitués par de petites secousses à peine visibles analogues à une série de secousses musculaires insuffisamment fusionnées pour produire un tétanos; elles sont placées sous l'influence du système nerveux; 2° des *mouvements d'ondulation* pouvant persister après la mort; 3° des mouvements fonctionnels (volontaires, réflexes, ou par excitation directe) consistant en expansions et rétractions des chromatophores, soit par un mécanisme amœboïde, soit par contraction et relâchement des fibres musculaires, des chromatophores composés.

Ce qu'il importe de retenir surtout c'est que : 1° les chromatophores ou plutôt les parties myoïdes des chromatophores composés se contractent sous l'action directe de la lumière; 2° que si leurs mouvements peuvent être actionnés par le système nerveux central, comme ceux des cônes, inversement ils peuvent actionner, par leurs mouvements autonomes, les terminaisons périphériques et par elles le système nerveux central.

De ses recherches sur la *fonction locomotrice de la lumière chez les céphalopodes,* STEINACH conclut que la lumière provoque des mouvements du corps chez ces animaux par des mécanismes différents; le premier consiste dans la propagation de l'excitation lumineuse des chromatophores à la peau des ventouses et à la musculature, c'est-à-dire en une transmission de l'excitation sans intervention du système nerveux, ou « antitypie excitolumineuse ». Le deuxième est un véritable réflexe nerveux partant des ventouses.

Les muscles des chromatophores s'anastomosent avec les cordons musculaires de la peau et c'est ainsi que l'action peut produire immédiatement, sans organes récepteurs spéciaux, et même sans transport nerveux, un mouvement en une région plus ou moins éloignée. C'est le phénomène que R. Dubois avait depuis longtemps

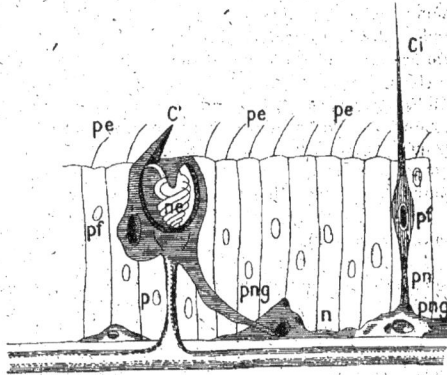

Fig. 162. — Coupe schématique de la peau d'un Cœlentéré montrant un plastide à nématocyste ou cnidoblaste; *pn* dans ses rapports avec les centres éléments.
pe, pe, plastides épithéliaux ciliés; — *Ci,* cil tactile ou palpocile; — *pf,* plastide sensoriel fusiforme; *png,* plastide nerveux ganglionnaire; *n,* fibre nerveuse; — *c',* cnidocil; — *pf',* masse protoplasmique contractile avec son prolongement *p',* homologue du plastide fusiforme *pf,* se continuant avec un plastide ganglionnaire nerveux; — *ne,* nématocyste.

signalé chez la Pholade sous le nom d'*irradiation*. Des faits de même ordre ont été signalés aussi dans les muscles du cœur et de l'urètre; ils peuvent être rapprochés des phénomènes d'irradiation rétinienne.

D'après E. HERTEL, qui a étudié le rôle du pigment dans l'action physiologique des rayons lumineux, on rencontre chez le Calmar deux sortes de chromatophores. Les uns jaunes, les autres rouges-violets. Les premiers s'étendent sous l'influence des rayons bleus et les seconds avec la lumière jaune. Il y aurait donc dans la peau des céphalopodes une sorte de chromatoptisme, qui expliquerait assez bien la faculté qu'ils ont de se mettre en rapport avec la coloration du fond.

Tous les faits qui précèdent montrent donc clairement que dans les organes visuels, comme dans les téguments, la photoréaction à l'action directe de la lumière est un mouvement de contraction et que ce n'est que secondairement que le système nerveux est ébranlé.

Ce mécanisme a été analysé avec beaucoup de détails par RAPHAEL DUBOIS (72) dans ses recherches sur la *fonction photodermatique chez la Pholade dactyle*; elles lui ont permis de créer une nouvelle théorie du mécanisme intime de la vision, basée sur l'observation et l'expérimentation, qu'il a opposée à toutes les hypothèses, plus ou moins erronées, proposées par des auteurs qui avaient négligé d'étudier l'ensemble des photoréactions dans la série des organismes vivants.

Dermatoptisme ou fonction photodermatique — photoréactions motrices des animaux sans yeux. — Des phénomènes de [mouvement provoqués par l'action directe de la lumière ont été signalés chez un grand nombre de protozoaires. Il en a été question plus haut à propos de leur phototropisme étudié avec tant de soin et de succès principalement par JEANNINGS. Des mouvements internes de même origine ont été signalés jusque dans le bioprotéon de l'œuf de la grenouille par AUERBACH. Dans l'eau douce de certains étangs ou de mares, caché au milieu du [limon ou du sable, un lourd rhizopode, analogue à un amibe, *Pelomyxa palustris*, se traîne languissamment dans l'ombre. Si, au moment de sa reptation où le corps est allongé, on fait tomber à sa surface un rayon de lumière, il se contracte brusquement en boule et tout mouvement cesse, pour reprendre dès que l'obscurité est revenue. Le passage graduel de l'obscurité à la lumière, par contre, ne produit aucun effet; c'est, chez l'animal, le même phénomène que celui qui a été signalé à propos des photoréactions des plasmodies des Myxomycètes. Dans les deux cas, il s'agit de mouvements provoqués par la lumière agissant directement sur de la substance vivante non pigmentée.

Nous citerons encore, à titre d'exemple, *Pleuronema chrysalis*, un infusoire qui, à l'état de repos, se tient immobile et n'exécute que de temps à autre un brusque saut par un battement soudain de ses cils. Lorsque plusieurs de ces petits protistes sont frappés par un rayon lumineux, ils se mettent à sauter pêle-mêle impétueusement, comme une troupe de puces irritées, jusqu'à ce qu'ils se soient mis de nouveau à l'ombre (VERWORN). Une foule d'animaux considérés comme privés d'yeux sont également sensibles à la lumière; on en rencontre dans presque tous les groupes de métazoaires (v. p. 438).

Certains animaux privés d'yeux artificiellement sont également sensibles à la lumière : les grenouilles aveuglées se placent dans les points les plus obscurs; il en est de même des salamandres, des cancrelas; ces animaux aveuglés recherchent le rouge et fuient le bleu (GRABER).

Le Protée (*Proteus anguinus*) des grottes de la Carniole, dont l'organe visuel est atrophié, se plait dans les ténèbres, où il a coutume de vivre depuis bien longtemps sans doute. En mesurant le temps qui s'écoule avant que l'animal réagisse, on trouve que l'échelle d'après laquelle son bien-être paraît diminuer depuis l'obscurité qui semble lui être agréable, jusqu'aux radiations qu'il fuit avec le plus de rapidité est la suivante : obscurité, rouge, jaune, vert, bleu, blanc. Mais ce n'est pas parce qu'il fuit le bleu avec persistance qu'il faudrait conclure qu'il n'y a que les radiations chimiques qui l'impressionnent. FINSEN a été beaucoup trop exclusif parce qu'il a été dominé par des vues systématiques. Le Protée réagit sous l'influence du rouge, du vert, du bleu, d'une manière différente : il réagit par des mouvements lorsque, étant dans l'obscurité, il reçoit une radiation colorée quelconque; mais en outre, l'action de la lumière se manifeste par l'accumulation du pigment dans la partie la plus vasculaire du derme et celle-ci peut avoir lieu dans la lumière verte (R. DUBOIS) (58).

PARKER (85) a remarqué que l'*Ammocœte* est négativement phototropique et photodynamique comme le Protée; les yeux ne sont pas indispensables pour cette réaction à la lumière. Le tégument est sensible à la lumière dans la queue et dans toute autre partie du corps ou de la tête. Les parties sensibles sont très probablement, d'après cet auteur, les terminaisons du nerf spinal.

Mais c'est d'une manière absolument hypothétique que l'on a généralisé et admis chez tous ces organismes une *vision dermatoptique*. DARWIN pensait que chez le Lombric c'étaient les ganglions cérébroïdes qui étaient influencés au travers de la peau. Ce n'est qu'en 1888 (72) qu'il fut possible d'établir, par les observations et les expériences de R. DUBOIS sur le siphon de la Pholade dactyle, la preuve qu'une sensation lumineuse *cutanée* peut être mise en évidence et son mécanisme expliqué scientifiquement.

La Pholade dactyle est un mollusque lamellibranche marin qui vit dans des trous : de l'entrebâillement de ses valves incomplètes sort un long tube membraneux, le siphon : dans l'intérieur de celui-ci, se trouvent des organes lumineux ou photogènes (v. page 331 et fig. 135 et 136) et, à l'extérieur, un revêtement lucitactile, c'est-à-dire donnant des photoréactions motrices sous l'influence des modifications de l'éclairage.

On considère ce mollusque comme privé d'yeux, la surface externe du siphon présentant cependant de petites papilles dont l'extrémité libre est fortement pigmentée ; mais, outre que d'autres parties du manteau dépourvues de ces papilles montrent une sensibilité manifeste à la lumière, on trouve dans les coupes une structure très analogue, sinon identique, au reste du tégument. Il est très probable qu'il n'existe dans ce dernier aucun élément différencié spécialement pour la vision, mais il serait téméraire de l'affirmer. Les éléments neuro-myo-épithéliaux que l'on trouve dans les papilles de la Pholade, offrent une grande analogie morphologique avec ceux que l'on rencontre dans les ocelles des *Euplanaria gonocephala* (fig. 159) et de *Dendrocœlum luteum* (fig. 160), mais ceux-ci paraissent spécialisés exclusivement pour la vision, tandis que ceux de la Pholade réagissent sous l'influence de différents autres excitants : mécaniques, physiques, chimiques et physiologiques.

Si l'on touche avec la pointe d'une aiguille un point quelconque du tégument du siphon, on remarque, au point touché, la formation d'une petite dépression, qui s'agrandit par un phénomène d'irradiation irritative musculaire. Sous l'épithélium pigmenté du tégument se trouvent, en effet, de petites fibres musculaires lisses, qui se continuent avec la terminaison basale des cellules épithéliales et viennent se rendre, d'autre part, dans une couche neurodermique sous-jacente, riche en plastides ganglionnaires (fig. 163). Si l'excitation mécanique ainsi produite n'est pas trop forte, la dépression reste localisée au point touché ; ainsi on peut obtenir des sillons longitudinaux ou circulaires en promenant la pointe excitatrice légèrement sur la surface du siphon.

Si l'excitation tactile est plus puissante, la surface totale du siphon commence à se rétracter par la contraction de toutes ses fibres superficielles, à laquelle succède bientôt un raccourcissement brusque, total du siphon, dû à la contraction, d'ordre réflexe, des grands muscles longitudinaux. Les petites fibres musculaires dermiques, en se contractant, ont irrité mécaniquement les plastides nerveuses des téguments et celles-ci ont communiqué, à leur tour, l'excitation aux ganglions nerveux, d'où partent les nerfs innervant les muscles longitudinaux. On produit les mêmes effets en déposant à la surface du derme des substances excitantes ou sapides, ou bien par excitation électrique, ou encore à l'aide d'une pointe chauffée. Toutefois, les réactions motrices diffèrent notablement, ainsi que le prouvent les tracés graphiques. A des excitations différentes correspondent des courbes particulières, qui montrent que, non seulement la couche myodermique n'est pas impressionnée de la même manière dans tous les cas, mais qu'il en est de même pour les centres réflexes. Ce qu'il y a de fort remarquable, c'est qu'un pinceau lumineux fin projeté sur le tégument d'une Pholade placée dans l'obscurité produise un résultat, sinon absolument identique, du moins très analogue. Si l'excitation n'est pas très forte, la rétraction reste localisée à un point du tégument et le siphon peut s'incurver d'une manière très caractéristique (v. p. 437). Au moyen d'un dispositif spécial (fig. 164), il est facile d'enregistrer le phénomène dont il vient d'être question : 1° rétraction superficielle du derme par excitation directe de la lumière ; 2° rétraction réflexe totale du siphon. La Pholade peut donc écrire elle-même ses sensations lumineuses : c'est exactement comme si l'on pouvait enregistrer les mouvements des cônes et des bâtonnets sous l'influence de l'éclairement de la rétine et de la contraction réflexe du sphincter musculaire de l'iris, qui lui succède. Le premier phénomène peut être obtenu isolément, quelle que soit l'intensité de l'excitation lumineuse, si l'on sépare le siphon des centres nerveux (ganglions palléaux) et même du

Fig. 163. — Coupe d'une papille sensible à la lumière du tégument externe du siphon de la Pholade dactyle.

reste de l'animal : le siphon détaché restera excitable par la lumière pendant plusieurs jours, mais seulement dans ses parties superficielles myodermiques (fig. 165 et 166).

Il est commode d'opérer avec le siphon séparé quand on veut étudier seulement les propriétés physiologiques de la couche myodermique.

Rapidité visuelle. — La surface dermatoptique de la Pholade dactyle de l'Océan est très sensible : celle de la Méditerranée, plus pigmentée, l'est moins. Pour la première, il suffit, avec une lampe de dix bougies placée à une distance de 30 centimètres, d'un éclairage de 2/100 de seconde pour obtenir un tracé : mais, à cette limite inférieure, on n'enregistre, le plus souvent, que la contraction myodermique avec la Pholade entière ou bien la seconde survient bien tardivement, mais alors avec une très grande brusquerie.

Intensités éclairantes. — Avec une lampe de dix bougies placée à une distance de

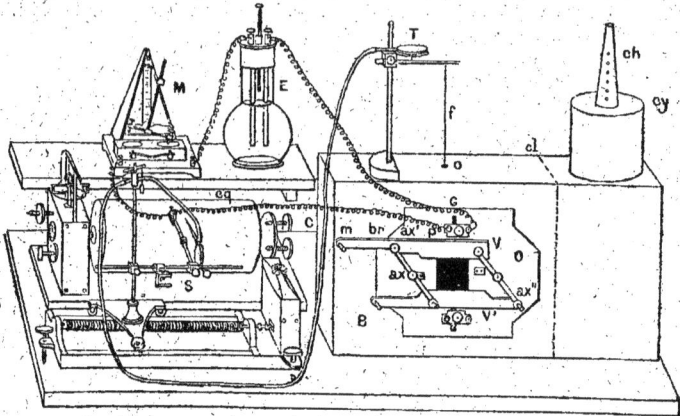

Fig. 164. — Appareil enregistreur des mouvements provoqués par la lumière chez la Pholade dactyle. B, chambre noire où est enfermée la Pholade plongée verticalement dans un vase à faces parallèles planes rempli d'eau de mer; — ax, ax^2, obturateur à main; — m, br, manipulateur (cette pièce a été remplacée par un obturateur photographique à iris); — cy, cylindre renfermant un bec de gaz pour entretenir une température constante; — ch, cheminée; — f, fil attaché à l'extrémité supérieure du siphon de la Pholade; — T, tambour de Marey récepteur relié à un autre tambour enregistrant les mouvements du siphon sur le cylindre cg; — S, signal électrique; — M, métronome ou diapason; — E, pile avec dispositif permettant d'enregistrer la durée de l'action de la lumière et des divers phénomènes qui en résultent.

60 centimètres, si l'on fait des excitations d'une durée de deux secondes chacune, à une heure d'intervalle, on obtient des tracés identiques; mais, si l'on éloigne de plus en plus la lampe, on voit peu à peu augmenter la durée de la période latente et diminuer l'amplitude de la courbe. Pour éviter les perturbations produites par la fatigue dans les expériences en séries, il est préférable de placer alternativement la lampe à 100 centimètres et à 10 centimètres. Dans ces conditions, on a trouvé que lorsque l'éclairage devenait cent fois plus faible, l'amplitude de la courbe devenait dix fois moindre et la durée de la période latente environ deux fois plus longue.

Minimum d'intensité perceptible. — En éloignant la lampe de plus en plus, jusqu'à ce que la lumière ne donne plus qu'une contraction imperceptible, on trouve que la lueur la plus faible, encore capable de provoquer une sensation, est égale à 1/400 de bougie.

La Pholade peut donc, comme nous, distinguer de faibles clartés et apprécier avec une grande précision la valeur des intensités lumineuses. Elle pourra distinguer un mouvement, la direction de la lumière, la durée et aussi l'intensité lumineuse : cette dernière notion lui est manifestement fournie par l'amplitude de la contraction myodermique, de même que l'intensité de l'éclairage nous est certainement fournie par l'amplitude du raccourcissement des cônes et des bâtonnets.

Sensation chromatique. — *Dermochromatoptisme.* — Si l'on fait tomber successivement sur l'ouverture de l'obturateur les différentes zones du spectre solaire ou du spectre de la lampe électrique à arc, on constate que l'on peut provoquer des contractions du siphon isolé de la Pholade entière par toutes les radiations colorées que notre œil peut voir : la Pholade voit donc les mêmes couleurs que nous[1].

Le moindre déplacement du prisme, lorsque la Pholade est éclairée par des radiations vertes, par exemple, suffira pour provoquer une contraction dans le jaune-vert. Non seulement la Pholade voit les couleurs, mais elle sent aussi les nuances. Il ne s'agit point ici des variations de l'intensité éclairante : les courbes varient comme cela a été indiqué à propos de l'intensité de la lumière, même quand il s'agit de lumière monochromatique, mais c'est seulement l'amplitude de la courbe qui croît avec l'excitation lumineuse. A quoi donc pourra-t-on reconnaître que l'animal distingue les couleurs? C'est à la *forme* des courbes, qui n'est pas la même, qu'il s'agisse de la courbe myodermique seule ou de celle-ci combinée avec la contraction réflexe.

La contraction est très *lente* avec le rouge et le violet ; elle est assez lente avec le bleu et rapide avec le jaune et avec le vert. De sorte que si l'on range les excitants lumineux selon la rapidité de la contraction qu'ils provoquent et selon la durée de la période latente qui la précède, on observe l'ordre croissant suivant : violet, rouge, bleu, jaune, vert. La lumière blanche, c'est-à-dire le faisceau de toutes ces couleurs, donne une rapidité de contraction de vitesse moyenne, et c'est peut-être ce qui fait qu'avec un faisceau formé d'un excitant lent et d'un excitant rapide, le rouge et le vert, par exemple, ou bien le bleu et le jaune, on a la perception du blanc; ainsi s'expliquerait le jeu des couleurs complémentaires.

En résumé, il résulte des expériences de R. Dubois que la sensation d'intensité, pour un même individu, est fonction de l'amplitude du mouvement du « système avertisseur » ou couche myodermique, et que la sensation de couleur est déterminée par la rapidité de ce mouvement, comme dans l'audition la hauteur d'un son est fonction de la rapidité des vibrations sonores et son intensité de l'amplitude de celles-ci.

La vision se trouve donc réduite à un phénomène tactile, puisque les nerfs ne sont impressionnés que par des ébranlements résultant du raccourcissement des fibres musculaires dermiques, qui fournissent des courbes de contractions tétaniques, comme le montrent les figures 165 et 166. Cet état tétanique est certainement accompagné de trémulations fibrillaires plus ou moins rapides, comme il arrive toujours en pareil cas, capables de faire vibrer d'une manière spéciale, avec chaque radiation lumineuse simple, les nerfs conducteurs et les éléments nerveux récepteurs. La plus ou moins

---

1. REMARQUE. — Cela ne signifie pas que la Pholade a de ces couleurs, des variations de l'intensité lumineuse, de la direction et de la durée de l'éclairage les mêmes représentations « psychiques » ou plutôt « cérébrales » que nous : il ne s'agit ici que de ce qui se passe dans les *organes des sens*; dans le cas particulier, uniquement dans la rétine dermatoptique et l'œil différencié. C'est dans ces parties que doivent être localisées les *sensations* pour éviter la confusion de ce qui se passe dans l'organe sensoriel avec ce qui en résulte dans les centres récepteurs où se font les *perceptions*, lesquelles peuvent être *conscientes* ou *inconscientes*. Ainsi un rayon de lumière fera contracter les bâtonnets et les cônes, une traction sera exercée sur les fibres du nerf optique, l'excitation neurale succédant à cette excitation mécanique sera transmise à des centres de perception : il pourra en résulter soit simplement une contraction réflexe de la pupille, qui peut être parfaitement inconsciente, soit la notion consciente d'une clarté plus ou moins intense, plus ou moins rapide, reconnue colorée de telle ou telle manière, correspondant à l'idée que nous avons des couleurs. Ce qui a nui beaucoup au progrès de ces questions ce sont les discussions stériles nées du défaut de définition et de précision des termes employés et de l'abondance extravagante des néologismes divers créés pour indiquer bien souvent un même fait, ur même phénomène. NUEL (St), en cherchant un remède à cet état de choses regrettables, n'a fait que l'aggraver malencontreusement. Les abus de l'anthropomorphisme et du finalisme ont enfanté les abus du mécanisme, du zoomorphisme et du fatalisme : il serait urgent de s'occuper de rechercher ce que l'homme a de semblable, d'analogue et aussi de différent vis-à-vis des autres organismes vivants, au lieu d'en faire un être à part seul « psychologant » dans la nature, ce qui n'a d'ailleurs aucune signification, la question de l'âme étant devenue surannée et désuète.

grande rapidité du départ de la contraction indique bien que ces tétanos sont provoqués par des excitants plus ou moins rapides.

Les sensations lumineuses que produisent les courants électriques, traversant notre œil sont bien connues; elles sont du même ordre que celles qui résultent de pressions mécaniques exercées sur le globe de l'œil et qu'on désigne sous le nom de *phosphènes*. Si l'on excite directement le nerf optique, par exemple, dans l'opération de l'énucléation de l'œil, ou de la simple section du nerf, on obtient encore des phosphènes. Les courants électriques déterminent également des sensations suivies de perceptions colorées qui n'ont pas été assez étudiées. HELMOLTZ disait que sur lui-même les courants forts produisaient une confusion de couleurs, dans laquelle il ne pouvait découvrir de loi. Cela tenait sans doute à des dérivations multiples dues à l'inégale conductibilité des divers points des milieux de l'œil.

NEWTON expliquait les phosphènes par cette hypothèse que l'ébranlement mécanique de la rétine donne à celle-ci un mouvement analogue à celui que lui impriment les rayons lumineux qui viennent la frapper[1]. On a vu que les excitations mécaniques peuvent produire des contractions tétaniques de la couche myodermique de la Pholade, aussi bien que la lumière : il doit en être de même des cônes et des bâtonnets de notre

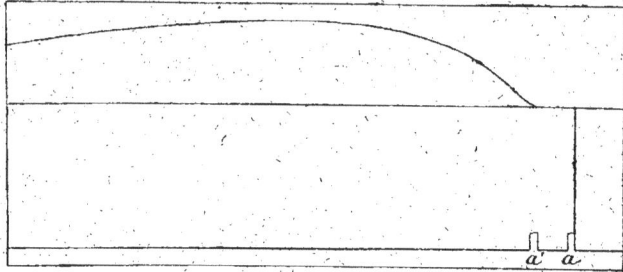

Fig. 165. — Courbe fournie par la lumière tombant à la surface d'un siphon de Pholade isolé des centres nerveux et du corps de l'animal.
a, début de l'éclairage ; — *a'*, début de la contraction.

rétine qui n'est, après tout, comme le montre l'embryogénie, qu'un retour vers l'extérieur d'une invagination de l'ectoderme.

La photoréaction motrice ou la photo-irritabilité est une propriété qui existe chez les protistes, chez les cœlentérés, dans les fibres iriennes des poissons et des reptiles et chez les diverses espèces de chromatophores d'un grand nombre d'animaux : elle est donc très générale. Tous ces faits sont en faveur de la théorie générale de la vision à laquelle R. DUBOIS a donné le nom de « *théorie phosphénique* ». Plus tard FRÉDÉRICQ, de Liège, a pu faire contracter les fibres cardiaques au moyen d'un faisceau lumineux.

Mais l'exactitude et la généralité de cette théorie trouve en outre des preuves d'une importance plus grande encore dans les recherches suivantes qui ont été suggérées à leurs auteurs par les recherches de R. DUBOIS. D'ARSONVAL a vu que, quand on illumine un muscle de grenouille à l'aide d'un arc électrique, celui-ci reste immobile ; mais si on lui adjoint des courants d'induction d'intensité au-dessous du seuil, et si l'on éclaire de nouveau, il se produit un léger tremblement des muscles.

En 1912, de son côté, CHARPENTIER, à l'aide de disques tournants diversement

1. *Remarque.* — On admet aujourd'hui que la lumière exerce une pression sur les surfaces qu'elle frappe, qu'elle est pesante. C'est une nouvelle preuve à l'appui de la théorie de l'*Unicisme évolutioniste* enseignée depuis plus d'un quart de siècle dans la chaire de physiologie générale de l'Université de Lyon, d'après laquelle l'énergie ou force et la matière ne sont que deux aspects psychiques d'un seul et même principe, en évolution incessante, constituant, en dernière analyse, la Nature, à laquelle il donne par ses innombrables métamorphoses son infinie variété : c'est le Protéon de Raphaël DUBOIS.

agencés, a constaté des oscillations rétiniennes au sujet desquelles il s'exprime ainsi (83) :

« Il se peut qu'il y ait là une véritable contraction des bâtonnets. Ce qui semble très « remarquable, c'est la valeur du rythme de cette oscillation. Sa fréquence est de 30 à « 35 oscillations complètes ou doubles par seconde ; or les physiologistes ont reconnu « expérimentalement que la contraction musculaire normale se compose d'un nombre « très analogue de secousses fusionnées : c'est, en un mot, un phénomène rythmique « et de même ordre que celui étudié dans ce travail. La réaction oscillatoire de la rétine « peut donc être rapprochée d'un phénomène de contraction. » C'est la même conclusion que deux ans plus tôt, en 1890, R. Dubois avait tirée de considérations d'un autre ordre.

En 1896, Charpentier reconnut la généralité des oscillations qui se produisent à la naissance de toute excitation lumineuse et en 1898, il annonçait que la perception entoptique de la pourpre rétinienne pouvait s'obtenir par des excitations lumineuses d'un certain rythme déterminé par celui des oscillations en question.

On ne peut expliquer autrement le papillotement lumineux que l'on éprouve en regardant tourner un tube de Gessler. C'est le même phénomène qui se produit encore quand on fixe dans l'obscurité, alors que l'œil est très reposé, de très petites colonies naissantes de photobactéries : il en résulte une véritable impression de scintillement

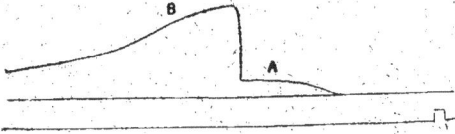

Fig. 166. — Courbe fournie par la lumière tombant à la surface du siphon d'une Pholade entière. A, contraction primaire, superficielle du système avertisseur neuro-myo-épithélial ; — B, contraction réflexe des grands muscles longitudinaux du siphon (A est comparable à la contraction des cônes et des bâtonnets dans la rétine et B à la contraction réflexe de l'iris).

qui serait d'après R. Dubois de même nature que celui des étoiles (119) ou des lumières situées à une grande distance, vues par conséquent sous un angle très aigu avec une faible intensité éclairante, conditions qui s'opposent à la fusion des secousses ou oscillations contractiles de chaque cône et bâtonnet touché, en même temps qu'à celle des dites oscillations élémentaires en une impression unique par irradiation de proche en proche.

Les perceptions colorées sont en rapport avec la vitesse plus ou moins grande des oscillations. On peut s'en rendre compte facilement avec le disque toton de Charles Benham, qui permet d'obtenir des perceptions colorées au moyen de la succession plus ou moins rapide de segments noirs et blancs. L'explication du phénomène proposé par Charles Henri (84) ne saurait être acceptée, car au lieu d'un disque plat, on peut se servir d'un cylindre tournant qui donne les mêmes résultats (R. Dubois)(119).

Si les preuves d'ordre morphologique, chimique, physiologique, accumulées jusqu'ici pour prouver la généralité et l'exactitude de la théorie phosphénique de la vision de R. Dubois ne semblaient pas suffisantes, on pourrait encore y ajouter celles qui résultent de l'étude comparative des effets électromoteurs provoquées dans l'œil et dans la rétine dermatoptique par l'action des radiations lumineuses.

Production de l'électricité par la lumière. — Si dans un circuit galvanométrique, on intervale une Pholade maintenue à l'obscurité, de façon que l'une des bornes soit reliée à la face externe et l'autre à la face interne du siphon de l'animal, et que l'on fasse tomber à la surface de cet organe un faisceau de lumière, on constate trois déviations du galvanomètre :

1° Une première négative, c'est-à-dire indiquant une diminution du potentiel de la surface externe éclairée ;

2° Une deuxième de même sens que la première ;

3° Une troisième de sens inverse des deux premières et survenant tardivement.

La première déviation précède la première photocontraction, celle qui a lieu dans la couche myodermique; la seconde déviation précède la seconde contraction réflexe des grands muscles longitunaux, et la troisième correspond à l'allongement du siphon qui reprend son attitude de repos.

Sur une Pholade, peut-être un peu fatiguée, on a trouvé que le temps écoulé entre le moment de l'éclairage et la déviation était de $\frac{8''}{3}$, et entre celle-ci et la première contraction de $\frac{5''}{3}$. La deuxième contraction apparaît $\frac{32''}{3}$, après l'éclairage, et $\frac{18''}{3}$ après la seconde déviation.

Des phénomènes de même ordre se passent dans notre œil. Dewar, Holmgren, Chatin ont établi qu'il se produit une variation négative dans le nerf optique, d'où résulte un courant d'action, toutes les fois qu'un rayon lumineux tombe sur la rétine; en outre, la chute de potentiel, ainsi que le départ de la contraction, comme dans les expériences de R. Dubois sur la Pholade, est plus *rapide* pour les radiations jaunes et vertes ou de longueur d'onde moyenne que pour les autres.

Alessandro Brossa et Arnt Kohlrausch ont fait également à l'aide du galvanomètre

FIG. 167. — Courbe de Brossa et Arnt Kohlrausch.

enregistreur de Einthoven de très intéressantes observations sur la photo-électro-réaction de la rétine de Grenouille vivante et curarisée (107) (fig. 167). On savait d'après les travaux de Kühne, Steiner, Dewar, Mac Kendrick, etc., que la grandeur du courant d'action de la rétine excitée par la lumière dépend de la grandeur de l'excitation lumineuse, en d'autres termes, de la quantité de lumière incidente. Il était acquis que les couleurs telles que le rouge et le bleu ayant un pouvoir éclairant moindre que le jaune et le vert, provoquent aussi un moindre courant d'action.

A. Brossa et Arnt Kohlrausch se sont demandé si les différences entre les courants d'action provoqués par les diverses couleurs du spectre se traduisaient seulement par des variations d'intensité, et ils ont constaté qu'il n'en était pas ainsi. Ces auteurs, qui ignoraient complètement la théorie phosphénique de la vision de R. Dubois, sont arrivés à des conclusions expérimentales qui confirment de la façon la plus irréfutable la loi formulée par lui, à savoir que la notion de quantité de lumière se traduit par l'amplitude des contractions élémentaires rétiniennes et celle de la qualité de la lumière par la forme de ces contractions. Seulement, au lieu d'enregistrer ces contractions, ce sont les courants d'action provoqués par la photoréaction qu'ils enregistrent.

Il convient de rappeler que le curare n'agit pas sur la contractilité musculaire, mais seulement sur l'innervation de la fibre contractile.

Pour démontrer que l'amplitude des courbes galvanométriques est fonction seulement de la quantité de lumière, ils augmentent la quantité de lumière incidente colorée en ouvrant progressivement la fente du collimateur du spectroscope fournissant les lumières colorées. Ils arrivent ainsi à obtenir des courbes ayant toutes la même *amplitude*, mais la forme de ces courbes diffère, exactement comme ce que R. Dubois avait trouvé chez la Pholade dactyle longtemps auparavant.

Ces expérimentateurs ont également constaté la production de trois réactions successives, mais chez la Grenouille, la troisième s'est montrée de même sens que les deux premières.

Malgré l'égalité d'excitation, l'amplitude de la deuxième courbe est plus grande pour le bleu que pour le rouge, mais ce qu'il y a de nettement caractéristique pour

déceler la différence qualitative de ces deux excitations chromatiques, c'est que la courbe fournie par le bleu monte beaucoup plus vite que celle du rouge et que la descente de la courbe est beaucoup plus rapide pour le bleu que pour le rouge. Avec des intensités différentes de chacune de ces radiations colorées, la forme typique est conservée, ce qui prouve bien que ce sont des différences dues à la longueur d'onde et non à l'intensité.

Pour le jaune et le vert, les différences de formes seraient intermédiaires; à part ce dernier point de détail, qu'il y aurait peut-être lieu de revoir, on peut dire que les résultats de R. Dubois et ceux de A. Brossa et Arnt Kohlrausch se complètent de la manière la plus heureuse et qu'il faut définitivement admettre que la photoréaction visuelle peut être traduite par des courbes qui par leur *amplitude* indiquent l'intensité de l'éclairage et par leur forme sa *qualité chromatique*.

La contraction photodermatique de la Pholade ne se montrant qu'après la variation électro-motrice, on peut se demander si ce n'est pas elle qui produit la photoréaction motrice, l'excitant lumière étant préalablement transformé en excitation électrique. Quoi qu'il en soit, entre les deux phénomènes, photoréaction motrice et photoréaction électrique, il existe les relations les plus étroites et toutes deux conduisent à cette même conclusion : à savoir que la sensation visuelle est liée à la *quantité* de lumière et la sensation chromatique à sa *qualité*, dans la peau de la Pholade, animal invertébré, comme dans la rétine du vertébré, ce qui démontre non seulement l'exactitude de la théorie phosphénique de la vision de Raphaël Dubois, mais encore sa généralité.

En résumé. — *Tout ce que nous savons tend à démontrer que la notion de quantité et de qualité de la lumière n'est pas le résultat direct d'une prétendue sensibilité spécifique neurale, mal définie de terminaisons « nerveuses » différenciées à cet effet et que les cellules pigmentaires et la pourpre rétinienne n'interviennent que dans des cas particuliers, pour jouer un rôle secondaire, de perfectionnement. La lumière provoque d'emblée, directement, primitivement dans la rétine oculaire, comme dans la rétine dermatique, des photoréactions motrices, qui excitent mécaniquement les terminaisons des nerfs se rendant à des centres, où ils éveillent des perceptions et des actions réflexes spéciales, comme si on les touchait ou bien comme si on les excitait directement par des agents physiques ou chimiques. La vision ordinaire est à rapprocher, voire même à identifier pour son mécanisme intime avec celui des phosphènes, d'où le nom de « théorie générale phosphénique de la vision » proposé par Raphaël Dubois.*

En 1905, Angelucci (102) a repris pour son compte la théorie de R. Dubois, mais il a eu le tort de faire concourir au phénomène de la vision des effets qui ne sont manifestement que le résultat de l'activité des éléments fondamentaux de la vision; ainsi que l'a fait justement remarquer Chiarini (80), on ne doit pas confondre l'activité du muscle qui résulte de la contraction avec la contraction elle-même. Ce dernier auteur pense que la contraction des bâtonnets n'est pas nécessaire pour la vision; certains rongeurs jouissant d'une vision parfaite ne posséderaient que des bâtonnets et ces derniers ne seraient pas contratiles. Cependant dans les cinq classes de vertébrés qu'il a étudiées, Chiarini a toujours observé la contraction des cônes et la déformation des bâtonnets, mais il attribue celle-ci à la pression latérale exercée par les cônes pendant leur contraction (?). Les figures données par l'auteur semblent montrer au contraire un véritable raccourcissement des bâtonnets. Il attribue les mouvements des franges rétiniennes à un « chimiotropisme » et non à un phénomène de contractilité. Mais il est manifeste que les segments épithéliaux, les franges rétiniennes et même les corpuscules pigmentaires sont simplement allongés par les cônes et les bâtonnets qui les étirent au moment de leur contraction. D'après Chiarini, le pigment ne jouerait pas d'autre rôle que de nourrir les cônes et les bâtonnets.

Actuellement certains auteurs (surtout des morphologistes comme von Beer) inclinent à penser que la différenciation morphologique existe toujours, ou presque toujours, pour la sensation lumineuse par la peau; si l'on n'a pas encore découvert, distingué les autres organes sensitifs, les « photeurs », plastides optiques ou visuelles, c'est par suite de l'imperfection de nos moyens de recherches. Dans une copieuse compilation, qui ne renferme malheureusement aucune observation et surtout aucune expérience personnelle, von Beer a accumulé des matériaux morphologiques, dont il se sert pour combattre des données physiologiques, qu'il ne paraît pas avoir toujours comprises bien clairement (in Wiener Klin. Wochensch., n° 11, 12 et 13, 1901). Or on a renoncé depuis longtemps à définir le rôle physiologique des organes ou même des éléments qui les constituent d'après leur morphologie.

Hesse, il est vrai, a cherché par l'expérimentation, à localiser dans ce qu'il appelle les « cellules optiques » une fonction visuelle. Pour cela, il montre qu'en touchant avec une faible dissolution de quinine différentes places du corps d'un Lombric, on obtient une excitation suivie de gonflement sur *tous les points* du tégument, tandis qu'en plaçant des Lombrics ou des fragments de ces vers dans des tubes de verre qu'on éclaire par points, on constate, au contraire, que le maximum d'excitabilité à la lumière coïncide avec les régions où se rencontre en plus grand nombre les cellules optiques. Malheureusement ces expériences rudimentaires ne prouvent pas même que le siège de l'excitabilité à la lumière se trouve dans la peau et non au-dessous, à plus forte raison, qu'elle soit localisée dans les éléments en question. La réception des excitations mécaniques aurait lieu par des terminaisons libres des nerfs dans l'épiderme découvertes par Smirnow; mais ici encore, la démonstration expérimentale fait défaut.

La différenciation morphologique tend à s'effacer de plus en plus au fur et à mesure que l'on descend l'échelle des êtres organisés et chez les protistes la photoréaction motrice n'est plus localisée. Pourtant G. Pouchet avait autrefois décrit l'œil des Péridiniens, et Harold Wager aurait, à son tour, découvert l'œil de l'Euglène, qui n'est plus considéré aujourd'hui comme un animal. Cet œil végétal consisterait en une masse de granulations pigmentaires semblant enrobées dans une matière protoplasmique. La lumière absorbée par cette masse paraîtrait agir sur le renflement placé près de la base du flagellum, dont elle modifierait les *mouvements*.

D'autres auteurs sont allés plus loin encore dans la voie de la généralisation.

D'après les recherches de Guttenberg (86) sur les organes sensibles à la lumière des feuilles d'*Adoxa moschatellina* et *Cynocrambe prostrata*, ce n'est pas le pétiole qui place la feuille dans la position désirable vis-à-vis de la source lumineuse. Les mouvements sont dus à des organes spéciaux, à des cellules épidermiques des papilles à parois plus épaisses que le reste de la membrane cellulaire et à épaississement le plus souvent concave-convexe. Le noyau de ces cellules gît régulièrement contre la face basale. Cet appareil opérerait comme une lentille.

A la suite des recherches de R. Dubois sur la Pholade dactyle, divers auteurs ont admis que des organes sensoriels ne présentant pas de différences morphologiques reconnaissables, pouvaient être le siège de plusieurs sensations différentes, ou servir de récepteur à des excitations de nature diverse. A ces « *éléments polyesthésiques* » ou « *plurisensitifs* » on a donné en Allemagne le nom de *Wechselsinne Organe*. Nagel (1894) a cité un grand nombre d'exemples, en faveur de cette conception. Il fait remarquer, entre autres choses, que les tentacules des Actinies sont des organes sensitifs universels (120).

Tréviranus, en 1882, admettait déjà que les appareils des sens possèdent, en outre de la réceptivité, qui est uniquement propre à chacun d'eux, en même temps une réceptivité pour des impressions accessoires, et chez tous, dit-il, on peut remarquer une dérivation du toucher. C'est ce que prouvent clairement les expériences de R. Dubois sur la Pholade dactyle et sur l'Escargot (101). On trouve déjà cette idée exprimée dans les écrits d'Aristote et de son commentateur saint Thomas d'Aquin : « *ergo non debet poni alter sensus præter tactum* ».

C'est une erreur de croire qu'un élément sensoriel ne peut être excité que par un excitant spécifique en vue duquel il est différencié. Chacun sait que ceux de la rétine, qui sont spécialement faits pour l'excitant lumière, ne fournissent pas moins des sensations, suivies de perceptions lumineuses, à la suite d'excitations mécaniques (phosphènes) ou électriques, que la perception *douleur* peut être produite par la lumière, la chaleur, le froid, l'électricité, le tact, l'audition, etc.

La notion de lumière, d'odeur, de saveur, de son dépend surtout des centres de perception où se rendent les conducteurs venant des organes des sens, siège des impressionssensations. Au point de vue de leur fonctionnement et même de leur structure, les divers éléments sensoriels présentent entre eux la plus grande ressemblance : on trouve toujours un segment épidermique, une partie renflée en fuseau, dont l'extrémité profonde est en rapport ordinairement, avec un élément nerveux (plastide ou fibre). C'est un système, plus ou moins différencié neuro-myo-épithélial, qui peut être formé par continuité ou par contiguïté, peu importe.

Tout le monde sait également qu'une impression-sensation venant d'un organe, comme l'oreille, peut par répercussion réflexe, faire naître des perceptions lumineuses et même chromatiques (vision auditive); de même un bruit aigu, un son « aigu » donnerait la perception gustative d'un acide, ou bien une perception de froid dans le dos; enfin, quand on regarde une vaste surface blanche, comme un nuage très éclairé ou un champ de neige, on éprouve des picotements du côté de la muqueuse olfactive; rappelons encore que l'électrisation de papilles de la langue produit des sensations gustatives. Il est fort admissible que des éléments identiquement constitués et excitables, comme un Amibe entier, par tous les excitants physiques, chimiques ou mécaniques puissent fonctionner comme des récepteurs universels susceptibles de provoquer des perceptions de natures diverses parce qu'ils seront respectivement en rapport avec des centres percepteurs différents. Dans les cas où les centres eux-mêmes seraient peu différenciés, ils n'éveilleraient que des perceptions associées, par cela même confuses, soit de tact-gustation-olfaction, soit de vision-audition, par exemple, ou, plus simplement encore, chez les êtres inférieurs, comme les Actinies, une seule perception synthétique, plus ou moins consciente, provoquée par des excitations de natures diverses, mais grâce à une seule espèce d'élément récepteur ou percepteur. Enfin, s'il n'y a ni organe sensoriel, ni organe percepteur différencié, il ne reste plus, comme chez l'Amœbe, que l'irritabilité bioprotéonique, qui suffit à tout.

C'est seulement par l'étude comparative des phénomènes physiologiques dans la série des êtres vivants que l'on peut arriver à distinguer ce qui est fondamental de ce qui est accessoire chez les organismes supérieurs, et c'est par la physiologie générale et comparée seulement que l'on arrivera à débarrasser la science des hypothèses sans aucun fondement scientifique qui l'encombrent malencontreusement, principalement en ce qui concerne la physiologie de la vision. — (Pour les développements que comporte la question voir le mot **Vision.**)

Influence de la lumière sur l'idéation. — Le noir, le violet, le bleu, le vert foncé sont des *couleurs tristes* de « deuil »; le vert clair, le jaune, le rouge des *couleurs gaies.* C'est en grande partie à la lumière que nous devons les modifications psychiques que nous éprouvons suivant les jours et les saisons, par les nuits sombres ou étoilées, en face d'un paysage, d'un tableau, d'une statue, etc.

Chacun sait que le rouge excite le Taureau, le Dindon et Don a vu des excitations allant jusqu'au vertige chez des neurasthéniques auxquels on faisait fixer une large surface rouge, alors qu'avec le vert, même très éclairé, ce résultat ne pouvait être obtenu. La lumière verte produisait plutôt un effet calmant. Autrefois, dans les usines à plaques photographiques de Lyon, quand les ouvriers travaillaient toute une journée dans une salle éclairée en rouge, ils se mettaient à chanter, à gesticuler, à « inquiéter » les femmes. Depuis que l'on a mis de la lumière verte, ils sont calmes, ne disent pas un mot et sont moins fatigués quand ils sortent (A. et L. Lumière). Les lunettes bleues ont été employées avec succès pour calmer les chevaux emportés.

Ch. Féré a étudié l'influence des sensations lumineuses et colorées sur le travail et la fatigue. Il a constaté que l'action de la lumière provoque un relèvement du travail ergographique, et toujours, quand l'expérience est faite dès le début les yeux ouverts, l'accroissement de la lumière produit le même relèvement. Les verres colorés, et surtout les verres rouges, provoquent un surcroît de travail, sans qu'il soit possible toutefois de fixer encore un classement dynamogénique des couleurs. Enfin, Griesbach a constaté que le travail manuel fatigue plus vite les aveugles que les voyants.

Influence de la lumière sur la circulation. — Les expériences de R. Dubois sur les Protées aveugles des grottes de la Carniole ont permis de montrer directement l'action de la lumière sur la circulation. Si l'on observe un Protée aveugle placé dans un endroit sombre, on voit que ses houppes branchiales sont flasques, flétries, blanchâtres; mais dès que l'on fait tomber sur celles-ci un rayon de vive lumière, elles deviennent aussitôt turgescentes et d'un rouge vif. La turgescence des branchies ne se produit pas dans la lumière rouge : or, on sait que celle-ci, comme on le verra plus loin, ne provoque pas non plus la production des pigments : il existe entre ces deux phénomènes une relation étroite.

Les Protées recherchent l'obscurité ou, à son défaut, la lumière rouge; ils ne craignent pas le vert, mais fuient avec énergie les radiations bleues, probablement à cause des radiations chimiques qui les accompagnent (R. Dubois).

De cette observation, il convient peut-être de rapprocher celles de Gayda sur l' « influence de la lumière sur l'hyperglobulie de la haute montagne ». D'après des recherches qu'il a faites, en 1911, sur des lapins, à 2900 mètres d'altitude, l'auteur conclut que parmi les facteurs qui agissent sur le système circulatoire dans la haute montagne, la lumière a son importance dans la détermination des variations du sang.

En effet, l'hyperglobulie périphérique des hautes altitudes diminue et peut même disparaître, au moins temporairement, sous l'influence de l'obscurité ; ceci contribuerait, suivant Gayda, à démontrer que l'hyperglobulie périphérique en question est due à la stagnation du sang dans les vaisseaux superficiels dilatés.

Finsen expose à la lumière solaire un têtard enveloppé de papier à filtrer dans un courant d'eau froide, pour éliminer l'action des radiations calorifiques; après dix à quinze minutes, des changements commencent. Dans les capillaires qui s'étaient distendus la circulation se ralentit et finit par s'arrêter; les globules blancs et même les rouges sortent des vaisseaux; il y a une véritable inflammation, et elle est due aux rayons ultra-violets. Hamum ne croit pas à l'action directe de la lumière sur les capillaires, et suppose que certains éléments nerveux en rapport avec les cellules pigmentaires, sont mis en mouvement par les rayons ultra-violets, ce qui mène secondairement à des états paralytiques, à l'hyperémie, à l'inflammation, à la pigmentation.

Œhrum a étudié l'action de la lumière sur le sang. Chez le lapin, la quantité de sang diminue à l'obscurité de 3 p. 100 environ. L'hémoglobine totale diminue aussi. La lumière rouge agit comme l'obscurité. La lumière bleue, au contraire, peut accroître en quatre heures la quantité de sang de 25 p. 100. Elle décroît ensuite, mais reste supérieure à celle du jour diffus. L'obscurité, comme l'éclairement intense, fait pâlir le sang. L'obscurité augmente la pression sanguine, l'éclairement la diminue. La saignée de un quart de la quantité de sang après séjour à l'obscurité peut ne pas entraîner de diminution de concentration du sang, mais le séjour à l'obscurité après pareille saignée ne peut en empêcher l'effet. Les animaux qui naissent à l'obscurité ou dans la lumière rouge pèsent plus que les animaux normaux, mais leur quantité de sang est d'environ moitié de la quantité normale (!). Il y aurait lieu de contrôler l'exactitude de ces chiffres qui semblent bien exagérés.

Marty a depuis longtemps noté que chez le Rat, le nombre des globules rouges diminue à l'obscurité. Le sang absorbe beaucoup de radiations ultra-violettes. C'est sans doute pour protéger les capillaires choroïdiens qu'il existe tant de pigment dans la choroïde, et la riche circulation de la rétine doit avoir aussi pour effet d'atténuer, avec le rouge rétinien et les franges pigmentaires, les effets nuisibles des radiations lumineuses (v. Action des radiations ultra-violettes).

Influence de la lumière sur la respiration. — La quantité d'acide carbonique exhalé par les grenouilles est plus considérable à la lumière qu'à l'obscurité (Moleschott, Selmi, Piacentoni, Fabini), même chez les grenouilles privées de poumons et aveuglées.

Chez l'Homme même, la respiration cutanée serait exaltée par la lumière d'après Fubini et Ronchi.

Ostwald (87) a étudié l'action de la lumière sur la catalase et la peroxydase, qui sont les agents principaux de la respiration tissulaire. La lumière artificielle ou naturelle détruit facilement la catalase. Chez les animaux ayant vécu en pleine lumière, on constate également une grande perte de catalase. Dans l'obscurité, ils présentent d'abord une augmentation puis un déclin de leur contenu en catalase. Selon qu'il s'agit d'extraits de catalase ou d'animaux vivants, l'action des lumières colorées n'est pas la même. Ces résultats contradictoires tiennent sans doute à ce que, chez l'animal vivant, les différentes lumières colorées agissent différemment. Quant à la néoformation de la catalase détruite, les unes l'empêchent, les autres la favorisent. La lumière faible empêche l'augmentation de la peroxydase, qui a lieu normalement en présence de l'oxygène. Cette action négative de la lumière devient positive quand elle a duré un certain temps ou que l'intensité de la lumière augmente. Sur les animaux vivant à la clarté du jour, la peroxydase est augmentée au même degré que la catalase est détruite. Les animaux positivement phototropiques contiennent beaucoup plus de catalase et moins de peroxydase que les animaux ayant un phototropisme négatif.

Le rapprochement des deux valeurs crée un état d'équilibre caractéristique par une concentration moyenne des deux ferments. Il semble, d'après Ostwald, fort probable par conséquent, qu'il existe une relation étroite entre les réactions phototropiques et les phénomènes de la respiration tissulaire en tant que les deux relèvent de l'action des ferments oxydants. Il est important de noter, d'après Ostwald également, que les chenilles, chez lesquelles la catalase s'accumule durant une expérience de clarté prolongée (3-4 jours), finissent par mourir. Leur phototropisme positif a donc une importance vitale. Peut-être le système nerveux et spécialement les organes photorécepteurs ont-ils une action régulatrice sur ces phénomènes photochimiques. Certaines relations entre les réactions phototropiques et les processus d'oxydations ont été notées par divers observateurs (Loeb, Bohn, Drzewina) : sous l'influence du cyanure de potassium chez les vers, les échinodermes et les mollusques, la sensibilité à la lumière disparaît bien avant la la sensibilité tactile : cela tiendrait à ce que les oxydations sont inhibées par le cyanure de potassium (Drzewina). Lodato avait de son côté fait des recherches *sur le pouvoir oxydant des tissus et des humeurs de l'œil et sur les modifications du pouvoir oxydant de la rétine par action de la lumière et de l'obscurité.* L'humeur aqueuse donne un résultat négatif vis-à-vis du réactif de Rohmann. Les autres parties de l'œil présentent par rapport au pouvoir oxydant la hiérarchie décroissante suivante : rétine et nerf optique, iris, corps ciliaire, choroïde. La rétine des grenouilles exposées à la lumière a un pouvoir oxydant très supérieur à celui de la rétine à l'obscurité. C'est par l'action de la lumière sur la « luciferase » que se peuvent expliquer les effets inhibiteurs déterminés par l'éclairage sur le pouvoir photogénique de certains organismes lumineux signalés par divers auteurs.

Enfin, il ne faut pas oublier que la plupart des processus d'oxydation sont accompagnés d'une production proportionnelle d'acide carbonique. Or R. Dubois a montré depuis longtemps que cet agent considéré à tort comme un simple déchet de la nutrition, inutile, sinon nuisible, est, au contraire, le plus merveilleux régulateur de toutes les fonctions des organismes vivants. Il est surtout le frein automatique, par excellence, des oxydations internes, de même qu'il devient l'accélérateur des mouvements respiratoires, si l'organisme se trouve menacé d'asphyxie par sa présence en excès : il n'agit pas alors sur le bulbe, comme on l'a prétendu, mais bien sur les centres respiratoires du cerveau, ainsi que l'a démontré R. Dubois (104).

Action de la lumière sur la production et la destruction des pigments. — Quand on expose à la lumière comme l'a fait R. Dubois un *Proteus anguinus* ou Protée aveugle des grottes de la Carniole, dont les téguments sont blanc rosé, il prend très rapidement une teinte grise, puis brune. Cette action peut être localisée à certains points du tégument que l'on aura éclairés, à l'exclusion des autres. La coloration, par une action d'induction, pourra n'apparaître que plusieurs heures après une courte exposition au soleil. Elle est due à la formation de pigment qui se dépose dans les parties les plus vasculaires de la peau, principalement autour des vaisseaux capillaires. Le pigment paraît ici provenir d'une extravasation du sang. Cette production de pigment n'a pas lieu dans la lumière rouge ; elle se produit dans la lumière verte plus que dans la lumière bleue, qui pourtant impressionne très fortement l'animal, car il fuit cette dernière d'une manière constante. La pigmentation disparaît rapidement dans l'obscurité. On sait que chez les mineurs la peau et même les cheveux se décolorent à la longue, même en dehors des cas d'anémie parasitaire, tandis que le teint des personnes qui vivent à la grande lumière du jour ont les parties qui y sont exposées fortement pigmentées. Cette pigmentation a pu s'accentuer avec le temps chez les nègres et devenir héréditaire pour la même raison.

Phisalix a établi l'existence d'une oxydase dans la peau de la Grenouille et Smitt dans la peau du Lapin et du Cobaye. D'après ce dernier observateur, sous l'influence de la lumière, les ferments oxydants, dont il ne spécifie pas la nature, redoublent d'activité. Les pigments (probablement ceux du sang, d'après les expériences de R. Dubois sur le Protée) ou bien les chromogènes générateurs de mélanine, sont oxydés à leur maximum : en même temps les glandes sudoripares sécrètent une grande quantité de sueur qui est acide. La mélanine, qui se trouvait en dissolution dans le milieu alcalin, est précipitée et se localise dans le derme. Les sueurs colorées doivent dépendre d'après Smitt du défaut de neutralisation des solutions alcalines de chromogènes ou de mélanine. Ce sont des vues théoriques qui auraient besoin d'être soumises au contrôle de l'expérimentation (92). C'est aussi par l'action d'une oxydase que se formerait la couleur brune de la soie de certains cocons sous l'influence de la lumière, d'après Dewitz (118). Les animaux des tropiques présentent les couleurs les plus riches et les plus variées, tandis que bien souvent dans les pays froids, c'est le blanc qui domine; ce n'est pas, très vraisemblablement, un phénomène de mimétisme, comme le veulent les finalistes, mais bien le résultat de l'insuffisance du rayonnement solaire; il est à remarquer que les animaux ont le dos plus coloré que le ventre. Chez certains mollusques marins, la coloration de la coquille dépend, jusqu'à un certain point, de la profondeur : on a remarqué que chez les *élatobranches*, jusqu'à trois brasses, les couleurs sont des plus éclatantes : de trois à vingt brasses, c'est le bleu et le vert qui dominent; de vingt à trente-cinq, le pourpre; plus profondément, le rouge et le jaune; de soixante-seize à cent cinq brasses, le rouge brun; enfin de cent six à deux cent dix brasses, on ne rencontrait guère que le blanc mat.

Il ne faudrait pas trop généraliser, car on a retiré de mille brasses de profondeur, dans la Méditerranée, un *Pecten opercularis* aux vives couleurs, et dans les dragages pratiqués dans les plus grandes profondeurs, des *Alcyonaires* remarquables par la beauté de leur coloris : mais il est vrai que les régions abyssales sont éclairées par les animaux eux-mêmes. Pourtant la « lumière vivante » semble plutôt défavorable à la production du pigment chez les insectes particulièrement. Les téguments très bruns des Pyrophores et des Lampyrides restent translucides au niveau des appareils lumineux. Il existe bien des chromatophores pigmentés à côté de sglandes photogènes de *Phillirhoë bucéphale*, mais la paroi interne du siphon expirateur, où siègent celles de la Pholade, est dépourvue de pigment.

En général, les animaux abyssaux, crustacés, mollusques, Étoiles de mer, sont incolores, comme les animaux des cavernes : les couleurs autres que le noir, le blanc et certaines teintes du rouge sont rares et le bleu manque totalement.

Schiedt a exposé pendant plusieurs semaines à des rayons lumineux divers des huîtres dont l'une des valves avait été enlevée. Les Huîtres ensoleillées ou recevant de la lumière bleue fabriquent dans tout leur corps un pigment très visible. Celles exposées à la lumière rouge ne forment pas de pigment. Les huîtres ayant fabriqué du pigment le reperdent rapidement à l'obscurité.

Au cours de ses expériences de spongiculture en Tunisie et dans la rade de Toulon, R. Dubois a constaté la dépigmentation rapide des éponges commerciales (*Euspongia officinalis*) à l'obscurité, ce qui ne paraît pas nuire à leur développement. Elles se repigmentent facilement et noircissent à la lumière.

Le pigment peut se former sous des influences indirectes. D'après V. Franz, la jeune Sole, d'abord transparente pendant la vie pélagique, devient de plus en plus colorée avec la vie sédentaire; phénomène dû à l'augmentation du nombre des cellules pigmentaires. Dans d'autres cas, il y a dilatation maximale des chromatophores après l'énucléation des yeux. La vue des corps sombres provoquant le noircissement, d'après l'auteur, le système chromatique est soumis à une influence trophique des excitations visuelles et des nerfs qui les transmettent.

Le mécanisme intime de la formation d'un pigment sous l'influence de la lumière n'a pu être pénétré que dans un seul cas : c'est celui de la Pourpre. R. Dubois a démontré que la glande à Pourpre du *Murex brandaris* contient une zymase qu'il en a extraite et à laquelle il a donné le nom de *purpurase*. En agissant sur une substance sécrétée par cette même glande qu'il appelle *purpurine* et qui joue le rôle de prochromogène, il se forme un chromogène, qui, sous l'influence de la lumière, se transforme en pigment pourpre. R. Dubois a montré que l'on peut sous le microscope suivre pas à pas la transformation des purpurines en pigment pourpre. La purpurase, qui est la même chez tous les mollusques pourpriers, est une macrozymase, c'est-à-dire formée de grains relativement gros par rapport à ceux d'autres zymases. Quand ces grains sont gonflés par l'hydratation, qui les prépare à l'action, ils prennent la forme et la structure des vacuolides de R. Dubois. Ces *vacuolides* qui ont été, depuis longtemps, décrites par R. Dubois comme étant les éléments primordiaux actifs du bioprotéon ou matière vivante, ont été depuis retrouvées par Altmann et Benda et nommées par ce dernier « *mitochondries* ». L'expression de « vacuolide » était bien préférable, car ces corpuscules élémentaires sont essentiellement composés d'une vacuole centrale entourée d'une couche de substance plus dense. R. Dubois les assimilait aux leucites, c'était, pour lui, des *microleucites*, opinion justifiée, beaucoup plus tard, par les travaux de Guilliermond, de Lyon (121, 122, 123, 124) (v. p. 383). Ce sont ces organimses élémentaires du bioprotéon photogène que Piérantoni a pris pour des photobactéries (v. p. 280), ce qui n'est pas plus exact que de considérer comme des cellules symbiotiques les zooglées formées par certaines photobactéries qui, par pression réciproque finissent par engendrer des tissus parenchymateux qui pourraient également être considérés comme symbiotiques si on se fiait aux apparences (v. p. 280, fig. 155).

La purpurine pénètre dans la vacuole de la vacuolide au travers de la couche externe. On la voit se transformer dans la vacuole en propigment ou chromogène, d'abord, coloré en vert, dans le cas particulier, puis sous l'influence de la lumière le propigment se transforme en pigment pourpre soit dans la vacuole même, soit en dehors, si le chromogène a été exsudé. C'est le même mécanisme que celui que la luciférase emploie pour transformer la luciférine en l'oxydant avec production de lumière (v. p. 383). La luciférase est comme la purpurase une macrozymase, c'est-à-dire une zymase à structure vacuolidaire. Il est vraisemblable que toutes les zymases sont construites de même et se comportent d'une manière identique sous le rapport de leur fonctionnement.

Ce qu'il y a de remarquable dans le cas particulier c'est que tandis que la pourpre de *Murex brandaris* a besoin pour se former d'absorber de l'énergie lumineuse, la luciférine, en s'oxydant, émet et rayonne cette même énergie et, curieuse coïncidence, la glande à pourpre est comme la glande photogène de la Pholade une glande hypobranchiale.

R. Dubois a étudié l'action des diverses radiations colorées sur la formation de la pourpre (94) au moyen de la purpurase et de la purpurine en mélangeant ces deux substances dans des tubes à essais aussitôt immergés dans des solutions colorées monochromatiques : il a constaté que dans la lumière blanche, la couleur du mélange devient rapidement rouge, dans la lumière bleue, moins rapidement ; dans la lumière verte, moins vite que dans la lumière bleue ; dans la lumière violette, moins vite que dans le vert. Dans la lumière rouge, la coloration pourpre apparaît tardivement et *dans le jaune elle ne se montre pas du tout*.

Avec la solution de purpurine de *Murex brandaris* et la purpurase, on peut facilement teindre des étoffes de laine avec l'aide de la lumière.

On fait bouillir de la flanelle blanche avec de l'eau de savon et on la lave à grande eau pour enlever toutes les impuretés, ensuite, on la fait bien sécher. Quand elle est sèche, on l'immerge dans une solution alcoolique de purpurine, l'étoffe est séchée à l'air libre et à la lumière. Il ne se produit aucune coloration. Quand toute trace d'alcool a disparu, on trempe la flanelle dans une quantité de sel de purpurase juste suffisante pour imbiber l'étoffe. On l'expose ensuite au soleil. La flanelle se colore rapidement en pourpre ; elle est teinte d'une manière indélébile. On traite par l'eau bouillante et on sèche. L'étoffe préparée ainsi a permis aussi à R. Dubois d'obtenir des photographies.

Pour cela, il suffit, aussitôt que la flanelle a été imprégnée de purpurase, de l'exposer au soleil après l'avoir recouverte d'un cliché négatif. Toutes les parties frappées par la lumière blanche apparaissent en rouge pourpre plus ou moins saturé. Quand le tirage paraît suffisant, on fixe l'image en faisant bouillir la flanelle dans l'eau. La purpurase est détruite et la purpurine inaltérée dissoute, on lave à l'alcool et on sèche.

Avec des clichés en couleur obtenus par le procédé Lippmann, R. Dubois a obtenu des nuances variées : du rouge, du vert, du jaune, parfois même du bleu, malheureusement ces teintes, d'ailleurs difficiles à fixer, ne correspondant pas à celles du cliché.

D'après Mandoul (95), les diverses radiations, chez certains insectes à propriétés chromogènes spéciales, seraient capables de déterminer la formation de pigments reproduisant les teintes des radiations qui les impressionnent.

Action de la lumière sur les animaux fluorescents. — En 1886, R. Dubois a signalé chez les insectes lumineux la présence de corps fluorescents (pyrophorine, lucifères éine). Il a montré qu'il en résultait un avantage au point de vue de l'éclairage, la lumière devenant à la fois plus intense et d'un plus bel éclat par la transformation des radiations chimiques fabriquées par l'insecte en radiations de longueurs d'onde moyennes.

Mais plus tard, R. Dubois a rencontré d'autres substances fluorescentes chez des animaux non lumineux et l'on peut se demander alors quel est leur rôle. Sont-elles utiles en transformant des radiations nuisibles en d'autres qui ne le seraient que peu ou point? Ces radiations viennent-elles de l'intérieur ou de l'extérieur? Ou bien les animaux à pigments fluorescents sont-ils, grâce à eux, sensibilisés pour certaines perceptions ou pour la réceptivité de modalités énergétiques du milieu ambiant utiles à leur fonctionnement (v. p. 361)? Ce sont là autant de questions auxquelles il n'est pas possible de répondre actuellement.

Ce qui est certain seulement, c'est que quelques vers marins des environs du laboratoire maritime de Tamaris-sur-mer, entre autres, *Morphysa sanguinea* Mont. et *Eulalia clavigera* syn. *viridis* (Polychète phyllidocien), *Bonellia viridis* renferment des pigments fluorescents. Il en est de même d'un échinoderme, *Holothuria Forskali*. Le pigment de *Morphysa* donne dans l'ultra-violet une belle fluorescence bleutée analogue à celle de l'esculine, celle de *Bonellia* est très vive et rougeâtre, tandis que celle d'*Holothuria* est verte et très belle également.

Le pigment vert fluorescent de *Bonellia* n'est pas de la chlorophylle, comme le croit Danilewsky et d'autres auteurs. R. Dubois et Villard en ont indiqué les caractères différentiels (94 et 97) et le premier de ces auteurs lui a donné le nom de *fluoro-chloro-bonelline*. La lumière a une action marquée sur le pigment et aussi sur la Bonellie. Les radiations bleues et violettes, au bout de vingt-quatre heures, ne détruisent pas la fluoro-chloro-bonelline et ne diminuent pas son dichroïsme, qui est analogue à celui de la chlorophylle, mais qu'il ne faut pas confondre avec sa fluorescence. La lumière du soleil provoque en deux jours sa décoloration complète. Les radiations rouges, jaunes et vertes agissant isolément produisent dans le même temps une décoloration de moyenne intensité. Le dichroïsme demeure en même temps que la coloration par l'action de la lumière; tandis qu'il persiste très longtemps probablement même indéfiniment, comme celle-ci, dans l'obscurité.

La Bonellie fuit la lumière intense, mais si on l'oblige à la subir, en la plaçant dans une cuvette de porcelaine blanche exposée au soleil et remplie d'eau de mer, elle ne tarde pas à s'entourer d'un nuage de fluoro-chloro-bonelline. Cette émission se continue pendant un certain temps par un de ces curieux phénomènes que l'on désigne sous le nom de « phénomènes d'induction ». On les avait signalés chez les minéraux et les végétaux, quand R. Dubois a montré qu'ils existaient également chez les animaux par ses expériences sur la production du pigment chez les Protées.

On sait que chez la Bonellie, le pigment vert est localisé dans des sortes de papilles, qui font saillie sur la peau et qui sont disposées à des intervalles réguliers. Il est probable que sous l'influence d'une lumière vive, ces papilles deviennent turgescentes, comme les branchies externes et les vaisseaux capillaires cutanés des Protées et qu'elles crèvent en laissant échapper le pigment. Le mécanisme de cette émission serait curieux à élucider complètement.

Les Bonellies fuient le bleu et le violet pour se placer, de préférence, dans la lumière vert-jaune, ou dans le rouge.

Cette émission de pigment fluorescent sous l'influence de la lumière n'est pas un fait isolé. *Eulalia clavigera*, exposée dans l'eau de mer aux rayons du soleil, émet bientôt un pigment colorant qui donne au milieu ambiant une belle coloration rosée et est fluorescent. Jules Villard (97) a constaté que le pigment est réparti sous forme de grains verts, irréguliers, très serrés dans les téguments. Il n'a pas les caractères de la chlorophylle. L'émission de ce pigment paraît constituer un moyen de défense contre les causes entraînant une exagération des phénomènes d'oxydation ainsi qu'une pré-servation contre l'action nocive de certaines radiations, et, en particulier, des radiations ultra-violettes. Mais de nouvelles recherches sont nécessaires pour se prononcer sur la signification de ces curieux phénomènes.

De ce que le pigment vert de la Bonellie, dont il vient d'être question, a été confondu à tort avec la chlorophylle, il n'en faudrait pas conclure que ce dernier pigment ne se rencontre pas chez les animaux. Toutefois la *chlorophylle* peut avoir deux origines différentes : elle peut provenir de l'extérieur par la nourriture, par imprégnation ou par symbiose, ou bien appartenir en propre à l'organisme animal.

La chlorophylle que l'on rencontre dans l'hépato-pancréas de l'Escargot est bien d'origine alimentaire, comme l'a démontré Dastre. Peut-être en est-il de même de celle dont Becquerel et Brongniard ont signalé l'existence dans les insectes verts, orthoptères du genre *Phyllium*. Chez un certain nombre d'autres animaux : infusoires, cœlentérés, spongiaires, turbellariés, la chlorophylle est contenue dans des corpuscules verts qui ont donné naissance à de nombreuses discussions.

D'après J. Villard (97), les uns considèrent ces corpuscules comme des algues symbiotiques pour les raisons suivantes :

1° Ils leur attribuent la constitution d'une cellule chlorophyllienne ;

2° Ils peuvent vivre en dehors de l'organisme animal où on les rencontre ;

3° Ils peuvent être inoculés à un animal incolore de la même espèce et le contaminer ;

4° Ces corpuscules ont une grande analogie avec certaines algues unicellulaires communes, notamment les *Chlorella vulgaris*, abondantes dans les eaux vaseuses.

D'autres regardent ces corpuscules comme des chloroleucites animaux pour les motifs suivants :

1° Comme les leucites, les corpuscules verts des animaux renferment une vacuole, parfois contractile (infusoires verts) ;

2° Comme les leucites, ces corpuscules verts ne vivent jamais en liberté dans l'eau ;

3° Comme les leucites, ils se produisent par simple division et, même en les cultivant en milieu approprié, ils n'ont jamais pu donner de zoospores, mode de reproduction normal chez les algues unicellulaires ;

4° On n'a jamais pu observer que des espèces incolores soient contaminées *naturellement* par des espèces vertes vivant dans la même goutte d'eau. En outre, on n'a jamais pu inoculer à une espèce incolore les grains verts d'une espèce différente ;

5° La chlorophylle commence à se montrer sous forme de fins granules dans l'œuf de l'*Hydre* d'eau douce, au moment où il prend la forme d'un papillon à ailes étendues et, à côté de granules bien verts, on en observe d'autres qui ne sont encore que faiblement jaunâtres et d'autres tout à fait semblables à ceux des hydres incolores. De plus, les corpuscules verts ne disparaissent pas quand l'animal s'enkyste (infusoires verts).

Il se peut que l'on puisse parfois amener le verdissement de *Vorticella campanula* et même de *Rotifer* en ajoutant des végétaux verts (*Valisneria*) flétris aux cultures artificielles, comme l'a vu Danilewsky, mais cela ne prouve pas que les corpuscules verts que l'on trouve chez certains vers, comme *Convoluta roscofensis* et chez l'Hydre verte d'eau douce ne sortent pas de chloroblastes animaux. Ces derniers peuvent dériver des vacuolides, comme tous les leucites et il y a des leucites et des vacuolides dans les deux règnes. Pour R. Dubois les prétendues zoochlorelles des Convoluta et des Hydres sont des vacuolides (mitochondries) transformées en chloroblastes.

Ce qui semble bien prouver que les chlorovacuolides jouent un rôle important dans la nutrition des animaux qui les hébergent, c'est que ces derniers recherchent les endroits les plus éclairés des récipients qui les contiennent et les radiations les plus favorables à l'exercice de la fonction chorophyllienne. Un tel organisme pourrait donc reconstruire, à l'aide de l'énergie solaire, les aliments hydrocarbonés qu'il aurait consommés pour l'entretien de son fonctionnement : c'est d'ailleurs ce qui se passe chez le végétal. On a donc vainement cherché de ce côté, comme de tous les autres d'ailleurs, à établir une séparation radicale entre le végétal et l'animal. E. Couvreur a établi que chez *Vortex viridis* les corpuscules verts sont des chromo et non des chloroleucites, mais qu'il existe bien une chlorophylle animale chez *Convoluta* (Planaire marine) sous forme de chloroleucites, opinion déjà défendue d'après des recherches anciennes par R. Dubois (125).

Influence de la lumière sur le développement et la nutrition en général. — D'après W. Edwards, la lumière favorise et accélère le développement des œufs de grenouille et celui des têtards et, selon Béclard, celui des œufs de mouche. Plus récemment Leredde et Pautrier, en France, Jakimovicht, en Russie, étudiant le développement des têtards de *Rana temporaria* dans des bocaux de différentes couleurs, concluaient que les lumières bleue et violette étaient les plus activantes.

D'après d'autres expériences, les radiations auraient une action sur la nature du sexe. Il semble, en effet, que chez certaines espèces animales, tout au moins, ce ne soit pas au moment où la fécondation de la cellule-œuf a lieu qu'est déterminée d'une façon irrévocable le sexe de l'être futur. Chez le Ver à soie, la lumière bleue paraît être favorable à l'évolution de l'œuf vers le sexe femelle. Bohn croit que l'énergie solaire s'accumule, s'emmagasine en quelque sorte dans les œufs et se manifeste par des effets physiologiques (mouvement) et morphologiques (croissance) tardifs, d'autant plus accentués qu'on se rapproche plus de l'époque de transformation des embryons de têtards. Il a fait des expériences sur des œufs de *Rana temporaria* et il a obtenu des effets analogues avec les rayons cathodiques du radium.

Dans une expérience où il soumit douze heures à l'insolation des œufs d'amphibiens, il n'a observé aucune avance dans la date de l'éclosion, mais une accélération de croissance se manifesta ultérieurement.

Loeb a étudié l'influence de la lumière sur la coloration et le développement des œufs d'Astéries dans les solutions de divers colorants et il a vu que dans les solutions de neutralrot, éosine, bleu de méthylène, les cellules se colorent différemment à la lumière et à l'obscurité. Les solutions d'éosine et de cette substance mélangée à d'autres matières colorantes, ont une plus forte action retardatrice sur le développement à la lumière qu'à l'obscurité; il en est de même du neutralrot. Le mélange d'une substance colorante acide avec une substance colorante basique (éosine et bleu de méthylène, par exemple) renforce la différence des colorations cellulaires à la lumière et à l'obscurité. L'addition d'une quantité insignifiante de bleu de méthylène suffit pour renforcer considérablement l'action de la lumière. Cette action n'est pas due à une modification provoquée par la lumière sur le mélange colorant, car après l'exposition préalable du mélange à la lumière, celui-ci ne colore pas plus fortement les cellules à l'obscurité que les solutions non exposées à la lumière. Si l'on mélange deux colorants basiques (bleu de méthylène et neutralrot), ces deux colorants luttent à l'obscurité tandis qu'à la lumière les cellules prennent une coloration mélangée. La différence des colorations à la lumière et à l'obscurité repose sur deux actions distinctes de la lumière : 1º la lumière peut modifier les cellules; 2º la lumière peut modifier le milieu, c'est-à-dire les solutions colorantes. En outre, la coloration dépend des proportions des deux substances colorantes dans le mélange. En opérant avec des cellules tuées par la chaleur, on peut se rendre compte de la part des deux facteurs, la lumière n'agissant plus sur les cellules (?), mais agissant encore sur les solutions colorantes. Les procédés qui suspendent les oxydations (courant d'H, par exemple) et ceux qui les accélèrent (courant d'O) ne modifient pas les colorations à la lumière et à l'obscurité. Donc la lumière n'agit pas en augmentant les oxydations. L'addition d'ammoniaque est également sans influence. Il est vraisemblable que la lumière agit en lésant ou tuant les cellules; ainsi, tandis que le neutralrot et le bleu de méthylène colorent les cellules des couches extérieures vivantes, l'éosine colore les cellules mortes, quelle que soit leur position. (J. Loeb). — Loeb a opéré avec des corps qui ne sont pas simplement des colorants mais encore des substances fluorescentes, comme l'éosine, et il ne paraît pas avoir tenu compte de cette particularité qui a son importance. (Voir action des rayons ultra-violets, p. 403.)

D'après E. Hertel (88), l'influence des rayons lumineux est défavorable au processus de division cellulaire, bien que cette influence ne se produise que dans le cas d'une grande intensité de la lumière. Hors de la fixation de la limite d'intensité, il faut considérer l'effet physiologique des différentes parties du spectre, qui s'exerce sur les organismes, et le fait que cet effet peut être différent à cause des pouvoirs différem-

LUMIÈRE. 467

ment grands, selon les longueurs d'onde, de sa réceptivité par les organismes. Pour cela, il est impossible d'indiquer une valeur générale pour le seuil de l'excitation auquel l'effet nocif de la lumière commencerait quant au processus de division. Il est important d'apporter dans toutes les expériences concernant cette question les données les plus précises possibles sur les dispositions des expériences : de quelle intensité sont les rayons, par exemple. Les résultats des expériences ne peuvent avoir de valeur que par rapport à l'intensité employée. HERTEL n'a eu connaissance en littérature que d'un travail où on considère l'influence des rayons lumineux sur la formation des mitoses, c'est celui de DRIESCH (90). Cet auteur a fait des expériences pour des raisons d'évolutionisme mécanique sur les œufs d'*Echinus*, de *Planorbis*, de *Rana*, et il en conclut que la lumière n'a pas d'influence sensible sur la segmentation, ni sur les processus du développement des organes.

Cette conception permet à DRIESCH de faire opposition directe aux résultats de HERTEL. Ce dernier a trouvé une influence très marquée de la lumière sur la segmentation, mais à regarder de plus près, la contradiction n'est qu'apparente. DRIESCH avait fait ses expériences à la lumière diffuse seulement ou à la lumière filtrée ou décomposée du jour. En faisant agir les rayons du jour, HERTEL n'avait point pu obtenir d'influence sur la segmentation, il n'y a donc de contradiction qu'en ce sens que DRIESCH a donné une tournure trop générale à ses conclusions, car une lumière d'intensité plus grande que celle du jour, comme HERTEL l'a montré, produit de grosses perturbations dans le processus de segmentation. Dans l'étude de l'influence des rayons lumineux sur les divisions cellulaires très simples, chez les oursins, si HERTEL n'a obtenu aucun point d'appui pour considérer qu'il y a une influence effective des rayons sur la division des noyaux, il reste tout de même le fait que les processus de division du noyau se comportent autrement sous l'influence des rayons lumineux que dans d'autres cellules; on peut alors supposer que la prolifération des tissus observés après l'influence de la lumière n'est pas à ramener à une excitation directe ou à une hâte plus grande apportée au développement de la division nucléaire dans les cellules exposées à la lumière, mais qu'il s'agit bien plutôt d'autres causes, dont l'influence est indirecte.

Il est clair que ces questions sont fort peu avancées : il est principalement regrettable que le déterminisme expérimental n'ait pas toujours été bien défini et que, sous ce rapport, les expérimentateurs ne se soient pas astreints à une même discipline qui aurait supprimé beaucoup de discussions stériles et de perte de temps.

Dans son étude sur l'action de la lumière sur la ponte de *Goyionemus*, MURBACH (36, 1909) a constaté qu'on peut contraindre cette méduse à pondre à n'importe quelle heure du jour en la plaçant à l'obscurité pendant une heure. S'il en pouvait être ainsi pour la femme, les médecins éviteraient les accouchements de nuit qui sont aussi fréquents que pénibles! Des Méduses exposées à la lumière jaune-orangé n'ont pas pondu; avec la lumière bleue, elle ont pondu, mais les œufs ne se sont segmentés que lentement.

LEREDDE et PAUTRIER (105) ont étudié l'influence des diverses longueurs d'onde sur le développement des batraciens. La partie chimique du spectre est plus active que la partie calorifique dans les phénomènes de division cellulaire.

D'après GOGGIO (36, 1903), l'obscurité et la lumière rouge n'ont pas d'action appréciable sur le développement des larves à certaines périodes du développement : elle semble pourtant être légèrement favorable.

J. LOEB a vu que le nombre des chromatophores formés dans la membrane vitelline de l'embryon du *Fundulus* dépend de la quantité de lumière et diminue à l'obscurité. D'après le même auteur, la formation des polypes dans les tiges d'*Eudendrium racemosum* est aussi sous la dépendance de la lumière. Les rayons bleus et la lumière diffuse du jour accélèrent la formation des polypes, tandis que les rayons rouges se comportent comme le noir.

GOLDFARB a fait également sur *Eudendrium racemosum* des recherches expérimentales sur la lumière considérée comme facteur de régénération des hydroïdes (36, 1906). Les colonies conservées un certain temps dans l'obscurité, mais influencées par un éclairage antérieur aux expériences (phototonus) commencent à régénérer leurs hydrantes deux jours après l'ablation des branches. Cette régénération cesse en moyenne le treizième jour. Chez les colonies non influencées par l'éclairage antérieur (c'est-à-dire celles qui, conservées environ treize jours à la lumière, ont subi une première régénération), il ne se formerait pas de nouveaux hydrantes ou très peu, à moins d'une nouvelle action de la lumière. Une demi-minute d'éclairage suffirait à provoquer une deuxième période de régénération de treize jours (2me cycle). De même deux nouvelles générations (3me et 4me cycles) seraient également provoquées par de nouvelles et courtes expositions à la lumière. Il n'existe pas de relations entre le nombre des hydrantes régénérés et la durée d'exposition à la lumière. Chez les colonies conservées à l'obscurité après ablation des hydrantes et soumises à la lumière pendant quelques minutes, la régénération est plus fortement stimulée que chez des colonies témoins conservées à la lumière. Mais d'après d'autres expériences GOLDFARB conclut que dans ces phénomènes la lumière n'est pas seule en cause. Si l'on place dans l'obscurité des colonies de *Pennaria tiarella* avec leurs branches et leurs hydrantes, ces derniers organes se désagrègent et ne se régénèrent qu'après un minimum de deux jours d'exposition à la lumière.

Il reste beaucoup à faire dans l'étude de l'influence de la lumière sur le développement et sur la nutrition des organismes. On est allé jusqu'à prétendre que dans les étables éclairées par la lumière violette, les veaux engraissent plus rapidement. Ce que l'on sait depuis fort longtemps, c'est que l'obscurité a une influence sur la lactation. En Turquie, on enferme les buflesses dans des étables obscures pour obtenir le célèbre laitage appelé *kaïmak*. Pourtant, d'après MANCA et CASELLO, la lumière n'exercerait presque aucune action sur la nutrition (37, 1904).

Il a déjà été question plus haut (p. 460), de cette influence et de celle de l'obscurité; toutefois peu d'observateurs et d'expérimentateurs se sont spécialement occupés de l'action de l'obscurité prolongée sur la nutrition. Les recherches expérimentales les plus complètes sur cette question ont été faites par OSTRAMARE, en 1918, dans le Laboratoire de physiologie générale de l'Université de Lyon (106). L'auteur en a conclu que sous l'influence de l'obscurité, on constate un double phénomène qui se traduit d'une part par une diminution des échanges organiques, d'autre part par une augmentation des réserves.

Pour ce qui est de la diminution des échanges, on constate :

a) Du côté de la respiration une diminution de l'élimination de l'acide carbonique;

b) Du côté de la nutrition, une perte de poids moins grande et une diminution moins rapide des réserves glycogéniques du foie chez l'animal privé de nourriture et séjournant à l'obscurité;

c) Une diminution de la sécrétion urinaire;

d) Une diminution du travail musculaire.

Pour ce qui est de l'augmentation des réserves, contrairement à ce qui était généralement admis, les animaux placés à l'obscurité augmentent plus rapidement de poids que ceux séjournant à la lumière et recevant la même quantité de nourriture; à cette augmentation de poids correspond une augmentation plus grande des réserves glycogéniques du foie.

Contrairement également à ce qui était généralement admis, l'obscurité n'apporte aucune modification dans l'évolution et les métamorphoses des pontes de Grenouilles.

Contrairement encore à ce qui était généralement admis, l'obscurité ne diminue pas le nombre des globules rouges du sang; bien au contraire, chez le Lapin, OSTRAMARE a constaté une légère augmentation.

L'absence de lumière longtemps prolongée entraîne l'atrophie des organes visuels, comme cela arrive chez les animaux des cavernes; mais, en revanche, les organes du tact et de l'olfaction prennent un développement considérable. Un exemple bien frappant de l'influence de la lumière sur le développement de l'œil est fourni par un crustacé marin l'*Ethusa granulata;* à la surface de la mer, il a des organes visuels bien conformés; entre 110 brasses de profonde ur et 370, les yeux sont encore supportés sur un pédoncule mobile, mais ils sont remplacés par une masse calcaire arrondie; enfin, entre 500 et 700 brasses, le pédoncule se change en un appendice pointu et immobile qui sert de rostre. Du reste, chez les animaux nocturnes, la rétine a une structure particulière. En général, dans les régions abyssales les animaux n'ont pas d'yeux ou en ont de très grands : parfois l'œil existe chez l'embryon et est nul chez l'adulte.

L'action de la lumière sur la nutrition était connue des anciens qui déjà utilisaient les bains de soleil. Aujourd'hui sous des formes très diverses on emploie la lumière pour le traitement d'un grand nombre de maladies : on a donné à cette branche importante de la médecine le nom de PHOTOTHÉRAPIE. (V. ce mot.)

Bibliographie. — **1.** AGULHON (*C. R. Acad. Sc.*, février 1911, 398-401). — **2.** BARILLÉ (*C. R. Acad. Sc.*, 2 août 1909; — *Journal de Pharmacie et de Chimie*, 16 novembre 1909). — **3.** BERGONIÉ (*Arch. élect. Méd.*, n° 285). — **4.** PAUL BECQUEREL. *L'action abiotique des ultra-violets et l'hypothèse de l'origine cosmique de la vie* (*C, R. Acad. d. Sc.*, 10 juillet et 30 mai 1910). — **5.** BERTHELOT et GAUDECHON (*Journal de Pharmacie et de Chim.*, juillet 1910; — *C. R. Acad. Sc.*, 1910; CLI, 9 et 23 mai, 6 et 20 juin, 1er et 16 août; CLI, 395 et 478, 1911; CLI, 1349; CLII, 262-376-522, 11 décembre). — **6.** A. BERTHIER. *Les nouveaux modes d'éclairage électrique*, 1908. — **7.** BILLON-DAGUERRE (*C. R. Acad, Sc.*, 8 nov. 1909). — **8.** BORDIER (*Arch. électr. Méd.*, n° 285, p. 396). — **9.** BORDIER et HORAND (*C. R. Acad. Sc.* 7 mars et 4 avril 1910). — **10.** BRETON (*C. R. Soc. biol.*, 1er avril 1911, 507-509). — **11.** CERNOVODEANU et V. HENRI (*C. R. Acad. Sc.*, 1909, 2 août et 27 décembre 1910; 3 janvier, 28 février, 14 mars, 24 octobre, 24 juillet 1911; — (*C. R. Soc. biol.*, 7 janvier 1911). — **12.** CERNOVODEANU et NÈGRE (*C. R. Soc. biol.*, 6 fév. 1909). — **13.** CHAUCHARD et Mlle MAZONÉ (*C. R. Acad. Sc.*, juin 1911, 1709-1711). — **14.** COURMONT et NOGIER (*C. R. Acad. Sc.*, juin et 22 février, 8 mars, 2 août 1909). — **15.** COURMONT, NOGIER et ROCHAIX (*C. R. Acad. Sc.*, 12 juillet 1909; 30 mai 1910). — **16.** DANGEARD (*C. R. Acad. Sc.*, 30 juin 1911). — **17.** DIÉNERT (*C. R. Acad. Sc.*, 21 février 1909). — **18.** DORNIC et DAIRE (*C. R. Acad. Sc.*, 2 août 1909). — **19.** DUCLAUX (*Traité de Microbiologie*). — **20.** V. HENRI et BIERRY (*C. R. Soc. biol.*, 20 mai 1910). — **21.** V. HENRI et SCHNITZLER (*C. R. Acad. Sc.*, CXLIX, 312); — (*Biochem. Zeitsch.*, XXV, 1910, 262-271). — **22.** V. HENRI et STODEL (*C. R. Acad. Sc.*, 1er mars 1909). — **23.** V. HENRI, HELBRONNER et DE RECKLINGHAUSEN (*C. R. Acad. Sc.*, 11 avril et 17 octobre 1910). — **24.** HERTEL (*Zeitsch. für allgem. Physiol.*, IV, 1904, 1-42; V, 1905, 95-122 et 335-568). — **25.** E. LOBSTEIN. *État actuel de nos connaissances sur les rayons ultra-violets* (in *La Tuberculose*, III, 5 février 1912). — **26.** RAYBAUD. (*Influence du milieu sur les mucorinés*, thèses Fac. Sc., Paris, 1911, et *Influence des radiations ultra-violettes sur les animaux* (*Bull. Soc. biol.*, LXXII, 635, 1912). — **27.** DHÉRÉ. *Sur l'absorption des rayons ultra-violets par les albuminoïdes*, thèses méd., Paris, 1909. — **28.** SCHULTZE. *Ueber die Einwirkung der Lichtstrahlen* (der Bericht. zum Botan. Centralbl., XXV, 1910). — **29.** H. BIERRY, V. HENRI et A. RANC. *Action des rayons ultra-violets sur la glycérine* (*C. R. Acad. Sc.*, 27 février 1911); — ID. *Sur la saccharose* (*C. R.*, CLII, 1629, 6 juin 1911 6 mai 1912. — *C. R. Soc. Biol.*, 14 mai 1910. — *Journ. phys. et path.*, septembre 1911). — **30.** CH. RICHET. *Effet de la fluorescence sur la fermentation lactique* (*C. R. Soc. biol.*, LVI, 219, 1904). — **31.** VICTOR HENRI (Mr et Mme). *Excitation de divers organismes par les rayons ultra-violets :* 1° *Sensibilité aux diverses radiations;* 2° *loi du seuil;* 3° *loi du maximum d'énergie;* 4° *loi de l'induction physiologique* (*C. R. Soc. biol.*, LXXII, 992, 1912). — **32.** R. DUBOIS. *Les vacuolides de la purpurase et la théorie vacuolidaire* (*C. R. Acad. Sc.*, CLIII, 1507, 1912). — **33.** R. DUBOIS. *Atmolyse et atmolyseur* (*C. R. Acad. Sc.*, CLIII, 1180, 1911). — **34.** H. TICLE et KURT WOLF (*Arch. f. Hyg.*, LVII, 29-55, 3 pl., 1906). — **35.** R. DUBOIS: *Hydration* (fonction d') (*Dictionnaire de Physiologie* de Charles Richet, VIII, 1909. — **36.** *Année biologique.* — **37.** *Journal de Physiologie et de Pathologie générale.* — **38.** R. DUBOIS. *Recherches sur la Pourpre et sur quelques autres pigments animaux* (*Arch. de Zool. exp. et gén.*, XLII, n° 7, 1909 (pigments fluorescents, 574-580 et pigments noirs). — **39.** G. GAILLARD. *De l'influence de la lumière sur les microorganismes* (*Thèses de la Fac. de méd. et de pharm. de Lyon*, n° 396, sér. I, 1888). — **40.** R. DUBOIS. *Extinction du Photobacterium sarcophilum par la lumière* (*C. R. Soc. de Biol.*, s. 9, 160, 1893). — **41.** MC R. E. B. KENNEY. *Observations on the conditions of light production in luminous bacteria* (Proceed. of the biol. Soc. of Washington, XV, 213-234, 1902). — **42.** J. J. GERASSIMOW. *Zur Physiologie der Zelle* (Soc. imp. d. natur., n° 1, Moscou, 1904). — **43.** M. L. MANGIN. *Action des radiations sur les végétaux* (*Traité de Physique biologique* II, Masson, éd. Paris, 1903). (A consulter pour la *bibliographie générale*.) — **44.** R. DUBOIS. *Leçons de physiologie générale et comparée* (74 et 75) (Masson éd. Paris, 1898). — **45.** R. DUBOIS. *Sur le mécanisme intime de la fonction chlorophyllienne* (*C. R. Soc. d. Biol.* LXII, 54, 1907) et *Influence de la lumière sur le dégagement et sur l'orientation des molécules gazeuses en dis-

solution (*C. R. Ac. des Sc.*, 1908). — **46.** Kimflin. *Essai sur l'assimilation chlorophyllienne du carbone* (*Thèses de la Faculté des Sciences*, Lyon, 1911). — **47.** Guilliermond. *Sur la formation des chloroleucites au point de vue des mitochondries* (*C. R. de l'Ac. des Sc.*, 1911). — **48.** Pallaci. V. *Atti del R. Instituto botanico dell' Università di Pavia*, 1899. — **49.** R. Dubois. *Sur la bioélectrogenèse chez les végétaux.* — *C. R. de la Soc. de biol.*, S. II, 923, 1899; — Idem, *Ann. Soc. Linn. Lyon*, 1898. — **50.** M. S. Isvett. *Chimie de la chlorophylle* (*Rev. gén. des Sc.*, 141-148, 1912). — **51.** R. Chodat. *Principes de botanique*, J.-B. Baillière et fils, Paris, 1911. — **52.** R. Dubois. *Rapport et Comptes rendus du VI° Congrès international de Psychologie tenu à Genève en 1909* (Genève, Kimdig, 1910, 344). — **53.** L. Raybaud. *Contribution à l'étude de l'influence de la lumière sur les mouvements du protoplasma à l'intérieur des mycéliums de mucorinées* (*C. R. Soc. biol.*, LXVI, 887, 1909). — **54.** Engelmann. *Action de la lumière sur les bactéries colorées*, 1889 (*Arch. Neerl. des Sc. ex. et nat.*, XXIII, 1889 et *analyse in Rev. Sc.*, XLIV, 49-51. — **55.** R. Dubois. *Action de l'acide carbonique sur les mouvements de la Sensitive* (*Ann. Soc. Linn.*, Lyon, 1898); — *Sur le sommeil et la fonction d'hydratation* (*C. R. Ac. Sc.*, 29 juin 1909). — *Autonarcose carbonique chez les végétaux* (*C. R. Soc. Biol.*, LIII, 956, 1901); — *Narcose provoquée et autonarcose chez les végétaux* (*Ann. Soc. Linn.*, 1901); — *Sur l'autorégulation par l'acide carbonique du fonctionnement énergétique des organes* (C. R. Acad. Sc., 7 juillet 1902). — **56.** R. Dubois. *Influence de la lumière sur le dégagement et l'orientation des molécules gazeuses en dissolution* (*C.R. Acad. Sc.*, 1908). — **57.** R. Dubois. *Théorie physiologique du sommeil* (*Rev. Sc.*, 9 septembre 1911). — **58.** R. Dubois. *Sur les perceptions des radiations lumineuses par la peau des Protées aveugles des grottes de la Carniole* (*C. R. Acad. d. Sc.*, CLIII, 1180, 1911); — *Quelques faits relatifs à l'action de la lumière sur les Protées des grottes de la Carniole* (*Ann. Soc. Linn. de Lyon*, XXXIX, 1892 et *Acad. d. Sc.*, 17 février 1890). — **59.** Nuel. *La Vision* (Paris, chez Doin, 1904). — **60.** J. Loeb. *La dynamique des phénomènes de la vie* (Paris, chez Félix Alcan, 1908). — **61.** Graber. *Grundlinien zur Erforschung der Helligkeit und Farbensinnes der Tiere* (Prag und Leipzig, VIII, p. 332, 1884). — **62.** G. H. Parker, *The influence of Light and Heat on the movement of the melanophore pigment, especially in Lizards* (*Journ. of exp. Zool.*, III, n° 3, 1906); — *The Skin and the Eyes or Receptive Organs in the Reaction of Frog to Light*. *Amer. Journ. phys.*, 1903; — *The stimulation of the intertegumentary Nerves of Fisches by Light* (*Am. Journ. Phys.*, vol. 14, 413-430, 1905). — **63.** H. Laurens. *The reactions of amphibians to monochromatic Lights of equal intensity* (*Bull. Mus. of Comp. Zoöl.*, XLIII, n° 5, 1911, Cambridge). — **64.** S. O. Mast. *Light reactions in Lower organisms. I. Stentor* (*Journ. exp. Zoöl.*, III, n° 3, 1906. Cambridge). — **65.** A. M. Banta. *A comparison of the reactions of a species of surface Isopod with those of a subterranean species* (part I., *Experiment with Light*, 1910). — **66.** Minkiewicz. *Analyse expérimentale de l'instinct de déguisement chez les brachyures oxyrhynques* (*Arch. Zool. gén. et exp.* 4° sér., VII, 1907, n° 2). — **67.** H. A. Allard. *Some experimental observations concerning the behavior of various bees in their visits to cotton blossoms* (*The amer. Nat.*, XLV, n° 538, 607-622, 1911). — **68.** Georges Adams. *Amer. journ. of physiol.*, IX, n° 3, 1903. — **69.** Anna Drzewina (*Contribution à la biologie des Pagures misanthropes* (*Arch. Zool. exp. et gén.*, 1910 [5], V, notes et revues, n° 2, XLIII à LV). — **70.** G. Bohn. *Actions tropiques de la lumière* (*C. R. de la Soc. de Biol.*, 21 nov. 1903). — **71.** Anna Drzewina. *Action du cyanure de potassium sur les animaux exposés à la lumière* (*C. R. Soc. Biol.*, LXX, 758, 1911). — **72.** R. Dubois. *Mensuration par la méthode graphique des impressions lumineuses produites chez certains mollusques lamellibranches par des sources d'intensité et de longueurs d'onde différentes* (*C. R. de la Soc. de biol.*, V, 714, 1888) et *Anatomie et physiologie de la Pholade dactyle* (*Ann. de l'Univ. de Lyon*, II, 2° fasc. 1892). — **73.** R. Dubois. *Les Elatérides lumineux* (*Thèses de la Faculté des Sciences de Paris et Bull. de la Soc. Zool. de France*, 1886, 208-209 et fig. X et XI). — **74.** H. S. Jeannings. *Tropisms. C. R. du VI° Congrès internat. de Psychologie*, Genève, 1909, 307-324, et *Réactions des flagellés à lumière* (36) 1904). — **75.** Bohn et A. Drzewina. *Tropismes et questions connexes* (*Bull. Inst. gén. psych.*, 7° année, n°° 3-4, 1907). — **76.** Laloy. *La théorie des tropismes et les manifestations vitales des organismes inférieurs*. (*Rev. Sc.* IV, 497 et suiv., 1906). — **77.** F. S. Szymanski, *Modification of the innate behavior*, (II, mars-avril, 1912, 81). — **78.** Waller. *Réactions des planaires à la lumière* (*Anal. in Année biol.*, 1908). — **79.** Brown-Séquart. *Journal de la physiologie de l'Homme et des* *animaux* (II, 281, 1859). — **80.** Chiarini. *Changements morphologiques qui se produisent dans la rétine des vertébrés par l'action de la lumière et de l'obscurité* (reptiles, oiseaux, mammifères (*Arch. it. de Biol.*, XLII, 303, 1904 et *Arch. it. de biol.*, VL, 1906). — **81.** Nuel. *La Vision* (Paris, Doin éd., 1904). — **82.** N. A. Barbieri. *La rétine ne contient pas les principes chimiques du nerf optique* (*C. R. Acad. des Sc.*, 154, 1367, 1912). — **83.** A. Charpentier. *Réaction oscillatoire de la rétine sous l'influence des excitations lumineuses* (*Arch. de phys. norm. et path.*, n° 3, juillet 1892, 542-553). — *Propagation à distance de la réaction oscillaire de la rétine* (ibid. n° 4, oct. 1892 et *Rev. gén. des Sc. p. et app.*, 9e année, n° 13, 1898, 535). — **84.** Henry Charles. *Application à la tachymétrie et à l'ophtalmologie d'un mode de production jusqu'ici inexpliqué de la couleur* (*C. R. Acad. des Sc.*, 17 février 1896). — **85.** G. H. Parker. *The Stimulation of the intertegumentary nerves of fishes by Light* (*The Amer. Journ. of Phys.*, XIV, n° 5, 1905). — **86.** Guttenberg. *Les organes sensibles à la lumière chez les feuilles d'Adoxa moschatellina et de Cynocrambe prostrata* (*Anal. dans Ann. Biol.* 1906). — **87.** Ostwaldt. *Sensibilité des oxydases animales à la lumière et rapport de ce phénomène avec le phototropisme* (*Anal. in Ann. Biol.*, 1908). — **88** E. Hertel. *Ueber die Einwirkung von Lichtstrahlen auf den Zelltheilungs-prozess* (*Zeits. f. Alleg. physiol.*, 534-565, 1905). — **89.** Loeb. *Influence de la lumière sur la coloration et le developpement des œufs d'Astéries dans les solutions de divers colorants* (*Anal. in Ann. Biol.*, 1908). — **90.** Driesch. *Zeitsch. f. Wiss. Zool.*, LIII, 1892. — **91.** R. Dubois. *Théorie physiologique du sommeil* (*Rev. Sc.*, 9 septembre 1911). — **92.** Smitt. *Pigmentation de la peau* (*C. R. de la Soc. de Biol.*, 2 mars 1901). — **93.** V. Franz. *Zur Physiologie und Pathologie des Chromatophoren* (150-158, 1910). — **94.** R. Dubois. *Recherches sur la pourpre et sur quelques autres pigments animaux* (*Arch. de Zool. exp. et gén.*, 471-590, 1909). — **95.** Mandoul. *Recherches sur les colorations tégumentaires* (Thèses de la Faculté des Sciences, n° 460, série A., Paris 1903). — **96.** R. P. Horand. *Contribution à l'étude des pigments* (Thèses pour le Doctorat ès sciences de l'Université de Lyon, 1908). — **97.** J. Villard. *Étude de physiologie comparée sur le pigment chlorophyllien chez les végétaux et les animaux* (Thèses de la Faculté des Sciences, 1907). — **98.** B. Danilewsky. *Sur la chlorophylle animale*, Kharkoff (Russie), avril 1899. — **99.** Caullery. *La Vision dans les régions abyssales* (*Rev. gén. des Sc. et la Vision dans les profondeurs de la mer* (*Bull. A. F. A. S.*, mars 1905). — **100.** Helmholtz. *Optique physiologique*, traduction française, 282. — **101.** R. Dubois. *Sur le sens de l'olfaction chez l'Escargot* (*C. R. Soc. Biol.*, LVI, 198, 1904 et sur la physiologie comparée de l'olfaction. *C. R. Acad. des Sc.*, 1890). — **102.** A. Angelucci. *Physiologie générale de l'œil* (Encyclopédie française d'Ophtalmologie, II, 125, Paris, 1905). — **103.** R. Dubois. *Influence du milieu sur les manifestations motrices de l'Oursin* (*C. R. du IXe Congrès international de Zool.* Monaco, mars, 1913). — **104.** R. Dubois. *Mécanisme de la thermogénèse et du sommeil* (Ann. de l'Un. de Lyon, 1896, Masson, Paris, 4e partie, chap. XI, *Du rôle du cerveau dans la thermogénèse*). — **105.** Lebrede et Pautrier. *Influence des diverses longueurs d'ondes sur le développement des batraciens* (*C. R. Soc. Biol.*, 28 décembre 1901). — **106.** Oltramare. *De l'action comparative de la lumière et de l'obscurité sur les êtres vivants* (Thèses de l'Université de Lyon, 1918). — **107.** A. Brossa et A. Kohlrausch. *V. Centralblatt f. Physiol. et Arch. de Rubner*, 1913, et *Arch. f. Anat. u. Physiol.*, 449-492, 1913. — **108.** R. Wurmser. *Recherches sur l'assimilation chlorophyllienne* (chez Hermann, Paris, 1921). — **109.** G. Bohn. *Influence de l'éclairement passé sur la matière vivante* (*C. R. de la Soc. de Biol.*, I, 292-294, 1907). — **110.** Laurens. *Journ. of exp. Zool.*, XVI, p. 125, 1914. — **111.** Frank W. Bancroff. *Heliotropismus, differential sensibility and galvanotropism in Euglena* (*Journ. et exp. Zool.*, XV, 1913). — **112.** R. Willstätter. *Untersuchungen über chlorophyll.* (Springer, Berlin, 1913). — **113.** R. Willstätter et A. Stoll. *Untersuchungen uber die Assimilation der Kohlensaüre*, Springer, Berlin. — **114.** W. G. Crozier. *The orientation of a Holothurian by Light* (*The Amer. Journ. of Physiol.*, XXXVI, n° 1, 1914). — **115.** W. E. Garrey. *Proof. of the muscle tension theorie of heliotropism. Proceed. of Nat.* (*Acad. d. Sc. of the Un. St. of Am.* III, n° 10, 602, 1917). — **116.** J. Loeb et J. H. Northrop. *Heliotropism animals as photometers of the basis of validity of the Bunsen-Roscoe law for heliotropic reactions* (Proceed of the Ac. Nat. of Sc., III, 539, 1917). — **117.** R. Dubois. *Contribution à l'étude de la soie du Bombyx mori et du Saturnia Yama-maï* (Vol. des travaux du laboratoire de la soie, Lyon, 1891). — **118.** J. Dewitz. *Ueber die Herkunft des Farbstoffes und des Materials der Lepidopteren Kokons* (*Zool. Anz.*, XXVI, n° 5, 1903). — **119**. R. Dubois. *La Vie et la Lumière*, 265, chez Félix Alcan éd,, *in Bibliothèque internationale*, Paris, 1914. — **120**. A. Dubois. *Recherches expérimentales sur le rôle de la contractilité dans les mécanismes sensoriels chez les mollusques* (*Journal de Psychologie*, 15 nov. 1920, 786-805, chez Félix Alcan, éd., Paris). — **121**. R. Dubois. *Symbiotes, vacuolides, mitochondries et leucites* (*C. R. de la Soc. de Biol.*, LXXXI, 1016, 1919). — **122**. R. Dubois. *A propos d'un travail récent de M. Guilliermond* (*C. R. de la Soc., de Biol.*, LXXXIII, 1051, 1920). — **123**. R. Dubois. *Pseudo-cellules symbiotiques, anaérobies et photogènes* (*C. R. de la Soc. de Biol.*, LXXI, 1016, 1919). — **124**. Sylvia Mortara. *Sulla biofotogenesi* (*C. R. della R. Accademia nationale dei Lincei*, XXXI, sér., 5, fasc. 5, 1922). — **125**. E. Couvreur. *Sur la chorophylle animale* (*Ann. de la Soc. Linn. de Lyon*, 1915).

LUNACRINE. — Substance cristallisable extraite de l'écorce de *Lunasia costulata*. C'est probablement un alcaloïde agissant sur le cœur (?). (Boorsma, *Chem. Centrbl.*, 1905, 976).

LUPÉTIDINE ($C^7H^{15}N$). — Alcaloïde de synthèse, dérivé de la pipéridine (diméthylpipéridine) préparé par Ladenburg, puis par Hantzsch et Jaeckle, et étudié par A. Gürber (Voy. **Pipéridine**).

Falk avait constaté que l'action de la lupétidine est très voisine de celle de la conine.

Dans le laboratoire de Gaule, à Zürich, A. Gürber a précisé l'action physiologique des lupétidines et montré la relation qui existe entre la fonction biologique et la structure chimique. La lupétidine est une diméthylpipéridine

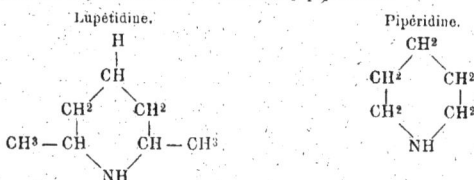

Lupétidine. Pipéridine.

et, ainsi que l'a montré Jaeckle (1890), on peut préparer des dérivés triméthylés (copellidine), éthylés (parpévoline), propylés, butylés, etc. La conine est isomère avec la copellidine (ou triméthylpipéridine) dont elle ne diffère que par la position du radical propyle.

Gürber conclut de ses recherches : 1° que toutes les lupétidines sont pour la grenouille très toxiques (à la dose d'environ 0,005) en agissant sur toutes les fonctions de l'organisme, et notamment en paralysant les mouvements volontaires ; 2° que les différences d'action des diverses lupétidines consistent moins dans des effets physiologiques différents que dans une variation de la dose et de la rapidité d'action.

Il donne le tableau suivant qui indique la dose mortelle minimale (chez la grenouille).

Lupétidine	0,02
Copellidine	0,01
Parpévoline	0,005
Propyllupétidine	0,0025
Isobutyllupétidine . . .	0,004
Hexyllupétidine	0,005

Gürber a constaté aussi que toutes les lupétidines (ainsi que leur radical, la pipéridine) agissent sur les globules rouges et y produisent des vacuoles.

Mais la pipéridine, le radical de toutes les lupétidines, exerce une action plus forte sur les globules, et une action moins forte sur les cellules nerveuses (phénomènes de paralysie et de curarisation). (A. Gürber. *Unters. über die physiologischen Wirkungen der Lupetidine und verwandte Körper und deren Beziehung zu ihrer chemischen Constitution*, A. P., 1890, 401-477.)

LUPININE ($C^{10}H^{19}NO$). — Alcaloïde extrait de *Lupinus luteus* et *L. albus*. Il se présente sous la forme de cristaux incolores, solubles dans l'eau et l'alcool, amers, lévogyres. L'étude détaillée en a été faite, au point de vue physiologique, par Raimondi (*Sur les principes actifs et toxiques du lupin*, A. i. B., xv, 1891).

Dans les graines et l'herbe du lupin, Liebscher en 1880, et Baumert en 1880 ont séparé deux substances alcaloïdiques : l'une, la lupinine, solide et cristallisable ; l'autre, la lupinidine, liquide. Mais, d'après Raimondi, la lupinine qu'il a obtenue avec L. *albus* ne peut être identifiée à la lupinine de Baumert, extraite de L. *luteus*.

En tout cas, au point de vue exclusivement physiologique, l'importance n'est pas très grande ; car les propriétés de ces diverses substances sont très voisines. Il est d'ailleurs à noter que les décoctions aqueuses de graines de lupin sont plus toxiques que les alcaloïdes qu'on en peut extraire ; de sorte qu'il y a sans doute dans les graines des principes toxiques différents des alcaloïdes isolés, encore que ces principes toxiques ne puissent eux-mêmes être isolés.

Aussi ne peut-on guère par les alcaloïdes reproduire les accidents de l'intoxication par la plante même (lupinose, maladie des moutons).

Chez les animaux à sang chaud la lupinine ne paraît pas très toxique : Raimondi a renoncé à déterminer la dose mortelle chez le chien ; car cet animal supporte bien la dose de 0,2 par kil. ; chez le lapin la dose mortelle est de 0,1 environ par kil. Des doses de 0,05 chez les rats ne déterminent pas la mort ; les mêmes doses sont toxiques chez les pigeons.

Chez les animaux hétérothermes, il y a paralysie de la sensibilité et du mouvement. Le cœur des grenouilles et des crapauds est ralenti par circulation d'un sérum contenant la dose de 0,05 p. 100. Une dose plus forte arrête le cœur en diastole.

La lupanine ($C^{15}H^{24}N^2O$) est une base très analogue à la lupinine et qu'on trouve aussi dans L. *albus*, L. *angustifolius*, L. *perennis*. Elle a été isolée par Eichhorn (1867) ; et Soldaini en 1892 en a montré la forme racémique. Les cristaux de la lupanine racémique fondent à 99°, tandis que ceux de la lupinine dextrogyre fondent à 40°. La lupanine et la lupinine sont amères, odorantes (comme la conine) et à peu près également toxiques.

Quant à la lupinidine, il a été démontré par Willstätter et Marx (1904) qu'elle était identique à la spartéine ($C^{15}H^{26}N^2$) extraite par Stenhouse en 1851 du *Spartium scoparium* (Voy. **Spartéine**).

Bibliographie. — Outre les travaux de Raimondi (*Sui principii attivi e tossici del lupino* (Ann. di chim. e di farm., 1890, xii, 246-354), consulter Davis, *Ueber die Alkaloïde der Samen von L. alba und L. angustifolius* (Th. inaug. Marburg, 1896). — Citernesi (P.) *Avvellenamento per L. Albus* (Giorn. intern. d. Sc. med., 1703, xxv, 1075-1088). — Grimaldi et Campani (G.). *Sulla lupinidina del L. Albus* (Atti d. r. Accad. d. fisiocriti in Siena, 1891, iii, 71-76). — Likiernik. *Ueber das Lupeol* (Z. p. C., xv, 1870, 415-425). — Löwenthal. *Ueber die physiologischen und toxicologischen Eigenschaften der Lupinen Alkaloïde* (Th. inaug., Königsberg, 1888). — Osborne et Campbell. *The proteids of lupin seeds* (J. amer. chem. Soc., 1897, xix, 454-482). — Soldaini (A.). *Sopra i prodotti di scomposizione della L. lupinida del L. albus* (Orosi, Firenze, 1902, xxv, 37-47). — Wilcox (E. W.), *Lupins as plants poisonous to stocks* (J. comp. med. et vet. Arch., 1899, xx, 766-774). — Willstätter (S.) et Fourneau (E.). *Zur Kenntniss des Lupinins* (Arch. d. Pharm., 1902, ccxl, 35-344).

LUPULIQUE (Acide).

— Substance extraite des fructifications du houblon (*Humulus lupulus*). Les corpuscules orangés qui sont à la base des bractées et à la surface des fruits constituent le *lupulin* : c'est la substance active de la bière. Le lupulin, outre les matières odorantes, probablement assez toxiques, caustiques et volatiles (essences ?) contient des principes amers qu'on a pu obtenir à l'état de pureté. Ce sont les acides lupuliques α et β. (Hayduck).

L'acide β ($C^{50}H^{70}O^6$) donne des sels cristallisables. On a pu extraire 400 grammes d'acide lupulique de 6 kilogrammes de lupulin. L'acide α ($C^{15}H^{20}O^3$) est moins abondant.

Ces deux acides dérivent sans doute du terpène ($C^{10}H^{16}$). Ils se transforment en une masse résineuse au contact de l'air.

Il paraît que l'acide lupulique, combiné avec la soude, en injection intra-veineuse est assez toxique, tandis qu'il est inoffensif en ingestion gastrique, ce qui tient, dit-on, à ce qu'il est transformé par le chimisme stomacal. Pourtant il n'est pas douteux que la bière agit comme une boisson stimulante, anaphrodisiaque (?), et presque narcotisante,. plus qu'une solution alcoolique de même titre, de sorte que très vraisemblablement il faut attribuer les effets enivrants de la bière autant aux acides lupuliques qu'à l'alcool y contenu.

D'après Dreser (cité par J. Jacobson, Encykl. der Therapie, 1898, ii, 622), la dose de lupuline absolue mortelle est de 0,00025 pour une grenouille, et de 0,20 et 0,25 pour les lapins. La mort survient par paralysie du centre respiratoire chez le lapin, par arrêt du cœur chez la grenouille.

Bibliographie. — Baumann. Eine Lupulinvergiftung durch Hopfenpflücken (Med. Corr. Blatt. d. Wurtemb. ärztl. Ver., 1864, xxxiv, 151). — Dawosky. Lupulin and Extractum H. lupuli. — Durand Fardel. Du lupulin et de ses propriétés anaphrodisiaques (Gaz. hebd. de méd., 1855, 479-481). — Griessmayer. Sur la lupuline (Monit. Scient., 1874 781-725). — Jauncey. On the medicinal action of lupuline (Edimb. med. Journ., 1857, iii 698-703) — Page (W. B.). Remarks on lupulin as an anaphrodisiac (Med. Examiner, 1849 v, 284-286). — Sigmund. Das Lupulin (Wien. med. Woch., 1855, v, 279). — Zambaco (D.). Nouvelles observat. sur la valeur thérapeutique du lupulin, partie active du houblon (Bull. gén. de ther., 1854, xlvii, 161-171). — Behrens. Physiologische Studien über den Hopfen. (Diss. in., Münich, 1891). — Engelmann (E. R.). Ueber die Wirkung des Hopfens (Reichs. med. Anz., 1891, 255, 267, 275, 287, 292 et 1892, 1, 13, 33). — Eckfelt (J. W.). On the poisonous action of hops (Med. Bull., 1892, xiv, 9).

LUTÉINE. — On a donné ce nom à la matière colorante du jaune d'œuf, puis on l'a étendu à d'autres pigments jaunes, présentant un même ensemble de caractères communs. Tels sont les pigments jaunes que l'on trouve dans les œufs d'invertébrés (voy. plus loin), dans les corps jaunes de l'ovaire chez la femme et les divers mammifères, dans le sérum, les graisses, le beurre, les corpuscules de graisse de la rétine (1). On réunit aussi ces pigments sous le nom de lipochromes (2) et l'on a décrit des lipochromes d'origine végétale (maïs, carotte, pollen), et d'autres, en très grand nombre, extraits des organes des invertébrés (3). Mais la plupart de ces corps sont très mal définis et les contours de toute cette famille demeurent très incertains. D'après Schunk (4) la lutéine (du jaune d'œuf) rentre par ses caractères spectroscopiques dans le groupe des pigments jaunes xanthophylliques d'origine végétale.

Pour la préparation de ces corps, on met à profit leur solubilité dans le chloroforme, ou d'autres dissolvants neutres. Le résidu laissé par ce véhicule est ensuite saponifié par la soude alcoolique qui décompose les graisses et les lécithines, puis après avoir chassé l'alcool, on enlève le pigment à l'aide du chloroforme, de l'éther de pétrole, etc. On a mis aussi à profit la précipitation de ces pigments en solution alcoolique par de l'eau de baryte (5).

Aucun de ces pigments n'a été obtenu à l'état de pureté et on ignore quelle est leur composition exacte. Ceux qui paraissent avoir été étudiés, d'assez près, comme la vitellorubine des œufs d'une araignée de mer (Maja squinado) (Maly) (5), ont été trouvés, chose assez surprenante, exempts d'azote. Quelques-uns d'entre eux, qui sont cristallisés, comme la lutéine des corps jaunes des ovaires de vache (6), le lipochrome de Euglena sanguinea (Kutscher) (7), ou celui des crustacés (Pouchet) (8), se prêteraient peut-être à une étude chimique plus précise.

Voici quels sont les caractères communs de tous ces corps. Les lutéines sont toutes solubles dans l'alcool, l'éther et le chloroforme, et elles se distinguent des pigments biliaires, et notamment de la bilirubine, par ce caractère que de l'eau alcaline, agitée avec leur solution chloroformique, ne les enlève pas à ce solvant. L'acide azotique un peu nitreux ne donne pas avec ces pigments la succession des colorations que présentent les pigments biliaires, mais provoque l'apparition d'une couleur bleue ou bleu-vert, ou violette. Enfin la solution jaune, jaune rougeâtre ou rouge de ces corps présente au spectroscope une bande d'absorption occupant la région de F, et une autre située entre F et G. Les lutéines résistent à l'action des alcalis; on peut donc, sans les altérer, les séparer des graisses en saponifiant ces dernières à l'aide de la potasse alcoolique. Elles sont en général sensibles à l'action de la lumière, qui les fait pâlir assez vite.

On ne sait presque rien sur la physiologie de ces corps. La menstruation paraissant être sous la dépendance des corps jaunes (ANCEL et VILLEMIN) (9), on a essayé d'agir sur les règles à l'aide de préparations de lutéine, extraites des ovaires de vache, et d'après FRAENKEL (10) avec un succès plus net qu'avec les préparations opothérapiques faites avec l'ovaire entier.

Le pigment jaune du sérum sanguin de l'homme ne serait pas une lutéine, mais, d'après GILBERT, HERSCHER et POSTERNAK, et sans contestation possible, de la bilirubine (11).

E. LAMBLING.

Bibliographie. — 1. THUDICHUM (*Proc. Roy. Soc. London*, XVII, 253). — CAPRANICA. (*Maly's Jahresb.*, VII, 317, 1877).— 2. O VON FÜRTH. *Vergleichende chem. Physiol. der niederen Tiere*, Iéna 1903 (*Indications bibliographiques très étendues sur les lipochromes*). — 3. KRÜKENBERG (*Maly's Jahresb.*, XII, 349, 1882). — F. SAMUELY (*Abderhalden's Biochemischer-Handlexikon*, VI, 303, Berlin, 1911. Avec bibliographie très étendue). — 4. SCHUNK (*Proc. Roy. Soc. London*, LXXII, 165, 1903). — 5. MALY (*Mon. f. Chem.*, II, fasc. 5; *Maly's Jahresb.*, XI, 120, 1881. (Bibliographie des travaux antérieurs). — 6. HAMMARSTEN (*Lehrb. d. physiol. Chem.*. 6ᵉ éd., Wiesbaden, 1907, p. 216). — 7. KUTSCHER (*Z. P. C.*, XXIV, 360, 1898). — 8. POUCHET (*C. R.*, LXXIV, 757, 1872). — 9. ANCEL et VILLEMIN (*B. B.* LXIII, 200, 1907). — 10. FRAENKEL (*Arch. f. Gyn.*, LXVIII, 438 et *Centralb. f. Gyn.*, 1904, 621 et 657). — 11. GILBERT, HERSCHER et POSTERNAK (*B. B.*, LVIII, 250, 1905).

LUTÉOLINE ($C^{15}H^{10}O^6$). — Matière colorante jaune de *Reseda luteola*. Elle donne des dérivés bromés, éthylés, benzoylés.

LUTIDINE. (Voy. **Pyridine**).

LYCACONITINE ($C^{27}H^{34}N^2O^6$). — Alcaloïde contenu dans *Aconitum lycoctonum* (V. DORHMANN. *Th. in. Dorpat*, 1888; et VAN DER BELLEN. *Th. in. Dorpat*, 1890).

LYCÉTOL (Voy. **Piperazine**). — C'est le tartrate de diméthyl-pipérazine.

LYCINE ($(CH^3)^3 = Az — CH^2 — CO$. — Extraite des feuilles de *Lycium barbarum*. A la dose de 0 gr. 12, par voie sous-cutanée, elle produit chez la grenouille une paralysie passagère (*Bull. Soc. Chim.*, I, 1864).

LYCOCTONINE. — Alcaloïde extrait par HUBSCHMANN de *Aconitum lycoctonum* (FLÜCKIGER. *Arch. Pharm.*, (2), CXLI, 196).

LYCOPODINE $C^{32}H^{52}Az^2O^3$. — Alcaloïde extrait de *Lycopodium complanatum*; cristallise en prismes clinorhombiques. Très soluble dans l'alcool, le chloroforme, la benzine ; assez soluble dans l'eau et l'éther. Saveur amère franche.

LYCORINE ($C^{32}H^{32}Az^2O^8$). — Alcaloïde extrait des bulbes de *Lycoris radiata*. Ses propriétés seraient voisines de celles de l'émétine. MORISHIMA (*Chemische and pharmakol. Untersuchungen über die Alkaloïde der Lycoris radiata. A. P. P.*, 1897, XL, 221-240). Elle provoque le vomissement à la dose de 0,001 par kilogramme chez le chien : à des doses inférieures on n'observe que de la salivation. La mort est déterminée par des doses voisines de 0,05 par kilogramme.

LYMPHE (la formation et la circulation de la).

SOMMAIRE. — CHAPITRE PREMIER. — **FORMATION DE LA LYMPHE. I. Exposé des faits. 1° *Rôle de la pression hydrostatique dans les vaisseaux sanguins sur la formation de la lymphe.* A) Augmentation de la pression du sang dans un organe par l'arrêt de la circulation veineuse (stase veineuse). B) Augmentation de la pression par l'accroissement de la masse du sang : α) par transfusion du sang ; 6) par injection de sérum physiologique ; γ) par injection de solution hypertonique. C) Augmentation de la pression dans les capillaires sanguins par la voie nerveuse ; a) Expériences sur la corde du tympan et la lymphe de la glande sous-maxillaire ; b) Expériences sur le sciatique et la lymphe du membre postérieur ; c) Expériences sur le sympathique cervical et la lymphe dans le canal satellite de la carotide ; d) Expériences sur les nerfs qui se rendent dans le corps de TANNENBERG, et sur la lymphe sécrétée par ces organes ; e) Expériences sur le bulbe rachidien et sur la lymphe du canal thoracique ; f) Expériences sur l'écorce cérébrale et la lymphe du canal thoracique. D) Diminution de la pression sanguine : a) Par l'obstruction de l'oreillette droite ; b) Par l'obstruction de l'aorte ; c) Par hémorragie ; d) Par le travail musculaire. E) L'écoulement de la lymphe après la mort. F) Formation de la lymphe sur les cadavres soumis à la circulation artificielle. — 2° *Rôle de l'endothélium vasculaire sur la formation de la lymphe.* A) Action des substances lymphagogues de la première classe de HEIDENHAIN. B) Action des lymphagogues de la seconde classe de HEIDENHAIN. — 3° *Rôle de l'activité des organes sur la formation de la lymphe.* A) Le travail des muscles et la lymphogenèse. B) Le travail des glandes salivaires et la lymphogenèse. C) Le travail du foie et la lymphogenèse. D) Le travail du pancréas et la lymphogenèse. E) Le travail de la paroi intestinale et la lymphogenèse. — 4° *Rôle des métabolites sur la formation de la lymphe.* — 5° *Parallèle entre la composition chimique et les constantes physiques de la lymphe et du sang.*

II. Théories émises quant à la formation de la lymphe. — 1° *Théorie de la filtration.* Preuves : A) Augmentation de la pression intra-capillaire. Recherches ayant donné des résultats favorables ou défavorables à cette théorie. B) Diminution de la pression intra-capillaire. Recherches ayant donné des résultats favorables ou défavorables à cette théorie — 2° *Théorie de la sécrétion de la lymphe par l'endothélium vasculaire.* Preuves : A) Les substances lymphagogues. B) La composition chimique de la lymphe diffère de celle du sang. C) La production de la lymphe est augmentée par les métabolites. — 3° *Théorie de la formation de la lymphe par les cellules des tissus.* Preuves : La production de la lymphe augmente pendant le travail des organes.

III. Résumé sur la formation de la lymphe.
IV. L'origine des éléments figurés de la lymphe.
CHAPITRE SECOND. — **CIRCULATION DE LA LYMPHE.** — I. Aperçu d'anatomie microscopique du système lymphatique. 1° *Les capillaires lymphatiques ;* 2° *Les sacs lymphatiques ;* 3° *Les troncs lymphatiques ;* 4° *Les cœurs lymphatiques ;* 5° *Les ganglions lymphatiques ;* 6° *Les nerfs des vaisseaux lymphatiques.*

II. Forces principales dont dépend le mouvement de la lymphe. 1° *Vis-à-tergo ;* 2° *La contraction des vaisseaux et des cœurs lymphatiques ;* 3° *Influence du système nerveux sur les vaisseaux et les cœurs lymphatiques.*

III. Forces accessoires dont dépend le mouvement de la lymphe. 1° *La contraction musculaire ;* 2° *L'aspiration cardiaque ;* 3° *L'aspiration thoracique ;* 4° *Les mouvements des artères.*
IV. Fistule lymphatique.
V. Les effets de la lymphorée.

CHAPITRE PREMIER

FORMATION DE LA LYMPHE

I. — EXPOSÉ DES FAITS

Le système lymphatique des Vertébrés étant une dérivation du système circulatoire sanguin, c'est le sang qui, nécessairement, fournira la plus grande partie des matériaux qui rentrent dans la constitution de la lymphe. Mais l'explication du mécanisme par lequel ces matériaux passent du sang dans la lymphe a donné lieu à de nombreux travaux. On a étudié ainsi toutes les causes dont on a cru que pouvait dépendre la formation de la lymphe. Les unes de ces causes sont d'ordre physique, comme la filtration, la tension osmotique, etc. ; d'autres sont d'ordre physiologique, comme l'activité de l'endothélium vasculaire ou celle des tissus.

Nous exposerons dans ce qui suit les résultats généraux issus de ces études, ainsi que les théories qui en sont les conséquences. Nous chercherons quelles sont les origines d'abord du plasma lymphatique et ensuite des éléments figurés.

1° Rôle de la pression hydrostatique du sang dans la formation de la lymphe. — Si l'on considère la lymphe comme un produit de transsudation pure et simple du plasma sanguin à travers la paroi des capillaires, il paraît évident que sa formation est subordonnée à la différence de pression entre le sang et le liquide interstitiel des tissus. Toute cause, qui augmentera la pression à la face interne de la paroi capillaire, aura donc pour conséquence un accroissement du volume de la lymphe et inversement. Cette différence de pression entre le sang et les tissus a été réalisée expérimentalement de plusieurs manières.

A) **Augmentation de la pression du sang dans un organe par arrêt de la circulation veineuse** (stase veineuse). — Elle a été réalisée, pour la première fois, par Tomsa (1862), sur le testicule du chien, dans lequel les territoires sanguin et lymphatique peuvent facilement être distingués. Une canule étant fixée dans le lymphatique du cordon séminal, on voit que la ligature de la veine testiculaire augmente l'écoulement de la lymphe. Des résultats semblables ont été obtenus plus tard par Emminghaus (1874) sur les lymphatiques des membres postérieurs du chien après la ligature des veines de ces membres.

De même la ligature de la veine porte augmente l'écoulement de la lymphe par le canal thoracique, par suite de l'accroissement de pression dans les capillaires intestinaux (Emminghaus, 1874, et Heidenhain, 1891).

La ligature de la veine cave postérieure, pratiquée dans le thorax par Heidenhain (1891) et par Starling (1893), produit aussi une augmentation de la lymphe dans le canal thoracique. Cette lymphe provient du foie et résulte de la grande congestion veineuse, qui a lieu dans cet organe. En effet, avant la ligature, la pression dans la veine porte est représentée par une colonne de 90 millimètres d'une solution saturée de SO_4Mg, tandis qu'après la ligature, cette même colonne atteint 240 millimètres (Starling, 1893). Cependant Moussu (1901) ayant pratiqué la ligature de la veine jugulaire, n'a pas constaté d'augmentation de l'écoulement de la lymphe par le lymphatique cervical.

B) **Augmentation de la pression sanguine par l'accroissement de la masse du sang.** — Cet accroissement a été réalisé expérimentalement de plusieurs manières.

α) *Par transfusion directe d'une certaine quantité de sang.* — On relie l'artère d'un chien à la veine d'un autre, ce dernier étant porteur d'une fistule du canal thoracique, et l'on constate, au bout d'un certain temps, une augmentation de 20 à 40 p. 100 dans l'écoulement de la lymphe (Starling 1893, Bottazzi et Jappelli 1908). Le même effet peut être obtenu en faisant la transfusion avec du sang défibriné, oxalaté à 20 p. 100 ou peptonique. Si le chien qui porte la fistule du canal thoracique est préalablement privé d'une quantité de sang égale à celle qu'il doit recevoir par transfusion, l'augmentation du volume de la lymphe n'a pas lieu.

δ) *Accroissement de la masse du sang par injection intra-vasculaire du sérum physiologique.* — Quand on introduit dans le système sanguin de grandes quantités de sérum physiologique, on produit ce que l'on appelle une *pléthore hydrémique* (Cohnheim et Lichtheim 1877, Moussu 1901) et on constate une augmentation dans la production de la lymphe.

γ) *Accroissement de la masse du sang par injections de solutions hypertoniques.* — C'est encore une pléthore hydrémique qui a lieu après l'introduction dans le sang d'une solution hypertonique de NaCl par exemple. La tension osmotique du sang augmente, d'où un afflux de l'eau des tissus vers le sang dont la masse totale augmente en conséquence. Dans ce cas aussi, l'écoulement de la lymphe augmente (Heidenhain 1891, Starling 1893, Lazarus-Barlow 1895), et il est proportionnel à la tension osmotique des substances injectées (Lazarus-Barlow, 1895).

C) **Augmentation de la pression sanguine par des substances chimiques.** — La strophantine augmente la pression artérielle et n'a aucune influence sur la lymphe (Janagawa, 1916).

D) **Augmentation de la pression dans les capillaires sanguins par la voie nerveuse.** — On admet généralement qu'à une hausse de la pression artérielle, provoquée par une vaso-constriction d'origine nerveuse, correspond une chute de la pression intra-capillaire et que *vice-versa*, à une baisse de la pression artérielle, provoquée par une vaso-dilatation, correspond un accroissement de la pression intra-capillaire. Partant de ce postulatum, quelques physiologistes ont cherché à saisir le mécanisme de la formation de la lymphe dans un organe dont la circulation était modifiée par la mise en jeu des nerfs vaso-moteurs.

a) *Expériences sur la corde du tympan et la lymphe de la glande sous-maxillaire.* — L'excitation de la corde du tympan produit une vaso-dilatation très marquée dans cette glande et une augmentation dans l'écoulement de la salive par le canal de Warthon. Si l'on mesure en même temps l'écoulement de la lymphe dans le lymphatique cervical correspondant, on ne trouve aucune augmentation (Heidenhain, 1878). Cependant d'après Ostroumoff (cité par Rogowicz, 1885), l'excitation de la corde du tympan, produisant une vaso-dilatation puissante dans la moitié correspondante de la langue, provoquerait en même temps une surproduction de la lymphe du même côté. Dourdouffi (1887) a vu de même de l'œdème se produire dans la glande sous-maxillaire, après l'excitation de la corde du tympan, le canal de Warthon ayant été préalablement lié.

Les recherches ultérieures ont donné des résultats contradictoires. Ainsi, d'après Bainbridge (1900) et d'Errico (1907), l'excitation de la corde du tympan augmente l'écoulement de la lymphe dans le lymphatique cervical correspondant et cela aurait lieu même quand la fonction des cellules glandulaires a été préalablement détruite par l'injection dans la glande d'une solution de fluorure de Na à 1 p. 100 (d'Errico et Ronali, 1907). Par contre, suivant Carlson (1907), l'excitation de la corde n'aurait aucune influence sur la formation de la lymphe dans la glande sous-maxillaire.

b) *Expériences sur le nerf sciatique et la lymphe des membres postérieurs.* — Paschutin (1873) et Emminghaus (1874) ont pratiqué la section du nerf sciatique sur le chien et n'ont pas constaté grand changement dans la quantité de lymphe produite par le membre correspondant, malgré une vaso-dilatation assez intense. Par contre, Rogowicz (1885) trouve que la quantité de lymphe recueillie augmente après la section du sciatique. L'existence de ce fait est confirmée par Lewaciew (1886). Ce dernier pratique une fistule dans le tronc lymphatique qui passe entre la veine et l'artère fémorale et aspire la lymphe au moyen d'un dispositif approprié. Il constate une accélération dans l'écoulement de la lymphe après la section du sciatique et un ralentissement par l'excitation du bout périphérique de ce nerf. Toutefois ces effets ne sont pas constants. Pekelharing et Mensonides (1887) trouvent aussi que l'hypérhémie active produite par la section des nerfs vaso-constricteurs ou par l'excitation des vaso-dilatateurs, est suivie d'une légère surproduction de lymphe.

c) *Expériences sur le sympathique cervical et la lymphe du canal satellite de la carotide.* — Les recherches de Moussu (1901), sur le sympathique cervical du cheval, montrent cependant que l'écoulement par le lymphatique satellite de la carotide diminue après section de ce nerf, c'est-à-dire alors même qu'il y a vaso-dilatation dans le territoire où il se distribue. D'après l'auteur, cette diminution a pour cause la chute de la pression locale, par suite de la vaso-dilatation, et non une altération de l'endothélium, puisque le travail des muscles active énormément la production de la lymphe, ce qui prouve que l'endothélium vasculaire est en parfait état. L'excitation du sympathique augmente le courant de la lymphe cervicale et cela est dû incontestablement à l'augmentation de la pression sanguine par suite de la vaso-constriction.

Il est logique de se demander si les modifications circulatoires, vaso-dilatation et vaso-constriction, produites par la voie nerveuse, ne sont pas accompagnées de modifications semblables dans les vaisseaux lymphatiques mêmes. C'est probablement ce qui a lieu et dès lors les résultats obtenus dans des expériences de ce genre, concernent plutôt la circulation de la lymphe que sa formation. Toutefois, en admettant que le ralentissement après section du sympathique soit dû à l'accumulation de la lymphe dans le réseau lymphatique par suite de la paralysie de ses vaisseaux, il devrait arriver un moment où ce réseau se remplirait, si la formation de la lymphe restait constante et l'écoulement augmenterait de nouveau. Or cela n'a pas lieu, et la diminution de l'écoulement lymphatique persiste indéfiniment dans cette région. Donc le facteur pression est nécessaire en tant qu'il assure l'irrigation des tissus; mais il est secondaire dans la formation de la lymphe, celle-ci étant le produit des éléments mêmes de ces tissus (Moussu, 1901).

d) *Expériences sur les nerfs qui se rendent dans les corps de Tannenberg et la lymphe produite par ces organes.* — Les corps de Tannenberg sont des organes érectiles, qui remplissent chez les espèces d'oiseaux qui les possèdent (les Palmipèdes) la fonction du pénis des mammifères. Mais il y a une grande différence entre ces deux sortes d'organes en ce qui concerne le mécanisme de l'érection. Alors que chez les mammifères elle est due à une accumulation de sang dans les capillaires spécialement disposés pour cela dans les corps caverneux de la verge, l'érection du corps de TANNENBERG est due à l'accumulation d'un liquide ayant les caractères de la lymphe. Cet organe est constitué par du tissu fibreux riche en fibres élastiques et dans lequel il y a un tissu lymphoïde qui forme des cordons lymphatiques disposés radiairement et des gaines autour des vaisseaux sanguins (ROBERT MÜLLER, 1908).

Si l'on excite les nerfs qui se rendent dans le corps de TANNENBERG et qui proviennent du sympathique on peut provoquer l'érection. Cet organe sort alors du cloaque et a la forme d'une vessie à contenu clair, lequel étant enlevé se coagule au bout d'un certain temps. ROBERT MÜLLER (1908), qui a découvert ce phénomène, croit que c'est de la lymphe. On serait donc en présence d'un cas où la formation de la lymphe serait commandée par le système nerveux directement, vu le rôle de ce système dans l'érection du corps de TANNENBERG. De plus, comme cette accumulation de lymphe dans le corps de TANNENBERG marche de pair avec une vaso-dilatation très intense dans les artères de cet organe, on pourrait croire que, partout dans l'organisme, la lymphe se produit dans des conditions identiques. Mais nous venons de voir que pour le sympathique cervical le contraire a lieu. Il faut tenir compte ensuite du fait que le liquide qui remplit le corps de TANNENBERG ne semble être que du plasma sanguin, transudé dans les alvéoles de l'organe. Or la lymphe, comme nous le verrons plus loin, est différente de ce plasma; les éléments qui président à sa formation sont par conséquent différents.

e) *Expériences sur le bulbe rachidien et la lymphe du canal thoracique.* — Dans les recherches mentionnées jusqu'ici, l'effet de la paralysie vaso-motrice était limité à la région où se distribuait le nerf sectionné. Afin d'agir sur un territoire vaso-moteur plus grand, PUGLIESE (1902) détruit le bulbe rachidien et obstrue sa circulation au moyen des grains de lycopode, injectés dans le bout périphérique de la carotide. Il constate alors une augmentation de la lymphe dans le canal thoracique.

f) *Expériences sur l'écorce cérébrale et la lymphe du canal thoracique.* — Si l'on excite l'écorce cérébrale, la pression artérielle augmente ainsi que l'écoulement de la lymphe par le canal thoracique. L'intensité de cet écoulement, qui diminue d'abord légèrement, pendant un temps d'ailleurs très court, peut atteindre le triple de l'écoulement normal (WERTHEIMER et LAPAGE, 1906).

Les recherches que nous venons de mentionner sur la production de la lymphe, par vaso-dilatation active ou passive, ont donné des résultats contradictoires, et cela ne peut être dû qu'à la complexité des conditions expérimentales. La plus importante parmi ces conditions est assurément celle qui a trait à la pression intracapillaire. Nous devons savoir en effet ce que devient cette pression pendant la dilatation des artères, puisque c'est au niveau des capillaires que se fait le passage du plasma sanguin dans les tissus. La section des nerfs vaso-constricteurs ou l'excitation des nerfs vaso-dilatateurs paralysent les muscles lisses des vaisseaux, d'où relâchement de leurs parois; la pression baisse dans les artères. Si les parois des capillaires étaient inertes, on pourrait croire que pendant la vaso-dilatation artérielle la pression intracapillaire augmente, par suite de la pénétration dans ces vaisseaux d'une plus grande quantité de sang provenant des petites artérioles distendues. Mais nous savons que les parois des vaisseaux capillaires sont contractiles (STRICKER, 1865, TARCHANOFF, 1874, ROUGET, 1879, STEINACH et KAHN, 1903) et que dans leurs cellules endothéliales se distribuent des nerfs qui peuvent augmenter ou diminuer cette contractilité, d'où resserrement ou dilatation des capillaires. Ainsi l'excitation du cordon sympathique chez la grenouille provoque une vaso-constriction manifeste des capillaires sanguins du côté correspondant; ce phénomène se voit bien sur la membrane hyaloïde (STEINACH et KAHN, 1903).

D'autre part, il y a des organes comme les reins chez les larves des Batraciens anoures, dans lesquels l'endothélium des capillaires sanguins et lymphatiques joue le rôle néphrophagocyte, grâce justement à la mobilité de ses cellules (BRUNTZ, 1907). De même dans les ganglions lymphatiques, l'endothélium jouit des propriétés phagocytes (RIBBERT, 1908).

Il serait par conséquent inadmissible que les capillaires sanguins ne se modifiassent pas pendant la vaso-dilatation artérielle. Ils doivent se dilater aussi et alors on ne comprend pas comment la pression intracapillaire peut augmenter. Une discordance entre la pression artérielle et celle des capillaires ne saurait être comprise sans un antagonisme vaso-moteur entre ces deux ordres de vaisseaux, c'est-à-dire sans que la vaso-constriction artérielle fût accompagnée d'une vaso-dilatation des capillaires et *vice-versa*. Or cet antagonisme n'a pas été démontré.

Si les choses se passent ainsi, on comprend que les expériences ayant pour but d'augmenter la pression intracapillaire par la vaso-dilatation des artères, ne permettent aucune conclusion sur la formation de la lymphe, ni surtout sur la part qui revient au facteur *pression hydrostatique*, dans ce processus. Les expérimentateurs n'ont tenu compte ni de la motilité des capillaires sanguins, ni de l'influence du système nerveux sur les vaisseaux lymphatiques. Les divergences entre les résultats obtenus prouvent d'ailleurs l'intervention dans la lymphogénèse de facteurs autres que la pression intracapillaire.

D) Diminution de la pression artérielle. — Elle a été obtenue de plusieurs manières. — a) *Diminution de la pression artérielle par obstruction de l'oreillette droite.* Tomsa (1862) a réalisé cette obstruction au moyen d'une vessie de lapin ou de petit chien, que l'on gonflait après son introduction dans l'oreillette droite. La pression sanguine des artères tombait assez bas et on constatait en même temps dans le testicule une diminution considérable de l'écoulement de la lymphe.

b) *Diminution de la pression artérielle par obstruction de l'aorte.* — Colson (1890) s'est servi pour cela d'un ballon en caoutchouc introduit dans la carotide et poussé jusque dans l'aorte, au moyen d'une sonde. Le ballon étant alors gonflé, l'écoulement de la lymphe par le canal thoracique s'arrêtait dès que l'obstruction de l'aorte était complète. Mais Heidenhain (1894) a relevé une erreur dans l'expérience de Colson, à savoir : l'aorte distendue comprime le canal thoracique, arrêtant ainsi la circulation de la lymphe. En effet si cette compression est évitée, l'écoulement par le canal thoracique continue pendant une ou deux heures après obstruction de l'aorte. Cependant les résultats obtenus par Heidenhain ne sont pas constants et cela est dû à la méthode employée qui n'est pas irréprochable. La compression du canal thoracique par l'aorte est en effet très difficile à éviter ainsi que le démontre Camus (1894). Au lieu de faire l'obstruction à l'aide du ballon en caoutchouc, ce physiologiste ouvre le thorax et applique une pince directement sur l'aorte après avoir bien dégagé le canal thoracique. Dans ces conditions, on observe généralement une diminution du courant lymphatique aussitôt que la pince est appliquée sur l'aorte. Mais on peut obtenir quelquefois une augmentation de ce courant; cela a lieu dans les cas où l'écoulement de la lymphe se trouvant tout d'abord gêné par une compression de la part de l'aorte sur le canal thoracique, l'application de la pince a pour effet de dégager ce canal. La preuve en est que, si préalablement on soulève légèrement l'aorte à l'aide d'un fil, la fermeture de celle-ci par la pince produit toujours un ralentissement du courant lymphatique (Camus, 1894).

c) *Diminution de la pression artérielle par hémorragie.* — Hoche (1896) en étudiant les effets primitifs de la saignée sur la circulation de la lymphe constate que l'écoulement par le canal thoracique s'accélère après une saignée de 1/10-1/12 de la masse totale du sang. Ce phénomène serait dû à la chute de la pression sanguine, chute ayant pour conséquence immédiate l'affaissement des parois de l'aorte, lequel permettrait à la lymphe logée dans les vaisseaux lymphatiques de s'écouler plus vite. De cet afflux plus grand il ne faudrait pas conclure à une surproduction de la lymphe dans les interstices des tissus.

Tscherewkow (1896) dont le travail a paru presque en même temps que celui de Hoche, arrive à d'autres conclusions. Pour lui l'écoulement de la lymphe par le canal thoracique ne change pas si l'hémorragie n'enlève que 24-28 p. 100 de la masse sanguine totale. Si, au contraire, la perte de sang est plus forte, 37-43 p. 100, l'écoulement de la lymphe diminue. On peut se demander si la cause de cette divergence entre les résultats de Hoche et de ceux de Tscherewkow ne réside pas dans les conditions expérimentales qu'ils ont réalisées. En effet, Hoche emploie le curare, d'où immobilité complète de l'animal et respiration artificielle. En plus, cette substance jouirait de propriétés lymphagogues (Jappelli, 1920). Tscherewkow emploie l'anesthésie par le chloroforme, éther, précédée d'une injection de morphine; l'animal fait des mouvements respiratoires, qui ont, comme nous le verrons, une grande influence sur la circulation de la lymphe. Plus récemment Moussu (1901) a obtenu d'une manière constante la diminution du courant lymphatique sous l'influence de saignées abondantes. Cette diminution ne serait que momentanée et au bout de quelque temps l'écoulement lymphatique redeviendrait normal. De même Posner et Gies (1904) ont toujours observé une diminution de l'écoulement lymphatique après l'hémorragie et cela indifféremment si le chien recevait sa ration coutumière ou s'il était gardé à jeûn. Forgeot (1908) trouve aussi diminution de l'écoulement lymphatique chez la chèvre après l'hémorragie ; mais au bout de quelque temps cet écoulement redevient normal.

d) *Diminution de la pression artérielle par le travail musculaire.* — On sait que le travail des muscles s'accompagne de phénomènes de vaso-dilatation dans leurs propres vaisseaux, d'où une chute de pression dans l'arbre artériel tout entier.

Hamburger (1893) a cherché le premier l'influence de cette baisse de la pression artérielle sur la production de la lymphe. Il faisait travailler les muscles des membres chez le cheval et recueillait la lymphe de la région céphalique dont les muscles restaient au repos.

Dans ces conditions, Hamburger a observé que l'écoulement par le lymphatique satellite de la carotide augmentait malgré la chute de la pression dans cette artère, chute qui intéressait également la jugulaire correspondante et aussi par conséquent le réseau capillaire intermédiaire. Les lois de la filtration ne peuvent pas expliquer la formation de cette lymphe (Hamburger, 1893). Moussu (1901) a noté aussi une augmentation de la lymphe cervicale pendant le travail des membres chez le cheval.

e) *L'écoulement de la lymphe après la mort.* — Si la circulation sanguine s'arrête immédiatement après la mort, il n'en est pas de même de la circulation lymphatique (Camus, 1894). Asher et Gies (1900), Mendel et Hookes (1902) ont montré que l'écoulement de la lymphe par le canal thoracique pouvait continuer même pendant un temps assez long et qui peut atteindre quatre heures après la mort de l'animal. Il faut ajouter que, dans les expériences de ces deux derniers physiologistes, le chien avait reçu, quelque temps avant sa mort, une injection d'extrait de fraises, qui jouit de propriétés lymphagogues puissantes. En tout cas, presque toute la lymphe qui s'écoule par le canal thoracique après la mort, provient du foie, car la pression dans les capillaires de cet organe reste assez élevée, un certain temps encore après la mort, surtout quand l'animal a reçu préalablement une injection hypertonique de glucose ou de chlorure de sodium (Bambridge, 1906). — Cuttat-Galizka (1911) a repris au laboratoire de Berne l'étude de la production de la lymphe après la mort. En augmentant la pression veineuse et capillaire, au moyen de la solution de *NaCl*, hypertonique, on n'arrive pas à établir un parallélisme entre cette pression et l'écoulement, et par conséquent la formation de la lymphe. De même en diminuant la pression intra-capillaire au moyen de saignées abondantes avant la mort, l'écoulement de la lymphe peut continuer encore un certain temps après que l'animal a cessé de vivre.

La lymphe recueillie *post mortem* est différente de celle obtenue pendant la vie ; ainsi Jappelli et d'Enrico (1908) ont trouvé que le résidu sec, la tension osmotique et la viscosité de cette lymphe sont plus grandes que dans la lymphe normale. La conductibilité électrique est au contraire plus faible, ce qui prouve que l'accroissement de la tension osmotique n'est pas due aux électrolytes.

f) *Formation de la lymphe sur le cadavre soumis à la circulation artificielle.* — Fodera (1908) en pratiquant la circulation artificielle dans l'intestin grêle, avec le liquide de Locke a vu que certaines substances, comme le ferro-cyanure de potassium par exemple, introduites dans l'intestin, apparaissent très vite dans la lymphe du canal thoracique : au bout de trois minutes et même plus vite quand l'introduction de cette substance est faite une demi-heure après la mort ; au bout de vingt-trois minutes quand elle est faite quatre heures après la mort.

Demoor (1909) a fait un grand nombre d'expériences de circulation artificielle sur le cadavre afin de mieux préciser ce qui revient d'une part à la pression hydraulique et d'autre part à l'activité de cellules endothéliales dans la formation de la lymphe. La circulation artificielle a été faite avec des solutions isotoniques, hypotoniques et hypertoniques, de chlorure de sodium, dans les territoires irrigués par l'aorte, territoires d'où provient la lymphe du canal thoracique. Une canule étant fixée dans la veine cave,

permet d'apprécier, suivant la vitesse du liquide circulatoire à travers les tissus, les modifications de la pression hydraulique; une autre canule est fixée au canal thoracique, dans le thorax même.

I) Dans les irrigations avec des solutions de chlorure de sodium isotoniques au sang = 0,887 p. 100, l'écoulement par le canal thoracique croît avec la pression hydraulique. Il est donc probable que cette pression intervient aussi dans la production de la lymphe normale.

II) Dans les irrigations avec des solutions hypertoniques de chlorure de sodium = 1,475 p. 100, l'écoulement lymphatique s'exagère progressivement et au bout d'un certain temps les tissus subissent une infiltration.

III) Dans les irrigations avec des solutions hypotoniques de chlorure de sodium = 0,686 p. 100, il y a diminution progressive dans l'écoulement de la lymphe.

De ces recherches Demoor conclut que la filtration et la sécrétion par l'endothélium des capillaires interviennent à la fois dans la formation de la lymphe.

2° **Rôle de l'endothélium vasculaire dans la formation de la lymphe.** — La filtration et l'osmose ne peuvent pas expliquer tous les faits découverts dans les recherches sur la formation de la lymphe. Ainsi on a vu qu'à la suite d'une injection, dans le sang, de chlorure de sodium ou de glucose en solution hypertonique, il arrive un moment où la concentration de ces substances est plus forte dans la lymphe que dans le sang. Cela est contraire à la loi de la filtration, d'après laquelle il devrait tout au plus y avoir égalité de concentration entre ces deux milieux. Le passage dans les interstices des tissus, de l'eau, des sels, des albumines, des hydrates de carbone et des graisses que le sang contient, est réglé par le besoin particulier que les éléments de ces tissus peuvent avoir de quelqu'une de ces substances : ainsi pour les cellules de la glande mammaire, l'albumine et les sels de chaux constituent les matériaux de première nécessité à leur fonctionnement, alors que pour les fibres musculaires, c'est le glucose. Il est donc besoin d'un mécanisme régulateur, grâce auquel chaque tissu recevra les substances qui lui sont nécessaires. Ce mécanisme appartiendrait aux cellules endothéliales des capillaires sanguins (Heidenhain, 1891). Le principal argument de Heidenhain en faveur de sa thèse réside dans ce fait que les substances dites lymphagogues, surtout celles que cet auteur a énumérées dans sa *première classe*, telles que : les extraits de certains tissus, la peptone, les toxines microbiennes, etc., augmentent la production de la lymphe, malgré la baisse de pression sanguine.

Nous allons examiner l'action de quelques-unes de ces substances.

A) **Action des substances lymphagogues de la première classe de Heidenhain.** — a) *Action de l'extrait des muscles d'écrevisse.* — Heidenhain (1881) a découvert l'action lymphagogue de cet extrait, découverte dont le point de départ a été l'observation clinique suivante : Mlle A. B. a présenté de l'urticaire et un œdème diffus de la peau du maxillaire inférieur après avoir mangé des écrevisses. Heidenhain prit alors 6 écrevisses qu'il tua par l'eau chaude et qu'il broya avec 150 cc. d'eau. Après décoction et filtration, le liquide clair et légèrement alcalin fut injecté dans la veine faciale d'un chien de 14 kilogr., une canule étant préalablement ajustée dans le canal thoracique. L'écoulement de la lymphe devient 5 fois et demie plus abondant après l'injection qu'avant. La substance active se trouverait dans les muscles; elle est insoluble dans l'alcool et n'est pas détruite par la chaleur.

La lymphe, opalescente et même blanche, reste longtemps sans se coaguler. Ses substances organiques augmentent légèrement; elles proviennent du plasma sanguin où leur proportion baisse. L'extrait de sangsue agit comme celui des muscles d'écrevisse.

b) *Action de la peptone.* — Injectée dans le système veineux à la dose de 0 gr. 3 à 0 gr. 5 par kilogramme d'animal, la peptone augmente considérablement l'écoulement de la lymphe par le canal thoracique. Cette lymphe a une couleur rose, due à la présence d'un grand nombre d'hématies; elle est riche en substances organiques et se coagule difficilement.

Heidenhain (1891) conclut de ces faits que l'endothélium des capillaires ne laisse pas passer le plasma tel qu'il est, mais que, parmi les éléments qui le composent, il fait une sélection, en choisissant de préférence les substances organiques. Cet endothélium travaille donc à la manière de cellules glandulaires. A l'appui de cette idée, Heidenhain

(1891) rapporte encore l'expérience suivante : si l'on oblitère l'aorte, pendant un temps assez long, avant l'injection des lymphagogues de la première classe, leur effet est nul, parce que l'anémie prolongée a aboli l'excitabilité des cellules endothéliales des capillaires sanguins, tandis qu'une injection de sucre ou de chlorure de sodium en solution hypertonique augmente sur l'animal ainsi préparé l'écoulement de la lymphe, ces substances n'agissant pas sur les cellules endothéliales, mais sur celles des tissus.

Pour Starling (1894), les lymphagogues de la première classe, et surtout la peptone, agissent principalement sur les capillaires du foie, en augmentant la perméabilité de leurs parois. — La lymphe produite par ces lymphagogues, provient pour la plus grande part du foie ; la preuve en est que si l'on fait préalablement la ligature des lymphatiques du foie, l'injection de ces lymphagogues reste sans effet sur la lymphe du canal thoracique (Starling, 1893 ; Gley et Pachon, 1895). La contre-épreuve a été fournie par Gley (1896) qui a trouvé que l'extirpation de la masse intestinale, de la rate, de l'estomac et du pancréas, chez le chien, ne modifie pas l'action de la peptone sur la lymphe tant que le foie reste intact.

L'action spécifique de la peptone sur l'endothélium des capillaires sanguins du foie a été admise aussi par Nolf (1905) qui croit comme Heidenhain (1891) à une activité sécrétrice de cet endothélium. Il doit intervenir dans la production et la répartition des substances albuminoïdes du plasma sanguin. Mais quel que soit l'organe d'où provienne la lymphe peptonique, il est hors de doute qu'elle est formée pour la plus grande part sur le compte du plasma sanguin, transsudé dans les interstices des tissus, et du tissu hépatique en particulier. Cela se démontre par la concentration du sang en globules rouges, qui se trouve augmentée sous l'influence de la peptone (Athanasiu et Carvallo, 1896). On ne saurait dire qu'il y a identité entre cette lymphe produite par l'injection de la peptone dans les vaisseaux et celle qui prend naissance dans le travail normal du foie.

Demoor (1909) arrive à cette conclusion que la peptone, absorbée par les cellules endothéliales, augmente leur semi-perméabilité et par conséquent accélère le processus de lymphogénèse. Cet effet n'a plus lieu lorsqu'on ajoute à la peptone du citrate de soude qui annihile son action, comme il annihile l'action des hémolysines (Gengou).

La cellule hépatique serait touchée aussi par les lymphagogues colloïdes (Kusmine, 1911). Son protoplasme devient plus épais et plus colorable ; les vacuoles disparaissent et les contours des cellules deviennent moins nets.

c) Les recherches ultérieures ont montré qu'en dehors des substances que nous venons d'énumérer il y en a d'autres qui ont des propriétés lymphagogues. Telle est la gélatine (d'Errico, 1907), à condition toutefois qu'elle soit dissoute dans une grande quantité d'eau, faute de quoi elle diminue au contraire l'écoulement de la lymphe (Pugliese, 1910).

L'extrait des fraises jouit aussi des propriétés lymphagogues (Clopatt, 1900 ; Mendel et Hooker, 1902). Ces propriétés sont dues aux substances colloïdes des extraits (Clopatt, 1900).

B) **Action des substances lymphagogues de la seconde classe de Heidenhain.** — Outre les substances lymphagogues colloïdes, que nous venons d'étudier, Heidenhain (1891) a trouvé que certaines substances cristalloïdes, en solution hypertonique, jouissent aussi de propriétés lymphagogues. Ainsi le sucre de raisin, à la dose de 4 gr. 7 par kilogramme d'animal, produit chez le chien un écoulement considérable de lymphe par le canal thoracique. De 0 cc. 8 par minute avant l'injection du sucre, elle arrive à 12 cc. après l'injection. Le chlorure de sodium, à une dose variant de 0 gr. 1 à 0 gr. 79 par kilogramme d'animal, produit aussi un grand écoulement de lymphe. D'autres sels de métaux alcalins, tels l'iodure de sodium, l'azotate et le sulfate de sodium, etc., jouissent des mêmes propriétés.

Quant au mécanisme d'action de ces lymphagogues, Heidenhain l'explique de la manière suivante : injectées dans le sang, ces substances passent par diffusion dans les espaces lymphatiques des tissus et provoquent la sortie de l'eau des éléments anatomiques, cellules, fibres, etc. Cette eau rentre en partie dans le sang, puisque sa tension osmotique est plus grande, et en partie dans les vaisseaux lymphatiques, d'où accélération dans l'écoulement de la lymphe. Mais à ces processus purement physiques, il faut ajouter l'activité de la membrane endothéliale des capillaires sanguins. Comme preuve à l'appui de cette assertion vient ce fait que la quantité de sucre diminue progressivement dans le sang, alors que dans la lymphe elle augmente d'abord, atteint un maximum et redescend ensuite. Ce fait ne saurait s'expliquer par la diffusion seule, attendu que tout échange par diffusion s'arrête dès qu'est atteinte l'égalité de concentration entre le sang et la lymphe. Seul le travail des cellules endothéliales des parois capillaires peut faire passer le sucre du sang (milieu plus pauvre en cette substance) dans la lymphe (milieu plus riche).

Le même phénomène se produit pour les sels. Pour bien l'observer il suffit d'arrêter l'élimination par le rein en liant les vaisseaux de cet organe. Mais les conséquences que l'on pouvait tirer de cette expérience, laquelle semblait constituer au premier abord, un argument décisif en leur faveur, ont été vivement combattues par COHNSTEIN (1895-1896). Cet auteur a montré que le fait de comparer entre eux, un échantillon de lymphe et un autre de sang, prélevés tous les deux au même moment, était une cause d'erreurs. En effet, cette lymphe, originaire des tissus, a mis, pour atteindre le canal thoracique, un certain temps, pendant lequel la composition du sang s'est modifiée. Tenant compte de ce fait, COHNSTEIN détermine d'abord la teneur maxima du sang en chlorure de sodium ou en glucose, après l'injection de ces substances dans les vaisseaux sanguins; il cherche ensuite la teneur maximum de la lymphe en ces substances et compare ces deux maxima. En procédant ainsi, COHNSTEIN n'a pas trouvé de différences entre la lymphe et le sang, ou quand il en existe ces différences sont négligeables.

Cependant MENDEL (1896) prétend que les résultats de COHNSTEIN sont dus à ce que l'injection du chlorure de sodium ou du sucre dans le sang a été faite trop rapidement; quand elle est lente, le maximum de concentration de la lymphe se montrerait toujours supérieur à celui du sang.

Plus récemment, STANLEY, REIMANN et SANTER (1921) ont vu que par l'injection intraveineuse d'une solution à 4 p. 100 de bicarbonate de soude, la teneur du sang et de la lymphe en cette substance augmente parallèlement, ce qui démontrerait le passage très rapide du bicarbonate dans la lymphe. L'arsenic, l'adrénaline, l'alcool et l'éther augmentent l'écoulement de la lymphe dans le canal thoracique. L'alcool et l'éther ont en outre la propriété d'augmenter sa concentration et sa pression osmotique (JANAGAWA, 1916).

ASHER et GIES (1900) ont trouvé que certaines substances, comme l'arsenic, ayant une action spéciale sur les vaisseaux sanguins, activent l'écoulement de la lymphe. STARLING (1894) explique de la manière suivante l'action de ces lymphagogues : introduites dans le sang, ces substances élèvent sa tension osmotique : l'eau des tissus afflue vers le sang, dont la masse totale augmente. Les conditions réalisées sont en tout point semblables à celles de l'hydrémie expérimentale. Comme dans la pléthore hydrémique la pression hydrostatique du sang augmente aussi bien dans les artères et dans les veines porte et cave, d'où augmentation de la lymphe dans le canal thoracique. A l'appui de cette interprétation viennent les expériences de HEIDENHAIN, de COHNSTEIN (1895) et de DUBOIS (1906) qui montrent que le premier effet de ces lymphagogues est une diminution de la lymphe. Cela répondrait au moment du passage de l'eau des tissus dans le sang. Mais il était intéressant de savoir comment se comporte la pression du sang sous l'influence des lymphagogues de cette classe. OSTROWSKY (1895) a étudié cette question sur le chien, en s'adressant comme LUDWIG et TOMSA (1862) aux lymphatiques du testicule. L'injection d'une solution de chlorure de sodium à 10 p. 100 produit un écoulement de lymphe assez abondant sans modifications appréciables du côté de la pression sanguine.

Les expériences de DEMOOR (1909) faites sur des cadavres de chiens soumis à la circulation artificielle avec des solutions de chlorure de sodium isotoniques, hypotoniques et hypertoniques, montrent que la pression osmotique du liquide qui s'écoule par le canal thoracique se rapproche plutôt de celle de la lymphe que de celle du liquide qui circule dans les vaisseaux sanguins. Ce fait plaide en faveur d'une intervention active des cellules endothéliales dans le passage des éléments du plasma sanguin dans la lymphe.

Outre les substances lymphagogues que nous venons d'étudier, OSTROWSKY (1895) constate que la pilocarpine à la dose de 0 gr. 002 produit une augmentation appréciable de la lymphe du testicule chez le chien sans beaucoup changer la pression du sang. Ce physiologiste fait un rapprochement entre cet effet et l'hypersécrétion de diverses glandes sous l'influence de la pilocarpine et conclut en attribuant, comme HEIDENHAIN, une fonction sécrétrice à l'endothélium vasculaire.

3º **Rôle de l'activité des organes sur la formation de la lymphe.** — A) Le **travail des muscles et la lymphogenèse.** — On sait, depuis les recherches de GENERSICH (1871) que, sous l'influence de la contraction musculaire, le débit de la lymphe augmente à la sortie des muscles. Mais cette augmentation s'observe également sous l'influence des mouvements passifs des membres ou du thorax, et, sur ce point, les résultats obtenus par LESSER (1872), par PASCHUTIN (1873), et par FODERA (1908) confirment ceux de GENERSICH. — On ne saurait voir dans ce fait, ainsi que le remarque GENERSICH, une surproduction de lymphe, mais seulement une expulsion de celle qui se trouvait déjà dans les interstices et dans les vaisseaux lymphatiques.

Des recherches systématiques sur le rôle du travail musculaire normal et volontaire dans la lymphogenèse ont été entreprises par HAMBURGER (1894). Ce physiologiste, expérimentant sur le cheval, a trouvé que la lymphe qui s'écoule par le lymphatique cervical augmente pendant la mastication. Le travail des muscles masticateurs facilite donc la formation de la lymphe, et cela d'autant plus que le travail est plus intense. Ainsi la mastication de l'avoine produit un écoulement de lymphe plus abondant que celle du foin, qui est moins laborieuse. L'exagération du processus lymphogénétique provoquée par le travail musculaire ne semble pas se borner aux muscles en activité ; la lymphe peut augmenter dans des régions du corps plus ou moins éloignées de celles dont les muscles travaillent. En effet, HAMBURGER (1894), dans ses expériences sur le cheval, a constaté qu'en faisant travailler les muscles du tronc et des membres, il se produisait une augmentation de l'écoulement par le lymphatique cervical, quoique les muscles de la région céphalique fussent au repos. Cependant, LEATHES (1895) objecte que les muscles du cou ne restent pas au repos pendant la marche, et, d'après lui, l'augmentation de la lymphe serait due à l'activité de ces muscles. Cette objection perd de sa valeur si l'on tient compte de ce fait que la lymphe qui provient des muscles du cou aboutit aux lymphatiques satellites des artères vertébrales et non aux canaux satellites des artères carotides. La lymphe de ceux-ci vient des organes de la tête (muscles, glandes, etc.) qui ne travaillent pas pendant la marche. MOUSSU (1901) est arrivé aux mêmes résultats que HAMBURGER ; mesurant l'écoulement de la lymphe céphalique chez le cheval, il le voit passer de 0^{gr},6 en dix minutes pendant le repos, à 11 grammes dans le même temps pendant la mastication. Le travail des membres dans la piétineuse fait également augmenter cette lymphe, mais pas autant que la mastication. Par contre, JAPPELLI (1907), expérimentant sur les lymphatiques du membre antérieur chez le chien, trouve qu'elle diminue et devient plus trouble pendant les mouvements actifs des muscles.

B) **Le travail des glandes salivaires et la lymphogenèse.** — Les recherches d'ASHER et BARBERA (1898) sur la glande sous-maxillaire du chien ont montré que toutes les causes qui augmentent la production de la salive dans cette glande augmentent en même temps l'écoulement de la lymphe par le lymphatique cervical. Dans leurs premières expériences, ces physiologistes avaient employé l'acide acétique pour exciter la muqueuse buccale, et provoquer ainsi, par voie réflexe, l'activité des glandes salivaires. C'est donc à l'activité de ces glandes qu'il faut attribuer en grande partie la différence constatée par HAMBURGER (1894) entre la mastication de l'avoine et celle du foin, au point de vue de la lymphogenèse. Si l'écoulement lymphatique est plus fort pendant la mastication de l'avoine, c'est que le travail des glandes salivaires est plus intense pour cette sorte d'aliment, qui réclame une plus forte quantité de salive.

Les glandes salivaires peuvent être mises en état d'activité par l'excitation directe de leurs nerfs. Nous avons relaté plus haut des expériences sur la vaso-dilatation produite par l'excitation de la corde du tympan dans ses rapports avec la production de la lymphe par la glande sous-maxillaire. Cet exposé avait pour but de déterminer s'il existe une réaction entre la vaso-dilatation et la formation de la lymphe. — Mais outre les fibres nerveuses, destinées aux vaisseaux sanguins, la corde du tympan possède des fibres sécrétrices qui agissent directement sur les cellules glandulaires. Il est donc nécessaire d'isoler les deux sortes d'effets, vaso-dilatation et sécrétion, qui se produisent simultanément quand on excite la corde du tympan afin de savoir auquel de ces facteurs il faut attribuer une influence sur la formation de la lymphe. Dans ce but, HEIDENHAIN (1874) a employé l'atropine, qui paralyse les terminaisons des nerfs sécréteurs. Si l'on excite la corde du tympan, sur un chien atropinisé, on n'obtient aucune augmentation dans l'écoulement de la lymphe cervicale malgré la vaso-dilatation glandulaire qui a lieu. La congestion de la glande n'est donc pas suffisante pour produire la lymphe; l'activité fonctionnelle des éléments de cette glande est nécessaire. BAINBRIDGE (1900) constate aussi qu'après l'administration de l'atropine, l'excitation de la corde du tympan reste sans effet sur la lymphe.

La conclusion qui semble se dégager de ces expériences est la suivante : la formation de la lymphe dans la glande sous-maxillaire est directement subordonnée à l'activité des cellules glandulaires. Des travaux ultérieurs viennent à l'encontre de cette manière de voir. Ainsi, on peut annihiler la fonction de la glande sous-maxillaire par le fluorure de sodium, qui agit directement sur les cellules glandulaires. En effet, si l'on injecte dans le canal de WARTHON une solution à 1 p. 100 de fluorure, on constate que l'excitation de la corde du tympan reste sans effet sur la sécrétion salivaire, tandis que l'écoulement de la lymphe cervicale augmente (D'ERRICO et RONDOLI, 1906). Il semble résulter de cette expérience que la formation de la lymphe est indépendante de la fonction glandulaire. Les recherches de CARLSON, GREER et BECHT (1907) aboutissent à une conclusion semblable. Pour obtenir isolément la lymphe de la glande salivaire à l'exclusion de tout autre produit glandulaire, ces auteurs ont choisi comme sujet d'expérience le cheval, dont la parotide possède des vaisseaux lymphatiques assez gros pour y introduire une canule. Dans sept expériences sur neuf, il y a eu écoulement de lymphe en absence de tout travail masticateur et, par conséquent, de toute activité fonctionnelle de la glande. Il est cependant permis de se demander si cette absence d'activité fonctionnelle est réelle, car nous savons que le protoplasma glandulaire élabore constamment des produits qui seront éliminés pendant l'excrétion de la salive. De l'activité de la glande qui accompagne le travail masticateur ne résulterait pas non plus une augmentation appréciable de la lymphe parotidienne. CARLSON, GREER et BECHT (1907), en excitant la corde du tympan chez le chien, n'ont pas obtenu d'augmentation de l'écoulement par les lymphatiques cervicaux.

C) **Le travail du foie et la lymphogenèse**. — Nous avons vu plus haut que la lymphe qui, sous l'influence de la propeptone, s'écoule par le canal thoracique provient presque exclusivement du foie. Mais si la propeptone active l'écoulement de la lymphe, elle augmente aussi celui de la bile (ASHER et BARBERA, 1858). Rapprochant ce fait de leurs précédentes observations, sur la glande sous-maxillaire, ces auteurs en concluent que la formation de la lymphe dans le foie, sous l'influence de la propeptone, est la conséquence du travail biliaire des cellules hépatiques. Cette fonction biliaire du foie n'est pas la seule qui s'accompagne d'une surproduction de lymphe ; les fonctions uropoïétique et glycogénique se trouvent dans le même cas, puisque l'introduction dans le foie de carbonate ou de tartrate d'ammoniaque, ou bien de glucose, active la formation de la lymphe hépatique (ASHER et BARBERA, 1900). A l'appui de cette conclusion, viennent aussi les résultats de KUSMINE (1910), qui découvre que des modifications profondes se produisent dans la structure des cellules hépatiques sous l'influence de la peptone.

ELLINGER (1902) et DOYON (1903) ont contesté l'effet cholagogue proprement dit de la propeptone ; il n'y aurait pas surproduction de bile, mais seulement évacuation de la vésicule biliaire. L'effet cholagogue de la propeptone serait nul quand la vésicule biliaire est vide.

D) **Le travail du pancréas et la lymphogenèse**. — Si l'on provoque l'activité de cette glande au moyen de la sécrétine, on constate une augmentation de l'écoulement lymphatique dans le canal thoracique (BAINBRIDGE, 1902-1905). L'excès de lymphe provient du pancréas, puisque l'épanchement lymphatique est parallèle à celui du suc pancréatique. Elle ne provient pas du foie, car si l'on lie les lymphatiques de cet organe, l'effet lymphagogue de la sécrétine reste le même. Les conclusions de BAINBRIDGE ont été contestées par Falloise (1902) et par Wertheimer (1906), qui attribuent la propriété lymphatique de la sécrétine aux albumoses, dont la présence dans les solutions de sécrétine ne fait aucun doute. Wertheimer (1906) a préparé une sécrétine exempte d'albumose qui, injectée à un chien, augmente l'écoulement de la bile et du suc pancréatique, et reste sans action sur la lymphe du foie et du pancréas. Après cette sécrétine, les lymphagogues agissent très bien; cela prouve que ni la circulation, ni le mécanisme formateur de la lymphe n'ont été troublés par cette substance.

E) **Le travail de la paroi intestinale et la lymphogenèse.** — On sait que les globules blancs sont plus nombreux dans le tissu lymphoïde de la paroi intestinale pendant la digestion, et que ce nombre provient en grande partie de leur multiplication sur place. Ces éléments prennent certainement part aux phénomènes de synthèse qui se passent dans la paroi intestinale même (Hoffmeister, 1885). La lymphe qui sort de l'intestin sera donc différente, quant au nombre et à la variété de ses éléments figurés, suivant l'état de repos ou d'activité de la paroi intestinale. Ces variations peuvent être facilement suivies dans les ganglions mésentériques. Pendant la digestion, on trouve dans ces ganglions un nombre beaucoup plus grand de lymphocytes et leucocytes à noyau rouge (Heidenhain Erdely, 1904).

4° **Rôle des métabolites sur les formations de la lymphe.** — Gaskel (1882) a montré que certains produits, qui prennent naissance dans les muscles pendant leur travail, ont une action vaso-dilatatrice manifeste. Les parois artérielles posséderaient même dans chaque organe une sensibilité spécifique mise en jeu par les métabolites élaborés dans les éléments des organes en fonction (Bayliss et Starling, 1902).

May (1904) et Henderson et Lœwi (1905) ont admis également que la vaso-dilatation qui a lieu dans le pancréas et les glandes salivaires en activité, est due aux métabolites de ces mêmes organes.

Carlson (1911) a cherché à déceler la présence de ces métabolites vaso-dilatateurs dans les extraits de différents organes : pancréas, muqueuse intestinale, muqueuse stomacale, glandes salivaires, poumon, rein, rate, foie, thyroïde, thymus, ganglions lymphatiques, testicule et muscles du squelette.

En général, les glandes à secrétion externe (glandes salivaires, pancréas, muqueuse stomacale, muqueuse intestinale, glande mammaire) sont plus riches que les autres en métabolites dépressifs. Le système nerveux fait exception et se rapproche à cet égard des glandes à sécrétion externe.

Heidenhain (1891) admettait que ces produits (métabolites) constituent l'excitant des cellules endothéliales pour sécréter la lymphe. Cette opinion fut admise aussi par Hamburger (1894) qui attribua justement à ces métabolites, l'augmentation de la lymphe cervicale pendant le travail des membres. Le transport de ces métabolites, à fonction lymphagogue, se fait par le sang. D'Errico (1907) a démontré, en effet, leur présence dans le sang des animaux fatigués. Si l'on injecte dans le système veineux d'un chien, qui a une fistule dans le canal thoracique, le sang total ou seulement le sérum d'un autre chien qui a fait des travaux musculaires jusqu'à la fatigue, on constate une augmentation de l'écoulement lymphatique. Cette augmentation est plus manifeste avec le sang total qu'avec le sérum.

5° **Parallèle entre la composition chimique et les constantes physiques de la lymphe et du sang.** — Le plasma lymphatique n'a pas la même composition que le plasma sanguin et la différence peut devenir très appréciable dans certains cas. Ainsi les lymphagogues et plus spécialement l'extrait des muscles d'écrevisse augmentent la proportion des substances organiques dans la lymphe; elles proviennent du sang, puisque leur taux diminue dans le sérum sanguin (Heidenhain, 1891). On y trouve surtout des globulines sans que l'on puisse établir un rapport entre ce fait et la lymphogenèse (Timofejewski, 1899). — Hamburger (1894) a étudié la composition de la lymphe par rapport au sérum sanguin sous l'influence du travail musculaire et de la stase veineuse. Il a dosé les alcalis, le chlore, et les substances solides totales. Le tableau suivant emprunté à Hamburger résume les résultats de ses recherches.

La composition de la lymphe s'éloigne donc dans certaines conditions de celle du sérum sanguin puisque les proportions des alcalis et du chlore peuvent être plus fortes dans la lymphe que dans le sang. C'est à cela qu'est due la tension osmotique plus forte de la lymphe (Hamburger, 1894). Ces données constituent un argument puissant contre la théorie de la filtration.

		QUANTITÉ DES ALCALIS.	QUANTITÉ DU CHLORE.	QUANTITÉ DES SUBSTANCES solides totales.
Mastication.	Lymphe.	+	+	
	Sérum sanguin.	+	—	+
Travail des muscles des membres et du tronc.	Lymphe.	+	+	—
	Sérum sanguin.	—	+	—
Compression de la jugulaire.	Lymphe.	—	+	—
	Sérum sanguin.	+	—	+
Mastication et compression de la jugulaire.	Lymphe.	—	+	—
	Sérum sanguin.	+	—	+

Leathes (1895) trouve aussi que le point de congélation de la lymphe est généralement un peu plus bas que celui du sérum sanguin ($0°001$ à $0°005$) et il suit de très près et dans le même sens les modifications de celui-ci. Mais Leathes voit dans la tension osmotique plus forte de la lymphe une intervention des tissus par les produits de leur métabolisme et nullement une fonction active des parois vasculaires. Il conclut comme Starling à la passivité des parois endothéliales des capillaires sanguins dans les échanges entre le sang et les tissus. Les recherches plus récentes s'accordent à dire que la tension osmotique de la lymphe des différents territoires de l'organisme (le canal thoracique, le lymphatique cervical, le lymphatique brachial, les chylifères, etc.) est toujours manifestement supérieure à celle du sérum sanguin.

Le tableau suivant emprunté à Bottazzi (1908) montre, comment se comportent les constantes physiques de la lymphe, à savoir : a) le point de congélation; b) la conductivité électrique, et c) la viscosité, par rapport à celle du sérum sanguin.

CONSTANTES PHYSIQUES.	SÉRUM DU SANG.	LYMPHE DU CANAL thoracique.	LYMPHE du LYMPHATIQUE cervical.	LYMPHE du LYMPHATIQUE brachial.	CHYLE.
Point de congélation $= \Delta$.	$- 0°595$	$- 0°615$	$-0°612$	$- 0°623$	$- 0°640$
Conductibilité électrique $=$ K 36° C.	151×10^{-4}	162×10^{-4}	—	165×10^{-4}	157×10^{-4}
Viscosité $=$ T. 37° C (H_2O. t. $= 2'4''$).	$3'15''$	$2'40''$	—	$2'10''$	$4'12''$

La tension osmotique est encore plus forte dans la lymphe qui s'écoule après la mort (Jappelli et d'Errico, 1908).

Si l'on injecte dans le sang une solution hypertonique de chlorure de sodium, la tension osmotique et la conductibilité électrique de la lymphe augmentent tandis que la viscosité diminue. L'accroissement de la conductibilité électrique de la lymphe serait dû spécialement au chlorure de sodium (Hamburger, 1893, Lückardt, 1910). Pour expliquer cette richesse de la lymphe en chlorures, Hamburger admet que dans le plasma interstitiel les ions CO_2 se rendraient de préférence dans le sang alors que les ions Cl se rendraient dans la lymphe.

Les différences entre les propriétés physico-chimiques de la lymphe et du sang peuvent être rendues plus visibles encore dans la lymphorrhée expérimentale. C'est ainsi que Vinci (1910) a trouvé une diminution progressive de la conductivité électrique de la lymphe sous l'influence de la lymphorrhée, alors que la conductivité du sang augmente. Tout se passe comme si la paroi vasculaire ne laissait pénétrer les électrolytes dans le plasma interstitiel qu'entre certaines limites. Outre les différences que nous venons de signaler entre le sang et la lymphe, ASHER et BARBERA (1898) ont trouvé que celle-ci peut contenir des substances qui ne se trouvent pas dans le sang et qui proviennent vraisemblablement des échanges nutritifs des tissus. En effet, si l'on injecte dans la carotide d'un chien la lymphe défibrinée d'un autre, on obtient généralement une accélération du cœur et une augmentation de l'amplitude des courbes de TRAUBE-HERING ; rien de pareil ne se produit si l'on injecte du sang défibriné ou du sérum artificiel.

Plus récemment, BURTON, OPISA et NEMSER (1917) ont étudié la viscosité de la lymphe du canal thoracique sur le chien anesthésié à l'éther. La viscosité de l'eau distillée étant 1, celle de la lymphe est 1,7 alors que celle du sérum sanguin est 5, celle de la bile 1,8 et celle de la salive 1,4.

La densité de la lymphe suit une marche parallèle à celle de sa viscosité ; elle varie entre 1,0119 et 1,023.

Si l'on excite le grand splanchnique, le coefficient de viscosité monte à 22.

Si l'on injecte dans les veines 200 à 300 cc. de sérum physiologique, il diminue légèrement, mais augmente au contraire si l'on a préalablement enlevé une quantité égale de sang.

Le sang et la lymphe diffèrent aussi en ce qui concerne leur richesse en anticorps. — Ainsi OSATO (1921) trouve que le sérum sanguin est plus riche que la lymphe en substances immunisantes. — Toutefois celles-ci augmentent sensiblement dans la lymphe sous l'influence des lymphagogues de la première classe (colloïdes).

II. — THÉORIES SUR LA FORMATION DE LA LYMPHE

Des travaux assez nombreux cités dans le précédent chapitre se sont dégagées trois théories pour expliquer le mécanisme de la formation de la lymphe. Nous allons les énoncer dans l'ordre chronologique et faire valoir les principaux arguments en faveur de chacune d'elles. Nous en ferons connaître les défenseurs, c'est-à-dire les auteurs dont les travaux viennent à l'appui de ces théories, et les adversaires, c'est-à-dire les auteurs dont les travaux tendent au contraire à les réfuter.

1° La théorie de la filtration est la plus ancienne et c'est LUDWIG qui l'a formulée. D'après cette théorie la formation de la lymphe est directement subordonnée à la différence de pression hydrostatique entre le sang et le plasma interstitiel. Plus la pression supportée par la face interne de l'endothélium des capillaires sanguins sera grande, plus il y aura production de lymphe et vice-versa.

Preuves : A) Augmentation de la pression intracapillaire. a) La production de la lymphe augmente pendant la stase veineuse. 1) Recherches à résultats positifs : TOMSA (1862), EMMINGHAUS (1874), HEIDENHAIN (1891), STARLING (1893) ; 2) Recherches à résultats négatifs : MOUSSU (1901).

b) La production de la lymphe augmente sous l'influence de la transfusion de sang total. Recherches à résultats positifs : STARLING (1893), BOTTAZZI et JAPPELLI (1908).

c) La production de la lymphe est augmentée sous l'influence de la transfusion du sérum physiologique (Pléthore hydrémique). 1) Recherches à résultats positifs : COHNHEIM et LICHTHEIM (1877) ; LAZARUS-BARLOW (1895) ; 2) Recherches à résultats contradictoires : MOUSSU (1901).

d) La production de la lymphe est augmentée dans les congestions d'origine nerveuse : section des vaso-constricteurs ou excitation des vaso-dilatateurs. 1) Recherches à résultats positifs : ROGOWICZ (1885), OSTROUMOFF (1885), DOURDOUFFI (1887), LEWACHEW (1886), PEKELHARING et MENSONIDES (1887), BAINBRIDGE (1900), PUGLIESSE (1902), D'ERRICO (1907), Robert MULLER (1908) ; 2) Recherches à résultats négatifs : HEIDENHAIN (1873), PASCHUTIN (1873), EMMINGHAUS (1874), MOUSSU (1901), CARLSON (1907).

B) Diminution de la pression intracapillaire.

C) La production de la lymphe est diminuée pendant l'obstruction de l'oreillette droite. Recherches à résultats positifs : TOMSA (1862).

F) La production de la lymphe est diminuée par l'obstruction de l'aorte. 1) Recherches à résultats positifs : Carlson (1890), Camus (1894); 2) Recherches a résultats négatifs : Heidenhain (1891).

G) *La production de la lymphe diminue sous l'effet de l'hémorragie.* 1) Recherches à résultats positifs : Tscherewkow (1896), Moussu (1901), Posner et Gies (1894); 2) Recherches à résultats négatifs : Hoche (1896).

H) *La production de la lymphe diminue quand il y a chute de la pression sanguine sous l'influence du travail musculaire.* Recherches à résultats négatifs : Hamburger (1895), Moussu (1901).

I) *La production de la lymphe diminue après la mort à cause de l'absence de pression sanguine.* — 1° Recherches à résultats négatifs : Asher et Gies (1900), Mendel et Hooker (1902), Bainbridge (1906), Jappelli et d'Errico (1908), Cuttat-Galitzca (1911).

2° **Théorie de la sécrétion de la lymphe par l'endothélium vasculaire.** — Cette théorie est due à Heidenhain, qui, ne pouvant pas expliquer par la filtration tous les faits concernant la formation de la lymphe, admet que les cellules endothéliales des capillaires sanguins travaillent à la manière des cellules glandulaires dans les échanges qui ont lieu entre le sang et les tissus. Ces cellules font un choix parmi les éléments du plasma sanguin suivant les exigences des tissus. La lymphe doit donc être considérée comme un produit de l'activité endothéliale.

Preuves. — A) *La production de la lymphe est augmentée par certaines substances dites lymphagogues, qui sont les unes colloïdes, d'autres cristalloïdes et qui agissent sur l'endothélium vasculaire.* — Recherches à résultats positifs : Heidenhain (1891), Starling (1894), Ostowsky (1895), Gley et Pachon (1896), Clopatt (1900), Asher et Gies (1900), Mendel et Hooker (1902), Nolf (1905), Dubois (1906), d'Errico (1907), Demoor (1909), Pugliesse (1910), Kusmine (1911).

B) *La composition chimique de la lymphe diffère de celle du plasma sanguin.* — 1. Recherches à résultats positifs : Heidenhain (1891), Hamburger (1894), Mendel (1896), Asher et Barbera (1899), Timofejew (1899), Bottazzi (1908), Jappelli et d'Errico (1908), Luckardt (1910), Vinci (1910). — 2. Recherches à résultats négatifs : Leathes (1895), Cohnstein (1895-1896).

C) *La production de la lymphe est augmentée par les métabolites.* — 1. Recherches à résultats positifs : Heidenhain (1891), Hamburger (1894), Moussu (1901), d'Errico (1907), Carlson (1911).

3° **Théorie de l'élaboration de la lymphe par les cellules des tissus.** — Cette théorie est due à Asher, qui considère la lymphe comme un produit de l'activité cellulaire des tissus.

Preuves. — A) *La production de la lymphe augmente pendant le travail musculaire.* — 1. Recherches à résultats positifs : Genersich (1871), Hamburger (1894), Moussu (1901). — 2. Recherches à résultats négatifs : Leathes (1895), Jappelli (1907).

B) *La production de la lymphe augmente pendant le travail des glandes salivaires.* — 1. Recherches à résultats positifs : Heidenhain (1874), Hamburger (1894), Asher et Barbera (1898), Bainbridge (1898). — 2. Recherches à résultats négatifs : d'Errico et Rondoli (1906); Carlson, Green et Becht (1907).

C) *La production de la lymphe augmente pendant le travail du foie.* — 1. Recherches à résultats positifs : Asher et Barbera (1898), Asher et Busch (1900), Kusmine (1910). — 2. Recherches à résultats négatifs : Ellinger (1902), Doyon (1903).

D) *La production de la lymphe augmente pendant le travail du pancréas* — 1. Recherches à résultats positifs : Bainbridge (1901-1902). — 2. Recherches à résultats négatifs : Falloise (1902), Wertheimer (1906).

E) *La production de la lymphe augmente pendant le travail de la paroi intestinale.* — Recherches à résultats positifs : Erdely (1904).

III. — RÉSUMÉ SUR LA FORMATION DE LA LYMPHE

L'aperçu général que nous venons de donner des théories émises pour expliquer le mécanisme qui préside à la formation de la lymphe montre combien les partisans respectifs de ces théories sont loin de s'entendre. Un premier essai en vue de concilier la théorie de la filtration avec celle de la sécrétion endothéliale a été fait, et avec succès croyons-nous, par DEMOOR (1909). Si l'on développe le point de vue où cet auteur s'est placé, on peut admettre que chacune des théories énumérées n'envisage qu'un côté de la question. En effet la pression intracapillaire, l'endothélium vasculaire et l'activité des organes ont tous leur part d'action dans le processus très complexe par lequel se produit la lymphe. Mais chacune de ces causes, considérée isolément, n'est qu'une partie de ce processus et le mécanisme intime de la lymphogenèse ne saurait être compris si l'on n« donne à chacun de ces facteurs sa part de collaboration. En effet, la pression intracapillaire est nécessaire pour assurer les échanges entre le sang et les tissus et entre ceux ci et la lymphe, et les partisans de la filtration ont raison d'établir sur ce point une relation assez étroite entre cette pression et l'activité de la fonction lymphogénétique. Mais ils exagèrent, quand ils considèrent l'endothélium vasculaire comme une membrane inerte, fonctionnant comme un filtre en vertu seulement de la différence de pression. On ne trouve pas dans l'organisme animal des cellules inertes; toutes ont un rôle actif à accomplir et c'est pour cela qu'il existe entre elles une différenciation fonctionnelle et morphologique, qui est si grande dans les organismes complexes. Les cellules de l'endothélium vasculaire doivent avoir, parmi d'autres fonctions, les deux suivantes : 1° de maintenir constante la composition chimique du sang; 2° de régler les échanges continuels entre le sang et les tissus. Il serait en effet difficile de comprendre que le sang artériel puisse garder une constitution chimique assez uniforme, malgré des entrées et des sorties continuelles, s'il n'existait aucun appareil régulateur. Le système nerveux qui régit et entretient l'harmonie fonctionnelle entre tous les organes du corps et leurs éléments constitutifs, doit sans doute aussi veiller à ce qui se passe dans le sang, dont la constitution chimique intéresse au plus haut degré toutes les cellules de l'organisme. Mais ses éléments ne sont nulle part en relation directe avec le sang et ce n'est que par l'intermédiaire de l'endothélium vasculaire que cette relation peut s'établir. Or si cet endothélium est sensible aux différences de pression hydrostatique, il est permis de supposer qu'il est également sensible aux modifications chimiques (teneur en eau, glucose, albumine, etc.) et aux modifications physiques (température, etc.) du sang.

Le système nerveux central, averti par cette sorte de sens vasculaire des modifications survenues dans le sang, va mettre en fonction des organes différents, suivant la nature de ces modifications : ce seront les organes d'excrétion s'il s'agit de corps étrangers ou même de principes alimentaires en excès comme le glucose, les uns et les autres devront être éliminés; ce seront les organes d'absorption si, au contraire, les proportions d'eau, de sels, d'albuminoïdes, etc. du plasma tendent à diminuer; ce sera le foie si le taux du glucose diminue, etc. Cette régulation par voie réflexe de la constitution chimique du sang serait, croyons-nous, une des attributions de l'endothélium vasculaire. Mais là ne doit pas se borner son activité et il a certainement sa part d'influence dans les échanges qui ont lieu entre le sang et les tissus. N'y a-t-il pas un va-et-vient continuel à travers la paroi endothéliale de matériaux qui diffèrent qualitativement et quantitativement d'un organe à l'autre ? Pour expliquer cette accommodation de l'endothélium vasculaire aux exigences des divers organes, STARLING a supposé que la perméabilité des capillaires sanguins n'était pas la même partout; elle serait très faible dans les muscles, la peau, etc.; très grande dans le foie, la rate, etc. Mais cette hypothèse ne saurait expliquer comment il se fait que l'endothélium des capillaires musculaires laisse passer de préférence certaines substances, tandis que celui des capillaires glandulaires en laisse passer d'autres.

La régularité et la précision avec lesquelles s'accomplissent les échanges ne se comprennent pas par cette seule différence de perméabilité physique des cellules endothéliales.

Le passage des matériaux à travers l'endothélium des capillaires est donc un travail des cellules de cet endothélium, lesquelles doivent en outre faire un dosage et un choix de ces matériaux en conformité avec les besoins de l'organe où ces capillaires se trouvent. C'est encore le système nerveux qui doit régler les conditions de ce travail; les phénomènes de vaso-dilatation concomitants en sont un indice. Il y a évidemment là un réflexe dont la voie centripète est représentée par les nerfs sensitifs des vaisseaux et des éléments propres de l'organe.

Cet appareil en quelque sorte sensoriel pourra être excité soit par l'activité même des cellules, soit par les produits (métabolites) de cette activité. Il existerait même une sensibilité spécifique des parois vasculaires d'un organe pour ses propres métabolites (BAYLISS et STARLING, 1902). Mais la vaso-dilatation ne fait qu'établir les conditions nécessaires à l'accomplissement des échanges entre le sang et les tissus. Ce sont les cellules endothéliales des capillaires qui, dans ce sang, choisissent les substances qui conviennent à chacun de ces tissus. Ce choix est sans doute réglé par le système nerveux suivant un mécanisme analogue à celui de la vaso-dilatation.

Le plasma sanguin passe donc à travers la paroi des capillaires, grâce au travail des cellules endothéliales et la pression hydrostatique ne saurait avoir dans ce cas d'autre rôle que celui d'un excitant direct ou indirect de ces cellules. En outre, le travail des cellules endothéliales des capillaires sanguins exige la présence constante de l'adrénaline dans le sang. Cette substance vient-elle à manquer, comme c'est le cas des animaux privés des capsules surrénales, les cellules endothéliales laissent alors filtrer une grande partie du plasma sanguin dans les interstices des tissus ou dans les cavités séreuses, le péritoine surtout. Cela se démontre : 1° Par la circulation artificielle dans les divers organes avec le liquide de LOCKE et où l'on constate toujours une infiltration de ce liquide dans les interstices du tissu conjonctif; cette infiltration ne se produit pas si l'on ajoute de l'adrénaline 1 : 5 000 à 10 000 au liquide de LOCKE (ATHANASIU et GRADINESCO, 1908) ; 2° Par la concentration du sang en globules rouges chez les animaux décapsulés.

L'adrénaline maintient donc le tonus de l'endothélium vasculaire, tonus absolument nécessaire pour que cet endothélium puisse présider aux échanges qui se passent entre le sang et les tissus (ATHANASIU et GRADINESCO, 1909).

Arrivé entre les éléments des tissus, le plasma sanguin devient *plasma interstitiel* et c'est celui-ci qui va servir aux échanges nutritifs des cellules. Sa composition sera forcément différente de celle du plasma sanguin. D'une part, il va perdre certaines de ses substances, qui seront consommées par les cellules des tissus; d'autre part, il va prendre les produits de déchet de ces cellules. C'est donc le plasma interstitiel qui doit être considéré comme le milieu interne dans lequel vivent les cellules des tissus et c'est lui aussi qui est la source réelle de la lymphe. Une partie au moins de ce plasma pénètre dans les capillaires lymphatiques et va former la lymphe proprement dite. Mais ces capillaires ne sont pas ouverts à leur origine dans les interstices des tissus. Ils ont au contraire une paroi endothéliale, continue, comme les capillaires sanguins. Dès lors la pénétration du plasma interstitiel dans les capillaires lymphatiques sera effectuée par leurs cellules endothéliales tout comme la sortie du plasma sanguin est effectuée par les cellules endothéliales des capillaires sanguins. Nous croyons que ce travail de la paroi endothéliale lymphatique est aussi sous la dépendance du système nerveux, quoique nous ne nous n'en ayons aucune preuve directe.

On pourrait donc décomposer le processus de lymphogenèse en trois phases :

1° Travail de l'endothélium des capillaires sanguins pour le passage du plasma du sang dans les interstices des tissus;

2° Échange entre le plasma interstitiel et les cellules des tissus ;

3° Travail de l'endothélium des capillaires lymphatiques pour le passage d'une partie au moins du plasma interstitiel dans ces vaisseaux.

Le schéma suivant (p. 493) est destiné à montrer les échanges des matériaux entre le sang, les tissus et la lymphe et l'origine de celle-ci dans le plasma interstitiel.

IV. — L'ORIGINE DES ÉLÉMENTS DE LA LYMPHE

Les globules blancs ou leucocytes sont les éléments figurés normaux de la lymphe. Nous renvoyons à l'article *Leucocyte* pour ce qui concerne la description et les caractères spéciaux de ces éléments. Quant à leur présence dans la lymphe, elle s'explique de plusieurs façons. Il y en a parmi eux qui ont pour origine des tissus lymphoïdes, comme les ganglions lymphatiques où l'on constate une multiplication manifeste de leucocytes. La circulation de la lymphe à travers le ganglion est absolument nécessaire pour l'accomplissement de cette multiplication. Elle n'a plus lieu, en effet, après la ligature des lymphatiques afférents du ganglion (KœPPE, 1890). Mais il y a aussi des leucocytes dans la lymphe qui proviennent du sang d'où ils sont sortis grâce à leurs mouvements amiboïdes. Après être restés un certain temps dans les interstices des tissus, surtout dans le tissu conjonctif lâche où ils sont particulièrement abondants, ces globules migrateurs

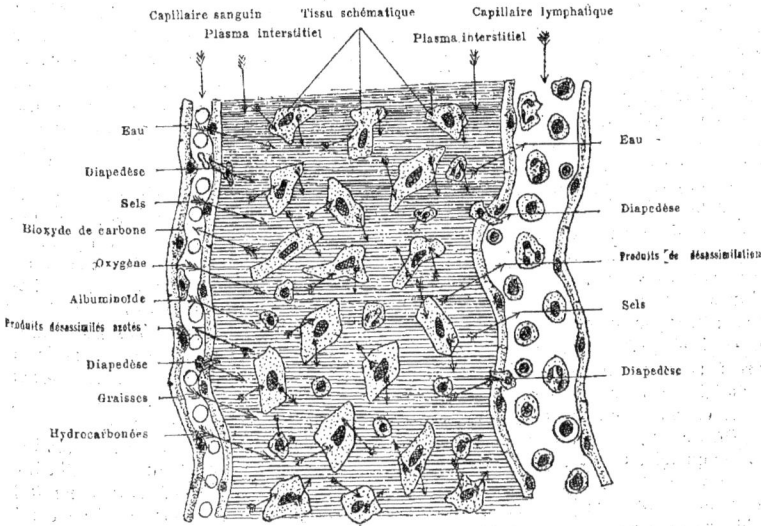

FIG. 108. — Schéma de la lymphogénèse.

retournent en partie dans les capillaires lymphatiques pour revenir ensuite dans le sang, mais après un détour beaucoup plus grand. Il est probable que parmi les globules blancs de l'organisme il y en a qui font plusieurs fois le circuit : sang → plasma interstitiel → lymphe → sang.

CHAPITRE SECOND

LA CIRCULATION DE LA LYMPHE

I. — APERÇU D'ANATOMIE MICROSCOPIQUE DU SYSTÈME LYMPHATIQUE DES VERTÉBRÉS

La lymphe est enfermée dans un système de vaisseaux dont la conformation et la structure varient beaucoup avec les différentes classes des Vertébrés. Nous indiquerons brièvement les principales dispositions anatomiques de ces vaisseaux, dispositions très importantes à connaître, pour comprendre la mécanique circulatoire de la lymphe.

Envisagé dans ses caractères généraux communs à tous les Vertébrés, le système lymphatique se compose des parties suivantes :

1° Les capillaires lymphatiques ;
2° Les sinus et les sacs lymphatiques ;
3° Les troncs lymphatiques ;
4° Les cœurs lymphatiques ;
5° Les ganglions lymphatiques.

1° Les capillaires lymphatiques. — Chez les mammifères les capillaires lymphatiques sont formés d'une simple paroi endothéliale. D'une façon générale, et quoique la même forme se retrouve dans certains capillaires sanguins (veinules spléniques, capillaire de la moelle des os, d'après Morat), les cellules de cette paroi se distinguent de celle des capillaires sanguins par leur contour très irrégulier découpé en feuille de chêne.

Les capillaires lymphatiques ont un calibre beaucoup plus grand et très irrégulier si on le compare à celui du capillaire sanguin. Ils s'anastomosent entre eux pour former dans le tissu conjonctif des réseaux d'aspects différents, suivant la nature du tissu conjonctif (lâche ou ordonné). Ainsi dans le centre phrénique du diaphragme les capillaires lymphatiques se glissent entre les faisceaux tendineux et forment ce que l'on appelle *les fentes lymphatiques*. D'autres fois ces capillaires entourent certains vaisseaux sanguins, tels que les veines et les artères de la moelle des os, formant autour de ces vaisseaux des gaines lymphatiques à paroi propre.

Une question de la plus haute importance au double point de vue morphologique et physiologique est celle qui concerne l'origine des capillaires lymphatiques. Les opinions des savants ont fort varié sur ce point. Citons-en quelques-unes à titre historique : Bœrhaave, Vieusens et Terrein croyaient à une communication directe entre les vaisseaux sanguins et les vaisseaux lymphatiques; Virchow prétendait que les lymphatiques tiraient leur origine de canalicules dont seraient pourvues les cellules conjonctives; Recklinghausen plaçait l'origine des capillaires lymphatiques dans les espaces interstitiels (Saftkanälchen) du tissu conjonctif, espaces qui n'auraient pas de paroi propre; Sappey enfin admettait l'existence de lacune et de capillicules réunis en réseaux à l'origine des lymphatiques.

Aucune de ces opinions n'a été confirmée par les recherches ultérieures.

On sait aujourd'hui que les capillaires lymphatiques sont fermés à leur extrémité, même quand ils se terminent librement dans les interstices du tissu conjonctif. Les recherches de Cuénot (1889) faites sur la queue de jeunes poissons (*Carrassius auratus*) et celles de Ranvier (1895) faites sur la peau des grenouilles et sur l'oreille du rat albinos sont à cet égard des plus démonstratives.

En pratiquant des injections avec des masses différemment colorées (bleu de Prusse et carmin) dans les vaisseaux sanguins et lymphatiques, Ranvier a pu démontrer l'existence d'un réseau de capillaires lymphatiques situé sur un plan plus profond que les capillaires sanguins. On peut encore distinguer ces deux sortes de capillaires d'après l'aspect de leurs contours; ainsi les capillaires sanguins ont un contour régulier, tandis que les capillaires lymphatiques ont au contraire un contour sinueux. On peut distinguer aussi des culs-de-sacs latéraux, disposition qui se trouve dans tous les réseaux capillaires lymphatiques.

Dans le pavillon de l'oreille du rat albinos, les capillaires lymphatiques sont beaucoup plus larges que les capillaires sanguins et n'atteignent jamais la membrane basale de l'épiderme. Sur leur trajet, ces capillaires possèdent de nombreux culs-de-sacs, simples ou ramifiés. On ne voit jamais, autour de ces culs-de-sac, de diffusion de la matière colorante injectée dans ces capillaires, ou si cela arrive, ce n'est que dans des cas de rupture de la paroi endothéliale par suite d'une injection trop forte.

Dans les villosités intestinales, les capillaires lymphatiques se terminent aussi en culs-de-sac (Ranvier, 1897). Souvent ces capillaires s'anastomosent entre eux, surtout dans les villosités cylindriques.

Ces données fournies par les recherches de Ranvier prouvent d'une manière indiscutable que les capillaires lymphatiques sont fermés dès leur origine même dans les interstices du tissu conjonctif. Les recherches sur le développement de ces capillaires faites par Ranvier (1897), par Sabin (1901), Mac Callum (1903), etc., montrent aussi qu'ils prennent naissance par des bourgeons qui sont ceux du commencement et quelle que puisse devenir l'étendue qu'ils vont prendre, leurs parois se continuent sans interruption.

2° Les sinus et les sacs lymphatiques. — Les sinus lymphatiques des poissons peuvent être considérés comme de simples dilatations des capillaires lymphatiques. Leur structure, fort simple, est réduite à une seule paroi endothéliale

(Jossifov, 1905). La répartition de ces sinus dans le corps des Murénidés est la suivante d'après Jossifov : sur le trajet des vaisseaux lymphatiques, chez le *conger vulgaris*, il y a quatre sinus principaux, à savoir : S. hépatique ; S. ventriculaire gauche ; S. ventriculaire droit ; S. intestinal et quatre sinus secondaires, à savoir : un S. longitudinal intestinal ; deux sinus des glandes génitales et un sinus pancréatique. A l'intérieur des sinus lymphatiques on trouve généralement une artère et une veine, de sorte qu'ils peuvent être considérés comme des gaines périvasculaires ou que leur volume et leur distribution sont subordonnés au volume et à la distribution des vaisseaux sanguins.

Les sacs lymphatiques des grenouilles doivent être considérés comme résultant de la confluence des capillaires lymphatiques provenant des différentes régions du corps (Ranvier). (Pour leur distribution, voir l'article *Grenouille*.) La structure des sacs lymphatiques est aussi simple que celle des sinus. A leur intérieur il y a encore des septums conjonctifs qui sont tapissés par de l'endothélium lymphatique et dont plusieurs servent de passage à travers le sac lympathique aux vaisseaux et aux nerfs destinés à la peau. Les sacs lymphatiques communiquent entre eux, les cloisons conjonctives qui les séparent étant perforées.

3º **Les troncs lymphatiques** chez les Poissons ont une constitution aussi simple que les sinus. Chez les Batraciens ils sont réduits aux vaisseaux très courts qui relient les cœurs lymphatiques aux veines. C'est chez les Oiseaux et surtout chez les Mammifères que les troncs lymphatiques prennent leur plus grand développement. La paroi de ces troncs est formée de plusieurs tissus : endothélial, conjonctivo-élastique et musculaire, disposés en trois tuniques : interne, moyenne et externe, dont la distinction est beaucoup plus difficile que dans les artères.

La tunique *interne* comprend une couche endothéliale identique à celle des capillaires lymphatiques et une couche sous-jacente de fibres élastiques dont la plupart sont longitudinales.

La tunique *moyenne* est formée de fibres musculaires lisses dont le nombre et la disposition varient suivant le développement du tronc lymphatique. Dans les petits vaisseaux les fibres musculaires sont rares et peuvent même ne former qu'une enveloppe discontinue. Dans les gros troncs au contraire, la couche musculaire est plus développée ; ses fibres forment des faisceaux disposés la plupart transversalement ; mais il y en a qui affectent d'autres directions, comme par exemple dans les veines. Les faisceaux musculaires sont séparés par des cloisons conjonctivo-élastiques d'où partent des ramifications, qui pénètrent parmi les fibres musculaires pour former autour de chacune d'elles une enveloppe fibrillaire élastique semblable à celle des muscles lisses (Athanasiu et Dragoiu, 1910).

La couche musculaire prend un développement plus grand au-dessus des valvules pour former les renflements supravalvulaires. Dans ces renflements les fibres s'entrecroisent dans tous les sens, formant ainsi un muscle plexiforme.

La tunique *externe* est formée par un mélange de fibres élastiques et conjonctives auxquelles peuvent s'adjoindre de très rares fibres musculaires. Entre les éléments de cette tunique et les tissus environnants il existe généralement des liaisons élastiques qui assurent la béance des vaisseaux lymphatiques et facilitent par cela même la circulation de la lymphe. Cette disposition n'appartient pas exclusivement aux vaisseaux lymphatiques ainsi que le soutient Rieder. Dans les veines du myocarde, il existe une disposition semblable (Athanasiu et Dragoiu, 1911).

4º **Les cœurs lymphatiques**. — Sur le trajet du système lymphatique des Vertébrés inférieurs et à des endroits différents suivant la classe à laquelle ces animaux appartiennent, il existe des organes à contractions rythmiques, semblables à celles du cœur sanguin et que l'on appelle *cœurs lymphatiques*.

A) Chez le *poisson* (Silures, Salmonides, Murénidés, etc.) on distingue dans la région caudale deux vésicules contractiles situées, une de chaque côté de la ligne médiane, sous les deux dernières vertèbres. Leeuwenhoek (1689) a vu, le premier, les battements du cœur caudal chez les Murénoïdes. Mais cette observation est restée isolée jusqu'en 1831 quand Marshall-Hall a fait une description un peu plus détaillée de ce phénomène. Il a été confirmé peu de temps après par les recherches de Mayer (1833), de

Müller (1839) et de Hyrtl (1843) qui ont vu ce cœur caudal chez diverses espèces de poissons (Acipenser, Perca, Tinca, Aspro, Abramis, Cyprinus, Esox, etc.). Hyrtl (1843) a fait un rapprochement entre ce cœur caudal des poissons et les cœurs lymphatiques des amphibiens. La nature lymphatique de cet organe a été ensuite admise par Whatson-Jones (1868), Milne-Edwards (1859), Sappey (1880), Robin (1880), Retzius (1890), Gegenbaur (1898), Greene (1900), Favaro (1905), Polimanti (1913).

La conformation du cœur caudal n'est pas la même chez les différentes espèces de poissons.

a) Chez la *Myxina glutinosa*, le cœur caudal, découvert par Retzius (1890), est placé sous la corde dorsale à un centimètre avant la pointe de la queue. Il mesure en moyenne 5 millimètres de longueur sur 2, 2ᵐᵐ,1/2 de hauteur. Son contenu est rougeâtre à cause de globules rouges qui s'y trouvent en grand nombre. Cependant il est en communication directe avec les sacs lymphatiques sous-cutanés ainsi que Klinckowström (1890) l'a démontré. Si l'on injecte dans ces sacs certaines substances colorantes, elles arrivent, peu de temps après, dans le cœur caudal et de là dans la veine caudale. A l'orifice du cœur dans cette veine il se trouve des valvules, qui empêchent le recul du sang.

b) Chez *Polistotrema Stouti*, la description du cœur caudal a été faite par Greene (1900) (fig. 169). Il est formé de deux sacs, placés d'un côté et de l'autre du cartilage caudal médian, et sous la corde dorsale, comme chez la myxine. Chaque cavité du cœur est aplatie dans le sens transversal et communique, à son extrémité antérieure, avec la veine caudale au moyen d'un court canal. Les deux canaux, qui partent du cœur caudal, s'unissent sur le bord antérieur du cartilage médian et forment le commencement de la veine caudale. A l'ouverture de ces canaux, dans la veine, il y a des valvules semilunaires. Sur la paroi ventrale de chaque cavité du cœur caudal se trouve un orifice (ostium) libre quand il est ovale, et pourvu de valvules quand il est longitudinal et par lequel arrive la lymphe des tissus lymphatiques voisins.

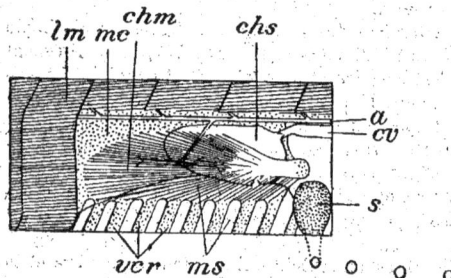

Fig. 169. — Cœur caudal de Polistotrema Stouti, *a*, artère ; *chm*, muscle du cœur caudal ; *chs*, sac du cœur caudal ; *cv*, veine caudale ; *lm*, muscle latéral ; *mc*, cartilage médian ; *ms*, sinus médian ; *s*, glande muqueuse ; *vcr*, rayons ventraux-caudaux.

Les parois de ce cœur caudal n'ont pas une musculature intrinsèque ; il se trouve cependant en rapport, sur chacune des deux faces externes, avec un muscle (*chm*, fig. 169), qui est attaché en avant sur le nœud du cartilage médian, comme chez la myxine, et de là les fibres musculaires rayonnent dans la direction caudale et s'attachent sur les faces latérales postérieures de ce même cartilage.

c) Chez *Anguilla vulgaris*, le cœur caudal a été étudié par Robin (1880) et par Favaro (1905) (fig. 170). Il est formé de deux cavités symétriques, droite et gauche. Dans une d'elles arrive la lymphe par deux canaux : un antérieur et un autre, plus mince, postérieur. A l'ouverture de ces canaux dans le cœur il y a des valvules qui s'ouvrent vers l'intérieur. Ce compartiment du cœur caudal qui reçoit la lymphe des sinus représente l'oreillette (atrium) du cœur sanguin. La cavité, du côté opposé, représente le ventricule et communique d'une part avec l'atrium par un orifice percé dans le septum médian et muni de valvules et, d'autre part, avec la veine caudale ; ce second orifice est pourvu aussi de valvules qui s'ouvrent vers la veine. La paroi du cœur caudal chez l'anguille est formée de trois couches : 1° une interne endothéliale ; 2° une moyenne fibro-élastique ; 3° une externe musculaire. Dans cette dernière les fibres sont disposées en deux plans : un interne, et un autre externe.

Dans le plan interne, les fibres sont droites, parallèles, disposées obliquement et forment deux faisceaux : l'un en avant (cranio-dorsal), l'autre en arrière (caudo-ventral).

Les fibres des deux faisceaux s'insèrent sur la tunique moyenne (fibro-élastique) du cœur lymphatique.

Le plan externe est formé de fibres musculaires striées, à direction dorso-ventrale, donc perpendiculaires au grand axe du cœur lymphatique. Elles s'insèrent en haut sur l'urostyl, et en bas sur l'hypural et l'hamatospina de l'avant-dernière vertèbre. Ces fibres forment des faisceaux incurvés suivant la paroi du cœur lymphatique.

B) Chez les Batraciens, les cœurs lymphatiques ont été découverts par Pierre-Smith d'Édinbourg en 1792 et décrits plus tard par Muller (1832) et par Panizza (1833). Il y a chez la grenouille quatre cœurs lymphatiques : deux antérieurs situés sur la face dorsale de l'apophyse transversale de la troisième vertèbre et deux postérieurs situés d'un côté et de l'autre du coccyx, au voisinage de l'anus.

C) Chez les Reptiles on connaît seulement deux cœurs lymphatiques postérieurs. Ceux

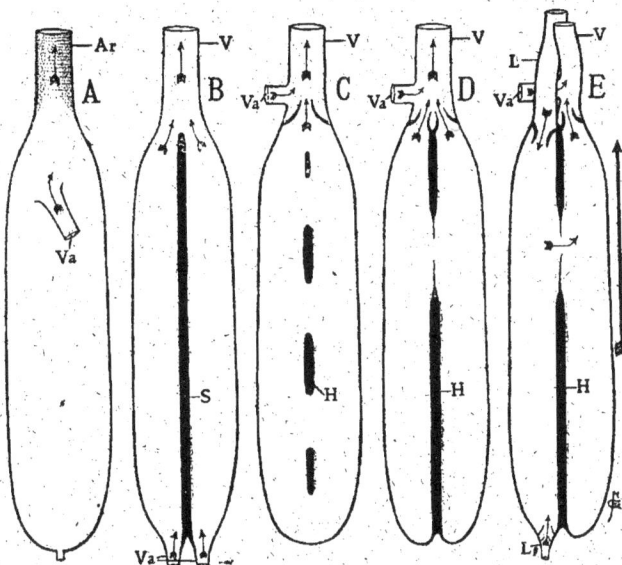

Fig. 170. — Ar, artère ; H, Hématospore ; a, tronc lymphatique sous-vertébral ; Li, vaisseau lymphatique de la pointe caudale ; v, veine caudale ; va, veine de la pointe caudale.

de la vipère présentent des étranglements métamériques au niveau des pièces squelettiques. Ils occupent en général cinq somites (Cligny, 1899). Chez l'Orvet, le cœur lymphatique présente seulement un étranglement qui le partage en deux compartiments : un postérieur plus petit qui serait l'équivalent de l'oreillette dans un cœur sanguin simple, et un antérieur plus volumineux qui serait l'équivalent du ventricule (Cligny, 1899).

D) Chez les Oiseaux. — Stanius a décrit deux cœurs lymphatiques chez l'autruche, chez le casoar, chez l'oie, etc. Ils sont situés au voisinage des veines rénales. Chez la poule on trouve des cœurs lymphatiques à musculatures striées, mais seulement pendant l'état embryonnaire.

E) Chez les Mammifères les cœurs lymphatiques n'existent pas.

La structure des cœurs lymphatiques est presque la même chez tous les animaux. C'est le cœur lymphatique de la grenouille qui a servi surtout de sujet d'étude à Ranvier (1880) à qui nous empruntons la description qui va suivre.

« Les cœurs lymphatiques ont une paroi à musculature striée, tapissée à sa face interne par un endothélium identique à celui des sinus lymphatiques. Au-dessous de cet endothélium se trouve la tunique musculaire qui est formée des faisceaux de fibres striées disposées en réseau. Ces fibres diffèrent de celles des muscles du squelette par leur arborisation et par la situation des noyaux, qui sont tous marginaux et entourés d'une couche de protoplasma granuleux formant des monticules à la périphérie de la fibre. C'est par cette même disposition que le muscle du cœur lymphatique se différencie du cœur sanguin, lequel est formé de cellules musculaires striées soudées bout à bout et renfermant les noyaux dans leur épaisseur. Dans les cœurs lymphatiques, au contraire, les fibres sont continues.

La charpente conjonctive du cœur lymphatique est très développée. Les faisceaux conjonctivo-élastiques s'étendent depuis l'endothélium interne jusqu'aux tissus environnants, établissant ainsi une certaine solidarité entre le cœur lymphatique et ces tissus. Cette disposition est intéressante au point de vue physiologique.

Les cœurs lymphatiques contiennent en outre dans leurs parois un réseau de capillaires sanguins à mailles irrégulièrement polyédriques. Il n'y a pas de vaisseaux lymphatiques.

Dans les parois des cœurs lymphatiques on distingue encore des pertuis ayant de un demi-millimètre à un millimètre de diamètre et qui représentent les voies afférentes de la lymphe. Ces pertuis ou pores communiquent directement avec les sacs lymphatiques qui convergent tous vers le cœur lymphatique. Cet organe se trouve alors au confluent de plusieurs réservoirs qui ont la forme d'entonnoirs polyédriques. Il n'y a donc pas de vaisseaux lymphatiques proprement dits entre les sacs et les cœurs lymphatiques.

Les réseaux musculaires se condensent au niveau de ces pores en formant des sphincters; on ne trouve pas de valvules à l'intérieur du cœur lymphatique. A son ouverture dans la veine il y a une valvule, mais elle appartient à la paroi veineuse et empêche le reflux du courant sanguin dans le cœur lymphatique.

Les parois de ces organes contiennent un grand nombre de fibres nerveuses à myéline; la terminaison de ces fibres se fait à la surface des éléments musculaires par des arborisations et des éminences identiques à celles que l'on trouve dans les muscles du squelette chez les mêmes animaux. Il n'y a pas de cellules nerveuses dans l'épaisseur du cœur lymphatique. Cependant nous verrons plus loin que les recherches des physiologistes nous obligent d'admettre l'existence de centres nerveux intrinsèques dans les cœurs lymphatiques.

5° **Les ganglions lymphatiques.** — Absentes chez les poissons, les batraciens et aussi chez les reptiles, le crocodile excepté, peu développés chez les oiseaux, les ganglions lymphatiques acquièrent leur plus grand développement chez les mammifères.

A) **Chez les oiseaux.** — Sur vingt-cinq espèces d'oiseaux examinées par lui, JOLLY (1910) n'a trouvé de ganglions lymphatiques véritables que chez les palmipèdes : le canard, l'oie, la sarcelle et le cygne.

La structure de ces organes, étudiée par VIALLETON et FLEURY (1901) et par JOLLY (1909) est fort simple; ils sont enveloppés d'une capsule fibreuse qui n'envoie pas de prolongement à l'intérieur comme cela a lieu dans les ganglions des mammifères. Leur substance propre est formée de follicules et de cordons lymphatiques, très irrégulièrement disposés dans toute la masse du ganglion et mélangés entre eux, contrairement à ce qui a lieu chez les mammifères où les follicules occupent la substance corticale et les cordons la substance médullaire. A la périphérie des follicules et des cordons se trouvent les sinus lymphatiques, qui représentent les voies circulatoires de la lymphe à travers les ganglions. Leurs parois sont tapissées par une couche endothéliale qui fait suite à celle des vaisseaux lymphatiques. L'intérieur de ces sinus n'est pas, comme chez les mammifères, cloisonné par du tissu réticulé.

Les follicules et les cordons lymphatiques sont formés d'une charpente de tissu conjonctif, resté à l'état de tissu primordial (RETTERER, 1912), il forme un réseau qui enferme les capillaires sanguins et un grand nombre de globules blancs : lymphocytes, mononucléaires, phagocytes, éosinophiles, etc. PENSA (1907) et plus récemment JOLLY (1910) ont décrit au milieu de chaque follicule un sinus central, ayant la même conformation que celui de la périphérie et qui se trouve en communication directe avec les lymphatiques afférents du ganglion. On peut dire que la voie lymphatique, représentée par le sinus folliculaire périphérique, est une dérivation de la voie centrale.

B) **Chez les mammifères**, les ganglions lymphatiques ont une structure bien plus complexe.

La capsule est formée de fibres et de cellules conjonctives, de fibres élastiques et musculaires lisses dont la disposition est assez irrégulière. De cette capsule partent des septums qui s'enfoncent à l'intérieur du ganglion et partagent la couche corticale en un certain nombre de compartiments alvéolaires dans lesquels sont logés les follicules lymphatiques. Dans la substance médullaire ces septums s'anastomosent entre eux et délimitent des espaces de forme irrégulière, qui communiquent entre eux et dans lesquels sont logés les cordons lymphatiques. Au voisinage du hile, les éléments des cloisons forment un stroma plus dense qui contient les vaisseaux sanguins du ganglion et les vaisseaux lymphatiques efférents.

Dans la structure de ces cloisons rentrent les mêmes éléments que dans la capsule. La face interne de celle-ci ainsi que les septums sont tapissés par un endothélium, continuation de celui des vaisseaux afférents et efférents.

Les follicules et les cordons ne viennent pas en rapport immédiat avec les septums; ils sont entourés par les sinus, qui représentent, comme chez les oiseaux, les voies de la circulation de la lymphe à travers le ganglion. Dans ces sinus se trouve un tissu réticulé à larges mailles sur la nature duquel on discute encore. Pour His, Bizzozero, Ranvier, Retterer, etc., il serait formé de fibres conjonctives, recouvertes par le protoplasma des cellules endothéliales, dont les noyaux se trouvent au niveau des nœuds de ce réseau. Suivant cette opinion le tissu conjonctif des cloisons intraganglionnaires pénètre dans le sinus, les follicules et les cordons pour en former le squelette. Pour d'autres histologistes comme Frey, Kolliker, Demoor, Laguesse, Thomé, etc., le tissu réticulaire est formé par des cellules endothéliales à nombreux prolongements s'anastomosant entre eux. Les cellules, outre leur fonction normale, auraient donc un rôle de soutien. A l'appui de cette opinion vient un autre exemple d'adaptation de la cellule endothéliale à la fonction de soutien, exemple que l'on trouve dans les lamelles branchiales des poissons. On voit en effet dans ces organes les cellules endothéliales des capillaires sanguins se développer beaucoup pour former les piliers de la lamelle; d'autre part, elles ont des excavations centrales disposées pour former les canaux capillaires dans lesquels circule le sang. On ne voit pas sur les parois de ces capillaires d'autres cellules endothéliales.

Donc le tissu réticulé du ganglion lymphatique n'étant qu'une adaptation de l'endothélium des tissus, la lymphe ne peut jamais, dans l'intérieur du ganglion, venir en contact avec des éléments étrangers à la paroi endothéliale.

A côté de ce tissu on a, en outre, découvert au moyen de l'imprégnation par le nitrate d'argent un réseau fibrillaire beaucoup plus fin et qui probablement est de nature élastique (Thomé, 1902, Cio, 1906, Balabio, 1908, Alagna, 1908).

Les follicules et les cordons ont une constitution très ressemblante. On trouve dans les deux un tissu de soutien, réticulé comme celui des sinus, mais à mailles beaucoup plus serrées; il y a aussi un réseau élastique. C'est dans cette charpente conjonctive que sont contenus les capillaires sanguins et les éléments figurés : parmi ces derniers on distingue, d'après Dominici, les variétés suivantes :

1° *Les macrophages* qui sont des gros globules blancs, à noyau simple ou bourgeonnant et à protoplasma acidophile ;

2° *Les petits mononucléaires*, ou lymphocytes, qui représentent les formes jeunes des leucocytes;

3° *Les mononucléaires ordinaires* ;

4° *Les cellules plasmatiques* ;

5° *Les cellules germinatives* à protoplasma basophile, ortochromatique (Flemming) ;

6° *Les cellules à protoplasma basophile*, métachromatique ou Mastzellen (Dzervina, 1913);

7° *Les leucocytes polynucléaires*, acidophiles; ceux-ci sont en petit nombre.

La distribution de ces éléments dans les follicules n'offre rien de constant. Le centre du follicule diffère souvent de sa périphérie par une activité plus grande dans la multiplication des cellules, d'où le nom de centre germinatif (Flemming).

Les nerfs des vaisseaux lymphatiques sont composés de fibres sans myéline dont les unes sont motrices, les autres sensitives. Elles forment plusieurs plexus : dans l'adventice, dans la couche musculaire, dans la couche sous-endothéliale, etc.

Dans le canal thoracique du chien on peut facilement mettre en évidence le plexus nerveux à la face interne de la tunique musculaire (QUÉNU et DARIER, 1887).

II. — FORCES PRINCIPALES DONT DÉPEND LE MOUVEMENT DE LA LYMPHE.

La lymphe est animée de mouvement dans le système des vaisseaux qui la renferment et ce mouvement est dirigé de la périphérie, représentée par tous les tissus, vers le centre, représenté par le système veineux.

Les forces qui impriment ce mouvement à la masse de la lymphe sont, soit d'origine intrinsèque, soit d'origine extrinsèque à l'appareil lymphatique. Nous examinerons ici les forces intrinsèques, en suivant le courant lymphatique depuis son origine dans les capillaires jusqu'à son arrivée dans le système veineux.

A) **Les capillaires lymphatiques** formant un système *clos*, la pression hydrostatique du plasma interstitiel ne peut pas être considérée comme une des causes principales de ce mouvement. Certes la différence de pression entre les capillaires lymphatiques et les interstices des tissus facilite la pénétration du plasma interstitiel dans ces capillaires. Mais la pression hydrostatique ici, comme à la sortie du plasma des capillaires sanguins, ne saurait avoir que le rôle d'excitant des cellules endothéliales lymphatiques, les aidant ainsi à faire passer le plasma interstitiel dans les capillaires lymphatiques. La force *a tergo* dépend donc du travail cellulaire.

La mise en mouvement de la lymphe contenue dans les capillaires lymphatiques est due, en partie du moins, à la contractilité de leurs parois. Elles doivent jouir en effet de cette propriété, comme les parois des capillaires sanguins et TARCHANOFF (1874) a observé un changement de forme des capillaires lymphatiques sous l'influence d'excitations électriques, chimiques ou mécaniques.

Chez les oiseaux et les mammifères, le contenu des capillaires est poussé vers les troncs lymphatiques; chez les poissons, les batraciens et les reptiles vers les sinus et les sacs lymphatiques.

B) **Dans les troncs lymphatiques**, la force développée par leurs parois est de beaucoup plus grande que dans les capillaires. Cela est dû aux fibres musculaires lisses, qui se trouvent en grand nombre dans ces parois. Au niveau des valvules, les fibres musculaires sont encore plus nombreuses, d'où l'accroissement de la force développée par ces segments. Grâce à cette force et grâce aussi à la présence des valvules dans les troncs lymphatiques, la lymphe enfermée dans ces vaisseaux est poussée vers le centre. D'autre part, pendant leur relâchement, les segments du tronc lymphatique exercent une véritable aspiration sur les segments qui les précèdent. On comprend dès lors combien est utile cette aspiration pour le mouvement de la lymphe dans les capillaires.

Les mouvements des troncs lymphatiques, c'est-à-dire leur constriction et leur dilatation, se font suivant un certain rythme, que l'on peut facilement mettre en évidence sur les lymphatiques du mésentère chez la souris et chez le rat (HELLER, 1869, LIEBEN, 1910). En prenant les précautions nécessaires en ce qui concerne la température et l'humidité, on peut voir au microscope les troncs lymphatiques de cette région subir des resserrements et des dilatations alternatives. C'est sur les vaisseaux remplis de lymphe que ces mouvements se voient le mieux. De temps en temps le courant subit une poussée brusque dans la direction de la citerne lymphatique lombaire; c'est la constriction du tronc lymphatique. Pendant la dilatation le courant est au contraire ralenti.

La contraction des troncs lymphatiques peut être renforcée par l'adrénaline (1 : 10.000), par l'ergotine (1 : 100) ou par la cocaïne (1 : 50). L'action de ces substances est beaucoup plus manifeste quand les solutions sont appliquées directement sur le mésentère (LIEBEN, 1910). L'adrénaline agit aussi en injection intraveineuse après laquelle on constate une augmentation de l'écoulement par le canal thoracique. Quand d'injection est pratiquée dans la saphène, on constate tout d'abord un ralentissement qui coïncide avec l'élévation de la pression sanguine; l'écoulement augmente ensuite, atteint au bout de quelques minutes son maximum et diminue ensuite lentement. Quand, au contraire, l'injection est faite dans une veine mésentérique, l'augmentation de l'écoulement a lieu immédiatement (CAMUS, 1904).

JAPPELLI (1920) a déterminé la pression de la lymphe dans le canal thoracique, sur le chien non anesthésié; elle varie entre 0^m,7 à 1^m,10 (colonne de lymphe). L'injection de 200 cc. d'une solution de NaCl, hypertonique (10 p. 100) produit une élévation de la pression dans le canal thoracique alors que, en quantités égales, les solutions hypotonique et isotonique restent sans effet.

Sur le trajet des vaisseaux lymphatiques, chez les mammifères surtout, se trouvent des *ganglions* que la lymphe doit traverser avant son arrivée dans le sang. Le courant rentre par les vaisseaux afférents, parcourt les sinus des follicules et ceux des cordons lymphatiques et sort par le vaisseau efférent. La vitesse de ce courant diminue à cause des nombreuses travées qui se trouvent dans les sinus des mammifères. Il y a cependant, même chez ces animaux, des ganglions qui se laissent traverser par la lymphe beaucoup plus facilement. Nous en trouvons un exemple dans les ganglions lombaires du cheval (COLIN, 1888). Chez les oiseaux au contraire, tous les ganglions se trouvent dans ce cas; leur tissu réticulé étant très peu abondant, les sinus offrent une résistance beaucoup moindre à l'écoulement lymphatique (VIALLETON et FLEURY, 1902).

Les fibres musculaires lisses de la capsule et des cloisons interfolliculaires contribuent sans doute aussi par leur contraction au mouvement de la lymphe dans le ganglion.

C) **Innervation des vaisseaux lymphatiques.** — La motilité des vaisseaux lymphatiques, comme celle des vaisseaux sanguins, se trouve sous la dépendance du système nerveux. Il existe, en effet, des voies nerveuses qui relient les éléments moteurs des vaisseaux lymphatiques avec les centres nerveux et qui ont pour fonction les unes la vaso-constriction, les autres la vaso-dilatation lymphatique. Ainsi l'excitation des nerfs mésentériques, sur un chien en pleine digestion, produit une constriction prononcée des vaisseaux chylifères, alors que l'excitation du grand splanchnique produit leur dilatation (PAUL BERT et LAFFONT, 1882).

Le pneumogastrique de son côté contient en grand nombre des fibres vaso-constrictrices agissant sur ces vaisseaux et aussi quelques fibres vaso-dilatatrices puisque son excitation produit une vaso-dilatation des lymphatiques rapide mais passagère (PAUL BERT et LAFFONT, 1882).

L'existence des nerfs vaso-moteurs des vaisseaux lymphatiques peut être également mise en évidence sur la langue, où l'excitation de l'hypoglosse produit de la vaso-constriction, tandis que celle du lingual produit de la vaso-dilatation, comme pour les vaisseaux sanguins (LEWACHEW, 1886).

La citerne de PECQUET reçoit du grand splanchnique des filets nerveux dilatateurs (CAMUS et GLEY, 1894).

Le canal thoracique reçoit de la chaîne sympathique du thorax des nerfs constricteurs et dilatateurs; l'action de ces derniers prédomine généralement quand on excite le cordon sympathique (CAMUS et GLEY, 1895).

Par l'asphyxie ou par la pilocarpine on provoque au contraire la vaso-constriction de la citerne de PECQUET et du canal thoracique (CAMUS et GLEY, 1895).

A côté des nerfs moteurs, les parois lymphatiques contiennent aussi des nerfs sensitifs, qui d'après SPALLITA et CONSIGLIO (1901) peuvent être mis en évidence de la manière suivante : on place une canule dans le canal thoracique d'un animal légèrement curarisé et on la relie à une burette de MOHR. Quand la colonne de lymphe monte à une certaine hauteur, on la refoule dans le canal thoracique en soufflant par le bout supérieur de la burette; on augmente ainsi artificiellement la pression sur les parois de ce canal. Si l'on inscrit au même moment la pression du sang, on voit celle-ci s'élever et le rythme du cœur se ralentir. Le même phénomène se reproduit toutes les fois que la pression augmente dans le canal thoracique. Il est donc possible d'affirmer que les vaisseaux lymphatiques sont sensibles aux modifications de la pression hydrostatique tout comme les vaisseaux sanguins.

D) Les sinus et les sacs lymphatiques. — Chez les vertébrés inférieurs, poissons, batraciens et reptiles, il n'y a pas de troncs lymphatiques proprement dits; les capillaires débouchent dans de grands confluents qui sont les sinus et les sacs lymphatiques dont la structure est très voisine de celle des capillaires. Il n'y a pas d'éléments musculaires dans leurs parois et par conséquent le mouvement qu'ils peuvent imprimer à leur contenu n'est pas plus fort que celui des capillaires. Mais chez ces mêmes animaux, on trouve à la confluence de plusieurs sinus ou sacs lymphatiques des organes moteurs spéciaux, les cœurs lymphatiques, qui ont pour fonction de faire passer la lymphe de ces réservoirs dans le système veineux.

E) La fonction des cœurs lymphatiques. — 1° **Méthodes d'étude.** — A) *Chez les poissons.* — Dans les recherches faites sur le cœur caudal des poissons par Favaro (1905) et Polimanti (1913), on a examiné par transparence cet organe, à l'aide d'une loupe binoculaire. Cet examen est facile à faire sur les anguilles et les congres jeunes et dont la peau est peu pigmentée. L'animal est introduit dans un vase cylindrique en verre et dans lequel on fait une circulation d'eau. Il reste au repos la plupart du temps et l'on peut facilement compter le nombre des pulsations du cœur caudal. Polimanti (1913) a

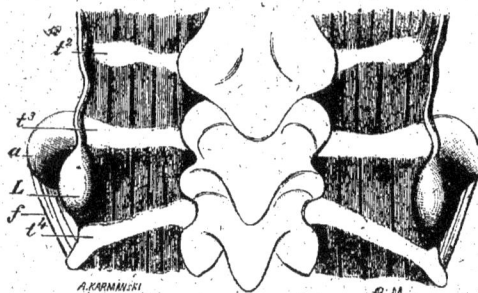

inscrit sur un cylindre enregistreur ces pulsations, à l'aide d'un contact électrique qu'il actionnait à la main et qui était en relation avec un signal. Le temps était inscrit avec un chronographe Jacquet.

Cependant Greene (1900) a pu appliquer un levier sur un des muscles latéraux du cœur caudal du Polistotrema et inscrire ainsi la pulsation de cet organe dans toutes ses phases.

Fig. 171. — Position du cœur lymphatique antérieur de la grenouille, d'après Ranvier.

L, cœur lymphatique : t^2, t^3, t^4, 2ᵉ, 3ᵉ, 4ᵉ vertèbres ; *a*, la tête de la 3ᵉ vertèbre.

B) *Chez les batraciens* on peut mettre les cœurs lymphatiques à nu. Voici d'après Ranvier (1880) la technique à suivre : a) *Les cœurs lymphatiques postérieurs.* Chez la grenouille rousse, dont les téguments sont beaucoup plus minces que ceux de la grenouille verte, on peut voir sans préparation aucune battre les cœurs lymphatiques postérieurs de chaque côté de l'extrémité inférieure du coccyx. Chez la rainette commune (Hyla arborea) cette observation est encore plus facile. Pour mettre les cœurs lymphatiques postérieurs à découvert, on incise la peau de la grenouille sur la ligne médiane depuis la base du coccyx jusqu'à sa pointe. Une incision transversale au niveau de la base de cet os ouvre largement le sac lymphatique dorsal. En rabattant en dehors les deux lambeaux de peau on aperçoit les cœurs lymphatiques. Si avec la pince, les ciseaux fins et le scalpel, on cherche à dégager un cœur lymphatique de l'aponévrose qui le recouvre, le plus souvent on ouvre cet organe et il se présente sous l'aspect d'une capsule remplie de lymphe et animée de battements. Ce procédé opératoire ne saurait donc conduire à une notion exacte de sa forme et de ses rapports.

D'autre part, si grâce à la même dissection, poursuivie avec plus de bonheur, on arrive à dégager le cœur lymphatique des parties voisines, il cesse de battre et il est réduit à une petite masse informe.

Le cœur lymphatique postérieur se trouve logé dans une fossette triangulaire limitée en avant par le muscle iléo-coccygien de Dugès, en dedans et en arrière par le muscle coccy-fémoral de Dugès et en dehors par le pelvi-fémoro rotulien.

Au fond de cette fossette, qui communique avec la cavité viscérale, se trouve l'artère et le nerf sciatique au-dessus desquels est situé le cœur lymphatique.

b) *Les cœurs lymphatiques antérieurs.* Par la section du muscle adscapulo-huméral de Dugès, le bord interne du scapulum est mis à découvert; on le soulève et l'on aperçoit deux muscles, les transverses adscapulaires de DUGÈS. C'est au niveau de l'insertion de ces deux muscles, sur les apophyses transverses des troisième et quatrième vertèbres, que se trouve le cœur lymphatique (fig. 171). Cet organe repose par son extrémité antérieure sur l'apophyse transverse la plus longue de toutes et par son corps sur les muscles intertransversaires situés entre les apophyses de la troisième et de la quatrième vertèbre. L'apophyse transverse de la troisième vertèbre présente à son extrémité libre un arc cartilagineux qui, prolongé et relié à l'apophyse transverse de la quatrième par un petit ligament, forme avec l'omoplate au cœur lymphatique une sorte de cage solide et indispensable, comme nous le verrons plus loin, à son fonctionnement physiologique.

C) *Chez les ophidiens.* — Pour mettre à découvert le cœur lymphatique d'une couleuvre, on pratique une incision longitudinale sur la ligne latérale médiane, jusqu'au niveau de l'anus. En soulevant la peau, on met à nu les muscles sous-jacents, deux entre autres que PANIZZA nomme : caudo-costal et long dorsal. Ceux-ci sont séparés par une gouttière longitudinale, qu'il suffit d'élargir pour voir battre le cœur. Pour mieux observer cet organe, on enlève les muscles en opérant de la colonne vertébrale vers l'extrémité libre des côtes et en tenant le scalpel fortement incliné, de façon à ne pas pénétrer dans la cage lymphatique. On découvre de la sorte le bord ouvert de celle-ci dans laquelle le cœur se montre tout à fait à nu.

Chez les serpents, le cœur lymphatique est adhérent aux côtes et aux muscles adjacents. Quand on veut l'en séparer, sa dissection demande beaucoup de soin et d'attention ; mais elle ne présente pas autant de difficultés que chez la grenouille parce que la paroi du cœur est plus épaisse.

2° **La pulsation du cœur lymphatique.** — a) *Chez les poissons.* — Le mouvement du cœur caudal des poissons, que l'on peut observer à l'œil nu, est rythmique et présente deux phases : 1) une de resserrement ou systole ; 2) l'autre de dilatation ou diastole. Le mécanisme par lequel s'accomplit chacune de ces deux phases de la pulsation cardio-lymphatique n'est pas le même pour les différentes espèces de poissons.

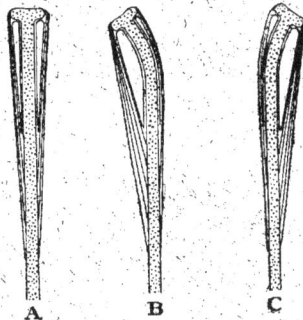

FIG. 172. — Schéma représentant une section horizontale par les sacs du cœur caudal, le cartilage médian et les muscles. — A, position de repos ; B, contradiction du muscle du côté gauche ; C, contraction du muscle du côté droit.

Chez Polistotrema stouti, la pulsation du cœur caudal se fait de la manière suivante d'après GREENE (1900) : quand des muscles latéraux, le droit par exemple, se contracte, il plie le cartilage médian du même côté (fig. 172 C.) ; le compartiment cardiaque droit se dilate, sa pression interne diminue, d'où affluence de la lymphe de ce côté, le compartiment gauche se trouve au contraire comprimé par la tension de sa paroi et celle du muscle correspondant, tension produite par la convexité du cartilage ; la pression interne de ce compartiment augmente, d'où poussée de son contenu dans la veine caudale. De cette manière le cœur caudal du *Polistotrema* fonctionne comme une pompe, en même temps, aspirante et foulante.

Chez l'anguille, dont le cœur caudal a sa musculature propre, le mécanisme de la pulsation est le suivant, d'après FAVARO (1905) : chaque compartiment cardio-lymphatique exécute, l'un après l'autre, les deux mouvements, de resserrement (systole) et de dilatation (diastole). La systole se produit par la contraction des fibres musculaires de la couche externe qui, courbées à l'état de repos, tendent à se redresser et par suite à comprimer le cœur lymphatique. La diastole est produite par les fibres musculaires de la couche interne, dont les faisceaux antérieurs et postérieurs en se contractant simultanément tirent sur les parois du cœur lymphatique, augmentant ainsi sa capacité. La succession de ces deux phases dans les deux compartiments cardiaques se fait dans l'ordre suivant : 1° *Diastole du compartiment qui remplit l'office de l'Atrium* (Oreillette) ; ouverture des valvules atrio-lymphatiques et fermeture de la valvule atrio-ventriculaire, dans affluence de la lymphe dans ce compartiment ; 2° *Systole de l'Atrium*

(Oreillette); fermeture des valvules atrio-lymphatiques, ouverture de la valvule atrio-ventriculaire, donc poussée de la lymphe dans le ventricule; 3° *Diastole du comparti-ment qui remplit l'office de ventricule*; fermeture des valvules ventriculo-veineuses, ou-verture de la valvule atrio-ventriculaire, donc affluence de la lymphe dans le ventricule. Cette phase coïncide avec la systole de l'atrium; 4° *Systole du ventricule*; fermeture de la valvule atrio-ventriculaire, ouverture des valvules ventriculo-veineuses, donc poussée de la lymphe dans la veine caudale.

b) *Chez les batraciens.* — A l'œil nu on peut bien distinguer les deux phases de la pul-sation de cet organe, à savoir : la systole et la diastole. Pendant la systole, le cœur lymphatique devient convexe; pendant la diastole, au contraire sa surface devient plane ou même concave.

Les pulsations du cœur lymphatique de la grenouille peuvent être enregistrées ainsi que l'ont fait Ranvier (1880), Langendorff et Boll (1883), Brücke (1906), etc. Le cardio-graphe de Ranvier était formé d'une paille servant de levier inscripteur (L) et d'une

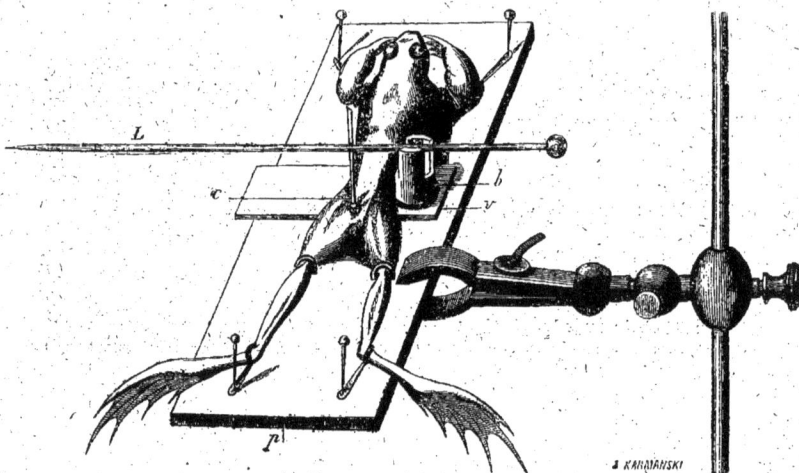

Fig. 173.

épingle à insectes (C) aplatie au marteau sur une enclume, de façon à présenter assez bien la forme d'un sabre turc. Celle-ci est passée de bas en haut dans la paille, sa tête qui doit appuyer sur le cœur lymphatique étant dirigée vers le bas (fig. 173).

Boll et Langendorff (1883) se sont servis aussi d'un levier inscripteur très léger. Mais cette méthode n'est pas irréprochable vu l'inertie des pièces que le cœur lympha-tique doit mettre en mouvement et la résistance produite par le frottement de la plume contre le cylindre enregistreur. Ces inconvénients disparaissent quand l'inscription se fait au moyen de la photographie. Brücke (1906) a employé le premier, pour le cœur lymphatique, cette méthode d'inscription. Il s'est servi soit d'un fil de verre extrêmement léger (0 mgr. 5), soit d'une bulle de savon que l'on applique sur le cœur et dont les mou-vements sont ensuite photographiés sur une pellicule sensible. Par cette méthode, Brücke a obtenu les graphiques ci-dessous : (fig. 175).

L'étude des graphiques obtenus par Ranvier et par Brücke montre que la forme de la pulsation cardio-lymphatique est beaucoup plus simple que celle du cœur sanguin. La ligne ascendante correspond à la systole; la ligne descendante, à la diastole. Sur le cœur lymphatique normal, la durée de ces deux phases de la pulsation est la même; sur un cœur fatigué la diastole est plus longue que la systole (Ranvier, 1880). Les pul-sations sont séparées entre elles par des pauses, ayant sensiblement la même durée que la diastole. Sur tous les tracés cardio-lymphatiques (Ranvier, Langendorff et Boll, Brücke) on voit de temps en temps une fusion incomplète entre deux contractions voisines ; quelquefois cette fusion est complète, et le tracé présente un plateau ; c'est ce que Ranvier (1880) appelle un tétanos élémentaire. Le cœur lymphatique diffère donc à cet égard du cœur sanguin qui ne présente jamais de pareils tétanos. Le nombre des pulsations cardio-lymphatiques varie suivant la température ambiante (Eckhard... Fabini et Spalitta, 1883, Boll et Langendorff, 1883) comme les pulsations du cœur sanguin de ces animaux.

Voici les graphiques pris par Boll et Langendorff (1883) sur le cœur lymphatique chez *Rana temporaria* à diverses températures (fig. 174).

A 34°, température rectale, le cœur lymphatique peut donner 192 pulsations par minute et à 14° 46 seulement.

Si la température augmente au delà de 35° le cœur lymphatique s'arrête généralement au voisinage de 38°-39°. Il y a des cas cependant où il peut continuer ses pulsations même à 40°-42° (Boll et Langendorff, 1883).

3° **Marche de la lymphe à travers le cœur lymphatique de la grenouille.** — Pendant la systole du cœur lymphatique son contenu est soumis à une pression supérieure à celle

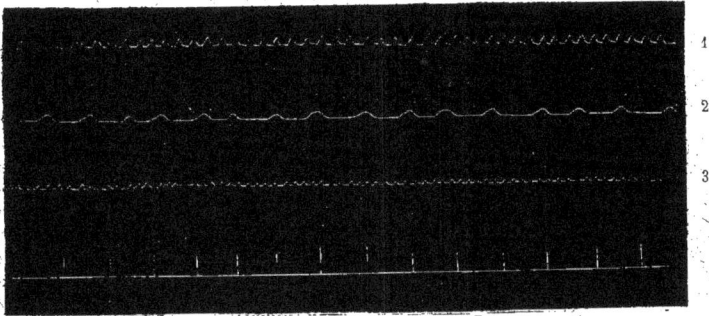

Fig. 174. — Cœur lymphatique gauche (Rana temporaria). 1, à 14° C. ; 2, à 3° C. ; 3, à 21° C.
Chronographe : 4''.

qui se trouve dans les sacs lymphatiques et dans les veines. Il ne peut pas retourner dans les premiers, puisque la musculature des pores, qui sont les voies afférentes du cœur lymphatique, entre aussi en action et ferme ces voies. La lymphe est forcée alors de pénétrer dans la veine efférente du cœur lymphatique et de se mélanger avec le sang de cette veine.

La systole terminée, le cœur lymphatique se relâche, et sa pression intérieure tombe à zéro, ou devient même négative si l'on en juge d'après l'aspect concave que prend sa surface. Il se fait alors une aspiration vers le cœur lymphatique ; le sang de la veine efférente ne peut pas pénétrer à cause des valvules qui ferment la communication avec le cœur lymphatique. Il n'en est pas de même de la lymphe contenue dans les sacs lymphatiques ; elle afflue au contraire vers le cœur lymphatique, où elle pénètre facilement, les pores étant largement ouverts.

L'aspiration cardio-lymphatique est aidée en grande partie, chez la grenouille, du moins, par les éléments élastiques et conjonctifs, qui fixent le cœur lymphatique aux tissus qui l'entourent. En effet, pendant la systole le cœur diminue de volume et en même temps ces cordages se trouvent tendus. Une certaine force élastique se trouve ainsi emmagasinée en eux, et cette force va redistendre le cœur lymphatique aussitôt la systole terminée ; les cordages reprennent par ce fait leur longueur initiale. C'est encore à cette traction qu'il faut attribuer l'aspect concave que prend la surface du cœur lymphatique pendant la diastole.

Chez les ophidiens les cœurs lymphatiques sont contenus dans de petits thorax ; après chaque systole ils sont ramenés à l'état d'extension par des fibres qui les rattachent aux côtes (Ranvier 1880).

Le cœur lymphatique fonctionne donc comme une pompe aspirante et foulante en faisant passer dans le système veineux le contenu des sacs lymphatiques.

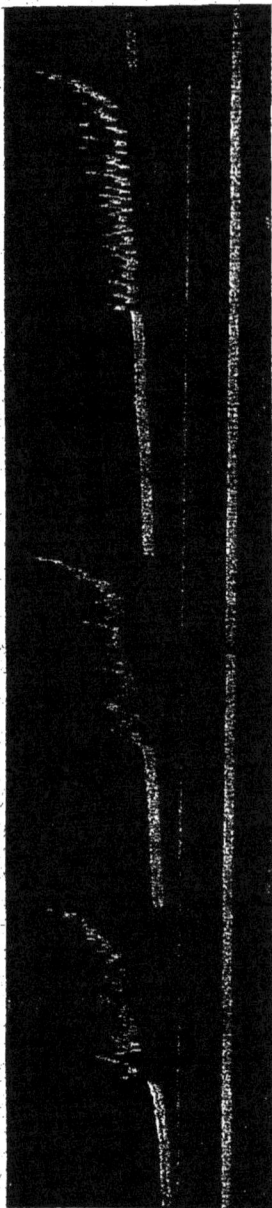

4° La physiologie du muscle cardio-lymphatique de la grenouille. — Isolé du corps, le cœur lymphatique de la grenouille cesse généralement de battre. S'il est soumis à des excitations électriques, mécaniques ou chimiques, il peut se contracter, et cette contraction se rapproche par certains caractères de celle des muscles striés du squelette, contrairement à celle du myocarde du cœur sanguin.

Aussi le muscle cardio-lymphatique n'obéit pas, comme celui-ci, à la loi du *tout ou rien*. L'amplitude de sa contraction est au contraire proportionnelle, entre certaines limites, à l'intensité de l'excitation. De plus, par des excitations répétées, le cœur lymphatique s'arrête en systole, phénomène comparable au tétanos des muscles striés (RANVIER, 1880, PRIESLEY, 1880, BRÜCKE, 1906, TSCHERMAK, 1907). Comme pour celui-ci, l'amplitude et la durée du tétanos cardio-lymphatique augmentent avec l'intensité de l'excitation (BRÜCKE, 1906 ; TSCHERMAK, 1907). La figure 175 montre quelques contractions tétaniformes du cœur lymphatique de la grenouille (d'après BRÜCKE).

LANGENDORFF et THIERFELDER (1906) ont décrit cependant une période réfractaire du muscle cardio-lymphatique ; elle commence à la fin de la pause et dure pendant toute la systole. Les contractions provoquées par des excitations appliquées sur ce muscle pendant la diastole ou pendant la pause sont toujours plus petites et ne sont pas suivies d'un repos compensateur, comme cela a lieu pour le myocarde sanguin (LANGENDORFF et THIERFELDER, 1906).

Avec des courants faibles, interrompus ou continus, le cœur lymphatique peut donner une série de contractions rythmiques, et à cet égard il s'éloigne des muscles du squelette. Il se comporte au contraire comme ceux-ci, vis-à-vis du curare (RANVIER, 1880, PRIESTLEY, 1880, BOLL et LANGENDORFF, 1883, TSCHERMAK, 1907). VAN TRIGT (1913) a mis en évidence l'existence d'un courant d'action dans le cœur lymphatique caudal de l'Anguille.

5° Innervation des cœurs lymphatiques. — A) *Données d'anatomie*. — Comme tous les organes qui fonctionnent rythmiquement, on doit s'attendre à ce que les cœurs lymphatiques aient des centres nerveux intrinsèques en dehors des nerfs qu'ils reçoivent des centres cérébro-spinaux et sympathiques. Les recherches pour découvrir de pareils centres dans les parois des cœurs lymphatiques sont restées jusqu'à présent infructueuses aussi bien chez les poissons que chez la grenouille.

FIG. 175.

Pour les cœurs lymphatiques postérieurs des grenouilles, Waldeyer (1864) a décrit dans leur voisinage des cellules nerveuses ganglionnaires sur le trajet du rameau ventral du nerf coccygien, qui émane de la Xe paire (XIe suivant une nomenclature plus récente). Ces cellules se trouvent dans un amas de pigment et sont les unes unipolaires, les autres multipolaires. Mais nous ne savons rien sur leur relation avec les cœurs lymphatiques.

Le système nerveux extrinsèque est mieux connu.

a) *Chez les poissons.* — Le cœur lymphatique caudal reçoit des filaments nerveux qui lui sont envoyés par les derniers nerfs spinaux. Dans le segment de la moelle épinière correspondant au cœur lymphatique il existe un centre nerveux dont dépend la fonction de cet organe.

b) *Chez la grenouille.* — Les cœurs antérieurs reçoivent des fibres nerveuses de la IIIe paire rachidienne (Volkmann, 1844, Eckardt, 1849, Schiff, 1850).

Pour les cœurs postérieurs on avait cru tout d'abord que leurs nerfs provenaient exclusivement du nerf coccygien qui émane à son tour de la XIe paire rachidienne (Eckardt, 1849, Waldeyer, 1864, Heidenhain, 1854, Ranvier, 1880, Priestley, 1880).

Mais les recherches ultérieures montrent qu'il est encore d'autres voies nerveuses, reliant le cœur lymphatique postérieur à la moelle épinière. Aussi V. Wittich (1881) décrit, en dehors du coccygien, un nerf situé derrière lui et allant de la moelle au cœur lymphatique; il l'a appelé *nervus regulator cordis lymphatici.*

Une étude beaucoup plus complète sur les nerfs du cœur lymphatique postérieur des grenouilles a été faite par V. Tschermak (1907). D'après les recherches de ce physiologiste, le nombre de paires de nerfs rachidiens chez la grenouille ne s'arrête pas à onze, ainsi qu'on l'avait cru, mais va jusqu'à seize au moins. La figure suivante empruntée à Tschermak (1907) montre assez clairement les nerfs qui se rendent au cœur lymphatique postérieur et qu'ils proviennent des 5 ou 6 dernières paires (fig. 176).

Il y a d'abord le rameau ventral de la XIe paire ou nerf coccygien d'après les anciennes descriptions et que V. Tschermak appelle nerf *coccygien supérieur* pour le distinguer des nerfs qu'il a décrits ensuite et qu'il appelle *coccygiens inférieurs.* Ceux-ci comprennent les XIIe, XIIIe, XIVe, XVe et XVIe paires, qui représenteraient chez les anoures les nerfs caudaux des larves. Entre les branches principales de ces nerfs on voit des rameaux beaucoup plus fins (*a*, *b*) qui n'arrivent pas tous au cœur lymphatique postérieur. Cet organe reçoit donc des fibres nerveuses de la moelle épinière par l'intermédiaire des six dernières paires rachidiennes. L'importance de cette constatation est très grande, puisqu'elle va nous donner, en partie au moins, l'explication de certains faits, en apparence contradictoires, sur l'innervation cardio-lymphatique.

B) *Données physiologiques.* — Les cœurs lymphatiques sont beaucoup plus subordonnés aux centres cérébro-spinaux que le cœur sanguin. La destruction de la moelle épinière arrête les pulsations du cœur caudal des poissons (Greene, 1900, Favaro, 1905, Polimanti 1913), et des cœurs lymphatiques des grenouilles. Pour ces derniers, Volkmann (1844), Heidenhain (1854), V. Wittich (1881) ont admis que l'arrêt est définitif et a lieu toujours, alors que Waldeyer (1864), Goltz (1863), Krellwitz (1879), Priestley (1878) ont prétendu que l'arrêt se produit seulement dans certains cas. Suivant Eckardt (1849), Ranvier (1880), Luchsinger (1880), Boll et Langendorff (1883), le cœur lymphatique peut reprendre ses pulsations après la destruction de la moelle. Schiff (1894) cite une expérience dans laquelle le cœur lymphatique a continué ses battements pendant 26 heures

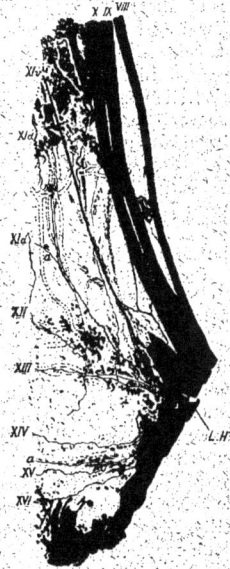

Fig. 176. — LH, Cœur lymphatique. Les chiffres romains indiquent les numéros d'ordre des paires nerveuses rachidiennes; *a* et *b* sont des branches secondaires, qui ne peuvent pas être suivies toutes jusqu'au cœur lymphatique.

après destruction de la moelle. En ayant soin d'éviter autant que possible l'hémorragie STEFANOWSKA (1894) a vu ces organes continuer à battre jusqu'à 8 jours après destruction du cerveau et de la moelle. Mais ces pulsations sont très irrégulières suivant SCHIFF (1894). « Les mouvements ne partent plus simultanément de tous les points de la périphérie du cœur lymphatique pour converger vers le centre comme cela a lieu à l'état normal. Leur point de départ est très variable ; il peut avoir lieu en un point de cette périphérie, tandis que les autres points de l'anneau périphérique suivent d'une manière irrégulière ; ou bien la contraction commence seulement dans une moitié de ce cœur ou même dans le milieu, les autres parties ne suivant pas immédiatement. Dans d'autres cas la contraction reste partielle et incomplète. » Les divergences entre les résultats obtenus sur ce point ne peuvent tenir qu'aux méthodes employées pour détruire les centres nerveux. Il est en effet très difficile de savoir si la destruction de ces centres a été complète ou non et l'étude des cœurs lymphatiques sur place et dans ces conditions ne peut pas conduire à des résultats précis. Cet inconvénient disparaît naturellement quand le cœur est enlevé de l'organisme. On ne constate alors que des mouvements fibrillaires très irréguliers et non des pulsations véritables (BRÜCKE, 1906). Cependant si le cœur lymphatique, isolé du corps, est placé dans une solution de NaCl, $\frac{1}{8}$ n, il peut fonctionner pendant 8 h. 1/2 ; en additionnant à 100^{cc} de cette solution 4^{cc} d'une solution $\frac{2}{8}$ n $= 0^{gr},112$ CaCl^2 les battements peuvent continuer très régulièrement 10 heures, suivant ANNE MOORE (1901).

Ces dernières expériences ouvrent de nouveau la discussion sur le mécanisme du rythme cardio-lymphatique. Du moment que ce cœur peut continuer ses battements rythmiques en dehors du corps, c'est qu'il a dans ses propres parois tout ce qu'il faut pour assurer ce rythme, à savoir : un organe moteur qui est le muscle cardio-lymphatique et des centres nerveux qui incitent et coordonnent ces mouvements. Le milieu chimique réalisé par ANNE MOORE (1901) ne fait que favoriser le fonctionnement du système neuro-musculaire cardio-lymphatique.

Ce système reçoit à l'état normal des excitations de la part des centres nerveux supérieurs et en particulier de la moelle épinière. Nous savons, en effet, que le cœur lymphatique postérieur est relié à la moelle par le nerf coccygien supérieur provenant de la XIe paire rachidienne et par les nerfs coccygiens inférieurs provenant des XIIe, XIIIe, XIVe, XVe et XVIe paires. Quelle est la part de chacun de ces nerfs dans le fonctionnement du cœur lymphatique ? On avait cru d'abord que le nerf coccygien supérieur représentait la voie nerveuse modératrice du cœur lymphatique postérieur comme le pneumogastrique à l'égard du cœur sanguin (ECKHART, 1849). Mais les recherches ultérieures n'ont pas confirmé cette opinion et les résultats obtenus par les différents auteurs ont même été très divergents. Ainsi d'après VOLKMANN (1844), HEIDENHAIN (1854) et SCHERTEY (1879), la section du nerf coccygien supérieur produirait l'arrêt définitif du cœur lymphatique postérieur. Donc pour ces physiologistes les centres nerveux moteurs du cœur lymphatique se trouveraient dans la moelle et le nerf coccygien supérieur représenterait la voie motrice.

Pour ECKHART (1849), GOLTZ (1863), SCHIFF (1894), WALDEYER (1864), KRELLWITZ (1879) et PRIESTLEY (1878) au contraire, cet arrêt n'est que passager et le cœur lymphatique peut reprendre ses pulsations. Les recherches de TSCHERMAK (1907) nous montrent la multiplicité des voies nerveuses entre la moelle épinière et le cœur lymphatique postérieur et nous donnent l'explication de ces contradictions. D'après ce physiologiste, la section du nerf coccygien supérieur seul produit un léger ralentissement, mais non un arrêt du cœur lymphatique. De même la section des nerfs coccygiens inférieurs seuls n'arrête pas le cœur lymphatique. Il faut sectionner tous les nerfs coccygiens, inférieurs et supérieurs, pour obtenir cet arrêt chez la grenouille, mais non chez le *Bombinator* dont le cœur lymphatique continue à battre même après sa séparation complète de la moelle.

Ces nerfs conduisent donc des ondes nerveuses qui partent des centres médullaires pour arriver aux cœurs lymphatiques. La preuve en est que l'excitation des bouts périphériques de ces nerfs, par des courants électriques induits ou continus, provoque des pulsations dans les cœurs lymphatiques arrêtés (Tschermak, 1907). Il est à remarquer qu'une excitation unique, comme la fermeture ou la rupture d'un courant continu, donne lieu toujours à une série de pulsations. L'onde nerveuse envoyée aux cœurs lymphatiques par les centres de la moelle n'est pas rythmique; ce que l'on peut démontrer en inscrivant au moyen du galvanomètre la variation négative dans le nerf coccygien supérieur. On ne constate alors aucune oscillation synchrone avec les pulsations cardio-lymphatiques. Cette onde semble, au contraire, être continue; elle exerce une action tonique (kineotonus), d'après Tschermak (1907).

Les centres nerveux médullaires peuvent aussi inhiber les cœurs lymphatiques. Si l'on excite la moelle épinière avec un courant fréquemment interrompu, on peut arrêter le cœur lymphatique de la couleuvre en diastole (Ranvier 1880) et le cœur caudal des poissons (Greene, 1900, Favaro, 1905, Polimenti, 1913). L'excitation des lobes optiques et des corps bigéminés arrête aussi les cœurs lymphatiques (Suslova, 1867). Mais les centres d'inhibition de la moelle peuvent être excités aussi par des impressions partant de la peau (Greene, 1900, Favaro, 1905) ou des viscères. Ainsi en frappant à petits coups sur l'intestin de la grenouille on peut arrêter le cœur lymphatique (Goltz, 1863). La pression interne du cœur lymphatique ne semble pas avoir pour lui la même action excitante que pour le cœur sanguin. Les variations de cette pression ne modifient pas le rythme cardio-lymphatique; il n'y a que la force de la contraction qui croît ou diminue comme la pression supportée par les parois (Boll et Langendorff, 1883).

III. — FORCES ACCESSOIRES DONT DÉPEND LE MOUVEMENT DE LA LYMPHE

A) **Le rôle des muscles.** — Les muscles lisses ou striés favorisent la circulation de la lymphe au même titre que celle du sang en expulsant par leur contraction le liquide contenu dans ces vaisseaux et en l'aspirant au contraire pendant leur relâchement. Ce relâchement permet à la lymphe de passer facilement des capillaires dans les troncs lymphatiques.

Les mouvements actifs des muscles ne sont pas les seuls à favoriser l'écoulement de la lymphe, mais aussi leurs mouvements passifs. Ainsi, quand on pratique la respiration artificielle sur un cadavre de chien, on active beaucoup cet écoulement par le canal thoracique et on voit apparaître dans cette lymphe des substances, comme par exemple le salicylate de soude, qui ont été injectées dans le tissu conjonctif sous-cutané après la mort de l'animal (Fodéra, 1908).

En dehors de cette action directe des muscles lisses ou striés sur la circulation de la lymphe, on trouve aussi des exemples d'adaptations musculaires à cette fonction. Ainsi chez les poissons, comme les murénidés, les muscles triangulaires, qui rapprochent les mandibules supérieures des os temporaux pendant le mouvement d'expiration, compriment en même temps le sinus lymphatique de la tête et facilitent ainsi la pénétration de la lymphe dans le système veineux. Ces muscles sont en effet soudés aux parois membraneuses des sinus lymphatiques de la tête. Pendant le mouvement d'inspiration, les muscles triangulaires se relâchent, les mandibules s'écartent de la base du crâne, les parois des tissus lymphatiques s'écartent en même temps et il en résulte une aspiration vers ces tissus de la lymphe des canaux périvertébraux (Jossifow, 1906).

Un autre exemple de l'action musculaire sur la marche de la lymphe dans les gros troncs nous est donné par le diaphragme. En effet, chez les solipèdes et les carnassiers, le canal thoracique passe entre les piliers de ce muscle, qui peut ainsi agir directement sur ce vaisseau. Les contractions de ces piliers exercent sur lui une compression qui facilite la circulation de la lymphe qu'il contient (Colin, 1888). En outre, le diaphragme comprime la citerne de Pecquet, pendant sa contraction. Cette action s'exerce surtout indirectement, par l'intermédiaire des viscères abdominaux qui, étant repoussés par le diaphragme pendant le mouvement d'inspiration, augmentent la pression intra-abdominale. Camus (1894) a démontré que l'écoulement par le canal thoracique est de beaucoup activé toutes les fois que cette pression intra-abdominale s'élève. On peut facilement réaliser cet accroissement de pression en plaçant des poids sur l'abdomen.

B) **L'aspiration thoracique.** — La pression négative ou dépression qui règne dans la cavité pleurale exerce déjà une véritable aspiration continue sur la lymphe du canal thoracique et sur le sang des grosses veines enfermées dans le thorax, et cette dépression augmente pendant l'inspiration. On peut facilement se rendre compte de ce fait en suivant les mouvements de la colonne lymphatique dans un tube en verre mis en communication avec le canal thoracique. On voit en effet la colonne s'abaisser à chaque inspiration et s'élever à chaque expiration (COLIN, 1888).

C) **Aspiration cardiaque.** — La dépression qui a lieu dans les oreillettes pendant leur diastole, dépression à laquelle contribue aussi le léger déplacement de la base des ventricules vers la pointe du cœur, pendant la systole ventriculaire, aspire le sang veineux et avec lui la lymphe du canal thoracique.

D) **Les mouvements des artères** facilitent la circulation dans les vaisseaux lymphatiques qui se trouvent dans leur voisinage. Ainsi les pulsations de l'aorte favorisent la marche de la lymphe dans le canal thoracique (CAMUS, 1894) et celle des carotides dans les lymphatiques cervicaux.

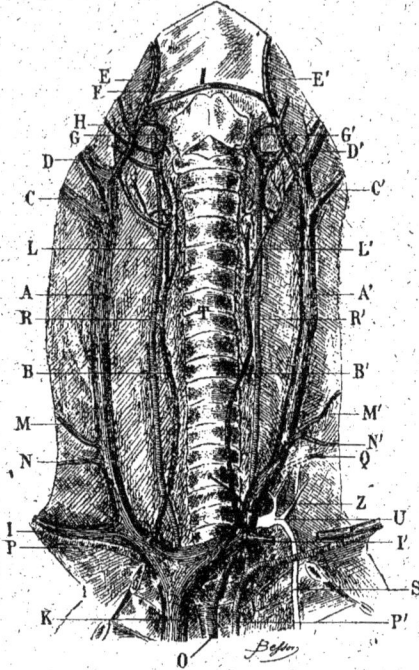

FIG. 177. — Les vaisseaux du cou et le canal thoracique (demi-schéma).

A, A', veine jugulaire externe ; — B, B', veine jugulaire interne ; — C, C', veine maxillaire interne ; — D, D' veine maxillaire externe ; — E, E', veine sous-linguale ; — F, anastomose entre les sous-linguales ; — G, G', anastomose entre les sous-linguales et la cérébrale inférieure ; — H, H', veine cérébrale inférieure ; — I, I', veine sous-clavière ; — K, veine cave supérieure ; — L, L', veine thyroïdienne ; — M, M', veine transverse de l'omoplate ; — N, N', veine cervicale descendante ; — O, tronc artériel innominé (brachio-céphalique) ; — P, P', artères sous-clavières ; — Q, artère bœo-cervicale ; — R, R', artère carotide primitive ; — S, canal thoracique ; T, trachée ; — U, confluent lymphatique ; — Z, Lymphatique du cou.

IV. — FISTULES LYMPHATIQUES

COLIN (1853) fut le premier à établir sur les animaux vivants des fistules lymphatiques (dans le canal thoracique, dans les chylifères, etc.). C'est au canal thoracique du chien, à son embouchure dans le confluent de la jugulaire et de la veine sous-clavière gauche que l'on s'adresse généralement pour établir une fistule lymphatique. Nous renvoyons à l'article « Chien », vol. 3, p. 493-494 de ce Dictionnaire, pour ce qui concerne la disposition habituelle du canal thoracique chez cet animal.

Pour pratiquer une fistule dans le canal thoracique du chien on emploie généralement le procédé de COLIN, qui cherche ce canal à son embouchure dans le système veineux. Nous avons complété les indications données par ce physiologiste quant au point de repère pour trouver le canal thoracique et nous procédons comme il suit : l'animal curarisé ou anesthésié par le chloroforme est fixé sur le dos, un peu incliné sur le côté droit; la patte antérieure gauche est tirée en arrière et la tête déviée légèrement à droite afin que la région latérale gauche de la base du cou soit bien tendue. La peau, rasée sur une assez grande surface, est incisée, en suivant la direction de la veine jugulaire externe qui doit servir comme premier point de repère. L'incision ayant 9-10 cm. est prolongée en arrière jusqu'au muscle pectoral que l'on peut aussi couper en partie. On dissèque avec soin la veine jugulaire et on lie les branches latérales et superficielles de cette veine, à savoir : la veine cervicale descendante et la veine transverse de l'omoplate (fig. 177).

La région étant ainsi ouverte et toute hémorragie arrêtée, on pénètre dans la profondeur, en prenant comme point de repère l'artère omo-cervicale qui décrit une courbure dont la convexité regarde la ligne médiane du cou. C'est dans la concavité de cette artère qu'il faut chercher le canal thoracique en se servant de la sonde cannelée ou d'une aiguille mousse et en tirant avec l'index de la main gauche sur l'artère omo-cervicale. La dissociation du tissu conjonctif doit être faite avec précaution, surtout s'il y a beaucoup de graisse. Quand ce tissu est suffisamment enlevé pour laisser voir l'artère carotide, le canal thoracique, qui croise cette artère, apparaît, surtout s'il est gonflé par la lymphe. Si au contraire il contient peu de lymphe, on comprime légèrement le confluent de la jugulaire avec la sous-clavière gauche et le canal thoracique devient visible. On le dissèque sur 2 ou 3 cm. de longueur afin de pouvoir facilement introduire la canule. Pour cela on applique une ligature le plus près possible de son embouchure dans la veine ; il se gonfle alors par la lymphe qui s'y accumule, ce qui montre en même temps qu'il n'y a pas de branches latérales. On le prend sur la pulpe de l'index gauche en tirant sur le fil de la ligature et on l'ouvre avec des petits ciseaux. La lymphe jaillit et maintient l'orifice ouvert pendant un temps suffisant pour introduire la canule. Il est préférable, avant d'introduire celle-ci, de détruire avec une aiguille mousse les valvules les plus rapprochées de l'orifice ; sans cela l'extrémité de la canule pourrait venir butter contre une de ces valvules et l'écoulement de la lymphe s'en trouverait gêné.

On peut aussi pratiquer une fistule de ce canal dans le thorax, ainsi que l'a fait Camus (1904). On anesthésie l'animal, de préférence avec le chloralose ; on lui sectionne le bulbe et on pratique la respiration artificielle avant l'ouverture du thorax.

Une autre méthode consiste à isoler le segment veineux qui correspond à l'embouchure du canal thoracique et placer la canule dans ce segment même (Jappelli, 1905, de Vinci, 1908).

V. — EFFETS DE LA LYMPHORRHÉE

Les animaux porteurs d'une fistule dans le canal thoracique meurent généralement après 24 heures ou 36 heures ; ils peuvent vivre un peu plus si l'on prend des précautions pour éviter le refroidissement (de Vinci, 1908). Sur un chien de 21 kilogrammes cet auteur a obtenu pendant 26 h. 305 cc. de lymphe, ce qui représente 1/69 du poids du corps et 1/5 de la masse sanguine ou 0 cc. 56 par kilogramme et par heure approximativement. Les chiffres obtenus par cet auteur sont beaucoup plus faibles que ceux donnés par ses prédécesseurs. Ainsi pour le chien, Colin (1888) trouve 3 gr. 5 par kilogramme et par heure, Heidenhain 2 gr. 6 et Zawilski 2 gr. 5. Cela doit tenir à l'immobilité dans laquelle se trouvait le chien de de Vinci.

La quantité recueillie diminue progressivement; on constate cependant une légère augmentation avant la mort.

La lymphe est au commencement claire, légèrement opalescente et quelques fois même rose; puis elle devient rouge sanguinolente et à la fin elle devient de nouveau rose et jaunâtre. Sa coagulabilité reste constante dans les premières heures de l'expérience, elle diminue ensuite progressivement pour arriver à un minimum et s'augmente ensuite de telle sorte qu'avant la mort elle peut même dépasser la limite normale.

Les constantes physico-chimiques de cette lymphe ont été les suivantes :

Le poids spécifique.	Légèrement augmenté.
La viscosité.	Augmentation progressive.
La pression osmotique.	Augmentée.
La conductivité électrique	Diminuée.
Le résidu sec	Augmenté.
Les cendres	Diminuées.

Le nombre des globules blancs augmente : les globules éosinophiles qui sont en majorité au début de l'expérience diminuent ensuite de plus en plus et même disparaissent, cédant la place aux leucocytes neutrophiles (Chistoni, 1908).

Sous l'influence de la lymphorrhée expérimentale, le nombre des éléments figurés du sang, surtout des globules blancs, se modifie aussi. On trouve constamment une augmentation du nombre des polynucléaires et une diminution de celui des lymphocytes et des éosinophiles et, en règle moins absolue, une augmentation des mononucléaires. (Parodi, 1906).

J. ATHANASIU ET D. CALUGAREANU.

Bibliographie. — I. FORMATION DE LA LYMPHE. — 1° **Rôle de la pression hydrostatique dans les vaisseaux sanguins sur la formation de la lymphe.** — Bottazzi et Jappelli. *Physiko-chemische Eigenschaften des Blutes u. der Lymphe nach Transfusion homogenen Blutes (Biochem. Zeitsch.*, 1908, xi, 331-345). — Cohnheim et Lichtheim. *Arch. de Virchow*, 1877, xvic, 106. — Cohnheim (J.). *Vorlesungen über allgem. Pathol.*, 1882, vol. i, 493. — Colson. *Recherches physiologiques sur l'occlusion de l'aorte thoracique (Arch. de Biol.*, 1890, x, 431). — Demoor (J.). *A propos du mécanisme de la lymphogenèse (Bull. Acad. royale de med. de Belgique*, 1909, séance du 25 septembre). — Dourdouffi, *Influence du système nerveux sur la production de l'œdème (Arch. Slaves de Biologie*, 1887, iii, 346). — Emminghaus. *Arbeiten aus der physiologischen Anstalt zu Leipzig*, 1874, 51. — Forgeot (E.). *Action des saignées sur la composition de la lymphe du canal thoracique chez les ruminants (C. R., Ass. franç. Av. Sc.*, Sess. 36, 1, 269; ii, 785). — Heidenhain (R.). *Ueber secretorische und trophische Drüsennerven (A. g. P.*, 1878, xvii, 1-67). — Heidenhain (R.). *Einige Versuche den Speicheldrüsen (A. g. P.*, 1874, ix, 333-354). — Hoche (Cl.). *Des effets primitifs des saignées sur la circulation de la lymphe (A. d. P.*, 1896, 446-461). — Lauderer. *Die Gewebsspannung in ihrem Einflus auf die Östliche Blut u. Lymphbewegung, Leipzig*, 1884. — Lazarus-Barlow (W. S.). *Contribution to the study of lymph-formation with especial reference to the parts played by osmosis a. filtration (J. P.*, 1895-1896, xix, 418). — Lewachew (S.). *Recherches relatives à l'influence des nerfs sur la production de la lymphe (C. R.*, 1886, I., 1578). — Ludwig (C.). *Ueber den Ursprung der Lymphe (Zeitsch. d. med. Jahrbuch. d. k. k. Geselsch. d. Aerzte, Wien*, 1863). — Müller (R.). *Ueber die Tannensberg'schen Körper. — Ein Beitrag zur Lehre von der Lymphbildung (A. g. P.*, 1908, cxxii, 435-483). — Peekelharing et Mensonides (L). *Influence de l'hyperémie active ou passive sur le courant lymphatique (Arch. néerland. de Sciences exactes et naturelles*, 1887, xxi, 69). — Posner (E. R.) et Gies (W.). *The influence of hemorrhage on the formation a. composition of lymph (Amer. Journ. of. Physiol.*, 1904, x, 31). — Rogowicz (N.). *Beiträge zur Kenntniss der Lymphbildung (A. g. P.*, 1885, xxxvi, 252). — Starling (E. H.). *Contribution to the physiology of lymph secretion (J. P.*, 1893, xiv, 131-153). — Starling (E. H.). *The influence of mechanical factors on lymph-production (J. P.*, 1894, xvi, 224). — Tomsa. *Beiträge zur Lymphbildung. (Sitzungsber. d. kaiserl. Akad. d. Wissensch. Wien*, 1862, xlvi, 185). — Wertheimer et Lapage (L.). *Effets de l'excitation de l'écorce cérébrale sur la formation de la lymphe (B. B.*, 1906, xi, 621).

2° **Rôle de l'endothélium vasculaire sur la formation de la lymphe.** — Asher (L.). *Remarques sur l'action lymphagogue de la propeptone (Arch. intern. de Physiol.*, 1905-1906, iii, 251). — Asher (L.) et Gies (W.). *Untersuchungen über die Eigenschaften u. die Entstehung der Lymphe (Z. B. 1900*, xxii, N. F. 180-216). — Athanasiu (J.) et Carvallo (J.). *Effets des injections de peptone sur la constitution morphologique de la lymphe (B. B. 1896*, 769). — Athanasiu (J.). et Gradinesco (A.). *La circulation artificielle dans les muscles; Action de l'adrénaline sur l'endothélium vasculaire (B. B.*, 1908, lxiv, 613). — Athanasiu (J.) et Gradinesco (A.). *Les capsules surrénales et les échanges entre le sang et les tissus (C. R.* 1909, ii, 149 et 413). — Cavazzani (E.). *Intorno alla influenza negativa di alcuni linfagoghi sulla formazione del liquido cerebro-spinale. — Rivista sper. di Freniatria (1901*, xxvii, 172). — Clopatt (A.). *Ueber die lymphagogen Eigenschaften des Erdbeeren-extractes. (Skand. Arch. of Physiol.*, 1900, x, 403). — Cohnstein (W.). *Ueber die Einwirkung intravenöser Kochsalzinfusionen auf die Zusammensetzung von Blut u. Lymphe (A. g. P.*,1893, lix, 508-524). — Cohnstein (W.). *Weitere Beiträge zur Lehre v. d. Transudation u. Z. Theorie d. Lymphbildung (A. g. P.*, 1895, lix, 350-378). — Cohnstein (W.). *Ueber die Einwirkung intravenöser Kochsalzinfusionen auf die Zusammensetzung von Blut u. Lymphe (A. g. P.*, 1895, lx, 291). — Cohnstein (W.). *Ueber die Theorie d. Lymphbildung (A. g. P.*, 1896, lxiii, 587-612). — Cohnstein (W.). *Kritik einiger neueren Arbeiten* *über die Theorie d. Lymphbildung* (A. P., 1896. 379). — Cohnstein (W.). *Ueber intravenöse Infusionen hypertonischer Lösungen* (A. g. P., 1896, LXII, 58-61). — Doyon (M.). *Action de la peptone sur la sécrétion et l'excrétion de la bile* (B. B. 1903, LV, 314). — Dubois (Ch.). *Sur le ralentissement initial du cours de la lymphe à la suite d'injections salines hypertoniques* (Journ. de Physiol. et de Path. générale, 1907, IX, 24 et B. B. 1906, LX, 566-567). — D'Errico (G.). *Ueber die Lymphbildung, III. Die Wirkung d. Gelatine auf den Abflussu. die Zusammensetzung der Lymphe. Experimentelle Untersuchungen* (Z. B., 1907, XXXI, N. F. 283-306). — Gley (E.). *De l'action anticoagulante et lymphagogue des injections intraveineuses de propeptone après l'extirpation des intestins* (B. B., 1896, 1053). — Gley (E.) et Pachon (V.). *Influence des variations de la circulation lymphatique intrahépatique sur l'action anticoagulante de la peptone* (Arch. de Physiol., Paris, 1895, 711). — Heidenhain (R.). *Verhdlg. d. X. internat. med. Congresses* (vol. II, Abth., 2, 57 (Cité par Cohnstein). — Heidenhain (R.). *Versuche u. Fragen zur Lehre von der Lymphbildung* (A. g. P., 1891, vol., XLIX, 209. — Heidenhain (R.). *Neue Versuche über die Aufsangung im Duundarm* (A. g. P., Bd. LVI, s. 579). — Heidenhain (R.). *Bemerkungen u. Versuche betreffs der Resorption in der Bauchhöhle* (A. g. P., 1896, vol. LXII, 320). — Jappelli (G.). *Beiträge zur Kenntniss der Lymphogenesi. VII. Einfluss der intravenösen Injektionen von Extract der mesenterialen Lymphfolikel u. der Injektionen von Chylus auf die Bildung u. die wichtigsten physikalisch-Chemischen Eigenschaften der Lymphe* (Z. B., 1910, vol. LIII, 319-360). — Mendel Lafayette (B.). *On the passage of sodium jodide from the blood to the lymph with some remarks on the theory of lymph formation* (J. P., 1896. vol. XIX, s. 227). — Moussu (G.). *Recherches sur l'origine de la lymphe. — De la circulation lymphatique périphérique* (Journ. de Physiol. et d'Anat., 1901, I, 365-384 ; II, 550-574. — Nobel (E.). *Können ultramikroskopische Teilchen aus dem Blute in die Lymphe übertreten?* (A. g. P., 1910, vol. CXXXIV). — Nolf (P.). *Action lymphagogue de la propeptone. Réponse à M. Asher* (Arch. intern. de Physiol., 1905-1906, vol III, 254). — Nolf (P.). *L'action lymphagogue de la propeptone* (Arch. intern. de Physiol., 1905, vol. III, 229-250.) — Ostrowsky (J.). *Zur Lehre von der Lymphbildung* (C. P., 1895, vol. IX, 695). — Pugliese (A.). *Die Zusammensetzung des Blutes, die Harnabsonderung u. die Lymphbildung nach intravenöser Injektion von Kolloidlösungen, allein u. Zusammen mit Kristalloiden* (Z. B., 1910, vol. LIV, 100-152). — Pugliese (A.). *Beiträge zur Lehre von der Lymphbildung* (A. g. P., 1898. Bd. LXXII, s. 603). — Pugliese (A.), *Nouvelle contribution à l'étude de la formation de la lymphe.* — *Lymphe et fonction vaso-motrice* (A. i. B., 1902, vol. XXXVIII, 422. — Spiro (K.). *Einwirkung von Pilocarpin, Atropin und Pepton auf Blut u. Lymphe* (Arch. f. exp. Pathol. u. Pharmak., 1897. vol. XXXVIII, 113). — Stanley (P.), Reimann et Sauter (M. D.). *Comparaison of blood a lymphe bicarbonate after intravenous injection o sodium bicarbonate* (Journ. of physiol. chemistry, 1921, vol. XLVI, 499). — Starling (E. H.). *On the mode of action of lymphagogues* (J. P., 1894-1895, vol. XVII, 30). — Wessely (K.). *Ueber die Resorption aus dem subkonjunktivalen Gewebe nebst einem Anhang : ueber die Beziehung zwischen der Reizwirkung gewisser Lösungen und ihren osmotischen Eigenschaften* (A. P. 1903, vol., XLIX, 412). — Janagawa (H.) *On the secretion of lymph* (Journ. of Pharmacology a experiment. therapeut., 1916, vol. IX, 75-105. — Zdzisław-Tomaszewski et Wilenko (G. G.). *Beitrag zur Kenntniss d. antagonistichen Wirkung des Adrenalins u. d. Lymphagogä.* Berl. Klin. Woch., 1908, vol. XLV, 1221 (Analysé dans Jahresb. f. Tier-chemie, 1908, 1244).

3° Le travail des organes et la production de la lymphe. — a) **Influence du travail musculaire sur la formation de la lymphe.** — Fodera (F. A.). *Influence des mouvements passifs et de la circulation artificielle sur le rendement de lymphe et sur l'absorption par les vaisseaux lymphatiques dans les cadavres d'animaux* (A. i. B., 1908, vol. XLIX, 194-202). — Genersich. *Die Aufnahme der Lymphe durch die Sehnen u. Fascin der Skeletmuskeln.* — Arbeiten un der physiol. Anstalt zu Leipzig, 1871, 53. — Hamburger (H. J.). *Zur Lehre der Lymphbildung* (A. P., 1895, 364). — Jappelli (G.) et D'Errico *Contributi alla linfogenési.* — IV. *La linfa degli asti nei movimenti passivi ed attivi* (Archivio di Fisiol., 1907, vol. IV, 313-326). — Lesser (A.). *Eine Methode um grosse Lymphmengen vom lebenden Hunde zu gewinnen.* (Arbeiten aus der physiologischen Anstalt zu Leipzig, 1872, 94. — Moussu (G.). *Recherches sur l'origine de la lymphe. De la circulation lymphatique périphérique* (Journ. de la Physiol. et de l'Anat., 1901, I, 365-384; II, 550-574).

PASCHUTIN. *Die Absonderung der Lymphe im Arme des Hundes. (Arbeiten aus der physiologischen Anstalt zu Leipzig*, 1873, VII, 196.

b) Influence du travail des glandes salivaires sur la formation de la lymphe. — BAINBRIDGE (F. A.). *The lymphflow from the submaxillary gland* (J. P. 1900, vol. XXV. *Proced. of the physiol. Soc. March.*, XVI). — BARCROFT (J.). *The gaseous metabolism of the submaxillary gland* (J. P., 1900, vol. XXV, 479). — CARL-ON (J. A.), GREER (J. R.) et BECHT (F. C.). *On the mechanism by which water is eliminated from the blood in the active salivary glands.* (*Amer. Journ. of Physiol.* 1907, vol. XIX, 360-388). — ERDÉLY (A.). *Ueber die Beziehungen zwischen Bau u. Funktion des lymphatischen Apparates des Darmes* (Z. B., 1904, vol. XLVI, 119). — D'ERRICO (G.) et RONALLI (D.). *Sur la lymphogénèse. Formation de la lymphe dans la glande sous-maxillaire empoisonnée avec du fluorure sodique* (A. i. B., 1906, vol. XLV, 207.)

c) Influence du travail du foie et du pancréas sur la production de la lymphe. — ASHER (L.) et BARRERA (A. G.). *Untersuchungen über die Eigenschaften u. d. Enstehung der Lymphe* (Z. B. 1898, vol. XVIII. N. F. 154-238). — ASHER (L.). *Untersuchungen über die Eigenschaften u. d. Enstehung der Lymphe* (Z. B., 1899. vol. XIX. N. F. 261-306). — BAINBRIDGE (F. A.). *The lymph flow from the pancreas* (J. P., 1905, vol. XXXII, 1). — ELLENGER (A.). *Lymphagoge Wirkung u. Gallenabsonderung. Ein Beitrag zur Lehre von der Lymphbildung. Beiträge zur Chem. Physiol. u. Path.* 1902, II, 297-308. — KUSMINE (K.). *Untersuchungen über die Eigenschaften u. d. Entstehung der Lymphe.* 6. *Mitteilung Ueber den Einfluss der Lymphagoga auf die Leber* (Z. B., 1908 (?) vol. XXVIII, 554). — WERTHEIMER (E.). *Travail des glandes et lymphogénèse* (*Journ. de Physiol. et de Path. générale*, 1906, vol. VIII, 804-818).

4° Influence des metabolites sur la formation de la lymphe. — Propriétés physico-chimiques et morphologiques de la lymphe. — BENJAMIN DAVIS (F.) et CARLSON (A. J.). *Contribution to the physiology of lymph. IX. Notes on the leucocytes in the neck lymph, thoracic a. blood of normal dogs* (*Amer. Journ. of Physiol.* 1909, vol. XXV, 173-189). — BURTON-OPITZ (R.) et NEMSER (R.). *The Viseosity of lymph* (*Amer. Journ. of Physiol.*, 1917, vol. XLV, 25). — CARLSON (A. J.), WOELFEL (A.) et POWELL (H. W.). *Contribution to the Physiology of lymph. XVI. On the local haemodynamic action of tissue metabolites* (*Amer Journ. of Physiol.* 1911, vol. XXVIII, 176-189). — D'ERRICO (G.). *Lymphogénèse* (*C. P.*, 1907, vol. XXI, 478-479) — GASKEL (W. H.). *On the tonicity of the heart a. blood vessels* (*J. P.*, 1882, vol. III, 48). — D'ERRICO (G.). *Sur la lymphogénèse. I. Action lymphagogue du sang du chien soumis à la fatigue* (*Arch. intern. de Physiol.*, 1906, vol. III, 168-182). — GREEN (J. R.). *Contribution to the physiology of lymph. XII. Methods of inducing the appearance of polymorphonuclear leucocytes in the lymph* (*Amer. Journ. of Physiol.* 1910, vol. XXVI, 68). — NOBEL (E.). *Können ultra mikroskopishc Teilchen aus dem Blute in die Lymphe übertreten?* (*A. g. P.*, 1910, vol. CXXXIV, s. 437-440.) — SHUNGO-OSATO. *Beiträge zum studium dea Lymphe. I. Mitteilung. Vergleichende Untersuchung vom Antikörpergehalt des Blutes u. d. Lymphe und seine Beeinflussung durch verschiedene Lymphagogaurten.* (*The Tohoku Journ. of exper. Med.*, 1921, vol. II, 326).

5° Parallèle entre la composition chimique et les constantes physiques de la lymphe et du sang. — BOTTAZZI (F.). *Osmotischer Druck u. elektrische Leitfähigkeit d. Flussigkeiten d. einzelligen pflanzlichen u. tierischen Organismen.* (*Ergebnisse d. Physiol.* 1908, vol. VII, 309-315. — BRANDE (B.). et CARLSON (A. J.). *The influence of various lymphagogues on the relative concentration of bacterioaglutinins in serum a. lymph* (*Amer. Journ. of Physiol.* 1908, vol. XXI, 221). — CARLSON (A. J.) et MARTIN (M.). *Contribution to the physiology of lymph. XVII. The supposed presence of the secretion of hypophysis in the cerebro-spinal fluid* (*Amer. Journ. of Physiol.*, 1911, vol. XXIX, 64). — VINCI (G.). *Contribution à la connaissance de la lymphogénèse. II. Sur les propriétés physico-chimiques du sang et de la lymphe dans la lymphosie expérimentale* (*Arch. intern. de Physiol.*, 1910, vol. IX, 263). — HAMBURGER (H. J.). *Untersuchungen über die Lymphbildung insbesondere bei Muskelarbeit* (Z. B., 1894, vol. 12, N. F. 147-178). — HAMBURGER (H. J.). *Zur Lymphbildungfrage* (A. P., 1897, 132). — HUGHES (W. T.) et CARLSON (A. J.). *The relative hemolytic power of serum a. lymph under varying condition of lymph formation* (*Amer. Journ. of physiol.*, 1908, vol. XXI, 236-247). — LEATHES (J. B.). *Some experiments on the exchange of fluid between the blood and tissues* (J. P., 1895-1896, vol. XIX, 1-14). — LUCKHARDT

(A. B.). *Contributions to the physiology of lymph. X. The comparative electrical conductivity of lymph a. serum of the same animal and its bearing on theories of lymph formation* (Amer. Journ. of Physiol., 1910, vol. xxv, 345-353). — TIMOFEJENSKY (D. J.). *Die Einwirkung der Lymphagoga auf das Verhalten der Eiweisskörper im Blut u. in der Lymphe* (Z. B., 1899, vol. xx, N. F. 618.)

6º Production de la lymphe après la mort. — BAINBRIDGE (F. A.). *The postmortem flow of lymphe* (J. P., 1906, vol. xxxiv, 275-281). — CUTTAT-GALITZKA (M.). *Untersuchungen über Eigenschaften u. d. Enstehung der Lymphe. VIII. Untersuchungen über den post-mortalen Lymphfluss u. d. Lymphbildung bei vermindertem Kapillardruck* (Z. B., 1911, vol. xxxviii, N. F. 309-346). — JAPPELLI (G.) et D'ERRIGO (G.). *Beiträge zur Lymphogenese. V. Ueber die physiko-chemischen Eigenschaften d. post-mortalen Lymphe* (Z. B., 1908, vol. xxxii, N. F. 1-25). — MÉNDEL (L. B.) et HOOKER (D. R.). *On the lymphagogic action of the strawberry and on postmortem lymph flow* (Amer. Journ. of Physiol. 1902, vol. vii, 380).

7º Monographies sur la formation de la lymphe. — ELLINGER (A.). *Die Bildung der Lymphe. Ergebnisse der Physiol.* 1902. I Jahrg. Biochemie, 355-394. — HÖBER (R.). *R. Blut u. Lymphe. I. Physikalische Chemie des Blutes u. d. Lymphe. Handb. d. Biochemie*, 1909. vol. ii. 2ᵉ Hälfte 1-40. — MAGNUS (R.). *Blut. u. Lymphe. IV. Bildung der Lymphe. Handb. der Biochemie.* vol. ii. 2ᵉ Hälfte 99. — OWERTON (E.). *Ueber den Mechanismus der Resorption u. der Secretion. Ueber die Bildung u. Resorption die Lymphe.* (NAGEL'S Handbuch d. physiologie der Menschen 1907. vol. ii, 851). — STARLING. *Die Resorption.* Handb. d. Biochemie. vol. iii. 2ᵉ Hälfte 206. — STARLING (E. H.). *The production a. absorption of lymph.* (Text.-book of Physiol. by SCHÄFFER, 1898, vol. i, u. 285-311). — v. WILLICH (V.). *Physiologie der Aufsaugung Lymphbildung, und Assimilation.* (Hermann's Handb. d. Physiol. vol. v. 2ᵉ Theil. 257-343.

II. CIRCULATION DE LA LYMPHE. — 1º Vaisseaux lymphatiques. Structure.
ATHANASIU (J.) et DRAGOIU (J.). *Association des éléments élastiques et contractiles, dans le myocarde des mammifères* (B. B., 1911, vol. LXX, 598). — BANTI (G.). *Sull'ufficio degli organi linfopoietici e empoietici nelli genesi dei globuli bianchi del sangue* (Archivio di Fisiol. 1904, vol. i, 241). — BAUM (H.). *Die Lymphgefässe der Nervensystem des Rindes* (Zeitsch. f. Infektionskrank, parasit. Krank. u. Hyg. d. Haustiere, 1913, vol. xii, 5). — BREMER, SFAMENI (P.). *Cités par* PRENANT, ANCEL et BOUIN. *Traité d'Histologie*, vol. ii, 133. — CUÉNOT (L.). *Étude sur le sang et les glandes lymphatiques dans la série animale.* Iʳᵉ partie. Vertébrés. (Arch. de zool. expér., 1889, vol. vii, 1-89). — DELAMARE (G.) *Anatomie générale du système lymphatique. — Traité d'anatomie humaine par* POIRIER et CHAPY, 1902, vol. ii, 413). — FAVARO (G.) *Ueber den Ursprung des Lymphgefässystem* (Anat. Anz., 1908. vol. xxxiii, 75-77). — FREYTAG (F.). *Ein experimentel histologischer Beitrag zum Ersatz des Milzfunktion durch die Lymphdrüsen u. zur Bedeutung des fibrillären Gitters der Milz fur die Blutseinigung* (A. g. P., 1908, vol. 422, 501). — HASSE (C.). *Fragen und Probleme auf dem Gebiete der Anatomie u. Physiologie der Lymphwege* (Arch. Anat. Physiol., anat. Abth. 1909, 327-330). — HOLBURN (A.). *The lymphatics system of bovines* (Veter. Journ. London, 1902, vol. v, 215-219). — JOSSIFOV (S. M.). *Sur les voies principales et les organes de propulsion de la lymphe chez certains poissons* (Arch. d'Anatomie microscopique, 1903-1906, vol. vii, 398-423). — KITMANOFF (K. A.). *Nerve endings in the lymphatic glandes in mammals* (Anat. Anz. Janv. 1901. vol. xix, 369-377). — MAC CALLUM (W. G.) *The relations between the lymphatics and the connective tissue.* (Johns Hopk. Hosp. Bull. Balt. 1903, vol. xiv, 1-9). — QUÉNU (E.) et DARIER (J.). *Note sur l'existence d'un plexus nerveux dans la paroi du canal thoracique du chien* (B. B. 1897, 529). — RANVIER (L.). *Des chylifères du rat et de l'absorption intestinale* (C. R., 1894, cxviii, 621). — *Morphologie du système lymphatique. — De l'origine des lymphatiques dans la peau de la grenouille* (C. R., 1895, cxx, i, 132). — *Étude morphologique des capillaires lymphatiques des mammifères* (C. R., 1895, cxxi, 856). — *La théorie de la confluence des lymphatiques et la morphologie du système lymphatique de la grenouille* (C. R., 1896, cxxiii, 970). — *Étude morphologique des capillaires lymphatiques des mammifères* (Trav. d. Labor. (1894-1895) parus en 1898, 26-28) — *Des lymphatiques de la villosité intestinale chez le rat et le lapin* (C. R., 1896, cxxiii, 923). — *Aberration et regression des lymphatiques en voie de développement* (C. R. 1896, cxxii, 578). — *Morphologie et développement du système lymphatique*

(Arch. d'Anat. microscopique, 1897, I, 137-152). — Morphologie et développement du système lymphatique chez les mammifères (Arch. d'Anat. microscop. 1897, I, 69-81). — REINKE (F.). Die Beziehungen des Lymphdruckes zu den Erscheinungen der Regeneration des Wachstums (Arch. f. mikrosk. Anat. 1906. vol. LXVIII, 252-278). — ROBIN (CH.). Mémoires sur l'Anatomie des lymphatiques des torpilles (Journ. de l'Anat. et de la Physiol., 1867. v, 1). — ROBINSKI, Recherches microscopiques sur l'épithélium et sur les vaisseaux lymphatiques capillaires (Arch. d. Physiol., 1869, 451). — ROULE (L.). L'Anatomie comparée des animaux, basée sur l'embryologie, 1898, II, 1875). — SABIN (FL. R.). On the origin of the lymphatic system from the vens and the développement of the lymph heart and thoracic duct. in the pig (Amer. Journ. Anat. Balt. 1901-1902, 367-389). — SCHIEFERDECKER (P.). Die « minimalen Räume » im Körper (Arch. f. mikrosk. Anat. 1906, vol. 69, 439-455). (VIALLETON (L.). — Les lymphatiques du tube digestif de la torpille (Torpedo marmorata Risso). (Arch. d'Anat., microscop. 1903, vol. V, 378-456).

2º **Cœurs lymphatiques. Anatomie.** — CLIGNY (A.). Vertèbres et cœurs lymphatiques des Ophidiens. (Thèse Fac. sciences, Paris, 1899). — FAVARO (G.). Note fisiologiche interno al cuore caudale dei murenoide (tipo Anguilla vulgaris Tust) (Archivio di Fisiologia, 1905, II, 569-580). — GREENE (W.). Contribution to the physiology of the California Hagfish Polistotrema Stouti. 1 The Anatomy a. Physiol. of the caudal heart (Amer. Journ. of. Physiol., 1900, vol. III, 366-382). — RETZIUS (G.). Ein s. g. Caudalherz bei Myxine glutinosa (Biol. Unters., N. F. 1890, I, 94). — RANVIER (L.). Cœurs lymphatiques. Leçons d'Anatomie générale faites au Collège de France, 1880, 223-335. — ROBIN (Ch.). Notes sur quelques caractères et sur le cœur caudal des Anguilles, des Congres et des Leptocéphales (Journ. de l'Anat. et de la Physiol., 1880, 593-628).

3º **Ganglions lymphatiques. Anatomie.** — ALAGNA (G.). Contributo allo studio del reticolo adenoide e dei vasi della Tonsila palatina (Anat. Anz. 1908, vol. XXXII, 178). — BALABIO (R.). Contributo allo conoscenza della fine struttura delle lymphoglandulac (Anat. Anz. 1908, vol. XXXIII, 135-139). — BEZANÇON (F.). et LABBÉ (L.). Le ganglion lymphatique normal. Anatomie et physiologie (Presse méd., 1899. 74-79). — BUNTING (T. L.). The histology of lymphatic glands, the general structure, the reticulum and the germ centres (Journ. of Anat. vol. XXXIX, 1er mémoire, 55; 2e mémoire, 178). — CIACCIO (C.). Sulla fina struttura del tessuito adenoide della milza, glandole limfatiche et intestino (Anat. Anz. 1907, Bd. XXXI, s. 594). — CUÉNOT (L.). Les globules sanguins et les organes lymphoides des invertébrés (Arch. d'Anat. microsc. 1897, I, 153-192); — Sur les glandes lymphatiques des céphalopodes et des crustacées décapodes (C. R., 1889, CVIII, 863-865). — DRZEWINA (A.). Contribution à l'étude du tissu lymphoide des ichthyopsidées (Arch. de zool. exper. 1905, III, 145-338); Sur les mastzellen du ganglion lymphatique du Didelphis lanigera Desmarest (B. B., 1903, vol. LV, 832). — FIRLEIEWITSCH (M.). Ueber die Beziehungen zwischen Bau u. Funktion der Lymphdrüsen (Z. B. vol. XXXVII, 1). — FLEURY (S.). Contribution à l'étude du système lymphatique. Structure des ganglions lymphatiques de l'oie. Thèse Montpellier, 1902. Ibid. (Arch. d'Anat. microscop. 1902, 38-77). — KOEPPE (H.). Die Bedeutung des Lymphstromes fur Zellenentwickelung in den Lymphdrüsen (A. P., 1890, supl. vol. CLXXIV-CLXXXI). — JOLLY (J.). Sur une disposition spéciale de la structure des ganglions lymphatiques chez les oiseaux (B. B., 1909, 499). — KOWALEWSKY (A.). Une nouvelle glande lymphatique chez le scorpion d'Europe (C. R. 1895, II, CXXI, 106). — LEWIS (TH.). Observation upon the distribution and structure of the haemolymph glands in Mammalia and Aves (Journ. of Anat. vol. XXXVIII, III, 312). — MORANDI (E.). et SISTO (P.). Contribution à l'étude des glandes hémolymphatiques, chez l'homme et chez quelques mammifères (A. i. B.) 1901, vol. XXXV, 446-452); — Sulla Struttura e sul significato fisiologica delle ghiandole olinem fatiche (Archivio per le sc. mediche, 1901, vol. XXV, 397). — PARISOT (J.). Action sur la pression artérielle des extraits de ganglions lymphatiques (B. B., 1909, vol. LXVII, 379-381). — RANVIER (L.). Structure des ganglions mésenteriques du porc (C. R., 1895, CXXI, II, 800); — La théorie et la confluence des lymphatiques et le développement des ganglions lymphatiques (C. R., 1896, CXXIII, II, 1038). — RETTERER (E.). Développement et structure des ganglions lymphatiques du cobaye (B. B., 1900, 334-337); — Structure et fonction des ganglions lymphatiques dans l'espèce humaine (B. B., 1902, vol. LIV, 103); — Réaction du ganglion lymphatique à la suite d'irritations cutanées (B. B., 1902, vol. LIV, 315); — Structure et fonctions des ganglions lymphatiques d'oiseaux (B. B., 1902, LIV, 349). — RETTER ᴿᴱᴿ (E.): et Lelièvre (A.). *Procédé simple pour voir que le ganglion lymphatique fabriqu des hématies* (B. B., 1910, vol. lxviii, 100-103). — Ribbert, (H.). *Ueber die Bedeutung der Lymphdrüsen* (Med. Klin Jahrg. 1907, vol. iii, 1543-1548). — Robertson (W. F.). *The preverterbral haemolymph glands* (The Lancet, 1890, vol. ii, 1152-1154). — Spuler (A.). *Zur Lehre von den Blutlymphdrüsen. Deutsch. med. Woch. Jahrg.*, xxxiii, 1622. — Sthee-man (H. A.). *Histologische Untersuchungen über die Beziehungen des Fettes zu den Lymph-drüsen.* (Beitr. path. Anat. Allg. Path. 1910, vol. xxxxviii, 204). — Thomé (R.). *Beiträge zur mikroskopische Anatomie der Lymphknoten I Das Retikulum der Lymphknoten* (Jenaische Zeitsch. f. Naturwissensch, 1902, vol. xxxvii, 134-182). — Vialleton (L.). *Caractères lympha-tiques de certaines veines chez quelques squales.* (B. B., 1902, 249-251). — Vialle-ton (L.). et Fleury (G.). *Structure des ganglions lymphatiques de l'oie* (C. R., 1901, cxxiii, ii, 1014.

4° Contractilité des vaisseaux lymphatiques et mouvements de la lymphe dans ces vaisseaux. — Camus (L.). *Action de l'adrénaline sur le courant lymphatique* (B. B., 1905, lvi, 552-554). — Heller (A.). *Ueber die Fortbewegung der Lymphe in den Lymphgefässen* (C. P., 1911, vol. xxv, 375-376). — Jappelli (S.). *Ricerche sulla presione di formazione della linfa* (Arch. di Scienze biologische, 1920, vol. i. — Lieben (S.). *Ueber die Fortbewegung der Lymphe in den Lymphgefässen* (C. P., 1910, vol. xxiv, 1164-1167). — Ranvier (L.). *Sur la circulation de la lymphe dans les petits troncs lymphatiques* (C. R., 1894, cxix, ii, 1175). — Steinach (E.), et Kahn (R.-H.). *Echte Contractilität und moto-rische Innervation der Blutkapillaren* (A. g. P., 1903, vol. xcvii, 105). — Stricker. *Studien über den Bau u. das Leben der capillaren Blutgefässe* (Sitz. d. Wiener Akad. d. Wissench. Math. naturn. Klasse, 1861, vol. lii, 379). — Tarchanoff (J.). *Beobacthungen über contrac tile Elemente in den Blut u. Lymph. Capillaren* (A. g. P., 1874, vol. ix, 407-416).

5° Physiologie des cœurs lymphatiques. — Boll (Fr.) et Langendorff (O.). *Bei-träge zur Kenntniss der Lymphherzen* (A. P., 1883, 329). — v. Brücke (E.-Th.). *Zur Phy-siologie der Lymphherzen des Frosches* (A. g. P., 1906, vol. cxv, 334-353). — Eckhard. *Ueber das Abhängigkeitverhältniss der Bewegungen der Lymphherzen der Frösche vom Rücken mark* (Zeitsch. f. rat. med., 1849, vol. viii, 211). — et Goltz. *Reflexhemmung der Bewegung der Lymphherzen* (Centralb. f. d. med. Wiss., 1863, vol. xvii, 497). — Favaro (G.). *Note fisiologiche interno al cuore caudale dei murenoïde,* (tipo Anguilla vul-garis Tust). (Archivio di Fisiolgia, 1905, vol. ii, 569-580). — Fubini (S.) et Spallitta (F.). *Einfluss der thermischen Erregungen auf die Bewegungen der Lymphherzen bei den Batra-chien* (Molesch. Unters. Z. Naturl. d. Mensch. u. d. Tiere., 1885, vol. xiii, 367-377). — Greene (W.). *Contribution to the physiology of the California Hagfish, Polistotrema Stouti. I. The Anatomy and Physiology of the Caudal heart* (Amer. Journ of Physiol., 1900, vol. iii, 366-382). — Hirtl. *Ueber die Kaudal u. Kopfsinus der Fische und das damit zusammen-hängende Seitengefässsystem* (Müller's Arch. f. Anat. Physiol. u. Wiss. Medizin, 1843, 224-240). — Heidenhain (R.). *Disquintiones de nervis organisque centralibus cordis cordiumque ranae lymphaticorum* (Dissertat. inaugur., Berlin, 1854). — Krellwitz. *Ueber die Innervation der hinteren Lymphherzen bei Rana* (Inaug. Diss. Strasburg, 1879). — Langendorff (O.) et Tierfelder (M.-U.). *Neue Untersuchungen über die Tätigkeit des Lymphherzens. I. Der Einfluss von Extrareizen auf den Lymherzenrythmus* (A. g. P., 1906, vol. cxv, s. 533-544). — Leeuwenhoeck. *Arcana naturae delecta. Delphis Batavorum,* 1865. Epistola 66. Data ad R. Societatem Londinensem. In qua agitur de cursu sanguinis in Anguillis, etc. (Dabram Delphis Batavorum Pridie Idus Januarias, 1689). — Luchsinger. *Zur Innervation des Lymphherzen* (A. g. P., 1880, vol. xxiii, 304). — Marshall-Hall. *A critical and experimental essay on the circulation of the blood. Especially as observed in the minute and capillary vessels of the batrachie and of fishes* (Lond., 1831, ch. vi). *A brief account of the singular phenomen of a caudal heart in the eel.,* 170-173. — Moore (Anne). *Are the contractions of the lymph heart of the frog dependent upon centres situated in the spinal cord?* (Amer. Journ. of Physiol., 1901, vol. v, 196-198); — *The effect of ions on the contraction of the lymph hearts of the frog.* (Amer. Journ. of Physiol., 1901, vol. v, 87-94). — Panizza. *Sopra il sistemo limfatico dei Rettili,* 1833, Pavia. — Mayer (P.). *Ueber Eigentumlichkeit in den Kreislaufsorganen der Selachier* (Mitteil. a. d. Zool. Station zu. Neapel., 1888, vol. viii, 307-373). — Müller (J.). *Ueber die Lympherzen der Schildkröten* (S. B. d. kgl. Akad. d. Wissench., Berlin, 1839). — Priestley (J.).

Contributions to the physiology of batrachian lymph-hearts (J. P., 1880, vol. I, 19). — POLI-
MANTI (O.). *Das Kaudalherz des Muraeniden als Exponent der spinalen Erregbarkeit*
betrachtet (Z. B., 1913, vol. LXI, N. F. 171-231). — PRIESTLEY (J.). *An account of the ana-*
tomy a. physiology of batrachian lymph hearts (J. P., 1880, vol. I, p. 1). — SCHERLEY (M.-L.).
Zur Lehre der Innervation der Lymphherzen (A. P., 1879, 227). — SCHIFF (M.). *Innerva-*
tion des cœurs lymphatiques chez les animaux (Ges. Beitr. z. Physiol., vol. II, 1894, 764).
— SCHIFF (M.). *Innervation der Lympherzen. I. Vorläufige Bemerkungen über den Einfluss*
der Nerven auf die Bewegungen des Lymphherzen (Gesam. Beitr. Z. Physiol., 1894, vol. II,
733). — SMITH (P.). *Experimenti ed osservazioni sopra una materia che possede la qua-*
lita dissolvante del fluido gastrico (Firenze, 1796, cité par SCHIFF M.). — STEFANOWSKA (M.).
Action des alcaloïdes et de diverses substances médicamenteuses sur les cœurs lymphatiques
de la grenouille (Ann. d. l. Soc. roy. d. sc. méd. et nat., Bruxelles, 1896, vol. v, 425). —
SUSLOWA. *Beitrag zur Physiologie der Lymphherzen* (Inaug. Diss., Zurich, 1867). — VON
TRIGT (H.). *Das Elektrogramm der Kaudalen Aalherzen* (Z. B., 1913, Bd. LXII, 217. —
v. TSCHERMAK (A.) *Innervation der hinteren Lymphherzen bei anuren Batrachiern* (C. P.,
1906, s. 553). — v. TSCHERMAK (A.). *Studien über die tonische Innervation. I. Uber spinale*
Innervation der hintern Lymphherzen beiden anuren Batrachiern (A. g. P., 1907, vol. CXIX,
165-226. — VOLKMANN. *Nachweisung der Nervencentra von welchem die Bewegung der*
Lymphe und Blutgefässherzen ausgeht. (Müller's Arch., 1844, 418). — WALDEYER. *Ana-*
tomische u. physiologische Untersuchungen über die Lymherzen der Frösche (Zeitsch. f. rat.
méd., 1864, vol. XXI, 103-124). — WHARTON (Jones). *The caudal heart of the Eel a lym-*
phatic heart. Philosofical transacting of the R. Society of London, 1868, vol. CLVIII, 675-
683); — *Microscopical characters of the rhytmically contractile muscular coat of the veins*
of the Batis Wing of the lymphatic heart of the frog and of the caudal heart of the Eel.
Proc. of the R. Soc. (Lond., 1867, vol. XVI, 342-343).

6° Système nerveux vaso-moteur des lymphatiques. — BERT (P.) et LAFFONT.
Influence du système nerveux sur les vaisseaux lymphatiques (C. R., 1882, I, 739). —
CAMUS (L.) et GLEY (E.). *Action du système nerveux sur les principaux canaux lympha-*
tiques (C. R., 1895, I, 747); — *Influence du sang asphyxique et de quelques poisons sur la*
contractilité des vaisseaux lymphatiques (C. R., 1895, CXX, I, 1005); — *Recherches expéri-*
mentales sur l'innervation du canal thoracique (A. d. P., 1895, 301); — *Recherches expé-*
rimentales sur les nerfs des vaisseaux lymphatiques (A. d. P., 1894, 454); — *Influence du*
sang asphyxique sur la contractilité du canal thoracique (A. d. P., 1895, 5° série, VII, 328).
— LEWACHEW (S.). *Influence de deux ordres de nerfs vaso-moteurs sur la circulation de la*
lymphe; mécanisme de la production lymphatique (C. R., 1886, II, 75). — SPALLITTA (T.)
et CONSIGLIO (M.). *L'innervation sensitive des vaisseaux lymphatiques,* (A. i. B., 1901,
vol. XXXV, 217).

7° Rôle de la respiration, de la circulation artérielle, des mouvements
passifs, etc., sur la circulation lymphatique. — BAINBRIDGE (F.-A.). *The post*
mortem flow of lymph. (J. P., 1906, vol. XXXIV, 275-284). — CAMUS (L.). *Recherches expé-*
rimentales sur les causes de la circulation lymphatique (A. d. P., 1894, 669). —
FODERA (F.-A.). *Sur un fait qui pourrait avoir de l'importance pour la doctrine de la cir-*
culation lymphatique et de l'absorption (A. i. B., 1907, vol. XLVI, 289); — *Influence des*
mouvements passifs et de la circulation artificielle sur le rendement de lymphe et sur
l'absorption par les vaisseaux lymphatiques dans les cadavres d'animaux (A. i. B., 1908,
XLIX, 149). — HOCHE (L.-A.). *Des effets primitifs des saignées sur la circulation de la*
lymphe (B. B., 1896, 152). *Ibid.* (A. d. P., 1896, 446). — WERTHEIMER (E.) et LAPAGE (L.).
Sur les effets de la ligature simultanée du canal cholédoque et du canal thoracique (Journal
de Physiol. et de Path. gén., 1899, I, 259.

8° Fistules lymphatiques. — CAMUS (L.). *Procédé d'étude de l'écoulement de la*
lymphe par la fistule du canal thoracique dans le thorax (B. B., 1904, vol. LVI, 551). —
CHISTONI (A.). *Contributo alla conoscenza della composizione istologica della linfa nella*
linforea sperimentali (Arch. di Fisiolog., 1908, vol. VI, 74). — COLIN. *Sur le Chyle* (Bull.
de la Soc. Impér. et Centrale d. méd.-vétér., 1853, vol. VIII, 256 et 1854, vol. IX, 26);
Traité de Physiologie comparée des animaux domestiques, 1856, vol. II, 100 et sui). —
JAPPELLI (E.). *Ein neues Verfahren zur Anlegung der indirekten Fistel des Ductus thora-*
cicus durch die Vena Subclavia (C. P., 1905, vol. XIX, 161-165). — PARODI (U.). *Sur la*

fistule du conduit thoracique relativement à la morphologie du sang (A. i. B., 1906, vol. XLV, 258). — VINCI (G.). *Sur la fistule du conduit thoracique* (A. i. B., 1908, vol. L, 340) ; — *Contributo allo conoscenza delle linfogenesi. Sulle proprieta fisico-chimiche della linfa nella linforea sperimentali* (Arch. di Fisiol., 1908, vol. VI, 41-56).

J. ATHANASIU et D. CALUGAREANU.

LYSATININE. — Nom donné à une base isolée des produits d'hydrolyse de la caséine et qui serait d'ailleurs l'anhydride d'une autre base, la lysatine. Mais cette dernière est considérée comme un mélange d'arginine et de lysine.

LYSINE. — $C^6H^{14}Az^2O^2$ ou acide diamino-caproïque (dextrogyre). C'est l'une des bases hexoniques de Kossel, obtenue par l'hydrolyse des protamines, et d'une manière plus générale des albuminoïdes, au moyen des acides minéraux étendus et bouillants ou de la digestion pancréatique. Au début des recherches sur ces bases, DRECHSEL en a signalé une autre, la lysatinine qui accompagnait régulièrement la précédente ; mais il s'agit en réalité, comme l'a montré HEDIN, d'un mélange d'arginine et de lysine.

La répartition de la lysine dans les divers protéiques est très inégale : 5 p. 100 dans la légumine du pois, 0,86 p. 100 dans l'oryzenine du riz. Elle semble faire défaut dans les prolamines végétales : gliadine, hordéine, zéine, etc. (G. SCHAEFFER, *Bull. Soc. Hyg. alim.*, VI, 264-293, 198.)

D'après V. HENRIQUES (*Zeit. f. physiol. Chem.*, IV, 105, 1909) il semblait probable que la présence de lysine dans la ration soit nécessaire pour assurer l'équilibre azoté. Ultérieurement les expériences d'OSBORNE et MENDEL (*Journ. of biol. Chem.*, XVIII, 1, 1914 ; XXVI, 1-12 et 293-300, 1916) sur le rat et le poussin ont précisé le besoin qualitatif et quantitatif de lysine pour la croissance de l'organisme. En l'absence de lysine il n'y a croissance d'aucun organisme ; toutefois ce besoin serait moins impérieux que celui de tryptophane.

MACROCARPINE. — Matière colorante jaune des racines de *Thalictrum macrocarpum* cristallise en aiguilles jaune clair, groupées.

MAGENDIE. — **Bibliographie.** — **Abréviations.** — *J. P.*, Journal de physiologie expérimentale, de MAGENDIE, I, 1821. — *B. P.*, Bulletin de la Société philomathique.

Expériences sur les fonctions des racines des nerfs rachidiens (J. P., II, 1822, 276-279). — *Remarques sur une destruction d'une grande partie de la moelle épinière observée par* RULLIER (Ibid., III, 1823). — *Communication relative à un cas de cow-pox et à l'inoculation de la matière des pustules sur plusieurs enfants* (C. R., XVIII, 986). — *Tableau contenant les résultats de recherches sur les variations de proportions de quelques-uns des éléments du sang dans certaines maladies* (Ibid., XI, 1841, 161). — *Action exercée sur les animaux et sur l'homme malade par le nitro-sulfate d'ammoniaque* (Ibid., I, 1835, 86). — *Note sur l'emploi de quelques sels de morphine comme médicament* (Nouv. Journ. de méd., I, 1818). — *Mém. physiol. sur le cerveau* (J. P., VIII, 1828, 211-229). — *Leçons sur les fonctions et les maladies du système nerveux*, Paris, in-8, 1839, 2 vol. — *Rech. physiol. et cliniques sur le liquide céphalo-rachidien ou cérébro-spinal*, 1 vol. in-fol. Paris, 1842. — *Leçons faites au Collège de France sur le choléra-morbus*, Paris, 1832, 1 vol. in-8. — *Leçons sur les phénomènes physiques de la vie*, 1835, 1836, 1837, 1838, 4 vol. in-8, Paris. — Additions aux *Recherches sur la vie et la mort* par X. BICHAT, 1822, in-8. — *Note sur les effets de la strychnine sur les animaux* (Ann. de Chim., XVI, 1819). — *Précis élémentaire de physiologie*, 2 vol., 1re éd., 1816 ; 2e, 1825 ; 3e, 1833 ; 4e, 1836. — *De l'influence de l'émétique sur l'homme et les animaux* (Journ. de méd., XXVI, 1813). — Additions aux *Traités des membranes en général et des diverses membranes en particulier*, par X. BICHAT, 1822, in-8. — *Expériences pour servir à l'histoire de la transpiration pulmonaire* (B. P., II, 1811). — *Mém. sur un moyen très simple d'apercevoir les images qui se forment au fond de l'œil* (Journ. de méd., XXVI, 1813). — *Notice sur l'heureuse application du galvanisme aux nerfs de l'œil* (Arch. gén. de méd., II, 1816). — *Des effets de l'Upas tieuté sur l'économie animale* (B. P., I, 1808, 368-374 ; 405-406 (en collab. avec RAFFENEAU-DELILLE). — *Note sur l'anatomie de la Lamproie* (J. P., ii, 1822, 224-231) (en collab. avec A. des Moulins). — *Sur l'influence des nerfs rachidiens sur les mouvements du cœur* (*C. R.*, xxv, 1847, 875-879; 926-928). — *Note sur la présence normale du sucre dans le sang* (*Ibid.*, xxiii, 1846, 189-193). — *Rapp. sur la gélatine* (*Ibid.*, xiii, 1841, 237-295). — *Rech. expérim. sur l'alimentation* (*Ann. Sc. nat., zool.*, xvi, 1841, 73-109). — *Traitement de certaines affections nerveuses par électro-puncture des nerfs* (*C. R.*, v, 1837, 855-856). — *Expér. sur le système nerveux* (*Ann. Sc. nat., zool.*, xi, 1839, 307-310). — *Ligature de l'artère carotide primitive* (*J. P.*, vii, 1827, 180-202). — *Quelques réflexions sur la dissertation de Cotugno de ischiade nervosa* (*Ibid.*, vii, 1827, 85-96). — *Note sur deux nouvelles espèces de gravelle* (*Ibid.*, vi, 1826, 297-302; 365-366). — *Sur l'insensibilité de la rétine de l'homme* (*Ibid.*, v, 1825, 37-64). — *De l'influence de la cinquième paire de nerfs sur la nutrition et les fonctions de l'œil* (*Ibid.*, iv, 1824, 176-182, 399-407). — *Le nerf olfactif est-il l'organe de l'odorat? Expériences sur cette question* (*Ibid.*, 1824, iv, 169-176). — *Remarques relatives à la notice sur une fièvre muqueuse adynamique par* Pierre-Louis Dupré, *avec quelques expériences sur les effets des substances en putréfaction* (*Ibid.*, iii, 1823, 81-88). — *Mém. sur plusieurs organes propres aux oiseaux et aux reptiles* (*Ibid.*, ii, 1822, 184-190). — *Expériences sur les fonctions des racines des nerfs qui naissent de la moelle épinière* (*Ibid.*, ii, 1822, 366-371). — *Anatomie d'un chien cyclope et astome* (*Ibid.*, i, 1821, 374-391). — *Sur les organes qui tendent ou relâchent la membrane du tympan et la chaîne des osselets de l'ouïe dans l'homme et les animaux mammifères* (*Ibid.*, i, 1821, 341-347). — *Sur l'entrée accidentelle de l'air dans les veines; sur la mort subite qui en est l'effet; sur les moyens de prévenir cet accident et d'y remédier* (*Ibid.*, i, 1821, 191-200). — *Sur un mouvement de la moelle épinière isochrone à la respiration* (*Ibid.*, i, 1821, 201-204). — *De l'influence des mouvements de la poitrine et des efforts sur la circulation du sang* (*Ibid.*, i, 1821, 132-143). — *Considérat. génér. de la circulation du sang* (*Ibid.*, i, 1821, 97-101). — *Expérience sur la rage* (*Ibid.*, i, 1821, 41-47). — *Mém. sur le mécanisme de l'absorption chez les animaux à sang rouge et chaud* (*Ibid.*, i, 1-18). — *Formulaire pour l'emploi et la préparation de plusieurs nouveaux médicaments, tels que la noix vomique, la morphine, l'acide prussique, la strychnine, la vératrine, les alcalis des quinquinas, l'iode, etc.*, 1re édit., 1821; 2e, 1822; 3e, 1822; 4e, 1824; 5e, 1825; 6e, 1827; 7e, 1836). — *Rech. chim. et physiol. sur l'Ipécacuanha* (*Ann. de Chim.*, iv, 1817, 172-185) (en collab. avec Pelletier). — *Rapp. sur une observat. de M. le docteur Robert relative à une femme qui a allaité plusieurs enfants avec une mamelle située à la cuisse gauche* (*J. P.*, vii, 1827, 175-180) (en collab. avec Chaussier). — *Note sur la sensibilité récurrente* (*C. R.*, xxiv, 1847, 1130-1135). — *Note sur la paralysie et sur la névralgie du visage* (*Ibid.*, viii, 1839, 951-953). — *Quelques nouvelles expériences sur les fonctions du système nerveux* (*Ibid.*, viii, 1839, 865-867). — *Communication relative à une guérison obtenue par des courants électriques portés directement sur la corde du tympan; restitution des sens du goût et de l'ouïe abolis par suite d'une commotion cérébrale. Déductions tirées de ce fait quant à l'origine du nerf du tympan* (*C. R.*, ii, 1836, 447-449). — *Rapp. sur un mém. ayant pour titre : De la condensation et de la raréfaction de l'air, opérées sur toute l'habitude du corps ou sur les membres seulement, considérées sous leurs rapports thérapeutiques par* Th. Junod (*Ibid.*, i, 1835, 60-65). — *Mém. sur l'origine des bruits normaux du cœur* (*Ann. des sc. nat., Zool.*, 1834, 312-315). — *Rapp. sur un mém. de M.* Leroux *relative à l'analyse chimique de l'écorce du saule* (*Ann. de Chim.*, xliii, 1830, 440-443). — *La vue peut-elle être conservée malgré la destruction des nerfs optiques?* (*J. P.*, viii, 1828, 27-40). — *Histoire d'un sourd-muet de naissance guéri de son infirmité à l'âge de neuf ans* (*Ibid.*, v, 1825, 223-232). — *Mém. sur un liquide qui se trouve dans le crâne et le canal vertébral de l'homme et des animaux mammifères* (*Ibid.*, v, 1825, 27-37; vii, 1-29, 66-82). — *Mém. sur les fonctions de quelques parties du système nerveux* (*Ibid.*, iv, 1824, 399-407). — *Histoire d'un hydrophobe, traité à l'Hôtel-Dieu de Paris, au moyen de l'injection de l'eau dans les veines* (*Ibid.*, iii, 1823, 382-392). — *Note sur les fonctions des corps striés et des tubercules quadrijumeaux* (*Ibid.*, iii, 1823, 376-383). — *Note sur le siège du mouvement et du sentiment dans la moelle épinière* (*Ibid.*, iii, 1823, 153-161). — *Sur quelques découvertes récentes relatives aux fonctions du système nerveux* (*Ann. de Chimie*, xxiii, 1823, 429-440). — *Mém. sur l'action des artères dans la circulation* (*J. P.*, 1821, 101-115). — *Mém. sur la structure du poumon de l'homme, sur les modifications qu'éprouve cette structure dans les divers âges, et sur la première origine de la phtisie pulmonaire* (*Ibid.*, i, 1821, 79-84). — *Note sur l'introduction des liquides visqueux dans les organes de la circulation et* sur la formation du foie gras des oiseaux (Ibid., 1821, 1, 37-41). — Sur la narcotine ou matière de Derosne (Ibid., 1, 1821, 37-41). — Mém. sur les organes de l'absorption chez les Mammifères (Ibid., 1821, 1, 18-32). — Note sur les propriétés physiologiques et médicamentales de la quinine et de la cinchonine (Journ. de Pharm., VII, 1821, 138-139). — Nouvelles expériences sur la force absorbante des veines (B. P., 1820, 169-170). — Sur plusieurs organes particuliers qui existent chez les oiseaux et les reptiles (Ibid., 1819, 145-148). — Sur l'anatomie du Cygne domestique (Ibid., 1819, 135). — Note sur les nerfs mésentériques du Pic vert (Ibid., 1819, 119-120). — Mém. sur les vaisseaux lymphatiques des oiseaux (J. P., 1, 1821, 43-55). — Réflexion sur un mémoire de M. PORTAL relatif au vomissement (Journ. de méd., 1, 1818, 329-333). — Rech. physiol. et médicales sur les causes, les symptômes et le traitement de la gravelle (Ann. de Chim., VII, 1817, 430-436). — Mém. sur l'emploi de l'acide prussique dans le traitement de plusieurs maladies de poitrine (Ibid., VI, 1817, 347-360). — Mém. relatif à la déglutition de l'air (Journ. de méd., XXXVI, 1816, 9-14). — Mém. sur les propriétés nutritives des substances qui ne contiennent pas d'azote (Ann. de Chim., II, 1816, 426-428 et III, 1816, 66-77). — Note sur les gaz intestinaux de l'homme sain (Ibid., II, 1816, 292-297). — Sur l'œsophage (B. P., 1815, 46-51). — Sur l'usage de l'épiglotte dans la déglutition (Ibid., III, 1813, 297-298). — Mémoire sur le vomissement (Ibid., 1813, III, 429-438). — Mémoire sur les organes de l'absorption chez les Mammifères (J. P., 1, 1821, 18-32). — Sur les usages du voile du palais et la fracture des côtes, Paris, 1808, in-4.

MAGNÉSIUM. — SOMMAIRE. — Le métal magnésium. — Les composés du magnésium. — Le magnésium, élément biogénique, succédanés du magnésium : A) Effets curatifs; B) Effets anesthésiques; C) Effets inhibitifs; D) Effets sur la respiration et sur le cœur; E) Effets sur l'intestin; Toxicité du magnésium; Antagonisme entre le calcium et le magnésium; Antagonisme entre le magnésium et le baryum; Action thérapeutique du magnésium; Bibliographie.

Le métal magnésium. — Mg = 24,36 a toujours une fonction active double. Le métal magnésium ne se trouve pas à l'état naturel pur et isolé. C'est la chimie qui est parvenue à l'isoler.

S. BUSSY obtint ce premier résultat en 1829. On l'isole actuellement par les méthodes industrielles, au moyen de l'électricité, énergie qui, elle aussi, est de conquête scientifique. Le magnésium qu'on emploie dans l'industrie provient en effet en majeure partie de la décomposition, par l'électrolyse, de l'un de ses plus communs composés, le chlorure.

Le magnésium forme une famille avec le berylium ou glucinium, le zinc, le cadmium et le mercure. Par la basicité de son oxyde et par l'analogie des propriétés analytiques de ses sels, le magnésium se rapproche des métaux alcalino-terreux, le baryum, le strontium, le calcium. En effet les sels susdits ne se précipitent ni sous l'influence de l'hydrogène sulfuré, ni sous celle du sulfhydrate d'ammoniaque, ils se précipitent au contraire avec le carbonate de potasse et de sodium. Néanmoins une distinction doit être faite ici, parce que le sulfate de magnésium est très soluble dans l'eau tandis que les sulfates des métaux alcalino-terreux sont peu solubles. Nous noterons aussi l'antagonisme entre l'action physiologique des sels de magnésium par rapport à ceux de calcium et de baryum et, pour compléter nos observations, nous signalerons la similitude qui existe dans le métabolisme du calcium et du magnésium considérés tous deux comme éléments de la nutrition des êtres vivants.

Le magnésium est blanc et possède un brillant métallique argenté; il est malléable, ductile; sa densité est égale à 1,75 et sa chaleur spécifique est 0,2499 (REGNAULT). Il brûle à l'air avec une flamme blanche éblouissante, très riche en radiations violettes, d'une très grande énergie et qui impressionne au plus haut point les plaques photographiques. Le magnésium, en brûlant, dégage par son oxydation une fumée très opaque.

La très grande affinité du magnésium avec l'oxygène est à noter; en effet, la combustion d'une molécule-gramme de MgO dégage 143,400 calories (DITTE). Le magnésium offre un spectre continu duquel se détachent trois lignes brillantes, vertes, caractéristiques, dont les longueurs d'onde respectives sont de 518,4, 517,3, 516,7 millionièmes de millimètre.

Composés du magnésium. — Notre planète abonde en composés du magnésium. Il s'en trouve dans les trois règnes de la nature. D'après les calculs de F. W. CLARKE, la croûte terrestre en contient une proportion de 2 à 3 p. 100. Les composés inorganiques les plus abondants sont la dolomie, qui est un carbonate calco-magnésique $CaMg(CO_3)^2$ et la carnalite constituée par le chlorure potassico-magnésique.

Les sels de magnésium et particulièrement le chlorure se trouvent dans l'eau de mer; la Méditerranée en contient une plus grande proportion que l'Océan; on les trouve aussi dans de nombreuses sources et dans les marais salants. La plupart des eaux purgatives doivent leurs propriétés au chlorure et au sulfate de magnésium.

Nous avons dit plus haut que l'isolement du magnésium est une découverte relativement moderne; par contre, la connaissance des composés magnésiques est beaucoup plus ancienne puisque au xvII[e] siècle déjà l'on se servait de magnésie blanche en médecine. DAVY, en 1808, démontre que la magnésie est l'oxyde du métal que BUSSY parvint plus tard à isoler.

Les combinaisons du magnésium sont ordinairement incolores, et lorsqu'elles sont solubles elles se caractérisent par la saveur amère de la dilution.

Comme les sels de magnésium tendent à former des sels doubles avec l'ammoniaque, il en résulte qu'en présence des sels ammoniacaux ils ne se précipitent qu'à l'aide d'un nombre restreint de réactifs. Les dissolutions des sels de magnésium — nous voulons dire le magnésium — se précipitent, pour les raisons préalablement énoncées, avec les phosphates de sodium et d'ammoniaque, offrant un précipité cristallin de phosphate double sodico-magnésique ou ammoniaco-magnésique.

Le phosphate d'ammoniaque $(NH_4)^3PO_4$ est le meilleur réactif des sels du magnésium; sa combinaison avec eux donne, en effet, un précipité cristallin de $MgNH_4PO_4$ insoluble dans l'eau et dans l'ammoniaque.

La potasse, la soude, l'hydrate de baryte et l'hydrate de chaux, provoquent, avec les sels de magnésium, un précipité abondant blanc, d'hydrate de magnésium, soluble dans les sels ammoniacaux.

L'ammoniaque donne un précipité d'hydrate si le sel de magnésium est neutre, mais le précipité ne se produit pas si le sel est acide, à cause de la formation d'un sel double.

Le magnésium offre un grand nombre de combinaisons organo-métalliques de préparation et de manipulation faciles; ces deux éléments engendrent de précieux et remarquables agents de synthèse, dans cet ordre d'idées, pour les combinaisons où le zinc intervient. Nous citerons, comme exemple de ces combinaisons organiques, celles qui résultent de l'interréaction du magnésium avec les éthers alogènes (bromures et iodures) des alcools saturés et des séries de graisse et d'aromates en présence de l'éther anhydre; ces composés répondent à la formule générale RMgBr et MgI (BLAINE, TISSIER et GRIGNARD).

Oxyde de magnésium MgO. — C'est le composé de magnésium le plus ancien en pharmacologie. Dès le xvII[e] siècle, en effet, on l'emploie comme remède; on le dénomme à cette époque « Magnésie calcinée » parce qu'effectivement on l'obtient d'une manière artificielle par la calcination du carbonate de magnésium $MgCO_3$. Il se trouve alors en pharmacie sous deux formes qui diffèrent par leur densité : l'une légère (magnésie française), l'autre plus lourde (magnésie anglaise).

L'oxyde de magnésium est une poudre blanche peu lourde, inodore, insipide et insoluble; on l'emploie comme alcalin contre l'acidité, comme purgatif et comme contrepoison de l'acide arsénieux (BUSSY), du sulfate de cuivre (LEPAGE, PELTIER, etc.), du phosphore aussi (BOISSON) pour neutraliser l'action des acides violents en cas d'empoisonnement.

Le chlorure de magnésium $MgCl_2$ est un sel cristallin très soluble dans l'eau, d'une saveur amère, que l'on trouve dans la plupart des sources minérales et dans l'eau de mer. Les solutions concentrées de chlorure de magnésium forment, par l'abaissement de la température, des aiguilles incolores et minces qui se rapportent au système orthorhombique et correspondent à la formule $MgCl_26H_2O$ (MARIGNAC).

Le chlorure de magnésium s'obtient par cristallisation dans les eaux mères de la carnalite (chlorure double de potasse et de magnésium) privées du chlorure de potassium qu'on a extrait par une première cristallisation.

Le **bromure de magnésium**, $MgBr_2$, n'a pas de propriété médicale, mais l'industrie l'utilise pour isoler le brome des eaux mères des marais salants et des mines de Stassfurt riches en bromure de magnésium; on le trouve également à l'état de dissolution dans l'eau de mer et spécialement dans celle de la mer Morte.

L'iodure de magnésium, MgI_2, se trouve, encore qu'en proportion bien moindre, parmi les composés de l'eau de mer; il contribue à minéraliser certaines eaux. L'iodure de magnésium est un sel très instable et, dans l'eau chaude, il se transforme en hydrate de magnésium et en acide iodhydrique.

Le **fluorure de magnésium**, $MgFl_2$, se trouve à l'état naturel cristallisé dans la sellaïte; lorsqu'il est préparé artificiellement, il a l'apparence d'une poudre blanche inodore insoluble dans l'eau.

Le **sulfate de magnésium**, $MgSO_47H_2O$ est un des composés les mieux connus; on l'appelle vulgairement sel d'Epsom, sel d'Angleterre, de Sedlitz, sel amer et sel de Higuera; ce produit commercial prend la forme d'aiguilles fines incolores. Le sulfate de magnésium est très soluble dans l'eau; il cristallise en prismes rhomboïdiformes relativement volumineux; on le trouve dissous dans l'eau de mer et dans beaucoup d'eaux minérales purgatives qui lui doivent, en tout ou en partie, leur action thérapeutique. On a employé et on emploie encore comme purgatif le sulfate de magnésium et nous verrons plus loin les nouvelles applications thérapeutiques qui se peuvent déduire de la parfaite connaissance de l'action physiologique du magnésium.

Le **carbonate de magnésium**, $MgCO_3$, se trouve à l'état naturel dans la giobertite; on le prépare en précipitant le magnésium avec un carbonate alcalin; par dessiccation ensuite s'obtient le carbonate anhydre, vulgairement appelé magnésie blanche, à cause de sa couleur. Il est insoluble dans l'eau mais soluble et effervescent dans les acides dilués. Cette propriété le fait employer comme antiacide.

Le **magnésium élément biogénique**. — Le magnésium est un des éléments constitutifs des êtres organisés et, comme tel, il figure toujours dans la composition des humeurs et des tissus, et dans les végétaux et dans les animaux. La diffusion des composés du magnésium dans la matière organisée provient de ce qu'ils abondent dans les couches les plus superficielles de notre planète et aussi de la dissolution des sels de magnésium dans les eaux. Les eaux de mer, en particulier, ont été considérées depuis Quinton comme le plasma primitif ou ancestral. L'on pourra accepter ou ne pas accepter cette idée; mais il existe une similitude certaine entre la composition saline de l'eau de mer et celle du sérum sanguin des animaux marins ou terrestres. Jolyet donne les chiffres suivants concernant le magnésium de l'eau de mer, celle-ci puisée au canal d'entrée de la baie d'Arcachon, chiffres comparés à ceux du sérum de quelques espèces marines :

Eau de mer.

Cl.	Mg.	Ca.	SO4.
19,17	0,9872	0,642	2,1428

La proportion du magnésium par litre de sérum fut la suivante pour les animaux marins ci-après :

Esturgeon.	Dauphin.	Tourteau.	Méduse.
1,216	0,118	0,667	1,26

Le même physiologiste estime de 0,04 à 0,05 le magnésium contenu dans le sérum des vertébrés terrestres, quantité un peu plus élevée que celle calculée par Schmidt; d'après cet auteur le MgO entre dans le plasma du sang dans la proportion de 0,025 p. 100.

Loeb, quoiqu'il reconnût au magnésium moins de transcendance biologique qu'au calcium, au sodium et au potassium, lui accorde toutefois le caractère d'élément biogénique et le considère à juste titre, avec le calcium, comme un couple d'agents d'égale valeur, modérant ou contrecarrant, certaines fois, la fonction excitante qui correspond à un autre couple d'agents de valeur simple, le sodium et le potassium. Le savant américain rappelle l'analogie chimique entre l'eau de mer et le milieu interne des animaux; il ajoute que si l'on peut dire que notre sérum sanguin est un succédané de l'eau de mer, l'on peut également retourner la proposition en disant que la faune maritime est beaucoup plus nombreuse que celle des eaux douces parce que l'eau de mer possède la composition parfaite adaptable aux tissus animaux. La thérapeutique s'est approprié cette idée fréquemment émise; elle emploie effectivement l'eau de mer recueillie pure, comme sérum artificiel.

De ce qui précède l'on peut déduire l'importance du magnésium dans la nutrition et par cela même ses composés entrent dans la composition des liquides nutritifs en usage pour maintenir la vie dans les organes isolés ou dans la circulation artificielle, exemple le liquide de Hédon-Fleig et celui de Roger (cité par Loeb). Le professeur américain recommande pour les phanérogames, une solution saline contenant du sulfate de magnésium (loc. cit. p. 134). Il cite les recherches de Raulin d'où se classent troisièmes par ordre d'importance les sels de magnésium; il s'agit des différents sels employés pour influencer une semence d'*Aspergillus niger*.

Le carbonate de magnésium figure également dans la solution nutritive que le même Raulin qualifie d'idéale pour le développement des spores de l'espèce citée.

La carrière biologique du magnésium peut être comparée à celle du calcium étant donné que tous deux se retrouvent dans les organismes. La proportion, cependant, ainsi que la distribution de ces deux éléments n'est pas la même. Le calcium, d'après les calculs de Albu-Neuberg, est quarante fois plus abondant que le magnésium, dans les os principalement. Le calcium dans leur composition minérale y entre avec une proportion de 99 p. 100. Par contraste, le magnésium se trouve plutôt dans les tissus plus nobles et dans ceux qui se distinguent par leur activité métabolique. Aloy établit la proportion suivante entre le calcium et le magnésium pour les plus importants organes du chien; l'on tiendra compte que les chiffres ci-dessous représentent des milligrammes et se rapportent à 1 000 parties du tissu.

	Ca.	Mg.
Cerveau	28	84
Muscles	147	270
Cœur	357	440
Foie	175	48
Reins	238	126
Rate	392	54

Les proportions, relatives pour les deux métaux, absolues pour le magnésium, varient beaucoup selon les différentes espèces animales et selon les auteurs. König par exemple (cité dans l'article Aliments de ce même dictionnaire) estime que la proportion de MgO est plus grande que celle de CaO dans les cendres des chairs des animaux terrestres (3,23 de MgO et 2,42 de CaO) et inversement plus riches en CaO, celles des animaux aquatiques, marins ou d'eau douce. La quantité de Mg que possèdent les muscles a été fixée par Bunge à 0,412 p. 100 et à 0,37 p. 100 par Katz. Encore moindres sont les proportions dudit élément dans le tissu nerveux : 0,07 p. 100. Dans le lait et dans les œufs l'ovo-albumine mise à part, la quantité de CaO est beaucoup plus grande que celle de MgO; pour le lait de vache la disproportion est énorme (CaO = 21,42; MgO = 2,59) le lait de femme toutefois n'accuse pas une telle différence (CaO = 16,64; MgO = 2,16).

L'enfant trouve, dans un litre de lait, 0,06 grammes de Mg et près de 0,33 de Ca (Bunge; Bertrand et Renwall). Les produits végétaux qui entrent dans notre alimentation, méritent par leur richesse plus grande de Mg d'être opposés aux aliments animés précédemment mentionnés. Le blé dont est fait notre pain contient 12,06 de MgO contre 6,34 de CaO. Les légumes aussi, quoique dans des proportions moindres, sont plus riches en MgO exception faite des lentilles qui renferment 2,47 de MgO contre 6,34 de CaO.

La pomme de terre qui, avec le pain, constitue le fond de notre alimentation est riche en MgO deux fois plus qu'en CaO. Nous citerons enfin les légumes et verdures dans la cendre desquels le CaO surpasse le MgO.

Des faits qui précèdent, nombre d'entre eux puisés à l'article « Aliments » de ce dictionnaire, l'on peut déduire que le magnésium existe en abondance dans les tissus animaux tendres, où il se trouve presque toujours en proportion moindre que le calcium et sous la formule de $Mg_3(PO_4)^2$.

Il fut un temps où jugeant les tissus durs par leur richesse en chaux, l'on concéda au calcium un pouvoir purement mécanique ou passif, celui de donner de la solidité aux cartilages et aux os. Aujourd'hui et après les recherches de SABBATINI HOWELL Y DUKE, LOEB, BUSQUET et PACHON, PI-SUÑER et BELLIDO, il n'est plus possible de nier la transcendance chimico-biologique du calcium; elle est démontrée par l'action excitante qu'il exerce sur les protoplasma en général, sur les fonctions des tissus musculaires et nerveux et plus spécialement sur le cœur.

Mais les recherches modernes ont aussi révélé, dans les composés de magnésium, de sérieuses actions chimiques que l'on ne soupçonnait pas dans la magnésie blanche et dans le sel amer. En effet, à part leur action purgative tout ce que nous pouvons dire de l'action physiologique des sels de magnésium s'est vérifié de nos jours. De fait, la préférence du magnésium à s'assimiler aux tissus mous des animaux étant connue, il était permis de supposer son importante fonction dans la chimie biologique.

Métabolisme du magnésium. — La quantité de magnésium dont un individu adulte a besoin pour sa nourriture n'a pas été donnée uniformément par les savants. Ces différences s'expliquent facilement par la diversité des méthodes employées pour ces évaluations et par l'imperfection des analyses. RICHET et LAPICQUE, dans l'article « Aliments » déjà cité, estiment que la quantité de magnésie nécessaire à la ration alimentaire varie entre 0,66 et un gramme; BUNGE à la suite de ses recherches confirmées depuis par BELTRAN et REHRWALL déduit que la quantité maxima nécessaire à la nutrition se rapproche de 0,6 gramme. MAUREL calcule que la quantité de magnésie réclamée par notre organisme ne doit pas dépasser approximativement 0,005 gramme par kilogramme de notre poids, quantité qui se trouve habituellement contenue dans nos aliments usuels. L'adulte, en effet, trouve dans les aliments le magnésium dont il a besoin pour contrebalancer ce qu'il en perd par ses sécrétions. L'enfant, tant qu'il suit le régime lacté, trouve dans le lait maternel le magnésium dont il a besoin pour sa nutrition.

L'absorption du magnésium a lieu par l'intestin grêle sans que les acides ni les alcalis l'influencent de manière appréciable; au surplus, l'action de l'acide chlorhydrique peut être mentionnée pour convertir les composés insolubles en chlorures solubles, MALCOLM fait remarquer que l'ingestion de sels solubles de magnésium suppose une déperdition de sels de calcium chez les animaux adultes et que ces sels de magnésium s'opposent à leur assimilation lorsque l'animal se trouve en voie de croissance. La réciproque n'est pas certaine; en effet, d'après le même auteur, les sels solubles de calcium n'influencent pas l'excrétion du magnésium.

D'après GOITEIN ce sont les muscles et les os qui accusent les variations du calcium et du magnésium, s'enrichissant ou s'appauvrissant de l'un ou l'autre métal selon qu'ils abondent ou font défaut dans la ration alimentaire. Le magnésium s'élimine en majeure partie de l'organisme par les reins et, pour une faible part, par le gros intestin; cette excrétion intestinale se mélange aux selles avec le magnésium non assimilé. La proportion du magnésium éliminé respectivement par le rein et l'intestin a été fixée par BERTRAN et RENVELL entre 62 et 71 p. 100 pour l'urine et 29 à 38 p. 100 pour les selles. MELTZER et LUCAR ont démontré, en se basant sur la néphrectomie, que les reins sont les principaux, sinon les uniques facteurs d'élimination du magnésium. Après la néphrectomie les effets toxiques du magnésium augmentent de moitié; toutefois, 18 heures après l'opération, lorsqu'elle s'administre de suite après la néphrectomie, provoque seulement un engourdissement profond. Cette atténuation des effets toxiques démontre, de l'avis des auteurs ci-dessus, que le magnésium en l'absence du rein s'élimine par d'autres voies.

LAFAYETTE MENDEL et STANLEY R. BENEDICT avec leurs expériences pratiquées sur des chiens, des chats et des lapins, confirmèrent ce fait que les glandes rénales sont les principales portes de sortie du magnésium de l'organisme. Les mêmes savants déduisirent de leurs expériences que la majeure partie des composés solubles du magnésium injectés par le péritoine, quittent l'organisme par les reins au bout de quarante-huit heures. Ceci ne fait pas obstacle à ce qu'une quantité considérable de magnésium ne puisse être retenue dans l'organisme pendant plus de deux semaines.

La quantité de magnésium éliminée par l'intestin est insignifiante comparée à celle que rejette l'urine. Une remarque à noter : c'est que l'élimination du magnésium par le rein coïncide avec l'augmentation notable du calcium urinaire.

Albu-Neuberg, dans son ouvrage cité plus haut, dit que de l'urine de l'individu sain s'expulse 0,2 à 0,3 de MgO et que les proportions de calcium et de magnésium varient beaucoup dans l'urine des animaux à jeun. Le magnésium apparaît dans l'urine normale sous la forme de phosphate, de même que le calcium ; dans l'urine alcaline le magnésium se manifeste sous la forme de triple phosphate $MgNH_4PO_4(6H_2O)$.

Si l'on en juge par les expériences de Steel sur le chien, le magnésium, à part ses effets diurétiques et purgatifs, exerce une influence presque nulle sur les interchanges nutritifs, étant donné que l'augmentation de l'ammoniaque éliminé par l'urine est notée comme très passagère.

Action physiologique des sels de magnésium. — A. *Effets « curarisants. »* — Jolyet et Cahours donnèrent en 1869 les premiers travaux sur la toxicité des sels de magnésium ; ils leur attribuèrent une action paralysante analogue à celle qu'exerce le curare agissant sur les nerfs moteurs. Cette action paralitico-curarisante des sels de magnésium a été depuis soutenue par Binet, Bardin et Wiki et dernièrement encore par Guthrine et Ryan.

Tous les savants précités conviennent de l'action paralysante exercée exclusivement sur les nerfs moteurs par les sels de magnésium, étant donné qu'elle laisse indemnes les muscles et les nerfs sensitifs. Les preuves fournies en faveur de l'action curarisante sont multiples ; toutes, en tous cas, tournent autour de la méthode employée par Claude Bernard dans ses célèbres expériences sur l'action toxico-nerveuse locale du poison qu'on emploie dans les flèches, c'est-à-dire l'isolement d'un membre pour éviter que le poison injecté à l'animal (une grenouille) n'arrive à envahir la circulation de ce membre.

Binet a observé les effets des sels de magnésium injectés avec la seringue hypodermique à des animaux à sang chaud. Peu de temps après avoir subi l'injection, les animaux s'affaiblissent ; à peine peuvent-ils se maintenir sur leurs pattes, très vite ils s'effondrent et restent couchés sur le flanc, immobiles, et à chaque expérience nouvelle ils présentent une réaction réflexe moindre. Si la dose est très forte, l'acte respiratoire, bien que rare et gêné suffit à conserver la vie ; parfois l'on constate des pauses respiratoires et la mort survient si l'on ne pratique pas la respiration artificielle.

Du côté du système nerveux, Binet, contrairement aux constatations de Mickwitz, a observé que l'action des sels de magnésium, comme celle du curare d'ailleurs, est essentiellement périphérique. L'auteur, imitant les expériences de Claude Bernard avec le curare, répéta avec succès ces expériences avec les sels de magnésium ; il se convainquit que ceux-ci agissent sur le système nerveux périphérique [exactement comme le curare, avec cette différence que son action est plus tardive sur les muscles respiratoires.

Ce phénomène, en effet, peut être observé sur un animal à sang chaud complètement inerte dont les nerfs périphériques ne sont pas excitables et qui respire cependant. L'excitabilité musculaire comme celle du myocarde ne diminue que tardivement et avec des fortes doses.

Wiki confirme l'action curarisante des sels de magnésium au moyen d'expériences qui permettent d'appliquer la méthode de Claude Bernard aux animaux à sang chaud ; à cet effet, opérant sur un lapin, il fait la ligature de la veine iliaque externe et de l'artère d'un côté et dans le membre ainsi soustrait à la circulation normale, le courant sanguin se rétablit au moyen d'un double embranchement ou anastomose avec la carotide et la jugulaire d'un autre lapin dont le sang a été rendu incoagulable par une injection préalable d'extrait de sangsues. Si alors l'on injecte au premier lapin une dose suffisante de $MgSO_4$ l'on observe les symptômes d'une curarisation progressive, et l'électrisation du nerf sciatique du côté récepteur du poison ne produit aucune contraction des muscles correspondants ; toutefois, elle provoque dans le membre où circule le sang normal de vigoureux mouvements. Lorsque la dose de sulfate de magnésium est suffisante pour suspendre les mouvements respiratoires et que la vie de l'animal est prolongée par la respiration artificielle, l'on observe alors que les mouvements convulsifs de l'asphyxie se bornent au membre préservé du poison.

BARDIER, par une autre méthode, arrive aux mêmes conclusions. Ayant pour sujet une grenouille, il observe que, sous l'influence du chlorure de magnésium, le tracé ergographique devient irrégulier; l'on observe des groupes de petites contractions exagérées. Il faut noter, dit-il, certaine irrégularité dans la succession des grandes contractions. Adoptant ici l'opinion de Mosso, il attribue l'irrégularité des contractions à l'action du poison sur les terminaisons musculaires du nerf moteur, et il conclut que les sels de magnésium opèrent à la façon du curare.

La méthode, employée tout récemment par GUTHRIE et RYAN pour démontrer sur la grenouille l'effet curarisant du sulfate de magnésium, diffère peu de celle qu'ont employée les opérateurs cités plus haut. De prime abord ils se rendent compte que l'injection de 1 à 5 centimètres cubes de la solution saturée de sulfate de magnésium dans la région dorsale d'une grenouille de dimension moyenne (45 grammes à peu près) supprime les contractions par excitation faradique directe du nerf sciatique et de plus la contraction par excitation réflexe.

Après la ligature des vaisseaux fémoraux d'une grenouille, le membre correspondant répond avec des mouvements réflexes aux excitations de la peau, mais après avoir intoxiqué la grenouille avec le sulfate de magnésium, injection faite dans la région dorsale, les muscles de la cuisse libre ne se contractent plus; tandis que se contractent énergiquement au contraire ceux de la cuisse dont les vaisseaux sont ligaturés. Les muscles de la cuisse libre, toutefois, répondent à l'excitation directe. Après l'injection de $MgSO_4$ dans la région dorsale des grenouilles, survient une période pendant laquelle paraît atténuée la réaction réflexe que l'on peut provoquer sur la patte liée à l'aide de stimulants appliqués au sciatique de la cuisse libre; plus tard arrive la période pendant laquelle les dits réflexes sont augmentés; l'on doit noter alors que cette augmentation coïncide avec la paralysie de la cuisse libre.

Des phénomènes analogues s'obtiennent sur des lapins intoxiqués avec le $Mg SO_4$; c'est-à-dire que la disparition de l'excitabilité du nerf sciatique par rapport aux muscles qu'il énerve coïncide avec la conservation de l'excitabilité directe des mêmes muscles. Pendant le temps où les animaux respirent régulièrement, l'excitation du bout central du sciatique est susceptible de provoquer les mouvements réflexes des muscles du tronc; ce fait indique que la paralysie magnésique commence par les muscles les plus périphériques, les muscles respiratoires étant les derniers à se paralyser. D'après GUTHRIE et RYAN, quand on injecte sous la peau, à dose suffisante les sels de magnésium leur effet le plus rapide et le plus notable est la paralysie du système nervo-musculaire des muscles volontaires, la paralysie commence par les muscles éloignés; quand elle atteint les muscles respiratoires elle détermine une décroissance de la respiration pulmonaire. Contrairement à l'affirmation de MELTZER et AUER, affirmation que nous commenterons tout à l'heure, GUTHRIE et RYAN concluent que « les sels de magnésium ne peuvent être considérés comme un spécifique spécial ayant des propriétés anesthésiques (*magnesium salts cannot be regarded as having marked specific anesthetic properties*).

A l'appui de la thèse en faveur de l'action curarisante des sels de magnésium, l'on peut également noter certain antidotisme observé par JOSEPH entre $MgSO_4$ et l'éserine; le tremblement provoqué par ce poison est diminué par le sel de magnésium. Par contre, le sulfate de magnésium ne prévient pas et ne s'oppose pas au myosis déterminée par l'éserine.

Les analogies dans l'effet tonique du magnésium et du curare se constatent encore par la paralysie finale du cœur dont les battements se perçoivent après la cessation des mouvements respiratoires. Parfois les animaux complètement affalés, sans réflexes et sans respiration, semblent morts, cependant que l'on perçoit les systoles cardiaques. Si l'on ouvre la cage thoracique l'on voit palpiter le cœur: intervention du magnésium encore qui l'attaque tardivement quand l'intoxication est profonde ou mortelle. Nous possédons, dans notre collection, des radiogrammes de lapins ayant subi l'injection de chlorure de magnésium; ces graphiques sont absolument typiques et ne diffèrent en rien des cardiogrammes obtenus avec les lapins normaux. Cependant l'intoxication du cœur par le magnésium, quoique tardive, nous semble certaine. Nous en reparlerons plus loin.

Nous avons contrôlé sur les ergogrammes provenant de grenouilles intoxiquées par le magnésium, le même phénomène observé par BARDIER, à savoir : l'alternance des groupes de contractions grandes avec d'autres petites contractions abortives à peine tracées sur le schéma.

La figure 178 montre bien la différence entre le tracé de la figure des muscles jumeaux (gastronémiens) d'une grenouille normale (tracé supérieur) et celui d'une grenouille ayant reçu dans la région dorsale une injection d'un quart de centimètre cube de la dissolution m de MgCl₂. L'on remarquera dans le tracé inférieur l'alternance des groupes de grandes et petites contractions.

B. — *Effets anesthésiants des sels de magnésium.* Deux savants américains, MELTZER et AUER s'aidant de nombreuses expériences sur sept espèces d'animaux (chiens, chats, lapins, rats, oiseaux et grenouilles) démontrèrent les effets anesthésiques des sels de magnésium (chlorure et sulfate) lorsqu'ils sont administrés sous forme de dissolutions concentrées jusqu'à 25 p. 100 à doses suffisantes, en injections hypodermiques intramusculaires dans le péritoine ou dans les vaisseaux.

De l'avis des auteurs précités, les sels de magnésium possèdent d'énergiques pro-

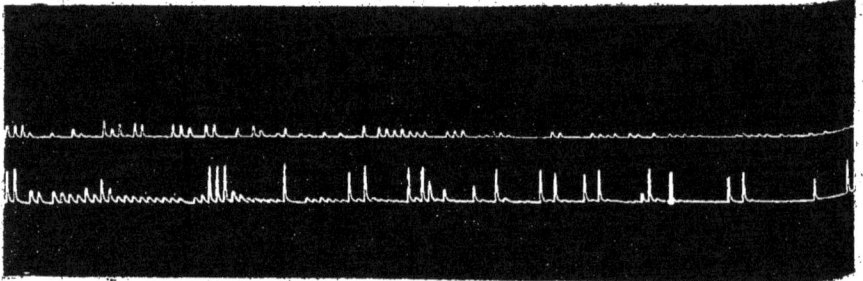

IG. 178. — Comparaison graphique de la fatigue musculaire dans une veine normale et dans une veine ayant subi l'injection de 1/4 de centimètre cube de la dissolution *M* de MgCl₂ dans la région dorsale.

priétés anesthésiques et l'anesthésie se développe chez les animaux sans être accompagnée ni précédée de symptômes d'excitation. Tout au contraire la privation de la sensibilité coïncide avec une abolition musculaire complète des muscles volontaires et avec celle des réflexes les moins importants. Il apparaît que la respiration se conserve tranquille et que les animaux, avec la même tranquillité, succombent lorsque la dose injectée suffit pour les tuer.

Le manque de réaction des animaux intoxiqués avec les sels de magnésium résiste aux plus énergiques excitants : jointe à la paralysie, à l'abolition complète des fonctions cérébrales, à l'absence des réflexes nasal et oculo-palpébral, elle complète d'après MELTZER et AUER le cadre de l'anesthésie. Les symptômes mentionnés sont évidents ; d'autres observateurs les ont contrôlés ; nous-mêmes les avons observés bien des fois sur les chiens et spécialement sur les lapins.

Nos expériences sur les lapins justifient les dires des savants américains par rapport à la tranquillité, au calme qui précède à la mort des animaux *(calm death)* sous l'action de fortes doses de sels de magnésium.

Mais ceci se produit lorsqu'on l'administre par la voie sous-cutanée ou péritonéale. Lorsqu'on l'injecte dans les veines à dose mortelle la mort survient, foudroyante, en moins d'une minute, précédée par de terribles convulsions parfois compliquées d'opisthotonos. A voir ainsi succomber les animaux, l'on incline à croire avec GUTHRIE et RYAN que le magnésium tue par asphyxie et cette supposition se confirme. En effet d'après ce que nous avons dit plus haut, chez les animaux, morts en apparence, le cœur fonctionne encore. Lorsqu'on les injecte par le péritoine, les sels de magnésium provoquent d'abord des convulsions peu accentuées qui précèdent toutefois l'anesthésie et la paralysie. En ce cas les phénomènes convulsifs sont fugaces et sont suivis de la période tranquille et calme observée par MELTZER et AUER. Ces savants, contrairement à l'opinion de GUTHRIE et RYAN, soutiennent qu'à ces animaux intoxiqués par les sels de magnésium manquent les phénomènes caractéristiques de l'asphyxie comme ceux de la dilatation de la pupille et le noircissement du sang; voici à ce propos comme MELTZER et AUER décrivent l'intoxication d'un lapin par le sulfate de magnésium.

« This animal received a large surely fatal dose of the magnesium salt, and it would habe been surely dead twenty-seven minutes after the injection if it had not been for the artificial respiration which was then instilued. For one hour, while the artificial respiration continued the mucous membranes remained pink, the pupils of normal size and the heart continued to beat, strongly anesthetized and paralized. As soon as the artificial respiration was discontinued, cyanosis appeared, the pupils became dilated, and the animal died without convulsion. Evidently the prolonged anesthesia and paralysis were due to some other primary cause tham asphyxiation, and the particial asphyxia (cyanosis and dilatation of the pupils) which made their appearance after stopping the artificial respiration were only secondary phenomena due to paralysis of respiration ».

(Traduction du texte anglais) :

« Cet animal reçut une dose assurément mortelle de sel de magnésium et il aurait succombé inévitablement vingt-sept minutes après l'injection si on n'avait pas pratiqué la respiration artificielle. Pendant une heure, les muqueuses restèrent rosées, les pupilles demeurèrent sans dilatation (anormale) et le cœur continua de battre, encore que fortement anesthésié et paralysé. Aussitôt qu'on cessa la respiration artificielle la cyanose apparut, les pupilles se dilatèrent et l'animal mourut sans convulsions. Évidemment l'anesthésie prolongée et la paralysie étaient dues à une autre cause que l'asphyxie, et l'asphyxie partielle, (cyanose et dilatation des pupilles), qui apparurent après qu'on eût arrêté la respiration artificielle étaient seulement des phénomènes secondaires dus à l'asphyxie. »

Notre croyance propre est que l'anesthésie de ces animaux, sous l'influence du magnésium, ne doit pas être attribuée à l'asphyxie. Nous rattachons plutôt à un phénomène hâtif d'excitation les convulsions que nous avons souvent observées chez les lapins, après l'injection des sels de magnésium, spécialement quand l'injection a lieu dans les veines.

Quand on injecte les sels de magnésium dans la cavité péritonéale l'absorption plus lente permet de suivre graduellement les progrès de l'intoxication; l'on remarque alors que les mouvements respiratoires s'accélèrent au début, provoqués par la douleur ou par l'inquiétude des animaux, puis ils deviennent lents et profonds. Avec cet aspect calme les animaux sont insensibles, et couchés sur le flanc; ils auraient l'apparence de morts si on ne les voyait pas respirer. Peu avant la mort, la paralysie respiratoire s'annonce par les altérations du rythme et on aperçoit de véritables intermittences dans leur mouvement respiratoire.

MELTZER et AUER ajoutent, comme arguments prouvant l'action anesthésique des sels de magnésium, le manque d'irritation locale lorsqu'on applique directement la solution concentrée sur les nerfs; loin de les irriter alors, ils les privent de leurs fonctions conductrices d'autant plus vite que la dissolution magnésique est plus concentrée. L'interruption de la conductibilité nerveuse ressemble à celle que produit la cocaïne et atteint plus rapidement les nerfs sensitifs que les nerfs moteurs, et les filets cardiaques du nerf vague avant ceux que ce nerf donne à l'œsophage. Cette interruption nerveuse disparaît lorsqu'on lave le nerf dans le liquide de Ringer.

LILLIE, par une autre méthode, a démontré l'action anesthésique des sels de magnésium. Il l'explique et comprend dans son application tous les autres anesthésiques; il suppose que ces facteurs suppriment l'excitabilité des éléments excitables, en tant qu'ils entravent et empêchent la perméabilité des membranes cellulaires. L'excitation augmente la perméabilité desdites membranes et l'anesthésie la diminue; les agents stimulants comme $NaCl$, KCl, $LiCl$, et $BaCl_2$ augmentent la perméabilité, les modérateurs ou agents négatifs comme $CaCl_2$ et $MgCl_2$ la diminuent. Pour ce qui a

trait aux sels de magnésium, LILLIE, sur des larves d'Arenicole, démontre qu'il y a
coïncidence avec l'abolition contractile et l'imperméabilité des membranes, celle-ci
pouvant s'observer par la conservation du pigment[1]. « Larvoe transferred from sea
water to pure isotonic solutions of magnesium salts exhibit neither contraction nor loss
of pigment : all muscular mouvements cease in a few seconds, though the *cilia*
continue their activity » (p. 390).

    C. — *Effets inhibitoires des sels de magnésium.* — MELTZER et AUER, dans les ouvrages
cités plus haut, affirment que les sels de magnésium, en plus de l'anesthésie, produisent
sur les animaux une suppression motrice ou si l'on veut une opposition quand les
doses sont fortes et atteignent au centre respiratoire, déterminant la suspension des
mouvements respiratoires et la mort par asphyxie.

    CRISTAUX déduit de ses recherches que les sels de magnésium ne sont ni anesthé-
siques ni curarisants, mais simplement dépressifs du système nerveux central et périphérique; leur action, d'après lui, est plus rapide sur le système périphérique et prédomine celle qui affecte la sensibilité.

    DELHAYE confirme les effets anesthésiques et déprimants des sels de magnésium qui
font perdre leur excitabilité à tout le système nerveux autant sur sa partie motrice que
sur la sensitive.

    Quand on injecte sous la peau ou par les veines les sels de magnésium, ceux-ci
produisent une anesthésie profonde, une paralysie complète, ils manquent toutefois
d'action curarisante, car ils n'exercent pas d'influence dans les terminaisons des nerfs
moteurs.

    Les injections intradurales des sels de magnésium produisent aussi une anesthésie
profonde et progressive avec paralysie totale. Les dissolutions appliquées localement aux
nerfs les privent de leurs aptitudes conductrices. L'on doit observer que les nerfs sensitifs sont d'abord atteints.

    Les sels de magnésium influent spécialement sur les centres de la respiration; à
petites doses ils retardent, et à grandes doses ils affaiblissent les mouvements respiratoires : les grandes doses qui n'agissent pas encore sur le cœur, affaiblissent les mouvements respiratoires et si la densité de l'intoxication augmente on détermine l'asphyxie.

    Nos expériences propres coïncident avec celles des auteurs précités pour l'extension
des effets de l'intoxication magnésique à tout le système nerveux central et périphérique
sensitif et moteur; étant donné, d'autre part, l'énergie fonctionnelle entre les diverses
parties du système nerveux, il est difficile de distinguer l'anesthésie de la paralysie et
celle-ci de l'inhibition, étant donné que la sensibilité laisse sans finalité et sans objet les
mouvements observés, et que la suppression des mouvements rend impossible la
constatation de la sensibilité.

    Cependant les sels de magnésium, par leurs effets, nous semblent plus rapprochés
des anesthésiques du genre chloroforme que des poisons paralysants du type curare. Leur
attribuant une action semblable à celle du curare, nous avons déjà parlé de la survivance des systoles cardiaques par rapport à la paralysie respiratoire, mais l'analogie
est encore plus complète quand l'on compare un animal anesthésié par le chloroforme
à un autre ayant subi l'injection intrapéritonéale d'une forte dose de sulfate ou de
chlorure de magnésium; dans l'un et dans l'autre cas les effets commencent par des
phénomènes très grands d'excitation avec le chloroforme et très légers avec le magnésium; après quoi le lapin chancelle, plie ses pattes qui ne peuvent plus le soutenir,
tombe de tout son long sur le flanc et demeure insensible et sans mouvements, comme
mort. A cause de cette apparence nous renonçâmes à en tirer un cliché; et cependant
cet animal qui, photographié, apparaît comme mort respire tranquillement, peut-être
trop tranquillement car sa respiration s'enregistre avec beaucoup de lenteur. Dans cet
état les pupilles ne réactionnent plus à la lumière et quoique faibles on remarque les
réflexes nasal et oculo-palpébral; ces réflexes ne se produisent pas dans la période
chirurgicale de l'anesthésie chloroformique et de plus l'anesthésie par les sels de

---

1. Des larves transportées de l'eau de mer dans des solutions pures isotoniques de sels de
magnésium, ne montrent ni contraction ni perte du pigment; tous les mouvements musculaires
cessent en quelques secondes encore que les cils vibratiles continuent à fonctionner.

magnésium se prolonge bien davantage. Les animaux reviennent très lentement à leur état normal. Nous avions vu, au cours de nos expériences, qu'il faut à un lapin plus d'une heure pour se remettre du sel de magnésium injecté dans le péritoine; cette lenteur s'explique par l'élimination plus tardive de ce sel si on le compare au chloroforme. Nous devons encore faire remarquer les analogies entre le chloroforme et le magnésium, c'est-à-dire le retard avec lequel l'un et l'autre atteignent le centre respiratoire bulbaire; les sujets profondément anesthésiés soit avec le chloroforme soit avec les sels de magnésium respirent avec calme, et c'est seulement lorsque le chloroforme atteint le bulbe ou que la dose de magnésium est forte que la respiration s'affecte et que l'asphyxie survient.

Le chloroforme peut influencer le cœur dès le début de son action, mais ses effets toxiques sur les ganglions intracardiaques ou les fibres du myocarde ou le centre inhibitoire de la moelle allongée se produisent quand l'anesthésie est profonde. Il semble que les sels de magnésium ne produisent pas tous leurs effets sur le cœur et qu'ils atteignent tardivement le myocarde. Nous sommes convaincus, de toute façon, de

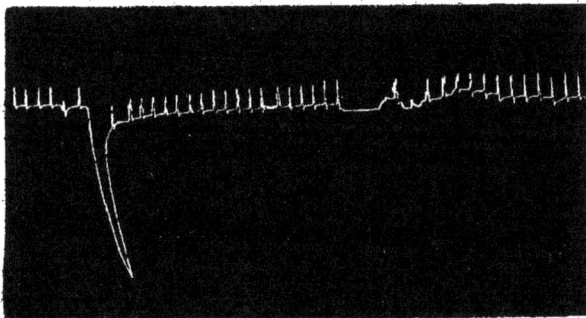

FIG. 179. — Cardiogramme d'un lapin qui, déjà, ne respirait plus par suite de l'injection intraveineuse d'une dose mortelle de MgCl₂. L'on remarquera la chute.

l'action toxique du magnésium sur le cœur. Nous traiterons successivement ce problème à deux points de vue différents.

Comment meurent les animaux intoxiqués par les sels de magnésium? — MELTZER et AUER pensent qu'ils meurent par paralysie respiratoire et asphyxie consécutive. Nous avons remarqué, en effet, la persistance des battements du cœur chez le lapin ayant cessé de respirer, paralysé par le magnésium. Nous avons maintes fois observé, en outre, la survivance des battements du cœur bien qu'aient cessé les mouvements respiratoires. La figure 179 montre le tracé des pulsations cardiaques obtenues avec un lapin de 2030 grammes intoxiqué par une double injection consécutive intraveineuse de 0,4 et 0,5 gramme et 0,9 gramme de Mg Cl₂. Il y a lieu de remarquer que le tracé a été obtenu alors que l'animal ne respirait plus; l'on observera de même dans ce tracé la chute correspondant à l'excitation faradique du bout périphérique du nerf vague droit, phénomène digne d'être mentionné car il exprime la résistance de l'excitabilité dudit nerf cardiaque à l'action déprimante du sel de magnésium. Nous reviendrons plus tard sur ce point que nous abordons incidemment ici et pour expliquer la figure.

Nous partageons avec les savants nord-américains la conviction que la paralysie respiratoire est la cause ordinaire de la mort des animaux intoxiqués par les sels de magnésium; mais en présence d'autres expériences, notre opinion est que la mort ne peut être évitée avec la respiration artificielle parce que les animaux meurent par le cœur lorsqu'ils échappent à l'asphyxie.

Ceux qui ont expérimenté le sel de magnésium sur les animaux s'accordent à constater la résistance qu'offre le cœur à ses effets déprimants. L'immunité relative du cœur pourrait aussi dépendre de ce fait que le magnésium l'a atteint tardivement. Quelle que soit l'explication du phénomène, l'opinion des chercheurs fixe les effets du magnésium sur le cœur comme conséquence seconde à la dépression qu'il exerce sur le système nerveux.

Déjà Jolyet soupçonnait que l'eau de mer employée comme liquide de circulation artificielle devait au sel de magnésium qu'elle contient, l'action inhibitoire qu'elle exerce sur le cœur du lapin.

Machides et Mathews trouvèrent également l'action déprimante ou inhibitoire du sulfate de magnésium sur le cœur du chien. Si par la veine saphène d'un chien de taille moyenne l'on injecte en deux ou trois minutes de 8 à 12 centimètres cubes de la dissolution moléculaire de sulfate de magnésium, le cœur se paralyse; cependant on peut le rendre à ses fonctions après cinq ou huit minutes d'excitation mécanique continue en

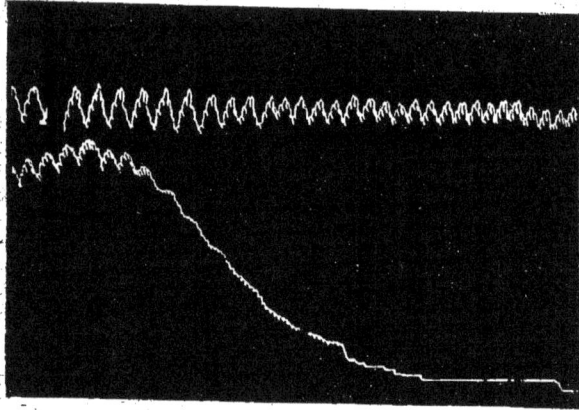

Fig. 180. — Chute de la pression artérielle par l'injection intravasculaire de MgCl₂ sur un chien.

notant que les contractions sont plus espacées encore quoique plus énergiques qu'avant l'empoisonnement.

Lussana a contrôlé chez les grenouilles l'action déprimante du chlorure de magnésium sur le cœur; ses conclusions sont les mêmes que celles de Carlson, Meltzer et Auer et Pugliesse. Mines employant un autre procédé a vérifié, pour sa part, l'action modératrice cardiaque causée par les composés du magnésium. Le cœur de la grenouille arrosé d'une solution de chlorure de sodium est rebelle à l'action inhibitoire du nerf vague (Schiff 1878); le calcium manque pour que l'action inhibitoire soit effective (Busquet et Pachon) et l'addition de calcium restitue au nerf vague la propriété résistante du rythme cardiaque. La même action correspond au chlorure de strontium; mais le magnésium se sépare, dans son action sur le cœur, des deux autres métaux précités (Ca et Sr); il se différencie également de celle du baryum. L'addition de petites quantités de magnésium à la solution de chlorure de sodium arrosant le cœur ne produit pas d'effets marqués sur les battements, mais les doses plus fortes déterminent l'arrêt du cœur par diastole. Le magnésium, en conséquence, est impuissant à rétablir la fonction cardio-inhibitoire perdue par le nerf vague au cours de l'arrosage avec la solution de chlorure du sodium.

Les effets des sels de magnésium sont rapides et mortels pour le cœur quand il est injecté en une fois à dose toxique dans les vaisseaux du chien et du lapin. Ceci est le résultat de notre expérience personnelle. Au cours d'une expérience il fut injecté, à un chien de 7 kilogrammes, 14 centimètres cubes de la dissolution moléculaire de MgCl₂, la pression de la carotide fut notée. L'on peut voir sur la figure 180 la chute rapide et fatale

de la pression artérielle. La figure 181 représente le tracé graphique de la crise finale
éprouvée par le cœur d'un lapin de 935 grammes après une injection intraveineuse du
0,4 gramme de MgCl₂. Sur ce point nous estimons qu'il faut attribuer à la paralysie
du cœur la mort immédiate qui survient chez les animaux lorsqu'on leur introduit dans
les vaisseaux, une forte dose de magnésium, et si, d'habitude, le cœur résiste à des
doses égales ou supérieures injectées sous la peau ou dans le péritoine, ceci provient
sans doute de ce que l'absorption, quoique rapide, ne l'est pas suffisamment pour empêcher que dans le sang le magnésium atteigne une densité incompatible avec la
fonction du cœur.

D'autre part, nos expériences ne nous ont pas permis de sauver, à l'aide de la respiration artificielle, la vie d'animaux intoxiqués par le chlorure de magnésium injecté à
dose mortelle dans les veines ou dans le péritoine. Malgré la respiration artificielle les
battements du cœur s'affaiblissaient jusqu'à cesser d'être perceptibles au toucher et à

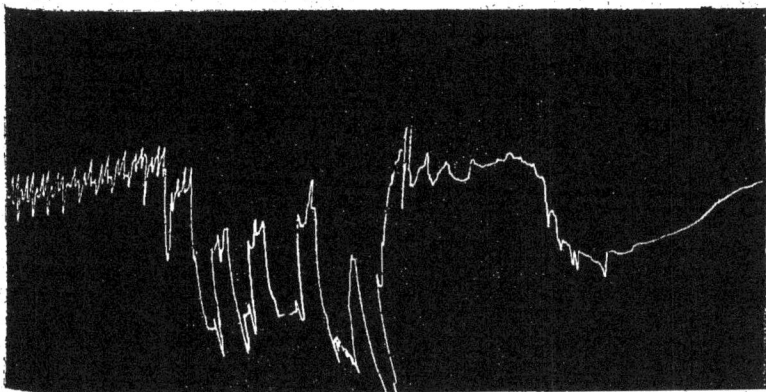

Fig. 181. — Cardiogramme représentant l'agonie d'un lapin à la suite de l'injection intraveineuse
de 0,4 grammes de MgCl₂.

l'ouïe ; l'ouverture thoracique faite, l'on trouvait parfois le cœur immobile et d'autres
fois battant avec si peu d'énergie que, par aucun moyen, nous ne parvenions à le
ranimer. Nous croyons donc que la mort par le cœur guette l'animal intoxiqué par le
magnésium, alors que la respiration artificielle le sauve de l'asphyxie.

Étant donné que les sels de magnésium exercent une action déprimante ou inhibitoire sur le cœur, y aura-t-il incompatibilité entre ses effets et ceux que produit
l'excitation du nerf vague? — Nous avons vu déjà que MINES, à la suite de ses expériences
en déduit que le magnésium est incapable de rétablir la fonction cardio-inhibitoire,
que le chlorure de sodium fit perdre au nerf vague. MACWILLIAM pour sa part s'est assuré
que les effets inhibitoires des sels de magnésium ne peuvent être évités par la section
du nerf pneumogastrique. Nous-même avons vu le nerf vague répondre à l'excitation
sur des lapins intoxiqués par les sels de magnésium ; l'effet cardiaque inhibiteur fut
moindre ou plus grand selon les circonstances ; mais il fut toujours remarquable et
quelquefois typique comme celui d'un lapin intoxiqué à l'aide de l'injection intrapéritonéale de sulfate de magnésium (fig. 182).

D. — *Effets des sels de magnésium sur l'intestin.* — La renommée purgative dont jouissent depuis longtemps les eaux et les composés magnésiques pourrait faire croire, et
l'on a cru, à un effet d'excitation motrice ou d'exagération de la paroi intestinale ; l'on
sait, en effet, que d'autres purgatifs opèrent à l'aide de ce mécanisme. L'expérience,
toutefois, à l'égard des sels de magnésium, démontre que, pour ce qui a trait à leur

action sur l'intestin franchement dépressive ou inhibitoire de la paroi, tantôt ils interviennent en modérant l'initiative des ganglions nerveux placés sur les parois de l'intestin, tantôt ils exercent leur action en affaiblissant directement la contractilité musculaire. AUER a démontré que les injections sous-cutanées ou intraveineuses de sulfate de magnésium, en dissolution de 5 à 20 p. 100, de même que les sels purgatifs ne purgent pas le lapin. Cependant, toutes les injections de sels purgatifs, les sels de magnésium exceptés, provoquent une augmentation du péristaltisme intestinal. D'après MELTZER et AUER les sels de magnésium injectés sous la peau ou dans les veines, non seulement ne provoquent pas les mouvements péristaltiques mais les empêchent et arrêtent ceux que l'on obtient par l'ésérine, l'ergot de seigle et le chlorure de baryum.

Nos expériences sur l'intestin grêle du lapin, isolé et maintenu dans un bain composé de liquide de HÉDEN FLEIG, concordent avec les conclusions des savants américains;

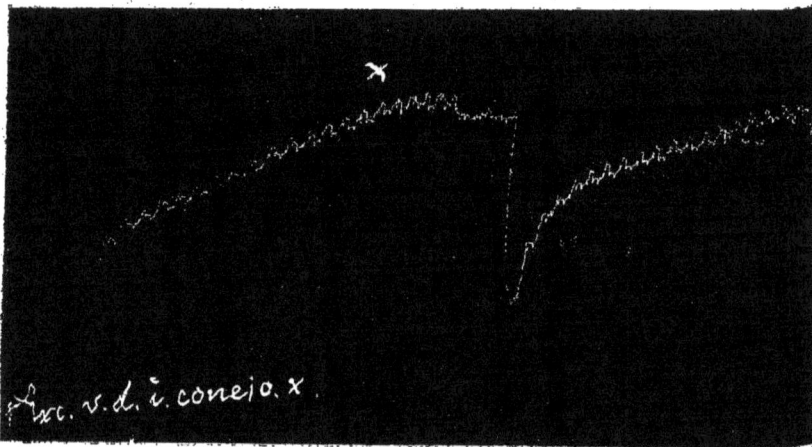

FIG. 182. — Inhibition cardiaque par excitation du vague droit dans un lapin intoxiqué par le MgSO⁴.

car en ajoutant du sulfate de sodium, nous voyions augmenter le péristaltisme et par la manœuvre inverse, nous obtenions un effet suspensif ou inhibitoire par l'addition du sulfate de magnésium. La figure 183 démontre les effets déprimants du sulfate de magnésium sur l'intestin isolé du lapin.

Il n'y a pas relations constantes entre le péristaltisme et l'effet purgatif; c'est ainsi qu'administrant en injection le sulfate de sodium, celui-ci excite fortement le péristaltisme sans purger; il peut par contre avoir un effet purgatif sans modification du péristaltisme. Il faut donc trouver une autre explication à l'effet purgatif des sels de magnésium, retourner à la théorie de l'osmose ou imaginer une excitation glandulaire sécrétoire. L'élimination par l'intestin d'une partie des sels de magnésium absorbés plaide en faveur de cette dernière supposition.

Toxicité du magnésium. — La toxicité des sels de magnésium ne fut connue qu'au moment où on les introduisit dans l'organisme des animaux par les voies sous-cutanée, péritonéale ou veineuse; c'est alors que se produisent des effets toxiques parce qu'ils atteignent rapidement, malgré l'élimination par les reins et l'intestin, une densité dans le sang incompatible avec la normale des tissus plus nobles, le tissu nerveux et le tissu musculaire.

Quand les sels de magnésium s'administrent par le tube digestif, seule et unique voie pour indiquer ses propriétés purgatives ou antiacides, l'absorption et l'élimination se compensent non sans qu'à l'ordinaire le magnésium atteigne le sang, dans une proportion non toxique d'ailleurs, mais cependant suffisante pour que ses effets anesthésiques ou déprimants se manifestent encore. L'on ne doit pas déduire cependant de cette inocuité relative, si conforme à l'expérience vulgaire, que les sels de magnésium administrés à haute dose par le tube digestif ne sont pas inoffensifs. Nous avons constaté, en effet, qu'en introduisant du sulfate de magnésium dans l'œsophage du lapin à la dose de 10 à 11 grammes par kilogramme de poids vif, une abolition de la sensibilité douloureuse avait lieu, que les réflexes se réduisaient, que les facultés motrices enfin diminuaient à tel point que le sujet couché par l'opérateur sur le flanc et le ventre en l'air, s'agitait, prenait des positions bizarres sans pouvoir le plus souvent retrouver son équilibre normal. En poussant la dose à 16 grammes au plus par kilogramme, l'intoxication était plus rapide, les symptômes graves et l'issue fatale.

Boos, d'autre part, a énuméré différents cas d'empoisonnement par le sulfate de magnésium administré en substance ou en solution concentrée, par la voie digestive. Dans ces deux cas, il peut s'absorber en partie, excepté toutefois si la quantité prise est exagérée : l'intoxication survient alors dans la proportion de six cas mortels sur dix.

Comme il s'élimine très lentement, le sulfate de magnésium peut s'accumuler, s'il s'administre à doses fréquentes ou en solution concentrée; il produit l'intoxication. L'on ne saurait être trop prudent et prévoyant dans l'emploi du sulfate de magnésium en cas d'obstruction intestinale aiguë. Les péristaltiques en effet diminuant ou faisant défaut, les solutions quoique diluées peuvent s'absorber et déterminer une intoxication. Le même savant, lorsqu'il s'agit de traiter l'intoxication par le magnésium, recommande des injections intraveineuses de grande quantité de la solution saline normale avec des injections hypodermiques de la solution étendue de sels de chaux. Boos, enfin, considère comme dangereux l'emploi sous-cutané des sels de magnésium, comme purgatif proposé par WADE en 1894.

Nous n'avons pas sous les yeux le texte original de Boos; mais nous supposons que pour les cas d'intoxication cités par lui, l'on administrait le sulfate de magnésium à doses thérapeutiques, doses bien moindres que celles employées par nous pour produire un empoisonnement mortel sur le lapin; il ne faut pas perdre de vue ici que, chez cet animal, la lenteur du péristaltisme le place dans une situation favorable à l'absorption du sel de magnésium. Que l'on compare la dose de 16 grammes de sulfate de magnésium par kilogramme de poids vif, nécessaire pour tuer un lapin, à celle de 15 à 16 grammes de même sel que l'on administre en purgatif à un adulte de poids moyen de 65 kilogrammes, et l'on comprendra qu'un autre facteur doit entrer en jeu pour l'intoxication.

Deux causes, dès à présent, nous semblent devoir provoquer l'intoxication : l'une est la défaillance rénale qui restreint ou empêche l'élimination du magnésium absorbé. l'autre est une disposition chimique spéciale du milieu interne, privé momentanément du sodium et de potassium et encore mieux de calcium, constituant, comme nous le verrons plus loin, le meilleur adversaire du magnésium.

RICHET a dernièrement étudié l'effet toxique des corps simples. Pour écarter toute action spécifique sur les muscles et les nerfs, il la rapporte à un organisme élémentaire, le ferment lactique, de l'activité duquel il est très facile de se rendre compte

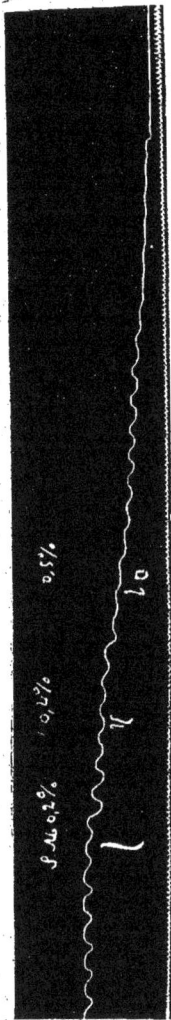

FIG. 183. — Effets déprimants du MgSO⁴ sur l'intestin isolé du lapin.

en même temps à l'aide d'un procédé simple d'acidimétrie. Le professeur parisien fixe à 450 la toxicité moyenne de BaCl₂. Comparés à ces chiffres les effets toxiques du sulfate de magnésium représentés par 2600 et ceux du calcium par 2000 apparaissent comme très inférieurs.

DIENER qui a étudié l'action du magnésium sur plusieurs espèces de microbes, bacille d'EBERTH et Coli commun, l'estime peu toxique, à moins qu'intervienne une absence d'oxygène; les bactéries en effet, en présence de ce gaz, se défendent bien de l'intoxication; si au bout de plusieurs jours lesdites bactéries, introduites dans les solutions auxquelles on ajoute le magnésium, succombent, la cause en est que simultanément l'hydrogène agit et s'approprie de l'oxygène nécessaire à la défense des petits organismes.

MAGOXAN détermine, en premier lieu, la toxicité de MgCl₂ sur les plantes, relativement au chlorure de sodium, de potassium et de calcium, dont les propriétés toxiques se développent dans l'ordre cité ci-dessus. OSTERHOUT aussi reconnaît la toxicité des sels de magnésium et de potassium pour les organismes et remarque que si lesdits sels sont toxiques employés séparément, leur toxicité respective est plus ou moins neutralisée quand on les mélange en proportion convenable. C'est dire que les fonctions toxiques respectives du magnésium et du potassium peuvent se neutraliser chez les plantes. LIPMAN, par contre, n'a pu contrôler sur les microorganismes nitrogénés l'antagonisme que LOEB et ses élèves trouvèrent entre le calcium et le magnésium, dans leurs actions respectives sur les plantes et les animaux. C'est ainsi que le *bacille subtile*, par exemple, forme exception à cet antagonisme, car les effets toxiques du calcium et du magnésium augmentent par le mélange des deux poisons, comme s'ils s'additionnaient au lieu de s'annihiler.

JOSEPH et MELTZER ont déterminé sur des chiens la dose mortelle du chlorure de magnésium et conjointement celle des chlorures de calcium, de potassium et de sodium. De ces expériences se déduit la toxicité relative des quatre chlorures. Dans toutes ces expériences l'on employa des dissolutions normales pour éliminer les effets physiques de la concentration et l'on employa les chlorures pour écarter l'influence de l'anion. Les sels s'administrent en injections intraveineuses (veines jugulaire, fémorale, splénique et artère carotide); les doses mortelles furent calculées en centimètres cubes et par rapport à un kilogramme de poids de l'animal. Voici les chiffres pour les sels avec, inclusivement, l'eau de cristallisation :

$$MgCl_2 = 2,2 \qquad CaCl_2 = 4 \qquad KCl = 6,23 \qquad NaCl = 63,24.$$

Pour les mêmes sels anhydres, les chiffres sont les suivants :

$$MgCl_2 = 0,223 \qquad CaCl_2 = 0,444 \qquad KCl = 0,444 \qquad NaCl = 3,7$$

Bien souvent nous avons injecté le chlorure de magnésium par le péritoine à des lapins; de ces expériences nous déduisons que la dose mortelle varie, différence qui peut dépendre de la rapidité d'absorption. L'on peut approximativement fixer la dose toxique à 1 gr. 5 par kilogramme de poids vif, chiffre ne différant que peu des chiffres trouvés par MELTZER et AUER dans leurs recherches sur les mêmes animaux. Nos expériences concordent également avec celles de JOSEPH et MELTZER, citées plus haut, par rapport à la dose mortelle de chlorure de magnésium introduite en injections intraveineuses. La dose approximative de 0 gr. 20 de chlorure de magnésium par kilogramme de poids tue rapidement les lapins; la mort est précédée de convulsions parfois opistotones, de contractions de la pupille ou de sursauts de la respiration qui font penser à l'asphyxie. Comme nous l'avons dit à plusieurs reprises, en effet, le cœur continue de battre quand l'animal ne respire déjà plus. Parfois, ayant ouvert la poitrine et sectionné les ventricules des oreillettes, nous avons noté que les premiers continuaient de battre ainsi qu'il arrive lorsqu'on observe, en l'isolant, la pointe du cœur d'un animal intoxiqué par le chlorure de baryum.

Dans les expériences ci-dessus faites par nous, l'observation nous a démontré que la zone d'action du magnésium est très réduite; elle représente en effet une faible marge entre la dose produisant peu ou pas d'effet et celle qui détermine la mort par intoxication. L'exemple suivant va le prouver. Un lapin de 1083 grammes reçoit, par la veine auriculaire, une injection de 0 gr. 16 de $MgCl_2$ — proportion de 0 gr. 15 par kilogramme; — le sujet ne manifeste aucun symptôme de malaise. Un autre lapin de 1550 grammes reçoit une injection intraveineuse de 0 gr. 3 de $MgCl_2$ — proportion de 0 gr. 19 par kilogramme. — Il éprouve des convulsions, une anesthésie partielle, une légère parésie; il se remet. Un troisième lapin, finalement, pesant 730 grammes, reçoit l'injection intra-veineuse de 0 gr. 16 de $MgCl_2$ — proportion de 0 gr. 21 par kilogramme — et meurt avec des convulsions en moins de 5 minutes.

Antagonisme entre le calcium et le magnésium. — LOEB, qui a découvert une certaine ressemblance entre les propriétés chimicobiologiques du calcium et du magnésium, en tant qu'ils peuvent s'opposer par leur action modératrice au couple de cations monovalents, le sodium et le potassium pour leurs fonctions excitantes, a reconnu toutefois que les propriétés inhibitoires du magnésium sont plus faibles que celles du calcium (calcium inhibits more strongly than magnesium).

Ces deux métaux mélangés opèrent de façon équivalente dans l'organisme, ainsi que nous le comprîmes en observant leur métabolisme et, cependant, d'après les études de MELTZER et AUER, ils sont considérés comme antagonistes. Le caractère de cet antagonisme fut plus tard rectifié par JOSEPH et MELTZER; mais nous ne produirons pas ce fait sans avoir défini l'opposition des effets du calcium et du magnésium sur les animaux.

Les lapins sont d'excellents sujets pour prouver ledit antagonisme. MELTZER et AUER se sont servis de ces animaux pour leurs expériences; nous aussi pour celles que nous fîmes ces dernières années au laboratoire de physiologie. Dans la démonstration de l'antagonisme entre le calcium et le magnésium les auteurs américains employèrent le sulfate, le chlorure et le nitrate de magnésium, et le chlorure, nitrate et acétate de calcium. Au cours de nos expériences, nous avons toujours employé le chlorure de calcium, presque toujours le chlorure de magnésium et quelquefois le $MgSO_4$.

Le calcium injecté avec une anticipation suffisante par le péritoine ou par la voie des veines, la plus rapide et la plus efficace, contrecarre complètement les effets toxiques du magnésium, c'est-à-dire que sous l'effet du sel de calcium, l'animal se remet de l'anesthésie, de la paralysie et de l'inhibition, provoquées par les sels de magnésium. L'on remarque pour le moins l'atténuation des symptômes; la mort de l'animal est évitée. Consulter pour le contrôle de cet antagonisme le résultat de diverses expériences, une de MELTZER et AUER, d'autres aussi qui nous sont personnelles.

Voici une expérience citée par les savants américains. Un lapin de 1550 grammes reçoit une injection sous-cutanée de 13 centimètres cubes de la dissolution m de $MgCl_2$; au bout d'une demi-heure la respiration devient lente, superficielle et pratiquement on ne constate pas le réflexe oculo-palpébral. A ce moment, l'on injecte par la veine de l'oreille 8 centimètres cubes de la dissolution $\frac{m}{8}$ de $CaCl_2$; la respiration et l'animal se rétablissent.

Voici maintenant nos expériences personnelles.

Un lapin de 1075 grammes est le sujet. Nous mettons à l'épreuve sa sensibilité par rapport au magnésium en lui injectant dans le péritoine 7 cc. 5 de la dissolution m de $MgCl_2$; 10 minutes plus tard l'animal est paralysé et si profondément anesthésié qu'on peut lui toucher la cornée sans que la paupière se ferme. Après 15 minutes il commence à se reprendre et après 20 minutes il lève la tête sans toutefois pouvoir encore se remettre sur pied. Une heure et demie après l'injection l'animal apparaît complètement rétabli.

Le jour suivant, on lui injecte, par le péritoine, 2 centimètres cubes de la dissolution m de $CaCl_2$ sans qu'un symptôme consécutif appréciable se produise; 45 minutes après l'injection du sel de calcium, on lui injecte, par la même voie, 10 centimètres cubes de la dissolution m de $MgCl_2$ sans qu'aucun phénomène de malaise survienne; à noter que la dose de chlorure de magnésium injectée cette fois est supérieure à celle qui, le jour précédent, a procuré à l'animal les symptômes les plus accentués d'anesthésie et de paralysie : nous allons voir tout à l'heure comment une dose égale peut donner la mort à l'animal que le sel de calcium a cessé d'immuniser.

Le jour suivant, répétition des injections, doses égales des mêmes sels avec intervalles de 46 minutes entre l'injection de $CaCl_2$ et celle de $MgCl_2$; de même que le jour d'avant, le lapin n'éprouve pas le moindre malaise après l'injection de la dose toxique de magnésium.

Le jour suivant encore, quatrième depuis les débuts de l'expérience, on injecte au même animal par le péritoine une dose égale de 10 centimètres cubes de la dissolution m de $MgCl_2$; les effets toxiques ne se font pas attendre et cessent avec la vie de ce lapin en un peu plus de 10 minutes.

Détail intéressant à signaler : le calcium rend au nerf vague l'excitabilité que ce nerf abandonne par les effets inhibitoires cardiaques. L'effet est d'autant plus remarquable que, d'après Auer et Meetzer, chez les animaux normaux la solution de chlorure de calcium provoque la diminution quand ce n'est pas l'abolition totale de l'action du nerf vague sur le cœur. D'après nos observations, il nous a semblé qu'il y avait pour le cœur un certain antagonisme local entre les effets des deux cations, c'est-à-dire l'opposition du calcium à l'action déprimante du magnésium.

Nous ne tirerons pas de conclusions sans remarquer que les recherches ultérieures de Joseph et Meltzer attribuent le rétablissement de l'excitabilité des nerfs moteurs, abolie par le magnésium, non pas au calcium seul, mais à l'action commune du sodium et du calcium. Rappelons-nous en effet que le sel de magnésium, injecté sous la peau d'une grenouille supprime l'excitabilité de ses nerfs moteurs, bien que les muscles puissent se contracter si on les excite directement; toutefois si l'injection du magnésium est faite par l'aorte et si l'on fait circuler artificiellement la dissolution qui le contient, l'excitabilité des nerfs moteurs et des muscles cesse. En ce cas le sel de calcium par lui-même ne porte pas remède à l'intoxication. Le sodium rétablit l'excitabilité musculaire; et la réunion du sodium et du calcium rend au nerf moteur l'excitabilité que le magnésium lui fait perdre. En conséquence, la fonction antagoniste du magnésium provient de l'action conjointe du sodium que charrie le sang et du calcium ajouté pour les fins expérimentales.

Antagonisme entre le magnésium et le baryum. — Voici, résumée une expérience de Joseph et Meltzer qui démontre l'antagonisme existant entre les sels de magnésium et ceux de baryum.

Un lapin A reçoit une dose mortelle de $MgSO_4$ en injection intramusculaire et meurt peu de minutes après; un autre lapin B subit en même temps deux injections : l'une intramusculaire de $MgSO_4$ à dose mortelle, l'autre intra-veineuse et à dose mortelle, aussi de $BaCl_2$; ce lapin triomphe des deux intoxications et survit. Un troisième lapin C succombe après avoir reçu une dose de $BaCl_2$ égale à celle qui empêche le lapin B de mourir empoisonné par l'injection $MgSO_4$.

Les auteurs précités font un rapprochement entre cet antagonisme du calcium et du magnésium et celui du magnésium et du baryum. Ils font observer que, tandis que les symptômes de l'empoisonnement par le magnésium sont entièrement supprimés par le calcium, le rôle du baryum consiste uniquement à empêcher l'animal intoxiqué par le magnésium de mourir de paralysie respiratoire, laissant au surplus se manifester les autres effets de l'empoisonnement magnésique.

Mais comme le lapin C succombe sous une dose de $BaCl_2$ égale à celle injectée au lapin B survivant, il est permis d'en déduire que le magnésium à son tour contrecarre ou annule les effets fatals du baryum.

Nous avons déjà mentionné les analogies qui existent dans le métabolisme du calcium et du magnésium comme antidotes possibles; mais pour ce qui est du baryum l'on ne doit pas tabler sur un semblable résultat.

Le baryum, en effet, à la différence des autres métaux, est étranger à l'organisme : sa réputation de toxique est justifiée; enfin, les deux savants Abravine et Filippi le considèrent comme un poison cardio-musculaire. Dernièrement Wertheimer et Boulet ont découvert au chlorure de baryum la singulière propriété d'étendre à la pointe du cœur, isolée, et à celle de l'oreillette également séparée du cœur, les contractions ou battements rythmiques qui sont le caractère automatique de l'organe complet.

Répétant les expériences de Wertheimer et Boulet sur les lapins, nous avons observé

nous-même un certain antagonisme pour les effets cardiaques des chlorures de magnésium et de baryum, en tant que le premier s'oppose ou rend difficile l'action exercée
par le baryum sur le cœur. A plusieurs reprises nous avons noté que la persistance du
rythme dans la pointe du cœur isolé s'annihile et s'accentue lorsque l'on fait précéder
l'injection intraveineuse de BaCl₂ et l'autre de MgCl₂; et même localement il y a lieu à
opposition lorsque l'on passe à une dissolution de chlorure de magnésium la pointe du
cœur isolée et latente (dans le liquide de RINGER) d'un animal influencé par le chlorure
de baryum. Nous avons pu noter ensuite sur la grenouille que la persistance et la
fréquence des battements de la pointe du cœur isolée décroissent beaucoup dans la dissolution $\frac{m}{10}$ de MgCl₂, surtout si l'injection de BaCl₂ est précédée d'une injection de MgCl₂
dans la région dorsale.

Le souvenir de nos expériences propres nous fait dire que l'antagonisme existant
entre les chlorures de magnésium et de baryum ne s'établit pas pour la grenouille avec
la même évidence que pour le lapin. Mais, en tout cas, l'on peut très bien apprécier les
différences qui se manifestent entre les animaux intoxiqués avec l'un ou l'autre des deux
chlorures et ceux qui reçoivent leur injection simultanée. Chez la grenouille ayant reçu
dans la région dorsale l'injection de MgCl₂ se manifestent rapidement les symptômes
d'anesthésie et de paralysie en même temps que s'observe l'abolition de l'excitabilité
du sciatique soumis à l'influence du courant galvanique; mais si dans cette même
région l'on injecte coup sur coup les chlorures de baryum et de magnésium, la grenouille conserve encore longtemps la sensibilité et le mouvement, le sciatique reste
excitable au courant galvanique qui provoque, comme d'habitude, les mouvements exten-
sibles et rétractiles.

Nos expériences sur les lapins concordent au fond avec celles de JOSEPH et MELTZER
pour établir que le baryum et le magnésium sont respectivement leurs antidotes.
D'après nos observations la dose la plus forte de sel de baryum introduite directement
dans le système veineux doit être injectée quarante minutes au moins avant celle de
magnésium si l'on veut éviter l'intoxication et la mort des animaux par ces poisons.
Dans ces cas l'on remarque d'abord les symptômes imputables à l'influence du baryum;
après viennent, plus atténués, ceux du magnésium. Chez certains animaux ces derniers
même font complètement défaut comme l'on peut s'en convaincre par les expériences
suivantes publiées par nous.

Dans la veine auriculaire d'un lapin pesant 1 430 grammes l'on injecte 1 centimètre
cube de la dissolution $\frac{m}{10}$ de BaCl₂; immédiatement se produisent des convulsions
toniques avec opistotonos : paresse du réflexe pupillaire et légère paralysie des membres
que l'animal replie comme s'il ne pouvait plus se soutenir ou qu'il subit une impression
de terreur.

Il faut dire ici que, sans aucune influence toxique, nous avons vu des lapins replier
leurs pattes sitôt qu'on les plaçait sur la table pour les photographier. Dix minutes
après l'injection intraveineuse du baryum, nous injectons par le péritoine la dose mortelle de trois grammes de chlorure de magnésium et nous constatons qu'à part une
légère augmentation de dépression l'animal résiste à l'intoxication magnésique et
conserve entièrement la sensibilité.

Autre expérience : les deux chlorures sont introduits directement dans la circulation par la veine de l'oreille. Il s'agit d'un lapin de 905 grammes auquel on injecte
jusqu'à un centimètre cube de la dissolution $\frac{m}{10}$ de chlorure de baryum. A la suite de
cette injection le sujet accuse les effets du baryum, c'est-à-dire de légères convulsions, de
l'opistotonos et de la parésie des membres postérieurs. Quarante minutes après cette
injection de BaCl₂ une seconde injection est faite par le même canal, de 0,5 gramme
de chlorure de magnésium. Conséquence : augmentation de la paresse du train postérieur, mais aucun autre symptôme; le lapin conserve intacts ses réflexes et sa sensibilité. Deux heures après il est complètement rétabli sans que personne, à le voir
(fig. 184) puisse supposer qu'un poison mortel ait circulé dans ses veines.

L'on pourrait être amené à croire que ce lapin était doué d'une résistance naturelle exceptionnelle contre le magnésium ; or, le jour suivant, on lui injecte par la même veine une autre dose égale à celle de la veille de 0,5 gramme de sel de magnésium. Il mourut quelques minutes après.

Cependant les effets du magnésium ne sont pas toujours complètement neutralisés par le baryum ; effectivement, lorsque les deux sels sont injectés par le péritoine,

Fig. 184. — Lapin seize minutes après une injection intraveineuse d'une dose mortelle de chlorure de magnésium. A remarquer que ce sujet avait auparavant reçu également par le système veineux, une dose protectrice de chlorure de barium.

avec assez d'intervalle pour que le baryum protège l'animal de l'effet toxique du magnésium, on peut habituellement observer, ainsi que nous l'avons déjà déclaré, les symptômes particuliers à ces deux poisons. Voici, à l'appui de ce dire une expérience également publiée par nous. Injection à un lapin de 1765 grammes, par le péritoine, de

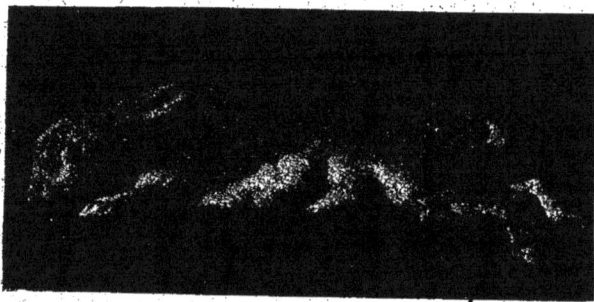

Fig. 185. — Paralysie incomplète d'un lapin intoxiqué par le MgCl² mais qu'une injection préalable de BaCl² protège.

2 centimètres cubes de la dissolution $\frac{m}{10}$ de chlorure de barium ; pendant 45 minutes, le sujet accuse quelques symptômes indicateurs de l'absorption de ce sel ; à ce moment, injection par le péritoine de 12 centimètres cubes de la dissolution m de MgCl² ; comme conséquence, les signes ordinaires de l'intoxication magnésique : anesthésie, paralysie, abolition des réflexes du nez et des paupières. Mais la paralysie n'est pas aussi complète qu'à l'ordinaire ; en effet, trois quarts d'heure après l'injection du chlorure de magnésium, le sujet, ainsi que le prouve la photographie (fig. 185),

peut soulever la tête. Sans la protection du baryum, ce lapin eût été étendu de tout son long, comme mort. Trois heures un quart après l'injection, l'animal est complètement rétabli.

Aussitôt après l'injection du chlorure de baryum, les lapins se laissent aller sur le ventre, les pattes étendues comme s'ils enduraient des coliques douloureuses. Le baryum en effet excite le péristaltisme. Ainsi donc, le magnésium, comme nous l'avons dit précédemment, diminue les contractions de l'intestin et s'oppose à l'action locale du baryum.

Action thérapeutique du magnésium. — A diverses reprises, au cours de ce travail, nous avons fait allusion au rôle purgatif des composés de magnésium et c'est en effet cette propriété dont on use le plus en médecine.

Nous avons vu aussi que l'action purgative des sels de magnésium ne peut être attribuée au péristaltisme qui, au contraire, est atténué. Il faut revenir aux antiques théories de la sécrétion et de l'osmose déjà invoquées par TROUSSEAU, pour expliquer l'action purgative des composés magnésiques.

Les évacuations intestinales ne se produisent pas immédiatement après que l'on a bu le purgatif magnésique ; huit ou neuf heures après sont nécessaires pour provoquer leur effet. Naturellement les doses et les conditions individuelles influencent la rapidité ou l'intensité des effets purgatifs. La dose purgative de sulfate de magnésium pour les adultes varie de 15 à 60 grammes.

Nous n'insisterons pas sur les indications déjà données ailleurs au sujet de l'emploi de l'oxyde et du carbonate de magnésium (à la dose de 0.gr. 75 à 2 grammes) comme antiacides.

De notre temps, on a prétendu exploiter les effets anesthésiques des sels de magnésium en les injectant à l'instar de la cocaïne dans l'espace intradural, mais la trop longue durée de l'anesthésie magnésique contre-indique son emploi dans les opérations chirurgicales. De fait, l'on a substitué à la cocaïne, dans le traitement du tétanos, le sulfate de magnésium administré à la dose de 0 gr. 02 (deux centigrammes) par kilogramme du poids du corps approximativement.

L'on ne peut recommander les injections intra-arachnoïdiennes de sulfate de magnésium comme anesthésique contre les névralgies, car MARINESCO et GRADINESCO observent les sérieux inconvénients résultant de ce traitement. Ils citent, entre autres, la possibilité de l'augmentation des douleurs antérieures ou celle d'en réveiller d'autres qui s'étaient calmées ; enfin, les vomissements et la faiblesse motrice des membres inférieurs sans perturbation de la sensibilité objective, ainsi que l'on observe chez plusieurs malades. En d'autres cas la somnolence a été l'effet dominant. Somnolence prolongée jusqu'à 26 heures. Les mêmes auteurs avancent deux hypothèses pour expliquer ces faits : la première est que les sels de magnésium, comme la cocaïne, diminuent l'excitabilité des centres et des fibres nerveux ; la seconde, c'est que dans les névralgies l'ion magnésium se perd et on le reprend par les injections intra-arachnoïdiennes de ce sel.

Par un mécanisme distinct, c'est-à-dire par la pure neutralisation chimique de l'acide carbonique, FROUIN pense que les chlorures de calcium et de magnésium préviennent ou guérissent les crises de tétanos qui surviennent chez le chien privé de l'appareil thyroparathyroïdien. Le tétanos en question provient, d'après lui, d'une intoxication par l'acide carbonique. En effet, chez les animaux privés de l'appareil thyroparathyroïdien l'élimination de l'ammoniaque et de l'acide carbonique augmenterait.

GOMEZ OCAÑA.

Bibliographie. — ALOY. *Rech. sur la répartition et le rôle du Ca et du Mg chez les êtres vivants* (Th. in,, Toulouse, 1897). — AUER et MELTZER. *Local appl. of chloride and sulph. of Mg. upon the enters in the medulla compared with those of NaCl* (Proc. Soc. exp. Biol., N.-Y., 1908, 105). — AULDE (J.). *Mg. infiltration* (Wisconsin med. Rec., 1909, 7, 40, 82, 114). — BARDIER (E.). *Sels de Mg. et syst. nerveux moteur périphérique* (B. B., 1907, 843 ; J. de phys. et path. gén., 1907, 611-619). — BRAILLON (J.). *Injections hypodermiques purgatives* (Th. in., Paris, 1913). — BROOKS. *Effets du Mg. sur la respiration de B. subtilis* Journ. de physiol. et path. gén. (Anal.), 1920, XVIII, 1236). — CASTRONUOVO. *L'eliminazione* del *Mg. nei sani e nei tubercolotici* (*Lucina*, Bologna, 1900, 347). — CHASSEVANT (A.). *Action des sels métalliques sur la fermentation lactique* (*Th. in.*, Paris, 1893). — CLESSIN (O.). *Giftige Wirk. der Mg. Salze* (*Th. in.*, Wurzburg, 1891). — DIENERT. *Act. de Mg. sur les microbes* (*C. R.*, 1905, 273). — FITCH. *Disorders of metabolism and therapy of MgO.* (*South. med.*, Savannah, 1905, 23, 78). - FRASER. $SO^4Mg.$ *as a poison* (*Lancet*, 1909, (1), 1174-1176). — FROMHERZ. *Resorption des parenteral beigebrachten metallischen Mg. und Einfluss auf den Kalkstoffwechsel* (*A. P. P.*, 1909, LXI, 210-230). — GARNER. *Hypodermic adm. of* $SO^4Mg.$ (*Tr. med. Ass. Georgia Atlanta*, 1904, 361 et *Georgia Pract.*, 1905, 142). — GASCARD. *Analyse de calculs intestinaux dus à l'ingestion de MgO.* (*J. de pharm. et de chimie*, 1900, 263). — GAUBE. *Injections sous-cutanées d'iodobenzoyliodure de Mg.* (*Méd. moderne*, 1900, XI, 363 et *Ass. fr. pour l'av. des sc.*, 1901, 819-822). — GIVENS. *Métabolisme du Mg et ingestion d'acide* (*Journ. de physiol. et path. gén.*, (Anal.), 1920, XVIII, 357). — HENDERSON. *Anæsthesia by the intracerebral injection of* $MgCl^2$ (*J. Pharm. a. exp. Ther.*, 1909, 199-201). — LABADIE-LAGRAVE et ROLLIN. MgO^2 (*Bull. méd.*, 1905, 757). — LABORDE. *Action du* $MgCl^2$. *Mécanisme de l'action des purgatifs salins* (*B. B.*, 1879, 168). — LINOSSIER. *Influence du Mg. sur le développement de l'Oïdium lactis* (*B. B.*, 1917, 433). — LUCAS et MELTZER. *Continuous anesthesia by subcutaneous injection of* $MgSO^4$ *in nephrectomized animals* (*Science*, N.-Y., 1906, 766). — MACCALLUM. *Local application of saline purgatives to the peritoneal surface of the intestine, and counter-action of Ca* (*Am. Journ. of Physiol.*, 1903, 101-110); — *On the mechanism of the physiological action of the cathartics*, 1 vol. 80 p. avec toute la bibliographie de ses travaux, Berkeley, 1906. — MARINESCO et GRADINESCO. *Action analgésiante des sels de Mg. en injections arachnoïdiennes* (*B. B.*, 1908, 620-622). — MARTIGNON. *Inj. intrarachidiennes de* SO^4Mg *et tétanos* (*Th. in.*, Paris, 1908). — MATTHEWS et JACKSON. *Action of* $MgSO^4$ *upon the heart, and antagonistic action of some other drugs* (*Am. J. Physiol.*, 1907, 5-13). — MELTZER et AUER. *Physiol. and pharmacol. studies of Mg. salts* (*Amer. J. Physiol.*, 1906, XVI, 233; XVII, 313). — MELTZER et LUCAS. *Influence of nephrotomy upon toxicity of Mg salts* (*J. exp. med.*, 1907, 298-311 et *Proc. Soc. exp. Biol.*, 1903, 98). — MELTZER et AUER. *Is the anesthesia and motor paralysis caused by Mg salts due to asphyxia?* (*Am. Journ. Physiol.*, 1908, 141-147); — *Antagonistic action of Ca upon inhibitory effect of Mg* (*Proc. Roy. Soc. London*, 1908, 260); — SO^4Mg *et éther chez les animaux et opérations sur l'homme avec anesthésie* (*C. P.*, 1913, 632-635). — MENDEL et BENEDICT. *Excretion of Mg and Ca* (*Am. Soc. Biol. Chem.*, 1908, XX). — MERING. SO^4Mg (*Berl. Klin. Woch.*, 1880, 153). — MICKWITZ. *Vergl. U. über die physiol. Wirkung der Salze* (*Diss. in.*, Dorpat, 1874). — MORACZEWSKI. *Verhalten des Caseins in ammoniakalischer Magnesiumchloridlösung* (*Zeitsch. f. phys. Chemie*, 1895, XXI, 71-78). — NOURRY. *Rôle biolog. du Mg.* (*Normandie médicale*, 1902, 283-290). — GOMEZ OCANA. *Péristaltisme intestinal* (*Assoc. Esp. p. el progr. de las ciencias*, Congreso de Zaragosa, oct. 1908). — PADTBERG. *Einfluss des* $MgSO^4$ *auf die Verdauungsbewegungen* (*A. g. P.*, 1909, 476-486). — PAYR. *Mg. zur Behandlung von Blutgefässerkrankungen* (*D. Zeitsch. f. Chir.*, 1902, 503-511). — RICHET (CH.). *Action des sels métalliques sur la fermentation lactique* (*C. R.*, 1892, 1494). — SANG (W.). *Poisoning accidental with* SO^4Mg (*Lancet*, 1891, (2), 1037). — STERKENSTEIN. *Ueber die Mg. narkose* (*C. P.*, 1914, 63-70). — WADE. *Hypodermic injection of Mg. as a purgative* (*Maryland med. Journ.*, 1893, 294-296). — WIKI (B.). *Propriétés pharmaco-dynamiques des sels de Mg.* (*J. de physiol. et de path. gén.*, 1906, 794-803). — WINTERBERG. *Biol. und ther. Unters. über Mg. superoxyd* (*Med. Bl. Wien.*, 1903, XXVI, 707-711). — YVON (P.). *Elimination de S et Mg* (*B. B.*, 1897, 1036); — *Elimination du soufre et du Mg* (*Arch. de Phys. norm. et path.*, 1898, 304-314).

MALÉIQUE (Acide) appartient au groupe des acides bibasiques non saturés et qui ont la formule $C^nH^{2n-4}O^4$. Il peut être considéré comme un acide éthylène-dicarbonique.

L'acide fumarique est son isomère.

Formation : les deux acides sont produits par distillation de l'acide malique, qui en diffère par une molécule d'eau en plus.

Propriétés : l'acide maléique se présente sous forme de gros prismes clinorhombiques, inodores et incolores, très solubles dans l'eau froide, de saveur acide repoussante, irritante, même nauséabonde.

MALIQUE (Acide) est du groupe des acides bibasiques trivalents à formule $C^6H^{2a-2}O^5$. C'est un acide organique des plus répandus dans la nature soit à l'état libre, soit à l'état de combinaison avec les métaux alcalins ou avec des bases organiques.

On le trouve surtout presque dans tous les fruits et baies mûrs.

Formation : on l'obtient en traitant l'acide succinique monobromé par l'oxyde d'argent humide.

Propriétés : se présente sous forme de prismes ou d'aiguilles brillantes et déliquescentes, inodores, de saveur très acide. Cet acide est très soluble dans l'eau et l'alcool, peu dans l'éther.

On connaît deux variétés : une active, l'autre inactive. L'active est extraite des végétaux ; sa solution aqueuse dévie à gauche le plan de polarisation.

Par distillation à 175°-180°, il donne de l'acide maléique et son isomère l'acide fumarique.

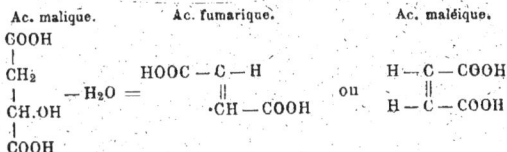

```
        Ac. malique.        Ac. fumarique.                Ac. maléique.
        COOH
         |
        CH2                  HOOC — C — H              H — C — COOH
         |      — H2O =            ||           ou         ||
        CH.OH                    ·CH — COOH             H — C — COOH
         |
        COOH
```

MALONIQUE (Acide). — $COOH — CH^2 — COOH$; s'obtient par oxydation de l'acide malique libre, et aussi par oxydation de l'acide sarcolactique (*Bull. Soc. Chim.*, VII, 189, 1867). Il paraît identique à l'acide nicotique du tabac. D'après WIENER (*Physiol. und Pathol.*, II, 42, 1902) l'injection sous-cutanée d'urée, simultanément avec l'ingestion de malonate de soude détermine, chez la poule, une augmentation nette de l'acide urique.

MALTOSE (syn : *ptyalose, céréalose, maltobiose*). — Le maltose est un disaccharide ou hexobiose, hydrolysable en deux molécules de glucose ordinaire ou glucose *d*. A l'état anhydre, sa formule brute, déduite de sa composition centésimale et de sa cryoscopie (BROWN et MORRIS, 1888) est $C^{12}H^{22}O^{11}$.

Sa formule de constitution peut être représentée par

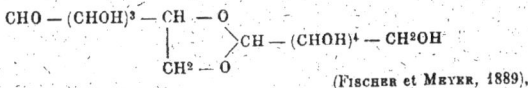

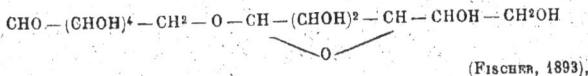

```
CHO — (CHOH)3 — CH — O
                   |       \
                          >CH — (CHOH)4 — CH2OH
                  CH2 — O
                               (FISCHER et MEYER, 1889),
```

ou

```
CHO — (CHOH)4 — CH2 — O — CH — (CHOH)2 — CH — CHOH — CH2OH
                              _____O_____/
                               (FISCHER, 1893),
```

suivant qu'on le considère comme un acétal ou comme un glucoside analogue aux méthylglucosides.

La formule de constitution suivante a été aussi proposée :

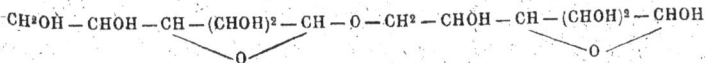

```
CH2OH — CHOH — CH — (CHOH)2 — CH — O — CH2 — CHOH — CH — (CHOH)2 — CHOH
                    _____O_____/                    _____O_____/
```

Cette dernière formule est en accord avec les résultats obtenus dans l'étude de l'hydrolyse de l'*heptaméthylméthylmaltoside*, obtenu par action du sulfate de méthyle sur le maltose ; ce composé se dédouble, en effet, en un mélange de tétraméthylglucose et de trimétylglucose (HAWORTH et LEITCH, 1919 (16).

Historique. — Le maltose a été entrevu dans les produits de saccharification de la fécule par KIRCHOFF (1814), ainsi que par de SAUSSURE (1819). Mais c'est DUBRUNFAUT qui, en 1847, l'a caractérisé comme espèce chimique. En étudiant les propriétés optiques des sucres, Biot avait observé que la matière sucrée obtenue par l'action de l'extrait de malt sur l'empois d'amidon possède un pouvoir rotatoire beaucoup plus élevé que celui des glucoses extraits du miel et de l'urine des diabétiques. Guidé par cette remarque, DUBRUNFAUT réussit, en traitant l'empois d'amidon par l'extrait de malt, à préparer un sucre cristallisé ayant un pouvoir rotatoire sensiblement triple de celui du glucose ordinaire. Il jugea que ce sucre était un sucre différent du glucose et il lui donna le nom de *maltose*.

Cette découverte passa cependant presque inaperçue et l'on continua fréquemment à confondre avec le glucose le sucre produit par le malt, jusqu'à l'époque où O'SULLIVAN (1872), vint confirmer le fait avancé par DUBRUNFAUT. Avec O'SULLIVAN, d'autres chimistes, SCHULZE (1874), MÄRKER (1877), MUSCULUS et GRÜBER (1878), BROWN et HÉRON (1879), étudièrent les propriétés et les conditions de formation du nouveau sucre et il fut établi définitivement que la diastase du malt en agissant sur l'empois d'amidon donne naissance à du maltose et à des dextrines.

État naturel. — D'après un certain nombre d'auteurs, le maltose serait assez largement répandu dans le règne végétal. C'est ainsi que sa présence a été signalée non seulement dans les graines en germination (O'SULLIVAN, 1886), mais aussi dans le feuilles (BROWN et MORRIS, 1893). Dans ces divers organes, le maltose apparaîtrait comme un produit intermédiaire de la transformation de l'amidon en glucose. On a émis également cette hypothèse que le maltose existerait vraisemblablement aussi, dans la nature, sous forme glucosidique.

Chez les animaux, il existerait parfois du maltose dans le contenu de l'intestin grêle, dans le sang du chien (LÉPINE et BOULUD, 1902), dans le foie, dans le tissu musculaire. La présence accidentelle du maltose dans l'urine a été signalée au cours du diabète et de certaines affections du pancréas. GAILLARD et FABRE (1917) (14) à l'occasion d'un cas de glycosurie compliquée de maltosurie et de dextrinurie ont rappelé les travaux antérieurs relatifs au même sujet.

Il convient toutefois de faire remarquer que la présence du maltose, dans les différents organes ou produits végétaux ou animaux qui viennent d'être mentionnés, n'a pas été toujours caractérisée avec une rigueur scientifique permettant de lever tout doute à cet égard. Certains auteurs se sont contentés d'affirmer la présence du maltose en se basant sur l'augmentation du pouvoir réducteur des liquides examinés sous l'influence des acides étendus; d'autres ont ajouté à cet argument celui de la diminution du pouvoir rotatoire. D'autres ont tiré parti des propriétés présentées par l'osazone obtenue par action de la phénylhydrazine sur le produit étudié. Quelques-uns ont cherché à isoler le maltose, mais les plus heureux ne sont guère parvenus qu'à l'obtention d'un sirop épais ou d'une masse amorphe, possédant certaines des constantes du maltose. Les difficultés de l'extraction ne semblent pas avoir jusqu'à présent permis l'obtention de ce dernier, à l'état cristallisé, seule preuve décisive de la présence du maltose dans l'organe ou le produit considérés.

Formation. — Le maltose se forme par l'action, sur l'empois d'amidon, de la *diastase* proprement dite (V. ce mot) ou *amylase*. Comme cette amylase se retrouve dans la salive, le suc pancréatique, etc., il en résulte que les ferments extraits des nombreux tissus végétaux ou animaux dans lesquels cette amylase est présente, sont susceptibles de provoquer également la formation du maltose à partir de l'amidon. Les mêmes ferments, agissant sur le *glycogène*, quelle que soit la provenance de ce dernier, donnent également du maltose (KÜLZ, 1881).

D'après MUSCULUS et GRÜBER (1878), l'hydrolyse de l'amidon par l'acide sulfurique donnerait transitoirement du maltose, mais cette opinion n'est pas actuellement admise par tous les auteurs.

GRIMAUX et LEFÈVRE (1886) pensaient avoir peut-être préparé synthétiquement du maltose, en même temps que de la dextrine, en faisant agir dans des conditions convenables l'acide chlorhydrique sur le glucose; ils avaient obtenu, en effet, parmi les produits de la réaction, un corps fournissant une osazone semblable à celle du maltose; mais, d'après FISCHER (1890), il se produirait, dans cette réaction, non du maltose, mais de l'isomaltose.

CROFT HILL (18), en 1898, a essayé de reproduire le maltose en faisant agir à 30° sur une solution concentrée de glucose (40 p. 100), un extrait préparé à froid de levure basse desséchée dans le vide. Cet extrait qui, comme on le verra plus loin, renferme de la *maltase*, ferment soluble hydrolysant le maltose, avait été essayé sur une solution de maltose à 40 p. 100 et la réaction s'était arrêtée après hydrolyse des 84 centièmes de l'hexobiose. On pouvait donc espérer, dans l'expérience tentée, transformer en maltose 16 centièmes du glucose traité. Il se produisit une augmentation notable du pouvoir rotatoire en même temps qu'une diminution importante du pouvoir réducteur du mélange, ce qui s'accordait avec l'hypothèse de la réversibilité, le maltose se différenciant particulièrement du glucose par un pouvoir rotatoire plus élevé et un pouvoir réducteur plus faible.

Dans ces premières recherches, CROFT HILL ne put séparer qu'un produit insuffisamment caractérisé. Plus tard (1903), par contre, ayant renouvelé ses tentatives, il réussit à isoler non pas du maltose, mais un sucre nouveau, cristallisé, possédant un pouvoir rotatoire intermédiaire entre celui du glucose et celui du maltose, qu'il appela *révertose*.

En 1901, O. EMMERLING (18) a répété les expériences de CROFT HILL, en se conformant au mode opératoire décrit par ce dernier. Comme lui, il a fait agir à +30°, sur une solution de glucose à 40 p. 100, un extrait de levure basse, riche en maltose. Il constata également l'augmentation du pouvoir rotatoire de la solution et la diminution de son pouvoir réducteur, mais il ne put réussir à déceler la production de maltose. Il se serait formé, selon lui, des dextrines et de l'isomaltose. Ce dernier composé n'a d'ailleurs pas été isolé; il a été seulement caractérisé par le point de fusion de son osazone.

A la lumière apportée sur la question de la réversibilité des actions fermentaires par les recherches de BOURQUELOT et de ses élèves, poursuivies depuis 1912, il est justifié d'admettre qu'entre autres produits, il s'est bien formé du maltose dans l'expérience fondamentale de CROFT HILL, puisque le ferment employé contenait de la maltase. Si le maltose n'a pu être isolé, cela tient aux difficultés expérimentales de la recherche. On est autorisé à se ranger à l'opinion très plausible, émise par CROFT HILL lui-même, que ces insuccès tiennent, au moins en grande partie, à ce qu'on ne dispose pas de ferments purs, mais de mélanges de ferments.

E. F. ARMSTRONG (1905), qui a fait agir pendant deux mois, à 25°, 1 gramme d'émulsine sur une solution de 50 grammes de glucose dans 75 centimètres cubes d'eau, a conclu, en particulier d'après l'obtention d'une osazone soluble dans l'eau bouillante, qu'il s'était formé du maltose dans la réaction. Cette conclusion, au point de vue théorique, est en désaccord complet avec les données actuelles sur l'action réversible des diastases. En fait, d'ailleurs, la diminution du pouvoir rotatoire qu'on constate dans la solution soumise à l'expérience est contradictoire avec la formation, au moins exclusive, de maltose. Il se fait, en réalité, dans cette expérience, des hexobioses dédoublables par l'émulsine, *gentiobiose* et *cellobiose*, dont la formation a été mis hors de doute par leur extraction à l'état cristallisé (BOURQUELOT, H. HÉRISSEY et COIRRE, 1903 (6); BOURQUELOT, BRIDEL et AUBRY, 1920 (5).

Préparation. — La préparation du maltose, dans les laboratoires et dans l'industrie, se fait exclusivement au moyen de la *diastase*, contenue dans l'orge germée (*malt*) en partant de l'amidon.

On préparera très facilement de petites quantités de maltose, en utilisant par exemple le mode opératoire suivant (JUNGFLEISCH, *Manipulations de chimie*, p. 739, 1893):

On commence par transformer l'amidon en empois. On fait bouillir dans une capsule de porcelaine 700 centimètres cubes d'eau et on verse dans le liquide bouillant, après l'avoir enlevé du feu, 200 grammes d'amidon ou de fécule délayés dans 200 centimètres cubes d'eau à 40°. On agite vivement avec une spatule, de manière à obtenir un empois homogène. On laisse refroidir la masse jusque vers 65°. On la mélange alors avec une solution préparée en maintenant en contact pendant une heure 12 à 14 grammes de malt sec et pulvérisé avec 80 grammes d'eau. On laisse réagir à une température comprise entre 60 et 65°, en agitant fréquemment, pendant une heure environ; la masse épaisse est alors devenue fluide. On porte à l'ébullition, on filtre la liqueur chaude et on évapore, au bain-marie, en opérant de préférence sous pression réduite de façon à soustraire le plus possible le produit à l'action d'une chaleur élevée et prolongée. Le sirop est épuisé par l'alcool à 90°, bouillant, qui laisse insolubles les dextrines formées en même temps que le maltose. Les liqueurs alcooliques sont distillées; l'extrait résiduel évaporé jusqu'à consistance de sirop épais et abandonné dans un lieu froid cristallise parfois, mais, le plus souvent, il reste à l'état de sursaturation. Sans donc attendre la cristallisation, on prélève une petite portion du sirop et on la reprend par l'alcool absolu bouillant; l'extrait alcoolique, distillé et concentré au bain-marie, cristallise d'ordinaire après quelques jours de repos à basse température. Il suffit d'ajouter à la masse principale du premier sirop les cristaux ainsi préparés et d'agiter, pour que la cristallisation ne tarde pas à s'effectuer. Lorsqu'elle est terminée, on essore les cristaux à la trompe; on les lave à l'alcool méthylique froid qui ne les dissout pas sensiblement et on les essore de nouveau. On achève la purification par une cristallisation dans l'alcool ordinaire à 80° (3 centimètres cubes pour 1 gramme de maltose brut) ou dans l'alcool méthylique. Dans ce dernier cas, on dissout 100 grammes de maltose brut dans 24 centimètres cubes d'eau, au bain-marie, on ajoute 600 centimètres cubes d'alcool méthylique ($d = 0,810$ à 20°), on porte à l'ébullition et on filtre. La cristallisation s'opère rapidement. Le maltose, cristallisé et essoré, est séché sous une cloche, au-dessus d'un vase garni d'acide sulfurique.

D'après EFFRONT (1890), lorsqu'on prépare ainsi le maltose par l'action de l'extrait de malt ou de la diastase sur l'amidon, il est avantageux d'ajouter de petites quantités d'acides forts et particulièrement d'acide fluorhydrique (à la dose d'environ 25 milligrammes de HFl pour 100 centimètres cubes de liquide) ou encore de fluorure d'ammonium, afin d'empêcher l'envahissement des liqueurs par les microorganismes et en particulier la formation d'acide lactique, circonstances qui déterminent l'altération de la diastase. On peut ainsi laisser l'opération se continuer pendant longtemps, à une température relativement basse, comme 30° et obtenir ainsi, par exemple, au bout de soixante-douze heures, 80 à 93 centièmes du poids de l'amidon, sous forme de maltose en solution.

Propriétés physiques. — Le maltose se présente sous forme de fines aiguilles incolores groupées en mamelons, contenant une molécule d'eau de cristallisation. Sa saveur est sucrée, moins toutefois que celle du saccharose.

Ce maltose hydraté, $C^{12}H^{22}O^{11} + H^2O$ perd son eau de cristallisation par chauffage à 105-133°; si on le maintient dans le vide sec, il suffit de porter la température à 95°. On peut également le déshydrater lorsqu'on le fait bouillir dans de l'alcool absolu. Le maltose anhydre ainsi obtenu est très hygroscopique et, exposé à l'air, il se transforme à nouveau en maltose cristallisé, hydraté.

Le maltose est très soluble dans l'eau, assez soluble dans les alcools éthylique et méthylique, moins soluble toutefois que le glucose dans ce dernier.

Le pouvoir rotatoire spécifique en solution aqueuse, rapporté au maltose anhydre, est, suivant MEISSL (1882), donné par la formule :

$$[\alpha]_D = + 140°,375 - 0,01837 \, p - 0.095 \, t,$$

dans laquelle t exprime la température, comprise entre 15° et 35° et p la concentration, allant de 5 à 35 grammes pour 100 centimètres cubes de liquide.

Cette formule donne : $[\alpha]_D = + 138°,3$ pour une solution à 10 grammes pour 100 centimètres cubes examinée à la température de 21°. BROWN, MORRIS et MILLAR (1897) indiquent : $[\alpha]_D = + 137°,93$, pour le maltose anhydre, à la température de 15°,5.

Les solutions de maltose hydraté récemment préparées, présentent le phénomène de l'hémirotation. La rotation acquiert sa valeur définitive par l'ébullition, par l'ammoniaque, ou spontanément, après quelques heures, comme cela se passe d'ailleurs pour tous les sucres présentant le phénomène de la polyrotation.

Si l'on opère sur le maltose anhydre, on a d'abord : $[\alpha]_D = + 140°,7$, puis finalement : $[\alpha]_D = + 137°,7$.

C. TANRET (1895) a obtenu une variété de maltose présentant immédiatement après la dissolution un pouvoir rotatoire stable.

La chaleur de combustion moléculaire du maltose hydraté est de 1339 cal., 8, d'après STOHMANN et LANGBEIN (1892).

Propriétés chimiques. — Les agents d'**oxydation**, tels que le chlore ou le brome, donnent surtout de l'*acide gluconique*, $C^6H^{12}O^7$, la réaction provoquant préalablement l'hydrolyse du maltose en deux molécules de glucose. Cependant, en faisant agir le brome dans des conditions déterminées, on obtient l'*acide maltobionique*, $C^{12}H^{22}O^{12}$ (FISCHER et MEYER, 1889).

L'iode, en solution alcaline, donne aussi de l'acide maltobionique et cette réaction peut être utilisée pour le titrage du maltose, dans certaines conditions (ROMIJN, 1897. — BOUGAULT, 1917 (3)).

L'acide nitrique, à chaud, donne de l'acide saccharique, $C^6H^{10}O^8$. On peut dire d'ailleurs d'une façon générale que les agents d'oxydation agissent sur le maltose comme sur le glucose.

Le maltose réduit les liqueurs cupro-alcalines, mais son pouvoir réducteur, sur lequel on reviendra plus loin, à propos du dosage, est moindre que celui du glucose. Les produits nombreux qui se forment au cours de cette réduction ont été étudiés en particulier par LEE LEWIS (1909).

Par contre, la solution d'acétate de cuivre, qui est réduite par le glucose, ne l'est pas par le maltose (MARKER, 1877).

Les lessives alcalines concentrées et chaudes provoquent la décomposition du maltose ; les liqueurs brunissent et il se fait principalement de l'acide carbonique, de l'acide formique et, jusqu'à 50 p. 100 d'acide lactique (NENCKI et SJEBER, 1881).

Les alcalis étendus provoquent des modifications qui, au bout d'un temps plus ou moins long, font disparaître totalement le pouvoir rotatoire du maltose. Le lait de chaux provoque la formation d'*isosaccharine* $C^6H^{10}O^5$.

On a signalé un certain nombre de dérivés métalliques du maltose, tels les *maltosates de sodium* et *de calcium*, composés d'ailleurs amorphes et facilement altérables.

Les **acides** minéraux étendus agissant à chaud (par exemple, acide sulfurique à 2 p. 100, à 100° ; ou à 1 p. 100, à 105-106°, pendant une heure) hydrolysent intégralement le maltose en glucose *d* ou glucose ordinaire, mais ce dédoublement se fait beaucoup plus difficilement que celui du saccharose. Ainsi, BOURQUELOT (4) a montré que l'acide chlorhydrique, à la dose de 2 grammes par litre, intervertissait totalement le saccharose (5 gr. p. 1000) en 18 heures à 38°, tandis que le maltose, dans les mêmes conditions, n'avait subi aucune modification même après 36 heures. Le même auteur, chauffant des solutions de maltose à 1 ou 2 p. 100, à 100°, sous une pression d'acide carbonique dépassant 6 atmosphères, a vu que le maltose restait inaltéré. L'acide lactique, à la dose de 4,93 pour 1000, ne provoque aucune altération du maltose, même si la solution est portée à 110° pendant une demi-heure. Par contre, l'acide oxalique, à la dose de 1 p. 100, dédouble des proportions assez élevées de maltose à 110° (31,8 p. 100, en 30 minutes).

Si, une fois l'hydrolyse achevée, on continue à faire bouillir pendant longtemps une solution de maltose dans les acides forts, dilués, il se fait de l'acide formique, de l'acide lévulique et une forte proportion de substances humiques (CONRAD et GUTHZEIT, 1886).

Les acides, et plus spécialement, les anhydrides ou les chlorures d'acides, agissant sur le maltose dans des conditions déterminées, conduisent à des *éthers* qui, étant donnée la constitution du maltose, ne peuvent jamais contenir plus de huit radicaux d'acide. Ainsi, en faisant agir sur le maltose l'anhydride acétique en présence d'acétate de sodium, on obtient le *maltose octoacétique*, $C^{12}H^{14}O^3$ $(C^2H^3O^2)^8$, en cristaux prismatiques, de saveur amère, insolubles dans l'eau, solubles dans l'alcool chaud, l'éther, l'acide acétique et le benzène.

On connaît des combinaisons *aminées* du maltose, telles la *maltosamine*, $C^{12}H^{20}O^{11}NH^3$ et la *maltose-anilide*.

Le maltose donne avec les *hydrazines* substituées des combinaisons intéressantes au point de vue analytique, parmi lesquelles la plus utilisée à ce dernier point de vue est incontestablement la *phénylmaltosazone*, $C^{24}H^{32}N^4O^9$, résultant de la réaction de deux molécules de phénylhydrazine sur une molécule de maltose. On l'obtient en chauffant au bain-marie une solution aqueuse de maltose en présence d'acétate de phénylhydrazine. La maltosazone cristallise sous forme de belles aiguilles tabulaires jaunes, groupées en rosace ; sa fusion instantanée au bloc MAQUENNE est de 196-198° (GRIMBERT,

1903 (15)). Elle est soluble dans 75 parties d'eau bouillante, dans l'alcool, à 50°, l'alcool méthylique, l'acétone étendue de son volume d'eau.

Sous l'influence de l'acide chlorhydrique fumant ou de l'aldéhyde benzoïque, la maltosazone se transforme en maltosone, dédoublable par les acides étendus en glucosone et glucose.

Décomposition par la lumière. — Sous l'action des radiations ultra-violettes, le maltose subit une décomposition qui se traduit, en particulier, par un dégagement gazeux. Ainsi, une solution aqueuse à 10 p. 100, exposée pendant 10 heures, à 2 centimètres environ d'une lampe Heraeus de 110 volts, consommant 2,5 ampères en régime normal, donne un mélange de gaz dont la composition, rapportée à 100 volumes de gaz combustibles (et non à 100 vol. de gaz total) est la suivante :

Oxyde de carbone. 12   Formène. 11   Hydrogène. 77   Anhydride carbonique. 21

Le glucose, qui résulte du dédoublement du maltose, soumis à un essai identique, fournit précisément les mêmes gaz que le maltose, les volumes de ces gaz étant sensiblement les mêmes qu'avec ce dernier sucre (D. BERTHELOT et H. GAUDECHON, 1910).

Fermentations diverses. — Le maltose subit rapidement la *fermentation alcoolique* sous l'influence de la levure de bière. Cette fermentation se produit sans hydrolyse apparente du sucre; mais BOURQUELOT (1886) (4) a montré qu'on observe le dédoublement du maltose si, dans une solution de ce sucre additionnée de levure, on se contente de supprimer la fermentation alcoolique, sans détruire la levure, par addition de chloroforme par exemple. Au cours de la fermentation alcoolique du maltose, le glucose résultant du dédoublement est donc détruit au fur et à mesure de sa mise en liberté et c'est pour cela que l'analyse ne révèle pas la présence du glucose dans le liquide en fermentation.

Cette hydrolyse préalable du maltose, au cours de la fermentation alcoolique, s'effectue sous l'influence d'un ferment soluble, d'une *maltase*. De nombreux faits sont venus confirmer l'opinion avancée par BOURQUELOT. On a reconnu, en effet, que les levures qui ne contiennent que de l'invertine, telles que le *Saccharomyces Marxianus* de Hansen (FISCHER et LINDNER, 1895 ; FISCHER, 1895), sont incapables de faire fermenter le maltose. Au contraire le *Saccharomyces octosporus* (BEYERINCK) qui ne secrète pas d'invertine, mais de la maltase, agit exclusivement sur ce dernier sucre.

Le champignon du muguet peut déterminer également la fermentation du maltose (LINOSSIER et G. ROUX, 1890).

La zymase de la levure (BUCHNER, 1897 ; BUCHNER et RAPP, 1898) et des zymases d'autre origine, du pancréas par exemple (STOKLASA et CZERNY, 1903) déterminent aussi la fermentation alcoolique du maltose.

Le maltose subit, comme le glucose, la *fermentation lactique* et la *fermentation butyrique*. Pour la première, comme pour la fermentation alcoolique, BOURQUELOT (1883) a constaté que, dans les liquides fermentaires, on ne trouve à aucun moment du glucose libre ; il faut donc admettre que le dédoublement du maltose se produit en quantité juste suffisante pour les besoins du ferment lactique.

Le *pneumobacille* de Friedländer cultivé dans des milieux maltosés donne un mélange d'acide acétique, d'acide lactique gauche et d'acide succinique avec seulement des traces d'alcool (GRIMBERT, 1895).

Un grand nombre de microorganismes peuvent utiliser le maltose au cours de leur développement, aussi ce sucre est-il assez couramment utilisé dans la pratique bactériologique pour la préparation de certains milieux nutritifs.

Importance industrielle du maltose. — Le maltose est le sucre qui se forme au cours de la fabrication de la bière, dans la saccharification de l'amidon par l'amylase contenue dans le malt ; c'est donc le maltose qui, par fermentation subséquente sous l'action de la levure, fournira l'alcool contenu dans la bière.

D'autre part, lorsque, dans la fabrication d'alcool de grains, au lieu d'opérer la saccharification des matières amylacées par les acides étendus agissant à chaud, on emploie des procédés basés sur l'hydrolyse diastasique, c'est encore le maltose qui constitue la matière sucrée d'où proviendra l'alcool.

On voit donc l'importance considérable du maltose, comme terme de passage, dans les industries productrices de bière ou d'alcool.

Recherche et dosage du maltose. — Au point de vue *qualitatif*, le maltose ne possède pas de réactions chimiques permettant de le caractériser avec certitude, dans une solution aqueuse par exemple; une telle solution et une solution de glucose possèdent de nombreuses réactions communes; en particulier, elles donnent des colorations identiques avec l'α ou le β-naphtol. En dehors de la non-réduction de l'acétate de cuivre par le maltose, la différenciation la plus nette nous est fournie par la phénylhydrazine : la maltosazone étant soluble dans l'eau chaude, comme d'ailleurs les osazones de tous les hexobioses actuellement connus, pourra être facilement distinguée ou, en cas de mélange, isolée de la glucosazone qui l'accompagnerait; ses autres propriétés ont été précédemment mentionnées.

D'autre part, si on soumet une liqueur aqueuse contenant du maltose à l'action des acides minéraux étendus et bouillants, on devra constater une augmentation du pouvoir réducteur et une diminution de la déviation polarimétrique droite ; ce dernier phénomène pourrait d'ailleurs être masqué par la présence concomitante de certains sucres hydrolysables, pour lesquels le dédoublement conduit à un résultat inverse.

Au point de vue *quantitatif*, lorsque le maltose n'est accompagné d'aucun autre principe actif sur la lumière polarisée ou réducteur, il peut être facilement dosé, soit par la méthode polarimétrique, soit par les méthodes qui utilisent les liqueurs cupro-potassiques.

Dans la méthode polarimétrique, on prendra comme valeur du pouvoir rotatoire spécifique du maltose anhydre celle indiquée par Meissl, précédemment indiquée.

Dans l'emploi des méthodes basées sur la réduction des sels de cuivre, on s'appuie sur la valeur du pouvoir réducteur du maltose, qui est très inférieur à celui du glucose (Soxhlet, 1879). Si l'on se sert de liqueur de Fehling concentrée, 100 parties de maltose réduisent comme 61 parties de glucose; le pouvoir réducteur du maltose rapporté à celui de ce dernier sucre est donc de 0,61. Si la liqueur de Fehling est étendue de quatre fois son volume d'eau, le pouvoir réducteur s'élève à 0,66. On sait d'ailleurs que le pouvoir réducteur de toutes les matières sucrées peut varier dans de légères limites suivant les conditions de l'essai qui, par suite, doivent être rigoureusement déterminées; G. Bertrand (1906) a donné les poids de maltose correspondant aux poids de cuivre réduit trouvés en opérant dans de telles conditions.

Le maltose serait aisément dosé par réduction, en présence de saccharose ou des autres sucres non réducteurs, comme le raffinose, le gentianose, le stachyose, etc.

Lorsque le maltose est mélangé avec d'autres sucres réducteurs, non hydrolysables, il faut traiter la solution par un acide minéral étendu, de façon à dédoubler le maltose; l'augmentation du pouvoir réducteur, après hydrolyse, permettra de calculer la quantité de ce dernier, présente à l'origine.

Dans le cas d'un mélange avec du mannose, celui-ci pourrait être aisément dosé à l'état de phénylhydrazone (Bourquelot et Hérissey, 1899); cet essai, joint à la détermination du pouvoir réducteur global ou à celle de la déviation polarimétrique de la solution, permettrait de calculer la teneur en maltose.

UTILISATION DU MALTOSE PAR LES ÊTRES VIVANTS. DÉDOUBLEMENT DIASTASIQUE DU MALTOSE; MALTASES

La diastase proprement dite ou *amylase* est un ferment universellement répandu chez les êtres vivants, où elle est accompagnée le plus souvent des hydrates de carbone (amidons ou glycogènes) sur lesquels elle peut exercer son action pour donner du maltose. Il en résulte que ce dernier sucre, intermédiaire nécessaire de la transformation de l'amidon en glucose, présente, au point de vue de la nutrition, une importance considérable.

En 1884, Dastre et Bourquelot instituèrent avec le maltose des expériences analogues à celles faites par Cl. Bernard, avec le sucre de canne : ils injectèrent chez le chien, dans les vaisseaux, des solutions aqueuses, convenablement diluées de maltose, dans le but de s'assurer si le sucre ainsi mêlé artificiellement au sang était assimilé, ou se retrouvait inaltéré dans l'urine, ce qui est le cas pour le sucre de canne. Ils constatèrent qu'on ne retrouvait dans l'urine qu'une partie seulement du maltose injecté, de 22,46 à 60,6 p. 400, suivant les expériences ; d'autre part, le sucre contenu dans l'urine était uniquement constitué par du maltose, sans mélange de glucose, comme l'avait déjà constaté PHILIPPS (1881). Une partie du maltose est donc retenue par le sang dans lequel, dès 1886, BOURQUELOT admettait la présence probable d'un ferment susceptible d'en effectuer l'hydrolyse. Or, en 1889, DUBOURG établit très nettement que le sang renferme bien un ferment hydrolysant du maltose, une maltase et le fait a été confirmé par BIAL (1892), TEBB (1893), BOURQUELOT ET GLEY (1895).

Comme l'énonçait catégoriquement BOURQUELOT en 1893, les bioses (hexobioses) ne sont pas des sucres directement assimilables. Pour être utilisés par l'organisme, il faut qu'ils soient, au préalable, transformés en glucoses ; et, cette transformation est toujours déterminée chez les êtres vivants par un ferment soluble. Il en résulte, en particulier, que le maltose ne peut être utilisé que sous la forme de glucose d et que son assimilation doit être précédée de son dédoublement. C'est à la maltase qu'est dévolu le rôle de réaliser, au moment opportun, ce dédoublement du maltose, dont le rôle physiologique devient alors désormais celui du glucose.

On comprend ainsi que les nombreux microorganismes qui peuvent vivre sur des milieux dans lesquels l'hydrate de carbone est le maltose, produisent, au cours de leur développement, des principes immédiats qui ne peuvent guère différer de ceux qu'on rencontre pour des milieux analogues, à base de glucose.

On conçoit bien, d'après les remarques qui précèdent, que la maltase doit être très répandue chez les animaux et chez les végétaux.

Présence de la maltase chez les animaux. — Nous ne reviendrons pas sur la présence, déjà mentionnée, de ce ferment dans le sang des mammifères.

BROWN et HÉRON, en 1880, ont montré l'existence, dans le pancréas et l'intestin grêle du porc, d'un ferment soluble hydrolysant le maltose. VON MERING, en 1881, faisait la même constatation à propos du pancréas du chien.

BOURQUELOT (1883) a retrouvé le même enzyme dans le pancréas et l'intestin grêle du lapin en digestion : il a montré que ce ferment, surtout produit dans la région moyenne de l'intestin, doit être différenciée de l'invertine, et, se conformant à la nomenclature de DUCLAUX, il l'a appelé *maltase*.

RÖHMANN (1887), puis TUBBY et MANNING (1892) ont trouvé la maltase dans le suc intestinal humain.

A la suite de ces travaux, nous mentionnerons, entre autres recherches se rapportant à la maltase dans le règne animal, celles de PAUTZ et VOGEL (1895), de C. HAMBURGER (1895), de FISCHER et NIEBEL (1896), de LAFAYETTE B. MENDEL (1896), de DAVENIÈRE, PORTIER et POZERSKI (1898), de RÖHMANN et NAGANO, de BIERRY et TERROINE (1905), de BIERRY et GIAJA (1906), de KUSUMOTO (1909) (25), de DOXIADES (1911) (12), de LEVENE et MEYER (1911) (26), de KUMAGAI (1914) (24), etc. Nous aurons occasion de revenir sur certains travaux qui viennent d'être cités.

Présence de la maltase chez les végétaux. — La maltase existe chez beaucoup de végétaux inférieurs, moisissures, levures et bactéries. Ainsi, on l'a rencontrée dans le *Penicillium glaucum* et l'*Aspergillus niger* (BOURQUELOT, 1883), l'*Aspergillus Orizae* (ATKINSON, 1882) qui fournit le produit connu commercialement sous le nom de *koji-ferment* ou *taka-diastase*, l'*Eurotiopsis Gayoni* (LABORDE, 1897), l'*Amylomyces Rouxii* (BODIN et ROLAND, 1897), le *Bacillus orthobutylicus* (GRIMBERT), les *Torula* (H. WILL, (1912) (29).

Si l'on envisage les végétaux supérieurs, CUISENIER (1886) a montré la présence, dans le maïs, d'un enzyme transformant l'amidon en glucose, qu'il nomme *glucase*. L'étude de cet enzyme qui est en réalité un mélange contenant de la maltase a été reprise en détails par HUERRE (1910) (19).

La présence de la maltase a été ensuite signalée dans les betteraves gelées ou en germination, les feuilles de divers végétaux, la graine de *Soja hispida* (STINGL et MORAWSKI). HUERRE a fait justement remarquer qu'il est étrange de constater que, pendant longtemps, le nombre des semences dans lesquelles on a signalé la présence de maltase est resté très restreint. Cependant dans les semences qui contiennent de l'amidon, la maltase doit généralement exister, au moins à certains moments, au cours de la germination, car c'est au terme glucose que doivent être amenées les substances amylacées, qui seront assimilées par la plante, pendant son développement ; la maltase doit ajouter son action à celle de l'amylase.

En fait, quand on prépare des macérations aqueuses de graines amylacées, germées, on constate que, si l'extrait a été obtenu avec de l'eau bouillante, il ne contient qu'une très petite quantité de sucres réducteurs ; si on opère avec de l'eau froide, la macération s'enrichit graduellement en sucre et le sucre produit est toujours du glucose, car, si on caractérise les sucres dans l'extrait en faisant les osazones, on obtient de la gluco-sazone. Le dosage de l'amidon montre, d'autre part, la disparition corrélative de cet hydrate de carbone.

Des observations qui précèdent, on doit conclure que les graines amylacées sont susceptibles de produire de la maltase. L'une des raisons qui font que ce ferment n'a pas été le plus souvent signalé, est qu'il ne passe pas toujours en solution dans l'eau utilisée pour l'extraction des graines. Déjà GEDULD (1891) avait indiqué que la maltase de maïs était partiellement soluble, partiellement insoluble. Les travaux de HUERRE ont développé la notion de maltases insolubles et, postérieurement, Z. WIERZCHOWSKI (1913-1914) (28) a démontré l'existence de maltase insoluble dans un certain nombre de graines de céréales. Les travaux de W. A. DAVIS (1916) (11) et de A. J. DAISH (1916) (9, 10) ont contribué également à prouver la large répartition de la maltase dans le règne végétal.

Spécificité de la maltase. Maltases. — Toutes les recherches ayant trait au dédoublement diastasique du maltose ont précisé de plus en plus le caractère de spécificité du ferment qui provoque ce dédoublement, c'est-à-dire de la *maltase*. Le maltose n'est pas attaqué, en effet, par d'autres diastases connues. Nous avons déjà indiqué, à ce point de vue, que certaines levures riches en *invertine* ou *sucrase* ne possédaient aucune action sur le maltose ; il en est de même de l'*émulsine*.

Dans beaucoup de cas, la maltase se rencontre, dans les tissus animaux ou végétaux, mélangée à d'autres enzymes ; néanmoins, même dans ces circonstances peu favorables, sa spécificité peut être, le plus souvent, indirectement démontrée. Ainsi, si l'on soumet à l'action de la chaleur un liquide capable de dédoubler à la fois le maltose et le tréhalose, on constate que ce liquide chauffé à 64° perd toute action sur le tréhalose, alors qu'il conserve, jusqu'à 75°, le pouvoir d'hydrolyser le maltose (BOURQUELOT, 1893) ; d'autre part, ni le sérum de chien, ni celui du bœuf, qui dédoublent le maltose, n'attaquent le tréhalose (BOURQUELOT et GLEY, 1895) ; la maltase et la *tréhalase* ne sauraient donc être confondues.

Il en est de même avec la *d-glucosidase α* qui dédouble les *d-glucosides* α ; ainsi, BIERRY (1909) a montré que le suc pancréatique de chien et le suc pancréatique de cheval, mis en contact comparativement avec du maltose et du méthyl-*d*-glucoside α, pouvaient provoquer un dédoublement de 80 °/₀ du premier corps, sans attaquer le second. Le même auteur a, par contre, trouvé dans l'intestin une diastase très active sur le méthyl-*d*-glucoside α. BRESSON (1910), également, a trouvé dans une levure haute du type Frohberg une diastase hydrolysante du méthyl-*d*-glucoside α nettement distincte de l'invertine et de la maltase par ses effets, aussi bien que par la température à laquelle elle exerce son action au maximum. AUBRY (1914) (1) a montré que la maltase de l'urine et la maltase de l'*Aspergillus niger* n'agissent pas sur le méthyl-*d*-glucoside α. Ces résultats étant connus, il apparaît comme tout à fait illogique d'utiliser précisément le *méthyl-d-glucoside α* au lieu de maltose, dans des expériences ayant trait à la recherche des conditions d'action de la maltase ; c'est là une faute qui, cependant, n'a pas été évitée par certains auteurs ; les conclusions qu'ils ont tirées de leurs essais ne peuvent donc valablement s'appliquer à la maltase qu'ils visaient, mais bien à la méthyl-*d*-glucosidase α, qui accompagnait sûrement celle-ci dans le produit fermentaire employé.

Si le dédoublement du maltose nécessite l'intervention d'un ferment déterminé, s'ensuit-il que ce ferment spécifique ne puisse se présenter sous l'apparence de plusieurs variétés qui, toutes, auront pour caractère *commun* d'hydrolyser le maltose, mais qui, d'autre part, pourront se différencier entre elles par les conditions de milieu nécessaires à leur activité ou par ce fait que certains, sans restreindre leur action au maltose, pourront l'étendre à certains dérivés de ce dernier ? C'est là une question qui se pose d'ailleurs à un point de vue de tout à fait général : « Toutes les diverses diastases, dit Duclaux (1899), dont chacune est caractérisée non par sa nature, que nous ne connaissons pas, mais par ses propriétés, sont-elles formées d'espèces dont tous les individus se ressemblent, ou au contraire, de genres dont chacun contient deux ou plusieurs espèces différentes par quelques particularités de leur fonctionnement ? » Après discussion, Duclaux concluait : « La science n'est pas encore mûre pour aborder cette question et la résoudre. »

Depuis 1899, la question a été de nouveau posée et nombre d'auteurs admettent actuellement qu'il peut exister, pour une diastase de « genre » déterminé, plusieurs espèces ou variétés, définies par des modalités d'activité différentes, suivant les milieux dans lesquels elles agissent, ou suivant les êtres qui les ont produites. Il existerait ainsi plusieurs *maltases*.

Pour éviter toute confusion, il importe de ne pas compter au nombre de ces maltases ou les ferments désignés sous le nom d'*amylo-maltases* qui possèdent la propriété de donner directement du glucose à partir de l'amidon. Le fait que certaines amylomaltases seraient inactives sur le maltose lui-même ne paraît pas hors de conteste et les amylo-maltases doivent être bien plutôt considérées comme des mélanges d'amylases et de maltases, susceptibles de pousser la dégradation de l'amidon jusqu'au terme glucose. Si, au cours de leur action, on n'observe pas la formation transitoire de maltose, cela peut s'expliquer par ce fait que le maltose serait dédoublé, au fur et à mesure de sa formation, par l'amylase.

Ce qui vient d'être dit sur l'existence, admise par certains auteurs, de plusieurs maltases, nous empêche d'englober dans une même description les conditions d'action de ces diverses maltases, ainsi que l'influence du milieu sur ces dernières, puisque ces facteurs, sur lesquels on s'appuie précisément pour différencier entre elles les variétés du ferment, sont, par définition même, éminemment changeants d'une variété à l'autre.

Nous devrons donc envisager successivement quelques types de maltases d'origine végétale ou animale, en nous efforçant de dégager d'un grand nombre d'essais parfois confus et contradictoires les faits qui paraissent actuellement bien établis.

Caractérisation du dédoublement du maltose. — La propriété fondamentale, commune à toutes les maltases, est le pouvoir d'hydrolyser le maltose en deux molécules de glucose-*d* :

$$C^{12}H^{22}O^{11} + H^2O = 2\ C^6H^{12}O^6$$

Le *pouvoir réducteur* initial des solutions soumises à l'hydrolyse maltasique passe alors de 66 à 100, si l'action du ferment est complète. On conçoit qu'en cas de dédoublement partiel, l'augmentation de la réduction, facile à déterminer par les liqueurs cupropotassiques, puisse donner la valeur de ce dédoublement.

La *méthode polarimétrique* permet également cette détermination. En effet, le pouvoir rotatoire du maltose *hydraté* qui est sensiblement de $[\alpha]_D = +130°,5$, devient, après dédoublement complet, celui du glucose *d*, soit $+52°,5$. Le pouvoir rotatoire diminue donc de 78°. La diminution de la rotation observée dans une solution de maltose soumise à l'action de la maltase permet donc, à tout instant, de mesurer la valeur du dédoublement effectué par cette dernière.

D'autre part, la *maltosazone* étant soluble dans l'eau bouillante tandis que la *glucosazone* est insoluble, il en résulte que la formation de cette dernière est un indice certain de dédoublement. Si cette réaction ne permet pas de déterminations quantitatives précises, elle est, en tout cas, parfaite, au point de vue qualitatif.

Propriétés des maltases d'origine végétale. — Huerre (19) a fait sur ce sujet des recherches détaillées que nous allons tout d'abord résumer.

Des semences de *maïs* blanc hâtif des Landes, on peut extraire, par macération dans l'eau, une maltase qui fonctionne même à la température de congélation de la solution, (*maltase basse*), n'agit plus à 62°-65° et a son optimum à 40°. Ces propriétés la rapprochent de la maltase des levures qui, d'après Lintner et Kröeber (1895), présente aussi son optimum à 40°; elle agit cependant vers 0°, température à laquelle la maltase de la levure n'agit pas encore et elle reste active au-dessus de 60°, alors que la maltase de la levure est déjà détruite. Elle se rapproche aussi du ferment du *Penicillium glaucum* qui a son optimum à 45°.

Les semences de maïs jaune hâtif des Landes contiennent une maltase dont les propriétés sont absolument différentes. C'est une *maltase haute* qui n'agit qu'à partir de 22°, et est encore active à 80°, alors que tous les auteurs ont trouvé que les diverses autres maltases étudiées par eux étaient détruites à cette température; son optimum est voisin de 60°.

La maltase basse se retrouve dans le maïs d'Auxonne, la maltose haute dans les maïs appartenant aux variétés suivantes : King Philipp, Cuzco rouge, Cuzco blanc, Rouge gros. La température de destruction et l'optimum d'action du ferment varient d'ailleurs suivant l'espèce considérée.

HUERRE a montré que les maltases précipitées par l'alcool diminuent d'activité, mais conservent leur caractère de maltase haute ou basse. D'autre part, les caractères différentiels de ces deux variétés de maltase sont indépendants de la réaction du milieu, de la présence d'éléments chimiques nuisibles ou utiles, et subsistent après germination des semences.

D'après les expériences de BOURQUELOT (1893), de très faibles doses d'acide (2 à 4 milligrammes p. 100 d'acide sulfurique par exemple) favorisent l'action de la maltase, mais une dose de 0 gr. 20 p. 100 paralyse presque complètement le ferment (maltase sécrétée par des moisissures). Pour les maltases des différents maïs, on observe des variations considérables dans l'action de l'acide sulfurique sur leur activité. En tout cas, les changements apportés artificiellement à la réaction du milieu modifient considérablement l'activité des maltases du maïs. Certaines variétés de maïs fournissent des enzymes dont le maximum d'activité s'exerce en milieu franchement alcalin (les macérés aqueux de maïs sont alcalins) et d'autres en milieu neutre ou très légèrement acide; toutes ces maltases d'ailleurs sont détruites par des doses d'acide sulfurique inférieures à 0 gr. 35 p. 1000 centimètres cubes.

Les amino-acides (glycocolle, leucine, asparagine) augmentent l'activité de la maltase des maïs Cuzco, Auxonne, Jaune des Landes, Rouge gros. L'asparagine et le glycocolle sont sans action sur la maltase du King Philipp. Dans le cas du maïs blanc des Landes, l'asparagine est nuisible. L'action des amides (urée et acétamide), à la dose de 1 p. 100, est nulle.

La maltase du maïs blanc des Landes est détruite par addition aux macérés de 1 p. 100 de carbonate de sodium ou de carbonate de potassium. Le sulfate de zinc et le sulfate de cadmium sont mortels à la dose de 0 gr. 30 p. 100, l'azotate de nickel à la dose de 1 gr. 50. Le sulfate de manganèse est sensiblement indifférent à la dose de 2 p. 100.

Les fruits de *sarrasin*, broyés au moulin et mis à macérer dans l'eau, donnent, comme ceux du maïs, des macérés qui contiennent de la maltase. Celle-ci est sensible à l'action de la glycérine même à la teneur de 2 p. 100; par contre, comme la maltase d'*Aspergillus niger* (HERISSEY, 1896) (17) et différant en cela de la maltase de la levure, elle n'est pas sensiblement influencée par l'eau chloroformée. La maltase du sarrasin agit à 3°, mais n'agit plus à 0°, c'est donc une maltase basse, mais elle cesse d'agir avant les maltases basses des maïs blanc des Landes et de Cuzco. Elle est détruite à 72°; son optimum d'action est voisin de 55°.

Sa meilleure condition d'activité est une très légère alcalinité à l'hélianthine; elle résiste très mal à l'acide sulfurique, car elle est détruite par 0 gr. 417 de ce dernier p. 1000 centimètres cubes. L'action des divers acides sur cette maltase peut d'ailleurs être ainsi résumée :

1° Quand la neutralisation à l'hélianthine n'est pas atteinte et que l'alcalinité est encore assez considérable, tous les acides minéraux ou organiques ajoutés en solution équimoléculaire agissent de la même manière en augmentant l'activité du ferment.

2° Quand la neutralisation est atteinte et que l'activité est faible, les acides minéraux manifestent immédiatement leur action nuisible; les acides organiques continuent à activer l'hydrolyse du maltose.

3° Quand l'acidité augmente, les acides organiques se comportent de deux façons différentes. Les uns, acides de la série grasse (formique, acétique, propionique, butyrique, valérianique) exercent leur action favorisante à dose élevée ; leur toxicité est exclusivement fonction du groupement CO^2H ; ils empêchent le fonctionnement de la maltase à la dose de 1/9 de molécule pour 1 000 cm³. Les autres (oxalique, citrique, tartrique) deviennent promptement nocifs : leur toxicité n'est pas équimoléculaire.

La maltase de sarrasin est détruite par addition de 0 gr. 14 de KOH à 1 000 cm³ de macéré aqueux.

Les amino-acides (leucine, glycocolle, asparagine, acide hippurique) et l'acétamide agissent comme favorisants, à la dose de 1 p. 100.

A cette même dose de 1 p. 100, les sels suivants n'exercent pas d'action nuisible sur la maltase du sarrasin : salicylate de sodium, chlorure de sodium, azotate de potassium, sulfate de magnésium, azotate d'ammonium, sulfate de zinc, acétate de zinc.

A la même dose, les sels suivants exercent une action retardatrice : oxalate de potassium, oxalate d'ammonium, chlorate de potassium, carbonate d'ammonium, hyposulfite de sodium, azotate de sodium, sulfate d'ammonium, iodure de potassium, chlorure d'ammonium, azotate de baryum, azotate de calcium, chlorure de baryum, acétate de plomb, acétate de cuivre, chlorure de zinc, nitrate d'urane.

Les sels suivants sont mortels à la dose de 1 p. 100 : carbonate de potassium, borate de sodium, perborate de sodium, carbonate neutre de sodium, bicarbonate de sodium, persulfate de sodium, sulfite de sodium, biiodure de mercure, sulfate d'aluminium et de potassium, azotate d'argent, sulfate de cuivre.

La présence de certains sels à acides minéraux de zinc, de cadmium, de nickel et de manganèse favorise très nettement l'action de la maltase du sarrasin.

A côté de la maltase soluble du sarrasin à laquelle se rapportent les propriétés qui précèdent, HUERRE a trouvé qu'il existe dans le sarrasin germé ou non germé une maltase insoluble ; ce ferment ne passe pas en solution dans les macérés aqueux et, pour déceler sa présence, il faut faire agir la poudre végétale elle-même sur une solution de maltose. L'étude de cette maltase insoluble a montré qu'elle possédait des propriétés différentes de celles de la maltase soluble, tant au point de vue des conditions physiques que des conditions chimiques de son activité. Ainsi, l'étude de l'action des sels sur la maltase insoluble du sarrasin montre que cette diastase s'accommode beaucoup mieux de la présence de sels alcalins que de sels acides au tournesol, conclusion opposée à celles résultant des expériences relatives à la maltase soluble.

Les semences de sarrasin non germé contiennent donc de la maltase soluble et de la maltase insoluble. Mais la proportion de maltase soluble diminue dès le début de la germination : il n'y a plus de maltase soluble après cinq jours de germination. D'autre part, il n'y a jamais plus de maltase insoluble dans le sarrasin non germé que dans le sarrasin germé. La proportion de maltase insoluble ne varie pas sensiblement pendant les cinq premiers jours de germination, c'est-à-dire tant qu'il reste encore de la maltase soluble ; elle diminue ensuite avec les progrès de la germination ; il n'y en a plus à partir du dixième jour.

HUERRE a retrouvé de la maltase soluble dans les graines de *Cytisus Laburnum*, de *Pisum sativum* et de *Phaseolus multiflorus*.

La maltase serait nettement localisée dans l'embryon et, sans doute, exclusivement dans la tigelle, la gemmule et la radicule. On n'en trouve pas dans l'albumen (maïs jaune des Landes), ni dans les cotylédons, l'assise protéique et les téguments de la graine de haricot.

La *taka-diastase*, produit facile à se procurer dans le commerce, préparé à partir de l'*Aspergillus Orizae* a fourni la matière première d'un certain nombre de recherches relatives à la maltase qu'elle contient, mélangée à d'autres ferments ; il s'agit donc, dans ce cas, d'une maltase d'origine cryptogamique.

KOPACZEWSKI (1912) (20), opérant sur la taka-diastase de Merck, a étudié l'influence de 62 acides minéraux ou organiques sur le dédoublement diastasique du maltose. Il a recherché l'influence de quelques antiseptiques sur l'action de la maltase (21). Le chlorure de sodium, le chloroforme et le toluène sont sans influence ; le fluorure de sodium est favorisant, employé surtout aux doses de 0,4 à 0,5 p. 100. L'aldéhyde formique est un léger activant à la dose de 0,1 p. 100; c'est un paralysant à une dose dix fois plus forte ; le nitrate d'argent et le sublimé tuent le ferment.

Le même auteur (1913) (22) a trouvé que la dialyse d'un extrait de taka-diastase du commerce augmente beaucoup son activité sur la maltose. Si, à ce moment, on fait la dialyse électrique par la méthode de Dhéré, on peut encore enlever des sels dissous, mais il reste toujours une petite quantité de ceux-ci; l'opération diminue d'ailleurs le pouvoir diastasique de la préparation. On constate que la maltase se transporte vers le pôle négatif; purifiée, elle possède une faible réaction acide à l'hélianthine.

Lorsqu'on dialyse la taka-diastase, l'optimum de l'activité de la maltase contenue dans celle-ci est généralement réalisé avec des doses d'acides inférieures à celles nécessaires à l'activation de la maltase non dialysée. Ainsi, la solution non dialysée présente une activité maxima pour une acidité $\frac{N}{170}$ d'acide sulfurique; avec la solution dialysée, le maximum d'activité est réalisé pour une concentration $\frac{N}{725}$ du même acide.

L'action des acides sur le maltose ne peut d'ailleurs s'expliquer exclusivement par la concentration en ions acides; la qualité ou nature de ces ions est un facteur dont il faut tenir grand compte, comme cela s'observe d'ailleurs avec nombre d'autres ferments (23).

A. Compton (1915) (7), opérant aussi avec la taka-diastase, a vu que, pour une durée d'action de seize heures, l'optimum de température de la maltase s'est maintenu à 47°, la concentration du maltose ayant varié entre $\frac{M}{5}$ et $\frac{M}{30}$ et celle du ferment entre 0,2 à 2 milligrammes par centimètre cube.

Pour un temps donné, cet optimum de température varie d'ailleurs dans de larges limites, de 35°5 à 47° par exemple, suivant la réaction du milieu, les proportions de maltose hydrolysé restant d'ailleurs sensiblement constantes (8).

Mlle Philoche (1908) (27), dans le but d'étudier l'action sur un cristalloïde d'une diastase envisagée comme catalyseur colloïdal, a choisi également, comme source de ferment, la taka-diastase. Ses conclusions, qui visent surtout les lois générales d'action de la maltase, sont les suivantes, en désaccord avec les recherches antérieures d'Armstrong (1904) :

1° La maltase (Diastase Taka) agissant pendant vingt-quatre et trente-huit heures à 39° sur le maltose conserve complètement son activité primitive;

2° La vitesse d'action de la maltase est proportionnelle à la concentration de ce ferment;

3° La vitesse absolue de l'hydrolyse du maltose ne varie pas quand on prend des solutions à 2, 4, 6, 8 p. 100 de maltose. Pour des solutions moins concentrées elle varie avec la concentration. Ce dernier point a été obtenu par Terroine;

La vitesse initiale de l'action de la maltase sur une quantité a de maltase peut être représentée par la formule :

$$\text{Vitesse initiale} = k\,\frac{a}{1 + ma}$$

Elle obéit donc à la loi indiquée par Victor Henri pour l'invertine, l'émulsine et la trypsine ;

4° glucose ralentit l'action de la maltase sur le maltose. Ce retard est plus faible que celui qui est exercé sur l'invertine par le sucre interverti;

5° Le lévulose retarde l'action de la maltase de même qu'il retarde l'action de l'invertine plus que ne le fait le glucose;

6° Les valeurs de K augmentent, c'est-à-dire que la réaction est plus rapide que ne l'indique la loi logarithmique;

7° Les valeurs de 2 K₁ restent à peu près constantes, par conséquent la vitesse d'hydrolyse du maltose par la maltase suit à peu près la même loi empirique que l'hydrolyse du saccharose par l'invertine ;

8° Dans le cas d'addition du glucose au début de la réaction, les valeurs de 2 K'₁ augmentent ; au contraire les valeurs de 2 K_1 calculées comme s'il n'y avait pas de glucose restent à peu près constantes ;

9° Les valeurs de K_2 sont bien constantes a) jusqu'à l'hydrolyse de 80 p. 100 du maltose dans chaque série, b) pour des concentrations variant de 2 à 8 p. 100 de maltose.

Relativement aux maltases de levures de bière, signalons qu'HARDEN et ZILVA (1914) (15 bis) ont constaté que le pouvoir d'hydrolyser le saccharose est partiellement mais non totalement enlevé à la zymine et à la levure séchée par le lavage à la température ordinaire, tandis que le pouvoir d'hydrolyser le maltose n'est pas affecté par cette opération ; la maltase reste donc fixée sur les cellules de la levure mise en expérience. Cette maltase insoluble est à rapprocher de celle dont l'existence a été mentionnée précédemment dans certaines semences.

Propriétés des maltases d'origine animale. — Nous emprunterons une grande partie des observations qui suivent aux recherches dont l'ensemble a été exposé par BIERRY en 1911 (2).

Maltase des mammifères. — Chez les mammifères la maltase se rencontre dans tous les organes ou liquides de l'organisme à terme, ou même à l'état fœtal.

Maltase pancréatique. — Le suc pancréatique obtenu par fistule permanente ou fistule temporaire, après injection de secrétine, possède une alcalinité considérable. Tel quel, il est inactif sur le maltose ; il contient cependant de la maltase. Pour mettre en évidence l'action de ce ferment, il suffit de neutraliser son alcalinité, par l'acide acétique par exemple.

Si, en traitant du suc pancréatique par un acide, on dépasse très légèrement la neutralité, ce suc ainsi acidifié perd ou conserve son pouvoir hydrolysant sur le maltose avec lequel on le met immédiatement en contact, suivant que l'acide employé en excès est minéral ou organique. Des traces d'acide chlorhydrique libre, par exemple, annihilent complètement son action.

Les meilleures conditions d'action du suc pancréatique sont réalisées non pas en milieu neutre, mais en milieu encore alcalin, lorsque l'alcalinité totale du suc pancréatique conserve encore 1/10 de sa valeur. La maltase pancréatique se détruit facilement par la conservation, dans le suc pancréatique acidifié ou même partiellement neutralisé.

Chez un même animal, après injection de secrétine, la quantité de maltase présente dans les premières portions de suc recueilli est notablement supérieure à celle de la fin de la sécrétion.

Le suc pancréatique après dialyse sur sac de collodion, contre l'eau distillée n'attaque pas plus le maltose que l'amidon, il suffit alors de lui ajouter un chlorure (chlorure de sodium par exemple) pour qu'il retrouve ses propriétés hydrolysantes vis-à-vis de ces deux hydrates de carbone. Mais, alors que ce suc, après dialyse prolongée, a perdu tout pouvoir sur le maltose, même en présence de chlorure de sodium, il conserve encore celui de transformer l'amidon ; c'est que la maltase traverse plus vite le dialyseur que l'amylase.

Maltase intestinale. — Le suc « intestinal physiologique » du chien, obtenu par fistule permanente, qui ne contient ni sucrase, ni tréhalase, renferme une maltase très active. Cette maltase agit sans que le suc ait besoin d'être préalablement neutralisé par un acide.

Malgré de nombreuses tentatives, BIERRY n'a pu obtenir un suc intestinal dialysé complètement inactif sur le maltose. Cependant, de l'inégalité d'action du même suc dialysé sur le maltose, suivant la présence ou l'absence de chlorure de sodium, il est permis de supposer que de très faibles quantités d'électrolytes, dont le suc intestinal n'a pu être débarrassé entièrement, suffisent à l'action de la maltase.

Maltase du sérum et du foie. — DOXIADES (1911) (12) a constaté que la maltase du foie se comporte comme celle du sérum sanguin vis-à-vis de la chaleur et des conditions de milieu favorables à son activité, ce qui est en faveur de son identité avec cette dernière. La maltase serait plus abondante chez le sujet (lapin) ayant reçu une riche nourriture hydrocarbonée ; cependant, C. KUSUMOTO (1908) (25) avait trouvé, contrairement à son attente, une quantité extrêmement faible de maltose dans le foie du chien, après un régime de pommes de terre et de pain ; mais après extirpation du pancréas entraînant la glycosurie, la quantité de maltose était supérieure à la normale.

C. Kusumoto, opérant sur le sérum ou le foie, a vu que l'activité de la maltase prenait des valeurs décroissantes, dans l'ordre des espèces suivantes : porc, chien, veau, cheval, mouton. Ces résultats sont sensiblement en accord avec ceux de recherches analogues de Doxiades.

La maltase qui se retrouve ainsi dans le sérum, le foie et, pour mieux dire, dans tous les organes, complète la digestion du maltose provenant des amidons ou des glycogènes, digestion déjà poussée très loin par l'action des maltases pancréatique et intestinale. Si du maltose a été absorbé en nature par l'intestin, il n'échappera pas du moins à l'action de la maltase du sérum, du foie, du plasma musculaire, etc.

Jusqu'à présent, il n'a pas été possible, comme on l'a fait remarquer à propos du travail de Croft Hill, de démontrer d'une façon péremptoire la réversibilité de l'action de la maltase, par extraction de maltose, à partir de solutions concentrées de glucose soumises à l'action de ce ferment. Il est cependant tout à fait logique d'admettre que la maltase doit, comme les autres ferments pour lesquels la preuve a pu être faite, posséder un pouvoir synthétisant comparable à son pouvoir hydrolysant ; elle pourrait ainsi, suivant la concentration et les conditions du milieu, soit dédoubler du maltose pour en tirer du glucose nécessaire à la nutrition, soit condenser du glucose en excès pour en élaborer du maltose que l'organisme mettra en réserve et dont il se servira au moment opportun. En fait, Doxiades et P. A. Levene et G. M. Meyer (1911) (26), le premier utilisant le sérum, les seconds un mélange d'extrait de pancréas et de plasma musculaire, ont constaté, en opérant sur des solutions concentrées de glucose, soit une augmentation du pouvoir rotatoire, soit une diminution du pouvoir réducteur de ces solutions, observations en accord avec la formation de maltose par voie de synthèse biochimique.

Maltase des invertébrés. — Bierry a comparé la maltase du suc digestif de l'escargot, *Helix pomatia*, avec celle des mammifères.

Le suc d'*Helix* attaque non seulement le maltose, mais aussi des dérivés de ce dernier, comme la *lactone maltobionique* et le *maltobionate de calcium*; il se fait, avec le premier de ces composés du glucose *d* et de l'acide gluconique, avec le second, du glucose et du gluconate de calcium.

La *maltosazone* est également dédoublée par le suc d'*Helix* en *d* glucose et glucosazone.

Ces divers dérivés du maltose ne sont pas hydrolysés par la maltase des mammifères. La maltase des invertébrés a donc une action plus étendue que cette dernière; elle pourrait être désignée sous le nom de *maltobionase*.

Bibliographie. — Il n'a pas été jugé utile de comprendre dans la bibliographie de cet article les travaux dont l'indication peut être aisément trouvée dans les ouvrages suivants, au cours des chapitres relatifs au maltose ou à la maltase : Abderhalden, *Biochemisches Handlexikon*, II, 407, 1911. — Duclaux. *Traité de Microbiologie*, II, Paris, 1899. — Maquenne. *Les sucres et leurs principaux dérivés*, Paris, 1900. — Tollens. *Les hydrates de carbone*, Traduction L. Bourgeois, Paris, 1896.

Les travaux cités ci-après sont rangés dans l'ordre alphabétique des noms d'auteurs. Les numéros correspondent aux renvois contenus dans le corps de l'article.

1. A. Aubry. *Recherches sur la synthèse biochimique de quelques d-glucosides a au moyen de la glucosidase a* (Thèse Doct. Univ. Pharm., Paris, 1914). — 2. H. Bierry. *Recherches sur les diastases qui concourent à la digestion des hydrates de carbone* (Thèse Doct. ès sciences, Paris, 1911). — 3. J. Bougault. *Nouvelle méthode de dosage des sucres aldéhydiques* (Journ. de Pharm. et de Chim., (7), xv, 97, 313, 1917). — 4. Em. Bourquelot. *Recherches sur les propriétés physiologiques du maltose* (Journ. de l'Anat. et de la Phys., xxii, 161, 1886). — 5. Em. Bourquelot, M. Bridel et A. Aubry. *Synthèse biochimique du cellobiose à l'aide de l'émulsine* (Journ. de Pharm. et de Chim., (7), xxi, 129, 1920). — 6. Em. Bourquelot, H. Hérissey et J. Coirre. *Synthèse biochimique d'un sucre du groupe des hexobioses, le gentiobiose* (Journ. de Pharm. et de Chimie (7), viii, 441, 1913). — 7. A. Compton. *Constancy of the optimum Temperature of an Enzyme under varying Concentrations of Substrate and of Enzyme* (Proceed. Roy. Soc., B., lxxxviii, 258, 1894). — 8. A. Compton. *The Influence of the Hydrogene Concentration upon the optimum Temperature of a Ferment* (Proceed. Roy. Soc., B., lxxxiii, 408, 1915). — 9. A. J. Daish. *The distribution of maltase in plants.*

II. *The presence of maltase in foliage leaves* (Biochemical Journ., x, 49, 1916). — 10. A.-J. DAISH. *The distribution of maltase in plants.* III. *The presence of maltase in germinated barley* (Biochemical Journ., x, 56 1896). — 11. W.-A. DAVIS. *The distribution of maltase in plants.* I. *The function of maltase in starch degradation and its influence on the amyloclastic activity of plants materials* (Biochemical Journ., x, 31, 1916). — 12. L. DOXIADES. *Beobachtungen über die Maltase des Blutserums und der Leber* (Biochem. Zeitschr., XXXII, 410, 1911). — 13. O. EMMERLING. *Synthetische Wirkung der Hefenmaltase* (Ber. d. d. chem. Ges., XXXIV, 600, 1901). — 14. GAILLARD et FABRE. *Glycosurie compliquée de maltosurie et de dextrinurie* (Journ. de Pharm. et de Chim. (7), XVI, 129, 1917). — 15. L. GRIMBERT. *Recherche de petites quantités de maltose en présence de glucose* (Journ. de Pharm. et de Chim. (6), XVII, 225, 1903). — 15 bis. A. HARDEN et SS. ZILVA, *The enzymes of washed zymin and dried yeast* (Lebedeff). III. *Peroxydase, catalase, invertase and maltase* (Biochem. Journ., VIII, 217, 1914). — 16. W.-N. HAWORTH et G.-C. LEITCH. *The constitution of the Disaccharides. Part. III. Maltose* (Journ. of the chem. Soc., CXV, 809, 1919). — 17. H. HÉRISSEY. *Action du chloroforme sur le maltase de l'Aspergillus niger* (C. R. Soc. Biol., XLVIII, 915, 1896). — 18. A. CROFT HILL. *Reversible Zymohydrolysis* (Journ. of the chem. Soc., LXXIII, 634, 1898). — *Reversibility of Enzyme or Ferment action* (Journ. of the chem. Soc., LXXXIII, 578, 1903). — 19. L.-R. HUERRE. *Contribution à l'étude de la maltase* (Thèse Doct. ès sciences, Paris, 1910). — 20. W. KOPACZEWSKI. *Einfluss verschiedener Säuren auf die Hydrolyse der Maltose durch Maltase* (Inaugural Dissertation, Fribourg, 1911; Zeitchr. f. physiol. Chem., LXXX, 182, 1912). — 21. W. KOPACZEWSKI. *Einfluss einiger Antiseptica auf die Wirkung der Maltase* (Biochem. Zeitschr., XLIV, 349, 1912). — 22. W. KOPACZEWSKI. *Sur la dialyse de la maltase* (C. R. Ac. des Sciences, CLVI, 918, 1913). — 23. W. KOPACZEWSKI. *L'influence des acides sur l'activité de la maltase dialysée* (C. R. Ac. des Sciences, CLVIII, 640, 1914). — 24. T. KUMAGAI. *Das Verhalten der Maltase im Blutserum des hungernden und gefütterten Tieres* (Biochem. Zeischr., LVII, 374, 1913). — 25. C. KUSUMOTO. *Beobachtungen über die Maltase des Blutserums und der Leber bei verschiedenen Tieren* (Biochem. Zeitschr., XIV, 217, 1908). — 26. P.-A. LEVENE et G.-M. MEYER. *On the combined action of muscle plasma and pancreas extract on glucose and maltose* (Journ. of. Biol. Chem., IX, 97, 1911). — 27. Mᴵᴵᵉ PHILOCHE. *Recherches physico-chimiques sur l'amylase et la maltase* (Thèse Doct. ès sciences, Paris, 1908). — 28. Z. WIERZCHOWSKI. *Studien über die Einwirkung von Maltose auf Stärke* (Biochem. Zeitschr., LVI, 209, 1913); — *Ueber des Auftreten der Maltase in Getreidearten* (Biochem Zeitschr., LVII, 125, 1913). — 29. H. WILL. *Beiträge zur Kenntniss der Sprosspilze ohne Sporenbildung, welche im Brauereibetreiben und Umgebung vorkommen* (Centralb. f. Bakter., II, XXXIV, n° 1-13, 1912).

H. HÉRISSEY.

MANGANÈSE (Mn = 55.) — Chimie.

Le manganèse est très répandu dans la nature. Toutes les terres et les eaux telluriques et par conséquent l'eau de mer en renferment. Les minerais de manganèse les plus connus sont des composés oxygènes simples : pyrolusite (MnO^2), hausmanite (Mn^3O^4), braunite (Mn^2O^3), acerdèse ($Mn^2O^3H^2O$). Parmi les autres minerais moins répandus, on trouve divers autres oxydes et des sels divers : carbonate, sulfure, silicate, borate, etc.; enfin de nombreuses espèces minérales contiennent soit du protoxyde MnO remplaçant MgO, CaO, BaO, soit encore du sesquioxyde Mn^2O^3 ou du bioxyde MnO^2 pouvant remplacer l'un Fe^2O^3, l'autre la silice. Ainsi s'explique la présence du manganèse dans un grand nombre de métaux (zinc notamment) et dans la plupart des réactifs du commerce. Cette fréquence du manganèse dans les réactifs chimiques rend suspect la plupart des travaux anciens sur la présence du manganèse dans les tissus vivants, et doit nous faire rejeter les teneurs élevées que certains auteurs ont parfois trouvées. Aujourd'hui cette question est définitivement résolue et le manganèse est considéré comme un des éléments constants des tissus végétaux et animaux dans lesquels les teneurs moyennes en ce métal sont de l'ordre de grandeur du milligramme, pour 100 grammes d'organes frais.

Caractérisé comme élément simple par SCHEELE (1774) et isolé, la même année, par BERGMANN, le manganèse est resté longtemps une curiosité de laboratoire jusqu'au jour où MOISSAN l'obtint régulièrement dans la réduction de l'oxyde MnO par le charbon au four électrique (1896) et où GOLDSCHMIDT réalisa cette réduction par l'aluminium. Le

manganèse pur ne paraît pas avoir d'application; mais on utilise industriellement ses alliages, le ferro-manganèse, qu'on prépare au haut fourneau, et les bronzes de manganèse.

Le manganèse est un métal grisâtre, très dur, fusible vers 1900° et volatil à une température un peu supérieure. Sa densité est d'environ 7 à 8. A l'air humide il s'oxyde facilement. Il décompose l'eau à l'ébullition et se dissout dans les acides avec formation de sels manganeux.

Comme le fer et le chrome, le manganèse forme deux séries régulières de sels : des sels manganeux correspondant à l'oxyde MnO (Mn bivalent) et des sels manganiques correspondant à l'oxyde Mn^2O^3 (Mn trivalent), et même certains sels qui correspondent au bioxyde MnO^2 (Mn tétravalent).

Les sels manganeux sont stables et solubles dans l'eau sans décomposition; aussi sont-ils les seuls qui aient été employés dans l'expérimentation physiologique ainsi qu'en thérapeutique. On a utilisé notamment le chlorure et le sulfate manganeux à cause de leur grande solubilité dans l'eau ($MnCl^2+4H^2O$, solub. 150 p.100; SO^4Mn, solub. 35 p. 100) et deux sels à acide organique dont la solubilité est beaucoup moindre, le lactate manganeux $C^6H^{10}O^3Mn + 3H^2O$ et le citrate $(C^6H^5O^7)^2Mn^3 + 9H^2O$.

A côté de ces sels manganeux et manganiques qui dérivent des oxydes MnO et Mn^2O^3 fonctionnant comme base, il existe deux autres séries de sels qui dérivent d'oxydes plus élevés fonctionnant comme acides et dans lesquels le manganèse est hexavalent ou même heptavalent. Ce sont d'une part les manganates MnO^4M^2 dont les sels alcalins colorés en vert, sont analogues aux ferrates FeO^4M^2 et aux chromates CrO^4M^2, et d'autre part les permanganates MnO^4M dont les sels alcalins sont violets et correspondent aux perchlorates ClO^4M. Ces sels, notamment les permanganates, sont doués de propriétés oxydantes énergiques, susceptibles d'applications thérapeutiques et entraînant certains effets physiologiques particuliers. L'étude physiologique et pharmacodynamique de ces sels sera faite plus loin à l'article **Permanganates**.

Caractères analytiques. — Le manganèse est un métal blanc gris, facilement oxydable, et attaqué par les acides étendus, même l'acide acétique.

L'oxygène forme avec lui plusieurs oxydes : le moins oxygéné MnO donne les sels manganeux : sulfate, chlorure, et joue le rôle d'oxyde basique; le sesquioxyde, l'oxyde salin et le bioxyde sont également solubles dans l'acide sulfurique avec dégagement d'oxygène, mais d'autre part l'hydrate de bioxyde MnO^2H^2O peut être considéré comme acide par ses combinaisons avec le Zn, le Ca, et le Mn lui-même, combinaisons qui sont les manganites, bimanganites de Zn, de Ca, et manganite manganeux ou sesquioxyde de manganèse; enfin les manganates et les permanganates viennent des oxydes acides suivants : MnO^3 qui n'est pas connu à l'état libre et Mn^2O^7 anhydrides manganiques et permanganiques.

Sels de protoxyde. — Ces sels sont colorés en rose et donnent des solutions aqueuses roses : anhydres, ils sont blancs ; seul le sulfure est couleur chair ou vert suivant la quantité d'eau de cristallisation.

Les alcalis précipitent dans les solutions de sels manganeux de l'hydrate de protoxyde $Mn(OH)^2$ blanc, qui se transforme rapidement en hydrate de bioxyde et en sesquioxyde hydraté ou manganite manganeux : la coloration passe ainsi rapidement du blanc au gris brun. L'hydrate de protoxyde est insoluble dans un excès de réactif. L'ammoniaque agit de même.

Les carbonates alcalins donnent du carbonate de manganèse blanc qui se dédouble à l'ébullition donnant du gaz carbonique et de l'hydrate de bioxyde.

Le sulfhydrate d'ammoniaque précipite du sulfure hydraté rose chair; si l'on porte à l'ébullition avec un excès de réactif, il y a hydratation partielle et apparition de sulfure vert moins hydraté.

Si l'on oxyde une petite quantité de sel manganeux par le chlorate de potasse et la potasse, la masse fondue dans une capsule devient verte et soluble dans l'eau : on a une solution de manganate de K, qui directement acidulée par un acide fort, se transforme en permanganate et donne une solution rose.

L'acide azotique en présence de bioxyde de plomb et à l'ébullition donne directement de l'acide permanganique; cette réaction est extrêmement sensible, et la coloration rouge violacé apparaît avec des traces de manganèse.

L'addition d'une trace de manganèse à l'état de sel de protoxyde dans une solution d'un corps oxydable et en présence d'un oxydant tel que l'acide nitrique, favorise la réaction.

Ces réactions d'oxydation sont empêchées par l'acide chlorhydrique qui décompose l'acide permanganique.

Sels de l'acide manganique. — L'acide manganique n'est pas connu à l'état libre: ses sels donnent des solutions vertes assez instables; acidifiées, elles donnent des solutions rouge violet de permanganate; un excès d'eau les dédouble en permanganates et hydrate de bioxyde. Elles sont stables en présence d'un excès d'alcali. L'acide chlorhydrique les décompose avec formation de chlorure manganeux. L'hydrogène sulfuré les réduit en précipitant du soufre. Les matières organiques les réduisent en sels manganeux.

Sels de l'acide permanganique. — L'acide permanganique, dont les sels donnent des solutions rouges violacées, n'est connu qu'en solution; l'anhydride peut être obtenu par déshydratation dans SO^4H^2 concentré, il est décomposable par la chaleur. Les permanganates sont des oxydants énergiques en milieu acide et en milieu alcalin.

Les acides chlorhydrique, bromhydrique sont oxydés à chaud, les acides iodhydrique, sulfureux, sulfhydrique, à froid. Les permanganates transforment P, As et Sb en leurs acides correspondants, les sels ferreux en sels ferriques; ils décomposent les acides oxalique et tartrique, transforment l'alcool en aldéhyde et acide acétique et ils détruisent les matières organiques; leurs solutions, comme celles des manganates, ne peuvent être filtrées sur papier. En milieu alcalin, il y a réduction en manganates.

Caractérisation du manganèse dans les tissus végétaux et animaux. — Cette caractérisation exige une destruction de la matière organique soit par l'incinération simple, soit par l'ébullition avec les acides forts, comme il est indiqué plus loin pour le dosage. La liqueur obtenue peut servir à l'analyse par divers procédés :

Additionnée de PbO^2 et de NO^3H et portée à l'ébullition, elle donne une belle coloration rouge due à l'acide permanganique.

Après évaporation dans une capsule, le résidu, fondu avec de la soude et un oxydant, chlorate de potasse, nitrate de potasse ou acide nitrique, fournit une masse verte due à la formation de manganate, virant au rouge par les acides. La première méthode est la plus sensible.

La liqueur oxydée en acide permanganique peut être examinée au spectroscope; le permanganate donne un spectre d'absorption comprenant cinq bandes entre D et F (méthode spectroscopique de HAMARK).

Enfin la photographie du spectre d'émission donné par les cendres ou par les sels provenant de l'évaporation des liqueurs d'épuisement de ces cendres donne une raie caractéristique (méthode spectrographique de DESGREZ et MEUNIER).

Dosage. — Les méthodes chimiques ne conviennent pas toutes pour le dosage du manganèse dans les tissus, car la plupart exigent des quantités relativement considérables de substance. C'est ainsi que les divers procédés par pesée (précipitation et pesée à l'état de sulfure; précipitation à l'état d'hydrate, de carbonate, avec calcination ultérieure et pesée à l'état d'oxyde brun, enfin précipitation à l'état de phosphate ammoniaco-manganeux avec calcination et pesée à l'état de pyrophosphate) ne sont pas applicables aux recherches biologiques, leur limite de sensibilité est trop faible étant donné la teneur des organes en manganèse.

Les deux méthodes suivantes peuvent seules être employées et encore devra-t-on accorder la préférence à la méthode de BERTRAND.

Dosage électrolytique. — Cette méthode, beaucoup plus sensible, se fait par électrolyse de la solution de sel manganeux. Le pôle positif où l'on recueille le manganèse à l'état de bioxyde est constitué par une petite capsule de platine comme électrode. La présence d'autres métaux ne gêne pas : seul le fer doit être éliminé. On peut ainsi doser de très petites quantités de manganèse et, à l'état de traces, sa présence est encore accusée par la teinte rose que prend la solution au passage du courant.

RICHE a employé ce procédé pour le dosage de très petites quantités de Mn dans les liquides organiques : urine, sang, etc.

Dosage colorimétrique (méthode de GABRIEL BERTRAND). — C'est la méthode de choix pour le dosage du manganèse étant donné son extrême sensibilité : elle est basée sur la transformation de Mn en permanganate. La solution aqueuse permanganique dans l'eau parfaitement distillée possède une belle coloration violette ou rose, encore sensible au $1/20\,000\,000$ dans un volume de 100 cm³. D'après BERTRAND, « un millionième de manganèse à l'état de permanganate suffit pour colorer nettement 1 cm³ d'eau. »

En vue de l'oxydation ultérieure, le métal doit être amené au cours de la destruction organique sous une forme soluble; d'autre part, le milieu doit être exempt de chlorure, car nous savons que HCl et ses sels décomposent l'acide permanganique; enfin il ne doit pas y rester trace de charbon, qui réduirait l'acide permanganique et atténuerait la coloration. La méthode comprend deux temps : la destruction organique et l'oxydation du manganèse.

a) **La destruction organique** consiste en la calcination des tissus au rouge sombre, initialement en présence d'HCl au bain-marie, puis en présence de SO^4H^2 au rouge pour chasser totalement les chlorures. Le Mn, d'abord à l'état de Mn^2O^3 difficilement soluble dans l'oxydant NO^3H, passe à l'état de chlorure manganeux, puis de sulfate manganeux : c'est ce dernier qui subit l'oxydation en acide permanganique.

REIMAN, qui a fait une étude détaillée de cette méthode, conseille de faire une prise d'essai très importante et d'attaquer directement les cendres par SO^4H^2 à très haute température vers 500°-600°.

b) **Oxydation.** — L'oxydation peut se faire par l'emploi de l'acide nitrique et du bioxyde de plomb, mais les difficultés de la réaction dans les cas de traces de manganèse et la lenteur du dépôt de PbO^2 rendent le travail long et fastidieux. BERTRAND préfère le persulfate de potassium; celui-ci réagit sur les sels manganeux (nitrate ou sulfate) en fournissant de l'hydrate de bioxyde, mais si l'on introduit dans la réaction une petite quantité de nitrate d'Ag, la formation intermédiaire de peroxyde d'argent pousse l'oxydation jusqu'au terme acide permanganique (Marshall).

BERTRAND conseille d'opérer sur des solutions très diluées et maintenues très acides de façon à éviter la réaction intermédiaire de $Mn\,O^4H$ sur le sel manganeux non encore transformé; enfin il propose d'employer un grand excès de réactif oxydant pour passer le plus vite possible au terme de la réaction. Voici le mode opératoire :

Les cendres sulfatées sont dissoutes dans de l'acide nitrique au $1/4$ en volume, la solution est complétée à 10 centimètres cubes dans un tube à essais, on ajoute 5 gouttes de NO^3 Ag au dixième, dix centigrammes de persulfate et l'on chauffe : une coloration rose ou violette se forme et atteint son maximum en quelques minutes. On porte à l'ébullition pour décomposer l'excès de persulfate et dès lors la coloration reste stable.

Cette méthode s'applique parfaitement au dosage du manganèse dans les cendres des végétaux (JADIN et ASTRUC, WESTER).

REIMAN prétend que la destruction du persulfate est inutile; mais dans ce cas, il est nécessaire de chauffer pour la comparaison colorimétrique de façon à faire disparaître la coloration jaunâtre parasite due à l'action du persulfate sur le sel d'Ag.

Les solutions étalons sont préparées en partant du sulfate, $4^{gr}054$ par litre soit 1 milligramme de Mn par centimètre cube et amenées à des dilutions de $1/10$ et $1/100$. Ces solutions sont oxydées en série et les colorations obtenues permettent de déterminer rapidement, à 5 p. 100 près, le manganèse d'une cendre.

PRÉSENCE NORMALE DU MANGANÈSE DANS LES TISSUS ANIMAUX

C'est seulement depuis quelques années à la suite des travaux de PICHARD (1898), et surtout ceux de G. BERTRAND et de MEDIGRECEANU (1912), que l'on admet la présence normale du manganèse dans les tissus animaux.

Sans doute on avait depuis longtemps signalé la présence de ce métal dans divers tissus ou organes : Foie (WURZER, 1830, COTTEREAU, 1849), bile (WEIDENBUSCH et

Lehmann), concrétions biliaires (Rey, Wurzer et Buchholtz), cheveux (Vauquelin), dents (Wurzer, 1833), œuf de poule, lait de vache (Polacci, 1880), etc.; mais ces recherches étaient restées isolées.

Par contre, la présence du manganèse dans le sang avait fait l'objet de travaux nombreux et suivis; déjà Wurzer en 1830, Marchesseau en 1844, puis Millon (1848), Gotterrau (1849), etc. et surtout Burin des Buissons (1852) avaient considéré ce métal comme un constituant normal du sang, malgré l'opinion contraire de Glenard, Maumené, etc. Toutefois cette conclusion, bien que confirmée par Polacci (1870), Campain (1872) restait discutée.

Riche paraît avoir, le premier, établi la présence du manganèse dans le sang, tout en fournissant des chiffres encore très au-dessus de la réalité et tout en considérant ce métal comme ne jouant aucun rôle essentiel mais circulant passivement à la suite de l'apport alimentaire. Après Riche, la présence du manganèse dans le sang est encore affirmée par Médicus (1885), Enderlin (1888) et par Richard (1898), mais toujours avec des chiffres imprécis ou inexacts. Ici encore c'est à Bertrand que nous devons nos connaissances sur la teneur exacte du sang en manganèse.

En définitive, avant les travaux de Bertrand, la présence normale du manganèse dans tous les tissus animaux n'était pas encore généralement reconnue. Quant à la présence de ce métal dans le sang, elle était déjà admise, mais à des doses peu précises ou très supérieures à la réalité.

I. Présence du manganèse dans le sang de l'homme et des animaux à l'état normal. — Jusqu'à Riche, les partisans de l'existence du manganèse dans le sang de l'homme et des animaux admettaient des doses de 50 à 100 milligrammes par litre de sang. Riche en 1878 montra que cette teneur ne dépasse pas $0^{mgr}5$ à 2 milligrammes. Avec une technique plus parfaite, Bertrand et Medigreceanu établirent que cette teneur n'est que de 2 centièmes de milligramme environ par litre de sang total chez l'homme et chez diverses espèces animales (cheval, porc, bœuf). Par une autre méthode, Desgrez et Meunier sont arrivés aux mêmes conclusions pour le sang de cheval. C'est surtout dans le plasma que se trouve ce métal. Ainsi, chez le mouton, dont la teneur du sang total en manganèse est assez élevée ($0^{mgr}06$ par litre), Bertrand et Medigreceanu ont trouvé $0^{mgr}06$ par litre de plasma et seulement $0^{mgr}02$ dans un volume correspondant de globules.

L'hémoglobine (cheval) ne contient pas de manganèse. Ces deux circonstances, absence de manganèse dans l'hémoglobine, et sa présence en faible quantité dans le globule rouge, montrent que, chez les vertébrés, ce métal ne joue aucun rôle au point de vue de l'hématose (Bertrand); il n'y a donc pas lieu de rappeler les essais signalés par Buchheim, essais qui avaient été entrepris en vue de remplacer le fer du sang par du manganèse et qui d'ailleurs n'avaient donné aucun résultat positif.

Il existe cependant un invertébré le **Pinna squamosa**, mollusque marin, dont le sang blanchâtre, mais brunissant à l'air, contiendrait un pigment respiratoire à base de manganèse, la pinnaglobine, capable d'absorber l'oxygène en se transformant en oxypinnaglobine (Griffiths, 1892); ce serait l'analogue de l'hémoglobine et de l'hémocyanine.

Dans le sang humain, la recherche du manganèse n'avait été faite par Bertrand que dans quelques cas isolés. Tout récemment deux auteurs américains, Reiman et Minot, ont déterminé avec précision et dans de nombreux cas la teneur du sang de l'homme en manganèse à l'état normal et pathologique.

La teneur moyenne est de $0^{mgr}011$ pour 100 grammes de sang: elle est donc 5 fois supérieure à la valeur trouvée par Bertrand ($0^{mgr}002$ p. 100 grammes). Ces auteurs supposent que cette teneur plus élevée tient à ce que les sujets américains examinés recevaient par les aliments ou par l'eau de boisson un apport constant plus considérable que celui des français dont le sang a été analysé par Bertrand.

En ce qui concerne les variations individuelles, Reiman et Minot constatent que pendant des périodes allant de un à trois mois la teneur du sang en manganèse n'a pas varié de plus de 10 à 30 p. 100. Dans les états pathologiques, il ne paraît pas exister de teneurs très différentes de la normale. Tout au plus peut-on signaler un taux plus élevé dans la syphilis primaire et un taux abaissé dans les syphilis secondaires et tertiaires. Il convient de remarquer que dans les divers états anémiques examinés, il n'a pas été observé de diminution de la teneur en manganèse comme cela avait été soutenu par les anciens thérapeutes (GLÉNARD, 1854; BONNEWYN, 1855).

II. Présence du manganèse dans les tissus de l'homme et des animaux à l'état normal et pathologique. — État normal. — Nous avons vu qu'il faut arriver aux travaux de PICHARD pour avoir une notion approximative et suffisante sur la répartition générale du manganèse dans le règne animal. Toutefois c'est seulement depuis les recherches précises et décisives de BERTRAND et MEDIGRECEANU (1912) que l'existence du manganèse normal est devenue universellement admise et que la teneur exacte des organes animaux en ce métal est définitivement établie.

Par quelques exemples choisis au hasard aux divers échelons de la série animale, PICHARD avait montré que le manganèse est très répandu dans les tissus des animaux : méduse, escargot marin, os de seiche, crabe (carapace), langouste (chair), sardine, poule (œuf), bœuf (chair et os), porc (sang), homme (cheveux, barbe), etc. Déjà le manganèse avait été auparavant trouvé par KRUKENBERG (1879) dans un mollusque marin le **Pinna squamosa**; enfin, à la même époque que PICHARD, BALLAND en avait trouvé dans les poumons des divers mammifères examinés par lui, COTTE dans les tissus des spongiaires, enfin un peu plus tard (1907), BRADLEY, dans les tissus et les œufs des moules d'eau douce **Unio** et **Anodonta** (0,60 à 1,19 p. 100 de tissu desséché); tous ces travaux se trouvaient en concordance avec les conclusions de PICHARD. D'ailleurs les constatations de cet auteur allaient plus loin encore; il notait que dans l'œuf de poule, le jaune est plus riche que le blanc et, d'une façon générale, beaucoup plus riche que la plupart des tissus animaux (chair, os, etc.) et ce fait était rapproché, par lui, de la teneur plus grande, observée par lui dans le règne végétal, des graines par rapport aux autres parties de la plante. Ce n'est que quelques années plus tard que BERTRAND, par l'emploi d'une méthode précise et dûment contrôlée, a pu tout à la fois donner à la thèse de PICHARD une base sûre, la confirmer dans toute la série animale et obtenir des résultats numériques rigoureux et définitifs qui l'ont conduit à des conclusions que nous exposons ci-dessous en les groupant en 4 paragraphes et en y ajoutant les résultats les plus récents obtenus par d'autres auteurs.

Manganèse normal ; teneur moyenne des tissus animaux en manganèse. — Par sa répartition sensiblement uniforme dans chacun des nombreux tissus examinés, le manganèse peut être considéré comme un constituant normal des tissus animaux. Sa teneur moyenne dans ces tissus varie entre quelques centièmes et quelques dixièmes de milligramme pour 100 grammes d'organes frais. D'après REIMANN et MINOT, chez l'homme normal cette teneur varie pour les divers organes entre 12 et 17 centièmes de milligramme.

Tandis que cette teneur moyenne est à peine atteinte dans le muscle du lapin qui ne contient p. 100 que $0^{mgr}005$ à $0^{mgr}01$ de manganèse, elle est largement dépassée dans l'utérus des oiseaux qui contient jusqu'à 1 et même 2 milligrammes de ce métal[1]; chez la salamandre, certains organes doivent même avoir une teneur plus élevée encore puisque, pour l'animal entier (avec tube digestif vidé), BERTRAND a trouvé une teneur moyenne de 1 milligramme p. 100 de substance fraîche; nous verrons plus loin que chez l'écrevisse cette teneur peut aller jusqu'à 9 et 11 milligrammes p. 100.

Si l'on fait abstraction de ces teneurs extrêmes qui ne s'observent qu'exceptionnellement, aussi bien chez les vertébrés que chez les invertébrés, on remarquera que la teneur moyenne des tissus animaux en manganèse, qui oscille autour de $0^{mgr}1$, est très faible comparativement à celle d'autres métaux catalytiques de l'organisme tels que le zinc, dont on sait d'après GIAYA ainsi que d'après BERTRAND lui-même, que la teneur dans les organes de l'homme varie de 1 à 5 milligrammes p. 100 de substance fraîche.

Variations de la teneur en manganèse; variations individuelles et variations d'espèce et de classe. Variations concernant l'animal entier. — Les *variations individuelles* n'ont

1. De même les phanères des oiseaux ont une teneur élevée qui va jusqu'à 3 milligr., mais il convient de remarquer que dans ceux-ci la proportion d'eau est moindre que dans les autres tissus et que, pour une comparaison rigoureuse, il faudrait évaluer la teneur en manganèse par rapport à 100 grammes de tissu sec.

été étudiées que dans quelques cas ; BERTRAND a trouvé pour la souris $0^{mgr}03$ à $0^{mgr}06$, pour la grenouille $0^{mgr}32$ à $0^{mgr}46$; les écarts les plus considérables ont été observés pour la lymnée dont la teneur varie de $0^{mgr}477$ à $4^{mgr}145$. Les *variations de sexe* n'ont été constatées que pour le hareng : le mâle contient $0^{mgr}09$ et la femelle $0^{mgr}12$. De même les variations d'espèce, étudiées dans un très petit nombre de cas, se montrent peu importantes : souris commune ($0^{mgr}19$) et souris blanche (moyenne $0^{mgr}214$).

Les *variations de famille et de classe* peuvent par contre être très remarquables. Un batracien (la salamandre), certains insectes (écaille marbrée et martre), divers gastéropodes (vignot, escargot, lymnée), ont des teneurs qui atteignent plusieurs milligrammes ; chez l'écrevisse, la teneur en manganèse atteint même jusqu'à 9 et 12 milligrammes. En définitive, d'une façon générale, on peut conclure avec BERTRAND :

Chez les vertébrés, ce sont les mammifères qui sont les moins riches : on n'y trouve guère plus de quelques centièmes de milligramme de manganèse pour 100 grammes d'organisme total à l'état frais, tandis que l'on rencontre des proportions cinq à dix fois plus grandes du même métal chez les oiseaux, les reptiles, les batraciens et les poissons.

Chez les invertébrés, dont la richesse est, en général, assez grande, les variations observées ne portent pas sur un nombre suffisant d'espèces pour donner lieu à des comparaisons tant soit peu définitives, mais on peut déjà observer que les mollusques gastéropodes et lamellibranches sont parmi les animaux le plus abondamment pourvus de manganèse.

Enfin si l'on compare dans leur ensemble tous les représentants du règne animal à ceux du règne végétal, on constate la pauvreté excessive des espèces animales rapportée à celle déjà très faible des espèces végétales.

Variations concernant le même organe dans la série animale. — Pour un même organe, appartenant à une même espèce, les variations individuelles de la teneur en manganèse ne sont pas considérables, elles ne dépassent pas 2 à 3 dixièmes. Chez le lapin, par exemple, les teneurs des principaux organes chez trois individus sont les suivantes : foie, $0^{mgr}237$, $0^{mgr}268$, $0^{mgr}351$; rein, $0^{mgr}087$, $0^{mgr}090$, $0^{mgr}101$; intestin, $0^{mgr}050$, $0^{mgr}030$, $0^{mgr}033$.

Chez l'homme sain, REIMANN et MINOT ont observé de plus notables écarts entre divers individus ; c'est ainsi que chez l'adulte ils ont trouvé pour le foie des valeurs allant de 10,5 et 26,3 centièmes de milligramme pour 100 grammes d'organe frais.

Dans une même classe et pour diverses espèces (BERTRAND) les variations de la teneur en manganèse d'un même organe sont également peu considérables. Mais entre les divers classes, les différences sont assez notables. D'une façon générale, les organes des oiseaux sont plus riches en manganèse que les organes correspondants des mammifères, et, chez ces derniers, la teneur en Mn est, à son tour, plus élevée que chez les poissons.

Richesse comparative des divers organes. — Pour une même classe, les mammifères par exemple, les divers organes se rangent dans l'ordre suivant, de teneur décroissante en manganèse pour 100 grammes d'organe frais : foie ($0^{mgr}265$ à $0^{mgr}416$), rein ($0^{mgr}063$ à $0^{mgr}238$), intestin ($0^{mgr}030$ à $0^{mgr}050$), cerveau et substance nerveuse ($0^{mgr}009$ à $0^{mgr}036$), poumon ($0^{mgr}006$ à $0^{mgr}023$), muscle ($0^{mgr}005$ à $0^{mgr}018$). Les phanères (poils, plumes, ongles) ont une teneur relativement élevée ; mais, la teneur en eau de ces productions épidermiques étant moindre, on ne devrait faire de comparaison absolue que par rapport à 100 grammes d'organe sec.

Notons enfin que la substance grise (cerveau de bœuf) est beaucoup plus riche ($0^{mgr}022$) que la blanche ($0^{mgr}005$), que le cœur et la langue sont plus riches que les muscles du tronc et des membres. Dans l'œuf, le blanc ne contient que peu ou pas de manganèse. Celui-ci se trouve accumulé dans le jaune où il sert de provision de Mn pour le développement de l'oiseau. Le lait est très pauvre en Mn (comme il l'est en fer), mais, chez l'homme, il est cependant plus riche en cet élément que le sang (REIMAN et MINOT) : d'après les moyennes fournies par les dosages effectués à des âges divers et dans des conditions variées, pathologiques ou non, les organes se classent dans l'ordre suivant (teneur en centièmes de milligramme pour 100 grammes d'organe) : foie (17,9), pancréas (7,6), organes lymphoïdes (6,3), rein (6,1), gros intestin (3,3), rate (3,2), intestin

grêle (2,9), cerveau (2,8), estomac (2,6), cœur (2,1), poumon (2), muscle (1,4), surrénales (1,3) ; on voit que cet ordre est le même que celui trouvé par BERTRAND pour les
organes des mammifères. Il convient de noter que pour un métal catalytique comme le
zinc, les organes humains se classent dans l'ordre suivant (teneur décroissante) : cerveau, poumon, estomac, intestin, foie, rein, cœur, rate (S. GIAYA). Il existe donc une
spécificité dans la répartition de chaque élément catalytique et cette spécificité nous
permettra sans doute, dans l'avenir, de nous éclairer sur le rôle physiologique joué par
chaque élément catalytique normal.

En définitive, on peut conclure que l'existence constante du manganèse et sa répartition remarquablement homologue dans les organes de l'homme et des divers animaux
conduisent à attribuer à ce métal une place importante à côté des autres éléments normaux de la matière vivante.

Il n'est pas encore possible d'affirmer que ce métal joue un rôle spécial même dans
les phénomènes de combustion. Sans doute le foie contient des proportions remarquablement élevées de manganèse et l'on pourrait être tenté d'établir une relation entre
ce fait et le rôle chimique de cette glande dont la température est supérieure à celle de
tous les autres organes ; toutefois cette teneur exceptionnelle s'explique tout naturellement si l'on tient compte de ce que le foie est un organe fixateur des poisons métalliques. D'ailleurs la teneur extrêmement faible en manganèse des muscles (sauf le
muscle utérin des oiseaux) montre que ce métal ne joue pas un rôle essentiel dans les
phénomènes de combustion dont ces organes sont le siège. A vrai dire, il n'est pas
impossible que cette proportion très faible de manganèse soit suffisante pour permettre
à ce métal un rôle de catalyseur chimique dans les combustions du muscle ; les teneurs
supérieures seraient alors superflues ou joueraient un tout autre rôle.

Dans certains cas spéciaux, notamment dans les phénomènes de phosphorescence
présentés par certains animaux ou organismes, le manganèse pourrait jouer un rôle
prépondérant et RODRIGUEZ MOURELO a pu établir le rôle de ce métal dans la phosphorescence du sulfure de strontium.

On peut encore invoquer en faveur du rôle oxydant que jouerait le manganèse
normal, ce fait que par l'introduction de petites quantités de manganèse sous forme
de chlorure manganique, on peut augmenter l'aptitude de l'organisme à oxyder certains
poisons de façon à permettre à celui-ci de tolérer des doses dépassant nettement la
dose mortelle (DORLENCOURT).

Nous verrons plus loin, à propos de l'action du manganèse sur les végétaux, que
ce métal fait partie de certaines oxydases (G. BERTRAND), et que sous cette forme il
paraît jouer un rôle important dans les oxydations intra-cellulaires.

En fait, on sait qu'il existe des oxydases dans les organes et les tissus de toute la
série animale (ABELOUS et BIARNES, PIERI et PORTIER). PORTIER est même parvenu, par
addition de sulfate de manganèse, à accroître le pouvoir oxydant de l'oxydase d'un
mollusque lamellibranche (Artemis exoleta). Notons enfin que le rôle de Mn peut être
plus complexe encore ; BRALLEY et MORRE ont signalé l'action favorable exercée par le
chlorure de manganèse sur l'autolyse du foie in vitro.

États pathologiques. — L'étude des teneurs en manganèse des divers tissus dans les
états pathologiques n'a pas été jusqu'ici entreprise sur une grande échelle. D'ailleurs,
dans les cas de diète alimentaire prolongée ou de ration ordinairement peu riche en
manganèse, il est peu probable que la teneur des tissus soit très modifiée et c'est ce
que montrent en effet les quelques déterminations faites par REIMAN et MINOT ; les unes,
rapportées ici même (voir plus haut), sur le sang dans divers états pathologiques, les
autres se référant à deux cas, l'un d'anémie, l'autre de tuberculose, dans lesquels le
manganèse a été dosé dans divers organes. Les chiffres trouvés sont consignés dans le
tableau ci-dessous en regard des teneurs moyennes et extrêmes des mêmes tissus
chez l'adulte.

On voit que, sauf le rein dans la tuberculose et la rate dans l'anémie, tous ces
chiffres ne s'écartent pas beaucoup des moyennes et sont, en tout cas, compris entre
les chiffres des teneurs extrêmes.

Toutefois, dans les tissus de néoformation (carcinomes, sarcomes de souris, rats et
chiens), MEDIGRECEANU a observé que la teneur en Mn est nettement inférieure à celle des

MANGANÈSE.

Poids de manganèse en milligrammes pour 100 grammes d'organes frais.

ORGANES.	ADULTE MOYENNE ET TENEURS EXTRÊMES dans 3 à 7 cas.			ANÉMIE chez UN ADULTE.	TUBERCULOSE chez UN ADULTE.
	Moyenne.	Teneur minimum.	Teneur maximum.		
	milligr.	milligr.	milligr.	milligr.	milligr.
Foie.	0,152	0,105	0,263	0,101	0,217
Pancréas	0,084	0,060	0,100	0,070	0,055
Rein.	0,066	0,046	0,120	0,047	0,031
Colon.	0,037	0,019	0,065	0,035	0,022
Rate.	0,031	0,022	0,051	0,016	»
Intestin grêle. .	0,024	0,021	0,027	0,013	0,036
Poumon. . . .	0,025	0,004	0,047	»	0,024

tissus normaux; elle est en moyenne de $0^{mgr}004$ à $0^{mgr}12$, alors que le tissu le moins riche a une teneur oscillant de $0^{mgr}006$ à $0^{mgr}018$.

PÉNÉTRATION NORMALE ET EXPÉRIMENTALE DU MANGANÈSE DANS L'ORGANISME ANIMAL
SA RÉPARTITION DANS LES DIVERS ORGANES ET SON ÉLIMINATION

I. **Pénétration du manganèse.** — **Voie stomacale.** — Bien que pleinement démontrée aujourd'hui par l'existence normale du manganèse dans tous les tissus, la pénétration de ce métal par la voie stomacale, maintes fois soumise à l'expérience, a été long-temps discutée.

Tandis que GMELIN constatait que des doses assez élevées produisent des paralysies et admettait ainsi, implicitement, la pénétration du manganèse, WIBMER observait que des doses modérées de CO^3Mn étaient absolument sans action. Toutefois, aucun de ces auteurs n'ayant cherché à doser le manganèse dans les tissus après ingestion du métal, on ne peut tirer aucune conclusion de leurs expériences.

KOBERT, le premier, procéda à des dosages; il conclut que pour des petites doses de manganèse, même après une ingestion prolongée pendant trois mois, on ne trouve pas ce métal dans les organes; avec des doses fortes, KOBERT constata l'absorption du manganèse, mais il admit qu'il y a, dans ce cas, irritation stomacale, d'où absorption anormale.

CAHN obtint des résultats analogues. WICHERT, après introduction de SO^4Mn ($1^{gr}50$), dans l'estomac du chat, trouva du manganèse dans la bile de cet animal, sacrifié six heures plus tard; mais, dans ce cas, la dose administrée est un peu forte et on pourrait à la rigueur admettre, comme KOBERT, une irritation de la muqueuse stomacale favorisant l'absorption.

Les travaux de HARNACK ont résolu définitivement la question. A la suite de l'ingestion quotidienne de manganèse chez le lapin (2 à 4 centigrammes), on trouve ce métal dans l'urine et dans tous les organes, notamment dans la rate, qui est, dans ce cas, l'organe le plus riche en manganèse.

Ainsi, le manganèse, même à faible dose, est absorbable par la muqueuse digestive et, comme sa présence dans les aliments est constante, il en résulte qu'il y a apport alimentaire quotidien de ce métal dans l'organisme. La répartition du manganèse, dans ces conditions d'absorption, est précisément celle qui nous est révélée par le dosage de ce métal dans les tissus normaux (voir ci-dessus).

Quant à la répartition du manganèse après ingestion de fortes doses par la voie stomacale, elle ne paraît pas avoir été étudiée; mais on peut admettre que tant qu'une muqueuse conserve son intégrité, l'absorption est lente, et on rentre dans le cas des faibles doses. Lorsque, au contraire, la muqueuse est lésée, il y a pénétration de quantités plus importantes de manganèse et la répartition de ce métal doit se faire suivant les mêmes modalités que pour la pénétration par les voies parentérales que nous allons étudier.

Voies parentérales. — La répartition du manganèse après administration par la voie sous-cutanée a été étudiée chez le lapin par G. BERTRAND et MEDIGRECEANU. Il résulte des recherches de ces auteurs que l'affinité des divers organes pour le manganèse qui leur est offert en excès, reste proportionnellement la même qu'à l'état normal. Ces organes se rangent en effet sensiblement dans le même ordre de teneurs décroissantes : foie, vésicule biliaire, reins, tube digestif, poumons, cœur et muscles, encéphale. Pour le foie cette fixation atteint un taux de 10 à 14 milligrammes de manganèse pour 100 grammes d'organe frais, c'est-à-dire une teneur quarante fois plus élevée environ que celle du foie normal; la fonction antitoxique du foie est ainsi, une fois de plus, mise en évidence. Après le foie, ce sont les organes éliminateurs, reins et surtout tube digestif et vésicule biliaire qui fixent le plus de manganèse soit 1/2 à 1 milligramme, pour 100 grammes d'organe frais, quantité qui ne représente que dix à douze fois le manganèse normal de ces organes. Les autres organes fixent de moins en moins de métal et, bien que dans l'intoxication manganique les troubles nerveux prennent une part prépondérante, l'encéphale et la moelle sont les organes dont l'aptitude fixatrice est quantitativement la plus faible aussi bien à l'état normal que dans l'état d'intoxication manganique.

D'une façon générale, l'activité fixatrice des divers organes pour le manganèse est telle que dans les cas ci-dessus le sang ne contient pas plus de ce métal qu'à l'état normal. Il est vrai que BERTRAND et MEDIGRECEANU ne nous renseignent pas sur le temps qui s'est écoulé entre l'injection et le prélèvement de sang.

Il convient de noter que les organes du fœtus peuvent fixer le manganèse provenant du sang maternel (SOLLMANN). On sait qu'il en est de même vis à vis du fer.

II. Élimination du manganèse. — Aussi bien après pénétration avec laration alimentaire normale qu'après l'introduction par la voie parentérale, le manganèse s'élimine surtout par le tube digestif et la vésicule biliaire; on le retrouve dans les fèces en grande partie à l'état de sulfure; sa présence commence à se manifester trois heures après la pénétration dans l'organisme (SOLLMANN).

Cette élimination, déjà signalée par GMELIN, KOBERT, CAHN, mais niée par WICKERT, a été à nouveau étudiée par BERTRAND et MEDIGRECEANU. Chez le lapin intoxiqué par trois injections sous-cutanées quotidiennes de 5 milligrammes par kilo, la teneur des fèces en manganèse est quatre fois plus élevée qu'à l'état normal. Les valeurs absolues ne sont pas données par les auteurs, mais elles sont de l'ordre de grandeur du milligramme. C'est ainsi que chez un même animal l'urine normale contenait 0^{mgr},005 de manganèse, tandis qu'au 3e jour de l'intoxication, elle en renfermait 0^{mgr},06.

Il en résulte que le manganèse s'élimine également par la voie rénale, comme l'avaient déjà montré BARGERO, PICCININI; mais cette élimination est très faible, et c'est le tube digestif qui constitue la principale voie d'élimination du manganèse.

Dans l'intoxication aiguë ou subaiguë, chez le lapin, l'organisme se débarrasse peu à peu de l'excès de manganèse qui l'imprègne : trente jours après la dernière injection, le métal introduit est presque entièrement éliminé (BERTRAND). Par contre, la teneur normale de l'organisme en manganèse ne paraît pas varier même après une alimentation sans manganèse (SOLLMANN), de sorte que dans ce cas il est probable que l'élimination subit un ralentissement et même un arrêt.

ACTION DU MANGANÈSE SUR L'ORGANISME ANIMAL : EFFETS PHYSIOLOGIQUES ET INTOXICATION

Effets physiologiques. — Action sur les Invertébrés. L'étude de l'action du manganèse sur les animaux inférieurs ne paraît pas avoir été l'objet de recherches systématiques comme pour les végétaux inférieurs et les microorganismes. Nous citerons seulement un travail de DELAGE concernant l'action activante exercée par les sels de manganèse dans la fécondation artificielle des œufs d'oursins et d'étoiles de mer. Cette action spécifique serait beaucoup plus énergique que celle des sels alcalins.

Action sur les Vertébrés. I. Homéothermes (Grenouille). II. Hétérothermes.

I. Action du manganèse sur les homéothermes (Grenouille.) — Après avoir été ébauchée en 1868 par LASCHKEWITZ, l'étude de l'action du manganèse sur la grenouille a été reprise par HARNACK en 1874 et enfin définitivement mise au point par KOBERT en 1883.

Les phénomènes observés par ces deux derniers auteurs sont, en général, identiques mais les doses nécessaires pour produire les mêmes effets ne sont pas concordantes. Celles de KOBERT sont dix fois plus faibles que celles indiquées par HARNACK. Cela tient peut-être à une différence dans le lieu d'injection et dans le poids de l'animal : KOBERT injectait dans le sac lymphatique de grenouilles vigoureuses et de taille moyenne, tandis que HARNACK, qui ne précise pas, injectait probablement sous la peau et sur des grenouilles de petite taille.

Effets généraux. — Après injection d'un sel soluble dans le sac lymphatique, on observe tous les symptômes résultant d'une action paralysante sur le système nerveux central : diminution, puis abolition de la spontanéité ($0^{mgr},8$)[1], atténuation puis suppression de la sensibilité ; enfin disparition des réflexes (1 milligramme) ; l'excitabilité des muscles et de leurs nerfs est conservée ; cet état peut durer une heure ou deux, et l'animal revient à l'état normal. Tous ces effets se manifestent assez rapidement, ce qui contraste avec l'action du fer et celle de l'étain qui se manifestent très lentement.

A doses plus fortes (3 milligrammes), la mort survient par arrêt cardiaque en diastole, tandis que dans les intoxications plus sévères, il y a à la fois arrêt respiratoire et arrêt cardiaque, cette fois en systole.

Action sur le cœur isolé. — On observe tout au début une courte accélération du rythme, puis il y a bientôt arrêt par paralysie des ganglions ; le muscle cardiaque qui, à ce moment, répond encore aux excitations mécaniques ou médicamenteuses (helléboréine) peut, à son tour mais beaucoup plus tard, devenir inexcitable. L'arrêt cardiaque se produit en diastole et non comme cela a été observé pour le cœur *in situ* (CH. RICHET) dans un état intermédiaire entre la diastole et la systole.

II. Action physiologique du manganèse chez les hétérothermes. — C'est à KOBERT que nous devons l'étude physiologique la plus complète sur le manganèse et ce sont surtout les résultats obtenus par ce savant que nous rapporterons ici, en y ajoutant à l'occasion les autres travaux accompagnés du nom de leurs auteurs.

1. Effets généraux. — *a. Lapin et cobaye.* — Les doses faibles produisent des phénomènes de paralysie déjà signalés par GMELIN et par LASCHKEWITZ, aussi bien par la voie stomacale que par injections parentérales. Avec les doses minima mortelles, on constate tout d'abord de la diarrhée puis diminution des réflexes, paralysie des nerfs moteurs et sensitifs, enfin arrêt respiratoire (déjà noté par LASCHKEWITZ) alors que le cœur bat encore. Les convulsions sont rares et passagères. En définitive, le manganèse agit comme un poison du système nerveux central et bulbaire. Avec les doses fortes et mortelles, on peut ne rien observer pendant un temps plus ou moins long suivant la dose ; puis, brusquement, se déclenchent des convulsions épileptiques qui entraînent la mort en quelques instants ou parfois après une ou deux heures.

De même, LASCHKEWITZ a constaté chez le lapin, après injection intraveineuse de $0^{gr},25$ d'un sel de Mn, des convulsions tétaniques, puis la mort avec dilatation pupillaire et exophtalmie caractéristiques de l'état asphyxique.

b. Chien et chat. — **Voie sous-cutanée.** Très rapidement après l'injection, on observe des vomissements et des nausées qui persistent jusqu'à la mort (ces vomissements avaient déjà été signalés par GMELIN soit après ingestion, soit après injection intraveineuse) ; il y a également de fortes diarrhées avec présence de Mn dans les selles. Les urines sont denses et contiennent des pigments biliaires (ictère hépatique). On note une diminution progressive de la motilité et de la sensibilité ; puis disparition des réflexes et, peu après, mort de l'animal.

Voie intraveineuse. L'injection des doses toxiques ou mortelles ne produit pas,

---

[1]. Tous ces chiffres, qui sont ceux de KOBERT, expriment la quantité de MnO injectée à l'état de sel soluble.

comme par voie sous-cutanée, les vomissements caractéristiques signalés ci-dessus, bien que GMELIN les ait observés. Par contre, on voit bientôt apparaître les convulsions d'origine corticale; enfin les centres bulbaires sont tour à tour paralysés : centre respiratoire d'abord, puis vasomoteur. Si l'on effectue la respiration artificielle, l'animal continue à vivre mais l'action toxique du métal se poursuit et s'exerce alors sur les ganglions cardiaques d'où arrêt du cœur. Après la mort, les muscles du tronc sont encore excitables.

2. **Action sur l'appareil circulatoire.** — *Cœur.* Les faibles doses paraissent augmenter la fréquence et la puissance du cœur (MERTI et LUCHSINGER, HOPPE), mais les doses moyennes et les doses fortes ralentissent le cœur (DEBIERRE) et produisent son arrêt en diastole (LASCHKEWITZ); le muscle cardiaque est alors inexcitable. Les vaisseaux sont hypérémiés puis paralysés (HOPPE). Du côté de la pression artérielle on note, après chaque injection d'une dose moyenne, une chute de pression passagère due à l'action cardiovasculaire du sel manganique; cette chute est immédiatement suivie d'une ascension causée par l'irritation locale. Si les injections sont répétées, il n'y a plus de phase ascensionnelle et la pression se maintient basse. De nouvelles injections ou l'injection d'une dose forte provoquent des convulsions qui entraînent une ascension brusque et temporaire suivie d'une chute définitive. Ainsi que MERTI et LUCHSINGER, KOBERT admet qu'il y a une paralysie d'abord passagère puis durable des centres vasomoteurs.

3. **Action sur le tube digestif et sur la sécrétion biliaire.** — Le manganèse paraît exercer sur le tube digestif une action irritante locale visible à l'autopsie (MERTI et LUCHSINGER), et se traduisant chez l'animal intoxiqué par des vomissements et de la diarrhée; ces phénomènes se produisent également après injection parentérale, ce qui tient à ce que le manganèse s'élimine par la muqueuse intestinale; dans ce cas, en effet, on retrouve le manganèse dans les matières vomies. D'après HOPPE, les sels de manganèse exercent une action excitante sur la péristaltique intestinale, mais, à forte dose, il y a arrêt des mouvements péristaltiques.

Le manganèse s'élimine également par la bile (WICKERT) et, de plus, augmente très nettement la sécrétion biliaire (GOULDEN, GMELIN).

4. **Action sur le système nerveux central.** — Nous avons déjà signalé l'action excitante sur la corticalité grise exercée par les injections intraveineuses des doses fortes de manganèse et se manifestant par la production de convulsions. A dose toxique, ce métal exerce une action dépressive sur les centres bulbaires, notamment sur les centres vaso-moteurs et le centre respiratoire.

5. **Action sur le métabolisme.** — LASCHKEWITZ a signalé l'augmentation de l'excrétion azotée urinaire; ce fait est confirmé par KOBERT qui a trouvé beaucoup d'urée dans les urines d'animaux ayant reçu des doses fortes de manganèse en injection sous-cutanée. Par contre, DEBIERRE, après ingestion ou injection sous-cutanée de l'acétate de manganèse, a noté chez le chien une diminution du taux de l'urée urinaire.

6. **Action sur les organes hématopoïétiques.** — Bien que le manganèse ne puisse pas remplacer le fer dans l'hémoglobine et bien que ce métal n'existe même pas dans le globule rouge, on a étudié son action sur l'hématopoïèse. D'après DEBIERRE (1885) et aussi d'après BENDINI (1898), il y aurait sous l'influence des sels de manganèse à la fois augmentation des hématies et de l'hémoglobine. LEMOINE a également constaté l'augmentation du nombre des hématies par le nucléinate de manganèse, ainsi que l'accroissement de la capacité oxydante du sang.

D'après CORONEDI, le manganèse colloïdal augmente le nombre des globules blancs et ceux-ci fixent Mn, car ils donnent la réaction de l'indophénol, ce que ne font pas les autres métaux colloïdaux.

Peut-être peut-on rattacher à cette propriété l'action emménagogue des préparations de manganèse signalée par UPSHUR.

7. **Action sur la formation des anticorps.** — WALBUM a montré que l'injection de chlorure de manganèse chez les chevaux destinés à la préparation du sérum antidiphtérique fait accroître la teneur du sang en antitoxines, empêche la chute du pouvoir antitoxique consécutive à l'injection de toxine et relève la teneur en antitoxine dans la chute qui fait suite à la suppression des injections de toxines.

8. **Intoxication chez les animaux.** — 1° *Symptomatologie.* — *Intoxication aiguë.* — Nous avons déjà signalé les divers symptômes de l'intoxication aiguë telle qu'on

peut la réaliser par l'introduction du métal par les voies parentérales ; cette intoxication n'est réalisable par la voie stomacale que s'il y a préalablement ou contemporainement irritation du tube digestif, ce qui est le cas notamment lorsqu'il y a eu absorption de doses fortes. Les principaux symptômes produits par cette intoxication aiguë sont : troubles digestifs, vomissements, nausées, diarrhée résultant d'une irritation du tube digestif au cours de l'élimination du manganèse par cette voie ; troubles nerveux : somnolence, suppression de la sensibilité et de la motilité, parfois des convulsions d'origine corticale notamment chez le lapin et le cobaye, puis disparition des réflexes et abaissement de la pression artérielle, enfin paralysie des centres bulbaires entraînant la mort par asphyxie.

Dans l'*intoxication subaiguë*, on observe à côté de quelques-uns des phénomènes ci-dessus, de l'ictère et surtout de la néphrite commençant par l'inflammation des cellules sécrétrices puis du tissu interstitiel ; cette néphrite est analogue à celle produite par les autres poisons métalliques, mais elle s'en différencie par l'ictère que ne donnent pas ces derniers poisons. Cet ictère est d'origine hépatique ; d'ailleurs l'intoxication du foie se traduit également par la dégénérescence graisseuse de cet organe signalée anciennement par Laschkewitz et plus récemment par Bargero.

L'*intoxication chronique* ne paraît pas avoir été obtenue chez les animaux ; en tout cas, il n'a pas été possible de reproduire expérimentalement les troubles nerveux que nous verrons plus loin être caractéristiques de l'intoxication chronique chez l'homme.

Bertrand a administré, pendant 22 jours consécutifs, à un lapin de 2 kilos, une dose quotidienne de 2 mgr. 5 de Mn à l'état de sel soluble et par injection sous-cutanée ; aucun symptôme n'a été observé ; il y a même eu un léger accroissement de poids.

2° *Toxicité comparée et doses mortelles.* — On trouvera dans le tableau ci-dessous les doses mortelles des sels solubles de manganèse par voie sous-cutanée pour les divers animaux de laboratoire ; ces doses sont exprimées en milligramme d'oxyde de manganèse MnO et par kilo d'animal ; elles provoquent la mort en des temps variables mentionnés ci-dessous. Pour le chat, les périodes indiquées sont généralement inférieures à la réalité, car chez cet animal la mort est toujours plus tardive que chez les autres.

Toxicité du manganèse par voie sous-cutanée
doses mortelles par kilogr. d'animal exprimées en milligrammes de MnO
(d'après Kobert et Bertrand)

ANIMAUX.	MORT EN 3 HEURES.	MORT EN 10 HEURES.	MORT EN 24 HEURES.	MORT EN 48 HEURES.
Chien.	»	»	13-14	6-8
Chat.	»	20-25	13-15	8-9
Lapin.	100-110	»	28-30	12-13
Cobaye.	»	57-60	28-30	»

Dans le tableau ci-après on trouvera les doses mortelles pour le chien après introduction de la substance en solution aqueuse par la voie épidurale.

Toxicité du fer et du manganèse chez le chien par voie subdurale (Jean Camus)

	POIDS MORTEL de SULFATE ANHYDRE.	POIDS MORTEL DU MÉTAL CONTENU dans le sulfate.
Fer.	0,82	0,3
Manganèse.	3,78	1,87

Conclusion. — Des chiffres ci-dessus, il ressort que le manganèse est moins toxique pour le lapin et le cobaye que pour le chien et le chat. Pour ces deux derniers animaux, la toxicité est à peu près de même grandeur, quoique pour les mêmes doses la mort soit toujours plus tardive chez le chat. Ces résultats montrent que, comme pour tous les poisons nerveux, la toxicité paraît être fonction du degré de développement du système nerveux.

Si l'on compare les chiffres indiqués ci-dessus pour le chien avec ceux donnés par MEYER et WILLIAMS pour la toxicité du fer chez le même animal (30 à 70 mgr de Fe^2O^3 par Kgr), on peut conclure que le manganèse est près de 5 fois plus toxique que le fer par voie sous-cutanée et que ce rapport est renversé par voie épidurale. Ainsi la toxicité n'est pas uniquement fonction du poids atomique; il y a sans doute, comme l'a admis, dans d'autres cas, CHARLES RICHET, une accoutumance originelle pour certaines substances plus répandues dans la nature et ce caractère est capable de se transmettre héréditairement; de plus, il ne se manifeste surtout qu'après pénétration de la substance dans la circulation générale. Par contre, on conçoit que dans un milieu isolé comme l'est le liquide céphalorachidien ce rapport puisse être renversé.

Intoxication chez l'homme. — Jusqu'ici, on n'a signalé chez l'homme que des accidents d'intoxication chronique et le plus souvent chez les ouvriers travaillant au milieu d'atmosphères riches en poussière de bioxyde de manganèse. Les premiers accidents signalés, consistant en paralysies musculaires, ont été décrits par COWPER en 1837. Cette question a fait l'objet de travaux plus récents de EMBDEN (1901), de CASAMAJOR, ainsi que de VON JAKSCH (1913). Il s'agit d'une intoxication du système nerveux se manifestant par des troubles mentaux et ataxiques qui, dans leur ensemble, rappellent les symptômes de la maladie de Romberg avec laquelle cependant on note de légères différences. Ces intoxications ne sont généralement pas mortelles, mais l'intégrité fonctionnelle du système nerveux est souvent compromise.¶

LE MANGANÈSE CHEZ LES VÉGÉTAUX

I. Présence du manganèse dans les végétaux supérieurs. — La présence du manganèse dans les végétaux, bien que n'ayant pas donné lieu, jusqu'aux travaux de PICHARD (1898) et surtout jusqu'à ceux de JADIN et ASTRUC (1913), à des recherches systématiques et précises, avait été maintes fois signalée dans certains végétaux. SCHEELE avait déjà trouvé du manganèse dans les cendres de plusieurs parties de diverses plantes : bois, graines (cumin), feuilles, racines ; VON SCHRŒDER (1878) avait également constaté ce métal dans les conifères ; VON LIPPMANN (1888) dans la betterave, LECLERC (1872), BUNGE (1891), GRANDEAU (1897); etc, etc.

Toutefois, dans tous ces cas, la teneur en manganèse s'est montrée si élevée (VON SCHRŒDER jusqu'à 33 p. 100 des cendres et tout récemment BURMANN (1911) 9 p. 100 des cendres dans la digitale) qu'il y a lieu de douter de la valeur des méthodes d'analyse mises en jeu et des résultats auxquels elles ont conduit. D'autre part, certains auteurs, comme MAUMENÉ, estiment que le manganèse n'est pas contenu dans tous les végétaux.

Végétaux terrestres. — L'emploi de la méthode de BERTRAND a permis à MM. JADIN et ASTRUC d'arriver à des résultats définitifs. Dans tous les cas, la présence constante du manganèse, déjà admise par BERTRAND, se trouve absolument établie et ce métal doit être désormais considéré comme un élément normal des tissus végétaux; sa répartition dans ces tissus est d'ailleurs, comme nous allons le voir, très inégale.

En moyenne, la teneur des végétaux en manganèse, exprimée en milligrammes, est de l'ordre de grandeur suivant: 0 mgr 1 à 1 milligramme pour 100 grammes de plante fraîche; 1 à 10 milligrammes pour 100 grammes de plante sèche et 10 à 100 milligrammes pour 100 grammes de cendres. Ces chiffres s'appliquent notamment aux feuilles, aux tiges et aux racines non tubéreuses. Les teneurs inférieures ne s'observent surtout que pour les parties de plantes riches en sucs aqueux. C'est ainsi que sur la centaine de plantes ou de parties de plantes examinées par JADIN et ASTRUC, les plus pauvres en manganèse sont les suivantes (ordre de teneur croissante de 0 mgr 1 à

1 milligramme de Mn pour 100 grammes de plante sèche) : pomme, pomme de terre, poire, mandarine, orange, betterave, carotte, banane.

Par contre, les teneurs supérieures à la moyenne indiquée plus haut s'observent surtout dans la plupart des graines[1], céréales, noix, noisettes, châtaignes, ainsi que chez quelques végétaux arborescents, le chêne, le peuplier, et moins nettement chez l'*Abies pectinata*. Il convient de noter que les guis vivant en parasite sur ces arbres ont également une teneur élevée en manganèse, alors que pour les guis parasites des autres arbres cette teneur ne dépasse pas la moyenne ci-dessus ; il s'ensuit, contrairement à ce que pensent à ce sujet JADIN et ASTRUC, qu'il existe une certaine relation entre le parasite et son hôte ; l'on ne conçoit pas physiologiquement qu'il puisse en être autrement. D'autres conclusions peuvent être tirées des mêmes recherches. Le taux de la teneur en manganèse ne constitue pas un caractère de famille ; on peut le voir varier considérablement pour les divers représentants d'un même groupe ou d'une même tribu. D'autre part, dans une même plante, la teneur en manganèse (et en arsenic) ne paraît pas être la même aux diverses phases de la végétation : les feuilles âgées contiennent plus de Mn et de As que les feuilles jeunes ; mais il s'agit là, sans doute, d'un phénomène apparent qui tient notablement à une plus grande proportion d'eau au début de la végétation, car si l'on compare les teneurs des feuilles jeunes et âgées à l'état sec on les trouve sensiblement identiques. Par contre, dans les cendres de feuilles jeunes, le manganèse a été trouvé plus abondant que dans celles des feuilles âgées. Les auteurs ne nous ont malheureusement pas renseigné sur les variations du taux des cendres au cours de la végétation ; on peut cependant admettre qu'il y a en augmentation de la quantité de sels minéraux, ce qui expliquerait la diminution du pourcentage du manganèse.

Le rapport des quantités de manganèse contenues dans les plantes sèches et dans un même poids de leurs cendres présente des variations intéressantes. Tandis que ce rapport est de 10 à 15 pour les parties feuillues, il atteint 30 à 45 pour la plupart des graines, notamment pour celles des graminées et pour la châtaigne. Cette richesse en manganèse est particulièrement significative étant donné les phénomènes chimiques qui doivent se produire au cours du développement de l'embryon et de la jeune plante.

BERTRAND et Mme ROSENBLATT se sont occupés récemment de la teneur des végétaux en manganèse ; les teneurs moyennes sont de l'ordre de grandeur suivant : 0^{mgr}03 à 0^{mgr}3 pour 100 grammes de plante fraîche ; 0^{mgr}3 à 3 mgr. pour 100 grammes de plante sèche et 3 à 30 mgr. pour 100 grammes de cendres. Certains végétaux ont des teneurs exceptionnellement élevées, notamment quelques crucifères : le sisymbre officinal (feuilles), les moutardes blanche et noire (graine), la Bourse à pasteur (plante entière) ; le son de froment est également très riche en manganèse ; ces teneurs élevées sont de 2 à 5 mgr. pour 100 grammes de plante fraîche, 3 à 17 mgr. pour 100 grammes de plante sèche et 61 à 100 mgr. pour 100 grammes de cendres. WESTER a obtenu des résultats analogues ; le lupin à une teneur extraordinairement élevée : 1 700 mgr. pour 100 gr. de cendres.

Deux auteurs américains, L. E. WESTMAN et R. M. RONAT, ont étudié la teneur en manganèse de quelques végétaux, notamment de diverses drogues purgatives (racines, écorces, etc.) ; cette teneur oscille entre 2 et 67 milligrammes pour 100 grammes de cendres ; dans l'aloès, qui est un suc, cette teneur n'atteint même pas 1 milligramme. Les mêmes auteurs constatent en outre que, tout au moins dans les rhamnacées, le manganèse paraît exister à l'état de composé organique et qu'un quart au moins de ce métal s'y trouve sous une forme soluble ; cette question sera examinée plus loin.

Divers auteurs ont constaté que la teneur des végétaux en manganèse varie suivant le lieu de culture, ce qui pourrait donner à penser qu'elle dépend de la teneur du sol en ce métal, bien que HEADDON ait observé pour le blé une teneur en manganèse indépendante de celle du sol.

Il est vrai que d'après BERTRAND l'action favorisante du manganèse ne dépend pas de la seule teneur du sol en ce métal, mais surtout de sa teneur en manganèse soluble.

1. Cette richesse des graines en Mn avait été déjà signalée par PICHARD.

Le manganèse dans les végétaux marins. — En même temps que JADIN et ASTRUC publiaient leurs travaux sur la teneur en manganèse des végétaux terrestres (1913), MARCELET poursuivait une étude analogue sur les végétaux marins. Déjà, FORCHHAMMER en 1855, puis GORUP BESANEZ en 1861, avaient signalé l'extraordinaire richesse en oxyde de manganèse MnO de *Padina pavonia* (8,19 p. 100 du poids de plante sèche), de *Zostera marina* (4 p. 100 des cendres) et de *Trapa natans* (6,47 à 12,67 p. 100 des cendres). Ces chiffres, qui d'ailleurs parurent invraisemblables à leurs propres auteurs, sont évidemment erronés. PICHARD a pu caractériser le manganèse dans diverses algues de mer, dans les fucus et dans les laminaires. Les recherches très précises de MARCELET, effectuées sur 17 échantillons différents, ont conduit aux résultats suivants rapportés à 100 grammes de plante sèche. 11 échantillons ont une teneur de 1^{mgr} 5 à 9 milligrammes; chez les 6 autres, la teneur oscille entre 15 milligrammes et 22^{mgr}5 et atteint exceptionnellement pour *Halopithys pinastroides* 36^{mgr} 3. *Padina pavonia* ne contient que 9 milligrammes de Mn p. 100 de plantes sèches alors que Forchhammer avait trouvé pour la même quantité de plante 8^{gr} 19 de MnO.

La répartition du manganèse dans les diverses parties de la plante n'est pas uniforme; les feuilles de *Posidonia* renferment 2 fois et demie plus de manganèse que les racines, toutes deux étant considérées à l'état sec. L'étude comparative des teneurs en manganèse et en arsenic montre que ces deux éléments ne varient généralement pas dans le même sens.

II. Présence du manganèse dans les végétaux inférieurs. — Le manganèse se trouve d'une façon constante dans les cendres des végétaux inférieurs, levures, moisissures et microbes. Cette proportion est extrêmement variable, elle atteint pour l'*Aspergillus niger* 0,0025 à 0,0039 p. 100 du poids de cendres et 0,00006 à 0,0015 p. 100 de mycélium sec. Nous verrons plus loin que ces proportions sont considérablement augmentées par l'addition de manganèse au milieu de culture (BERTRAND et JAVILLIER).

III. Forme sous laquelle le manganèse existe dans les végétaux. — Nous avons vu que chez les rhamnacées un quart du manganèse existe sous une forme soluble. Il semble bien que l'une et l'autre forme, soluble et insoluble, soient des combinaisons organiques; toutefois aucune démonstration rigoureuse ne paraît avoir été fournie à ce sujet. Cependant GUÉRIN, en traitant la sciure de bois par une solution alcaline et acidulant le filtrat par HCl, a obtenu un précipité, floconneux abondant, contenant du manganèse mais point de fer, et présentant l'allure des combinaisons nucléiniques. Un de ces produits extraits du hêtre possède la composition centésimale suivante: C = 52,76, H = 5,04, N = 4,60, S = 0,66, P = 1,3, Mn = 0,40. D'après l'auteur, il est probable que c'est sous cette forme nucléinique complexe que le manganèse existe dans le tissu ligneux de tous les végétaux.

En faveur de cette hypothèse, il convient de signaler le fait observé dans le groupe des chrysanthèmes et qui mériterait d'être vérifié sur des végétaux nombreux et divers, à savoir que le manganèse varie toujours dans le même sens que le phosphore et l'azote. De même PATUREL, cité par GRANDEAU, admet que le manganèse existe dans le vin en partie combiné avec l'acide tartrique, en partie sous forme d'un composé phosphoré assimilable analogue à la lécithine.

IV. Action du manganèse sur le développement des végétaux. — 1° **Action sur la germination.** — MAC COOL a le premier signalé, en 1913, l'influence favorable exercée par le manganèse sur la germination, alors que d'autres sels sont sans action ou même retardent ce phénomène. MAQUENNE et DEMOUSSY ont d'ailleurs montré que la toxicité du manganèse pour les graines est très faible, et qu'elle reste voisine de celle de l'étain et de l'aluminium. STOKLASA a étudié l'influence de Mn à l'état de MnCl^2 sur la germination des graines d'orge, de cresson alénois, de chiendent et de pois; à la concentration de $\dfrac{N}{10\,000}$ à $\dfrac{N}{2\,000}$ cette influence est très favorable; la concentration $\dfrac{N}{1000}$ n'est favorable que pour les trois premières graines, enfin les taux de $\dfrac{N}{500}$ et au-dessus deviennent de plus en plus toxiques pour les quatre espèces.

2° **Action sur la croissance.** — a) *Végétaux supérieurs.* — Pour étudier l'action du manganèse sur la croissance des végétaux supérieurs, on s'est surtout basé sur l'augmentation de la récolte, soit en plante totale, soit surtout en celles de ses parties qui présentent le plus d'utilité. Enfin dans quelques cas particuliers on s'est également proposé de rechercher les améliorations survenues dans la quantité et la qualité des principes actifs : richesse en sucre pour la betterave, activité physiologique pour la digitale, etc. Les méthodes d'études ont consisté tantôt en culture de laboratoire sur milieux liquides, tantôt en culture sur milieux solides, soit au laboratoire, soit dans des champs d'expérience.

Les résultats de ces nombreuses recherches sont pour la plupart si favorables, que l'on a proposé l'emploi du manganèse comme engrais. On trouvera dans le travail d'OLARU (Baillière, 1920) une étude approfondie des très nombreux mémoires publiés sur ce sujet en même temps qu'une bibliographie complète de la question. Nous ne signalerons ici que le travail plus récent de STOKLASA. Cet auteur a montré que la croissance de diverses plantes, chiendent, avoine, est notablement augmentée en présence de chlorure de manganèse ou de sel d'alumine, à la concentration $\frac{N}{2\,000}$. Chose curieuse l'association des sels de Mn et de Al est de beaucoup plus favorable que chacun des sels employé seul et à dose équivalente ; aussi la dose optimum la plus élevée de chacun de ces sels est-elle déjà une dose défavorable (subtoxique) pour une quantité égale du mélange des deux sels.

Nous examinerons plus loin quelles sont les causes auxquelles on peut rapporter cette action favorisante du manganèse.

b) *Végétaux inférieurs.* — La culture des végétaux inférieurs (microbes et moisissures) sur les milieux liquides couramment employés dans les laboratoires se prête tout particulièrement à l'étude de l'action des substances minérales ou organiques. L'influence exercée par ces substances peut être démontrée soit par l'examen du poids des cultures après dessiccation, soit par leur composition chimique (dosage d'azote pour les bactéries azotofixatrices), soit enfin par la mesure des actions chimiques produites par ces végétaux : CO_2 et alcool pour la levure, acide lactique pour la bactérie lactique, acide acétique pour le *mycoderma aceti*, etc. Dans certains cas, on a étudié également l'action toxique exercée par le Mn ou plutôt on a recherché quelle est la dose de ce métal capable d'entraver et même de tuer la culture. Nous examinerons successivement chacune des espèces ayant fait l'objet de recherches particulières. Mais d'une façon générale nous noterons qu'il résulte de toutes ces recherches qu'à dose convenable et généralement infinitésimale, le manganèse exerce une action favorisante à la fois sur le développement des végétaux inférieurs et sur les processus chimiques dont ils sont le siège. A côté des effets ainsi produits par le manganèse sur les végétaux inférieurs, il conviendrait d'étudier inversement l'action des microbes sur les composés du manganèse. Nous ne ferons que signaler tantôt l'oxydation des sels manganeux en sels de peroxydes (BEIJERINCK 1913, SOEHNGEN 1914) ou du sulfure en sulfate, tantôt la réduction des sels de protoxydes, en sels de peroxydes, tantôt enfin la précipitation d'un oxyde à partir d'un sel soluble (*Crenothrix manganifera* Neufeld). Ces réactions n'ont d'intérêt que parce que quelques-unes d'entre elles expliquent l'utilisation par les végétaux des insolubles de manganèse du sol rendus solubles par les microbes. Dans les paragraphes suivants nous reviendrons à l'étude de l'action du manganèse sur les végétaux inférieurs en examinant chacun des cas les mieux connus.

Aspergillus niger. — Tandis que RAULIN était resté indécis au sujet de l'action favorable du manganèse, divers auteurs, RICHARDS (1897), KANTER (1903), JOSSL (1905), s'étaient montrés très affirmatifs ; toutefois les expériences de ces auteurs présentaient encore quelques lacunes ; aussi BERTRAND et JAVILLIER ont-ils repris cette étude avec la plus extrême rigueur et montré que l'action favorable du manganèse est indéniable. Toutefois, il n'existe pas comme pour le zinc (JAVILLIER) une zone optima ; les récoltes augmentent avec les doses croissantes et elles ne diminuent qu'en présence de très grandes quantités de métal, ce qui fait supposer que l'action nuisible doive être attribué plutôt à l'excès de pression osmotique qu'à la toxicité propre du manganèse. L'action combinée du manganèse et du zinc intervient efficacement non seulement pour augmenter la récolte, mais aussi la fixation de Mn qui, grâce au zinc, est mieux assimilée ; d'ailleurs l'action favorable du manganèse ne s'exerce pas seulement sur la croissance mais aussi sur la formation des conidies ; en l'absence de ce métal les colonies restent blanches, mais si l'on en ajoute une trace (un décimilliardième) la formation des conidies a lieu et la surface du mycélium devient noire et veloutée.

Bacterium aceti (fermentation acétique). — Bertrand et Sazerac ont montré que la vitesse de transformation de l'alcool en acide acétique, par la bactérie acétique, *Bacterium (Mycoderma) aceti*, est fortement accélérée par addition d'une certaine proportion de manganèse ; l'accélération croît d'abord avec la proportion de métal, passe par un maximum, puis décroît. Rothenbach et Hoffmann n'ont pas observé avec *Bacterium ascendens* une action nettement favorisante du manganèse, mais Bertrand fait remarquer que les expériences de ces auteurs comportaient, entre autres conditions désavantageuses, une trop forte proportion de sulfate de manganèse.

Bactéries lactiques. — On ne semble pas avoir étudié l'action des petites doses de manganèse susceptibles d'influencer favorablement la fermentation lactique. Par contre Richet (1892) a déterminé les doses antigénétiques et antibiotiques du manganèse et de quelques métaux voisins : fer, plomb, zinc. La dose antigénétique de Mn par litre est de 0gr704 et la dose antibiotique 0gr939. On voit que les bactéries lactiques sont beaucoup plus sensibles que l'*Aspergillus niger* vis-à-vis du manganèse. Sauf le plomb, le manganèse est, parmi les métaux ci-dessous, le moins toxique pour la bactérie lactique ; d'ailleurs si on rapporte à la molécule, on voit que la toxicité du manganèse est la plus faible de toutes.

Dans une autre série d'essais (1910), Richet a comparé les métaux très voisins Fe, Mn, Ni, Co, et déterminé la quantité de métal (exprimée en dix-millièmes de molécule gramme par litre) capable de diminuer de moitié l'activité du ferment lactique.

	Par litre en dix-millièmes de molécule gramme.	P. 100 de Fe.
Fe	250	100
Mn	100	40
Ni	18	7
Co	5	2

Dans ce cas, le fer est le métal le moins nocif.

Levure de bière (Fermentation alcoolique). — Kayser et Marchand ont observé que l'addition de sels de manganèse, et surtout de nitrate, active la consommation du sucre et augmente la proportion d'alcool formé, ainsi que la glycérine et l'acidité volatile. La nature du sel employé n'est pas sans importance ; avec le nitrate, il y a diminution des alcools supérieurs, avec le phosphate ces alcools sont augmentés ; mais cette particularité est sans doute due à l'action de l'azote nitrique. La levure ainsi activée conserve ultérieurement quelques-unes de ses propriétés acquises, malgré la faible quantité de manganèse qu'elle renferme. Léoncini a constaté pendant la vinification l'augmentation de l'acide tartrique sous l'influence du bioxyde de manganèse. Le manganèse ne paraît pas être plus dommageable pour la levure qu'il ne l'est pour la bactérie lactique ; d'après Bokorny, une solution à 1 p. 100 de SO⁴Mn n'exerce aucune action nocive.

Bactéries fixatrices d'azote. — L'influence du manganèse sur la fixation d'azote par les diverses bactéries fixatrices a été étudiée et affirmée par de nombreux auteurs. Stoklasa (1908) et Kaserer (1910) ont montré l'action favorable des petites doses de Mn (1 mgr à 1 cgr p. 100) sur l'*Azotobacter* ; sans doute Omeliansky (1918) croit plutôt à une action retardatrice, mais les recherches de J. Rocasolano (1916) montrent que, aussi bien pour l'*Azotobacter* que pour le *Bac. radicicola* et le *Clostridium*, l'action du manganèse est favorable (optimum 0,006 p. 100) ; pour le *Clostridium* notamment il n'y aurait pas de fixations d'azote sans Mn. Olaru a repris cette question et ses conclusions confirment les précédentes, mais elles sont basées sur des données plus rigoureuses et les concentrations optima sont plus précises. On trouvera dans le travail d'Olaru une bibliographie complète à laquelle nous renvoyons le lecteur.

1° *Bactéries des nodosités des légumineuses.* — Le sulfate de manganèse dilué au dix-millionième exerce sur le *Bac. radicicola* une action stimulante manifeste se traduisant par une augmentation de l'azote fixé dix fois supérieure à celle du témoin. L'optimum s'observe pour les dilutions au deux cent millième. A des doses plus élevées l'action du manganèse est moins favorable; c'est probablement par l'emploi de doses trop fortes que s'expliquent les insuccès de FELLERS avec les nodosités du soja.

2° *Azotobacter chroococcum.* — Ici encore, l'action du manganèse s'est montrée favorable; l'optimum oscille entre 1 et 2/100 000; avec des concentrations 5 ou 10 fois plus fortes, la fixation d'azote est diminuée (milieux liquides); dans les milieux solides (terre) la fixation d'azote est gênée et peut même devenir négative.

3° *Clostridium Pastorianum.* — Comme on pouvait s'y attendre avec un anaérobie, c'est avec ce *Clostridium* qu'on constate l'optimum le moins élevé; celui-ci s'observe avec une dilution au 1/1 000 000 qui correspond à une fixation d'azote de 133 p. 100; avec les concentrations plus fortes la fixation d'azote diminue; à la concentration 1/10000 cette fixation est même moindre qu'en l'absence de Mn.

Microorganismes ammonifiants (Micrococcus, Urococcus, Proteus, etc.).

De nombreux auteurs, KELLEY (1912), GREAVES (1916), LEONCINI (1917), BEATRICE (1919), ont déjà étudié l'action du manganèse sur les microorganismes ammonifiants et ces auteurs ont obtenu des résultats contradictoires. OLARU a montré que la formation d'ammoniaque par les microorganismes ammonifiants aux dépens de différentes substances albuminoïdes (lait, peptone ou caséine) soit en milieu liquide, soit dans la terre, est favorablement influencée par des additions croissantes de manganèse; la toxicité de ce métal est insignifiante et, aux doses trop élevées, on n'observe qu'une diminution dans la formation d'ammoniaque.

Bactéries nitrifiantes. — Les auteurs cités plus haut ont également étudié l'influence du manganèse sur la nitrification ; leurs résultats sont suffisamment concordants pour que l'action favorable du manganèse ne puisse pas être mise en doute (voir OLARU, *loc. cit.*, p. 70). Ainsi le manganèse semble exercer une influence favorable sur l'activité des divers microbes qui prennent part aux processus assurant la fertilité du sol.

V. Mode d'action du manganèse dans l'organisme végétal. — Il ne paraît pas actuellement possible d'envisager l'action du manganèse dans l'organisme végétal autrement que par ses effets catalytiques, et ce qui n'est que vraisemblable pour la plupart des métaux oligodynamiques se montre une réalité pour ce qui concerne le manganèse.

Les effets catalytiques de ce métal sont multiples et ils peuvent être obtenus soit par l'ion manganèse ou les sels de ce métal, soit par les formes colloïdales du manganèse ou de ses dérivés (SJOLLEMA) présents dans le milieu cellulaire, soit enfin par ces complexes que sont les diastases et dont quelques-uns comme les laccases sont riches en manganèse (G. BERTRAND).

Au surplus, ce n'est pas seulement dans le végétal lui-même que le manganèse paraît exercer son action favorisante; il intervient également par sa présence dans le milieu de culture (terre ou liquide), soit en favorisant par un mécanisme, diastasique ou autre, les oxydations qui vont amener les principes minéraux du sol à un état plus soluble et mieux absorbable (solubilisation des sels), soit en augmentant l'activité des diverses bactéries nitrifiantes si importantes pour la nutrition de la plante.

Nous n'insisterons pas sur les phénomènes catalytiques généraux que peuvent produire dans le chimisme cellulaire le manganèse ou les complexes qui le renferment. Bien qu'on ait été jusqu'à supposer que le manganèse joue un rôle dans tous ces phénomènes, voire même dans les réactions d'autolyse, nous ne retiendrons ici parmi ces phénomènes que ceux qui sont bien établis, à savoir les phénomènes d'oxydation.

La présence constante du manganèse dans la laccase et surtout la constatation, pour ce ferment, d'une absorption d'oxygène proportionnelle à sa teneur en manganèse, soit qu'on l'ait dépouillé de son métal actif, soit qu'on l'en ait enrichi ultérieurement, soit qu'on ait vainement essayé de le remplacer par un autre métal, tous ces faits témoignent du rôle spécifique joué par le manganèse dans l'activité de la laccase. Dans ce ferment, Mn fonctionnerait comme une co-diastase vis à vis de laquelle le complexe organique jouerait (G. BERTRAND) un rôle analogue à celui des acides faibles dans l'action oxydante catalytique des sels manganeux (voir **Oxydases**). Quant aux autres oxydases, si répandues dans le règne végétal (tyrosinase notamment), il est

très vraisemblable que le manganèse y joue le même rôle que dans la laccase. Au surplus, on a pu réaliser des oxydases artificielles capables d'agir comme la laccase; les unes sont stables à la chaleur (DONY HÉNAULT), les autres sont, comme les diastases, destructibles par la chaleur (TRILLAT). Il est très vraisemblable, comme le pense, BAYLISS, que cette propriété différente vis à vis de la chaleur dépend de la nature du colloïde sur lequel le métal a été absorbé. Notons cependant que VAN DER HAAR estime que certaines oxydases n'ont pas de support colloïdal protéique et que leur activité oxydasique persiste malgré une très faible teneur en manganèse.

Bibliographie. — ABELOUS et BIARNÉS. *Sur l'existence d'une oxydase chez l'écrevisse chez les crustacés, chez les mammifères* (C. R. Soc. Biol., XLIX, 1897, 173, 249, 285, 493). — BALLAND. *Comparaison et valeur alimentaire des mammifères, oiseaux et reptiles* (Comptes rendus Ac. Sc., CXXX, 1900, 531). — BARGERO (1906). — BAYLISS (*Principles of general Physiol.*, 585; Biochem. Journal, I, 175-232). — BENEDETTI (1906). — BENDINI. *Sul potere ematogeno del manganese* (Terap. clin. Napoli, VII, 366). — BERTRAND (G.). *Sur l'action oxydante des sels manganeux et sur la constitution chimique des oxydases* (C. R. Ac. Sc., 14 juin 1897, 1355); — *Sur l'intervention du manganèse dans les oxydations provoquées par la laccase* (J. P. Ch., V, 1897, 545); — *Sur l'emploi favorable du manganèse comme engrais* (C. R. Ac. Sc., CXLI, 1905, 1255); — *Sur les engrais catalytiques* (C. R. Congrès de Chimie appliquée, Berlin, 1903, Rome, 1906, Londres, 1909); — *Recherche et dosage de petites quantités de manganèse, en particulier dans les substances organiques* (Bull. Soc. Chim. de France, IV, 136, 1911); — *Sur le rôle capital du manganèse dans la formation des conidies de l'Aspergillus niger* (C. R. Ac. Sc., CLIV, 5 février 1912, 381). — BERTRAND (G.) et MEDIGRECEANU (E.). *Sur le manganèse normal du sang* (C. R. Ac. Sc., CLIV, 9 avril 1912, 941; Ann. Inst. Pasteur, XXVI, décembre 1912, 1013); — *Sur la présence et la répartition du manganèse dans les organes animaux* (C. R. Ac. Sc., CLIV, 28 mai 1912, 1451; Ann. Inst. Pasteur, XXVII, janvier 1913, 1); — *Recherches sur la présence du manganèse dans la série animale* (C. R. Ac. Sc., CLV, 1912, 82; Ann. Inst. Pasteur, XXVII, avril 1913, 282); — *Sur la fixation temporaire et le mode d'élimination du manganèse chez le lapin* (C. R. Ac. Sc., CLV, 23 décembre 1912, 1556); — *Extraordinaire sensibilité de l'Aspergillus niger vis à vis du manganèse* (C. R. Ac. Sc., CLIV, 26 février 1912, 616); — *Sur le rôle des infiniment petits en agriculture* (Conf. au Congrès de Chim. appl., New-York, 1912; et Revue Scientifique, 18 janvier 1913, 65). — BERTRAND (G.) et JAVILLIER (M.). *Influence du manganèse sur le développement de l'Aspergillus niger* (C. R. Ac. Sc., CLII, 225; 1911; Ann. Inst. Pasteur, XXVI, avril 1912, 241). — BERTRAND et Mme ROSENBLATT. *Recherches sur la présence du manganèse dans le règne végétal* (C. R. Ac. Sc., CLXXIII, 333; 1721; Bull. Soc. Chim. France (4), XXIX, 910). — BERTRAND (G.) et SAZERAC. *Action favorable exercée par le manganèse sur la fermentation acétique* (C. R. Ac. Sc., 149, CLV, 15 juillet 1913; Ann. Inst. Pasteur, XXIX, avril 1915, 478). — BEYERINCK (W.). *Oxydation du CO^3Mn par les bactéries* (Proc. K. Akad. Wesensch. Amsterdam, XVI, 397, 1913, analysé dans J. Ph. Ch., X, 1914, 82). — BLAKE (J.). *Sur le rapport entre l'isomorphisme, les poids atomiques et la toxicité comparés des sels métalliques* (C. R. Ac. Sc., XCIV, 1055, 1812). — BRADLEY (H. C.). (J. of Biol. Chem., III, 1907, 151; VIII, 1910-11, 237). — BUCHHEIM (*Lehrbuch der Arzneimittellehre*, 3e édit., 1878, 224). — BURIN DE BUISSON. *Sur l'existence du manganèse dans le sang humain*, Lyon, 1852. — BURMANN (M. J.). *Sur la présence du manganèse dans la digitale pourprée* (Schw. Wochenschr. f. Ch. u. Ph., XLIX, 562, 1911). — CAHN. *Ueber die Resorptions-und Ausscheidungsverhältnisse des Mangans im Organismus* (Arch. f. exp. Path., XVIII, 129). — CAMUS (Jean). *Toxicité des sels minéraux dans le liquide céphalo-rachidien* (C. R. Ac. Sc., CLV, 310). — CASAMAJOR (J. Amer. Med. Ass., LX, 1913, 546). — CERVELLO et VARVARO, *Propriétés oxydantes et propriétés physiques des divers albuminates métalliques* (Arch. f. exp. Path. u. Pharm., LXX, 369; 1912). — CORONEDI. *Observations pharmacologiques et thérapeutiques sur le manganèse* (Biochim. e terapia sperim., VII, 30, 1920). — JULES COTTE. *Sur la présence du fer et du manganèse chez les éponges* (C. R. Soc. Biol., 24 janvier 1903). — COUPER. *Sur les actions de la pyrolusite* (MnO^2) (British Ann. of Medicine, 13 janvier 1837). — DEBIERRE (CH.). *Action physiologique du manganèse* (C. R. Soc. Biol., XXXVII, 698, 1885). — DELAGE (Y.). *Sur la maturation cytoplasmique et sur le déterminisme* (C. R. Ac. Sc., CXXXIII, 1901, 346). — DESGREZ (A.) et MEUNIER (J.). *Sur l'incinération des matières orga-*

niques en vue de l'analyse des éléments minéraux qu'elles contiennent. Application à l'analyse du sang (C. R. Ac. Sc., CLXXI, 179, 1920). — DONY-HÉNAULT. *Contribution à l'étude méthodique des oxydases (Bull. Ac. Roy. Belgique,* 1908, 105-163). — EMBDEN (H.). *Zur Kentniss der metallischen Nervengifte über chronische Manganvergiftung der Braunsteinmuller (D. Med. Woch.,* 1901, XXVII, 793). — FORCHHAMMER. *Om sövandets Bestanddele Kopenhagen,* 1859, 13 *(Poggend. Ann. de Phys.,* XCV, 1855). — GMELIN (G.). *Versuche über die Wirkungen des Baryts u. s. w. auf den thierischen Organismus.* Tubingen, 1824. — GRIFFITHS. *Sur la composition de la pinnaglobine (C. R. Ac. Sc.,* CXIV, 1892, 840). — GUÉRIN (G.). *Sur un composé organique riche en Mn retiré du tissu ligneux (C. R. Ac. Sc.,* CXXV, 311) ; — *Sur la diffusion du manganèse dans le monde minéral et organique ; sa recherche, son dosage, son rôle probable (Revue médicale de l'Est,* Nancy, 1893, XXX, 225). — HAAR (VAN DER). *Untersuchungen über Pflanzenperoxydasen. (D. chem. Ges.,* XLIII, 1321 ; 1910). *Die Entbehrlichkeit des Mangans für das Oxydasenmolekul bei der Zuchtung von Hedera helix und Bertrandsche Mangantheorie der Oxydasen.* (Biochem. Zeitschr., CXIII, 19, 1921). — HARNACK (E.). *Ueber die Wirkung der Emetica auf die quergestreiften Muskeln (Arch. exp. Path.,* III, 58-59, 1875). — HARNACK (E.) et SCHREIBER (F.). *Ueber die Resorption des Mangans (Arch. exp. Path.,* XLVI, 372, 1901). — HOPPE (J.). *Untersuchungen der Arzneiwirkung des schwefelsauren Manganoxyduls an den irritabeln Gehilden (Deutsche Klinik,* 1858, 334). — JADIN (F). et ASTRUC. *La répartition du manganèse dans le règne végétal (Jl. Ph. Ch.,* VII, 1913, 155) ; — *L'arsenic et le manganèse dans les feuilles jeunes et âgées (C. R. Ac. Sc.,* CLVI, 2023, 1913) ; — *L'arsenic et le manganèse dans quelques produits végétaux servant d'aliments aux animaux (C. R. Ac. Sc.,* CLIX, 268, 1914) ; — *Le manganèse dans quelques sources minérales du Plateau central (J. Pharm. ch.,* X, 412, 1914). — JAKSCH (R. von). *(J. Amer. Med. Assoc.,* LXI, 1913, 1042). — KAYSER (E.) et MARCHAND. *Influence des sels de manganèse sur la fermentation alcoolique (C. R. Ac. Sc.,* CXLIV, 11 mars 1907, 574, et 2 avril 1907, 715) ; — *Influence du nitrate de manganèse sur la fermentation alcoolique,* (Id., CXLV, 343). — KLETZINSCKY (V.). *Ueber die Ausscheidung der Metalle in den Secreten (Wiener med. Wochenschr.,* années 1857 et 1858). — KOBERT (R.). *Ueber den Einfluss einiger pharmakologischen Agenten auf die Muskelsubstanz (Arch. exp. Path.,* XV, 22). — KRÜKENBERG. *In « Untersuchungen der Heidelberger physiolog. Institute »,* 1879. — LASCHKEWITZ (W.). *Recherches comparées sur l'action des sels de manganèse et de fer. Analyse dans J. méd. chir. et pharm.,* Bruxelles, XLIV, 1867, 354). — LEMOINE. *Action énergétique du nucléinate de manganèse sur l'économie.* (C. R. Soc. Biol., LXXXIII, 1417, 1920). — LUCHSINGER (B.). *Chemisch. toxicologische Untersuchungen, Physiologische Studien (Festschrift z. 60 jähr. Doctorjub. des Prof. Valentin,* 86, 1882). — MAC DONNEL (C. C.) et ROARK (R. C.). *Occurrence of manganese in insect flowers and insect flowers steems (Jl. agric. Research,* XI, 77, 1917). — MARCELET (H.). *L'arsenic et le manganèse dans quelques végétaux marins (Bull. Sciences pharmacol.,* XX, 480, août 1913) ; — *Sur le manganèse des algues marines (Bull. Inst. Océanographique,* n° 265, juin 1913 ; *Revue scientifique,* 1913, 467). — MARTI. *Beiträge zur Lehre von den Metallvergiftungen. Dissertat.,* Berne, 1883. — MAUMENÉ. *Sur l'existence du manganèse dans les animaux et les plantes et sur son rôle dans la vie animale (C. R. Acad. Sc.,* XCVIII, 1056, 1416, 1884). — MEDIGRECEANU (F.). *Sur la teneur en manganèse des tumeurs transplantées* (Proc. Roy. Soc. London, série B, LXXXVI, 174, 1913). — MERTI (J.) et LUCHSINGER. *Zur Wirkung einiger Metallgifte (Med. Centralbl.,* 1882, 673). — NEUFELD (C. A.). *Sur la formation de dépôt de manganèse dans les eaux de sources (Z. f. Untersuch. d. Nahr. u. Genussmittel,* 15 août 1904 ; *Bull. Inst. Pasteur,* 1904, 600). — OLARU. *Rôle du manganèse en agriculture. Son influence sur quelques microbes du sol.* (Paris, 1920, J.-B. Baillière). — PICHARD (P.). *Contribution à la recherche du manganèse dans les minéraux, les végétaux, les animaux (C. R., Ac. Sc.,* CXXVI, 550 ; 17 janv. 1898 ; *J. Ph. Ch.,* 1898, VIII, 72). — PIERI et PORTIER. *Présence d'une oxydase dans certains tissus des mollusques acéphales (Arch. Phys. norm. et Path.,* 5e S., IX, 60, 1897). — POLLACI (E.). *Della scoperta del manganese come elemente integrale del sangue, del latte e delle uova (Rivista scientifica,* II, 1870, 75). — PORTIER. *Les oxydases dans la série animale (Thèse Fac. Médecine,* Paris, 1897). — REIMAN (C. K.) et MINOT (A. S.). *A method for manganese quantitation in biological material together with data on the manganese content of human blood and tissues (Jl. of Biolog. Chemistry,* XLII, juin 1920, 329). — RICHET (CH.). *De la toxicité comparée des diffé-*

rents métaux (*C. R. Ac. Sc.*, xciii, 649, 1881); — *De l'action chimique des différents métaux sur le cœur de la grenouille.* (*C. R. Ac. Sc.*, xciv, 742, 881); — *De la loi biologique qui gouverne la toxicité des corps simples* (*C. R. Soc. Biol.*, lxix, 433, 1910). — Rothenbach et Hoffmann. *Versuche zur Erhöhung der Oxydationswirkungen der Essigbakterien durch Zusatz von Eisen und Mangansalzen* (*Centralblatt f. Bakteriol.*, 2e p., xix, 1907, 586). — Schiaparelli (C.) et Peroni (E.). *Sur quelques nouveaux constituants normaux de l'urine humaine* (*Gazz. chimica*, x, 390). — Schrœder (J. von). *Jahresbericht Agricult. Chemie*, xvi ; *Tharandter forstadres Jahrbuch*, I, Supplementsband, Dresden, 1878, 105. — Sollmann. *A manual of Pharmacology*, Saunders, 1917, Philadelphie et Londres. — Stoklasa. *Ueber den Einfluss des Aluminiumions auf die Keimung der Samen und die Entwicklung der Pflanzen* (*Biochem. Zeitschr.*, xci, 137, 1918). — Trillat (A.). *Influences activantes et paralysantes agissant sur le manganèse envisagé comme ferment métallique* (*C. R. Ac. Sc.*, cxxxvii, 30 nov. 1903, 922). — *Sur le rôle d'oxydases que peuvent jouer les sels manganeux en présence d'un colloïde* (*C. R. Ac. Sc.*, cxxxviii, 274-277, 1904). — Upshur (J. N.). *The emmenagogue action of the manganese preparation* (*IX Tr. Internat. M. Cong. Wash.*, 1887, iii, 71-74). — Walbum (L. E.). *Action exercée par le chlorure de manganèse et d'autres sels métalliques sur la formation de l'antitoxine diphtérique et l'agglutinine du B. Coli*, (*C. R. Soc. Biol.*, lxxxv, 761, 7 décembre 1921). — Wester (D. H.). *Sur diverses méthodes de dosage du manganèse et leur emploi pour l'analyse des cendres des végétaux* (*Recueil Trav. chim. Pays-Bas*, xxxix, 414, 600, 1920. *Biochem. Ztschr.*, cxviii, 158, 1921). — Westman (L. F.) et Rowat (R. M.). *La teneur en manganèse, etc.* (*J. Am. Chem. Soc.*, xl, 558, mai 1918). — Wibmer. *Bemerkungen über die Wirkungen verschiedener Arzneimittel und Gifte* (*Repertorium f. d. Pharm.*, xxxix, 77, 1831).

MARC TIFFENEAU (Décembre 1921).

MANGOSTINE. — $C^{20}H^{28}O^5$; substance cristallisée contenue dans l'écorce des fruits du *Garcinia mangostana*.

MARGARINES. — Les margarines sont des glycérides dérivant de l'acide margarique $C^{16}H^{33}COOH$. La trimargarine et la monomargarine ont été reproduites par Berthelot. On a considéré pendant longtemps que la trimargarine était un des glycérides les plus répandus dans la nature et constituait, avec la tristéaréine et la trioléine, la majeure partie des corps gras. Le trimargarine n'avait pu cependant être isolée à l'état de pureté à partir des graisses naturelles. En réalité, comme l'a montré Heintz, les margarines naturelles ne sont pas des principes distincts, mais des mélanges de glycérides des acides en C^{16} et C^{18}, acide palmitique et acide stéarique. Le véritable acide margarique, obtenu synthétiquement au moyen du cyanure de cétyle, ne paraît pas être un constituant de la matière vivante.

On désigne également sous le nom de margarine un certain nombre de produits commerciaux pouvant être employés comme succédanés du beurre et qui sont essentiellement des mélanges de graisses animales et d'huiles et graisses végétales, barattés avec du lait. Aux États-Unis, la margarine alimentaire est appelée « oléo-margarine », alors qu'en France, ce mot désigne seulement l'une des matières premières qui sert à fabriquer la margarine. Les graisses animales employées dans la confection de la margarine sont extraites, soit du suif de veau ou du bœuf et, pour les margarines de médiocre qualité, de la graisse de mouton et de cheval, soit de la graisse de porc. La première catégorie fournit l'oléo-margarine, appelée aux États-Unis « oleo-oil » ou « margarine-oil. » Pour obtenir ce produit on dessèche le suif, après lavage ; on le laisse durcir et on le réduit en une poudre qui est chauffée vers 42°. La couche huileuse qui se réunit à la partie supérieure est décantée et se solidifie en une masse cristalline par refroidissement. Par pressage de cette masse, on sépare l'oléo-margarine, plus fluide, de la stéarine. La graisse de porc fournit d'autre part le saindoux neutre ou « neutral lard ». Les graisses végétales qui interviennent dans la fabrication de la margarine sont les huiles de coton dont les meilleures se désignent sous le nom d'huile à beurre (butter oil), les huiles de sésame, de soja et d'arachide, l'huile et le beurre de coco; récemment on a fait appel aussi aux huiles de kapok, de maïs et de blé. Additionnées de lait, elles sont incorporées par barattage à l'oléo-margarine ou au saindoux neutre.

Selon les lois qui régissent dans les divers pays l'industrie de la margarine, le produit obtenu peut être additionné de beurre ou d'autres substances telles que caséine, jaune d'œuf, cholestérine, lécithine, qui assurent de la stabilité à l'émulsion, et de certains parfums et colorants.

A côté des margarines proprement dites, une importante série de produits alimentaires est constituée par les beurres végétaux dont la fabrication et la vente se sont développées énormément pendant ces dernières années. Les principaux sont le beurre de coton ou margarine de coton (vegalme, cottolene, etc.) séparée des huiles de coton comestibles, le beurre de palmiste, et surtout le beurre de coco (végétaline, lactine, nucoline, palmine, cocose, cocosine, lauréol, plantol, albene, cocogène). Ces beurres servent souvent à fabriquer des émulsions contenant, en outre, du lait ou des jaunes d'œufs et qui sont alors les véritables margarines végétales.

En première approximation, ces divers produits ont une valeur alimentaire voisine de celle du beurre qu'ils peuvent remplacer sans entraîner aucun trouble digestif. D'après BERTARELLI, qui a soumis plusieurs sujets à une ration expérimentale, comportant alternativement du beurre et de la margarine, et qui a pratiqué d'une façon méthodique l'analyse quotidienne des fèces et des urines, la digestibilité des substances azotées serait toutefois un peu moindre en présence de la margarine qu'en présence de beurre. Abstraction faite de la saveur, les succédanés du beurre semblent présenter encore, par rapport à ce dernier, une autre légère infériorité. On sait, d'après les récents travaux de l'école américaine sur les substances accessoires de croissance, que le beurre est particulièrement riche en vitamine soluble dans les graisses (facteur A de Mc COLLUM). Un grand nombre d'expériences d'alimentation ont été tentées sur de jeunes rats pour voir si les principaux succédanés du beurre contenaient la substance accessoire en question. La méthode consiste à nourrir les animaux avec des aliments purifiés constituant une ration carencée qui ne permet pas la croissance normale, par défaut du facteur A, puis à rechercher si cette dernière devient possible par addition de la graisse à étudier. OSBORNE et MENDEL, et plus récemment DRUMOND et HALLIBURTON, ont constaté que l'oléo-margarine et la margarine préparée à partir de celle-ci contiennent la vitamine soluble dans les graisses et sont équivalentes au beurre pour l'alimentation des jeunes animaux; il n'en serait cependant pas toujours ainsi d'après STEENBOCK, BOUTWELL et KENT, et la richesse des diverses oléo-margarines en vitamine A varierait dans de très larges limites, un grand nombre de celles qui sont fournies par les manufactures de margarine aux États-Unis en étant à peu près dépourvues et ne pouvant assurer aux jeunes rats un développement normal, lorsqu'elles constituent la seule graisse de la ration. Quant aux huiles végétales employées dans l'industrie de la margarine ou des beurres végétaux, il résulte des recherches de Mc COLLUM, SIMMONDS et PITZ, de DRUMOND et HALLIBURTON, de STEENBOCK, BOUTWELL et KENT que la plupart d'entre elles ne renferment pas la substance de croissance et que de jeunes animaux ne peuvent parvenir à l'état adulte lorsque l'une de ces huiles est la seule graisse de leur alimentation. Le récent rapport du Comité de la Royal Society de Londres insiste sur l'intérêt qu'il y a à additionner les margarines végétales d'une proportion suffisante de beurre, de jaune d'œuf ou d'oléo-margarine pour leur assurer une teneur convenable en vitamine soluble dans les graisses. D'ailleurs, même les margarines animales, les substances accessoires de croissance peuvent être détruites au cours de la préparation industrielle, notamment par l'hydrogénation; en sorte que, bien que ces produits soient d'une bonne digestibilité, d'une valeur calorifique normale et d'une saveur acceptable, ils n'en présentent pas moins alors un déficit au point de vue de la valeur nutritive; parce que, comme les margarines végétales, ils sont dépourvus du facteur B. Il n'en demeure pas moins probable que ces succédanés peuvent être sans gros inconvénients substitués au beurre, dans une alimentation variée et comportant d'autres graisses. Ajoutons que la flore microbienne est généralement moindre dans la margarine et ses dérivés que dans le beurre.

H. CARDOT.

Bibliographie. — A COMMITTEE OF THE ROYAL SOCIETY. Fats and fatty acids as food (Journ. of Physiol., LII, 328-346, mars 1919). — BERTARELLI (E.). Sul valore alimentare della mar-

garina in rapporto al burro di latte (*Thèse de Turin*, *Rivista d'Igiene e Sanita publica*, 538 et 570, 1898. — DRUMMOND (J. C.) et HALLIBURTON (W. D.). *The nutritive value of margarine and butter substitutes*. (*Proc. of the physiol. Soc. in Journal of Physiology*, LI, VIII-X, 1917). — MC,COLLUM, SIMMONDS ET PITZ. *The distribution in plants of the fat soluble A, the dietary essential of butter fat* (*American Journ. of Physiol.*, XLI, 361-375, 1916). — JOLLES (MAX) ET WINKLER (FERDINAND). *Bakteriologische Studien über Margarin und Margarinprodukte* (*Zeits. f. Hygiene u. Infektionskr.*, XX, 60, 1895). — LEWKOWITSCH (J.). *Technologie et analyse chimique des huiles, graisse et cires* (Traduction Bontoux, 3 vol., Dunod et Pinat, Paris, 1910). — OSBORNE (T.-B.) ET MENDEL (L'AFAYETTE). *Further observations on the influence of natural fats upon growth* (*Journ. of. Biol. Chem.*, XX, 378, 1915). — STEEN BOCK (H.), BOUTWEL (P. W.) et KENT (HAZEL E.). *Fat-soluble vitamine, I.* (*Journ. of. biol. Chem.*, XXXV, 517-526, 1918). — WÜRTZ. *Dictionnaire de Chimie. Art. Glycéride et art. Margarine* (2e Suppl., VI, 318).

MARRUBINE. — Principe amer du marrube (*Marrubium vulgare*); Labiées.

MASTICATION. — La mastication est une fonction caractéristique des Mammifères. Tandis que chez les autres Vertébrés gnathostomes, presque tous carnivores, la proie, happée par la pince mandibulaire, arrive tout entière à l'isthme du gosier, chez les Mammifères, les aliments solides ne sont déglutis qu'après avoir été divisés et triturés par les dents, humectés de salive et agglutinés en une masse plus ou moins malléable : le bol alimentaire.

La cavité buccale est donc devenue une véritable cavité digestive dans laquelle les aliments subissent une première préparation mécanique et chimique. Les corollaires morphologiques de cette évolution fonctionnelle sont la différenciation des dents, la transformation de l'articulation quadrato-articulaire en articulation squamoso-dentale, la formation de lèvres mobiles, et le grand développement des glandes salivaires.

A strictement parler, le terme de mastication ne s'applique qu'à la division des aliments par les dents. Mais l'observation montre que les divers actes de la digestion buccale sont si étroitement solidaires, « intégrés », selon l'expression de SHERRINGTON, en un complexe synergique, qu'il convient de ne pas séparer de l'étude de la mastication, celle des actes musculaires et sécrétoires qui concourent avec elle à la formation d'un bol alimentaire susceptible d'être dégluti.

Pour la commodité de la description, il est nécessaire de démembrer ce complexe de la digestion buccale, et la distinction est classique en :

a) La division des aliments par les dents : *mastication proprement dite* ;

b) Leur humectation par les sécrétions buccales : *insalivation* ;

c) Leur agglutination et leur malaxation par la langue : *formation du bol alimentaire* ;

d) La propulsion du bol alimentaire vers l'isthme du gosier : *temps buccal de la déglutition*.

I. — Mécanique de la mastication

A) Action des dents. — **Mastication proprement dite.** — La division des aliments par les dents résulte des mouvements répétés de la mâchoire inférieure contre la mâchoire supérieure fixe et solidaire du massif cranien.

Toute la mécanique, qui peut être si compliquée, des mouvements de mastication peut être considérée comme dérivant d'un type simple, dans lequel la mandibule est assimilable à un levier du 3e type ayant son point fixe à l'articulation temporo-maxillaire.

La puissance est représentée par les muscles élévateurs de la mâchoire, la résistance par le poids des aliments et leur résistance à la section et à l'écrasement.

La nécessité de ne pas rétrécir outre mesure l'ouverture buccale fait que les muscles élévateurs sont insérés sur la partie postérieure de la mandibule et possèdent par conséquent un bras de levier très court.

Pour la double raison de la grandeur de la résistance et de la brièveté du bras de levier les muscles élévateurs doivent être des muscles puissants. Or, on sait que la puissance d'un muscle dépend surtout de son diamètre. Aussi voit-on, comme pour les muscles fermeurs des valves des mollusques, des muscles courts, mais épais, avec de larges surfaces d'attache, fonctionner comme muscles masticateurs (BIEDERMAN [6]). Au contraire, l'abaissement de la mandibule ne nécessite qu'une force musculaire minime. Aussi les muscles abaisseurs sont-ils des muscles grêles et possédant d'ailleurs un long bras de levier.

Du jeu de ces forces musculaires antagonistes résulte une alternance d'abaissements et de relèvements de la mandibule. Ce mouvement de charnière ne diffère en somme que par sa répétition rythmique du mouvement de la mandibule des autres Vertébrés gnathostomes (mouvement de préhension).

Mais il semble bien que l'articulation squamoso-dentale des Mammifères ait comporté dès le début la possibilité de mouvements de la mandibule dans d'autres plans que le plan sagittal, et ait été par conséquent une articulation universelle (LUBOSCH [28]).

Déjà les Monotrèmes possèdent une articulation temporo-maxillaire permettant des mouvements en divers sens. « L'apparition du ménisque articulaire qui s'est faite vers la fin du Trias ou le début du Jurassique a donné à l'articulation une universalité plus grande encore. L'articulation des Insectivores, des Phalangérinés, des Prosimiens et des Primates a conservé ce caractère d'articulation universelle, tandis que dans le développement des Mammifères, des spécialisations dans différentes directions sont survenues. » (LUBOSCH [28])

En vertu du principe qu'une forme non spécialisée doit être plus primitive qu'une forme spécialisée, les types de mastication spécialisés ne peuvent être primitifs, même si le mouvement en est très simple (ex. : mastication des Carnassiers).

L'étude des Marsupiaux actuels montre une filiation nette entre des formes spécialisées de mastication (et d'articulation temporo-maxillaire), analogues en tout point à celles des Mammifères placentaires, et une forme non spécialisée, représentée encore actuellement par des Marsupiaux primitifs qui sont frugivores et facultativement insectivores. Ces derniers sont très voisins des ancêtres des Insectivores placentaires qui avaient, eux aussi, une mastication non spécialisée en rapport avec une alimentation variée.

De même la comparaison des types de mastication des Ongulés montre une évolution régulière de formes peu spécialisées vers les formes complexes, très spécialisées, des Ruminants.

Une évolution analogue de l'universalité vers la spécialisation s'est faite également chez les Carnassiers (LUBOSCH [28]).

Quoi qu'il en soit de ces hypothèses morphogénétiques, on peut répartir les mammifères qui mastiquent en trois groupes principaux : les omnivores, les carnivores et les herbivores, caractérisés à la fois par leur genre d'alimentation et le type de mastication qui y est adaptée. Ces types correspondent morphologiquement à des particularités des dents, de l'articulation temporo-maxillaire et des muscles masticateurs.

Les muscles masticateurs relient la surface latérale et la base du crâne à la mandibule. Ils sont chez tous les mammifères au nombre de quatre que distinguent la situation de leurs insertions et la direction de leurs fibres. Le *temporal* s'étale sur la paroi latérale du crâne et ses fibres se rassemblent en un court tendon qui s'insère sur l'apophyse coronoïde du maxillaire inférieur. Il élève la mandibule et en même temps l'attire légèrement en arrière. Les fibres du *masséter* amarrées à l'arcade zygomatique se dirigent vers le bas et d'avant en arrière et s'insèrent sur l'angle de la mandibule. Elles l'élèvent et de plus la portent en avant lorsque leur obliquité est prononcée (Rongeurs). Le *ptérygoïdien externe* est formé de fibres à direction presque horizontale qui, partant de l'apophyse ptérygoïde, de l'apophyse pyramidale du palatin et de la tubérosité du maxillaire supérieur, s'insèrent à la fois sur le condyle maxillaire et le ménisque interarticulaire de l'articulation temporo-maxillaire. Le *ptérygoïdien interne* part de la fosse ptérygoïdienne et s'attache à la face interne de la mâchoire (masséter interne). Ces deux derniers muscles élèvent la mandibule lorsqu'ils se contractent bilatéralement et l'attirent en avant; ils la déplacent latéralement en la faisant pivoter sur le condyle opposé lorsqu'ils se contractent unilatéralement. Les fibres du ptérygoïdien externe qui s'insèrent sur le ménisque, l'attirent en avant sur le condyle temporal, le faisant sortir de la cavité glénoïde.

Omnivores. — La mastication des omnivores se caractérise par la liberté des mouvements de la mandibule. La surface articulaire cranienne se compose d'une tubérosité aplatie (le *condyle temporal*), située en avant d'une *cavité glénoïde*, limitée en arrière par un processus articulaire.

Le *condyle du maxillaire*, de forme ellipsoïde, à grand axe transversal ou légèrement oblique (homme) peut pivoter en principe sur deux axes perpendiculaires, pratiquement sur des axes multiples. La cavité articulaire est séparée en deux parties par le *ménisque*. Au cours du mouvement d'abaissement de la mâchoire, le ménisque glisse en avant et en bas sur le condyle temporal; tandis que le condyle maxillaire pivote sur la surface articulaire inférieure du ménisque. Grâce à celui-ci le condyle du maxillaire se déplace sans quitter sa cavité articulaire.

Les dents sont peu différenciées, notamment les molaires dont la couronne est garnie de tubercules mousses. Les différents muscles masticateurs sont d'importance à peu près égale.

Ce type de mastication peu spécialisé existe encore chez les moins évolués des Carnassiers (Ursidés) et des Ongulés (tapir, porc). Il est celui des Insectivores, des Prosimiens et des Primates, y compris l'homme. Chez ces derniers, l'absence de spécialisation de l'appareil masticateur a favorisé la plasticité fonctionnelle qui résulte de sa soumission de plus en plus parfaite aux influx volontaires.

Carnivores. — La nourriture des carnivores est en général directement attaquable par les sucs digestifs et ne doit pas être au préalable extraite d'enveloppes résistantes. Il en résulte que leur mastication est sommaire. La viande est divisée par lacération, les os par brisure. Les molaires armées de tubercules, les uns pointus, les autres tranchants, forment une paire de cisailles dentelées qui s'engrènent exactement l'une dans l'autre. Des cisailles fonctionnent d'autant mieux qu'il n'existe aucun jeu dans leur mouvement de charnière. La mandibule n'est, en effet, chez les carnivores les mieux adaptés, mobile que dans le plan sagittal. Le condyle maxillaire a chez eux la forme d'un cylindre, dont l'axe est orienté transversalement et qui pivote dans une cavité glénoïde profonde.

La préhension et le maintien de proies souvent fort lourdes nécessitent des muscles élévateurs puissants. Le développement des masséters est limité par la nécessité de conserver une largeur suffisante à l'ouverture de la gueule. Aussi les temporaux sont-ils les muscles les plus importants : il peuvent recouvrir toute la calotte cranienne et cette surface d'insertion ne leur suffisant pas, s'attacher à une saillie du crâne. La mandibule est raccourcie ; ainsi le point d'application de la puissance est aussi rapproché que possible de celui de la résistance (LEUCKART, cité par BIEDERMAN [6]).

L'adaptation au régime carnivore est beaucoup plus parfaite chez les Carnassiers que chez les Marsupiaux carnivores. Chez les Carnassiers eux-mêmes, la spécialisation va en croissant des Ursidés aux grands félins.

Herbivores. — Une nourriture végétale nécessite une trituration minutieuse qui libère les substances nutritives de leurs enveloppes cellulosiques inattaquables par les sucs digestifs. Aussi est-ce chez les herbivores (Marsupiaux herbivores, Rongeurs, Ongulés) que la mastication étant le plus nécessaire a acquis sa plus grande perfection.

Après une division sommaire par section au moyen des incisives ou des lèvres, les végétaux sont finement triturés entre les couronnes aplaties des molaires glissant les unes sur les autres. Ce mouvement de meule est réalisé essentiellement par des mouvements de diduction de la mandibule qui, attirée par la contraction unilatérale des ptérygoïdiens, pivote sur le condyle opposé.

La mastication des herbivores se caractérise par sa rythmicité et sa régularité de machine. « Jamais, dit LUBOSCH (*loc. cit.*), ne s'intercale dans ce rythme un mouvement intermédiaire volontaire comme en ferait un singe qui mord furieusement sur une coquille de noix qui résiste. Il s'agit, chez les Ruminants, d'antiques mouvements spécialisés qui se suivent, pourrait-on dire, presque d'une manière réflexe. »

LUBOSCH a noté chez les différents Ruminants les courbes que décrit la mandibule en son mouvement régulier. Ces courbes varient d'une espèce à l'autre mais sont parfaitement constantes pour chaque espèce et la caractérisent aussi bien qu'une particularité morphologique.

Tous ces types de mastication peuvent être dérivés de celui de la girafe (fig. 186).

La mandibule exécute un mouvement en trois temps : abaissement vertical, élévation avec diduction, diduction horizontale ramenant à la position initiale. Les deux premiers temps sont préparatoires, le troisième, qui est le temps efficace, est exécuté avec force et rapidité. Cette forme simple se complique à l'extrême chez certains Ruminants (fig. 186). Presque tous les Ongulés mastiquent alternativement dans chaque sens, mais par série de mouvements de même sens d'une durée assez longue (15 à 20 minutes chez le cheval d'après Colin [13]). Chez les dromadaires le sens droit ou gauche de la diduction alterne à chaque mouvement (fig. 186).

La mastication merycique ne diffère pas comme mouvements de la mastication première. C'est chez les Ruminants que l'adaptation de l'appareil masticateur à la fonction, est la plus parfaite : condyle maxillaire plat, régression des incisives qui n'existent qu'à la mâchoire inférieure, disparition des canines, molaires à couronne aplatie dont la surface est renforcée par des travées d'émail orientées sagittalement, par conséquent en sens inverse des mouvements principaux de la mâchoire ; grand développement des muscles ptérygoïdiens.

Les Rongeurs triturent leurs aliments végétaux aussi soigneusement que les

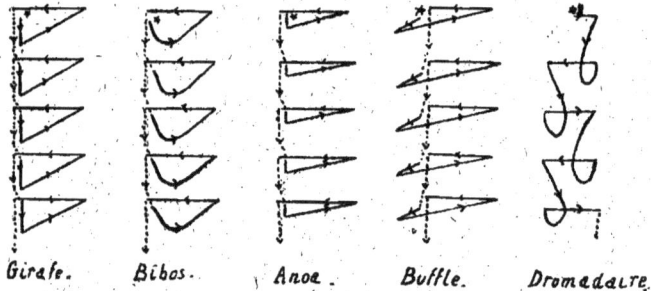

Fig. 186. — Types de mastication de ruminants.
Courbes décrites par un point situé au milieu de la mandibule vue de face.
Les mouvements successifs sont dessinés de haut en bas (d'après Lubosch [28]).

Ruminants et le mouvement de meule de leurs molaires ne diffère pas essentiellement de ceux des Ruminants. On y retrouve le même rythme en trois temps : deux temps préparatoires et un temps effectif (fig. 190 E). Mais les Rongeurs se sont spécialisés dans l'attaque par usure des graines et des fruits à enveloppe très dure. Chacune de leurs mâchoires porte deux grandes incisives en forme de ciseaux très tranchants, recouvertes d'émail en avant seulement, et qui glissent rapidement l'une sur l'autre dans le mouvement du rongement. Comme la direction des incisives inférieures fait avec celle des supérieures un angle ouvert en arrière, ce glissement n'est possible qu'à la condition que les incisives soient attirées en arrière en même temps que se fait leur mouvement ascensionnel. D'où l'existence chez les Rongeurs d'un mouvement caractéristique de glissement de la mandibule, d'arrière en avant et vice versa, et l'allongement en rigole sagittale de la cavité glénoïde ; les mouvements du condyle ne sont plus limités en avant et en arrière que par des ligaments et des muscles. Les masséters qui sont les muscles masticateurs principaux s'étendent loin en avant sur la mandibule et le crâne (se rapprochent des incisives) ; ils se divisent en plusieurs parties ayant des fibres dirigées un peu différemment et susceptibles en se contractant isolément d'attirer la mâchoire en avant ou en arrière en même temps qu'elles l'élèvent (Leuckart, cité par Biederman [6]).

Chez l'écureuil et le rat, les deux moitiés de la mandibule, unies lâchement à la symphyse peuvent être rapprochées ou écartées dans le plan horizontal par la contraction de muscles spéciaux. Les incisives qu'elles portent constituent ainsi une pince capable de serrer fortement le fruit ou la graine qu'il s'agit de ronger (Hesse, cité par Biederman [6]).

Les Rongeurs possèdent un troisième type de mastication, constitué par des mouvements verticaux (mouvements de charnière), de grande amplitude et parfaitement rythmiques également. Cette forme de mastication comporte des mouvements rythmiques de propulsion de la langue, alternant avec ceux de la mandibule et qui sont surtout apparents quand on la déclenche réflexement. Son rôle est la division des végétaux par les incisives.

En somme, les Rongeurs se caractérisent à la fois par la fonction particulière de leurs incisives et par la multiplicité de leurs formes de mastication, d'ailleurs aussi régulièrement rythmiques que celles des ruminants.

Tels sont les principaux types de mastication des Mammifères, si parfaitement adaptés chacun à une modalité d'alimentation. Il est intéressant de noter avec LUBOSCH (28) que des types de mastication spécialisée, en tous points analogues à ceux des Mammifères placentaires, se sont développés tout à fait indépendamment chez les Marsupiaux, qui ont donc aussi leurs carnassiers, leurs rongeurs et leurs ruminants. Bel exemple d'évolution convergente.

Rôle adjuvant des lèvres, des joues et de la langue dans la mastication. — Les replis cutanéo-muqueux qui constituent les lèvres et les joues n'existent véritablement que chez les Mammifères. Ils doivent à leur musculature (orbiculaire, buccinateur) une mobilité qui permet l'occlusion de la cavité buccale, même lorsque les mâchoires sont fortement écartées. Ainsi la division des aliments se fait dans une cavité close. On sait combien la mastication est gênée par la paralysie des muscles faciaux : écoulement de la salive, accumulation des aliments entre les dents et les joues.

La langue joue un rôle encore beaucoup plus important. Par le simple fait qu'elle remplit exactement la cavité buccale, elle facilite la division des aliments en les repoussant entre les arcades dentaires. Chez les Mammifères qui ne mastiquent pas (édentés, cétacés) la langue n'épouse pas les dimensions et la forme de la cavité buccale.

Ses mouvements, intimement associés avec ceux de la mandibule, ramènent à chaque instant sous la dent les fragments qu'il s'agit de diviser davantage ou de broyer. Chez les Ongulés et les Rongeurs, ces mouvements ont la rythmicité régulière de ceux de la mandibule. Chez les Carnassiers et les Primates, les mouvements de la langue pendant la mastication sont d'un polymorphisme presque indescriptible et d'ailleurs d'une observation difficile.

La complexité structurale de la langue (musculature interne et externe) qui est poussée si loin chez les Mammifères, rend compte de sa plasticité fonctionnelle en quelque sorte illimitée. Sa paralysie complète par section bilatérale de l'hypoglosse entraîne chez le Carnassier (seul animal qui ait fait l'objet d'observations systématiques à ce sujet), en même temps que l'impossibilité ou l'extrême difficulté de boire, une incapacité presque complète de la mastication. L'animal ne parvient à manger qu'en rejetant la tête en arrière et en laissant ainsi tomber les morceaux grossièrement divisés, au fond de la gueule (WERTHEIMER [42]).

B) **Insalivation.** — Le développement chez les Mammifères de la fonction de mastication a comme corollaire un grand accroissement des glandes buccales. De plus, leur spécialisation en glandes séreuses et en glandes muqueuses, ébauchée déjà chez les Reptiles, est poussée très loin, et cela aussi bien pour les glandes cryptiques de la muqueuse que pour les grosses glandes acineuses qui sont l'apanage des Mammifères.

La parotide de tous les Mammifères et la sous-maxillaire des Rongeurs sont du type séreux pur. La sous-maxillaire et la sublinguale sont en général mixte. Chez le Cobaye la sublinguale est purement muqueuse (BIEDERMAN [6]).

La salive très aqueuse de la parotide est très propre à imbiber les aliments végétaux secs. D'où l'importance de la parotide chez les Ruminants, son faible développement chez les Carnassiers, sa disparition chez les Mammifères aquatiques (salive de mastication, CL. BERNARD [5]). Les mouvements des mâchoires déclenchent ou augmentent, par eux-mêmes, la sécrétion parotidienne (CL. BERNARD [5], COLIN (13), SCHIFF [38]). Le phénomène est surtout net chez les Ongulés qui mâchent alternativement d'un côté, puis de l'autre, la mastication se continuant dans un sens pendant un quart d'heure, une demi-heure et même davantage. La quantité de salive fournie par une fistule du canal de Stenon augmente lorsque l'animal (cheval, par exemple) mastique du côté de la fistule. « L'inégalité d'action des deux parotides et la rémittence alternative de la sécrétion de ces glandes sont une particularité qui ne souffre pas d'exception, lors même que le sens de la mastication change vingt fois pendant la durée d'un repas » (Colin (13), cité par Schiff [38]).

La salive riche en mucine des sous-maxillaires et sublinguales agglutine les parcelles alimentaires en un bol compact et facilite le glissement de celui-ci sur le dos de la langue et sa déglutition (salive de déglutition. Cl. Bernard [5]).

La quantité et la qualité de salive totale sont proportionnées et adaptées aux qualités de l'aliment (teneur en eau, consistance, goût, nocivité). Cette adaptation résulte de la prédominance de la sécrétion de l'un ou de l'autre type de cellules glandulaires. Les aliments secs ou visqueux, et les substances irritantes ou à goût désagréable provoquent la sécrétion d'une salive abondante et aqueuse (salive de dilution, Pavlow [33]), tandis que les aliments à goût agréable incitent à la sécrétion d'une salive riche en mucine qui aide à leur déglutition. Cette adaptation de la salive à la nature de l'aliment s'observe encore lorsqu'on recueille chez le chien la salive sous-maxillaire isolée. Étant donnée la nature mixte de la sous-maxillaire, il s'agit vraisemblablement dans ce cas comme dans celui de la salive totale d'une prédominance de la sécrétion de l'une ou de l'autre des espèces de cellules glandulaires.

Le rôle de la salive est en grande partie mécanique. Son pouvoir amylolytique peut être presque nul chez les herbivores où on s'attendrait précisément à l'inverse. La salive totale des Ruminants serait très pauvre en ptyaline; la salive parotidienne du cheval et la salive sous-maxillaire des Ruminants n'en contiendraient même pas (Ellenberger et Scheunert, A. Gottschalk cités par Biederman [6]).

C et D) **Formation et propulsion du bol alimentaire : Rôle de la langue.** — Au fur et à mesure qu'ils sont sectionnés et broyés par les dents, les aliments, imbibés de salive, sont brassés par les mouvements incessants de la langue. Ce brassage finit par les agglutiner en une pâte plus ou moins malléable qui se rassemble sur la base de la langue en une masse unique : le bol alimentaire. Un léger redressement de la pointe de la langue suffit alors à le faire glisser vers l'isthme du gosier où son contact avec les muqueuses réflexogènes déclenche le mécanisme de la déglutition.

II. — Mécanisme nerveux de la mastication

A) **Innervation des organes de la mastication.** — La musculature des organes principaux et accessoires de la mastication reçoit son innervation motrice des V, VII et XII° nerfs craniens. Les muscles élévateurs de la mâchoire (temporaux, masséters et ptérygoïdiens) sont innervés par le nerf masticateur, prolongement de la racine motrice du trijumeau. Le ventre antérieur du digastrique est animé par le nerf mylohyoïdien, issu du nerf dentaire inférieur (V). Le facial innerve les orbiculaires des lèvres, le buccinateur et le ventre postérieur du digastrique. Le géniohyoïdien et tous les muscles intrinsèques de la langue relèvent de l'hypoglosse (XII). Il est à peu près certain que les fibres sensibles (proprioceptives) de ces muscles sont contenues dans les nerfs moteurs. Les expériences de Sherrington l'indiquent en ce qui concerne l'hypoglosse; les observations cliniques et les expériences de W. F. Allen (1) en ce qui concerne le facial. La question des voies de la sensibilité proprioceptive des muscles masticateurs est encore très controversée; cette question se rattache d'ailleurs au problème de la signification des noyaux mésencéphaliques du trijumeau et j'y reviendrai lorsqu'il sera question du tonus des muscles masticateurs.

L'innervation sensitive des muqueuses buccolinguales n'est pas encore définitivement précisée. Le trijumeau (branches maxillaires supérieure et inférieure) assure l'innervation sensitive générale de la muqueuse buccolinguale et des dents. Il existe encore de l'incertitude en ce qui concerne l'innervation sensitive du palais membraneux et de la région amygdalienne. Il paraît cependant bien résulter des travaux récents que ces muqueuses sont innervées par le pneumogastrique. La sensibilité gustative des deux tiers antérieurs de la langue (papilles fongiformes) dépend des fibres de la corde du tympan qui provient du nerf de Wrisberg, racine sensitive du facial (VII). Celle de la base de la langue (papilles caliciformes) relève du glossopharyngien (IX).

La section de l'un ou de l'autre des nerfs moteurs de la musculature concourant à la mastication entraîne évidemment un trouble plus ou moins marqué de celle-ci, mais qui, à cause de la solidarité obligatoire des muscles droit et gauche, n'est très prononcé que dans le cas de l'interruption bilatérale du nerf.

L'anesthésie des muqueuses et des dents a également comme conséquence une perturbation de la mastication et de la formation du bol alimentaire. Ce fait ne préjuge d'ailleurs nullement du mécanisme nerveux de la mastication, car tout acte mettant en jeu la musculature striée squelettique, étant en dernière analyse une réponse à un stimulus, extérieur ou endogène (proprioceptif), une anesthésie aura des conséquences paralysantes, qu'il s'agisse d'actes réflexes ou volontaires (Ex : inertie des membres dont les racines postérieures ont été sectionnées (*deafferented*), des membres astéréognostiques chez l'homme). Les troubles de la mastication résultant de déficits purement sensitifs sont d'ailleurs mal connus. On sait que la section unilatérale des racines sensitives du trijumeau chez l'homme, respectant la racine motrice, entraîne cependant l'incapacité ou la difficulté de mâcher du côté anesthésié. L'interprétation de ce trouble qui concerne des actes musculaires conscients n'offre pas de difficulté. Probst (33) a observé, à la suite de lésions bilatérales du *thalamus* chez le chat, des troubles sérieux de la mastication qu'il a attribués, en l'absence de toute paralysie décelable, au déficit sensitif buccal, résultant de l'interruption des fibres masticatrices *corticipètes* au niveau de leur relai thalamique.

De quelles organisations centrales les mouvements de la mastication reçoivent-ils leurs impulsions et les coordinations qui les harmonisent dans l'espace et dans le temps ? Il est curieux de constater que ce problème a peu préoccupé les physiologistes. Les travaux qui l'ont abordé sont rares et espacés. La plupart des traités de physiologie sont muets sur la question du mécanisme nerveux de la mastication.

On peut prévoir que ce mécanisme ne sera pas identique chez des animaux dont la mastication est aussi différente d'allure que l'est par exemple celle des Ruminants et celle des singes supérieurs.

La rythmicité et la régularité de machine de l'une contraste avec la plasticité de l'autre. La mastication des Ruminants paraît presque réflexe (Lubosch); celle des Singes anthropoïdes et de l'homme toute « volontaire ».

Cependant, même la mastication si automatique et si spécialisée des Ruminants a conservé une plasticité qui lui permet de s'adapter à la position, à la forme et à la consistance variables de l'aliment, et qui contraste avec l'uniformité et la fatalité de la déglutition. Le contraste est évident entre celle-ci et les actes qui servent à la préhension des aliments solides ou liquides. « Tous ces divers processus, écrit Kronecker (25), n'appartiennent pas à l'étude de la déglutition, pas plus que la trituration des aliments... Notons encore qu'ils se composent presque exclusivement de mouvements volontaires... » La qualification de la mastication d'acte volontaire a souvent paru une explication suffisante à son déterminisme.

D'ailleurs, les premières expériences d'excitation de l'écorce cérébrale devaient révéler le fait surprenant que l'excitation de points déterminés de celle-ci déclenche chez l'animal (Insectivores, Rongeurs, Ruminants, Carnassiers, Macaques) des mouvements rythmiques et parfaitement coordonnés de mastication (Ferrier [18]).

Mais les mêmes mouvements rythmiques sont encore déclenchés par l'excitation de la substance blanche sous-jacente au centre cortical. Donc, l'écorce cérébrale n'est pas créatrice de ce rythme et de ces coordinations. Ce fait fondamental fut le point de départ de recherches dans lesquelles les expérimentateurs se sont proposé de déterminer le trajet des fibres masticatrices corticofuges et la situation des centres coordinateurs et organisateurs du rythme, dont il est nécessaire de supposer l'existence, et dans lesquels doivent se terminer les fibres corticofuges.

D'autre part, des observations, pour la plupart faites au cours de recherches n'ayant pas pour but l'étude de la mastication, démontrèrent l'existence de réflexes de mastication parfaitement coordonnés chez des animaux dont l'écorce cérébrale avait été enlevée, ou même dont le tronc cérébral avait été sectionné à la hauteur du mésencéphale.

B) **Réflexes de mastication.** — L'étude des animaux (en général Carnassiers et

Rongeurs) à hémisphères cérébraux enlevés, ne laisse aucun doute sur la possibilité d'une mastication efficace purement réflexe, c'est-à-dire ne mettant pas en jeu l'écorce cérébrale. La description de GOLTZ (22) est très explicite à cet égard. Non seulement son chien déchirait à belles dents et mâchait énergiquement le morceau de viande qu'il avait pris lui-même après qu'on le lui eût placé contre le museau, mais encore il savait ramener avec adresse sous les arcades dentaires un lambeau prêt à tomber et toute sa mimique était adéquate et expressive. Le chien de GOLTZ, dont le *thalamus* était en partie conservé (examen de GORDON HOLMES), était donc un animal « thalamique » suivant la terminologie de MAGNUS (29). De même les chiens de ROTHMAN (37) et les chats étudiés par DUSSER DE BARENNE qui eux aussi mastiquèrent fort bien. Cependant GAD (21) avait observé qu'un lapin privé de ses hémisphères cérébraux est encore capable de mâchonner ce qu'on introduit dans sa bouche mais non plus d'en former un bol alimentaire susceptible d'être déglutí. Il en avait déduit que l'écorce cérébrale est nécessaire à la formation et à la propulsion du bol alimentaire. Mais MAGNUS (29) opérant sans doute dans de meilleures conditions que GAD, vit ses lapins thalamiques mastiquer vigoureusement, puis déglutir les tranches de betterave qu'on leur mettait en bouche.

Cette mastication des Carnassiers et des Rongeurs thalamiques peut d'ailleurs être mise en branle par des excitations mécaniques, non sapides, de la muqueuse buccale et des dents, ce qui prouve bien son caractère réflexe.

Le rétablissement d'une mastication efficace chez les animaux dont l'écorce cérébrale a été enlevée ne se fait qu'au bout d'un temps variable; de quelques jours (lapin) à plusieurs semaines (chien). Pendant cette période, les chiens s'opposent violemment aux tentatives d'alimentation forcée (GOLTZ (22), ROTHMAN (37)).

Il est douteux que le singe récupère une mastication effective après l'ablation du *pallium*. Chez un seul de leurs macaques thalamiques, KARPLUS et KREIDL (24) ont observé des mouvements réflexes de mastication, probablement inefficaces (les auteurs ne sont pas explicites).

Chez l'homme, l'importance de l'écorce dans la mastication ressort du fait que celle-ci n'apparaît pas chez les idiots, à grosses lésions corticales bilatérales. Chez ces enfants diplégiques, le réflexe de succion persiste et est aussi excitable que chez le nouveau-né. OPPENHEIM (32) qui l'a décrit sous le nom de « Fressreflex » l'aurait observé également chez des adultes (coma épileptique, pseudobulbaires).

L'ablation chez le chat, des hémisphères, du *thalamus* et de la plus grande partie du mésencéphale, par une transsection au niveau des tubercules quadrijumeaux (décérébration de SHERRINGTON) laisse persister des réflexes de mastication, mais les animaux ainsi décérébrés, même lorsque l'on parvient à les maintenir en vie pendant quelques semaines, comme ont réussi à le faire BAZETT et PENFIELD (2), ne mastiquent pas d'une façon efficace, c'est-à-dire ne forment pas, avec ce qu'on leur met en bouche, un bol alimentaire qui est transporté vers l'isthme du gosier et déglutí. BAZETT et PENFIELD, grâce à des précautions rigoureuses pour maintenir normale la température centrale de l'animal rendu poïkilotherme par la décérébration, ont réussi à conserver des chats décérébrés pendant 3 semaines : bien qu'ils aient répondu par des réflexes de mastication bien coordonnés (mais vite fatigués) à des excitations mécaniques de la bouche, ces animaux ont dû être nourris à la sonde jusqu'au dernier jour. Peut-être la durée de survie atteinte est-elle encore trop courte pour que les réflexes aient pu émerger complètement du choc (en employant ce mot dans le sens empirique qu'on lui donne communément). D'autre part, il est possible que même si ces réflexes avaient réapparu avec une intensité normale, l'absence de la direction corticale, et de la direction thalamique capable d'y suppléer, les auraient rendus inefficaces, parce que non coordonnés. Quoi qu'il en soit de la raison pour laquelle un chat protubérantiel ou partiellement mésencéphalique ne mastique pas utilement, tandis que l'animal thalamique le fait, celui-là présente sur celui-ci de grands avantages pour l'étude des réflexes de la mastication.

Chez l'animal thalamique, les réactions « pseudo-affectives » (SHERRINGTON) qui dépendent de l'intégrité de la partie postérieure du mésencéphale, sont exubérantes et empêchent toute étude myographique de l'animal sans narcose. La transsection du tronc cérébral par un plan passant dorsalement par le milieu des tubercules quadrijumeaux postérieurs et la limite antérieure du pont ventralement, supprime ou atténue considérablement ces réactions. L'excitabilité relativement faible des réflexes de mastication dans des expériences aiguës n'est pas une condition défavorable à leur analyse. SHERRINGTON a depuis longtemps signalé l'intérêt qu'il y a à étudier les réflexes du moment où ils émergent du choc ou de la narcose, lorsqu'il s'agit d'isoler la réponse et de préciser les limites de sa zone réflexogène.

SHERRINGTON (40) a décrit des réflexes des mâchoires chez le chat décérébré et les a divisés en réflexes de fermeture et en réflexes d'ouverture des mâchoires.

Comme réflexe de fermeture, il signale celui que l'on déclenche par une excitation tactile légère de la pointe de la langue (frôlement d'une plume par exemple) : la langue se recourbe vers le haut et se rétracte un peu, en même temps que la mandibule se relève lentement et ferme la gueule. SHERRINGTON n'interprète pas ce réflexe. Peut-être est-ce un réflexe de lappement.

Le réflexe d'ouverture des mâchoires (ou *réflexe d'abaissement de la mâchoire*) présente des caractères fort intéressants. On le provoque régulièrement par des pressions mousses ou la faradisation modérée (même par des chocs d'induction isolés), de toute la partie antérieure de la cavité buccale, mais spécialement des dents elles-mêmes et de la muqueuse gingivale. Le réflexe consiste en un brusque abaissement de la mâchoire, qui était maintenue relevée par la contraction tonique des muscles élévateurs, abaissement suivi généralement, à la cessation de l'excitation, d'un relèvement encore plus brusque. L'observation directe et l'enregistrement myographique (fig. 187 et 188) montrent que le réflexe comporte, en même temps que la contraction des muscles abaisseurs (ventres antérieurs des digastriques), l'inhibition du tonus des muscles élévateurs, tonus qui, on le sait, est très marqué chez l'animal décérébré. Les mâchoires, avec leurs muscles fermeurs puissants, et leurs muscles ouvreurs grêles, constituent un système analogue en somme à celui de la pince du crabe : l'efficacité de la contraction des muscles ouvreurs a comme condition l'inhibition simultanée des muscles fermeurs. Le relèvement immédiat de la mâchoire à la cessation de l'excitation est dû au *rebound* post-inhibiteur des muscles élévateurs. Le réflexe est donc diphasique. SHERRINGTON a vu dans ce caractère une possibilité d'explication de la mastication, fonction qui doit être, dit-il, en grande partie réflexe. Dans la mastication réflexe, l'alternance rythmique des deux phases actives du réflexe résulterait de la simple intermittence d'un seul mode d'excitation : lorsque l'animal a saisi l'aliment dans sa gueule, le contact de cet aliment avec les dents, les gencives et le palais provoque un réflexe

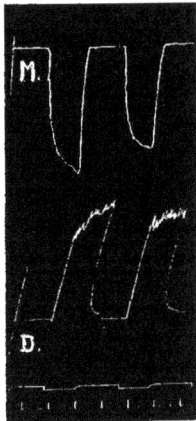

FIG. 187. — Réflexe d'abaissement de la mâchoire, provoqué chez un chat décérébré par la faradisation bipolaire de la muqueuse palatine immédiatement en arrière des incisives.
M, Muscles élévateurs. Leurs contractions et variations de tonus sont inscrites par les mouvements de la mandibule, dont les autres muscles ont été désinsérés ; — D, Digastriques droit et gauche réunis. L'abaissement de la ligne du signal indique le début de l'excitation. Temps en intervalles de secondes.

d'ouverture, mais les mâchoires sont refermées aussitôt, grâce au *rebound*. Cette refermeture déclenche de nouveau le réflexe d'ouverture. « Ainsi, après avoir été mise en train par un premier coup de dents, une mastication réflexe tend à se continuer aussi longtemps qu'il y a entre les dents quelque chose à mâcher » (40, p. 423).

La découverte chez le chat décérébré d'un réflexe de mastication rythmique, d'autre part, l'allure même du réflexe décrit par SHERRINGTON, la situation de sa zone réflexogène à la partie antérieure de la gueule, m'ont fait penser que sa signification est plutôt celle d'un réflexe de préhension, que de mastication à proprement parler.

Le réflexe d'abaissement est particulièrement net et son *rebound* très puissant chez l'animal (chat ou chien) intact très légèrement narcotisé à l'éther : il suffit alors du plus léger contact de la muqueuse réflexogène pourvu qu'il soit suffisamment étendu, celui d'un tampon d'ouate par exemple, pour provoquer un abaissement de la mâchoire, suivi d'un relèvement si brusque et si puissant qu'il fait claquer les dents. D'où, si l'objet est resté en place (ouate ou étoffe), nouveau réflexe, nouveau contact, et ainsi de suite.

Cette suite de mouvements reproduit exactement la brusquerie et la puissance des coups de dents du carnassier qui maintient une proie entre les canines.

Le réflexe d'abaissement est décelable sur l'animal intact, sans narcose, et SHERRINGTON (40) a montré qu'il existe aussi chez l'homme : « Me rappelant que la muqueuse de la joue humaine est pratiquement dépourvue de nocicepteurs dans la région de la seconde prémolaire supérieure, j'ai essayé sur moi-même la faradisation de ce point et de son voisinage, par la méthode unipolaire, avec l'électrode stigmatique sur la surface de

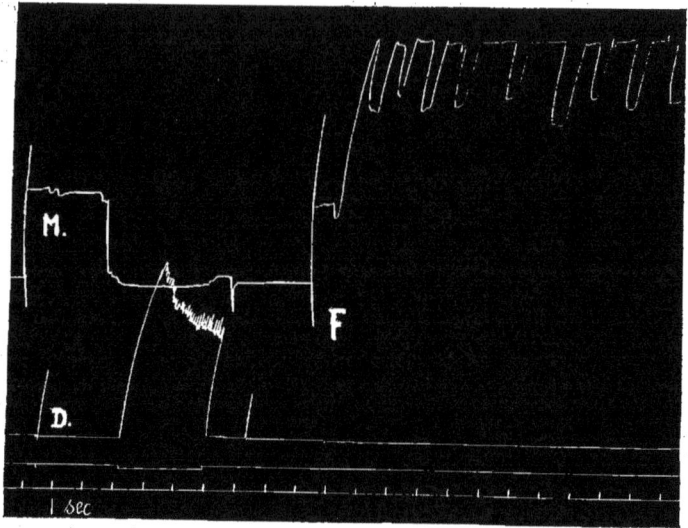

FIG. 188. — Réflexe d'abaissement excité par faradisation du palais, suivi, en F, du réflexe rythmique de mastication provoqué par le frottement des deux commissures buccales. Le tambour a été arrêté entre les deux réflexes. Chat décérébré. Noter l'absence complète de tonus des digastriques et le clonisme de leur contraction, le fort tonus des muscles élévateurs et la lenteur du rythme du réflexe de mastication rythmique.

la muqueuse. Lorsqu'on fait cela avec un courant assez fort, on éprouve une impulsion presque irrésistible à ouvrir la bouche davantage » (p. 428).

Il me paraît assez vraisemblable que les mouvements de mâchonnement que l'on provoque facilement par la pression et le frottement de la muqueuse gingivale des nourrissons ne sont qu'une succession, rythmique en apparence seulement, de réflexes diphasiques d'abaissement.

CARDOT et LAUGIER (11) ont décrit chez le chien un réflexe d'abaissement de la mandibule provoqué par l'excitation mécanique ou électrique de la pointe de la langue. Les caractères de ce réflexe en font une modalité du réflexe d'abaissement décrit par SHERRINGTON. CARDOT et LAUGIER ont montré le parti qu'on peut tirer de l'observation de ce réflexe simple et régulier, excitable par chocs isolés, pour l'étude des propriétés générales des réflexes.

Le chat décérébré possède un puissant *réflexe de mastication rythmique* (BREMER [9]). Ce réflexe a des caractères très intéressants. On le provoque par la pression, l'étirement ou le frottement de la muqueuse des commissures buccales. On réalise le mieux la qualité adéquate du stimulus en appliquant sur la muqueuse la pulpe des doigts. Les excitations mécaniques douloureuses et les excitations électriques sont inefficaces. D'autre part, une excitation unilatérale, quelque intense qu'elle soit, est beaucoup moins efficace que des excitations bilatérales (phénomène de sommation spatiale, bien expliqué par la distribution des fibres trigéminales sensibles aux deux noyaux masticateurs (WINKLER [46]). L'analyse myographique (fig. 188) montre que le réflexe comporte une contraction tonique, périodiquement inhibée, des muscles élévateurs. Les muscles digastriques sont inhibés pendant la contraction tonique des élévateurs et ne se contractent pas de façon appréciable au moment des inhibitions rythmiques de cette contraction (fig. 188). C'est là un nouvel exemple de réflexe rythmique pouvant être constitué uniquement par des inhibitions périodiques du tonus d'un groupe de muscle synergiques (cf. réflexe de grattement).

Les muscles élévateurs de droite et de gauche se contractent simultanément (fig 189). Le rythme est lent et d'ailleurs sujet à d'assez grandes variations. Le réflexe est inhibé

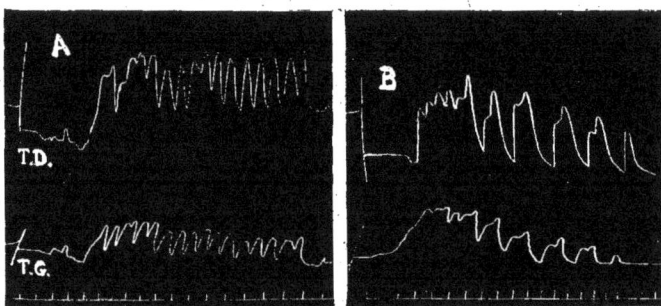

FIG 189. — Réflexes rythmiques de mastication (chat décérébré,) Les contractions des muscles temporaux droit (T, D) et gauche (T, G) sont inscrites séparément. Le réflexe en B a été obtenu quelques minutes après celui de A. Temps en secondes.

par toute excitation de la muqueuse buccale antérieure qui provoque un réflexe d'abaissement.

L'allure du réflexe qui rappelle la mastication lente et rythmique du Carnassier qui broie un os, et la situation de sa zone réflexogène au voisinage des molaires, indiquent que c'est le réflexe de broiement qui met celles-ci en action. Un réflexe analogue aurait été, d'après FRANK (20), signalé par GOLTZ chez des chiens à *pallium* enlevé.

Parfois, on voit un réflexe d'abaissement être suivi d'un réflexe de pourlèchement consistant en quelques mouvements de propulsion de la langue, accompagnés d'abaissements de la mâchoire, de faible amplitude.

La décérébration mésencéphalique est d'une exécution correcte beaucoup moins aisée chez le lapin que chez le chat, à cause de l'hémorragie abondante du polygone de Willis. C'est ce qui explique sans doute que MILLER (31) n'ait pu observer de réflexe de mastication chez le lapin décérébré. Cependant MAGNUS (29) avait signalé leur existence, et j'ai pu confirmer le fait (fig. 190, C). Mais le lapin intact, et surtout le lapin dont les centres masticateurs corticaux ont été enlevés bilatéralement, exécute, en réponse à des excitations tactiles de la muqueuse buccale, des réflexes qui sont souvent d'une régularité surprenante. J'ai observé un lapin, paraissant normal par ailleurs, chez lequel je pouvais provoquer à volonté, suivant l'endroit des dents ou de la muqueuse excitée par frottement, un réflexe de rongement (fig. 190, A), un réflexe de mastication verticale (fig. 190, B) et un réflexe de mastication horizontale (rumination). A vrai dire, ces réponses réflexes ne sont en général qu'ébauchées chez les lapins intacts, surtout les réflexes de rongement et de rumination, masquées et inhibées qu'elles sont par les réactions de défense de l'animal. Mais elles apparaissent avec une grande netteté et sont même exubérantes chez l'animal à centres masticateurs enlevés (BREMER [9]) ou chez l'animal thalamique (MAGNUS [29]).

Le rongement (fig. 190, A), mouvement menu et rapide de la mandibule, se produit en réponse au frottement des incisives. L'excitation, mécanique ou faradique, de la partie antérieure de la muqueuse buccale et spécialement du palais osseux, déclenche des mouvements rythmiques d'abaissement et de relèvement de la mâchoire de plus grande amplitude et d'un rythme plus lent que ceux du rongement (fig. 190 B) et accompagnés de mouvements rythmiques de propulsion de la langue qui alternent avec eux. Il s'agit vraisemblablement du réflexe qui met en action les incisives pour mordre. Enfin le frottement des molaires et de la muqueuse jugale voisine provoque un réflexe rythmique de mastication horizontale avec grincement des molaires.

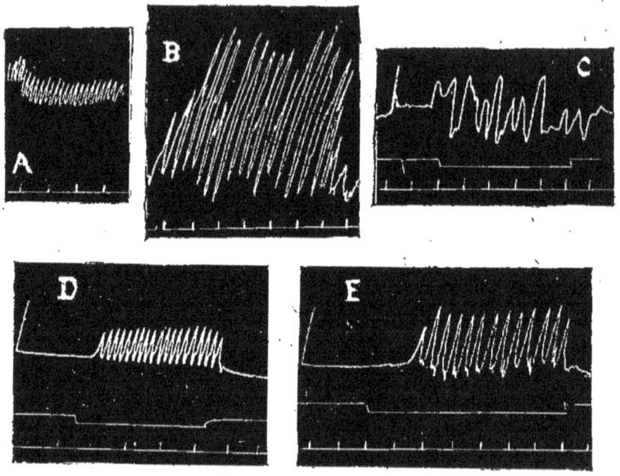

Fig. 190. — Réflexes de mastication et réponses masticatrices corticales du lapin inscrits par le mouvement de la mandibule intacte. Les lignes ascensionnelles du tracé correspondant aux abaissements de la mâchoire. L'abaissement de la ligne du signal indique, comme dans les figures précédentes, le début de l'excitation (faradisation modérée de la muqueuse palatine antérieure ou du centre cortical). A, Réflexe de rongement provoqué chez un lapin intact par le frottement des incisives; — B, Réflexe de mastication verticale, déclenché chez le même animal par le frottement de la muqueuse palatine antérieure — C, Réflexe de mastication provoqué chez un lapin protubérantiel par la faradisation du palais, immédiatement en arrière des incisives; — D, Mouvements de grignotement en réponse à la faradisation de la partie antérieure de la zone masticatrice corticale droite; — E, Mouvements de meule déclenchés chez le même lapin par la faradisation de la partie postéro-inférieure de la zone de mastication. Le mouvement de diduction se traduit par les pauses qui séparent les sommets du tracé. Dans tous les tracés, temps en secondes.

Les mêmes réflexes existent chez le cobaye et sont déjà très nets chez le cobaye nouveau-né.

La mastication si parfaitement rythmique des Ongulés faisait pressentir son mécanisme principalement réflexe. De fait, le cheval possède de beaux réflexes de mastication. Des excitations tactiles, non douloureuses, de la muqueuse buccale antérieure provoquent des mouvements verticaux de la mandibule, paraissant rythmiques; tandis que l'attouchement des molaires et de la muqueuse jugale voisine déclenche des mouvements de meule, parfaitement rythmiques, avec excursion de la mandibule vers le côté des molaires touchées (contraction des ptérigoïdiens hétérolatéraux).

Des réflexes analogues existent chez les Bovidés.

Ainsi Carnassiers, Rongeurs et Ongulés possèdent des réflexes de mastication bien définis et dont les zones réflexogènes sont disposées précisément dans l'ordre où la progression de la bouchée doit les mettre en jeu pour produire une mastication efficace. Ce fait suggère que la mastication pourrait, dans une certaine mesure, résulter, chez ces animaux, d'un enchaînement de réflexes.

Centre bulboprotubérantiel des réflexes de mastication. — Le tonus des muscles élévateurs et les réflexes de mastication du chat (Bremer [9]) et ceux du lapin (Magnus [29], Bremer [9]) persistent après une transection du tronc cérébral faite à la limite antérieure du pont, excluant tout le mésencéphale et l'entièreté du noyau mésencéphalique du trijumeau (chat). Quelle que soit l'opinion que l'on ait sur la nature des cellules vésiculeuses de ce singulier noyau (voir à ce sujet les thèses contradictoires de Willems (45) et de W.-F. Allen (1) d'une part, de Winkler d'autre part), le fait que ce noyau n'est pas indispensable au maintien du tonus des muscles masticateurs se concilie difficilement avec l'hypothèse, par ailleurs fort intéressante, que ces cellules, homologues de celles des ganglions spinaux, sont l'origine des fibres de la sensibilité proprioceptive des muscles masticateurs.

Les réflexes de mastication des Carnassiers et des Rongeurs, et vraisemblablement aussi ceux des autres Mammifères, ont donc, comme le réflexe de succion (Brown-Sequard [10]), leurs coordinations et leurs rythmes réglés par les seuls centres de la protubérance et du bulbe, c'est-à-dire donc par les noyaux sensibles et moteurs de V, VII, IX, X et XII réunis en un complexe synergique. La racine descendante du trijumeau forme sans doute le substratum anatomique de cette corrélation, comme le faisceau longitudinal postérieur est le substratum des coordinations entre les noyaux oculo-moteurs et ceux de la musculature cervicale (Probst [34]). Ces synergies primordiales de centres voisins ne relèvent donc pas des centres de corrélation du *tegmentum* mésencéphalique.

C) **Réponses masticatrices corticales.** — La zone masticatrice corticale occupe, chez tous les Mammifères qui ont été étudiés, une situation homologue : éminence présylvienne chez le lapin (Mann [30]),

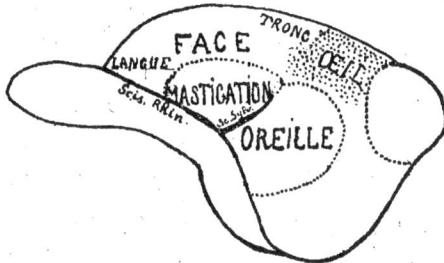

Fig. 191. — Cerveau du lapin, profil (d'après Mann [30]). Noter l'étendue de la zone de mastication (rythmique).

base des circonvolutions sylviennes et suprasylviennes antérieures chez les Carnassiers, pied de la circonvolution précentrale chez les Primates, y compris l'homme.

Son excitation provoque des mouvements associés, rythmiques ou non, de la mandibule, des lèvres, des joues et de la langue.

Chez le lapin, la zone masticatrice est vaste et complexe. Elle s'étend sur une grande partie de la surface supérolatérale de l'extrémité antérieure des hémisphères (fig. 191). Elle est contiguë en avant aux centres des mouvements élémentaires des lèvres, de la langue (et de la mâchoire?), médialement aux centres des mouvements des joues et des lèvres, en arrière à la zone motrice oculopalpébrale, en arrière et en bas à la zone motrice de l'oreille. Elle est limitée inférieurement par la scissure rhinale. La plupart des observateurs ont décrit plus ou moins explicitement la diversité des formes de réponses masticatrices rythmiques obtenues, selon la situation du point excité : mouvements verticaux par excitation de la partie antérieure de la zone masticatrice, mouvements horizontaux par excitation de la partie postérieure (Gad [21], Rethi [36], Mann [30]). Le phénomène m'a paru plus saisissant encore que ne l'indiquent les descriptions des auteurs. La zone masticatrice peut être divisée en trois parties, de surface à peu près égale. En avant est une zone dont l'excitation déclenche des mouvements menus et rapides de la mandibule, avec de forts mouvements concomitants des lèvres (mouvements de grignotement ou de rongement (fig. 190, D). De l'excitation de la zone médiane résultent d'amples mouvements rythmiques d'abaissement et de relèvement de la mâchoire, et, alternant avec eux, des mouvements rythmiques de la langue. La zone postérieure est celle des mouvements de diduction frottant les molaires les unes contre les autres avec un grincement (mastication-rumination, fig. 190, E).

Ces trois formes de réponses masticatrices corticales ressemblent donc fortement à la fois aux modalités de mastication spontanée de l'animal normal et aux réflexes de mastication; et les zones de représentation corticale s'échelonnent d'arrière en avant dans le même ordre que les zones réflexogènes buccales des mêmes types de mouvements.

Tous ces mouvements peuvent être entrecoupés ou suivis de déglutitions qui sont la conséquence directe de l'excitation cérébrale, car elles se produisent encore après l'ablation des mâchoires et de tous les organes de la bouche susceptibles de provoquer une déglutition réflexe par leurs mouvements (RETHI [36]).

La zone masticatrice du Carnassier est d'une étude difficile à cause de sa situation profonde à la base des circonvolutions présylviennes. SHERRINGTON (40) décrivant brièvement les réponses masticatrices du chat, après avoir décrit les réflexes de mastication de l'animal décérébré, compare celles-là à ceux-ci et note des analogies et des différences. L'excitation de la zone masticatrice provoque un mouvement d'abaissement de la mâchoire, suivi en général d'un *rebound*, comme dans le réflexe d'abaissement. La contraction des muscles digàstriques, et l'inhibition des muscles élévateurs sont en grande partie unilatérales (contralatérales). Cette unilatéralité de la réponse corticale rappelle donc celle de la réponse réflexe. Mais alors que dans celle-ci, il n'existe pas ou guère de mouvements de la langue, la réponse corticale comporte généralement un mouvement de retrait de la langue. La réponse corticale peut être simplement diphasique, comme le réflexe, mais elle n'est en général que la phase initiale d'une mastication rythmique.

L'existence d'un réflexe rythmique de mastication me paraît devoir atténuer beaucoup ces différences entre réponses corticales et réflexes, et d'autant plus qu'il semble bien que les zones de représentation corticale du mouvement d'abaissement d'une part, de la mastication rythmique d'autre part, bien que se superposant en partie, ne coïncident pas tout à fait (SHERRINGTON [40]).

La zone de représentation des mouvements de la langue est située, comme chez le lapin, en avant de la zone masticatrice.

La zone masticatrice du Macaque qui a été étudiée minutieusement par BEEVOR e HORSLEY (3) ne diffère en somme de celle des Carnassiers que par la représentation de mouvements plus variés de la mandibule (abaissement simple, abaissement avec diduction de l'un ou l'autre côté, relèvement), variété de mouvements qui ne permet pas l'articulation temporomaxillaire des Carnassiers. La zone des mouvements d'abaissement vertical de la mâchoire, occupe tout le pied de la circonvolution précentrale et s'étend en avant et en arrière sur les circonvolutions adjacentes; la zone des mouvements d'abaissement avec diduction homolatérale (par action des ptérygoïdiens contralatéraux) occupe le centre de cette zone, tandis que la zone des mouvements rythmiques de mastication verticale s'étend plutôt en avant du *sulcus frontalis transversus inferior*. Ces mouvements rythmiques de mastication tout à fait réguliers se produisent soit comme réponses primaires, soit comme réponses secondaires ou tertiaires, comme suite à des mouvements non rythmiques de la mâchoire, de la langue ou des lèvres. Des mouvements rythmiques de propulsion et de retrait de la langue, alternant avec ceux de la mâchoire, font partie intégrante de la réponse. BEEVOR et HORSLEY ont observé quelquefois des mouvements de mastication horizontale avec grincement des molaires.

La zone de représentation des mouvements des lèvres, du palais, de la langue et des mâchoires occupe chez les Anthropoïdes le pied de la circonvolution précentrale (opercule rolandique, fig. 192). On sait l'extraordinaire variété de formules motrices élémentaires que SHERRINGTON et ses collaborateurs (27) ont relevées dans l'écorce motrice des Anthropoïdes. La zone bucco-linguale participe de cette richesse en points moteurs différents. Il existe donc une multitude de points dont l'excitation provoque des mouvements déterminés des lèvres, de la langue et de la mandibule, mouvements isolés, ou associés en des combinaisons extrêmement variées, simultanées ou successives.

La zone des mouvements de la mâchoire, parmi lesquels ceux d'abaissement sont représentés beaucoup plus largement que ceux de relèvement, comme chez les autres Mammifères, occupe une étendue en somme relativement faible dans l'ensemble de la zone bucco-linguale. L'excitation d'un seul point situé tout à fait dans le bas du pied de la circonvolution, déclenche des mouvements rythmiques de mastication. Ces mouvements ont donc une très petite zone de représentation corticale chez les Anthropoïdes. Déjà BEEVOR et HORSLEY (4) avaient été frappés de la différence qui existe entre le macaque et l'orang en ce qui concerne la mastication rythmique qu'ils n'avaient même pas trouvée représentée dans l'écorce cérébrale de ce dernier. A plus forte raison l'écorce

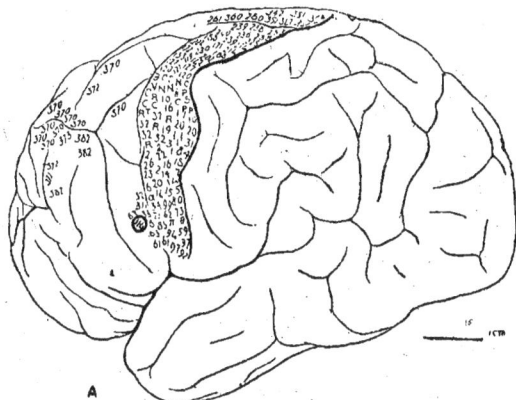

FIG. 192. — Cerveau d'un orang-outang (d'après LEYTON et SHERRINGTON [27]). Chaque numéro et chaque lettre indiquent le point où une réponse déterminée a été obtenue régulièrement. Le n° 114 (entouré d'un anneau) désigne le point dont l'excitation provoque la mastication rythmique comme réponse primaire.

des Anthropoïdes contraste-t-elle avec l'écorce du lapin dans laquelle le champ des mouvements rythmiques de mastication occupe une étendue considérable (fig. 191 et 192).

* *

Le rythme et la coordination des réponses masticatrices corticales ne sont pas l'œuvre du *cortex* lui-même, puisque les mêmes réponses rythmiques sont encore obtenues par l'excitation de la substance blanche après l'ablation de l'écorce. Ce rythme et ces coordinations doivent donc être organisés dans un centre sous-cortical. Quel est ce centre d'automatismes masticateurs qu'actionnent les influx « volontaires » ?

RETHI (36), CARPENTER (12) et ÉCONOMO (17) ont suivi, électrodes excitatrices en main, le faisceau masticateur corticofuge dans le centre ovale, puis dans la capsule interne et les pédoncules en faisant des transsections successives de l'encéphale du lapin, et ont observé qu'il cesse brusquement d'être excitable bien avant le niveau des noyaux du trijumeau. RETHI le perdit dans la région hypothalamique. CARPENTER et ÉCONOMO ont pu le suivre jusqu'à la partie proximale du mésencéphale. Là, le faisceau occupe le bord médial des pédoncules cérébraux. Sur la coupe suivante il est devenu inexcitable et la faradisation de la même région des pédoncules ne provoque plus que des contractions tétaniques des muscles masticateurs. RETHI et ÉCONOMO inférèrent de ces faits que là, où il devient inexcitable (en ce qui concerne les réponses rythmiques) le faisceau masticateur se termine dans le centre des automatismes de la mastication. Ce centre, pour ÉCONOMO (17), serait le *locus niger*. En suivant au microscope les fibres du faisceau masticateur dégénéré à la suite de l'ablation de son centre d'origine (délimité par faradisation liminaire et réduit à ses exactes dimensions, celles « d'une tête d'épingle »), il vit ces fibres pénétrer dans le *locus niger* et s'y terminer. Mais rien n'est moins exact que la réduction de la vaste zone masticatrice du lapin aux dimensions d'un point. Et quand l'ablation porte sur une surface corticale d'un demi-centimètre carré, les fibres dégénérées (d'après Économo lui-même, dépassent le *locus niger*. La preuve anatomique d'un relai des fibres masticatrices n'existe donc pas.

D'autre part, le fait expérimental que ces fibres cessent d'être excitables peu de temps après leur entrée dans le mésencéphale s'explique fort bien, sans qu'il faille invoquer un relai à cet endroit. Miller (34) a rappelé, en effet, que c'est précisément à ce niveau que les fibres cortico-nucléaires (fibres aberrantes de la voie pédonculaire) quittent les pédoncules et, s'incurvant vers le haut, se dispersent dans le *tegmentum*. La dispersion de ces fibres dans cette région complexe doit évidemment entraîner l'impossibilité d'obtenir les réponses qui résultent de leur excitation lorsqu'elles sont groupées. Quant aux contractions tétaniques des muscles masticateurs que Retzi et Économo ont vu remplacer leurs contractions rythmiques, elles résultent simplement de la diffusion du courant aux fibres de la racine motrice du V. Il n'existe donc aucune raison péremptoire de supposer l'existence d'un centre masticateur intermédiaire entre l'écorce et les noyaux bulbo-protubérantiels.

Miller (34) faisait remarquer que l'hypothèse d'un centre masticateur intermédiaire perdrait toute vraisemblance si l'on pouvait démontrer, en particulier chez le lapin, l'existence de réflexes rythmiques de mastication ne nécessitant que les centres de la protubérance et du bulbe. On a vu que cette preuve a été faite pour le lapin et pour le chat. Pour une raison de simplicité et d'économie il est donc tentant de supposer que les fibres masticatrices corticofuges utilisent les coordinations et les rythmes organisés par les centres réflexes bulbo-protubérantiels.

De fait, il existe entre les réponses masticatrices corticales et les réflexes de mastication une analogie qui est particulièrement nette chez le lapin ; cette analogie serait donc une identité.

Enfin, il m'a paru qu'on peut invoquer à l'appui de cette thèse un argument expérimental (9) : il est possible de *faciliter* l'excitation du cortex masticateur du lapin par une excitation buccale (mécanique ou électrique) préalable, à condition que celle-ci ait déclenché un réflexe de mastication. Immédiatement après cette manœuvre, l'écorce masticatrice qui était inexcitable, à cause de l'intensité infraliminaire du courant, devient excitable, et le reste pendant 10 à 20 secondes en moyenne. Ce phénomène de facilitation spécifique analogue à celui décrit par Bubnof et Heidenhain et Exner (18) pour la zone motrice des membres, est une modalité du phénomène de sommation. Or, il ne peut y avoir de sommation que lorsque des influx confluent dans un complexe de neurones commun.

A propos de cette identité des centres coordinateurs qu'actionnent les influx « volontaires » et les influx afférents réflexes, le fait signalé par Tarkhanoff (41) et Langlois (26) que l'excitation de la zone masticatrice corticale du cobaye nouveau-né provoque déjà des réponses masticatrices rythmiques, est intéressant, lorsqu'on le rapproche du fait que les réflexes rythmiques de mastication sont décelables à ce moment.

Tout porte à croire que les mécanismes corticaux et réflexes de la mastication des Ongulés ont entre eux les mêmes rapports que ceux des Rongeurs et des Carnassiers.

La question se pose tout autrement en ce qui concerne les singes anthropoïdes et l'homme. Il n'y a pas lieu de comparer entre elles les réponses masticatrices et les réflexes de mastication puisque ceux-ci (à part le réflexe d'abaissement) sont d'une existence douteuse chez les anthropoïdes. Il est sans doute significatif que la zone de représentation d'une mastication rythmique est très petite chez les anthropoïdes, surtout en comparaison de ce qu'elle est chez les animaux possédant des réflexes rythmiques de mastication.

D) **Symptômes résultant de l'ablation des centres masticateurs. — Localisation corticale du goût.** — Le rôle de ces centres dans la mastication ressort nettement de l'étude des troubles qui atteignent cette fonction à la suite de leur ablation bilatérale. Cette ablation a été réalisée sur le lapin (Gad [24], Bremer [9]), sur le chien (Frank [20], Trapeznikov [42]) et sur le macaque (Frank [20]). Les symptômes que présentent le chien et le lapin sont en somme très semblables : impossibilité complète, mais transitoire, de la préhension des aliments et de leur mastication, exagération progressive des réflexes de mastication, et récupération par l'animal d'une nouvelle mastication effective lui permettant de s'alimenter sans secours. GAD n'ayant probablement pas pu maintenir en vie ses lapins assez longtemps, n'avait observé que la première phase de cette évolution, celle du mâchonnement réflexe ineffectif. Chez le Lapin, il m'a paru manifeste que la récupération au bout de trois ou quatre jours d'une mastication efficace se fait par les réflexes de mastication exagérés que l'animal apprend à utiliser de lui-même. Un lapin arrivé à ce stade se comporte en somme comme le nourrisson humain d'un an, qui utilise de lui-même son réflexe de succion en portant le biberon à sa bouche. Cette nouvelle mastication du lapin à centres masticateurs détruits reste très imparfaite et se caractérise par l'impossibilité d'enlever d'un coup de dents une grosse bouchée, le manque de force appropriée de ses mouvements, sa lenteur, véritable mâchonnement et l'attitude spéciale, tête renversée, que prennent ces animaux pour favoriser la propulsion buccale et la déglutition du bol alimentaire. Il est difficile de décider si la déglutition est normale ou si elle n'est laborieuse que parce que la trituration des aliments est très imparfaite ainsi que le prouve l'examen des fèces.

Ces animaux (chiens et lapins) présentent en outre des troubles de la sensibilité buccale tactile et une anesthésie gustative (TRAPEZNIKOV [42], BREMER [9]), qui chez le lapin se démontre avec une parfaite netteté (9). Les perceptions de l'acide, du salé et de l'amer paraissent complètement abolies. Les lapins à centres masticateurs détruits mangent avec appétit des tranches de carotte imbibées d'une solution concentrée de sulfate de quinine ou d'une solution d'acide acétique. L'odorat est intact. Quelquefois, lorsque la tranche de végétal qui lui était offerte était ruisselante de la solution amère, l'animal, après l'avoir mâchée pendant quelque instants, retroussait la lèvre supérieure, se pourléchait le museau et rejetait la tête en arrière; bref, ébauchait une mimique de dégoût. Cette mimique, d'ailleurs très discrète et fugace, ne l'empêchait pas de continuer à manger avec entrain les autres tranches quininisées qu'on lui présentait ensuite.

GOLTZ (22) et DUSSER DE BARENNE (15) ont signalé tous les deux la mimique de dégoût qu'exécutaient leur chien ou leurs chats à *pallium* enlevé, lorsqu'on leur faisait manger du hachis de viande imbibé de coloquinte ou de quinine en solution concentrée [1]. Tous deux en ont conclu à la persistance chez leurs animaux, de sensations gustatives.

Cette déduction est discutable. Les animaux décérébrés au niveau des tubercules quadrijumeaux postérieurs exécutent, en réponse à des excitations périphériques qui seraient douloureuses pour l'animal intact, un ensemble de réactions qui ressemblent tout à fait à celles d'un animal normal qui souffrirait. Et cependant SHERRINGTON a appelé ces réactions, réflexes pseudo-affectifs, et a donné de multiples preuves de leurs caractères de purs réflexes ne comportant aucune adjonction de sensation, opinion universellement admise, confirmée récemment encore par les expériences de BAZETT et PENFIELD (2) et qui est en accord avec la pathologie nerveuse humaine. Les excitations intenses du glosso-pharyngien que produisent les substances amères (substances presque toujours dangereuses) provoquent un ensemble de réactions musculaires et sécrétoires, à but de protection évident et ayant des caractères très analogues à ceux des réflexes pseudo-affectifs. Il est donc possible que les réactions de dégoût des animaux thalamiques, de même que celles des animaux à centres gustatifs détruits soient des réflexes sans nécessairement d'adjonction psychique, et que, comme les réflexes pseudo-affectifs, elles soient exagérées par la suppression complète du *pallium*. Ces réflexes pourraient, de même encore que les réflexes pseudo-affectifs, avoir leurs centres situés plus bas que les couches optiques [2].

GAD (21) qui a le premier mis en évidence l'importance des influx gustatifs dans le fonctionnement des centres masticateurs corticaux a situé le centre du goût chez le

---

1. Par contre, l'indifférence gustative du chien de ROTHMAN était complète.

2. BAZETT et PENFIELD ne disent pas s'ils ont essayé sur leurs chats décérébrés l'effet d'excitations purement sapides. Ils signalent que souvent ces animaux se défendaient lorsqu'on leur lavait la bouche avec une solution d'acide phénique à 1/60°, solution qui, à cette concentration, n'est irritante que pour les muqueuses gustatives.

lapin immédiatement en arrière de la zone masticatrice motrice. Seule la destruction bilatérale de ce centre du goût entraînerait la paralysie masticatrice, tandis que la destruction de la zone masticatrice serait sans effet. Il y avait là une contradiction bien difficile à expliquer. J'ai refait l'expérience de Gad sur un lapin : l'ablation bilatérale de la zone qu'il désigne comme gustative s'est montrée sans effet, aussi bien en ce qui concerne le goût que la mastication, tandis que l'ablation subséquente des centres masticateurs corticaux a entraîné, comme c'est la règle, l'incapacité masticatrice et l'anesthésie gustative.

Cette abolition du goût chez le lapin à centres masticateurs détruits est si nette qu'elle me paraît devoir définitivement trancher la question encore très controversée (témoin le récent travail important sur la question, de Henschen [23]) de la localisation du centre cortical du goût. Celui-ci a son siège dans le centre masticateur qui est sensitivo-moteur comme paraissent l'être tous les centres moteurs corticaux des mammifères autres que les Primates (Munk, Rothman, Dusser de Barenne [16]). Cette connexion d'une sensibilité aussi spéciale que la sensibilité gustative avec la motricité des muscles buccaux et péribuccaux est significative du lien intime et nécessaire qui unit dans l'écorce cérébrale, comme dans tous les autres centres, la sensation à l'action.

Chez l'homme, c'est donc dans l'opercule rolandique (pied des circonvolutions précentrales) et probablement dans sa partie postérieure sensitive que siège, selon toute vraisemblance, le sens du goût. C'est d'ailleurs là que des observations cliniques récentes tendent à le localiser (Börnstein [7]).

L'incapacité masticatrice qui résulte de l'ablation bilatérale de la zone corticale masticatrice chez le macaque est plus grande et de beaucoup plus longue durée que chez le lapin et le chien (Frank [20]). De plus, contrairement à ce qui s'observe chez le chien où une ablation des centres droit et gauche en deux temps ne produit que des effets minimes, l'ablation en deux temps chez le macaque a des conséquences aussi graves que l'opération en un temps (Frank). Ces deux faits qui se complètent indiquent que les suppléances masticatrices par des centres sous-corticaux sont beaucoup moins efficaces chez le macaque que chez les Carnassiers et les Rongeurs.

On n'a pas fait, à ma connaissance, d'expérience de ce genre, sur les singes anthropoïdes.

La destruction bilatérale de l'opercule rolandique ou de ses fibres de projection entraîne chez l'homme le syndrome dit pseudobulbaire caractérisé par la parésie, l'ataxie et le spasme des muscles masticateurs de la langue et des lèvres. Ce syndrome étant presque toujours le résultat de lésions vasculaires ou séniles progressives, il est difficile de décider si son incurabilité résulte de ce fait ou de l'impossibilité complète de suppléances.

On ne connaît pas de réflexe de mastication rythmique chez l'homme, mais les autres réflexes à centres bulbo-protubérantiels (réflexe pharyngé, succion) sont exagérés ou anormalement persistants à la suite de la destruction bilatérale des centres buccaux corticaux ou de leurs fibres efférentes.

La destruction unilatérale des centres masticateurs n'a comme conséquence chez tous les animaux (lapin, chien, macaque) que des troubles contralatéraux peu marqués et transitoires de la motricité et de la sensibilité masticatrice et buccolinguale.

* * *

Il est possible maintenant en utilisant toutes ces données d'esquisser une conception de l'ensemble du mécanisme nerveux de la mastication chez les animaux et chez l'homme.

Chez tous les Mammifères, excepté probablement chez les Anthropoïdes, les mouvements coordonnés, le plus souvent rythmiques, de la mastication sont exécutés en premier ordre par un mécanisme réflexe bulbo-protubérantiel comprenant les noyaux sensibles et moteurs du trijumeau, du facial et de l'hypoglosse réunis en un système ordonné. Il faut y ajouter le noyau salivaire (V ? VII et IX), car il existe entre la mastication et la salivation parotidienne une connexion étroite qui s'explique le plus simplement par une irradiation des influx des centres masticateurs protubérantiels au centre salivaire bulbaire.

Les zones réflexogènes des réflexes de mastication sont situées de telle façon que la progression de la bouchée doit les mettre en jeu successivement dans l'ordre utile (Rongeurs, Carnassiers, Ongulés).

Ce mécanisme bulbo-protubérantiel est sous le contrôle de centres masticateurs corticaux qui en utilisent les coordinations motrices toutes préparées. Cette utilisation par l'écorce cérébrale d'antiques formules motrices gravées dans les centres du mésencéphale n'est pas particulière à la fonction masticatrice. SHERRINGTON (39) a depuis longtemps attiré l'attention sur la grande ressemblance qu'il y a entre les mouvements provocables par l'excitation de l'écorce cérébrale (des mammifères autres que les Primates) et ceux des réflexes bulbo-spinaux. Il en a donné des (exemples nombreux auxquels on peut ajouter la déambulation, la déglutition, la respiration, la vocalisation, actes réflexes mais qui peuvent être excités aussi volontairement ou déclenchés par des excitations artificielles du cortex. C'est d'ailleurs vraisemblablement par une identité des mécanismes moteurs actionnés par les injonctions corticales et les influx réflexes que s'explique le caractère transitoire bien connu des troubles résultant chez les Mammifères autres que les Anthropoïdes, d'ablation de centres moteurs corticaux.

Grâce à ces centres directeurs de l'écorce cérébrale, la mastication, qui sans eux ne serait qu'un machinisme aveugle, comme la succion chez le nouveau-né, est constamment sous le contrôle des sensibilités *discriminatives* buccales (tactile, kinesthésique et surtout gustative) et de toutes les perceptions sensorielles, mais principalement des olfactives et visuelles.

Ce contrôle cortical s'exerce comme tout contrôle, par des influx renforçateurs (que reproduisent les excitations artificielles du cortex) et par des influx inhibiteurs. La couleur, l'odeur, la consistance, le goût surtout de l'aliment renforceront sa mastication s'ils sont agréables, ce qui est presque toujours le signe de sa comestibilité, ou l'arrêteront s'ils sont désagréables. On peut faire sur le lapin une expérience facile qui montre bien la nature de la collaboration du mécanisme réflexe et du mécanisme cortical : lorsque l'on introduit de force une tranche de carotte dans la bouche d'un lapin normal, le plus souvent l'animal exécute des mouvements rythmiques des mâchoires et de la langue, mais qui, à cause de leur manque de force, n'aboutissent qu'à un mâchonnement inefficace de la carotte : mastication purement réflexe, qui serait aussi bien provoquée par le frottement de la muqueuse buccale par un objet quelconque non sapide. Mais il arrive souvent qu'au bout de quelques minutes de ce mordillement involontaire, le lapin, rassuré, et aussi sans doute mis en appétit par le goût de la carotte, se met à la mordre vigoureusement et à la manger : mastication « volontaire » mais qui ne diffère de la mastication réflexe que par la force plus grande des mouvements. Ceux-ci changent brusquement d'amplitude et de puissance, sans changer de rythme ni de forme. On a l'impression que le mécanisme réflexe a été simplement renforcé par les influx corticaux.

L'observation du lapin, réduit par la destruction de son *cortex* masticateur à ses seuls réflexes de mastication, donne une idée plus précise encore du rôle de l'écorce cérébrale : la mastication chez cet animal ressemble au travail d'une machine-outil à laquelle manque la direction de l'ouvrier : elle accomplit son œuvre, mais ses mouvements sont trop rapides ou trop lents, trop faibles ou trop forts, sujets à des arrêts intempestifs ou au contraire à une continuation inutile.

Cette conception du déterminisme de la mastication chez l'animal diffère sensiblement de celle proposée par GAD (21) qui avait conclu de ses observations sur le lapin que la division des aliments est une fonction réflexe, mais que la formation et la propulsion du bol alimentaire sont des fonctions cérébrales. En réalité, les mouvements de la langue font partie intégrante aussi bien des réflexes rythmiques de mastication que des réponses masticatrices corticales, et d'autre part l'animal à centres masticateurs détruits récupère au bout de quelques jours une mastication utile, ce que n'avait pas vu Gad. Le mécanisme réflexe est donc capable d'exécuter à lui seul tous les actes de la préparation buccale des aliments et le contrôle cérébral intervient lui aussi dans tout cet acte complexe.

Cette conception de la mastication n'est valable que pour les Mammifères autres que les Primates et doit être sensiblement modifiée pour être applicable à ceux-ci. La complexité croissante de l'écorce cérébrale qui atteint son apogée chez les Anthropoïdes imprime à toute leur motricité de nouveaux caractères. L'écorce cérébrale devient de plus en plus créatrice de formules motrices inconnues des mécanismes bulbo-spinaux. Les réponses corticales, en même temps qu'elles se diversifient et se multiplient à l'extrême, deviennent de plus en plus des réponses parcellaires (Sherrington [39]), susceptibles de combinaisons en nombre presque illimité. La zone masticatrice participe de cette évolution. La représentation de la mastication rythmique est très réduite dans l'écorce motrice des singes anthropoïdes. L'existence de réflexes rythmiques de mastication est improbable chez l'homme. Cette régression de l'importance des mécanismes réflexes rythmiques chez les Primates explique sans doute que la destruction bilatérale des centres masticateurs corticaux entraîne, même chez le singe inférieur (macaque), une impotence masticatrice bien plus longue que chez les Carnassiers et les Rongeurs. La pathologie humaine montre l'incurabilité des désordres moteurs qui résultent de la destruction bilatérale de l'opercule rolandique ou de ses fibres de projection. L'importance de l'écorce cérébrale pour la mastication chez l'homme ressort encore du fait que celle-ci n'apparaît pas en cas de destruction congénitale ou précoce des centres corticaux (persistance du réflexe de succion chez les diplégiques infantiles). Il ne paraît donc pas douteux que les mouvements de la mastication chez les singes anthropoïdes et chez l'homme sont des mouvements en grande partie appris, qui ne s'automatisent que secondairement et dont les coordinations sont créées et fixées par l'écorce cérébrale.

Le diencéphale et en particulier les corps striés et le *thalamus* jouent-ils un rôle dans la mastication, comme l'ont voulu |(voir notamment Wexberg [44]) de nombreux auteurs? Il est certain que les faits expérimentaux sur lesquels était basée l'hypothèse d'un centre masticateur intermédiaire entre l'écorce et la protubérance doivent être interprétés autrement. Le fait que des lésions bilatérales des corps striés peuvent entraîner chez l'homme des troubles graves de la mastication, de la phonation et de la déglutition ne suffit pas pour qu'on soit en droit de situer dans ces ganglions des centres pour ces fonctions, car ces troubles peuvent et paraissent effectivement résulter des désordres du tonus des muscles buccaux et péribuccaux, désordres du tonus qui ne sont nullement localisés à ces muscles. Il faut d'ailleurs tenir compte dans l'interprétation de ces syndromes pseudo-bulbaires par lésions des ganglions centraux, de la possibilité de l'atteinte simultanée des fibres cortico-nucléaires de la capsule interne qui sont toutes proches.

Mais le diencéphale et en particulier le *thalamus* semble bien être essentiel pour la récupération d'une mastication effective après la destruction bilatérale des centres masticateurs ou l'ablation de tout le *cortex* (expériences sur les Carnassiers et le lapin). La situation du *thalamus*, au confluent de tous les affluents sensitifs, le désigne comme devant pouvoir jouer le rôle de suppléant du *cortex* dans le contrôle de la mastication et en général de toutes les fonctions motrices. Le mécanisme de cette suppléance est d'ailleurs tout à fait inconnu, comme l'est toute la physiologie du *thalamus*.

FR. BREMER (Novembre 1923).

Bibliographie. — 1. Allen (W.-F.). *Application of the Marchi Method to the study of the Radix mesencephalica trigeminalis of the guinea pig* (Journ. of compar. Neurol., 1919, xxx, 169). — 2. Bazett et Penfield. *A study of the Sherrington decerebrate animal in the chronic as well as the acute conditions* (Brain, 1922, xlv, 185). — 3. Beevor et Horsley. *A further minute analysis by electric stimulation of the so called motor region (Facial area) of the cortex in the Monkey (Macacus sinicus)* (Phil. Transactions, 1894, clxxxv, 39); — 4. *A record of the results obtained by electrical stimulations of the so called motor cortex and internal capsule in an orang-outang* (Ibid., 1890, clxxxi, 129). —

5. Bernard (Cl.). *Recherches d'anatomie et de physiologie comparées sur les glandes salivaires chez l'homme et les animaux vertébrés* (*Comptes rendus Académie des Sciences*, Paris, 1852, xxxiv, 236). — 6. Biedermann (W.). *Die Aufnahme, Verarbeitung, Assimilation der Nahrung* (*Handbuch der vergleichenden Physiologie*, 1911, ii, 1116). — 7. Börnstein (W.). *Ueber den Sitz des corticalen Geschmackzentrums* (*Neur. Centrbltt.*, 1921, xxvi, 512). — 8. Bremer (F.). *Tonus des muscles masticateurs et noyau mésencéphalique du trijumeau* (*Comptes rendus Soc. de Biol.*, 1923, lxxxviii, 135) ; — 9. *Physiologie nerveuse de la mastication chez le chat et le lapin. Réflexes de mastication. Réponses masticatrices corticales. Centre cortical du goût* (*Arch. Int. de Physiol.*, 1923, xxi, 308). — 10. Brown-Séquard (*Comptes rendus Soc. de Biol.*, 1849, i). — 11. Cardot et Laugier. *Le réflexe lingo-maxillaire* (*Arch. Int. de Physiologie*, 1923, xxi, 294). — 12. Carpenter (E.-G.). *Centren u. Bahnen für die Käuerregung im Gehirn des Kaninchem* (*Centralblatt f. Physiol.*, 1895, ix, 336). — 13. Colin (G.) (*Traité de Physiologie comparée des animaux domestiques*, Paris, 2ᵉ édition, 1871, i). — 14. Davis (L.-E.). *The deep sensibility of the face* (*Archives of neurology and psychiatry*, 1923, ix, 238). — 15. Dusser de Barenne. *Recherches expérimentales sur les fonctions du système nerveux central, faites en particulier sur deux chats dont le Neopallium avait été enlevé* (*Arch. néerlandaise de Physiologie*, 1919, iv, 31) ; — 16. *Experimental researches on sensory ‖localisations in the cerebral cortex* (*Quarterly journ. of Exp. Physiol.*, 1916, ix, 355). — 17. Economo (C.-J.). *Die centralen Bahnen des Kau-u. Schluckactes* (*Arch. f. die ges. Physiol.*, 1902, xci, 629). — 18. Exner (S.). *Zur Kenntnis von der Wechselwirkung der Erregungen im Zentralnervensystem* (*Arch. f. die ges. Physiol.*, 1882, xxviii, 487). — 19. Ferrier (D.). *The functions of the Brain*, 1876. — 20. Frank (D.). *Ueber die Beziehungen der Grosshirnrinde zum Vorgange der Nahrungsaufnahme* (*Arch. f. Anat. u. Physiol.*, 1900, 209). — 21. Gad. *Ueber die Beziehungen des Grosshirns zum Fressakt beim Kaninchen* (*Ibid.*, 1891, 540). — 22. Goltz. *Der Hund ohne Grosshirn* (*Arch. f. die gesamte Phys.*, 1892, li, 570). — 23. Henschen (S.-E.). *Ueber die Geruchs-u. Geschmackszentren* (*Monatschrift f. Psychol. u. neurol.*, 1919, xlv). — 24. Karplus et Kreidl. *Ueber total Extirpation einer u. beider Grosshirnhemisphäre an Affen* (*Macacus Rhesus*) (*Arch. f. Anat. u. Physiol.*, 1914, 155). — 25. Kronecker (H.). *Article Déglutition* (*Dictionnaire de Physiologie*, 1900, iv, 721). — 26. Langlois. *Note sur les centres psychomoteurs des nouveau-nés* (*Comptes rendus Soc. de Biol.*, 1889, xli, 503). — 27. Leyton et Sherrington. *Observations on the excitable cortex of the chimpanzee, orang-outan, and gorilla* (*Quaterly Journ. of Exper. Physiology*, 1917, xi, 135). — 28. Lubosch (W.). *Universelle u. specialisierte Kaubewegungen* (*Biol. Ctblt.*, 1907, xxvii, 613). — 29. Magnus (R.). *Beiträge zum Probleme der Korperstellung I. Mitteilung* (*Arch. f. die gesamte Physiol.*, 1916, clxiii, 421). — 30. Mann (G.). *On the homoplasty of the Brain of Rodents, Insectivores and Carnivores* (*Journ. of Anatomy and Physiology*, 1895, xxx). — 31. Miller (F.-R.). *The cortical path. fr. mastication and déglutition* (*Journ. of Physiol.*, 1920, liii, 473). — 32. Oppenheim. *Ueber einige bisher wenig beachtete Reflexbewegungen bei der diplegia spastica infantile* (*Monatschrift f. Psychiatrie u. Neurol.*, 1904, xiv, 240 et 384). — 33. Pavlow (G.-P.). *Die Arbeit der Verdauungsdrüsen*, Wiesbaden, 1898. — 34. Probst (M.). *Ueber vom Vier Hügel, von der Brücke, vorm Kleinhirn absteigende Bahnen* (*Deutsche Zchft. f. Nervenheilkunde*, xv, 192) ; — 35. (*Monatschrift f. Psych. u. Neurol.*, 1900 ; cité par Economo [17]). — 36. Rethi (L.). *Das Rindenfeld, die subcorticalen Bahnen u. das Coordinationszentrum d. Kauens u. Schlukens* (*Sitzber. K. Akad. d. Wiss. Wien.*, 1893, 359). — 37. Rothmann. *Demonstration zur Physiologie der Grosshirnrinde, Berliner Gesellschaft für Psychiatrie u. Nervenkrankheiten* (*Neur. Centlblt.*, 1909, 614). — 38. Schiff (M.). *Leçons sur la physiologie de la digestion*, 1867. — 39. Sherrington. *Integrative action of the nervous system*, New-York, 1906 ; — 40. *Reflexes elicitables in the Cat from Pinna, vibrissae and jaws* (*Journ. of Phys.*, 1917, li, 404). — 41. Tarkhanoff. *Sur les centres psychomoteurs des animaux nouveau-nés* (*Revue universelle de médecine et de chirurgie*, 1878, cité par Rethi [36]). — 42. Trapeznikov (*Centralblatt. f. Nervenkeilkunde u. Psychiatrie*, 1897, cité par Economo [17]). — 43. Wertheimer. *Article Hypoglosse du Dictionnaire de Physiologie*, viii, 778. — 44. Wexberg (E.). *Ueber Kau-u. Schluckstörungen bei Encephalitis lethargica* (*Zchft. f. die gesamte Neurol. u. Psychol.*, 1921, lxxi, 240). — 45. Willems (E.). *Les noyaux masticateurs et mésencéphaliques du trijumeau chez le lapin* (*Le Névraxe*, 1911, xii). — 46. Winkler (*Manuel de Neurologie*, 1921, i, 2ᵉ partie).

MATICINE. — Principe amer des feuilles de Matico (*Piper angustifolium*) plante péruvienne.

MÉCONIDINE, MÉCONINE, MÉCONIQUE (Acide). —
Voir Opium.

MÉCONIUM (Voir aussi **Nouveau-né**).

— On donne le nom de méconium aux matières qui se trouvent dans l'intestin du fœtus et qui sont expulsées au moment de la parturition ou quelques heures après, alors qu'aucune substance alimentaire n'a encore été introduite dans le tube digestif. L'aspect et la consistance du méconium varient dans d'assez larges limites selon le segment intestinal que l'on considère et selon l'espèce animale. Chez l'homme et les animaux herbivores, l'intestin grêle de l'embryon renferme une bouillie fluide, jaune rougeâtre, granuleuse. En passant dans le gros intestin, la matière devient plus consistante; sa coloration se fonce notablement; son aspect rappelle alors celui du suc de pavot. Chez l'homme, le méconium du gros intestin constitue une masse brun verdâtre fortement visqueuse; chez le cheval, il conserve une coloration brun rougeâtre. Dans le gros intestin du fœtus de mouton, par suite d'une résorption d'eau assez intense à ce niveau et de l'existence de mouvements péristaltiques, le méconium vert foncé, s'agglomère en masses compactes cylindriques ou sphériques dont l'aspect est un peu analogue aux excréments de l'adulte.

Chez des fœtus de mouton de 3 kg. 200 à 3 kg. 450, Müller a trouvé au total 66 gr. 2 de méconium, soit 53 gr. 6 de matière sèche. Chez un fœtus de cheval de huit mois et demi et pesant 19 kg. 87, la quantité de méconium exprimée en substance sèche était de 17 gr. 55 dans l'intestin grêle et de 47 gr. 6 dans le gros intestin. Le gros intestin d'un autre fœtus de cheval de 12 mois contenait 88 grammes de méconium (poids sec).

Le méconium est constamment dépourvu d'odeur fétide et ne renferme point de gaz; de saveur fade, il présente toujours une réaction légèrement acide.

L'examen microscopique montre que le méconium est constitué, pour une grande part, par des cellules cylindriques ou prismatiques provenant de la desquamation de l'épithélium intestinal. Outre l'existence d'une substance finement granuleuse, on constate également la présence de particules jaunâtres de forme irrégulière, abondantes surtout dans le méconium du gros intestin, et de cristaux de cholestérine. Müller signale en outre, chez le fœtus de mouton, des cristaux en aiguille qui semblent être de l'oxalate de chaux. A ces éléments s'adjoignent souvent, au moment de la naissance, des poils provenant de la surface cutanée du fœtus et introduits dans les voies digestives par les premiers efforts d'inspiration. Les cellules pavimenteuses qui ont été observées aussi dans le méconium à la naissance ont sans doute pour origine le tube pharyngo-œsophagien d'où elles ont été entraînées par les premiers mouvements de déglutition.

Il est possible que toutes les matières contenues dans le méconium ne représentent pas d'une façon constante des excreta. Certaines d'entre elles, comme on le verra plus loin, peuvent peut-être être absorbées au niveau de l'intestin et utilisées par l'embryon.

D'après les chiffres donnés par les différents auteurs, la teneur du méconium en eau est très variable avec l'espèce animale et vraisemblablement aussi avec l'âge du fœtus : 18,8 p. 100 chez le mouton et 80,2 p. 100 chez le cheval d'après Müller; chez le fœtus humain, Zweifel a trouvé 79,78 et 80,45 p. 100 et J. Davy, 72, 7 p. 100.

Les cendres ont été estimées à 5,1 p. 100 du poids sec par Zweifel et à 6,2 par Müller pour le   éconium humain. Elles contiennent une forte proportion de sels solubles dans l'eau : 81,1 à 84,6 p. 100 d'après Zweifel. Les sels alcalins dominent; la chaux, la magnésie et l'acide phosphorique viennent ensuite, à l'inverse de ce qui s'observe pour les fèces formées par l'adulte au cours du jeûne. Par rapport à ces dernières, la proportion de soufre est considérable, ce qui selon Müller peut en partie tenir au fait que la taurine de l'acide taurocholique biliaire n'est pas séparée de l'acide cholique, ni résorbée, comme elle l'est au cours de la vie extra-utérine; mais la majeure portion du soufre du méconium provient évidemment de la desquamation épithéliale de l'intestin.

Composition centésimale des cendres.

	MÉCONIUM de CHEVAL (MÜLLER).	MÉCONIUM HUMAIN.				
		(MÜLLER).	(ZWEIFEL).			
			I	II	III	IV
Résidu insoluble dans HCl.	0,30	0,67	»	»	»	»
Fe²O³	0,80	0,87	1,36	2,60	0,86	0,80
CaO	18,76	8,00	31.80	5,70	5,09	9,50
MgO	2,65	4,32	3,60	4,00	7,23	7,92
P²O⁵	10,21	10,66	7,80	5,40	3,20	8,58
SO³	38,42	47,05	22,30	23,00	39,50	31,90
K²O	21,92	24,42	»	K 6,00 Na 24,20	»	K 7,09 Na 15,93
Na²O						
Cl	8,40	»	3,78	2,53	8,68	3,90

D'après HYMANSON et KOHN, la quantité du phosphore contenue dans le méconium humain à la naissance a été trouvée de 12,62 ou de 8,62 p. 100 de cendres. Enfin, dans un travail récent, PARAT et DELAVILLE ont déterminé la teneur en phosphore minéral ou organique dans le méconium de fœtus de différents âges et dans les différents segments intestinaux. Leurs résultats sont les suivants, exprimés en p. 100 des cendres :

1° *Phosphore minéral*

Age.	Portion supérieure du grêle + estomac.	Portion inférieure du grêle.	Gros intestin.
8 mois	»	»	6,25
6 mois	12	7,60	7,40
5 mois	14,10	2,50	»

2° *Phosphore organique*

Age.			
8 mois	»	»	3,30
6 mois	20	5,15	6,34
5 mois	23,84	4,25	»
4 mois	24,50	7,25	»

Il y a donc une sensible diminution du phosphore en passant des parties initiales de l'intestin aux parties terminales. Si l'on rapproche ce fait des constatations histologiques témoignant que la seconde moitié de l'intestin grêle montre des cellules intestinales en plein travail d'absorption, on est amené à supposer, avec PARAT et DELAVILLE, que le méconium pendant son séjour dans cette portion de l'intestin grêle est un véritable *embryotrophe*, tandis que dans le gros intestin, il ne représente plus qu'un excretum inutilisable.

GUILLEMONAT a dosé le fer dans le méconium, chez l'homme et le mouton, par la méthode colorimétrique de LAPICQUE. Pour six fœtus humains, de différents âges, ses résultats ont été les suivants :

Age.	Poids de méconium. gr.	Quantité de fer.
4 mois	1,70	traces nettes
5 mois	5	traces
5 mois	11	0ᵍʳ,28
A terme	30	0ᵍʳ,65
A terme	37	0ᵍʳ,37
A terme	24	0ᵍʳ,48

VOIT a trouvé dans le méconium sec de l'homme 15,5 p. 100 de substances pouvant être extraites par l'éther, dont 7,26 p. 100 de cholestérine. Dans le méconium de l'agneau à terme, les substances extraites par l'éther représentent, d'après MÜLLER, environ 13 p. 100 du poids sec et sont formées d'une petite quantité d'acides gras et surtout de matières colorantes et de composés indéterminés. Le méconium d'un fœtus de cheval de huit mois et demi a permis à ce même auteur d'extraire une quantité de substance qui, rapportée au poids sec, était de 15,27 p. 100 et dont un peu plus du tiers correspondait à des graisses neutres et à de la cholestérine ; après acidification par l'acide chlorhydrique, on pouvait encore extraire par l'éther 7,26 p. 100 de la substance sèche initiale et le résidu éthéré obtenu dans cette seconde opération constituait une masse brun-verdâtre riche en bilirubine. J. DAVY indique seulement dans le méconium, 3,7 p. 100 de cholestérine et de graisse, et ZWEIFEL, 3,98 de cholestérine et 3,86 de graisse.

Les pigments biliaires sont abondants dans le méconium. Dans celui du veau, HOPPE-SEYLER a trouvé à peu près 1 p. 100 de bilirubine pure. Mais l'hydrobilirubine qui se forme après la naissance par réduction de la bilirubine et de la biliverdine sous l'action des microbes de la putréfaction fait toujours défaut. Ce fait, de même que la présence d'acides biliaires non altérés, glycocholique et taurocholique (HOPE-SEYLER, ZWEIFEL) et de tyrosine (ZWEIFEL),'l'absence d'indol, de phénol et d'oxyacide (SENATOR, BAGINSKY), de leucine s'expliquent par l'absence des fermentations bactériennes dans l'intestin du fœtus. D'après SEILLIÈRE, on trouve dans le méconium toutes les diastases de l'intestin, à l'exception de la xylanase qui existe cependant chez les herbivores adultes et l'homme ; ceci serait une preuve de l'origine microbienne de cet enzyme.

L'existence d'un dérivé du pigment sanguin dans le méconium a été affirmée par BORRIEN, qui a cru pouvoir, par l'emploi de la méthode spectroscopique, conclure à la présence de l'hématoporphyrine. Ce résultat a été contesté par LEWIN qui a repris, d'une façon complète à ce point de vue, l'étude du méconium. En soumettant ce produit à l'extraction par l'acétone ou par l'alcool, il est possible d'obtenir des solutions présentant des bandes d'absorption correspondant en moyenne aux longueurs d'onde suivantes :

$$\lambda_1 = 639 \ \mu\mu$$
$$\lambda_2 = 590 \ \mu\mu$$
$$\lambda_3 = 576 \ \mu\mu$$
$$\lambda_4 = 530 \ \mu\mu$$

Les deux dernières ne peuvent prêter à confusion avec les deux bandes du sang,

$$\lambda = 579 \ \mu\mu$$
$$\lambda = 542 \ \mu\mu$$

car un réducteur comme le sulfure d'ammonium est sur elles sans action. Elles se distinguent également des bandes de l'hématoporphyrine acide par leur aspect ; dans le cas de l'hématoporphyrine, la bande de la région verte est toujours la plus marquée, ce qui n'a pas lieu ici. La position des bandes du méconium est notablement différente de celle des deux bandes de l'hématoporphyrine ($\lambda = 598$ et $\lambda = 553$) ; enfin, par alcalinisation de la liqueur, il est impossible d'obtenir le spectre à plusieurs bandes de l'hématoporphyrine alcaline. LEWIN a montré de plus que la position des bandes du méconium s'accorde bien avec les spectres des pigments biliaires. La biliverdine donne une bande d'absorption correspondant à $\lambda = 639 \ \mu\mu$ et les autres bandes appartiennent aussi à un produit stable d'oxydation de la bilirubine. Ce sont donc les produits d'oxydation de ce pigment qui donne au méconium sa coloration caractéristique.

H. CARDOT.

Bibliographie. — BAGINSKY (*Archiv. f. Physiol.*, 1883, vol. suppl., 45). — BORRIEN (O.) *De la présence de l'hématoporphyrine dans le méconium* (*Soc. de Biol.*, LXIX, 18, 1910). — DAVY (JOHN). Cité d'après GORUP-BESANEZ (*Lehrbuch der phys. Chemie*, 504, 1867). — GUILLEMONAT (A.). *Fer dans le méconium* (*Soc. de Biol.*, L, 350, 1898). — HYMANSON et KAHN (*Americ. Journ. of diseases of children*, XVII, 112, 1919 ; cités d'après PARAT et DELAVILLE). — HOPPE-SEYLER (*Physiol. Chemie*, 340, 1878 et *Handbuch d. physiol. u. pathol.-chem. Analyse*, 117, 1876). — LEWIN (L.). *Spektrophotographische Untersuchungen des Meconium* (*Arch. f. die ges. Physiol.*, CXLV, 393-400, 1912). — MÜLLER

(FRIEDRICH). *Ueber den normalen Koth des Fleischfressers* (*Zeits. für Biol.*, xx, 327-377, 1884). — PARAT (M.) et DELAVILLE (M.). *Teneur du méconium en phosphore* (*Bull. Soc. Chim. biol.*, v, 409-412, 1923). — SEILLIÈRE (G.). *Sur la digestion de la xylane chez les Mammifères* (*Soc. de Biol.*, LXVI, 691, 1909). — SENATOR (*Zeits. f. physiol. Chemie*, IV, 1). — ZWEIFEL (*Archiv für Gynaekologie*, VII, 474, 1875).

MÉLAÏNE. — Matière noire contenue dans l'encre des Céphalopodes (Voir MOLLUSQUES.

MÉLANINE. — Voir PIGMENTS.

MÉLILOTIQUE (Acide). — Acide oxyphénol-propionique; existe en partie libre, en partie combiné avec la coumarine, dans le mélilot.

MÉLOLONTHINE. — $C^5H^{12}Az^2S^3$ principe sulfuré rencontré par SCHREINER chez le Hanneton (*Melolontha vulgaris*); un peu soluble dans l'alcool bouillant, peu soluble dans l'eau froide, insoluble dans l'éther, soluble dans les alcalis et les acides, il cristallise en prismes rhombiques, en aiguilles ou en petites tables rhomboïdales, 15 kilogrammes de hannetons fournissent 1 gr. 6 de cette substance. (*Ber. D. Chem. Gesellsch.*, IV, 763).

MENDELSSOHN (Maurice). — Physiologiste russe, ancien professeur de l'Université de Saint-Pétersbourg, né à Varsovie le 28 juillet 1855. Principaux travaux de physiologie normale et pathologique :

Étude sur l'excitation latente du muscle chez la grenouille et chez l'homme (*C. R. de l'Académie des Sciences de Paris*, 1879, et *Travaux du Laboratoire de M. Marey*, IV, 99). — *Recherches cliniques sur la période d'excitation latente des muscles dans différentes maladies* (*Archives de Physiologie normale et pathologique*, 1880, 193). — *Sur les réflexes tendineux au point de vue physiologique et clinique* (*Gazeta lekarska*, 1880, n° 9). — *Recherches graphiques sur les mouvements du cerveau chez l'homme* (*Mediz. Wochenschrift*, Saint-Pétersbourg, 1880, n° 37; en collaboration avec M. RAGOSIN). — *Sur la contraction paradoxale du muscle* (*Ibid.*, Saint-Pétersbourg, 1881, n° 10). — *Sur le tonus des muscles striés* (*C. R. des séances de la Société de Biologie de Paris*, 15 octobre 1881). — *Quelques recherches relatives à la mécanique du muscle* (*Ibid.*, 20 octobre 1881). — *Sur quelques particularités de la courbe de contraction d'un muscle empoisonné par la vératrine* (*Ibid.*, 24 février 1883). — *Influence de l'excitabilité du muscle sur son travail mécanique* (*C. R. de l'Académie des Sciences de Paris*, 11 décembre 1882). — *Recherches sur la courbe de secousse musculaire dans différentes maladies du système nerveux* (*Ibid.*, 8 juillet 1883). — *Nouvelles recherches sur la courbe de la secousse du muscle dans différentes maladies du système neuro-musculaire* (*Ibid.*, 6 août 1883). — *Étude sur la contraction du muscle dans les maladies du système nerveux et musculaire* (*Thèse Doctorat*, Dorpat, 1884). — *Sur la réaction électrique des nerfs sensitifs de la peau chez les ataxiques* (*C. R. de l'Académie des Sciences de Paris*, 25 février 1884). — *Sur l'irritabilité de la moelle épinière* (*Archiv für Anat. u. Physiologie*, 1885, 288). — *Recherches sur les réflexes* (*C. R. Académie des Sciences de Berlin*, 1882, 1883 et 1885, et *C. R. de la Soc. de Biologie de Paris*). — *Sur le courant nerveux axial* (*Ibid.*, 20 juin 1885 et *Archiv für Anat. und Physiologie*, 1886). — *Nouvelles recherches sur le courant nerveux axial* (*C. R. de l'Académie des Sciences de Paris*, 1886). — *Nouveau procédé pour déterminer la force électromotrice du courant nerveux et musculaire* (*Archives slaves de Biologie*, 1885, 1). — *Sur la phase de la contraction musculaire pendant laquelle se fait le début de dégagement de chaleur* (*C. R. des Séances de la Société de Biologie de Paris*, 6 juillet 1889). — *Sur quelques phénomènes électriques chez l'homme* (*C. R. des travaux du Congrès International des Électriciens*, Paris, 1889). — *Sur le rapport qui existe entre le courant nerveux axial et l'activité nerveuse* (*C. R. des travaux du Congrès International de Médecine de Berlin*, 1890, 2e section, 46). — *Étude sur la perceptibilité différentielle du sens de la vue chez l'homme sain et malade* (en collaboration avec M. MULLER-LYER) (*Archives de Neurologie*, 1886, n° 42, et 1891, n° 60). — *Recherches psychophysiques sur le sens tactile* (*C. R. des séances de la Société de Biologie de Paris*,

27 juillet 1891). — *Sur les types pathologiques de la courbe de la secousse musculaire (C. R. de l'Académie des Sciences de Paris,* 1891). — *Recherches sur la loi parallèle de Fechner (C. R. du II° Congrès de psychologie physiologique de Londres,* 1892). — *Sur le thermotropisme des êtres unicellulaires (Archiv für die gesam. Physiologie,* LX, 1895 *et C. R. de l'Association française pour l'avancement des sciences,* Session de Bordeaux, 1895). — *Les lois psychophysiques en pathologie nerveuse (III° Congrès International de psychologie tenu à Munich,* 1896). — *Valeur pathogénique et séméiologique des réflexes (Rapport présenté au I° Congrès International des neurologistes de Bruxelles,* 14 septembre 1897). — *Sur les voies de transmission des réflexes dans la moelle épinière* (en collaboration avec M. ROSENTHAL) *(Neurologisches Centralblatt,* 1897, n° 21). — *Sur le rapport fonctionnel qui existe entre le cervelet et la région motrice de l'écorce cérébrale (C. R. de la Société de Naturalistes de Saint-Pétersbourg,* octobre 1897 [en russe]). — *Cervelet* (Article du *Dictionnaire de Physiologie de* CHARLES RICHET, III, 57-72, 1898). — *Valeur diagnostique des réflexes dans les lésions de la partie supérieure de la moelle épinière (Communication faite à l'Académie de Médecine de Paris,* 10 mai 1898). — *Recherches sur les variations de l'état électrique des muscles chez l'homme sain et malade (Académie de Médecine,* 8 nov. 1899, *et Arch. d'Élec. méd.,* janvier 1900). — *Sur la variation négative du courant axial (C. R. Ac. Sc.,* 1899). — *Sur l'excitation du nerf électrique de la torpille par son propre courant (Ibid.,* 1900). — *Sur la galvanisation encéphalique* (en collaboration avec FRANÇOIS FRANCK) *(Ac. de Médecine,* janvier 1900). — *Recherches sur les réflexes chez quelques invertébrés. Contribution à la théorie générale des réflexes (Congr. de Méd. Paris).* — *Électricité animale (Diction. de Physiol.,* V, 1901). — *Électricité végétale (Ibid.).* — *Poissons électriques (Ibid.).* — *Électrotonus (Ibid.).* — *I. Recherches sur la thermotaxie des organismes unicellulaires; II. Sur l'interférence de la thermotaxie avec d'autres tactismes et sur le mécanisme du mouvement thermotactique; III. Quelques considérations sur la nature et le rôle biologique de la thermotaxie (Journ. de Physiol. et de Pathol. gén.,* 1902, n° 3). — *Les phénomènes électriques chez les êtres vivants,* 1902, 1 vol. de 99 p., *Collection Scientia.* — *Galvanotaxie (Diction. de Physiol. de* CH. RICHET, VI, 1905). — *Géotropisme des animaux (Ibid.).* — *De l'électrocardiogramme chez l'homme à l'état normal et pathologique (Arch. d. mal. du cœur, des vaisseaux et du sang,* 1908, n° 12). — *Recherches sur l'irritabilité des leucocytes (Livre jubilaire du prof.* CH. RICHET, 1912). — *Sur la galvanotaxie des leucocytes (C. R. Ac. Sc.,* 1916, CLXII, 5). — *Sur le réflexe salivaire conditionnel chez l'homme* (en collaboration avec E. GLEY) *(C. R. Soc. Biol.,* LXXVIII, 1915, 645). — *Retour de la motilité après suture du nerf radial sectionné par projectile de guerre (C. R. de la Soc. de Neurologie,* 1915 *et* 1916). — *Sur les caractères de la courbe de secousse musculaire dans la réaction de dégénérescence (Soc. de Neurol.,* 1915, *et Archives d'Électricité méd.,* 1916). — *Les Réflexes (Revue analytique et critique, Année biologique,* 1917). — *Sur la prétendue innervation sympathique du tonus des muscles striés* (en collaboration avec ALF. QUINQUAUD; *C. R. Soc. Biol.,* 1923, Mai). — *Doit-on attribuer au sympathique la contraction secondaire du muscle vératrinisé?* (en collaboration avec ALF. QUINQUAUD) *(ibid.).*

MÉNISPERMINE. — Alcaloïde retiré de la coque du Levant (*Anamirta cocculus*) ; il ne semble pas être vénéneux.

MENSTRUATION. — Définitions. — Nombreuses sont les définitions données de la menstruation, elles varient suivant les conceptions de chacun sur la physiologie encore très discutée du phénomène. Le terme de menstruation, sans rien préjuger des causes efficientes, ni du mode de production de ce phénomène, semble habituellement s'appliquer à un écoulement sanguin génital, périodique, observé en dehors de la gestation, chez la femme et quelques femelles des mammifères, depuis l'adolescence jusqu'au commencement de la vieillesse.

La menstruation est aussi appelée du nom de « règles », « époques », « écoulement menstruel », « époque cataméniale », « ordinaires », dans les auteurs anciens. Étymologiquement le mot menstruation a pour racine le mot latin *mensis* mois, indiquant la périodicité mensuelle.

La menstruation qui, en apparence, se résume dans le fait de l'hémorragie, est en réalité accompagnée de phénomènes divers, qui peuvent être assimilés au rut ou aux chaleurs qu'on observe chez les autres mammifères. Il conviendra de rechercher les points communs entre la menstruation et le rut, tant au point de vue symptomatique, qu'au point anatomique et physiologique. Si des analogies entre les deux états arrivent à être démontrées, il restera à se demander pourquoi des phénomènes identiques conduisent à l'hémorragie, chez certains mammifères et pas chez d'autres. Pour METCHNIKOFF, c'est une question de stérilité qui règle ces phénomènes (*Études sur la nature humaine*, Paris, 1903). En effet, d'une part, les femelles de singes, domestiqués dans nos ménageries ou laboratoires, sont stériles et réglées, d'autre part, la femme d'autant plus qu'elle est plus civilisée, a des entractes dans ses puerpéralités, elle n'est pas comme la plupart des femelles, constamment enceinte ou en train d'allaiter. De là vient chez la femme et la femelle du singe, suivant cet auteur, la tendance congestive poussée jusqu'à l'hémorragie.

C'est une idée de même ordre qui a été défendue par A. PINARD (art. menstruation *Pratique médico-chirurgicale*) en considérant, comme anormale, la femme en dehors des états de gestation et d'allaitement. Il est ainsi conduit à regarder la menstruation comme une hémorragie *pathologique*, succédant à « l'avortement d'un œuf non fécondé ».

Quoi qu'il en soit, nous examinerons parallèlement la question de la menstruation et du rut, aussi bien dans leurs analogies que dans leurs différences, cherchant à éclairer les uns par les autres cette double série de phénomènes.

Les travaux sur la menstruation sont à l'heure actuelle très nombreux, beaucoup de notions sont définitivement acquises, d'autres sont encore à l'étude, et discutées, il faut dans un travail général de mise au point suivre un plan rigoureux.

Dans une PREMIÈRE PARTIE, nous décrirons *les phénomènes menstruels :*

Hémorragie ;

Phénomènes généraux ;

Modifications fonctionnelles.

Dans une DEUXIÈME PARTIE, seront exposées les *observations anatomiques sur les organes génitaux au cours des phénomènes menstruels :*

Lieu d'origine de l'hémorragie menstruelle ;

Causes directes de l'hémorragie ;

Rapports du rut et de la menstruation.

Dans une TROISIÈME PARTIE seront examinées, *les causes des phénomènes menstruels :*

Action générale de l'ovaire.

Action partielle de l'ovaire.

La crise menstruelle.

Chacune de ces parties sera accompagnée de sa bibliographie propre, en insistant surtout sur les travaux du xxᵉ siècle, les autres étant inscrits dans toutes les grandes monographies sur la question que nous soulignerons d'une façon spéciale.

PREMIÈRE PARTIE

LES PHÉNOMÈNES MENSTRUELS

La menstruation proprement dite, à côté de la perte de sang caractéristique, s'accompagne de différentes manifestations générales et de modifications fonctionnelles qu'on peut englober sous le nom plus général de « phénomènes menstruels », dont l'étude comprendra : *l'hémorragie, les phénomènes généraux, les modifications fonctionnelles.*

I. — L'hémorragie menstruelle

Sommaire. — 1° La périodicité de l'hémorragie. — 2° La date d'apparition ou puberté. — 3° La fin de la menstruation ou ménopause. — 4° Les qualités du sang menstruel. — 5° Évaluation de la quantité du sang menstruel.

1° **Périodicité.** — Pour qu'un écoulement sanguin génital puisse être mis sur le compte de la menstruation, pour qu'il possède les caractères d'une *hémorragie dite*

« menstruelle », il faut que, suivant l'étymologie même du mot, qui contient le terme
« mensis » mois, l'hémorragie affecte un caractère essentiel : la périodicité.

Cette périodicité étant établie, la perte sanguine, si elle est exagérée par rapport
aux pertes habituelles, prend le nom de *ménorrhagie*, par opposition à l'expression de
métrorrhagie, qui s'applique à la perte sanguine pouvant, à titre pathologique, se produire par les voies génitales, en dehors de toute périodicité.

Chaque femme présente, à l'état normal, un type personnel de périodicité dans l'écoulement sanguin menstruel, variant de quelques jours suivant les sujets, et comprenant
un intervalle comptant généralement, d'après une remarque traditionnelle, les
28 jours du mois lunaire, entre la date du début de l'écoulement et la date du début
de l'écoulement suivant. Cette périodicité, dont le rythme à l'état de santé s'effectue
régulièrement, peut ne pas s'instituer avec ce caractère de régularité dans les périodes
de début et de terminaison de la vie génitale. Dans ces deux périodes, il peut se
montrer des irrégularités nombreuses, dans la périodicité et aussi dans les dates
d'apparition et de disparition de l'écoulement menstruel.

D'après K.I. SANES (*Menstrual Statistics, American journal of obstetries, 1916*), sur 4500
cas de menstruation dont il a relevé l'histoire 1053 cas ou 22,5 p. 100 des femmes ont
présenté un type menstruel irrégulier, tandis que 3629 d'entre elles ou 77,5 p. 100
avaient un type régulier de menstruation.

L'irrégularité, dans les observations de cet auteur, présente tous les types possibles ;
le type régulier affecte l'intervalle de 28 jours, dans l'immense majorité des cas, évaluée
à 72 p. 100.

Chez les femelles, d'après SAINT-CYR (*Obstétrique vétérinaire*), les organes génitaux
paraissent sommeiller pendant des périodes plus ou moins longues et plus ou moins
régulières, puis ils se réveillent et entrent en activité. Ces périodes d'activité portent
le nom de *Chaleurs ;* le nom de *Rut* s'applique plus spécialement aux espèces non soumises à la domesticité.

Ces chaleurs présentent des intermittences et une périodicité ; la durée du calme,
chez une femelle non fécondée, paraît sensiblement égale à la durée d'une gestation, si
elle avait eu lieu.

DELAFOND (cité par SAINT-CYR) définit ainsi ce retour des chaleurs :

« La chienne qui a éprouvé des chaleurs, mais qui n'a pas été fécondée, commence
à éprouver du quarantième au cinquantième jour, un gonflement très sensible des
deux paires de mamelles postérieures ou préinguinales. Cette tuméfaction augmente
quotidiennement... et se fait remarquer dans la seconde, la troisième, la quatrième
paire de glandes.

« Du cinquante-neuvième au soixantième jour, c'est-à-dire juste à l'époque où la
chienne devrait mettre bas, si elle avait été fécondée, d'autres préludes se manifestent :

« Les bords de la vulve grossissent et son ouverture s'élargit, la muqueuse vaginale
est rouge et sécrète un liquide visqueux.

« La chienne s'agite, témoigne de l'inquiétude, de l'anxiété même ; elle va, vient,
cherche l'endroit où elle pourra déposer une progéniture dont l'arrivée lui semble prochaine. Si elle est libre, elle prépare avec grand soin, un lit pour y faire des petits
qu'elle attend, mais en vain. »

Chez la vache, d'après P. DIFFLOTH (*Zootechnie générale*, Paris, 1914), l'intervalle
moyen entre les chaleurs est de vingt-deux jours (seize jours au minimum, trente-deux
au maximum) si les chaleurs sont irrégulières, ou si l'intervalle, qui les sépare, dépasse
vingt-huit jours, il est probable que la bête sera stérile, ou qu'elle présentera des
gestations anormales.

Le fenu-grec, l'ortie passent pour favoriser le retour des chaleurs, ainsi que toutes
les rations à base d'avoine.

Les brebis entrent en chaleur en général quatre mois après la parturition. Cet état se
renouvelle tous les seize ou dix-sept jours (quinze jours au minimum, vingt-quatre
jours au maximum (DIFFLOTH).

Chez la chèvre, les chaleurs se reproduisent tous les dix-huit jours environ, et elle
peut faire presque deux portées par an (DIFFLOTH).

Chez la truie, les chaleurs ne sont que de dix à douze jours seulement. Cet intervalle est mal connu dans l'espèce chevaline très impressionnable pour des circonstances diverses.

La périodicité constitue donc le caractère constant et commun de la menstruation et du rut.

2° Date d'apparition ou puberté. — On ne peut décerner le titre même de menstruation à l'hémorragie génitale qui paraît, dans quelques cas, dès les premiers jours après la naissance. Cette hémorragie est le plus souvent peu marquée, ne se reproduit pas, et manque de la caractéristique des écoulements menstruels, la périodicité.

L'apparition des règles marque chez la femme le début de la vie génitale, et correspond à l'ensemble des phénomènes décrits sous le nom de *puberté*, s'accompagnant de l'apparition des poils pubiens et axillaires et du développement mammaire. L'apparition des règles est généralement brusque, quoique souvent précédée de signes prémonitoires, tels que sensation de pesanteur dans l'abdomen, maux de tête, bizarrerie de caractère, grande sensibilité morale, changement d'humeur. Il arrive que la première fois l'écoulement sanguin s'accompagne de véritables coliques, causées par des contractions utérines, chassant le sang contenu dans la cavité de cet organe.

Après l'apparition du premier écoulement menstruel, il n'est pas rare que les autres écoulements ne se produisent pas avec régularité, laissant entre eux des périodes d'un, deux, ou trois mois, six mois, ou même plus longues, avant que la menstruation prenne son rythme normal, régulier et personnel.

Avant l'apparition des premières règles, rien n'est plus fréquent que de constater ce que l'on a appelé des *règles blanches* ou des *molimens menstruels*. Voici comment sont définis ces molimens par LE LORIER (*Contribution à l'étude de l'aménorrhée primitive*, Thèse de Paris, 1904).

« Presque toujours on se trouvera en présence de symptômes subjectifs, consistant en douleurs d'intensité variable, depuis la simple sensation de pesanteur, jusqu'aux douleurs les plus vives, obligeant les malades à garder le lit et troublant leur sommeil ; ces douleurs siègent le plus souvent dans le petit bassin, les lombes, les fosses iliaques ; elles irradient vers le sacrum, le coccyx, le périnée, les organes génitaux externes, les cuisses et les membres inférieurs. Coexistant avec elles, ou indépendamment d'elles, on observe des crises de céphalalgie ou de gastralgie, enfin des troubles nerveux quel-

TABLEAU I (Tableau IV de SANES)

TYPES MENSTRUELS. Nombre des observations. Age des femmes.	RÉGULIERS.		IRRÉGULIERS.		TOTAL NOMBRE DES OBSERVATIONS.	
	2 280	Pour cent.	**584**	Pour cent.	**2 864**	Pour cent.
9 ans	2	0,08	2	0,34	4	0,13
10 ans	3	0,21	2	0,34	7	0,24
11 ans	86	3,77	25	4,28	111	3,91
12 ans	290	12,71	63	10,78	353	12,32
13 ans	548	24,03	138	23,63	686	23,95
14 ans	553	24,29	117	20,03	670	23,39
15 ans	385	16,88	92	15,75	477	16,65
16 ans	232	10,17	74	12,67	306	10,68
17 ans	101	4,42	41	7,02	142	4,99
18 ans	64	2,807	18	3,08	82	2,86
19 ans	9	0,39	4	0,68	13	0,45
20 ans	3	0,13	4	0,68	7	0,24
21 ans	0	»	3	0,51	3	0,1
22 ans	0	»	1	0,17	1	0,03
23 ans	1	0,04	0	»	1	0,03
24 ans	1	0,04	0	»	1	0,03

quefois graves, d'aspect hystériforme avec accès convulsifs. Le caractère commun de tous ces phénomènes est *leur périodicité.* »

Ces sujets ont le plus souvent l'utérus infantile caractérisé par la prédominance du corps sur le col, et dont les dimensions sont très petites, de 43 à 49 millimètres au lieu de 60 à 70. C'est *l'utérus pubescent* de Puech (*Annales de gynéc. et d'obs.*, 1874).

La date d'apparition réelle de la menstruation se fait à un âge, variable suivant les climats, et suivant les races, plus ou moins précoce, suivant que la température est plus ou moins élevée. Cet âge varie entre 10, 11, 12, 13 ans et 16, 17, 18 ans. Dans nos pays tempérés, la date la plus commune est d'environ 12 ou 13 ans.

La statistique de Sanes (*loc. cit.*) réunit 2 864 cas, où il a pu établir l'âge de la menstruation, dans le tableau ci-dessus (Tableau I).

Il est généralement admis qu'il y a lieu d'établir un lien, entre la chaleur du climat, les excitations génésiques fréquentes, par lecture, musique, nourriture azotée, et l'apparition précoce de la menstruation. Il n'est pas rare de la voir tardive dans les

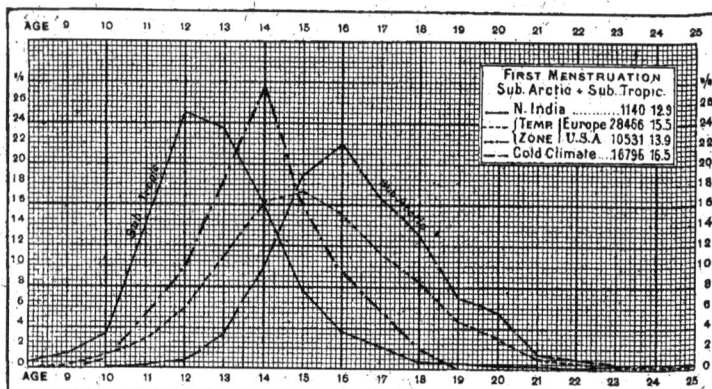

Fig. 193.   Courbes figurant l'âge moyen de la première menstruation dans différentes régions (Engelmann).

pays froids, et quelquefois même, dans les régions boréales, il se produit des suppressions de règles pendant les mois d'hiver.

Pourtant J. Engelmann, de Boston, a présenté au *Congrès de gynécologie et d'obstétrique* (tenu à Rome le 12 septembre 1902) des faits intéressants sur l'âge de la première menstruation au pôle et à l'équateur.

Il s'élève contre l'opinion répandue d'une puberté précoce dans les régions équatoriales, et d'une puberté tardive dans les régions polaires. Il estime que la puberté peut se montrer d'une façon précoce aussi bien chez l'Esquimau que chez l'Hindou, et qu'elle survient tard aussi bien chez le Somali, à l'équateur, que chez le Lapon, dans le nord. Il va même plus loin, et pense que la puberté précoce est plutôt la règle dans les régions arctiques, qu'elle ne l'est à l'équateur.

« Aux deux extrêmes, dit-il, nous trouvons des races avec un développement précoce et des races avec un développement tardif ; et si nous traçons une moyenne de toutes les différentes observations statistiques, parmi les différentes races du pôle et de l'équateur que j'ai réunies ici, nous trouvons que la puberté survient à 14,6 dans les régions arctiques, vers l'âge de 15 ans dans les tropiques, plus tard encore dans les zones tempérées de l'Europe (à 15,5).

« Dans la zone tempérée du Nouveau-monde, aux États-Unis et au Canada, le développement prend place à un âge moins avancé et avec plus d'uniformité que dans toute autre grande zone : à l'âge de 14 ans partout.

« Une explication, je ne puis encore la donner ; pour le moment je présente des faits, mais ces faits ont par eux-mêmes une importance suffisante, puisqu'ils détruisent nos idées préconçues et les enseignements de nos manuels. » (ENGELMANN).

Toutefois Engelmann pense que la mentalité et le stimulus nerveux qui sont, au point de vue de l'établissement de la menstruation, chez les peuples civilisés, des facteurs déterminants tout puissants, font défaut dans les températures extrêmes du pôle et de l'équateur. L'activité intellectuelle et nerveuse de ces populations ne peut donc être mise en ligne de compte, elle est généralement très peu marquée dans ces climats, et, lorsque cette mentalité se rencontre, chez les peuples civilisés, elle correspond à un développement retardé.

« La nourriture et l'habitation semblent pouvoir expliquer la puberté précoce chez l'Esquimau qui est exclusivement carnivore. La quantité de viande et de graisse

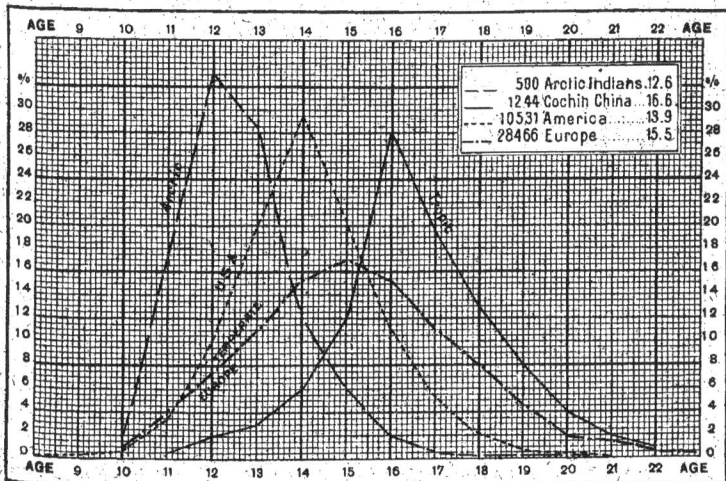

Fig. 194. — Courbes figurant l'âge moyen de la menstruation dans différents pays (ENGELMANN).

consommée, le fait de passer la plus grande partie de sa vie dans des huttes closes, chauffées souvent à 90° F (chaleur plus forte que celle à laquelle sont soumis les habitants des tropiques), semblent devoir être pris en considération (en dehors de leurs connections ethniques avec les Mongols du Sud), comme des facteurs tendant tous à amener une puberté précoce.

« Mais une explication du développement tardif des habitants des tropiques est difficile à trouver, à moins qu'on ne l'attribue à la torpeur de leur système nerveux. Le milieu et tout l'ensemble des causes extrinsèques, facteurs si puissants parmi nos races civilisées, paraissent ici n'offrir aucune explication.

Pour le moment qu'il nous suffise d'établir les faits : les causes qui produisent ces conditions, apparemment contradictoires, doivent être déterminées, par une étude physiologique et ethnologique plus approfondie des peuples qui habitent ces régions inaccessibles aux températures extrêmes du pôle et de l'équateur.

La documentation, sur laquelle ENGELMANN appuie ces réflexions, est considérable, elle peut servir de bases à d'autres considérations et il est intéressant de consulter cette réunion de plus de 100.000 observations, qui sont résumées dans les tableaux dus à Engelmann ou à Sanes que nous reproduisons :

TABLEAU II (Tableau I d'ENGELMANN).

Age de la 1re menstruation dans les grandes zones.

Zone arctique. Age moyen 14,6 — 624 cas.				
MATHEWS.	500	Indiens arctiques. .	12,6	Extrême nord Esquimaux 14
—	»	Esquimaux.	13-15	Couches 11 1/2-12 1/2
VON HAVEN.	100	Esquimaux.	16	
VOGT.	24	Quenas-Norvège . .	15,2	Plusieurs à 13, beaucoup à 14

Zone tempérée. Ancien continent, Europe, âge moyen : 15,5 — 58 737 cas.					
8 943	Danemark-Norvège.	16,5	7 887	France.	14,6
21 258	Allemagne.	16	6 337	Italie	14,8
12 287	Angleterre.	15	2 025	Espagne.	14,2

Tropique. Age moyen : 14,8. Sud-tropique, Sud-Asie y compris Sud-tropique, région 18°-20° Nord. Tropique propre, 1 593 cas, âge moyen : 15,8.					
CAMPBELL	104	Siam	14,3		13° N
MOUDIÈRE	1 244	Cochinchine	16,6	11°	17° N
ROBERTON	77	Barbados-Demarara . . .	15,6	6°	13° N
V. D. BURG	168	Batavia	14,6	8°	S
		Terre de Somali	16	0° + 10° N	
		Bogos Land	16	0° + 10° S	

RACIBORSKY (*Traité de la menstruation*, Paris, 1868) avait déjà signalé que l'influence de la race est bien amoindrie par les autres conditions, d'habitation, d'hygiène, de genre de vie. Ses observations sur la race juive de Pologne ne se mélangeant jamais ou presque jamais, sont des plus concluantes. Les juives polonaises sont réglées au même âge que les polonaises slaves. Mais il n'en est pas moins vrai que les menstruations précoces sont plus fréquentes chez les juives que chez les slaves.

T GALLARD (*Leçons cliniques sur la menstruation*, Paris, 1860) insiste sur ce fait que les filles des villes sont plus tôt menstruées que les filles de la campagne : question d'éducation, et de genre d'alimentation. A la ville, les filles de la classe riche sont plus tôt réglées aussi que celles de la classe pauvre.

Suivant T. GALLARD, il en est de même chez les femelles. Les femelles domestiques sont aptes à la reproduction, et présentent des périodes de rut d'une façon plus précoce que dans les mêmes espèces vivant à l'état sauvage.

Le plus ou moins de précocité de la menstruation chez la femme n'est pas sans influencer sur l'avenir de ses grossesses. Sur 38 femmes à première menstruation tardive (V. Le Lorier, *loc. cit.*) 25 ont pu concevoir, fournissant un total de 122 grossesses; 37 de ces grossesses se sont terminées par avortement, soit dans la proportion considérable de 30 p. 100.

A. CHAPOTIN (*Menstruation tardive et fécondité*, Thèse de Paris, 1905) note que la fécondité est plus marquée chez les femmes réglées avant 15 ans (609 cas), qu'après cet âge (391 cas). Si d'autre part, on relève l'âge de la première menstruation chez des primipares âgées, on en trouve un plus grand nombre, réglées après 15 ans (210), que

TABLEAU III

Age de la 1re menstruation parmi toutes les races et nationalités du pôle à l'équateur.

NATIONALITÉ.	NOMBRE des OBSERVATIONS.	LOCALITÉ.	AGE de la 1re MENSTRUATION.	TEMPÉRATURE MOYENNE ANNUELLE.		LATITUDE.	OBSERVATIONS.
				C°.	F°.		
A. *Zone arctique.*							
Température moyenne annuelle au-dessous de 0° Cent. ou 32° F.							
Esquimaux	10	Alaska	13-14	—12,8	+9	70	Heustis Englm.
—	100	Groenland	15-17	— 8	+17	60	V. Haven.
—	16	Labrador	15,9	— 6	22	55	Lundberg.
Indiens	»	Boothia Felix	Tous au-dessus de 14 ans sont mariés.				Sir J. Ross.
Esquimaux	500	Baie d'Hudson	12,6	— 4	25	50	Mathews.
Kamtschadales	»	Farther North	12, 12,5	»	»	»	Mathews!
Koriaks	»	Kamtschatka	Très bonne heure souvent mères à 10.				De Lesseps.
Scladomans	»	—	»	»	»	»	V. Humbold.
Quvenas	»	—	12-13	5	23	60	Tooke.
	24	Norway	15	1	30	65	Vogt.
	»	Fireland	14-15	»	»	»	Hyadest Deniker.
B. *Zone tempérée.*							
Température moyenne annuelle 0° à 25° C. = 32 à 78° F.							
Lappons	116	Norvège	16,7	0	32	60-65	Vogt.
Finlandais	3 500	Finlande	15,8	1,8	35	60-65	Heinricius.
Esthoniens	3 500	—	15,1	»	»	»	Enosbröm.
Russes	»	Russie	17	4	39	58-60	Holst.
—	2 371	St-Pétersbourg	14,6	4	39	60	Weber.
—	17 439	—	16,5	4	39	60	Tarnowski.
—	Haute classe.	—	15,5	»	»	»	Radzewitz.
—	Basse classe.	—	17				Horwitz.
—	700	Kalouga	17	4,8	40,6	55	De Ott.
Norvégiens	4 731	Norvège	16,3	0-7	32-44	58-70	Faye-Vogt.
Français	876		13,6				Prevost.
Anglais	1 020	Canada	14,2	5	41	45	Laph. Smith.
Allemands	3 000	Koenigsberg	16	6,4	43	54	Lullies.
	15 708	Munich	16,2	7	45	48	Hecker Schlichting.
Hollandais	862	Hollande	16,6	8,7	47,7	53	Evers.
College	2 752	Boston	13,6	9	48	52	Engelmann. Mayer.
Work	2 503		14,3				Krieger.
Allemands	7 830	Berlin	15,5-16,3	9,1	48,3	52	Marcus.
Autrichiens	10 000	Vienne	15,5	9,3	48,8	48	Chrobak.
	1 610	Austria	16,3	»	»	»	Szukits.
Anglais	12 287	Londres / Manchester	15	9,5	49	51-53	Guy-Tilt. Lee-Whitehead. Robertu.
Français	3 322	Paris	15	10,4	51	48,5	Dubois de Soirr. de Boismont.
Américains	2 330	New-York	14,2	10,8	51,4	39,4	Emmet.
Arméniens	»	Arménie	17-18	11,6	53	39-41	Zambaco.
Italiens		Constantinople	14-15				
Américains	992	Italie du Nord	14,6	13	55	44-46	Raseri.
Japonais	2 315	Saint-Louis	14,2	13	55	38,4	Engelmann.
	684	Tokio	15,6	13,5	56,3	38,4	Moryasu.
Espagnols	2 025	Madrid	14,2	13,6	56,5	41	Gutierres. Seco-Baldor.
	403		15				
Nègres	2 339	St-Louis Baltimore. / Nouvelle-Orléans.	14	13-20	55,68	29-39	Engelmann.

NATIONALITÉ.	NOMBRE des OBSERVATIONS.	LOCALITÉ.	AGE de la 1re MENSTRUATION.	TEMPÉRATURE MOYENNE annuelle.		LATITUDE.	OBSERVATIONS.
				C°.	F°.		

B. *Zone tempérée (suite)*.

Température moyenne annuelle 0° à 25° C. = 32 à 78° F.

NATIONALITÉ.	NOMBRE	LOCALITÉ.	AGE	C°.	F°.	LATITUDE.	OBSERVATIONS.
Italiens	3 011	Rome	14,9	15,4	59,7	42	Raseri.
Grecs	Haute classe. Basse classe.	Athènes	15-17 13-15	17,3	63	38	Coromilas.
Italie du Sud . . .	1 111	Italie du Sud. . .	14,8	19	66	37-41	Raseri.
Portugais	228	Madère.	15,4	20,3	68,5	32	Dyster.
Nègres	884	Nouvelle-Orléans.	14	20,4	68,8	29	Clark-Miller.
—	?	Égypte.	10-13	»	»	»	Pruner.
Arabes	?	. . . .	10-12	»	»	»	Niebuler.
—	?	Alger	9-10	»	»	»	Berthereaud.
Égyptiens	?	Achim	10	20,5	69	»	Zambacao.
—	?	Égypte.	9-10	»	»	»	Riegler.
—	?	Bagdad.	10-11	23	73	33	Zambacao.
Hindous.	71	Bangalore . . .	13,2	22,7	72,3	33,2	Crisp.

C. *Tropiques-Équateur*.

Température moyenne annuelle plus de 25° C. = 78 F.

NATIONALITÉ.	NOMBRE	LOCALITÉ.	AGE	C°.	F°.	LATITUDE.	OBSERVATIONS.
Hindous.	239	Calcutta	12,5	25,7	78	22	Bossa. Goodeve.
Hollandais. . . .	168	Batavia	14,6	26	78,7	8	V. D. Burg.
Siamois	104	Siam Bangkok . .	14,5	26,7	80	13,6	Campbell.
Nègres	77	Jamaïque et Barbadoes. . . .	15,6	27	80,7	13-18	Roberton.
Annamites . . . . Cambodgiens . . .	1 244	Cochinchine . . .	16,6	27,2	81	11-17	Moudière.
Nègres.	»	Pays de Somalis.	16	30	86	0 + 10	Heggemacher.
	»	Bogos	16	30	86	0 + 10	Munzinger.
—	»	Loango	14-15	»	»	»	Falkenstein.
—	»	Borabra	15-19	»	»	»	Hartman.

de femmes réglées, avant 15 ans (179). Il résume ses constatations dans le tableau suivant :

	Réglées.	Sur 100 femmes fécondes, primipares ou multipares.	Sur 100 primipares de 30 ans ou au-dessus.
Avant 15 ans		60,9	46
Après 15 ans		31,1	54
Après 16 ans		27	37
A 15 ans		12,1	17
A 16 ans		11,9	13,1
A 17 ans		7,9	10
A 18 ans		4,9	7,9
A 19 ans		1,7	4,1
A 20 ans		0,6	1,3

En somme, il est fréquent de noter chez les femmes à première menstruation tardive, une sorte de maturation tardive constatée dans le développement lent de l'utérus, de la fonction menstruelle, et de la faculté d'être fécondée. Il est commun de voir ces femmes réglées entre 18 et 20 ans, ne commencer à avoir des grossesses qu'aux environs de la trentaine.

3° **Fin de la menstruation.** — A un âge variable, généralement aux environs de la cinquantaine, les règles cessent complètement de paraître, c'est la *ménopause*, la fin de la vie génitale, ou *âge critique*, ou *retour d'âge*.

Cet arrêt définitif de la menstruation est à distinguer de l'arrêt temporaire, qui peut se produire pathologiquement pour constituer l'absence des règles ou *aménorrhée*, ce qui s'observe physiologiquement pendant la durée de la gestation, et souvent au cours de l'allaitement.

La cessation de la menstruation s'accompagne de phénomènes généraux, caractérisés par des bouffées de chaleur, des céphalalgies, le développement du tissu adipeux et l'apparition de poils sur la figure. Il est des cas de ménopause précoce, aux environs de la quarantaine ou même plus tôt, et des cas de ménopause, artificielle, consécutive à l'ablation chirurgicale des ovaires.

Localement, le toucher vaginal apprend que l'utérus est diminué de volume et que le fond du vagin tend à effacer les culs de sac.

La statistique de Sanes, au point de vue de l'âge de la ménopause, est résumée dans le tableau suivant :

TABLEAU IV (Tableau XII de Sanes).

	p. 100.
45-50 ans	36
50-55 —	28,3
40-45 —	21,4
35-40 —	5,6
55-60 —	3,9
30-35 —	1,1
25-30 —	1,1
20-25 —	0,8

Le même auteur a cherché quelle relation il pouvait exister entre l'âge de la puberté et celui de la ménopause, et a résumé ses constatations dans le tableau suivant :

TABLEAU V (Tableau XV de Sanes).

Âge de la 1ʳᵉ période.	Âge de la dernière période. p. 100
11 ans.	25 avant 40 ans. / 50 entre 40 et 50 ans. / 25 à 50 ans et après.
12 ans.	16,5 avant 40 ans. / 55,5 entre 40 et 50 ans. / 28 à 50 ans et après.
13 ans.	10 avant 40 ans. / 45 entre 40 et 50 ans. / 45 à 50 ans et après.
14 ans.	9,5 avant 40 ans. / 55 entre 40 et 50 ans. / 35,5 à 50 ans et après.
15 ans.	11,5 avant 40 ans. / 51,5 entre 40 et 50 ans. / 37 à 50 ans et après.
16 ans.	3,3 avant 40 ans. / 46,7 entre 40 et 50 ans. / 50 à 50 ans et après.
17 ans.	20 avant 40 ans. / 50 entre 40 et 50 ans. / 30 à 50 ans et après.
18 ans.	22,25 avant 40 ans. / 55,5 entre 40 et 50 ans. / 22,25 à 50 ans et après.
19, 20, 21 ans .	66,6 avant 40 ans. / 33 entre 40 et 50 ans.

(Ménopause à 37, 44, 23 ans.)

MENSTRUATION.

TABLEAU VI (Tableau XVI de SANES).

Pourcentage du nombre des cas de ménopause passés 45 ans.

Premières règles à . . .	11 ANS.	12	13	14	15	16	17	18	19	20	21
Ménopause passé 45 ans	p. 100. 50	p. 100. 57,2	p. 100. 73,3	p. 100. 58,6	p. 100. 67,6	p. 100. 88,3	p. 100. 60	p. 100. 55,5	p. 100 0	p. 100. 0	p. 100. 0

De même que l'histoire rapporte des observations de menstruation précoce chez des filles réglées à sept ou huit ans, on cite des exemples de menstruation tardive et de grossesses survenues à une période de la vie où la femme est généralement stérile. T. GALLARD (loc. cit.) cite l'exemple de Sarah donnant naissance à Isaac à un âge assez avancé et Cornélie, mère des Gracques, qui, suivant la tradition, est accouchée à l'âge de soixante-dix ans.

4° La qualité de l'écoulement menstruel. — Normalement le sang des règles, au point de vue de ses *qualités physiques*, présente un peu plus de fluidité et une odeur particulière *sui generis*. Il présente aussi moins de tendance à se coaguler.

Le sang de la circulation générale garde pendant la période menstruelle sa coagulabilité et sa teneur en chaux normale. On a attribué cette non-coagulabilité du sang menstruel à une absence de fibrin ferment, que l'épithélium utérin retiendrait (Keiffer), comme le rein normal l'albumine. Il suffit d'ajouter du fibrin ferment, comme l'a fait BLAIR BELL (*Further investigations into the chemical composition of menstrua fluid and the secretion of the vagina, as estimated, from an analysis of hæmatocolpos fluid*, Journal of Obstetrics of the British Empire, 1912, XXI), au sang de douze cas d'hématocolpos récents, pour voir la coagulation se produire. Ce fait prouve que rien dans le sang des règles ne détruit le fibrin ferment, et qu'il ne renferme pas d'antithrombine.

Ainsi que P. E. WEILL (*Hémorragie et troubles de la coagulation sanguine*, Gazette médicale de Paris, 1913, 403,) l'a démontré, la coagulabilité générale du sang peut être modifiée pathologiquement, par exemple, sous l'influence de lésions hépathiques. Dans ces cas il peut se produire des hémorragies utérines, au moment ou en dehors des règles.

Suivant BIRNBAUM EL OSTEN (*Recherches sur la coagulation pendant la menstruation*, Arch. f. gyn. 1906, LXXX, *Semaine méd.* 1907, 112), la coagulabilité générale serait plus faible au moment de la menstruation. Localement, pour ces auteurs, le mucus cervical, loin d'être un agent de non coagulation, la favoriserait au contraire.

L'hémorragie menstruelle apparaît de façons diverses, suivant les sujets, tantôt commençant par un suintement séro-sanguinolent, pour devenir ensuite franchement sanglant, puis disparaître progressivement ; d'autres fois l'écoulement sanguin ; apparaît brusquement, dure un temps déterminé, le plus souvent identique à chaque période, chez le même sujet, puis disparaît, ou progressivement, ou plus ou moins rapidement.

Ces particularités physiques semblent être sous la dépendance du mélange que subit le sang avec les sécrétions glandulaires de l'utérus. Dans la période du début, là sécrétion glandulaire est intense par rapport à l'écoulement sanguin ; dans la période d'état au contraire, c'est l'écoulement sanguin qui paraît prédominer sur l'abondance de l'excrétion glandulaire, puis écoulements sanguin et glandulaire diminuent pour ainsi dire parallèlement. L'odeur *sui generis* paraît être le résultat des sécrétions vaginales.

Variations dans la composition sanguine. — Pour CARNOT ET DEFLANDRE (*Variations du nombre des hématies chez la femme pendant la période menstruelle*, C. R. S. Biologie, 16 janvier 1909), les globules rouges peuvent baisser d'un million, puis il se produit une réascension progressive en une dizaine de jours. Mais d'après A. PŒLZT, il y aurait augmentation des globules rouges avant la menstruation.

Pour MARBE (*Le principe de l'hyperovarisme menstruel*, C. R. S. Biolog. 1908, I, 85), ce serait le contraire, c'est-à-dire une diminution des hématies dans la période prémenstruelle, puis une augmentation pendant la menstruation.

En ce qui concerne les leucocytes, leur quantité diminuerait (A. PŒLZ. *Neber menstruelle* (*Verseuderungen der Blutbefunde*, Wiener Clin. Woch., 7 février 1910, 238); dès le début de l'écoulement, il y aurait une augmentation prémenstruelle des lymphocytes. H. VIGNES (*Notes sur la menstruation*, Thèse de Paris, 1914) a examiné le sang de quatre vaches et a noté des variations leucocytaires irrégulières.

L'hémoglobine est, pour les uns, abaissée pendant la menstruation, pour d'autres variable; on l'a vue augmenter avant la menstruation. On a noté des variations du poids spécifique, une diminution du fer pendant et après la menstruation.

Toutes ces divergences des auteurs laissent incertaine la question des modifications dans la composition du sang au cours de la menstruation. La plupart de ces recherches ne comprennent pas un nombre suffisant d'observations. Cette composition du sang doit, comme dans toutes les hémorragies, être fonction de l'abondance de l'hémorragie, d'une part, et d'autre part, du pouvoir individuel de réfection sanguine.

Au point de vue de l'*analyse chimique*, les observations déjà anciennes de DENIS DE COMMERCY (cité par Guéhiot in Dict. Dechambre, art; menstruation) ont été faites avec soin; il réussit à recueillir 60 grammes de sang pur, en maintenant pendant dix heures le spéculum étroitement appliqué sur le col utérin pour éviter tout mélange avec l'urine ou le mucus vaginal.

L'analyse a révélé les substances suivantes :

Eau	8,250
Fibrine	0,5
Hématosine	6,34
Mucus	4,53
Albumine	4,83
Oxyde de fer	0,05
Graisse phosphorique rouge	0,39
Osmazome et cruosine	0,11
Sous-carbonate de soude	
Hydrochlorate de soude	0,95
Hydrochlorate de potasse	
Carbonate de chaux	0,25
Phosphate de chaux	
— de magnésie	traces

En résumé :

Parties aqueuses	12,50
Matières en suspension ou en globules	10,90
Parties en solution	6,92

Mlle FRANCILLON (*Essai sur la puberté chez la femme*, Thèse de Paris, 1916) a fait pratiquer des analyses dans des cas de première menstruation sur du sang desséché sur du coton. Ces recherches ont été faites à l'aide de la méthode colorimétrique de L. LAPICQUE (Thèse de doctorat ès science de 1897). Les chiffres trouvés expriment le fer total éliminé dans les menstrues. Les recherches ont porté sur huit cas dans lesquels les doses de fer ont été évaluées :

0^gr,46	1^gr,00
0^gr,1	4^gr,50
0^gr,83	1^gr,40
1^gr,10	traces

L'intérêt de ces recherches est très atténué par le manque de comparaison avec des analyses du sang total.

Au point de vue des qualités du sang menstruel, il faut signaler, enfin, *les propriétés toxiques* attribuées d'une façon légendaire au flux menstruel. METSCHNIKOFF (*loc. cit.*) rappelle les faits cités par PLON BARTELLS (*Das Weib*, 7· éd₂, I, 615.)

D'après cet auteur, chez les Hindous, la femme de caste supérieure est considérée pendant la première journée menstruelle, comme une paria, et pendant le second jour comme quelqu'un qui a tué un Brahma. Chez beaucoup de peuples, la femme réglée n'ose, ni approcher les hommes, ni toucher des objets, car elle peut provoquer des troubles et des détériorations. Chez les Hébreux, la femme était pendant la menstruation considérée comme impure, encore six jours après la fin des règles.

D'après PLINE (Hist. nat., VII, XIII, cité par T. GALLARD), la menstruation produit des effets extraordinaires : « Qu'une femme ayant ses règles s'approche, les vins nouveaux aigrissent, les grains qu'elle touche deviennent stériles, les jeunes greffes périssent, les plantes des jardins se dessèchent et les fruits de l'arbre, sous lequel elle s'est assise, tombent. Son seul regard ternit l'éclat des miroirs, émousse le tranchant du fer, efface le brillant de l'ivoire. Les essaims meurent ; l'airain même et le fer deviennent la proie de la rouille et contractent une odeur repoussante. Les chiens qui ont goûté à ce flux deviennent enragés et le venin de leur morsure est sans remède. Les plus petits animaux, les fourmis, en ressentent l'impression et rejettent, dit-on, les grains qu'elles portaient, sans jamais les reprendre. »

Ces préjugés reposent-ils sur des données plus précises ? Le sang des règles est-il réellement toxique et la menstruation constitue-t-elle une désintoxication, comme le veut la théorie de H. VIGNES (loc. cit.) ?

Les preuves empruntées par cet auteur à la littérature scientifique ne sont pas nombreuses ni probantes, et plutôt du domaine de l'hypothèse. Nous les examinerons plus loin à la fin de la troisième partie de ce travail.

5° **Importance quantitative de l'hémorragie.** — Les chiffres, indiqués pour la quantité de sang perdu, sont très variables suivant les sujets, et c'est à tort qu'on a cherché à établir des chiffres moyens. Aussi les auteurs, ou n'indiquent pas de chiffres, ou bien se transmettent de traités en traités des évaluations variant entre 100, 200, 250 et même 500 grammes.

Il est fort difficile d'indiquer où commence l'exagération de la perte, c'est-à-dire « la ménorragie » ; cliniquement elle se manifeste par la pâleur des téguments et les signes d'anémie.

ABEL LAHILLE (De la quantité de sang que les femmes perdent au cours des règles, Ann. gyn. et d'obst., mai-juin 1917) a cherché à établir le chiffre de la perte sanguine par l'évaluation de l'extrait sec et le dosage du fer dans le sang des menstrues, recueilli par le lavage des compresses appliquées en pansement.

Sur huit observations, voici les résultats :

Fer. milligr.	Hémoglobine. milligr.	Total. Sang. milligr.
5	1,315	9,74 à 11,69
18	4,73	35,04
25	6,57	48,66
6 et 0,63	1,578 et 1,65	11,68 à 14 et 12,20 à 13,42
22	8,41	62,30
26	6,99	51,80

En d'autres termes, c'est entre 10 et 60 grammes que porte l'évaluation de la quantité de sang perdu, au cours de la menstruation ; celle-ci atteindrait 20 à 40 grammes les jours de perte plus accentuée.

Si ces calculs sont exacts, la perte sanguine, ainsi chiffrée, serait évaluée à une quantité de sang, beaucoup moins importante qu'elle ne le paraît chez beaucoup de femmes.

SANES dans sa statistique s'est borné à noter au point de vue quantitatif les pertes normales, modérées ou profuses, dans 2629 cas qu'il résume dans le tableau suivant :

TABLEAU VII (Tableau VI de SANES).

TYPES.	RÉGULIERS.	POUR CENT.	IRRÉGULIERS.	POUR CENT.	TOTAL.	POUR CENT.
Nombres des cas. . . .	1'925	»	704	»	2 629	»
Normal	899	46,7	271	38,49	1 170	44,5
Moyen.	305	15,84	141	20,02	446	17,0
Abondant	689	35,78	279	39,63	968	36,8
Irrégulier	32	1,66	13	1,84	45	1,7

TABLEAU VIII (Tableau V de SANES).

TYPES. NOMBRES par cas.	RÉGULIERS.		IRRÉGULIERS.		TOTAL. NOMBRE PAR CAS.	
	3 105	Pour cént.	980	Pour cent.	4 085	Pour cent.
3 jours . .	464	14,84	107	10,9	571	14,2
4-5 jours . .	434	13,88	97	9,9	531	13,2
3-4 — . .	357	11,42	94	9,6	451	11,2
5 — . .	236	7,5	85	8,6	321	8,0
7 — . .	220	7,04	93	9,4	313	8,0
4 — . .	242	7,74	63	6,4	305	7,6
5-6 — . .	247	7,9	76	7,7	323	6,1
2-3 — . .	136	4,35	55	5,6	191	5,0
2 — . .	106	3,39	37	3,7	143	3,5
6-7 — . .	103	3,29	32	3,3	135	3,4
6 — . .	80	2,56	24	2,4	104	2,5
8 — . .	46	1,47	18	1,8	64	1,6
7-8 — . .	53	1,69	12	1,2	65	1,6
3-5 — . .	52	1,66	23	2,3	75	1,8
5-7 — . .	47	1,5	18	1,8	65	1,6
4-6 — . .	31	0,99	9	0,91	40	1,0
1 — . .	32	1,02	11	1,12	43	1,1
2-4 — . .	22	0,7	21	2,1	43	1,1
1-2 — . .	24	0,76	10	1,02	34	0,8
3-7 — . .	23	0,73	4	0,4	27	0,6
6-8 — . .	17	0,54	6	0,61	23	0,6
8-9 — . .	16	0,51	4	0,4	20	0,5
4-7 — . .	16	0,51	6	0,61	22	0,5
10 — . .	10	0,32	1	0,1	11	0,3
4-8 — . .	8	0,25	3	0,3	11	0,3
7-10 — . .	7	0,22	4	0,4	11	0,3
1-3 — . .	7	0,22	7	0,71	14	0,4
5-8 — . .	10	0,32	5	0,51	15	0,4
8-10 — . .	13	0,41	5	0,51	18	0,4
Divers jours .	46	0,47	50	5,1	96	2,3

En résumé, c'est de trois à cinq jours que paraît durer, dans la très grande majorité des cas, l'écoulement menstruel.

Les recherches antérieures de P. DUBOIS sur 600 cas avaient abouti à des résultats analogues.

II. — Phénomènes généraux.

SOMMAIRE. — 1° Congestion. — 2° Modifications dans les excrétions. — 3° Réactions générales et état de la tension artérielle. — 4° Phénomènes nerveux.

1° Congestion. — Tous les auteurs décrivent un état congestif de tout l'appareil génital. L'utérus augmente de volume d'une façon très appréciable, évaluée à un tiers ou un quart. L'ovaire augmente aussi de volume, les trompes paraissent s'allonger, il y a comme une érection des ligaments larges, qui atténue la mobilité utérine. Le vagin et la vulve sont tuméfiés, violacés, lubréfiés, sensibles. VILLEMIN (Le corps jaune, considéré comme glande à sécrétion interne de l'ovaire, Thèse de Lyon, 1908) a signalé qu'en cas d'intervention chirurgicale, la paroi abdominale saigne plus facilement, et d'après H. VIGNES (loc. cit.) TUFFIER aurait fait les mêmes constatations dans le tissu cellulaire. Il serait à préciser si cet état n'est pas plutôt prémenstruel que menstruel.

STAPFER, en effet (Les vagues utéro-ovariennes, Paris, 1912), par des examens bi-manuels quotidiens, a noté certaines particularités intéressantes : pendant les règles, si tout est normal, l'utérus, contre l'opinion classique, serait au toucher diminué de volume, les annexes sont difficiles à trouver et les ligaments souples. La semaine suivante : l'utérus est gros, il y a de l'œdème pelvien, augmentation de volume d'un ovaire, aggravation des prolapsus, irréductibilité des déviations. Au début de la troisième semaine, nouvelle vague ; les femmes, si elles y sont attentives, constatent souvent une très légère perte, sorte de « règle de quinzaine » ; la quatrième semaine marque un nouvel empâtement pelvien, préparant l'écoulement menstruel.

Différents auteurs, cités par H. VIGNES, auraient noté, au cours de la menstruation, des modifications viscérales telles que l'*hypertrophie du foie*, chez 27 femmes sur 30, d'après CHVOSTECK (*Die menstruelle Leberhyperaemie, Wien. Klin. Woch.* 17 fév. 1910).

La menstruation s'accompagne quelquefois d'un *gonflement thyroïdien*, sans qu'on admette pourtant la formule de MECKEL « le corps thyroïde est une répétition de l'utérus au cou ». Néanmoins il a été noté par MULLER (cité par FRANCILLON) que le goitre débute souvent chez les filles, au moment où s'établit la menstruation. L'augmentation ordinaire du volume du cou, à la puberté, serait l'analogue de l'hypertrophie des mamelles, observée à la même époque.

Inversement les altérations du corps thyroïde peuvent empêcher la menstruation, et entraîner l'atrophie générale.

Les modifications du *thymus* sont moins connues, son développement s'arrête vers la 25ᵉ année dans l'espèce humaine, mais chez la chatte et la chienne il régresse à la puberté, et il a été émis l'opinion que le thymus remplaçait l'ovaire dans sa fonction avant la puberté. L'approche des règles détermine des malaises généraux et parfois une *éruption herpétiforme* qui disparaissent avec l'établissement de l'hémorragie.

2° Modifications dans les excrétions. — Bien des auteurs anciens et d'autres plus récents ont voulu voir dans la perte sanguine menstruelle, autre chose qu'une simple hémorragie, à en juger par les troubles qui se montrent à la suite de sa simple suppression, ARAN (*Leç. clin. sur les mal. de l'utér.*, Paris, 1858) s'est fait le défenseur de cette thèse en s'appuyant pour la défendre sur les analyses d'ANDRAL et GAVARET (*Recherches sur la quantité d'acide carbonique exhalé par les poumons dans l'espèce humaine,* Ann. de chimie et de physique, 3ᵉ sér., VIII).

Pour ces auteurs, *la quantité d'acide carbonique,* exhalé par le poumon, augmente pendant la seconde enfance ; mais chez la femme, à partir de l'établissement des règles, elle reste stationnaire, pour augmenter rapidement à l'approche de la ménopause et décroître ensuite avec l'âge. Pendant la grossesse, l'exhalation d'acide carbonique est la même qu'à la ménopause. Chez l'homme, l'exhalation augmente jusqu'à 30 ans pour décroître ensuite.

D'après les recherches de FRANCILLON, *l'urée,* qui augmente graduellement par rapport au poids du corps, dans les années qui précèdent la puberté, diminuerait au moment de l'apparition des premières règles, cette diminution de l'élimination de l'urée est notée aussi au moment des règles. L'élimination *des phosphates* s'accroîtrait légèrement avant la puberté, pour diminuer ensuite, quand la menstruation est bien établie. Le rapport azoturique, d'après le même auteur, serait plus élevé chez l'enfant et dans la période prépubère, et diminuerait dans les années qui suivent l'établissement de la menstruation. Mais les règles paraissent peu modifier le chiffre de ce rapport. Même constatation pour *l'acide sulfurique, les chlorures, l'acide urique.* FRANCILLON pense néanmoins que le ralentissement des oxydations de l'organisme « paraît plus marqué à l'époque du flux menstruel, un peu moins dans les jours qui le précèdent ou le suivent immédiatement ».

KELLER (Arch. génér. de Méd. 1897 et Ann. de gyn., 1901) a étudié *la nutrition et les excrétions* chez la femme pendant la puerpéralité, et en dehors de celle-ci. Il établit une corrélation entre ses constatations au cours de la grossesse et au cours de la menstruation.

Voici les constatations moyennes auxquelles il aboutit :

L'*azote total* et *l'urée* atteignent leur maximum dans la période préparturiante, ou prémenstruelle, le *coefficient azoturique* ne l'atteint que dans la période parturiante ou menstruelle. *Le volume* diminue lentement, 4 à 5 mois avant l'accouchement ou avant la menstruation. La période parturiante accuse donc, comme la menstruation, une diminution de tous les éléments de l'urine, KELLER conclut que la nutrition de la femme, en dehors de la grossesse, se développe d'une manière périodique et rythmique qui se retrouve aussi pendant la grossesse.

BLAIR BELL (*De la menstruation et de ses rapports avec le métabolisme du calcium*, Royal Society of medicine, London, I, n° 9, juillet 1908), estimant la teneur du sang en calcium par une numération des cristaux d'oxalate, comptés comme une numération globulaire sur du sang étalé, suivant une méthode qu'il recommande (*Calcium salts in the Blood and tissues*, Brit. Med. Journ., 1907, 1920), arrive à faire les constatations suivantes :

1° Chez une poule, qui ne pond pas, la teneur du sang en calcium est constante, tandis que chez une poule, qui pond, on constate dans le sang, la veille du jour où elle pond, une brusque augmentation de la teneur en calcium.

2° Chez la femme, le jour de l'hémorragie, il note une baisse de la teneur du calcium, tandis que, la veille de l'hémorragie, on constate une augmentation de la teneur du sang en calcium, d'autant plus marquée que l'hémorragie est plus abondante.

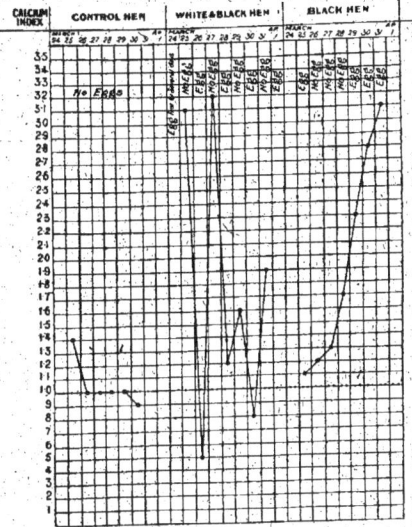

FIG. 195. — Courbe montrant les variations de la teneur en calcium du sang de la poule par rapport aux pontes (BLAIR BELL).

Le phénomène est rendu très frappant dans une courbe.

BLAIR BELL montre, en outre, le calcium sécrété par les cellules glandulaires de l'oviducte, chez la poule qui pond et chez celle qui ne pond pas; il aboutit aux conclusions suivantes :

« 1° La menstruation n'est une fonction périodique, qu'autant que le métabolisme du calcium est en harmonie avec la périodicité, et cette fonction est sous la dépendance du métabolisme du calcium dans toutes ses ramifications.

2° L'hémorragie dans le follicule de GRAAF peut être coïncidente, elle est le résultat de la moindre teneur en calcium du sang, mais n'est, en aucune façon, responsable de la menstruation.

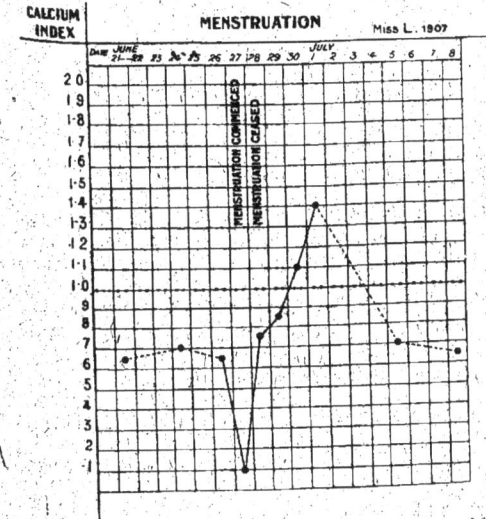

FIG. 196. — Courbe montrant les oscillations de la teneur en calcium du sang de la femme par rapport à l'hémorragie menstruelle (BLAIR BELL).

3° Le sang, qui s'écoule de l'utérus, est dû à la moindre teneur en calcium du sang de la circulation générale, et aussi au changement local dans les capillaires, d'où sortent par diapédèse les leucocytes et les corpuscules. J'ai de plus montré que ces leucocytes sont un facteur actif du transport des sels du calcium des glandes vers l'extérieur.

4° Les glandes utérines excrètent du calcium et de la mucine, c'est pourquoi l'utérus est un « organe menstruel ».

5° Il y a une corrélation entre les ovaires et l'utérus, en ce qui concerne la menstruation, mais sous ce rapport il est probable que les ovaires ne jouent pas un rôle plus important que les autres glandes à sécrétion interne.

6° La menstruation, par elle-même, n'est pas un auxiliaire nécessaire ou concomitant à la fertilité et à la reproduction. »

Nous pensons préférable de ranger ici à côté de la série des modifications excrétoires, *la Cholestérinhémie menstruelle*, étudiée dans les dernières années par A. CHAUFFARD et ses élèves. Ces auteurs font bien de la cholestérinhémie le résultat d'une sécrétion interne du corps jaune, mais celle-ci n'étant pas absolument démontrée, comme nous l'étudierons dans la 3e partie de ce travail, nous préférons placer ici les remarques établies sur les « variations de la cholestérinémie durant le cycle menstruel ». G.-P. GOÑALONS, dans son article sur ce sujet (*La Semana medica*, n° 51, Buenos-Aires, 1816), dans l'article de A. CHAUFFARD. (*Presse médic.*, XXXII, 7 juin 1917) et A. CHAUFFARD, GUY LAROCHE, et A. GRIGAUT (*Archives mensuelles d'obstétrique et de gynécologie*, mai 1912, *Fonction cholestérigénique du corps jaune et Évolution de la cholestérinémie au cours de l'état gravidique et puerpéral*, mêmes Archives, mai 1911).

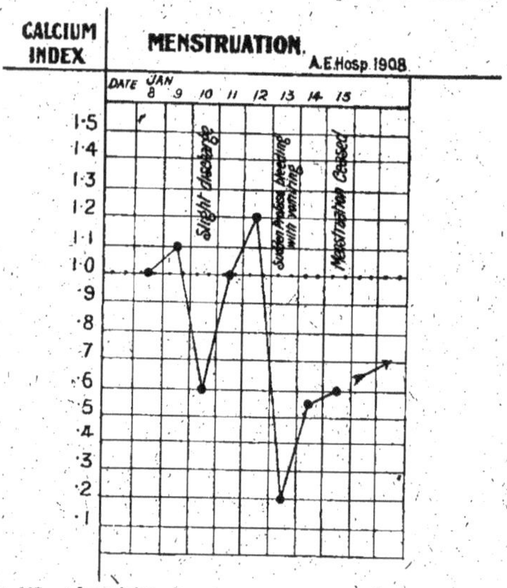

FIG. 197. — Le calcium dans le sang au cours de la menstruation (BLAIR BELL).

Les recherches de GOÑALONS ont porté sur 27 cycles menstruels complets, comprenant deux menstruations, et les prises de sang furent faites tous les 2 jours durant 30 jours. Prises de sang dans des conditions identiques, dosage colorimétrique par la méthode de GRIGAUT.

La cholestérinémie effectue un cycle constitué par une période d'augmentation de 5, 6 à 7 jours avant la période menstruelle ; l'ascension initiale se fait en un jour, elle est suivie d'une courte descente pour arriver à la normale, augmente de nouveau, quand débute l'écoulement sanguin, restant alors en plateau sans atteindre le niveau du début ; puis le taux cholestérinémique s'abaisse à la fin des règles, pour revenir à la normale trois jours plus tard. L'ensemble de l'évolution hypercholestérinémique dure donc de 11 à 13 jours.

La première augmentation du taux de la cholestérine oscille entre 2 grammes et 3gr,24 p. 1000, la seconde atteint 1gr,75 à 2gr,30, pendant l'écoulement sanguin, puis, après la menstruation, le taux redescend à 1gr, 50 — 1gr,75.

GOÑALONS signale, en dehors de ce cycle typique, des irrégularités, parmi lesquelles il est à retenir deux cas d'aménorrhée, l'un chez une basedowienne, l'autre chez une femme deux mois après l'accouchement, dans ces deux cas le *cycle hypercholestérinémique* se montra en l'absence même de la menstruation.

Il n'a pas encore été vérifié, comme le fait remarquer A. Chauffard (*loc. cit.*), si cette hypercholestérinémie menstruelle, s'accompagne comme chez la femme enceinte d'une hypercholestérinémie biliaire.

3º **Réactions générales et état de la tension artérielle.** — *Chez la femme en pleine santé*, il n'est pas établi qu'il y ait réellement des phénomènes fébriles, dans la période menstruelle. La plupart des auteurs qui ont observé un nombre suffisant de femmes l'ont fait sur des malades hospitalisées. Les observations sur la femme en état de santé de Balard et Sidaine (*Des modifications du pouls et de la tension artérielle pendant la période menstruelle*, Arch. mens. d'obs. et gyn., janvier 1916) ne peuvent entrer en ligne de compte puisqu'il ne s'agit que de cinq observations.

On peut néanmoins retenir qu'ils ont le plus souvent noté une ascension brusque du pouls la veille des règles, ou le jour de leur apparition. Quant à la tension artérielle, constatée avec l'appareil Pachon, ils notent une légère élévation prémenstruelle de la maxima; quant à la minima, elle s'abaisse quatre à cinq jours avant les règles.

Ils notent dans l'ensemble : hypertension vraie, au début de la période menstruelle, puis chute brusque au-dessous de la normale, dans les derniers jours.

Siredey et Francillon (*Recherches sur les modifications de pression artérielle au cours de la menstruation*, Société méd. des hôp., 7 avril 1905) ont vu la tension artérielle augmenter de 1 à 2 centimètres, la veille ou le premier jour des règles, pour s'abaisser ensuite de 1, 2 ou 3 centimètres, sans qu'il y ait un rapport à établir entre ces faits et la quantité de sang perdue.

Chez la femme malade, on peut noter un maximum de la température deux jours avant les règles (Siles, *The cyclal or wave theory of menstruation*, Americ. Journ. of obstetrics, mai 1897). Riebold, sur 2000 malades pendant 2 ans, a trouvé 87 femmes, qui, dans les 3 derniers jours de la période prémenstruelle, avaient une augmentation d'un 1/2 degré. Il y avait parmi elles 37 tuberculeuses, des convalescentes, des nerveuses, utérines, tabétiques, cancéreuses. Ce léger mouvement fébrile serait dû, soit à la résorption d'hématomes sous-épithéliaux, soit à une exaltation de la flore microbienne du vagin, à la suite de la disparition de l'acidité habituelle de cette région.

F. Bezançon (La période menstruelle chez les tuberculeuses, *Bulletin médic.*, 1913, nº 83) a noté dans 17 cas sur 28, de la fièvre chez les tuberculeuses au moment de la menstruation. Cette fièvre varie de quelques dixièmes à un ou deux degrés. Mais dans certains cas il y aurait chez ces malades une véritable période apyrétique, faisant suite à une température très élevée dans la période prémenstruelle.

4º **Phénomènes nerveux.** — *L'acuité visuelle* est quelquefois diminuée et le champ visuel souvent rétréci, au moment des époques menstruelles, d'après Terrien et aussi Finkelstein (cités par Francillon). Ces phénomènes commencent 2 ou 3 jours avant la menstruation et disparaissent vers le 7e ou le 8e jour.

L'odorat prend à la puberté une acuité plus grande, la cocaïnisation ou l'irritation du 1/5e externe des cornets inférieurs constituant « la région génitale » de Fliess (*Die Beziehung zw. Nase u. weibl. Geschlechtsorg*, Zeitsch. f. Geb. u. Gyn., xxxvi, 356), d'après Francillon, a pu déterminer l'amélioration d'affections dysménorrhéiques.

Ball (*Leçons sur les maladies mentales; folies génitales*, Paris, 1883) admet que les aberrations intellectuelles peuvent guérir avec la disparition des affections utérines. Francillon a décrit les transformations psychiques de la jeune fille, au moment de la puberté, et rapporte les observations de Barolo de Turin sur la conduite et le travail des jeunes filles menstruées ou non menstruées. C'est au moment où s'établit la menstruation qu'on note les plus grandes irrégularités dans la conduite des élèves.

Stoltz (*Dict. Jaccoud*, art. menstruation) et S. Icard (*La femme pendant la période menstruelle*, Paris, F. Alcan, 1890) ont insisté sur les modifications de l'humeur, au point de considérer comme pathologique la période menstruelle. Tout en admettant certains troubles, il est plus logique, avec Francillon, de les mettre sur le compte d'un état maladif, et d'en préserver la femme par une bonne hygiène antérieure, et un bon équilibre physique.

Il est à retenir que la mentalité de la femelle en rut présente, au moment des chaleurs une modification dans son habitus et dans ses allures. La femme par sa raison et son éducation arrive à dissimuler l'agitation plus ou moins grande de son organisme. Il est néanmoins intéressant d'enregistrer les sensations révélées par certaines, d'après la confession publiée dans la *Gazette gynécologique de Paris*, 15 avril 1887, sous le titre : *A propos des règles, confidences d'une femme.*

« ...Les règles sont à leur début, un peu d'humidité, le lendemain, un suintement muqueux; le surlendemain, légère teinte rosée sanguinolente. Et pendant les trois jours d'invasion, des modifications de la plus haute importance se passent dans l'organisme. Pendant ce début, surgit un état nerveux spécial, vague, inquiet, indéfinissable, une sorte de tristesse sans motifs, de besoin sans but précis, envahit l'être, le domine, le subjugue, l'absorbe. Les fêtes, les réunions, les bals, le théâtre, tout plaisir où l'on se trouve plus de deux devient fastidieux à ce moment.

« Ce besoin indécis, cette sensation spéciale de manque, cet inconnu qui nous attire, ce nuage qui nous appelle à lui, en nous voilant la vérité, c'est le désir sexuel. Vague dans son aspiration, le désir devient vif, intense, précis au moment de la réalisation. Le désir assouvi, le calme renaît, la nature a rempli son but. Voilà bien cette période de rut, si intense chez les animaux, plus ou moins masquée chez la femme par le voile et la gêne de la civilisation. Toutes les cordes de la femme vibrent à ce moment. Les seins sont tendus, saillants, la moindre pression à leur extrémité met l'individu hors de lui-même. Du côté des organes génitaux, de même qu'au niveau des seins, il existe une congestion intense. L'appareil génital est en fête. C'est le moment de l'union des deux sexes, la nature y convie l'époux. Mais il n'y a pas de fête sans lendemain, le quatrième jour la scène change complètement.

« Un écoulement sanguin abondant, gênant, vient décongestionner l'appareil génital et toute l'économie. Toutes les cordes de la femme se détendent. L'appétit sexuel disparaît. Au désir, à l'appétence de la précédente période fait place l'indifférence, ordinairement même le dégoût. Le rut est fini, bien fini, l'être devient abattu, malade, refroidi.

« Chez certains animaux, on retrouve une marche analogue, chez plusieurs femelles, dit RACIBORSKY, on n'aperçoit ordinairement au début que des glaires; lorsque le sang apparaît, le rut finit, et les rapports sexuels deviennent impossibles.

« Pendant la période intermenstruelle, les sens dorment volontiers. En l'absence de toute excitation, la vie génitale pourrait se réduire à zéro. Ce n'est pas dire pour cela que les aubaines soient désagréables, mais pures friandises dont la nature pourrait bien se passer. Le dieu génital sommeille, il lui faut des artifices pour le réveiller. »

Chez les animaux, le rut s'accompagne aussi de phénomènes, parmi lesquels, à côté de la congestion génitale, la nervosité vient prendre une place importante. Voici d'après SAINT-CYR (*loc. cit.*) les principaux symptômes.

La jument se campe, de temps en temps émet quelques jets d'urine. La vulve se contracte et laisse voir le clitoris rouge et turgescent, exsudation vulvaire. Hennissement particulier. Le caractère se modifie, elle devient chatouilleuse, malaisée à conduire, têtue.

La vache se tourmente, perd l'appétit, beugle, gratte la terre, cherche à chevaucher les animaux de son sexe, écoulement séro-sanguinolent par la vulve.

La brebis a des chaleurs peu marquées, elle fait entendre un bêlement particulier, vient se placer à côté du mâle, mange près de lui, le flaire et se laisse couvrir sans résistance.

La truie grogne, s'agite beaucoup, la commissure des lèvres laisse écouler de la bave en abondance, la vulve est très gonflée et rouge.

La chienne va, court, gambade et se livre à une foule d'actes insolites. Par la vulve s'écoule un liquide, parfois sanguinolent, qui répand une forte odeur.

La lapine, bien qu'elle passe pour être toujours en rut, a cependant des chaleurs bien marquées, elle s'étend de son long devant le mâle, les oreilles rabattues et attend des étreintes.

III. — Modifications fonctionnelles, aménorrhée

SOMMAIRE. — 1° Aménorrhée au cours de la gestation. — 2° Aménorrhée au cours de l'allaitement. — 3° Aménorrhée congénitale ou acquise.

1° **Suspension des règles au cours de la gestation.** — La suspension des règles est le premier signe de grossesse. Il ne fait jamais défaut. Ce n'est que par un malentendu que l'on voit çà et là signaler des cas de règles pendant la grossesse. En effet la formule absolue de PAJOT n'a pas encore reçu de démenti, la voici : « toute femme ayant une perte de sang périodique, égale en qualité et en quantité à ses règles habituelles, n'est pas enceinte. » Il est possible qu'une femme enceinte présente à différentes épo-

ques de sa grossesse des hémorragies d'ordre pathologique; jamais les trois caractères qui se montrent avec un type et un rythme régulier chez un même sujet, ne peuvent être retrouvés dans les hémorragies, qui quelquefois peuvent simuler la périodicité. Toutes les observations publiées, des prétendues règles pendant la grossesse, n'échappent pas, comme je l'ai démontré, à un examen critique ainsi dirigé (V. WALLICH, *Menstruation et grossesse*, *Revue de gynéc. et de chir. abd.*, juillet-août 1907). La suspension des règles s'observe aussi bien au cours de la grossesse normale que de la grossesse pathologique. Au cours de cette dernière des hémorragies peuvent se montrer quelquefois avec des apparences de périodicité, mais toujours avec des irrégularités dans la quantité du sang perdu.

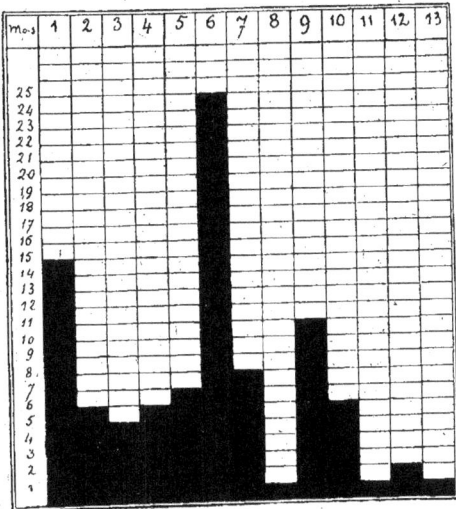

FIG. 198. — Graphique montrant la fréquence et la date d'apparition des règles au cours de l'allaitement chez des primipares (L. JACOB).

Même dans le cas où le fœtus succombe, bien que la gestation, au sens propre du mot, se trouve alors interrompue, les règles restent suspendues. Il est à cette dernière loi une exception, c'est lorsqu'il s'agit d'une grossesse extra-utérine : deux mois après la mort du fœtus, ainsi que l'indique A. PINARD, on voit réapparaître la menstruation avec tous ses caractères.

2° **Suspension des règles au cours de l'allaitement.** — La suspension des règles qui se manifeste pendant la période d'allaitement est loin d'être aussi absolue et constante qu'au cours de la gestation.

Il y a là, en somme, différents degrés dans cette suspension menstruelle. Le fait normal est la *suspension absolue*, aussi longtemps que dure l'allaitement. On peut noter ensuite l'allaitement accompagné de quelques menstruations, apparaissant à diverses époques, sans régularité : *menstruations intermittentes*. Enfin il est quelquefois donné de constater une *menstruation régulière*, au cours de l'allaitement.

La suspension menstruelle est généralement fonction de la perfection de l'allaitement. Ce sont en général les femmes, à faibles qualités nourricières, qui voient réapparaître leurs règles. Au cours d'allaitements successifs, il n'est pas rare de constater que, en même temps que croît le nombre des allaitements chez une même femme, la disparition des règles, au cours de ces allaitements, se fait de plus en plus complète.

Dans un même allaitement, la suspension des règles peut-être intermittente en rapport avec des périodes marquées par un bon ou un mauvais allaitement. Du reste, la réapparition des règles, dans les dernières périodes de l'allaitement, correspond généralement à la diminution de la quantité de lait demandée par le nourrisson qui commence à prendre d'autres aliments que le lait maternel. L. Jacob (*Rapports de la menstruation et de l'allaitement*, Thèse de Paris) a constaté les résultats suivants :

Sur 136 allaitements de primipare, d'une durée supérieure à 6 mois, la menstruation a paru 18 fois, soit dans 72 p. 100 des cas, à des époques indiquées dans le tableau suivant;

Sur 93 allaitements de secondipare, d'une durée supérieure à 10 mois, la menstruation a paru dans 59 cas, soit 63 p. 100 des cas, à des époques variables indiquées dans le tableau suivant ;

Sur 45 allaitements de tertipare, d'une durée supérieure à 10 mois, la menstruation s'est montrée dans 18 cas, soit dans 60 p. 100 des cas :

Dans le	1ᵉʳ mois de l'allaitement	. . . .	2	fois
—	2ᵉ	—	 2	—
—	3ᵉ	—	 1	—
—	4ᵉ	—	 0	—
—	5ᵉ	—	 2	—
—	6ᵉ	—	 1	—
—	7ᵉ	—	 1	—
—	8ᵉ	—	 2	—
—	9ᵉ	—	 1	—
—	10ᵉ	—	 1	—
—	11ᵉ	—	 0	—
—	12ᵉ	—	 2	—
—	13ᵉ	—	 1	—
—	14ᵉ	—	 1	—
—	15ᵉ	—	 0	—
—	16ᵉ	—	 0	—
—	17ᵉ	—	 0	—

La proportion est plus frappante en considérant le chiffre progressif des non menstruées :

Primipares, allaitant, non menstruées	. . . .	28 p. 100
Secondipares,	—	. . . .	37 —
Tertipares,	—	. . . .	60 —

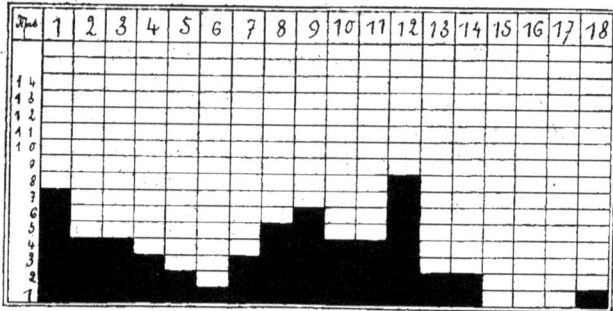

Fig. 199. — Graphique montrant la fréquence et la date d'apparition des règles au cours de l'allaitement chez des multipares (L. Jacob).

Il est exceptionnel que la menstruation soit assez importante pour nécessiter l'interruption de l'allaitement.

Ch. Roche (*Influence de la menstruation de la nourrice sur l'enfant qu'elle allaite*, Thèse de Paris, 1901) l'attribue aux modifications passagères dans la composition du lait. En comparant cette composition avant, pendant et après la menstruation, il a enregistré les résultats suivants :

		Extrait.	Beurre.
N° 1326.	Avant règles	145,6	61,1
	Pendant règles	119,9	34,8
	Après règles	137	49,8
N° 1593.	Avant règles	109,12	28,5
	Pendant règles	123	36,5
	Après règles	118,6	32,8
N° 1612.	Avant règles	120	36
	Pendant règles	131,88	46,5
	Après règles	116,8	36,55
N° 1268.	Début des règles	200,6	128
	Après règles	170,4	94,3
N° 1521.	Pendant règles	137,4	50,9
	Après règles	148,2	65,6
N° 1560.	Pendant règles	139	54,4
	Après règles	136,2	50
N° 1301.	Pendant règles	158,8	74,8
	Après règles	160,6	73,7

L'apparition des règles marque, d'une part, un allaitement moins parfait; et, d'autre part, la perte de sang menstruelle est une cause sérieuse d'affaiblissement chez la femme qui nourrit.

Il ne faut pas ignorer que la fécondation reste possible chez la nourrice même non menstruée, et la fonction mammaire n'est pas suspendue par le fait d'une nouvelle gestation.

3° **Aménorrhée congénitale ou acquise.** — On peut à titre très exceptionnel observer des cas d'*aménorrhée congénitale*. Ce sont généralement des femmes frappées d'un faible développement général, et présentant des signes d'infantilisme. Ces signes peuvent être accentués dans la zone génitale. L'utérus est petit, très peu développé, le col mince et faiblement perforé. Ces phénomènes se dissipent chez ces sujets, lorsque la menstruation réussit à s'établir plus ou moins tardivement : les sujets sont parfois absolument rebelles à la fécondation. D'autres fois, la grossesse a pu se produire chez des sujets non réglés.

L'*aménorrhée acquise*, ou suspension des règles sous une influence pathologique, peut se montrer dans des circonstances très diverses; une émotion, un refroidissement brusque, peuvent arrêter le cours de l'hémorragie menstruelle. Les états fébriles peuvent aussi en provoquer la suppression, de même les différents états anémiques et la cachexie. Les règles réapparaissent dès que ces causes diverses ont cessé d'agir.

Chez les sujets aménorrhéiques, le retour de la menstruation ne peut être provoqué par les moyens physiques ou des actions médicamenteuses. L'aménorrhée a une cause, soit dans l'état général, soit dans l'état local, qui ne saurait être neutralisée. Les médicaments dits emménagogues, tels que la rue, la sabine, l'absinthe, ne servent qu'à intoxiquer plus ou moins l'organisme, sans provoquer l'apparition d'une menstruation déficiente.

L'aménorrhée s'accompagne parfois des phénomènes particuliers, qu'on appelle « règles déviées », ou hémorragies supplémentaires, se produisant périodiquement et avec régularité.

Ces hémorragies apparaissent, comme les règles, au moment de l'évolution; cette fonction continue, et la grossesse est possible, d'après PUECH (*De la déviation des règles et de ses rapports avec l'ovulation*, Ac. des sc., 1863).

Sur 200 femmes, cet auteur a trouvé des hémorragies supplémentaires ainsi réparties :

Hématémèse	32 cas
Mamelles	25 —
Hémoptysies	25 —
Épistaxis	18 —
Membres inférieurs	13 —
Alvéoles dentaires	10 —

Intestins. . . . . 10 cas
Yeux, paupières, caroncules lacrymales. . . 10 —
Hématurie. . . . . 8 —
Mains et doigts. . . . . 7 —
Conduit auditif. . . . . 6 —
Cuir chevelu . . . . 6 —
Tronc, aisselle, dos. . . . . 5 —
Glandes salivaires. . . . . 4 —
Joues. 3 —

L'observation rapportée par W. H. Condit (*Menstruation compensative*, Amer. Journ. of obst., fév. 1916) est extrêmement curieuse en elle-même et par les considérations qui l'accompagnent ; elle mérite d'être citée *in extenso* :

Une femme de vingt-cinq ans, très bien portante auparavant, fait de l'infection après un avortement criminel. On lui fait subir une hystérectomie totale.

Quinze jours après l'opération, au moment précis où elle attendait ses règles, elle éprouve les mêmes sensations qu'à l'ordinaire et voit apparaître un nævus, au niveau du 9e espace intercostal gauche. Il se produit une poussée dans le nævus régulièrement tous les 28 jours. Le nævus devient dur et prend le volume d'une tête d'enfant. La malade refuse de se faire opérer ; mais environ 2 ans 1/2 après l'opération, le nævus se rompt spontanément, il se produit une violente hémorrhagie intéressant, non pas les vaisseaux intercostaux, mais seulement les vaisseaux cutanés.

A la période menstruelle suivante, le sein gauche de la malade se gonfla jusqu'à atteindre deux fois son volume primitif. De plus il prit une teinte ecchymotique. Ce processus s'accomplit ainsi, régulièrement chaque mois, pendant 1 an.

Puis il y eut un temps d'arrêt pendant 6 ans ; la femme restait toujours très bien portante.

Au bout de ce laps de 6 ans, elle eut, à plusieurs reprises, mais apparaissant irrégulièrement, des teintes ecchymotiques au niveau des extenseurs sur les deux jambes.

La dernière manifestation se produisit 7 ans et 3 mois, après la première opération et se traduisit par une teinte ecchymotique sur toute la face postérieure des deux membres inférieurs, mais particulièrement intense au niveau des creux poplités.

L'auteur fait remarquer, en se basant sur cette observation, que toutes ces manifestations étaient associées à la peau, ou à des dépendances embryonnaires de la peau et toujours dans des endroits de moindre résistance.

Notons qu'il n'est pas rare de voir des *nævi* se former chez la femme au cours de la grossesse et de son aménorrhée.

Laycock (1840) prétend que ces manifestations dans la peau ne sont qu'une survivance des sécrétions cutanées, qui chez les animaux, pendant la période de rut, ont pour but d'attirer le mâle. Ces odeurs sont toujours des dérivés du musc. Chez l'homme, l'odeur dans le creux de l'aisselle ne se manifeste qu'à partir de la puberté. Laycock prétend même qu'il y a peut-être là une analogie avec les brillantes couleurs des mâles dans certaines classes de poissons et d'oiseaux.

Quoi qu'il en soit, Condit note au moment de la menstruation deux faits certains : il y a une modification dans la composition du sang, et il y a une baisse dans la pression sanguine. Cette baisse de pression ne peut être attribuée à la perte de sang, puisqu'elle la précède ; elle est due à l'hyperémie des vaisseaux abdominaux et particulièrement des vaisseaux pelviens ; cette hyperémie étant elle-même probablement causée par l'action d'une sécrétion agissant sur les vaso-dilatateurs.

L'auteur nous amène à conclure que la menstruation est, pour ainsi dire, un phénomène décompresseur et, quand cette *soupape de sûreté* fait défaut, il se produit une « menstruation compensative » en un point de moindre résistance.

V. Le Lorier (*loc. cit.*) distingue deux variétés d'aménorrhée, l'une symptomatique, l'autre essentielle. L'*aménorrhée symptomatique* est sous la dépendance d'une affection générale (tuberculose, syphilis, chlorose, diabète, obésité) ou dépend d'une malformation plus ou moins considérable des organes génitaux. Dans les formes d'*aménorrhée essentielle*, on ne découvre aucune modification appréciable de l'organisme. Il n'est pas exceptionnel de rencontrer dans les mêmes familles, des cas de règles tardives ou d'aménorrhée, qui d'ailleurs n'empêchent pas les grossesses. Le sens génésique chez ces femmes n'est pas toujours très développé, mais il est noté qu'il peut se manifester (V. Le Lorier).

A. Pinard (*Bulletin médical*, 1903) a rapporté 4 observations dans lesquelles des femmes restées 7, 8, 9 et 11 ans sans règles, ont eu au cours de cette aménorrhée, 4, 4, 7 et 8 grossesses.

Il faut avec V. Le Lorier distinguer ces cas d'aménorrhée de ce qu'il définit sous le nom de *cryptoménorrhée* et qui comprend les cas « où le sang se forme, mais ne peut s'écouler au dehors, par suite d'une atrésie quelconque du canal génital ». Dans ce cas, il y a vice de conformation, rétention du sang des règles, nécessité d'une intervention chirurgicale.

Nous en avons fini avec les caractères des phénomènes menstruels, que nous avons seulement étudiés au point de vue de leurs manifestations, sans préjuger en rien de leur raison anatomique, ou physiologique; sans encore prononcer un mot des diverses théories émises au sujet de leur mode de production. Il est préférable dans un semblable exposé de procéder progressivement, en mettant chaque chose à sa place avec sa valeur, pour éviter la confusion qui règne à l'heure actuelle, parmi les documents innombrables, visant à élucider les points obscurs et les mystères des phénomènes menstruels.

DEUXIÈME PARTIE

MODIFICATIONS ANATOMIQUES DES ORGANES GÉNITAUX AU COURS DES PHÉNOMÈNES MENSTRUELS

Les caractères de l'hémorragie menstruelle étant indiqués, il convient de rechercher quel est le lieu d'origine, dans l'organisme, de cette hémorragie; pourquoi elle se montre, avec inconstance, chez les différentes espèces des mammifères. Il conviendra ensuite d'examiner, s'il est possible d'unifier les phénomènes observés dans les espèces menstruées ou non menstruées ? La réponse à ces diverses questions, il faut la demander à l'observation attentive des organes génitaux, et à la constatation des modifications fonctionnelles qu'ils présentent au cours des phénomènes génitaux périodiques. Il est indispensable avant tout de préciser les détails anatomo-physiologiques d'un phénomène, dont les caractères sont établis, et dont il restera ensuite à dégager les causes productrices. Afin de procéder méthodiquement, il y a lieu d'examiner:

I. Le lieu d'origine de l'hémorragie menstruelle.
II. Les causes directes de l'hémorragie menstruelle.
III. Les rapports qu'il y a lieu d'établir entre le rut et la menstruation.

I. — Le lieu d'origine de l'hémorragie menstruelle

SOMMAIRE : 1• Étude *macroscopique* des organes génitaux à la fois pendant la menstruation et pendant le rut (épaississement de la muqueuse utérine, théorie de Négrier). — 2° Étude *histologique des organes génitaux de la femme* pendant la menstruation (la nidation, le cycle menstruel, la menstruation tubaire). — 3° Étude *histologique des organes génitaux chez les animaux* pendant le rut (l'utérus de la brebis, de la lapine, de la cobaye).

1° **Étude macroscopique des organes génitaux pendant la menstruation.** — Nos connaissances sur la question ont été établies, d'abord et surtout, par les constatations médico-légales, faites chez des suicidées, et des victimes de crimes, c'est-à-dire chez des sujets, succombant généralement en pleine santé. En effet, on sait que les règles sont généralement supprimées dans les états graves, entraînant la mort par maladie. D'autre part, parmi les pièces recueillies au cours d'interventions chirurgicales, il est exceptionnel que ces pièces proviennent de sujets se trouvant dans la période menstruelle ou prémenstruelle, étant donné que la menstruation s'accompagne d'un état congestif réparti sur toutes les voies génitales, depuis la vulve jusqu'à l'ovaire, atteignant son maximum au niveau de la surface interne de l'utérus, qui a été unanimement reconnu comme siège de l'hémorragie menstruelle.

Hypertrophie de la muqueuse utérine. — C'est au niveau de la muqueuse utérine que se produit l'hémorragie. Cette muqueuse présente un épaississement assez accentué. Raciborsky (dans son ouvrage *De la puberté et l'âge critique*, Paris, 1844) a décrit ces modifications. Par de simples examens à la loupe, il établit, ainsi que Coste, que le boursouflement muqueux résulte « de la congestion des vaisseaux sanguins et d'un développement extrême des glandules..... » C'est dans ce boursouflement de la muqueuse que doit être reçu l'œuf fécondé ; il constitue, suivant l'expression de Coste, « *une circumvallation* » autour de l'œuf, ou, comme on le dira plus tard, *la nidation.*

Là s'arrêtent, au point de vue macroscopique, les constatations concernant l'utérus. On verra plus loin quels importants renseignements seront fournis par l'examen macroscopique, marquant le début d'une ère nouvelle.

Théorie de Négrier. — Examinons maintenant les constatations macroscopiques, concernant l'ovaire pendant la menstruation.

Un fait paraît constant, c'est la rupture récente d'une vésicule de de Graaf sur l'un ou sur les deux ovaires, laissant sur le lieu de la rupture une formation spéciale, décrite sous le nom de « corps jaune ». Celui-ci se présente sous 2 aspects différents : ou bien il évolue, se développe et se flétrit en un mois — c'est le *corps jaune périodique* — ou bien il y a grossesse, il devient volumineux, met 4 mois et demi, soit la moitié de la grossesse, pour se développer et autant pour régresser — c'est le *corps jaune de grossesse.* Macroscopiquement, la fin de l'évolution du corps jaune est marquée par la production d'une cicatrice folliculaire.

La coïncidence de la rupture de la vésicule de de Graaf avec la congestion menstruelle n'est connue que depuis le commencement du xixᵉ siècle. C'est un médecin français, Négrier (d'Angers), qui en fit la découverte anatomique et physiologique. Il l'enseignait dès 1827 dans ses cours ; en 1831, il communiquait sa théorie à la *Société de Médecine d'Angers*, mais ce n'est qu'en 1839 qu'il déposait un mémoire à l'Académie des Sciences, et il ne le faisait imprimer que l'année suivante en 1840.

T. Gallard (*Leçons cliniques sur la menstruation et ses troubles*, 1885) revendique hautement cette priorité de Négrier, contestée par Raciborsky et Gendrin.

Avant Négrier, on croyait, suivant une théorie transmise depuis Aristote, que le sang des règles véhiculait le fluide séminal féminin, jouant en même temps le rôle d'un salutaire émonctoire. On sait, d'autre part, que la tradition hébraïque considérait la femme comme impure pendant le flux menstruel.

Il était néanmoins impossible pendant longtemps d'avoir des observations expérimentales apportées plus tard par l'ablation des ovaires, dont on ne connaissait alors que deux exemples, celui rapporté par Vierrus en 1660, dans lequel, un châtreur de porcs enlevait les ovaires à sa fille, dont il voulait châtier l'excès de galanterie, l'autre de Percival Pott (*Œuvres chirurgicales*, t. I, Paris, 1777), lequel enleva 2 ovaires ectopiés au niveau de l'anneau crural, et pris pour 2 tumeurs. La femme n'eut plus ses règles.

Depuis cette époque, la chirurgie a permis de faire, grâce à l'antisepsie et à l'asepsie, nombre d'observations chez des femmes ovariotomisées, ou laparotomisées. En ne fixant notre attention, pour le moment, que sur les modifications anatomiques macroscopiques, retenons la confirmation, par l'observation directe, du développement congestif de l'utérus, de la trompe et des ovaires, la maturation et la rupture de la vésicule de de Graaf, la formation et la régression des corps jaunes.

Il en est de même chez les animaux menstrués, tels surtout que la guenon. Les autres mammifères montrent dans les organes génitaux des congestions périodiques, aboutissant plus ou moins à des suintements séreux, ou séro-sanguinolents, en particulier chez la chienne, la truie, et même la baleine.

Il restera, après l'étude microscopique de l'utérus, à rechercher quel lien il est possible d'établir entre ces congestions cycliques, et la menstruation proprement dite avec le rut, chez les femelles des animaux. Chez ces dernières, macroscopiquement, on observe, au niveau de l'ovaire dans la période du rut, comme dans la période menstruelle, chez la femme, dans les follicules rompus, avec une petite hémorragie, une rétraction du follicule. Sur la coupe, le follicule se présente avec un contenu plissé renfermant une substance de couleur variable, jaune rougeâtre, plus ou moins foncée suivant les espèces. C'est le corps jaune. Nous chercherons plus loin, quel rapport il y a lieu d'établir entre l'évolution de ce corps jaune et la menstruation à l'une quelconque de ses périodes de progression, d'état, ou de régression.

2° Étude histologique des orgnes génitaux de la femme, pendant la menstruation. — L'examen microscopique, grâce à des pièces recueillies au moment des interventions chirurgicales, a permis de fixer des phénomènes, qui, jusqu'à ces dernières années, n'avaient pu être que très superficiellement étudiés. C'est grâce à l'étude histologique de l'utérus, des trompes et des ovaires, que l'on a pu préciser toutes les étapes du phénomène menstruel que nous allons étudier dans : a, La nidation, b, Le cycle menstruel.

a) *La nidation.* — L'hémorragie menstruelle de la femme est précédée d'un état de congestion et de turgescence, constituant ce que l'on décrit, depuis qu'on a pu en faire l'étude histologique, sous le nom de « nidation ». La préparation, le développement et la régression de cette nidation évoluent en différentes étapes.

Le mot a été créé par AVELING (*On nidation in the human female, History of the menstruation decidua* (London, *Obstetr. Journal*, 1874). Pour cet auteur, la congestion menstruelle provoquerait la maturité de l'ovule et sa chute, l'épaississement muqueux, le nid réservé à l'œuf. Sans préjuger de la question de la nidation, cause ou effet, étudions-la, en ce moment, au point de vue histologique. Comme on le verra, c'est pour ne pas avoir pris suffisamment en considération cette étude, que tant d'incertitudes règnent encore sur la question.

La muqueuse menstruelle fut longtemps connue seulement par les descriptions à la loupe, citées plus haut, de RACIBORSKY et de COSTE. L'étude véritablement histologique n'est entreprise qu'en 1873, dans le travail de KUNDRAT et ENGELMANN (*Unterbesuchungen über die Uterusschleimhaut*, Wiener med. Jahrb., 1873) et est reprise plus tard par ENGELMANN de Saint-Louis, sans son collaborateur (American Journal of Obstetrics, mai 1875). La notion des modifications *prémenstruelles* de la muqueuse prend naissance dans l'important travail de G. LÉOPOLD (*La muqueuse utérine pendant la menstruation, la grossesse et les suites de couches*, Arch. f. Gynæk. XI, 1, 3, XII, 2), se confirme dans ceux de GEBHARD (*Pathologische Anatomie der weibliche Sexualorgane*, Leipzig, 1899) et STRASSMANN (*Beiträge zu Lehre von der Ovulation, Menstruation und Konzeption*, Arch. f. Gyn. 52, III, Berlin 1896 et *Hanbduch des Gebursthülfe* de F. von Winckel, I, 1, Wiesbaden, 1903).

Mais ce n'est qu'en 1908 que THEILHABER (*Die Variat. in Bau des norm. Eudom.* Arch. f. Gyn. 62, 3, 71, 2, Munsch. med. Wch. 23, 1907) montre les variations de la muqueuse utérine pendant le cycle menstruel, et c'est dans le courant de la même année que paraît le travail fondamental de HITSCHMANN et ADLER, qui établit les modifications histologiques des éléments constitutifs de la muqueuse aux différents moments de la menstruation (Zeitsch. f. Geb. u. Gyn. 60 ; Monat. f. Geb. u. Gyn., 27, 1909). La « prémenstruation », suivant HITSCHMANN et ADLER, est caractérisée par :

1° La division de la muqueuse en zones compacte et spongieuse ;

2° La transformation de la forme des glandes, qui s'hypertrophient, deviennent sinueuses ou même papilliformes ;

3° L'activité sécrétoire de leur épithélium ;

4° L'évolution déciduale du tissu conjonctif.

b) *Le cycle menstruel.* — Les différentes transformations ont lieu suivant un cycle qui présente, pour HITSCHMANN et ADLER, les phases suivantes :

1° L'intervalle ;

2° Le temps prémenstruel ;

3° La menstruation ;

4° Le temps postmenstruel.

Dans un travail des plus importants, DELPORTE (*Contribution à l'étude de la nidation de l'œuf humain et de la physiologie du trophoblaste*, Paris, 1912) reprend dans le même ordre cette description anatomique, en se montrant, plus que les auteurs précédents, difficile sur le choix des pièces servant à ces examens. Trop souvent ces pièces sont mal définies, au point de vue de plusieurs facteurs importants, tels que l'intensité variable de la congestion dévoilée par les antécédents gynécologiques ou obstétricaux, la prémenstruation étant « plus importante, suivant Delporte, pour la pluripare que pour la nullipare ». Il faut suivre pas à pas la description de Delporte, et noter les modifications énoncées.

La période intermenstruelle est très courte. Elle s'étend entre la fin de la période postmenstruelle et le commencement de la période prémenstruelle. La muqueuse utérine n'est alors qu'un revêtement lisse, pâle, parfois rosé, formé « en majeure partie par un stroma conjonctif, interprété comme un tissu lymphatique adénoïde ou cytogène ; celui-ci supporte un épithélium, formant, par invagination, des glandes tubulaires simples. L'épithélium superficiel est constitué par une couche unique d'éléments cylindriques bien limités ; ils sont directement apposés à une membrane basale conjonctive, riche en noyaux (Gebhard », d'après Delporte).

Suivant ce dernier auteur, « le caractère dominant de tout le substratum conjonctif de l'endometrium est celui d'un tissu peu différencié, presque embryonnaire, ce qui lui confère des propriétés évolutives de grande importance, au moment de la nidation ». La muqueuse utérine serait dépourvue de sous-muqueuse.

Une vascularisation particulièrement riche, se résolvant en capillaires fins, entoure les glandes « d'une gaine réticulaire à mailles étroites, directement appliquées contre l'épithélium », d'après Keiffer. La fonction glandulaire de l'endométrium serait, dans la période intermenstruelle, réduite, et limitée seulement à quelques rares glandes demeurées en action.

La période prémenstruelle est celle dans laquelle se manifestent des modifications qui commenceraient, suivant les uns, 2 à 3 jours avant les règles, suivant d'autres (Hitschmann et Adler), 6 à 7 jours avant. Pour Delporte, « la précocité des modifications prémenstruelles est en rapport avec l'intensité de la circulation sanguine, et proportionnelle à l'importance du type menstruel ».

« ...Peu à peu la muqueuse utérine se colore et gonfle dans de fortes proportions. De lisse et brillante, elle devient molle et œdémateuse. La surface libre n'est plus unie, mais plus ou moins tomenteuse. » Elle peut, suivant les auteurs, varier de 3 à 7 millimètres d'épaisseur.

Cet épaississement est le résultat d'une évolution spéciale de tous les éléments constitutifs. Un fait commun est pour l'épithélium superficiel la perte des cils vibratils. Ces modifications glandulaires sont les plus importantes. Suivant Hitschmann et Adler, les glandes s'hypertrophient, deviennent par ce fait sinueuses, ce qui leur donne sur la coupe un aspect dentelé, « en dents de scie ». Cette dilatation glandulaire, accentuée dans la profondeur de la muqueuse, donnerait à cette région, sur la coupe, un aspect alvéolaire, qui contrasterait avec l'aspect dense et compact que prendrait la partie superficielle. Pour Delporte, ces faits ne sont pas normaux, mais exceptionnels, pathologiques et spécialement réservés aux cas congestifs, où l'espace intermenstruel est raccourci ; les règles plus longues et plus abondantes.

L'hypertrophie des glandes est faite des modifications de l'épithélium glandulaire, en vue d'une suractivité sécrétoire. Sur les coupes, ces glandes sont hérissées d'une série de saillies papillaires, constituant « les dents de scie » décrites par Opitz, comme symptomatiques de grossesse.

Ces glandes en dents de scie se montrent, suivant Delporte, sous trois aspects : dans es unes, l'épithélium est énorme, mal coloré, œdémateux, n'ayant pas encore sécrété ; dans les autres, il est, au contraire, bien coloré, aplati, refoulé par des masses hyalines de sécrétion, occupant la lumière glandulaire ; dans une dernière catégorie, l'épithélium est presque détruit, annihilé, au point qu'il n'en reste que les noyaux. L'activité sécrétoire paraît éteinte.

Ces phénomènes correspondraient à une hypersécrétion glandulaire, alternative, au niveau de telle ou telle glande. Ces constatations sont des tout derniers jours précédant la menstruation et présentent, comme intensité, de grandes variations individuelles. Voilà pour les glandes, examinons les modifications du stroma.

Ces modifications sont marquées, du côté des cellules conjonctives, par un gonflement du protoplasme qui leur donne une forme polygonale, et, dans le tissu interstitiel,

par un œdème surtout accentué autour des glandes, marqué par une infiltration leucocytaire, où se rencontre une exagération de la proportion des éosinophiles. DELPORTE
signale le fait, sans pouvoir l'interpréter.

En somme, l'ensemble des modifications observées dans la prémenstruation se résume
en une imbibition des tissus cellulaire et interstitiel, correspondant à une exaltation de
fonction.

La phase menstruelle n'est en somme que l'exagération des phénomènes précédents
et se caractérise par « la transsudation des éléments figurés du sang dans les interstices
du stroma, puis, ce qui lui est propre, au travers du revêtement épithélial superficiel
et glandulaire ».

L'épithélium est, suivant les auteurs, plus ou moins fréquemment le siège de petites

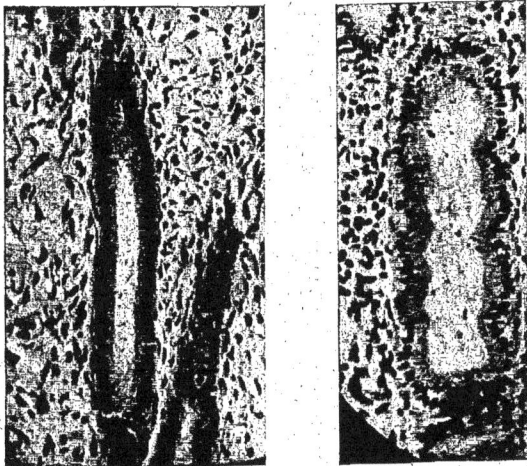

FIG. 200. — A gauche, glande intermenstruelle. A droite, hypertrophie commençante de l'épithélium
tout au début de la prémenstruation (Obj. Leitz, apo. 8, oc. comp. 8) (F. DELPORTE).

solutions de continuité (HITSCHMANN et ADLER) et recouvre de petits hématomes sous-
épithéliaux (GEBHARD).

Au cours de la menstruation, les phénomènes histologiques marquent progressivement la régression des phénomènes observés dans la prémenstruation. Les sinuosités
et les papilles glandulaires s'effacent et, en 2 ou 3 jours, les tubes sont pour la plupart
revenus aux dimensions antérieures. L'épithélium est appauvri, la sécrétion tarie. Le
stroma a repris son aspect embryonnaire et montre des noyaux avec de nombreuses
fibrilles. C'est un affaissement de toute la muqueuse. Pendant qu'on note une activité
de karyokinèse dans les éléments épithéliaux (WESTPHALEN), signe de réparation anatomique.

La période postmenstruelle est la période suivante. « La muqueuse est amincie et
pâle, le stroma complètement vidé, les glandes sont réduites à de minces tubes recti-
ligues. L'ensemble des tissus subit une imbibition, qui l'hypertrophie légèrement et lui
donne bientôt les caractères décrits pendant l'intermenstruation »... « Les tissus épuisés
se régénèrent. » (DELPORTE.)

Tout cela constitue une évolution cyclique.

C) *La menstruation tubaire.* — Les trompes possèdent un riche réseau sanguin,
analogue à celui de l'utérus. Les gros vaisseaux sont superficiels, dans le tissu conjonctif très lâche qui sépare le feuillet péritonéal de la paroi musculaire. Ces vaisseaux

envoient des expansions dans la couche musculaire et se terminent par des capillaires fins dans le substratum conjonctif de la muqueuse. F. DELPORTE a publié des *Recherches sur la menstruation tubaire* (Obstétrique, avril 1909, p. 241). Suivant cet auteur qui a cherché à mettre un peu d'accord entre des opinions très opposées, il faut se garder de tenir compte des observations faites dans des cas pathologiques. Il est à retenir pourtant le fait qu'il cite de WENDELER, dans lequel, après une hystérectomie vaginale, une des annexes s'abouche à la tranche vaginale et présente un semblant de fonction menstruelle. Périodiquement, toutes les quatre semaines se produit un suintement séreux, sans élément sanguin. Après quatre mois d'observation survient une grossesse tubaire avec suppression des phénomènes périodiques.

FRITSCH, se basant sur l'examen macroscopique de 11 trompes enlevées au moment

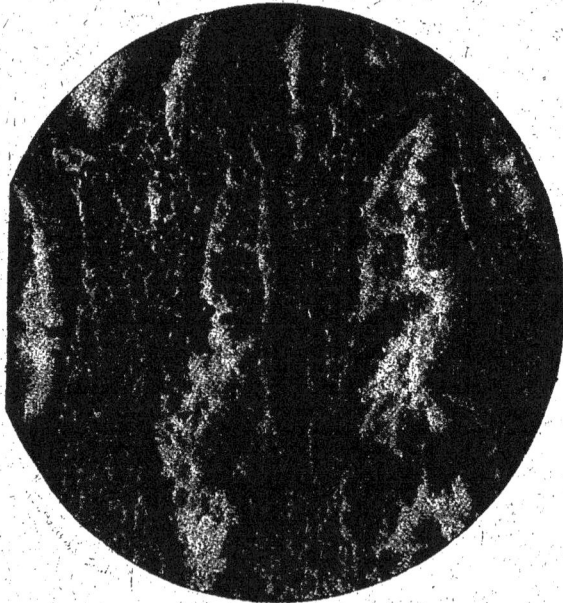

Fig. 201. — Les glandes utérines au premier jour de la menstruation. Épuisement complet de leur épithélium. Transsudation sanguine dans leur lumière par des interstices épithéliaux (Leitz, obj. apo. 8, oc. comp. 8) (F. DELPORTE).

de la période menstruelle, nie toute menstruation tubaire. Mais ces trompes appartenaient à certaines femmes portant des lésions ovariennes; de même dans les cas non menstrués de SUTTON et de STRASSMANN, il s'agissait de pyo ou d'hydrosalpinx. La menstruation tubaire est encore niée par GRUSDEN et aussi par W. THORN; celui-ci ne la considère que comme exceptionnelle à titre d'hémorragie vicariante. La même opinion est défendue par STEINBUCHEL (Voir DELPORTE).

E. HÖLZBACH (*Étude histologique chez le rat, le lapin, le hérisson*) est conduit à attribuer la première nutrition de l'œuf à des produits sécrétoires de l'oviducte, il note aussi une turgescence congestive de la muqueuse, mais ne tire aucune conclusion des cas pathologiques dont il fait l'étude histologique chez la femme.

Cette étude histologique est enfin entreprise par F. DELPORTE sur des annexes absolument intactes, extirpées pour viciation du bassin chez une femme de 22 ans. L'opération fut faite deux jours avant les époques, et aussi chez une femme hystérectomisée pour un kyste uniloculaire de l'ovaire gauche, enfin dans d'autres cas moins purs de complications pathologiques. Il conclut que la muqueuse de la trompe prend part à la menstruation, mais que les phénomènes ne sont pas comparables, comme intensité, à ceux qu'on observe dans l'endométrium. On note histologiquement une première période congestive, une seconde période de diapedèse périvasculaire, une troisième période avec expulsion de globules rouges dans la lumière de la trompe.

Ces phénomènes se produiraient avec une grande variété d'intensité, parfois très faible, au point de vue congestif, mais constante au point de vue des modifications cellulaires.

Ces diverses variations suivent de loin les mêmes variations qui peuvent se produire pathologiquement dans l'utérus.

En réalité, comme le rappelle F. DELPORTE, il s'agit, ainsi que l'avait indiqué MARTIN

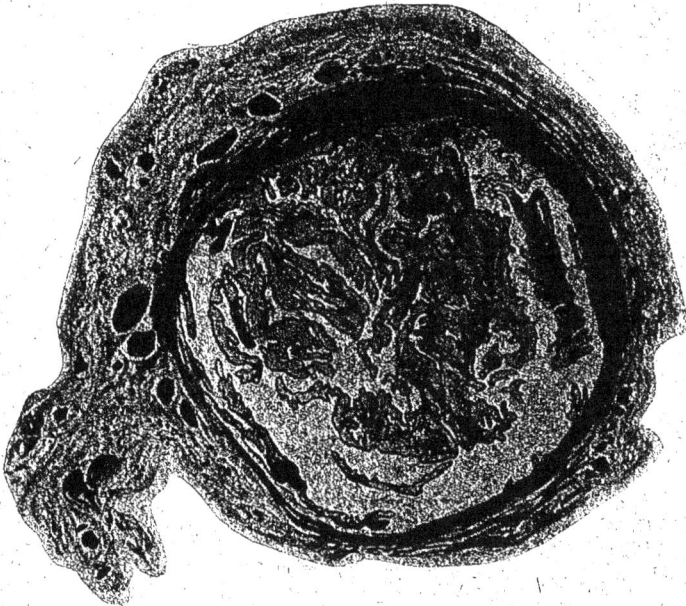

FIG. 202. — Coupe de trompe saine, enlevée le quatrième jour des règles chez une femme de 41 ans, hystérectomisée pour un kyste de l'ovaire (F. DELPORTE).

Les petits vaisseaux sont saillants sous le feuillet péritonéal, les taches ocres indiquent les vaisseaux distendus. Examiné à la loupe, le canal tubaire contient du sang entre les replis de la muqueuse. Plus on examine la trompe près de son orifice utérin, moins on en voit. Comparer avec la fig. 204.

(*Krankheiten der Eileiter*), d'une menstruation comparable à une menstruation utérine très réduite. C'est à peu de chose près ce qu'a constaté HOLZBACH chez certains mammifères, et comme nous allons le suivre chez différents animaux dont l'utérus à corne rappelle la texture et la disposition anatomique de la trompe dans l'espèce humaine.

3e **Étude histologique des organes génitaux chez les animaux pendant le rut.** — Il s'agit de rechercher si les femelles des mammifères, non menstruées, présentent, au niveau de leurs organes génitaux internes, tout ou partie des modifications dont le cycle vient d'être observé histologiquement chez la femme. L'étude histologique nous permettra d'établir les rapports qu'il y a lieu d'envisager, entre la menstruation proprement dite de la femme et le rut des femelles des mammifères. Ces recherches ont porté sur divers animaux, brebis, lapines (DELPORTE), cobayes (RETTERER et LELIÈVRE).

Étude histologique de l'utérus de la brebis. — La brebis aurait, suivant les connaissances classiques, 2 périodes de rut par an, de 10 à 20 jours, en mars et septembre, mais tous les 17 jours, un rut passager d'un jour, pendant lequel le coït devient possible, et la fécondation fréquente dans cette période. Delporte, s'appuyant sur les renseignements précédents, a recueilli journellement, de fin janvier à avril, 4 à 5 utérus par jour, pour suivre toutes les étapes d'un cycle. Dans tous ces cas, l'hémorragie menstruelle manque complètement, ou se réduit à un faible suintement séro-sanguinolent.

Chez certains sujets, la muqueuse est pâle et relativement mince, pigmentée, épaisse de 2 à 3 millimètres. Chez d'autres, elle est plus colorée, plus hypertrophiée, c'est le rut des 17 jours. *L'épaississement peut aller jusqu'à 6 ou 7 millimètres.* Au fur et à mesure qu'on s'approche des périodes de mars et de septembre, le nombre des muqueuses hypertrophiées va croissant. Les muqueuses sont molles, œdématiées, présentant quelques *taches sanguines infiltrées,* quelquefois un *suintement séro-sanguin* pâle. Tout cela avec de nombreuses variétés individuelles d'intensité. Puis ces états diminuent de nombre, et on ne les trouve plus que rarement entre les périodes précitées.

Le stroma conjonctif subit, dans la période des 17 jours et dans la grande période de rut, un développement considérable. Superficiellement, les éléments deviennent très volumineux, et il y a infiltration leucocytaire. La compacité du tissu va en diminuant, de la surface de la muqueuse vers les parties profondes œdématiées.

Les glandes deviennent sinueuses et présentent des saillies papillaires, « l'épithélium devient énorme », identité avec ce qui est observé chez la femme dans la prémenstruation. Seuls les phénomènes vasculaires sont réduits. Les vaisseaux gorgés de sang « forment de petites varices », qui vues par transparence donnent lieu à un piqueté hémorragique. Il convient de noter une grande analogie entre cette description et celle de la menstruation tubaire chez la femme.

Étude histologique de l'utérus chez la lapine. — Chez la lapine, Delporte a noté des phénomènes identiques, si ce n'est que les périodes congestives s'y présentent avec plus de fréquence, et moins de régularité, provoquées par des circonstances fortuites telles que les bonnes conditions d'alimentation. Il y a là des faits à retenir au point de vue de la thérapeutique de la stérilité. En somme chez les animaux, il s'agit de phénomènes congestifs, n'aboutissant pas à l'hémorragie externe.

Étude histologique chez la cobaye. — Retterer et Lelièvre ont publié, en 1911, dans le journal l'*Obstétrique,* « une étude très complète, *Sur l'évolution de la muqueuse utérine, pendant la période précédant la fécondation et la nidation.* On sait que, chez la cobaye, la mise en liberté de l'ovule ne s'effectue que sous l'influence du coït. Celui-ci est pratiqué généralement immédiatement après le part. C'est donc dans cette période, chez des femelles séparées du mâle, depuis quelques jours avant le part, que les auteurs précités ont fait leurs recherches.

Cette étude histologique est chronologiquement antérieure à celle de Delporte chez la femme. Nous l'étudions après elle, parce qu'elle éclaire, par les observations faites pendant la menstruation, les phénomènes notés chez la cobaye après le part, et justifie l'analogie entre les deux états.

La disposition de la muqueuse utérine, chez la femme, pendant la période prémenstruelle, se retrouve chez la cobaye, dans la période qui suit le part. Dans ces deux périodes, s'observent les phénomènes d'hyperhémie congestive et d'hyperplasie cellulaire, qui se terminent par la résolution ou la nidification, chez les mammifères, non menstrués, et qui se terminent par la menstruation ou par la nidification, chez la femme.

Les remarques très intéressantes, faites chez la cobaye, à des étapes très rapprochées, dans les huit jours qui suivent le part, permettront peut-être d'obtenir la même filiation de phénomènes chez la femme.

L'épaississement progressif de la muqueuse, d'après la description de Retterer et Lelièvre, — que nous suivrons fidèlement, — est surtout le résultat de l'augmentation du stroma conjonctif du derme et des tubes glandulaires. Ce derme, très épais, porte des plicatures nombreuses et des tubes glandulaires le traversant dans toute son épaisseur, pour se ramifier même, jusque dans la couche musculaire interne ou circulaire, sauf au niveau de l'adhérence utéro-placentaire ; la muqueuse après le part, chez la cobaye, est entièrement reconstituée.

Comme on le voit dans la figure de RETTERER et LELIÈVRE, les vaisseaux en blanc sont très nombreux et marquent le vif degré de congestion. Le derme est assez spacieux pour les loger sans contrainte, ni compression.

Il y a à considérer l'épithélium de revêtement, l'épithélium glandulaire, le stroma et ses cellules.

Au premier abord, cette étude analytique paraît très éloignée de l'examen physiologique de la menstruation; elle mérite néanmoins d'être très soigneusement examinée, non seulement parce qu'elle permet d'établir le rapport entre les phénomènes prémenstruels et la nidification, mais aussi parce qu'elle peut indiquer, en suivant l'histogénèse des transformations, quelle est la place qu'il faut attribuer à l'hémorragie menstruelle dans la succession des phénomènes observés.

Pour RETTERER et LELIÈVRE, il y a lieu de noter, dans la période *post partum*, une très grande activité cellulaire, ayant pour point de départ la cellule épithéliale du revêtement muqueux. Cette cellule épithéliale — qu'elle revête la muqueuse, ou qu'elle pénètre dans les glandes ou dans les plicatures de la muqueuse — présente des formes variées, en rapport avec la compression, à laquelle l'expose sa situation superficielle ou profonde, et les pressions subies vers la lumière des glandes, ou sur la surface interne de l'utérus. A l'acmé des phénomènes de transformation, la muqueuse utérine de la cobaye (correspondant au summum de la période prémenstruelle chez la femme) est remarquable par la physionomie compacte, qu'elle a dans les couches superficielles, et l'aspect spongieux des couches profondes.

Une étude minutieuse des tubes glandulaires et du tissu qui les environne, en allant graduellement de la profondeur à la superficie, a permis à RETTERER et LELIÈVRE de noter que, dans les culs-de-sacs glandulaires, on trouve des éléments de transition, entre la cellule épithéliale de la paroi glandulaire et les cellules conjonctives du stroma, d'une part, et les leucocytes qui s'y rencontrent. Au fur et à mesure que les coupes perpendiculaires à l'axe du tube glandulaire remontent à la surface et s'en rapprochent, la confusion se fait de plus en plus entre les cellules épithéliales et les cellules conjonctives.

M. Y. TSU (*Le rythme vaginal chez la lapine et ses relations avec le cycle œstrien de l'ovaire*, Thèse de Strasbourg, 1924) étudie sur le vagin de la lapine les modifications histologiques, en rapport avec l' « œstrous cycle », ou cycle périodique génital, s'accompagnant de modifications de l'ovaire, déjà étudiées sur divers mammifères par différents auteurs, dont il fournit la citation. E. ALLEN, pour la souris (*The œstrous cycle in the mouse*, The American Journal of Anatomy, n° 30, 1922); STOKARD et PAPANICOLAU, pour la cobaye (*The existence of a typical œstrous cycle, etc.*, The American Journal of Anatomy, 22, 1917); W. CORNER, pour le singe (*Ovulation and menstruation in Macacus Rhesus*, Publication n° 332 of the Carnegie Institution of Washington); COURRIER et GERLINGER, pour la chienne (*Le cycle glandulaire de l'épithélium de l'oviducte chez la chienne*, C. R. Soc. de Biologie, t. XXXVII, p. 1363).

Suivant Tsu, les transformations de la muqueuse vaginale, chez la lapine, sont caractéristiques du rut, et correspondent aux diverses phases de l'évolution du folli-

PL. III

Fig. XV

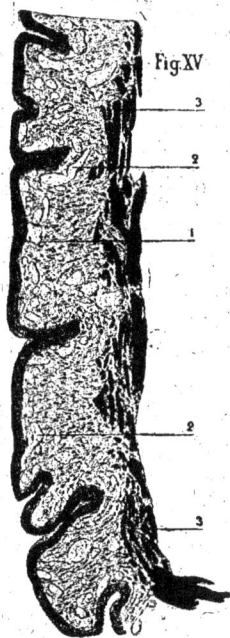

FIG. 203. — Coupe transversale d'une portion de muqueuse utérine de cobaye trente heures après le part (RETTERER et LELIÈVRE) (Reichert, obj. 4; oc. 2; fig. réduite).

1, épithélium superficiel de la muqueuse; 2, 2, vaisseaux sanguins; 3, 3, musculeuse circulaire.

L'épaisseur de la muqueuse utérine et sa congestion sont très apparentes.

cule. Elles se produisent, chez cet animal, même après la castration, et des coïts non fécondants, sous l'influence de l'injection sous-cutanée d'un suc folliculaire, de lapine, de truie, de vache, et aussi de femme.

Constatations histologiques au cours du rut chez la chatte et la chienne. — M. Gerlinger a présenté à la réunion biologique de Strasbourg (Séance du 7 juillet 1922) une note *Sur l'existence d'un cycle sécrétoire pendant la période du rut dans les cornes utérines des mammifères*. Cet auteur a été frappé du fait signalé par R. Courrier chez la chauve-souris, et qui consiste en modifications particulières de la muqueuse utérine. « Les cornes utérines de cet animal renferment, pendant toute la durée du sommeil hivernal, d'innombrables spermies, qui sont entrenues par les sécrétions des cellules de la muqueuse. »

Voici quelles sont les conclusions de H. Gerlinger :

« Chez la chatte et chez la chienne, pendant une courte période du rythme génital, les invaginations utérines présentent une sécrétion qui est surtout nettement marquée dans les cellules de leur zone interne. »

Cette sécrétion, qui dure autant que le rut, paraît en relation, suivant l'auteur précédent, avec le passage des spermatozoïdes, sur lesquels elle exercerait une action trophique et peut-être chimiotactique. En tout cas, cette sécrétion cyclique paraît correspondre aux phénomènes congestifs, qui aboutissent chez certains mammifères à la menstruation.

II. — Les causes directes de l'hémorragie menstruelle

SOMMAIRE : 1° Différentes causes invoquées (petit nombre de puerpéralités, situation de l'utérus). — 2° Influence de la texture de l'utérus (utérus à cornes, utérus plexiformes).

1° Différentes causes invoquées. — On sait que l'hémorragie utérine, nette et caractérisée, ne s'observe que chez la femme et la guenon, et qu'on ne peut considérer comme une véritable hémorragie, l'ébauche de saignement, ou les suintements sanguinolents, qu'on peut observer périodiquement, mais d'une façon non constante, chez les autres mammifères. La femme et la guenon restent donc seules à être nettement menstruées parmi les mammifères. Pourquoi cette particularité fonctionnelle, pourquoi cette physiologie spéciale ?

Les auteurs qui ont écrit sur la menstruation se sont en général peu arrêtés sur ce côté du problème. Il y a pourtant grand intérêt, à savoir si l'hémorragie n'est qu'un incident, parmi les phénomènes menstruels, ou si elle tient, dans la physiologie menstruelle, la place principale.

Influence du petit nombre de puerpéralités. — Metchnikoff, en 1903, dans ses *Études sur la nature humaine*, a voulu voir, dans le petit nombre des puerpéralités, chez la femme et chez la guenon, relativement aux autres espèces de mammifères, la cause de l'hémorragie menstruelle.

« Lorsqu'un organe quelconque est le siège d'une hémorragie, on n'hésite pas à le déclarer malade. Le saignement du nez, du poumon, des intestins, ou l'urine sanglante, constituent des symptômes d'affections plus ou moins sérieuses. L'écoulement du sang par les organes génitaux de la femme est souvent aussi un signe de maladie, comme dans les tumeurs de l'utérus. Il n'y a qu'une seule exception à cette règle, c'est l'indisposition menstruelle de la femme, pendant laquelle elle perd des centaines de grammes (de 100 à 600) de son sang, liquide si précieux. Ce fait, par lui-même, présente quelque chose de paradoxal pour un phénomène purement physiologique. »

Metchnikoff rappelle ensuite que le flux périodique, ressemblant à l'écoulement menstruel de la femme, manque chez les mammifères et ne se voit que « dans des jardins zoologiques, chez certaines femelles de singes du vieux monde ».

Il cite ensuite Heape (*Philosophical transactions of the R. Society of London*, 1897, p. 188), qui s'est fait expédier 230 femelles de macaques, dont la plus grande partie étaient pleines ou venaient de mettre bas depuis peu. Sur ce nombre considérable de femelles non domestiquées, 17 seulement ont présenté des menstrues, « consistant dans le gonflement des organes génitaux et un flux visqueux et blanc ». Ce n'est que dans des

cas exceptionnels que le flux se présentait fortement coloré en rouge. Pour METCHNI-
KOFF, ce rudiment de menstruation constitue une sorte de « stade intermédiaire entre
le rut des mammifères inférieurs et la menstruation de la femme ».

La conclusion que tire METCHNIKOFF de ces faits est que : « Le flux menstruel tel
qu'il existe aujourd'hui est vraisemblablement dû à des modifications survenues à une
date relativement récente, de l'évolution humaine. Chez les hommes primitifs, l'accouplement était précoce et la femme devenait enceinte avant l'apparition des menstrues-
Celles-ci manquaient pendant la grossesse et l'allaitement, qui étaient à peine termi-
nés que survenait déjà une nouvelle grossesse. Les règles ne s'établissaient donc pas ».
(loc. cit., 114). « Dans ces conditions, ajoute METCHNIKOFF, les règles pouvaient ne pas
se produire, ou n'apparaissaient qu'accidentellement. »

« Il ne faut pas oublier que les exemples de menstruation, chez les singes, ont été
observés dans des conditions artificielles d'existence, alors que les femelles étaient
isolées dans des jardins zoologiques et passaient leur vie dans des cages. Il devient
donc très probable que les règles, telles que nous les observons actuellement, avec un
flux sanguin abondant, constituent une acquisition récente de l'espèce humaine ».
(p. 116).

Du reste toute cette théorie, proposée par le génial naturaliste, n'est apportée que
comme exemple de désharmonie de la nature humaine, en général, et de désharmonie, dans le fonctionnement de l'appareil de la reproduction en particulier.

On peut objecter à la thèse de METCHNIKOFF, que la menstruation ne se montre pas
d'une façon plus accentuée dans les différentes espèces domestiquées, même lorsque,
suivant les besoins de cette domestication, on leur impose une stérilité presque constante. D'autre part, il n'est pas établi par qui que ce soit, que les grandes multipares, et
les femmes des peuplades sauvages très prolifiques, échappent à la loi menstruelle. Il
est, néanmoins, de reconnaître que l'on a cherché à établir un rapport entre
l'abondance des hémorragies caténiales et le manque de fécondation chez la
femme, mais ces hémorragies sont alors pathologiques, et sous la dépendance de
fibromes utérins.

Quant au fait de nier la menstruation de la guenon, en s'appuyant, comme le fait
METCHNIKOFF, sur l'exemple des macaques de HEAPE, 17 faiblement menstruées sur
230 femelles, il convient d'envisager et de tenir compte chez ces femelles, de l'effet du
voyage, du désacclimatement, de l'exil, sur le fonctionnement de la congestion cyclique
génitale. On observe l'aménorrhée dans des conditions semblables chez la femme.

Donc ce n'est pas dans la théorie de METCHNIKOFF que l'esprit trouve satisfaction
pour expliquer l'hémorragie menstruelle chez la femme et chez la guenon.

Influence de la situation de l'utérus. — L'influence de la situation de l'utérus sur la
production de l'hémorragie menstruelle a été émise par JOHNSTONE (de Cincinnati) en
1902, au Congrès d'obstétrique et de gynécologie, à Rome, dans un travail intitulé :
*L'anatomie de l'utérus chez les animaux horizontaux montre la nécessité de la menstruation
pour les classes verticales.*

Ce travail est intéressant à examiner, parce qu'il vise à établir les faits en question, c'est-à-dire, le mécanisme de la production de l'hémorragie menstruelle, en
s'appuyant sur des données anatomiques.

L'auteur commence par remarquer que la position relative de l'axe de l'utérus avec
l'axe de la colonne vertébrale est identique dans les deux cas. Mais l'animal vertical
s'étant redressé de 90°, l'axe de l'utérus, par rapport à l'horizontale, s'est aussi redressé
de 90°. Le résultat matériel de l'horizontalité de l'utérus est que le col de cet utérus,
chez les animaux horizontaux ou quadrupèdes, pointe vers le haut, suivant un angle de
45° avec l'horizon, montre ainsi l'impossibilité absolue d'un drainage de la cavité
utérine vers le vagin.

JOHNSTONE, d'autre part, s'appuyait sur les descriptions anatomiques de CHAUVEAU
qui, dès 1852, démontra que la texture de l'utérus chez la vache, comme du reste chez
tous les mammifères, est composée essentiellement d'une couche externe longitudinale,
et d'une couche interne circulaire, ce qui rend en somme cet organe tout à fait semblable, comme texture, au colon ou à l'intestin. Cette disposition n'est compatible
qu'avec l'attitude horizontale de l'abdomen et de l'axe vertébral. Un tel utérus, si

l'animal, au lieu d'être horizontal, était vertical, subirait des plicatures et un affaissement. L'utérus globuleux, épais et résistant des mammifères à station verticale, primates (homme et singe), s'accommode au contraire fort bien de l'attitude verticale,
pour se maintenir en équilibre dans l'abdomen.

A ces considérations visant la différence de texture musculaire de l'utérus, s'en
ajoutent deux autres : — l'une, visant la circulation sanguine et lymphatique, —
l'autre, la constitution de la muqueuse utérine.

JOHNSTONE fait remarquer que chez la vache, chez la jument, les vaisseaux sanguins
circulent à l'aise dans une couche intermédiaire de tissu cellulaire, entre les deux
couches circulaire et longitudinale du muscle utérin. Ces vaisseaux sanguins sont
accompagnés de larges et nombreux vaisseaux lymphatiques. Tout ce système circulatoire aboutit à des centres, épars sur la surface interne de l'utérus, où s'inséreront,
pendant la grossesse, les foyers placentaires, les cotylédons du placenta diffus.

La disposition est toute différente chez les primates et chez l'homme. Tandis que,
dans la description précédente, il s'agissait de cornes utérines, ici il s'agit d'utérus proprement dit, où le tissu musculaire est ramassé, serré en une couche plexiforme de
faisceaux musculaires entrecroisés, en tous sens.

La circulation sanguine et lympathique trouve sa complète expansion, en dehors de
l'utérus, sur sa surface, sur ses bords, ou dans les ligaments larges. Les vaisseaux
sanguins ou lymphatiques traversent la couche plexiforme du muscle pour aller s'épanouir dans la muqueuse.

Au point de vue de la muqueuse, JOHNSTONE insiste sur la différence qu'il convient
d'établir entre la muqueuse, qui comprend les centres circulatoires épars du placenta
diffus des ruminants, ou la muqueuse uniformément répartie sur toute la surface utérine chez les primates. Dans cette dernière espèce, le placenta, on le sait, ne sera plus
diffus, ni zonaire, mais discoïde, occupant une large surface sur la muqueuse utérine.

Par suite de ces différentes dispositions anatomiques, pour JOHNSTONE, l'utérus
couché des animaux horizontaux est tout disposé pour résorber par ses lymphatiques,
tout comme une anse intestinale, les différents déchets ou productions utérines. La
situation élevée du col défend tout drainage utérin, suivant son expression : « les
fluides n'ayant aucune tendance à remonter le versant incliné d'une montagne. »

Chez les primates, au contraire, la disposition basse du col, la situation verticale
de l'utérus, la tonicité de sa paroi, tout concourt à drainer naturellement vers l'extérieur toutes les productions glandulaires de l'utérus. Ainsi s'expliquerait l'issue au
dehors du sang épanché à la surface interne de l'utérus, au cours de la menstruation,
alors que ce même sang serait résorbé chez les animaux à station horizontale.
JOHNSTONE insiste sur le développement accentué du système lymphatique des utérus
horizontaux, qui contraste avec le peu de développement, qu'il présente dans les
utérus des animaux verticaux. Le rôle de résorption serait considérable chez les premiers, le drainage utérin remplacerait au contraire, chez les seconds, le système
lymphatique moins développé.

Voici quelles sont les conclusions :

« Sachant maintenant que l'utérus de l'animal horizontal possède un riche système
lymphatique, avec lequel il peut atteindre la caduque du travail ou du rut infécond,
nous sommes amenés à cette conclusion que la menstruation n'est qu'une autre voie
pour accomplir la même chose chez les animaux verticaux.

« Ne possédant pas ce courant lymphatique pour se débarrasser de la caduque de
grossesse, l'utérus des bipèdes doit l'arracher de sa paroi, et la faire passer à travers
le vagin ; la menstruation est alors un processus analogue à l'élimination de la caduque
après un rut infécond. »

La théorie émise par JOHNSTONE conduit à des aperçus intéressants, mais elle ne
saurait néanmoins être prise au pied de la lettre. Il est en tout cas une objection à lui
opposer. Si, comme il le croit, l'absence d'écoulement sanguin, due à l'inclinaison,
dépendait de l'inclinaison de la matrice chez les animaux horizontaux, on devrait
observer la même absence d'écoulement chez la femme, quand, pathologiquement,
une situation analogue est créée à l'utérus par une rétroversion prononcée. Dans la
rétroversion de l'utérus, quelquefois même accentuée par une rétroflexion, le corps

de l'utérus peut se trouver plus bas situé que le col, et la situation de celui-ci peut être très élevée, parfois même difficilement accessible, en haut derrière le pubis. Si de tels utérus sont parfois affectés de troubles dysménorrhéiques, ceux-ci n'aboutissent pas, comme ils devraient le faire, suivant l'hypothèse de JOHNSTONE, à l'aménorrhée.

Inversement, chez les animaux horizontaux, si le flux utérin était abondant, on ne comprend pas pourquoi il ne pourrait pas remonter la pente d'un canal, dont l'inclinaison peut être faible, et voisine de l'horizontalité.

Il est nécessaire enfin d'objecter aux vues de JOHNSTONE que, chez les bipèdes, l'utérus n'est pas vertical, mais voisin de l'horizontale dans la station debout, qui en somme n'est pas constante, et trouve de nombreuses interruptions par la station assise ou couchée. D'autre part, l'attitude horizontale appuyée sur les quatre membres est habituelle aussi chez le singe. Chez les quadrupèdes, enfin, l'horizontalité de l'utérus n'est, ni constante, ni absolue, et l'on ne voit pas une impossibilité au drainage de cet utérus par les organes génitaux externes.

Il semble néanmoins intéressant d'enregistrer les remarques de JOHNSTONE, concernant la circulation lymphatique, plus intensive chez les quadrupèdes, constituant chez eux un système absorbant, à rapprocher de celui de l'intestin, avec lequel la texture de l'utérus à cornes présente de nombreux points de ressemblance.

Ce dernier point de vue se trouve en partie confirmé dans les observations ultérieures de KEIFFER (*Contribution à l'hématologie de la menstruation*, l'Obstétrique, déc. 1910), qui paraissait ne pas connaître le travail de JOHNSTONE. En effet, il décrit et présente dans des photomicrographies un dépôt pigmentaire, trace de l'infiltration sanguine, dans la muqueuse du rut de la chienne et de la brebis. Ce pigment est phagocyté et transporté dans les voies lymphatiques par l'intermédiaire des leucocytes, dont on peut saisir la progression et l'insinuation à travers le tissu du derme muqueux. C'est donc la figuration et la description des absorptions lymphatiques signalées par JOHNSTONE.

Dans ce même travail, KEIFFER, sans le commenter, déclare ne pas faire les mêmes constatations chez la femme; il observe le sang dans les cavités glandulaires, se liquéfiant pour s'éliminer au dehors, l'action phagocytaire des leucocytes bien moins marquée que chez la chienne ou la brebis. Mais chez les femmes à fibromes, présentant des symptômes d'hémorragie menstruelle, il arrive à constater l'intervention leucocytaire.

L'infiltration sanguine ou l'hémorragie externe ne nous paraît pas, en résumé, fonction de l'attitude horizontale ou verticale de l'utérus. Car en y regardant de près, l'utérus horizontal des quadrupèdes a des occasions multiples de se verticaliser dans l'attitude assise, ou accroupie, inversement l'utérus vertical des primates se rapproche plus de l'horizon que de la verticale dans l'attitude debout, puisqu'il est en antéversion. La présence ou l'absence régulière de l'hémorragie menstruelle ne saurait donc être le fait de la situation utérine, et de l'inclinaison de cet organe; ne serait-il pas plus judicieux de chercher l'explication de l'hémorragie dans la texture même de l'utérus?

2° Influence de la texture de l'utérus sur la production de l'hémorragie menstruelle. — C'est la théorie que nous avons présentée (V. WALLICH, *Sur la cause de l'hémorragie menstruelle*, C. R. Société de Biologie, 3 mai 1919).

On sait que l'utérus de la femme et celui de la femelle du singe ont une texture plexiforme, constituée par des fibres musculaires intriquées, entrecroisées, à l'inverse des utérus à cornes des autres mammifères, qui se ramènent, en dernière analyse, à une texture identique à celle de l'intestin, et comprenant deux couches musculaires, l'une externe de fibres longitudinales, l'autre interne sous la muqueuse, et qui est composée de fibres circulaires. Entre les deux couches, longitudinale et circulaire, se trouve une couche intermédiaire de tissu cellulaire, où se ramifient les vaisseaux. Cette couche intermédiaire vasculaire n'existe pas dans l'utérus plexiforme, où les vaisseaux sont enserrés entre les fibres musculaires intriquées.

PILLIET (*Sur la texture musculaire de l'utérus dans la série des mammifères*, Bulletin de la Société zoologique de France, 1886, p. 420, etc.) a expliqué par l'histologie comparée la raison de la texture plexiforme de l'utérus de la femme. Il a vu dans la constitution de l'utérus de la femme et des primates, une complication des formes simples, observées chez les divers mammifères : rongeurs, carnassiers, herbivores. On observe toutes les étapes transitoires entre les cornes utérines ressemblant à l'intestin, et l'utérus plexiforme.

Pour PILLIET, c'est à la vascularisation intense, réduite sous le petit volume de l'utérus globuleux, lequel met de longs mois à se développer avec son œuf pendant la grossesse, qu'il faut attribuer la formation des fibres plexiformes. Quelle qu'en soit la raison, l'utérus est plexiforme chez la femme et chez le singe; il n'est plexiforme que dans ces deux espèces seulement. Or, c'est dans ces deux espèces seules que la poussée congestive périodique génitale s'accompagne d'hémorragie caractérisée.

Chez divers mammifères, les femelles, d'une façon inconstante et individuelle, peuvent présenter des suintements séro-sanguinolents au niveau des organes génitaux, dans la période de rut; mais aucune, d'une façon ordinaire, comme chez la femme et le singe, ne montre d'hémorragies réelles, régulières et périodiques.

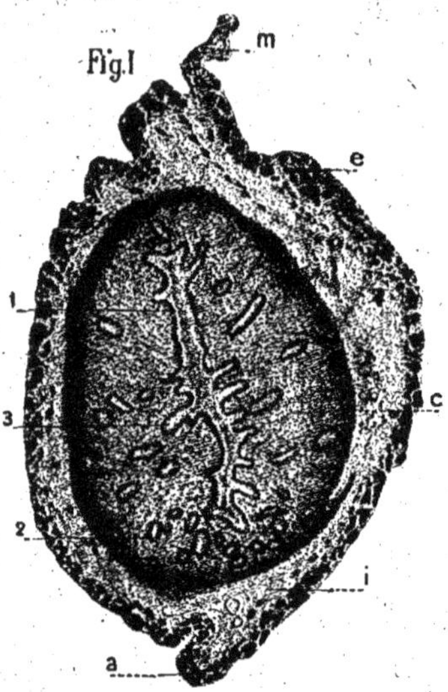

Ces différentes femelles non menstruées, ou mieux dépourvues d'hémorragies menstruelles, ont toutes des utérus à texture simplifiée, utérus à cornes, à deux couches musculaires, à couche intermédiaire vasculaire. Cette même texture se retrouve dans les trompes utérines de la femme et dans les coupes de l'utérus fœtal ou de l'enfant à sa naissance. Or, les utérus à cornes des mammifères, les trompes utérines de la femme, l'utérus de l'enfant ne saignent pas d'une façon habituelle. L'hémorragie menstruelle semble donc, et le fait paraît digne d'être dégagé, l'apanage exclusif de l'utérus plexiforme.

Il nous a paru naturel d'admettre que la poussée congestive menstruelle est facilement supportée par les larges vaisseaux de la couche intermédiaire, dans les utérus à cornes. Ces vaisseaux placés sur le trajet des terminaisons vasculaires de la muqueuse utérine, font, par leur libre expansion, l'office d'une soupape de sûreté, et la poussée sanguine arrive atténuée dans les vaisseaux muqueux; de telle sorte que, dans la muqueuse des utérus à cornes, la poussée congestive aboutit à de la congestion, à de l'infiltration, mais n'aboutit pas à une hémorragie externe.

FIG. 204. — Coupe transversale de corne utérine d'un cobaye de 47 jours (RETTERER et LELIÈVRE) (Reichert, obj. 4, oc. 2 ; fig. réduite).
1, lumière de la corne utérine ; 2, 2, glandes ; 3, 3, segment interne des glandes ; *á*, bord anti-mésométrique ; *m*, bord mésométrique de la corne utérine ; couches musculaires, externe (*e*), intermédiaire (*i*), interne ou circulaire (*c*). Remarquer l'espace libre pour l'expansion vasculaire dans la couche intermédiaire.

La poussée congestive, au contraire, dans l'utérus plexiforme de la femme et du singe, vient buter dans les vaisseaux intra-musculaires, enserrés, non expansibles, et va se porter plus loin, de telle sorte que tout le choc congestif porte sur les fins capillaires de la muqueuse, qui se rompent sous l'effort, d'où l'hémorragie.

En d'autres termes, la circulation trouve dans un cas un lieu d'expansion, avant son point terminal; dans l'autre, au contraire, un rétrécissement avant cette terminaison. Il est logique de trouver, ici, une résistance, là une rupture au point le plus faible.

Cette explication n'a pas simplement pour conséquence de donner la raison d'un fait paradoxal, comme celui de l'hémorragie menstruelle, ne se manifestant que chez la femme et le singe, elle permet d'englober dans une loi unique des phénomènes génitaux congestifs périodiques.

Ces phénomènes congestifs aboutissent à des manifestations variables, suivant la disposition anatomique, soit à la simple infiltration sanguine, par diapédèse ou par rupture vasculaire, soit à l'infiltration avec hémorragie externe. Chez tous les mammifères, il y a donc hémorragie au sens propre du mot, c'est-à-dire sortie du sang hors des vaisseaux, mais, suivant les dispositions anatomiques, cette hémorragie se borne à une infiltration dans le tissu cellulaire, ou apparaît à l'extérieur avec des intensités et des modalités variables, suivant l'intensité congestive, laquelle varie individuellement et suivant les conditions physiologiques ou pathologiques.

III. Les rapports du rut et de la menstruation.

SOMMAIRE : 1° Unification des caractères du rut et de la menstruation (congestion et hémorragie, périodicité, recherche du mâle). — 2° Identité des modifications anatomiques (la prénidation, la nidation).

Les phénomènes congestifs génitaux, périodiques se manifestent de toute évidence, avec des modalités variables, dans toute la série des mammifères. Mais, tant au point de vue des caractères que des modifications anatomo-physiologiques, on sent percer une unité qu'il est très utile d'établir avant de chercher à dégager les causes précises qui mettent en branle ces phénomènes congestifs eux-mêmes. Nous allons donc essayer de préciser l'unification du rut et de la menstruation, aussi bien au point de vue de *leurs caractères* qu'au point de vue des *modifications anatomiques et physiologiques*.

1° Modification des caractères du rut et de la menstruation. — Au point de vue de leurs caractères, le rut et la menstruation présentent de nombreux points communs, tels que la congestion, la périodicité, la recherche du mâle.

La congestion. — La congestion des organes génitaux ne fait pas de doute, elle est constatée macroscopiquement et microscopiquement, au cours de la vie génitale, chez toutes les femelles de mammifères. Ces phénomènes congestifs présentaient jusqu'ici une divergence apparente, dans le fait de l'hémorragie menstruelle, observée chez la femme et chez le singe, d'une façon habituelle, tandis qu'elle est inconstante et exceptionnelle chez la plupart des autres femelles. En établissant au chapitre précédent les causes de l'hémorragie menstruelle, nous pensons avoir démontré que l'hémorragie ne devenait apparente que par le fait de certaines circonstances, telles que la constitution plexiforme de l'utérus. Il est nécessaire de souligner maintenant un fait incontestable, c'est que l'hémorragie, c'est-à-dire la sortie du sang hors des vaisseaux, est l'aboutissant naturel des phénomènes congestifs chez toutes les femelles des mammifères. Il n'y a entre elles, au point de vue de cette hémorragie, que des différences de degrés. L'issue du sang hors des vaisseaux se borne, chez la plupart, à une simple infiltration sanguine dans le tissu cellulaire ; il faut un degré de plus dans l'intensité de l'hémorragie pour arriver à l'effusion du sang dans la cavité utérine, un degré de plus encore pour son arrivée à l'extérieur. Toutes ces étapes se constatent chez la femme et aussi chez le singe, suivant HEAPE, (loc. cit.) depuis, le suintement séreux qu'on a appelé les règles blanches et le simple « molimen menstruel », jusqu'aux règles physiologiques, et à l'exagération pathologique « la ménorrhagie ». Bien plus, ces diverses variétés d'hémorragie peuvent, à l'état pathologique, se manifester chez un même sujet.

Le rut et la menstruation s'accompagnent toujours d'hémorragie à des degrés divers, suivant la conformation utérine, c'est-à-dire suivant les espèces, et dans les espèces suivant des conditions individuelles de congestion. Ils obéissent donc à une loi commune (V. WALLICH, Lois communes au rut et à la menstruation, *C. R. Soc. Biolog.*, *24 mai 1919*) qui peut se formuler ainsi :

Suivant les variations d'espèces et d'individus, toutes les femelles des mammifères présentent des « congestions hémorragiques » génitales, d'une façon intermittente.

La périodicité. — La périodicité, caractère indispensable de la menstruation, se montre avec la même netteté dans les phénomènes du rut. Il existe néanmoins, sur cette question de périodicité, des divergences apparentes entre différents mammifères. Alors, en effet, que la périodicité est facile à reconnaître et à déterminer, lorsque les phénomènes congestifs génitaux se signalent par les taches rouges de l'émission sanguine, elle est moins facile à établir, quand il faut la constater par d'autres signes moins apparents, et que l'hémorragie reste profonde ou à l'état d'hématome de la muqueuse. C'est en vertu de ces faits, qu'on peut opposer la menstruation mensuelle de la femme et du singe, aux ruts, considérés comme bisannuels, ou annuels, chez d'autres femelles. Il est, en effet, chez les mammifères, certaines femelles à menstruation non apparente, telles les brebis, où la simple observation de la congestion au niveau de la vulve, et les phénomènes nerveux ne sont pas suffisants pour reconnaître les signes de chaleurs. On est obligé de recourir à des artifices tels que la mise au milieu des troupeaux de vieux boucs, appelés « boute en train », dont les organes génitaux sont encadrés d'un appareil teint fraîchement en rouge, qui marque et désigne ainsi les femelles qui acceptent son contact. On comprend que des périodes menstruelles aussi silencieuses puissent échapper à l'observation. Mais en tenant compte de toutes ces périodes peu apparentes, on arrive à constater que la périodicité revient à être *à peu près mensuelle* dans toutes les espèces, tout en reconnaissant qu'il est entre l'intensité apparente de ces périodes des questions de degrés, suivant les conditions d'existence, de climat et de nutrition. A ce point de vue, on a reconnu qu'il se montre de grands ruts et des ruts moins apparents, que DELPORTE a bien définis par l'examen histologique, chez un grand nombre de brebis, ainsi que nous l'avons indiqué plus haut. La vache et la jument présentent aussi, suivant les vétérinaires, tous les 18 ou 25 jours, une sorte de crise congestive, non douteuse. Il résulte de ces faits que le rut et la menstruation présentent une identité symptomatique, aussi bien au point de vue de la congestion que de l'hémorragie et de la périodicité. Celle-ci est le plus souvent assez nettement mensuelle. Ce qui nous a permis de formuler ainsi (*C. R. Soc. Biol.*, *24 mai 1919*) une deuxième loi :

La périodicité des phénomènes congestifs chez les mammifères se montre à peu près « mensuellement », si on en recherche les modifications anatomiques dans la muqueuse utérine.

La recherche du mâle. — Cette recherche correspond chez les femelles des mammifères aux mêmes périodes congestives et hémorragiques. Elle n'est parfois même, chez les animaux qui ne saignent pas, que la seule manifestation de la poussée menstruelle. A ce moment, les femelles d'un troupeau, quand le mâle est absent, se chevauchent mutuellement, et sont dites nymphomanes; chez la femme, les conditions d'existence et l'intervention imaginative rendent possible l'approche du mâle en toute saison. Il en est fréquemment de même chez des animaux domestiques, bien nourris et protégés contre les duretés du climat. Mais on observe, à ce point de vue, chez les différentes femelles, des variétés individuelles très notables, dépendant de circonstances nombreuses, de santé, du genre de vie, de nutrition et de climats. C'est le point sur lequel on peut noter le plus de différence entre la femme et les femelles animales, différences dépendant du développement intellectuel, du sens moral et de la culture éducative, plus que des phénomènes congestifs physiologiques.

2° **Identité des modifications anatomiques.** — Les modifications anatomiques observées dans la muqueuse utérine des différentes femelles, sont identiques; elles ont deux aboutissants qui peuvent être rangées sous les deux désignations suivantes : la prénidation, la nidation.

La prénidation. — Il est utile de recourir à ce néologisme pour englober et définir, dans leur rôle, la série des phénomènes prémenstruels. Le but naturel des phénomènes d'hypertrophie et de congestion de la muqueuse utérine, observées dans la période prémenstruelle, est de préparer, dans cette muqueuse, le nid où sera recueilli l'œuf fécondé. Si cette nidation s'effectue, c'est la grossesse; si elle ne s'effectue pas, la muqueuse entre en régression. Observons ces différentes modifications chez la femme et chez les autres mammifères.

Chez la femme, le cycle menstruel évolue progressivement, depuis le milieu environ de l'espace intermenstruel, pour manifester les phénomènes prémenstruels, dans les cinq ou six jours qui précèdent les règles. Celles-ci ont une durée variable suivant les sujets, entre quatre à six jours. Période prémenstruelle et période menstruelle constituent donc un total d'activité génitale d'une douzaine de jours, dans le mois qui sépare généralement une apparition de règles de la suivante. La période post-menstruelle fait suite; elle est d'une durée de quinze à dix-huit jours, suivant que les phénomènes prémenstruels sont plus ou moins précoces. La femme passe pour présenter un maximum de fécondité dans la période post-menstruelle, dans les huit ou dix jours qui suivent la fin des règles.

Les phénomènes du cycle sont à peu de choses près identiques chez la chienne, la truie, la brebis, chez les animaux à période fixe de rut, sauf que la répétition du cycle, au lieu d'être mensuelle, peut se montrer à des époques diverses de l'année. Le type menstruel correspond au rut ou à la chaleur de la femelle. C'est le moment où elle recherche et accepte le mâle.

D'autres espèces, comme la cobaye, n'acceptent le mâle qu'après le part, et c'est dans cette période que RETTERER et LELIÈVRE ont fait toutes leurs constatations sur les phénomènes de prémenstruation où, pour être plus exact, en recourant, comme nous le proposons, à un néologisme, les phénomènes de la *prénidation*.

Ces phénomènes prémenstruels, ou de prénidation, nous les trouvons chez la cobaye immédiatement après le coït fécondant du post-partum, et même sans coït dans la même période, suivant certains auteurs. Chez la femme, c'est longtemps après la période considérée comme la plus propice à la fécondation, c'est-à-dire dans la période post-menstruelle que s'effectuent les phénomènes de prénidation.

Le premier fait à dégager de cette double constatation, c'est que, chez la cobaye, immédiatement après le part, chez la femme dans la période post-menstruelle, le coït a le plus de chances d'être fécondant, et qu'un temps notable s'écoule entre ce coït fécondant et les phénomènes de prénidation, puis la nidation elle-même de l'œuf fécondé.

Cette remarque n'a pas pour but ici d'étudier les étapes ou le moment de la fécondation, mais elle vise à définir le but et la fin logique des phénomènes prémenstruels, leurs rapports avec les actes de la reproduction, leur unité et leur identité d'évolution dans les différentes espèces de mammifères.

La nidation. — La muqueuse hypertrophiée, congestionnée, est prête à recevoir l'œuf et à lui offrir le logement et la nourriture. Cet œuf sera bientôt inclus dans le boursouflement muqueux, et, en attendant le moment où les deux circulations de l'embryon et de la mère viendront au contact, l'œuf vivra en parasite, comme on en a fait la constatation histologique, en se nourrissant des grosses cellules hydropiques de la caduque maternelle. Au moment où cet œuf arrive au contact de la muqueuse hypertrophiée, la congestion de celle-ci cesse au profit, sans doute, d'autres congestions, dont la congestion mammaire est certainement la plus évidente. La fin naturelle de tous les phénomènes congestifs, chez tous les mammifères, est la nidation de l'œuf. Si cette nidation ne s'effectue pas, on assiste aux phénomènes de régression de la muqueuse, notés aussi bien chez la femme que chez le singe et chez d'autres femelles. C'est la fin de cette période congestive qui, chez l'une aussi bien que chez les autres, se marque par des phénomènes hémorragiques, comme nous l'avons indiqué, constants, qu'ils soient apparents ou cachés dans la profondeur du tissu de la muqueuse.

Pour TEACHER et BRYCE, la menstruation n'est que l'élimination d'une muqueuse vieillie. La prémenstruation n'a servi qu'à préparer cette élimination. Cette opinion correspond à la théorie clinique de A. PINARD qui définit la menstruation une hémorragie *pathologique*, consécutive à l'avortement d'un œuf non fécondé.

Pour HITSCHMANN et ADLER, au contraire, la prémenstruation est favorable à la nidation, les caractères histologiques de la muqueuse utérine correspondant à ceux de la caduque.

DELPORTE partage la même opinion en s'appuyant sur l'examen histologique, il ne peut croire que la grande congestion prémenstruelle, que l'activité cellulaire manifestée dans cette période, tous les frais de cette activité aient pour fin une simple élimination d'une muqueuse hors d'usage. Il voit, au contraire, dans la muqueuse de la prémenstruation, une prédécidua, une caduque en préparation. La nidation de l'œuf et son arrêt dans la cavité utérine est préparée par la surface tomenteuse, mamelonnée et humide de cette surface.

Bien mieux que le revêtement mince et lisse de la post-menstruation : « Le contact de l'ectoderme fœtal avec les liquides qui imbibent les tissus assurent la première nutrition parasitaire de l'œuf. »

Pour Retterer et Lelièvre : « La muqueuse utérine évolue et prépare à la fois le nid et la provende, sans se soucier si le nid sera occupé ou non, si l'ovule s'atrophiera dans l'ovaire, sera expulsé et fécondé. »

Ces auteurs assimilent l'enchaînement des phénomènes aux actes instinctifs accomplis par certains insectes, si admirablement observés par Fabre.

« La larve du sphex a besoin pour se nourrir de tissus vivants. Pour fournir à sa progéniture cette chair fraîche, le sphex va s'attaquer à un criquet ou à une sauterelle, les pique de son aiguillon, et, après les avoir paralysés de son venin, les traîne dans son terrier. Puis il dépose l'œuf sur la victime désormais inerte ; après l'éclosion, la larve rongera cette proie vivante, mais sans défense. Après avoir ainsi assuré l'avenir de sa race, le sphex clôt son terrier. Si, à l'exemple de Fabre, on s'avise d'enlever et d'éloigner la proie, le sphex se remet à l'ouvrage interrompu, mure et bouche son trou vide, sans se douter que son travail est inutile, absurde, et que la larve mourra faute de nourriture. L'utérus fait de même : il prépare le logis et les provisions ; peu lui importe que l'ovule subisse l'atrésie, qu'il périsse en route ou qu'il soit apte, après fécondation, à se développer. » (Retterer et Lelièvre.)

C'est en considérant cette identité des modifications anatomiques du rut et de la menstruation que nous avons cru pouvoir formuler une troisième loi (V Wallich, *Lois communes au rut et à la menstruation*, C. R. Soc. Biol., 24 mai 1919) d'unification de ces phénomènes, ainsi conçue :

Les modifications anatomiques du rut et de la menstruation sont identiques : les unes « prémenstruelles » ou de « prénidation », les autres constituent « la nidation de l'œuf » ou la grossesse.

Nous venons d'établir que menstruation et rut n'étaient autre chose que des phénomènes identiques dans leurs caractères et leurs manifestations anatomiques. Il nous reste à rechercher le mode de production de ces phénomènes qui, dans la série des mammifères, peuvent être englobés sous le nom de phénomènes menstruels. Dans ces phénomènes ainsi considérés, la menstruation proprement dite, ou perte de sang externe, n'est plus qu'un épisode, auquel il faut cesser de reporter désormais un intérêt de premier plan.

TROISIÈME PARTIE

CAUSES DES PHÉNOMÈNES MENSTRUELS

Une grande confusion règne encore à l'heure actuelle au sujet de la cause des phénomènes menstruels. On peut dire que l'on ne possède rien de certain et d'indiscutable, sur cette question. Si on semble d'accord pour attribuer un rôle principal aux fonctions de l'ovaire, dans son ensemble, on discute encore sur les rapports de l'ovulation et de la menstruation, sur l'influence des sécrétions internes de l'ovaire, sur l'action du corps jaune et de la glande interstitielle.

Ces difficultés ont pour origine un défaut de précision dans les termes mêmes du problème. Le mot menstruation, signifiant généralement hémorragie menstruelle ; les phénomènes menstruels, tels que les modifications anatomiques des organes génitaux et les congestions profondes, restent peu apparentés : étudier les rapports de l'ovulation avec l'hémorragie menstruelle seule, par exemple, n'équivaut pas à étudier l'ovulation en regard des phénomènes menstruels. S'il est intéressant de noter les effets de la castration, des greffes, et de l'opothérapie ovarienne en regard de l'hémorragie menstruelle chez la femme, il n'est pas moins important d'enregistrer comment se modifient les autres phénomènes menstruels, une fois qu'on les a unifiés et examinés dans ce but chez tous les mammifères.

L'examen méthodique des diverses recherches antérieures doit donc être repris à la lumière des précisions que nous avons cherché à établir dans les pages précédentes, et là où la confusion règnera encore, il deviendra nécessaire de tenter une nouvelle expérimentation.

En nous conformant à ces principes, examinons, d'autre part, ce qui a été observé, soit sur l'action générale de l'ovaire, soit sur l'action de telle ou telle de ses fonctions. Nous étudierons donc :

I. L'action totale de l'ovaire sur les phénomènes menstruels.

II. L'action spéciale des différentes parties de l'ovaire sur les phénomènes menstruels.

III. Ce que l'on sait sur la crise menstruelle.

I. — Action générale de l'ovaire sur les phénomènes menstruels

SOMMAIRE. — 1° La castration chirurgicale et expérimentale (ovariotomie chez la femme castration chez les animaux, effets des radiations). — 2° Greffes ovariennes et opothérapie.

1° La castration chirurgicale et expérimentale. — a) *L'ovariotomie chez la femme.* — Pendant longtemps les observations d'ablation des ovaires chez la femme se sont trouvées limitées aux 2 cas, cités plus haut, de VIERUS et de PERCIVAL POTT, au XVIIe et au XVIIIe siècle. Dans ces deux cas l'ovariotomie fut suivie de suspension de la menstruation.

Il faut arriver au travail de BATTEY (*Extirpation of the functionally active ovaries for the removy of otherwise incurable diseases*, Gynecological transactions, 1877) pour voir établir que la ménopause est la règle quand les ovaires ont été enlevés en totalité.

Néanmoins, avec la diffusion de l'ovariotomie, on constate avec surprise que l'aménorrhée n'est pas absolument constante après l'ablation des ovaires.

PÉAN en 1880 (*De l'ablation des tumeurs du ventre considérée dans ses rapports avec la menstruation*, Gazette médicale de Paris), affirmait que si les 2 ovaires sont enlevés complètement, l'aménorrhée est la règle, la persistance des règles l'infime exception. TERRILLON (*Des troubles de la menstruation après les lésions chirurgicales ou traumatiques et après l'ovariotomie*, Annales de Gynécologie, septembre 1882) se joint à lui pour contester les prétendues menstruations signalées après l'ovariotomie, et qui pouvaient bien n'être que de simples hémorragies utérines non périodiques.

L'opinion est unanime aujourd'hui, pour considérer la suppression des règles comme constante, après l'ablation *complète* des ovaires.

Cette opinion devait entraîner une seconde question dont la réponse pouvait être demandée à l'observation chirurgicale et à l'expérimentation.

Cette question est celle de savoir si l'ovaire agit sur l'utérus et sur la santé générale de la femme au moyen d'une sécrétion interne.

La clinique avait toujours montré, en effet, que, chez les femmes ovariotomisées, non seulement les règles se supprimaient, mais qu'on observait chez elles tous les phénomènes de la ménopause : atrophie utérine, et troubles généraux : vertiges, congestions, développement pileux.

En somme, la castration complète chez la femme aboutit chez elle à l'aménorrhée, et aux troubles de la ménopause. L'action totale de l'ovaire paraît donc commander les phénomènes hémorragiques utérins, et un certain nombre de phénomènes généraux.

b) *La castration chez les animaux.* — La castration se pratique de toute antiquité chez les animaux pour modifier les conditions d'élevage, de caractère, de nutrition, afin d'adapter ces animaux au parti que veut en tirer l'homme pour ses besoins. La castration dans le jeune âge a pour résultat des modifications d'ordre général, portant très nettement sur la sexualité.

Ordinairement l'animal châtré perd des caractères de son sexe naturel, pour gagner des caractères du sexe contraire, sans pourtant les acquérir complètement. Il parvient ainsi à un état de neutralité sexuelle. Ces faits ont été bien mis en évidence par les expériences de A. PÉZARD, *Développement expérimental des ergots et croissance de la crête chez les femelles des gallinacés* (C. R. Ac. des sciences, 16 février 1914).

Cet auteur démontre que le développement des ergots chez les femelles suit l'ovariotomie, et que ce développement est arrêté, à l'état normal, par une sorte d'*action empêchante* de l'ovaire. La crête ne serait pas influencée dans son développement, qui, néanmoins, est en rapport avec la ponte, c'est-à-dire indirectement avec l'ovaire. Pour PÉZARD, cet organe n'agirait qu'indirectement, étant influençable, comme on le sait suivant les aviculteurs, par les conditions climatériques.

Ces constatations, bien qu'en apparence assez éloignées de la question de l'origine des phénomènes menstruels, s'y rattachent pour démontrer l'influence de la présence ou de l'absence de l'ovaire dans l'équilibre de la sexualité et du fonctionnement génital.

Cette action de l'ovaire a été constatée aussi anatomiquement, tous les auteurs ont noté que l'épithélium utérin perd ses cils, les cellules cylindriques deviennent cubiques, les glandes, les vaisseaux, la musculation elle-même entrent en régression après la castration. On comprend que de telles modifications sur la nutrition de l'utérus entraînent des troubles dans le lieu principal des manifestations menstruelles, la muqueuse utérine. Il n'a pas néanmoins été noté si, périodiquement, les congestions interstitielles de la muqueuse survenaient ou faisaient défaut. Leur absence est probable, mais non démontrée.

Les expériences de KEHRER en 1887 et de KOZAN en 1895, de LOKOLOFFE en 1896 (cités par C. MULON) chez la lapine et chez la chienne prouvaient seulement que la castration de jeunes animaux était suivie d'arrêt de développement de l'utérus, tandis qu'une véritable involution utérine se note chez les adultes.

c) Action des rayons X et du radium sur les fonctions ovariennes. — Le premier, FOVEAU DE COURMELLES, dans un mémoire sur l'action atrophique glandulaire des rayons X (*C. R. Académie des sciences*, 27 février 1903) et dans une nouvelle communication (*C. R. Ac. des sciences*, 18 déc. 1907) « sur la stérilisation ovarique chez la femme par rayons X » appela l'attention sur les résultats obtenus, sur ce qui concerne la régression du fibrome et la cessation des métrorragies. Ces travaux furent le point de départ d'une thérapeutique nouvelle par les rayons X; et il est devenu, à l'heure actuelle, de notion banale, d'obtenir par cette thérapeutique une action sur la menstruation.

LACASSAGNE, dans un important travail expérimental entrepris sur la lapine : *Étude histologique et physiologique des effets produits sur l'ovaire par les rayons X* (*Thèse de Lyon*, 1913), a noté non seulement que les éléments épithéliaux de l'ovaire — ovocytes et cellules folliculeuses — sont très sensibles à l'irradiation, mais que les éléments sont d'autant plus sensibles qu'ils sont à l'état de follicule achevé. Tandis que les ovocytes de follicules primaires peuvent être épargnés.

Nous ne nous occupons pour le moment que de l'action générale des rayons sur l'ovaire, et nous devons enregistrer la conclusion de LACASSAGNE que beaucoup de lapines dont les ovaires avait été traités par les rayons X sont entrées quand même en rut. Enregistrons aussi cette autre conclusion que : la stérilisation définitive des ovaires par les rayons X est un résultat difficile à obtenir chez les mammifères de petite taille, comme la lapine. L'influence des rayons X sur les fonctions de l'ovaire paraît donc indubitable mais le plus souvent momentanée.

A. BÉCLÈRE (*Sur la rœntgenthérapie des fibro-myomes utérins d'après trois cents nouvelles observations, Bull. Acad. de médecine*, 11 octobre 1921, p. 151) conclut de l'observation d'un total comprenant 400 cas que la ménopause a pu être provoquée chez 294 malades encore réglées. Ces cas sont ainsi résumés :

Sans nouvelle apparition des règles	15 cas,	soit une proportion de	5,10 p. 100
Après 1 apparition des règles	67 —	—	22,70 —
— 2 —	157 —	—	53,40 —
— 3 —	45 —	—	15,30 —
— plus de 3 —	10 —	—	3,40 —

En somme, d'après cette statistique, *dans 81 p. 100 des cas*, les règles n'apparurent pas plus de deux fois avant leur suppression.

A. BÉCLÈRE insiste, en outre, sur le point suivant. Pour lui, la suppression de la fonction ovarienne ne se manifeste pas seulement par l'absence des règles, mais aussi « par l'apparition de ces troubles vaso-moteurs dé nature si mystérieuse qu'on appelle communément *les bouffées de chaleur* ».

Pour cet auteur, la disparition brusque et prématurée des bouffées de chaleur est « l'indice du réveil de l'activité ovarienne et l'annonce d'un prochain retour des règles ».

Dix fois seulement sur 294 cas, il y eut cette récidive, c'est-à-dire dans une proportion de 3,40 p. 100 de cas, chez les femmes dont la plus jeune avait 36 ans. Un petit nombre de séances d'exposition aux rayons, de 3 à 5, suffit pour créer, suivant l'expression de l'auteur, « une seconde ménopause ».

Il ne peut être question ici des doses et de la durée de ces irradiations. Nous devons nous contenter d'enregistrer leurs effets obtenus soit progressivement, comme le pratique BECLÈRE, soit en bloc en une séance de 4 heures, comme on l'a proposé en Allemagne (voir A. BÉCLÈRE, *Journal de radiologie*, février 1921).

Pour P. DEGRAIS et A. BELLOT (communication écrite) les modifications cliniques de la menstruation sous l'influence du radium, sont en de nombreux points semblables à celle des rayons X. L'arrêt des règles a pu suivre des irradiations périnéales, rectales, ou dans le col utérin. Cet arrêt des règles est définitif ou momentané.

Le but à poursuivre est de supprimer les hémorragies sans arrêter le flux menstruel. C'est là d'une part une affaire de technique dans l'emploi des rayons, et, d'autre part, cela dépend aussi de l'état de l'ovaire, plus ou moins éloigné de la ménopause. Suivant ces auteurs, à dose égale et applications faites dans les mêmes conditions (intra-utérines), le retour des règles normales se fait d'autant plus régulièrement et rapidement que les malades sont plus jeunes. Tout traitement fait aux environs de la ménopause aboutirait à déterminer celle-ci prématurément.

Pour obtenir cette action élective, l'application intra-utérine présenterait l'avantage d'avoir une action directe sur la muqueuse utérine saignante, tandis que les rayons auraient à parcourir pour atteindre l'ovaire une distance, suivant RENÉ BLOCH, de 4 centimètres au lieu de 2 centimètres des culs-de-sac vaginaux à l'ovaire, ou de 6 centimètres de la paroi abdominale à l'ovaire. L'application intra-utérine serait encore atténuée par l'épaisseur du muscle utérin, sa densité servant de filtre, et mettant ainsi l'ovaire à l'abri d'une irradiation trop intensive au cours d'un traitement intra-utérin.

2° **Greffes ovariennes et opothérapie.** — *Greffes ovariennes.* — C'est MORRIS, qui, en 1895, greffa pour la première fois, chez une femme castrée pour sclérose ovarienne et aménorrhée, des lambeaux d'ovaire sain, prélevés sur une autre femme. La greffe réussit et la menstruation reparut.

En 1896, KNAUER transplanta des ovaires dans le ligament large. Il expérimentait chez la lapine, transportait les ovaires amputés dans le feuillet postérieur du ligament large (*autogreffe*), et 13 mois plus tard la vitalité de ces organes était parfaite.

En 1900, FOA réussissait au point de vue expérimental, comme MORRIS, la greffe d'un ovaire d'une femelle à une autre femelle de même espèce (*homogreffe*).

Enfin, en 1901, LOUCKACHEVITCH obtenait la greffe d'ovaire d'une espèce dans une autre espèce (*hétérogreffe*).

Donc, anatomiquement et expérimentalement, la greffe est possible; on n'a pas jusqu'ici, faute de fusion suffisante entre les phénomènes du rut avec les phénomènes menstruels, vérifié ce que devenaient, chez les greffées, la prénidation et la prémenstruation.

Quant au résultat physiologique, aux résultats fonctionnels, ils sont peu nombreux. HALBAN a observé le retour de la menstruation chez des guenons.

Presque toutes ces recherches tendent à conclure que l'utérus ne régresse pas, si la castration est suivie d'une greffe en un point de l'organisme.

Par l'importance du nombre (150 cas), la statistique de TUFFIER, rapportée par VIGNES dans sa thèse, est des plus intéressantes. « Sur 44 cas avec conservation de l'utérus, 20 ont été revues, 19 étaient réglées ou l'avaient été. L'une d'elles était réglée depuis 5 ans et demi. La menstruation s'était rétablie du deuxième au septième mois, en moyenne à quatre mois et demi. La régularité était variable. »

Il est curieux de voir, d'après cet auteur, la femme aménorrhéique qui est greffée présenter à un moment donné une congestion de sa greffe, puis de 6 à 10 jours après, on voit paraître les règles, quelquefois à l'ancienne date de la menstruation, et tous les malaises disparaissent.

Vignes tire de ces faits la conclusion que le mécanisme de la menstruation est uniquement ou du moins principalement d'ordre humoral, ainsi que le démontre la déportation de l'ovaire greffé, et la récidive des troubles après l'ablation ultérieure ou la dégénérescence de la greffe.

Dans les expériences ou les observations, nous ne retiendrons et nous ne grouperons que ce qui a trait aux phénomènes menstruels, et les réponses aux questions suivantes : l'une préalable, l'ovaire transplanté vit-il ? Si oui, continue-t-il à fonctionner ? ovule-t-il ? agit-il sur l'utérus au point de vue de la nutrition, au point de vue des phénomènes menstruels ?

L'expérimentation chez les animaux tend à établir la vitalité et le fonctionnement de l'ovaire, plus que la question spéciale de la greffe sur le rut et sur la menstruation. Il est néanmoins intéressant de retenir que l'ovaire transplanté vit dans l'autogreffe, et même dans l'homogreffe, et qu'il fonctionne, puisqu'il peut ovuler et fournir des portées. Aussi bien chez le cobaye que chez le lapin, chez les volailles, chez les chiens, chez les salamandres, chez la brebis.

Néanmoins les fécondations paraissent assez exceptionnelles, et les effets de la greffe temporaire soumis à des possibilités de résorption encore très fréquentes, dans un temps plus ou moins rapide.

On trouve la réponse à toutes ces questions dans le travail de Th. Tuffier (*Étude chirurgicale sur 230 greffes ovariennes, Académie de Médecine,* séance du 26 juillet 1921). De 1906 à 1921, il a opéré 230 greffes comprenant 20 homogreffes (ovaire transplanté d'une femme à l'autre) et 203 autogreffes (transposition de l'ovaire chez un même sujet), 6 cas mixtes homo et autogreffes réunis.

L'homogreffe (20 cas) n'a jamais donné de rétablissement de la menstruation.

L'autogreffe (203 cas). Le greffon ne traduit sa présence dans les 4 ou 5 premiers mois par aucun symptôme. Après 5 à 7 mois, s'il est efficace, « il devient assez périodiquement le siège d'une augmentation de volume... environ une semaine avant la menstruation ». Cette menstruation ne s'est manifestée que dans des cas où l'utérus était conservé, soit entier, soit dans ses deux tiers. *56 femmes sur 73 ayant subi la transposition avec conservation de l'utérus ont été réglées, soit 76,71 p. 100.* La plus jeune avait 18 ans, une seule de ces femmes dépassait 40 ans.

La menstruation se rétablit du 5e au 7e mois après la greffe, exceptionnellement après 10 mois. Si les règles apparaissent 2 mois après la greffe, Tuffier les attribue à un fragment d'ovaire laissé en place bien plus qu'au greffon, qui dans ces cas ne présente à aucun moment des phénomènes congestifs.

Jusqu'à l'apparition de la menstruation les femmes ont les symptômes habituels de la ménopause anticipée. Ces accidents disparaissent dès que s'établit une hémorragie menstruelle. Inversement une des opérées de Tuffier, réglée grâce à une greffe, a cessé d'être réglée, le jour où on lui a extirpé le greffon.

Tuffier a en outre noté que cette menstruation par greffe n'est souvent pas aussi régulière (rythme, durée, quantité) qu'à l'état normal. La *durée* de cette menstruation artificielle n'a toujours été que temporaire, *exceptionnelle au delà de 2 ans,* une seule fois après 3 ans, et *une seule fois après 12 ans.*

Les greffes ont été dans ces dernières années tentées expérimentalement dans le muscle utérin (observation de Voronoff et Retterer), ou même transposées avec le pédicule vasculaire dans la cavité utérine à travers une incision de la paroi (Tuffier et Letulle, *Transposition de l'ovaire avec son pédicule vasculaire dans la cavité utérine, avec ablation des trompes pour annexites;* Académie de Médecine, séance du 12 février, insérée dans le *Bulletin* du 18 mars 1924). Dans 23 cas de transposition semblable aucune des femmes n'a succombé, mais on n'est pas renseigné d'une façon précise sur l'état de leur menstruation, qui vraisemblablement a dû être conservée. Une seule des femmes de cette série, opérée en 1922 par Raymond Petit, a eu une grossesse normale et a accouché sans incident d'un enfant vivant.

D'après une communication écrite de M. Tuffier, Ester signale 27 cas de transpositions suivis de 4 grossesses, 2 à terme avec enfants vivants, 2 suivies d'avortement à 3 mois. Ester (*Surgery, Gynecology, Obstetrics,* mars 1924).

Opothérapie. — L'opothérapie ovarienne, mise en œuvre depuis une trentaine d'années sous l'impulsion de Jayle, ne peut fournir, en ce qui concerne le rôle physiologique de l'ovaire dans les phénomènes de la menstruation, que des arguments encore à l'heure actuelle sans précision. Il n'est pas douteux qu'un certain nombre de dysménorrhées et d'aménorrhées, ou de troubles de la ménopause, ont pu être améliorés par l'administration de produits ovariens, partiels ou totaux, mais les résultats obtenus par cette thérapeutique sont difficiles à délimiter. Il semble aussi difficile de faire état en physiologie humaine, dans l'action directe sur les phénomènes menstruels, de l'administration des lipoïdes ovariens recommandés par Iscovesco, à la suite d'expérimentations sur les animaux. Il semble résulter des observations faites dans ces dernières années, que les actions endocriniennes sont plus souvent associées et solidaires les unes des autres que nettement indépendantes. En ce qui concerne plus particulièrement les phénomènes congestifs hémorragiques des organes génitaux, il est une observation intéressante à retenir. C'est l'action bien connue de l'ovaire sur la glande mammaire et la sécrétion lactée, et de la glande mammaire sur le flux sanguin de l'utérus (I. Luncz, *Contribution à l'étude de l'opothérapie mammaire dans les hémorragies et dans le fibrome de l'utérus*, Thèse Paris, 1911).

Anatomiquement et physiologiquement, l'action totale de l'ovaire sur les phénomènes menstruels paraît à l'heure actuelle indéniable. Il est moins démontré quelle est la partie de l'ovaire, ou ce qui dans l'ovaire total préside à cette action. Est-ce l'ovulation à qui est dévolu le principal rôle dans le déclenchement des phénomènes menstruels, est-ce le corps jaune, est-ce la glande interstitielle, et au moyen de quelles substances?

Il nous reste à examiner les réponses qu'on a essayé de faire à ces différentes questions.

II. — Action partielle de l'ovaire

L'influence totale de l'ovaire sur la fonction menstruelle est unanimement admise. L'ovaire conditionne ces phénomènes, mais comment? Est-ce par l'ovulation? Par quel mécanisme agit cette ovulation? Est-ce par la déhiscence du follicule, par la sécrétion interne du corps jaune? Est-ce par l'effet de la glande interstitielle? Toutes ces opinions sont encore à l'heure actuelle l'objet de discussions. Nous allons ici exposer la question, arguments et objections. Examinons successivement : 1° l'action de la déhiscence du follicule de de Graaf, 2° l'action du corps jaune, 3° celle de la glande interstitielle.

1° La déhiscence du follicule (théorie réflexe)

Sommaire. — 1° La théorie réflexe (Pouchet-Pflüger). — 2° Les principales objections à cette théorie (Halban, Mulon). — 3° Discussion.

1° La théorie réflexe. — Les travaux de Negrier, Coste, Gendrin, Raciborsky (voir 2ᵉ partie de ce travail) vers le milieu du xixᵉ siècle ont établi la coïncidence de la ponte ovulaire et de la menstruation.

C'est Pouchet (*Théorie positive de l'ovulation spontanée et de la fécondation dans l'espèce humaine*, Paris, 1842) qui devait chercher à préciser une première explication ; cette théorie fut reprise plus tard par Pflüger (*Ueber die Eierstocke der Säugethiere und der Menschen.* Leipzig, 1863). C'est ce qui est connu aujourd'hui sous le nom de théorie réflexe ou de Pouchet-Pflüger ; elle est ainsi définie : action excitante sur le tissu ovarien par le développement du follicule, celle-ci transmise aux centres nerveux, entraîne par action réflexe une congestion génitale.

Cette théorie réflexe a été défendue à nouveau par A. Lacassagne (*Étude histologique et physiologique des effets produits sur l'ovaire par les rayons X*, Thèse Lyon, 1913). Cet auteur a cherché à établir un parallèle entre les manifestations de l'activité génitale de lapines irradiées et l'état anatomique de leurs ovaires. Il résulte de ces constatations que le rut, expression de cette activité génitale, ne se manifeste à nouveau, après avoir manqué un temps variable, que lorsque l'ovaire porte des follicules « mûrs, kystiques, tendus, et à ce moment seulement même en l'absence de corps jaune, que la glande interstitielle soit altérée ou saine ». Mais le fait est surtout frappant chez les lapines fortement irradiées, il peut alors se produire des hémorragies dans de gros follicules, déterminant des kystes sanguins d'une durée parfois très longue. Dans ces cas le rut paraît et continue pendant 8 jours, un mois et plus. Le rut reste inextinguible malgré des accouplements répétés. A. LACASSAGNE en conclut que ces ruts anormaux ne peuvent se développer que par l'effet d'une action réflexe, d'ordre mécanique et nerveux, et il l'oppose à l'hypothèse d'une sécrétion interne du corps jaune absent ou de la glande interstitielle altérée, ou de l'épithélium folliculaire, les kystes ne contenant aucun reste d'épithélium. L'auteur ajoute qu'il serait peu scientifique d'admettre que la cause du rut ainsi démontrée chez la lapine soit exclusivement réservée à cette espèce animale.

2° Les objections. — Les objections faites communément à cette théorie sont les suivantes : il y a des ovulations sans menstruation ou, pour ne pas jouer sur les termes, sans hémorragie menstruelle comme cela peut se produire chez des personnes non réglées, d'une façon permanente ou passagère, et aussi chez les femmes non réglées pendant l'allaitement, et qui peuvent être fécondées, donc qui ovulent sans hémorragie menstruelle. On a eu occasion aussi de constater au cours de laparotomies des follicules turgescents dans la période intermenstruelle.

HALBAN (*Ovariam und Menstruation*, Verhandl. der deutschen Gesell. f. gyn. Giessen, 1901, t. IX) a sectionné des nerfs ovariques au cours de laparotomies, afin d'interdire les réflexes. Malgré cette intervention, il a vu persister les règles. Ce même auteur castrait des grenouilles, chez lesquelles la menstruation continuait, s'il laissait les ovaires greffés, puis cessait quand il enlevait la greffe.

D'autre part, CLOTILDE MULON (*Essai critique sur les rôles physiologiques du corps jaune*, Thèse Paris, 1917) a synthétisé dans un tableau la variabilité extrême du rapport chronologique entre l'ovulation et la menstruation. La déhiscence a été notée par les différents auteurs, soit au début de la menstruation, soit à la fin, soit aussitôt après, soit 2, 3, 8, 10, 12, 19 jours avant, soit 1 à 14 jours après; on a constaté des menstruations sans ovulation et des déhiscences sans menstruation.

3° Discussion. — Il n'est question dans ces arguments ou objections que de l'hémorragie menstruelle, et non des phénomènes menstruels, dans lesquels nous savons maintenant que l'hémorragie peut ne pas s'extérioriser. Ceci posé, il est à retenir que l'objection d'HALBAN, section des nerfs ovariens, peut n'avoir pas été complète, et permettre encore des réflexes. L'objection des greffes paraît plus sérieuse puisque la greffe peut faire reparaître les règles chez les femmes ayant subi la castration, et cela temporairement, comme nous l'avons vu dans la deuxième partie, tout le temps que dure la vie du greffon. Il semble possible, au contraire, que l'action excitante de la déhiscence agisse directement sur le tissu ovarien pour en exalter les propriétés que nous allons essayer d'examiner en détail.

2° THÉORIE DU CORPS JAUNE

Sommaire. — 1° Théorie de Fraenkel. — 2° Objections expérimentales (REGAUD et DUBREUIL LACASSAGNE, CL. MULON). — 3° Objections cliniques (SCHICKELE).

1° Théorie de Fraenkel. — En 1898, PRENANT (*La valeur morphologique du corps jaune, son action physiologique et thérapeutique possible*. C. R. des réunions biologiques de Nancy, 3 juin 1898. *Revue générale des Sciences*, 1898, p. 648) interprétant les constatations histologiques faites sur le corps jaune, jusque-là considéré comme un organe rudimentaire, déclarait que la conformation de cet organe rappelait en tous points, par sa vascularisation, l'absence de divisions cellulaires, l'absence de canal excréteur, la texture des glandes à secrétion interne. Cette opinion ne devait être reprise et énergiquement défendue que 3 ans plus tard par FRAENKEL, passant sous silence les travaux de PRENANT et attribuant à son maître BORN la découverte de la nature glandulaire du corps jaune.

Dans son premier travail, FRAENKEL (*Experimentelle Untersuchungen über die Funktion des corpus luteum*, Verhandl. d. Ned. Sekt. d. Schles. Gessels. f. natur. Kultur, 1901), signalait l'influence du corps jaune sur l'insertion de l'œuf fécondé à la muqueuse utérine. Si on cautérise les corps jaunes, les œufs ne se fixent pas et dégénèrent. Il en conclut que la sécrétion interne du corps jaune détermine dans l'utérus des modifications préparatoires à la fixation des œufs. Il émettait 2 ans plus tard la théorie suivante, qui devait avoir un succès considérable et qu'il exposait ainsi : « Le corps jaune est toujours la même glande, qui, toutes les quatre semaines dans l'espèce humaine, à des intervalles correspondants chez les animaux, se forme à nouveau et a constamment la même fonction : apporter à l'utérus, à intervalles cycliques, une excitation nourricière, qui l'empêche de revenir à l'état infantile ou de devenir sénile et qui le rend capable de préparer sa muqueuse à recevoir l'œuf fécondé. Si l'œuf est fécondé, le corps jaune persiste plus longtemps avec des fonctions essentiellement les mêmes : présider à la nutrition de l'utérus devenue beaucoup plus intense pour la nidation de l'œuf et son développement; s'il n'y a pas de fécondation, le corps jaune transforme l'hyperhémie en menstruation, puis il régresse. »

Cette théorie devait être défendue en France par ANCEL et BOUIN. Tous ces travaux sont condensés dans le travail très important de VILLEMIN (*Le corps jaune considéré comme glande à sécrétion interne*, Thèse de Lyon, 1908).

2° **Objections expérimentales.** — Il est moins intéressant aujourd'hui de reprendre les arguments donnés en faveur de la théorie de Fraenkel, que de mettre un peu d'ordre dans la série des objections très sérieuses, qui lui ont été faites par REGAUD et DUBREUIL, LACASSAGNE, CLOTILDE MULON, SCHICKELÉ.

La principale objection faite par REGAUD et DUBREUIL, dont la doctrine est résumée dans l'article sur le *Corps jaune, le rut et la menstruation* (Lyon médical, mars 1909), porte sur le fait suivant : c'est que le rut chez la lapine précède la déhiscence du follicule, sa rupture contemporaine du coït, et par conséquent la formation du corps jaune, consécutive à cette rupture. Ce n'est donc pas le corps jaune qui conditionne l'apparition cyclique du rut : REGAUD et DUBREUIL démontrent le fait dans toute une série de travaux donnés à la Société de Biologie, au cours des années 1907, 1908 et 1909.

A. LACASSAGNE (loc. cit.) vient apporter de nouvelles preuves que le corps jaune n'intervenait pas dans les phénomènes du rut. Par l'action des rayons destructeurs, dans certaines conditions d'intensité et de durée, l'auteur réussit à provoquer chez la lapine une véritable dissociation des éléments constituants de l'ovaire, follicule de DE GRAAF, corps jaune et glande interstitielle. Par ces destructions successives il arriva à constater qu'il pourrait y avoir, chez la lapine, le rut, en l'absence de coït, que les corps jaunes existent ou qu'ils aient été détruits.

Dans un travail critique très intéressant CLOTILDE MULON (loc. cit.) groupe tous les arguments épars pour établir qu'aucun des 25 rôles attribués au corps jaune ne lui appartient en toute évidence, expérimentale ou clinique, surtout en ce qui concerne son influence sur l'ovulation, le rut et la menstruation.

3° **Objections cliniques.** — C'est principalement aux critiques formulées par SCHICKELÉ, dans une série de travaux, qu'il convient de demander les objections à opposer chez la femme à la théorie du corps jaune (*Étude sur la fonction des ovaires*, gynécologie et obstétrique, Février et mars 1921, juin 1922). Dans le procès fait à la théorie de FRAENKEL, SCHICKELÉ conteste, non seulement l'action du corps jaune, mais même celle de la déhiscence folliculaire. Il a chirurgicalement, en effet, constaté une ponte ovulaire récente 17 fois sur 36 cas, dans la huitaine après la fin des époques. Il ne l'a constaté que 6 fois au milieu de l'espace intermenstruel, et 5 fois seulement, dans la dernière huitaine avant les règles. Il formule la grande objection de principe à FRAENKEL, en disant que : s'il existe des rapports de causalité entre le corps jaune et la menstruation, dans ce cas ils ne doivent pas subir d'exceptions, et insiste, d'autre part, sur le fait que ces rapports de causalité ne sauraient être si la menstruation peut s'effectuer malgré l'absence d'un corps jaune.

Il relate à l'appui de cette opinion 5 laparotomies *à la veille de la menstruation*, avec cinq fois pas de corps jaunes récents ou en évolution (3 fois corps jaunes anciens, et 2 fois corps jaunes absents).

Il apporte en outre 4 observations, dont 3 des premiers jours après la cessation des règles, ou au cours de la menstruation. Dans aucun de ces cas n'existait un corps jaune récent.

Pour Schickelé, le corps jaune ne conditionne même pas les modifications prémenstruelles de la muqueuse utérine. Cette transformation a été notée 2 fois coïncidant avec des absences de corps jaune, au cours de laparotomies.

Sa conclusion est que la menstruation et les phénomènes prémenstruels peuvent se produire malgré l'absence de corps jaune.

Quant au degré d'évolution du corps jaune, lorsqu'il coïncide avec la menstruation, Schickelé fournit les indications suivantes, basées, non seulement sur l'examen macroscopique au cours de laparotomies, mais aussi sur des examens histologiques.

Sur 26 observations : *le corps jaune est en régression :*
6 fois dans la semaine qui précède la menstruation ;
15 fois dans celle qui suit la menstruation ;
5 fois entre les deux semaines précédentes.

Il en conclut qu'on peut à tout moment rencontrer un corps jaune en régression avec une plus grande fréquence notée dans la semaine qui suit la menstruation.

Schickelé insiste sur les faits négatifs, qui suffisent à infirmer toute théorie du corps jaune, chez la femme, et qu'il est le premier à avoir formulée, en signalant des menstruations sans corps jaune constaté avant, pendant, ou après la menstruation.

Nous verrons à propos de la glande interstitielle, quelles sont les constatations faites par Schickelé sur la bande thécale.

La théorie du corps jaune qui a eu un si grand retentissement semble difficilement résister à ces dernières critiques.

3° Théorie de la glande interstitielle

Sommaire. — 1° La glande interstitielle chez la lapine (Regaud et Dubreuil, Regaud et Policard) ; — 2° La glande interstitielle chez la femme (L. de Jong, Moulonguet-Doléris, de Rouville et Sappey, Schickelé) ; — 3° Le produit de sécrétion (Chauffard, Laroche et Grigaud, P. Mulon) ; — 4° Discussion.

1° La glande interstitielle chez la lapine. — Il est d'abord nécessaire d'apporter un peu de précision dans l'expression de glande interstitielle. Il y a peu à changer à la définition qu'en donnaient Regaud et Dubreuil en 1906 (*Recherches sur les cellules interstitielles de l'ovaire chez le lapin*, communication au 8ᵉ Congrès de l'Association des Anatomistes, Bordeaux, 1906).

« Il existe dans le stroma conjonctif de l'ovaire des mammifères des cellules particulières qui se distinguent des cellules conjonctives ordinaires, par leur grand volume leurs enclaves lipoïdes, l'absence de prolongements et d'anastomoses intercellulaires leur aspect épithélioïde et leur ordonnance trabéculaire. De ces cellules les unes existent dans la région interne de tous les follicules, à partir d'un certain stade de leur évolution : les autres sont indépendantes des follicules. Ces dernières ont un développement très variable suivant les espèces animales ; elles sont très abondantes et très volumineuses, notamment chez les rongeurs et chez les cheiroptères. »

C'est Pflüger (1863) qui a vu le premier ces cellules. Leur nom de cellules interstitielles leur a été donné par Tourneux en 1879 en les homologuant aux cellules interstitielles du testicule. Elles se montrent surtout autour des follicules atrésiques et forment des cordons de cellules interstitielles.

Regaud et Policard (1901) ont émis l'hypothèse, se fondant sur les variations de la chromatine des noyaux et sur les enclaves lipoïdes dans ces cellules, que ces cellules sont l'agent d'une sécrétion intense. Simon, 1901 et Bouin, 1902, devaient reprendre l'idée et donner le nom de *glande interstitielle*.

2° La glande interstitielle chez la femme. — La glande interstitielle a été étudiée chez la femme où elle ne présente pas la même configuration que chez la lapine. On l'a décrite, soit comme étant constituée par les corps atrésiques et le corps jaune lui-même, soit comme résultant de formations spéciales qui ont été étudiées au point de vue anatomique et anatomo-pathologique pour établir l'influence glandulaire sur l'hémorragie menstruelle normale, pathologique ou même déficiente.

Dans le travail de Louise de Jong (*Étude anatomo-clinique de l'ovaire chez la femme, la glande interstitielle chez les tuberculeuses et les fibromateuses*, Thèse, Paris, 1914), on trouvera tous les renseignements sur l'état de la question; la glande interstitielle y est affirmée chez la femme et son siège dans les cellules lutéiniques à enclaves graisseuses, retrouvées dans le corps jaune et dans les corps atrésiques. L'auteur considère cette glande interstitielle, ainsi constituée, comme l'homologue de la glande interstitielle des animaux, ayant la même origine et la même morphologie. En suivant l'état de la glande interstitielle chez les tuberculeuses aménorrhéiques, d'une part, chez les fibromateuses métrorragiques d'autre part, elle conclut qu'il y a absence de corps jaunes de menstrues, chez toutes les malades aménorrhéiques tuberculeuses. Chez les fibromateuses la glande interstitielle est très variable et ne se montre nullement en rapport, dans son développement, avec l'intensité de l'hémorragie. Il est noté seulement une coïncidence entre l'absence de corps jaune et l'irrégularité des pertes, ce qui pourrait plaider en faveur du rôle régulateur de l'ovaire.

L'étude des hémorragies chez les fibromateuses a conduit C. de Rouville et Sappey (*Du rôle des cellules lutéiniques de l'ovaire dans certaines hémorragies utérines*, Gyn. et obst., janv. 1922) à constater, dans plusieurs cas de métrorragies de causes diverses, un épaississement marqué de la couche des cellules lutéiniques dans la thèque interne, avec amincissement de la couche granuleuse, et à en faire histologiquement un syndrome hémorragique. Dans les cas observés par eux, sans métrorragies, on rencontre un aspect inverse, épaississement de la couche cellulaire granuleuse, amincissement de la thèque interne. Ils en concluent que ce sont les sécrétions de la thèque interne qui commandent l'hémorragie menstruelle.

La question de l'origine de la sécrétion interne de l'ovaire, discutée entre les partisans du follicule et ceux du corps jaune a été étudiée consciencieusement par Joseph Szymanowicz (*Conditions de la prolifération des glandes utérines*, Gyn. et obst., Févr. 1922) sous la direction de son maître C. Champy. La conclusion de ce travail est que l'on constate une action alternative de ces deux organes. On noterait une première période, au début de l'hémorragie menstruelle, un stade très court qui paraît ne s'accompagner d'aucune modification cellulaire de la muqueuse utérine. Puis il y aurait une période de multiplication des éléments glandulaires avec accroissement progressif des glandes, du deuxième jour après le début des règles jusqu'au moment de la rupture du follicule, et, suivant cet auteur, régie par celui-ci. Enfin, dans une troisième période, on constate dans la muqueuse utérine la différenciation des cellules conjonctives en cellules déciduales, coïncidant avec la formation et l'évolution du corps jaune et paraissant en dépendre.

Schickele (*Études sur la fonction des ovaires, IVᵉ partie.* Gyn. et obst., janv. 1924) s'élève contre les théories précédentes. Après examen de 56 éléments à glande thécale au cours d'opérations chirurgicales, avant, pendant et après la menstruation, il en conclut qu'aucun rapport n'est à établir entre le volume de la glande thécale, ou le nombre de ses éléments, et leur fonction, qu'un fragment d'ovaire suffit aussi bien que l'ovaire entier à assurer sa fonction. Il remarque enfin que l'instabilité de la glande thécale, pendant la vie génitale extra-gravidique, est telle qu'il semble impossible de lui reconnaître des rapports avec la menstruation normale ou anormale.

Moulonguet-Doléris (*La glande à sécrétion interne de l'ovaire humain*, Thèse, Paris, 1923) reprend toute la question en basant son étude sur l'*ovaire humain* et cherche à élucider la question du tissu interstitiel et de son rôle. Pour lui, ce tissu existe dans l'ovaire sous l'aspect d'amas d'un jaune plus ou moins intense contenant des produits lipoïdiques et présentant des rapports avec la constitution des corps jaunes, mais avec des différences tranchées et mises en évidence par la solubilité des graisses interstitielles après action de l'acide osmique. Ces *formations lipoïdiques* sont formées par un amas de grandes cellules bourrées de lipoïdes solubles après action de l'acide osmique. Ces cellules présentent des caractères de sénescence avec un noyau en voie de destruction.

La conclusion de cette étude est que la sécrétion interne de l'ovaire humain semble n'avoir aucun effet sur l'hémorragie menstruelle, bien qu'elle agisse sur le développement de la puberté, la prémenstruation, la nidation de l'œuf.

3º **Le produit de sécrétion.** — Si l'on ne s'entend pas sur les effets de la sécrétion ovarienne sur l'hémorragie menstruelle, il faut constater que le produit de sécrétion existe. Le produit, qui serait déversé dans la circulation par les cellules à lutéine, serait pour les uns un produit spécial la *lutéine*, pour d'autres de la *cholestérine* (Chauffard, Laroche et Grigaud), pour d'autres, un mélange de cholestérine et de lipoprotéides, peut-être phosphorées (Mulon).

P. Mulon, au point de vue de l'évolution histo-chimique des corps jaunes, a noté que les cellules à lutéine riches en corps gras, présentaient une évolution particulière, liée à la menstruation ou à la grossesse, qui peut se résumer ainsi :

1° Dès le début de leur formation, les cellules à lutéine sont riches en corps gras à l'état d'imprégnation diffuse du protoplasma ou sous forme de mitochondries, sans être à l'état d'enclaves différenciées.

2° Dans le corps jaune menstruel, c'est vers le 10e jour que les gouttelettes graisseuses font leur apparition (elles n'apparaissent que vers le 3e mois au cours de la grossesse chez la femme), elles présenteraient les caractères de mélanges complexes d'éthers de cholestérine, comme l'ont indiqué Chauffard, Laroche et Grigaud.

Ces gouttes de cholestérine auraient été vues, suivant ces auteurs, dans les vaisseaux, ou sous forme des amas lipo-protéiques vus par P. Mulon. Ces graisses, pigmentées sur le corps jaune de grossesse, le sont à un degré beaucoup moindre sur le corps jaune de menstrues. Cette fixation du pigment serait faite par les lipoïdes, et ce pigment survivrait à la disparition des graisses.

Dans le corps jaune de menstrues, P. Mulon a en outre noté une formation de tissu collogène, moindre que dans le corps jaune de grossesse, et des enclaves lipoïdes, dans lesquelles les caractères de la cholestérine sont plus nets et présentent la croix de polarisation. Ce qui pour cet auteur confirme le parallélisme morphologique entre le corps jaune et la corticale surrénale.

Les recherches purement chimiques, par les analyses faites sur des quantités de tissus, permettraient de trouver une même composition pour les corps jaunes de grossesse et de menstrues d'après Rosenblum, cité par C. Mulon.

Avec ce dernier auteur on peut résumer l'histologie et l'histo-chimie du corps jaune en le considérant comme : « 1° une glande lançant dans la circulation des lipoïdes cholestériques et phosphorés ; 2° enlevant de la circulation des substances pigmentées, mises à part, comme des déchets ou des réserves, très isolées au milieu d'une gangue conjonctive fibreuse ».

4° Discussion. — Telle qu'elle a été posée jusqu'ici, la question de savoir quelle est l'action partielle des ovaires sur la menstruation paraît insoluble, puisque, alors que l'action totale de l'ovaire ne fait pas de doute, l'action particulière, soit de la déhiscence folliculaire, soit du corps jaune, soit de la glande interstitielle peuvent être niées Cela résulte de ce que l'on considère trop la menstruation comme limitée aux phénomènes hémorragiques. Si désormais, comme nous avons cherché à l'établir, dans la deuxième partie de ce travail, la menstruation est considérée comme l'ensemble de phénomènes congestifs génitaux, s'accomplissant avec ou sans rut, avec ou sans hémorragie, phénomènes se manifestant avec des variantes, chez tous les mammifères, et non uniquement réservés aux primates (femme et singe) ; si l'on admet que ces phénomènes menstruels sont préparatoires de la nidation, bien des objections faite aux diverses théories précédentes semblent disparaître, et l'on est bien forcé d'admettre une sécrétion interne de l'ovaire dont il restera à rechercher les causes de la mise en jeu ou de l'exaltation. La théorie réflexe ne peut résister à l'objection tirée de l'action de la greffe, agissant tant que vit le greffon, sans connexions nerveuses possibles. La théorie de la sécrétion interne peut être admise même dans les cas d'excitation kystique (Lacassagne) ; par irritation du tissu ovarien et excitation directe des éléments cellulaires sécrétants.

Cette sécrétion interne de l'ovaire étant admise, à quels éléments cellulaires l'attribuer, corps jaunes ou glande interstitielle? Si les phénomènes menstruels sont unifiés chez les mammifères, il n'est pas irrationnel d'admettre que les cellules à lutéine ou lipoïdiques, soit des corps jaunes, soit des cellules thécales, agissent aussi bien les unes que les autres pour produire une congestion, qui est indispensable, qui est la caractéristique essentielle et nécessaire des phénomènes menstruels, destinés à aboutir à la nidation. Le fait a été indiqué par Fraenkel lui-même, mais il a eu le fort d'assimiler la nidation, phénomène général et indispensable, à l'hémorragie externe ou menstruation, phénomène accessoire dépendant d'une certaine texture utérine (Wallich). Il faut distinguer dans les phénomènes menstruels, à côté des manifestations essentielles, congestion génitale périodique, des manifestations accessoires, telles que le rut ou l'hémorragie. Ces dernières peuvent se montrer sous des modalités très diverses, mais n'en ont pas moins la caractéristique commune de faire partie des phénomènes menstruels. C'est donc cette dernière expression de phénomènes menstruels, sous laquelle il faudrait convenir d'étudier désormais les actes préparatoires de la nidation chez les différents mammifères, sans se fixer exclusivement sur leurs manifestations secondaires et irrégulières telles que le rut et l'hémorragie menstruelle. Le rut et la menstruation restent malgré tout des manifestations homologues, mais ils ne sont que la conséquence des phénomènes congestifs périodiques, mis incontestablement en train par la sécrétion interne de l'ovaire.

III. — La crise menstruelle

L'action de l'ovaire sur les phénomènes menstruels est elle-même à son tour déclenchée par des circonstances qui en règlent la périodicité et le retour. Le cycle menstruel a pu ainsi être considéré comme conditionné par une série de modifications humorales, ayant comme fin la nidation de l'œuf fécondé et la gestation. S'il se produit un échec dans ces dernières étapes, le cycle se termine par une véritable crise, débarrassant l'organisme de toutes les substances désormais inutiles, et devenues toxiques, accumulées pour la nourriture et le développement de l'œuf. Quels sont ces phénomènes humoraux, traduits dans l'impression populaire par la vieille notion d'impureté ? Ils ont été étudiés aujourd'hui plus scientifiquement dans un certain nombre de faits 1° *cliniques*, 2° *expérimentaux*, et même, 3° dans les *influences cosmiques* qu'ils peuvent subir. Nous allons examiner les constatations faites à ces différents points de vue.

1° Faits cliniques

Sommaire. — Modifications biologiques. — Ménopause naturelle ou artificielle. — Les greffes. — Nature et provenance des substances toxiques éliminées.

Modifications biologiques. — Elles consistent en quelques faits d'observation banale, tels que l'absence de coagulation sanguine, successivement attribuée, soit à la présence de substances hémolysantes, soit à l'absence de substances coagulantes. Il est plus simple de considérer que c'est la simple présence du mucus qui agit sur l'aspect et les propriétés physiques du sang.

Les phénomènes fébriles de la période menstruelle ont été attribués à des substances toxiques non déterminées. Il en est de même de celles qui pourraient modifier la tension artérielle ou présider aux modifications des fonctions du foie ou de la thyroïde. Le retour de ces différents troubles, parallèlement au cycle menstruel, a suffi pour faire considérer la menstruation comme un phénomène critique.

Dans ces modifications physiologiques on a cherché à établir une certaine connexion entre le fonctionnement de l'ovaire et celui des autres glandes vasculaires sanguines. Telles sont l'hypertrophie thyroïdienne de la puberté et parfois des périodes menstruelles, les ménorragies et les dysménorrhées de l'hypothyroïdie (myxœdème), l'aménorrhée des femmes thyroïdectomisées dans leur jeune âge. L. Hallion injectant par la voie intra-veineuse de l'extrait d'ovaire à des chiens put provoquer ainsi spécialement dans le corps thyroïde des augmentations de volume, indices d'un gonflement de ses vaisseaux (*Revue pratique de biologie appliquée*, juillet 1924. *Sur les rapports fonctionnels thyro-ovariens*). On a constaté aussi que l'hypophyse des femelles augmenterait après la castration et que le thymus s'atrophierait au fur et à mesure que l'ovaire se développe. Enfin, il faut retenir de fait que les extraits thyro-ovariens dans le traitement opothérapique auraient plus d'action que le traitement à l'extrait ovarien seul. (Voir Jean-Robert Henry, *Physiologie du corps jaune*, Gaz. des hôp., 14 avril 1923.)

Ménopause naturelle ou artificielle. — Si la menstruation s'accompagne de certains troubles assez inconstants, son absence ou sa déficience en entraîne de beaucoup plus certains, que la ménopause soit naturelle, ou qu'elle soit artificielle, consécutive à la castration chirurgicale ou par rayonnement. Ces différents troubles circulatoires, nerveux et trophiques se traduisent par les signes habituels : bouffées de chaleur, algies, troubles mentaux, obésité, développement pileux. A ces différents troubles TUFFIER a ajouté l'artériosclérose par rétention du calcium ou par hyperactivité des surrénales. (TUFFIER et MAUTÉ, *Les accidents de la ménopause chirurgicale*. Presse médicale, 23 novembre 1913.)

De même l'élimination de l'azote et du phosphore, ainsi que l'exhalaison de l'acide carbonique seraient diminuées chez les femmes castrées. De là à conclure que ces substances sont normalement éliminées par l'hémorragie menstruelle, il n'y avait qu'un pas.

H. VIGNES (*Notes et recherches sur la menstruation*, Thèse, Paris, 1914), dans un travail très important sur la toxémie au cours de la menstruation, explique l'obésité de l'aménorrhée par un fait de biologie générale. Il rappelle que les plantes châtrées continuent à se développer après fructification et restent riches en réserves nutritives. Il y aurait normalement une sorte d'équilibre entre le germe et les réserves nutritives du soma. Excès des réserves nutritives, ou obésité, cessent si reparaît la menstruation, provoquée par une greffe ou parfois sous l'influence de l'opothérapie. Il n'est pas rare que les troubles de ménopause disparaissent par l'apparition de l'écoulement menstruel. Il semble dans ces cas que cette hémorragie, si peu importante qu'elle soit, donne l'explication de la cessation des troubles.

On sait aussi que cette amélioration peut suivre des hémorragies diverses en produisant des écoulements *vicariants*. Il faut noter toutefois que la saignée thérapeutique, bien que présentant une certaine utilité, n'entraîne pas la disparition complète des troubles aménorrhéiques.

Les greffes. — Le principal argument clinique des partisans de l'action désintoxicante de l'hémorragie menstruelle est dans le fait que les troubles aménorrhéiques persistent en cas de greffe après castration suivie d'hystérectomie. Tandis qu'ils cessent en cas de greffe avec conservation utérine, dès que les règles se rétablissent, pour reparaître dès que la greffe s'atrophie ou est expulsée. Il semble alors, suivant l'expression de H. VIGNES, que « tout se passe comme si la menstruation était un exutoire par lequel s'éliminent des molécules, empêchées, de par leur état physico-chimique, d'emprunter la voie des autres émonctoires ».

Nature et provenance des substances toxiques éliminées. — Leur nature est inconnue. On sait seulement que des substances toxiques telles que l'éther et le chloroforme administrées au cours d'une anesthésie chirurgicale, peuvent s'éliminer aussi par le sang des menstrues, de même l'arsenic ou le calcium. L'explication invoquée par H. VIGNES est que les molécules de ces différents corps, trop grossières pour emprunter la voie rénale, se fixent sur les cellules et en particulier sur les globules rouges. D'où l'explication du fait qu'on peut observer, en même temps que les règles et surtout à leur place, des lésions cutanées, comme moyen d'élimination. Dans cet ordre d'idées, CHARRIER a noté un accroissement de la toxicité du sérum, à l'approche des règles. Cette toxicité serait modifiée, suivant cette théorie, par la saignée menstruelle qui constituerait ainsi un véritable exutoire.

Ces substances toxiques, dont la nature est inconnue, on peut se demander, leur existence admise, quelle est leur provenance. Certains ont cru en trouver l'explication dans les faits observés consécutivement à l'aménorrhée de la grossesse et de l'allaitement. D'où l'opinion que l'écoulement menstruel est peut-être l'exutoire des produits qui auraient servi aux premiers stades du développement. Ce ne sont là qu'hypothèses intéressantes, mais dont on n'a pu fournir aucune démonstration.

2° FAITS EXPÉRIMENTAUX

Sommaire. — 1° Substances médicamenteuses. — 2° Action hyperhémiante des extraits d'ovaire (CARNOT, ISCOVESCO, H. VIGNES). — 3° Pouvoir toxique des extraits d'ovaire.

1° **Substances médicamenteuses.** — Ces substances ont une action très problématique sur la production de l'hémorragie menstruelle. Il n'en serait pas de même au point de vue de leur action sur la congestion pelvienne, qui se manifesterait, suivant H. Vignes, après des injections de cantharidine, de safran, et surtout d'apiol.

2° **Action des extraits d'ovaire sur l'hyperhémie utérine et l'hypertrophie des organes génitaux.** — Ces modifications auraient pu être provoquées par différentes préparations extraites de l'ovaire. Carnot (*Traité d'opothérapie*, 1910), en injectant du sang de chienne en chaleur à d'autres chiennes, a obtenu, dans un cas, le rut immédiat.

H. Iscovesco (*Action d'un lipoïde de l'ovaire sur l'organisme*, C. R. de la Société de Biologie, 21 nov. 1913, et *ibid.*, 26 juillet 1912, et *Revue de gyn. et chir. abdom.*, 1er mars 1914) a extrait des lipoïdes d'organes divers et, en particulier, de l'ovaire, ayant une action homostimulante; leur injection répétée provoquerait expérimentalement un hyperfonctionnement de l'organe, se traduisant en particulier pour les organes génitaux par une hypertrophie très marquée.

H. Vignes (*loc. cit.*) a eu recours à des extraits solubles, d'œufs de harengs, des phosphatides ovariens de la truie, des lipoïdes solubles dans l'éther et l'acétone, des extraits solubles d'œufs de harengs et de cholestérine, ou diverses combinaisons. De ces différents extraits, les extraits solubles dans l'eau se sont montrés à peu près inactifs, à moins qu'ils ne soient associés à la cholestérine. Les phosphatides ovariens, et l'ovolécithine se sont montrés très actifs; les lipoïdes solubles ont besoin d'être associés à l'ovolécithine. Il y aurait antagonisme entre la lécithine et le principe ovarien hyperhémiant.

Comme le souligne H. Vignes, cette action hyperhémiante de la muqueuse utérine n'est pas absolument spéciale à l'extrait d'ovaire, puisque Aschner (*Arch. f. gyn.*, 1913, tome XCIX) aurait obtenu des effets encore plus marqués au moyen des extraits placentaires. Ces hormones placentaires ont été invoquées comme cause des hémorragies génitales des nouveau-nés (Romme, *Presse médicale*, 19 juillet 1905; Lequeux et Marioton, *La crise génitale chez le nouveau-né*, Sociét. d'obst. de Paris, janvier 1911).

3° **Pouvoir toxique des extraits d'ovaire, pouvant expliquer la toxhémie menstruelle.** — A certaines doses, les extraits ovariens peuvent tuer diverses espèces animales, en montrant des différences, suivant qu'on les fait agir sur des mâles ou des femelles. L'extrait d'ovaire de brebis, non toxique pour le lapin et le cobaye à la dose de 2/100, tue le mâle cobaye à la dose de 4/100 et la femelle cobaye à la dose de 8/100 (Ferré et Berrion, cités par H. Vignes). Les produits génitaux, les œufs peuvent se montrer très toxiques. Le tissu génital enfin aurait une grande affinité pour certaines substances toxiques, telles que les toxines tétaniques ou tuberculeuses, dont la fixation serait réalisée par les lipoïdes.

Pour P. Mulon, ces lipoïdes sont des graisses molles qui présideraient à un pouvoir antitoxique. H. Vignes a constaté que la lécithine et la cholestérine, à un moindre degré, diminuent la toxicité des extraits d'ovaires et d'œufs.

Le même auteur a pu constater des variations de la lipoïdémie en rapport avec le cycle menstruel et cite Zoeppritz (XVe Congrès de la Société allemande de gynécol., Halle, mai 1913) qui aurait trouvé la lipoïdémie augmentée 4 fois sur 5 chez les aménorrhéiques, en faisant remarquer que ces cas étaient les plus influençables par l'action de l'opothérapie ovarienne. Pour H. Vignes, la cholestérinémie favorise la menstruation plus que la lécithinémie. On a fait l'hypothèse que la fonction ovarienne enlèverait à l'organisme une certaine quantité de lécithines, utilisées pour la formation de l'œuf, et qui, après la castration, s'accumulerait.

D'après Metchnikoff, l'ovaire attire à lui un certain nombre de substances toxiques, utilisées pour le développement de l'ovule. L'alcaloïde dans la plante ne serait autre chose qu'une réserve nutritive, ayant un volume assez faible pour être utilisée par les cellules reproductives.

Inversement, au fonctionnement de l'ovaire exprimé par les phénomènes menstruels, on peut attribuer un rôle antitoxique, rappelant celui de la surrénale avec laquelle l'ovaire présente des similitudes au point de vue de l'embryologie, de l'histochimie, de l'histophysiologie (P. Mulon). De même, on a invoqué cette action antitoxique de la fonction ovarienne en constatant l'hypergénèse des cellules lutéiniques dans la môle hydatiforme, et dans le chorio-épithéliome (Cottalorda, *La môle hydatiforme, le chorio-épithéliome et les kystes lutéiniques de l'ovaire* (Gyn. et obst., août 1921). V. aussi

M. Pottet, *Contribution à l'étude anat., phys. et histologique du corps jaune pendant la grossesse.* Th. Paris, 1910.)

C'est en se basant sur l'observation de toute cette série de phénomènes qu'a été édifiée la théorie moderne de la désintoxication menstruelle, laquelle éliminerait les lipoïdes accumulés quand la nidation n'a pas lieu. La menstruation ou plutôt l'hémorragie menstruelle aurait ainsi pour fin *un avortement chimique* assurant l'élimination des produits fixés sur tout l'épithélium génital (en vue des premiers stades de la nidation) et accessoirement de certains produits toxiques (H. Vignes). On peut objecter à cette manière de voir que les phénomènes menstruels s'accomplissent chez tous les mammifères et que l'hémorragie ne se réalise que chez très peu d'entre eux. Si les choses se passaient de la sorte, il en résulterait que parmi ces animaux un très petit nombre seulement profiteraient du bénéfice d'une désintoxication aussi importante, ce qui paraît peu vraisemblable.

Il n'est pas irrationnel de considérer, à un point de vue plus général, les poussées congestives génitales ou vicariantes, qu'elles aboutissent ou non à des hémorragies, comme un moyen mis en œuvre par l'organisme pour réagir contre des phénomènes toxiques.

3° Influences cosmiques

Sommaire. — 1° L'hibernation (Cullen, H. Vignes). — 2° L'influence cosmique (Charles Richet).

Ainsi que l'a voulu, depuis longtemps, la croyance populaire, la mise en train des phénomènes menstruels est-elle actionnée par des influences extrinsèques à l'organisme, saisonnières, climatériques, cosmiques?

L'hibernation. — La question de climat a déjà été étudiée dans la première partie du présent travail; on a vu quelles influences on avait pu noter sur la date d'apparition des phénomènes menstruels et sur leur régularité. Il est nécessaire de considérer maintenant les particularités qui ont été notées, soit sur la suspension menstruelle dans certaines régions, ou sur l'arrêt des ruts, ou des fécondations chez les femelles hibernantes.

H. Vignes rappelle une remarque caractéristique faite par Cullen (*Éléments de médecine pratique*, tome II, p. 142, trad. Bosquillon, 1787) et ainsi exprimée : « Quand les règles sont supprimées l'hiver, tous nos efforts sont en général inutiles jusqu'au commencement de l'été. » H. Vignes indique la lécithinémie dans l'hibernation et son influence sur les malaises hibernaux, pour établir l'antagonisme entre la lécithine et le principe ovarien hyperémiant; il signale en outre que « pendant la nuit polaire, qui est longue de quatre mois, les femmes esquimaux dorment et ne sont pas réglées, et que les conceptions datent toutes de cette époque ». De même chez les mammifères hibernants (César Bianchi, *Osservazioni sulla struttura e sulla funzione della cosidetta ghiandola interstitiale dell'ovaia;* Archivio di fisiologia, 1907, p. 523, cité par H. Vignes) il y aurait atrophie de la glande interstitielle de l'ovaire (H. Vignes, *La masse hibernale*, Gaz. des hôp., 22 janvier 1914, p. 137; et Id., *L'extirpation de la masse hibernale*, C. R. Soc. de Biolog., 8 nov. 1913).

Influence cosmique. — Charles Richet (*De la variation mensuelle de la natalité*, Bullet. Ac. des Sc., 7 et 14 août 1916) a tiré des conclusions physiologiques d'une étude démographique. En se basant sur les statistiques de la natalité, il a indiqué dans le *maximum mensuel des naissances* qui, pour un même pays, se montre chaque année à peu près aux mêmes époques, avec d'une année à l'autre des inflexions et des élévations parallèles, un moyen d'établir en quelque sorte le moment physiologique le plus accentué de la possibilité des fécondations : ce moment étant reporté 280 jours en arrière de la date des naissances.

C'est ainsi que pour la France, en 57 ans, sur le chiffre considérable de près de 50 millions de naissances, on voit que *le maximum mensuel* a toujours été en février et en mars.

On retrouve ce même maximum pour tous les pays de l'*hémisphère boréal* dont il a pu obtenir les chiffres dans une période de quatre ans. Ce maximum est aussi pour ces pays (Japon, Serbie, Espagne, Italie, Hongrie, Danemark, Autriche, Suède, Allemagne, Norvège).

Dans l'*hémisphère austral*, le maximum de naissances est en août-octobre, à une distance de six mois du maximum mensuel de notre hémisphère (Australie, Nouvelles-Galles du Sud, Uruguay, ville de Buenos-Ayres).

Le maximum de conceptions est donc, en comptant 280 jours en arrière, du 5 mai au 5 juin dans notre hémisphère.

C'est donc à la fin du printemps et au commencement de l'été (que les conceptions sont les plus nombreuses. Cela se note aussi bien, quand cela est spécifié, parmi les naissances légitimes comme parmi les naissances illégitimes, aussi bien dans la population urbaine que dans la population rurale, aussi bien dans la population aisée que dans la population pauvre.

Ces conditions de « fécondabilité », si l'on peut dire, « optima » et de fonctions ovariennes paraissent être commandées, suivant Ch. Richet, par le climat et la température.

Le jour maximum des conceptions paraît ainsi réglé dans notre hémisphère partagé en trois zones transversales :

> Groupe méridional. . . . 7-9 mai
> Groupe central. . . . . . 20 mai
> Groupe septentrional. . . 2-5 juin

Ch. Richet conclut de ces faits « qu'il n'y a aucune corrélation à établir entre les hypothétiques expansions amoureuses du printemps et la natalité... » mais que « les conditions physiologiques de la maturation de l'ovaire et de sa fécondation ne sont pas également favorables dans toutes les périodes de l'année... 5 p. 100 à peu près des femmes sont beaucoup plus aptes à être fécondées pendant cette période de l'année qu'à toute autre époque ».

Ainsi se trouve démontrée, en dernière analyse, l'influence du milieu sur les phénomènes biologiques en général, et l'application de cette loi aux phénomènes menstruels.

IV. — Conclusions générales

1° Au point de vue de *ses manifestations*, la menstruation mérite d'être considérée comme un ensemble de phénomènes, propres à l'organisme féminin, caractérisés essentiellement par des poussées congestives périodiques des organes génitaux, s'accompagnant ou non d'hémorragies externes qui semblent plus particulièrement l'apanage de la femme et de la femelle du singe.

Ces phénomènes attestent la période d'activité génitale, et cessent au moment des puerpéralités. Ils s'accompagnent de modifications générales passagères, les unes d'ordre psychique, les autres d'ordre humoral, qui prennent le nom de « chaleurs » et de « rut » chez les différents mammifères.

L'expression menstruation, réservée plus spécialement par l'usage à l'hémorragie génitale seule, mérite d'être élargie, l'hémorragie n'étant qu'une des diverses manifestations menstruelles.

2° L'*examen anatomique* des organes génitaux permet de constater de profondes modifications au niveau de la muqueuse utérine, qui se tuméfie et s'hyperplasie dans tous ses éléments pour accueillir l'œuf fécondé. C'est *la nidation*. Si celle-ci ne s'effectue pas, la muqueuse peut saigner, puis elle regresse et revient à son état normal.

Ces phénomènes congestifs périodiques s'observent chez tous les mammifères, mais en présentant des variations d'intensité individuelles, et des modes de répartition divers suivant les espèces. La congestion utérine aboutit généralement à l'hémorragie, mais celle-ci peut être seulement interstitielle, ou pénétrer dans la cavité utérine et paraître à l'extérieur. Ce qui ne se produit pas en cas de grossesse.

L'hémorragie externe se manifeste spécialement chez les primates (femme et singe), sans doute en raison de la texture plexiforme de la couche musculaire de l'utérus, laquelle enserre les vaisseaux et gêne leur expansion congestive, qui va s'exercer sur les fragiles vaisseaux de la muqueuse utérine, lesquels se rompent sous l'effort de la poussée congestive.

Au contraire, dans les utérus non plexiformes, dans les utérus à cornes des autres mammifères, l'expansion des vaisseaux s'accomplit sans difficulté dans une couche de tissu cellulaire, elle n'aboutit qu'à un simple mouvement congestif avec infiltration dans la muqueuse utérine, et l'hémorragie ne paraît pas à l'extérieur. Ces différentes constatations peuvent être faites autour du rut, qui mérite d'être considéré comme manifestation des phénomènes menstruels.

3° Au point de vue de *leurs causes*, les phénomènes menstruels doivent être considérés comme dépendants des fonctions de l'ovaire. Car ils ne peuvent se produire à un degré quelconque en l'absence de cet organe, ainsi que l'ont démontré les castrations diverses, expérimentales ou thérapeutiques. La moindre parcelle d'ovaire, au contraire, omise dans une castration, ou incluse par une greffe, suffit à conditionner la persistance ou le retour des phénomènes menstruels.

Si l'action de l'ovaire total est incontestable, il est plus difficile, à l'heure actuelle, de spécifier quelles sont les parties de l'ovaire, follicule, corps jaune, glande interstitielle, agissant d'une façon prépondérante. Des observations faites, et des discussions nombreuses qui se sont élevées sur ce sujet, il semble se dégager que les parties composantes de l'ovaire agissent simultanément, plutôt que les unes à l'exclusion des autres, et qu'il convient de faire une part, dans la production des phénomènes menstruels, aussi bien au follicule déhiscent, qu'aux cellules thécales lutéiniques, et à la sécrétion interne de l'ovaire.

La crise menstruelle n'est pas douteuse, ainsi que les substances toxiques qu'elle met en mouvement, et dont certaines ont peut-être isolées et expérimentées. Il n'est pas prouvé néanmoins que l'hémorragie génitale, réservée à un trop petit nombre de femelles parmi les mammifères, soit le véritable et le seul exutoire de ces produits. Cette crise périodique, comme tout phénomène biologique, paraît influencée par le milieu, et conditionnée par des circonstances cosmiques, suivant la latitude, suivant l'hémisphère terrestre, suivant les saisons.

En dernière analyse, les phénomènes menstruels sont destinés à préparer dans l'organisme féminin la fécondation et ses suites. Ils se résument en congestions génitales périodiques accompagnées ou non d'hémorragies. Celles-ci peuvent se manifester à l'extérieur ou rester interstitielles.

Ainsi comprise, la menstruation pourra désormais être mieux étudiée dans ses manifestations diverses chez toutes les femelles des mammifères. Elle sera, de la sorte, dégagée des étroites limites dans lesquelles on avait eu tort de l'enfermer, en ne l'étudiant que dans une de ses manifestations les moins fréquentes et les plus irrégulières, au regard des espèces animales, dans l'hémorragie menstruelle de la femme et de la femelle du singe.

V. WALLICH.

MÉNYANTHINE. — Matière amère trouvée dans le trèfle d'eau (*Menyanthes trifoliata*).

MERCURE (Hg = 200). — **Historique**. — Le mercure, facilement isolable grâce à sa volatilité et existant d'ailleurs à l'état natif, paraît avoir été connu dès la plus haute antiquité. C'est le seul métal liquide à la température ordinaire : aussi l'imagination de l'homme et celle des alchimistes a-t-elle toujours été frappée par l'aspect physique et les propriétés de ce curieux métal.

Les Grecs distinguaient le mercure natif qu'ils appelaient argent vif (ἄργυρος χυτός) et le mercure extrait du cinabre qu'ils appelaient hydrargyre ou eau-mercure, c'est-à-dire mercure liquide. Plus tard, l'identification des combinaisons chimiques obtenues à partir de ces deux formes fit disparaître ces distinctions.

La toxicité de ce métal, et notamment de ses vapeurs, était connue des Anciens. Pline le décrit comme le « liquide éternel... poison de toute chose », et Dioscoride rapporte que les ouvriers des mines d'Espagne se protégeaient par un masque constitué par une vessie.

Proscrit de la thérapeutique par les médecins grecs et latins, le mercure paraît avoir été utilisé comme médicament, dès le xe siècle, par les médecins arabes (Rhazès, Avicenne, etc.). C'est vers le milieu du xvie siècle qu'on reconnut son efficacité dans le traitement de la syphilis. Tout d'abord, on utilisa les onguents à base de mercure éteint ou les vapeurs de mercure; plus tard, on eut recours aux composés chimiques de ce métal, d'abord aux sels minéraux ou organiques, plus récemment aux dérivés organiques du mercure, c'est-à-dire à des dérivés dans lesquels le carbone est fixé directement au métal.

Au point de vue physiologique, comme au point de vue thérapeutique, il convient de distinguer, d'une part, le mercure métallique (vif ou éteint) qui agit soit par les vapeurs qu'il émet, soit par les sels qu'il forme après qu'il a subi peu à peu l'oxydation, et, d'autre part, les composés chimiques du mercure qui se divisent eux-mêmes en *composés minéraux* (sels mercureux ou mercuriques à acides minéraux ou organiques) et en *composés organiques* dans lesquels le mercure peut être lié par l'intermédiaire du carbone soit à un, soit à deux radicaux organiques : $XHgR$ ou $R HgR$. Tous ces composés sont tantôt solubles, tantôt insolubles dans les divers solvants usuels; malgré leur insolubilité, ces derniers se résorbent lentement par suite de transformations chimiques diverses et ils exercent les mêmes effets thérapeutiques que les sels solubles.

État naturel. — Le mercure se trouve dans la nature sous des formes chimiques peu variées qu'on rencontre en quantités variables dans tous les continents et même dans la plupart des pays. La mine la plus importante, celle d'Almaden en Espagne, était déjà exploitée 400 ans au moins avant l'ère chrétienne. Les minerais autres que le cinabre sont peu nombreux et peu importants. Le mercure existe également à l'état natif, soit dans les mines de cinabre, soit même dans les terrains ne renfermant pas de cinabre. On a signalé le mercure dans certaines eaux naturelles, notamment en Californie, le plus souvent à l'état de sulfure dissous dans le sulfure de sodium (Becker). Le mercure existe dans les eaux de l'Océan et dans certains échantillons de sel marin (Würzer, Proust, Künckel). La présence du mercure dans les tissus normaux, animaux ou végétaux, n'a jamais été signalée.

Chimie. — Le mercure appartient au même groupe du système périodique que le zinc et le cadmium. Ces trois éléments se distinguent des autres métaux par leur fusibilité et leur volatilité. Le mercure forme des combinaisons minérales (sels simples et complexes) et organiques.

Sels simples mercureux et mercuriques. — Les combinaisons minérales existent sous deux formes : les dérivés mercuriques et mercureux. Dans les dérivés mercuriques ($Hg X^2$) le mercure est bivalent : ses sels ont une certaine ressemblance avec ceux du cadmium et du zinc. Dans les dérivés mercureux, le mercure est monovalent et les sels HgX se rapprochent des composés correspondants du cuivre et de l'argent. Autrefois on donnait aux sels mercureux, la formule double Hg^2X^2; aujourd'hui, d'après les recherches récentes, la formule simple est généralement adoptée; seul, le chlorure semble être bimoléculaire : sa densité de vapeur à 448° correspondant à la formule Hg^2Cl^2; en solution moyennement diluée, il a également cette formule, tandis que, dans les solutions plus concentrées, il a la formule $HgCl$. Ses propriétés chimiques concordent avec la formule Hg^2Cl^2.

Sels complexes. — En dehors de ces sels simples, le mercure donne naissance à des sels complexes résultant de l'union soit avec un sel alcalin, soit avec un sel ammoniacal ou encore avec les nombreux dérivés ammoniacaux organiques : amines, amides ou alcaloïdes.

Combinaisons organiques du mercure. — Les combinaisons organiques dans lesquelles le mercure est fixé directement au carbone (mercure dissimulé) existent sous deux formes : 1° composés à mercure complètement dissimulé du type $R — Hg — R$ qui sont insolubles dans l'eau (sauf les sels sodiques de ceux qui possèdent une fonction acide) mais solubles dans l'huile et les solvants organiques; 2° composés mixtes à mercure semi dissimulé du type $X — Hg — R$, dans lesquels R est un radical organique (C^2H^5, C^6H^5, etc.) et X un radical minéral OH, Cl, I, etc. Certains de ces composés sont légèrement solubles dans l'eau; la plupart sont insolubles.

Caractères généraux et analytiques. — Le mercure est le seul métal liquide à la température ordinaire, il est solidifiable à — 39°4 C et bout à 357° C.

L'oxygène forme avec lui deux oxydes : le moins oxygéné Hg^2O donne les sels mercureux ; le plus oxygéné HgO fournit les sels mercuriques plus stables que les précédents ; cet oxyde mercurique existe sous deux formes : oxyde jaune obtenu par précipitation des sels mercuriques par la potasse, et l'oxyde rouge qui s'obtient directement par chauffage du mercure à l'air.

Les vapeurs de mercure se combinent directement aux vapeurs d'iode avec formation de HgI^2 d'un rouge *caractéristique*. Le mercure n'est pas attaqué par les acides étendus : l'acide bromhydrique l'attaque à peine ; il se dissout dans l'acide iodhydrique ; de même, dans l'acide sulfurique concentré à chaud avec dégagement de SO^2. Son meilleur dissolvant est l'acide nitrique.

Sels mercureux. — Ces sels sont généralement peu solubles ou même insolubles, notamment les sels d'hydracides (chlorure, iodure, etc.) ; les sels peu solubles (nitrates, sulfates, acétates, etc.) deviennent plus solubles en présence d'un excès d'acide. Ces sels passent plus ou moins facilement à l'état de sels mercuriques avec élimination de métal. Le chlorure mercureux (calomel) est soluble dans les solutés aqueux d'hyposulfite de Na.

La potasse et la soude précipitent, dans les solutions des sels solubles, de l'oxyde mercureux noir, insoluble dans un excès de réactif. L'ammoniaque précipite un sel de mercure ammonié avec séparation de mercure libre facilement décelable au contact d'une lame d'or. Le carbonate agit de même. Les carbonates alcalins donnent un précipité jaune de carbonate qui se décompose rapidement avec formation de mercure et d'oxyde mercurique.

L'acide sulfhydrique fournit du sulfure mercurique noir et libère du mercure. L'acide chlorhydrique et les chlorures donnent un précipité blanc de chlorure mercureux (précipité blanc de la pharmacopée française) insoluble dans les acides étendus et qui passe par ébullition prolongée dans l'eau à l'état de chlorure mercurique avec mise en liberté de mercure. Le précipité devient gris. L'iodure de potassium précipite de l'iodure mercureux vert instable. Le chlorure stanneux et le cyanure de potassium séparent immédiatement du mercure libre ; dans le second cas, il y a formation de cyanure mercurique.

Sels mercuriques. — C'est sous cette forme que l'on obtient le mercure dans les essais biologiques après destruction de la matière organique. Les sels mercuriques sont stables, généralement incolores. Plusieurs cependant sont colorés : iodure, chromate, sulfure ; quelques-uns dimorphes comme l'oxyde rouge ou jaune et le sulfure noir ou rouge. Les sels solubles sont le chlorure, le bromure, le cyanure, le sulfate, l'azotate, les sels des acides organiques ; l'iodure est très peu soluble dans l'eau, mais soluble dans une solution d'iodure de potassium. Par suite de la formation probable d'acides ou de sels complexes stables, le chlorure mercurique est beaucoup plus soluble dans l'eau additionnée d'acide chlorhydrique ou d'un chlorure alcalin. Enfin le chlorure et le bromure, peu solubles dans l'eau, présentent cette propriété assez rare d'être facilement solubles dans l'alcool et surtout dans l'éther. L'iodure mercurique est en outre soluble dans l'huile.

La potasse et la soude donnent un précipité d'oxyde mercurique jaune, facilement soluble dans les acides. L'ammoniaque donne un précipité blanc de chloramidure de mercure (précipité blanc de la pharmacopée allemande) volatilisable sans fusion préalable ; ce précipité est également soluble dans les acides et se dissout dans une solution aqueuse chaude de chlorure d'ammonium. Les carbonates alcalins donnent un précipité de carbonate basique rouge brun, instable à l'ébullition, avec formation de gaz carbonique et d'oxyde mercurique.

L'hydrogène sulfuré fournit comme terme définitif du sulfure mercurique noir ; mais il se produit d'abord une série de chlorosulfures de diverses couleurs : blanc, jaune et brun. Le sulfure est insoluble dans le sulfure d'ammonium et dans les acides à froid. L'eau régale attaque le sulfure avec séparation du soufre et formation de chlorure mercurique. L'iodure de potassium donne un précipité rouge d'iodure mercurique soluble dans un excès de réactif. Cette solution ne donne plus les réactions du mercure et aucun précipité par les alcalis : ainsi alcalinisée, elle constitue le réactif de Nessler, qui permet de déceler des traces d'ammoniaque.

Le sulfate ferreux et le chlorure stanneux réduisent les sels mercuriques en sels mercureux et en mercure ; le premier n'agit cependant ni sur le chlorure, ni sur le cyanure. Le cyanure de potassium précipite la solution concentrée de nitrate, mais ne précipite pas le chlorure, le cyanure mercurique étant soluble dans le chlorure de potassium. D'autre part, le cyanure de mercure ne donne aucune des réactions du mercure, à l'exception de celle de l'acide sulfhydrique.

Le mercure peut être précipité par le zinc en présence d'HCl ou encore par le chlorure stanneux ; on peut ainsi mettre en évidence des traces de mercure, soit qu'on fixe Hg sur un métal qui comme l'or ou le cuivre s'amalgame, puis se désamalgame facilement, soit qu'on examine au microscope le précipité formé.

CARACTÉRISATION ET DOSAGE DU MERCURE DANS LES TISSUS VIVANTS

La recherche qualitative et quantitative du mercure comporte, avant toute opération chimique de caractérisation ou de dosage, une destruction complète de la matière organique qui est indispensable pour obtenir des réactions nettes et quantitatives.

Nous examinerons donc successivement les trois opérations distinctes : destruction de la matière organique ; recherche qualitative du mercure ; dosage du mercure.

I. Destruction de la matière organique.

Les sels de mercure introduits dans l'organisme contractent avec les albuminoïdes des combinaisons organiques qui ne donnent plus les réactions générales du mercure, et desquelles le métal ne peut pas être toujours directement séparé. Il convient donc de détruire ces combinaisons en recourant aux méthodes habituelles de destruction ; celles-ci permettent en même temps de se débarrasser des matières organiques des tissus. Étant donné la volatilité des sels de mercure, il y a lieu, comme pour l'arsenic et l'antimoine, d'employer des réactions destructrices ne provoquant pas de pertes de substances par volatilisation (1), ou encore de recourir à des appareils munis d'un réfrigérant permettant la condensation des vapeurs. Nous examinerons d'abord la méthode de FRESENIUS et BABO par le chlore naissant, puis successivement diverses autres méthodes par les acides azotique ou sulfurique, associés ou non à divers oxydants.

1° **Procédé Fresenius et Babo** (action du chlore naissant). — Ce procédé est le plus anciennement employé ; déjà proposé par LANAUX vers 1850, il reste encore un procédé de choix pour les substances faciles à détruire, notamment pour l'urine ; toutefois, il exige plus de surveillance que le procédé décrit ci-dessous, notamment celui à l'acide azotique et surtout celui à l'acide sulfurique qui se conduit simplement comme un Kjeldahl. Le procédé FRESENIUS et BABO repose sur la décomposition de la matière organique par le chlore naissant fourni par HCl sur le chlorate de K. Les tissus broyés et délayés dans HCl pur ou le liquide additionné d'un dixième d'HCl pur sont chauffés au bain-marie dans un ballon ; celui-ci est muni d'un réfrigérant et d'un tube assez large que l'on peut fermer et par lequel on introduit par petites portions, au cours de l'opération, de faibles quantités de ClO^3K. Cette opération est longue. On chauffe au bain-marie ; l'opération est terminée en deux ou trois heures dans le cas d'urines même fortement albumineuses ; elle est plus longue dans le cas d'organes. Dans ce cas, on peut, suivant les indications d'OGIER, abréger l'opération en faisant arriver un courant d'HCl gazeux dans la bouillie d'organes additionnée de ClO^3K et maintenue au bain-marie ; de cette façon l'oxydation a lieu, non plus seulement à la surface, mais dans toute la masse. On arrête l'addition du sel ou l'introduction du gaz quand la liqueur décolorée ou jaune ne fonce plus. L'excès de Cl est chassé par un courant de CO^2, ou par simple ébullition pendant dix minutes. La

---

1. Ces pertes par volatilisation sont affirmées par certains auteurs (GARNIER), niées par d'autres ; la vérité est qu'il se produit souvent des pertes, non point par volatilisation, mais par entraînement mécanique, d'où la nécessité d'employer un réfrigérant.

liqueur obtenue contient le mercure à l'état de $HgCl^2$; elle est filtrée chaude, s'il y a lieu, et le filtre est lavé à l'eau distillée bouillante. On peut achever cette élimination de Cl en faisant passer après refroidissement un peu d'anhydride sulfureux et en chauffant la solution pour chasser SO^2 (FABRE). On soumet alors cette liqueur aux divers traitements indiqués ci-dessous en vue de la recherche ou du dosage du Hg, non sans l'avoir préalablement, s'il y a lieu, concentrée soit par évaporation, soit par précipitation à l'état de HgS et redissolution de ce dernier dans NO^3H, ou mieux, pour éviter des pertes de Hg (PIERPAOLI, VITALI), dans l'eau régale. On peut d'ailleurs favoriser l'oxydation par l'emploi de catalyseurs appropriés tels que l'acide osmique (KLOTZ).

2° **Procédé par l'acide azotique seul ou accompagné d'oxydants.** — Cette destruction, conseillée par MAYENÇON et BERGERET, peut s'effectuer suivant plusieurs techniques, qui ont été précisées par MERGET ; on peut se contenter de soumettre les substances organiques, réduites en bouillie, à une ébullition d'un quart d'heure avec l'acide nitrique ; le liquide filtré contient le mercure en dissolution à l'état de nitrate acide.

Ce traitement est applicable aux organes, aux fèces et à l'urine ; dans ce dernier cas, l'ébullition peut être moins prolongée et on ajoute environ un volume d'acide à 15 ou 20 volumes d'urine. On peut, comme l'indique SIEBERT, terminer l'opération par chauffage avec le mélange nitro-sulfurique ajouté peu à peu. (Voir ci-dessous la destruction par ce mélange.)

DENIGÈS opère de même en traitant la masse par l'acide nitrique avec un cinquième de son poids de bisulfate de potassium ; après chauffage, la masse charbonneuse est reprise une seconde fois par l'acide nitrique et desséchée à nouveau. Les métaux sont retenus par le charbon. On traite alors par l'acide sulfurique concentré bouillant, en présence de bisulfate de sodium, et le mercure passe à l'état de sulfate soluble.

DENIGÈS fait agir l'acide azotique à chaud en présence de permanganate de K et termine la destruction par le mélange sulfonitrique. LOMHOLT recourt également au MnO^4K pour achever l'action de l'acide, toutefois il emploie l'acide nitrique fumant additionné d'un peu d'HCl, puis une quantité mesurée de MnO^4K ; il conseille ce procédé pour les fèces et les organes, alors que pour l'urine, il préfère le procédé ci-dessous qui présente l'avantage d'une marche régulière analogue à celle d'un Kjeldahl. On peut recourir aux deux méthodes précédentes combinées. Déjà ORFILA dès 1840 conseillait le traitement de l'urine évaporée par l'eau régale, puis par un courant de chlore.

3° **Destruction par l'acide sulfurique associé ou non à divers oxydants.** — L'emploi de l'acide sulfurique, déjà indiqué par ORFILA, ou encore du mélange acide sulfurique et sulfate de K a été recommandé par de nombreux auteurs (IGEVSKI, 1895).

On peut renforcer l'action destructrice de cet acide par l'addition de divers oxydants : permanganate de K (PALME, LOMHOLT), acide azotique (POUCHET), eau régale (ORFILA). Dans tous les cas on effectue la destruction comme dans la méthode de KJELDAHL. On peut opérer comme suit : 1 à 2 grammes d'organes sont introduits avec 4 grammes de SO^4K^2 et 5 centimètres cubes de SO^4H^2 dans un ballon de Kjeldahl d'environ 3 à 500 centimètres cubes, bouché avec un bouchon de liège traversé par un tube de 40 à 50 centimètres de long évasé à son extrémité supérieure. Si la quantité de substance est plus grande, on emploiera un ballon plus volumineux, car il se produit une mousse abondante qui peut entraîner un débordement du contenu. Le ballon légèrement incliné est chauffé à faible ébullition jusqu'à décoloration ; on renouvelle s'il y a lieu l'addition de SO^4H^2. Puis on lave le tube avec 5 à 10 centimètres cubes de SO^4H^2 pur et on le retire. On ajoute alors peu à peu 10 à 20 centigrammes de MnO^4K en cristaux jusqu'à coloration rouge et on chauffe encore un instant pour faire disparaître cette coloration. On laisse refroidir ; on ajoute peu à peu, en refroidissant, de l'eau distillée pour faire 100 centimètres cubes et on procède au titrage.

Lorsque le tissu contient également de l'arsenic qu'on veut doser, on ajoute, dès le début, un mélange d'acide sulfurique et de SO^4K^2 ; dans ce cas l'addition de MnO^4K est inutile.

II. Recherche qualitative du mercure dans les tissus et les liquides de l'organisme.

Cette recherche comporte, outre la destruction de la matière organique, deux opérations successives : séparation du mercure et sa caractérisation. La destruction de la matière organique s'effectue d'après les méthodes ci-dessus décrites; elle n'est absolument indispensable que lorsqu'il s'agit de caractériser le mercure dans les organes et dans les fèces, ainsi que dans les divers liquides de l'organisme autres que l'urine. Dans le cas de l'urine, on peut, à la rigueur, s'en dispenser et se contenter d'ajouter un réactif, comme HCl ou CNK, favorisant les opérations ultérieures et si possible concentrer le liquide; mais il est toujours préférable d'effectuer préalablement la destruction, comme on le fait pour les organes, et d'amener le liquide à un volume aussi réduit que possible. Les méthodes de recherche du mercure peuvent être divisées en deux groupes; les unes consistent dans une fixation plus ou moins directe du mercure par amalgamation d'un métal approprié, puis dans la caractérisation chimique de Hg, soit directement, soit après volatilisation en présence d'iode, de manière à provoquer la formation de HgI^2 caractéristique; les autres méthodes consistent dans une précipitation du mercure, soit à l'état libre, soit à l'état de composés caractéristiques ou facilement caractérisables tels que le sulfure.

1° **Méthodes par amalgamation.** — Ce sont les méthodes à la fois les plus anciennes et les plus courantes; elles comportent trois phases : traitement préalable du produit examiné, amalgamation du métal choisi et caractérisation du mercure.

a) *Traitement préalable.* — Ce traitement est très variable; tantôt on se contente de détruire la matière organique par le chlore naissant et d'amener par évaporation le liquide obtenu à un état de concentration qui favorise l'amalgamation. L'amalgamation directe de liquides comme l'urine, après traitement par divers réactifs facilitant l'amalgamation, comme HCl ou NO^3H (Byasson), SO^4H^2 (Mayençon et Bergeret), peut parfois suffire à caractériser jusqu'à 0 mgr. 02 dans 2 à 300 centimètres cubes d'urine (Zenghelis).

Toutefois l'absence de matières étrangères organiques et une certaine concentration sont des conditions favorables pour l'amalgamation. Dans le cas de l'urine, pour réaliser sans chauffage la concentration du liquide examiné, la plupart des auteurs provoquent la précipitation du mercure et redissolvent le précipité dans une petite quantité d'un réactif approprié. La précipitation du mercure s'effectue tantôt à l'état de combinaison albuminoïdique, combinaison obtenue par addition d'un peu de blanc d'œuf, qu'on redissout ensuite dans un petit volume d'acide chlorhydrique concentré (Stukovenkoff, Malkes, Bardach), tantôt à l'état d'oxyde par addition de soude (Enoch) ou d'ammoniaque (Glaser, Perelstein); la précipitation est alors le plus souvent favorisée par la floculation des phosphates urinaires (Enoch), mais on peut la faciliter en ajoutant au liquide des composés donnant des précipités entraînant mécaniquement l'oxyde de mercure : sulfate d'alumine (Glaser, Isenbrug), sels ferriques (Perelstein, Abelin). Ces précipités sont lavés et redissous ensuite dans HCl concentré. Enfin on peut encore amener le sel de mercure sous un petit volume en évaporant, jusqu'à consistance saline, le produit d'oxydation par ClO^3K et HCl et en épuisant à l'alcool. On évapore et le résidu est épuisé par le mélange alcool-éther. Après évaporation de la solution éther-alcool, on reprend le résidu par une petite quantité d'eau (Salkowski).

b) *Amalgamation directe ou par électrolyse.* — Le liquide concentré préparé ci-dessus est mis en contact avec le métal susceptible de fixer le mercure : or ou cuivre. Le cuivre est employé à l'état de cuivre réduit ou déposé électrolytiquement et sous la forme de limaille, de fil disposé ou non en spirale, de toile métallique, ou encore sous la forme de lames diversement découpées.

On a également utilisé longtemps l'électrolyse pour favoriser cette amalgamation, soit comme le faisait Schneider en utilisant le courant fourni par une pile séparée (5 éléments d'une pile de Smée) et en se servant comme électrodes plongeant dans le liquide à examiner, d'une anode en platine et d'une cathode en or; soit en utilisant de simples couples qu'on plonge dans le liquide tels Fe et Pt (Mayençon et Bergeret), Au et Sn (pile de Smithson employée par Byasson) ou encore plus simplement le couple banal CuZn ou laiton (fil ou limaille) préconisé par Furbringer, puis par Lehmann. Le contact avec le métal ou le couple doit être prolongé un temps variable suivant la concentration du liquide et aussi la température; les auteurs conseillent depuis quelques minutes (Brugnatelli, Ludwig) jusqu'à 36 heures (Almen) ce qui, d'après Merget, est la limite extrême.

On se sert aujourd'hui de préférence de lames d'or ou de platine obtenues par électrolyse. Le plus souvent, on facilite l'amalgamation en faisant passer le mercure à l'état de métal réduit par l'addition de chlorure d'étain. On peut aussi employer les méthodes décrites plus loin à propos de l'analyse quantitative (Wolf, Ziegler, etc).

　c) *Caractérisation du mercure.* — Le fil ou la lame de métal amalgamé est lavé avec HCl, puis à l'eau, à l'alcool et à l'éther et enfin desséché soigneusement. On peut se contenter de caractériser directement le mercure sur le métal amalgamé en frottant avec celui-ci un papier imprégné de nitrate d'argent ammoniacal (Merget, sensibilité : 1 p. 500 000) ou en l'examinant au microscope (Booth et Schreiber, sensibilité : 1 p. 2 000 000). Le plus souvent on préfère libérer Hg à l'état de vapeurs et le caractériser par divers moyens.

　A cet effet, on introduit le métal amalgamé dans le fond d'un tube à essai bien sec ; on y ajoute un petit fragment d'iode et on chauffe doucement et progressivement jusqu'à la température de volatilisation du mercure. Il se forme bientôt, au-dessus de la région chaude, un anneau jaune rougeâtre de HgI^2 qu'on perçoit plus nettement en examinant le tube sur un écran noir. La présence de matières organiques ou d'arsenic déposé sur la lame peut compliquer la coloration par l'iode (Lefort) ; pour les premières, on recommande de laver l'amalgame avec de la soude (Alt, Eschbaum, ou d'oxyder la matière organique au moment du chauffage en y ajoutant de l'oxyde de cuivre (Ludwig).

　On peut encore caractériser les vapeurs de mercure par leur action réductrice sur le nitrate d'argent ammoniacal (Merget) mais non sur le papier de Byasson ($AuCl^3$, $Pt Cl^2$) qui manque de sécurité (Merget).

　On a également proposé d'exposer la lame dorée à l'action du chlore et de toucher avec cette lame un papier ioduré qui devient jaune rouge par la formation de HgI^2. La précision de quelques-unes de ces méthodes est telle qu'elles permettent de déceler jusqu'à un centième de milligramme de mercure dans 100 cm³ d'eau (Wolff, Bardach). Dans le cas où le mercure a été fixé sur de l'or, on peut séparer le mercure par traitement de celui-ci à l'acide azotique, puis, sur la solution obtenue, on caractérise le mercure à l'état de HgS par sa coloration jaune brun (Jolles, Oppenheim).

　2° **Méthodes par précipitation du mercure à l'état libre ou combiné.** — Dans les méthodes par précipitation, il y a également presque toujours intérêt à détruire la matière organique, notamment par le chlore naissant. Dans la solution de chlorure double de mercure et de K finalement obtenue, on fait passer un courant d'hydrogène sulfuré ; le sulfure de mercure précipité est caractéristique non seulement par sa couleur, mais encore par sa propriété de se dissoudre dans HI avec dégagement de H^2S (Gutmann). On peut également caractériser le sel de mercure par sa combinaison avec la diphénylcarbazide (Cazeneuve, Vignon, Duret). Toutefois Laqueur estime que cette réaction n'est pas assez sensible pour les petites quantités de mercure. La libération du mercure par la chaux avec entraînement de vapeurs de Hg, facilement caractérisables, a été proposée par Mayer, et cette méthode donne d'après Merget des résultats satisfaisants (sensibilité : 1 p. 1 400 000). Lombardo a également proposé la caractérisation microscopique du mercure en gouttelettes brillantes, par examen du précipité formé quand les solutions mercurielles sont réduites par le Zn en milieu acide ou par le chlorure d'étain.

　III. **Dosage du mercure dans les tissus vivants.**

　Le dosage biologique du mercure comporte la détermination de petites quantités de métal combiné dans les tissus végétaux (Heubner) ou animaux ainsi que dans les liquides des organismes vivants. C'est toujours une opération délicate qui exige de la part de l'opérateur un entraînement préalable et qui implique l'adoption d'un procédé rigoureusement contrôlé au point de vue de son application aux cas biologiques. Les procédés les plus usités peuvent se classer en deux groupes : les uns comportent le *dosage du mercure en nature*, soit après fixation de celui-ci par amalgamation ou par électrolyse sur un métal approprié capable de céder facilement et entièrement le mercure fixé, soit après libération par voie chimique ; les autres comportent le *dosage du mercure engagé dans une combinaison* dont, le plus souvent, on effectue le titrage par des méthodes colorimétriques ou volumétriques.

　Nous examinerons ces divers procédés dans l'ordre suivant : a) Dosage par amalgamation; b) Dosage par voie électrolytique; c) Dosage par volatilisation directe; d) Dosage colorimétrique; e) Dosage volumétrique.

On trouvera dans BURGI une étude critique expérimentale des divers procédés de dosage et les raisons de l'adoption du procédé FARUP. Nous avons tenu à donner ici une vue d'ensemble des principes sur lesquels sont basés les divers procédés. Nous ne décrirons que l'un d'entre eux que nous croyons le plus simple (FARUP), mais on en trouve également d'excellents parmi les autres méthodes. D'une façon générale, l'habileté et la pratique de l'expérimentation sont les conditions nécessaires lorsqu'on veut doser de petites quantités de substance et, sans ces conditions, les meilleurs procédés de dosage conduisent à des résultats sans valeur. HEUBNER est parvenu à doser un millième de milligramme dans 20 grammes de tissu.

1° **Dosage par amalgamation.** — Les méthodes de dosage du Hg par amalgamation comportent trois opérations successives : traitement initial du liquide organique ou des organes, amalgamation proprement dite, dosage du mercure dans le métal amalgamé. Toutes ces méthodes sont délicates et exigent de la part de l'opérateur un entraînement préalable de façon à éviter les nombreuses causes d'erreur.

A) *Traitement du liquide organique ou des organes en vue de l'action du métal destiné à fixer le mercure.* — Ce traitement peut s'effectuer de diverses manières : soit par destruction de la matière organique; soit par précipitation du métal et redissolution du précipité, ou encore en combinant les deux procédés; soit enfin sans destruction ni précipitation, mais seulement par addition d'un réactif facilitant l'amalgamation.

a) *Destruction de la matière organique.* — La plupart des auteurs recourent à la destruction par le chlorate de K et HCl, surtout lorsqu'il s'agit d'urines (JOLLES, OPPENHEIM, KLOTZ) et parfois même pour les organes (SCHUMM); on s'arrange pour concentrer s'il y a lieu le liquide qui sera soumis à l'amalgamation. On peut aussi opérer la destruction par SO^4H^2 concentré (PALME). Dans l'une et l'autre méthode, on fait parfois suivre la destruction d'une ou de deux précipitations du mercure à l'état de Hg réduit (SCHUMACHER) ou de HgS qu'on redissout dans l'eau régale ou dans l'eau bromée.

b) *Précipitation du mercure et redissolution dans un petit volume de réactif approprié.* — Les deux principaux agents de précipitation couramment employés sont, d'une part, le chlorure d'étain ou encore le zinc et l'acide chlorhydrique (FARUP), d'autre part, l'hydrogène sulfuré en présence d'un peu de sulfate de cuivre, de façon à ce que CuS formé facilite l'entraînement des petites quantités de HgS (PALME). On redissout alors les précipités dans des réactifs appropriés, à savoir HgS dans l'eau régale ou dans l'eau bromée, et Hg métallique dans l'acide nitrique. On a aussi proposé l'emploi de l'albumine comme précipitant de Hg (STUVENKOFF, MALKES), mais BARDACH a montré que cette précipitation est incomplète et que ce procédé ne peut servir que pour la recherche qualitative.

c) *Destruction et précipitation combinées.* — Beaucoup d'auteurs combinent les deux méthodes, soit en opérant d'abord la destruction, puis la précipitation (SCHUMACHER, PALME), soit inversement en effectuant d'abord la précipitation, puis la destruction; c'est ainsi que FARUP, confirmé par BECKERS, précipite par Zn et HCl, puis dissout le précipité et y détruit la matière organique par le mélange chlorhydrique.

d) *Traitement sans destruction ni précipitation.* — Lorsqu'il s'agit d'urines et notamment d'urines non albumineuses, on peut se contenter d'aciduler le liquide par HCl (ZENGHELIS) ou de le traiter après concentration et neutralisation par le cyanure de K (HOEHNEL, ESCHBAUM). Toutefois, on doit dans ce cas prolonger le contact du liquide avec le métal en vue d'une amalgamation plus complète.

B) *Amalgamation proprement dite.* — Le choix du métal n'est pas indifférent. Deux métaux surtout sont recommandés, le cuivre et l'or; ils doivent être employés l'un et l'autre dans les conditions particulières décrites ci-après; au fil de cuivre initialement préconisé par ALMEN, MERGST, SCHILBERG, FÜRBRINGER, on a substitué soit de fines lames de ce métal (HOEHNEL, KLOTZ, STICH), soit une toile métallique de cuivre (ESCHBAUM) ou de laiton (SCHILBERG, FÜRBRINGER, LEHMANN, BLOMQUIST), soit encore du cuivre en limaille (LUDWIG, BACOVESCO) ou en spirales (ZENGHELIS). Dans tous les cas où on emploie le métal pur, il est préférable que le métal soit déposé ou obtenu par électrolyse ou simplement préparé par réduction récente de l'oxyde. Le contact doit être prolongé

12 à 24 heures ; Richards et Singer proposent même l'emploi de 2 spirales, l'une pendant 4 à 5 heures et l'autre pendant 20 heures. L'or doit être employé de préférence après dépôt électrolytique ; on utilise soit une fine lame d'or (Schumm), soit une lame de platine doré (Jolles), soit enfin d'amiante dorée (Schumacher et Jung). Dans ce dernier cas, on opère avec un creuset de gooch en imprégnant l'amiante de chlorure d'or de l'amiante lavée et en calcinant. La plupart des auteurs (Schumacher, Farup, Jolles, Oppenheim, Fabre) favorisent la fixation sur l'or en réduisant préalablement le mercure par Sn Cl², l'amalgamation est alors plus facile et plus complète.

C) *Dosage du mercure.* — Le dosage du mercure peut s'effectuer directement par pesée ou micropesée du métal avant et après chauffage (dosage par différence) ; c'est la méthode la plus employée ; bien conduite, elle donne les résultats les plus précis et permet de doser des quantités de mercure de l'ordre du vingtième ou même du cinquantième de milligramme. Toutefois on conçoit que dans ces conditions la différence de poids pourrait être due à de nombreuses causes, les unes connues comme l'humidité (d'où dessiccation soignée), les autres mal connues. Aussi certains auteurs préfèrent condenser les vapeurs de Hg dégagées pendant le chauffage et caractériser Hg par formation de HgI² (Werder) ou mieux encore de doser Hg soit par pesée, soit plutôt par dissolution et titrage colorimétrique. On pourrait d'ailleurs combiner les deux méthodes.

a) *Dosage par différence.* — Cette méthode est la plus employée (Becker, Burgi, Fabre, Farup, Klotz, Schumacher et Jung). Elle nécessite une dessiccation parfaite avant chauffage du métal amalgamé ; mais cette dessiccation, qui doit s'effectuer de préférence par un courant d'air sec à la température ordinaire, peut entraîner des pertes en Hg ; ces pertes sont moindres en faisant passer l'air sec à travers un filtre contenant une quantité notable d'amiante dorée ; celle-ci n'étant amalgamée que sous une faible épaisseur, le reste de la couche retient les vapeurs de Hg déplacées. Le chauffage de l'amiante dorée doit être effectué à une température assez élevée, car l'amiante est mauvaise conductrice de la chaleur. On peut, comme le propose Ratner, adapter le tube contenant l'amiante à un tube rodé dans lequel les vapeurs de mercure se condensent et sont en outre arrêtées par des petits fragments d'or. On effectue alors la double pesée à la fois sur les deux tubes.

b) *Dosage colorimétrique.* — Le mercure volatilisé est redissous, soit dans l'eau chlorée, ou bromée, et la solution contenant le sel de Hg est traitée par SnCl² ; la coloration due à Hg est comparée au colorimètre avec celle fournie par des solutions titrées de HgCl² (Eschbaum). Dans le cas de l'amalgame d'or, on peut traiter aussi la lame amalgamée par l'acide azotique qui ne dissout que Hg et, dans la liqueur obtenue, titrer colorimétriquement en employant H²S ou SnCl² (Jolles).

c) *Dosage direct de Hg.* — Après un chauffage suffisant, le mercure se sublime environ 1/2 cm au-dessus du métal amalgamé sous forme d'un léger précipité qui, en l'agrandissant 120 ou 130 fois au microscope, se montre formé de globules de Hg plus ou moins grands, facilement reconnaissables. Avec suffisamment d'expérience et par comparaison avec des dépôts dosés servant de témoins, on peut d'après Blomquist apprécier 0,01 mgr de Hg. L'emploi de la microbalance devrait permettre de réaliser un véritable dosage par pesée comme on le fait dans la méthode électrolytique étudiée ci-après.

2° **Dosage par voie électrolytique.** — La méthode de dosage du Hg par voie électrolytique a été indiquée en 1860 par Schneider par un procédé simple (emploi de la pile de Smee), qui déjà permettait à cet auteur de déceler 0,07 de Hg contenus dans 100 cm³ de liquide. Cette méthode fut appliquée en France vers 1872-73 par divers auteurs (Byassou, Mayençon et Bergeret) qui obtinrent des résultats très satisfaisants en recourant à des couples métalliques comme la pile de Smithson, couple que Brasse remplaça en 1887 par un simple couple en laiton, mais, semble-t-il, avec des résultats moins bons que les précédents. C'est Cathelineau qui le premier préconisa en France un procédé pratique en recourant à la méthode électrolytique dont les conditions avaient été, dès 1878, nettement précisées par Riche. Toutefois, les chiffres donnés par Cathelineau paraissent nettement trop élevés.

En Allemagne, la méthode électrolytique fut également employée vers la même époque par divers auteurs (Wolff, Ziegler) qui l'appliquèrent surtout à la recherche qualitative du Hg. Aujourd'hui, la méthode électrolytique est parfaitement codifiée à la fois pour le mercure et pour les divers métaux. En ce qui concerne le dosage de Hg, elle comporte comme le dosage par amalgamation, trois opérations distinctes : 1° traitement des liquides et des organes en vue de la destruction de la matière organique ; 2° électrolyse de la solution obtenue ; 3° dosage du Hg déposé sur la cathode.

a) *Destruction de la matière organique dans les liquides ou les organes.* — La destruction par ClO³K et HCl indiquée par SCHNEIDER n'est plus employée que par quelques auteurs (BUCHTALA) ; on préfère recourir au Kjeldahl en détruisant par SO⁴H² employé seul (MEDICUS) ou additionné de petites quantités de permanganate de potassium. (PALME, LOMHOLT), mais d'après BARTHE, il y aurait 20 0/0 de pertes.

Toutefois, dans cette destruction par SO⁴H² il y a formation de dérivés aminés du mercure dont le métal n'est pas libéré par l'électrolyse, ce qui peut entraîner des pertes en Hg. Mais comme tout le métal est précipitable par H²S, PALME ainsi que LOMHOLT traitent par H²S la solution additionnée d'un peu de sulfate de cuivre, le précipité (HgS+CuS) est redissous dans l'eau bromée avec élimination du Br par un courant de CO² (PALME) ou dans un mélange de NO³H (68°) et HCl à 25 0/0 (LOMHOLT). On soumet alors ces solutions de bromure ou d'azotate de Hg à l'électrolyse.

D'après ENOCH, on peut, dans le cas de l'urine, se contenter de précipiter directement Hg à l'état de HgO par addition de soude (les phosphates de l'urine favorisent la précipitation) ; on dissout le précipité dans NO³H et l'on électrolyse la solution ainsi obtenue.

b) *Electrolyse.* — Comme pour l'amalgamation, les deux métaux de choix pour l'électrolyse sont l'or ou le cuivre. On emploie donc une cathode constituée soit par une fine lame d'or (BUCHTALA, LOMHOLT), soit par une lame de cuivre (PALME) ou encore une spirale de platine cuivré (ENOCH). On trouvera dans les récents mémoires de BUCHTALA (1913) et de LOMHOLT (1917) des renseignements précis, notamment concernant le lavage à HCl (pour éliminer les traces de Fe) et la dessiccation de la cathode, ainsi que pour ce qui concerne l'intensité du courant (1 à 1/4 ampère) et le voltage : 4 à 6 volts (BUCHTALA). Toutefois LOMHOLT conseille un voltage moins élevé (1,4 volt) de façon à ne pas déplacer le cuivre.

c) *Dosage du mercure déposé sur la cathode.* — Ici encore on dose le plus souvent le mercure par pesée de la cathode préalablement lavée à HCl avant et après chauffage si possible dans un courant d'hydrogène. Il est préférable de contrôler le résultat donné par la pesée par un dosage du mercure volatilisé (WOLFF), en opérant comme il a été dit plus haut dans la méthode par amalgamation.

3° *Dosage volumétrique du mercure.* — Parmi les nombreux procédés de dosage volumétrique du mercure préconisés en chimie minérale et organique, un petit nombre peuvent être appliqués en biologie et seulement lorsque la quantité de mercure à doser n'est pas inférieure au milligramme. Dans tous les cas il convient de détruire la matière organique en recourant aux procédés généraux décrits ci-dessus. Parmi les quelques méthodes qui ont été appliquées aux dosages biologiques, nous citerons la méthode cyanimétrique (DURET) et la méthode au sulfocyanate. Dans la méthode de DURET appliquée surtout à l'urine, la matière organique est détruite par le persulfate d'ammoniaque ; on précipite par NH³ et le précipité mercurique est dissous dans HCl ; on concentre au bain-marie et on dose par cyanimétrie.

Dans la méthode de RUPP et NOLL (1905), méthode qui peut s'appliquer au dosage de Hg, aussi bien dans les composés organiques du mercure que dans les organes des sujets ayant absorbé ces composés, on détruit la matière organique par l'acide sulfurique (KJELDAHL) additionné ou non d'un peu de permanganate ; après décoloration et refroidissement, on étend à un volume déterminé, on ajoute 1 ou 2 cm³ d'une solution saturée à froid d'alun de fer ; puis on titre avec la solution N/10 ou N/20 (celle-ci demande une certaine habitude du virage) de sulfocyanate d'ammonium jusqu'à virage au brun rouge. Chaque dixième de ccm. (2 gouttes environ) de solution N/20 correspond à 0,5 mgr de Hg.

4° *Dosage colorimétrique du mercure.* — Ces méthodes présentent l'avantage de s'appliquer au dosage de quantités de mercure inférieures au milligramme, c'est-à-dire des quantités qu'on a coutume de trouver dans les tissus ou les liquides de l'organisme, soit après le traitement spécifique, soit même après les diverses intoxications mercurielles. Elles sont basées sur ce que les colorations des pseudo-solutions tenant en suspension HgS, obtenu par l'action de H²S (Vignon), ou Hg réduit par le chlorure d'étain sont proportionnelles aux concentrations. La comparaison avec les étalons préparés d'avance permet une approximation très suffisante. La stabilité de la pseudo-solution est une condition importante de l'exactitude du dosage; on peut l'assurer par l'addition de gomme (Kohn Abrest), de gélatine (Autenrieth) ou encore en présence d'acides organiques tels que formique (Procter) ou acétique (Heinzelmann) qui maintiennent HgS à l'état colloïdal. Nous avons vu plus haut que ces méthodes peuvent servir au dosage par amalgamation (Eschbaum, Jolles), mais elles peuvent être aussi appliquées aux divers tissus ou liquides de l'organisme sans recourir à l'amalgamation ou à l'électrolyse, mais à condition de détruire la matière organique (par ClO³K et HCl) et de concentrer le mercure par une première précipitation, soit par Zn (Heinzelmann), soit par H²S (Autenrieth) et redissolution du précipité dans un petit volume de HCl. Dans le procédé le plus récent (Autenrieth et Montigny, 1920) la solution ainsi obtenue est de nouveau oxydée par ClO³K, filtrée sur amiante et amenée avec les eaux de lavage à un volume de 10 à 20 cm³; on en prélève 8 cm³, on ajoute 1 cm³ de solution claire de gélatine à 1 0/0 et 1 cm³ de solution concentrée de H²S; on agite et, après 3 à 5 minutes, on compare au colorimètre. Il est évident que ce procédé ne peut s'appliquer qu'aux tissus ou liquides ne contenant pas d'autres métaux précipitables par H²S, tels que Ag, Bi, Cu, Pb.

5° **Dosage du mercure dans l'urine d'après la méthode de Farup modifiée par W. Beckers.** — 1 litre d'urine est additionné de 3 à 4 centimètres cubes d'HCl concentré, chauffé dans un ballon avec réfrigérant ascendant au bain-marie, à 70-80°. On ajoute 6 grammes de poudre de zinc, on agite énergiquement pendant 2 minutes et on laisse reposer plusieurs heures. Après refroidissement, on essore le liquide légèrement trouble sur une couche d'amiante pas trop mince et fortement comprimée contre la plaque filtrante. La surface inférieure de la couche d'amiante ne doit pas apparaître colorée en gris par la poudre métallique, mais doit être tout à fait blanche. On transporte l'amiante et la poudre de zinc dans le ballon initial dans lequel est restée la majeure partie du zinc. Les particules qui adhèrent aux parois de l'entonnoir sont rincées avec 80 centimètres cubes d'acide chlorhydrique (1 à 1). On ajoute 3 grammes de chlorate de potasse et on chauffe à reflux au bain-marie jusqu'à dissolution complète de son contenu. On laisse refroidir, on filtre dans un ballon de 200 centimètres cubes, on chauffe à 60° et on ajoute 15 à 20 centimètres cubes de solution de chlorure stanneux fraîchement préparé jusqu'à disparition de la coloration verdâtre. Le mercure précipité sous forme de petits globules qui colorent le liquide en gris. On laisse refroidir à 40° et on filtre à travers un tube filtrant, garni en bas d'une couche d'amiante ordinaire et d'une couche de 10 millimètres d'amiante dorée. On lave trois fois à l'HCl dilué, à l'alcool et à l'éther et on fait passer à travers le tube pendant 25 à 30 minutes un courant d'air sec, jusqu'à poids constant. Après pesée, on chauffe fortement au rouge pour chasser le mercure et on pèse à nouveau; la différence donne le poids de mercure cherché.

PÉNÉTRATION DU MERCURE DANS L'ORGANISME ANIMAL

L'introduction du mercure dans l'organisme animal est différente en quantité et en rapidité suivant les diverses voies de pénétration envisagées et suivant la nature de la préparation mercurielle employée. Il est probable également que, pour chacune de ces conditions, il y a des différences notables dans la forme sous laquelle le mercure pénètre dans l'organisme. Nous examinerons successivement les différentes voies de pénétration et, pour chacune d'elles, nous étudierons les modalités résultant de la nature de chaque préparation mercurielle: vapeurs de mercure, mercure éteint, composés minéraux ou organiques, solubles ou insolubles. Enfin, nous examinerons si possible la forme sous laquelle, dans chaque cas, le mercure pénètre dans l'organisme.

I. — **Voie pulmonaire**. — Il convient d'étudier ici non seulement les vapeurs de mercure métallique (vapeurs mercurielles) et les vapeurs de composés organométalliques volatils du mercure, mais aussi les produits mercuriels solubles ou insolubles, minéraux ou organiques, pénétrant à l'état de poussières ou de fines gouttelettes par les voies respiratoires.

a) **Vapeurs mercurielles**. — La pénétration des vapeurs mercurielles par la voie pulmonaire a été de tous temps considérée comme hors de doute. Les nombreux cas d'intoxication constatés depuis des siècles dans les usines où se font la métallurgie du mercure et la manutention de ses dérivés en sont une preuve certaine. Cette action nocive des vapeurs de mercure introduites par les voies respiratoires était connue des anciens ; Dioscoride rapporte que les ouvriers des mines de mercure en Espagne se couvraient le visage d'un masque fait d'une vessie. Au xᵉ siècle, l'absorption des vapeurs mercurielles par les voies respiratoires fut également signalée par Avicenne ainsi que par Constantin l'Africain qui en précisèrent les symptômes caractéristiques si différentes de ceux de l'intoxication mercurielle par les dérivés du mercure. Mais c'est surtout au xvıᵉ siècle, dès que les emplois du mercure commencèrent à prendre de l'importance, que fut entreprise systématiquement l'étude de l'action nocive du mercure pénétrant dans les voies respiratoires, non seulement chez les ouvriers des mines de mercure, mais aussi chez les autres artisans exposés aux vapeurs mercurielles. Toutefois, on n'avait pas encore su distinguer, comme il convient de le faire, la pénétration des vapeurs mercurielles et celle des particules solides ou liquides contenant du mercure métallique ou des dérivés du mercure solubles ou insolubles. Il est fort probable en effet que ces particules, après avoir pénétré dans les voies respiratoires, sont absorbées rapidement au même titre que les préparations mercurielles solubles et insolubles qui sont administrées par voie buccale ou par voie parentérale (voir plus loin). On sait d'ailleurs que les symptômes de l'intoxication par les voies respiratoires sont nettement différents suivant qu'il s'agit d'inhalation de vapeurs mercurielles ou de particules solides ou liquides contenant des dérivés solubles ou insolubles du mercure.

C'est Merget l'un des premiers et son collaborateur Solles qui ont péremptoirement établi la pénétration des vapeurs mercurielles par les voies respiratoires, pénétration qui n'avait été qu'entrevue ou imparfaitement démontrée par Fernel, dans la première moitié du xvıᵉ siècle, et, au milieu du xıxᵉ, soit par Barensprung, par Kisskalt et par Eulenberg (présence de globules métalliques, dans les poumons, les bronches et la trachée), soit encore par Kirchgasser et par Fr. Müller. Merget et Solles ont pu démontrer expérimentalement, sur des mammifères comme le chien, le lapin, le cobaye et sur des oiseaux de tailles diverses, non seulement qu'il se produit, par inhalation de vapeurs mercurielles, des phénomènes d'intoxication caractéristiques, mais encore que la présence du métal ainsi absorbé peut être caractérisée dans les excreta.

Merget, dans des essais faits sur lui-même et comportant des inhalations quotidiennes d'air saturé de vapeurs mercurielles à une température de 20° environ, essais qui dans un cas furent prolongés pendant trois mois et une semaine (8 heures d'inhalation par jour), a pu démontrer la réalité de l'absorption par la caractérisation du mercure dans les excreta dès la matinée qui suivit la première nuit d'inhalation. Après cessation de ces essais, le mercure persista dans les excreta pendant environ trois semaines, ce qui montre que les vapeurs mercurielles pénétrant dans l'organisme par les voies respiratoires s'éliminent en partie par les émonctoires naturels et se fixent en partie dans l'organisme.

Müller a de même signalé la présence du mercure d'abord dans les fèces, puis dans les urines de 4 malades soumis à des inhalations continues d'air saturé de vapeurs de mercure. Colson a également constaté la présence du mercure dans les urines après inhalation de ses vapeurs. Rémond a fait une démonstration analogue en clinique. Chez une femme maintenue pendant près d'un mois dans une atmosphère contenant 1 milligramme de vapeurs de mercure par m³, cet auteur a pu constater objectivement, non seulement une amélioration cutanée typique vers le cinquième ou le sixième jour, mais encore la présence de mercure dans les urines dès le deuxième jour. Dans des essais comparatifs faits sur une femme qui avait été soumise à des frictions mercurielles, le mercure n'apparut dans les urines qu'au quatrième jour. Ces expériences, confirmées par FARUP, BURGI, LOMHOLT, sont très intéressantes, car, toutes réserves faites sur les susceptibilités individuelles, il en résulte, comme on pouvait le supposer, que la pénétration du mercure par inhalation est beaucoup plus importante et plus rapide que la pénétration par les frictions cutanées; mais elle est aussi assez inconstante, ce qui donne parfois lieu à des différences individuelles assez notables (BURGI, LOMHOLT).

De même chez des malades non traités mais séjournant dans une salle où avaient lieu des frictions mercurielles, MICHAELOWSKY, SCHUSTER et notamment LOMHOLT ont trouvé dans les excreta (urine et fèces) des quantités allant de 0,1 milligramme à 1,3 milligrammes par jour.

L'intensité de la pénétration dépend de la richesse en vapeurs mercurielles de l'air inspiré et par conséquent de la température. MERGET signale, en effet, que le rôle joué par la température est considérable, car, tandis que la tension des vapeurs de mercure n'est que de 0 mm. 03 à 16°, elle est de 0 mm. 23 à 40° (LOMHOLT indique 0,002 millimètres à 20° et 0,0025 millimètres à 30°). On peut donc en déduire que l'absorption du mercure dans une atmosphère où le mercure émet spontanément des vapeurs est beaucoup plus intense à une température de 40° (c'est-à-dire une température voisine de celle du corps) qu'à la température de 16°.

Poussant plus avant ses recherches, MERGET a pu établir expérimentalement la perméabilité de l'épithélium pulmonaire pour les vapeurs mercurielles; un flacon contenant du mercure très divisé et émettant des vapeurs est obturé avec une membrane constituée par un poumon de grenouille; le papier réactif placé à l'extérieur de cette membrane est impressionné par le mercure d'une manière aussi rapide et aussi intense que celui placé au-dessus d'un flacon identique non obturé.

MERGET est d'avis que le mercure ainsi absorbé est dissous par le sang au même titre que les autres gaz du sang. Il admet que c'est sous cette forme de vapeurs mercurielles que le mercure circule dans l'organisme. Nous examinerons plus loin la valeur de cette assertion. On peut également supposer que le mercure ainsi introduit est condensé en globules puis transformé par oxydation en sels solubles (LOMHOLT). Divers autres auteurs, notamment MICHAELOWSKY, POULSSON, FARUP, BURGI, se sont également occupés, depuis lors, de la pénétration des vapeurs de mercure par la voie pulmonaire; leurs résultats n'ont fait que confirmer ceux des auteurs ci-dessus. LOMHOLT a établi de plus que l'absorption est rapide; déjà, après une heure et demie, Hg est décelable dans les urines.

Notons que MERGET a constaté également l'action toxique exercée sur divers poissons par les vapeurs de mercure contenues dans l'eau où vivaient ces animaux. L'intoxication est plus lente que celle réalisée chez les mammifères par l'inhalation de vapeurs mercurielles, mais il est probable également que la teneur de l'eau en vapeurs de mercure (démontrée par MERGET) est plus faible que celle de l'air.

b) **Composés organométalliques volatils.** — Les composés organométalliques du mercure de la série acyclique, diméthyl-mercure, diéthyl-mercure, etc., sont volatils et distillent à des températures qui ne sont pas trop élevées. Leurs vapeurs peuvent pénétrer par les voies respiratoires et déterminer des phénomènes d'intoxication aiguës ou tardives qui seront relatés plus loin. Ces faits ont été observés non seulement chez l'homme dans deux cas d'intoxication accidentelle (EDWARDS), mais encore expérimentalement chez le lapin (BALOGH-KALMAN).

c) **Composés mercuriels minéraux ou organiques, solubles ou insolubles.** — Ces composés ne peuvent pénétrer dans les voies respiratoires qu'à l'état de poussières ou encore en dissolution ou en suspension dans un liquide approprié (eau, huile, etc.), et divisé en fines gouttelettes. C'est sous cette forme que se produisent dans l'industrie un grand nombre d'intoxications mercurielles aiguës ou chroniques et dans tous ces cas la pénétration du mercure ne fait aucun doute. Toutefois elle n'a pas été établie expérimentalement; mais il est certain qu'au niveau de la muqueuse pulmonaire, les composés solubles sont absorbés et que les composés insolubles passent plus ou moins rapidement à l'état de composés solubles absorbables à leur tour.

II. — **Voie cutanée.** — L'importance de cette voie résulte de ce qu'elle a été long-

temps appliquée et qu'elle l'est encore parfois dans le traitement mercuriel spécifique,
traitement qui s'effectue surtout au moyen de la pommade mercurielle dans laquelle le
mercure se trouve à l'état de mercure éteint. La pénétration du mercure par ce mode
d'administration est prouvée à la fois par les effets curatifs obtenus et par les intoxications auxquelles il donne parfois lieu. Toutefois, comme le mercure émet des
vapeurs à la température ordinaire et, à plus forte raison, à la température du corps,
cette pénétration peut avoir lieu soit par les fines particules de mercure éteint pénétrant
par la voie cutanée (Sussmann), soit par les vapeurs mercurielles émises par le
mercure éteint et susceptibles de pénétrer non seulement par la voie cutanée (Ahman,
Juliusberg, Welander), mais aussi par les voies respiratoires en se répandant dans l'air
respiré par le sujet traité (Merget). L'étude de la pénétration du mercure par ces
diverses voies ne peut donc être faite qu'en les examinant séparément et avec le plus
grand soin, ainsi que l'ont fait de nombreux auteurs parmi lesquels Ferrari, Piccardi,
Winternitz.

a) **Vapeurs mercurielles.** — D'après Fleischer, ainsi que d'après Merget, les vapeurs de
mercure ne peuvent pénétrer à travers la peau intacte, contrairement à ce qui est bien
établi en pharmacologie concernant la perméabilité cutanée qui n'existe surtout que
pour les substances volatiles. Pour démontrer son assertion, Merget introduit du mercure dans des flacons hermétiquement obturés avec un fragment de peau de lapin; il
constate que les papiers réactifs placés au-dessus de cette membrane ne donnent
aucune réaction caractéristique du mercure. D'autre part, contrairement à Gubler qui
pensait que les vapeurs mercurielles saturées émises à des températures supérieures à
celle du corps peuvent mieux pénétrer dans les glandes de la peau, par suite de leur
condensation à ce niveau, Fürbringer a montré, en exposant l'avant-bras d'un adulte
pendant un temps assez long à des vapeurs de mercure chauffé, qu'on peut observer de
fins globules de mercure qui se condensent sur la région exposée; mais l'examen
microscopique d'un petit lambeau de peau excisée ne permit pas à cet auteur de trouver de globules métalliques ni entre les cellules de la couche cornée, ni dans le réseau
de Malpighi, ni dans les canaux excréteurs des glandes cutanées, ni dans les follicules
pileux. Sans doute ces expériences sur l'homme ne sont pas absolument décisives, c'est
seulement en effectuant des essais prolongés et en dosant le mercure dans les excreta
qu'on pourra affirmer la non-pénétration du mercure par la voie sous-cutanée. D'autres
expériences, notamment celles faites par Neumann sur le lapin et confirmées par
Fürbringer, montrent en effet que cette pénétration du mercure peut avoir lieu. Ces
auteurs ont constaté en effet la pénétration des globules de mercure dans les follicules
pileux et dans les canaux excréteurs des glandes sébacées, mais non dans le chorion
(contrairement à Blomberg). De plus, au bout de quatre semaines, ces globules qui, dans
l'oreille du lapin, étaient, au début, nettement apparents, finissent par disparaître totale-
lement. Sans doute ces expériences ne prouvent pas d'une façon absolue la perméabilité de la peau vivante aux vapeurs de mercure, mais seulement que cette pénétration a
lieu au moins en partie avec condensation des vapeurs sous forme de globules métalliques qui peu à peu disparaissent par résorption. Quoi qu'il en soit, la plupart des auteurs
admettent, toujours avec Merget, que l'absorption des vapeurs de mercure, si elle
se produit par la peau, ne peut avoir lieu que lorsque celle-ci est lésée. C'est sans
doute pour cette raison que certains praticiens exigent que le traitement mercuriel
par frictions soit fait énergiquement de façon à léser l'épiderme et à faciliter la pénétration du métal; nous verrons ci-dessous que cette pratique est inutile. Notons encore
que Gaspard a observé sur un poulet de six jours, ainsi que sur des œufs de poules que
les vapeurs de mercure pouvaient franchir l'épiderme et la coque et provoquer la mort
du poulet ou de l'embryon en un jour. Il en est de même pour des œufs de grenouille
ou de crapaud placés dans de l'eau préalablement mis au contact de mercure. Enfin,
à côté de ces expériences qui ne concernent que les vertébrés, signalons que les vapeurs
de mercure peuvent exercer une action toxique sur les larves de mouches, sur les œufs
de blattes et sur ceux de colimaçons (Gaspard). De même sur des ténias expulsés par
des individus soumis au traitement mercuriel, on a pu constater par la couleur et
l'analyse chimique la présence, dans tous les anneaux, de mercure libre ou combiné
ayant pénétré par la paroi de chaque segment du parasite (Von Linstow, Oelckers).

b) Mercure éteint. — La pénétration du mercure appliqué sur la peau sous forme de mercure éteint a donné lieu aux mêmes discussions que sa pénétration à l'état de vapeurs. Les travaux de RINDFLEISCH et de FÜRBRINGER ont montré que le mercure métallique peut, sous l'influence du frottement parvenir peu à peu jusqu'aux canaux des glandes sudorales et sébacées, mais non traverser l'épiderme. Cette pénétration serait d'ailleurs suffisante, puisque, comme l'ont constaté NEUMANN, puis FÜRBRINGER, les globules de mercure observés dans les follicules pileux et dans les canaux excréteurs glandulaires finissent par disparaître; on peut donc admettre que, soit à ce niveau, soit dans les régions voisines de l'épiderme, il se produit des réactions chimiques donnant naissance à du sublimé (VOIT) ou à des sels de mercure à acides gras (MIALHE) susceptibles de pénétrer peu à peu jusqu'à l'appareil circulatoire. Malgré les nombreux travaux entrepris sur cette question par divers auteurs et dans divers pays, il était, jusqu'à ces dernières années, impossible de se faire une idée exacte, non seulement sur le mode de pénétration du mercure par la voie cutanée, mais encore sur la réalité de sa pénétration. Outre qu'il est difficile, dans les expériences des auteurs cités, d'exclure une absorption par la voie pulmonaire, on peut reprocher à ces expériences, ou bien une application trop courte, ou l'insuffisance des méthodes analytiques employées et, parfois même, l'inexactitude des dosages effectués, comme c'est le cas pour JULIUSBERG et pour MERGET qui tous deux ont nié l'absorption cutanée du mercure éteint. C'est seulement à SUSSMANN (1921) que nous devons des expériences décisives sur cette question de la pénétration du mercure éteint appliqué à la surface de la peau, sans qu'on puisse décider d'ailleurs si, dans ce cas, la pénétration a lieu à l'état de vapeurs ou à l'état de particules de mercure éteint, ou encore sous forme de composés indéterminés. Les essais de SUSSMANN ont été effectués sur le chat. Ils ont été prolongés pendant plusieurs semaines et contrôlés par des essais sur des chats témoins. Pour exclure toute possibilité d'absorption par la voie pulmonaire, chaque animal avait été placé dans des conditions telles que la tête était isolée dans une atmosphère ne communiquant pas avec la région du corps où se faisait l'application mercurielle. L'adaptation de l'animal à cet appareil était obtenue après quelques jours qui précédaient l'expérience. Dans les deux cas, plus parfaitement étudiés par SUSSMANN, l'application du mercure éteint avec des appareils de contention et d'enveloppement aussi hermétiques qu'il était possible de les réaliser, ont permis de constater une pénétration quotidienne d'environ 0,15 milligramme de mercure par centimètre carré. Cette pénétration a été établie par l'analyse des urines et des fèces éliminées par l'animal pendant toute la durée de l'expérience, ainsi que par le dosage du mercure contenu dans les principaux organes prélevés après la mort de l'animal. Ainsi l'absorption du mercure éteint par la voie cutanée est désormais rigoureusement démontrée. On s'explique les résultats de FLEISCHER qui n'obtient que des traces extrêmement faibles de Hg et les échecs de MERGET qui opérait les frictions sur une région limitée du bras et qui ne possédait pas de méthode assez sensible pour doser les petites quantités de mercure susceptibles de pénétrer sur une surface si exiguë. SUSSMANN a essayé de calculer approximativement comment se fait chez l'homme l'absorption de mercure par la méthode des frictions mercurielles, frictions qui intéressent généralement une région d'environ 1 000 centimètres carrés. D'après les calculs de cet auteur, la pénétration du mercure aurait lieu, pour 1/3 ou 1/4, par la voie cutanée et pour le reste, par la voie respiratoire. Quant à la forme sous laquelle le mercure éteint pénètre ainsi dans l'organisme, nous ne savons rien de bien précis. De ce que, dans des conditions analogues, la pénétration du plomb étudiée également par SUSSMANN s'effectue dans des proportions sensiblement identiques, on peut conclure que le mercure peut pénétrer sous une forme non volatile et peut-être même seulement sous cette forme non volatile. D'autre part, l'étude histochimique faite par SUSSMANN ainsi que par ZWICK d'un fragment de peau traitée par l'onguent mercuriel, a montré que la couche cornée épidermique n'est pas pénétrée par le mercure et que les voies d'absorption sont les orifices des bulbes pileux et les glandes sébacées (ZWICK).

Tous ces essais permettent en définitive de conclure que le mercure placé sur l'épiderme en applications plus ou moins prolongées est susceptible de pénétrer en quantité suffisante pour exercer une action thérapeutique (confirmation par COLE,

HUTTON et SOLLMANN), sans qu'il soit besoin, comme l'avaient déjà signalé OVERBECK, MAYENÇON et BERGERET, de recourir à des frictions énergiques ayant pour but de léser l'épiderme. Toutefois il semble bien qu'il y ait parfois des cas où la pénétration du mercure est si faible qu'on ne parvient pas à exercer une action thérapeutique (CARLE et BOULUD) et où la quantité éliminée par les urines est si minime qu'elle échappe à l'analyse (EHRMANN, SCHUSTER, SCHROEDER).

c) **Composés mercuriels solubles et insolubles.** — Lorsque l'épiderme est intact, la pénétration du mercure par application cutanée de composés mercuriels solubles est considérée par la plupart des auteurs comme nulle ou insignifiante. On a souvent constaté en effet que le mercure ne pénètre pas dans l'organisme après application cutanée de pommade au sublimé (MERGET), ou encore lorsque le corps a été maintenu en entier dans un bain contenant une solution de sublimé. Sans doute on peut objecter que ces essais n'ont pas été assez prolongés, mais ils montrent que, pratiquement et dans un laps de temps relativement restreint, l'application cutanée de solutions aqueuses des sels mercuriels n'est pas suivie de l'absorption du métal. Il n'en est pas de même si la peau est lésée (VIDAL) ou si on utilise les méthodes de pénétration cataphorétique. Comme l'ont constaté STUCKOWENKOFF (1894), MASSEY (1897), GAERTNER et EHRMANN, la dissociation ionique sous l'influence d'un courant électrique traversant le corps permet l'absorption du mercure par la voie cutanée.

Quant aux sels insolubles, tels que le calomel, le protoïodure de mercure, il ne semble pas qu'on ait essayé de réaliser des essais décisifs concernant la pénétration du mercure par leur application cutanée. Nous rappellerons toutefois les essais négatifs de MERGET qui, après des frictions quotidiennes aux aisselles pendant une période de 6 mois avec de la pommade au calomel, n'a jamais observé le plus léger symptôme de mercurisation et n'a jamais constaté la présence du mercure dans les urines et dans les fèces. Si on note que le titre de la pommade au calomel est faible (1/10) et que la région frictionnée est peu étendue, on conçoit, d'après les résultats de SUSSMANN exposés ci-dessus, qu'on ne puisse tirer aucune conclusion des essais de MERGET. Il reste fort probable qu'en se plaçant dans des conditions identiques à celles réalisées par SUSSMANN pour le mercure éteint, à savoir particules finement divisées et contact prolongé, on observerait également, pour les sels de mercure insolubles, la pénétration du métal.

III. — Voie buccale ou voies digestives. — Nous examinerons séparément le cas du mercure métallique et celui de ses sels solubles et insolubles.

a) **Mercure métallique liquide et mercure éteint.** — Le mercure métallique introduit par les voies digestives à l'état liquide ne paraît pas pouvoir être résorbé en nature par la muqueuse du tube digestif. Contrairement à DIOSCORIDE qui, envisageant sans doute l'action caustique de certains composés mercuriels, accusait le mercure de déchirer les viscères en raison de son poids, le mercure liquide peut être ingéré en quantités importantes sans exercer d'action nocive, c'est-à-dire sans être résorbé. RHAZÈS au xe siècle démontra expérimentalement cette innocuité en faisant ingérer à un singe d'assez fortes doses de métal. D'ailleurs, il a été maintes fois signalé que pour dissimuler le mercure qu'ils cherchaient à soustraire, des ouvriers ont souvent recouru, sans inconvénient pour leur santé, à l'absorption buccale de notables quantités de métal qu'ils récupéraient ensuite dans leurs selles. Nous rappellerons également, d'après DESBOIS, cité par POUCHET, que c'était la mode à Londres et à Edimbourg au début du xviiie siècle d'ingérer, chaque matin, 5 à 10 grammes de mercure pour prévenir la goutte, la pierre ou la gravelle. On a également maintes fois employé sans inconvénients le mercure métallique introduit par la voie buccale, à fortes doses (300 à 500 grammes), pour exercer une action mécanique dans l'obstruction intestinale. Toutefois, dans certains cas cités par GASPARD (p. 181) et par HALLOPEAU, cette méthode thérapeutique a entraîné des accidents mortels d'intoxication mercurielle, lorsque le mercure séjournait un temps assez long. Par contre, lorsque le cheminement est rapide, il n'y a pas de pénétration suffisante pour exercer une action toxique. GASPARD a pu, sur une grenouille, introduire dans la cavité stomacale quelques grammes de mercure qui se sont éliminés spontanément et presque intégralement avec les matières fécales; aucun globule de mercure n'a pu être observé dans les organes. Cette expérience n'a sans doute été accompagnée d'aucun dosage; elle confirme ce que nous savons sur la non pénétration ou l'insignifiance de l &

pénétration du mercure métallique liquide par les voies digestives. C'est seulement en effectuant des dosages chimiques rigoureux qu'on pourrait être fixé sur cette question. Malheureusement depuis que les méthodes de dosage du mercure ont atteint un degré de précision permettant d'aborder avec sécurité l'étude de la résorption de ce métal, c'est-à-dire depuis une quarantaine d'années, il ne semble pas que l'on ait tenté de résoudre expérimentalement la question de la pénétration du mercure métallique liquide absorbé par la voie buccale. Il est fort probable que si elle a lieu, ce ne peut être qu'à l'état de vapeurs, ou seulement lorsque le métal a été très finement émulsionné par le brassage intestinal et, par conséquent, en quantités très faibles qui exigeraient un temps prolongé pour réaliser une la longue une action thérapeutique et, à plus forte raison une intoxication. Il n'en est vraisemblablement plus de même lorsque le mercure se trouve à l'état éteint. A défaut de données expérimentales, nous possédons des données cliniques sur l'efficacité thérapeutique des pilules de Sédillot ou des pilules bleues qui renferment 10 centigrammes de Hg éteint ou même encore la poudre grise (craie et mercure éteint) qui ont eu longtemps et possèdent encore, dans certains cas, la faveur des cliniciens.

b) **Dérivés mercuriels insolubles et solubles, minéraux et organiques.** — Ici encore la réalité de la pénétration du mercure administré par le tube digestif sous ses diverses formes (sels solubles ou insolubles, composés organiques divers) est établie par des faits d'intoxication accidentelle ou criminelle dont les traités de toxicologie ne manquent pas d'exemples. Au surplus, les faits d'introduction expérimentale par la voie buccale de dérivés du mercure solubles (F. ORFILA, 1852) ou insolubles (WOLFF et NEGA, LANDSBERG, DIELPOFF et WINTERNITZ, 1889) et la présence de ce métal dans les excreta sont, eux aussi, assez nombreux et largement suffisants pour établir la réalité de la pénétration du mercure dans ces conditions. Toutefois cette pénétration est relativement faible, aussi bien après ingestion des sels solubles (SCHNEIDER) que de sels insolubles comme le calomel (SCHNEIDER et ROEDERER). Sans doute, dans le cas des sels insolubles, la résorption est retardée par la lenteur de la réaction chimique qui doit transformer le sel insoluble en sel soluble. MÜLLER puis BÖHM ont observé en effet, que le salicylate de mercure administré par voie buccale, aussi bien chez l'homme que chez l'animal, est plus facilement résorbé que le calomel. Notamment, il convient de noter qu'avec les sels solubles et avec le sublimé surtout, il peut se produire sur le tube digestif une action irritante phlogogène qui détermine une expulsion rapide du contenu intestinal (effet purgatif) et qui retarde la résorption. Aussi lorsque l'on veut réaliser la pénétration de quantités thérapeutiques de sels solubles ou insolubles, a-t-on coutume d'administrer en même temps une préparation opiacée qui, en ralentissant le péristaltisme intestinal, supprime l'effet purgatif et permet l'absorption du dérivé mercuriel soluble. Il convient de noter toutefois que, malgré l'opium, l'irritation intestinale peut être considérable; aussi bien avec des petites doses de sublimé employées comme antisyphilitique qu'avec les doses plus fortes de calomel comme purgatif, on peut observer parfois des lésions locales du tube digestif. D'après NEUSER, le calomel se solubiliserait dans le duodénum surtout sous l'influence du suc pancréatique et c'est seulement à partir de l'iléon qu'il serait résorbé.

Quant aux transformations chimiques que peuvent subir les dérivés insolubles du mercure, notamment le calomel, sous l'influence des substances contenues dans le tube digestif, elles ont fait l'objet de nombreux travaux parfois contradictoires (NEUSER, POLACCI). Certains auteurs admettaient que l'action purgative est due à la transformation du calomel en chlorure mercurique sous l'influence du HCl et du NaCl du suc gastrique (MIALHE, VOIT, FLEISCHER) ou des alcalins du milieu intestinal (JEANNEL); d'autres à la transformation du calomel en mercure métallique (RABUTEAU, MERGET); d'autres enfin, à une combinaison soluble du calomel avec la pepsine (BUCHHEIM). On sait aujourd'hui que le NaCl seul est sans effet (ADAM MONGIN) et que l'action purgative par le calomel peut se produire sans l'intervention du suc gastrique. D'après ZILGIEN et d'après PATEIN, c'est surtout les alcalins (ammoniaque, carbonate de soude) qui exercent une action solubilisante et c'est peut-être à ces composés solubles qu'il faudrait attribuer la transformation en sels solubles. Dans tous les cas, la forme chimique sous laquelle le mercure traverse la paroi du tube digestif est inconnue.

IV. — Voie sous-cutanée ou intra-musculaire. — Pour ce qui concerne cette voie d'administration, la seule question qui se pose, une fois le composé mercuriel introduit, c'est de déterminer l'importance et la rapidité de la résorption. On sait, en effet, que le mercure ainsi injecté exerce des effets thérapeutiques plus ou moins tardifs mais constants, et que, d'autre part, l'élimination du mercure s'effectue normalement par les diverses voies d'élimination. C'est surtout par la vitesse d'élimination établie, comme nous le verrons plus loin, par le dosage du mercure dans les excreta, qu'on a pu obtenir des renseignements précis; l'étude radiologique a fourni également certaines indications utiles; nous examinerons séparément le cas du mercure métallique et celui des composés mercuriels solubles ou insolubles.

a) **Produits mercuriels solubles.** — La résorption des préparations solubles injectées sous la peau ou dans les muscles est très rapide. Dès les premières heures, on voit apparaître le mercure dans les urines (VAJDA et PASCHKIS, BYASSON, MAYENÇON et BERGERET, WELANDER, LEWI, GABLE et BOULUD, etc.). Très probablement le mercure ne reste pas sous la forme sous laquelle il a été injecté. Il contracte des combinaisons avec les matières protéiques des humeurs et c'est sous cette forme qu'il gagne les voies circulatoires et vient se fixer dans divers organes, foie et rein surtout (MAYENÇON et BERGERET); notamment lorsque la région injectée est le siège de phénomènes inflammatoires, il se produit à ce niveau une réduction du sel mercuriel avec formation de mercure métallique dont la résorption peut être extrêmement lente (PELLIER).

b) **Mercure métallique et produits mercuriels insolubles.** — La lenteur de la résorption du mercure métallique éteint et des composés mercuriels insolubles a été depuis longtemps mise en évidence par leurs effets thérapeutiques tardifs. Au surplus, cette résorption, étudiée par BIRGER, LOMBARDO, est parfois retardée par le fait que le composé mercuriel injecté est, peu à peu, entouré de formations conjonctives qui l'enkystent et il y a souvent formation, par réduction, de mercure métallique dont l'absorption est encore plus lente (CHEMINADE), ou encore par oxydation de Hg (PELLIER) ou de ses insolubles (JADASSOHN et ZIEM) apparition de granulations microcristallines qui persistent longtemps (LOMBARDO). Ces globules ou ces granulations seraient, d'après GUSINIER et d'après BRISSY, englobés puis transportés par les leucocytes. On retrouve en effet, à distance, des leucocytes chargés de globules de Hg soit dans le liquide péritonéal après injection de quelques cm^3 de bouillon, soit encore dans les abcès de fixation. Parmi les produits insolubles, le calomel, déjà étudié par BELLINI et par ALLGEYER, serait un des plus facilement résorbables, ainsi que l'a constaté récemment DOEHRING (1915) non seulement par l'emploi des rayons X, mais surtout par une méthode rigoureuse de dosage chimique. Divers animaux ayant reçu dans une patte la même dose de mercure (50 milligrammes) sous les formes diverses (sels ou Hg éteint) sont sacrifiés à divers intervalles, et on dose, dans la patte entière, après destruction organique, la totalité du mercure contenu. Avec le salicylate de mercure, qui est en partie soluble, la résorption était de 24 milligrammes après le premier jour, 37 milligrammes après une semaine et 44 milligrammes (soit 88 p. 100) après deux semaines; avec le calomel, la résorption était aux mêmes dates respectivement de 10,25 et 33 milligrammes. Avec l'huile grise (mercure éteint) les chiffres correspondants étaient un peu inférieurs, mais assez voisins.

Dans tous les cas, la forme sous laquelle le mercure est résorbé est inconnue, mais on peut admettre, comme pour les composés solubles, qu'il s'agit en partie d'une combinaison albuminoïdique soluble dans NaCl et dialysable.

Nous noterons en passant que, d'après DOEHRING, l'activité spirochéticide n'est pas proportionnelle à l'intensité de la vitesse de résorption; l'ordre décroissant dans lequel se rangent les composés étudiés par lui est, pour l'action spirochéticide : calomel (46 milligrammes), salicylate Hg (63 milligrammes), huile grise (66 milligrammes), et, pour la résorption : salicylate, calomel, huile grise.

V. — Voie intraveineuse. — Nous examinerons successivement le mercure métallique et les préparations insolubles et solubles de ce métal.

a) **Mercure métallique.** — Déjà vers 1712, VIEUSSENS s'était proposé de rechercher si le mercure métallique injecté par le système vasculaire pouvait circuler et se fixer dans l'organisme. Il avait, chez une chienne pleine, introduit par la carotide, sous la pression exercée par le mercure contenu dans un entonnoir, environ 2 kilogrammes de métal; l'animal avait succombé pendant l'expérience et VIEUSSENS avait trouvé du mercure dans de nombreux organes : mamelles, cerveau, vésicule biliaire, estomac, intestin, etc.

Cette pénétration du mercure ne fut pas admise par tous les auteurs, notamment par GASPARD qui, dans de nombreuses expériences, ne put jamais observer que le mercure franchisse régulièrement les capillaires. Sans doute, les résultats anormaux de VIEUSSENS pourraient s'expliquer par ce fait que les capillaires étaient soumis à une pression considérable et qu'ils étaient peut-être devenus, par la mort de l'animal, beaucoup moins résistants. D'ailleurs, cette expérience de VIEUSSENS trouve sa confirmation dans une expérience de CLAUDE BERNARD qui, sur une grenouille vivante, à l'aide d'un tube à injecter les lymphatiques, introduisait du mercure dans le cœur et constatait que le système circulatoire était complètement rempli de ce métal. L'animal vécut encore pendant deux jours (*Œuvres*, t. VII, p. 467). Il semble donc bien que, dans des conditions particulières de pression, le mercure métallique puisse franchir certains capillaires, mais que, dans des conditions normales, cette circulation soit impossible. Les expériences de GASPARD se rapprocheraient précisément des conditions normales; la quantité de mercure injecté était faible (1 à 7 grammes, soit 1/10 à 1/2 cm³) et de plus, il n'y avait pas de modifications de pression dans le système vasculaire; les injections étaient faites par des voies diverses, soit dans le système veineux (saphène, veine mésentérique ou le plus souvent jugulaire), soit dans le système artériel (artère crurale ou carotide). Dans la plupart des cas, le mercure ne dépassait pas les capillaires correspondant au vaisseau injecté; le métal fut toujours retrouvé, après injection intraartérielle, surtout dans le trajet des fines artérioles et, après injection intraveineuse, surtout dans les organes contenant les capillaires correspondants, à savoir poumons pour les veines jugulaire et saphène (ainsi que l'avait déjà observé CLAYTON), foie pour la veine mésentérique. Dans le cas de l'injection par la veine jugulaire, GASPARD a toujours trouvé du mercure dans le cœur droit. CLAUDE BERNARD a également observé, après l'injection d'une petite quantité de mercure métallique par la veine jugulaire, la présence du métal sous forme de gouttelettes fines, entourées d'un kyste très mince, qui s'étaient insinuées entre les colonnes charnues du ventricule, ainsi que dans la membrane séreuse péricardite qui recouvre le ventricule droit (*Journ. Pharm. Chim.*, 1849, xv, 140). Dans plusieurs cas, GASPARD constata que les fines gouttelettes arrêtées au niveau des capillaires avaient fait issue par effraction au travers de ces vaisseaux et avaient ainsi pénétré dans la région voisine. Dans deux cas (p. 167 et 243) le même auteur a constaté la présence de fins globules de mercure dans les selles des animaux injectés.

De tous ces essais, il résulte que le mercure injecté en petites quantités par les voies vasculaires et sans exercer une forte pression, ne dépasse généralement pas les capillaires correspondants mais peut parfois s'ouvrir un chemin à travers leurs parois.

b) **Préparations insolubles : Mercure éteint et sels insolubles.** — L'injection intraveineuse des préparations insolubles, en suspension dans un liquide huileux, semble devoir provoquer des embolies pulmonaires et elle n'a guère été étudiée que par GASPARD pour le mercure éteint et le calomel, par STRABINSKY pour le cinabre (1874) et plus récemment par CHITTENDEN pour le Hg éteint ou colloïdal. GASPARD, le premier, a pu montrer que le mercure éteint, injecté en petite quantité par la voie intraveineuse chez le chien ou le lapin, persiste dans le sang pendant une huitaine de jours, où il reste décelable au microscope sous forme de globules qui, peu à peu, perdent leur éclat métallique; l'addition d'acide acétique fait reparaître un noyau brillant soluble dans l'acide azotique. Il y aurait donc oxydation lente du mercure et passage dans l'organisme sous forme de sel ou d'albuminate soluble (CHITTENDEN). Dans un cas, il y a eu mort de l'animal, en une heure et demie, après injection d'environ 30 cgr. d'onguent mercuriel; à l'autopsie on a trouvé les poumons enflammés et hépatisés. GASPARD, après injection intraveineuse de calomel, a observé les mêmes résultats.

c) **Sels solubles.** — L'injection intraveineuse des sels solubles de mercure et notamment de cyanure de mercure est entrée dans la pratique courante de la thérapeutique antisyphilitique. Déjà il avait été constaté par GASPARD que l'injection intraveineuse (jugulaire) de quelques centigrammes de sublimé provoque la mort en plusieurs jours, en quelques minutes ou même en quelques secondes avec des doses de 7 à 25 centigrammes pour des chiens de taille moyenne. CLAUDE BERNARD avait signalé également l'action toxique rapide du cyanure de mercure, action qu'il attribuait à CNH plutôt qu'au mercure, estimant que pour les doses faibles les effets de Hg sont généralement lents (*Œuvres*, t. III, 67). L'élimination urinaire du mercure, qui se produit en général de 2 à 6 heures après l'injection, prouve également la présence persistante du métal dans la masse sanguine sans qu'on puisse d'ailleurs préciser sous quelle forme.

VI. — Voies diverses : Muqueuses autres que celles des appareils précédents ; séreuses ; plaies. — Nous n'examinerons ici que la pénétration des sels solubles de mercure à travers diverses muqueuses : vaginale, utérine et conjonctivale. Nous rapporterons quelques observations concernant la pénétration de ces sels au niveau des diverses plaies cutanées, pénétration si redoutée en chirurgie qu'on a renoncé à l'emploi des solutions de sublimé pour le pansement ou l'irrigation des plaies. Quant à la pénétration des sels de mercure par les séreuses, bien qu'elle n'ait pas été étudiée spécialement elle est admise par tous les auteurs. La pénétration du sublimé par la muqueuse brachiale des têtards de salamandre a été étudiée par HARNACH.

a) **Muqueuses.** — La résorption par les muqueuses autres que celles du tube digestif a été, comme dans les divers cas examinés jusqu'ici, mise en évidence soit par la recherche du mercure dans les excreta, soit par l'apparition de symptômes d'intoxication, soit enfin, dans les cas de mort, par la recherche du métal dans les organes. Dans le premier cas, les méthodes d'analyse actuelles, quoique très sensibles, ne permettant de reconnaître que des fractions de milligrammes de mercure, il est nécessaire que l'absorption se soit produite sur des surfaces assez étendues, comme c'est le cas pour les muqueuses vaginales et utérines chez la femme, ou sur une muqueuse très perméable comme la conjonctive. Quant à la caractérisation du toxique par les symptômes d'intoxication, elle nécessite non seulement une surface d'absorption assez étendue mais encore une pénétration plus importante, qui peut résulter soit d'un contact prolongé, notamment par le séjour de la solution dans une cavité close comme la cavité utérine, soit encore de l'existence de lésions de la muqueuse comme cela se passe au niveau des plaies.

Muqueuses utérine et vaginale. — Les considérations ci-dessus nous montrent que c'est surtout par les voies utérine et vaginale que l'on peut espérer pouvoir constater la pénétration des sels de Hg par les muqueuses, et elles nous expliquent les résultats contradictoires signalés par les divers auteurs. Les uns, en effet, comme DOLÉRIS et BUTTE, prétendent que la muqueuse génitale saine n'absorbe pas le mercure ; d'autres, au contraire, admettent la pénétration du mercure, même sans lésions de la muqueuse. Ces derniers auteurs cependant discutent sur la région au niveau de laquelle l'absorption est surtout marquée ; pour VON HERFF, ce serait la muqueuse vaginale qui participerait le plus à cette absorption ; pour ZIEGENSPECK et SÉBILLOTTE, l'absorption utérine serait au contraire prépondérante ; SÉBILLOTTE, en effet, estime que l'absorption ne se ferait par le vagin que lorsque celui-ci présente des lésions étendues. En dehors des cas de lésions, notamment de plaies génitales et d'ulcérations du col dont HAAG a signalé l'importance, l'absorption serait donc surtout utérine ; elle se ferait principalement au niveau de l'insertion placentaire ; elle serait due à la rétention des liquides dans la cavité utérine. Enfin BROLL admet que l'absorption du mercure ayant pénétré par la voie utérine peut se faire également au niveau du péritoine par les trompes dilatées et malades.

Dans tous les cas où la pénétration du mercure a été suffisamment intense, soit que le temps de contact avec la muqueuse saine ait été assez long, soit qu'il existe des lésions de la muqueuse, le mercure a toujours pu être constaté dans l'urine (KELLER, 24 heures après injection ; NETZEL et KRONFELD) ou dans les fèces (KRONFELD et STEIN, BRAUN au bout de 1 à 10 jours, ou encore dans les organes après intoxication mortelle, HOFMEIER). On peut donc conclure à la pénétration régulière du mercure en petites quantités par les muqueuses, et il est très probable que, dans les cas où cette pénétration n'a pas pu être signalée, cela tient au manque de sensibilité des méthodes employées et à l'exiguïté de la quantité absorbée.

Muqueuses de l'œil. — La perméabilité de la conjonctive a été démontrée par Igevski et Radsvitzky. Après irrigation sous conjonctivale avec une solution de sublimé, ces auteurs ont pu retrouver dans l'œil d'un chien un quarantième de mgr. de Hg.

4) **Plaies.** — Les plaies cutanées absorbent avec une grande facilité le mercure. Prévost a constaté que l'absorption par les plaies est 10 fois plus forte que par les muqueuses digestives. Cramer, chez un sujet atteint de plaie digitale, a pu, un jour après que le doigt lésé avait été plongé dans du sublimé à 1/2 000, constater, outre de la salivation, la présence d'albumine et de mercure dans l'urine.

CIRCULATION DU MERCURE ET SA RÉPARTITION DANS L'ORGANISME.

Quelles que soient les voies d'administration du mercure et quelles que soient les formes, simples ou combinées, sous lesquelles ce métal a été introduit dans l'organisme, nous savons qu'il subit, soit au moment même de sa pénétration, soit quelque temps après, diverses réactions chimiques qui le transforment en un composé de nature inconnue qui bientôt passe en solution (ou en pseudo-solution) dans le milieu humoral et qui, véhiculé par le sang et la lymphe, est susceptible, comme nous le verrons, de dialyser à travers les diverses parois cellulaires, puis de pénétrer et de se fixer dans la plupart des tissus et des organes, et enfin de s'éliminer en majeure partie par la voie urinaire.

Il convient d'ajouter que, notamment dans le cas des injections sous-cutanées de mercure éteint ou de composés mercuriels insolubles, le mercure libre ou combiné est en partie englobé par les leucocytes et véhiculé par ceux-ci. C'est donc par deux modes essentiellement distincts que se fait la circulation du mercure dans l'organisme.

La répartition, dans les divers tissus ou organes, du métal circulant ainsi ne se fait pas d'une manière uniforme. Lorsqu'on examine à ce point de vue la teneur en mercure des divers organes [1], en exceptant toutefois ceux par lesquels l'introduction du mercure a été réalisée et dont la teneur en métal est nécessairement plus élevée [2], on constate que les divers organes se classent de la façon suivante par ordre de richesse décroissante en Hg métallique : rein, foie, intestin, rate, cœur, poumon, muscle, cerveau.

On verra ci-après quelles sont pour chaque organe les quantités extrêmes de mercure trouvées pour 100 grammes de substance fraîche et pour la totalité de l'organe.

Pour donner une idée de l'ordre de grandeur moyen, nous dirons que, dans les plus fortes imprégnations mercurielles (intoxications mortelles), ces quantités sont pour 100 grammes d'organe frais, de 2 à 8 milligrammes, pour le rein, de 0 milligr. 3 à 3 milligrammes pour le foie et pour l'intestin, de 0 milligr. 3 à 1 milligramme pour la rate, de 0 milligr. 2 à 0 milligr. 4, pour le cœur et de 0 milligr. 05 à 0 milligr. 10 ou même 0 milligr. 20 pour les autres organes.

Les proportions relatives entre divers organes, notamment entre le rein et le foie (voir ci-après) sont dignes d'être notées; elles sont le plus souvent deux ou trois fois plus fortes pour le rein que pour le foie. Les tissus ou organes qui contiennent le moins de mercure sont les tissus de soutien (tissu osseux) et le système nerveux central. Les muscles ne contiennent qu'une proportion de mercure assez faible, 0 milligr. 10 à

1. Nous n'avons établi ces moyennes que d'après les données des auteurs récents sans tenir compte des valeurs souvent trop élevées trouvées par les anciens expérimentateurs tels que Riederer, Merget, etc.

2. C'est ainsi que lorsque le mercure pénètre par les voies respiratoires (à l'état de vapeurs) le poumon se classe immédiatement après le foie (Merget); de même quand Hg pénètre par les voies digestives, on trouve dans celles-ci des teneurs en Hg qui dépassent celle du foie.

0 milligr 25; mais, cette répartition étant sensiblement uniforme et les muscles constituant la partie prépondérante du corps, il s'ensuit que les quantités totales les plus importantes de mercure sont fixées dans les muscles.

Moyennes des teneurs en mercure des principaux organes,
après intoxication aiguë ou chronique, exprimées en milligrammes de Hg
pour 100 grammes d'organe frais.

	REIN.	FOIE.	INTESTIN [1].	RATE.	CŒUR.	POUMON.	MUSCLE.	CERVEAU.
Homme (Bacovesco, Lomholt, Ullmann)	2,86	1,37	0,97	0,69	0,25	0,21	0,18	0,13
Lapin (Lomholt)	2,97	0,69	0,26	»	1,3	0,38	0,14	0,55
Chat (Sussmann)	3,45	0,36	1,79	0,42	0,3	0,1	0,23	0,14

1. La teneur de l'intestin est très variable (voir plus loin) : toujours inférieure au rein, mais, pour le gros intestin, parfois supérieure au foie.

De nombreux auteurs se sont occupés de la question de la rémanence du mercure, c'est-à-dire de sa persistance dans l'organisme après cessation de son administration. Cette question sera spécialement étudiée à propos de la durée de l'élimination par la voie urinaire. Signalons dès maintenant que, contrairement aux affirmations de Colson, de Vadja et Paschkis, la rémanence du mercure n'est pas indéfinie ; le métal persiste pendant plusieurs mois, 6 à 12 au maximum, pour toutes les voies d'introduction et quel que soit le produit mercuriel administré : vapeurs mercurielles (Merget), dérivés minéraux solubles ou insolubles et même les dérivés organiques volatils tels que le diéthylmercure (Schoeller, Schrauth et Müller). D'une façon générale, on peut admettre avec Lomholt qu'après une cure mercurielle ordinaire, la quantité totale qui reste fixée dans l'organisme est d'environ 9 à 12 centigrammes de Hg.

Dans les lignes suivantes, nous examinerons successivement la répartition du mercure dans le sang et les liquides de l'organisme ainsi que dans les divers organes.

Sang. — Dans l'intoxication expérimentale du lapin par le sublimé ou par le benzoate de mercure, on trouve jusqu'à 3 milligrammes environ de mercure par litre de sang (Lomholt, Hesse). Chez l'homme, au cours du traitement mercuriel réalisé le plus souvent avec des injections de sels solubles ou insolubles ou par les frictions au mercure éteint, Lomholt a observé des teneurs par litre allant de 0 milligr. 7 à 2 milligr. 3 et, comme moyenne de nombreuses analyses, 1 milligr. 34 de Hg. Ce n'est que très exceptionnellement ou encore lorsqu'il s'agit d'intoxications aiguës que ces teneurs atteignent de 2 milligr. 1 à 3 milligr. 3.

Contrairement à Stassano qui soutient que le mercure du sang est exclusivement fixé dans les globules blancs, Lomholt a montré que le métal est réparti à la fois dans les globules blancs et rouges ainsi que dans le plasma. Lomholt admet cependant que la teneur p. 100 des leucocytes en mercure est plus grande que celle des érythrocytes, bien que dans un cas (n° 32) la richesse de ces derniers en Hg (0 milligr. 067 p. 100) était 3 fois plus grande que celle des leucocytes (0 milligr. 02 p. 100).

Liquide interstitiel. — Le liquide interstitiel contient vraisemblablement autant de mercure que le sang. Dans du liquide d'ascite provenant d'un individu soumis au traitement mercuriel (présence du Hg déjà signalée par Welander), Lomholt a trouvé par litre des quantités de Hg allant de 3 milligr. 5 (après 31 frictions) à 6 milligrammes (après 48 frictions) ; après cessation du traitement, cette teneur tombe à 5 milligrammes (12 jours après), puis à 2 milligrammes (37 jours après). Le mercure se trouve réparti dans les deux fractions globuline et sérine ; mais, après coagulation des protéines il ne reste plus de Hg dans le liquide filtré, ce qui démontre bien que le mercure circulant est engagé dans une combinaison protéique. On a pu également caractériser le mercure dans le pus formé dans les abcès et dans diverses ulcérations (WELANDER, PEREIRA); on sait que, dans ce cas et tout au moins partiellement, il y a apport de Hg par les leucocytes, comme on l'observe dans le pus des abcès de fixation.

Liquide céphalorachidien. — Nié par LASAREF qui se basait sur une trentaine d'analyses et sur un examen approfondi de la littérature, le passage du mercure dans le liquide céphalorachidien des individus soumis au traitement mercuriel et ne présentant pas de phénomènes d'intoxication a été démontré par LOMHOLT qui a trouvé de très faibles quantités de métal ne dépassant pas 0 milligr. 01 à 0 milligr. 02 pour 100 ccm. de liquide. Dans l'intoxication mercurielle, CONTI et ZUCCOLA ont également caractérisé Hg dans le liquide céphalorachidien et LOMHOLT a pu trouver de 0 milligr. 8 à 1 milligr. 6 de Hg pour 100 ccm.

Forme sous laquelle le mercure circule dans l'organisme. — Il n'a pas encore été possible d'isoler les composés mercuriels plus ou moins complexes qui circulent dans l'organisme après administration du mercure ou de ses dérivés, et l'on n'a pu faire à ce sujet que des hypothèses. Toutefois l'expérience de LOMHOLT rapportée ci-dessus établissant que tout le mercure d'un liquide d'ascite est contenu dans les protides coagulables montre que le mercure doit être combiné à ces protides sous la forme d'un complexe protidique. Cette hypothèse déjà formulée depuis longtemps par MIAHLE et par VOIT trouve en effet son fondement dans ce fait que le sublimé et de nombreux autres sels solubles forment avec divers protides, notamment avec l'ovalbumine, des combinaisons qui sont insolubles dans l'eau mais qui deviennent solubles en présence d'un excès du protide considéré ou dans les solutés de NaCl. Il semble donc bien qu'on puisse admettre que tous les sels de Hg ionisables se combinent aux protides du sérum et que le mercure circule sous cette forme complexe de nature colloïdale (OSBORNE). NEUBERG a d'ailleurs montré que les combinaisons protidiques mercurielles circulent parfaitement dans l'organisme. Toutefois si l'ion mercure des divers sels minéraux ou de quelques sels organiques acycliques se combine vraisemblablement d'une manière uniforme aux protides, il n'en est plus de même des ions complexes minéraux ou organiques dans lesquels le mercure est engagé. Sans doute, certains de ces ions complexes sont instables, mais d'autres sont au contraire très stables et doivent certainement s'unir aux protides en conservant leur ion complexe.

Il est possible, même, comme l'a admis VARET, que certains sels doubles ou sels complexes jouent un rôle intermédiaire et facilitent la formation des combinaisons protidiques de Hg.

Quoi qu'il en soit, il convient de rejeter définitivement l'hypothèse de MERGET qui admettait la circulation du mercure en nature. Tous les examens histologiques montrent que le mercure lui-même et les divers sels de mercure insolubles subissent localement dans les tissus où on les a injectés des transformations chimiques qui font passer les sels mercureux et le mercure métallique lui-même à l'état de sels mercuriques. Il s'ensuivrait, que pour la plupart des formes sous lesquelles le mercure est administré (sauf peut-être pour les formes organiques relativement stables), l'état sous lequel le mercure circule dans l'organisme serait probablement le même pour la plupart des préparations mercurielles employées dans la syphilothérapie (LOMHOLT).

Il importe enfin de signaler pour terminer le rôle incontestable joué par les leucocytes (STRAUSS, CUISINIER, COLLET, ARNOZAN et MONTEL, BALDONI, M. LABBÉ, GAGLIO) dans le transport mécanique des fines particules de mercure ou de composé mercuriel depuis le lieu d'injection jusque dans les régions plus éloignées. CUISINIER a pu montrer, sur le cobaye et la grenouille, que ce rôle transporteur est rempli surtout par les mono- et les polynucléaires, et jamais par les lymphocytes; on retrouve en effet à distance ces leucocytes chargés de mercure soit dans le péritoine, après injection intrapéritonéale de bouillon, soit dans les abcès de fixation provoqués par l'essence de térébenthine dans des régions éloignées. Il est possible que certaines transformations chimiques du métal ou de ses dérivés se produisent à l'intérieur des leucocytes.

Répartition du mercure dans les divers organes. — Rein. — A l'exception de DE MICHELE (1891), tous les auteurs, depuis F. ORFILA, LUDWIG et ZILLNER, ULLMANN, BOGOLJEBOFF, GOLA et, parmi les plus récents, SUSSMANN, FRÄNKEL, FAEUND, LOMHOLT, MIRTO, s'accordent pour reconnaître que c'est dans le rein que se trouvent les plus fortes concentrations en mercure après administration thérapeutique ou expérimentale de ce métal libre ou combiné. Chez le lapin, après intoxication aiguë par divers sels (benzoate, salicylate, calomel) ou par l'huile grise, LOMHOLT a trouvé, pour 100 grammes d'organe, de 1 milligr. 75 à 5 milligrammes de Hg (moyenne 3 milligrammes). Chez le chat, après application locale prolongée de pommade mercurielle, SUSSMANN a trouvé 2 milligr. 5 à 4 milligr. 5 de Hg pour 100 grammes d'organe.

Chez l'homme, dans divers cas d'intoxication, on a trouvé des quantités de Hg variant de 1 milligr. 6 à 7 milligr. pour 100 grammes d'organe et une teneur totale d'environ 9 milligrammes pour les deux reins, soit en moyenne 4 milligr. 5 par rein. Dans quatre cas rapportés par LOMHOLT après intoxication (aiguë) par le sublimé ou par les frictions mercurielles (intoxication chronique) et dans un cas étudié par BACOVESCO (sublimé), la moyenne pour 100 grammes d'organe est de 4 milligr. 05. Enfin dans un cas signalé par GASCARD et BANCE (intoxication subaiguë par le sublimé mais avec mort tardive au 25e jour), la teneur en Hg était un peu plus faible, 0 milligr. 27 p. 100 pour l'un des reins et de 0 milligr. 42 pour l'autre. Généralement cette fixation du mercure ou plutôt la néphrite qui en est la conséquence s'accompagne d'altérations histologiques, notamment de calcification du parenchyme rénal (SALKOWSKI, HEILBORN, PRÉVOST et ETERNOD, KAUFFMAN, KLEMPERER).

Foie. — Le foie est, avec le rein, mais à un degré moindre, l'organe qui fixe le plus de mercure. Dans les cas rapportés ci-dessus, la teneur moyenne du foie en mercure des animaux intoxiqués est, chez le lapin, de 0 milligr. 69 p. 100 (LOMHOLT), chez le chat, de 0 milligr. 365 p. 100 (SUSSMANN). Chez l'homme, la teneur moyenne, dans divers cas d'intoxication aiguë par le sublimé et par les frictions, est pour les quatre cas de LOMHOLT et pour quelques autres cas (BACOVESCO, GASCARD et BANCE, SCHUMM) de 1 milligr. 37 de Hg p. 100 avec des valeurs extrêmes de 3 milligr. 21 dans le cas du sublimé et de 1 milligr. 2 à 2 milligr. 45 dans le cas d'individus soumis aux frictions. Dans ces divers cas, la moyenne des teneurs totales du foie était de 13 milligr. 9. On voit que la quantité de mercure fixée par cet organe est supérieure à la quantité totale contenue dans les deux reins (moyenne 9 milligr. 2); il n'en est pas de même de la richesse en mercure et de la rapidité de fixation (F. ORFILA) qui sont toujours plus grandes pour le rein que pour le foie. Le rapport des pourcentages pour le rein et pour le foie est en moyenne de 2 milligr. 86 : 1 milligr. 37. soit environ 2,1 avec comme valeurs extrêmes 1 à 5. SOLOVTSOFF, qui a étudié la répartition du mercure dans le foie au cours de l'intoxication chronique, a obtenu des résultats sensiblement analogues.

La vésicule biliaire est toujours riche en mercure chez le lapin après intoxication subaiguë. LOMHOLT a trouvé environ 1 milligr. 1 pour 100 grammes d'organe.

Intestin. — La teneur de l'intestin en mercure est extrêmement variable, non seulement suivant le segment considéré, mais, pour un même segment, suivant les divers individus. La moyenne des chiffres indiqués par LOMHOLT chez l'homme intoxiqué par des voies autres que la voie digestive est, pour 100 grammes d'organe, de 1 milligr. 4 pour le colon, de 0 milligr. 54 pour l'intestin grêle, avec des teneurs extrêmes de 0 milligr. 20 et 4 milligr. 98 pour le colon et de 0 milligr. 21 et de 0 milligr. 95 pour l'intestin grêle. Chez le lapin, la moyenne des pourcentages est d'après LOMHOLT de 0 milligr. 2 et la teneur en mercure de la totalité de l'intestin est d'environ 8 milligrammes, à savoir 3 milligr. 9 pour le grêle, et 5 milligr. 1 pour le colon (benzoate et salicylate, etc.). Les chiffres donnés par ALMKVIST (sublimé) sont un peu plus faibles, environ 3 milligrammes pour la totalité de l'intestin; mais parfois cet auteur a observé, pour le grêle et l'estomac réunis, des teneurs totales allant de 2 milligr. 1 à 6 milligr. 6. En général, les teneurs en Hg de l'estomac sont toujours faibles.

Quoi qu'il en soit, le pourcentage en mercure de l'intestin semble être parfois égal à celui du foie, mais le plus souvent il est nettement inférieur (ECKMANN, LOMHOLT); il en est de même de la quantité totale fixée dans l'intestin comparée à celle fixée dans le foie. D'ailleurs, d'après BLUMENTHAL, les proportions de Hg fixé dans le foie et dans l'intestin dépendent, tout au moins pour les dérivés organiques, de la nature du composé administré. Avec un composé à Hg doublement lié au carbone, le mercuri-diaminobenzoate de sodium Hg-(C⁶H³-NH²-CO²-Na)² le métal se fixe toujours dans l'intestin et jamais dans le foie ; avec les dérivés correspondants une fois liés seulement, OH-Hg-C⁶H³-OH-CO²-Na, la répartition se fait dans les deux organes. D'autre part, l'iodure de K augmenterait l'aptitude du foie à fixer le mercure (BLUMENTHAL, 1911).

Rate. — Dans les intoxications mercurielles chez l'homme, la moyenne des teneurs observées est de 0 milligr. 69 (pour 100 grammes d'organe (BACONESCO, LOMHOLT), et les teneurs extrêmes 0 milligr. 43 et 1 milligramme[1]. SUSSMANN a trouvé chez un chat intoxiqué, dans un cas, absence de Hg et un pourcentage de 0 milligr. 42 dans un autre cas.

Autres organes. — Il suffira de consulter le tableau sur la répartition du Hg placé en tête de ce chapitre pour constater, qu'à l'exception du cœur dans lequel on trouve pour le lapin des teneurs en Hg notablement élevées, toutes les teneurs des autres organes sont relativement peu importantes. Elles sont encore plus faibles dans divers autres organes ou tissus non compris dans ce tableau : pancréas[2], tissus osseux, adipeux (LOMHOLT). Il convient de noter la teneur extrêmement élevée trouvée par SUSS-MANN pour les ganglions lymphatiques dorsaux : 66 milligrammes p. 100. Cette teneur élevée mériterait d'être confirmée et soigneusement étudiée.

Il convient de noter également la forte imprégnation des ganglions mésentériques qui d'après SUSSMANN renfermaient, chez un chat intoxiqué, jusqu'à 0 milligr. 45 p. 100 de mercure, c'est-à-dire une teneur sensiblement supérieure à celle des autres organes fixateurs, le foie et la rate.

Présence du mercure dans le placenta et passage de la mère au fœtus. — La présence du mercure dans le placenta maternel et dans les divers organes du fœtus a été démontrée par GATHELINEAU et STEF, puis par BIGARD, LOMBARDO et TOGNOLI, HUGO SOLI, JUNG. Tandis que les quatre derniers auteurs ont trouvé du mercure dans le fœtus ou même dans le foie du fœtus, les deux premiers l'ont décelé et dosé non seulement dans les autres organes (rein, rate, cœur, poumon, cerveau), mais encore dans le méconium d'un fœtus mort provenant d'une mère ayant succombé à une intoxication mercurielle thérapeutique. Toutefois les chiffres trouvés, qui vont de 3 à 12 milligrammes pour 100 grammes d'organe, paraissent un peu élevés ; ces titres anormaux mériteraient une confirmation. Au cours du même travail, la présence de mercure a été également constatée dans le liquide amniotique, ainsi que dans le placenta et le côlon.

Sur les animaux de laboratoire (chiens, cobayes, lapins, souris) divers auteurs ont signalé également le passage du mercure du placenta maternel dans le fœtus (PLOTTIER, STRASSMANN) ; cette opinion est aujourd'hui admise, malgré les résultats négatifs de PORAK et de GOLA.

Chez la poule ayant reçu une préparation mercurielle, RICCI a constaté, outre la présence du mercure dans l'œuf, une teneur de l'ovaire notablement élevée en Hg, supérieure même à celle du foie.

ÉLIMINATION DU MERCURE

Quelle que soit la nature du produit mercuriel administré et quelque soit le mode de pénétration dans l'organisme, le mercure s'élimine surtout par les reins et par le tube digestif, et, de ces deux voies, c'est, dans la plupart des cas, la première qui est la plus importante. Les autres voies d'élimination, notamment les glandes salivaires et sudorales, ne paraissent jouer qu'un rôle secondaire.

Dans tous les cas, cette élimination s'effectue sous forme de dérivés mercuriels solubles dont la constitution nous est complètement inconnue. On admet qu'une partie du mercure éliminé par les diverses voies sécrétrices ou excrétrices se trouve dans les

---

1. Une faible teneur de 0 milligr. 15 a été trouvée par LOMHOLT dans un cas où la rate était le siège d'altérations pathologiques très marquées, probablement analogues à la dégénérescence myéloïde signalée par MOULINIER en 1903.

2. SCHUMM a cependant trouvé dans un cas d'intoxication aiguë une teneur de 0 milligr. 44 pour 100 grammes de pancréas.

tissus ou les liquides de l'organisme sous la forme de combinaisons organiques plus ou moins complexes, associées ou non aux matières protéiques; il est possible qu'une très petite quantité se trouve à l'état d'ion simple. Hg.

Quant à l'élimination pulmonaire du mercure à l'état de vapeurs mercurielles ou de composés volatils de ce métal, elle n'a jamais été observée (JULIUSBERG, DIESSELHORST, LOMHOLT) sauf pour le mercure diéthyle (BALOGH-KALMAN).

En ce qui concerne le rythme et l'importance quantitative de l'élimination mercurielle, cela dépend non seulement de la voie d'absorption, mais encore de la nature et de la solubilité du composé absorbé ou de son produit de transformation, ainsi que de la fréquence ou de l'importance des doses.

Néanmoins, il est possible d'indiquer quelques données générales sur la précocité et le taux de l'élimination. Généralement l'élimination commence à être décelable environ une heure ou deux après la résorption ; puis elle s'atténue jusqu'à l'administration d'une nouvelle dose. Les quantités éliminées peuvent, dans certains cas, équilibrer les quantités administrées; le plus souvent elles ne représentent, suivant les préparations mercurielles, que 20 à 90 p. 100; le reste est fixé dans l'organisme.

Cette élimination peut dans certaines circonstances être favorisée par KI (MAYENÇON ET BERGERET, BURGI) ou encore par les bains sulfureux (BERESTOWSKI, GRENTZ).

D'une manière générale l'élimination est sensiblement proportionnelle aux quantités absorbées, avec renforcement très net après chaque nouvelle injection, ainsi que nous l'avons déjà signalé. Aussi l'élimination urinaire, qui est la plus importante, est-elle le témoin des quantités de Hg fixé ou circulant et peut-elle renseigner sur l'intensité du traitement au cours d'une cure mercurielle. Après cessation du traitement mercuriel l'élimination peut se poursuivre pendant plusieurs mois, jusqu'à ce qu'il n'y ait plus que des traces indosables du métal.

Dans les lignes qui suivent, nous examinerons en détail l'élimination par la voie urinaire, par la voie intestinale et par quelques autres voies secondaires : salivaire, sudorale, etc.

I. — Élimination rénale.

Niée autrefois par quelques chimistes renommés (WÖHLER, FRIEDEMANN, MITSCHERLICH, LIEBIG, GMELIN), l'élimination du mercure par les urines a été dans la suite surabondamment démontrée par de nombreux toxicologues (CANTU, DIDIER, MIALHE, ORFILA, etc.). Cette élimination est si parfaitement établie que depuis longtemps c'est par la présence du mercure dans les urines que de nombreux auteurs (MAYENÇON et BERGERET, BYASSON, MERGET, NICOLAS, etc.) ont pu étudier la pénétration et la rémanence de ce métal dans l'organisme animal après administration du mercure ou de ses dérivés par les diverses voies d'absorption.

Sans doute, les chiffres absolus fournis par ces divers auteurs sont le plus souvent un peu trop élevés, comme le montrent les recherches récentes (BURGI, LOMHOLT) effectuées par des méthodes perfectionnées. Toutefois, les conclusions d'ensemble restent sensiblement identiques; le taux moyen calculé sur de nombreuses analyses aux diverses périodes d'une cure mercurielle est de 15 milligrammes par litre, tandis que les chiffres extrêmes sont 0 milligr. 6 et 2 milligr. 8. D'une manière générale, on peut dire que l'élimination du mercure est toujours plus importante dans les premières heures qui suivent l'absorption. Elle est continue mais avec des oscillations pendant toute la durée d'un traitement et pendant les 10, 20 ou 30 jours qui suivent la dernière administration. D'autre part, l'élimination urinaire d'un composé mercuriel est fonction de son degré de résorption et de son passage dans le sang, c'est-à-dire du degré d'imprégnation mercurielle de l'organisme et plus spécialement de la teneur du sang en Hg (WELANDER, WINTERNITZ). Cette élimination dépend donc en majeure partie de la voie de pénétration et de la nature du composé mercuriel envisagé, celui-ci n'intervenant pas toujours par ses propriétés intrinsèques de solubilité et de diffusibilité mais bien par les propriétés correspondantes de ses produits de transformation dans l'organisme. La teneur comparée des urines et du sang montre que (5 cas sur 10) l'urine est 2 fois plus riche en Hg que le sang; dans les cas où l'urine est moins riche que le sang, la teneur de ce dernier n'est qu'une fois et demie plus élevée que l'urine.

1° **Rythme et taux de l'élimination urinaire** (Précocité, taux quotidien, pourcentage total, rémanence). — a) *Après pénétration par la voie pulmonaire.* — C'est seulement après inhalations de vapeurs de mercure que l'élimination urinaire du métal introduit par la voie pulmonaire a été étudiée. Après des inhalations quotidiennes (8 heures par jour d'air saturé de vapeurs de mercure, MERGET) ou des inhalations continues d'air contenant 1 milligramme de Hg par mètre cube (RÉMOND), on trouve dans l'urine et dès les premières heures (MERGET) des quantités de Hg qui vont en croissant très lentement jusqu'à atteindre, à partir du quinzième jour, des chiffres oscillant entre 6 et 8 milligrammes par jour et même parfois 9 milligrammes. Dans des conditions à peu près analogues, on constate un maximum quotidien de 1 milligr. 5 (FARUP) ou de 1 à 3 milligrammes (BURGI), mais avec de fréquentes irrégularités. Après inhalations continues dans une salle de malades soumis aux frictions mercurielles, la quantité éliminée chaque jour oscille de 0 milligr. 8 à 1 milligr. 3 (LOMHOLT). Dès la cessation des inhalations, les quantités éliminées décroissent lentement; MERGET ainsi que BURGI ont encore constaté la présence de mercure trois semaines après la dernière inhalation, avec un taux d'élimination de 0 milligr. 2 de Hg par jour.

b) *Après pénétration par la voie cutanée.* — Les recherches ont surtout porté sur le mercure éteint, appliqué par frictions quotidiennes. L'élimination urinaire est assez précoce, sans doute parce qu'il y a à la fois pénétration pulmonaire qui est, nous venons de le voir, très rapide ; elle commence le premier ou le second jour (BURGI), voire même dans certains cas après quelques heures (3 à 11 heures), mais en très faible quantité (BURGI), puis elle croît régulièrement de semaine en semaine avec quelques irrégularités jusqu'à un taux maximum de 2 milligr. 5 à 3 par jour (BURGI, LOMHOLT), taux qui est atteint vers la 5e ou la 6e semaine. Les chiffres donnés par WINTERNITZ (1 milligr.) sont un peu faibles et ceux trouvés par RÉMOND (4 à 6 milligr. par jour vers la fin de la 1re semaine) un peu élevés. Quoi qu'il en soit, les écarts entre les chiffres observés pour l'élimination après pénétration cutanée (2 milligr. 5 à 3 milligr.) et après pénétration pulmonaire (1 milligr. environ) montrent que, dans le traitement mercuriel par frictions, la pénétration par la voie cutanée est, après un certain temps, plus importante que la pénétration par les voies respiratoires. Pour LOMHOLT, il y aurait, au début, élimination plus lente que la résorption, d'où accumulation jusqu'à ce que soit atteint le taux de 3 milligrammes par jour qui correspondrait à une élimination égale à l'absorption.

Après cessation des frictions mercurielles, les quantités éliminées chaque jour diminuent lentement et d'une manière irrégulière. Après trois (BURGI) et après 5 semaines (LOMHOLT), on trouve encore environ 0 milligr. 4 à 0 milligr. 5 par jour ; après 4 mois, pendant lesquels il y aurait par intermittence absence d'élimination (OBERLANDER), on ne trouve plus que des traces (BURGI); enfin après 6 ou 8 mois, l'élimination paraît complètement terminée (MICHAELOWSKY, OBERLANDER, SCHUSTER, NEGA, WELANDER, etc.).

c) *Après pénétration par la voie buccale.* — Précocité. L'apparition du mercure dans les urines ne semble pas être plus précoce pour les sels solubles tels que le sublimé (GAUD) que pour les sels insolubles tels que le calomel et l'iodure mercureux (GAUD, BURGI). Avec ce dernier, le métal apparaît 3 heures environ après l'ingestion, tandis que pour le sublimé, l'apparition n'a lieu qu'après 4, 8 et même 24 heures (GAUD). Nous verrons plus tard que cette précocité d'élimination des produits mercuriels insolubles est encore plus marquée après pénétration par voie sous-cutanée. — *Taux de l'élimination.* Pour le chlorure et l'iodure mercureux et au cours d'une série d'injections de doses thérapeutiques, le taux quotidien de l'élimination croît peu à peu jusqu'à atteindre, après deux ou trois semaines, un maximum de 4 milligrammes de Hg par jour, puis se maintient avec des variations irrégulières aux environs de 2 à 4 milligrammes. Au total, les quantités éliminées ne dépassent pas 1 à 2 p. 100 de la quantité ingérée. Après ingestion de doses supérieures, notamment avec des doses purgatives de calomel, par exemple 1 gr. 20 en deux jours, la quantité éliminée passe de 1 milligramme le 2e jour à 7 milligrammes le 3e jour, puis les doses décroissent les jours suivants (BURGI). Chez le chien, après ingestion de 2 gr. 78, de calomel en 34 jours, à raison de 9 centigrammes par jour, la quantité totale éliminée par les urines ne dépasse pas 1 p. 100.

d) *Après pénétration par la voie sous-cutanée.* — *Précocité de l'élimination.* — D'après certains auteurs, notamment d'après Gaud, il semble que l'élimination soit plus précoce avec les sels insolubles qu'avec un sel soluble comme le *sublimé*. En réalité, pour ce qui concerne ce dernier, les avis sont partagés; tandis que Byasson, Welander et Hallopeau soutiennent que le mercure apparaît dans les urines après la première ou la deuxième heure qui suit l'injection, Gola, Schmidt, Gaud estiment que cette apparition est plus tardive (après 24 heures); les chiffres de Burgi sont plutôt en faveur de cette manière de voir, car une deux cas il n'a trouvé qu'une fois Hg dans les urines du premier jour et seulement à l'état de traces. Pour les *sels insolubles ou peu solubles*, l'élimination est plus rapide; elle commence de 2 à 4 heures après l'injection, pour HgI^2 et le calomel, et, de 4 à 6 heures, pour l'huile grise (Gaud).

Pour le salicylate de Hg, Burgi (confirmé par Lomholt qui a constaté une élimination plus forte le jour de l'injection) a suivi de 2 en 2 heures le rythme de l'élimination; celle-ci qui est déjà manifeste dans les deux premières heures croît, avec des oscillations plus ou moins marquées, pendant les heures suivantes jusqu'à la huitième; après quoi, la quantité totale aussi bien que le pourcentage décroissent peu à peu.

Taux quotidien et pourcentage total de l'élimination. — *Sublimé.* Pour des injections quotidiennes d'un centigramme de $HgCl^2$, on trouve dans l'urine des quantités quotidiennes non inférieures à 1 milligramme de Hg (Winternitz) et oscillant entre 1 et 3 milligrammes (Brasse et Wirth, Burgi). — *Salicylate de* Hg. Ce sel, quoique peu soluble dans l'eau, est l'un des plus rapidement résorbés et éliminés. Le taux quotidien d'élimination urinaire, après administration, tous les 5 jours, de 4 à 8 centigrammes, est en moyenne de 3 à 6 milligrammes de Hg, mais il atteint souvent 7, 8 et même 9 milligrammes (Burgi, Lomholt). L'élimination totale représente, après 20 à 30 jours, environ 40 à 50 p. 100 du mercure injecté. — *Autres sels peu solubles ou insolubles*. En ce qui concerne leur élimination urinaire et probablement comme conséquence de leur résorption, les composés peu solubles ou insolubles semblent s'éliminer d'autant plus difficilement qu'ils sont moins solubles. Il en est ainsi d'après Lomholt pour les 4 produits suivants qui sont classés d'après le taux décroissant de leur élimination : salicylate, benzoate, calomel, mercure éteint. Les quantités totales éliminées atteignent, après 30 à 40 jours, pour le calomel, de 20 à 25 p. 100 du mercure injecté, et, pour le mercure éteint, seulement 10 p. 100. Il est vrai que la nature du véhicule employé pour injecter ces substances doit être considérée, car l'huile ou les corps gras qui sont employés pour le calomel ou le mercure éteint ne favorisent pas l'absorption et, partant, l'élimination. Burgi a fait en ce qui concerne le salicylate, l'acétate de mercure, le thymol et le calomel des constatations analogues à celles de Lomholt. — *Rémanence.* La persistance dans l'organisme après plusieurs injections sous-cutanées est assez variable; elle peut durer jusqu'à 30 jours pour 2 centigrammes de sublimé chez le lapin (Blumenthal et Oppenheimer), 40 ou 50 jours pour le salicylate (Burgi) et des temps très variables pour les autres produits mercuriels insolubles de Hg chez l'homme (Ratner).

e) *Après pénétration par la voie intraveineuse.* — L'élimination urinaire après injection intraveineuse a été surtout étudiée par Burgi, par Kudisch et par Rowe, notamment en ce qui concerne le sublimé et quelques sels organiques. — *Sublimé.* L'apparition du mercure dans les urines après injection de sublimé ne semble pas beaucoup plus précoce que par la voie sous-cutanée; elle a lieu le jour même de l'injection (Burgi), ou dans les 10 ou 12 premières heures (Menozzi et Galli). Le taux quotidien de l'élimination est de 2 à 3 milligrammes de Hg (Burgi); enfin les quantités totales éliminées en un laps de temps suffisant (5 à 10 jours) atteignent, chez l'homme ayant reçu des doses thérapeutiques, jusqu'à 58 à 59 p. 100 des quantités injectées (Burgi); chez le chien soumis à l'intoxication expérimentale, cette élimination est de 35 à 38 p. 100 et exceptionnellement de 70 p. 100 (Rowe). — *Dérivés organiques.* Avec les dérivés organiques tels que le mercurosal (mercurosalicylacétate de Na), la précocité de l'élimination n'est pas très marquée; 6 heures après l'injection, l'urine ne contient pas encore de Hg (Rowe); quant à l'élimination totale, elle atteint, après plusieurs jours, une moyenne de 50 à 60 p. 100 de la quantité injectée; ce taux va même jusqu'à 95 p. 100 pour la succinimide mercurique (Rowe).

2° **Influence de la diurèse et de divers sels sur l'élimination urinaire du mercure.** —

D'après Lomholt, il n'y a pas de rapport régulier entre le volume des urines et la quantité de mercure éliminée pendant le même intervalle de temps. Nous verrons de même qu'une forte élimination de Hg n'entraîne pas nécessairement de la polyurie et qu'elle peut même s'accompagner d'oligurie (voir plus loin, *Action diurétique*). Quant à l'influence exercée par certains sels, notamment par KI, elle a été affirmée par Mayençon et Bergeret ainsi que par Borowski, mais niée par Ssuchow et surtout par Buchtala qui a constaté une diminution de l'élimination urinaire de Hg après KI, mais Blumenthal et Oppenheimer admettent une augmentation de l'élimination intestinale. Les recherches récentes de Burgi ont montré que c'est seulement pendant la période de rémanence, et encore seulement dans certains cas, que KI peut provoquer une élimination accrue du mercure.

Brass et Wirth ont signalé l'influence de l'albuminurie; l'élimination de Hg cesserait dès que l'albumine apparaît dans les urines et inversement.

3° Forme sous laquelle le mercure est éliminé par le rein et localisation de cette élimination. — Nous ne savons pour ainsi dire rien sur la forme sous laquelle Hg s'élimine par la voie rénale et nous renverrons, pour ce sujet, à ce que nous avons dit concernant la forme sous laquelle Hg circule dans l'organisme. Il est possible que la cellule rénale laisse passer à la fois les ions Hg et les ions mercuriels complexes; si bien que l'urine contiendrait à la fois des sels mercuriques et des dérivés organiques de Hg (Laqueur). Pour Gola, ce serait surtout sous la forme d'un composé phosphoré complexe à la fois nucléique et lécithinique. Quant au lieu de cette élimination, Almkvist (1903) l'a recherché histochimiquement par formation de HgS sous l'influence d'un sulfure alcalin; il en résulte que Hg s'élimine surtout par les tubes contournés ainsi que par les branches ascendantes des anses de Henle, en un mot par les éléments qui, d'après Heidenhain, sécrètent les substances solides.

II. — Élimination stomacale et intestinale.

L'élimination du mercure par le tube digestif a été depuis longtemps mise en évidence par divers auteurs (Schneider en 1860, Riederer en 1868, Byasson en 1872 pour l'intestin, Lieu en 1915 pour la muqueuse gastrique), à la fois pour les diverses voies d'introduction et pour les divers dérivés mercuriels, voire même après inhalation de vapeurs mercurielles (Merget). Cette élimination a non seulement été constatée chimiquement par la présence du métal dans des fèces et dans la muqueuse intestinale, mais encore, dans certains cas particuliers, par l'imprégnation mercurielle de parasites intestinaux (Oelkers von Linstow, Blanchard) vivant chez des individus soumis au traitement.

Taux quotidien de cette élimination. — Brass et Wirth ont pu, chez des sujets mercurialisés par voie parentérale, fixer à 1 milligr. 5, le taux quotidien du Hg contenu dans les fèces. En réalité, l'élimination intestinale est extrêmement variable non seulement suivant les individus, mais aussi suivant la voie d'introduction et la nature du composé introduit. Au cours d'un traitement mercuriel énergique (principalement par la méthode des frictions), Lomholt a constaté une élimination intestinale quotidienne allant de 0 milligr. 2 à 0 milligr. 6 et une moyenne de 0 milligr. 7.

Ces variations s'expliquent si l'on tient compte, d'une part, de ce que des quantités notables peuvent être résorbées par la muqueuse intestinale, d'autre part, de ce que l'élimination du mercure s'effectue au niveau de toutes les glandes du tube digestif, y compris la vésicule biliaire qui élimine des quantités importantes de Hg, peut-être même la majeure partie. Cette élimination a sans doute été niée par Ludwig, mais tous les autres auteurs (Diepoff, Hassenstein, Ullmann, Welander, etc...), et tout récemment Lomholt l'ont nettement démontrée[1].

A la vérité la localisation de cette élimination est irrégulièrement variable comme l'a observé Almkvist sur les divers points du tractus intestinal (estomac, intestin grêle, gros intestin, cœcum). L'ordre de grandeur des quantités éliminées varie de 0 milligr. 6 à 2 milligr. Il semble bien toutefois, d'après les constatations histologiques et anatomo-pathologiques, que le gros intestin soit le lieu principal de l'élimination.

---

1. On a même signalé la présence de Hg métallique dans les calculs biliaires (Beigel, Frerich, Lacarterie).

Signalons enfin qu'il ne semble pas exister de rapport étroit entre la consistance et la quantité des fèces et la grandeur de l'élimination intestinale du mercure (LOMHOLT).

Quantités totales éliminées par la voie intestinale. Pourcentage de l'élimination totale. — Les quantités totales éliminées par la voie intestinale sont, comme le taux quotidien, extrêmement variables ; elles représentent, en général, le dixième des quantités de Hg absorbées. Elles sont donc, le plus souvent, très notablement inférieures aux quantités éliminées par les urines, qui atteignent de 20 à 80 et même 90 p. 100 des quantités absorbées. Sans doute certains auteurs, comme SCHNEIDER, KRONFELD et STEIN, ont pu affirmer que l'élimination intestinale est toujours prépondérante, mais tous les travaux ultérieurs depuis ceux de BUCHTALA, de LUDWIG et ULLMANN, de WELANDER, jusqu'à ceux tout récents de BURGI, de LOMHOLT, de ROWE, permettent de conclure à une élimination intestinale moindre que l'élimination urinaire, et cela aussi bien quand l'introduction du dérivé mercuriel a lieu par la voie sous-cutanée que par la voie intraveineuse (ROWE). Sans doute il existe parfois de notables variations (DRESSELHORT) ; on a même signalé un accroissement de l'élimination intestinale de Hg après absorption de KI (BLUMENTHAL) ; mais, d'une façon générale, on peut admettre, d'après LOMHOLT, confirmé par SUSSMANN, que c'est seulement lorsque la quantité de Hg éliminée est très faible, que le mercure éliminé par les fèces tend à devenir prépondérant. C'est ainsi que dans les essais de SUSSMANN sur le chat, par application cutanée de mercure éteint (pénétration lente), le rapport de Hg des fèces sur Hg des urines, était au début de 2 et même de 3,5 et allait en diminuant jusqu'à atteindre 1 après plusieurs semaines.

Dans tous les autres cas, l'élimination rénale l'emporte plusieurs fois sur l'élimination intestinale et l'écart est d'autant plus grand que la quantité totale éliminée est plus forte.

D'autre part, il semble résulter des travaux de ROWE, qu'après administration par la voie intraveineuse, les proportions éliminées respectivement par les urines et par les fèces dépendent de la nature du composé mercuriel. Tandis que l'élimination urinaire de Hg est, comme il a été dit ci-dessus, trois à cinq fois supérieure à l'élimination intestinale pour le sublimé et le salicylate de Hg, elle est de 10 à 20 fois supérieure pour le mercurosal (salicylacétate) dont la résorption paraît plus difficile et seulement 1 fois 1/2 supérieure pour la succinimide dont la résorption paraît au contraire beaucoup plus facile, puisque, pour ce composé, la quantité totale de Hg éliminée atteint jusqu'à 95 0/0 du Hg absorbé. Il s'ensuivrait que, par la voie intraveineuse chez le chien, plus l'élimination est rapide (et par conséquent importante), plus l'écart entre les quantités éliminées par l'urine et les fèces serait faible, ce qui semble en contradiction avec les conclusions de LOMHOLT rapportées ci-dessus.

De toute façon, il est certain que la nature du composé mercuriel joue un rôle, mais il faut écarter l'opinion trop absolue de MÜLLER, SCHOELLER, et SCHRAUTH (1911) qui estiment que l'élimination urinaire du Hg est prépondérante dans le cas des composés minéraux.

Mode d'élimination du mercure par la voie intestinale. — On ne sait presque rien sur la forme chimique sous laquelle le mercure s'élimine par la voie intestinale. Il est possible qu'une partie du métal s'élimine directement à l'état où il se trouve dans le milieu humoral. En dehors de cette élimination par le seul jeu de la perméabilité cellulaire et des phénomènes de sécrétion, il y a toutefois lieu d'envisager, d'après STASSANO, un mécanisme spécial consistant en une élimination du mercure analogue à celle qu'on observe pour le fer et qui se ferait par l'intermédiaire des leucocytes, leucocytes qui jouent d'ailleurs, comme nous l'avons vu, un rôle extrêmement important dans l'absorption et la circulation du mercure dans l'organisme. En se basant sur la diminution des quantités de mercure éliminées par l'intestin, lorsqu'une injection préalable de peptone a contribué à désagréger les leucocytes et à diminuer leur chimiotactisme pour le mercure, STASSANO admet que les leucocytes jouent un rôle très important dans le transport du mercure à travers la muqueuse intestinale. Toutefois il ne semble pas que ce transport ait été constaté histochimiquement.

III. — **Élimination par les autres voies : sécrétions salivaires, sudorale, lactée, etc.**

Élimination par la salive. — La sécrétion du mercure par la salive, déjà rendue probable par les accidents buccaux de la médication mercurielle (stomatite, gengivite), a été depuis longtemps démontrée par la présence de ce métal dans la salive (Bostock, Brasse et Wirth, Bucher, Gmelin, Lehmann, Merget, F. Orfila, Pouchet, O. Schmidt, Wetss), malgré les résultats anciens, douteux ou inconstants (Husemann, Pereira, Thomson). Tous les auteurs modernes depuis Oppenheim (1901) jusqu'à Lomholt (1919) sont d'accord pour admettre une élimination faible mais constante de mercure par la salive. Quant aux glandes salivaires elles-mêmes, elles doivent contenir extrêmement peu de métal ; notamment dans un cas de pénétration lente et faible de Hg par la voie sous-cutanée chez le chat, Sussmann n'a pas trouvé de Hg dans ces glandes.

L'apparition du mercure est assez rapide; d'après Byasson, elle se manifesterait 4 heures après l'ingestion de 2 milligrammes de sublimé. Pour Brasse et Wirth, cette élimination dépend de la quantité de Hg absorbé, c'est-à-dire de la quantité présente dans le sang; il y aurait en même temps hypersécrétion salivaire mais non point nécessairement stomatite comme l'a soutenu Schmidt. La quantité éliminée est très faible. Dans 115 ccm. de salive recueillie chez un patient ayant reçu une injection contenant du salicylate de Hg ainsi que de la pilocarpine destinée à provoquer une sécrétion salivaire abondante, Lomholt n'a trouvé que 0 milligr. 06 de Hg., soit environ 1/2 milligramme par litre.

Élimination par la sueur et, d'une façon générale, par la voie cutanée. — Niée par Curtz, l'élimination sudorale du Hg a été prouvée par Byasson (1887), Miranowitch (1895), Diesselhorst (1907), Nagelschmidt (1908), Lambert (1915) et enfin par Lomholt (1919).

Ce dernier, n'ayant pu dans 900 ccm. de sueur légèrement diluée isoler que 0 milligramme 08 de Hg, estime que l'élimination sudorale de ce métal est insignifiante.

L'élimination cutanée du mercure (en dehors des glandes sudorales) est admise par Salmeron, mais niée par Brasse et Wirth ainsi que par Gola. Cependant Strzyzowski a trouvé le métal dans les phanères, et Welander puis Perreira l'ont signalé, dans le pus des ulcères.

Élimination par quelques voies intermittentes ou temporaires. — Malgré Péligot et Koldewijn, on admet généralement que le mercure est éliminé au cours de la sécrétion lactée aussi bien chez la femme (Kahler, Kline, Mayençon et Bergeret, Sigalas et Dupouy) que chez la vache (Ottelli). Il y aurait également élimination par les menstrues (Nikolsky).

ACTION DU MERCURE DANS LE RÈGNE ANIMAL

VERTÉBRÉS

I. — Action locale du mercure et de ses dérivés minéraux ou organiques.

A) **Action sur la peau intacte.** — Parmi les sels solubles de mercure, le bichlorure est celui dont l'action caustique cutanée est la plus énergique, elle lui a valu le nom de sublimé corrosif. Certains autres sels, comme le bromure, le sulfate et le nitrate, exercent également une action irritante et corrosive intense. Les solutions diluées de ces divers sels et surtout le bichlorure (1 : 1000) peuvent produire, après un temps de contact plus ou moins long et avec une intensité qui varie avec les sensibilités individuelles, une irritation persistante avec sensation d'engourdissement, voire même un véritable eczéma. Les concentrations plus fortes, 1 à 5 p. 100, et surtout le sel mercuriel à l'état de poudre ou de cristaux, provoquent en quelques heures une inflammation superficielle avec érosions plus ou moins profondes, soulèvement de l'épiderme (formation de phlyctènes) et parfois même nécrose et intoxication mortelle (Vidal). Sur les régions pilifères, on observe souvent, au début de l'action caustique, la chute des poils; cette propriété est d'ailleurs utilisée en corroierie et en chapellerie. Par contre, les sels insolubles appliqués en nature sur la peau, n'exercent une action irritante qu'après s'être transformés en composés solubles, et seulement quand la peau est lésée (lésions préexistantes ou frictions mercurielles qui décapent l'épiderme); lorsque la couche cornée épidermique est intacte, les composés insolubles sont absolument inoffensifs et ne présentent aucune action caustique.

Le mercure métallique, sous forme de vapeurs mercurielles ou de mercure éteint (onguent mercuriel), ne détermine également aucune irritation cutanée quand la peau est intacte et n'est pas décapée par des frictions préalables.

Parmi les composés organiques, nous retiendrons l'action particulièrement irritante du diéthylmercure qui produit sur la peau des brûlures lentes à guérir (HALE et NUNEZ, DÜNHAUPT). Quant au chlorure de mercure-éthyle, son action irritante est beaucoup moindre que celle du sublimé (PRUMERS).

B) Sur le derme mis à nu. — Quand le derme est lésé, les composés mercuriels minéraux insolubles peuvent, s'ils sont appliqués sur la peau à une concentration suffisamment forte et pendant un temps assez long, exercer une action caustique plus ou moins marquée suivant l'intensité des érosions cutanées. Les composés solubles exercent une action caustique rapide conduisant promptement à une plaie profonde et à des processus nécrobiotiques plus ou moins étendus.

C) Action sous-dermique. — Cette action se manifeste à son plus haut degré avec le sublimé, qui, comme on le sait, est extrêmement irritant quand il est introduit sous la peau. Même chez les animaux à sang froid, à sensibilité relativement peu développée, le sublimé détermine des réactions locales vives; la grenouille frotte avec sa patte l'endroit de l'injection sous-cutanée de bichlorure et manifeste par un état d'agitation extrême sa sensibilité à l'irritation locale (HARNACK). Certains auteurs admettent que cette action est due à la fixation du métal par les albumines et à la libération de petites quantités d'HCl et des autres acides au niveau des terminaisons nerveuses. Cette action irritante est moins marquée quand le métal est à l'état de sel complexe comme $HgI^2 2KI$, etc. ou d'ion complexe comme dans les hyposulfites doubles de Hg et de K ou de Na. D'autre part, le mercure métallique et les sels de Hg insolubles injectés sous la peau peuvent donner lieu à la formation d'abcès aseptiques dits de fixation ou à des lésions nécrosiques (BALZER, CHOTZEN, DERM).

D'après HEPP, le diéthylmercure en solution huileuse et le sulfate de mercure-éthyle en solution aqueuse sont injectables sous la peau sans action irritante.

D) Action sur les muqueuses. — Les sels mercuriques solubles à ion Hg dissociable, exercent plus énergiquement encore leur action caustique sur toutes les muqueuses; mais les composés insolubles exercent également une action très irritante quand ils séjournent sur une muqueuse un temps assez long et en quantité suffisante. Les phénomènes sont particulièrement nets du côté de la muqueuse digestive qui est fortement hyperémiée avec formation de transsudats dont on verra plus loin l'origine (voir action sur l'intestin et intoxication). Pour ce qui concerne la conjonctive, on a constaté que le sublimé n'est irritant qu'à une certaine concentration; avec les solutions très diluées et non irritantes de bichlorure, ainsi qu'avec le calomel en nature, on observe néanmoins des phénomènes d'irritation (conjonctivite plus ou moins intense pouvant conduire à des ulcérations cornéennes et à la perte de l'œil) quand le malade est sous l'influence d'un traitement ioduré (SCHLOMO, GRUMME-FOHRDE), probablement par formation d'un iodure de mercure très irritant pour la muqueuse oculaire s'éliminant en partie par les larmes.

II. — Action sur le tube digestif.

Les sels de mercure solubles et, avec une intensité moindre, les sels insolubles susceptibles de se transformer plus ou moins en sels solubles, exercent sur le tube digestif une action corrosive qui se traduit par des lésions de la muqueuse (voir ci-dessus) et une irritation des capillaires superficiels qui s'élargissent notablement vers la lumière du canal avec formation de transsudats considérables (ALMKVIST).

Chez le chat, notamment, tandis qu'à l'état normal le tube digestif est vide et a ses parois collées, il contient, dans le cas d'intoxication mercurielle, jusqu'à 50 centimètres cubes de liquide plus ou moins épais et coloré, parfois même sanguinolent dont la composition se rapproche de celle des transsudats aigus. ALMKVIST estime que c'est moins à une action du mercure sur les glandes de la paroi intestinale qu'à l'élargissement des vaisseaux capillaires superficiels qu'est due cette production de transsudat. Quant à cet élargissement des capillaires, il serait produit par une action paralysante analogue à celle observée par VON MERING sur les vaisseaux des organes abdominaux. D'après CHIARI, l'action hyperémiante serait également due en partie à une diminution de la teneur en calcium des éléments vasculaires, cellulaires et nerveux de la paroi intestinale (voir action sur les sécrétions intestinales). L'action hyperémiante du mercure n'est pas localisée en certaines régions spéciales du tube digestif ni généralisée sur tout le tractus; elle se produit localement en des régions variables, suivant chaque cas; c'est probablement cette action locale qui conditionne l'élimination stomacale et intestinale du mercure qui est elle-même très variable.

III. — Action du mercure sur les glandes sécrétrices.

A) **Action sur la sécrétion salivaire.** — Les sels de mercure et, d'une façon générale, le mercure, sous la forme où il se trouve dans l'organisme après administration des divers composés mercuriels, provoque une augmentation plus ou moins marquée de la sécrétion salivaire. Cette sécrétion est parfois si abondante qu'elle peut atteindre jusqu'à 500 grammes ou un litre en quelques heures; le liquide sécrété est riche en mucine ou en substances mucilagineuses et contient une petite quantité de mercure, celui-ci s'éliminant, avons-nous vu, en faible partie par les glandes salivaires.

D'après NOTHNAGEL et ROSSBACH, il y aurait action irritante sur les nerfs sécréteurs glandulaires. Pour GLEY, il y aurait à la fois action réflexe et influence directe sur le tissu glandulaire. C'est cette dernière opinion qu'adopte SCHMIEDEBERG, probablement en tenant compte de ce fait que l'atropine suspend la sécrétion salivaire mercurielle.

B) **Action sur la sécrétion biliaire.** — Il a été longtemps classique d'admettre que les composés mercuriels, à faible dose, et plus particulièrement le calomel, exercent une action cholagogue (BUCHHEIM). Les auteurs plus récents ont fait justice de cette affirmation. C'est ainsi que si l'on administre du calomel à un chien porteur d'une fistule biliaire, on ne constate jamais d'augmentation de la sécrétion biliaire, mais plutôt même une diminution (PRÉVOST et BINET, DOYON et DUFOURT, KOLLIKER et MÜLLER, SCOTT, BENNETT, RADZIEJEWSKI). Cependant, pour BENNETT, le sublimé en application directe dans l'estomac produirait par une action réflexe une augmentation de la sécrétion biliaire. La coloration verte des selles après injection de calomel, présentée par BUCHHEIM comme seul argument en faveur de la théorie cholagogue, peut être attribuée d'une part, comme l'a montré TRAUBE, à la formation dans l'intestin de sulfure de mercure, et d'autre part, aux propriétés antiputrides du calomel qui empêcheraient la réduction des pigments en urobiline et laisseraient la biliverdine excrétée en nature.

C) **Action sur la sécrétion pancréatique.** — Aux doses moyennes, le mercure (soit le calomel par voie orale ou intraduodénale, soit le sublimé par voie intraveineuse ou intraduodénale) ne modifierait pas la sécrétion pancréatique; tout au plus observerait-on aux doses toxiques une légère augmentation de cette sécrétion (FLECKSEDER).

D) **Action sur les sécrétions intestinales et action purgative.** — Les sels mercuriels se comportent sur les cellules intestinales comme des irritants et ils augmentent le volume du contenu intestinal par action phlogogène (FLECKSEDER), action qui, comme nous allons le voir, joue un grand rôle, sinon le principal, dans le mécanisme de l'action purgative des composés hydrargyriques.

L'action purgative des composés mercuriels est connue depuis les temps les plus reculés; c'est une manifestation constante dans toute intoxication mercurielle par n'importe quel composé et n'importe quelle voie; cependant quand le mercure est introduit par les voies parentérales, elle est beaucoup plus lente à s'établir que lorsque le mercure est absorbé par ingestion, ce qui indique que cette action est avant tout locale. Elle a été étudiée surtout pour le calomel, avec lequel elle se manifeste avec son maximum d'intensité pour un minimum d'effets toxiques. A ce sujet on a longuement discuté pour savoir si le calomel agissait en nature ou par transformation en un sel soluble. Il semble bien en effet que le calomel, corps insoluble, ne puisse agir que transformé, sous l'action des sucs intestinaux, en corps solubles. Mais agit-il par transformation en albuminate mercureux (BUCHHEIM et OETLINGER) ou en sublimé ($HgCl + albumine = Hg$ métal $+ HgCl^2$, VOIT; $2 HgCl = Hg + HgCl^2$, RABUTEAU)? Ces réactions sont d'autant plus vraisemblables que le calomel, après sa transformation en sel mercurique soluble, pénètre dans l'organisme, sauf toutefois lorsque l'action purga-tive est intense et s'oppose à toute résorption. Quoi qu'il en soit, les mercuriaux en géné-ral, et le calomel en particulier, agissent comme purgatifs avant tout par une irritation des cellules intestinales, par une action phlogogène (FLECKSEDER) et également, mais peut-être à un degré moindre, par une action excitante sur le péristaltisme intestinal (FLECKSEDER, action inhibitrice de l'atropine). Il faut également signaler que, pour CHIARI, l'action phlogogène et péristaltogène du calomel s'exercerait par une action secondaire sur la teneur en Ca des éléments vasculaires, cellulaires et nerveux de la paroi intes-tinale. En effet, comme l'ont montré LOEB, MAC CALLUM et beaucoup d'autres auteurs, les sels de Ca se comportent au niveau de l'intestin comme des inhibiteurs du péris-taltisme et de la sécrétion intestinale, si bien que les précipitants du calcium, comme les sulfates, les citrates alcalins, sont des purgatifs. Le calomel diminuerait également la teneur en Ca des éléments de la paroi intestinale, notamment de ses vaisseaux dont il augmenterait la perméabilité, d'où un afflux plus considérable de liquide dans les cellules intestinales (action phlogogène); d'autre part, il diminuerait égale-ment la teneur en Ca des nerfs moteurs de l'intestin et renforcerait leur action sur la péristaltique intestinale (CHIARI).

IV. — Action du mercure sur l'appareil cardiovasculaire.

A) Chez les Hétérothermes (tortue, grenouille). — 1° *Sur le cœur isolé de tortue.* — Les sels de Hg et en particulier le sublimé, perfusés à des concentrations de 1/10.000 en ion Hg, dans du liquide de Ringer, arrêtent le cœur ou diminuent considérablement son activité déjà après une minute de perfusion (SALANT). Des concentrations plus faibles, 1/100.000 et même 1/1.000.000, sont encore actives; l'effet immédiat est rarement prononcé, mais si la perfusion est prolongée, on observe, au bout de quelques minutes, une diminution de l'amplitude et une légère diminution de la fréquence des pulsations cardiaques, des contractions par groupe et souvent du blocage partiel. Lorsqu'on perfuse à nouveau avec du Ringer seul, il y a amélioration parfois considérable, mais jamais un retour complet à la normale. De plus, si la perfusion mercurielle est répétée, du delirium cordis apparaît (SALANT et KLEITMANN).

2° *Sur le cœur isolé de grenouille.* — Le cœur de la grenouille est beaucoup plus résistant que celui de la tortue (SALANT et KLEITMANN); une action nette n'apparaît qu'à partir d'une dilution au 1/50.000, elle est très marquée à 1/10.000; elle se présente sous deux types: dans quelques cas on observe une diminution rapide de la force des batte-ments, la fréquence n'étant que peu touchée; dans tous les autres cas, arrêt du cœur, d'abord ventriculaire, puis auriculaire (les oreillettes battent encore plusieurs minutes après l'arrêt ventriculaire), précédé ou non de troubles du rythme, les contractions des oreillettes étant plus fréquentes que celles des ventricules. Le retour au Ringer seul n'amène que peu ou pas d'amélioration. Enfin le delirium cordis, si fréquent avec le cœur de tortue, ne s'observe jamais (SALANT et KLEITMANN). Tandis que la plupart des sels mercuriels ont une action comparable, l'hyposulfite de K et Hg au contraire, à des doses équivalentes et même à des doses beaucoup plus élevées, n'a aucune action sur le cœur, même après des perfusions répétées et longtemps continuées (DRESER). La dose active donnée par DRESER (0,0038 de Hg à l'état de sulfocyanure de Hg et K pour 40 c. c. de liquide perfusant) est, de plus, beaucoup plus élevée que celle donnée par SALANT.

3° *Sur le cœur in situ de grenouille.* — JOSEPH et BELLINI ont constaté que le chlorure et le lactate mercurique ralentissent le cœur de la grenouille aux doses toxiques; MERING a constaté également que le mercure (à l'état d'oxyde combiné au glycocolle pour le rendre soluble et moins irritant) diminue la fréquence et la force des contrac-tions cardiaques sans participation de l'appareil inhibiteur et produit de l'arythmie, puis l'arrêt du cœur; enfin HEPP a observé avec le chlorure de mercure-éthyle (25 milligr. mort en 2 heures) un affaiblissement et un ralentissement des contractions cardiaques, puis arrêt du cœur en diastole.

4° *Sur les vaisseaux sanguins de la grenouille.* — Le sublimé en injection sous-cutanée (0.016 mgr. par grenouille, IKEDA) produit une contraction des capillaires sanguins du mésentère de la grenouille directement observable au microscope (HEINZ et IKEDA).

B) Chez les Homéothermes. — 1° *Effets hypotenseurs chez les animaux de laboratoire.*
a) *Doses moyennes.* Chez le chien, le chat, le lapin, les injections intraveineuses

de sels ionisables de mercure (succinate, benzoate ou acétate) en solution à 1 p. 5 000 dans l'eau physiologique, produisent à des doses variant entre 2 et 4 milligrammes de Hg par kilogramme, une chute de la pression artérielle souvent précédée d'une légère hypertension qui se produit dès l'injection ; la chute de pression est d'abord rapide, puis plus lente. Elle s'accompagne de ralentissement cardiaque et d'augmentation légère de l'amplitude des pulsations. Parfois même, avec des doses modérées, on observe une chute soudaine de la pression accompagnée d'un arrêt cardiaque qui peut durer près d'une minute ou même davantage. Dans la plupart des cas la pression remonte au bout d'un certain temps à son état primitif, et dépasse souvent légèrement ce niveau, le cœur battant lentement d'abord, s'accélérant ensuite (Salant et Kleitmann). Le mercure diéthyle produit également un ralentissement du pouls (Balogh-Kalman).

Après atropinisation, on observe les mêmes modifications de la pression et de la fréquence du cœur ; l'hypotension, le ralentissement et l'augmentation de l'amplitude des pulsations observées ne sont donc pas dus à une excitation du vague par les sels mercuriels ; au contraire, le plus souvent on constate une diminution de l'excitabilité du vague après l'injection de l'un quelconque de ces sels (Salant et Kleitmann). L'action hypotensive du Hg est absolument indépendante de la rapidité de l'injection, mais Salant et Kleitmann signalent une accumulation bien nette ; les sels de Hg injectés à des doses fractionnées et répétées qui, isolées, sont sans action sur la pression, déterminent au bout d'un certain nombre d'injections la même chute de la pression et les mêmes modifications cardiopulmonaires qu'une dose unique plus forte.

b) *Doses toxiques.* Avec des doses un peu plus élevées (environ 5 à 7 milligrammes de Hg par kilogramme chez le lapin par voie intraveineuse) on obtient très rapidement chute de pression et arrêt cardiaque (von Mehring). Après injection sous-cutanée de doses plus élevées, on observe une chute progressive de la pression jusqu'à la mort de l'animal (v. Mehring) Les doses mortelles sont beaucoup plus élevées que les doses minima actives sur la pression artérielle (Salant). Mais, même après arrêt cardiaque, l'animal peut se remettre soit spontanément, soit le plus souvent après massage du cœur (Müller, Schœller et Schrauth). Tous ces auteurs signalent en outre de la paralysie des vaisseaux.

2° *Action hypotensive chez l'homme.* — Peu de recherches ont été effectuées à ce sujet ; le calomel, dont les propriétés diurétiques à faibles doses sont bien connues, déterminerait également de l'abaissement de la pression artérielle ; pour certains auteurs, ce serait en diminuant l'acide urique du sang et de l'urine, en accélérant le métabolisme surtout au niveau du foie et en déterminant une conversion d'une partie de l'acide urique en urée (Haig) ; pour d'autres, au contraire, le mercure serait hypotenseur et diurétique en augmentant l'urée formée dans le foie et charriée dans le sang (Locke). Les expériences faites sur l'animal permettent de supposer que chez l'homme le mercure est sans action sur la pression aux doses thérapeutiques.

V. — **Action du mercure sur le système nerveux.** (Voir *Intoxication*, p. 709, 713 et 714.)

VI. — **Action du mercure sur la respiration.**

1° *Doses moyennes.* En même temps que des modifications de la pression artérielle, se produisent, sous l'action des sels de Hg injectés dans les veines, des modifications respiratoires : la respiration est déprimée et devient plus profonde, mais cette dépression ne se produit en général que quelques secondes après le début de la chute de la pression artérielle et souvent elle est précédée d'une courte période d'excitation ; parfois même la pression artérielle revient à la normale, alors que la respiration reste ralentie et superficielle (Salant et Kleitmann). Le mercure diéthyle produit également du ralentissement respiratoire (Balogh-Kalman).

2° *Doses toxiques.* On constate aux doses toxiques un arrêt de la respiration ; celle-ci dans certains cas peut se rétablir soit spontanément, soit le plus souvent après respiration artificielle.

VII. — **Action sur le muscle (muscle strié de la grenouille).**

Muscle in situ. — L'injection, à une grenouille de 41 grammes, de 4 milligrammes de HgCl² dissous dans un centimètre cube d'eau salée produit la paralysie du gastrocnémien. L'injection de 2 milligrammes chez des grenouilles de 80 grammes produit un affaiblissement passager, après quoi retour à la normale (Kobert). Cette action nocive sur le muscle de grenouille avait déjà été signalé par HARNACK avec le bi-iodure de mercure (1875), par von MEHRING avec l'alanine-mercure.

Muscle isolé. — Lorsque le muscle strié (*sartorius*) de grenouille est immergé dans un soluté de sels mercuriques, notamment de sublimé à 1 p. 100 000 (FREY), le mercure se comporte comme un poison vératrinisant. Au début de l'immersion, le muscle présente des contractions spontanées; puis, au bout de 30 à 60 minutes, on observe une courbe de contraction musculaire qui appartient au type à 2 sommets. Parfois on constate une paralysie musculaire (FREY). L'addition de CaCl² à 0,2 p. 100 rend la courbe normale au bout de 15 minutes. Le sublimé se comporterait donc sur le muscle de grenouille comme le chlorure de baryum, et agirait en diminuant la teneur en ions Ca libres, par formation d'un sel complexe dont les conditions de dissociation seraient autres que celles des composants (FREY).

VIII. — Action diurétique des composés mercuriels.

Les propriétés diurétiques du mercure sont connues depuis longtemps. PARACELSE, MORGAGNI, STOCKES, GRAVES, VAN SWIETEN et HOFFMANN n'ignoraient pas l'action diurétique des composés mercuriels. Mais il semble bien que cette médication tomba dans l'oubli, car c'est seulement en 1886 que la question fut à nouveau posée par le travail remarquable de JENDRASSIK sur la diurèse par le calomel dans l'hydropisie des cardiaques. JENDRASSIK, qui croyait être le premier à signaler cette action diurétique des composés hydrargyriques, montra que l'ingestion de 4 à 5 doses de 0 gr. 20 de calomel dans les 24 heures, poursuivie pendant 2 ou 3 jours, est susceptible de provoquer une forte débâcle urinaire, alors que toute autre médication antérieure avait été reconnue insuffisante. Toutefois, dans toutes ses recherches, tant cliniques qu'expérimentales, JENDRASSIK ne constata cette action diurétique que chez les cardiaques hydropisiques; il en conclut que le calomel n'exerce d'action diurétique ni chez l'homme sain ni chez l'animal normal, et que cette action diurétique est, la plupart du temps, nulle ou insignifiante dans les hydropisies de cause extra-cardiaque (ascite cirrhotique, pleurésie, etc.). Nous verrons plus loin qu'il n'en est pas ainsi et que le mercure exerce bien dans tous les cas une action diurétique plus ou moins marquée.

A) **Action diurétique des composés mercuriels chez l'homme.** — Les résultats cliniques publiés à la suite du travail de JENDRASSIK sont assez divergents. De nombreux auteurs, parmi lesquels AULD, MENDELSOHN, STILLER, TERRAY, BIRO, BRUGNA-TELLI, BEZOU, LANNOIS, LEYDEN, ROSENHEIM, NOTHNAGEL, IGNATJEW, SNYERS, STERNBERG, confirment les travaux de JENDRASSIK et ne constatent avec le calomel une action diurétique nette que dans les œdèmes d'origine cardiaque.

Par contre, COLLINS, SCHWASS, TALDFOUR JONES, IMMERMANN, HUCHARD et FLECKSSEDER constatent de belles diurèses par le calomel dans un grand nombre d'hydropisies de tout autre origine. De même, BIEGANSKY, FERRON, MEYJES, SILVA, STINTZING, QUINCKE, BURGI ont décrit l'action diurétique du mercure chez l'homme sain. Les recherches effectuées dans ces dernières années ont donné raison aux partisans de l'action diurétique générale du mercure. Toutefois, ces recherches ont été le plus souvent effectuées non plus avec le calomel, sel insoluble, difficilement et irrégulièrement absorbable, mais avec des composés mercuriels organiques solubles et, plus particulièrement, avec le novasurol, le salyrgan et le cyanure de mercure qui, à l'encontre du sublimé, ne présentent pas d'action coagulante sur les albumines, et qui, par conséquent, sont injectables dans les veines et n'ont qu'une action faiblement nocive sur le rein et à des doses relativement élevées.

Parmi les auteurs qui ont, les premiers, étudié l'action diurétique du novasurol, il faut citer en première ligne SAXL et HEILIG; ceux-ci ont constaté, en 1920, le pouvoir diurétique intense du novasurol chez les cardiaques œdémateux. Après eux, BRUNN, MÜHLING, HEGLER, HURERT, TEZNER, WESZECZKY, KULCKE, BLEYER, NONNENBRUCH, SCHUR et BOHN ont fait les mêmes constatations. Enfin BLUM a signalé les diurèses remarquables obtenues avec le cyanure de mercure. La plupart de ces auteurs ont constaté que l'injection intramusculaire de novasurol, chez des individus normaux ou porteurs d'œdèmes, produit toujours une augmentation plus ou moins marquée, mais réelle, de la diurèse. Par contre, MOLITOR, HASSENCAMP, KOLLERT sont, parmi les auteurs

récents, les seuls qui signalent l'absence de diurèse ou son insignifiance à la suite des
injections de novasurol chez l'homme sain. D'après NONNENBRUCH et SCHUR, les contradictions signalées ci-dessus tiennent à ce que, chez l'homme normal, l'action diurétique du mercure est d'une durée relativement courte et n'est constatable que si
l'on a soin de comparer les quantités horaires d'urine avant et après l'injection
mercurielle (SCHUR). En effet, l'action diurétique du novasurol, qui commence en
général une heure après l'injection intramusculaire, se termine le plus souvent
10 à 12 heures après ; de plus, cette action est suivie, dans le reste de la journée,
d'une rétention de sel et d'eau avec diminution de l'urine, si bien que la diurèse
totale, par jour, chez l'individu sain, ne se montre pas sensiblement différente de la
diurèse quotidienne avant l'injection mercurielle (NONNENBRUCH). On conçoit donc
que l'action diurétique du mercure, fatalement plus faible que chez l'hydropique, ait
pu passer inaperçue, chez l'homme sain, pour tous les auteurs qui n'ont pas pris la
précaution d'examiner le débit horaire des urines.

B) **Action diurétique des composés mercuriels chez l'animal.** — Les résultats obtenus
par les divers auteurs varient suivant le sel employé et la façon dont le débit urinaire
a été mesuré, mais, en définitive, on peut conclure à l'action diurétique nette de tous
les composés mercuriels employés.

En effet, si, parmi les auteurs plus anciens, JENDRASSIK, COHN et ROSENHEIM, pour les
raisons exposées plus haut, n'ont pas constaté de diurèse à la suite de l'ingestion
de *calomel* chez le lapin, FLECKSEDER, VEJUX, FREY, COHNSTEIN (ce dernier en opérant
avec des injections sous-cutanées et intraveineuses de 10 milligrammes de calomel
dissous dans l'hyposulfite de Na) ont obtenu chez les mêmes animaux de très belles
diurèses atteignant 6 à 10 fois le volume initial des urines (FLECKSEDER) et parfois beaucoup plus (COHNSTEIN). Avec 1 gramme de calomel le débit urinaire passe en 10 minutes
de 0 cm³ 15 à 0 cm³ 80 (FREY). Le sublimé, qui est trop toxique chez l'homme pour
être employé comme diurétique, possède également une action diurétique nette chez
l'animal, mais dès la seconde injection l'anurie toxique survient (FREY, SALKOWSKY,
HEILBORN, FLECKSEDER). Citons également les résultats positifs obtenus chez le lapin et le
chien d'une part, par FREY, avec le *nucléinate de Hg* et de Na ainsi qu'avec *l'hyposulfite
de mercure* et de K en injections sous-cutanées, et, d'autre part, par SAXL et HEILLIG, BOHN,
avec le novasurol en injections sous-cutanées ou intramusculaires.

Opérant avec l'*acétate de mercure éthyle* $CH^3CO^2HgC^2H^5$ en solution aqueuse, TIFFENEAU
et BOYER ont également constaté une action diurétique nette, quoique pas toujours
constante. Chez le chien par la voie intraveineuse l'action diurétique maxima se
manifeste en général à la dose de 0 milligr. 5 par kilogramme ; les doses supérieures
à 1 milligr. 50 par kilogramme produisent, au contraire, le plus souvent une diminution de la diurèse ; l'anurie immédiate et complète apparaît, en général, à partir
de 8 milligrammes par kilogramme et toujours à partir de 15 milligrammes par
kilogramme en injections intraveineuses.

Dans les expériences de perfusion rénale effectuées chez le lapin et dont les résultats sont controuvés par FREY, COHNSTEIN a constaté une action diurétique nette du
calomel dissous dans l'hyposulfite de Na à la dose de 5 milligrammes de mercure par
centimètre cube. Cette action diurétique serait inhibée par le chloral ainsi que par
la section des nerfs du rein.

C) **Caractères de la diurèse mercurielle. Influence sur la constante d'Ambard et sur**
l'élimination du chlorure de sodium et de l'urée. — 1° *Chlorure de sodium.* La diurèse
mercurielle est avant tout une diurèse aqueuse et chlorurée. Si les auteurs ont
des opinions partagées sur l'élimination des autres matériaux urinaires, ils constatent
tous (MÜHLING, KÜLCKE, BLUM, ELLINGER, BRUNN, NONNENBRUCH, BOHN en particulier)
une très forte excrétion chlorurée qui aboutit même à une augmentation en valeur
absolue de la concentration chlorurée de l'urine, malgré l'importance de la diurèse.

2° *Urée.* — Bien que IZAR ait constaté dans la diurèse par le calomel une augmentation relative et absolue du taux de l'urée urinaire et que SILVA ait signalé une
augmentation relative de l'élimination de l'urée urinaire, il faut admettre, à la suite des
recherches toutes récentes et décisives de BLUM, que la diurèse mercurielle s'accompagne d'une forte diminution de la concentration urinaire en urée, aussi bien en valeur

absolue qu'en valeur relative. BLUM fait remarquer que peut-être cette particularité s'explique par le fait que l'urée est une substance à seuil et que le mercure aurait pour effet d'élever ce seuil pour l'urée.

3° *Autres éléments.* — L'élimination de l'acide urique et de la créatinine ne serait pas modifiée par Hg (MÜHLING). Cependant IZAR signale une augmentation relative et absolue de la concentration de l'acide urique, et HAIG une diminution. Quant aux sulfates, HAIG et SILVA constatent une diminution de la concentration urinaire; SILVA a également, dans certains cas, noté de la glycémie, même avec de faibles doses de mercure; mais ce dernier fait est controuvé par la plupart des auteurs qui n'ont constaté de glycémie qu'aux doses nettement toxiques.

4° *Constante d'Ambard.* — Dès le début de la diurèse, la constante s'élève pour atteindre des valeurs telles que K = 0,15 quand la fonction rénale est normale (K = 0,07), et elle s'élève jusqu'à K = 0,39 quand cette fonction est déjà défectueuse (K = 0,28), ce qui implique une diminution de la valeur de la fonction uréosécrétoire. Cette élévation suit la même allure que la diminution de la sécrétion de l'urée (BLUM).

D) **Mécanisme de l'action diurétique des composés mercuriels. Siège de cette action.** — Si tous les auteurs sont d'accord pour rejeter toute influence cardiovasculaire dans la diurèse mercurielle, ils sont loin d'être d'accord sur le mécanisme de cette diurèse et les diverses théories proposées sont assez nombreuses.

1° *Anciennes théories.* — a) *Théorie de Haig et de Locke.* — Pour HAIG (1890), le mercure serait diurétique et hypotenseur en diminuant la teneur du sang et de l'urine en acide urique et en accélérant le métabolisme au niveau du foie. Pour LOCKE (1890) au contraire, la diurèse mercurielle serait provoquée par une augmentation de la production de l'urée dans le foie et du taux de l'urée circulant dans le sang sous l'action du calomel.

b) *Théorie de Cohnstein.* — Cet auteur, constatant que la diurèse mercurielle est inhibée chez l'animal par le chloral et par la section des nerfs du rein (fait controuvé par FREY et par divers auteurs), exclut toute action excitante du Hg sur l'épithélium rénal.

c) *Théorie de Fleckseder.* — Le calomel *per os* produirait de la diarrhée au niveau de l'intestin grêle par paralysie de la résorption lymphatique et augmentation de la péristaltique intestinale; les quantités d'eau affluant rapidement dans le gros intestin et le cæcum seraient résorbées dans le sang à ce niveau, d'où hydrémie et diurèse secondaire. Administré par voie parentérale, le mercure, une fois excrété par l'intestin, viendrait exciter celui-ci; dans ce cas, la diurèse relèverait ainsi du même processus que *per os.*

2° *Théories actuelles.* — a) *Théorie de l'hydrémie et de l'hyperchlorurémie.* — Les partisans de cette théorie se basent sur les modifications de la composition du sang révélées par l'examen réfractométrique du sérum et par le dosage des chlorures du sang avant et après l'administration du mercure, modifications qu'ils considèrent suffisamment nettes pour conclure (à l'opposé des partisans de la théorie rénale) en faveur d'une action extrarénale primitive du mercure. Leur théorie du reste se rapproche beaucoup de celle de JENDRASSIK; cet auteur, en effet, admettait que, chez les cardiaques œdémateux à qui il administrait du calomel, le Hg faisait passer dans le sang la sérosité des œdèmes phériphériques par une sorte d'attraction ayant pour cause l'augmentation du pouvoir osmotique du sang. BENCZIUS, CZATARY, BOHN, SAXL et HEILIG, EPPINGER, ELLINGER, NONNENBRUCH, TEZNER, par examen réfractométrique du sérum sanguin et dosage du NaCl du sang, constatent, consécutivement aux injections de novasurol, une hydrémie et une hyperchlorurémie marquée qui précèdent et conditionnent la diurèse. Cette hydrémie et cette hyperchlorurémie mercurielle semblent donc un fait solidement établi. Le siège de cette action diurétique est donc extrarénal; on pourrait l'attribuer soit à un effet de désimbibition des albumines du sang (théorie sanguine), soit à une désimbibition des albumines tissulaires (théorie tissulaire). C'est à cette dernière théorie que la plupart des auteurs précédents se rangent. BOHN, en particulier, admet que si le lieu d'attaque du mercure est extrarénal, comme celui de la théocine, cette dernière produirait une rétraction des albumines du sang, alors que le novasurol produirait une rétraction des albumines des tissus.

Il s'appuie pour cela sur une expérience d'ELLINGER qui aurait observé *in vitro* un dégonflement de l'albumine sanguine par addition de caféine au sérum, alors que, dans les mêmes conditions, le novasurol aurait fourni un résultat négatif. Le siège de l'action hydrémique mercurielle ne peut être considéré comme rigoureusement établi. Cependant, on pourrait trouver une confirmation de l'action tissulaire du mercure dans l'expérience de PICK et MOLITOR qui constatent, d'une part, que les grenouilles, après injection de novasurol ou de calomel, augmentent de poids et, d'autre part, que la perte de poids de ces grenouilles, lorsqu'elles sont ultérieurement exposées à la dessiccation, est plus lente que celle des grenouilles normales. De plus, ces auteurs ont constaté que l'augmentation de poids des grenouilles ainsi traitées au novasurol ne se produit plus ou même fait place à une diminution de poids lorsque ces grenouilles sont chauffées. Ces expériences montrent, d'une part, que le mercure peut augmenter chez les animaux à sang froid le pouvoir d'imbibition des tissus, d'autre part, elles permettent de supposer que, chez les animaux à sang chaud, comme chez la grenouille chauffée, le pouvoir d'imbibition est diminué, ce qui, dès lors, serait d'accord avec l'hypothèse du siège tissulaire de l'action hydrémique du mercure.

b) *Théorie de l'action rénale.* — La plupart des auteurs qui admettent l'action diurétique exclusivement rénale du mercure ne se basent pour ainsi dire sur aucun fait démonstratif et se contentent de soutenir qu'ils n'ont jamais trouvé de modifications aussi nettes, qu'elles devraient l'être si le mercure avait une action extra-rénale (SILVA, SCHUR, MÜLLER, FREY, ROSENHEIM, FÜRBRINGER, MEYJES, BIEGANSKY, STINTZING, G. SÉE). Les auteurs récents, en recourant à de meilleures techniques, ont réduit cet argument à néant, ainsi que nous l'avons vu ci-dessus. Un seul argument sur lequel on puisse se baser d'une façon rigoureuse est celui donné par SILVA et ROSENHEIM qui constatent une diurèse mercurielle nette en opérant sur un rein en circulation artificielle. Cet argument pour devenir tout à fait probant aurait besoin d'être confirmé et surtout en employant un liquide de circulation approprié (sang citraté) qui laisse intact l'épithélium sécréteur. D'ailleurs l'existence d'une influence rénale n'exclut pas une action extrarénale concomitante qui, comme nous l'avons vu ci-dessus, reste probable. Quant au fait signalé par MÜHLING, que, chez les malades avec altérations dégénératives de l'épithélium tubulaire, le mercure n'est pas diurétique, il prouve simplement que le mercure n'a pas d'action curative sur ces altérations.

De même pour l'observation faite par ZIELER sur l'action diurétique du novasurol dans la néphrite syphilitique qui est, d'après cet auteur, une lésion isolée de l'appareil tubulaire; il s'ensuit simplement que le novasurol améliore cette lésion.

c) *Théories mixtes.* — Les arguments donnés par les partisans d'une action purement rénale du Hg ne sont donc pas suffisamment décisifs; aussi actuellement, les auteurs qui admettent toujours l'action rénale du Hg croient également à une action tissulaire concomitante (HASSENKAMP, BLEYER). MÜHLING, en particulier, constatant que les urines éliminées pendant la débâcle urinaire sont très riches en NaCl mais ne présentent pas d'augmentation de la quantité d'acide urique et de créatinine, s'appuie sur cette dissociation dans l'élimination urinaire pour affirmer une action rénale primitive du Hg. Partant du fait que l'un des caractères de la sécrétion rénale est cette faculté de sélection, il estime que cette dissociation dans l'élimination rénale est la preuve d'une influence du Hg sur la fonction rénale elle-même; toutefois MÜHLING accorde également une part importante à l'action tissulaire du Hg dans la diurèse mercurielle.

BLUM arrive le même à des conclusions à peu près analogues; il constate, en effet, au cours de la diurèse mercurielle, une perturbation de la constante et de l'élimination de l'urée, perturbation qui n'est pas due à l'augmentation de l'excrétion par NaCl, car elle ne se reproduit plus au cours de la diurèse digitalique et de la diurèse au CaCl² en particulier; frappé de l'analogie qui existe entre l'état de la fonction rénale au cours de la diurèse mercurielle et des néphrites azotémiques dans lesquelles l'élimination de l'urée est également fortement diminuée par rapport à celle des chlorures, il admet une action du Hg sur la fonction rénale comme cause prédominante de la diurèse mercurielle, mais il reconnaît également qu'une influence humorale peut très bien se produire concomitamment.

Ajoutons que divers autres auteurs (Kulke, Schargorodsky, Brunn) admettent les deux hypothèses mais ne concluent pas, estimant que ces hypothèses ne sont nullement prouvées et que la question reste toujours ouverte.

IX. — Action du mercure sur le sang.

Dans ce chapitre, nous étudierons l'action du mercure sur les éléments figurés (globules rouges et leucocytes), en réservant l'étude de l'action sur les diastases sanguines au paragraphe XII concernant les diastases.

A) **Action du mercure sur le nombre des globules rouges et sur le taux de l'hémoglobine.** — L'action des dérivés mercuriels sur le nombre des globules rouges et sur le taux de l'hémoglobine varie essentiellement suivant les doses; à faibles doses en effet le mercure et ses sels augmentent en général le nombre des globules rouges et élèvent également le taux de l'hémoglobine, tandis que les doses fortes déterminent de l'hypoglobulie.

1° *Chez les mammifères.* (Lapins.) — a) Les *doses faibles*, quelle que soit la voie utilisée et quel que soit le sel employé, déterminent une hyperglobulie légère (Cervello, Gaglio, Gaillard et Schlessinger.)

b). Les *doses fortes* subtoxiques ou les doses faibles longtemps continuées déterminent au contraire une hypoglobulie; cette hypoglobulie est croissante, comme si le mercure s'accumulait dans l'organisme de l'animal; elle augmente avec l'élévation de la dose et disparaît après la cessation de l'administration du mercure (Wilbouchewitch, Mariani et Laureati, Gaglio).

2° *Chez l'homme.* — Aux doses antisyphilitiques usuelles, quels que soient la voie ou le sel employés, le mercure au début du traitement augmente le nombre des globules rouges diminués par la syphilis et les ramène à leur taux normal; mais si le traitement est trop longtemps poursuivi ou effectué d'une façon trop intense, le nombre des globules rouges diminue pour s'élever ensuite après cessation de l'administration du mercure (Wilbouchewitch, Liégeois, Benet, Keyes, Ross, Colombini).

Renault et Pagniez signalent que le cyanure de mercure intraveineux, pendant toute la durée du traitement antisyphilitique, aux doses habituelles (1 à 2 centigrammes par jour, et même 3 centigrammes), ne modifie nullement le nombre des globules rouges, ni le chiffre de l'hémoglobine.

Pour Cervello et Guagenti, au contraire, aux doses faibles, en même temps qu'il augmenterait légèrement le nombre des globules rouges, le mercure élèverait aussi le taux de l'hémoglobine.

Enfin Maurel signale, sous l'action du sublimé *in vitro*, de la diffluence des hématies qui apparaît à des concentrations relativement élevées en mercure (0,20 et même 0,10 p. 100) et qui disparaît à partir de 0,05 p. 100.

B) **Action hémolytique des composés mercuriels.** — Tous les composés mercuriels et même le mercure métallique et l'oxyde de mercure, en poudre ou à l'état colloïdal, exercent, à doses suffisantes, une action hémolytique très caractéristique, mais dont la nature est toujours discutée. Parmi tous les sels mercuriels, c'est surtout avec le sublimé que les recherches des différents auteurs ont été exécutées. Leurs conclusions sont les suivantes :

Le sublimé, à doses suffisantes (doses supérieures à 0,00001 p. 100), exerce une action hémolytique très nette; à des doses très élevées (doses supérieures à 0,01 p. 100), il exerce, au contraire, une action fixatrice qui empêche l'hémolyse, avec cependant cette particularité curieuse que les globules rouges ainsi fixés sont hémolysés par le suc pancréatique, alors que les globules normaux ne sont pas touchés par ce suc.

Nous étudierons successivement :

1° L'action hémolytique du sublimé sur le sang des mammifères (plus particulièrement le lapin) et sur celui de l'homme au point de vue macroscopique et microscopique; 2° l'action hémolytique des autres composés mercuriels; 3° le mécanisme de cette action hémolytique; 4° l'action fixatrice du sublimé sur les globules rouges; 5° l'action hémolytique du suc pancréatique sur les globules fixés par le sublimé et le mécanisme de cette action; 6° l'action hémolytique des composés mercuriels et la déviation du complément.

1° *Action hémolytique du sublimé.* — a) *Sur les hématies du lapin.* Entre 0,01 et 0,003 p. 100 le sublimé exerce sur les globules rouges du lapin une action hémolytique très nette (au miscroscope le stroma globulaire apparaît complètement dépourvu d'hémoglobine). Il agit en même temps comme un coagulant des albumines (DETRE et SELLEI, DUNIN-BORKOWSKI, DOHI, BECHOLD et KRAUS). Aux doses de 0,0003 p. 100 au contraire, le sublimé n'exerce plus aucune action hémolytique, tandis que, comme nous le verrons plus loin, à partir de 0,01 p. 100 il exerce une action fixatrice. Il existe une véritable zone d'hémolyse, comprise entre deux limites, une limite supérieure (oscillant entre 0,01 et 0,006 p. 100) pour le sang normal et frais et une limite inférieure (oscillant entre 0,0003 et 0,003) qui correspond à la concentration la plus faible qui, en un temps donné et à une température donnée, produit encore une hémolyse totale ou partielle (DETRE et SELLEI).

Facteurs conditionnant la vitesse de l'hémolyse. — La vitesse de l'hémolyse est conditionnée par deux facteurs : la *durée d'action* et la *température.* La *durée d'action* peut être très brève ; en effet, les globules rouges sont déjà imprégnés de la quantité toxique de sublimé en moins de 2 minutes 1/2 ; après un contact de quelques secondes, ils ont déjà adsorbé les 2/3 d'une solution de sublimé à 0,001 p. 100. Mais si la quantité de sublimé combinée croît proportionnellement avec la durée du contact, elle n'est pas proportionnelle à la concentration du mercure (DETRE et SELLEI).

La *température* joue un rôle également très important. L'hémolyse n'apparaît toujours qu'après une période d'incubation qui est d'une heure environ à 37° et seulement de 10 à 20 minutes à 45-46° ; elle est totale à 37° en 4 à 5 heures et à 45-46° en une heure ; aux basses températures, en revanche, elle est toujours lente et incomplète (DETRE et SELLEI). DUNIN-BORKOWSKI aboutit à des conclusions analogues, de plus il détermine la vitesse de réaction en mesurant la constante de réaction K. Cette constante dépend de la durée de l'expérience ; aux basses concentrations, K diminue avec le temps, tandis qu'il augmente aux concentrations élevées. La valeur de K augmente toujours si on augmente la concentration de HgCl². Le coefficient de vitesse est égal à 4,37

pour les globules rouges du lapin. La formule suivante : $\dfrac{V^1}{V_0} = \dfrac{e}{K} \dfrac{M}{T^1 \times T_0}(T^1 - T_0)$ (dans laquelle

V^1 et V_0 représentent les vitesses de réactions aux températures absolues de T^1 et T_0 et K la constante des gaz) permet de déterminer la constante M qui dépend du temps de réaction et de la température. L'augmentation de M aux températures élevées (au-dessus de 35° est conditionnée par une hémolyse provoquée par l'augmentation de température, ainsi que par une diminution de la résistance des globules rouges vis-à-vis du sublimé (DUNIN-BORKOWSKI).

b) *Action sur les hématies des autres mammifères.* La résistance des érythrocytes des différents mammifères vis-à-vis du sublimé augmente dans l'ordre suivant : lapin, mouton, porc, veau et chien (DUNIN-BORKOWSKI).

c) *Action sur les hématies de l'homme.* α) *sang de sujet normal.* La zone d'hémolyse supérieure varie entre 0,01 et 0,006 p. 100 et la zone inférieure entre 0,0005 et 0,0003 p. 100 de sublimé (DETRE et SELLEI). β) *Sang de syphilitiques.* La zone d'hémolyse inférieure chez les syphilitiques traités par le Hg présente des variations beaucoup plus marquées que chez les sujets normaux, souvent elle tombe à la suite de la première injection pour remonter ensuite au niveau normal au cours des injections suivantes, les hématies semblant s'habituer peu à peu au toxique (DETRE et SELLEI). DOHI au contraire n'observe aucune différence entre les globules rouges des sujets sains et des sujets syphilitiques au point de vue de leur sensibilité au sublimé.

2° *Action hémolytique des autres composés mercuriels.* — a) *Biiodure de mercure.* — Le biiodure de mercure possède également une action hémolytique, mais on ne dépasse jamais la zone d'hémolyse en raison de la faible solubilité de ce corps (DUNIN-BORKOWSKI).

b) *Cyanure de mercure.* — A doses suffisantes, le cyanure de mercure hémolyse également les globules rouges, son action hémolytique est même beaucoup plus marquée que celle du cyanure de potassium ; l'hémolyse des composés mercuriels ne dépend donc pas exclusivement des ions libres (DUNIN-BORKOWSKI). Chez l'homme, en solution à 10 p. 100 le cyanure de mercure produit une hémolyse totale *in vitro* en trois heures. A 0,10/1000 l'hémolyse n'est totale qu'au bout de 18 heures, et à 0,01/1000 au bout de 24 heures elle est encore très faible ou nulle (RENAULT et PAGNIEZ.) c) *Mercure métallique et oxyde de mercure.* — Le mercure métallique et HgO en poudre ou à l'état colloïdal ont également une action hémolytique, par suite probablement de leur solubilisation par les lipoïdes de l'hématie (BECHHOLD et KRAUS).

3° *Mécanisme de l'action hémolytique des composés mercuriels.* — Les deux faits fondamentaux que ce mécanisme doit expliquer sont les suivants :

a) A dose faible (dose hémolytique), le sublimé agit sur certains éléments globulaires jouant un rôle important dans la stabilité des hématies et modifie ces éléments de manière à désorganiser le globule, à le rétracter (comme le montre l'examen microscopique) et à provoquer l'hémolyse.

b) A dose plus forte (dose fixatrice), le sublimé fixe certains éléments du globule, lesquels sont probablement identiques aux précédents, quoique peut-être différents, et renforce la stabilité du globule qui devient définitivement non hémolysable sous l'action du suc pancréatique.

Le mécanisme le plus simple pour expliquer l'hémolyse des globules rouges par le sublimé, consiste à admettre l'existence dans le globule d'une ou plusieurs substances jouant un rôle physique important dans la stabilité de l'hématie et douées d'une affinité pour les composés mercuriels avec lesquels elles contracteraient une combinaison avec rétraction; c'est cette rétraction qui provoquerait l'hémolyse. Si la nature de telles substances est, comme nous le verrons plus loin, encore discutée, leur existence a été nettement mise en évidence par les expériences suivantes.

Les solutions, obtenues par laquage des globules rouges dans l'eau distillée et rendues isotoniques par addition de NaCl, présentent une affinité considérable pour les composés mercuriels; grâce à cette propriété, elles peuvent, lorsqu'elles sont mises en présence d'une suspension de globules rouges normaux, protéger ceux-ci contre d'action hémolytique du sublimé; bien plus, les globules rouges déjà combinés au sublimé peuvent encore être préservés de l'hémolyse mercurielle par des doses convenables de la solution de substances protectrices ci-dessus.

Chose curieuse, cette substance intraglobulaire qui présente pour le Hg une affinité si remarquable, existe également dans le sérum qui possède de ce fait une action protectrice contre l'hémolyse mercurielle. Pour la même raison, c'est également grâce à la présence de cette substance dans le sérum que les globules lavés à l'eau physiologique sont hémolysés par le sublimé beaucoup plus facilement que les globules non isolés de leur plasma (DETRE ET DOHL.)

L'hémolyse des globules rouges par le sublimé semble donc bien due à la combinaison du sublimé avec cette substance intraglobulaire mercuréophile, combinaison qui entraîne la rétraction de l'hématie et provoque l'hémolyse.

La nature de cette substance, présente à la fois dans les globules et dans le sérum, est encore très discutée. Tandis que DETRE et SELLEI en font une lécithine, pour SACHS et DOHL au contraire, elle appartiendrait au groupe des albuminoïdes.

En effet, d'après DETRE ET SELLEI, quand la suspension de globules laqués à l'eau physiologique ou le sérum sont chauffés à 55°-60°, leur action protectrice pour les globules rouges contre l'action hémolytique exercée par le sublimé persiste; elle ne disparaît même qu'à partir de 86°. Cette substance protectrice est donc fortement thermostable et n'aurait pas de rapport avec les albumines du sérum et des globules (DETRE et SELLEI). De plus le sérum, épuisé par l'éther ou le chloroforme, perd toute propriété protectrice, et l'extrait éthéré de sérum, desséché dans le vide et redissous dans le chloroforme, empêche, à doses suffisantes, l'hémolyse des globules rouges par le sublimé (DETRE ET SELLEI). L'action protectrice du sérum et des globules laqués dépendrait donc d'une substance lipoïdique (DETRE ET SELLEI, BECHHOLD ET KRAUS).

Un autre argument en faveur de cette hypothèse est fourni par BECHHOLD; celui-ci constate que la limite de l'action hémolytique du sublimé sur les hématies, celle de l'action toxique sur la grenouille et celle de la sensation gustative chez l'homme, se trouvent à peu près à la même concentration, c'est à-dire 1/150 000 et, qu'à cette concentration, on ne constate pas d'action sur les albumines. Ces faits lui font donc admettre que très probablement l'action hémolytique du sublimé se produit par l'intermédiaire de constituants lipoïdiques.

Sachs et Dohr au contraire n'admettent pas de relations entre la substance mercurophile et les substances lipoïliques du groupe des lécithines.

La substance protectrice du sérum et du suc sanguin ne serait pour eux soluble ni dans l'éther ni dans le chloroforme, et le rôle protecteur du sérum sanguin reviendrait pour eux surtout à l'albumine, à la globuline et à l'hémoglobine, ces deux dernières substances présentant un pouvoir anti-hémolytique dix fois supérieur à celui de l'albumine (Dohr). Après traitement du sérum sanguin par l'alcool, seule la matière précipitée par l'alcool, c'est-à-dire l'albumine, présenterait un pouvoir antihémolytique réel qui n'appartient pas aux substances lipoïdiques solubles dans l'alcool (Sachs). Il semble bien qu'on doive accepter l'hypothèse de Sachs sur la nature albuminoïdique de cette substance qui pourrait d'ailleurs être un complexe lécithinoalbuminoïdique.

4° *Action fixatrice du sublimé sur les globules rouges.* — Le sublimé, en solutions isotoniques, à partir d'une concentration de 0,01 p. 100, n'exerce plus, comme nous l'avons vu, une action hémolytique sur les globules rouges, mais il précipite l'albumine du sérum et fixe les hématies, à tel point que celles-ci ne s'hémolysent plus ensuite, même dans l'eau distillée (Detre et Sellei).

Cette coagulation irréversible des hématies serait uniquement due à l'ion Hg, tandis que, dans l'hémolyse, interviendrait la molécule non dissociée; Hg et HgO en poudre ou à l'état colloïdal produiraient le même effet, les lipoïdes de l'hématie solubilisant probablement le mercure (Bechhold). La coagulation irréversible serait également proportionnelle à la quantité absolue de Hg, tandis que pour l'hémolyse cette quantité serait principalement déterminante; mais en réalité ces rapports sont plus complexes (Bechhold). Aux doses fixatrices, on constate au microscope la formation d'un précipité granuleux et abondant d'albumine déjà visible macroscopiquement, les globules rouges sont ridés mais non hémolysés, tandis que leur hémoglobine est répartie inégalement dans le stroma et prend l'aspect de petites boules à situation excentrique. Quand on arrive à la zone d'hémolyse partielle supérieure, en diminuant la concentration de la solution de sublimé, on observe à côté des formes précédentes quelques globules dont l'hémoglobine a quitté le stroma (Detre et Sellei). Le passage à la zone hémolytique est constitué par les zones de floculation avec flocons fins animés de faibles mouvements browniens visibles à l'ultramicroscope (Bechhold et Kraus). Lorsqu'on arrive à la zone franchement hémolytique, les petites boules excentriques d'hémoglobine, constatées aux concentrations supérieures, disparaissent complètement, le stroma globulaire est complètement dépourvu d'hémoglobine (Detre et Sellei). En diluant de plus en plus la solution de sublimé, on continue à observer les mêmes formes globulaires jusqu'à la zone d'hémolyse inférieure; puis, à partir de cette zone, les globules restent normaux, on ne retrouve pas les formes de transition précédentes (petits noyaux excentriques d'hémoglobine) (Detre et Sellei).

5° *Action hémolytique du suc pancréatique et de divers agents sur les globules fixés par le sublimé.* — Les hématies centrifugées et lavées dans une solution de NaCl puis fixées par une solution de sublimé à 1 p. 4 000 et non hémolysables sont facilement hémolysées par le suc pancréatique activé, alors que celui-ci ne les hémolyse pas à l'état normal (Matthes, Sachs). Matthes conçoit cette action hémolytique du suc pancréatique sur les globules rouges fixés par le sublimé comme une digestion et fait jouer au sublimé le rôle d'un ambocepteur. Sachs, au contraire, admet que cette action résulte de ce que le sublimé, qui a été fixé par les globules et qui, par suite, empêche leur hémolyse, est défixé en se combinant à l'albumine du suc pancréatique. Les mêmes globules rouges, sensibles à l'action hémolytique de l'eau distillée, peuvent s'hémolyser dans le sérum spécifique et même dans leur propre sérum, qu'il soit mercurialisé ou non, ou qu'il soit inactivé par chauffage d'une demi-heure à 56°. Les corps qui comme l'iodure de potassium, l'hyposulfite de soude ont une affinité extrême pour le mercure, hémolysent également les globules rouges fixés par le sublimé à des dilutions extrêmement faibles (Sachs). Les globules rouges lavés dans la solution de Hayem ne se dissoudraient pas dans l'eau, soit par suite de la formation d'une combinaison insoluble du mercure avec l'hémoglobine, soit plus simplement par un processus de durcissement de la membrane corticale des hématies par le sublimé qui empêcherait la diffusion du contenu intra-globulaire coloré.

6° *Action hémolytique des composés mercuriels et déviation du complément.* — a) *In vitro.* L'addition de petites quantités de sublimé (0,025 p. 100) peut entraver la déviation du complément dans le sérum des syphilitiques mis en présence d'extraits d'organes, bien que, par suite de la présence du sérum, ces petites quantités de composés mercuriels, ne puissent pas, par elles-mêmes, hémolyser les globules rouges (Epstein et Pribram).

b) *In vivo.* — La propriété ci-dessus peut se manifester également chez le lapin préparé de façon que son sérum acquière, comme le sérum des syphilitiques, la propriété d'empêcher avec l'extrait alcoolique de cœur de cobaye l'hémolyse par le sérum anti-mouton (Epstein et Pribram). Chez de tels lapins, les injections de sublimé et les frictions mercurielles conduisent à la disparition de la réaction de Wasserman.

C) Action des sels de mercure sur les leucocytes et sur la leucocytose. — 1° *Action sur la leucocytose.* — L'action du Hg sur la leucocytose est assez différente suivant les doses et la voie employées; de plus, les résultats des divers auteurs qui ont étudié cette question diffèrent parfois fortement entre eux, pour des doses de sels mercuriels identiques et pour un même mode d'administration.

a) *Chez l'homme.* — Si pour certains (Wilbouchewitch, Stukovenkoff, Reiss), le Hg administré aux doses thérapeutiques usuelles en injections, en frictions ou en ingestion, diminue le taux des leucocytes pendant toute la durée du traitement, la majorité des auteurs (Ross, Paulin, Colombin, Simonelli, Memmi, Stern, Hanck) s'accordent à constater une hyperleucocytose plus ou moins marquée, mais toujours nette, au cours et à la suite d'un traitement mercuriel.

Des particularités sont à noter, suivant le mode d'administration et sa durée.

α. *Voie intraveineuse :* 1° *Dose unique :* Par voie intraveineuse, le sublimé (aux doses usuelles, 1 centigramme) produit une hyperleucocytose nette qui se manifeste déjà quelques heures après l'injection, qui atteint son maximum 4 à 6 heures après, le nombre des leucocytes revenant ensuite à un taux normal vers la dix-huitième ou la vingt-quatrième heure (Memmi). 2° *Doses répétées :* Si les injections intraveineuses à la même dose sont répétées quotidiennement, cette hyperleucocytose se produit constamment, mais après avoir été très marquée vers les premier et deuxième jours, elle va néanmoins en s'atténuant les jours suivants (Memmi).

β. *Voie sous-cutanée.* 1° *Injection unique.* (HgCl², 1 à 2 centigrammes). On ne constate pas d'augmentation appréciable du taux des leucocytes (Memmi). 2° *Injections quotidiennes répétées* (HgCl², 1 centigramme). On constate au bout de 2 ou 3 jours une augmentation graduelle de la leucocytose qui se maintient ensuite presque constante durant la période qui suit la cure (Memmi, Stern). Pour Biegansky enfin, alors que les frictions ou l'ingestion de Hg produiraient une diminution importante des leucocytes, les injections intramusculaires de calomel produisent au contraire de l'hyperleucocytose.

b) *Chez l'animal* (Lapin). — α. *Doses faibles* (0 milligr. 3 environ de HgCl²). Le sublimé en injections sous-cutanées ou intraveineuses produit toujours, pour la majorité des auteurs, une augmentation nette du nombre des globules blancs (Bentivegna et Carini, Gaglio, Mariani et Laureati, Dohi).

Il faut cependant signaler que, pour Lisin, les sels solubles de mercure injectés dans les veines du lapin ou le calomel injecté sous la peau en émulsion dans de la paraffine n'auraient pas d'action spécifique sur la leucocytose aux doses moyennes. En effet Lisin n'a toujours constaté qu'une hyperleucocytose extrêmement passagère et qui serait due pour lui aux mêmes réactions que celles provoquées par toute autre substance médicamenteuse toxique ou inerte.

β. *Doses fortes* (2 milligr. 1/2 environ de HgCl² en injection intraveineuse).

A ces doses, tandis que Mariani et Laureati, Gaglio signalent encore une augmen tation notable du nombre des leucocytes qui croissent graduellement chez l'animal injecté quotidiennement jusqu'à sa mort, Dohi, Bentivegna et Carini signalent, au contraire, de l'hypoleucocytose pour les doses élevés (1 à 3 milligrammes de $HgCl^2$) en injections intraveineuses.

2° *Action du mercure sur les mouvements amiboïdes des leucocytes et motilité des leucocytes*). — a) *In vitro*. Le sublimé, même très dilué, inhibe complètement et rapidement tout mouvement amiboïde des leucocytes *in vitro* (Maurel, Gaglio); l'inhibition est totale en 2 heures pour une dilution de 1/10000; même à des dilutions de 0,125 à 0,0625 0/000, l'activité leucocytaire est encore sensiblement affaiblie (Maurel).

Le mercure à l'état *d'albuminate* à des dilutions analogues (1/10000) (9 gouttes de sérum et 1 goutte de $HgCl^2$ à 1 p. 1 000) exerce au contraire au début une excitation légère des mouvements amiboïdes, ceux-ci persistent pendant un temps assez long, mais moins durable que dans le sérum de sang normal (Gaglio). Les leucocytes peuvent donc vivre dans l'albuminate de Hg et y présenter des mouvements actifs, mais leur survie y est moins longue que dans le sérum seul, ils deviennent bientôt gélatineux, transparents, engourdis et finissent par s'arrondir en une position de repos et par mourir en se fusionnant entre eux. Gaglio signale également une chimiotaxie positive de l'albuminate de Hg pour les leucocytes, alors que celle du $HgCl^2$ est négative.

Collet signale d'autre part que les leucocytes, mis en présence *d'huile grise* sur une platine chauffante, gardent leurs mouvements amiboïdes normaux et ne sont donc influencés ni dans un sens, ni dans l'autre.

b) *In vivo* (mésentère de grenouille). On observe également la même action paralysante du Hg sur les mouvements leucocytaires lorsqu'on observe au microscope une circulation mésentérique de grenouille vivante; l'instillation d'une goutte de sublimé à 1/2000 (Binz) ou l'injection de 0 milligr. 016 sous-cutanée par grenouille (Ikeda) supprime instantanément les migrations leucocytaires à travers les parois des capillaires mésentériques; les leucocytes déjà sortis restent complètement immobiles et paralysés si l'on ne constate pas d'exsudation leucocytaire même au bout de 6 à 8 heures (Ikeda).

3° *Action sur le pouvoir phagocytaire des leucocytes*. — Les petites doses de $HgCl^2$ pour Bentivegna et Carini, produiraient une élévation du pouvoir bactéricide des leucocytes et les doses fortes une diminution. Pour Dohi, au contraire, le sublimé n'aurait aucune action sur la phagocytose des leucocytes.

4° *Affinité des leucocytes pour le mercure. Action chimiotaxique. Rôle des leucocytes dans le transport du mercure*. — Les leucocytes présentent une affinité toute particulière pour le mercure, affinité constatée *in vitro* ou *in vivo* par beaucoup d'auteurs (Baldoni, Arnozan et Montel, Gaglio, Marcel Labbé, Collet, Cuisinier, Welander, Stassano), affinité qui fait d'eux un des agents les plus actifs dans le transport du Hg introduit dans la circulation dans les différentes parties du corps. Cependant d'après Bonissoff, l'action chimiotaxique du mercure, positive avec les leucocytes du chien, serait complètement négative pour les leucocytes du lapin et seulement faiblement positive pour ceux de la grenouille.

X. — Action sur le métabolisme et action trophique.

A) **Métabolisme.** — Cette action n'a guère été étudiée que sur les échanges respiratoires et sur l'élimination des produits de la désassimilation urinaire.

1° *Echanges respiratoires*. — D'après un travail déjà ancien de Schroeder, il n'y aurait chez le lapin après injection sous-cutanée quotidienne de doses fortes de $HgCl^2$ (0 gr. 02) que peu de modifications de la consommation d'oxygène ainsi que du rejet du CO^2, et du quotient respiratoire. Pour Hans Meyer les doses toxiques de sublimé chez le chat diminueraient d'un tiers environ la teneur en CO^2 du sang.

2° *Action sur la désassimilation*. — Nous n'envisagerons que les doses moyennes, les doses fortes touchant le rein et modifiant complètement les échanges par apparition de néphrite toxique; cependant, dans l'intoxication aiguë par les doses fortes, la disparition du glycogène, la production d'acide lactique et la dégénérescence graisseuse des organes mettent bien en évidence un trouble profond du métabolisme.

a) *Urée*. — Bien que Silva pour le calomel et Izar pour les sels de Hg en général aient constaté dans la diurèse mercurielle une augmentation relative et absolue de l'élimination urinaire de l'urée, la majorité des auteurs sont d'avis que, chez l'homme, le mercure et ses sels n'ont pas d'action sur l'excrétion de l'urée (Hallopeau et Boeck) aux doses thérapeutiques ou, au contraire, la diminuent fortement (Lépine et Rémond Stépanof, Vajda, Rambach, Blum). Jacquet et Debat (1911) signalent, chez l'homme syphilitique traité par le biiodure en injections et le protoiodure en pilules, une diminution initiale brusque de l'excrétion de l'urée, suivie d'une augmentation plus importante. Pour ces auteurs, la diminution initiale serait due au choc mercuriel produisant un ralentissement de la fonction uréopoïétique du foie et à une dégradation moins parfaite de la molécule d'albumine, l'augmentation secondaire du taux de l'urée résulterait d'un phénomène inverse, véritable coup de fouet nutritif (Jacquet et Debat).

b) *Autres éléments de l'urine.* — Parmi les autres constituants de l'urine, l'acide urique, la créatinine ne seraient pas modifiés (Mühling). Pour Igar, il y aurait, au contraire, augmentation, pour Haig diminution; pour Jacquet et Debat, cette élimination suivrait une marche inverse de celle de l'urée, élévation au début, puis diminution. Quant aux sulfates, la teneur dans l'urine serait diminuée (Haig et Silva); celle des phosphates serait augmentée (Jacquet et Debat); elle serait au contraire diminuée pour Binet et non modifiée pour Rémond; enfin celle des chlorures subirait une forte élévation (Mühling, Kulcke, Blum, Ellinger, Brunn, Nonnenbruch, Bohn), sauf pour Rémond qui n'admet aucune modification des chlorures urinaires.

Le rapport $\dfrac{\text{urée}}{\text{acide urique}}$ diminuerait au début, puis se relèverait pour dépasser son niveau initial (Jacquet et Debat).

En résumé, le mercure aux doses moyennes, après avoir provoqué un ralentissement momentané des échanges, semble augmenter notablement et d'une manière durable l'intensité et la qualité de la nutrition (Jacquet et Debat).

B) **Action sur le poids et la croissance.** 1° *Action sur le poids chez l'homme.* — L'action des cures mercurielles sur le poids des syphilitiques traités est tout à fait variable suivant les auteurs. C'est ainsi que si Liégeois signale une augmentation de poids très fréquente, par contre, Pinkus a remarqué une diminution du poids chez les malades traités par des frictions mercurielles; cette diminution persiste pendant toute la durée de la cure, après quoi reprise nette du poids jusqu'à la normale. Mais ici, peut-être faut-il faire intervenir pour une bonne part le facteur infection syphilitique et l'influence plus ou moins directe du Hg sur le tréponème. Toutefois, certains auteurs, notamment Merget et Mayençon ainsi que Brass et Wirth, ont signalé les augmentations d'appétit et de poids après des doses ordinaires de sel mercuriel chez l'homme sain. Par contre, dans l'intoxication mercurielle aiguë ou chronique (ouvriers des mines de mercure), on observe, outre les symptômes nerveux, un amaigrissement considérable.

2° *Action sur le poids des animaux.* — Expérimentalement chez l'animal, le mercure, à doses très petites et répétées, accélérerait la croissance et augmenterait le poids (Schloesinger), sans cependant modifier les échanges. Les doses élevées ou les doses moyennes très longtemps répétées produisent au contraire une chute de poids plus ou moins rapide (Schloesinger, Mueller, Schöller et Schrauth, Merget) en accélérant la décomposition des tissus et en empêchant les oxydations. Cependant Schoeller, Mueller et Schrauth signalent au contraire, dans certains cas, à des doses même subtoxiques chez l'animal, une augmentation du poids et de l'appétit qui correspond à certains effets analogues observés chez l'homme.

3° *Action sur le métabolisme du calcium.* — Le métabolisme calcique ne serait pas troublé par le mercure, malgré la présence des cristaux de PO^4Ca^3 dans les tubuli rénaux signalés par de nombreux auteurs (Binet, Prevost et Eternod, Salkowski, Heilbron, Kaufman, Klemperer). La teneur du sang en Ca ne serait pas modifiée (Klemperer, Schmiedeberg). Cependant divers auteurs signalent une action décalcifiante du mercure sur les tissus osseux qui deviennent minces, fragiles et pauvres en chaux (Prevost et Fürbringer, Heilborn, Sabbatani, Jablonowski, Senger).

4° *Action sur le développement de l'embryon.* — Contrairement à Gaspard, Dareste a constaté que les œufs de poule soumis dans une couveuse à une absorption de vapeurs mercurielles ne sont pas modifiés dans leur développement.

XI. — Intoxication mercurielle.

Quel que soit le composé mercuriel absorbé et quelle que soit la voie de pénétration dans l'organisme, le mercure, à doses toxiques, détermine des symptômes sensiblement toujours identiques et caractéristiques. Ces symptômes peuvent être répartis
en deux catégories, suivant qu'il s'agit d'intoxication aiguë ou d'intoxication chronique ;
nous les étudierons successivement chez l'homme et chez l'animal.

1° **Intoxication mercurielle chez l'homme.** — a) *Doses mortelles.* — Les doses mortelles
sont très variables suivant les composés envisagés, solubles ou insolubles, et suivant la
voie de pénétration. De plus, pour un même sel soluble, tel que le sublimé ingéré
accidentellement ou dans diverses tentatives de suicide, les chiffres donnés par les
auteurs diffèrent beaucoup : DAUCHEZ, FRANZ, KAHN, OGIER et KOHN-ABREST admettent
comme dose minima mortelle en ingestion 0 gr. 20 à 0 gr. 50 de HgCl²; LEWIN-POUCHET
0,80 chez l'adulte, 0,18 à 0,60 chez l'enfant ; KOBERT 0,18 ; cet auteur signale de
plus que les opiophages peuvent supporter des doses énormes. Certains auteurs ont
également constaté des survies après ingestion de 2 grammes et plus de sublimé
(EDER). Ces écarts ne doivent pas surprendre : en effet, il est difficile de se rendre
compte de la quantité exacte de mercure résorbée, étant donné qu'une quantité importante du toxique peut être éliminée au cours des vomissements et de la diarrhée.

Pour le mercure lui-même, LEWIN signale, d'une part, la mort d'une femme survenue
après inhalation des vapeurs dégagées par 2 gr. 4 de mercure versé sur un fer chauffé
au rouge, d'autre part, des phénomènes toxiques avec l'onguent gris à la suite des
frictions faites avec 10 et 15 gr. de substance (voir également CARPENTER). Pour ce qui
est du mercure métallique absorbé par voie buccale, il ne présente, comme on l'a vu
plus haut, même à des doses élevées, presque pas de toxicité, il ne détermine le plus
souvent aucun symptôme, ou très rarement quelques phénomènes de stomatite et de
diarrhée se terminant tout à fait exceptionnellement par la mort (GASPARD, HALLOPEAU).
L'action soporifique décrite par TYSON n'a jamais été signalée depuis. Quant aux sels
mercuriels, ceux qui sont solubles (mercuriques) se rapprochent du sublimé et ceux
qui sont insolubles se rapprochent du calomel. D'après LEWIN, la dose mortelle de
calomel par ingestion serait de 0 gr. 40 chez l'enfant et de 2 à 3 grammes chez l'adulte.

b) *Symptômes de l'intoxication mercurielle aiguë chez l'homme.* — Nous prendrons comme
type l'intoxication la plus fréquemment rencontrée et la plus caractéristique, celle
qu'on observe à la suite d'une ingestion de sublimé. Nous montrerons ensuite les
différentes particularités observées à la suite de l'administration des autres composés
mercuriels et suivant les voies employées.

c) *L'intoxication aiguë par ingestion de doses toxiques de sublimé* se manifeste en
règle générale immédiatement par des symptômes caractéristiques et bruyants ; ce
sont tout d'abord les signes digestifs qui ouvrent la scène : saveur métallique horrible,
salivation, tuméfaction et décoloration des lèvres, de la bouche et du larynx, entraînant une gêne marquée de la déglutition. La sensation de brûlure atroce envahit ensuite
l'épigastre ; puis surviennent des vomissements renfermant d'abord des débris
alimentaires, et ultérieurement des produits muqueux blanchâtres et souvent sanguinolents. La stomatite mercurielle apparaît souvent dès le lendemain, ainsi qu'un syndrome dysentérique très marqué : ténesmes, colique, épreintes douloureuses et évacuation de selles muquo-sanguinolentes. Enfin apparaît le symptôme capital de l'intoxication
mercurielle : l'atteinte de la fonction rénale qui se traduit soit par une anurie parfois
totale d'emblée, ce qui est rare, soit le plus souvent par une oligurie plus ou moins
marquée avec baisse de l'urée urinaire, albuminurie et parfois glycosurie, augmentation de l'urée sanguine (12 gr. 5 MOURIQUAND) (7 grammes FAURE-BEAULIEU).
Cette anurie entraîne l'apparition des symptômes de l'urémie sèche à type azotémique,
sans œdème et sans rétention chlorurée ; la céphalée et la soif vive sont de règle. A ces
symptômes rénaux s'ajoutent des symptômes cardiovasculaires d'autant plus intenses
que l'intoxication mercurielle est plus marquée : pouls faible, chute de la pression
artérielle d'origine cardiaque s'opposant à l'hypertension que l'on peut noter dans
certains cas les jours suivants et qui marche de pair avec l'azotémie. La respiration est
anxieuse, la dyspnée toujours marquée est due alors à l'œdème de la glotte.

Tous ces symptômes s'amendent en général au bout de 4 à 5 jours ; le malade entre dans la période intermédiaire, phase de sécurité trompeuse ; les phénomènes gastro-intestinaux cèdent ; seule la stomatite persiste, parfois très marquée, parfois même conduisant à la nécrose du maxillaire. Le malade sort plus ou moins de l'état de dépression psychique dans lequel il est tombé ; le taux des urines souvent se relève, par contre, l'azotémie continue à augmenter et la céphalée persiste.

Au bout de quelques jours, l'état change et devient de plus en plus alarmant ; la faiblesse augmente rapidement, conduisant à des lipothymies de plus en plus marquées ; le pouls faiblit, devient mou ; les extrémités se refroidissent avec anesthésie superficielle, parfois, les urines se raréfient et le malade, anémié et déprimé, finit par succomber à l'urémie. Mais le plus souvent la mort survient en pleine connaissance ; l'intelligence reste intacte et ce n'est que rarement qu'on observe du coma ou des convulsions urémiques terminales. La durée de l'intoxication et la date de la mort sont toujours très variables, même pour des doses identiques de bichlorure ingéré. C'est ainsi que BACOVESCO, GASCARD et BANCE, LOMHOLT, DETOT ont vu, après 1 gramme et plus de sublimé par la voie buccale, la mort survenir tantôt après 3 jours, tantôt après 17 et même 25 jours.

L'intoxication aiguë par l'ingestion de composés mercuriels autres que le sublimé fournit un tableau analogue à celui dû au sublimé, si ce n'est que les manifestations primitives dues à l'action caractéristique du sublimé sur les voies digestives font défaut ; néanmoins les manifestations gastriques (vomissements) et intestinales (coliques, diarrhée) sont constantes.

Dans l'intoxication aiguë par les voies parentérales, le tableau est analogue au précédent, mais les symptômes digestifs, quoique aussi marqués, apparaissent en général plus tardivement ; la stomatite en particulier, quoique d'apparition assez tardive, peut revêtir une allure presque aussi nette et aussi grave qu'après ingestion de sublimé.

c) *Intoxication chronique.* — Elle peut s'accompagner des mêmes symptômes que l'intoxication aiguë, mais atténués ; de plus le mercure n'épargne dans ce cas aucun organe et quelques-uns des symptômes observés peuvent survenir à l'état isolé, disparaître, réapparaître ensuite, même plusieurs mois après la suppression de la cause de l'intoxication (ceci en particulier à la suite des injections de produits insolubles : huile grise, huile au calomel). Cependant un symptôme particulier est propre à l'intoxication chronique : le tremblement mercuriel, rarement relevé au cours de l'intoxication aiguë, car il n'a pas le temps, en général, d'apparaître, la mort survenant auparavant.

Voici, brièvement résumés, les symptômes les plus caractéristiques de cette intoxication. Le phénomène le plus constant est certainement la stomatite qui se présente ici avec tous ses degrés, depuis la simple inflammation des muqueuses gingivale et buccale jusqu'aux larges ulcérations et aux énormes pertes de substance de la muqueuse buccopharyngée disséquant les muscles et créant plus tard des adhérences cicatricielles qui déforment l'orifice buccal et peuvent apporter une gêne considérable à la mastication et à la déglutition. Cette stomatite peut entraîner la chute des dents mais disparaît spontanément après la chute de la dernière dent ; parfois même elle peut se compliquer de nécrose du maxillaire inférieur. Cette atteinte des os n'est du reste pas rare au cours du mercurialisme chronique ; c'est ainsi qu'on peut voir survenir une décalcification amenant des fractures spontanées séparant la diaphyse de l'épiphyse. Du côté du tube digestif, on observe une sensation de pesanteur abdominale avec douleurs épigastriques et coliques intestinales plus ou moins marquées, pouvant s'accompagner d'un état nauséeux avec météorisme et diarrhée.

L'état général est toujours très atteint, le malade s'amaigrit, s'anémie ; les joues se creusent, la faiblesse devient de plus en plus grande, un état syncopal s'installe ; des syncopes fréquentes s'observent à la suite d'une émotion ou sans cause, le sommeil est troublé, mais un point domine le tableau : l'anémie mercurielle parfois extrêmement marquée, conduisant le malade à une véritable cachexie mercurielle, avec perte de poids et pâleur extrême qui peut être fatale.

Du côté de la peau, on observe fréquemment différents troubles se manifestant par des érythèmes divers : purpurique, scarlatiniforme, morbiliforme, eczématoïde.

Le système nerveux est toujours très touché avec altérations nerveuses manifestes (ALESSI). Les sujets manifestent une extrême excitabilité nerveuse ; ils sont peureux, coléreux et ils ont assez souvent un état de t imidité et de perplexité spécial; ils présentent des phobies diverses, quelquefois des hallucinations variées, de l'anesthésie ou de l'hyperesthésie cutanée, inégalement distribuées, des névralgies diverses, faciale, dentaire, des céphalées parfois très violentes, des arthralgies et parfois même des douleurs viscérales. La parole est également troublée (psellisme mercuriel, bégaiement émotionnel). On a signalé de la frigidité sexuelle, de l'aménorrhée ou une irrégularité et une diminution des règles. Au point de vue moteur, les symptômes sont tout à fait particuliers et se caractérisent par un tremblement qui atteint aussi bien les muscles lisses que les muscles striés. Ce tremblement frappe d'abord la partie supérieure du corps et surtout le membre supérieur. Il se manifeste par des secousses musculaires au niveau de l'orbiculaire des lèvres et des paupières, au niveau des mains; plus tard les tremblements et les spasmes s'emparent de groupes musculaires tout entiers isolés ou associés, d'une façon permanente ou paroxystique, pouvant entraîner la perte de l'usage du membre et une gêne considérable de la déglutition et de la parole. Ce tremblement peut envahir plus tardivement les membres inférieurs; le malade marche les jambes écartées en se dandinant, luttant contre des mouvements irrésistibles de propulsion, et, dès qu'il est assis, ses pieds sont animés de mouvements alternatifs de flexion et d'extension (FEINBERG, LEWIN). Ces troubles s'associent souvent à des vertiges, à de la céphalée, à un état d'insomnie marquée, à des troubles de la vue et de l'ouïe et à un état d'excitabilité extrême; la mémoire et l'intelligence baissent de plus en plus et le malade meurt dans un état de démence. Les paralysies mercurielles (LETULLE) sont constituées en général par une paraplégie, la plupart du temps limitée; les muscles atteints sont flasques mais non atrophiés. On a signalé des névrites mercurielles.

Tels sont les signes de l'intoxication mercurielle chronique produite chez l'homme par l'introduction prolongée et à faibles doses de sels de mercure dans l'organisme. Signalons pour terminer que pour DE JUSSIEU et pour MERGET, l'intoxication chronique provoquée par l'inhalation de vapeurs mercurielles aurait une symptomatologie un peu différente. En effet on ne constate dans ce cas exclusivement que les signes nerveux (tremblement, convulsions et paralysie) aboutissant finalement à la mort de l'individu par amaigrissement considérable et cachexie, sans aucune lésion des autres organes. Cette intoxication ne s'observerait que chez les mineurs ou les ouvriers manipulant le mercure et vivant continuellement dans une atmosphère saturée de vapeurs mercurielles. Dès que l'inhalation devient intermittente et que la teneur de l'air en vapeurs mercurielles est au-dessous de la limite supérieure de saturation, les vapeurs mercurielles cessent d'être toxiques.

d) *Intoxication tardive par les composés organiques volatils du mercure.* — Nous signalerons deux cas tout particuliers d'intoxication mercurielle produite par l'inhalation de vapeurs émises par un composé mercuriel organique, cas de deux chimistes anglais, qui succombèrent à une intoxication lente après avoir manipulé pendant plusieurs semaines le diméthylmercure (EDWARDS). Cette lente intoxication a été caractérisée par une longue période de malaise avec lassitude et faiblesse générales, étourdissements et troubles visuels progressifs pendant plusieurs semaines, puis apparition soudaine de symptômes nerveux extrêmement marqués: crises maniaques, perte du jugement, troubles de l'intelligence et atteinte sensorielle très marquée, surdité, affaiblissement de la vision; la sensibilité générale était complètement conservée, par contre on constatait des troubles moteurs extrêmement nets consistant en une paresse des quatre membres, un engourdissement des mains, un tremblement généralisé. A ces troubles, analogues à ceux décrits par MERGET dans l'intoxication par inhalation de vapeurs de mercure seules, s'ajoutaient quelques-uns des troubles banals observés dans les intoxications mercurielles courantes : néphrite, stomatite; par contre les symptômes d'irritation intestinale faisaient à peu près défaut.

2° **Intoxication mercurielle chez l'animal.** — A. *Homéothermes.* — L'intoxication mercurielle chez l'animal rappelle celle que l'on observe chez l'homme, avec cependant quelques particularités concernant la forme suraiguë qu'on n'a observée jusqu'ici chez l'animal que consécutive ment aux injections intraveineuses de doses élevées. Nous envisagerons pour la description des symptômes successivement chaque forme d'intoxication : suraiguë, aiguë, subaiguë et chronique.

a) *Doses mortelles.* — Le tableau suivant indique les doses provoquant la mort de l'animal, d'une part, en un temps relativement très court (une à quelques heures) et par voie intraveineuse, d'autre part, en un temps plus long (4 à quelques jours) par voie sous-cutanée, intramusculaire ou gastrique. Il y aurait intérêt, comme le propose FOURNEAU, à fixer une dose toxique plus caractéristique que la dose mortelle qui exige un temps assez long. Cette dose toxique serait celle qui produirait un amaigrissement persistant plus de 8 jours et entraînant toujours ultérieurement la mort. On pourrait également établir les doses tolérées, c'est-à-dire des doses ne faisant pas maigrir les animaux plus de 8 jours.

Il y aurait lieu d'autre part de classer les composés organiques suivant le nombre des radicaux liés (Tu) ou suivant que le mercure peut être plus ou moins facilement détaché de la molécule, soit par combustion de la partie organique (FOURNEAU), soit par l'action de divers réactifs chimiques (soude, sulfures alcalins à froid ou à chaud, hydrosulfite à froid ou à chaud) (BLUMENTHAL); toutefois de telles classifications manquent de netteté et sont difficiles à établir. La nature des animaux peut parfois intervenir; d'une manière générale les animaux de laboratoire sont d'une sensibilité à peu près égale vis-à-vis des divers mercuriaux, par contre le singe est beaucoup plus sensible (NEISSER) et celui-ci 30 fois moins que l'homme. Le hérisson en revanche présenterait une résistance remarquablement élevée vis-à-vis du sublimé (WILLBERG). Pour plus de commodité, nous avons divisé les composés mercuriels expérimentés par les auteurs en 5 catégories : sels solubles à acides minéraux, sels solubles à acides organiques, composés organométalliques à Hg une fois lié, composés organométalliques à Hg doublement lié, combinaisons du sublimé avec l'albumine. On verra en effet que la dose maxima toxique est essentiellement variable suivant le composé

Doses mortelles par kilogramme exprimées en milligrammes de mercure

VOIE.	ANIMAL.	SELS SOLUBLES à acides minéraux (sublimé).	SELS SOLUBLES à acides organiques (acétate, benzoate, succinate).	COMPOSÉS organo-métalliques à Hg une fois lié.	COMPOSÉS organo-métalliques à Hg doublement lié.	COMBINAISONS du sublimé avec l'albumine.
Voie intra-veineuse.	Lapin.	2,5 [5]	6 [9]	26,8 [8]	»	»
	Chien.	6,0 [2] mort en 5 minutes.		20,8 [10,11] 41 [9]	53 [10]	»
	Chat.	2,2 [8] mort en 5 jours. 2,4 [8] mort en 9 jours.	»	4,9 [7-12]	56 [14] 95 [14-7]	»
Voies intra-musculaire et sous-cutanée.	Lapin.	3,6 [1] mort en 4 à 5 jours. 10,0 [3] mort en 11 jours.	31,8 [4] (en plusieurs doses)	» »	>473 >493	» »
	Chien.	7,0 [2] mort en 24 heures. 35,0 [3]	»	»	»	»
Voie diges-tive.	Lapin.	24,0 [6] 35,0 [8]	»	»	»	»
	Chien.	27,0 [6] mort en 24 heures. 35,0 [3]	»	»	»	100 [6]

1. Baldoni, Gaspard. — 2. Gola, Haskell et Hamilton. — 3. Hesse, Leising. — 4. Lomholt. — 5. Bouchard. — 6. Neuberg. — 7. Mueller, Schoeller et Schrauth. — 8. Rowe. — 9. Salant et Kleitmann. — 10. Balogh-Kalman, Hepp, Tiffeneau. — 11. Acétate de mercure-éthyle. — 12. Salicylate de mercure; ce composé n'est pas un sel d'acide organique, mais un dérivé organo-métallique du type OH—Hg—C⁶H⁴⟨CO²H / OH. — 13. Hg dibenzoate de soude. — 14. Hg dipropionate de soude.

mercuriel injecté, suivant que Hg peut être libre ou masqué dans la molécule (Hg une ou deux fois lié à un cardinal carboné).

b) *Symptômes de l'intoxication mercurielle suraiguë*. — Ces symptômes sont avant tout d'ordre cardiaque et respiratoire (voir action sur le cœur et la respiration). La mort survient dans un délai court (1/4 d'heure à 1 ou 2 heures); il se produit une chute marquée de la pression artérielle et une anurie totale auxquelles fait suite un arrêt cardiaque ou respiratoire terminal.

Cette intoxication suraiguë est donc caractérisée avant tout par sa rapidité et par l'intensité des signes circulatoires et respiratoires contrastant avec la lenteur relative et la prépondérance des troubles digestifs caractéristiques de l'empoisonnement mercuriel aigu. Elle nécessite une voie d'absorption rapide, elle s'observe donc, avant tout, après les injections intraveineuses. Contrairement à l'opinion de KAUFMANN, cette intoxication n'est pas due à des phénomènes de thrombose, comme le montre l'injection simultanée d'hirudine; dans ce cas, l'intoxication présente un tableau identique; elle est même plus rapide (KOHAN) et plus accentuée (FRUSSACK).

Comme l'indique le tableau ci-dessus, les doses minima mortelles sont de 5 milligr. de Hg par kilogramme (lapin, chat) et de 6 milligrammes (chien) pour le sublimé; de 56 à 95 milligrammes de Hg pour les composés organométalliques à Hg doublement lié (chat). Il faut donc, pour réaliser l'intoxication suraiguë avec les organomercuriels, des doses 500 à 900 fois plus fortes qu'avec le sublimé. Pour les autres composés mercuriels, les doses mortelles s'échelonnent entre ces limites. Il en est de même chez le chien (GASPARD), chez la vache (BERGEON, TYSON) et chez le veau (KRONBURGER).

c) *Intoxication aiguë*. — On retrouve tous les symptômes observés chez l'homme et en particulier l'atteinte du tube digestif (diarrhée et vomissements sanglants) et la néphrite. On peut la réaliser, à la dose près, avec n'importe quel composé mercuriel (calomel, sublimé, etc.) et par toutes les voies d'administration ; cependant le plus souvent les auteurs se sont proposés d'observer les symptômes produits par les doses sûrement mortelles, et très rarement ils se sont occupés de fixer les doses minima toxiques. Aussi parmi les chiffres cités dans le tableau précédent pour les voies sous-cutanée, intramusculaire et buccale, si quelques-uns sont bien des doses minima mortelles, les autres sont probablement des doses léthales trop fortes. D'une manière générale, la dose mortelle paraît être d'environ une trentaine de milligrammes de Hg par kilogramme d'animal pour les dérivés mercuriques minéraux administrés par la voie sous-cutanée, tandis que la dose tolérée notamment pour le rat serait d'au moins 3 à 4 milligrammes de Hg (RAIZIN).

Pour les composés organiques dans lesquels le mercure est doublement lié, les doses toxiques peuvent être extrêmement variables; c'est ainsi que le dioxydiamino-diphényl mercure $Hg(C^6H^3(NH^2)OH)^2$ de FOURNEAU est très toxique probablement par sa grande destructibilité dans l'organisme. Avec les composés plus stables, notamment ceux de BLUMENTHAL et ceux de MUELLER, SCHELLER et SCHRAUTH, les doses d'environ 50 à 100 milligrammes par kilogramme chez le lapin (voie sous-cutanée) sont des doses tolérées et les doses mortelles paraissent être supérieures à 173 et 199 milligrammes de Hg par kilogramme.

Cependant pour le *diéthylmercure*, la toxicité serait légèrement plus forte : 30 à 60 mgr. de Hg par kilogramme chez le chien et le lapin par voie sous-cutanée (mort en un ou deux jours) ainsi que par voie intrapéritonéale chez le chien (HEPP, TIFFENEAU). Par inhalation chez le lapin, le mercure diéthyle produit la mort en 36 heures à la dose de 1 gr. 91 (BALOGH-KALMAN). Pour les composés organomercuriels une fois liés RHgX, la toxicité est naturellement un peu plus élevée : pour le chlorure de butylmercure, 27 à 34 milligrammes en Hg chez le chien par voie intrapéritonéale; pour l'acétate de mercure éthyle, 57 milligrammes en Hg par kilogramme par voie sous-cutanée chez la souris (TIFFENEAU). Chez le rat, d'après RAIZISS, l'association de l'arsenic au Hg dans une même molécule organique ne modifierait pas la toxicité de Hg. Les dérivés mercuriels amidés paraissent plus toxiques (PICCININI).

d) *Intoxication subaiguë*. — Cette intoxication que l'on peut réaliser expérimentalement en injectant, quotidiennement ou à certains intervalles, un composé mercuriel quelconque pendant un temps plus ou moins prolongé, ne diffère guère de la précédente que par la durée de la survie. Cependant, avec certains composés organiques tels que le diméthyl- et le diéthylmercure, le tableau peut être, comme nous allons le voir ci-dessous, un peu différent. Avec la plupart des composés mercuriels on retrouve en effet les mêmes symptômes que dans l'intoxication aiguë, quoique parfois plus atténués (manifestations digestives, diarrhées) et rénales (néphrite, glycosurie, albumine). Quant aux modifications histologiques de la muqueuse intestinale, elles sont analogues à celles produites par l'intoxication aiguë, elles consistent en une hyperémie caractéristique des capillaires de la muqueuse intestinale qui sont fortement dilatés, d'où processus de transsudation très important (ALMKVIST). Cette hypérémie est probablement due à une paralysie des éléments nerveux sympathiques (ALMKVIST, HESSE) ; elle provoque de plus, au niveau des organes qui en sont le siège (rein, intestin), des phénomènes de stase avec processus nécrobiotiques correspondants. Deux phénomènes sont plus particulièrement intéressants, au cours de l'intoxication subaiguë : l'abaissement considérable de la température du corps (HESSE) persistant pendant plusieurs jours et un amaigrissement considérable (MUELLER, SCHOELLER et SCHRAUTH, HESSE), le poids de l'animal peut en effet tomber rapidement au tiers de sa valeur initiale quand l'issue doit être fatale.

Comme nous l'avons signalé plus haut, l'intoxication subaiguë par certains composés organiques, tels que le diéthylmercure, introduits en solution huileuse par la voie sous-cutanée est un peu différente ; elle présente de grandes analogies avec l'intoxication déclenchée par l'introduction prolongée de vapeurs de mercure (voir plus loin). Après injection de doses sûrement mortelles (4 centigrammes par kilogramme) chez le chien et le lapin, HEPP a constaté, après une période de latence d'un ou deux jours, des symptômes nerveux très marqués (tremblement généralisé, convulsions, etc.), divers troubles sensoriels (cécité, perte de l'odorat, surdité progressive) mais conservation de la sensibilité générale ; on observe aussi de l'hypothermie, déjà signalée par BALOGH-KALMAN. L'intoxication se termine par de la parésie généralisée ; la mort survient au bout de quelques jours par paralysie cardiaque. A ces symptômes caractéristiques s'associent les symptômes rénaux habituels : néphrite, albuminurie et cylindrurie. Par contre, absence presque totale de signes d'irritation intestinale, sauf dans les cas d'intoxication massive.

e) *Intoxication chronique par les vapeurs mercurielles.* — Parmi les nombreux auteurs qui se sont occupés de cette question, nous ne retiendrons que KIRCHGASSER, GOLA et surtout MERGET qui plaçait les animaux en expérience dans des cages contenant diverses préparations mercurielles susceptibles d'émettre des vapeurs. MERGET a constaté que ces vapeurs sont toujours toxiques quand elles sont émises à saturation et d'une manière continue, mais l'apparition des symptômes toxiques est très variable, suivant la taille de l'animal et suivant la température ambiante, comme le montre le tableau suivant :

Animal.		Temps de survie.	
Chien	12 jours à 5 mois	Température de 24° à 11°	
Lapin	9 jours (été)	20 jours (hiver)	
Cobaye	3 jours (été)	10 jours (hiver)	
Pinsons et verdiers	3 jours (été)	6 jours (hiver)	
Pigeons	7 jours (été)	9 jours (hiver)	

L'action toxique des vapeurs mercurielles croît donc avec la température qui augmente les vapeurs émises et elle décroît avec la taille de l'animal (MERGET); de plus, les vapeurs mercurielles cessent d'être toxiques, quoique respirées avec continuité, quand elles sont émises en proportion suffisamment faible ou quand elles sont absorbées à la suite d'inhalations intermittentes ; dans ce cas l'animal ne présente aucun symptôme d'intoxication ni aucune lésion histologique (MERGET). Quand l'intoxication se produit, les symptômes ne présentent à leur début aucune espèce de gravité et ils disparaissent bientôt spontanément par le seul fait de la suppression de l'inhalation du mercure. Ces symptômes comportent tout d'abord un amaigrissement rapide, avec augmentation de l'azote urinaire, puis des phénomènes nerveux se manifestant sous la forme de tremblements qui se déclarent à peu près vers le milieu de la période d'intoxication ; ces tremblements consistent en une agitation et des convulsions sans rythme bien marqué qui atteignent tous les membres, mais en premier lieu et plus intensément les membres postérieurs ; ils sont d'autant plus prononcés que la mort est plus prochaine, celle-ci survenant par cachexie et paralysie (Solles et Merget, Kirchgasser). Les lésions rénales, buccales, intestinales, constatées par différents auteurs au cours d'expériences analogues, seraient dues, pour Merget non pas aux vapeurs mercurielles elles-mêmes, mais à l'inhalation de mercure en poussières fines et à l'ingestion de mercure en nature par les animaux en expérience.

Signalons enfin que d'après Gaspard les vapeurs mercurielles seraient toxiques pour les embryons de poulet qu'elles tueraient en 24 heures, bien que cette nocivité soit complètement niée par Dareste.

B) *Hétérothermes.* — *Grenouilles.* — Quel que soit le composé mercuriel injecté sous la peau de la grenouille, l'intoxication mercurielle entraîne la mort par paralysie du système nerveux central ; elle est précédée de tremblements musculaires, d'un engourdissement et d'une parésie qui vont en s'accentuant et enfin de troubles cardiaques (Duprat, Dreser). La dose léthale pour le salicylate de mercure injecté sous la peau est de 5 milligr. 3 en Hg par grenouille (Duprat) et de 2 milligr. 5 en Hg (Dreser) pour les composés suivants : cyanure, sulfocyanure double de mercure et de potassium, succinimide, hyposulfite de K et de Hg. Les premiers de ces corps déterminent la mort au bout de 45 minutes environ, le cyanure plus précocement et le dernier, l'hyposulfite de K et Hg en 1 h. 3/4 seulement (Dreser). Pour le chlorure de mercure éthyle la dose léthale, en 2 à 10 heures, est de 6 à 25 mgr. par animal (Hepp).

Salamandres. — La toxicité du HgCl² pour les têtards de salamandre est très diminuée par l'addition de NaCl probablement par formation d'un sel double moins toxique (Harnack).

Têtards et œufs de grenouilles. — Gaspard a constaté que les œufs de grenouilles plongés dans de l'eau contenant du mercure métallique (d'où riche en vapeurs mercurielles) ne peuvent se développer et que les têtards immergés également dans une eau mercurielle meurent au bout d'une demi-heure environ.

Poissons. — Opérant sur des poissons (cyprins) plongés dans une eau mercurielle, Merget constate aussi la mort constante des animaux au bout de 15 à 40 jours, que l'eau du bain ait été renouvelée tous les jours ou non. Les symptômes sont les mêmes que ceux de l'intoxication par les vapeurs mercurielles chez les homéothermes (agitation convulsive et paralysie par lésion du système nerveux central), mais par comparaison avec des homéothermes de même poids, les poissons se montrent plus résistants à l'action nocive du mercure.

Enfin Dreser, opérant non plus avec du mercure métallique diffusé dans l'eau du bain, mais avec divers composés mercuriels en solution à un titre en Hg correspondant à une solution au 1/1000e de HgCl², a constaté les faits suivants : avec le cyanure de Hg au bout de 3 minutes l'animal devient immobile, flotte le ventre en l'air et meurt au bout de 25 minutes ; la mort survient en 15 minutes avec le sulfocyanure et le succinimide et au bout de 45 minutes avec le sulfite de Na et Hg ; avec l'hyposulfite de K et Hg par contre la mort ne survient seulement qu'au bout de 5 à 6 heures (Dreser). L'action toxique de ce dernier sel sur les poissons ne se manifesterait donc qu'avec une lenteur considérable par rapport aux sels précédents (Dreser).

3° Action des Antidotes dans les intoxications mercurielles. — Quand les composés mercuriels solubles ou solubilisables se trouvent dans le tube digestif, tous les procédés mécaniques ou chimiques sont susceptibles de suspendre ou d'écarter définitivement l'action toxique du mercure, à savoir comme procédés mécaniques, les lavages d'estomac, les vomitifs, les purgatifs, les lavements évacuateurs, et, comme méthodes chimiques ou physico-chimiques, le noir animal, l'albumine (Tarugi), le tanin, l'argent réduit (Hesse, Rakusin et Nesméjanoff), l'hyposulfite de Na (Raimondi, Mac-Nider, Hesse), le soufre (Irwing), les sulfures alcalins (Peyron), le sulfure de Ca, voire même certains agents purement alcalins, la solution de Fischer au carbonate de Na et au chlorure de Na, ou encore les solutés d'acétate et de bicarbonate de Na associés au glucose en lavements ou en lavages d'estomac (Rosenbloom, Weiss, Gatewood et Byfield), enfin les solutions de tartrate de K ou de nitrate de Na en ingestion et aussi la quinine associée au KI (Hall), quoique l'efficacité en soit niée par Darbour.

Par contre, lorsque le mercure a pénétré dans les tissus, tous les agents chimiques envisagés ci-dessus, aussi bien ceux qui interviennent par la voie buccale, H^2S, sulfures (HESSE), que ceux qui, injectables par la voie veineuse, pourraient paraître les plus sûrs, comme les hyposulfites (HASKELL et HAMILTON, 1925) et les sulfites, le soufre colloïdal (HESSE, GOMES DA COSTA), sont sans action sur l'intoxication mercurielle. Toutefois HESSE a obtenu, dans deux cas isolés, une désintoxication par l'emploi du formaldéhyde sulfoxylate de soude, probablement par la voie parentérale. Il convient de remarquer que les saignées, les injections intraveineuses de solutions salines, notamment de NaCl (HASKELL) alcalines ou non (solution de FISCHER, soluté de bicarbonate de soude de WEISS et de ROSENBLOOM), les injections sous-cutanées ou intraveineuses de solutions glucosées hypertoniques (STUKOWSKI, KILLIAN, GATEWOOD et BYFIELD, ACHARD et St-GIROND, SERGENT, MILIAN et MOUGEOT, LEMIERRE et BERNARD, etc.) ont permis dans divers cas de combattre avec quelques chances de succès l'intoxication mercurielle résultant d'une imprégnation déjà avancée des tissus.

Il est probable que ces solutions jouent un rôle hydratant et diurétique ; peut-être même attirent-elles l'eau contenue dans les tissus et avec elles le poison qui s'y trouve fixé. Par tous ces moyens et notamment par la diurèse, on peut lutter contre le symptôme le plus grave de l'intoxication, à savoir l'anurie qui est caractéristique de la néphrite mercurielle aiguë et qui entraîne le plus souvent la mort du malade par urémie. Mais dans certains cas, alors même que la sécrétion urinaire est déclenchée par les injections hydratantes citées ci-dessus, ou encore à la suite de la décapsulation rénale tentée comme dernière ressource (HOFFMANN, STUKOWSKI), la mort n'en est pas moins fatale quant cette diurèse survient au dernier stade de l'urémie, c'est-à-dire quand l'organisme est trop profondément intoxiqué pour pouvoir encore réagir.

Malgré la variété et la diversité de ces procédés, le pronostic des intoxications mercurielles reste, sinon toujours fatal, du moins extrêmement réservé. A la suite de travaux tout récents de LANDAU, MARJANKO, FERGIN, TEMEKIN et LEWENSTEIN, il est probable que désormais l'issue fatale dans l'intoxication due au sublimé, par voie buccale tout au moins, sera beaucoup moins fréquente que jusqu'à présent ; en effet, ces auteurs distinguent dans l'intoxication mercurielle deux facteurs nettement séparés : le facteur lésion rénale qui serait pour eux presque toujours susceptible de guérison spontanée et le facteur complications infectieuses survenant sur les larges surfaces ulcérées de la muqueuse digestive sous l'action caustique et corrosive du sublimé. Ils ont constaté, à la suite des travaux de MILIAN sur l'association heureuse du calomel et du bismuth chez les syphilitiques intolérants au mercure, qu'en traitant dès le début les intoxications hydrargyriques (sublimé) par de fortes doses de sous-nitrate et de carbonate de bismuth par ingestion (4 à 5 grammes), on empêche l'apparition des vomissements et de la diarrhée sanguinolente qui sont les symptômes constants de l'intoxication mercurielle et qui de plus déshydratent l'organisme et affaiblissent le muscle cardiaque. Par ce traitement bismuthé qui agit localement comme topique protecteur de la muqueuse digestive, on évite les ulcérations intestinales et les infections secondaires.

XII. — Action des sels mercuriques sur les diastases.

L'étude de l'action des sels mercuriques sur les diastases est le complément indispensable de ce qui a été dit jusqu'ici sur les effets physiologiques et la toxicité des sels mercuriels chez les Vertébrés et de ce qui sera dit plus loin concernant les mêmes effets chez les Invertébrés et chez les Végétaux. Les diastases sont en général assez sensibles aux dérivés mercuriels solubles, mais non aux sels insolubles comme le calomel (WASSILIEFF). La plupart sont détruites à froid et après un contact relativement court par les solutions de sublimé à 1 p. 1000 ; un certain nombre par les solutions à 1 p. 50030 ou 1 p. 100000 ; quelques-unes comme l'uréase sont affaiblies de moitié par les solutions au millionième et détruites par les solutions à 1 p. 500000 (MIQUEL).

Parmi les moins sensibles, il faut citer la pepsine (MARLE 1875, MEYER 1880, PETIT 1881) sur laquelle les solutions à 2 p. 1000 sont sans effet, tandis que, seules, les solutions de 8 à 12 p. 100 sont partiellement inhibitrices et celles de 16 à 20 p. 100 totalement destructrices. Par contre, la pancréatine exige des solutions à 1 p. 24 600 (MEYER). La sucrase a été considérée par DUCLAUX comme peu influencée par le sublimé ; mais

EULER et STANBERG ont montré que les petites doses sont inhibitrices. La ptyaline et l'amylase sont déjà plus sensibles, puisque, d'après MEYER, les solutions à 1 p. 50000 suffisent à les détruire; quant à la maltase, elle serait inhibée par les solutions à 1 p. 2000. D'ailleurs les durées de contact mériteraient d'être précisées exactement, car elles jouent certainement un rôle important; on sait qu'après un temps court l'élimination du mercure permet à la diastase de récupérer son action (HATA).

Pour certaines diastases comme la diastase glycolytique, on a signalé l'action activante des très faibles doses de sublimé, alors qu'aux doses plus élevées, l'action devient inhibitrice (RUBINO et VAREIX). Les autres diastases des tissus ou des liquides de l'organisme comme la catalase (SENTER), les diastases autolytiques (EDSALL et MILLER, TRUFFI) sont également détruites par le sublimé. Parmi les diastases végétales, la myrosine est peu sensible (dose inhibitrice 1 p. 13000), l'émulsine l'est nettement plus (dose inhibitrice 1 p. 55000). Quant à l'uréase et aux diastases amylolytiques, nous avons vu que la première est la plus sensible des diastases étudiées, tandis que les autres sont relativement peu sensibles.

B) INVERTÉBRÉS

I. — Protozoaires.

A) **Action toxique des sels de mercure et concentrations toxiques.** — Chez les divers *protozoaires*, les solutions de sublimé dont le titre est inférieur à 1 p. 100000 n'exercent pas d'action toxique manifeste, même après plusieurs heures. Toutefois, après un contact plus ou moins prolongé et suivant le degré de dilution du sel métallique, il se produit diverses modifications morphologiques ou fonctionnelles dont les unes peuvent être constatées objectivement (motilité, forme, grosseur, etc.), tandis que les autres ne sont manifestes que subjectivement et se traduisent par une augmentation de la résistance lorsqu'on place ultérieurement ces organismes dans des solutions qui sont toxiques pour les animaux normaux (NEUHAUS, DAVENPORT). Pour certains protozoaires qui paraissent peu sensibles, la dilution tolérée peut atteindre 1 p. 100000 (Colpidées) ou même 1 p. 2000000 (Stentors); encore observe-t-on après un contact prolongé, une diminution de la taille et de la motilité (DAVENPORT et NEAL, NEUHAUS). Pour les concentrations plus fortes, les altérations morphologiques se manifestent assez rapidement. Déjà aux concentrations de 1 p. 60000, on observe chez les Paramécies et les Vorticelles, notamment pour *Paramoecium caudatun* et *Vorticella microstoma* (KORENTSCHEWSKY), des modifications du protoplasma qui devient flasque et qui se gonfle, en même temps qu'un élargissement des vacuoles dans lesquelles apparaissent souvent de petites bulles; les vacuoles pulsatiles s'élargissent jusqu'à quatre fois leurs dimensions normales et leurs pulsations se montrent extrêmement lentes; enfin elles deviennent immobiles. Les concentrations de 1 p. 50000 sont rapidement toxiques pour les mêmes organismes (KORENTSCHEWSKY) ainsi que pour divers autres protozoaires qui, d'après BINZ, sont détruits en vingt minutes. Les Colpidées (*Colpidium Colpoda*) paraissent moins sensibles; il faut atteindre la dose de 1 p. 25000 pour obtenir un effet toxique en une heure[1]. Toutefois, après un temps plus court, on observe déjà une perte de la motilité qu'on constate par la sédimentation produite dans le verre de montre où se fait l'essai, alors que les cultures normales restent claires. L'action toxique se manifeste par le fait que les Colpidées prennent la forme sphérique; il y a d'abord conservation, puis disparition de la motilité avec liquéfaction du cytoplasma et production de zones ombrées qui sont caractéristiques de l'action toxique (NEUHAUS). Avec les dilutions au 1/2000, la mort est instantanée[2].

Vis-à-vis des spirochètes et des tréponèmes, la plupart des auteurs ont surtout étudié les effets des dérivés mercuriels (sels mercuriques, composés organométalliques, etc...) sur les infections expérimentales, c'est-à-dire l'action du mercure *in vivo*

---

1. Les races résistantes à l'arsenic (Neuhaus) sont plus sensibles que les normales au sublimé.
2. D'après WOODRUFF et BUNZEL qui ont examiné un grand nombre de sels de métaux divers, il existe un certain parallélisme entre la toxicité des divers cations pour les paramécies et le potentiel ionique de l'ion envisagé.

(Uhlenhuth, Blumenthal, Launoy et Levaditi, Schilling, Kolle, Rothermund et Dale, etc.). Ces divers auteurs ont surtout cherché à déterminer le coefficient thérapeutique c'est-à-dire le rapport entre la dose curative et la dose toxique pour un animal donné, infecté par les divers spirochètes envisagés. Il résulte de ces recherches que le coefficient thérapeutique des dérivés mercuriels n'est pas très élevé et, d'autre part, que l'action curative des plus efficaces parmi ces dérivés mercuriels n'est pas spécifique. Ces dérivés n'exerceraient donc pas une action parasiticide directe (Rosenbach, Wassermann). Leur valeur curative résulterait soit d'une stimulation des tissus pour la production d'anticorps (Kreilich), soit d'une modification des humeurs[1] ou des tissus rendant ceux-ci impropres au développement des spirochètes (Kolle).

D'après Bronfenbrenner et Noguchi, le sublimé possède à très petites doses une action stimulante sur le développement des spirochètes *in vitro*. Ceux-ci sont détruits aux dilutions de 1 p. 20 000 et même 1 p. 500 000; leur sensibilité est 20 à 100 fois plus grande pour le sublimé que celle du coli-bacille.

B. **Accoutumance; augmentation de la résistance.** — L'adaptation aux milieux toxiques chez les infusoires a été étudiée dès 1890 par Hafkine; mais c'est seulement en 1896 que cette adaptation a été constatée par Davenport et Neal pour un sel mercurique. Les stentors plongés pendant deux jours dans une solution de sublimé à 1 p. 200 000 peuvent supporter des doses supérieures à quatre fois celles qui sont mortelles pour les stentors non traités. De même Neuhaus a montré qu'en peut obtenir en quelques jours avec *Colpidium Colpoda* une adaptation analogue, à condition de maintenir cet organisme dans des solutions dont la concentration est comprise entre 1 p. 500 000 et 1 p. 1 000 000. Cette adaptation se manifeste avec ces concentrations par un retard plus ou moins prolongé dans l'apparition des phénomènes toxiques (état sphérique et ombres). La durée de cet état de résistance n'a pas été signalée. Avec les concentrations plus fortes, notamment au-dessus de 1 p. 300 000, on obtient soit une résistance plus grande, soit aucune modification de la résistance. Cette accoutumance a lieu sans qu'il se produise de diminution de la scissiparité ni de la motilité. Noguchi et Akatsu ont pu obtenir, avec divers tréponèmes (*T. pallidum* et *T. microdentium*) et avec le *Spirocheta refringens*, des augmentations considérables de résistance permettant aux organismes accoutumés de supporter des concentrations 50 ou 75 fois plus fortes que les concentrations normalement toxiques. Cette accoutumance est de courte durée; elle disparaît après quelques passages sur des milieux normaux. Quant à l'obtention *in vivo* de races résistantes au mercure, analogues à celles réalisées par Ehrlich dans le domaine de l'arsenic, divers travaux, notamment ceux de Launoy et Levaditi sur *Trepona pallidum*, montrent qu'elle est également possible.

II. — **Invertébrés parasites de l'homme et des animaux.**
Depuis de nombreuses années, on utilise les propriétés parasiticides des dérivés mercuriels soit sous forme de composés insolubles (notamment le calomel spécialement usité contre les parasites intestinaux), soit sous forme de composés solubles ou insolubles ou même de mercure éteint qui sont efficaces contre certains parasites cutanés. La toxicité des sels mercuriels solubles n'est pas très élevée; les ascaris meurent en une heure, dans les solutions de sublimé au millième (Binz). Moseley (cité par Lauder Brunton) a constaté que, chez la sangsue, l'action toxique des solutions de sublimé s'exerce d'abord sur le système nerveux, puis sur le système musculaire. Notons que certains parasites intestinaux (ténias) peuvent fixer peu à peu les dérivés mercuriels présents dans le tube digestif soit après pénétration de ceux-ci par la voie buccale, soit après élimination intestinale du mercure ayant pénétré par d'autres voies.

Sur certains parasites cutanés tels que ceux appartenant aux genres suivants : acarus, pediculus, etc., les solutions aqueuses ou mieux alcooliques de sublimé sont généralement assez efficaces. Expérimentalement Brandl et Gmeiner ont montré que cette action toxique est lente; les solutions de sublimé à 1 p. 100 ne tuent les acarus de la brebis qu'après 50 minutes. Les solutions à 1/2 p. 100 ne les tuent pas en une heure. De même, G. Müller a constaté que la durée de destruction par le sublimé à 1 p. 100 dépend de la nature du parasite. Elle varie de 15 à 45 minutes, suivant qu'il

---

1. Dolli a signalé un abaissement du pouvoir hémolytique naturel des humeurs.

s'agit d'acarus, de sarcoptes ou de dermatocystes. Les solutions alcalines ou savonneuses de crésol (créoline) sont beaucoup plus actives sur ces divers parasites.

ACTION PHYSIOLOGIQUE DU MERCURE DANS LE RÈGNE VÉGÉTAL

Le protoplasma des végétaux paraît être aussi vulnérable aux sels et aux dérivés mercuriels que le protoplasma des tissus animaux; le mercure est bien, comme l'avaient formulé les anciens, le poison de toute chose.

L'action toxique des mercuriaux sur le protoplasma végétal ressort surtout des recherches effectuées sur les végétaux inférieurs, notamment sur les thallophytes. L'étude de cette action est d'une importance capitale, aussi bien par les conséquences doctrinales qu'on a pu en tirer en ce qui concerne les problèmes fondamentaux de l'absorption et de l'accoutumance, que par l'intérêt pratique qu'elle présente au point de vue de l'antisepsie et des applications qui s'y rattachent. On examinera ici successivement l'action des mercuriaux sur les bactéries pathogènes et non pathogènes, puis sur les autres thallophytes (champignons, algues); enfin, dans une dernière partie, on abordera l'action du mercure sur les végétaux supérieurs (phanérogames).

La pénétration des sels mercuriels dans les tissus végétaux a été surtout étudiée chez les bactéries; elle paraît suivre les mêmes lois que pour les tissus animaux; elle varie suivant la constitution de la cuticule externe ou, pour les végétaux supérieurs, suivant la structure anatomique des tissus mis en présence des solutions métalliques. Quant à la destinée et à la répartition du mercure dans les divers tissus ou organes, ces questions n'ont fait l'objet que d'un très petit nombre de travaux qui seront signalés au cours de cette étude. La plupart des auteurs ont surtout examiné les actions parfois stimulantes, mais le plus souvent inhibitrices ou toxiques qu'exercent les mercuriaux sur le développement des végétaux (croissance et vitalité), ces actions étant mesurées elles-mêmes, soit par les variations de dimension ou de poids des végétaux, c'est-à-dire par la grandeur de leur croît, soit par l'intensité des phénomènes chimiques dont ces végétaux sont le siège, soit enfin, pour les bactéries pathogènes, par le pouvoir infectieux des microorganismes soumis à l'action des mercuriaux.

I. — Action sur les bactéries pathogènes.

A) Propriétés antiseptiques et bactéricides du mercure et de ses dérivés. — Les composés minéraux et organiques du mercure et, parmi eux, les sels mercuriques, notamment le sublimé, sont les agents bactéricides les plus puissants actuellement connus. Par contre, ainsi que l'ont démontré, pour les vapeurs mercurielles, Ducas et Le Dantec et, pour le mercure liquide, Pasteur, au cours de ses recherches sur la génération spontanée, le mercure métallique est absolument dénué de propriétés bactéricides.

A côté de l'action bactéricide ou antiseptique exercée par le sublimé aux concentrations actives, action qui sera seule étudiée ici, il y a lieu de mentionner les actions que peuvent parfois produire les très petites doses : soit stimulation du développement, soit encore sensibilisation, c'est-à-dire diminution de la résistance vis-à-vis des doses subtoxiques; il s'agit là, il est vrai, d'effets qui n'ont pas toujours été rigoureusement démontrés, mais qui ont été signalés dans l'action du sublimé vis-à-vis de certaines bactéries non pathogènes et qui sont admis par les divers auteurs. Quant à l'accoutumance des bactéries pathogènes aux sels mercuriels, elle ne paraît pas avoir été jusqu'ici observée.

Comme pour la plupart des substances bactéricides, l'action toxique du sublimé et des sels mercuriques pour les bactéries pathogènes et leurs spores comporte deux phases[1] : une première phase, dite antiseptique, consistant en une fixation lâche et réversible du sel mercuriel sur les corps microbiens[2] et se traduisant simplement par

1. Dans la pratique, on confond souvent les propriétés bactéricide et antiseptique, et on emploie indifféremment l'un ou l'autre nom; mais du point de vue théorique, il y a lieu de les distinguer.
2. A ce stade l'élimination du sublimé par lavage ou mieux sa neutralisation par le sulfure d'ammonium rend la bactérie cultivable et nocive.

un arrêt du développement (action antigénétique ou antiseptique) ; une seconde phase dite *bactéricide* consistant en une altération irréparable du protoplasma avec suppression définitive de la vitalité des microorganismes (action antibiotique ou bactéricide) et impossibilité de les cultiver à nouveau sur un milieu favorable même après élimination du toxique.

Pour bien différencier les deux actions ou plutôt pour affirmer qu'il y a eu sûrement action bactéricide, il est indispensable de recourir *à la fois* aux deux preuves dont nous disposons, à savoir l'ensemencement sur milieu approprié et l'inoculation aux animaux sensibles. On connaît en effet des cas où des spores charbonneuses, traitées par HgCl^2 puis par le sulfhydrate d'ammoniaque qui enlève le sublimé fixé, contaminent les animaux quoique ne cultivant plus (GEPPERT) ; dans d'autres cas au contraire, les cultures sont positives, mais les animaux inoculés tantôt meurent (OTTOLENGHI), tantôt ne meurent pas (NOCHT). Pour BEHRING, c'est l'essai sur l'animal qui seul est décisif ; pour d'autres, c'est le double essai. Pratiquement, on se borne, avec GEPPERT, à l'ensemencement dans des subcultures.

Les faits expérimentaux montrent que, suivant la durée du contact et la concentration des solutions, on obtient soit successivement les deux phases ci-dessus, soit la première seule ; si on augmente la durée du contact, on peut réaliser l'effet bactéricide avec des solutions de plus en plus diluées, mais on ne peut pas, inversement, en augmentant la concentration, raccourcir la durée du contact au delà d'une certaine limite. Il faut, dans la plupart des cas, un contact de plusieurs minutes pour obtenir, même avec les solutions les plus concentrées, un effet bactéricide. Il est difficile de fixer d'une manière générale les taux de concentration pour lesquels on provoque, en un temps donné, chacune des deux phases. Ces taux sont en effet extrêmement divers ; ils varient non seulement suivant l'espèce microbienne, ainsi que suivant sa forme végétative ou sporulée, mais encore suivant la technique opératoire et suivant les conditions de milieu : eau distillée ou eau ordinaire (calcaire) ; eau salée ; réaction alcaline ou acide et son degré, présence de substances diverses et notamment de matières protéiques comme celles du bouillon, du sérum, etc...

Les premiers résultats concernant le taux des solutions de sublimé efficaces au point de vue *bactéricide* ont été fournis par KOCH et par BOUCHARD. Toutefois, comme le montrèrent GEPPERT, HILLS, leurs chiffres s'appliquaient en réalité à l'action *antiseptique* du sel mercurique ; de plus, il y avait, dans les expériences de ces auteurs, transport dans les subcultures de petites quantités de sublimé suffisantes pour exercer, après plusieurs heures ou plusieurs jours, une action bactéricide ; il s'agissait, en définitive, d'une action bactéricide tardive produite dans la subculture, et non, comme le pensait KOCH, une action bactéricide rapide et intense produite dans l'essai initial.

Pour les raisons énumérées ci-dessus, il est donc impossible de fixer des chiffres précis concernant les concentrations efficaces. On peut seulement dire, d'une manière générale, qu'aux concentrations de 1 p. 1'000 et après des temps de contact de plusieurs heures, toutes les bactéries et leurs formes sporulées sont détruites en milieu sans sérum ; mais il convient d'ajouter que certaines espèces très sensibles le sont déjà à des dilutions beaucoup plus grandes, au millionième et au dix-millionième par exemple. Il importe donc, si l'on veut donner des chiffres exacts, de préciser l'effet réalisé (bactéricide ou antiseptique), de désigner la bactérie envisagée ainsi que sa forme végétative ou sporulée, enfin, pour ne parler que des conditions les plus importantes, de fixer la durée du contact (HARRINGTON) et la nature du milieu de culture, avec ou sans sérum (KLEIN).

Voici quelques-uns des chiffres les plus typiques :

Pour détruire les spores charbonneuses, il suffit d'un contact de 60 minutes avec une solution de sublimé à 1 p. 50000 (KOCH), tandis qu'il faut un contact de 80 minutes avec un soluté à 1 p. 100 dans du sérum (GEPPERT). De même, pour le bacille charbonneux, l'action bactéricide nécessite, pour être réalisée en quelques minutes, une concentration de 1 p. 2000 en présence du sérum sanguin, alors que, sans sérum, il suffit d'une dilution de 1 p. 500000 (BEHRING).

Enfin, pour détruire les staphylocoques, il faut, avec du bouillon (TARNIER et VIGNAL ou avec du sérum, une concentration de 1 p. 25000 et, sans sérum, seulement

1 p. 5 000 000 (DAKIN et DAUFRESNE). Il résulte de ces quelques chiffres que pour la bactérie charbonneuse et ses spores, ainsi que pour le staphylocoque, l'activité bactéricide du sublimé est 200 à 600 fois plus faible lorsque l'action de ce sel s'exerce en milieu constitué par du sérum sanguin.

Parmi les diverses autres conditions qui influencent l'action bactéricide du sublimé, nous citerons : la réaction du milieu dont l'influence est favorable quand il y a acidité (d'où nécessité de préciser le pH); la présence de certains sels, notamment NaCl dont l'influence est nettement défavorable (PANFILI, POPOFF).

Quant aux autres sels mercuriques, leur activité, due comme nous le verrons plus loin à l'ion Hg, varie généralement suivant le degré de dissociation de ces sels. Il n'en est plus de même des sels mixtes comme l'iodomercurate de K qui reste très actif ou de sels complexes comme l'hyposulfite de Hg et de Na dont le pouvoir antigénétique est beaucoup plus faible (DRESER, DA COSTA FERNINE).

Pour ce qui est des dérivés organiques du mercure, on n'a guère étudié que les composés du type X-Hg-R dans lesquels R est un radical carboné simple ou un radical phénolique (CHARRIN et DÉSESQUELLE). Parmi les premiers, le chlorure de mercure éthyle $ClHgC^2H^5$ s'est montré, d'après SCHEURLEN, plus antiseptique que le sublimé; mais PAUL et KRÖNIG ont fait remarquer que cela tient en grande partie à ce que, dans les subcultures, il n'est pas possible, comme on le fait pour le sublimé, d'éliminer ou de neutraliser par NH^4SH les petites quantités de substances entraînées au cours du prélèvement ou fixés sur les corps microbiens. Un autre composé mercuriel du même type X-Hg-R, le mercurochrome, a été particulièrement étudié, au cours de ces dernières années (CAMPBELL, CLÉMENT, HOPKINS, WHITMAN). Ce composé, qui résulte d'une fixation du mercure sur la bromo-fluorescéine et qui répond au type général OH-Hg-Br, tue le staphylocoque in vitro à la dilution de 1/5000 en 5 minutes et le B. Coli en 15 minutes à la dilution de 1/1000; il tue ces mêmes microbes en présence d'urine en 1 minute; il est 60 fois plus actif que l'acriflavine (YOUNG). Dissous dans le sang défibriné à la dilution de 1/8000, il tue divers staphylocoques en 40 minutes, et, à la dilution de 1/16000, en une heure. Un autre composé organique, le mercurophène a été étudié par SHAMBERG, RAISIS et KOLMER; son activité antigénétique est la même que celle du sublimé sur le B. typhique, mais elle est quatre fois plus élevée sur les staphylocoques et la bactéridie charbonneuse.

L'étude des rapports entre la constitution chimique et le pouvoir bactéricide a fait l'objet de travaux importants de SCHRAUTH et SCHOELLER et, tout récemment, de HENRY, SCHARP et BRAUN. L'introduction de groupes aminés, sulfonés et même phénoliques a, le plus souvent, une influence défavorable. D'autre part, les composés du type R-Hg-R dans lesquels le métal est substitué par deux radicaux carbonés sont moins bactéricides que les composés du type R-Hg-X dans lesquels il n'y a qu'un seul radical substituant, l'autre substituant étant un anion tel qu'un halogène. Tous ces composés sont, comme le sublimé, beaucoup moins actifs en présence de bouillon et surtout de sérum sanguin.

B) **Mécanisme et nature de l'action bactéricide du sublimé.** — La plupart des auteurs admettent que les propriétés désinfectantes des sels de mercure sont dues à leur affinité pour les constituants protéiques du protoplasma et de la membrane d'enveloppe; d'où il résulterait des phénomènes de coagulation et de décoagulation qui modifieraient l'équilibre physico-chimique et rendraient ce protoplasma ou cette membrane impropres aux processus d'échange et aux réactions chimiques intracellulaires, provoquant ainsi un arrêt plus ou moins définitif du développement.

Pour les uns, cette propriété serait caractéristique de l'ion mercurique. On constate en effet que l'action antiseptique des composés minéraux ou organiques du mercure dans lesquels ce métal est engagé dans un ion complexe ont des propriétés désinfectantes beaucoup moins marquées; d'autre part, l'action bactéricide des sels mercuriques est fonction non de leur teneur absolue en Hg, mais de leur degré d'ionisation, c'est-à-dire de leur teneur en ions Hg (PAUL et KRÖNIG, SCHEURLEN et SPIRO, JOACHIMOGLU). Cette conception s'appuie également sur ce fait que NaCl, qui diminue l'ionisation de $HgCl^2$, diminue également son pouvoir antiseptique. Toutefois, le fait que NaCl affaiblit le pouvoir absorbant du charbon pour l'ion Hg et atténue la toxicité de $HgCl^2$ pour les têtards de la salamandre (HARNACK) montre que NaCl joue probable ment un autre rôle, par exemple en formant des sels complexes (chloromercurate) moins efficaces. Quoi qu'il en soit, le degré d'ionisation et par conséquent le nombre des ions mercuriques en liberté ne constitue certainement pas le facteur exclusif de l'action désinfectante du sublimé; on connaît en effet divers sels beaucoup plus dissociables que $HgCl^2$, notamment l'azotate, le sulfate et l'acétate mercurique, et qui sont nettement moins actifs.

On a proposé d'expliquer les propriétés antiseptiques remarquables du sublimé par sa grande solubilité dans les lipoïdes; et, bien que cette solubilité dans les lipoïdes ne soit pas nécessairement parallèle à la solubilité dans l'éther, KRAHE (1924) a constaté, en effet, que l'addition de NaCl diminue la solubilité de $HgCl^2$ dans ce dernier solvant probablement par formation des sels complexes signalés plus haut. Notons aussi une explication tout autre, donnée par GEGENBAUER; d'après celui-ci, l'action bactéricide du sublimé serait due à HCl qui serait libéré lors de la fixation du mercure sur la molécule albuminoïde, ce serait une action de cation et non d'anion.

En définitive, on peut admettre avec KRAHE que les propriétés désinfectantes du sublimé sont surtout dues aux deux causes suivantes : d'une part, à la liposolubilité qui favorise la pénétration du sel dans les corps microbiens, d'autre part, à l'affinité de l'ion mercurique pour les albuminoïdes avec lesquels il contracte des combinaisons impropres au fonctionnement cellulaire et constituant l'essence même de l'action bactéricide.

II. — Action sur les bactéries non pathogènes.

Le bacille lactique est l'une des mieux étudiées parmi les bactéries non pathogènes. Amorcée par HERMANN MEYER, en 1880, et reprise par TRAMBUSTI en 1892, cette étude a fait l'objet d'un nombre considérable de recherches entreprises par CHARLES RICHET et par ses collaborateurs, BACHRACH, CARDOT, CHASSEVANT, LE ROLLAND. Il résulte de ces recherches que l'action du sublimé n'est pas régulière. Avec une même concentration active, par exemple au taux de 0,005 par litre, on observe dans les divers tubes ensemencés et mercurialisés, tantôt une augmentation, tantôt une diminution de l'acidité par rapport aux tubes témoins. Il semble cependant que les petites doses, notamment lorsque le milieu mercurialisé a été chauffé à 120° avant l'ensemencement, exercent une action stimulante (RICHET, CARDOT, BACHRACH); les doses plus élevées produisent plutôt un effet bactéricide, mais on peut aussi observer parfois, avec ces doses, l'action stimulante. En un mot l'action du sublimé est très irrégulière et RICHET désigne sous le nom « d'irréguliers » les antiseptiques qui, comme les sels de mercure ou comme les sels d'argent, présentent dans leur action sur la bactérie lactique des écarts plus ou moins importants dans les deux sens.

D'autre part, comme pour les bactéries pathogènes, la présence de substances protéiques ou de liquides contenant ces substances (lait par exemple) affaiblit le pouvoir bactéricide du sublimé surtout après chauffage.

Les bactéries qui ont été mises en contact avec le sel mercurique et qui ont réagi, soit par une augmentation, soit par une diminution de l'acidité par rapport aux cultures témoins, présentent toutes un caractère commun : elles sont devenues plus sensibles aux sels mercuriques et, après transport sur un milieu de même concentration, elles produisent une acidité moindre; il y a eu sensibilisation. Toutefois on n'a pas recherché si cette sensibilisation est spécifique c'est-à-dire si elle ne se manifeste pas vis-à-vis d'autres poisons que les sels mercuriques.

En aucun cas, il n'a été possible de réaliser une accoutumance durable; quelles que soient les dilutions employées et les délais observés, la sensibilisation est la règle. Cette sensibilisation du sublimé peut marcher de pair avec une accoutumance à un autre poison; Mlle BACHRACH a obtenu en effet des souches sensibilisées au sublimé et accoutumées en même temps à l'arsénite de potassium.

Ces irrégularités sont dues, d'après RICHET, à des différences individuelles de résistance entre les cellules d'une même culture.

Sur les autres bactéries non pathogènes (bacille butyrique, bactéries de la putréfaction), WASSILIEFF a observé que même un sel insoluble comme le calomel exerce une action inhibitrice.

III. — Action sur les champignons.

Le chlorure mercurique est le plus actif poison chimique des champignons. Son action a été examinée tantôt sur les spores (STEVENS, ZAHN), tantôt sur les formes végétatives (PULST). Les spores sont beaucoup plus résistantes, mais d'une manière très variable suivant les espèces. STEVENS, qui a étudié la germination des spores en présence de solutions de sublimé, a examiné différentes espèces : *Macrosporium* (Mucédinées); *Penicillium, Botrytis* (Ascomycètes) et *Uromyces* (Basidiomycètes). Il résulte de ces recherches que les dilutions plus faibles que 1 p. 1000 sont sans action [1]; pour les solutions plus concentrées, les sensibilités sont différentes, de même que les limites de sensibilité. Les diverses espèces se classent comme suit, par ordre de sensibilité décroissante de leurs spores : *Macrosporium* > *Botrytis* > *Uromyces* > *Penicillium*.

Les spores de *Macrosporium* sont déjà sensibles à 1,3 p. 1000 et sûrement tuées à p. 1000 tandis que celles de *Penicillium* ne sont pas touchés par les dilutions inférieures à 8 p. 1000 (STEVENS) Le sublimé est donc 80 fois plus toxique pour les spores du genre *Penicillium* que pour celles du genre *Macrosporium*. Le cation Hg paraît être responsable de cette action toxique ; il est environ 128 fois plus toxique que l'ion H, ce qui ruine l'hypothèse de GSCENBAUER sur le mécanisme de l'action bactéricide du sublimé.

PULST a constaté également la grande résistance du *Penicillium glaucum* sous sa forme végétative ; la limite de concentration extrême permettant encore le développement et la germination est d'environ 0,135 p. 1000; au dessus de cette limite, notamment pour une concentration de 0,27 p. 1000, le développement n'a plus lieu. PULST a observé que pour le cyanure de mercure la limite compatible avec la vitalité de la moisissure est de 0,54 p. 1000 ; le taux arrêtant le développement est de 1,26 p. 1000; il s'ensuit que la toxicité du sublimé pour le *Penicillium glaucum* est 4 à 5 fois supérieure à celle du cyanure de mercure. PULST explique cette différence par une dissociation plus grande du sublimé ; mais il faut surtout l'attribuer à ce que l'ion Hg dans le sublimé est plus actif que l'ion complexe du cyanure de Hg. PULST a constaté, d'autre part, que l'on ne peut en aucun cas accoutumer le *Penicillium* au sublimé, alors qu'on peut réaliser vis-à-vis du cyanure de mercure une accoutumance telle qu'elle permet de tolérer des solutions 10 fois plus concentrées. Les sels de cuivre sont également très toxiques pour les champignons, mais environ deux fois moins que le sublimé.

Certains champignons parasites des végétaux (WUTHRICH) ou consommateurs de cellulose, notamment *Merulius lacrymans*, qui est un destructeur du bois, sont tués par les solutions de sublimé à 1 p. 1000 (WEHMER). L'étude de l'action des dérivés du mercure sur les cryptogames parasites des végétaux et de leurs graines a fait l'objet de nombreux travaux ; on a préconisé notamment certains composés organiques du mercure tels que l'Uspulan OH-C⁶H⁴Cl-HgOH qui, non seulement détruirait les moisissures parasites, mais encore pénétrerait dans la graine et exercerait sur sa germination une influence favorable (SCHOELLER) qui sera examinée plus loin.

La levure de bière est également très sensible au sublimé; son développement est arrêté par les solutions à 1 p. 720 (MEYER). De même les solutions à 1 p. 1000 des sels suivants (cyanure, sulfocyanate, succinimide) arrêtent la fermentation alcoolique, mesurée par le dégagement de CO_2; par contre l'hyposulfite de K et de Hg, même à des concentrations plus élevées, est sans action; quant au sulfite double de Hg et de Na, il exerce une action nocive mais moindre que celle des sels énumérés ci-dessus (DRESER).

IV. — Action sur les algues chlorophycées (Spirogyres).

NAEGELI, dans ses études concernant l'action des divers poisons sur les spirogyres, a constaté que, si on met à part les effets de plasmolyse produit par les solutions hypertoniques, il existe deux modalités dans les actions toxiques exercées par les sels des métaux lourds : 1° une action chimique produite par les dilutions généralement actives, à savoir 1 p. 1.000 à 1 p. 100.000, 2° les actions oligodynamiques obtenues avec des

---

1. D'après BINZ, les spores des moisissures sont tuées par les solutions de sublimé à 1 p. 1000; il est probable que la durée de contact joue un rôle important et que c'est à ce facteur qu'il faut attribuer les différences entre les doses des divers auteurs.

dilutions beaucoup plus faibles et qu'on observe avec des traces de substances métalliques, même celles qui sont à l'état colloïdal. Les doses de 1 p. 1.000.000 suffisent pour léser les spirogyres.

ISRAEL (1894 à 1897) a repris les recherches de NAEGELI, en recourant à diverses espèces de spirogyres bien déterminées. Il distingue les actions des solutions oligodynamiques produisant des modifications qu'il appelle plasmochyse, des actions des solutions plus concentrées (plasmolyse). Dans la plasmochyse, il y aurait division du protoplasma en deux couches : une extérieure qui reste fixée sur la membrane cellulaire et une intérieure contenant les bandes chlorophylliennes et qui se rétracte; entre les deux sont tendus des filets protoplasmiques. La plasmochyse se traduirait par les diverses modifications suivantes : trouble du suc nucléaire par formation de grains très fins; déformations multiples et irrégulières des bandes chlorophylliennes qui deviennent difformes, disloquées et enchevêtrées (différence avec la plasmolyse); enfin, arrêt de la circulation plasmatique, alors que, dans la plasmolyse, cette circulation peut reprendre quand ou remplace le soluté toxique par un soluté normal.

V. — Actions sur les phanérogames.

L'action des sels mercuriques et des dérivés mercuriels sur les phanérogames a été relativement peu étudiée. L'un des premiers effets observés chez les végétaux concerne non pas les sels de Hg, mais le métal lui-même. BOUSSINGAULT a constaté que les traces de vapeur, émises par du mercure introduit sous une cloche dans laquelle se trouve un végétal, inhibent la fonction chlorophyllienne. L'introduction d'un fragment de soufre qui émet vraisemblablement aussi des vapeurs capables de fixer Hg à l'état de HgS, empêche cette action nocive de se produire. Le même effet nocif peut être obtenu, d'après JOLYET, avec un dérivé organique du mercure, le diéthylmercure qui émet à la température ordinaire des vapeurs toxiques suspendant et supprimant la respiration diurne des feuilles.

Les autres recherches concernant les phanérogames ont été effectuées avec le sublimé et appliquées surtout à l'étude de la germination de diverses graines. Deux ordres d'action ont été signalés : un effet stimulant exercé par les petites doses (VARVARO, SCHOELLER, HEUBNER), un effet inhibiteur produit par les doses plus élevées (HEALD, KAHLENBERG et TRUC).

Petites doses. L'étude de l'action des *petites doses* a été reprise récemment par HEUBNER avec des dérivés organométalliques tels que l'Uspulan (hydroxyde de mercure chlorophénol $OH.C^6H^3Cl.HgOH$) dont l'emploi industriel a été préconisé pour la destruction des moisissures parasites des graines alimentaires. HEUBNER a pu, par des dosages rigoureux, montrer non seulement la pénétration et la fixation du mercure dans la graine (0 mgr. 002 par grain de 50 mgr. après lavage à l'eau), mais encore le passage du métal en quantités[1] infinitésimales (1 mgr. par kilo) dans la plante, et, ultérieurement, dans les graines issues de celle-ci. En ce qui concerne la germination de grains de blé traités par des composés mercuriels, HEUBNER a constaté une augmentation constante de la longueur des tiges, mais, sauf quelques exceptions, non pas de leur poids sec. Pour des concentrations de même titre en Hg, les sels mercuriques simples se sont montrés plus actifs que les dérivés organiques ou les sels complexes.

Avec des grains d'avoine, les résultats sont meilleurs; il y a en effet augmentation du poids sec. Toutefois, aussi bien pour le blé que pour l'avoine, il s'agirait dans les cas les plus favorables d'une augmentation temporaire de la croissance et HEUBNER estime que cette augmentation ne peut persister pendant un temps suffisamment prolongé pour justifier le nom d'*eubiose* donné à ces phénomènes d'amélioration de la croissance.

Doses toxiques. Les graines examinées par HEALD ainsi que par KAHLENBERG et TRUC (pois, maïs, lupin) se sont montrées assez irrégulièrement sensibles aux solutions de sublimé en ce qui concerne leur faculté de germination. Tandis qu'une concentration de 2 p. 1000 est nécessaire pour empêcher la germination des graines de lupin, il suffit des concentrations de 0,5 p. 1000 pour les grains de maïs et de 0,125 p. 1000

---

1. Dans un cas, on a trouvé jusqu'à 10 milligrammes de Hg par kilog.; le métal était surtout localisé dans le son, très peu dans la farine.

pour les graines de pois. Une autre différence entre ces diverses graines concerne leur sensibilité comparée aux sels cuivriques et mercuriques. Tandis que pour les graines de pois, les sels mercuriques sont 4 fois plus toxiques que les cuivriques, pour les graines de lupin et de maïs, ce sont ces derniers qui sont 2 fois plus toxiques que les premiers.

Bibliographie. — I. Dosage du mercure. — ALMÈN (A.). *Method att pàvisa Hg i minimal mängd i organiska ämnen* (Hygiea, 1885, 142). — ALT (K.). *Eine vereinfachte Methode zum Nachweis von Hg in Flussigkeiten* (D. med. Woch., 1886, 732). — AUTEN-RIETH (W.) et MONTIGNY (W.). *Ueber die Bestimmung des Hg im Harn* (Münch. med. Wchschr., 1920, LXVII, 928). — BARDACH (BRUNO). *Zum Nachweis von Hg-im Urin* (Z. anal. Ch., 1901, XL, 534); — *Ueber Stukowenkow's Methode der quantitativen Hg bestimmung im Harne* (Id. 1902, XLI, 232); — *Ueber den Nachweis von Eiweiss und Hg im Harn* (Chem. Zeitung, 1909, XXXIII, 431). — BECKERS (W.). *Sur la recherche du Hg dans l'urine.* (Pharm. Ztg, 1909, LIV, 987); — *Dosage comparatif du Hg dans l'urine d'après Farup et Schumacher ainsi que d'après Jung* (Arch. d. Pharm, 1913, CCLI, 4). — BLOMQUIST (A.). *Untersuchungen über den Hg-gehalt in der Luft im Staub u. s. w. solcher Lokalitäten, in welchen mit metallischem Hg gearbeitet wird* (Ber. Dtsch. Pharm. Ges., 1912, XXIII, 29; J. Ph. et Ch., 1913, VIII, 8, 71, 112, 167; Ch. C. 1913, I, 1126). — BLOMQUIST (A.) et MÖLLER (M.). *Om Kvicksilfvereliminationen genominjurarna vid intramuskulära injecktioner af merkuriololja* (Hygiea, 1911). — BOENING (C.). *Recherche de l'albumine et du Hg dans l'urine* (Chem. Ztg., 1909, XXXIII, 376, 673). — BORELLI. *Dosage électrolytique de Hg* (Gaz. chim. ital., 1907, XXXVII, I, 425). — BRASSE (L.). *Dosage du Hg dans les urines* (C. R. Soc. Biol., 1887, XXXIX, 297). — BROEK (VAN DEN). *Ueber die Wirkung der Smithsonschen Kette bei der Untersuchung auf kleine Menge Hg* (Jl, f. prakt. Chemie, 1886, XXXIII, XXXIV, 245). — BROWNING (K. C.). *La recherche de sels de Hg en toxicologie* (Journ. Chem. Soc. London, 1917, CXI, 236). — BRUGNATELLI et BARFOED. *Zum Nachweis kleinster Mengen Hg in tierischen Flüssigkeiten* (Journ. für prakt. Chemie, 1880, (2) XXI, 441). — BRUGNATELLI (E.). *Metodo facile e molto sensibile per la ricerca del Hg nei liquidi organici e nelle urine* (Riforma med., 1889, V, 818). — BUCHTALA (HANS). *Ueber das Verhalten des Hg gegenüber dem menschlichen und auch tierischen Organismus bei den üblichen Applikations arten. Neue Methode für den quantitativen Nachweis des Hg im Harne und in organischen Geweben* (Ztschr. f. physiol. Ch. 1913, LXXXIII, 249). — BÜRGI. *Ueber die Methoden der Hg-bestimmung im Urin.* (Arch. exp. Path. u. Pharm., 1906, LIV, 439). — BYASSON, *Recherche qualitative du Hg dans les liquides de l'économie* (J. de l'anat. et de la physiol., 1872, VIII, 397). — CARRESCIA (F.). *Détermination de petites quantités de Hg dans les recherches toxicologiques.* (Boll. Chim. Farm., 1919, LVIII, 242). — CATHELINEAU (H.). *Application de la méthode électrolytique (procédé de Riche) au dosage du Hg dans les liquides pathologiques* (Ann. de Dermat et Syph., 1890, 3, I, 545, 972). — CLARKE (F. W.). *Dosage électrolytique du Hg* (Amer. J. of science and arts, 1878 (3), XVI, 200). — DURET (PAUL) *Recherche, détermination, élimination du Hg dans l'urine* (C. r. Soc. Biol., 1918, LXXXI, 737). — ENOCH (K.). *Recherche et dosage du Hg dans l'urine.* (Zeitschr. f. öff. Chemie, 1907, XIII, 307). — ESCHBAUM (FRIEDRICH). *Eine kolorimetrische Methode zur quantitativen Bestimmung von Hg im Harn* (Pharm. Ztg., 1902, XLVII, 260). — FABRE (R.). *Étude de la détermination du Hg dans l'urine* (Journ. Pharm. et Chim., 1920, (7), XXII, 84. — FARUP (P.). *Ueber eine einfache und genaue Methode der quantitativen Bestimmung von Hg im Harn* (Arch. exp. Path. u. Pharm., 1901, XLIV, 272). — *Ausscheidung des Hg bei Hg-behandlung* (Arch. f. Dermat. u. Syphilis, 1901, LVI, n° 3). — FISCHEL. *Action du Hg sur les tissus syphilitiques et essais de sa recherche physico-chimique* (Arch. für Derm. u. Syph. 1903, LVI, 387). — GARNIER (L.). *Une cause d'erreur dans la recherche toxicologique des dérivés mercuriels* (Journ. Pharm. et Ch., 1911, (7), III, 11). — GLASER (F.) et ISENBURG (A.). *Nachweis von Hg im Harn* (Chem. Ztg. 1910, XXXIII, 1258). — GUTMANN (S.). *Ueber den Nachweis des Hg im Urin unter Zuhilfenahme eines neuen Lösungsmittels für Quecksilbersulfid.* (Biochem. Ztschr. 1918, LXXXIX, 199). — HEINZELMANN (A.). *Dosage colorimétrique du Hg dans l'urine* (Chem. Ztg., 1911, XXXV, 721). — HOEHNEL. *Nachweis des Hg im Harn* (Pharm. Zeit. 1900, XXXV, 126). — IGEVSKY et RADSVITSKY. *Sur le dosage des petites quantités de Hg en présence de* *substances organiques (Journal Soc. Phys. Chim. Russe*, 1895, xxvii, 254). — [ILZHÖFER (HERMANN). *Untersuchungen über den Hg-gehalt des Harnes, von Arbeitern aus einem chemischen Betriebe.* (*Münch. med. Wochschr.*, 1919, LXVI, 14. — JÄNECKE (E.). *Methode zur quant. Bestimmung und zum Nachweis sehr geringer Hg-mengen im Harn unter Zuhilfnahme der Nernstwage (Zeitsch. f. anal. Chem.*, 1904, XLIII, 547). — JOLLES. *Ueber eine schnelle und exakte Methode zum Nachweis von Hg im Harn; — Ueber eine einfache empfindliche Methode z. qualit. und quant. Nachweis von Hg im Harn (Monatsh. f. Chemie*, 1895, XVI, 684 ; 1900, XXI, 352; *Arch. exp. Path. u Ph.*, 1900, XLIV, 159 ; — *Z. f. anal. Chem.*, 1900, XXXIX, 230 ; 1903, XLII, 716). — KLOTZ. *Quantitative Bestimmung des Hg im Harn* (*Z. f. phys. Chem.*, 1914, XCII, 286). — KOHN-ABREST. *Recherche médico-légale de Hg. Traité de Chimie toxicologique Doin* 1923. (*Ann. Méd. lég.*, 1093, III, 441). — LAQUEUR (A.). *Zum Hg-nachweis im Urin.* (*Charité. Annalen*, 1902, XXVI, 501); — *Uber Hg-bindung im Urin* (*Berl. Klin. Wchschr.*, 1903, XL). — LAZAREVIC. *Ueber den Nachweis des Hg mittelst Electrolyse (Dissertation inaugurale, Berlin*, 1879). — LECCO. *Dosage de Hg dans les recherches toxicologiques* (*D. Chem. Ges.*, 1885, XVI, 1175; *Z. f. anal. Ch.* 1910, XLIX, 283); — *Ueber den Nachweis von Hg und Hg-verbindungen in toxikologischen Fällen (Ztschr. f. anal., Ch.* 1909, XLIX, 283). — LEHMANN (V.). *Détermination de Pb, Ag et Hg dans les intoxications chez les animaux (Z. f. physiol. Chemie*, VI, 1 ; — *Recherche du Hg dans l'urine* (*Id.*, VII, 362). LEVI. *Recherche sur l'élimination du Hg de l'organisme par l'urine (étude particulière de la méthode électrolytique d'après* WOLFF (*Dissertation inaugurale*, Bonn, 1889). — LIEBMANN (L.). *Recherche du Hg dans les divers organes (Kozgazdasági értesitö*, 1885, no 66; *Ref. Malys Jahresber*, XV, 12). — LITTEN-SCHEID (Fr.). *Sur une méthode de dosage de Hg.* (*Arch. der Pharm.*, CCXLI, 306). — LOMBARDO (C.). *Méthode simple et rapide pour la recherche micro-chimique du Hg dans l'urine (Giornale ital. delle malatt. ven. e. della pelle*, 1907, XLVIII, 733); — *Recherche toxicologique microchimique et histochimique de Hg* (*Arch. di farmacol. sperim. e. scienze off.*, 1908, VII, 400 ; *Monatsh. f. prakt. Dermat.*, 1909, 116). — LOMHOLT SV. ET CHRISTIANSEN (J. A.). *Metode til Bestemmelse af smaa. Maengder Hg i organisk substans (Medelelser fra Carlsberg Labaratorich*, 1913, X, n° 3); — *Bestimmang kleiner Mengen Hg in organischen Substanz* [(*Bioch. Ztschr.*, 1913, LV, 216; 1917, 81, 356). — LUDWIG (E.). *Dosage du Hg dans les tissus animaux* (*Arch. f. Derm.*, u *Syph.*, 1882, 63 ; 313; *Wiener med. Jahrb.* 1877, 1880). — LUDWIG ET ZILLNER *(id.*). (*Wiener Klin. Woch.*, 1889, 1890). — MALKES (Julius). *Zur quantitativen Bestimmung des Hg im Harn (Chemiker Zeitung*, 1900, XXIV, 816). — MAYENÇON ET BERGERET. *Moyen chimique de reconnaître le Hg dans les excrétions et spécialement dans l'urine et de l'élimination et de l'action physiologique du Hg (Journ. de l'anat. et de la physiol.*, 1873, 81). — MAYER (A.). *Versuche über den Nachweis des Hg im Harn* (*Med. Jahrb.*, 1877, 1). — MEDICUS (L.). *Nach Verss. v. Chr. Mebold. Bestimmung von Metallspuren in Nahrungs-und Genussmitteln durch Elektrolyse* (*Z. f. Elektrochemie*, 1902, VIII, 690). — MERGET. *Recherche du Hg dans les sécrétions animales (Journ. de Pharm. et de Chimie*, série 5, XIX, 1889, 444). — MOORE (W. C.). *On the qualitative detection of Hg by the method of Klein* (*Journ. Americ. Chem. Society*, 1911, XXXIII, 1117). — NEGA. *Recherche du Hg dans l'urine* (*Berliner Klin. Woch. Jahrg.* 1884, XXI, 298, 359 et 439). — ORFILA (L.). (*Traité de toxicologie, Journal de Chimie médicale*). ORFILA — (A. F.). *Elimination des Poisons* (*Thèse Médecine*, Paris, 1852). — OPPENHEIM (M.). *Zum Nachweis des Hg im Harn* (*Z. f. anal. Chem*, 1903, XLII, 431). — OVERBECK (A.). *Dreizehn Fragen über Nachweis des Hg im Blute und in inneren Organen* (*A. d. Pharm.*; 1862, CLIX, 6). — PALME (H.). *Eine Methode zur elektrolytischen Bestimmung von Hg im Harn (Zeitschr. für phys. Chemie*, 1914, LXXXIX, 345). — PASCHKIS. *Recherche du Hg dans les substances animales* (*Z. zur physiol. Chemie*, 1882, VI, 495). — PERELSTEIN (M.) et ABELIN (J.). *Ueber eine empfindliche klinische Methode zum Nachweis des Hg im Harn* (*Münch med. Wchschr.*, 1915, LXII, 1184). — PIERPAOLI (Carlo). *Sur les causes des pertes en Hg dans la destruction de la matière organique d'après Fresenius et Babo et la purification de HgS (Boll. Chim. Form.*, 1902, XLI, 561). — POUCHET (Gab.). *Destruction des matières organiques par l'acide sulfurique et le sulfate de K.*(*C. R. Acad. Sc.* 1881, XCII, 252). — PROCTER ET SEYMUR JOHNES. *Dosage du mercure* (*J. Soc. Chem. Ind.*, 1911, XXX, 404). — RAASCHOU (P. E.). *Eine mikrochemische Hg-bestimmungs-methode* (*Ztschr. f. anal. Ch.*, 1910, XLIX, 172). — RATNER (O.). *Ueber Hg-bestimmung im Urin* (*Arch. für Derm. u. Syph.*, 1908,

XLI). RICHARDS (J. W.) ET SINGER. On a method for determining of small quantities of Hg. (Journ. of Amer. Chem. Soc., 1904, XXXI, 300). — RIEDERER. Recherche du Hg dans les organismes animaux (Z. f. anal. Chemie, 1868, VII, 517). — RUPP (E.). ET NÖLL (Ph.). Ueber die Bestimmung des Hg in organischen Quecksilberverbindungen (Arch. der Pharm., 1905, CCXLIII, 1, 300. Ber. d. D. Chem. Ges., 1906, XXXIX, 3702). — SALKOWSKI (E.). Ueber den Nachweis von Hg im Harn (Ztschr. f. physiol. Chem., 1911, LXXII, 387; LXXIII, 401). — SCHNEIDER (Fr.). Ueber das chem. und elektrolyt. Verhalten des Hg bezugl. des Nachweisbarkeit im allgemein und in tier. Substanzen insbesondere (Sitz. d. math. naturw. Klasse d. Kais. Akad. d. Wiss, 1860, XL, 239). — SCHILLBERG (A.-J.). Recherche de minimes quantités de Hg dans les sécrétions organiques après le traitement mercuriel (Pharmazeutischen Verein, 1900. D'après J. Ph. Ch., 1913, VIII, 72). — SCHRIDDE (P.). Sur la méthode de Fürbringer pour la recherche du Hg dans l'urine ; id. sur la méthode de Nega (Berl. Klein. Woch. 1881, XVIII, 34 ; 1884, XXI, 359). — SCHUMACHER ET JUNG. Eine Klinische Methode zur Hg-bestimmung im Harn (Arch. exp. Path. u. Pharm., 1889, XLII, 38 ; Z. anal. Ch. 1900, XXXIX, 12 ; 1902, XLI, 461). — SCHUMM (O.). Ueber die Bestimmung des Hg in Organen (Z. f. anal. Chem. 1905, XLIV, 73). — SIEBERT (C.). Ueber die Bestimmung des Hg in Harn und Fäzes (Biochem. Zeitschrift, 1910, XXV, 328). — SPICA (Carlo Luigi). Sur la recherche chimico-légale du Hg (Gazz. chim. ital. 1917, XLVII, II, 139 ; — Boll. Chim. Farm., 1917, LVI, 437). — STICH (Conrad), Zum Hg-nachweis im Harn nach Almén (Pharmaz. Ztg. 1909, LIV, 833). — STUKOVENKOFF (M. I.). Nouvelle méthode pour doser de petites quantités de Hg dans l'urine (Trudi V syezda. Obsh. russk. Vrach v. pamyat Pirogova. Travaux du 5ᵐᵉ Congrès de la Soc. des médecins russes; S. Petersb., 1894, II, 230). — TEUBNER. Nachweis Kleiner Mengen Hg (Zeitschr. f. Berg-und Hüttenwesen, XXVII, 423). — TUNMANN (O.). Ueber den Nachweis der bei dem Verfahren von Stas-Otto aus der sauren wässerigen Lösung mit Aether ausschüttelbaren « Gifte » HgCl². (Apoth. Ztg. 1918, XXXIII, 443, 447, 454). — VIGNON (L.). Dosage colorimétrique du Hg (C. R. Acad. Sc. 1893, CXVI, 584). — VIGNON ET BARRILLOT. Dosage du Cu et du Hg dans les raisins, les vins, les lies et les marcs (C. R. Ac. Sc., 6 mars 1899. CXXVIII). — L. VIGNON et J. PERRAUD. Recherche du Hg dans les produits des vignes traitées avec des bouillies mercurielles (C. R. Ac. Sc., 1899. CXXVIII, 830). — VITALI. Recherche du Hg dans dans les intoxications (Chem. Ztg., 1896, XX, 517; Boll. Chim. Parm., 1902, XLI, 149). — VULPIUS (G.). Sur la méthode de Fürbringer pour la recherche du Hg dans l'urine (Arch. f. Pharm., 1879, CCXIV, 344). — WERDER. Zur quantit. Bestimmung des Hg im Urin (Z. f. anal. Chem., 1900, XXXIX, 358). — WOLFF (C. H.). Recherche électrolytique du Hg dans l'urine (Z. f. angewandte Chemie, 1888, n° 10, 294). — WOLFF et NEGA. Sur la meilleure méthode de recherche de quantités minimes de Hg dans l'urine (Deutsche med. Woch., 1886, n°ˢ 15 et 16, 256 et 272) — WYSCHEMIRSKI (N.). Dosage du Hg dans l'urine (St Petersburger med. Wochenschrift, 1898, 55 ; d'après Jahresber. für Tierchemie, XXVIII, 286). — ZENGHELIS (C.). Zum Nachweis und zur Bestimmung des Hg in ganz geringen Mengen (Z. f. anal. Chem. 1904, XLIII, 544). — ZIEGELER. Zum Nachweis von Hg auf elektrol. Wege (Monatsh. für prakt. Derm., 1888, n° 12, 557.

II. Destinée et action physiologique. — ABELIN (J.). Ueber den Nachweis von Hg im Urin (Münch. med. Woch., 1912, LIX, 812) ; — Untersuchungen über die Wirkung von Hg-präparaten auf Spirochäten Krankheiten II. Zur Toxikologie und Pharmakologie einiger Hg Verbindungen (Deut. med. Woch, 1912, XXXVIII, 1822). — ACHARD (CH.). Empoisonnement par le sublimé (Paris Médic., 8 juillet 1922, 33) ; — Forme bénigne de l'empoisonnement par le sublimé (Journ. de méd. et de chir. prat., 25 juillet 1924, 505). — et SAINT-GIRONS (G.). Intoxication par le sublimé avec anurie suivie de guérison (Paris Médical, 28 juin 1912, 1.000). — ALESSI (U.). et PIERI (A.). Alterazioni nervose nell'avvelenamento acuto e cronico per subblimato corrosivo (Clin. med. ital. Milano, 1901, XL, 321). — ALLGEYER (V.). Ueber Veränderungen im menschlichen Muskel nach Calomel Injectionen (Archiv. für Dermatologie und Syphilis, 1901, LV, 37). — ALMKVIST (J.). Experimentelle Studien über die Lokalisation des Hg bei Hg-Vergiftung (Nord. med. Arch., 1903, II, 2) ; — Beiträge zur Kenntniss der Ausscheidung des Quecksilbers, insbesondere durch den Magen und Darmkanal (Arch. f. exp. Path. u. Pharm., 1907, LXXII, 221) ; — Welche Rolle spielen Hg und Bakterien in der Pathogenese des mercuriellen ulceröse Stomatitis und Colitis (Arch. für Derm. u. Syph., 1919, CXXVII, 222). — ARNOZAN et Montel. *Rôle des leucocytes dans l'absorption des médicaments* (XIII° congrès internat. de méd. à Paris, séance du 4 août 1900, 181, section de thérapeutique). — Auld (A. G.). *Calomel as diuretic in cardiac dropsy* (Lancet, 1888, II, 569). — Bachrach (E.). *Variations biologiques d'un organisme monocellulaire.: accoutumance et anaphylaxie chez le bacille lactique* (Thèse Doctorat Sciences. Paris, Masson, 1924). — Bacovesco (A.). *Sur la localisation du Hg dans l'organisme dans un cas d'empoisonnement* (Bull. Farm. Chim. Romania, 1905, 5). — Bärensprung. *Ueber die Wirkung des grauen Hg.* (J. f. prakt. Chem., 1850, 50). — Baldoni (A.). *Affinité elettiva del Hg per i leucocite* (Bull. d. r. Accad. med. die Roma, 1905, XXXI, 54; Arch. di farm. sperim. Roma, 1905, IV, 93). — Balogh–Kalman. *Ueber die Wirkung des Hg Cl² und des Hg (C²H⁵)² (Orvos-Hetilap, n° 51 et 52, 1875).* — Balzer (F.). *Entéro-colite mercurielle aiguë, consecutive à des injections intraveineuses de cyanure de Hg* (Ann. de dermat. et syph. Par., 1903, IV, 255). — Balzer (F.) et Klimpke (A.). *Recherches expérimentales sur les lésions nécrosiques causées par les injections sous-cutanées de préparations mercurielles insolubles* (C. R. Soc. Biol., 1888, XL, 604); — *De l'élimination du mercure par les urines pendant et après le traitement mercuriel* (Revue méd., 1888, VIII, 303). — Balzer (F.) et Reblaub (T.). *Recherches expérimentales sur les injections intramusculaires d'huile grise et d'oxyde jaune de m rcure* (C. R. Soc. Biol., 1888, XL, 735). — Barbour (H. G.). *Mercuric chloride poisoning in animals treated unsuccessfully by parenteral administration of Hall's new antidote* (Journ. of the Amer. Med., Assoc., 1915, LXIV, 736). — Bechhold (H.). *Ueber die Hämolyse durch Hg und Hg-verbindungen* (Arb. a. d. Inst. f. exper. Therap. zu Frankf. a. M. 1920, 25). — Bechhold (H.) et. Kraus (W.). *Kolloidstudien über den Bau der roten Blut Körperchen und über Hämolyse. I Sublimat Härtung und Sublimat-hämolyse* (Biochem. Ztschr., 1920, GIX, 226). — Behring. *Ueber Desinfection. Desinfectionsmittel und Desinfectionsmethoden* (Cent. f. Bact. und Parasitenkunde 1888, III; Zeilschrift fur Hygien, 1890, f ix, 393). — Benedicenti (A.). *Sopra l'azione fisiologica delle mercurioamine. a mercuri ionizzabile e latente* (Gior. d. r. Accad. di med. di Torino, 1901, VII, 55). — Benedicenti, (A.) et. Polledro (G.). *Ricerche farmacologiche sui composti mercurioorganico derivanti delle amine aromatiche* (Gior. d. r. Accad. di med. di Torino, 1900, 4 s. VI, 689). — Bennett (J. H.). *Researches into the action of mercury on the biliary secretion.* (Report of the Edinburgh committee of the Brit: med. assoc. London, 1874). — Bentivegna et. Carini. *Il potere battericida e l'alcalinita del sangue nella leucosi tosi da intossicazione per veleni minerali.* Sperimentale Firenze, 1900, LIV. — Berbstowski. *Élimination du mercure chez les syphilitiques soumis aux bains sulfureux* (Sitzungsbericht der Balneologischer Gesellschaft in Piatigorsk-Kaukas, 1886). — Bergeon, *Sur deux cas d'intoxication mercurielle chez la vache* (J. de méd. vét. et zootech., Lyon, 1903, 5 s., VII). — Bezou (G.). *De l'action diurétique du calomel* (Thèse Paris, 1892). — Bieganski (W.). *Ueber die diuretische Wirkung der Hg-preparäte* (Deut. Arch. f. Klin. Med, 1888, XLIII, 177). — Bigart (M.) *Empoisonnement par HgCl². Accouchement prématuré au troisième jour. Mort au neuvième jour* (Bull. Soc. Anat. Paris, 1898, XII, 5° s. 749). — Binet (P.). *Influence de l'intoxication mercurielle aiguë sur l'élimination de l'acide phosphorique et du calcium* (Revue méd. de la Suisse Rom., 1891, XI, 165). — Bing (H. J.). *Eine eigenthümliche Form der Hg-Vergiftung* (Arch. der Hygiene, 1903, XLVI, 200). — Binz. *Neues Rep. f. Pharm.*, 1872, 462. — Birger (S.). *Sur la résorption des préparations mercurielles insolubles par injection intramusculaire* (Nord. med. A., 1908, Afd. 2, n° 9). — Biro (E.). *A calomel, mint diureticum Szivlajohndt* (Gyoggaszat Budapest, 1887, XXVII, 66; — Pester med. chir. Presse, 1887, n° 10). — Blanchard. *Note sur les ténias noirs* (Arch. de Parasit, 1901, IV, 227). — Bleyer. *Erfahrungen über die Novasuroldiurese* (Klin. Woch., 1922, I, 1410). — Blum (L.) et Schwab (H.). *L'action diurétique des composés mercuriels* (Presse médicale, n° 100, 16 déc. 1922). — Blumenthal. *Action du KI sur la fixation du Hg dans le foie* (Biochem. Z., XXXVI). — Blumenthal (Fr.). *Ueber die Behandlung der experimentellen Kaninchensyphilis mit aromatischen Hg-dicarbonsaüren* (Mediz. Klin., 1911, n° 39). — Blumenthal (Ferd.) et Oppenheim (K.). *Sur les composés mercuriels aromatiques* (I. Biochem. Z., XXXII; II. Biochem Z., XXXIV; III. Biochem Z., LVIII; IV. Biochem. Z., LXV). — Böhm (L.) *Quantitative Untersuchungen über die Resorption und Ausscheidung der Hg bei innerlicher Verabreichung der Hg-salicylicum* (Ztschr. f. physiol. Chem., 1890-91, XV, 1-36). — Bogojiubow: *Remarques sur le comportement dans* *l'organisme du mercure introduit de façons différentes. (Med. pribav. k. morsk. sborn.,* Petrograd, 1894, 2° partie, 174-260; — *Saint-Petersburger med.* W., 1895, Beilag, 12). — Bohn (H.) *Experimentelle Studien über die diuretische Wirkung des Novasurols (Zeitschrift f. die ges. experim. Medizin.,* 1923, XXXI, 303-316; *Klin. Wochsch.,* 1923, II, 332). — Bokorny (T. H.). *Beitrag zur Erklärung der heftigen Giftwirkung von HgCl²* *(Münch med. Woch.,* 1903, LII, 939 ; — *Beobachtungen über die Giftmenge, welche zur Tötung einer bestimmten Menge lebender Substanz nötig ist. (Pharm. Centr. H.,* 1906, XLVII, 124, 146, 162 et 188). — Booth et Schreiber. *Détermination of traces of Hg (Jl. of Am. Chem. Soc.,* 1923, XLVII, 2625). — Borissoff. *Ueber die chemotakt. Wirkungen verschied. Substanzen auf amöb. Zellen (Zieglers Beiträge,* XVI). — Borowski. *Sur l'action de KI sur l'élimination urinaire du Hg (Russkaja Medicina,* 1887, 43); — *Sur l'élimination du Hg par l'urine (Ref. A. f. D. et S.,* 1889, 605) ; — *Influénce de la chaleur sur l'excrétion du mercure par l'urine (St-Pétersb.,* 1889, P. Voschinskoï). — Bouchard (M.). *Un cas d'empoisonnement mercuriel aigu (C. R. Biol.,* 1873, XXV, 227). *Thérapeutique des maladies infectieuses (Paris, Savy,* 1889, 227). — Boussingault. *De l'action délétère que la vapeur émanant du Hg exerce sur les plantes (Rev. d. cours scient.. etc.,* Paris, 1866-67, IV, 437). — Brandl et Gmeiner, d'après E. Fröhner. *Arzneimittellehre f. Tierärzte Stuttgart Enke (2° édition, 265).* — Brasse (L.) et Wirth. *Altérations produites par le mercure dans les fonctions des organes qui servent à son élimination (C. R. Soc. Biol.,* 1887, XXXIX, 774). — Braun (G.). *Zur Verwendung des HgCl² bei Irrigationen in der Geburtshilfe (Wien. med. Woch.,* 1886, XXXVI, 749, 785). — Brissy (G.) *Recherches expérimentales sur les injections intramusculaires d'huile grise (Thèse, Paris,* 1907); — *Des injections d'huile grise, etc. (Ann. de D. et de S.,* 1911, II, 321). — Bronfenbrenner et Noguchi. *On the resistance of various spirochaetes in cultures to the action of chemical and physical agents (Jl. of Pharm. and exp. Ther.,* 1913, IV, 333). — Brugnatelli (E.). *Il calomelano quale diuretico (Annal univ. di med. e chir. Milano,* 1887, XXVIII, 38). — Bruner (W.). *Action diurétique du calomel. (Gaz. lek. Warszawa,* 1887, VII, 881 ; *Virchow. Hirsch's Jahresbericht,* 1887, 385). — Brunn (F.). *Zur Wirkung des Novasurols als Diureticum (Münch. med. Wochenschr.,* 1921, LXVIII, 1554). — Burgi (E.). *Grösse und Verlauf der Hg-ausscheidung durch die Nieren bei den verschiedenen üblichen Kuren (Arch. f. Derm. u. Syph.,* 1906, LXXIX, 305). — Butte (L.). *De l'intoxication par le sublimé corrosif employé comme antiseptique (C. R. Soc. Biol.,* 1886, XXXVIII, 491). — Byasson. *Recherches sur l'élimination des sels mercuriels ingérés par l'homme (J. d'Anat. et de physiol.,* 1872, VIII, 500). — Campbell (W. B.). *Observations on acute mercuric chloride nephrosis, with a report of two cases (Arch. of int. Med.,* 1917, XX, 919). — Campbell (W. G.) et Cadham (F. T.). *Intraveinous use of mercurochrome in an infant aged 3 weeks (The Canadian med. Assoc. Journ.,* sept. 1924, 868). — Cardot (H.) et Richet (Ch.). *Hérédité, accoutumance et variabilité dans la fermentation lactique (Ann. Inst. Past.,* 1919, XXXIII, 575). — Carle et Boulud. *Quelques recherches sur l'élimination du Hg par les urines (Ann. de dermat. et syph.,* Paris, 1904, V, 97). — Carpenter (Th. M.). et Benedict (Fr. G.). *Mercurial poisoning of men in a respiration chamber (Amer J. Physiol.,* 1909, XXIV, 187). — Cathelineau (Bull. soc. fr. Dermat. et syph.,* 1890, n° 2). — Cathelineau et Stef. *Recherches et dosage du Hg dans le fœtus et ses annexes (Ann. de dermat. et syph.,* 1890, I. 972). — Cervello (C.) et Varvaro (C.). *Ueber das Oxydations-vermögen einiger Schwermetalle in Verbindung mit Eiweiss und einige physikalisch-chemischer Eigenschaften derselben (A. f. exp. P. et Ph.,* 1912, LXX, 369). — Charrin (A.) et Desesquelle. *Pouvoir bactéricide et toxicité des phénolates mercuriques et de certains de leurs dérivés (C. R. Soc. Biol.,* 1894, XLVI, 247). — Chassevant (A.). *Action des sels métalliques sur la fermentation lactique (Thèse Fac. Med.,* Paris, 1897, et *Trav. lab. Charles Richet,* 1919, VI, 264-297). — Cheminade. *Recherches expérimentales sur l'absorption du mercure dans les injections hypodermiques de calomel (L'Union médicale,* 1889, 3° série, XVIII, n° 98). — Chiari (R.). *Abführmittel und Kalkgehalt des Darms (Arch. f. exp. Pathol. u. Pharmak.,* 1910, LXIII, 434). — Chittenden (A. S.). *On the solution of Hg in the body juices (Proc. Amer. Physiol. Soc.,* Boston, 1898-1899) — *John Hopkins Hospital Bull.,* 1899, 92). — Chotzen. *Gewebsveränderungen bei subcutanem Calomel-injectionen (Arch. f. Derm. u. Syph.,* 1888, XX, 103) ; — *Gewebsveränderungen nach Injektionen unlöslicher Hg-verbindungen (A. f. D. u. S.,* 1902, LXI, 420). — Clark, *Jl. of physical Chemistry,* 1899, III, 263. — Clément (R.) *Le mercurochrome intraveineux (Presse Médicale,* n° 12, 11 fév. 1925, 188).

— Cohn (M.). *Klinisch-experimentelle Untersuchungen über die diuretische Wirkung des Calomels* (Inaug. Dissert., Berlin, 1887). — Cohnstein (W.). *Ueber den Einfluss einiger edlen Metalle (Quecksilber, Platin und Silber) auf die Nierensecretion* (Arch. f. exp. Path. u. Pharm., 1892, xxx, 126). — Cole, Hutton et Sollmann. *The clean Inunction Treatment of Syphilis with Hg* (J. of. Am. med. Ass.; 1921, lxxvii, 2022; 1924, lxxxii, 199); — *Metallic mercury suspensions and their intraveinous and intramuscular injections* (Annual Report investigat. Therap. Resarch. committee, 1924, xiii). — Collet. *Absorption du Hg métallique par les leucocytes* (Lyon méd., 1903, 1038-1041). — Collins (F.-H.). *Calomel as a diuretic* (The Medical Chronicle, 1886, iv, 310). — Colombini (P.) et Simonelli (F.). *Sul valòre della cura mercuriale precoce nella sifilide* (La Riforma medica, 1896, xii, 483-495). — Colson (Arch. gén. de Méd., 1826, xii, 68). — Conti (A.) et Zuccolà (P. F.). *Sulla fine localizzazione del Hg nell' organismo* (Riforma med. Palermo e Napoli, 1906, xxii, 227). — Da Costa Fernine. *Valeur antiseptique de quelques solutions de HgCl²* (Bull. Soc. Méd. Hôp. de Lyon, 1904, iii, 91). — Cramer (H.). *Ein Fall schwerer Dysenterie nach intramusculären Calomel-injectionen* (Deut. med. Woch., 1890, xvi, 295). — Cuisinier (L.). *Rôle des leucocytes dans l'absorption et le transport du mercure* (Thèse, Lyon, 1904). — Cunning (A. Ch.) et Macleod (J.). *Le dosage du Hg, en tant que métal, par la voie sèche* (J. of Chem. Society, 1913, ciii, 513). — Dakin et Daufresne. *Presse Médicale*, 1915, 377. — Dareste (M.). *Influence des vapeurs mercurielles sur le développement de l'embryon* (C. R. Soc. Biol., 1893, xlv, 683). — Dauchez (H.). *A quelle dose le HgCl² pris à l'intérieur est-il mortel?* (Méd. mod. Par. 1904, xv, 41). — Davenport et Neal. *On Akklimatization of organisms to poisonous chemical substances* (Arch. f. Entwicklungsmechanik, ii, 1896). — Detot et Kaufmann. *Intoxication par une dose massive de HgCl², anurie durant six jours; gangrène amygdalienne, cachexie mercurielle; mort le seizième jour* (Arch. gén. de méd., Par., 1904, i, 1550). — Detre (L.) et Sellei (J.). *Die hämatolytische Wirkung des HgCl²* (Berl. Klin. Wchnschr, 1904, xli, 805); — *Heilversuche an HgCl² vergifteten roten Blutkörperchen; ein weiterer Beitrag zur Kenntnis der Sublimät-Hämolyse* (Wien. Klin. Wchnschr. 1904, xvii, 1311). — Diesselhorst. *Ueber Hg-Ausscheidung bei Syphilitikern* (Berl. Klin Woch., 1907, 39 et 44); — *Beitrag zur Hg ausscheidung nach Thiopinobbädern bei Schmierkur* (Ztschr f. exper. Path. u Therap., 1908, v. 170). — Döhring, *Ueber Wirkung und Resorption von Hg praeparaten, insbesondere des Kontraluesins* (Dtsch. med. Wochschr., 1915, xli, 74). — Derm (Z.). *Ueber die lokalen Veränderungen nach Injektion unlöslicher Hg-präparate, insbesondere des Grauen Oels*, 1909, xvi). — Dohi (S.). *Ueber die Einwirkung des HgCl² auf die Leukocyten* (Zeitsch. f. Immunitätforschung u. exp. Ther., 1909, i, 501). — Doléris (A.) et Butte (L.). *Intoxication par le HgCl² employé pour le lavage des muqueuses saines et des plaies* (C. R. Soc. Biol., 1886, xxxvii, 562). — Doyon et Dufourt. *Contribution à l'étude de la sécrétion biliaire; influence de quelques médicaments sur la quantité de la bile et de ses principes constituants* (Arch. de Physiol., 1897, ix, 562). — Dreser (H.). *Zur Pharmakologie des Hg* (Arch. f. exp. P. u. Ph. 1893, xxxii, 456). — Duché et Le Dantec (Bull. Soc. Anat., 1893, xiv, 139). — Duclaux. *Traité de Microbiologie*, 1898, ii, 379). — Dunin-Borkowski (F.). *Sur l'action hémolytique de sels mercuriels* (Anzeiger Akad. Wiss. Krakau, 1908, 494). — *Sur l'absorption des substances hémolytiques et agglutinantes* (Anzeiger Akad. Wiss. Krakau, 1910, Reihe B. 608). — Duprat (A.). *De l'action physiologique du salicylate de Hg* (C. R. Soc. Biol., 1886, xxxviii, 154). — V. Düring. *Action du régulin mercurique sur les tissus animaux* (Monatshefte f. praktische Dermat., 1888, vii, 1059). — Eckmann (L.). *Ueber die Beziehungen des Hg zur Darm und zur Leber* (Arb. d. pharmakol. Inst. zu Dorpat, Stuttg., 1896, xiii, 135). — Edsall (D. L.) et Miller (C. W.). *The influence of Hg on autolysis* (Bull. Phila., 1904, 5, xvii, 415). — Edwards (G.). *Two cases of poisoning by Mercuric methide* St Bartholomew's Hospital reports I et II). — Ehrmann. *Wiener dermatologische Gesellschaft*, 6 nov. 1901 (in Ann. der Dermatol., 1902, 952). — Elbe. *Die Nieren-und Darmveränderungen bei der HgCl²-vergiftung des Kaninchens, in ihrer Abhängigkeit vom Gefässnervensystem* (Virchow's Arch., 1905, 182, 445). — Ellinger (A.). *Die Angriffspunkte der Diuretica* (Klin. Ther. Woch., 1922, i, 249). — Eppinger (Hans). *Ueber die sogenannte myodegeneratio cordis* (Ther. der Gegenwart, 1921, lxii, 81). — Epstein (E.) et Pribram (E.). *Studien über die haemolysirende Eigenschaft der Blutsera. 2. Wirkung der HgCl² auf complexe Hämolyse durch Immunserum und die Wassermannsche Reaktion* (Ztschr. f. exp. Path. u. Therap.,

1909, VII, 549). — ESCHBAUM (F.). *Ueber eine neue Klinische Methode zur quantitutiven Bestimmung von Hg im Harn und die Ausscheidung dieses Metalles bei mit löslichem metallischem Hg behandelten Kranken (Deutsche med. Wochenschr.*, 1900, XXVI, 52).| — EULENBERG (*Handb. der Gewerb. Hyg.*, 728, Leipzig, 1876). — EULER (H.. v.) et SVANBERG (OLOF). *Ueber Giftwirkungen bei Enzymreaktionem. I. Inaktivierung der Saccharase durch Schwermetalle (Fermentforschung*, 1920, 3). — FARUP (P.) *Ueber die Ausscheidung des Quecksilbers im Harn bei Mercurialbehandlung (Arch. f. Dermat. u. Syph.*, Wien u. Leipzig, 1901, LVI, 371). — FAURE-BEAULIEU (M.). *Azotémie extrême par anurie mercurielle aiguë (Bull. Soc. Méd. Hôp. Paris*, 1912, 703). — FEINBERG (B.). *Beitrag zur chronischen gewerblichen Hg-intoxikation (Inaug. Diss. Erlangen*, 1878). — FERRARI (P.) et ASMUNDO (G.). *Sull' assorbimento del Hg metallico per le pelle (Gaz. degli ospitali*, 1886, 81). — FERRON (D.). *Azione diuretica dei preparati di Hg (Arch. di farmac. Sperim.*, 1912, XIII, 283 et 289). — FLECKSEDER (R.). *Klinische und experimentelle Studien über Kalomeldiurese (Wien. Klin. W.*, 1911, XXIV, 142). — *Die Kalomeldiurese. Ein Beitrag zur Wirkungsweise des Hg in Tierkörper (Arch. f. exper. Pathol. u.' Pharm.*, 1912, LXVII, 409); — *Ueber die Veränderungen verschiedener Hg-Verbindungen im tierischen Organismus (Dtsch. med. W.*, 1885, XXXVI, 620). — FRAENKEL (*Naturforscher Congress*, 1886). — FRANZ (FR.). *Die im deutschen Reiche während der Jahre 1897-1905 amtlich gemeldeten Vergiftungen mit HgCl² insbesondere mit HgCl²-pastillen (Arb. aus dem. Kaiserl. Gesundheitsamte Berlin*, 1910, XXXIV, 1). — FREUND (L.). *Ueber die Schicksale des intramuskulär injizierten Hg-salicylicum (W. Klin. W.* 254, 1907). — FREY (E.). *Der Mechanismus der Hg-diurese. Ein Beitrag zur Lehre von der osmotischen Arbeit der Niere (Pflügers Arch.*, 1906, CXV, 223). *Die Muskelwirkung der erregenden Gifte (Arch. f. exp. Path. u. Pharm.*, 1923, XCVIII, 21). — FROLOFF (P.). *De l'influence des injections interstitielles du salicylate de Hg sur l'échange et l'assimilation des matières azotées, au point de vue quantitatif et qualitatif chez les syphilitiques (Progrès méd. Par.*, 1893, XVIII, 97). — FÜRBRINGER (P.). *Hg-nachweis im Harn mittels Messingwolle (Berl. Klin. Woch.*, 23, 1878); — *Zur localen und resorptiven Wirkungsweise einiger Mercurialen insbesondere des subcutan injicierten metallischen Hg (Deutsch. Arch. für Klin. Med.*, XXIV, 1880, 129); — *Exper. Untersuchungen über Resorption und Wirkung regulinischen Hg der grauen Salbe (Virchows Archiv.*, 1880, LXXXII, 491); — *Zur lokalen Wirkung des Calomels bei Syphilis (Z. f. Klin. Med. Berlin*, 1884, VIII, 594). — GAERTNER (G.) et EHRMANN. (S.). *Le bain électrique au sublimé; expériences sur un nouveau traitement mercuriel (Semaine méd. Par.*, 1889, IX, 438). — GAGLIO (G.). *Azione del Hg sui leucociti (Arch. d. scienze med. Torino*, 1897, XXI, 341. *Arch. ital. de biol. Turin*, 1897-8, XXVIII, 444). — GAILLARD, *Influence sur l'anémie (C. R. Soc. Biol.*, 1885, XXXVII, 395). — GASCARD (A.) et BANCE (E.). *Intoxication par le sublimé; mort le 25e jour. Constatation du mercure dans les organes (J. de Pharm. et de Chimie*, XXVIII, 5-8, 1917). — GASPARD. *Mém. phys. sur le Hg (J. de Phys.*, I, 182). — GATEWOOD (L. C.) et BYFIELD (A. F.). *A clinical report on acute cases of HgCl² poisoning (Arch. of Int. Med.*, 15 sept. 1923, II, 456). — GAUD (F.). *De l'élimination du Hg par les urines (Thèse Lyon*, 1903). — GEPPERT (J.). *Zur Lehre von den Antisepticis (Berl. Klin. Woch*, 1889, XXVI, 789 et 819); — *Die Wirkung des HgCl² auf Milzbrandsporen (Deut. med. Wochenschr.* 1891, XXVII, 1065); — *Die Resorption metallischen Quecksilbers (Ber. d. Oberhess. Gesellsch. f. Nat. u. Heilk., Giessen*, 1889-1902, XXIII, 199). — GLEY (E.). *Traité de Physiologie.* — GOEBEL. *Action locale de l'huile grise (Med. Klinik.*, 1906, nº 1). — GOLA. *Il comportamento del Hg nell' organismo (Arch. Int. Pharm. et Ther.*, 1900, VII, 203 et *Gior. de r. Acad. di med. di Torino*, 1900, VI, 478). — GOMES DA COSTA. *H²S et sulfure de sodium dans l'intoxication par HgCl² (C. R. Soc. Biol.*, 1925, XCII, 1241). — GRUMME-FOHRDE. *Ueber die Gefährlichkeit der innerlichen Joddarreichung bei Hg-anwendung am Auge. Besteht ein Unterschied für verschiedene Jodpräparate? (Arch. f. exp. Path. u. Phar.*, 1924, LXXVII, 448). — HAGGENEY. *Novasurol als Diureticum (Medizinische Klinik*, 2 et 3, 14 mars 1922). — HAIG (A.). *Causation of reduced arterial tension, etc. by Hg (Brit. M. J. Lond.*, 1890, I, 1241). — HALK et NUNEZ (J. of Amer. Assoc.*, 1911, XXXIII, 1561). — HALL (WILLIAM A.). *Un nouveau contre-poison pour les intoxications au HgCl² (Midl. Drugg. and Pharm. Rev.*, 1914, XLVIII, 467). — HALLOPEAU. *Thèse Médecine, Paris*, 1878 (agrégation). — HAMILTON. *Quelques poisons inorganiques (Chem. Trade Journ.*, 1919, LXV, 365). — HARNACK. *Ueber die Wirkung der « Emetica » auf die quergestreiften Muskeln (Arch. f. exp. Path. u. Pharm.*, 1875, III,

44); — *Ueber die Wirkungen des Bleis auf den tierischen Organismus* (Arch. f. exp. Path. u. Pharm., 1878, IX, 152). — HARNACK (E.). *Die relative Immunität neugeborener Salamandra maculata gegen Arsen und ihr Verhalten gegen verschiedene Metallsalzlösungen* (Arch. f. exp. Path. u. Pharm., 1902, XLVIII, 61). — HARRINGTON (C.) et WALKER ,(H.). *The reaction time of HgCl² in different dilutions against various species of bacteria* (Boston M. et S. J., 1903, CXLVIII, 433). — HASKELL (C. C.) et HAMILTON (J. R.). *Sodium Thiosulphate in mercurial poisoning, an experimental study* (Jl. of the Amer. med. Ass., 1925, n° 23). — HASSENCAMP (E.). *Novasurol als Diureticum.* Z. f. innere Mediz. 1922, XLIII, 103). — HASSENSTEIN (O.). *Versuch ueber Hg-ausscheidung durch die Galle* (Inaugural Dissert., Königsberg, 1877). — HATA (S.). *Ueber die Sublimathemmung und Reaktivierung der Enzymwirkungen* (Bioch. Ztsch., 1909, XVII, 156). — RAUCK. *Ueber das Verhalten der Leukocyten in. II Stadium der Syphilis vor und nach Einleitung der Hg-Therapie* (Arch. f. Derm. u. Syph., 1906, LXXVIII, 43). — HEALD. *On the toxic effect of dilute solution of acids and salts upon plants* (Bot. Gaz., 1896, XXII, 125). — HEGLER. *Ueber die diuretische Wirkung des Novasurols* (Münch. med. Woch., 1921, LXVIII, 121; Hamburger Wochenschr. f. Ärzte u. Krankenk., n° 4, 1921). — HEILBORN (MAX). *Beiträge zur Wirkung subcutaner Sublimatinjection* (Arch. f. exp. Path. u. Pharm., 1878, VIII, 361). — HEINZ (R.). *Die Wirkung der Adsringentien* (Virchows Arch., 1889, CXVI, 220). — HENRY, SHARP et BROWN. *Bactericidal action of some organic compounds of Hg* (Bioch. Jl., 1925, XIX, 513). — HEPP (P.). *Ueber Hg-aethylverbindungen und über das Verhältniss der Hg-aethyl zur Hg-vergiftung* (Arch. f. exp. Path. u. Pharm., 1882, XXIII, 91). — HERFF (O. VON). |*Ueber Ursache und Verhütung der HgCl² Vergiftung bei geburtshilflichen Ausspülungen des Uterus und der Vagina* (Arch. f. Gynäk., 1885, XXV, 487; Central. f. Gyn., 1887, XI, 569-585). — HESSE (E.). *Essai sur le traitement de l'intoxication mercurielle* (Arch. f. exp. Path. u. Pharm., 1925, CVII, 43). — HEUBNER. *Ueber die Aufnahme von Hg durch Pflanzen* (Arch. f. exp. Path. u. Pharm., CXI; Verh. d. O. Pharm. Ges., D. V. Rostock, 41). — HILLS (W. R.). *The value of HgCl² as a practical desinfectant* (Boston Med. et Sc. Journ., 1888, XCIX, 169); — *The value of HgCl² as practical desinfectant; a reply to V. C. Vaughan* (Boston Med. et Sc. Journ., 1889, CXX, 190). — HOFFMANN. (G.). *Actions secondaires dues au Hg et au néosalvarsan dans leur application combinée* (Ch. C., 1918, I, 38). — HOFMEIER. *Gynécologie et obstétrique en Allemagne. Intoxication par HgCl²* (Ann. de Gynécol., 1884, XXII, 155); 1885, XXIII, 221. — HOPKINS (F. S.). *Intravenous use of mercurochrome* (Boston med. and surg. Journ., 16 octobre 1924, n° 96, 732). — HUBERT (G.). *Erfahrungen mit Novasurol als Diureticum* (Münch. med. Wochenschr., 1921, LXVIII, 1635). — HUCHARD. *Action diurétique du calomel. Son mode d'administration, ses indications et contre-indications* (Rev. gén. clin. et ther., 1889, 89-90). — IGNATJEW. (St-Petersburger med. Woch., 1888, 44). — IKEDA (Y.). *The effect of drugs on inflammation of the frog's mesentery* (J. of Pharm. and exp. Ther., 1916, VIII, 137). — IMMERMANN. *Ziemssen's Handb. der spec. Path. u Ther.*, XIII). — IRVING (G.). *Soufre sublimé dans l'intoxication mercurielle* (Brit. med. Journ., 31 janv. 1920, 149-150). — ISRAEL. *Ueber den Tod der Gewebe. — der Zelle* (Berl. klin. Woch., 1894, n° 31; 1897, n°s 8-9); — *Biologische Studien mit Rucksicht auf die Pathologie* (Virchow's Arch., CXLI, CXLVII). — IZAR. *Ueber den Einfluss einiger Hg-verbindungen auf den Stoffwechsel* (Biochem. Ztschr., 1909, XXII, 371). — JABLONOWSKI (G.). *Ueber die Einwirkung des Hg auf den thierischen Organismus* (O. Lange). Berlin, 1885. — JAQUET (L.) et DEBAT. *Essai sur l'action trophique du Hg et du salvarsan chez les syphilitiques* (Ann. de D. et de S., 1912, 449). — JENDRASSIK (E.). *Das Calomel als Diureticum* (Deut. Arch. f. Klin. Med., 1885-86, XXXVIII, 499); — *Weitere Untersuchungen über die Hg Diurese* (Deutsches Arch. f. Klin. Med., Leipz., 1890-91, XLVII, 226.) — JOACHIMOGLU (G.). *Ein Vorlesungversuch zur Demonstration der Abhängigkeit der antiseptischen Wirksamkeit der Hg-Verbindungen vom Dissociationgrade der Hg-Ionen* (Bioch. Zeitschr., CXXI, 259); — *Ueber den Einfluss den Wasserstoffionen-Konzentration auf die antiseptische Wirkung des Sublimats* (Biochem. Zeitschr., 1923, CXXXIV, 489). — JOLYET (F.). *Action des vapeurs de mercuréthyle sur la respiration des feuilles* (C. R. Soc. Biol., 1873, XXV, 225). — JULIUSBERG (F.). *Experimentelle Untersuchungen über die Hg Resorption bei der Schmierkur* (Arch. für Derm. u. Syph., 1901, LVI, 65). — JUNG (P.). *Der Uebergang von Arzneimitteln von der Mutter auf den Fœtus* (Therap. Monatsh., 1914, XXVIII, 104). — DE JUSSIEU. *Observations sur ce qui se pratique aux mines d'Almaden en Espagne pour en tirer le Hg, et sur le caractère des maladies de ceux qui y travaillent* (Hist. Acad. roy. d. sc. [de Paris], 1719, Amst. 1721. mem. 349). — KAHLENBERG et TRUE. *On the toxie action of dissolved salts an their electrolytic dissociation* (Bot. Gaz., 1896, XXII, 81). — KAHLER. *Sur la recherche du Hg dans le lait des femmes pendant la cure par frictions* (Viertelj. f. D. u. S., 1875, VII, 391). — KAHN (M.), ANDREWS et ANDERSON (J. H.). *Chemical and pathological observations in a case of Hg poisoning* (Medical Record, 28 août 1915, LXXXVIII, 357). — KAUFMANN. *Die Sublimatintoxikation*, 1888). — KELLER (H.). *Ein Fall von tödtlicher HgCl²-intoxication* (Centralbl. f. Gynaek, 1885, IX, 497); *Zur HgCl²-Frage* (Arch. f. Gynäk, 1885, XXVI, 107). — KEYES. *The effect of small doses of Hg in modifying the number of the red blood corpuscles in syphilis ; a study of blood counting with the hematimeter* (Amer. J. of med. Sciences, janvier 1876, 17). — KIRCHGÄSSER. *Ueber die Wirk. des Hg-Dampfe welche sich bei Innunct. mit gr. Salbe entwickeln* (Virch. Arch., XXXII, 145). — KOLDEWIJN (H. B.). *Uebergang von Arzneimitteln in die Milch* (Arch. der Pharm., 1911, CCXLVIII, 623). — KLEIN (E.). *On the action of perchloride of mercury on bacteria* (Rep. Local Gov. Bd. Lond., 1885-1886, XV, 155); — *Further observations on the influence of perchloride of mercury on pathogenic organisms growing in nutritive gelatine* (Ibid., 1886, Lond., 1887, 441). — KLEMPERER (F.). *Ueber die Veränderung der Nieren bei HgCl² Vergiftung* (Virchow's Arch. f. Anat. u. Physiol., 1889, CXVIII, 445). — KLINK. *Untersuchungen über den Nachweis des Hg in der Frauenmilch während einer Einreibungskur mit grauer Salbe* (A. f. D. u. S., 1876, VIII, 207). — KOBERT. *Einfluss verschiedener pharmakol. Agentien auf die Muskelsubstanz* (Arch. f. exp. Path. u. Pharm., XV, 22). — KOCH. *Ueber Desinfection* (Mittheilungen aus den Kaiserlich Gesundheitsamt, Berlin, 1881, I). — — KOHAN (M.). *Ueber Hg-Vergiftung bei gleichzeitiger Hirudinvergiftung* (Arch. f. exp. Path. u. Pharm., 1909, LXI, 132). — KOHN (S.). *Influence des sels mercuriels sur le métabolisme et l'assimilation de l'azote* (Pom. Towarz. Lek. Warszawa, 1891, LXXXVII, 305). — KOLLE (W.), ROTHERMUND (M.) et PESCHIÉ (S.). *Recherches sur l'action des préparations mercurielles sur les spirochétoses. Action chimiothérapique des composés mercuriels et particulièrement d'une nouvelle préparation mercurielle douée d'une action marquée sur les spirochètes et d'une toxicité très faible* (D. med. Woch., 1912, XXXVIII, 1582). — KOLLERT (V.). *Sur l'action diurétique du novasurol* (Ther. der Gegenwart, octobre 1920, 340). — KOLMER, SCHAMBERG et RAIZISS. (Jour. Cutan. Dis., 1915, XXXIII, 819). — KORENTSCHEWSKY. *Vergleich. pharmak. Untersuchungen über die Wirkung von Giften auf einzel. Organismen* (Arch. exp. Pharm. u. Path., 1902, XLIX, 7). — KOSSIAKOFF. *De la propriété que possèdent les microbes de s'accommoder aux milieux antiseptiques* (Ann. Inst. Pasteur, I. 1887). — KRAHÉ (E.) (Klin. Woch. 1924, III, 70). — KRAUS (H.). *Ein Beitrag zur Kenntniss der Wirkung des Hg auf den Darm* (Deutsche med. Wochenschr, 1888, XIV, 227). — KREIBICH. *Sur l'action du Hg.* (A. f. D. u. S., 1907, LXXXVI, 265). — KRONBURGER. *Hg Vergiftung beim Rinde* (Wochenschr. f. Thierisch u. Viehzucht, München, 1902, XLVI, 500). — KRONFELD (A.). *Wann erscheint das Hg des grauen Oeles im Urin?* (Wien. med. Wchnschr., 1889, XXXIX, 1337). — KRONFELD (A.) et STEIN (H.). *Die Ausscheidung des Hg bei kutaner, subkutaner und interner Verabreichung* (Wien. med. Woch., 1890, XL, 1004, 1055, 1095, 1147, 1191). — KUDISCH (V.-M.). *On the elimination of mercury by the urine when intravenously introduced* (Dneonik syezda Obsh. russk. vrach. v. pamyat Pirogova, Kiev, 1896, VI, n° 12, suppl. 77-79). — KULCKE (E.). *Novasurol als Diureticum* (Klin. Woch., 1922, I, 622). — KUSSMAUL. *Mercurialismus.* — LABBÉ (M.). *Rôle des leucocytes dans l'assimilation et la répartition des médicaments dans l'organisme.* (Presse médicale, 1903, n° 83, 725). — LAMBERT (SAMU-L W.) et PATTERSON (H. S.). *Poisoning by HgCl² and its treatment* (Arch. of Int. Med., 1915, XVI, 865). — LANAUX. Cité par F. ORFILA. (Thèse Medecine, Paris, 1852). — LANDAU (A.), MARJANKO (I.) et FERGIN (M.). *Traitement de l'empoisonnement par le mercure* (Gazeta Lekarská, 1924, XCI 160; Presse médicale, 1925, 1619). — LANDSBERG. *Sur l'élimination du Hg de l'organisme et plus particulièrement du calomel* (Inaugural dissert., Breslau, 1881). — LANGE. *Novasurol als Diureticum* (Ther. d. Gegenwart, 1920, LXI, 251). — LANNOIS. *De l'action diurétique du calomel* (Lyon médical, 1886, 91). — LASAREFF (W.). *Wird das zu therapeutischen Zwecken in den Organismus eingeführte Hg in die Cerebrospinalflüssigkeit abgeschieden?* (Deutsch. Zs. Nervenhlk., 1912, XLV. 202). — LAUDER BRUNTON. *Traité de Pharmacologie, de Thérap. et Mat. méd.* (Bruxelles, 1888, I, 142). — LAUNOY (L.) et LEVADITI (C.). *Sur la thérapeutique mercurielle de la syphilis expérimen-*

tale du lapi~ et de la spirillose brésilienne (C. R. Acad. Sc., 1911, CLIII, 303); — *Nouvelles recherches sur la thérapeutique mercurielle de la syphilis expérimentale du lapin (C. R. Acad. Sc.,* 1912, CLIII, 1520). — LEMIERRE (A). et BERNARD (ÉT.). *Néphrite suraiguë mercurielle avec ascension de l'urée du sang à 7 gr. 29. Guérison (Bull. et Mém. de la Soc. méd. des hôpitaux de Paris,* 27 juin 19.4, 1008). — LÉPINE (R.). *De la diurèse et des lésions rénales hydrargyriques (Semaine méd.,* Paris, 1889, IX, 213); — *De l'absorption du Hg par la peau et par les voies respiratoires (Semaine méd.,* Paris, 1895, XXV, 85). — LETULLE. *Recherches sur les paralysies mercurielles (Arch. Phys. norm. et path.,* IX, 309). — LEWI. *Ueber den Nachweis des Auscheidungs des Hg aus dem Organismus durch den Harn (Inaug. Dissert.,* Iéna, 1889, d'après Linden, 226). — LEWIN. *(Berl. Klin. Woch.,* 1895, 245). — LIEB (C. C.). et GOODWIN (C.-M.). *The excretion of Hg by the gastric mucous membrane (Journ. of Amer. Med. Assoc.,* 1915, LXIV, 2041). — LIÉGEOIS. *Des résultats cliniques et scientifiques obtenus avec les injections sous-cutanées de sublimé à petites doses dans l'étude de la syphilis (Gaz. des Hôp.,* 1869, LXXXVIII, 347 et LXXXIX, 350). — LINDEN (K.-E.). *Untersuchungen über die Resorption und Elimination des Hg (Arch. f. Dermat. u. Syph. Wien,* 1892, II, Ergänzungsh., 171-228). — LINSTOW (O. VON). *Beitrag zur pathol. Anat. von Taenia mediocanellata (Arch. f. Naturgesch.,* 1890, 1, 177). — LISIN (F.). *De l'influence des sels de Hg sur la leucocytose et sur la formule leucocytaire (Arch. Int. Pharm. et Ther.,* 1908, XVIII, 237). — LOCKE (F.-S.). *L'action diurétique du Hg (British Med. Journ.,* 1890, 1511.) — LŒWI. *Ueber den Nachweiss der Ausscheidung des Hg aus dem Organismus durch den Harn (Inaug. Dissert,* 1889). — LOMBARDO (C.). *Recherches expérimentales sur les injections intramusculaires des préparations mercurielles (Bolletino della Società Medico-Chirurgica di Modena,* 1910); — *Résorption des préparations mercurielles administrées par injections intramusculaires (Giornale ital. delle mallattie ven. e della pelle,* 1911, LII,453). — LOMBARDO (C.) et TOGNOLI (E.). *Sul passaggio del Hg dalla madre al fœto (Giorn. ital. d. mal. Ven. Milano,* 1911, XLVI, 103). — LOMHOLT (S.). *Die Zirkulation des Hg im Organismus (Biochem Ztschr.,* 1917, LXXXI, 356; *Arch. f. Dermat. u. Syphilis Orig.,* 1918, CXXVI, 1); — *Résorption et excrétion du mercure dans les differentes méthodes d'application au traitement de la syphilis (Brit. Journ. of Dermatol. and Syph.,* 1920, XXXII, 353); — *Emikuren et Forsog paa en Kritik (Ugeskrift f. Laegèr* 1914, nº 34.) — LUDWIG. *Ueber den Nachweiss des Quecksilbers und über die Lokalisation des Quecksilbers im Organismus nach dessen Einverleibung (Internat. Klin. Rundschau,* Wien, 1892, VI, 1626). — MAC GUIGAN (A. Jl. Physiol.,* X, 290). MAC NIDER (W.-D.). *A study of acute HgCl²-intoxication in the dog, with special reference to the kidney injury (Journ. of exper. Med.,* 1918, XXVII, 619). — MARIANI (D.-F.) et LAUREATI (E.). *Ricerche sperimentali sull' influenza delle iniezioni endovenose di HgCl² sul sangue (Clinica Medica Italiana,* 1903, XLII, 283). — MARLE (M.). *Ueber den Einfluss des Quecksilbersublimat auf die Magenverdauung (Arch. f. exp. Path. u. Pharm.,* 1875, III, 397). — MASSEY (G.-B.). *The radical cure of malignant disease by the cataphoric dissemination of mercuric salts; a further contribution (Proc. Phila. Co. M. Soc. Phila,* 1897, XVIII, 344). — MATTHES (M.). *Experimenteller Beitrag zur Frage der Hämolyse (Münch. Med. Wochenschr.,* 1902, XLIX, 8); — *Weitere Beobachtungen über den Austritt des Hœmoglobins aus Sublimat gehärteten Blutkörperchen (München. med. Wochenschr.,* 1902, XLIX, 698). — MAUREL (E.). *Action du bichlorure de Hg sur les éléments figurés du sang (Bull. gén. de thérap.,* Paris, 1893, CXXIV, 193). — MAYENÇON et BERGERET. *J. Anat. et Phys.,* 1873, IX, 81). — MEMMI (G.) *Leucocitosi consecutiva ad iniezioni endovenose di HgCl² (Gazz. d. osp. Milano,* 1903, XXIV, 993). — MENDELSOHN. *Calomel als Diureticum bei Herz-Krankheiten (Deut. med. Wochenschr.,* 1886, XII, 796). — MERGET. *Action toxique, physiologique et thérapeutique des vapeurs mercurielles. Recherche du Hg dans les tissus et les liquides de l'organisme (Thèse Bordeaux,* 1858-89). — V. MERING. *Ueber die Wirkungen des Hg auf den thierischen Organismus (Thèse Strasbourg et Arch. f. exp. Path. u. Pharm.,* 1881, XIII, 86). — MEYER et GOTTLIEB. *Die experimentelle Pharmacologie.* — MEYER (H.). *Ueber elektrolytische Abscheidung der Schwermetalle Hg, Cu, Ag und Fe aus dem Harn (Inaug. Diss.,* Würzburg, 1898). — MEYER (HERMANN). *Ueber das Milchsaureferment und sein Verhalten gegen Antiseptica (Dorpat, 1880).* — MEYER (P.). *Calomel als Diureticum (Deut. med. Wochenschr.,* 1887, XIII, 768). — MIALHE. *Recherches chimiques thérapeutiques et physiologiques sur les mercuriaux et sur les ferrugineux (Traité de l'art de formuler;* Paris, Fortin-Masson, 1845). — MICHAILOWSKY. *Ueber die*

Aufnahme von Hg aus der Luft seitens der Kranken und Wärter, in zu Inunctionskuren benützten Zimmern (Intern. Klinik, 1886, xi); — *Sur l'élimination du Hg par l'urine dans l'administration par injections sous-cutanées, sous forme d'huile grise* (1ᵉʳ Congrès des médecins russes, 22 décembre 1885). — DE MICHELE. *Le Hg dans les tissus* (Riforma medica, 1891, 169). — MILIAN (G.) et MOUGENC DE SAINT-AVID. *Anurie mercurielle* (Ann. des mal. vén., 8 septembre 1917, 212). — MILIAN (G.). *Le cyanure de Hg* (Ann. des mal. vénér., février 1920). — MILIAN (G.) et LELONG (Soc. méd. Hôp., 1922, XLVI, 1163). — MIQUEL (P.) (Ann. de Micrographie, 1897, IX, 307). — MIRANOVITCH. *Elimination du Hg par la sueur* (Saint-Petersburger med. Wochenschrift, 1895, Beilag, 39). — MIRTO (D.). *Sulla distribuzione quantitativa del Hg nell' organismo animale in seguito ad ingestione di calomelano e ad avvelenamento acuto per HgCl²* (Gior. di. med. leg. Pavia, 1900, VII, 125). — MOLITOR (Klin. Woch., 1922, 1706). — MONTEL. (Thèse Bordeaux, novembre 1900). — MOURIQUAND, FLORENCE et MAZEL (P.) (Bull. de la Soc. médic. des Hôpitaux ae Lyon, 1ᵉʳ février 1921, 56). — MÜLLER (FR.). *Absorption du Hg par la respiration* (Mitteilungen aus der med. Klinik zu Würzburg, 1885, II, 355). — MÜLLER (G.) d'après E. FRÖHNER. *Arzneimittellehre f. Tierärzte Stuttgart Enke*, 11ᵉ édition, 265). — MULLER, SCHRAUTH et SCHOELLER. *Sur la pharmacologie des composés mercuriels organiques. Contribution à l'action des poisons métalliques* (Biochem. Zeitschr., 1911, XXXIII, 381). — MUHLING (AD.). *Studie über diuretische Wirkungsweise von Hg. ausgeführt mit dem organischen Hg-präparat Novasurol* (Münch. med. Wochenschr., 1921, LXVIII, 1447). — NAEGELI. *Ueber die oligodynamischen Erscheinungen an lebenden Zellen* (Neue Denkschriften d. allg. schweizer Ges. f. d. ges. Naturwiss, XLIII). — NEGA (J.). *Ein Beitrag zur Frage der Elimination des Hg mit besonderer Berücksichtigung des Glycocoll-Hg.* (Strassburg bei Trübner, 1882). — NEGA (J.). *Résorption et action de diverses préparations mercurielles administrées dans les traitements cutanés* (Strassburg, 1884). — NEMSER (M.-H). *Sur le chimisme de la digestion dans l'organisme des animaux. Sur la destinée du calomel administré per os* (Z. f. phys. Chemie, 1906, XLVIII, 563). — NETZEL (W.). *Empoisonnement par le HgCl² pendant les suites de couches* (Nord. medic. Arch., 1885, XVII, 1). — NEUBECK. *Hg-vergiftung mit tödtlichem Ausgange nach einspritzungen von Hydrargyrum salicylicum* (Dermat. Z., 1902, IX, 470). — NEUBERG (CARL). *Verhalten von an Eiweiss gebundenem Hg* (Therapeutische Monatshefte, 1908, XXII, 580). — NEUHAUS (H.). *Versuche über Gewöhnung an As, Sb, Hg und Cu bei Infusorien* (Arch. int. de pharm. et thérap., 1910, XX, 393). — NEUMANN. *Ueber die Aufnahme des Hg durch die Haut* (Wien. med. Woch., 1871, nᵒˢ 50 et 52). — NICOLA et L'HEUREUX. *Recherches sur l'élimination urinaire du Hg à la suite des injections intramusculaires de HgCl²* (Annales de Derm. et Syph., 1908). — NIKOLSKY. *Elimination du Hg avec le sang menstruel au cours du traitement mercuriel* (Ref. Münchener med. Woch., 1903, X, 2067). — NOGUCHI (H.) et AKATSU (G.). *On the drugfastness of spirochaetae against certain arsenical, mercurial and iodide compounds in vitro* (Scient. Proc. of. Am. soc. f. Pharm. and exp. Ther., 28-30 déc. 1916, in J. of. Pharm. and exp. Ther., 1917, IX, 363). — NONNENBRUCH (W.). *Ueber die Wirkung des Novasurols auf Blut und Diurese* (Münch. med. Woch., 1921, LXVIII, 1232); — *Ueber Beziehungen den Gewebe zur Diurese und über die Bedeutung der Gewebe als Depots* (Deut med. Woch., 1922, XLVIII, 483). — NOTHNAGEL (Therap. Monatshefte, 1888, 264). — OBERLÄNDER. *Recherches sur l'élimination du Hg dans l'urine après traitement mercuriel* (Vierteljahresschrift für Dermat. und Syphilis, 1888, VII, 487). — OELKERS (L.). *Ueber das Vorkommen von Hg in den Bandwürmen eines mit Hg behandelten Syphilitikers* (Centr. f. Bact. u. Parasit., 1890, VII, 209). — OGIER et KOHN-ABREST. *Traité de chimie toxicologique*. — OPPENHEIM (M.). *Ueber das Auftreten von Hg im Mundspeichel* (Arch. f. Dermat. u. Syph. Wien u. Leipz., 1901, LVI, 339). — ORFILA (L.). *De l'élimination des poisons*, Thèse Médecine, Paris, 1852. — OTTELLI (G.). *Recherche du mercure dans le fromage et la viande provenant de vaches vaccinées d'après le système de BACCELLI contre la peste bovine* (Boll. Chim. Farm., 1902, XLI, 597). — OTTOLENGHI (Desinfection, 1908, I, 211; 1909, II, 105). — OVERBECK. *Mercur und Syphilis*, Berlin, 1861. — PANFILI (G.). *Dell' aumento del potere battericida delle soluzioni di sublimati corrosivo per l'aggiunta di acidi e di cloruro di sodio* (Ann. d. Ist. d'ig. sper. d. Univ. di Roma, 1893, n. s. III, 529). — PATEIN (G.). *Étude expérimentale sur l'action de l'acide chlorhydrique et des chlorures alcalins sur le calomel in vitro et dans le tube digestif* (Jour. Pharm. et Chim. 1914, [7], IX, 49). — PAUL (TH.) et KRÖNIG

(B.). *Die gesetzmässigen Beziehungen zwischen Lösungszustand und Wirkungswerth der Desinfectionsmittel* (Münch. med. Wochensch, 1897, XLIV, 304, Arch. f. Hyg., XXV). — PAULIN (J.). *Ueber das numerische Verhalten der weissen Blutkörperchen bei Syphilis während der Hg-therapie* (Inaug. Dissert. München, 1903). — PÉLIGOT. *Composition chimique du lait d'ânesse* (J. des connaissonces médicales pratiques, 1836-37, 200). — PELLIER. *Réduction métallique spontanée dans les tissus du biodure de Hg injecté en solution aqueuse* (Ann. de Derm. et de Syph., 1911 (5 s.), II, 89); — *Sur la résorption du calomel injecté dans le muscle de l'homme* (Ann. de Derm. et de Syph., série 5, 1911, II, 303). — PETIT (A.). *Étude sur la pepsine*, Paris, 1881. — PEYRON (J.). *Études des variations de la capacité respiratoire du sang; applications thérapeutiques. Antidote du saturnisme, de l'hydrargyrisme* (C. R. Soc. Biol., 1891, XLIII, 835). — PICCARDI (G.). *Sull' assorbimento del Hg attraverso la pelle* (Gior. ital. d. mal. ven., 1898, XXXIII, 684). — PICCININI (G.). *Effetti farmacologici dell' acetato di tetra-Hg-acetanilide colloidale* (Arch. Int. Pharm. et Ther., 1913, XXIII, 417). — PICK et MOLITOR. (Wien. Klin. Woch., 1922, XXXV, 389). — PILLIET (A.) et CATHELINEAU. *Action toxique du HgCl²* (C. R. Soc. Biol., 1892, XLIV, 829). — PINKUS (F.). *Sur l'action du traitement mercuriel sur le poids du corps* (Arch. f. Derm. u. Syph., 1909, CI, 77). — PLOTTIER. *Recherches sur le passage de quelques substances médicamenteuses de la même au fœtus* (Travaux au lab. de thérap. expér. de l'Univ. de Genève, 1897, III, 277). — POPOFF (S. P.). *Expériences comparatives sur l'action désinfectante des solutions de HgCl² pures ou mélangées* (Pétrograd, 1898). — PORAK. *Du passage des substances étrangères à l'organisme à travers le placenta* (Arch. de méd. exp. d'anat. et pathol., 1894, VI, 492). — POUCHET (C. R. Acad. Sc., 1881, I, 31); — *Analyse d'une salive de stomatite mercurielle. Salive albumineuse* (Ann. de dermatol. et de Syphiligr., 1882, III, 479); — *Absorption et distribution des composés mercuriels dans l'organisme* (Bull. de la Soc. de thérapeut., 1902, CXLIII, 652, 774). — POULSSON (E.). *Sur la résorption du Hg par les poumons* (Norsk Mag. f. tægevidensk, Kristiania, 1901, XVI, 921). — PRÉVOST (Revue méd. suisse romande, 1882). — PRÉVOST et BINET. *Recherches expérimentales relatives à l'action des médicaments sur la sécrétion biliaire à leur élimination par cette sécrétion.* (C. R. Acad. Sc., 1888, CVI, 1690). — PRÜMERS. *Ueber das Hg-äthyl-chlorid (Aethylsublimat) in physiologischer Beziehung* (Inaug. Dissert. Berlin, 1870). — PRUSSAK (G.). *Versuche mit Hg und Hirudin* (Arch. f. exp. Path. u. Ther., 1910, LXII, 201). — PULST. *Jahrbuch f. wiss. Bot.*, 1902, XXXVII, 205). — QUINCKE. *Sur la connaissance de l'action du mercure. Augmentation de la quantité d'urine par injection de calomel* (Berliner Klin. W., 1890, XXVII, 401). — RABUTEAU. *Mécanisme de l'intoxication aiguë par le Hg. Action des sels de ce métal sur le système musculaire* (C. R. Soc. Biol., 1873, XXV, 330). — RADZIEJEWSKI. (Arch. f. Anat. u. Phys., 1870, 55). — RAIMONDI (C.). *La guérison de l'intoxication mercurielle et ses rapports avec la théorie des noires* (Bull. Chim. Farm., 1907, XLVI, 717). — RAIZISS, KOLMER et GAVRON. *Chemotherapeutic studies on organic containing Hg and As* (J. Biol. Chem., 1919, XL, 533). — RAKUSIN (A.) et NESMEJANOW (A. N.). *Ueber das Verhalten der wässerigen und alkoholischen Sublimatlösungen gegen verschiedene Adsorptionsmittel (Ein Beitrag zur Toxikologie der Hg-salze)* (Münch. med. Wochensch., 1923, LXX, 1409). — *Ueber das Verhalten der wässerigen und alkoholischen HgCl²-lösungen gegen verschiedene Adsorptionsmittel* (Münch. med. Woch., 1924, LXX, 429). — RAYMOND. *L'intoxication mercurielle aux mines d'Almaden* (Progrès Médical, 1887, 1017). — REISS (W.). *Ueber die im Verlaufe der Syphilis vorkommenden Blutveränderungen in Bezug auf die Therapie* (Arch. f. Derm. u. Syph., 1895, XXXII, 207). — RÉMOND (A.). *Notes pour servir à l'étude de l'action du Hg dans l'organisme* (Ann. de Derm. et Syph., 1888, IX, 158). — RENAULT (J.) et PAGNIEZ (P.). *De l'innocuité des injections intra-veineuses de cyanure de Hg sur la composition du sang* (Bull. et mém. Soc, med. d. hôp. de Paris, 1904, XXI, 151). — RICCI (R.). *Sulla eliminazione dell' As e del Hg per le uova* (Gazz. degli osped. e delle clin., 1897, XVIII, 769). — RICHET (C.). *De l'action de quelques sels métalliques sur la fermentation lactique* (C. R. Ac. Sc., 1892, CXIV, 1494). — RICHET, CARDOT et LE ROLLAND. *Sur les antiseptiques réguliers et irréguliers* (C. R. Ac. Sc., 1917, CLXIV, 669). — RINDFLEISCH. *Zur Frage von der Resorption der regulinischen Hg* (Arch. f. Derm. u. Syph., II, 309). — ROSENBACH (O.). *Das Problem der Syphilis und die Legende von der specifischen Wirkung des Hg und I.* Berlin, 1903 (A. Hirschwald); — *Ueber einige Veränderungen nach subcutaner Injection von Sublimat bei Kaninchen* (Zeitschr. *f. rat. Med.*, XXXIII, 36). — ROSENBLOOM (J.). *Répartition du Hg dans l'organisme dans un cas d'intoxication aiguë par le sublimé* (Journ. *of. Biol. Chem.* 1915, XX, 123); — *Acute bichloride of Hg poisoning treated by newer methods* (Amer. Journ. *of. Med. Sc.*, 1919, CLVII, 348). — ROSENHEIM. *Zur Kenntniss der diuretischen Wirkung der Hg-präparate* (Mitth. d. Ver. d. Aerzte in Nied.-Oest. Wien, 1887, XII, 287); — *Zur Kenntniss der diuretischen Wirkung der Hg-präparate* (Deut. med. Wochenschr., 1887, XIII, 325 et 354); — *Experimentelles zur Theorie der Hg-diurese* (Ztschr. *f* Klin. Med., Berl., 1888, XIV, 170). — ROSS (J.). *On the action of Hg* (The Practionner, 1870, v, 211). — ROTHERMUND (M.), DALE (J.) et PESCHIÉ (S.). *Le Hg dans le traitement des spiro- chétoses au point de vue des études expérimentales sur les animaux* (Z. *für Immunitätsfor- schung und experim. Therapie.* (Ref. Chem. Zentralbl., 1913, I, 1053). — ROWE. *Elimination of Hg (Mercurosal)* (Il. Am. Pharm. Ass., 1925. XIV, 317). — RUBINO et VARÉLA. (Klin. Woch., 1923, I, 487). — SABBATANI (L.). *Azione decalcificante del mercurio sulla ossa* (Ann. di chim. e di farm., Milano, 1896, XXIII, 49); — H^2S *come antidoto generale del Hg dal punto di vista fisico-chimico* (Arch. Int. Pharm. et Ther., 1907, XVII, 319); — *Physikchemische Betrachtungen über die pharmak. und toxische Wirkung von Hg* (Bioch. Z., 1908, XI, 294). — SACHS (HANS). *Ueber den Austritt des Hämoglobins aus sublimat- gehärteten Blutkörperchen* (Münch. med. Wchschr., 1902, XLIX, 189); — *Quel rôle la léci- thine joue-t-elle dans l'hémolyse par le sublimé?* (Wien. Klin. Wchschr., 1906, XVIII, n° 35). — SALANT (W.). *Pharmacology of Hg* (J. of. Amer. Med. Assoc., 1922, LXXIX, 2071). — SALANT (W.) et KLEITMAN (N.). *Some observations upon the action of Hg* (Journ. of Pharm. and exp. Ther., 1922, XIX, 315). — SALKOWSKI (E.). *Sur la recherche du Hg dans les urines et les organes avec considérations sur les combinaisons insolubles dans l'orga- nisme* (Bioch. Ztschr., LXI, 27). — SAXL. *Eigenartige Oedemkrankheit* (Wien. med. Wochenschr., 1921, LXXI, 1768). — SAXL (PAUL) und HEILIG (ROBERT). *Ueber die diuretische Wirkung von Novasurol-und anderen Hg-injektion* (Wien. Klin. Wchschr., 1920, XXXIII, 943); — *Ueber die Novasurol-diurese* (Wien. Arch. f. inn. Med., 1921, III, 145 et 1922, III, 152); — (Zeitschr f. d. ges. Med., 1923, XXXVIII, 94). — SCHAMBERG (J.-F.), KOLMER (J.-A.) et RAIZISS (G.-W.). *A new and superior mercurial germicide* (J{ of Amer. Assoc., 1917, LXVIII, 1458). — SCHAMBERG, KOLMER, RAIZISS et TRIST (J. Infect. Dis., 1919, XXIV, 347). — SCHARGORODSKY (D.). *Sur l'action diurétique du mercure* (Z. *f. exp. Path. u. Therap.*, IX, 562). — SCHEURLEN. *Die Bedeutung des Molecularzustandes der wassergelösten Desinfectionsmittel für ihren Wirkungswerth* (Arch. f. exp. Path. u. Pharm. 1896, XXXVIII, 74). — SCHEURLEN et SPIRO (I.). *Die gesetzmässigen Beziehungen zwischen Lösungszustand und Wirkungswerth der Desinfectionsmittel* (Münch. med. Woch., 1897, XLIV, 81). — SCHILLING (CL.), KROGH (V.), SCHRAUTH (W.) et SCHOELLER. *L'action des composés mercuriels organiques dans les spirochétoses* (Z. für. Chemotherapie, 1912, I, 21). — SCHLESINGER (H.). *Experimentelle Untersuchungen über die Wirkung lange Zeit fortgegebener kleiner Dosen Hg auf Thiere* (Arch. f. exp. P. u. Ph., 1881, XIII, 317). — SCHLOMS (B.). *Ueber Schädi- gungen des Auges durch Kalomeleinstaübung in dem Augenbindehautsack bei gleichzei- tiger innerer Darreichung der Halogensalze (KI, KBr, und NaCl)* (Arch. f. Augenh. Wiesb., 1913, LXXIII, 220); — *Inaugural Dissertation Greifswald* (Bergmann, Weisbaden, 1913). — SCHMIDT (O.). *Beiträge zur Elim. des Hg* (Inaug. Diss, Dorpat, 1879). — SCHMIEDE- BERG (O.). *Pharmakologie.* Leipzig (Vogel). — SCHNEIDER (FR.). *Ueber das chemische und elektrolytische Verhalten des Hg usw.* (Sitzungsber. d. Kaiserl. Akad. d. Wissensch. 1860, XL, 239); — *Ueber Ausscheidung des Hg während und nach Hg. Kuren.* (Wien. med. Jahrbücher, 1861). — SCHOELLER (W). *Zum Mechanismus der Hg-wirkung bei Syphilis.* (Arch. f. exp. Path. u. Pharm., 1923, XCLVI, suppl., 37). — SCHOELLER (W.) et SCHRAUTH (W.). *Nouvelles vues sur le chimisme de la toxicité et de l'action thérapeutique des composés mercuriels organiques* (Medizinische Klinik., 1912, n° 29). — SCHRAUTH (W.). *Sur les médi- caments mercuriels* (Chem. Ztg. 1908, XXXII, 577). — SCHRAUTH et SCHOELLER (Biochem. Zft., XXXII, 509; Zft. f. Hyg. und Inf. Krankh, 1910, LXVI, 497 et LXX, 21-44; Ther. Monatsh., déc. 1909; Med. Klinik, 1912, n° 2). — SCHROEDER (H.). *Der Stoffwechsel der Kaninchen bei akuter Quecksilbervergiftung* (Würzburg, 1893). — SCHROEDER. *Zur Frage der Resorptionswege des Hg bei Inunctionen* (Arch. f. Derm. u. Syph., 1901, LV, 431). — SCHUR (H.). *Klinische experimentelle Studien über die Novasurol-diurese und Nieren- funktion* (Wien. Arch. f. inn. Med., 1923, VI, 175). — SCHUSTER. *Ueber die Ausscheidung des Hg während und nach Hg-Kuren (Arch. für Derm. u. Syph.*, 1882, 52) ; — *Erwiderung auf die Bemerkung des Hrn E. Ludwig zu meiner Arbeit « Ueber die Ausscheidung des Hg », nebst weiteren Aufschlüssen ueber diese Ausscheidung (Arch. f. Derm. u. Syph.*, 1882, xiv, 307) ; — *Ueber die Ausscheidung des Hg durch den Harn und die Fäces, bei und nach Hg-Curen (Deut. med. Woch.*, 1883, ix, 193) ; — *Neue Aufschlüsse über die Ausscheidung des Quecksilbers (Deutsche med. Wochenschr.*, Berl., 1884, x,18 et 278) ; — *Hg Einreibungen und Hg Einatmungen (Dermat. Zeitschrift*, 1899, 646). — Schuster (R.). *Recherches sur la résorption et l'élimination du mercure dans les traitements par frictions mercurielles et les bains thermaux sulfureux simultanés (Arch. f. Derm. u. Syph.*, 1909, xciv). — Schwass. *Calomel und Digitalis bei Ascites in Folge von Lebercirrhose (Berl. Klin. Woch.*, 1888, xxv, 762). — Sebillotte (R.). *Intoxications par le sublimé corrosif chez les femmes en couches (Paris*, 1891). — Sée (G.). *Le calomel dans les hydropisies cardiaques (Semaine médicale*, 1889, n° 4). — Sensini. *Toxicité du Salicylate de Hg dissous dans l'eau salée (Giornale italiano delle malattie venerie*, 1908). — Seuter (*Zeitschr. f. physik. Chemie*, li, 673). — Sievert (Walter). *Ueber die toxischen Eigenschaften des Hirudins mit Rücksicht auf die Hg- hirudinvergiftung (Zeitschr. f. exp. Path. et Ther.*, 1909, vii, 532). — Sigálas (C.) et Dufouy (R.). *Sur l'élimination du Hg par la glande mammaire (Congr. internat. de méd. C. r., Paris*, sect. path. gén., 1909, 393 ; *Revue mém. gynécologie*, Bordeaux, 1900, ii, 522). — Silva (B.). *Sul meccanismo dell' azione diuretica del calomelano (Riv. clin. Milano*, 1888, xxvii, 503; *Centralblatt f. Klin. Med.* 1888, n° 19, 345). — Snyers (P.). *De l'emploi du calomel comme diurétique (Annales de la Soc. méd. chir. de Liége*, 1888, xxvii, 660). — Soli (U.). *Contributo allo studio della permeabilità placentare al Hg (Riv. ospedal Roma*, 1920, x, 69 et 109). — Solles. *Résultat de l'absorption des vapeurs de Hg dans l'organisme (Bull. Soc. d'anat. et physiol. de Bordeaux*, 1881, ii, 20). — Solovtsoff (B. I.). *Répartition topographique du Hg dans le foie après intoxication chronique (Izvlest. Imp. Voyenno. Med. Akad.*, S.-Petersb., 1900, i, 103). — Stassano (H.). *L'absorption du mercure par les leucocytes (C. R. Acad. Sciences*, 1898, cxxvii, 680) ; — *Démonstration de la désagrégation des leucocytes et de la dissolution de leur contenu dans le plasma sanguin pendant l'hypoleucocytose. Influence de la leucolyse intravasculaire sur la coagulation du sang (C. R. Acad. Sc.*, 1899, cxxix, 640) ; — *Les affinités et la propriété d'absorption ou d'arrêt de l'endothélium vasculaire (C. R. Acad. Sc.*, 1899, cxxix, 648) ; — *Rôle du noyau des cellules dans l'absorption (C. R. Acad. Sc.*, 1900, cxxx, 780) ; — *Sur le rôle des leucocytes dans l'élimination du mercure (C. R. Acad. Sciences*, 1901, cxxxiii, 111) ; — *Sur l'intensité décroissante de l'élimination du Hg dans les différentes régions de l'intestin à partir du duodénum (C. R. Soc. Biol.*, 1902, liv, 1100). — Stassano (H.) et Billon (F.). *Nouvelles contributions à la physiologie des leucocytes (C. R. Acad. Sciences*, 1902, cxxxv, 322). — Stassano (H.) et Gompel (M.). *Du pouvoir bactéricide considérable du biiodure de mercure (C. R. Acad. Sc.*, 1914, clviii, 1716) ; — *Du pouvoir toxique et bactéricide considérable du biiodure de mercure et du mode d'action du cyanure de mercure (C. R. Soc. Biol.* 1914, lxxxvii, 9). — Stein (H.). *Ein Beitrag zur Kenntniss der Ausscheidungsdauer des Quecksilbers (Wien. Klin. Wchnschr.*, 1890, iii, 1014). — Stépanoff (A.). *Analyse de l'urine dans la forme initiale de la syphilis (St-Pétersburg*, 1885). — Stern (C.). *Sur l'action de quelques médicaments antisyphilitiques sur les leucocytes et sur la signification des leucocytoses dans la guérison de la syphilis (Derm. Zeitsch.*, 1910, xvii, 385). — Sternberg. *Tannate de Hg avec revue des idées anciennes et nouvelles sur la diurèse par le Hg (Med. Klin.*, ix, 424) ; — (*Transactions of Amer. Public. Health. Assoc.*, 1887) ; (*Wien. med. Wochenschr.*, 1886). — Stevens. *The effect of aqueous solutions upon the germination of Fungus-spores (Botanical Gazette*, 1898, xxvi (2), 400). — Stintzing (R.). *Ueber die diuretische Wirkung des Calomel (Münch. med. Woch.*, 1888, xxxv, 1) ; — *Klinische Beobachtungen über Calomel als Diureticum und Hydragogum (Deut. Arch. f. Klin. Med.*, 1888, xliii, 206). — Strabinsky (V.). *Fate of cinnabar when injected into the blood of animals (Roboty prowiz. w. lab. med. fak. Varszawa. Uniw.*, 1874, i, 177). — Strassmann. *Sur le passage du sublimé à travers le placenta (Arch. f. Anat. u. Phys.; phys. Abth.*, 1899). — Stryzowski. *Passage du mercure dans la substance des poils (Chemiker-Ztg.*, 1912). — Stukovenkoff (M. I.). *Sur la méthode cataphorétique pour introduire Hg dans l'organisme (Trudi V. syezdo Obst. russk. vrach. v. pamyat, Pirogova*, S.-Petersb., 1894, ii, 238). — Stukowski (J.). *Zur Therapie* der Hg-intoxication (Deut. med. Wochenschr., 1923, XLIX, 1486; 1925, LI, 983). — SUSSMANN (P. O.). Studien über die Resorption von Pb und Hg beziehungsweise der Salzen durch die unverletzte Haut der Warmblüten (Arch.. f. Hyg., 1921, XC, 175). — TARNIER et VIGNAL (Arch. de med. exp. et d'anat. path., 1890, II, n° 4). — TARUGI (N.). L'aluminium comme moyen de protection contre le mercurialisme aigu et chronique (Gaz. chim. ital., 1905, XXXIV, 486). — TERRAY (PAUL). Contribution à l'action diurétique du calomel (Orvosi Hetilap, 1886, n°° 28, 31 et 32). — TEZNER. Zum Mechanismus der Novasurolwirkung (Med. Klin., 1923, IX, 783). — TIFFENEAU (M.) et BOYER (P.). Action diurétique des sels de Hg (Paris Médical, 1921, XIV, 475). — TRAMBUSTI. Contributo sperimentale alla legge dell'adamento dei microorganismi sui mezzi antisettici (Lo Sperimentale, 1892, XLVI). — TRAVERSA (G.). Azione dei preparati mercuriali sul contenuto globulare ed emoglobinico del sangue; importanza dell'esame globulimetrico ed emocromometrico nella diagnosi e nella cura della sifilide (Arch. internaz d. spec. med. chir. Napoli, 1894, X, 1, 43, 65). — TRUFFI, (M.). Ueber die Wirkung von Hg-salzen auf die Autolyse (Bioch. Zeitsch., 1909, XXIII, 270). — TU (TSUNMING). Hat der Unterschied der Wertigkeit und der Bindungsart des Hg gewisse Beziehung auf seine Giftigkeit und Verteilung (Kyoto Igakuzassi, 1923, XV, 1918). — TURNER (J.-P.). Mercurial poisoning of cattle (Ann. Vet. Rev. N. Y., 1904-1905, XXVIII, 669). — TYSON (W. J.). A. clinical note on the soporific action of Hg (Brit. M. J. Lond., 1891, I, 221). — ULLMANN (K.). Ueber die Lokalisation des Hg im thierischen Organismus nach verschiedenartigen Anwendungsweisen von Hg-präparaten (Internat. Klin. Rundschau, Wien, 1892, VI, 1585); — Ueber die Localisation des Quecksilbermetalles im thierischen Organismus (Arch. f. Dermat. u. Syph., 1893, XXV, fasc. suppl. II, 220). — ULLMANN (K.) et HAUDECK (M.). Études radiologiques sur la résorption des injections de Hg et d'arsénobenzol (Wien. Klin. Woch., 1911. XXIV, 85). — UMBER (F.). Chemische Untersuchungen des Blutes bei Anurie durch acute Hg-vergiftung (Charité, Ann., Berl., 1903, XXVII, 160). — VAJDA (M.). Ueber die Anwendung von oleinsaurem Hg-Oxyd bei Syphilis (Wiener. med. Presse, 1874, n° 23 et 24). — VADJA et PASCHKIS. Ueber die Einflussung des Hg auf Syphilis (Wien, 1880, 285). — VARET. Recherches sur le rôle des sels doubles dans les transformations des sels de Hg dans l'organisme (Paris, 1897). — VARVARO (UGO). Influence du bioxyde de manganèse et d'autres combinaisons métalliques sur le développement de semences (Staz. sperim. agrar. ital., 1913, XLV, 917). — VÉJUX, TYRODE et NELSON (L.). Mercurial diuresis (J. Med. Research. Bost., 1903, X, 132). — VIDAL (E.). Empoisonnement par une application de nitrate acide de Hg sur une large surface de la peau; mort le 9° jour après l'accident (C. R. Soc. Biol., 1863, XV, 193). — VOGADO (D. R.). O poder bactericida de alguns sals de Hg (Dissertat. inaug. Lisbonne, 1909, d'après Bull. Inst. Past., 1909, VII, 989). — VOIT (Zeitschr. f. rat. Med., 1858, III, 215). — WALLFISCH (H.). Contributions à la solution de la question de la résorption et l'élimination du mercure dans le traitement de la syphilis (Inaugural. Dissertat., Breslau, 1912). — WEHMER (C.). Wirkung einiger Gifte auf das Wachstum des echten Hausschwammes (Merulius lacrymans), (Apoth. Zeit., 1913, XXVIII, 1008). — WEISS (L.). The vicarious elimination of Hg through the saliva (Clin. Recorder, N. Y., 1896, I, 105). — WEISS (H.-B.). A method of treatment of mercuric poisoning (Journal of the Amer. Med. Assoc., 1917, LXVIII, 1618); — The principles of treatment in mercuric chloride poisoning with results of treatment (Ibid., 1918, LXXI, 1045); — The treatment of mercury poisoning (Ohio. State Med. Journ., 1917, XIII, 595); — Mercuric chloride poisoning (Arch. of Int. Med., 1924, XXXIII, 224). — WELANDER. Absorption et élimination du Hg (Nord. med. Ark., 1886, XVIII); — Untersuchungen über die Resorption und Elimination des Hg bei der unter verschiedenen Verhältnissen ausgeführten Einreibungskur (Arch. für Derm. u. Syph., 1893, XXV, 39); — Einige Worte über die Remanenz des Hg im menschlichen Körper (Arch. f. Derm. u. Syph., 1901, LVII, 363); — Zur Frage der Absonderung des Hg durch den Harn (Arch. f. Derm. u. Syph., 1906, LXXXII, 163); (Arch. f. Derm. u. Syph., 1908, XCVI, 163). — WHITMAN (W.-A.). Mercurochrome 220 soluble intraveinously in chronic gonorhea and complications (J. of. Amer. Med. Assoc., 1924, 1914-1915). — WILBOUCHEVICH. De l'influence des préparations mercurielles sur la richesse du sang en globules rouges et en globules blancs (École prat. d. hautes études. Lab. d'histol. de Coll. de France. Trav. Par., 1874, 229 et Archives de physiol. norm. et pathol., 1874, 509). — WILLBERG (M.A.). Natürliche Resistenz der Igel einigen Giften gegenüber (Bioch. Zeitschr., XLVIII, 157. — WINTERNITZ (R.).

Quantitative Versuche zur Lehre über die Aufnahme und Ausscheidung des Hg (Arch. f. exper. Path. u. Pharmakol, 1888-1889, xxv, 225) ; — *Ueber die Ausscheidungsgrösse des Hg bei den verschiedenen Arten seiner Anwendung (Arch. f. Dermat. u. Syph.* Wien, 1889, xxi, 783) ; — *Zur Lehre von der Hautresorption (Arch. f. exp. Path. und Pharm.*, 1891, xxviii, 405). — WOLFF et NÉGA. *Ueber die Resorption des Hg bei Verabreichung des Calomels in laxirender Dosis (Deutsche med. Woch.*, 1885, 49). — WOLTERS (M.). *Ueber die localen Veränderungen nach intramuskulärer Injection unlöslicher Hg-Präparate (Arch. f. Derm. u. Syph.*, 1895, xxxii, 149) ; — *Ueber locale Veränderung nach intramuskulärer Injection von Hydrargyrum salicylicum (Arch. f. Derm. u. Syph.*, 1897, xxxix, 163). — WOODRUFF et BUNZEL. *Toxicité relative de quelques sels et de quelques acides sur les paramécies (Am. Jl. of Phys.*, 1909, xxv, 190). — WUTHRICH. *Ueber die Einwirkung von Metallsalsen und Saüren auf die Keimfähigkeit der verbreitesten parasitischen Pilz unserer Kulturpflanzen (Zeit. f. Pflanzenkrank.*, 1889, ii, 16). — YANAGAWA (H.). *Ueber die Abscheidung der Lymphe (Journ. Pharm. a. exp. Therap.*, 1916, ix, 75). — YOUNG (H.-H.). *Cure of a retroperitoneal and perinephretic infection (abcess) by intraveinous injection of mercurochrome (Bull. of the John Hopkins Hosp.*, janvier 1924, 14). — YOUNG (H.) et HILL (J.-H.). *The treatment of septicemia and local infections (J. of Amer. Med. Assoc.*, mars 1924, LXXXII, 669). — YOUNG (H. H.), WHITE (E. C.) et SCHWARTZ (E. O.). *A new germicide for use in the genito-urinary tract : «mercurochrome 220 » (J. of. Am. Med. Ass.*, 1919, LXXIII, 1483). — ZAHN. *Ueber Protoplasmagifte (Inaug. Diss. Erlangen*, 1901). — ZEISING. *Toxische Dosen verschiedener Hg-präparate (Verhandl. d. deutsch. dermat. Gesellsch.* Wien, 1889, i, 325). — ZIEGENSPECK. *Sublimat (Centralbl. f. Gyn.*, 1886, 546 et ibid., 1887, xi, 249). — ZIELER (K.). *Novasurol ein neues Hg-Salz (Münch. med. Woch.*, 1917, LXIV, 125). — ZILGIEN (H.). *Transformation du calomel en sels de mercure solubles dans les liquides du tube digestif (C. r. de l'Acad. des Sciences*, 1913, CLVI, 1863). — ZIMMERMANN (A.). *Versuche mit endovenösen Sublimat. Injektionen beim Pferde (Fortschr. d. Vet. Hyg.*, Berl., 1903, i, 61). — ZWICK (K.-G.). *A microscopic study of Hg-absorption from the skin (J. Amer. med. Ass.*, 1924, LXXXIII, 1821).

M. TIFFENEAU.

MÉTAUX. — I. Généralités.

Vis-à-vis des autres éléments, les métaux ne constituent pas un groupe parfaitement délimité et dont on puisse donner une définition concise, absolument satisfaisante. Bien que la plupart d'entre eux possèdent certaines propriétés communes caractérisant l'état métallique, il n'est pas possible en effet de séparer d'eux, d'une façon tout à fait formelle, quelques éléments ordinairement rangés parmi les métalloïdes.

Solides à la température ordinaire, à l'exception du mercure, les métaux sont opaques, sauf en lames très minces, et doués d'un éclat particulier. Bons conducteurs de la chaleur et de l'électricité, ils présentent encore deux propriétés physiques importantes pour les applications : la malléabilité et la ductilité. Mais certains de ces caractères peuvent, ou bien faire défaut dans quelques cas, ou bien se retrouver chez des métalloïdes. Outre que l'éclat métallique manque parfois, par exemple quand il s'agit de métaux sous forme pulvérulente, il est aussi l'apanage de métalloïdes tels que l'iode, l'arsenic, l'antimoine. La conduction métallique, qui correspond à la propagation du courant électrique sans transport de matière, à l'inverse de ce qui a lieu dans la conduction électrolytique, paraît se réduire de plus en plus aux températures très élevées ; de plus, quelques substances douées d'une conductivité faible : le bismuth, peu conducteur vis-à-vis des autres métaux, le carbone, le silicium, le tellure, l'antimoine, parmi les métalloïdes, forment la transition à ce point de vue entre les états métallique et non métallique. Le bismuth n'est en outre ni malléable, ni ductile. Remarquons enfin qu'à l'état gazeux, les caractères métalliques disparaissent : ainsi, la conductivité est abolie ; d'autre part, les vapeurs des métaux peuvent se mélanger aux autres gaz, alors que les substances métalliques non gazeuses, qui forment facilement les unes avec les autres des mélanges homogènes par pénétration moléculaire réciproque, n'en forment point avec les autres substances. La possibilité de s'unir entre eux pour constituer des alliages est une des caractéristiques importantes des métaux ; les composés qui prennent ainsi naissance possèdent des propriétés physiques nouvelles qui ne sont point la moyenne de celles des éléments constituants, et ils doivent être considérés comme des combinaisons définies de métaux, dissoutes dans un excès de l'un d'eux. Mais un métalloïde, l'antimoine, peut également participer à la formation des alliages.

Au point de vue des autres propriétés, la distinction entre métaux et métalloïdes n'a pas non plus, une valeur absolue. A titre d'indication générale, il faut cependant retenir que les premiers, à l'inverse des seconds, s'unissent plus difficilement à l'hydrogène et donnent avec cet élément des combinaisons peu stables. En outre, tous les métaux, à l'exception des métaux précieux (argent, or, platine) s'oxydent à l'air plus ou moins facilement, et la plupart d'entre eux, à une température variable, décomposent l'eau avec mise en liberté d'hydrogène et formation d'un oxyde; et tandis que les métalloïdes donnent surtout des oxydes acides, les oxydes métalliques comprennent, à côté d'oxydes acides et indifférents, de nombreux oxydes s'unissant à l'eau pour former des hydrates jouant le rôle de bases.

C'est sur leur oxydabilité que s'était, avant tout, basé THÉNARD pour tenter un essai de classification des métaux qui a été longtemps utilisé :

I) Décomposant l'eau à froid; s'oxydant très facilement dans l'air sec. Métaux alcalins : *potassium, sodium;* métaux alcalino-terreux : *calcium, baryum, strontium.*

II) Décomposant l'eau vers 100°; s'oxydant dans l'air sec à température élevée : *magnésium, manganèse.*

III) Décomposant l'eau au rouge sombre, et les acides étendus à froid; s'oxydant à une température élevée dans l'air sec : *fer, zinc, nickel, cobalt, chrome.*

IV) Décomposant l'eau au rouge vif, et ne décomposant pas les acides étendus à froid; s'oxydant à température élevée : *étain.*

V) Ne décomposant l'eau que très difficilement au rouge blanc : *cuivre, plomb, bismuth.*

VI) Ne décomposant pas l'eau et ne s'oxydant que très faiblement à une température élevée : *aluminium.*

VII) Ne décomposant pas l'eau et ne s'oxydant que vers 350°; oxyde décomposable par la chaleur : *mercure.*

VIII) Ne décomposant pas l'eau et ne s'oxydant pas à l'air ; oxydes décomposables par la chaleur : *or, argent, platine.*

Par le petit nombre de caractères sur lesquels elle repose, cette classification, très artificielle, ne respecte pas toujours les analogies qui s'indiquent entre certains métaux. Un autre groupement, parallèle à celui qui est adopté pour les métalloïdes, peut être établi d'après la valence, déterminée, étant donné la rareté et l'instabilité des combinaisons hydrogénées, par le nombre d'atomes de chlore fixés sur un atome de métal. Mais certains métaux formant avec le chlore plusieurs combinaisons définies, quelque incertitude règne alors, quant à la place à leur attribuer. En outre, le groupement ainsi réalisé n'est pas en tous points satisfaisant.

Les tentatives les plus intéressantes pour aboutir à une classification naturelle des éléments sont celles qui reposent sur la sériation de ceux-ci par poids atomiques croissants, et qui mettent en lumière ce fait important que les propriétés physiques et chimiques des éléments sont, dans une certaine mesure, des fonctions périodiques des poids atomiques. Nous reproduisons p. 742, tel qu'il a pu être établi dans ses grandes lignes par les travaux de MENDÉLÉIEF et de LOTHAR MEYER, puis complété par d'autres savants, en particulier par RAMSAY pour les éléments rares de l'air, le système périodique des éléments. Il comprend, outre l'hydrogène, formant à lui seul une série, dix séries horizontales dont les éléments se groupent en colonnes verticales; et dans chacune de celles-ci on constate que les éléments superposés présentent une certaine similitude. La périodicité est surtout assez frappante au point de vue des valences chimiques : les oxydes correspondant aux éléments des colonnes I à VII ont en effet pour formule générale, respectivement M^2O, M^2O^2, M^2O^3, M^2O^4, M^2O^5, M^2O^6, M^2O^7; sous la réserve, toutefois, qu'un certain nombre d'éléments forment plusieurs oxydes, parmi lesquels un seul répond à la valence fixée par le tableau; quelques éléments, en outre, échappent à cette règle commune.

Le groupement réalisé par le système périodique répond également assez bien à l'ensemble des autres propriétés des éléments superposés dans chaque colonne verticale, surtout si l'on rapproche les uns des autres, d'une part les éléments des quatrième, sixième et neuvième séries, d'autre part, ceux des trois premières, des cinquième, septième, huitième et dixième. En opérant ainsi, dans la colonne I par exemple, on réunit en une même famille tous les métaux alcalins, tandis que le cuivre, l'argent et l'or forment un deuxième groupe; de même dans la colonne II, les alcalino-terreux se groupent à côté du magnésium et du glucinium, alors que le cadmium s'affilie au zinc. Dans les colonnes suivantes, s'indiquent aussi de semblables analogies. Seule de toutes, la colonne VIII renferme des éléments groupés par trois en série horizontale. Chacune de ces triades comprend des métaux de poids atomiques beaucoup plus voisins les uns des autres que dans les séries horizontales précédentes, et qui sont en outre étroitement alliés par l'ensemble de leurs propriétés.

D'autres tableaux ont pu être établis en prenant toujours pour base la sériation des éléments par poids atomiques croissants, tableaux dans lesquels on a cherché à améliorer le groupement des éléments en familles homogènes. Tel est, par exemple, le tableau de STAIGMÜLLER.

Dans le groupement périodique de WERNER (p. 742), quelques éléments occupent une place qui n'est pas exactement celle qui leur est assignée par leur poids atomique : ce sont l'argon, le potassium, le cobalt et le nickel, le tellure et l'iode, le néodyme et le praséodyme. Les groupes réalisés se trouvent, par contre, être plus homogènes, grâce à ces légères modifications. On trouve alors dans la sixième série horizontale, les divers éléments des terres rares : lanthane, cérium, néodyme (Nd=144,3), praséodyme (Pr=140,9), samarium (Sa=150,4), europium (Eu=152), gadolinium (Gd=157,3), terbium (Tb=159,2), holmium (Ho=163,5), erbium (Er=167,7), thulium, ytterbium et lutécium (Lu=174); et dans la septième série, des éléments radio-actifs.

Voici enfin le groupement des éléments tel qu'il est adopté par PERRIN, dans son livre sur *les Atomes* (152 bis) et dans lequel les éléments d'une même colonne présentent des analogies évidentes. Nous avons distingué, dans ce tableau, quatre groupes d'éléments, selon leur importance respective dans la constitution des êtres vivants : 1° éléments les plus abondants dans la matière vivante (en caractères gras); 2° éléments moins abondants, mais le plus souvent indispensables encore (en italiques); 3° éléments se rencontrant d'une façon accidentelle chez certains êtres (marqués d'une astérisque); 4° éléments non signalés dans les êtres vivants.

```
              H   He  Li*  Gl*  B*
C    N    O    F   Ne  Na   Mg   Al*
Si   P    S    Cl  A   K    Ca   Sc  Ti* V*  Cr* Mn  Fe  Co* Ni* Cu  Zn  Ga*
Ge*  As   Se   Br  Kr  Rb*  Sr*  Y   Zr  Nb  Mo*     Ru  Rh  Pd  Ag* Cd  In
Sn*  Sb*  Te   I   X   Cs*  Ba*  (1) Ct  Ta  Tu*     Os  Ir  Pt  Au* Hg* Tl*
Pb*  Bi*  Po       Rn  Ra   Ac   Th  Pa  U*
```

(1) Terres rares : La*, Ce*, Pr, Nd, Sm, Eu, Gd, Tb, Dy*, Ho, Er, Tu, Ny, Lu.

Certaines propriétés physiques des éléments semblent être en relation plus ou moins étroite avec le poids atomique : les volumes atomiques, les points de fusion, la compressibilité des éléments solides semblent, entre autres, être des fonctions périodiques des poids atomiques. On a recherché avec plus ou moins de succès une relation du même ordre pour d'autres propriétés physiques, telles que la disposition des spectres, la forme cristalline, etc.

Rappelons à ce sujet les séries isomorphes telles qu'elles ont été établies par ARZRUNI et qui présentent certaines relations manifestes avec les colonnes du système périodique :

I   K, Rb, Cs, NH⁴, Tl; Na, Li; Ag.
II   Gl, Zn, Cd, Mg, Mn, Fe, Os, Ru, Ni, Pd, Co, Pt, Cu, Ca.
III   Ca, Sr, Ba, Pb.
IV   La, Ce, Di, Y, Er.
V   Al, Fe, Cr, Co, Mn, Ir, Rh, Ga, In, Ti.
VI   Cu, Hg, Pb, Ag, Au.
VII   Si, Ti, Ge, Zr, Sn, Pb, Th, Mo, Mn, U, Ru, Ir, Os, Pd, Pt, Fe.

Tableau systématique des éléments d'après les poids atomiques.

0	I	II	III	IV	V	VI	VII	VIII
Hélium (He = 3,99)							Hydrogène (H = 1,008)	
Néon (Ne = 20,2)	Lithium (Li = 6,94)	Glucinium (Gl = 9,1)	Bore (B = 10,9)	Carbone (C = 12,00)	Azote (N = 14,01)	Oxygène (O = 16,00)	Fluor (F = 19,0)	
Argon (A = 39,88)	Sodium (Na = 23,00)	Magnésium (Mg = 24,32)	Aluminium (Al = 27,1)	Silicium (Si = 28,3)	Phosphore (P = 31,04)	Soufre (S = 32,06)	Chlore (Cl = 35,46)	
	Potassium (K = 39,10)	Calcium (Ca = 40,07)	Scandium (Sc = 44,5)	Titane (Ti = 48,1)	Vanadium (V = 51,00)	Chrome (Cr = 52,0)	Manganèse (Mn = 54,93)	Fer (Fe = 55,84) Cobalt (Co = 58,97) Nickel (Ni = 58,68)
Krypton (Kr = 82,9)	Cuivre (Cu = 63,57)	Zinc (Zn = 65,37)	Gallium (Ga = 70,1)	Germanium (Ge = 72,5)	Arsenic (As = 74,96)	Sélénium (Se = 79,2)	Brome (Br = 79,92)	
	Rubidium (Rb = 85,45)	Strontium (St = 87,63)	Yttrium (Y = 88,7)	Zirconium (Zr = 90,6)	Niobium (Nb = 93,5)	Molybdène (Mo = 96)		Ruthenium (Ru = 101,7) Rhodium (Rh = 102,9) Palladium (Pd = 106,7)
Xénon (Xo = 130,2)	Argent (Ag = 107,88)	Cadmium (Cd = 112,40)	Indium (In = 114,8)	Étain (Sn = 118,7)	Antimoine (Sb = 120,1)	Tellure (Te = 127,5)	Iode (I = 126,92)	
	Césium (Cs = 132,81)	Baryum (Ba = 137,37)	Lanthane (La = 130,0)	Cérium (Ce = 140,25)	Praséodyme (Pr = 140,6) Néodyme (Nd = 144,3)	Samarium (Sa = 150,4)	Europium (Eu = 152)	Gadolinium (Gd = 157,3) Terbium (Tb = 159,2) Holmium (Ho = 163,5)
	Erbium (Er = 167,7)	Thulium (Tm = 168,5)	Ytterbium (Yb = 172,0)	Celtium? (Ct)	Tantale (Ta = 181,5)	Tungstène (Tu = 184)		Osmium (Os = 190,9) Iridium (Ir = 193,1) Platine (Pt = 195,0)
	Or (Au = 197,2)	Mercure (Hg = 200,5)	Thallium (Tl = 204,0)	Plomb (Pb = 207,10)	Bismuth (Bi = 208,0)	Polonium (Po = 210)		
Radon (Rn = 222)		Radium (Ra = 226,4)	Actinium (Ac = 226)	Thorium (Th = 232,4)	Protoactinium (Pa)	Uranium (U = 238,5)		

Tableau des éléments d'après Werner.

H																	He
Li											Gl	B	C	N	O	Fl	Ne
Na											Mg	Al	Si	P	S	Cl	A
K	Ca	Sc	Ti	V	Cr	Mn	Fe	Co	Ni	Cu	Zn	Ga	Ge	As	Se	Br	Kr
Rb	Sr	Y	Zr	Nb	Mo	Np	Ru	Rh	Pd	Ag	Cd	In	Sn	Sb	Te	I	Xe
Cs	Ba	Lu	Ct	Ta	Tu		Os	Ir	Pt	Au	Hg	Tl	Pb	Bi			Nt
Ra	Th																

La · Ce · Nd · Pr · Sm · Eu · Gd · Tb · Dy · Ho · Er · Tu · Yb · Lu
Th · U

VIII N, P, V, As, Sb, Bi.
IX Nb, T.
X S, Se, Cr, Mn, Mo, Tu, Te, As, Sb.
XI F, Cl, Br, I; Mn; Cy.
B, Sc, C et O ne peuvent être rangés dans ces séries.

Outre qu'il a servi dans certains cas à prévoir les lacunes dans notre connaissance des éléments (découverte du scandium, du gallium et du germanium) le système périodique a donc, quelle que soit sa valeur intrinsèque, rendu à la chimie moderne un important service par la série des recherches qu'il a suscitées.

L'étude des transmutations radioactives et celle des rayons positifs de GOLDSTEIN ont permis enfin récemment d'arriver à la notion des atomes *isotopes*, c'est-à-dire d'atomes ayant des poids légèrement différents, mais se classant néanmoins à la même place dans la série des éléments parce que possédant pratiquement les mêmes propriétés chimiques. Conformément à l'hypothèse de PROUT, qui a trouvé ici une importante vérification, les isotopes ont des poids atomiques entiers. La séparation entre deux isotopes a pu être faite par la détermination de la masse des atomes décrivant des rayons positifs, atomes qui, en raison de leur inégale inertie, ne sont pas déviés identiquement dans les champs électriques et magnétiques. Ainsi ASTON en formant des rayons positifs dans le chlore a pu prouver l'existence de projectiles de coefficients atomiques 35 et 37; le poids atomique 35,5, habituellement admis pour le mélange des deux isotopes, n'a donc plus que la signification d'une moyenne. De même, les éléments suivants doivent être envisagés comme des mélanges de 2 ou plusieurs isotopes, dont les coefficients atomiques sont indiqués ci-dessous entre parenthèses : lithium (7 et 6), bore (11 et 10), magnésium (24, 25 et 26), silicium (28 et 29), brome (79 et 81), mercure (197, 200, 202 et 204), plomb (206 et 208 et 4 isotopes radioactifs). Au contraire, d'autres éléments (hydrogène, carbone, azote, oxygène, fluor, phosphore, soufre, arsenic, iode) doivent être considérés comme purs de tout isotope.

Nous n'insisterons pas davantage ici sur cette branche nouvelle de la chimie, non plus que sur les conceptions modernes relatives à la structure des atomes qui ont été exposées par J. PERRIN (152 *bis*) dans un volume du plus haut intérêt.

Étant donné la facile altérabilité de la plupart des métaux, il n'en est qu'un petit nombre qui se rencontrent à l'état natif, ce sont : le mercure, le cuivre, le fer, le bismuth, l'or, l'argent, le platine, l'iridium et le palladium. Encore cet état ne se présente-t-il qu'à titre d'exception pour les trois premiers, qu'on trouve le plus souvent dans la nature en combinaison avec d'autres éléments. Les métaux légers existent généralement à l'état de combinaisons oxygénées, ou combinés aux haloïdes; la plupart des composés naturels des métaux alcalins et du magnésium sont facilement solubles; ceux du calcium, du baryum, du strontium le sont à un bien moindre degré, et l'insolubilité est encore plus accentuée, en règle générale, pour les composés naturels des métaux lourds, qui sont le plus fréquemment des sulfures, parfois des séléniures, des tellurures, des arseniures et des antimoniures. Ces métaux à poids atomique élevé sont aussi les moins répandus à la surface du globe. Métaux alcalins et alcalino-terreux, Mg, Al, Fe sont largement représentés dans les terrains éruptifs, sédimentaires ou métamorphiques dont ils sont, avec la silice, des éléments essentiels; les autres métaux sont plus étroitement localisés sous forme de minerais métalliques, dans la constitution desquels les métaux acidifiables (V, Cr, Mo, Tu, Mn) sont intervenus comme minéralisateurs, à côté des métalloïdes tels que S, Se, Te, As, Sb et ont servi de véhicule pour amener les autres matières métalliques lourdes de la profondeur à la surface. Les éléments Si, Al, Fe, Ca, C, Mg constituent, avec H et O, 99 p. 100 de la partie de la croûte terrestre accessible; l'ensemble des autres éléments représente seulement 1 p. 100, et parmi ces derniers, certains sont très répandus quoique toujours en quantités minimes (ex. lithium, césium), tandis que d'autres (ex. tantale, niobium, métaux des terres rares) ne se rencontrent à l'état de traces qu'en certains points du globe. Pour ce qui concerne la répartition des éléments dans l'écorce terrestre, leur évolution et leurs rapports possibles avec les phénomènes vitaux, on consultera utilement l'exposé de VERNADSKY (213 *ter*).

De cette très inégale répartition des métaux, découlent naturellement, comme on le verra plus loin, des conséquences d'ordre biologique.

Le rôle des métaux chez l'être vivant est trop complexe pour en donner ici un exposé complet. Remarquons, avec ANDRÉ (6 *bis*), que la matière vivante renferme toujours des cendres et que, par conséquent, les composés organiques qui la constituent ne se conçoivent qu'associés et sans doute aussi toujours combinés à des éléments minéraux. Participation des métaux à la constitution des organismes, métabolisme normal et pathologique de leurs composés, leur fixation et leur répartition dans les divers tissus, voies d'élimination propres à chacun d'eux, actions spécifiques qu'ils exercent parfois sur telle fonction déterminée ou sur tel processus physiologique, devraient être examinés ici, en même temps que leur toxicité relative vis-à-vis des animaux et des plantes. Un volume entier serait insuffisant pour exposer tous les faits déjà recueillis dans ce vaste domaine.

Mais l'étude de chacun des métaux en particulier étant faite dans le cadre de ce Dictionnaire, notre tâche s'en trouve allégée d'autant. En se reportant aux articles correspondants, on trouvera l'exposé de l'action physiologique, des propriétés toxiques et pharmacodynamiques propres à chacun des éléments, en même temps que l'exposé de nos connaissances relatives au métabolisme de ceux d'entre eux qui participent d'une façon importante à la constitution de la matière vivante.

Le rôle spécifique joué par les sels de chaux dans la coagulation du sang et la caséification du lait, et dans certaines actions diastasiques, la participation du fer et du cuivre dans la constitution des substances protéiques vectrices d'oxygène (hémoglobine, hémocyanine), l'action du manganèse dans les phénomènes diastasiques d'oxydation, mise en évidence par les recherches de GABRIEL BERTRAND sur la laccase, ont été également examinés ailleurs. On peut encore, de l'exposé des grandes fonctions, dégager une documentation détaillée relative à l'action physiologique des métaux, à leur métabolisme, à leur élimination. En particulier, le rôle des sels métalliques dans l'activation de la trypsine, la résorption par la muqueuse intestinale des divers cations sont étudiés à l'article **Intestin**.

II. — Les métaux, éléments constitutifs de la matière vivante.

L'analyse chimique nous a fait connaître, dans ses grands traits, la répartition des métaux chez les êtres vivants, animaux et plantes. Déterminer dans quelle mesure chacun de ces éléments est nécessaire pour satisfaire au développement et à l'entretien de l'organisme constitue un problème depuis longtemps abordé en physiologie végétale, d'abord de façon imparfaite et sommaire par les agronomes, ensuite soumis à une étude plus méthodique, à l'origine de laquelle se placent les belles recherches de RAULIN (163) et de ses continuateurs sur l'alimentation minérale des microorganismes, et les patientes expériences de nombreux savants sur la germination de la graine. Pour le *Sterigmatocystis nigra* et les autres moisissures, la méthode synthétique indique comme éléments indispensables : C, N, H, O, P, S, K, Mg, Fe, puis d'autres éléments simplement utiles, tels que Zn et Mn dont la présence augmente le poids des cultures. Pour beaucoup de microbes au moins, il résulte des recherches de PROSKAUER et BECK, de LÖWENSTEIN et PICK, KENDALL DAY et WAKER, que le fer peut être supprimé et même le magnésium et le potassium, ce dernier étant alors remplacé par du sodium. Les travaux de SACHS et de KNOP sur les plantes vertes, les recherches de MAZÉ (142) sur le développement du maïs cultivé ont montré que la plante verte a besoin pour son bon développement, à côté des éléments communs et indispensables : carbone, hydrogène, oxygène, azote, soufre, phosphore, potassium, calcium, magnésium, fer (auxquels il faut ajouter pour certaines plantes le chlore), de certains éléments beaucoup plus rares : fluor, iode, bore, parmi les métalloïdes, manganèse, zinc, cérium, aluminium, parmi les métaux. Le sodium que la méthode analytique révèle constamment en plus ou moins forte proportion dans les cendres ne semble pas en réalité être indispensable. Quant au silicium qui se localise souvent en abondance dans les cellules épidermiques, il ne semble pas non plus, d'après les recherches de JODIN (100 *bis*) sur le maïs, être un élément indispensable (Voir au sujet de la répartition des éléments et de la nutrition minérale chez les végétaux, MOLLIARD, 145 *bis*, ANDRÉ, 6 *bis*).

Les besoins de l'organisme animal à l'égard des sels minéraux ont été également l'objet de travaux nombreux, exposés autre part (voir en particulier l'article **Aliments**); pour cette question et pour l'abondante bibliographie qui s'y rapporte, on pourra consulter en outre les traités de F. Kōnig (102), les précis d'Albu et Neuberg (3) et de Lambling (102 bis). Nous nous bornerons à rappeler très sommairement ici l'importance relative des divers métaux chez les êtres vivants, en nous arrêtant seulement aux récentes expériences sur la nutrition des microorganismes, dues aux continuateurs de Raulin.

D'après Hackh (85), sur les 87 corps simples connus, il y en a près de la moitié qu'on n'a pas trouvé dans les êtres vivants; 17 éléments seulement seraient nécessaires au maintien de la vie : d'abord les éléments essentiels : C, H, O, N, P, S, Mg, Fe, K, Na, puis d'autres, moins abondants, mais dont la présence à peu près constante chez l'être vivant tend à indiquer le rôle important : F, Cl, I, Br, Si, Ca, Mn; Si et Ca jouant surtout un rôle dans la formation des organes de soutien chez la plante ou l'animal. Sans doute faut-il encore ajouter le zinc et l'arsenic.

Enfin, des traces de métaux des terres rares, lanthane, didyme, cérium ont été signalées par A. Cossa dans les os.

Pour les seuls végétaux, on constate la présence constante et en quantité toujours appréciable des 14 éléments suivants : C, H, O, N, S, P, Si, Cl, K, Na, Ca, Mg, Fe, et Mn. En outre, I et Br existent toujours dans les plantes marines, As et B sont peut-être toujours présents à l'état de traces; Li, Rb, Cs, Al, Zn, Cu, Ba, Sr, et même Co, Ni, Hg, Ag, Tl, Ti, U, V, Mo, Cr, Sn, sont des éléments accidentels. Cornec a constaté dans les cendres des laminaires notamment l'existence des éléments suivants : 1° Ag, As, Co, Cu, Mn, Ni, Pb, Zn; 2° Bi, Sn, Ga, Mo, Au; 3° Sb, Ge, Gl, Ti, Tu (Voy. Molliard, 145 bis).

Encore faut-il remarquer que, parmi tous les éléments qui viennent d'être cités, les quatre premiers par ordre d'importance (C, H, O, N) constituent 97 à 99 p. 100 de la matière vivante. D'après G. Bertrand (9), les dix éléments : C, H, O, N, S, P, K, Ca, Mg et Fe constituent 99,9 p. 100 des substances végétales.

Preyer (153) semble avoir été le premier à signaler une relation entre la grandeur du poids atomique des éléments et leur répartition chez les êtres vivants. Il remarque que parmi les 63 corps simples connus en 1872, 22 seulement ont un poids atomique, inférieur à 56 et que les 14 éléments entrant dans la matière vivante appartiennent tous à ce groupe. En 1885, Sestini (207) a insisté sur ce fait en montrant que les éléments généralement reconnus comme indispensables à la vie ou simplement utiles se plaçaient dans les quatre premières séries horizontales du système périodique, en comprenant celle de l'hydrogène. Les éléments biogénétiques ont donc des poids atomiques faibles. Blake (31,32) a, d'autre part, indiqué que les principaux composants métalliques de l'organisme, à l'exception du fer de l'hémoglobine, étaient univalents ou bivalents. De son côté Errera (65, 66) a tenté d'expliquer la relation entre la grandeur des poids atomiques et l'importance des éléments dans la constitution du protoplasme. Une première explication, la plus simple et, semble-t-il, la meilleure, repose sur le fait signalé par Mendéléïef que les corps à poids atomique peu élevé sont généralement communs. De l'hydrogène (H = 1) au calcium (Ca = 40), il n'y a d'éléments rares que le lithium, le glucinium et le bore, qui précisément ne comptent pas non plus parmi les éléments biogénétiques. En outre, le plus commun des éléments dont le poids atomique dépasse celui du calcium est le fer, qui se trouve aussi être un constituant nécessaire de la plupart des êtres vivants. Si l'on ajoute que les atomes légers donnent plus facilement que les éléments lourds, des composés gazeux ou solubles dans l'eau, la relation constatée entre les poids atomiques des éléments et leur distribution chez les êtres vivants n'apparaît plus comme une coïncidence fortuite. On peut encore lui chercher d'ailleurs, avec Errera, une explication en se tournant vers d'autres propriétés fondamentales des atomes légers, ce fait par exemple qu'ils sont tous mauvais conducteurs de la chaleur et de l'électricité; ceci permettrait aux organismes, plus facilement que si des éléments lourds entraient dans leur constitution, de supporter les variations calorifiques et électriques du milieu extérieur et de dépenser beaucoup d'énergie sans abaisser de façon notable leur température.

C'est, sans conteste, aux sels des métaux alcalins que revient la première place parmi les matières inorganiques de l'animal ou de la plante. En règle générale, le règne végétal est relativement plus riche en potassium et plus pauvre en sodium que le règne animal; mais dans ce dernier, d'ailleurs, le rapport du potassium au sodium varie dans de larges limites. D'après les analyses de Bunge, de Lawe et Gilbert, d'Hugounencq, de Camerer et Söldner, de P. Gérard (80), le rapport K/Na est généralement compris entre 1 et 2 chez les vertébrés, avec des valeurs élevées dans les glandes, les muscles, le tissu nerveux; au contraire dans les os, les cartilages, les humeurs, le rapport est inférieur à l'unité. Il est encore plus variable chez les Invertébrés où sa valeur paraît être en rapport, soit avec la composition du milieu ambiant, soit avec la nature de l'alimentation. D'après Gérard, le rapport potassico-sodique des Invertébrés aquatiques, marins et d'eau douce, est toujours inférieur à 1, tandis qu'il est supérieur à 1,4 pour toutes les espèces terrestres.

Parmi les autres éléments qui font partie intégrante des êtres vivants, il faut, à côté du potassium et du sodium, placer les deux métaux bivalents, calcium et magnésium, presque constamment associés. Le premier joue, du haut au bas de l'échelle zoologique, un rôle de premier ordre dans l'édification de la charpente de soutien, endosquelette ou exosquelette, et se trouve, de ce fait, occuper la première place au point de vue pondéral, parmi les constituants minéraux de l'organisme. De ce rôle particulier résulte aussi ce fait que c'est surtout au début de son existence et au cours de son développement que l'organisme a besoin d'un apport considérable de calcium, qui doit lui être fourni par l'alimentation. La fixation intense du calcium par les organismes marins tels que les Mollusques et les Coralliaires constitue un chapitre curieux, et obscur encore, de la nutrition (voir **Aliments**). A l'inverse des sels alcalins, qui sont solubles et peuvent diffuser dans tout l'organisme, c'est à l'état de composés insolubles que la majeure partie du calcium est fixée chez l'être vivant; ainsi s'explique la petitesse de l'élimination calcique comparée à celle des métaux alcalins. De petites quantités de calcium paraissent être en outre partie intégrante des cellules et notamment du noyau. Le magnésium accompagne le calcium dans les os, où le rapport Ca : Mg dépasse 30. Tandis que 99 p. 100 du calcium total est, chez les Mammifères, fixé dans le squelette, une proportion relativement plus considérable de magnésium se rencontre dans les parties molles. Dans les tissus conjonctifs, le calcium prédomine notablement sur le magnésium, mais l'inverse a lieu dans le cerveau, les hématies, le cœur, d'après Aloy (4). Chez les Végétaux, c'est, selon l'espèce, tantôt l'un, tantôt l'autre de ces métaux qui domine; chez la plante verte le magnésium entre dans la constitution de la chlorophylle et intervient dans le phénomène de l'assimilation chlorophyllienne.

Si l'on est à peu près renseigné sur l'ordre de fréquence des divers métaux dans les êtres vivants, toute base expérimentale solide fait défaut pour établir le besoin minimum de l'animal vis-à-vis de chacun d'eux, même des plus répandus, alcalins et alcalino-terreux dont il vient d'être question, à l'exception peut-être du calcium. Le physiologiste, comme l'éleveur, se borne généralement à évaluer en cendres totales l'apport minéral nécessaire de la ration alimentaire. C'est que la méthode qui consiste à observer les effets de régimes synthétiques, qualitativement et quantitativement dosés, n'est généralement pas d'un emploi possible, les mélanges de substances alimentaires pures étant le plus souvent déficients au point de vue de la nutrition des animaux. Le problème se complique encore du fait de l'équilibre à réaliser dans l'organisme entre les acides et les bases et de la possibilité d'actions antagonistes entre les différents ions. Il a été néanmoins abordé d'une façon précise notamment par Osborne et Lafayette Mendel (147) qui remédient aux inconvénients des mélanges artificiels d'aliments purs par l'adjonction à la ration d'une minime quantité de levure. On compose ainsi des régimes d'où on élimine tel ou tel élément inorganique, à l'exception des traces qui sont introduites par la levure ou contenues dans les aliments purifiés. Par cette méthode, on constate qu'un régime très pauvre, soit en magnésium, soit en sodium, soit en magnésium et en sodium à la fois, permet d'obtenir une bonne croissance des rats blancs qui y sont soumis. En revanche, quand le potassium est en petites quantités, la croissance semble limitée; elle cesse complètement s'il y a à la fois déficit de potassium et de sodium. Dans ce dernier cas, si à une phase précoce de développement, on ajoute du sodium aux aliments, on n'obtient qu'un gain léger; mais si on substitue ensuite le potassium au sodium, la croissance reprend normalement et se poursuit même par la suite quand on remplace de nouveau le potassium par le sodium. Les auteurs interprètent ces faits en supposant que, au cours d'une alimentation pauvre à la fois en sodium et en potassium, ce dernier est excrété, d'où un appauvrissement progressif de l'organisme en potassium; tandis qu'il est fortement retenu lorsque le régime contient une proportion suffisante de sodium. D'autre part, l'appauvrissement du régime en calcium entraîne une croissance très lente. Conformément aux résultats antérieurement publiés par d'autres auteurs, l'administration de grandes quantités de magnésium ne peut remplacer le calcium.

Les expériences de MILLER (143 ter) montrent aussi la nécessité du potassium pour la croissance normale.

Besoins de l'organisme vis-à-vis des différents métaux, possibilité, dans une certaine mesure, de substituer les uns aux autres dans la ration et par conséquent dans les tissus, ce sont là deux questions posées, mais non encore résolues, et à ce point de vue, le travail d'OSBORNE et MENDEL constitue surtout un exemple de ce qui peut être tenté dans cette voie. C'est donc un terrain à peine défriché qui s'ouvre à l'activité des chercheurs, mais dont l'exploration se trouvera compliquée du fait que des éléments minéraux associés n'agissent pas chacun pour leur compte, en toute indépendance, que les les propriétés biologiques d'un milieu — ou d'un régime — ne nous apparaissent pas comme la somme des propriétés de ses divers composants, mais qu'elles traduisent des influences réciproques, des antagonismes déjà clairement démontrés dans certains cas et qui, en particulier, ont conduit les physiologistes à la notion des solutions salines physiologiquement équilibrées dont les premières ont été formulées par RINGER et par LOCKE.

Les divers sels alcalins et alcalino-terreux entrent donc pour une part, dont l'importance n'est pas encore parfaitement déterminée, dans la constitution des matériaux albuminoïdes, au même titre que les sels des métaux moins communs dont il va être question. Il paraît extrêmement probable que les divers métaux confèrent aux molécules protéiques qui les contiennent des propriétés spéciales, comme le fait le fer dans le cas de l'hémoglobine. Ce dernier élément, dont les travaux de LAPICQUE (103) ont précisé les mutations dans l'organisme de l'homme et des animaux supérieurs, occupe le troisième rang par ordre d'importance, après les métaux alcalins, le calcium et le magnésium[1]. On le rencontre chez l'animal en proportion appréciable dans les globules rouges ou fixé dans certains organes (foie, rate) et seulement à l'état de minimes traces dans les cendres des divers autres tissus. Il paraît être, comme le phosphore, mais sous un poids moindre, un des constituants ordinaires des nucléines et des nucléo-protéines et, par là-même, un des éléments constants irremplaçable de la matière vivante. Outre son rôle dans le transport de l'oxygène (voir hémoglobine), il est probable qu'il intervient encore comme catalyseur dans un certain nombre d'autres processus vitaux. Il en existe des quantités appréciables chez les végétaux, et RAULIN (163) a montré, dès 1870, qu'il constituait un aliment nécessaire pour l'Aspergillus niger, à côté du potassium, du calcium et du magnésium. La nécessité du fer pour les plantes supérieures apparaît d'une façon non moins formelle; après avoir montré que ce métal agit sur le développement de l'orge à des doses extrêmement faibles, et en exerçant sans doute une action catalytique, F. WOLFF (215) est conduit à penser qu'en l'absence de cet élément l'orge ne se développerait pas du tout.

Il n'est pas impossible que le fer intervienne dans les phénomènes de photosynthèse de la plante verte. On sait qu'il n'est pas présent dans la chlorophylle, mais il existe selon MOORE (cité d'après BOHN et DRZEWINA, 32 ter) sous forme colloïde ou cristalloïde dans le stroma des chloroplastes.

SAUTON (204) a étudié la nutrition minérale du bacille tuberculeux en utilisant pour la préparation du milieu de culture des produits très purs et a constaté que les cultures témoins développées sur liquide complet avaient un poids sec de 0,95, pour 0,32 sur le

---

[1] Pour la bibliographie se rapportant à la présence du potassium, du calcium, du fer et du cuivre, dans les tissus animaux et végétaux, on consultera utilement l'exposé de MACALLUM (132 bis).

milieu privé de fer et 0,01 sur le milieu privé de magnésium ; enfin, en l'absence de potassium, le développement restait nul. Le même auteur a recherché également dans quelle mesure certains des éléments qui montrent une telle action favorisante sur la croissance du bacille pouvaient être remplacés par des métaux chimiquement voisins. Après avoir constaté qu'un cent-millième de fer suffit à tripler le poids de la récolte, il reconnaît l'impossibilité de substituer le manganèse au fer. De même, le potassium ne peut être remplacé par le lithium, le sodium, ou le césium ; seule, la substitution du rubidium au potassium est possible dans une certaine mesure. Comme le montrent les nombres ci-dessous, un résultat analogue s'obtient avec l'*Aspergillus niger*, le remplacement du potassium par le rubidium diminuant seulement de 50 p. 100 la récolte (205) :

	Poids sec de la récolte après 4 jours à 37°, gr.
Sans potassium	0,165
Avec 0gr,5 KCl pour 1 500 cc.	4,76
Avec 0gr,37 RbCl —	2,29
Avec 0gr,17 CsCl —	0,23

L'action favorisante des sels de fer sur le bacille tuberculeux n'a pas toujours été retrouvée par d'autres auteurs ; ces divergences dans les résultats tiennent manifestement à des différences dans les milieux utilisés (présence ou absence de glycérine, valeurs différentes du pH) (75 *bis*).

FROUIN (73) constate également l'importance du potassium et du magnésium pour la culture du bacille tuberculeux. En collaboration avec S. LEDEBT (76) il montre que, dans le cas du bacille pyocyanique, le potassium est, à côté du soufre et du phosphore, indispensable au développement microbien, tandis que le magnésium est seulement nécessaire à la production des pigments par les microbes et que son rôle n'est pas spécifique, puisqu'il peut être remplacé par d'autres composés minéraux (sels de terres rares). Dans ce dernier cas, il semble donc qu'il ne faille pas considérer le magnésium comme un aliment irremplaçable. Au contraire, son rôle vis-à-vis d'un autre microorganisme, *Oïdium lactis*, serait celui d'un aliment important d'après les recherches de LINOSSIER (117-118). Pour cet auteur, il convient de distinguer deux groupes parmi les substances minérales utiles à la plante ; le premier comprend les substances qui entrent dans la constitution même du protoplasme ; le deuxième, des substances qui paraissent agir comme catalyseurs et à doses très minimes ; le fer rentrerait dans cette seconde catégorie, puisqu'un dix-millionième de cet élément suffit, dans le cas de l'*Oïdium*, à assurer le poids maximum de la récolte. Pour les premières substances seulement, et le magnésium en fournit un bon exemple, les poids de récolte sont sensiblement proportionnels aux poids de l'aliment considéré, introduits dans le milieu de culture. Tout intéressante que soit cette distinction, elle ne paraît pas avoir toutefois une valeur absolue, puisque le fer, par exemple, qui joue certainement un rôle important comme catalyseur, paraît être aussi bien souvent un des constituants indispensables et irremplaçables de la matière vivante. De même, les métaux dont il va maintenant être question et à la plupart desquels on est d'accord pour attribuer avant tout un rôle catalytique sont effectivement fixés par l'organisme dont ils favorisent la croissance et il est impossible d'affirmer qu'ils ne font pas nécessairement, quoique à l'état de traces, partie intégrante du protoplasme.

III. — Du rôle des métaux comme catalyseurs dans les processus biologiques.

Avec le manganèse, nous arrivons à une série de métaux qui se rencontrent à l'état de traces dans les matières organiques. Les uns semblent plus ou moins exceptionnels ; d'autres, au contraire, se rencontrent d'une façon qui paraît générale et la question se pose alors de savoir s'ils représentent, sous une quantité minuscule, des éléments constituants et fondamentaux des protoplasmes.

Le manganèse se rencontre constamment dans les tissus animaux ; il existe également chez les plantes et, parfois, pour certains végétaux marins, en quantité notable. De 1905 à 1913, une série de publications dues à GABRIEL BERTRAND et à ses collaborateurs montre l'importance physiologique du manganèse et sa présence normale dans le sang de différents animaux. Ces résultats sont confirmés par les travaux de BRADLEY, de REIMAN et MINOT (voir **Manganèse**). Dans ses recherches sur *Aspergillus niger*, RAULIN (163) n'avait pu assurer que ce métal était nécessaire au développement. Ultérieurement GABRIEL BERTRAND (10,11) a montré qu'il favorisait la croissance et a mis en évidence l'extraordinaire sensibilité de la moisissure vis-à-vis de cet élément. Des augmentations de récolte appréciables ont été obtenues par addition au milieu de culture d'un milliardième, et même d'un décimilliardième de manganèse. Il est fixé par la plante, mais en partie seulement; même aux doses très faibles, une portion du métal disponible échappe à la fixation (13, 14). D'autre part, son rôle catalytique spécifique dans certains phénomènes diastasiques où il intervient comme co-ferment a été mis en lumière par G. BERTRAND dans l'étude de la laccase. Toutes ces données semblent établir solidement le fait que le manganèse est un aliment indispensable qui doit être fourni à la plante, et sans doute aussi à l'animal, au même titre que le fer, mais sous des quantités pondérales bien plus faibles.

La conclusion qui précède semble devoir s'appliquer au zinc. LAFAYETTE MENDEL et BRADLEY (143) ont constaté la présence du zinc en quantité notable, à côté du cuivre et du fer, dans le foie de *Sycotypus canaliculatus* et ils inclinent à penser, que le zinc, qui se retrouve dans le sang à l'état combiné, participe chez ce Mollusque, au même titre que le cuivre, à la constitution du pigment respiratoire. HILTNER et WICHMANN (88) ont trouvé d'une façon constante du zinc dans les nombreux spécimens d'Huîtres qu'ils ont examinés. BIRCKNER (19) l'a recherché et trouvé dans de nombreux aliments végétaux ou animaux. En particulier, la présence de quantités non négligeables de zinc dans le lait et dans le jaune d'œuf porte cet auteur à croire que ce métal ne se rencontre pas d'une façon accidentelle chez les êtres vivants, mais qu'il fait probablement partie intégrante du protoplasme. Cette notion se trouve renforcée encore par les travaux de ROST et WEITZEL, de BERTRAND et VLADESCO (17 *bis*), de BODANSKY (32 *bis*). SEVERY (207 *bis*) a prouvé la présence du zinc chez les animaux marins les plus variés, de la Baleine aux Cœlentérés. Enfin, DELEZENNE (53) a solidement établi la présence de petites quantités de zinc dans l'organisme, du haut au bas de l'échelle zoologique. Cet élément est plus abondant dans le cerveau et le thymus que dans la glande thyroïde où les muscles. DELEZENNE a constaté en outre que le venin des serpents en était particulièrement bien pourvu, et que l'activité des venins des diverses espèces, et même des venins provenant de différents individus d'une même espèce, variait d'une façon parallèle à la richesse en zinc, et également il est vrai, parallèlement à la richesse en soufre. Il est donc possible, bien que la preuve n'en soit pas encore faite, que le zinc intervient dans l'action catalytique exercée par les venins d'une façon analogue au manganèse dans les actions diastasiques étudiées par BERTRAND. D'autre part, le rôle du zinc dans la nutrition des champignons inférieurs a donné lieu à une longue et intéressante discussion sur laquelle nous nous arrêterons, car elle montre bien sous quels points de vue divers peut être envisagé le rôle des éléments chimiques qui se rencontrent chez l'être vivant, soit exceptionnellement, soit à l'état de traces infimes.

RAULIN (163) avait constaté que l'addition de zinc au milieu de culture augmente le poids des cultures d'*Aspergillus*. Reprenant la question en 1903, et en opérant cette fois sur des milieux stérilisés, COUPIN (50, 51) n'a pas trouvé que ce métal favorise le développement; il semblerait, au contraire, exercer une action entravante. Cependant, JAVILLIER (92) retrouve des faits conformes aux résultats de RAULIN. D'après lui, les doses nécessaires de zinc sont d'une petitesse insoupçonnée : un dix-millionième suffit au complet développement du champignon dans un délai de quatre jours; un cinquante-millionième, un cent-millionième et même moins déterminent une augmentation du poids des récoltes par rapport aux cultures témoins privées de zinc, qui donnent un mycélium mince, vite couvert de conidies. Les résultats contraires obtenus par COUPIN s'expliqueraient par la présence fortuite de traces de zinc, même dans les milieux témoins, supposés, à tort par conséquent, dépourvus de cet élément (97).

Est-ce à dire qu'en l'absence de toute trace de zinc, il n'y aurait aucun développement, comme cela se produit dans le cas du magnésium ? JAVILLIER ne le croit pas et pense, au contraire, qu'il doit être possible d'entretenir *Sterigmatocystis nigra* sur des milieux absolument dépourvus de zinc. Mais il est d'accord avec RAULIN pour attribuer à cet élément un rôle physiologique lui appartenant en propre (94) et pour admettre qu'il ne peut être, à ce point de vue, remplacé par d'autres métaux, pas plus que les autres éléments fondamentaux ne peuvent se substituer les uns aux autres dans la composition du liquide RAULIN, pas plus que le potassium n'a pu être remplacé par le lithium ou le césium, ou que le manganèse n'a pu être substitué au fer dans les expériences de SAUTON (158-160). Parmi un assez grand nombre de substitutions tentées, JAVILLIER a trouvé que le cadmium seul présente avec le zinc quelque analogie d'action; dans tous les autres cas, il a été nettement impossible d'obtenir, dans le même délai de quatre jours, des poids de récolte aussi élevés que dans les milieux au zinc. Aux dilutions où ce métal se montre utile, le sodium, le césium, le calcium, le baryum, les métaux de terres rares (thorium, cérium, lanthane, praséodyme, yttrium, erbium) sont indifférents, de même que l'uranium, le thallium, le plomb, le cuivre, le mercure, l'argent, le platine, l'osmium, le rhodium, l'antimoine, le vanadium, le zirconium, le titane et l'étain. D'autres métaux n'ont qu'une très minime influence : rubidium, lithium, strontium, aluminium, cobalt, nickel, chrome, molybdène, tungstène, or, palladium. Enfin le bismuth s'est montré nettement toxique. On peut donc conclure de là que les éléments intervenant comme catalyseurs dans les processus biochimiques, et dont le zinc constitue un des meilleurs exemples, ne peuvent se remplacer indifféremment les uns les autres et que les substitutions, d'ailleurs toujours imparfaites, ne sont possibles qu'entre des éléments, tels que le zinc et le cadmium, présentant une étroite analogie chimique (93,96).

Un autre expérimentateur, CH. LEPIERRE, en prenant d'ailleurs toutes les précautions nécessaires pour opérer sur des produits purs et éviter la présence fortuite du zinc dans les milieux témoins, parvient cependant à des résultats autres et attribue à ce métal un rôle très différent de celui qu'ont admis RAULIN et JAVILLIER. D'après LEPIERRE (106-112) il faut répartir les éléments constituant la matière vivante en deux groupes. Le premier comprend 14 éléments prédominants et constants; ce sont, parmi les métalloïdes, le carbone, l'hydrogène, l'oxygène, l'azote, le phosphore, le chlore, le soufre, le silicium, et, parmi les métaux, le sodium, le potassium, le calcium, le magnésium, le fer et le manganèse, dont le rôle, en tant qu'éléments physiologiques, paraît hors de discussion. Au contraire, le second groupe réunit des éléments non prédominants dont la présence est plus ou moins inconstante; tels sont, parmi les métaux, le lithium, le rubidium, le césium, le baryum, l'aluminium, l'argent, le cuivre, le vanadium, le molybdène, le chrome, le zinc, etc., pour lesquels la question se pose de savoir s'ils sont nécessaires à la vie ou simplement des éléments accidentels. C'est spécialement à l'étude du zinc, envisagé au point de vue de la croissance de *Sterigmatocystis nigra*, que sont consacrées les expériences de LEPIERRE. Elles établissent bien que cet élément peut favoriser le développement de la moisissure dans certaines conditions; mais loin d'être un élément cytogénique il provoque uniquement une accélération de la croissance au cours des premiers jours, sans augmenter le poids final de la récolte. Dans les milieux sans zinc, on peut obtenir la récolte maxima, dans certaines conditions expérimentales, en particulier pour un certain rapport entre la surface et l'épaisseur du milieu de culture, et en attendant un temps assez long. Son rôle serait celui d'un excitant de la nutrition provoquant, dans l'unité de temps et pour certaines doses, une absorption plus rapide des aliments et permettant à la plante d'effectuer plus vite son cycle vital jusqu'à la sporulation qui en marque l'achèvement. « Cette absorption plus rapide des aliments dans les milieux zinciques correspond somme toute à un processus de *défense organique* contre cet élément qui est *toxique*. La plante cherche à s'en débarrasser au plus vite, en se défendant contre lui; elle l'absorbe, au moins en partie, construit au plus vite ses organes de reproduction, s'empressant ainsi de réaliser la tâche qui incombe à tout être vivant et obéissant ainsi à la loi générale en biologie de conservation de l'espèce » (107).

Comme justification de cette hypothèse, il faut remarquer qu'un grand nombre de produits toxiques sont effectivement capables d'exercer à faibles doses une action accélérante sur le développement des microorganismes. Des exemples nombreux en seront donnés plus loin. Une confirmation d'un autre ordre réside, d'après LEPIERRE, dans le fait que l'action du zinc n'est nullement spécifique. Si, dans le liquide Raulin, on le remplace par le cadmium, on obtient, avec certaines doses, des cultures de même poids que dans le milieu classique à 1/406 000 de zinc, ou dans les milieux moins riches à (1/1 000 000 à 1/100 000) utilisés par Javillier. L'analyse montre que le cadmium est fixé par la plante; il remplace donc parfaitement le zinc. Le glucinium est également fixé et permet une croissance normale, bien qu'il y ait au début un retard de croissance, lorsque le champignon a été depuis un an accoutumé à un milieu parfaitement dépourvu de glucinium; ce retard diminue lorsque, par cultures successives sur milieu au glucinium, le Sterigmatocystis s'adapte à son nouveau milieu (112). L'uranium (110) et le cuivre (111) peuvent également remplacer le zinc et déterminer une rapide croissance de l'Aspergillus; leur action est toutefois un peu moins intense.

Les résultats de Lepierre sont donc contradictoires de ceux de Javillier précédemment signalés et des nouvelles expériences faites par cet auteur (95, 96, 98) où jamais le zinc n'a pu être remplacé par d'autres éléments, sauf, dans une certaine mesure, par le cadmium. De plus, loin d'accélérer la formation des conidies, le zinc la retarde, d'après Javillier qui, pour ces motifs, tend à lui attribuer un rôle physiologique (catalytique) spécifique. Il fait encore remarquer, pour combattre la théorie de l'excitation toxique, qu'il est des poisons vis-à-vis desquels l'Aspergillus ne réagit pas, pour les doses faibles, par une accélération de croissance. Dans le même ordre d'idées, Gabriel Bertrand (12) signale que l'argent à faible dilution n'excite jamais la croissance de l'Aspergillus niger et que d'ailleurs le rôle catalytique spécifique de certains éléments tels que le manganèse est démontré par des preuves assez nombreuses pour qu'il ne soit pas nécessaire de recourir à la théorie de l'excitation toxique.

En présence des divergences présentées par les résultats expérimentaux précédents et qui peuvent peut-être s'expliquer, comme les auteurs eux-mêmes semblent l'admettre, par des conditions de culture différentes et par la diversité des races de Sterigmatocystis auxquels ils se sont adressés, il nous paraît sage d'écarter, dans l'état actuel des choses, toute théorie exclusive relative à l'action des métaux rares et inconstants de la matière vivante, et plus utile de nous borner à signaler les faits acquis sans en chercher une coordination trop prématurée. D'autres recherches, dues à Bertrand et Javillier (15-17), montrent bien, d'ailleurs, la grande complexité des phénomènes considérés. Ces auteurs ont recherché si l'influence catalytique exercée par divers éléments est cumulative. Ils étudient à ce point de vue l'action combinée du zinc et du manganèse et constatent qu'en ajoutant au milieu les deux éléments, on obtient des poids de récolte plus grands que par l'addition d'un seul. D'autre part, aux grandes dilutions, le zinc est toujours fixé en totalité par la plante, à l'inverse de ce qui a lieu dans le cas du manganèse. Lorsque les deux éléments sont associés, la plante ne fixe pas chacun d'eux dans les mêmes proportions que s'il était seul : associé au zinc, le manganèse est fixé davantage que lorsqu'il est seul. Et ce n'est pas seulement la fixation réciproque des deux éléments qui est modifiée, c'est la fixation globale des divers éléments minéraux qui est augmentée par la présence de ces catalyseurs; les nombres suivants en témoignent :

	Proportion de cendres p. 100 du mycélium obtenu
En l'absence de Zn et de Mn	3,25
En présence de Zn	3,37
En présence de Mn	3,39
En présence de Zn et de Mn	3,61

Outre le rôle qu'il joue dans la minéralisation de la plante le zinc interviendrait encore, d'après Javillier (94), pour régler la consommation du sucre et influerait sur l'utilisation de l'azote ammoniacal.

Des constatations analogues à celle de Bertrand et de Javillier ont été faites pour les plantes supérieures. T. Stoklasa (121) a montré que le manganèse et l'aluminium associés à doses convenables, accroissent plus que chacun de ces métaux isolément les récoltes de diverses céréales. Dans les milieux où n'existe que le manganèse seul ou l'aluminium seul, la fixation de ces éléments par la plante est moindre que quand ils existent tous deux.

D'autres résultats intéressants, mais complexes, sont relatifs spécialement à la sporulation de l'*Aspergillus*, et fournissent un exemple d'éléments dominateurs de certaines fonctions biologiques (G. BERTRAND). SAUTON (203) avait cru que la sporulation était liée à la présence du fer. Ultérieurement, en collaboration avec JAVILLIER (99), il a reconnu qu'elle dépend à la fois de la présence du fer et de celle du zinc, sans d'ailleurs que ces éléments soient indispensables. Quand on ajoute au liquide RAULIN les deux métaux à la dose habituelle, les conidies apparaissent; au contraire la plante reste stérile, si le milieu ne contient que du zinc; mais lorsqu'il n'y a ni zinc, ni fer, les conidies se produisent au moins aussi vite qu'en présence du fer seul. G. BERTRAND (11) montre de plus qu'en présence des doses habituelles de zinc et de fer (1/100 000), mais en l'absence de manganèse, il n'y a pas formation de conidies. « Le fer, le manganèse, le zinc, et, sans doute tous les éléments nutritifs, écrit cet auteur, agissent synergiquement sur la croissance et sur la formation des conidies de l'*Aspergillus niger*.

« Lorsqu'un de ces éléments vient à manquer, ou tout au moins à se raréfier beaucoup, la plante se développe à peine, elle ne produit, en conséquence, presque pas de matière organique.

« Quel que soit l'état de développement, si la proportion de manganèse passée dans la matière organique est trop minime, la plante reste stérile; elle se recouvre, au contraire, de conidies, si la quantité de manganèse absorbée par le mycélium atteint une proportion suffisante.

« Ainsi, il y a un rapport entre le manganèse d'une part, le fer et le zinc de l'autre, qui suffit à la croissance de l'*Aspergillus*, mais qui ne permet pas le développement des organes reproducteurs. »

Parmi les autres métaux, une place à part doit être réservée au cuivre qui constitue pour certains Invertébrés un élément physiologique important, entrant dans la constitution de leur pigment respiratoire, l'hémocyanine, où il tient le même rôle, semble-t-il, que le fer dans l'hémoglobine des Vertébrés. (Voir Crustacés et Mollusques.)

ROSE et BODANSKY (201 *bis*) estiment, qu'outre les Mollusques et les Crustacés, les animaux marins, Invertébrés et Poissons, renferment peut-être le cuivre comme constituant normal de leurs tissus. SÉVERY (207 *bis*) l'a aussi retrouvé chez tous les animaux marins qu'il a étudiés, sauf chez un Lamellibranche (*Solen*) et chez la Baleine. Chez les végétaux, il se trouve aussi dans les différents tissus, et MAQUENNE et DEMOUSSY (138 *bis*) ont insisté sur le fait qu'il s'y présente comme un élément essentiellement diffusible et migrateur, au même titre que les éléments qui concourent à la nutrition.

L'aluminium est généralement rare chez les êtres vivants, sauf chez quelques végétaux où il existe en fortes proportions. Le plomb est plus fréquent, mais toujours à l'état de traces chez les animaux ou les plantes. STOKLASA (212) l'a vu exercer une action favorable sur l'avoine et le sarrasin. Il en est de même de l'uranium vis-à-vis du Mélilot blanc. D'après AGULHON et SAZERAC (1), les sels d'urane à des doses variant de 1/100 000 à 1/500 sont susceptibles d'activer les phénomènes d'oxydation dus au ferment acétique et à la bactérie du sorbose: les sels d'uranes insolubles, de même que l'uranium métallique, exercent un effet activant sur le bacille pyocyanique; il semble, d'après les auteurs, qu'il s'agit là non d'une action chimique, mais d'un effet de radio-activité. Dans le cas du bacille tuberculeux, FROUIN (75) n'a pas constaté d'influence favorisante des sels d'uranium, tandis que les sels de thorium ont accéléré légèrement le développement. Au contraire P. BECQUEREL (8) trouve qu'il existe, aussi bien pour l'uranium que pour le thorium, une dose optimum pour l'accélération des cultures.

HENZE (87 *bis*) a constaté la présence de vanadium dans le sang des Tuniciers; SELIG HECHT a affirmé la présence de cet élément dans un pigment vert, non respiratoire, contenu dans certaines cellules sanguines d'*Ascidia atra*; et il a supposé que ce métal intervenait comme agent catalytique (86 *bis*).

FROUIN (72) a constaté qu'à petites doses, les sels de vanadium augmentent considérablement la récolte du bacille tuberculeux et d'autres microbes. Il en est de même des métaux des terres rares; le cérium, le lanthane, le néodyme, le praséodyme, qui font montre, à des doses relativement faibles, d'une action bactéricide énergique (77) et peuvent, d'autre part, à doses encore moindres, accélérer le développement micro-

...ien : ainsi le samarium, ajouté sous forme de sulfate à la dose de $0^{gr}005$ p. 100 dans un milieu nutritif contenant comme autres éléments minéraux : P, S, Mg, Na, K, favorise le développement du bacille tuberculeux. A ce propos, V. Henri (87) a fait remarquer que les sels des métaux rares en question avaient pour caractère commun de présenter deux états d'oxydation différents et pourraient agir comme catalyseurs par une activation des réactions d'oxydation favorables au bacille tuberculeux, très avide d'oxygène. Frouin (73) a tenté, d'ailleurs sans succès, de substituer aux sels de magnésium les divers sulfates de cérium, lanthane, néodyme, praséodyme, samarium, thorium et yttrium dans la culture du Bacille tuberculeux et de l'*Aspergillus niger*. Au contraire, les mêmes substances peuvent être substituées au magnésium dans le cas du Bacille pyocyanique, sans que la production de pigment, qui est, comme il a été dit plus haut, sous la dépendance du magnésium, soit diminuée.

Il faut ajouter enfin que l'action favorisante exercée par des traces de métaux rares ne se produit qu'avec certains milieux de culture. Tel est notamment le cas pour les sels de terres rares étudiés par Frouin et que cet auteur, en collaboration avec Guillaumie (75 *bis*), a indiqués ultérieurement comme ne manifestant une telle action vis-à-vis du bacille tuberculeux que dans les milieux synthétiques neutralisés (pH : 6,2 à 7), tandis qu'ils diminuent au contraire le rendement dans les milieux acides (pH : 5,2 à 5,6). Ces actions oligodynamiques sont en relation aussi avec la concentration en sucre.

Des exemples qui précèdent paraît donc se dégager assez clairement la notion que des métaux très variés n'existant qu'en quantités infimes chez les êtres vivants ou même n'y figurant pas normalement selon toute apparence, peuvent, à l'état de traces et dans certaines conditions de milieu, jouer comme catalyseurs un rôle très important dans les processus biologiques. Il ne paraît pas vraisemblable, dans l'état actuel de nos connaissances, qu'il s'agisse toujours là d'éléments fondamentaux, spécifiques et irremplaçables de la matière vivante. Bien probable dans le cas du manganèse, la présence nécessaire semble déjà moins sûre dans le cas du zinc; et, pour d'autres éléments rares, la démonstration de leur nécessité, si elle est concevable théoriquement, se heurterait dans la pratique à d'insurmontables difficultés.

IV. — Toxicités comparées des métaux.

Nous développerons particulièrement ici l'étude de la toxicité des divers métaux, en cherchant à déterminer si le pouvoir toxique d'un élément se lie, soit à la place qu'il occupe dans la classification chimique, à sa grandeur moléculaire, soit à d'autres conditions telles que, par exemple, sa répartition dans la nature. Nous examinerons ensuite comment se comportent, au point de vue toxicologique, les mélanges salins, ce qui amènera aux faits mettant en évidence les actions salines antagonistes et aux recherches de chimie-physique biologique relatives à la dynamique des actions métalliques et au rôle des ions résultant de la dissociation électrolytique. Nous reviendrons, chemin faisant, sur les curieux faits relatifs à l'action des substances métalliques à doses minuscules sur le développement des organismes inférieurs.

Action toxique vis-à-vis des animaux et des plantes. — Existe-t-il une relation entre la toxicité des divers métaux et leurs propriétés chimiques?

Dès 1839, J. Blake (20-23) avait annoncé que si l'on injecte divers sels métalliques en solution aqueuse dans l'appareil circulatoire, les effets physiologiques dépendent peu du radical acide et caractérisent avant tout le radical électro-positif. Il montre, en 1841 (24), que ces effets sont surtout régis par les relations d'isomorphisme, des substances isomorphes ayant des effets physiologiques semblables. Dans la suite, de 1873 à 1884, après avoir déterminé les doses mortelles, par kilogramme d'animal, de très nombreux sels métalliques injectés à divers mammifères et oiseaux, il affirme que, dans une même famille isomorphe, il faut, pour produire une même réaction physiologique, employer d'autant moins de sel que le poids atomique du métal est plus élevé (25-32). Il distingue ainsi sept groupes isomorphes, caractérisés comme suit, d'après les réactions physiologiques (29).

Groupe du sodium (Li, Na, K, Ru, Ag, Cs, Au, Tl) : mort par arrêt de la circulation pulmonaire et contraction des artères; action faible sur le système nerveux.

Groupe du magnésium (Mg, Mn, FeO, Ni, Co, Cu, Zn, Cd) : arrêt du cœur ou diminution de son activité ; pas de contractions vasculaires ; action marquée sur le système nerveux, aboutissant à un état cataleptique : vomissements ; retards dans la coagulation du sang.

Groupe du baryum (Ca, Sr, Ba) : arrêt du cœur en diastole ; pas d'action marquée sur le système nerveux ; trémulations musculaires.

Groupe de l'aluminium (Gl, Al, Fe²O³, Y, Ce²O³) : action sur les centres vaso-moteurs et les nerfs intrinsèques du cœur (arrêt cardiaque, souvent incoordination), sur le centre respiratoire et les fonctions réflexes de la moelle.

Groupe du platine (Pd, Pt, Ir, Os) : action sur les nerfs intrinsèques du cœur ; contraction des artères ; irrégularités et arrêt de la respiration ; retard de la coagulation du sang.

Groupe du thorium (cérium, thorium) : action comparable à celle de l'aluminium.

Groupe du plomb (Pb, La, Di, Er).

Quelques exceptions à la règle des poids atomiques sont cependant à noter : ainsi le sodium dans le premier groupe, le fer dans le second, sont moins toxiques que ne l'indique leur poids atomique. A ce propos, BLAKE remarque que tel est le cas des éléments entrant dans la composition du sang. Le potassium représente également un cas exceptionnel en ce sens que les réactions physiologiques qu'il provoque lorsqu'il est injecté à l'animal, sont, d'après BLAKE, et contrairement aux résultats ultérieurs de RINGER sur le cœur isolé de Grenouille, tout à fait différents des effets dus au rubidium ou au cæsium (30). Il faut remarquer enfin que BLAKE attribue au lithium une toxicité dix fois plus grande qu'au rubidium, ce qui est en formelle contradiction avec les résultats obtenus par les autres expérimentateurs et nous incite à faire quelques réserves sur son intéressante tentative qui aboutit d'ailleurs à une théorie sensiblement identique à celle qui a été développée par RABUTEAU (155-162) de 1867 à 1882. Ce dernier, distinguant dans l'effet d'un sel, la part du métal, de l'action qui peut être exercée par le radical acide, établissait une relation entre le poids atomique des métaux et leur toxicité, celle-ci étant d'autant plus grande que le poids atomique est plus élevé ou la chaleur spécifique plus faible. Par exemple, le thallium (Tl = 204) a la même toxicité que le plomb (Pb = 207) (159). RABUTEAU (157) avait cru d'abord que cette règle simple permettait la comparaison de tous les métaux entre eux, sans distinction et que la qualification de toxique devait être réservée à ceux dont le poids atomique est supérieur à celui du fer ; mais il fut amené dans la suite à restreindre la généralité de la règle et à ne plus l'appliquer qu'au sein d'une même famille chimique, en faisant remarquer que la comparaison n'est permise qu'entre corps ayant des propriétés chimiques analogues. Ainsi le sodium (Na = 23) est inoffensif, le potassium (K = 39) est toxique aux doses fortes ; le baryum (Ba = 137) est plus actif que le strontium (Sr = 87,5) et surtout que le calcium (Ca = 40). La loi de RABUTEAU a exercé une influence notable sur les études toxicologiques qui vinrent ensuite ; pour la confirmer ou l'infirmer, des recherches systématiques ont été entreprises, et par là, elle fut féconde. Dans bien des cas, elle s'applique, avec la restriction que RABUTEAU lui-même avait formulée. Cependant, en 1875, HUSEMAN (90) avait fait remarquer que le lithium qui, parmi les métaux alcalins, a le plus faible poids atomique, est le plus toxique, environ trois fois plus que le potassium, aussi bien pour les animaux à sang chaud que pour les poïkilothermes, tandis que le rubidium, dont le poids atomique est élevé, n'est presque pas toxique, comme l'avait déjà montré GRANDEAU (82). RABUTEAU avait reconnu lui-même l'existence de quelques exceptions, mais elles n'ébranlaient pas pour lui la solidité de la règle générale.

CHARLES RICHET (165) a étudié en 1881 la toxicologie des métaux en choisissant comme sels les chlorures en raison de leur grande solubilité, de leur purification relativement facile et de leur stabilité. Après avoir montré que la mort de divers poissons marins est d'autant plus rapide que la concentration du chlorure ajouté à l'eau de mer est plus forte, il évalue la limite de toxicité du poison compatible avec la vie, limite (d'un choix un peu arbitraire) donnée par la quantité de métal par litre à partir de laquelle la survie est supérieure à quarante-huit heures. Les mêmes substances ont été essayées sur le cœur de la grenouille, recevant toutes les quinze minutes pendant une heure, 4 gouttes de la solution toxique, et ensuite lavé, puis observé pendant une heure sans nouvelle application du toxique ; la limite de toxicité est définie par la quantité maximum de métal qui n'a pas arrêté le cœur au bout de deux heures (166).

Les résultats de ces recherches sont donnés plus loin. D'autre part, Richet (167) a déterminé aussi l'action antibiotique des mêmes sels métalliques vis-à-vis des microbes de la putréfaction, apportant ainsi d'intéressants éléments de comparaison; car dans les recherches précédentes la détermination des toxicités était relative à des organismes complexes chez lesquels l'action toxique pouvait peut-être se localiser électivement sur un appareil ou un tissu déterminé; on observe de plus la résultante de divers troubles physiologiques qui se manifestent avec des variations inhérentes aux susceptibilités individuelles, à l'état de santé, à la plus ou moins bonne nutrition, à l'âge des animaux en expérience. Il me semble pas, *a priori*, que des organismes tels que les vertébrés, pourvus de mécanismes de défense complexes et imparfaitement connus encore, se prêtent parfaitement à une tentative aussi délicate que celle qui consiste à relier la toxicité des sels à leur constitution chimique. On peut, par exemple, trouver les contrastes les plus inattendus entre l'action qu'exercent deux métaux voisins sur un animal supérieur d'une part, sur un être unicellulaire, de l'autre.

Ainsi, d'après les recherches d'Atuanasiu et Langlois (7), les deux sulfates de zinc et de cadmium entravent la fermentation lactique à partir de la concentration en métal, de 0,24 p. 1000 pour le premier et 0,026 p. 1000 pour le second; c'est-à-dire que malgré leurs propriétés chimiques voisines, ces métaux sont ici très inégalement actifs, le cadmium l'étant dix fois plus que le zinc. De même, les doses toxiques exprimées en grammes de métal par kilogramme d'animal sont chez le chien de 0^{gr},018 pour le zinc, de 0^{gr},010 pour le cadmium, mais il en est tout autrement chez les animaux à sang froid, tortues et grenouilles, chez lesquels le cadmium est moins actif que le zinc : 0^{gr},034 pour le zinc et 0^{gr},042 pour le cadmium.

Il faut, en outre, considérer que parfois, à mesure que les parties constitutives d'un organisme se différencient et se spécialisent davantage dans l'accomplissement de telle ou telle fonction physiologique, le champ d'action d'un poison déterminé se restreint davantage, en ce sens qu'il peut agir sélectivement sur tel tissu et non plus sur tel autre. Certes, il est possible et légitime par exemple de comparer entre eux les chlorures alcalins dans leur action sur le cœur ou de mettre en lumière l'identité des conditions qui régissent l'absorption sélective du potassium, du rubidium et du césium par le muscle, comme l'ont fait Mitchell et ses collaborateurs (444 bis), mais comment comparer les toxicités des divers sels métalliques, poisons soit musculaires, soit nerveux, soit enfin portant leur action sur d'autres appareils encore? Et la difficulté relative à la région du corps où se localise l'action toxique se présente aussi en ce qui concerne la façon dont les poisons s'éliminent, les uns comme les sels des métaux lourds principalement par la voie intestinale, tels autres par le rein, avec une rapidité variable. Le nombre des éléments dont la comparaison au point de vue de la toxicité est possible et légitime, diminue donc au fur et à mesure que l'expérimentateur s'adresse à des espèces plus élevées dans la série zoologique. Aussi l'emploi d'animaux inférieurs et surtout d'êtres unicellulaires, protozoaires ou bactéries, de fragments d'organes ou de tissus maintenus en survie hors de l'organisme répond mieux aux exigences d'une telle recherche. De la comparaison des résultats obtenus avec un matériel expérimental varié peuvent d'ailleurs résulter d'intéressantes conclusions. Toutes les difficultés précédentes n'avaient pas d'ailleurs échappé à Charles Richet, et notamment la question de savoir si le poison ajouté à l'eau de mer agit localement sur la branchie du poisson ou, au contraire, pénètre dans le sang pour déterminer une intoxication généralisée. Dans ce cas, ainsi que l'a fait remarquer Blake (25-27), il ne faut pas non plus perdre de vue que la toxicité des sels doit être fonction de leur vitesse de diffusion qui détermine leur inégalement rapide pénétration dans le sang; la vitesse de leur élimination peut être également très variable. C'est donc une manifestation globale qu'on observe, sans pouvoir en faire une analyse bien précise. Mais, renforcées par celles relatives au cœur de la grenouille et aux microbes de la putréfaction, ces expériences, tout imparfaites qu'elles soient, constituent, comme Richet le pensait avec raison, une très frappante infirmation de la loi de Rabuteau. En effet, comme il est facile de s'en rendre compte par l'examen du tableau suivant, aucune relation absolue et générale ne paraît exister entre la toxicité et le poids atomique, quel que soit le matériel d'étude choisi. Par exemple, le lithium est dans tous les cas, malgré son faible poids atomique, beaucoup plus toxique que le sodium qui est presque inoffensif pour les poissons et pour le cœur de la grenouille; vis-à-vis de ce dernier, le lithium est moins toxique que le rubidium, et aussi que le césium dont le poids atomique est pourtant près de 20 fois plus grand; l'ammonium est constamment plus toxique que les métaux alcalins suivants. Dans un certain nombre d'autres cas, il est vrai, il paraît y avoir une certaine liaison entre poids atomiques et toxicités; mais toutes les exceptions qui viennent d'être énumérées, le fait aussi que le classement des éléments d'une même famille varie avec le matériel d'expérimentation, suffisent à ôter à la règle de RABUTEAU toute sa généralité.

Doses antibiotiques et doses toxiques (d'après CH. RICHET).

	Poids atomiques.	Poids de métal (en gr.) par litre de solution.		
		1° Entravant la putréfaction.	2° Tuant les poissons en moins de 48 heures.	3° Arrêtant le cœur de la grenouille en moins de 2 heures.
Lithium	7	6,9	0,25	28
Ammonium	18	18,7	0,064	25
Sodium	23	24	26	140
Potassium	39,1	58	0,20	25
Rubidium	85,5	»	»	43
Césium	133	»	»	101
Magnésium	24,4	7,2	1,5	196
Calcium	40,1	30	2,4	21
Strontium	87,6	»	2,2	33
Baryum	137,4	3,35	0,78	15,7
Cérium	140,2	»	»	94
Didyme	145 ?	»	»	45
Manganèse	55	7,7	0,30	»
Fer (Fe'').	56	0,24	0,014	22
Nickel.	58,7	0,18	0,125	9,5
Cobalt.	59	»	0,125	9,5
Zinc.	65,4	0,026	0,0084	4,2
Cadmium	112	0,04	0,017	2,4
Cuivre (Cu''). . . .	63,6	0,062	0,0033	32
Or	197,2	»	»	8,3
Mercure (Hg''). . . .	200,3	0,0055	0,00029	2,9
Palladium	106	»	»	13,5
Platine	195	»	»	108

Notons d'ailleurs que même en n'expérimentant que sur un seul organe, il y aurait lieu peut-être de n'effectuer de comparaison, même au sein d'une famille chimique, qu'entre éléments provoquant des réactions physiologiques très semblables. Par exemple, dans les expériences de RICHET sur le cœur de la grenouille, tous les métaux de la première famille donnent l'arrêt en diastole. Au contraire, parmi ceux de la seconde, le magnésium arrête en diastole et les trois autres en systole. Le nickel et le cobalt donnent l'arrêt en diastole, le cérium en systole. En étudiant les variations de l'excitabilité du ventricule quiescent de grenouille en circulation artificielle, LUSSANA (132) constate que Li, NH[4], K, Mg, diminuent l'excitabilité vis-à-vis des chocs d'induction, tandis que Ca, Sr, Ba, l'augmentent à doses faibles. Mn, Ni, Co, à doses très faibles donnent une légère et temporaire augmentation de l'excitabilité, puis bientôt une diminution de l'amplitude des contractions. Même en limitant la comparaison aux éléments qui donnent une réaction semblable (sels alcalins, ou calcium, strontium, baryum), il est clair que l'expérience ne plaide pas en faveur de la loi atomique.

Des résultats précédents on peut rapprocher ceux obtenus par H. COUPIN (41-48) sur le développement des plantules de blé dans les solutions toxiques, car elles portent aussi sur une très vaste série de sels métalliques. D'après la définition de cet expérimentateur, l'équivalent toxique est la quantité minima de cette substance qui, dissoute dans 100 parties d'eau distillée, tue la plante considérée. Nous nous bornerons à donner ici ses résultats pour les chlorures, les sulfates, les nitrates et les acétates, en exprimant les concentrations en grammes de sel, par litre de solution.

Doses toxiques (en gr. par litre) pour les plantules de blé (d'après H. Coupin).

	Poids atomique du métal.	Chlorures.	Sulfates.	Nitrates.	Acétates.
Lithium . . .	7	0,4	0,8	3	»
Ammonium. .	18	16	25	39	»
Sodium . . .	23	18	8	17	3,1
Potassium . .	39,1	19	23	30	»
Magnésium. .	24,4	8	9,8	»	6,2
Calcium . . .	40,1	18,5	»	40	12,5
Strontium . .	87,6	15	»	35	»
Baryum . . .	137,4	2,35	»	1,85	1,56
Aluminium. .	27,1	13	15	25	»
Manganèse. .	55	8,9	19	14	9,0
Fer	56 (perchlorure)	2,7	1,9	»	»
Chrome . . .	»	»	5	»	»
Nickel	58,7	0,2	0,22	1	»
Cobalt	59	0,3	0,24	1,2	»
Zinc.	65,4	3	1,2	3,1	»
Cadmium. . .	112	1	0,25	0,015	0,13
Plomb.	206,9	»	»	4,6	4,3
Uranium . . .	239,5	»	»	9	3,8
Cuivre. . . .	63,6 (bichlorure)	0,05	0,055	0,061	0,057
Argent . . .	107,9	»	0,033	0,029	0,031
Or.	197,2	0,36	»	»	»
Mercure . . .	200,3 (bichlorure)	0,12	»	»	»
Palladium . .	106	0,9	»	»	»
Platine . . .	193 (bichlorure)	0,08	»	»	»

Les composés homologues du magnésium, du zinc et du cadmium sont, comme le remarque l'auteur, d'autant plus toxiques que le poids atomique du métal est plus élevé ; il en est de même pour les sels de calcium, de baryum et de strontium. Mais, d'autre part, il résulte aussi des nombres précédents, que la toxicité extrême du lithium par rapport aux autres éléments alcalins va à l'encontre de toute relation générale entre le poids atomique et la toxicité. On constate également, à l'inverse de ce qui a lieu pour les animaux, la faible action toxique des sels d'ammoniaque et l'efficacité plus grande du sodium par rapport au potassium.

L'ensemble des résultats précédents ne paraît donc pas de nature à rendre acceptable la loi de Rabuteau. Il est néanmoins intéressant de la discuter encore en prenant comme exemple une famille de métaux bien définie et ceci nous amène à une nouvelle et vaste série d'expériences, faites par CHARLES RICHET (168, 169, 171-174, 176) pour déterminer chez les animaux les plus divers la dose toxique des sels halogènes alcalins. Les résultats obtenus sont en complet désaccord avec la loi discutée comme le montrent les données numériques que nous résumons ci-dessous, assez longuement, parce qu'elles fournissent de précieux renseignements pour l'expérimentation physiologique.

Doses mortelles minima des sels alcalins (en gr. de métal par kilogr. d'animal).

	Espèces.	Lithium.	Potassium.	Rubidium.
	Limaçons	0,104	0,620	1,800
	Écrevisses . . .	0,055	0,280	0,400
	Poissons. . . .	0,090	0,450	0,720
Chlorures.	Tortues	0,135	0,480	1,030
	Grenouilles. . .	0,145	0,500	0,990
	Pigeons	0,084	0,520	1,100
	Cobayes	0,100	0,550	1,050
	Lapins. . . .	0,087	»	1,090
	Poissons	0,120	0,590	0,930
Bromures. . .	Pigeons	0,060	0,410	0,590
	Cobayes	0,112	0,400	0,620
	Poissons. . . .	0,105	0,500	0,840
Iodures. . . .	Pigeons	0,048	0,230	0,500
	Cobayes	0,100	0,380	0,690

Abstraction faite des variations de sensibilité présentées par les différents animaux et qui peuvent être dues soit à la pénétration plus ou moins rapide des poisons, soit à leur élimination plus ou moins précoce, on constate que, dans tous les cas, le rubidium a été moins toxique que le potassium, et ce dernier, moins encore que le lithium ; par conséquent, c'est exactement l'inverse de ce qu'aurait fait prévoir la loi atomique.

De même, entre les éléments d'un même groupe chimique, aucun rapport constant n'apparaît entre la toxicité et le poids atomique dans les observations rapportées par PAUL BINET (18) relativement à l'action des chlorures alcalins et alcalino-terreux. Pour la grenouille, le classement par ordre de toxicité est le suivant : lithium, potassium, baryum, très toxiques ; calcium, magnésium, toxiques ; strontium, peu toxique ; sodium, presque inoffensif. Chez les mammifères le classement est un peu différent, le baryum étant, de tous, le plus toxique.

À poids égaux, les métaux ne sont donc pas toujours d'autant plus toxiques que leur poids atomique est plus élevé. Mais n'est-il pas possible, en poursuivant l'analyse des faits, de dégager une relation générale entre la toxicité et les propriétés chimiques des éléments ? Une tentative de cet ordre a été faite par CH. RICHET dans son étude des métaux alcalins. Si l'action toxique est une action chimique, on est conduit à penser qu'elle doit être proportionnelle, non pas au poids absolu du sel ou du métal qui entre en jeu, mais au poids exprimé en molécules. Autrement dit, si l'on considère deux substances chimiques similaires, telles que, par exemple deux chlorures alcalins, il faut pour empoisonner un même poids d'animal vivant, faire usage d'un même nombre de molécules de chacun de ces sels. Si cette considération a priori est exacte, en divisant les nombres du tableau précédent par les poids atomiques des métaux, on doit obtenir un quotient sensiblement constant. Comme le montre le tableau qui suit déduit du précédent en divisant les doses pondérales par les poids atomiques, les différences entre les doses mortelles des trois métaux alcalins sont, en effet, très fortement atténuées lorsqu'elles sont exprimées en molécules. La concordance est même parfois assez remarquable. Ainsi, pour le lapin, les doses mortelles de lithium et de rubidium sont à peu près exactement proportionnelles aux poids moléculaires. Il en est de même pour les doses des trois métaux, si l'on considère séparément les chlorures, les bromures et les iodures.

Doses mortelles moléculaires minima (d'après CH. RICHET).

		LITHIUM.	POTASSIUM	RUBIDIUM.
Chlorures.	Poissons	0,0126	0,0115	0,0085
	Tortues.	0,0193	0,0123	0,0121
	Grenouilles.	0,0207	0,0129	0,0109
	Pigeons	0,0120	0,0133	0,0129
	Cobayes.	0,0447	0,0141	0,0123
	Lapins.	0,0124	»	0,0128
	MOYENNE.	0,0152	0,0128	0,0116
Bromures.	Poissons	0,0171	0,0151	0,0109
	Pigeons	0,0086	0,0104	0,0070
	Cobayes.	0,0160	0,0103	0,0073
	MOYENNE.	0,0139	0,0119	0,0084
Iodures.	Poissons.	0,0150	0,0128	0,0098
	Pigeons	0,0069	0,0059	0,0059
	Cobayes.	0,0143	0,0100	0,0081
	MOYENNE.	0,0121	0,0095	0,0079
MOYENNES GÉNÉRALES.		0,0143	0,0111	0,0093

Il est donc possible de formuler, en première approximation, la conclusion suivante :
Les actions toxiques sont des actions chimiques et obéissent aux mêmes lois que celles-ci.

Pour des substances agissant sur les mêmes éléments anatomiques, les doses mortelles sont proportionnelles non aux poids absolus, mais aux poids exprimés en molécules.

On peut encore rapprocher des expériences qui viennent d'être exposées, celles de LOEB (122-123) sur divers chlorures métalliques, étudiés comme agents d'excitation des nerfs sensitifs cutanés de la patte de la grenouille. En déterminant la plus faible concentration active des solutions de chacun d'eux, cet auteur aboutit au classement suivant :

Normalité des solutions.		Normalité des solutions.		
$AgNO^3$	$\dfrac{M}{180}$	$CaCl^2$		
		$SrCl^2$	$\left\{ \dfrac{M}{8} \right.$	
$FeCl^3$	$\dfrac{M}{60}$	$BaCl^2$		
		$MgCl^2$		
$CdCl^2$	$\left\{ \dfrac{M}{32} \text{ à } \dfrac{M}{16}. \right.$	KCl	$\dfrac{M}{8}$ à $\dfrac{M}{4}$	
$HgCl^2$		NH^4Cl	$\dfrac{M}{4}$ à $\dfrac{3\,M}{8}$	
$AlCl^3$	$\dfrac{M}{16}$ à $\dfrac{M}{8}$	$NaCl$	$\left\{ \dfrac{3\,M}{8} \text{ à } \dfrac{M}{2} \right.$	
		$LiCl$		

d'après lequel tous les chlorures alcalino-terreux exercent leur action à la même dose moléculaire ; de même, la dose active des chlorures alcalins, exprimée en molécules, varie dans les limites assez étroites. Remarquons, avec LOEB, que ces résultats montrent en outre que la toxicité des divers métaux paraît être sans rapport avec la valence ou la charge électrique des ions correspondants. Voir aussi l'exposé général de BIBERFELD (17 *ter*.)

En collaboration avec E. GLEY (192), CHARLES RICHET a déterminé pour les sels alcalins la plus petite dose qui excite les terminaisons nerveuses gustatives. Les métaux, dans ce cas, se placent par ordre d'activité décroissante, comme il suit : lithium, sodium, potassium, rubidium. Ce classement concorde parfaitement avec les résultats plus récents de DHÉRÉ et PRIGENT (34) sur l'excitation des terminaisons cutanées par les métaux alcalins pour lesquels les temps de réaction décroissent dans l'ordre suivant : Li, Na, Cs, NH⁴, K, Rb. Si, dans les expériences de GLEY et RICHET, on calcule les doses sapides moléculaires, on arrive à des valeurs assez voisines les unes des autres et qui offrent une concordance remarquable, étant donné l'incertitude des notions objectives fournies par le sens du goût, avec les déductions qui viennent d'être énoncées. On en peut conclure que l'action de ces métaux alcalins sur les nerfs du goût est également une action chimique et qu'elle est sensiblement proportionnelle au poids atomique. Mais si l'on détermine la limite de sensibilité des terminaisons gustatives pour divers métaux non apparentés, ils se classent dans l'ordre suivant : Cu, Ag, Hg, Na, NH⁴, Zn, et l'on voit qu'il n'y a aucun rapport entre la toxicité et l'action sur le sens du goût (170).

Il ne semble donc pas que tout ce qui précède puisse nous mettre en possession d'une règle générale permettant de coordonner les multiples faits relatifs aux actions toxiques des métaux. En effet, même s'il s'agit de deux métaux agissant apparemment sur le même tissu et aussi semblables dans leurs propriétés chimiques que le potassium et le rubidium, ou le zinc et le cadmium, le mécanisme intime des réactions auxquelles ils participent dans la cellule vivante nous échappe encore. Rien ne permet d'affirmer que ces deux éléments apparentés portent bien leur action sur la même substance protoplasmique ; et même, s'il en est ainsi, il n'est nullement démontré qu'ils puissent indifféremment se substituer l'un à l'autre, sans conférer aux molécules protéiques ou autres, auxquelles ils s'unissent, quelque nouvelle propriété. De l'examen de l'ensemble du tableau de RICHET, et des moyennes en particulier, se dégage d'ailleurs la notion d'une variation systématique assez faible, mais certainement indépendante des erreurs expérimentales et des divergences dues à la diversité des animaux étudiés : rapportée à la molécule, la toxicité du lithium a été moindre que celle du potassium, et celle-ci, moindre encore que celle du rubidium, ce qui a conduit CH. RICHET à modifier la loi posée par RABUTEAU et à dire que c'est seulement pour des doses moléculaires égales que les métaux alcalins sont d'autant plus toxiques que leur poids atomique est plus élevé.

En étudiant l'action des solutions salines sur les cellules musculaires, nerveuses et ciliées, Grützner (83, 84) et son élève Weinland (214) arrivent à une conclusion qui est à rapprocher de la précédente : l'action excitante des diverses substances chimiques employées en solutions équimoléculaires est d'autant plus forte que le poids moléculaire est plus élevé. De même dans les expériences de Dryfuss et Wolf (57) sur l'action physiologique du lanthane, du praséodyme et du néodyme, la toxicité des solutions équimoléculaires des chlorures de ces métaux, vis-à-vis des organismes unicellulaires ou du nerf et du muscle, croît avec le poids moléculaire.

Ainsi se trouvait en quelque sorte transposée la loi de Rabuteau : *C'est à dose moléculaire égale et non à poids égal, que les métaux à poids atomique élevé sont plus toxiques que les métaux à poids atomique faible.* Toutefois, cette règle qui est d'une bonne application pour les métaux alcalins n'est pas susceptible de généralisation ; Richet le fait expressément remarquer dès 1893 (176) et il suffirait, pour s'en rendre compte, de calculer les doses moléculaires correspondant au tableau donné p. 756. Son mérite est de montrer qu'il est évidemment plus intéressant de considérer les doses moléculaires que les poids absolus des substances toxiques.

A propos de ses recherches sur la fermentation lactique, Ch. Richet a été amené, comme on le verra plus loin, à formuler une nouvelle hypothèse pour rendre compte du classement des métaux par ordre de toxicité.

Variations des toxicités relatives des métaux suivant la nature des tissus sur lesquels ils agissent. — Tandis que, chez les animaux, le potassium est plus toxique que le sodium, d'une façon très générale l'inverse a lieu chez les microorganismes, et aussi chez les végétaux supérieurs dont le développement, comme les agriculteurs le savent depuis longtemps, est favorisé par les sels de potasse et non par les sels de soude. La forte toxicité du potassium par rapport au sodium chez les animaux, la toxicité des sels d'ammonium également très élevée, par rapport à ce qu'elle est chez les plantes, est bien mise en relief dans les tableaux précédents empruntés à Ch. Richet et à H. Coupin.

Le sodium est également plus toxique que le potassium pour les œufs non fécondés d'*Arbacia*, d'après les expériences de Lillie (116). Il est possible que cette inversion des toxicités relatives de ces deux métaux se retrouve pour un grand nombre d'œufs et que la cellule-œuf, avant toute segmentation, reste entièrement comparable à ce point de vue aux organismes unicellulaires adultes ou aux plantes.

Non seulement les végétaux contrastent avec les animaux d'une façon frappante, au point de vue de leur résistance au sodium et à l'ammonium, non seulement des divergences considérables peuvent apparaître entre les divers animaux, et nous rappellerons à ce propos les expériences déjà citées d'Athanasiu et Langlois sur le zinc et le cadmium, mais encore, comme le montrent de multiples exemples, un même métal exerce parfois des actions fort dissemblables vis-à-vis des divers tissus d'un même organisme, en sorte qu'un classement des éléments par ordre d'activité varie forcément d'un tissu à l'autre. Grützner (83, 84) a vu par exemple que l'ordre dans lequel se classent les métaux alcalins varie selon qu'il s'agit de leur action sur tel ou tel tissu. Bien plus, pour des tissus exerçant des fonctions semblables, chez des animaux très voisins, les sels ne se classent pas toujours de façon identique au point de vue de leur degré d'activité. A cet égard, les expériences de Parker et Metcalf (151) sont très démonstratives. Elles montrent que les chlorures alcalins se sérient, au point de vue de l'action excitante qu'exercent leurs solutions sur les Vers qui y sont plongés, dans l'ordre d'activité décroissante : K, NH⁴, Na, Li pour une certaine espèce, et dans l'ordre Na, NH⁴, Li, K, pour une autre très voisine. D'après Maxwell (141) les chlorures se classent comme suit, à partir des plus favorables pour la survie des cellules ciliées qui sont plongées dans leurs solutions : Na, Sr, Ba, Mg, Li, Ca, K, NH⁴ ; mais si l'on envisage non la durée de la survie, mais la production par ces cellules d'un travail mécanique, l'ordre de classement est alors : Na, Sr, K, Ca, NH⁴, Mg, Li, Ba. La valence et le poids atomique semblent n'avoir aucune influence sur le sens des phénomènes observés.

Des faits du même ordre ont été décrits par R. Lillie (114) sur la larve d'arénicole. Employés en solution pure, les sels d'ammonium et de potassium sont moins toxiques que les sels de sodium ou de lithium, si l'on considère seulement les mouvements des ils vibratiles ; en revanche, les derniers abolissent plus rapidement la contractilité musculaire. Les mouvements des cils subsistent plusieurs heures dans des solutions N/2 ou N/4 de chlorure de magnésium ou de manganèse, alors que les contractions musculaires y sont impossibles. Les chlorures de calcium et de magnésium sont plus défavorables au mouvement ciliaire, mais agissent moins énergiquement sur le muscle que les précédents. Enfin, alors que les solutions de tous les métaux lourds abolissent les mouvements musculaires, l'activité des cils peut subsister une vingtaine de minutes dans des solutions N/3 de $CoCl^2$ ou $NiCl^2$ et plusieurs minutes dans $CdCl^2$ N/2. Étudiant l'épithélium cilié du Planorbe, MERTON (143 bis) constate aussi que de tous les cations alcalins et alcalino-terreux, le potassium est le plus inoffensif, tandis que le calcium paralyse rapidement le mouvement ciliaire; mais sur des animaux marins, MAYER (141 bis) a obtenu des résultats différents : NaCl abolit très vite le mouvement ciliaire, il finit aussi par paralyser, tandis que Ca le stimulerait légèrement et que Mg l'accélérerait.

La grande variabilité des résultats qui précèdent doit mettre très fortement en garde contre toute théorie qui cherche à relier le mode d'action des éléments uniquement à leurs caractéristiques physico-chimiques, sans tenir compte de celles des substances vivantes sur lesquelles elles agissent. « Cette diversité, écrit CHARLES RICHET, ne doit pas surprendre si l'on réfléchit à la nature même d'une action toxique. En dernière analyse, toute action toxique est action chimique. Le protoplasme vivant est pénétré par une substance soluble qui s'unit à lui pour former une combinaison, laquelle empêche alors plus ou moins la fonction physiologique ultérieure du protoplasme. Or, le protoplasme n'est pas lui-même qu'une substance chimique, laquelle est différente selon les cellules qu'on envisage. La matière albuminoïde du protoplasme de la cellule nerveuse n'est certainement pas identique à la matière albuminoïde du protoplasme d'une cellule végétale. Quoi d'étonnant que telle substance qui se combine au protoplasme nerveux, et, par conséquent, paralyse l'activité de la cellules nerveuse, ne puisse se combiner au protoplasme végétal, et soit alors incapable d'effectuer la même action toxique? »

Même variabilité dans les résultats si l'on considère l'action exercée sur l'hémolyse par les divers sels métalliques. Le classement des métaux, des activants aux entravants, est différent, suivant qu'il s'agit de l'hémolyse des hématies de chèvre par la staphylolysine, de celle des globules de cheval par la saponine, ou enfin du cas hématies de mouton-alexine-ambocepteur, comme le montrent les expériences de PURDY et WALBUM (154 ter).

Il n'en reste pas moins vrai néanmoins, malgré toutes les réserves qui viennent d'être faites, que les propriétés physiologiques des éléments et de leurs sels devront être expliquées par leurs actions physiques ou chimiques vis-à-vis des colloïdes cellulaires. Mais la complexité et la variabilité de ces derniers doivent nous rendre très prudents dans tout essai de génération.

Action antiseptique des métaux en fonction des doses. — De l'ensemble des recherches faites par MIQUEL en 1883 sur les microbes de la putréfaction, on a pu conclure que la première place, parmi les agents antiseptiques, est dévolue aux métaux nobles, or, platine, argent et mercure. Viennent ensuite des éléments plus communs, tels que le cuivre et le fer, puis les métaux alcalino-terreux, et enfin les alcalins. Comme on le verra plus loin, ce groupement, exact dans ses grandeslignes, comporte certaines exceptions. On avait d'ailleurs, dans les premières études, établi le classement d'après les poids absolus, alors qu'il est certainement plus intéressant, comme RICHET l'a montré dans son étude toxicologique des sels alcalins, d'exprimer les doses toxiques en molécules. Il est indispensable, d'autre part, pour établir la classification des métaux au point de vue de leur pouvoir antiseptique, de ne point perdre de vue que l'action toxique d'un sel dépend à la fois de la nature du métal et du radical de l'acide qui participe à sa formation; les comparaisons doivent donc s'établir sur des séries de sels du même acide, choisi parmi ceux dont le radical est dénué de toute toxicité, et en s'adressant, bien entendu, à des produits suffisamment solubles. Il convient enfin de se restreindre aux sels neutres, afin que les effets observés ne soient pas imputables en tout ou en partie à une modification de la réaction du milieu.

Le ferment lactique a fait l'objet, de la part de CHARLES RICHET et de ses élèves, d'une longue étude, très vaste par le nombre des expériences et la variété des substances antiseptiques examinées. Il paraît évident *a priori* que les résultats acquis dans ces recherches peuvent être étendus à l'action des antiseptiques sur les autres microorganismes; l'expérience a d'ailleurs démontré qu'il en était bien ainsi. Sans doute, d'une espèce bactérienne à l'autre, les doses pondérales actives de divers antiseptiques, des métaux en particulier, varient quelque peu, tel microbe pouvant présenter vis-à-vis d'un poison une sensibilité qui fait défaut chez tel autre; mais le sens général des phénomènes reste inchangé, ce qui légitime l'exposé un peu détaillé que nous allons faire des expériences sur le ferment lactique.

En admettant que la quantité d'acide lactique formée en un temps donné est d'autant plus grande que la multiplication des microbes a été plus active, il est possible, à l'aide de simples dosages acidimétriques, d'évaluer rapidement la toxicité de telle ou telle substance ajoutée au milieu de culture, lait ou sérum de lait. De cette expérimentation étendue, se dégagent plusieurs conclusions intéressantes relatives à la toxicité des corps simples. On est ainsi amené (175) à répartir en trois classes les métaux selon qu'ils sont, vis-à-vis des bacilles lactiques, toxiques à 1/10 de molécule (Na, K, Li, Mg, Ca, Sr, Ba), à 1/1 000 (Fe, Mn, Pb, Zn, V, Al) ou à 1/100 000 (Cu, Hg, Au, Pt, Cd, Co, Ni). D'autre part, en étudiant l'action de chacun d'eux à des dilutions variables, il y a lieu de distinguer les quatre doses suivantes : *inactive, accélérante, ralentissante* et *toxique.*

Doses accélérantes; action des doses minuscules (Voy. aussi **Métaux colloïdaux**). — L'action accélérante qu'exercent à faibles doses les substances antiseptiques agissant sur les microorganismes paraît être un phénomène très fréquent, depuis longtemps signalé, et les sels métalliques n'échappent pas à cette règle. Des exemples très nets en ont été fournis, pour la fermentation lactique, par CHASSEVANT et RICHET (36, 37). L'accélération n'est nullement, comme ALOY et BARDIER (5, 6) l'avaient supposé, une apparence due à l'action du sel métallique sur l'indicateur coloré utilisé pour les dosages de l'acide lactique (177). La plupart des métaux, même les plus toxiques, sont accélérants à dose suffisamment faible; mais la puissance accélératrice d'un métal semble n'être en rapport, ni avec son pouvoir antiseptique, comme l'avait cru BIERNACKI, ni avec la valeur absolue de sa dose accélérante. Il semble plutôt que ce sont les métaux les plus répandus dans la nature (Mg, Na, K) qui sont doués de la plus grande puissance accélératrice. Au contraire, les métaux rares ou répandus seulement à l'état de sels insolubles sont doués d'un pouvoir accélérateur moindre, quoique net dans certains cas; des exemples nombreux en ont été donnés pour divers microorganismes dans les pages qui précèdent.

L'accélération de la fermentation par addition de sels métalliques s'observe surtout pendant les vingt-quatre premières heures; il s'agirait donc d'une action stimulante s'exerçant sur la fonction de reproduction plutôt que sur la fonction chimique. On a vu, par ce qui précède, comment une telle action a pu être interprétée (théorie de l'excitation toxique ou théorie de l'action catalytique) et la difficulté qu'il y a, dans bien des cas, à savoir si la substance considérée intervient ou non comme élément physiologique dans la nutrition des microbes. Le fait que les métaux les plus répandus sont précisément ceux qui sont doués du plus fort pouvoir accélérateur semble de nature à rendre douteuse la théorie de l'excitation toxique. Ce qui reste solidement acquis, par de nombreux exemples, c'est le fait que des doses minuscules de substances peuvent exercer une action, soit retardante, soit accélérante, sur le développement des microorganismes qui se comportent alors comme des réactifs d'une merveilleuse sensibilité. RAULIN (163), le premier, montre l'influence entravante de très minimes quantités d'argent sur la végétation de l'*Aspergillus niger*.

NÄGELI (146) a vu qu'une dose de 0^{gr}00001 de cuivre suffit à tuer certaines algues et a insisté sur l'action « oligodynamique » de divers métaux lourds; LOEW a donné de son côté des exemples de cas analogues. GALEOTTI (78) a trouvé le cuivre colloïdal actif à la dose de 1 gramme pour 125 millions de litres vis-à-vis de *Spirogyra nitida*; il a comparé l'action du cuivre colloïdal à celle du cuivre à l'état de sulfate et à constaté que le second est nettement moins actif aux fortes dilutions. La sensibilité des organismes inférieurs à des doses infimes de cuivre ressort également des expériences d'Israel et Klingmann (91). H. Coupin (49) a montré que les plantules du blé de Bordeaux sont sensibles à 1/700 000 000 de sulfate de cuivre, 1/30 000 000 de bichlorure de mercure, 1/10 000 000 de chlorure de cadmium, 1/2 000 000 de sulfate d'argent et 1/1 000 000 de nitrate d'argent. Ewert (67) a étudié l'action de doses minuscules de sulfate de cuivre sur la saccharification de l'amidon. D'après Charles Richet (182), le ferment lactique est influencé par l'émanation du radium qui correspond, dans les conditions de l'expérience, à une dose de substance inférieure à 0,000 000 1 p. 1000.

Il faut bien retenir que ce ne sont pas seulement les sels métalliques, mais les métaux eux-mêmes qui exercent ces actions oligodynamiques, quand on les met en contact avec les milieux de culture. En 1917, Saxl (206 bis) a tenté de rapporter ces actions oligodynamiques exercées par les métaux sur les microorganismes à une sorte d'action à distance. Les travaux récents sur cette question dont l'indication détaillée est donnée par Löhner et Markovitz (131 bis) ne confirment nullement cette façon de voir et s'accordent pour faire accepter l'hypothèse que des traces de substance métallique entrent en solution dans le milieu. Dans leurs recherches sur l'action toxique du cuivre sur les Paramécies, les deux derniers auteurs constatent qu'il se produit d'abord un état d'excitation caractérisé par une accélération des mouvements ciliaires et de la locomotion et par des modifications de certains tactismes. Puis vient un stade de paralysie caractérisé par le ralentissement des mouvements des cils et de la locomotion, le ralentissement du rythme de la vésicule contractile, la déformation du corps et finalement des phénomènes de nécrose et la mort. Ces phénomènes, sauf s'il y a déjà des modifications morphologiques, sont réversibles quand les Paramécies sont remises dans l'eau pure. L'hypothèse que les effets oligodynamiques sont dus à une fixation par absorption du métal dans la substance vivante est appuyée par deux ordres de preuves. D'abord la survie dans un même volume de liquide est d'autant plus grande que le nombre des animaux qui y est contenu est plus grand et ensuite les Paramécies qui ont été tuées de cette façon présentent par rapport à celles qui ont été tuées par un autre procédé, par exemple par la chaleur, une réaction positive avec le réactif à la fuchsine de Pfeiffer.

Pour étudier d'une façon plus précise l'action des divers antiseptiques à doses minuscules, vis-à-vis de la fermentation lactique, Ch. Richet (179, 181) fait appel à de délicats procédés de dosage colorimétrique, et à l'emploi de la méthode statistique, rendu possible par la multiplication du nombre des cultures dans chaque expérience. Il trouve ainsi que certains métaux : le cobalt, le platine, l'argent, le thallium par exemple, exercent encore quelque influence à la concentration étonnamment faible de $0^{gr},000 000 001$ par litre, soit 1 milligramme dans 1000 mètres cubes. Ses expériences mettent en relief la grande complexité des phénomènes en question et décèlent une sorte de loi générale pour l'action des doses minuscules des divers antiseptiques, minéraux ou organiques. Dans le tableau suivant, les acidités des diverses cultures renfermant des traces d'antiseptiques sont exprimées en p. 100 des cultures témoins; chaque nombre représente une moyenne; pour chaque antiseptique, les quantités de métal par litre sont exprimées par les puissances successives d'une dose φ, dont la valeur pondérale, par litre de milieu, est de $0^{gr}1$.

On voit que, d'une façon très générale, la courbe qui traduit l'action de ces divers sels métalliques en fonction des doses décroissantes présente plusieurs inflexions. Aux doses relativement fortes qui entravent la fermentation (ralentissement primaire R) succèdent des doses plus faibles qui l'accélèrent (accélération primaire A). Pour des doses plus minimes encore a paraît un second ralentissement (ralentissement secondaire R') et enfin une deuxième accélération (accélération secondaire A') pour des doses tout à fait minuscules. Ces maxima et minima apparaissent d'ailleurs pour des doses variables au fur et à mesure que progresse la fermentation, en sorte que les points singuliers de la courbe se déplacent dans un sens qu'il est difficile de prévoir. Mais ceci ne peut être considéré comme une objection à la réalité des phénomènes en question qui, au contraire, se présentent avec une constance assez remarquable pour les sels métalliques les plus divers. L'explication de ces manifestations complexes ne peut encore être donnée, nous semble-t-il, d'une façon satisfaisante. La courbe obtenue, avec ses deux maxima, peut être l'expression d'une même action toxique s'exerçant sur deux phéno-

DOSES DE MÉTAL TOXIQUE	ACIDITÉ EN P. 100 DES TÉMOINS avec									
	CHLORURE de baryum	CHLORURE de lithium	AZOTATE d'argent	CHLORURE de cobalt	CHLORURE de manganèse	CHLORURE de platine	AZOTATE de thallium	CHLORURE de thorium	OXYCHLORURE de vanadium	MÉLANGE de 6 métaux (Ag, Co, Li, Mn, Pt, Th)
φ. . .	111 }A	102,2 A'	25 }	»	94,6 R	»	11 R	10 R	83 }	»
φ². . .	165 }	99,6 }	22 }R	77 }R	115,4 }A	60 }R	134 }A	115 A	96,2 }R	»
φ³. . .	85 }R	98,7 R'	46 }	87 }R	117,3 }A	84 }R	128 }A	95 }R'	99,4 }	62 R
φ⁴. . .	91 }	98,7 }	121 }	130 A	105,7 }R'	99 }	99 }	75 }R'	100,2	109 A
φ⁵. . .	163 }	101,3 }A'	138 }A	98 }R'	104,6 }R'	125 }A	94 }	103 }	103,6 A	87 }R'
φ⁶. . .	130 A'	100,5 }A'	120 }A	87 }R'	117,3 A'	117 }	88 }R	106 }A	101,4 }R'	34 }
φ⁷. . .	122 }	100,9	104 }	117 A'	97,3	95 }R'	99 }	110 }A	102,4 }	117 A'
φ⁸. . .	»	100,9	100 R'	»	»	85, }	76 }	106 }	103,2 A'	100
φ⁹. . .	»	»	106 A'	»	»	117 A'	62	»	102,7	»
φ¹⁰. . .	»	»	»	»	»	»	»	»	100,7	»
0. . .	100	»	100	)100	100	109	100	100	100	100

mènes capables, dans une certaine limite, de varier indépendamment l'un de l'autre : par exemple, d'une part la transformation zymasique du lactose en acide lactique, d'autre part, la reproduction du ferment. Une autre hypothèse suggérée par CHARLES RICHET est qu'il y aurait au contraire, selon la dose, deux actions successives agissant sur une même fonction globale, la fermentation lactique : une première action chimique caractérisée par le ralentissement et l'accélération primaires; une seconde action peut-être électrique correspondant aux dilutions extrêmes, « caractérisée par le ralentissement et l'accélération secondaires et se produisant au moment où l'atome se dissocie en forces électriques (?) ». Peut-être enfin conviendrait-il d'envisager le rôle de la couche double électrique qui revêt les microbes en suspension dans un milieu de culture, couche électrique négative adhérente à la paroi cellulaire, couche positive appartenant au milieu de suspension, d'où résulte le déplacement vers l'anode des bacilles placés dans un champ électrique, et qui détermine la valeur de la tension superficielle du protoplasme. Les lois de l'électrisation de contact permettent de prévoir la possibilité de faire varier jusqu'à l'annuler la charge électrique négative des microbes par l'introduction dans le milieu d'ions polyvalents positifs, en particulier d'ions La**** comme l'ont fait dans de récentes expériences P. GIRARD et R. AUDUBERT (81). Cette variation entraîne d'après ces deux auteurs des effets biologiques nets, en particulier pour un certain abaissement de la densité de charge une hypervégétation microbienne. Ces phénomènes, s'il est encore prématuré d'en attendre une explication satisfaisante des manifestations complexes dont il vient d'être question, méritent néanmoins d'être pris ici en considération.

En somme, l'impression qui se dégage de tous les résultats qui précèdent c'est que la matière vivante est d'une sensibilité extrême vis-à-vis de nombreux poisons. L'activité de l'être vivant peut être exaltée ou entravée par des doses minuscules de sels métalliques et les agents de cette activité, les diastases, présentent une sensibilité du même ordre qu'on retrouve aussi chez les catalyseurs inorganiques. Ce ne serait pas à la totalité de la cellule vivante, mais à certaines de ses sécrétions, elles-mêmes actives à l'état de traces, que s'adresserait la substance toxique; encore faudrait-il même concevoir que c'est seulement une portion de la diastase qui est active (par exemple le manganèse dans la laccase) et qui est susceptible d'entrer en réaction avec le toxique. La disproportion entre la petitesse de la dose active et l'ampleur de l'effet réalisé trouve ainsi un commencement d'explication. Enfin, les substances sur lesquelles agit le poison étant des colloïdes, il convient de se souvenir que la portion active des micelles n'est pas le granule, mais la couche périgranulaire, de composition chimique différente, véritable impureté, qui confère au colloïde ses caractères particuliers et joue le rôle essentiel dans les transformations, bien que ne représentant qu'une portion très minime au point de vue pondéral (Sur les conceptions modernes relatives à la structure des colloïdes, voir LŒB, DUCLAUX, 57 *bis*, et LUMIÈRE, 131 *ter*).

Doses antigénétiques et doses antibiotiques. — Abstraction faite des doses minuscules, retardantes et accélérantes, l'action des sels métalliques qui correspond au ralentissement primaire est d'autant plus marquée que la concentration est plus forte. D'abord, pour les moindres doses, le sel métallique toxique empêche la fermentation lactique de s'établir dans un liquide fraîchement ensemencé ; mais il ne l'arrête pas, à la même concentration, dans des milieux contenant déjà de nombreux bacilles lactiques. Il est légitime d'admettre que le poison, à cette dose appelée par RICHET et CHASSEVANT (36, 37) *dose antigénétique*, abolit la faculté de reproduction des microorganismes, en respectant les autres fonctions. Enfin une concentration plus élevée du métal entrave les fermentations en pleine activité ; c'est la *dose antibiotique*. Toutefois, pour le cuivre, le mercure et le cobalt, les doses antigénétique et antibiotique vis-à-vis du ferment lactique coïncident. Le tableau ci-dessous résume les résultats acquis ; il montre en outre que, dans chaque groupe de métaux, la dose accélérante est généralement de l'ordre immédiatement supérieur à celui de la dose toxique : un centième de molécule pour les métaux toxiques par dixième de molécule, un dix-millième pour les métaux toxiques par millième.

Doses accélérantes, antigénétiques et antibiotiques des divers métaux pour le ferment lactique, d'après CHASSEVANT (36).

MÉTAUX		DOSES ACCÉLÉRANTES.		DOSES ANTIGÉNÉTIQUES.		DOSES ANTIBIOTIQUES.	
		En gr. par litre.	En molécules par litre.	En gr. par litre.	En molécules par litre.	En gr. par litre.	En molécules par litre.
Toxiques par dixième de molécule.	Potassium	8	0,102	»	»	»	»
	Sodium	0,8	0,017	»	»	»	»
	Lithium	0,003 5	0,000 25	3,5	0,25	7	0,5
	Magnésium	1,8	0,075	12	0,5	36	1,5
	Calcium	»	»	12	0,15	32	0,4
	Strontium	1,3	0,075	21,87	0,125	43,75	0,25
	Baryum	»	»	34,3	0,125	68,6	0,25
Toxiques par millième de molécule.	Aluminium	0,008 2	0,000 14	1,43	0,026	2,05	0,037
	Manganèse	»	»	0,704	0,006 4	0,939	0,008 5
	Plomb	0,045	0,000 035	1,55	0,003 6	2,5	0,006 1
	Fer	0,011 2	0,000 1	0,448	0,004	0,56	0,005
	Zinc	0,09	0,000 69	0,33	0,002 5	0,450	0,003 5
	Cuivre	0,018 9	0,000 15	0,189	0,001 5	0,189	0,001 5
Toxiques par dix-millième de molécule.	Cadmium	0,002 38	0,000 010 6	0,19	0,000 848	0,477	0,002 1
	Platine	0,003 48	0,000 008 8	0,098 7	0,000 25	0,290	0,000 73
	Nickel	»	»	0,014 8	0,000 125	0,023 7	0,000 2
	Mercure	0,000 36	0,000 000 9	0,073 8	0,000 184	0,073 8	0,000 184
	Or	0,004 51	0,000 017	0,031 44	0,000 08	0,064 8	0,000 165
	Cobalt	»	»	0,007 4	0,000 062	0,007 4	0,000 062

Quelques réserves devraient être faites en ce qui concerne la toxicité très élevée du nickel et du cobalt. Des expériences ultérieures faites, il est vrai, avec un autre ferment lactique, sur un milieu différent, ont montré pour ces métaux une toxicité voisine de celle du fer.

Des nombreux résultats rassemblés par CHASSEVANT (36) se dégagent encore d'autres faits intéressants. Le tableau suivant montre comment varient à divers moments de la fermentation le pouvoir d'accélération et le pouvoir antiseptique de doses décroissantes de chlorure de magnésium ; le très grand pouvoir d'accélération de ce sel y est mis en même temps en évidence.

Quantité de métal contenue dans 1 litre de milieu (en molécules).	Quantité d'acide lactique formée, en supposant égale à 100 la quantité formée en milieu témoin, ne contenant pas de magnésium.			
	Au bout de 24 h.	Au bout de 48 h.	Au bout de 96 h.	Au bout de 120 h.
Chlorure de magnésium				
0	100	100	100	100
0,003 125	380	132	111	118
0,006 25	580	132	127	118
0,0125	616	158	134	152
0,025	740	158	154	156
0,05	760	164	154	156
0,075	790	164	154	156
0,10	680	160	157	164
0,15	85	160	157	164
0,20	77	158	157	158
0,25	77	134	157	158
0,30	0	0	100	130
0,50	0	0	0	0
Chlorure de lithium				
0	100	100	100	100
0,000 1	102	98	99	91
0,000 25	104	102	101	100
0,000 50	102	100	104	100
0,001	86	99	91	89
0,002 5	86	98	87	87
0,005 0	84	81	83	81
0,01	70	70	75	79
0,05	27	29,5	43	51
0,10	25	20	18	25
0,25	0	0	15,5	21
0,50	0	0	0	0

Outre l'absence d'accélération nette avec le chlorure de lithium, la comparaison de ces deux séries met encore en relief une autre différence. Lorsque la dose toxique croît, l'action antiseptique augmente très rapidement dans le cas du chlorure de magnésium, beaucoup plus lentement avec le chlorure de lithium. Par exemple, quand la teneur en magnésium passe de 0,25 à 0,30, la quantité d'acide formée en 48 heures tombe de 134 à 0; au contraire, avec le chlorure de lithium, il faut passer de la dose 0,0005 à la dose 0,25 pour que la quantité d'acide tombe de 100 à 0. La variation de l'action antiseptique en fonction de la dose est donc très différente selon qu'il s'agit d'un métal ou de l'autre. L'étude systématique de la courbe qui traduit ces variations n'a pas été faite pour tous les métaux. Elle ne manquerait certainement pas d'être intéressante et pourrait peut-être, en fournissant des éléments de comparaison entre les divers sels métalliques, au point de vue de leur mode d'action, brutal ou graduel, contribuer à l'explication des effets toxiques.

De nouvelles précisions, relatives à l'action des métaux sur la fermentation lactique, ont été apportées ultérieurement par CHARLES RICHET (183) qui a développé en même temps une séduisante hypothèse qu'il avait déjà sommairement indiquée auparavant. Dès 1892, en effet, il faisait remarquer que la forte toxicité des métaux rares pour le ferment lactique pouvait tenir à un défaut d'accoutumance des bactéries vis-à-vis de ces corps simples. Cette idée avait été également émise par TROUESSART (voir **Antiseptique**); et BINET (18), dans une critique de la loi de RABUTEAU, arrivait à la conception que la toxicité relative des métaux pour l'organisme animal pourrait être mieux comprise en tenant compte de la tolérance toute spéciale de celui-ci pour le sodium, par suite d'une adaptation ancienne au milieu salé, et, en appréciant le degré dont les divers métaux s'écartent de ces conditions d'adaptation par l'ensemble de leurs propriétés.

Le tableau suivant donne les doses toxiques moléculaires de différents métaux, pour les bacilles lactiques. La dose toxique est définie arbitrairement celle qui diminue de moitié l'activité de la fermentation; chaque nombre est la moyenne de plusieurs expériences, les unes où l'acidité a été dosée au bout de 20 heures, les autres où les dosages sont faits à la quarante-huitième heure.

Doses toxiques pour le ferment lactique, en dix-millièmes de molécule par litre
(d'après Ch. Richet).

Potassium	5 000	Uranium	80	
Magnésium	2 500	Plomb	63	
Calcium	2 000	Nickel	25 (?)	
Lithium	2 000	Cobalt	13 (?)	
Rubidium	2 000	Cuivre	15	
Strontium	1 250	Thallium	8	
Fer	500	Cadmium	4	
Baryum	450	Mercure	1	
Manganèse	250	Argent	1	
Zinc	85			

Hypothèse relative à l'accoutumance des êtres vivants aux métaux. — Charles Richet (183) a tenté de coordonner les résultats fournis par la vaste étude expérimentale qui précède en recherchant si la toxicité des métaux ne peut être reliée à leur plus ou moins grande diffusion à la surface du globe. On peut en effet, au point de vue de leur fréquence, les répartir en quatre grandes familles dont les toxicités moléculaires sont approximativement celles indiquées ci-dessous, et répondent bien à leur diffusion dans la nature :

	Toxicité moléculaire (en dix-millièmes).
Métaux très répandus :	
K, Na, Ca, Mg	2 500
Métaux modérément répandus :	
Fe, Mn	500
Métaux assez rares :	
Zn, Pb	100
Métaux rares :	
Cu	25

Dans chacun de ces groupes, à côté des éléments énumérés, s'en placent d'autres, chimiquement analogues, mais bien moins répandus. *Ces métaux rares sont toujours nettement plus toxiques que les métaux plus communs auxquels on peut les comparer.* Mais on peut prévoir cependant que les métaux rares qui se rattachent au premier groupe, tout en étant plus toxiques qu'eux, ne seront pas encore des poisons violents. Ainsi, le rubidium, si voisin chimiquement du potassium, est seulement 5 fois plus toxique que lui pour le ferment lactique, et pour l'animal, sa dose toxique moléculaire est à très peu près celle du potassium. Au premier groupe, se rattache encore le baryum, qui est 10 fois plus toxique que le calcium; et pour les suivants, on voit qu'en chiffres ronds, le cobalt et le nickel sont 200 (?) fois plus toxiques que le fer, le cadmium 100 fois plus que le zinc, le thallium 40 fois plus que le plomb; l'or, le mercure et l'argent, plus rares que le cuivre, ont aussi une plus grande toxicité et se rangent parmi les poisons métalliques les plus offensifs. Voir à ce sujet les travaux de Bokorny (33), Iwanoff (94 ter), Manoilow (137 bis), Thomas (213 bis) et Wütbrich (245 bis).

Des constatations analogues peuvent être déduites d'expériences de J. Camus (35), qui a étudié la toxicité de divers sels minéraux directement introduits dans le liquide céphalo-rachidien.

La loi dont il vient d'être question semble se vérifier aussi pour le radical acide des sels : toxicité faible des sulfates, phosphates et chlorures qui sont très répandus; les séléniates, rares, et surtout les tellurates sont beaucoup plus actifs que les sulfates; les fluorures qui n'existent pas naturellement à l'état dissous sont 100 fois plus toxiques que les chlorures.

La toxicité relative des métaux dépendrait donc de l'évolution ancestrale des organismes. « L'élément essentiel de la vie, l'albumine ou protéose, sous ses diverses formes, écrit Charles Richet (*Trav. du Lab.*, VII, p. 262), est la trame essentielle de tout protoplasme vivant, et la toxicité d'un métal pour un organisme se ramène en dernière analyse à l'action que ce métal (à l'état de sel) exerce sur le protoplasme, pour le coaguler ou le décomposer. On voit donc que les métaux très communs sont ceux qui ne coagulent pas le protoplasme. Or ce n'est pas là un fait de hasard, un phénomène accidentel; c'est la conséquence normale de la constitution métallique de notre planète. Les êtres vivants, en évoluant pour donner des formes diverses différenciées, ont subi les conditions que la constitution métallique du sol et des eaux leur imposait. *Les propriétés chimiques de l'albumine protoplasmique sont la conséquence de la structure planétaire.*

« Quand nous disons : les êtres ont évolué, nous devrions dire : l'albumine a évolué. Or, elle n'a pu évoluer qu'en se conformant au milieu, c'est-à-dire en ne se coagulant pas par les sels de potassium, de sodium, de calcium et de magnésium. La structure chimique de l'albumine n'était pas nécessaire, elle est le résultat d'une évolution, d'une adaptation au milieu, et nous pouvons imaginer qu'elle eût été toute différente, si le mercure eût été aussi abondant que le potassium et si les chromates eussent été aussi répandus que les chlorures. »

Et plus loin (*loc cit.*, p. 265) : « Assurément, on a le droit de chercher et peut-être aura-t-on l'heureuse fortune de trouver une relation entre les propriétés chimiques des corps et leur toxicité; mais il faudra désormais se rappeler que cette relation chimique sera une relation acquise. Elle est la conséquence de l'évolution biologique de l'albumine.

« L'albumine s'est constituée par la lente adaptation des êtres au milieu. C'est par suite de cette adaptation qu'elle n'est ni précipitée, ni décomposée, ni coagulée par les sels des métaux très communs. »

Mines (144) a fait également appel à la longue adaptation des tissus aux conditions créées par l'ambiance, et dans le cas qu'il considère, par le milieu intérieur des organismes, pour expliquer les réactions quelque peu différentes des cœurs de diverses espèces animales (poissons et mollusques), vis-à-vis de certains électrolytes.

Il est évidemment impossible de faire abstraction des propriétés spécifiques de la substance vivante sur laquelle l'agent toxique exerce son action; et il paraît que, d'autre part, ces propriétés, encore mal connues, mais qui seront sans doute, tôt ou tard, identifiées à des caractéristiques d'ordre physico-chimiques, peuvent être très logiquement rattachées à l'influence des milieux ancestraux et à la direction qu'ils ont imprimée à l'évolution de la matière vivante. Il est intéressant de rappeler ici qu'il existe de multiples exemples d'accoutumance des organismes à telle ou telle substance initialement toxique. De nombreux travaux de bactériologie, en particulier ceux qui ont porté à propos des recherches d'Ehrlich, sur les trypanosomes, montrent qu'une espèce microbienne peut être progressivement acclimatée dans des milieux de plus en plus riches en un poison donné, du moins jusqu'à une certaine limite qui ne peut être dépassée. Cette accoutumance héréditaire aux toxiques est aussi très générale pour le ferment lactique comme l'ont montré Ch. Richet et ses élèves (184-185 *bis*, 191 *bis*) et peut se constater avec les sels de potassium et de sodium, de cadmium, de thallium. La cellule microbienne peut même s'accoutumer simultanément à plusieurs métaux présents dans le milieu de culture (187). La résistance acquise par un microbe cultivé pendant un certain temps en présence d'un toxique est dans une certaine mesure spécifique : un microbe accoutumé au thallium ne l'est pas au cadmium ou à un autre métal toxique. Cependant pour les sels qui n'agissent, comme les alcalins, qu'à concentration très élevée, la spécificité est bien moindre; on pourrait supposer qu'il y a, dans ce cas, simplement accoutumance à la pression osmotique; il n'en est pas tout à fait ainsi : un ferment lactique accoutumé à KCl est devenu résistant à NaCl, à SO^4Na^2, à SO^4Mg, mais non pas aux fortes concentrations de sucre et de glycérine. Enfin cette résistance acquise subsiste presque intégralement fort longtemps après que la cause qui lui a donné naissance est supprimée, c'est-à-dire après que le microbe est remis sur un milieu normal (Cardot et Laugier, 35 *bis*). Avec certains toxiques (Cu, Hg et dans certaines conditions Tl) il peut y avoir, non accoutumance, mais au contraire sensibilisation graduelle (anaphylaxie des microbes de Richet, Bachrach et Cardot, 186-187). Tous ces faits indiquent bien qu'il est impossible, dans l'étude des actions toxiques, de faire abstraction des propriétés spécifiques du protoplasme, propriétés qui ne sont elles-mêmes que la résultante d'actions exercées par les milieux antécédents.

Pour nous limiter ici au cas de l'accoutumance, le fait fondamental est le suivant : au bout de quelques jours, le ferment s'habitue à un milieu contenant un toxique et y pousse plus vigoureusement que le ferment non habitué. Parfois, avec le nitrate de thallium par exemple, le ferment, soumis à des réensemencements quotidiens, végète misérablement pendant les cinq ou dix premiers jours, puis, brusquement, s'adapte au milieu toxique et s'y développe intensément; en même temps, on constate que ce ferment habitué, reporté sur un milieu normal, y croît moins bien que le ferment témoin qui n'a jamais subi l'atteinte du thallium. Il s'agit donc là, non d'une variation progressive, mais d'une véritable mutation. Et ce phénomène d'adaptation brusque peut expliquer un autre fait singulier qui se constate souvent quand on ensemence, en même temps et d'une façon identique, un grand nombre de tubes de culture, tous contenant un même antiseptique, à la même concentration, suffisante pour diminuer notablement la fermentation (de 50 p. 100 par exemple). En soumettant toutes ces cultures à d'identiques conditions de température, en les dosant toutes au bout du même temps, on pourrait s'attendre à toujours trouver, dans les différents tubes, une même acidité. Or il n'en est rien, et l'expérience montre qu'il faut distinguer, parmi les agents antiseptiques, ceux dont l'action est constante, égale dans tous les tubes renfermant une égale dose du poison (antiseptiques réguliers) et ceux qui entravent d'une façon très irrégulière la fermentation (antiseptiques irréguliers). Parmi ces derniers, l'un des plus caractéristiques est le mercure (191) avec lequel on arrive à ce paradoxal résultat qu'une certaine dose entrave complètement le développement dans certains tubes, et permet, dans d'autres, une fermentation aussi active, parfois légèrement plus active qu'en milieu témoin.

Des irrégularités analogues avaient déjà été signalées dans l'action de l'or et de l'argent sur d'autres microorganismes (*Aspergillus niger*, Bacille de Koch) par Hugues Clément (39) et Sauton (206).

Dans une certaine mesure, on peut évaluer cette irrégularité d'action en déterminant, pour les acidités trouvées dans chaque série de cultures, l'écart moyen de la moyenne, ce qui conduit au classement suivant des sels métalliques toxiques (188-189).

Antiseptique extrêmement régulier.	Fluorure de sodium.
Antiseptiques assez réguliers	Nitrate de plomb.
	Chlorure de magnésium.
Antiseptique irrégulier.	Sulfate de cuivre.
	Sels de zinc.
Antiseptiques très irréguliers.	— d'argent.
	— de mercure.
	— de cadmium.

Cette inconstance dans l'action des sels métalliques, et principalement des sels des métaux lourds, doit sans doute se relier à une variable accoutumance des individus microbiens. Parmi les germes introduits dans les tubes lors de l'ensemencement, il n'en est peut-être que quelques-uns qui soient capables de s'adapter à l'agent toxique avec lequel on expérimente. Leur pourcentage peut être assez faible pour que les diverses cultures en soient très inégalement pourvues; certaines en seront complètement privées, d'autres posséderont un ou plusieurs germes pouvant donner naissance à des mutantes. A cette inégalité dans la répartition, correspondraient les irrégularités constatées dans la formation d'acide dans les divers tubes. Il est donc possible qu'il faille tenir compte, dans l'étude des actions toxiques, non seulement des différences spécifiques entre les protoplasmes des divers organismes, mais aussi des différences individuelles au sein d'une même espèce.

V. — Application de la théorie des ions à l'étude de l'action des métaux sur les êtres vivants.

Dans ce qui précède, nous avons envisagé seulement la part qui revient dans l'action toxique d'un sel à l'élément métal, sans nous préoccuper du rôle possible du radical acide. A dessein d'ailleurs, dans les expériences exposées ci-dessus, ont été seuls utilisés les sels dont ce radical ne pouvait exercer par lui-même une action toxique appréciable, en sorte que les effets observés devaient s'attribuer au seul métal. Mais, au point de vue du mécanisme de l'action toxique, un problème d'une grande importance s'est posé au biologiste dès qu'a pris corps, en 1887 avec ARRHÉNIUS, la théorie suivant laquelle un sel en dissolution est partiellement dissocié en ses radicaux constituants, chargés électriquement, cation ou anion. L'action toxique relevait-elle dans ces conditions des molécules non dissociées et électriquement neutres de l'électrolyte, ou, au contraire, des ions fournis par la dissociation électrolytique?

Influence de la dissociation électrolytique sur la toxicité des sels métalliques. (Voir aussi Ion.) — Ce problème ne peut pas être abordé en faisant pénétrer dans l'organisme par électrolyse l'ion métal libéré par l'action du courant électrique sur une solution saline. Cette méthode qui peut permettre d'étudier dans une certaine mesure les actions spécifiques des divers métaux ne convient pas, en effet, au but proposé, puisqu'elle laisse dans la complète ignorance des reconstitutions moléculaires qui peuvent s'accomplir postérieurement à la pénétration des ions dans les tissus (79). Mais l'action des ions peut être étudiée en comparant le pouvoir toxique de plusieurs solutions d'un même sel, également concentrées et dans lesquelles on fait varier le degré de dissociation de l'électrolyte considéré par addition d'un autre électrolyte inoffensif ayant un de ses deux ions commun avec le premier. Les expériences de DRESER (56) sur la toxicité des sels de mercure vis-à-vis de la levure, celles de SCHEURLIN et SPIRO démontrent que l'action toxique dépend de la présence des ions libres. De même, PAUL et KRÖNIG (152) constatent que la toxicité d'une solution de $HgCl^2$ pour les spores de *Bacillus anthracis* est très nettement diminuée par addition de NaCl. En effet, dans la solution de sublimé, la dissociation électrolytique est limitée et le nombre des ions Cl et Hg qui existent libres à une valeur finie. Lorsque $HgCl^2$ est seul, sa dissociation fournit la totalité des ions Cl⁻ présents dans la solution, et corrélativement une égale quantité d'ions Hg^{++}. Mais, en présence de NaCl, une notable partie des ions Cl⁻ provient de la dissociation de ce sel, en sorte que $HgCl^2$ n'en fournit plus qu'une faible quantité et subit donc à un moindre degré la dissociation électrolytique. Si la toxicité de la solution est réduite dans ces conditions, c'est qu'elle dépend, non pas du nombre de molécules $HgCl^2$ renfermées dans un volume donné, mais du nombre d'ions Hg^{++}.

KAHLENBERG et TRUE (101) en recherchant la dose toxique de divers composés minéraux pour la plantule de *Lupinus albus* constatent également que, parmi les différents sels d'un même métal, les plus toxiques sont ceux qui subissent le plus fortement la dissociation électrolytique. Des résultats analogues se dégagent des recherches de HEALD (86) sur d'autres graines, de STEVENS (210) sur des spores de champignons et enfin de CLARK (38).

LOEB (119) en 1898 étudie l'action de solutions électrolytiques sur le muscle de grenouille en déterminant à la fois la quantité d'eau absorbée par le tissu et son excitabilité aux courants induits; ses résultats montrent une sériation des sels parallèle à celle de leur dissociation électrolytique. Il constate de plus que les chlorures de lithium et de sodium, employés en solutions correspondant à une solution de NaCl à 7 p. 1000 sont à peu près sans action sur l'excitabilité du gastrocnémien de grenouille; au contraire, les chlorures de potassium, de rubidium, de césium ont une toxicité nette, sensiblement la même pour ces trois métaux, ce qui cadre parfaitement avec les vitesses de transport des ions Li, Na, K, Rb, Cs qui sont à 18° respectivement égales à 33 et 44 pour les deux premiers et 60 environ pour les trois derniers. De même pour les éléments de la deuxième famille, Gl, Mg, Ca, Sr, Ba, l'auteur trouve un parallélisme beaucoup plus étroit entre les toxicités et les vitesses de transport des ions qu'entre ces toxicités et les poids atomiques. C'est, donc, à une autre échelle, une nouvelle réfutation de la loi de Rabuteau.

L. MAILLARD (134-137) a étudié l'action du sulfate de cuivre sur *Penicillium glaucum*, en éliminant une cause d'erreur possible dans les expériences de courte durée, due à ce que la vitesse de diffusion du cation toxique à travers les différentes zones protoplasmiques peut varier selon que le sel est en solution pure ou en présence d'un autre électrolyte introduit pour modifier sa dissociation. Quand l'action de la solution toxique est prolongée pendant un temps suffisamment long, cette cause d'erreur peut être négligée; il en est de même de l'influence possible de différences de pression osmotique. Dans les expériences de MAILLARD, des conidies de *Penicillium* sont placées à raison de une par ballon dans un milieu de culture analogue à celui de Raulin et soumises à l'action de sulfate de cuivre dont on modifie la dissociation électrolytique par addition de quantités variables de sulfate de sodium ou d'ammonium. Au bout de plusieurs mois, le mycélium de chaque culture est pesé et les poids des différentes récoltes sont comparés entre eux.

Normalité des solutions.	Poids sec de récolte.
$\dfrac{CuSO^4}{3}$	0,0116
$\dfrac{CuSO^4}{4}$	0,0442
$\dfrac{CuSO^4 + \frac{1}{2} Na^2SO^4}{4}$ . . .	0,0488
$\dfrac{CuSO^4}{5}$	0,0505
$\dfrac{CuSO^4 + \frac{1}{2} Na^2SO^4}{5}$ . . .	0,0542
$\dfrac{CuSO^4 + Na^2SO^4}{5}$ . . .	0,0710
$\dfrac{CuSO^4}{8}$	0,0495

Normalité des solutions.	Poids sec de récolte.
$\dfrac{CuSO^4 + Na^2SO^4}{8}$ . . .	0,0697
$\dfrac{CuSO^4 + 2 Na^2SO^4}{8}$ . . .	1,0403
$\dfrac{CuSO^4}{10}$	0,0646
$\dfrac{CuSO^4 + \frac{1}{2} Na^2SO^4}{10}$ . . .	0,0679
$\dfrac{CuSO^4 + Na^2SO^4}{10}$ . . .	0,4727
$\dfrac{CuSO^4 + 2 Na^2SO^4}{10}$ . . .	1,5582
$\dfrac{CuSO^4 + 3 Na^2SO^4}{10}$ . . .	2,1771

D'une façon très nette, l'addition de Na^2SO^4 diminue la toxicité des solutions de $CuSO^4$, à tel point même qu'un milieu où la mise en liberté des ions Cu^{++} a été suffisamment diminuée peut être moins toxique qu'un autre deux fois moins riche en sulfate de cuivre. En calculant, autant que faire se peut, le poids de cuivre à l'état d'ions dans chaque culture, on trouve d'une façon assez satisfaisante que le poids de la récolte est inversement proportionnel au nombre de ces ions. Et si l'on admet que la récolte est en raison inverse de la toxicité, on en peut conclure que celle-ci est due aux ions Cu^{++} et qu'elle est proportionnelle au nombre de ces cations présents dans la solution.

Les premières recherches qui démontraient nettement le rôle prépondérant des ions libres dans les actions toxiques des sels métalliques, ont été bientôt confirmées par les travaux ultérieurs : ceux de TAVERNARI (213), de PIGORINI (154) sur l'action toxique ou antiseptique des sels de mercure et d'argent, de SABBATANI (202) sur la toxicologie de l'argent, du cuivre et du mercure, de NEILSON et BROWN sur l'influence de l'ion Hg^{++} sur les phénomènes catalytiques, de BUSQUET et PACHON (34) sur l'action des sels de potassium sur le cœur en circulation artificielle. Dans des expériences sur le cœur et le muscle de la grenouille, SLAVU (208) détermine la durée de la survie du tissu sous l'influence de divers chlorures métalliques en solution isotonique au plasma ($\Delta = -0°57$) ; il mesure, en même temps, et le degré de dissociation moléculaire des sels par la conductibilité des solutions, et l'inhibition du tissu musculaire dans les conditions de l'expérience. Dans chacun des trois groupes de sels, alcalins, alcalino-terreux et famille du zinc, il constate très nettement une augmentation de la dissociation électrolytique en allant des métaux les plus inoffensifs aux plus toxiques :

		Durée de la survie.			Conductibilité électrique des solutions $K_{18} \times 10^{-5}.$	Infiltration interstitielle en p. 100 du poids initial des muscles.
		Nerf (heures)	Muscle (heures)	Cœur (heures)		
	NaCl	30	53	52	17,019	8,4
	LiCl	9	40	44	14,058	28
I	CsCl	1,35	6	27	19,178	23
	KCl	0,10	2	25	20,109	12
	RbCl	0,10	1,40	22	16,412	16,2
	MgCl²	2	33	14	20,388	24
II	SrCl²	1,25	30	9,30	20,615	23
	CaCl²	0,40	24	7,30	21,812	38
	BaCl²	0,20	16	5	19,577	34
III	ZnCl²	0,14	0,57	1,40	19,577	8
	CdCl²	0,12	0,40	1,15	21,918	2,2

La dissociation électrolytique des sels est donc une cause importante de leur toxicité, bien que sa seule considération ne puisse suffire à expliquer leur répartition d'une extrémité à l'autre de l'échelle des toxicités. Même en limitant la comparaison aux sels d'un même métal, les toxicités relatives ne s'accordent pas toujours avec les divers coefficients de dissociation. Par exemple, d'après STASSANO et GOMPEL (209), tandis que le pouvoir bactéricide des sels de mercure vis-à-vis du staphylocoque doré est sensiblement proportionnel au degré de dissociation électrolytique, il en est tout autrement quand on étudie leur action sur le têtard; dans ce cas, sans doute, pour chaque sel pris isolément la toxicité diminue avec le nombre des ions Hg libres, mais le classement des divers sels n'est nullement réglé par la valeur de leur dissociation. De même, POWERS (154 bis) ne trouve pas de relation directe entre la toxicité relative vis-à-vis des poissons et la conductibilité électrique des solutions de NaCl, MgCl², CaCl² et BaCl². Ces faits indiquent qu'il y a encore à considérer d'autres facteurs dont le rôle n'a pas jusqu'ici été mis en lumière.

Cations antagonistes, leur équilibration dans les tissus. — Dans l'étude de la toxicité des électrolytes, un fait qui ne peut être négligé est relatif à l'antagonisme réciproque que présentent certains sels, ou plutôt certains ions au point de vue de leur action sur les êtres vivants. Ce sont les travaux de LOEB et de son école qui ont apporté la plus importante contribution à la connaissance de ces phénomènes que nous résumerons ici dans ce qui est essentiel pour l'action toxique des métaux.

Dès 1884-1887, RINGER (198-200) avait étudié l'influence de la composition du milieu salin sur l'activité physiologique des tissus et avait constaté dans la longue série de ses expériences que la toxicité des divers sels alcalins est fortement diminuée par l'addition de petites quantités de sels calciques. Il a donné des exemples très nets de l'antagonisme entre le calcium et le potassium par exemple dans leur action sur *Tubifex rivulorum* (200), entre le calcium d'une part, et les trois métaux alcalins, Na, K, NH⁴, agissant sur le cœur de la grenouille, ou intervenant pour modifier le processus de coagulation du lait par la présure (196). Dans la suite, de très nombreux effets antagonistes analogues ont été mis en évidence notamment par LOEB chez les animaux et par OSTERHOUT (148, 148 bis) chez les végétaux.

Antagonisme entre deux sels à cation univalent : KCl inhibe les contractions rythmiques que présente dans une solution pure de NaCl une méduse du genre *Gonionemus* (121); la durée de la survie des muscles dans les solutions de NaCl est augmentée par l'addition d'un chlorure d'un autre cation monovalent (Li, NH⁴, K); antagonisme de NH⁴ et Na ou K, de K et Na d'après les recherches d'OSTERHOUT sur le développement du froment.

Antagonisme entre un sel à cation univalent et un sel à cation bivalent ou trivalent : antagonisme de CaCl² et NaCl pour l'activité rythmique des muscles du squelette de *Gonionemus* (121); d'une façon plus générale, un muscle immergé dans la solution d'un sel à cation univalent (Na, Li, Rb, Cs) donne des contractions rythmiques qui disparaissent par addition d'une petite quantité d'un cation bivalent (Ca, Mg, Sr, Ba, Gl, Mn, Co); la durée de la survie du muscle est augmentée par cette addition (124). Au point de vue de l'action toxique sur l'œuf de *Fundulus*, le développement, impossible dans une solution pure de sel à cation univalent, a lieu quand on ajoute une petite quantité de sel à cation bivalent ou trivalent; on constate ainsi l'antagonisme entre NaNO³ et Ca (NO³)²; NaCl et CaSO⁴, BaCl², MnCl², ZnCl², CoCl², AlCl³ ou Cr (SO⁴)³; entre KCl et Ca (NO³)² ou ZnSO⁴, entre LiCl et ZnSO⁴; entre NH⁴Cl et Ca (NO³)², SrCl² ou ZnSO⁴ (124). Antagonisme de Ca vis-à-vis de K ou Na pour l'activité ciliaire (143 bis). Antagonisme de Ca vis-à-vis de NH⁴, K et Na, de Ba et Sr vis-à-vis de K et Na, de Mg vis-à-vis de K, dans les expériences d'OSTERHOUT. Et on peut dans bon nombre de ces cas démontrer qu'il s'agit d'un antagonisme réciproque, c'est-à-dire que la toxicité d'une solution pure de sel à cation bivalent peut être diminuée ou supprimée par une large addition de certains sels à cation univalent.

Antagonisme entre deux sels à cation bivalent : entre Ca et Mg, dans le développement de l'œuf d'*Arbacia*, dans la production des contractions rythmiques de *Polyorchis*, entre Ca (NO³)² et ZnSO⁴, entre MgCl² et SrCl² dans le développement de l'œuf de *Fundulus* (125-131).

Étudiant l'action de divers cations sur le tonus des muscles lisses, FIENGA (71) les répartit en deux groupes : ceux qui augmentent (K, Ca, Sr, Ba, Hg) et ceux qui diminuent le tonus (Li, NH⁴, Na, Mg, Mn, Co, Ni, Zn, Cd); d'après lui, on observe facilement dans ce cas, outre l'antagonisme de K et Na, de Co et K, celui de Co et Ba. La question des influences antagonistes des électrolytes sur le tonus du muscle strié et sur la production de contractions rythmiques (excitabilité de contact) avait fait antérieurement l'objet d'une longue étude de ZOETHOUT (216-219).

D'après SOKOLOFF (208 bis), Ca neutralise en partie les propriétés toxiques de Na et Fe, pour les Protozoaires.

D'après ZWAARDEMAKER (223) il faut admettre qu'au calcium, indispensable à la tonicité cardiaque, et par conséquent à la contraction et aux actions de synapse, s'opposent les atomes tonolytiques suivants : Li, Na, NH⁴, K avec des puissances qui sont entre elles comme 1, 3, 12, 120. De la série Gl, Mg, Ca, Sr, Ba, seuls les termes les plus élevés ont une action analogue à celle du calcium.

Comme l'ont montré les recherches systématiques de LOEB (119-131) l'action antitoxique des sels semblent, dans certains cas, nettement en rapport avec la valence de leurs cations ; vis-à-vis de NaCl ou d'autres sels à cation monovalent, la plupart des des cations bivalents ou plurivalents ont une action antitoxique nette; tel est le cas de Mg, Ca, Sr, Ba, Fe, Co, Ni, Zn, Pb, Al, Cr. L'uranium et le thorium ont aussi, quoiqu'à un moindre degré, une action antitoxique vis-à-vis de Na. Toutefois, aucun effet semblable n'a pu être observé pour Hg, Cu et Cd. Il n'en est pas moins vrai qu'en règle générale les cations bivalents exercent, dans les cas considérés, une action antitoxique bien plus grande que les cations monovalents; ainsi, une molécule de sulfate de zinc suffit à annihiler l'action de mille molécules de chlorure de sodium en solution réalisant la limite de toxicité pour l'œuf de *Fundulus*; au contraire, pour compenser l'effet toxique d'une solution de sulfate de zinc également à la concentration toxique limite, il faut ajouter du chlorure de sodium dans la proportion de 50 molécules pour une molécule de sulfate de zinc (131). Dans les recherches de LILLIE (114) sur le mouvement des cils vibratiles d'Arénicole, l'action toxique de NaCl peut être atténuée par les cations bivalents ou plurivalents. Pour une solution de NaCl N/2 l'action antagoniste a été optimum pour les concentrations moléculaires suivantes : sels alcalino-terreux N/400; sels des métaux lourds bivalents N/16,000; sels des métaux trivalents (Al, Cr, Fe···), N/25600; sels de thorium (Th····) N/100,000; mais l'influence favorisante correspondant à l'optimum est de plus en plus faible en passant des cations bivalents aux trivalents et quadrivalents. Des résultats analogues ont été observés par le même auteur sur l'épithélium cilié de *Mytilus* (115).

D'après les exemples qui précèdent, on ne peut guère prétendre donner une explication générale des antagonismes entre cations. L'équilibration entre cations univalents d'une part, bivalents ou plurivalents de l'autre, ne peut être considérée comme un fait sans exception ; car il faudrait pouvoir, toujours avec succès, substituer à Ca ou à Mg par exemple, dans leur action antagoniste vis-à-vis de Na, un autre cation bivalent ou trivalent. Si cette substitution semble possible dans le cas des œufs de *Fundulus* ou des cils vibratiles, par contre, LOEB (120, 121) a montré que les embryons du même *Fundulus* ne peuvent pas être rendus insensibles à l'action de NaCl par addition de SO⁴ Zn ou d'un autre métal lourd. Les résultats obtenus sur l'œuf de *Fundulus* ne se retrouvent pas dans le développement de l'œuf d'oursin et dans bien d'autres cas. En général, la suppléance entre les divers cations bivalents ou trivalents, dans leurs effets antagonistes vis-à-vis des monovalents se montre assez étroitement limitée. Par exemple, dans les expériences d'OSTERHOUT (148) l'action inhibante de NaCl ou KCl peut être abolie par addition de CaCl², BaCl² ou SrCl², mais non par les sels des métaux lourds. La suppléance réciproque des trois métaux alcalino-terreux dans leurs effets physiologiques semble être une des plus faciles à constater : MC CALLUM a montré que l'hémolyse par la saponine peut être entravée par addition de Ca, Sr ou Ba; de même, d'après HÖBER (89 bis) qui a établi la sériation des anions et des cations dans leur influence sur le courant de repos, l'un quelconque de ces trois métaux peut diminuer le courant de repos provoqué dans le muscle par les sels de potassium ou de rubidium. Mais il est néanmoins d'autres cas où le strontium peut remplacer le calcium, sans modifier l'effet obtenu, tandis que la substitution de Ba à Ca est impossible : $CaCl^2$ et $SrCl^2$ retardent la diminution d'excitabilité présentée par les muscles en solutions hypertoniques ou soumis à l'action des chlorures alcalins (150), les larves d'Arénicoles immobilisées par une solution isotonique de $MgCl^2$ reprennent leur activité en présence de $CaCl^2$ ou $SrCl^2$, tandis que $BaCl^2$ est sans action (LILLIE). Enfin, souvent les effets du calcium ne peuvent être obtenus avec aucun autre métal alcalino-terreux. Aussi, comme le remarque HÖBER, des résultats schématiques comme ceux obtenus sur l'œuf de *Fundulus* doivent-ils seulement être considérés comme des cas particuliers dans lesquels les propriétés physiques des ions ont le pas sur les caractères chimiques spécifiques des substances en présence.

Les faits qui précèdent, en montrant les effets de compensation qu'exercent les sels métalliques les uns vis-à-vis des autres ont conduit, pour assurer la survie des organismes ou des tissus, à réaliser des *solutions physiologiquement équilibrées* (102 *bis*). Des expériences de RINGER, de LOCKE et d'autres auteurs se dégageait déjà la notion que les solutions salines pures étaient toxiques. Pour entretenir l'activité du cœur isolé, il faut recourir à une solution contenant des sels de sodium, de potassium et de calcium, dans certains rapports déterminés. De même un poisson marin tel que *Fundulus* qui peut être conservé vivant dans l'eau distillée, meurt rapidement dans une solution de chlorure de sodium isotonique à l'eau de mer; pour qu'il survive en milieu salé artificiel, il faut la présence, dans la solution, de NaCl, KCl et $CaCl^2$ en proportions déterminées (120). Des résultats du même ordre s'observent pour la survie d'un *Gammarus* marin (125), pour le développement des œufs fécondés d'*Arbacia* et de *Strongylocentrotus*, pour l'activité rythmique de *Gonionemus*. Des émulsions microbiennes sont plus rapidement stérilisées dans NaCl à 9 p. 1000 que dans NaCl + $CaCl^2$ et surtout que dans la solution de Ringer (64 *bis*). La présence simultanée de NaCl, KCl, $CaCl^2$ et $MgCl^2$ est indispensable à la croissance et à la régénération des Tubulaires. OSTWALD (149) a montré que *Gammarus pulex*, Crustacé d'eau douce, supporte bien l'eau de mer pendant trois ou quatre jours, mais que toute augmentation relative d'un des composants de l'eau de mer par rapport aux autres diminue la durée de la survie. La toxicité des cinq solutions suivantes obtenues en supprimant un ou plusieurs des sels présents dans l'eau de mer va en croissant dans l'ordre suivant :

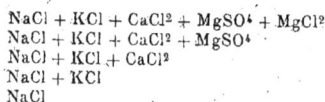

$$NaCl + KCl + CaCl^2 + MgSO^4 + MgCl^2$$
$$NaCl + KCl + CaCl^2 + MgSO^4$$
$$NaCl + KCl + CaCl^2$$
$$NaCl + KCl$$
$$NaCl$$

La solution physiologique idéale n'a donc pas seulement à être isotonique mais elle doit, comme le fait remarquer ROBERTSON (201), réaliser, de façon variable d'ailleurs avec les divers tissus, un certain équilibre des sels, afin qu'après passage au travers de la membrane cellulaire, les divers ions soient en proportions telles qu'ils ne puissent modifier la répartition des sels et des ions normalement contenus dans les substances intracellulaires.

FISCHER a cherché à relier les néphrites à un déséquilibre entre cations d'atomicité différente.

Ses recherches sur les contractions rythmiques des méduses ou des muscles immergés dans des solutions d'électrolytes (excitabilité de contact, également étudiée par son élève ZOETHOUT) ont amené LOEB (128) à formuler une hypothèse intéressante relative à l'influence des cations sur l'excitabilité. Il croit que l'excitabilité ne subsiste qu'autant que le rapport $\dfrac{\text{Concentration Na, K}}{\text{Concentration Ca, Mg}}$ se maintient entre certaines limites. La contraction musculaire serait déterminée par la substitution d'ions Na ou K aux ions Ca ou Mg. Dans l'excitation d'un nerf par le courant électrique, la secousse de fermeture dépendrait d'une variation des concentrations relatives des ions et d'une augmentation du rapport $\dfrac{\text{Concentration Na, K}}{\text{Concentration Ca, Mg}}$ et c'est encore par une explication de cet ordre que pourraient être comprises les modifications d'excitabilité, sous l'influence de l'électrotonus (127). « En somme, les propriétés normales, notamment l'excitabilité des tissus animaux, dépendraient de la présence des ions Na, K, Ca et peut-être des ions Mg, *dans certaines proportions*. Ces ions seraient liés en partie à des colloïdes, (corps gras ou albuminoïdes). Chaque variation dans le rapport de ces ions à l'intérieur de ces combinaisons colloïdales changerait les propriétés des tissus, et pour une variation suffisamment rapide, il y aurait soit excitation, soit inhibition suivant le sens de la variation. Enfin, je pense que les phénomènes rythmiques, comme les contractions cardiaques, les mouvements respiratoires, etc., sont dus à une subtitution de certains ions métalliques à d'autres. Normalement, ces substitutions seraient provoquées par les phénomènes diastasiques, qui se produisent d'une manière ininterrompue et détermineraient, entre autres effets, la mise en liberté de certains ions métalliques qui pourraient alors entrer dans d'autres combinaisons. » (LOEB, 128.)

De la toxicité des mélanges de sels métalliques. — Étant donné les conditions d'antagonisme et d'équilibre entre les sels, au point de vue de leurs actions physiologiques, on comprend combien le mécanisme des actions toxiques se trouve compliqué et pourquoi les conclusions tirées d'un cas particulier n'ont pas de valeur générale et ne peuvent pas toujours s'appliquer à d'autres cas. Puisqu'il suffit d'une minime quantité d'un sel alcalino-terreux, par exemple pour modifier complètement l'effet physiologique exercé par un métal alcalin, rien de surprenant à ce que, selon le milieu utilisé, selon qu'on expérimente sur tel tissu, qui apporte avec lui ses caractéristiques chimiques, ou sur tel autre, les résultats obtenus soient extrêmement variables, et qu'il soit à peu près impossible, de sérier d'une façon absolument satisfaisante les sels d'après leur degré de toxicité. Dans cet ordre d'idées, on peut citer ici les expériences dans lesquelles MAQUENNE et DEMOUSSY (138) ont étudié l'action de divers sels (chlorures de sodium, de potassium, de strontium, de baryum, de manganèse, de plomb, sulfates d'ammonium, de magnésium, de zinc et de cuivre) sur les plantules en germination, en l'absence ou en présence de calcium. Que ces diverses substances puissent être considérées comme toxiques, ou comme alimentaires, il n'en est pas moins vrai qu'elles sont toutes susceptibles d'entraver l'action favorisante qu'exerce le calcium sur le développement. Les résultats sont particulièrement nets avec le sulfate de cuivre :

Sulfate de cuivre (poids en milligr. pour 10 graines).	Longueur des racines (en millim.) au bout de 6 jours.	
	en l'absence de calcium.	en présence de calcium.
0	25	64
0,1	26	51
0,25	25	41
0,50	20	26

Donc, à la dose de 0mgr50, le sulfate de cuivre compense à peu près exactement l'action favorisante du calcium. De plus, comme le remarquent les auteurs, si l'on étudie l'action du cuivre seul, on est amené à attribuer à ce métal une toxicité beaucoup plus forte que si l'essai est fait en présence de calcium.

De ces expériences, il semble ressortir que le calcium pourrait, dans le cas de la végétation des plantes supérieures, agir comme antitoxique vis-à-vis des autres métaux, et il pourrait en être de même du cuivre, dans certains cas, où une action favorisante de ce métal a été constatée (138 ter).

On conçoit quelles erreurs peuvent être commises dans l'évaluation des toxicités et quelle part d'arbitraire est inhérente au classement des métaux à ce point de vue, puisque même dans les expériences sur les microorganismes, qui semblent les plus favorables pour cette étude, interviennent des milieux de culture complexes et trop souvent mal définis, contenant de multiples substances organiques ou inorganiques dont l'influence sur l'action du sel étudié peut n'être pas négligeable. Il résulte aussi de tout ce qui précède que « l'action physiologique d'un mélange est loin d'être égale à la somme des actions que chacun de ses composants exercerait s'il était seul ». (MAQUENNE et DEMOUSSY.)

Si l'on détermine l'action toxique, vis-à-vis du ferment lactique, de deux ou plusieurs sels, ne réagissant pas l'un sur l'autre, on constate, d'une façon générale, que cette action est moindre que la somme des actions des composants lorsqu'ils agissent seuls. Dans certains cas la toxicité du mélange est même exactement égale à celle d'une solution ne renfermant que l'un des deux sels, le plus antiseptique, à la concentration où il se trouve dans le mélange, le deuxième n'apportant absolument aucun effet additif et se comportant là comme une substance inoffensive (190). Par exemple, du fluorure de sodium présent dans les cultures lactiques à la concentration C diminue l'activité de la fermentation de 44 p. 100. Du sulfate de cadmium, d'autre part, à la concentration C' donne une diminution de 50,5 p. 100. Or des cultures renfermant à la fois les deux sels respectivement aux concentrations C et C' ont leur activité diminuée de 52,8 p. 100, c'est-à-dire sensiblement d'une quantité égale à celle que provoque le sulfate de cadmium, antiseptique le plus actif aux concentrations considérées, lorsqu'il agit seul à la dose C'. Avec des concentrations deux fois moindres, C/2 et C'/2, les résultats sont les suivants : NaFl seul à C/2 diminue l'activité de 29 p. 100; SO^{4}Cd seul à C'/2, de 6,5 p. 100; et le mélange NaFl(C/2) + SO^{4}Cd(C'/2) la diminue de 28,5 p. 100; il a donc encore le même effet que la solution de l'antiseptique le plus actif, qui est, ici, le fluorure de sodium. Il est remarquable que des sels chimiquement très voisins permettent aussi de faire la même constatation, comme le montrent les données numériques des deux expériences suivantes :

$$
\begin{cases}
\text{SO}^4\text{Cd à concentration C} & \ldots\ldots\ldots \text{Diminution du croît} = 84 \text{ p. 100} \\
\text{SO}^4\text{Cu} \quad\quad - \quad\quad\quad \text{C'} & \ldots\ldots\ldots \quad\quad - \quad\quad - \quad = 26 \quad - \\
\text{SO}^4\text{Zn} \quad\quad - \quad\quad\quad \text{C''} & \ldots\ldots\ldots \quad\quad - \quad\quad - \quad = 48 \quad - \\
\text{SO}^4\text{Cd (C)} + \text{SO}^4\text{Cu (C')} + \text{SO}^4\text{Zn (C'')} & \ldots \quad\quad - \quad\quad - \quad = 81 \quad - \\
\end{cases}
$$

$$
\begin{cases}
\text{SO}^4\text{Cd à concentration C}_1 & \ldots\ldots\ldots \quad\quad - \quad\quad - \quad = 37 \quad - \\
\text{SO}^4\text{Cu} \quad\quad - \quad\quad\quad \text{C'}_1 & \ldots\ldots\ldots \quad\quad - \quad\quad - \quad = 71 \quad - \\
\text{SO}^4\text{Cd (C}_1) + \text{SO}^4\text{Cu (C'}_1) & \ldots\ldots\ldots \quad\quad - \quad\quad - \quad = 71 \quad - \\
\end{cases}
$$

L'absence de tout effet additif avec des sels métalliques aussi voisins que le sulfate de zinc et le sulfate de cadmium est particulièrement remarquable. Ces expériences sont à rapprocher de celles de MAILLARD, citées plus haut, car l'abaissement de la dissociation électrolytique d'un des sels, par suite de la présence de l'autre, a certainement lieu dans le cas d'électrolytes comme SO^{4}Cd, SO^{4}Zn, SO^{4}Cu, ayant l'anion en commun. Cette condition ne paraît pas toutefois susceptible de fournir à elle seule l'explication satisfaisante des faits observés. Peut-être convient-il d'envisager aussi le fait que les affinités chimiques des diverses substances cellulaires peuvent être très différentes, même vis-à-vis d'éléments voisins comme le zinc et le cadmium et qu'il peut en résulter une très inégale répartition de ces métaux dans les différents complexes protoplasmiques.

Le fait précédent n'est d'ailleurs pas général, même pour le ferment lactique : souvent il y a addition des toxicités. De même, OSTERHOUT (148-148 bis) étudiant l'action d'un mélange de deux toxiques sur les plantes est amené à envisager les trois cas suivants : 1° la toxicité est inaltérée par le mélange et l'action des deux sels est additive ; 2° il y a par le mélange diminution de la toxicité ; 3° la toxicité est accrue.

En déterminant pour les poissons, le pigeon et le cobaye la dose toxique moléculaire pour les trois chlorures de lithium, de potassium et de rubidium agissant soit isolément, soit mélangés à doses moléculaires égales, CHARLES RICHET (176) a constaté qu'elle est sensiblement la même dans le cas du mélange où pour une solution ne contenant qu'un seul des trois sels, et il en a conclu que ces sels alcalins agissent synergiquement et qu'en les mélangeant les uns aux autres l'effet toxique obtenu est la somme des actions moléculaires exercées par chacun d'eux. Ce cas particulier correspond au premier cas envisagé ci-dessus.

Théories relatives à l'action physiologique des cations. — Il ne résulte pas de ce qui précède que les électrolytes n'agissent en tout et pour tout que par leurs ions. Même en faisant abstraction de tout phénomène osmotique, il paraît probable que dans certains cas, la toxicité, qui ne varie pas toujours comme on l'a vu, d'un sel à l'autre, parallèlement au nombre des cations libres, dépend dans une certaine mesure des molécules non dissociées. Il n'en reste pas moins acquis que l'action physiologique des métaux se ramène pour une très large part à celle des cations correspondants. Il faut donc se demander comment interviennent ces derniers dans les réactions complexes qui sont ici en jeu.

En étudiant l'excitation chimique, MATHEWS (139-140) a rapporté l'action des sels neutres à la neutralisation de charges électriques des tissus et a tenté de coordonner les résultats expérimentaux qu'il a obtenus. Il suppose que les ions interviennent par leurs charges électriques pour modifier les charges et par conséquent l'état et les propriétés des colloïdes protoplasmiques, et que l'action physiologique qui se révèle très inégale pour les différents ions peut être due à la plus ou moins grande facilité avec laquelle ceux-ci perdent les charges dont ils sont porteurs. S'il en est ainsi, en classant les cations par exemple, d'après leur tension de dissolution, ce qui donne, des tensions les plus fortes aux plus faibles, la série suivante : K, Na, Rb, Ba, Sr, Ca, Li, Mg, Al, Mn; Zn, Cd, Fe++, Co, Ni, Sn, Pb, Cu, Bi, Hg, Ag, Pd, Pt, Au, ces cations doivent se trouver ordonnés par ordre de toxicité croissante. D'après les faits physiologiques connus et d'après ses propres expériences sur l'œuf de *Fundulus* et l'excitabilité du nerf moteur de la grenouille, MATHEWS estime que la concordance est assez satisfaisante, tout en reconnaissant certaines exceptions : toxicité du zinc et du cadmium plus forte, toxicité des sels ferreux et de l'or moindre que ne le feraient prévoir les tensions de dissolution. Pour les anions, l'action physiologique semble de même varier en raison inverse de la tension de dissolution. Des résultats analogues sont apportés par Mc. GUIGAN (133) relativement à l'action inhibante des sels vis-à-vis de la maltase. R. LILLIE (114), adoptant la conception de MATHEWS, a étudié à ce point de vue les actions antagonistes des sels vis-à-vis du mouvement des cellules ciliées de l'arénicole ; il a montré que l'action nocive de solutions pures de NaCl ne peut être empêchée par l'addition à la solution d'anions autres que Cl, mais qu'en revanche, la plupart des cations exercent une action antitoxique dont la valeur semble liée assez étroitement à la tension de dissolution. Cependant certaines exceptions tendent à le convaincre que cette dernière n'est qu'un des facteurs déterminant de l'action physiologique de l'ion, mais non le seul.

D'après la conception de MATHEWS, qui est certainement trop exclusive, l'action toxique d'un sel, fonction de deux ions, varierait en raison inverse de la somme des tensions de dissolution de ces ions, c'est-à-dire de la tension de décomposition du sel. Connaissant les tensions de décomposition de deux sels et la dose toxique minimum de l'un d'eux, la dose toxique minimum de l'autre pourrait être calculée à l'aide d'une formule appropriée. Une autre conclusion se dégage encore des recherches de MATHEWS : c'est que la toxicité des éléments varierait en raison inverse des volumes atomiques, d'où il suit qu'elle serait comme ceux-ci une fonction périodique du poids atomique. Comme il semble exister, d'autre part, une relation directe entre le poids atomique et la toxicité, on pourrait espérer sérier les métaux par toxicités croissantes en les ordonnant d'après les valeurs croissantes du rapport $\frac{\text{poids atomique}}{\text{volume atomique}}$; le classement ainsi obtenu (Li, K, Ca, Mg, Na, Sr, Rb, Al, Ba, Cs, Mn, Fe, Co, Ni, Cd, Cu, Pb, Au, Hg, Ag) rend compte en effet assez bien, dans les grandes lignes, de l'action nocive des éléments. Néanmoins ces tentatives, dont l'intérêt est surtout de montrer la multiplicité des facteurs à considérer, ne semblent pas susceptibles d'aboutir à une théorie ayant quelque généralité. ROBERTSON (201), qui a discuté les théories de MATHEWS, insiste sur le fait qu'elles ne peuvent rendre compte de certains antagonismes ni expliquer pourquoi le classement des sels, au point de vue de leur action physiologique, n'est pas le même pour tous les tissus. Voir à ce propos encore les sériations obtenues par GELLHORN sur le gonflement du muscle et la survie des éléments reproducteurs (79 *bis*). La substance vivante n'est pas une, et il y a plus à considérer que les seules propriétés de l'agent chimique agissant sur elle.

Une autre théorie de l'action physiologique des sels, plus souple que la précédente parce qu'elle ne se borne pas à n'envisager que les propriétés physico-chimiques des éléments, mais permet de faire entrer en ligne de compte les affinités chimiques des substances protoplasmiques, si variées, a été développée par Loeb (120, 121) à la lumière des expériences de Schulze, Hardy et d'autres sur l'action des sels sur l'état physique des colloïdes. Après avoir montré l'analogie qui existe entre l'absorption d'eau par le muscle plongé dans diverses solutions salines et par certains savons alcalino-terreux, Loeb suppose que les ions métalliques se combinent aux albuminoïdes pour former des « ions-albumines », et peuvent se substituer les uns aux autres dans ces molécules complexes. Les propriétés physiques et chimiques de celles-ci seraient réglées par la nature des ions qui entrent dans leur constitution et variéraient, par conséquent, par la substitution d'un ion à un autre. Cette conception explique d'une façon assez satisfaisante certaines actions antagonistes des sels les uns vis-à-vis des autres et les équilibres salins. Les propriétés d'un tissu dépendraient de la présence d'un certain nombre d'ions, en proportion déterminée, dans les molécules complexes en question ; la substitution d'un ion à un autre entraînerait la disparition de certaines propriétés physiologiques à côté d'autres qui, au contraire, pourraient subsister, comme semblent le montrer les expériences de Ditthorn et Schultz qui ont constaté que les précipités d'albumine obtenus par l'action des sels de fer, de cuivre, de plomb, de mercure et de zinc conservent leurs propriétés spécifiques comme antigènes. Les solutions physiologiquement équilibrées seraient donc celles qui conservent aux tissus un équilibre convenable entre divers complexes « ion-albumines ». Il y a d'ailleurs à considérer ici les propriétés spécifiques des tissus, les proportions relatives des divers ions nécessaires au maintien de l'équilibre physiologique dépendant de la nature des molécules albuminoïdes auxquelles ils s'unissent. Les quantités relatives des constituants inorganiques des tissus ne sont pas forcément les mêmes que celles des électrolytes du milieu ambiant. C'est ainsi que les plantes d'eau douce sont assez riches en potassium, alors que le milieu extérieur en renferme très peu ; que les hématies contiennent relativement moins de sodium et plus de potassium que le plasma qui les baigne. Ce fait doit s'interpréter d'après Loeb en supposant que les constituants inorganiques sont, dans ces cas, engagés dans des combinaisons peu dissociables.

Cette théorie donne également l'explication de la très grande toxicité des métaux lourds par rapport aux autres pour la cellule vivante. Par exemple, dans l'action d'un sel de zinc la réaction à considérer est du type

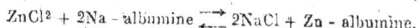

$$ZnCl^2 + 2Na - albumine \; \underset{\longleftarrow}{\overset{\longrightarrow}{\rule{0pt}{0pt}}} \; 2NaCl + Zn - albumine.$$

Les combinaisons de l'albumine et des métaux lourds étant insolubles ou très peu solubles, à l'inverse du complexe Na-albumine, la réaction s'accomplit presque complètement dans le sens de la flèche supérieure, conformément à la loi des masses, lorsqu'un des produits de la réaction est insoluble et n'exerce pas d'effet retardant notable. Un métal lourd, même à concentration très faible dans le milieu extérieur, peut ainsi être fixé en quantité appréciable par le protoplasme, se combiner à une notable partie des albumines et exercer, par conséquent, un effet intense. On peut concevoir aussi pourquoi il faut un grand excès de sels tels que NaCl, LiCl, KCl et autres analogues pour neutraliser les effets toxiques des sels de métaux lourds. Ainsi, comme on l'a vu plus haut, environ 50 molécules de NaCl sont nécessaires d'après Loeb pour rendre inoffensive une molécule de SO⁴Zn, vis-à-vis de l'œuf de *Fundulus*.

Du fait que la plupart des cations plurivalents possèdent un pouvoir antitoxique net vis-à-vis des univalents pour le développement des œufs de *Fundulus*, Loeb a rapproché les constatations de Schulz et Hardy, suivant lesquelles les cations sont des agents de précipitation des colloïdes d'autant plus énergiques que leur valence est plus élevée et il a conclu que le développement des œufs en question se trouvait déterminé d'une façon étroite par l'état de dissolution de leurs colloïdes.

Si l'action des sels sur les tissus se ramène à des substitutions d'ions dans les molécules protéiques, elle doit être soumise, comme toute autre réaction chimique, à la loi de l'action des masses et à la loi de Vant'Hoff. Des résultats assez satisfaisants à ce point de vue ont été obtenus par Madsen et Nyman. A cette justification de l'hypothèse, par voie indirecte, s'ajoutent d'autres faits qui achèvent de la rendre vraisemblable. Une expérience d'Osborne réalise *in vitro* le schéma de ce qui se passe, selon la théorie de

Loeb, dans l'action des électrolytes sur la cellule vivante. En dialysant une solution de caséinate de chaux contre une solution de chlorure de sodium, on constate, au bout d'un certain temps, que le calcium du caséinate est remplacé par du sodium. Des solutions d'albumine dialysées contre une solution étendue de chlorure de mercure fixent aussi le métal, dont la concentration finit par être plus forte dans la solution d'albumine que dans le dialyseur. L'albumine se comporte ici comme elle le fait dans la cellule vivante et la membrane du dialyseur tient la place de la membrane cellulaire.

Loeb (129, 130) a étudié, en outre, l'action de divers sels neutres sur le gonflement de la gélatine et en a retiré des précisions supplémentaires relatives aux antagonismes entre sels. Il arrive ainsi à penser que le mécanisme des actions antagonistes pourrait reposer sur la transformation de protéines ionisées en protéines électriquement neutres, par substitution de certains ions les uns aux autres. Lorsqu'on traite de la gélatine finement pulvérisée par une solution assez concentrée (N/4 ou N/8) de NaCl, puisqu'on lave soigneusement le produit à l'eau distillée, on observe un gonflement de la gélatine (« gonflement additionnel ») bien supérieur à celui qui a lieu par traitement à l'eau distillée seule ou par NaCl seul. Pauli et ses élèves ayant montré que le gonflement des albuminoïdes sous l'action des acides ou des bases est dû à la dissociation en ions des molécules protéiques, on peut penser que dans l'action de NaCl, la combinaison complexe Na-gélatine formée peut également se dissocier en Na $+$ et gélatine $-$. Ce qui plaide encore en faveur d'une telle dissociation, c'est que la gélatine ainsi traitée résiste, ainsi que le fait tout albuminoïde ionisé à la précipitation par l'alcool. Mais la dissociation électrolytique en question et le gonflement qui, par hypothèse, en dépend, ne se produisent qu'autant que le chlorure de sodium en excès a été chassé des espaces capillaires de la poudre par lavage à l'eau distillée. Les divers sels à cation univalent (Li, Na, K, NH⁴) sont capables de donner un gonflement additionnel exactement comme le fait NaCl. Au contraire, les sels neutres à cation divalent (Mg, Ca, Sr, Ba) ne produisent pas de gonflement, c'est-à-dire qu'ils forment avec la gélatine des composés peu ou point ionisables. Quand la gélatine pulvérisée a été soumise à l'action d'un sel neutre à cation univalent, en solution N/4 ou N/8 et qu'on la lave non plus à l'eau distillée, mais avec des solutions de moins en moins concentrées du même sel, on constate que le gonflement, c'est-à-dire la dissociation des molécules en ions, débute à partir d'une dilution limite qui est N/64 pour tous les sels à anion et cation univalents, et N/128 pour les sels à anion bivalent et à cation univalent, c'est-à-dire dans tous les cas à partir de la même concentration limite des cations. Le phénomène du gonflement additionnel peut servir ainsi à mesurer grossièrement la concentration moléculaire d'une solution d'un des sels en question et tous les faits précédents plaident en faveur de l'hypothèse qu'il se forme des combinaisons métal-gélatine bien définies dans lesquelles les divers cations Li, Na, K, NH⁴ peuvent s'échanger les uns les autres.

Lorsque la gélatine traitée par NaCl N/8 est lavée avec des solutions de plus en plus diluées de sels alcalino-terreux, le gonflement additionnel apparaît beaucoup plus tardivement. Pour tous les sels neutres de Mg, Ca, Sr, Ba, il ne débute qu'à partir de la concentration limite N/512. Ce fait pouvait être prévu, d'après ce qui précède, les cations bivalents donnant, en se substituant au sodium, des molécules protéiques des combinaisons faiblement dissociables. Cette transformation des albuminoïdes ionisées en molécules non ionisées serait à la base de l'action antagoniste des cations alcalins et alcalino-terreux. Le phénomène d'antagonisme des sels a été étudié également sur la gélatine, mais par une méthode différente, par Fenn (68-70).

Les expériences de Loeb ont eu le très grand mérite de montrer que les protéines dans leurs combinaisons obéissent comme les cristalloïdes à la loi des proportions définies, que la valence et le signe de la charge des ions, à l'exclusion de leurs autres propriétés agissent sur les qualités physiques des protéines et que la sériation des ions faite par Hofmeister (89 bis) d'après l'influence exercée sur les propriétés physiques de ces protéines est dénuée de valeur.

Le rôle de la membrane cellulaire est aussi un point qui ne saurait être négligé et peut, en même temps que les vitesses relatives de diffusion des ions (Robertson, 201), jouer un rôle important. La perméabilité relative des membranes aux différents ions, ses modifications sous l'influence des phénomènes d'adsorption, la solubilité des diverses substances toxiques dans les matières constitutives de la membrane, et en particulier, dans les lipoïdes (théorie d'Overton), les phénomènes d'électrisation de contact et la polarisation des membranes suivant le schéma de Girard (80 bis), les équilibres ioniques étudiés par Donnan (55 bis) dans le cas où un ion non diffusible se trouve d'un des côtés de la membrane sont autant de conditions qui doivent immanquablement jouer leur rôle. D'après ces travaux exposés pour la plupart dans Loeb (128 et 129 bis) et Höber (89), et d'après les recherches d'Overton (150) sur le nerf moteur, d'Höber et d'autres sur l'hémolyse, la constitution de la membrane colloïdale semble importante pour expliquer l'activité relative des divers métaux alcalins.

La perméabilité de la membrane végétale vis-à-vis des sels alcalins, la pénétration de ceux-ci dans la cellule, l'influence qu'exercent sur cette pénétration les sels alcalino-terreux et les cations plurivalents, les modifications possibles des lipoïdes de la membrane pour régler la pénétration des sels ont fait l'objet de recherches de Fitting, de Tröndle, de Brenner, de Kahho, de Netter (146 bis); on trouvera les indications de ces travaux et leurs résultats essentiels dans le mémoire de ce dernier auteur.

Mines (144) qui a étudié l'action des électrolytes sur le cœur, chez diverses espèces, vertébrés et invertébrés, attribue aux charges électriques des membranes un rôle important pour le maintien de l'activité fonctionnelle des tissus, et répartit les ions en trois groupes d'après leur mode d'action : 1° ions nomades qui produiraient leurs effets en passant d'une région à l'autre du tissu, transportant leurs charges électriques, créant ainsi des différences de potentiel entre les diverses parties; leurs actions seraient réglées principalement par leur mobilité et leur volume; tel est le cas des cations monovalents, Li, Na, K, Rb, Cs; 2° des ions entrant en combinaison avec les substances cellulaires : tels seraient les cations divalents Ca, Sr, Ba; 3° enfin des ions polarisants tels que le cation bivalent Mg ou des cations trivalents, Ce par exemple, qui agiraient en modifiant la charge électrique des membranes et, par conséquent leur perméabilité relative vis-à-vis des autres ions, tels que ceux du premier groupe. Les effets relatifs des divers ions polarisants varient d'ailleurs notablement avec la nature des surfaces considérées, à tel point que des différences notables peuvent être constatées entre espèces animales cependant voisines.

Donc on peut supposer que dans certains cas d'antagonisme, les divers ions ne portent pas toujours leur action sur une même partie de la cellule, et que notamment un ion peut modifier la membrane de façon à diminuer sa perméabilité vis-à-vis d'autres ions.

Une très originale contribution à l'étude du rôle physiologique de certains métaux et à l'explication de divers cas d'antagonisme différents de ceux dont Loeb a précisé le mécanisme vient récemment d'être fournie par Zwaardemaker (220-223). Pour cet auteur, le potassium qui est indispensable à l'activité des tissus vivants et qui doit figurer dans les liquides employés pour les circulations artificielles, intervient comme élément radio-actif. Il montre dans une série d'expériences faites sur le cœur isolé que les sels de potassium peuvent être remplacés par des sels d'une série d'autres éléments radio-actifs (rubidium, uranium, thorium, radium, ionium, lanthane et cérium) à doses équiradio-actives (loi du remplacement équiradioactif). En l'absence de potassium et de tout autre élément radio-actif dans le liquide de circulation, il suffit, pour rétablir les mouvements du cœur isolé, de l'exposer au rayonnement d'une substance émettant, soit des rayons α, soit des rayons β. Mais quand ces deux catégories de rayons agissent simultanément, elles se comportent au point de vue biologique comme antagonistes l'une de l'autre : on peut déterminer une série d'équilibres entre les rayons α et les rayons β; tous les points de la courbe logarithmique ainsi obtenue correspondent à l'arrêt de la fonction considérée (automatisme du cœur) (220). Il en est de même pour les substances radioactives placées dans le liquide de circulation; par conséquent, d'une façon générale, on constate l'antagonisme entre les radiateurs de particules α (thorium, uranium, ionium, radium, émanation) et les radiateurs de particules β (potassium, rubidium, césium ?, mésothorium); c'est la loi de l'antagonisme radiophysiologique (223). C'est ainsi qu'il est impossible, pour obtenir un liquide de circulation assurant la fonction de l'organe, de mélanger à parties égales (équiradio-actives) une solution de potasse et une solution d'urane ou de thorium. Les doses d'éléments radio-actifs indispensables sont plus faibles en été qu'en hiver. Au contraire un excès de calcium, de baryum ou de strontium force à augmenter la dose radio-active et déplace en outre la courbe d'équilibre entre les rayons α et β.

Ces conceptions nouvelles, d'un grand intérêt, méritent d'être prises en considération, bien qu'elles aient été et soient encore très fortement discutées par certains physiologistes (J. et R. Loeb, Zondek, Ellinger, Hamburger). Ce dernier auteur (85 bis) a résumé les principaux arguments qu'on peut leur opposer et notamment ce fait que pour le fonctionnement du rein et l'entretien de divers automatismes, il est possible de trouver des liquides de perfusion satisfaisants ne renfermant ni le potassium, ni ses remplaçants radio-actifs. On peut alors penser qu'un grand nombre de faits observés par Zwaardemaker rentrent dans le cadre des balancements d'ions au sens de Loeb. Il reste cependant l'expérience où la suppression du potassium peut être compensée par l'effet de l'émanation, expérience qui paraît bien nettement favorable à l'hypothèse des substitutions radio-actives.

Conclusions.

Par suite de la multiplicité des facteurs qui interviennent sans nul doute et dont la connaissance est encore imparfaite, en raison aussi des notions fragmentaires et incomplètes que nous possédons sur la constitution des colloïdes cellulaires et sur leurs propriétés, il est impossible de condenser en une théorie générale, basée sur les propriétés physico-chimiques des substances en présence, toutes les données recueillies relativement à l'action biologique des métaux. Le seul fait qu'ils se classent, quant à leur action toxique, dans un ordre variable selon qu'on expérimente sur tel ou tel groupe d'êtres vivants ou sur tel ou tel tissu, doit suffire à mettre en garde, dans l'état actuel des choses, contre toute tentative de généralisation s'appuyant uniquement sur les propriétés des substances inorganiques considérées et sur leur action vis-à-vis de tel colloïde donné pris comme type général. Sans nul doute, les propriétés en question sont de première importance quant à l'action physiologique. Ainsi l'application à la physiologie de la découverte d'Arrhénius a été d'une extrême fécondité et a permis sinon d'expliquer complètement les effets toxiques des sels, du moins d'en concevoir, dans une certaine mesure et dans certains cas, le mécanisme possible. Dans bien des cas, les propriétés physiques des ions ou des molécules sont de première importance pour l'explication des faits observés ; mais souvent aussi les propriétés chimiques spécifiques des éléments ont le rôle prépondérant. Les progrès de nos connaissances relatives à l'état colloïdal, à l'électrisation de contact et à la polarisation des membranes projetteront sans doute quelque lumière sur ces questions obscures. Il n'en reste pas moins vrai que ces dernières ne peuvent encore être abordées comme une série de problèmes physico-chimiques simples. Il est impossible de faire abstraction des caractéristiques spécifiques des organismes, caractéristiques échappant trop souvent encore aux investigations de la physique et de la chimie, et qui doivent être considérées comme la conséquence d'une lente évolution ancestrale et d'une adaptation plus ou moins étroite des protoplasmes aux influences du monde extérieur. Chaque espèce a ses caractéristiques et sans nul doute aussi chaque individu. Et les études faites sur l'accoutumance nous montre la possibilité de les modifier par des influences extérieures. Assurément ces caractéristiques spécifiques ou individuelles doivent se résoudre toutes en dernière analyse en caractéristiques physiques ou chimiques ; mais nous ne voyons encore dans les expériences que quelques résultats fragmentaires et la série complète des mécanismes nous échappe à peu près complètement. Pour approcher de la lointaine solution de tels problèmes, pour coordonner un certain nombre des faits acquis et suggérer de nouvelles et fécondes recherches, il convient de faire appel aussi bien aux hypothèses purement biologiques, comme celle que Richet a formulée en s'inspirant directement des théories de l'évolution, qu'aux tentatives d'explications physico-chimiques dont nous devons une grande part à Loeb. Loin de s'exclure, ces deux ordres d'idées se rejoignent, se complètent et peuvent, de la façon la plus heureuse, se prêter un mutuel appui.

Bibliographie. — Les numéros correspondent aux renvois figurant dans le corps de l'article. — 1. AGULHON (H.) et SAZERAC (R.). *Activation de certains processus d'oxydation microbiens par les sels d'urane* (C. R. Ac. Sc., CLV, 1186, 1912); — 2. *Action des sels d'uranium et de l'uranium métallique sur le bacille pyocyanique* (C. R. Ac. Sc., CLVI, 162, 1913). — 3. ALBU (Albert) et NEUBERG '(Carl) (*Physiologie und Pathologie des Mineralstoffwechsels*, 1 vol. 247 p., Berlin, 1906). — 4. ALOY (J.). *Sur la répartition du calcium et du magnésium dans l'organisme du chien* (Soc. de Biol., LIV, 604, 1902). — 5. ALOY (J.) et BARDIER (E.). *Action physiologique des métaux alcalino-terreux et du magnésium sur la marche de la fermentation lactique* (Soc. de Biol., LIV, 848, 1902); — 6. *Les métaux alcalino-terreux et le magnésium exercent-ils une action favorisante sur la fermentation lactique* (Soc. de Biol., LIV, 849, 1902). — 6 bis. ANDRÉ. *Chimie agricole*. 2 vol., Baillière, 1924. — 7. ATHANASIU (J.) et LANGLOIS (P.). *Recherches sur l'action comparée des sels de cadmium et de zinc* (Arch. de Physiol., 5ᵉ série, VIII, 251-263, 1896). — 8. BECQUEREL (P.). *Influence des sels d'uranium et de thorium sur le développement du bacille de la tuberculose* (C. R. Ac. Sc., CLVI, 164, 1913). — 9. BERTRAND (Gabriel). *Conférence tenue à Amsterdam*, 6 nov. 1912 (Ned. Tijdschr. v. Geneeskunde, I, 290, 1913; cité d'après ZWAARDEMAKER [221]); — 10. *Sur l'extraordinaire sensibilité de l'Aspergillus niger vis-à-vis du manganèse* (Bull. Soc. Chim., 4ᵉ série, XI, 400-406, 1912); — 11. *Sur le rôle capital du manganèse dans la production des conidies de l'Aspergillus niger* (Bull. Soc. Chim., 4ᵉ série, XI, 494-498, 1912); — 12. *L'argent peut-il, à une concentration convenable, exciter la croissance de l'Aspergillus niger* (C. R. Ac. Sc., CLVIII, 1213, 1914). — 13. BERTRAND (Gabriel) et JAVILLIER (M.). *Influence du manganèse sur le développement de l'Aspergillus niger* (C. R. Ac. Sc., CLII, 225, 1911); — 14. *Action du manganèse sur le développement de l'Aspergillus niger* (Bull. Soc. Chim., 4ᵉ série, XI, 212-221, 1912); — 15. *Influence combinée du zinc et du manganèse sur le développement de l'Aspergillus niger* (C. R. Ac. Sc., CLII, 900, 1911); — 16. *Influence du zinc et du manganèse sur la composition minérale de l'Aspergillus niger* (C. R. Ac. Sc., CLII, 1337, 1911); — 17. *Action combinée du manganèse et du zinc sur le développement et la composition minérale de l'Aspergillus niger* (Bull. Soc. Chim., 4ᵉ série, XI, 347-353, 1912). — 17 bis. BERTRAND (Gabriel) et VLADESCO (R.). *De la répartition du zinc dans l'organisme du cheval* (C. R. Ac. Sc., CLXXI, 744, 1920). — 17 ter. BIBERFELD (Joh.). *Ergebnisse der Physiol.*, XII, 1-95, 1922. — 18. BINET (Paul). *Sur la toxicité comparée des métaux alcalins et alcalino-terreux* (C. R. Ac. Sc., CXV, 251, 1892). — 19. BIRCKNER (Victor). *The zinc content of some food products* (Journ. of biol. Chemistry, XXXVIII, 191-203, 1919). — 20-21. BLAKE (James). *Recherches sur les phénomènes résultant de l'introduction de certains sels dans les voies de la circulation* (C. R. Ac. Sc., VIII, 875, 1839); — 22. *Sur l'analogie d'action des sels isomorphes injectés dans le sang* (C. R. Ac. Sc., XII, 388, 1841); — 23. *Effets de diverses substances salines injectées dans le système circulatoire* (Arch. gén. de médecine, novembre 1839); — 24. *On the action of certain inorganic compounds when introduced directly into the blood* (Proc. of the Roy. Soc. London, IV, 283, 1841); — 25. *On the connection between the atomic weights of substances and their physiological action* (Proc. of the California Acad. of Sc., V, 75, 1873-1874; cité d'après ROBERTSON [201]); — 26. *Ueber den Zusammenhang der molekulare Eigenschaften anorganischer Verbindungen und ihre Wirkung auf den lebenden thierischen Organismus* (Ber. d. deutsche chem. Gesell., XIV, 394-398, 1881); — 27. *Sur le rapport entre l'isomorphisme, les poids atomiques et la toxicité comparée des sels métalliques* (C. R. Ac. Sc., XCIV, 1055, 1882); — 28. *Sur le pouvoir toxique relatif des sels métalliques* (Soc. de Biol., 847, 1882 et C. R. Ac. Sc., XCVI, 439, 1883); — 29. *On the connection between physiological action and chemical constitution* (Journ. of Physiol., V, 35-44, 1884); — 30. *On the physiological action of the salts of potassium, rubidium and cæsium* (Journ. of Physiol., V, 124-126, 1884); — 31. *Sur les relations entre l'atomicité des éléments inorganiques et leur activité biologique* (C. R. Ac. Sc., CV, 1250, 1888); — 32. *Sur les rapports entre l'atomicité des éléments et leur action biologique* (Arch. de Physiol., 4ᵉ série, I, 445, 1888). — 32 bis. BODANSKY (Meyer). *Biochemical studies on marine organisms. II. The occurrence of zinc* (Journ. of biol. Chemistry, XLIV, 399-407, 1920). — 32 ter. BOHN (Georges) et DRZEWINA (Anna). *La Chimie et la Vie* (1 vol. 275 p., Flammarion, Paris, 1920). — 33. BOKORNY (Th.). *Chemisch. Zeit.*, nᵒ 92, 1906; Pharm. Centrabl, 1907, p. 7-10; Arch. ges. Phys., 1906; Ber. d. deutsch. Botan. Gesellsch., XXIII. — 34. BUSQUET (H.) et PACHON (V.). *Con-*

tribution à l'étude de la mesure quantitative des actions d'ions sur les organes vivants et isolés. Grandeur comparée de l'action toxique exercée sur le cœur par des solutions équimoléculaires de divers sels de potassium (Journ. de Physiol. et Path. gén., XI, 243-258, 1909). — 35. CAMUS (J.). Toxicité des sels minéraux dans le liquide céphalo-rachidien (C. R. Ac. Sc., CLV, 310, 1912). — 35 bis. CARDOT (H.) et LAUGIER (H.). Action des fortes concentrations salines sur le Bacille lactique (Soc. de Biol., LXXXVI, 108, 1922); — Modifications du bacille lactique sous l'influence des fortes concentrations salines. Stabilité des variations acquises sous l'action du chlorure de potassium (Journ. Physiol. et Path. gén., XX, 54-69, 1923). — 36. CHASSEVANT (Ailyre). Action des sels métalliques sur la fermentation lactique (Thèse Fac. de Médecine, Paris, 1897 et Trav. du Lab. de CH. RICHET, IV, 246-296, 1898). — 37. CHASSEVANT (A.) et RICHET (Ch.). De l'influence des poisons minéraux sur la fermentation lactique (C. R. Ac. Sc., CXVII, 673, 1893). — 38. CLARK (J.-F.). Electrolytic dissociation and toxic effect (Journ. of physical Chemistry, III, 263, 1899). — 39. CLÉMENT (Hugues). Action de l'argent sur la végétation de l'Aspergillus niger (Soc. de Biol., LXXIV, 749, 1913). — 40. COLAS (A.). Action des métaux colloïdaux électriques sur l'Aspergillus fumigatus (Soc. de Biol., LXVII, 374, 1909). — 41. COUPIN (H.). Sur la toxicité des chlorures, bromures et iodures alcalins à l'égard des plantes (27e session Ass. franç. avanc. des Sc., Nantes, 1898, 1re partie, 155 et 2e partie, 373); — 42. Sur la toxicité des composés du sodium, du potassium et de l'ammonium à l'égard des végétaux supérieurs (Rev. gén. de Botanique, XII, 177-193, 1900); — 43. Sur la toxicité des composés alcalino-terreux à l'égard des végétaux supérieurs (C. R. Ac. Sc., CXXX, 791, 1900); — 44. Sur la toxicité comparée de divers composés métalliques à l'égard des végétaux supérieurs (29e session Ass. franç. avanc. des Sc., Paris, 1900, 2e partie, 629-641); — 45. Sur la toxicité des composés du nickel et du cobalt à l'égard des végétaux supérieurs (Soc. de Biol., LIII, 489, 1901); — 46. Sur la toxicité des composés du fer, du plomb et de l'uranium à l'égard des végétaux supérieurs (Soc. de Biol., LIII, 534, 1901); — 47. Contribution à l'étude des substances toxiques pour les plantes (30e session Ass. franç. avanc. des Sc., Ajaccio, 1901, 414); — 48. Comparaison entre le pouvoir toxique de quelques composés minéraux à l'égard des végétaux supérieurs et leur puissance antiseptique (Soc. de Biol., LIII, 569, 1901); — 49. Sur la sensibilité des végétaux supérieurs à des doses très faibles de substances toxiques (C. R. Ac. Sc., CXXXII, 645, 1901). — 50. Sur la nutrition du Sterigmatocystis nigra (C. R. Ac. Sc., CXXXVI, 392, 1903); — 51. Zinc et « Sterigmatocystis nigra » (C. R. Ac. Sc., CLVII, 1475, 1913). — 52. COURMONT (Paul) et DUFOUR (A.). Action des métaux ou métalloïdes colloïdaux sur les cultures homogènes du bacille de Koch (Soc. de Biol., LXXV, 454, 1913). — 53. DELEZENNE (C.). Le zinc, constituant cellulaire de l'organisme animal; sa présence et son rôle dans le venin des serpents (Thèse Fac. des Sc., Paris, 1919 et Ann. Institut Pasteur, XXXIII, 68-134, 1919). — 54. DHÉRÉ (Ch.) et PRIGENT (G.). Sur l'excitation chimique des terminaisons cutanées. II. Action comparée des métaux alcalins (Soc. de Biol., LXII, 686, 1907). — 55. DITTHORN (Fritz) et SCHULTZ (Werner). Biologische Versuche über Metallfällungen mit Eiweisslösungen und Gonokokkenextrakten (Zeits. f. Immunitätsf. u. exp. Therapie, XIV, Originale, 103-111, 1912). — 55 bis. DONNAN (F.-G.). Z. f. Electrochemie, XVII, 572, 1911. — 56. DRESER. Zur Pharmakologie des Quecksilbers (Arch. f. exp. Path. u. Pharmak., XXXII, 456, 1893). — 57. DRYFUSS (B.-J.) et WOLF (C.-G.-L.). The physiological action of lanthanum, praseodymium and neodymium (American Journ. of Physiol., XVI, 314-323, 1906). — 57 bis. DUCLAUX (Jacques). La chimie de la matière vivante, 1 vol. in-16, 284 p., Paris, Alcan, 1920; — Les colloïdes, 1 vol. in-32, 305 p., Paris, Gauthier-Villars, 1922. — 58. DUHAMEL (B.-G.). Fixation au niveau du foie des métaux et métalloïdes en solutions colloïdales introduits dans l'organisme par la voie veineuse (Soc. de Biol., LXXXII, 784, 1919). — 59. DUHAMEL (B.-G.) et TAMBLIN (R.). Sur la toxicité de l'or colloïdal (Soc. de Biol., LXXXI, 1096, 1919); — 60. Localisation de l'or colloïdal électrique dans les organes (Soc. de Biol., LXXXII, 1178, 1919); — 61. Action des injections intraveineuses d'or colloïdal sur la pression sanguine et la respiration (Soc. de Biol., LXXXII, 1198, 1919); — 62. Variations du pouvoir agglutinatif et du pouvoir opsonisant d'un sérum en état de crise colloïdale (Soc. de Biol., LXXXIII, 386, 1920); — 63. Nouvelles recherches sur l'activité biologique des colloïdes. Crise hépatique (Soc. de Biol., LXXXIII, 249 et 292, 1920); — 64. Variations de la teneur en glycogène du foie pendant la crise colloïdale (Soc. de Biol., LXXXIII, 468, 1920). — 64 bis. DUTHOIT (A.).

De l'action sur différents microbes du chlorure de sodium seul ou associé à d'autres sels (Soc. de Biol., LXXXIX, 553, 1923). — 65. ERRERA (Leo). Pourquoi les éléments de la matière vivante ont-ils des poids atomiques peu élevés (Malpighia, I, fasc. 1, juillet 1886 et Recueil d'Œuvres de Leo ERRERA, 183-199, Bruxelles, 1910); — 66. A propos des éléments de la matière vivante (Malpighia, I, fasc. 10-11, 1887). — 67. EWERT. Eine chemisch-physiolo- gische Methode 0,0000005 Kupfersulfat in einer Verdünnung von 1 : 30 000 000 nachzu- weisen und die Bedeutung derselben für die Pflanzenphysiologie und Pflanzenpathologie (Zeits. f. Pflanzenkrankheiten, XIV, 134-136, 1903-1904; cité d'après Ch. RICHET [181]). — 68. FENN (W.-O.). Salt antagonism in gelatin (Proceed. of the National Acad. of Sc. of the U. S. of America, II, 534-538, 1916); — 69. The effects of electrolytes on gelatin and their biological signifiance. II. The effect of salts on the precipitation of acid and alkaline gelatin by alcohol. Antagonism (Journ. of biol. Chemistry, XXXIII, 439-451, 1918); — 70. The effects of electrolytes on gelatin and their biological signifiance. III. The effects of mixtures of salts on the precipitation of gelatin by alcohol. Antagonism (Journ. of biol. Chemistry, XXXIV, 141-160, 1918). — 71. FIENGA (G.). Neue Untersuchungen über die glatten Muskeln Hühnerösophagus) (Zeits. f. Biol., LIV, 230-248, 1910). — 72. FROUIN (Albert). Action des sels de vanadium et de terres rares sur le développement du bacille tuberculeux (Soc. de Biol., LXXII, 1034, 1912); — 73. Action des sels de terres rares sur le développement du bacille tuberculeux et de l'Aspergillus niger (Soc. de Biol., LXXIII, 640, 1912); — 74. Action du sulfate de lanthane sur le développement du B. subtilis (Soc. de Biol., LXXIV, 196, 1913); — 75. Influence des sels d'uranium et de thorium sur le développement du bacille tubercu- leux (Soc. de Biol., LXXIV, 283, 1913). — 75 bis. FROUIN (Albert) et GUILLAUMIE (Maylis). Nutrition minérale du Bacille tuberculeux. Action favorisante ou empêchante des sels de terres rares et des sels de fer (Soc. de Biol., LXXXIX, 382, 1923). — 76. FROUIN (Albert) et LEDEBT (S.). Action du vanadate de soude et des terres rares sur le développement du bacille pyocyanique et la production de ses pigments (Soc. de Biol., LXXII, 981, 1912). — 77. FROUIN (Albert) et MOUSSALI (Alexis). Action des sels de terres rares sur les bacilles dysentériques (Soc. de Biol., LXXXII, 973, 1919). — 78. GALEOTTI (G.). Ueber die Wirkung kolloïdaler und elektrolytisch dissocierter Metallösungen auf die Zellen (Biol. Centralbl., XXI, 321-329, 1901). — 79. GAUTRELET (Jean). De l'action sur le cœur des ions, cuivre, mer- cure, argent et fer, introduits par électrolyse (Soc. de Biol., LXIII, 447, 1907). — 79 bis. GELLHORN (Ernest). Arch., ges. Phys., CXCVI, 358-392, 1922 et CC, 583-602, 1923. — 80. GÉRARD (Pierre). Contribution à l'étude du potassium et du sodium chez les animaux (Thèse Fac. des Sc., Paris, 1912, 177 p.). — 80 bis. GIRARD (Pierre). C. R. Ac. Sc., CLIX, 376, 1916 et CLXVIII, 1335, 1919. — 81. GIRARD (Pierre) et AUDUBERT (René). Les charges électriques des microbes et leur tension superficielle (C. R. Ac. Sc., CLXVII, 351, 1918). — 82. GRANDEAU (L.). Expériences sur l'action physiologique des sels de potassium, de sodium et de rubidium injectés dans les veines (Journ. de l'Anat. et de la Physiol., I, 378-385, 1864). — 83. GRÜTZNER (P.). Ueber chemische Reizung von motorischen Nerven (Pflüger's Arch., LIII, 83, 1893); — 84. Ueber die chemische Reizung sensibler nerven (Pflüger's Arch., LVIII, 69-104, 1894). — 85. HACKH (Ingo W.-D.). Bioelements; the chemical elements of living matter (Journ. of gen. Physiol., I, 429-423, 1919). — 85 bis. HAMBURGER (H.-J.). La radio-activité biologique de H. ZWAARDEMAKER (Vol. jubil. 75e anniv. Soc. de Biol., 38-44, 1923). — 86. HEALD (F.-D.). On the toxic effects of dilute solutions of acids and salts upon plants (Botanical Gazette, XXII, 125, 1896). — 86 bis. HECHT (Selig). The physiology of Ascidia atra Lesueur. III. The blood system (American Journ. of Physiol., XLV, 157-187, 1918). — 87. HENRI (V.). Remarques à propos de la communication de A. FROUIN (Soc. de Biol., LXXII, 1037, 1912). — 87 bis. HENZE (M.). (Hoppe-Seylers Zeitschr. f. physiol. Chemie, LXXII, 1911). — 88. HILTNER (R.-S.) et WICHMANN (H.-J.). Zinc in oysters (Journ. of biol. Chemistry, XXXVIII, 205-224, 1919). — 89. HÖBER (Rudolf). Physikalische Chemie der Zelle und der Gewebe, 3e édit., Leipzig, 1911); — 89 bis. Ueber den Einfluss der Salze auf den Ruhestrom des Froschmuskels (Pflüger's Archiv, CVI, 599-635, 1905). — 89 ter. HOFMEISTER (F.). Arch. exp. Path. u. Pharm., XXIV, 247, 1888; XXV, 1, 1889; XXVII, 395, 1890; XXVIII, 210, 1891. — 90. HUSEMANN (Th.). Ueber das Rabuteau'sche Gesetz der toxischen Wirkung (Göttinger Nachrichten, cité d'après Rev. des Sc. médic., VII, 543, 1876). — 91. ISRAEL et KLINGMANN. Oligodynamische Erscheinungen an pflanzlichen und tierischen Zellen (Virchow's Arch., CXXVII, 1897). — 91 bis. IWANOFF (K.-S.) Centralbl. f.

Bakt., XIII. — **92.** JAVILLIER (M.). *Recherches sur la présence et le rôle du zinc chez les végétaux* (Thèse Fac. Sc., Paris, 1908) ; — **93.** *Sur la substitution au zinc de divers éléments chimiques pour la culture du Sterigmatocystis nigra* (C. R. Ac. Sc., CLV, 1551, 1912) ; — **94.** *Influence du zinc sur la consommation par l'Aspergillus niger de ses aliments hydrocarbonés, azotés et minéraux* (C. R. Ac. Sc., CLV, 190, 1912) ; — **95.** *Recherches sur la substitution au zinc de divers éléments chimiques pour la culture de l'Aspergillus niger (Sterigmatocystis nigra, V. Tgh.); étude particulière du cadmium et du glucinium* (Bull. Soc. Chim., 4ᵉ série, XIII, 703-721, 1913) ; — **96.** *Essais de substitution du glucinium au magnésium et au zinc pour la culture du Sterigmatocystis nigra* (C. R. Ac. Sc., CLVI, 406, 1913) ; — **97.** *Une cause d'erreur dans l'étude de l'action biologique des éléments chimiques : la présence de traces de zinc dans le verre* (C. R. Ac. Sc., CLVIII, 140, 1914) ; — **98.** *Utilité du zinc pour la croissance de l'Aspergillus niger (Sterigmatocystis nigra, V. Tgh.)* (C. R. Ac. Sc., CLVIII, 1216, 1914). — **99.** JAVILLIER (M.) et SAUTON (B.). *Le fer est-il indispensable à la formation des conidies de l'Aspergillus niger?* (C. R. Ac. Sc., CLIII, 1177, 1911). — **100.** JAVILLIER (M.) et TCHERNOROUTZKY (H.). *Influence comparée du zinc, du cadmium et du glucinium sur la croissance de quelques Hyphomycètes* (C. R. Ac. Sc., CLVII, 1173, 1913). — **100 bis.** JODIN. *Du rôle de la silice dans la végétation du Maïs* (C. R. Ac. Sc., XCVII, 345, 1884). — **101.** KAHLENBERG (L.) et TRUE (R.-H.). *On the toxic action of dissolved salts and their electrolytic dissociation* (Botanical Gazette, XXII, 81, 1896). — **102.** KÖNIG (J.). *Chemie der menschlichen Nahrungs- und Genusmittel* (4ᵉ édition, 3 vol., Springer, Berlin, 1904). — **102 bis.** LAMBLING (E.). *Précis de Biochimie*, 723 p., 1921, Masson, Paris. — **103.** LAPICQUE (Louis). *Observations et expériences sur les mutations du fer chez les vertébrés* (Thèse Fac Sc. Paris, 167 p., Carré et Naud, 1897). — **104.** LE FÈVRE DE ARRIC. *Action des colloïdes métalliques sur la toxine diphtérique* (Soc. de Biol., LXXXII, 1143, 1919) ; — **105.** *Action des colloïdes métalliques sur la staphylotoxine et la staphylolysine* (Soc. de Biol., LXXXII, 1331, 1919). — **106.** LEPIERRE (Charles). *Sur la non-spécificité du zinc comme catalyseur biologique pour la culture de l'Aspergillus niger, son remplacement par d'autres éléments* (Bull. Soc. Chim., 4ᵉ série, XIII, 285-294, 1913) ; — **107.** *Zinc et Aspergillus niger* (Bull. Soc. Chim., 4ᵉ série, XIII, 359-362, 1913) ; — **108.** *Inutilité du zinc pour la culture de l'Aspergillus niger* (Bull. Soc. Chim., 4ᵉ série, XIII, 1107-1121, 1913 et C. R. Ac. Sc., CLVII, 876, 1913) ; — **109.** *Sur la non-spécificité du zinc comme catalyseur biologique pour la culture de l'Aspergillus niger* (C. R. Ac. Sc., CLVI, 258, 1913) ; — **110.** *Remplacement du zinc par l'uranium dans la culture de l'Aspergillus niger* (C. R. Ac. Sc., CLVI, 1179, 1913 et Bull. Soc. Chim., 4ᵉ série, XIII, 491-493, 1913) ; — **111.** *Remplacement du zinc par le cuivre dans la culture de l'Aspergillus niger* (C. R. Ac. Sc., CLVI, 1489, 1913 et Bull. Soc. Chim., 4ᵉ série, XIII, 681-684, 1913) ; — **112.** *Remplacement du zinc par le glucinium dans la culture de l'Aspergillus niger* (C. R. Ac. Sc., CLVI, 409, 1913) ; — **113.** *Zinc et Aspergillus. Les expériences de M. Coupin et de M. Javillier* (C. R. Ac. Sc., CLVII, 67, 1914). — **114.** LILLIE (Ralph S.). *The relation of ions to ciliary movement* (American Journ. of Physiol. X, 419-443, 1904) ; — **115.** *The relations of ions to contractile processes. I. The action of salt solutions on the ciliated epithelium of Mytilus edulis* (American Journ. of Physiol., XVII, 89, 1906) ; — **116.** *Antagonism between salts and unæsthetics. II. Decrease by anæsthetics in the rate of toxic action of pure isotonic salt solutions on unfertilized starfish and sea-urchin eggs* (American Journ. of Physiol., XXX, 1-17, 1912). — **117.** LINOSSIER (G.). *Sur la biologie de l'Oïdium lactis. IV. Alimentation minérale* (Soc. de Biol., LXXX, 332, 1917) ; — **118.** *Sur la biologie de l'Oïdium lactis. Influence de la quantité des aliments minéraux sur le développement du champignon* (Soc. de Biol., LXXX, 433, 1917). — **119.** LOEB (Jacques). *Physiologische Untersuchungen über Ionenwirkung* (Pflüger's Arch., LXIX, 1-27, 1897 et LXXI, 457-476, 1898) ; — **120.** *On ion-proteid compounds and their rôle in the mechanics of life phenomena. I. The poisonous character of a pure NaCl solution* (American Journ. of Physiol., III, 327-338, 1900) ; — **121.** *On the different effect of ions upon myogenic and neurogenic rhythmical contractions and upon embryonic and muscular tissue* (American Journ. of Physiol., III, 383-396, 1900) ; — **122.** *Ueber den Einfluss der Werthigkeit und möglicher Weise der elektrischen Ladung von Ionen auf ihre antitoxische Wirkung* (Pflüger's Arch., LXXXVIII, 68-78, 1902) ; — **123.** *Ist die erregende und hemmende Wirkung der Ionen eine Funktion ihrer elektrischen Ladung?* (Pflüger's Arch., XCI, 248-264, 1902) ;.

— **124.** *Studies on the physiological effects of the valency and possibly the electrical charges of ions. I. The toxic and antitoxic effects of ions as a function of their valency and possibly their electrical charges* (American Journ. of Physiol., VI, 411-433, 1902); — **125.** *Ueber die relative Giftigkeit von destillierten Wasser, Zuckerlösungen und Lösungen von einzelnen Bestandteilen des Seewassers für Seetiere* (Pflüger's Arch., XCVII, 394-409, 1903); — **126.** *Weitere Bemerkungen zur Theorie der antagonistischen Salz wirkungen* (Pflüger's Arch., CVII, 252-262, 1905); — **127.** *Ueber die Ursache der elektrotonischen Erregburkeitsänderung im Nerven* (Pflüger's Arch., CXVI, 193, 1907); — **128.** *La dynamique des phénomènes de la vie* (trad. H. Daudin et G. Schœffer, Paris, Alcan, 1908); — **129.** *Ionization of proteins and antagonistic salt action* (Journ. of biol. Chemistry, XXXIII, 531-549, 1918); — **129 bis.** *Les protéines* (1 vol. 243 p., Alcan, 1924). — **130.** *The stoichiometrical character of the action of neutral salts upon the swelling of gelatin* (Journ. of biol. Chemistry, XXXIV, 77-95, 1918). — **131.** LOEB (Jacques) et GIES (William J.). *Weitére Untersuchungen über die entgiftenden Ionenwirkungen und die Rolle der Wertigkeit der Kationen bei diesen Vorgängen* (Pflüger's Archiv, XCIII, 246-268, 1903). — **131 bis.** LÖHNER (L.) et MARKOVITS (B.-E.) *Zur Kenntnis der oligodynamischen Metall-Giftwirkungen auf die lebendige Substanz. I. Paramäcienversuche* (Pflüger's Arch., CXCV, 417-431, 1922). — **131 ter.** LUMIÈRE (Auguste). *Rôle des colloïdes chez les êtres vivants*, 1 vol. in-16, 310 p., Paris, Masson, 1921); — *Théorie colloïdale de la biologie et de la pathologie*, 1 vol. in 8, 203 p., Paris, Chiron, 1922). — **132.** LUSSANA (Filippo). *Action des sels inorganiques sur l'irritabilité du cœur de grenouille isolé* (Arch. intern. de Physiol., XI, 1-23, 1912). — **132 bis.** MACALLUM (A.-B.). *Die Methoden und Ergebnisse der Mikrochemie in der biologischen Forschung* (Ergebnisse der Physiol., XVII, 552-652, 1908). — **133.** MAC GUIGAN (Hugh). *The relation between the decomposition of salts and their antifermentative properties* (American Journ. of Physiol., X, 444-451, 1904); — **134.** MAILLARD (L.). *Du rôle de l'ionisation dans les phénomènes vitaux* (Soc. de Biol., L, 1210, 1898); — **135.** *Rôle de l'ionisation dans la toxicité des sels métalliques; sulfate de cuivre et Penicillium glaucum* (Bull. Soc. Chim., 3ᵉ série, XXI, 26-29, 1899); — **136.** *De l'intervention des ions dans les phénomènes biologiques. Recherches sur la toxicité du sulfate de cuivre pour le Penicillium glaucum* (Journ. de Physiol. et de Path. gén., I, 651 et 673, 1899); — **137.** *Les applications biologiques de la théorie des ions* (Rev. gén. des Sc., X, 768-771, 1899). — **137 bis.** MANOILOW (E.). *Centralbl. f. Bakt.* (2ᵉ série, XVIII, 199-211, 1907). — **138.** MAQUENNE (L.) et DEMOUSSY (E.). *Influence des sels métalliques sur la germination en présence de calcium* (C. R. Ac. Sc., CLXVI, 89, 1918); — **138 bis.** *Sur la distribution et la migration du cuivre dans les tissus des plantes vertes* (C. R. Ac. Sc., CLXX, 87, 1920); — **138 ter.** *Un cas d'action favorable du cuivre sur la végétation* (C. R. Ac. Sc., CLXX, 1542, 1920). — **139.** MATHEWS (Albert-P.). *The relation between solution tension, atomic volume and the physiological action of the elements* (American Journ. of Physiol., X, 290-323, 1904); — **140.** *The nature of chemical and electrical stimulation. I. The physiological action of an ion depends upon its electrical state and its electrical stability* (American Journ. of Physiol., XI, 455, 1904); *II. The tension coefficient of salts and the precipitation of colloïds by electrolytes* (Ibid., XIV, 203, 1905). — **141.** MAXWELL (S.-S.). *The effect of salt-solutions on ciliary activity* (American Journ. of Physiol., XIII, 154-170, 1905). — **141 bis.** MAYER (A.-G.). *Carnegie Inst. Washington. Publ. nᵒ 132; 1911* (cité d'après MERTON, **143 bis**). — **142.** MAZÉ (P.). *Détermination des éléments minéraux rares nécessaires au développement du maïs* (C. R. Ac. Sc., CLX, 211, 1915). — **143.** MENDEL (Lafayette-B.) et BRADLEY (Harold-C.). *Experimental studies on the physiology of the molluscs, second paper* (American Journ. of Physiol., XIV, 313-327, 1905). — **143 bis.** MERTON (H.). *Studien über Flimmerbewegung* (Pflüger's Archiv, CXCVIII, 1-28, 1923). — **143 ter.** MILLER (Harry-G.). *Potassium in animal nutrition. II. Potassium in its relation to the growth of young rats* (Journ. biol. Chem., LV, 61-78, 1923). — **144.** MINES (Georges-Ralph). *On the relations to electrolytes of the hearts of different species of animals. I. Elasmobranchs and Pecten* (Journ. of Physiol., XLIII, 467-506, 1912). — **144 bis.** MITCHELL (Philip-H.) et WILSON (J.-Walter). *The selective absorption of potassium by animal cells. I. Conditions controlling absorption and retention of potassium* (Journ. of gen. Physiol., IV, 45-56, 1921). — **144 ter.** MITCHELL (Philip H.), WILSON (Walter J.) et STANTON (Ralph-E.). *II. The cause of potassium selection as indicated by the absorption of rubidium and cesium* (loc. cit., 141-

148). — **145.** Mitchell (Charlotte) et Richet (Charles). *De l'accoutumance des ferments aux milieux toxiques* (Soc. de Biol., LII, 637, 1900). — **145 bis.** Molliard (Marin). *Nutrition de la plante. Échanges d'eau et de substances minérales*, Paris, Doin, 1921. — **146.** Nägeli (K.-V.). *Ueber die oligodynamischen Erscheinungen an lebenden Zellen (Neue Denkschrifent der allgem. schweiz. Gesellsch. f. d. ges. Naturwiss.*, XXXIII, 1, 1893; cité d'après Galeotti [78]). — **146 bis.** Netter (Hans). *Ueber die Beeinflussung der Alkalisalzaufnahme lebender Pflanzenzellen durch mehrwertige Kationen (Pflüger's Archiv*, CXCVIII, 225-251; 1923). — **147.** Osborne (Thomas-B.) et Mendel (Lafayette-B.). *The inorganic elements in nutrition (Journ. of biol. Chemistry*, XXXIV, 131-140, 1918). — **148.** Osterhout (W.-J.-V.). *On nutrient and balanced solutions (Univ. of California Publications. Botany*, II, 317, 1907). — **148 bis.** *On the importance of physiologically balanced solutions for plants. I. Marine plants* (Botan. Gaz., XLII, 127, 1906); *II. Freshwater and terrestrial plants* (loc. cit., XLIV, 259, 1907); *The antagonistic action of Mg and K* (loc. cit., XLV, 117, 1908); *The nature of balanced solutions* (loc. cit., XLVII, 148, 1909); *The measurement of antagonism* (loc. cit., LVIII, 272, 1914). — **149.** Ostwald (C.-W. Wolfgang). *Studies on the toxicity of sea-water for freshwater animal (Gammarus pulex. de Geer) (University of California Publications*, II, 163-191, 1905); *Versuche über die Giftigkeit des Seewassers für Süsswassertiere (Gammarus pulex De Geer) (Pflüger's Archiv*, CVI, 568-598, 1905). — **150.** Overton (E.). *Beiträge zur allgemeinen Muskelund Nervenphysiologie. III. Studien über die Wirkung der Alkali- und Erdalkalisalze auf Skelettmuskel und Nerven (Pflüger's Archiv*, CV, 176, 1905). — **151.** Parker (G.-H.) et Metcalf (C. R.). *The reactions of earth worms to salts : a study in protoplasmic stimulation as a basis of interpreting the sense of taste* (American Journ. of Physiol., XVII, 55-74, 1906). — **152.** Paul (Th.) et Krönig (B.). *Ueber das Verhalten der Bakterien zu chemischen Reagentiren (Zeits. f. physikal. Chemie*, XXI, 414, 1896). — **152 bis.** Perrin (Jean). *Les atomes* (Paris, Alcan, 1 vol. in-16, 316 p., 1921). — **153.** Preyer. *Ueber die Erforschung des Lebens*, Leipzig, 1873, p. 48; *Naturwissenschaftliche Thatsachen und Probleme*, 1880, 62 et 305; *Elemente der allgemeinen Physiologie*, 1883, p. 101; cités d'après Errera [65]. — **154.** Pigorini. *La diminuzione della tossicita del nitrato di argento trattato con tiosolfato sodico e l'azione della luce su questo fenomeno* (Rendiconti R. Acc. dei Lincei, XVI, 359-362, 1ᵉʳ sem. 1907). — **154 bis.** Powers (Edwin-B.). *A comparaison of the electrical conductance of electrolytes and their toxicities to fish* (Am. Journ. of Physiol., LV, 197-200, 1921). — **154 ter.** Purdy (Helen-A.) et Walbum (L.-E.). *L'action exercée sur l'hémolyse par différents sels métalliques* (Soc. de Biologie, LXXXV, 374, 1921). — **155.** Rabuteau. *Étude expérimentale sur les effets physiologiques des fluorures et des composés métalliques en général* (Thèse Fac. Médecine, Paris, Germer-Baillière, 1867); — **156.** *Application de la loi diatomique ou thermique aux métalloïdes biatomiques* (Soc. de Biol., 4ᵉ série, V, 113, 1868); — **157.** *Recherches sur les propriétés osmotiques et dynamiques et sur le mode d'élimination des hyposulfates; propriétés purgatives de l'hyposulfate de sodium* (Soc. de Biol., 4ᵉ série, V, 203, 1868); — **158.** *De l'innocuité des sels de strontium comparée à l'activité du chlorure de baryum* (Soc. de Biol., 4ᵉ série, V, 238, 1868); — **159.** *Effets physiologiques du thallium* (Soc. de Biol., 6ᵉ série, I, 183, 1874); — **160.** *Recherches sur les effets du chlorure de magnésium* (Soc. de Biol., 7ᵉ série, I, 209-221, 1879); — **161.** *Considérations et recherches nouvelles sur la loi atomique ou thermique* (Soc. de Biol., XXXIV, 372, 1882); — **162.** *Recherches sur les effets des sels de gallium* (Soc. de Biol., XXXV, 310, 1883). — **163.** Raulin (Jules). *Études chimiques sur la végétation* (Thèse Fac. des Sc., Paris, 1870). — **164.** Rénon (Louis), Richet fils (Ch.) et Lépine (André). *Rôle antiseptique des ferments métalliques sur la fermentation lactique* (Soc. de Biol., LXXVI, 396, 1914). — **165.** Richet (Charles). *De la toxicité comparée des différents métaux* (C. R. Ac. Sc., XCIII, 649, 1881); — **166.** *De l'action chimique des différents métaux sur le cœur de la Grenouille* (C. R. Ac. Sc., XCIV, 742, 1882); — **167.** *De l'action toxique comparée des métaux sur les microbes* (C. R. Ac. Sc., XCVII, 1004, 1883); — **168.** *Comparaison des chlorures alcalins sous le rapport du pouvoir toxique ou de la dose mortelle minimum* (C. R. Ac. Sc., XCIV, 1665, 1882); — **169.** *Étude sur l'action physiologique comparée des chlorures alcalins* (Arch. de Physiol., 2ᵉ série, IX, 145-174 et 366-387, 1882); — **170.** *De l'action comparée de quelques métaux sur les nerfs du goût* (Soc. de Biol., XXXV, 687, 1883); — **171.** *De l'action physiologique des sels de rubidium* (C. R. Ac. Sc., CI, 667, 1885); — **172.** *De l'action physiologique des sels de lithium, de* *potassium et de rubidium* (C. R. Ac. Sc., CI, 707, 1885 ; — **173**. *De l'action physiologique des sels alcalins ; études de toxicologie générale* (Arch. de Physiol., 3ᵉ série, VII, 101-150, 1886) ; — **174**. *De l'action toxique des sels alcalins* (C. R. Ac. Sc., CII, 57, 1886) ; — **175**. *De l'action de quelques sels métalliques sur la fermentation lactique* (C. R. Ac. Sc., CXIV, 1494, 1892) ; — **176**. *Action physiologique comparée des métaux alcalins* (Trav. du lab. de Richet, II, 398-493, Paris, Alcan, 1893) ; — **177**. *Des doses accélérantes des sels de magnésium dans la fermentation lactique* (Soc. de Biol., LIV, 1436, 1902) ; — **178**. *De l'action de doses minuscules de substance sur la fermentation lactique* (Arch. intern. de Physiol., III, 203-217, 1905 et 264-281, 1906) ; — **179**. *Ueber die Wirkung schwacher Dosen auf physiologische Vorgänge und auf die Gärungen im besonderen* (Biochem. Zeitschr., XI, 273-280, 1908) ; — **180**. *De l'action des métaux à faibles doses sur la fermentation lactique* (Soc. de Biol., LVIII, 455, 1905) ; — **181**. *De l'action des doses minuscules de substance sur la fermentation lactique* (Soc. de Biol., LVIII, 981, 1905 et Trav. du lab. de Richet, VI, 294-372, Paris, Alcan, 1909) ; — **182**. *Influence de l'émanation du radium sur la fermentation lactique* (Arch. intern. de Physiol., III, 130-151, 1905) ; — **183**. *De la loi biologique qui gouverne la toxicité des corps simples* (Soc. de Biol., LXIX, 433-435, 1910 et Trav. du lab. de Richet, VII, 248-265, Paris, Alcan, 1917) ; — **184**. *L'accoutumance héréditaire aux toxiques, dans les organismes inférieurs (ferment lactique)* (C. R. Ac. Sc., CLVIII, 764, 1914 et Trav. du lab. de Richet, VII, 443-450, Paris, Alcan, 1917) ; — **184 bis**. *L'accoutumance du ferment lactique aux poisons (bromure de potassium) ; étude de mésologie* (Travaux de biologie végétale dédiés à G. Bonnier, Nemours, 1914, 583-587) ; — **185**. *Adaptation des microbes (ferment lactique) au milieu* (Ann. Institut Pasteur, XXIX, 22-55, 1915) ; — **185 bis**. *La fermentation lactique et les sels de thal ium ; étude sur l'hérédité* (Ann. Institut Pasteur, XXXI, 51 60, 1917). — **186**. Richet (Charles), Bachrach (Eudoxie) et Cardot (Henry). *L'anaphylaxie chez les microbes* (C. R. Ac. Sc., CLXXII, 512, 1921) ; — **187**. *L'accoutumance du ferment lactique aux poisons (spécificité, simultanéité et alternance)* (C. R. Ac. Sc., CLXXIV, 345, 1922). — **188**. Richet (Charles) et Cardot (Henry). *Des antiseptiques réguliers et irréguliers* (C. R. Ac. Sc., CLXV, 491, 1917) ; — **189**. *Hérédité, accoutumance et variabilité dans la fermentation lactique* (Ann. Institut Pasteur, XXXIII, 575-616, 1919) ; — **190**. *De l'action des mélanges de quelques sels sur la fermentation lactique* (Soc. de Biol., LXXXI, 751, 1918). — **191**. Richet (Charles), Cardot (Henry) et Le Rolland (Paul). *Des antiseptiques réguliers et irréguliers* (C. R. Ac. Sc., CLXIV, 669, 1917). — **191 bis**. Richet (Charles), Cardot (Henry) et Bachrach (Eudoxie). *Accoutumance et sélection du ferment lactique dans les milieux toxiques* (Journ. de Physiol. et de Path. gén., XVIII, 466-479, 1921). — **192**. Richet (Ch.) et Gley (E.). *Action chimique et sensibilité gustative* (Soc. de Biol., XXXVII, 743, 1885). — **193**. Ringer (Sydney). *Concerning the influence of saline media on fish* (Journ. of Physiol., V, 98, 1884) ; — **194**. *Further experiments regarding the influence of small quantities of lime, potassium and other salts on muscular tissue* (Journ. of Physiol., VII, 291, 1886) ; — **195**. *Concerning experiments to test the influence of lime, sodium and potassium salts on the development of ova and growth of tadpoles* (Journ. of Physiol., XI, 79-84, 1890) ; — **196**. *Further observations regarding the antagonism between calcium and sodium, potassium and ammonium salts* (Journ. of Physiol., XVIII, 425-429, 1895). — **197**. Ringer (Sydney) et Buxton (Dudley-W.). *Concerning the action of small quantities of calcium, sodium and potassium salts upon the vitality and function of contractile tissue and the cuticular cells of fishes* (Journ. of Physiol., VI, 154, 1885) ; — **198**. *Upon the similarity and dissimilarity of the behaviour of cardiac and skeletal muscle when brought into relation with solutions containing sodium, calcium and potassium salts* (Journ. of Physiol., VIII, 288 295, 1887). — **199**. Ringer (Sydney) et Phear (Arthur-G.). *The influence of saline media on the tadpole* (Journ. of Physiol., XVII, 423, 1895). — **200**. Ringer (Sydney) et Sainsbury (Harrington). *The action of potassium, sodium and calcium salts on Tubifex rivulorum* (Journ. of Physiol., XVI, 1-9, 1894). — **201**. Robertson (T. Brailsford). *Ueber die Verbindungen der Proteine mit anorganischen Substanzen und ihre Bedeutung für die Lebensvorgänge* (Ergebnisse der Physiol., X; 216-361, 1910). — **201 bis**. Rose (William-C.) et Bodansky (Meyer). *Biochemical studies on marine organisms. I. The occurrence of copper* (Journ. of biol. Chemistry, XLIV, 99-112, 1920). — **202**. Sabbatani (D.). *La dissociation électrolytique et la toxicologie de l'argent, du cuivre et du mercure* (Arch. ital. de Biol., XLIX, 215-232, 1905). — **203**. Sauton (B.). *Influence du fer sur la formation des spores* (C. R. Ac. Sc., CLI, 241, 1910) ; — **204**.

Sur la nutrition minérale du bacille tuberculeux (C. R. Ac. Sc., CLV, 860, 1912 et VIIIᵉ Congrès intern. de chimie appliq., XIX, 267, 1912); — 205. Influence comparée du potassium, du rubidium et du cæsium sur le développement et la sporulation de l'Aspergillus niger (C. R. Ac. Sc., CLV, 1181, 1912); — 206. Sur l'action antiseptique de l'or et de l'argent (Soc. de Biol., LXXIV, 1268, 1913). — 206 bis. SAXL (P.). Uber die keimtötende Fernwirkung von Metallen (Oligodynamische Wirkung) (Wien. klin. Wochenschr., XXX, 714-718, 1917); — Ueber die keimtötende Fernwirkung von Metallen und Metallsalzen (Med. Klinik., XIII. 764, 1917); — Die oligodynamische Wirkung der Metalle und Metallsalze (Wien. klin. Wochenschr., XXX 1426, 1917); — Neue Beobachtungen über die Fernwirkung oligodynamisch wirkender Substanzen (Wien. klin. Wochenschr., XXXII, 975 978, 1919). — 207. SESTINI (Gazetta chimica, XV, 107, 1885). — 207 bis. SEVERY (Hazel-W.). The occurrence of copper and zinc in certain marine animals (Journ. biol. Chem., LV, 79-92, 1923). — 208. SLAVU (Gr.-l.). Toxicité des métaux (Soc. de Biol., LXVIII, 377, 1910). — 208 bis. SOKOLOFF (Boris). Neutralisation des ions (Soc. de Biol., LXXXIX, 622, (1923). — 209. STASSANO (H.) et GOMPEL (M.). De la toxicité des différents sels de mercure (Soc. de Biol., LXXIV, 1913). — 210. STEVENS (F.-L.). The effect of aqueous solutions upon the germination of fungus spores (Botanical Gazette, XXVI, 377, 1898). — 211. STOKLASA (Jules). De l'importance physiologique du manganèse et de l'aluminium sur la cellule végétale (C. R. Ac. Sc., CLII, 1340, 1911); — 212. De l'influence de l'uranium et du plomb sur la végétation (C. R. Ac. Sc., CLVI, 153, 1913). — 213. TAVERNARI. Sulle variazioni indotte dall'aggiunta di acidi o di cloruro sodico nell' attività battericida del sublimato corrosivo (Annali d'Igiene, nᵒ 1, 1900; cité d'après Cbl. f. Bakt., Parasitenk. u. Infektionskr., XXX, 441, 1901). — 213 bis. THOMAS (Adrian). J. biol. Chem., LVIII, 671-675, 1924. — 213 ter. VERNADSKY. La Géochimie (Nouv. Coll. Scient., Alcan, 1925). — 214. WEINLAND (G.). Ueber die chemische Reizung des Flimmerepithels (Pflüger's Archiv, LVIII, 105-132, 1894). — 215. WOLFF (J.). Sur l'action catalytique du fer sur le développement de l'orge (C. R. Ac. Sc , CLVII, 1476, 1913). — 215 bis. WÜTHRICH. Zeit. f. Pflanzenkrankh., II, 16, 1889. — 216. ZOETHOUT (W.-D.). The effect of potassium and calcium ions on striated muscle (American Journ. of Physiol., VII, 199, 1902); — 217. The effect of various salts on the tonicity of skeletal muscles (American Journ. of Physiol., X, 211, 1904); — 218. On the production of contact irritability without the precipitation of calcium salts (American Journ. of Physiol., X, 324-334, 1904); — 219. Further experiments on the influence of various electrolytes on the tone of skeletal muscles (American Journ. of Physiol., X, 373-377, 1904). — 220. ZWAARDEMAKER (H.). Ueber die restaurierende Wirkung der Radiumstrahlung auf das durch Kaliumentziehung in seiner Funktion beträchtigte isolierte Herz (Pflüger's Archiv, CLXIX, 122-128, 1917); — 221. Die Bedeutung des Kaliums im Organismus (Pflüger's Archiv, CLXXIII, 28-77, 1919); — 222. Radioantagonisme et balancement des ions (Soc. de Biol., LXXXII, 625, 1919); — 223. L'action physiologique du potassium et du calcium (Vol. jubilaire 75ᵉ Anniv. Soc. de Biol., 28-37, 1923).

H. CARDOT.

MÉTAUX COLLOÏDAUX.

MÉTAUX COLLOÏDAUX. — Malgré l'importance de plus en plus considérable que prennent les colloïdes en Biologie en général, et en Physiologie en particulier, nous n'avons pas à discuter ici des propriétés générales des colloïdes, et devons nous occuper seulement des métaux colloïdaux. Si, comme le disent VICTOR HENRI et A. MAYER, « le terme colloïde opposé à cristalloïde, ne désigne pas une classe de corps particuliers : « il n'y a pas de colloïdes », il y a un « état colloïdal », comme « il y a un état solide ou liquide », et si les définitions de colloïde et état colloïdal ont prêté et prêtent encore à de nombreuses discussions, nous pouvons poser dès ce début, qu'en ce qui concerne les métaux colloïdaux, les seuls qui nous intéressent ici, la définition : suspension de granules ultra-microscopiques, nous suffit parfaitement.

D'une façon très générale, une solution de métal colloïdal, se présente sous l'aspect d'un liquide très vivement coloré, opalescent et nettement dichroïque. L'argent colloïdal est rouge noir par réflexion et rouge par transparence; le mercure colloïdal jaune par transparence est gris par réflexion.

L'examen microscopique avec le grossissement le plus puissant, ne permet de déceler aucune hétérogénéité. Nous ferons plus loin l'examen ultra-microscopique.

La plupart des métaux ont pu être préparés à l'état colloïdal. Voici la liste de ceux actuellement préparés :

Or.

Argent, Palladium.

Platine, Iridium, Rhodium et leurs sulfures.

Mercure, Sulfure de mercure.

Fer, Nickel, Cobalt, Manganèse à l'état d'oxydes.

Molybdène (acide molybdique), Tungstène (acide tungstique).

Vanadium (acide vanadique).

Bismuth, métal et oxyde.

Cuivre, oxyde, sulfure.

Zinc (oxyde), Cadmium (oxyde, sulfure).

Hydrates de fer, d'aluminium.

Ferrocyanures de fer, de cuivre, d'urane, d'argent, de nickel, de cobalt.

Au cours de cet article, nous résumerons rapidement les différentes méthodes de préparation, les procédés de dosage; nous rappellerons brièvement les principales propriétés physiques, chimiques et physico-chimiques des métaux colloïdaux, avant d'exposer leurs actions physiologiques et biologiques.

Préparation. — La préparation d'un métal en solution colloïdale consiste à l'amener à l'état de suspension ultra-microscopique dans un liquide approprié, l'eau généralement. Pour arriver à ce résultat, on peut employer deux séries de méthodes : dans la première, on part d'un système d'ions dispersés (molécules dissoutes) et l'on cherche à les condenser en particules ne dépassant pas les dimensions ultra-microscopiques : ce sont les méthodes dites de *condensation;* elles mettent en œuvre des procédés chimiques et physico-chimiques. Dans la deuxième série, on part du métal, que l'on amène par division à l'état de solution colloïdale; ce sont les méthodes de *division,* qui comportent l'emploi de procédés chimiques et physiques.

Méthodes de condensation. Méthodes chimiques. — Cette condensation peut s'obtenir par des réactions chimiques; mais dans la plupart de celles-ci, les particules obtenues se produisent si rapidement qu'elles s'agglomèrent sans donner de suspensions colloïdales. Il faut donc avoir recours à des réactions soit naturellement lentes, soit artificiellement ralenties. Il convient également d'opérer en solution diluée pour éviter la précipitation du colloïde obtenu par les électrolytes formés au cours de la réaction. C'est sur ces considérations que sont fondées la plupart des préparations chimiques de solutions colloïdales.

Méthodes par réduction. — On emploie essentiellement des réactions de réduction.

Réduction par l'hydrogène gazeux. — *Procédé de* KOHLSCHÜTTER. — Réduction d'une solution aqueuse d'oxyde d'argent par un courant d'hydrogène gazeux. L'oxyde d'argent suivant la formule :

$$Ag^2O + H^2O = 2AgOH$$
$$2AgOH + H^2 = 2Ag + 2H^2O$$

est réduit en argent colloïdal. L'intérêt de ce procédé est que la réaction ne fournit que le métal colloïdal et l'eau sans aucun produit étranger, en particulier pas d'électrolytes.

La réduction par l'hydrogène gazeux, pour l'obtention des solutions colloïdales d'argent peut porter sur des sels organiques de ce métal.

Procédé de WÖHLER. — WÖHLER a montré que, lors de la réduction du citrate d'argent par l'hydrogène à la température de 100°, on obtient un liquide rougeâtre, d'apparence homogène, abandonnant après évaporation un résidu à aspect métallique. Cette préparation a été plus ou moins modifiée par d'autres auteurs : BIBRA, NEWBURY, BAILEY et FOWLER, MUTHMANN.

Procédé de BIBRA. — L'auteur traite le citrate d'argent par un courant d'hydrogène pur et sec à 100°. Au bout d'un quart d'heure se développe une coloration brune; la réduction est complète en 7 ou 8 heures. La substance obtenue, jetée sur un filtre, est lavée à l'eau froide jusqu'à coloration rouge vif de l'eau de lavage et disparition de la réaction acide.

Procédé de MUTHMANN. — Cet auteur purifie le produit obtenu par dialyse contre de l'eau pure.

Réduction par l'oxyde de carbone gazeux. — *Procédé de* DONAU. — C'est la préparation de l'or colloïdal conformément à la réaction

$$2AuCl^3 + 3 CO + 3H^2O = 6HCl + 3CO^2 + 2Au$$

Cette méthode peut s'appliquer à la préparation des solutions colloïdales de palladium ; les solutions d'argent colloïdal obtenues par ce procédé ne sont pas stables et coagulent spontanément en quelques jours.

Un grand nombre d'agents réducteurs peuvent être utilisés pour ces préparations : phosphore en solution alcoolique ou éthérée (ZSIGMONDY), hydrogène phosphoré, éther sulfuré, acide hypo-phosphoreux, acide sulfureux, etc..., et en particulier de nombreux composés organiques.

Réduction par l'aldéhyde formique. — *Procédé de* ZSIGMONDY. — Il réduit une solution de chlorure d'or par l'aldéhyde formique : 120 centimètres cubes d'eau alcalinisée par du carbonate de potassium, et contenant 2cc5 d'une solution d'hydro-chlorure d'or à 6 p. 100, sont portés à l'ébullition ; on y ajoute 3 à 5 centimètres cubes d'une solution d'aldéhyde formique à 1 p. 1000, on obtient ainsi par réduction un liquide rouge qui est une solution d'or colloïdal.

On peut, du reste, employer d'autres agents réducteurs, tels que : alcool éthylique, méthylique, par exemple.

Réduction par l'acroléine. — CASTORO a préparé par réduction du sel métallique correspondant, le palladium, l'osmium, le ruthénium, le platine, etc. à l'état colloïdal : une solution de chlorure de platine à 1 p. 1000 est additionnée de quelques gouttes de carbonate de potassium, jusqu'à faible réaction alcaline, puis portée à l'ébullition On ajoute à la solution bouillante 2 à 4 centimètres cubes d'acroléine à 3 p. 100 ; en quelques secondes, le liquide prend une coloration qui, progressivement, passe au brun, puis au noir. La liqueur noire obtenue ne laisse pas déposer de platine métallique, même après ébullition prolongée.

Réduction par les sucres. — VANINO a fait une série de recherches systématiques sur l'emploi des sucres et des poly-saccharides, comme réducteurs vis à vis des sels métalliques pour la préparation des solutions colloïdales des métaux correspondants. L'auteur a ainsi étudié l'action des bioses (maltose, lactose), trioses (raffinose), polyoses (cellulose, amidon, inuline, dextrine).

Réduction par l'hydrasine. — GUTBIER réduit le chlorure d'or au moyen d'une solution d'hydrate d'hydrasine :

A 1000 centimètres cubes d'une solution neutre de chlorure d'or à 1 p. 1000, on ajoute quelques gouttes d'une solution à 1/2000e de l'hydrate d'hydrasine à 50 p. 100 du commerce.

L'argent, le platine, le palladium, l'irridium peuvent être préparés par ce procédé. On peut employer d'une façon analogue les chlorhydrates d'hydroxylamine et de phényl-hydrasine.

Il convient de citer aussi, parmi les composés réducteurs, le phénol, les composés phénoliques, les acides gallique, salicylique, le tanin.

Ce procédé de réduction est d'ordre tout à fait général. VANINO et HARTL ont indiqué la possibilité d'obtenir l'or colloïdal par réduction lente d'une solution de chlorure d'or au moyen de l'*Aspergillus oryzæ*. Quelques grains de riz ajoutés à la solution permettent le développement de l'Aspergillus. En quelques jours, on voit se développer, dans le milieu une coloration variant du bleu violacé au rouge, suivant la concentration employée.

Réduction par les sels. — *Méthode de Carey-Lea.* — Elle consiste à réduire une solution de nitrate d'argent par le citrate de fer. C'est encore le procédé le plus communément employé pour la préparation de l'argent colloïdal chimique (collargol).

On prépare, en se servant d'eau distillée rigoureusement propre :

1° 200 centimètres cubes de nitrate d'argent à 10 p. 100 ;

2° 250 centimètres cubes d'une solution contenant 60 grammes de sulfate de fer (cette solution sera préparée sans chauffer) ;

3° 250 centimètres cubes d'une solution contenant 100 grammes de citrate de soude et 5 grammes de carbonate de soude.

Au dernier moment, on mélange les solutions 2 et 3 et on fait tomber lentement le mélange sur la solution de nitrate d'argent versée préalablement au fond d'une éprouvette cylindrique de 1 000 centimètres cubes. Il se forme un précipité abondant d'argent colloïdal, qu'on laisse déposer à l'obscurité; on décante au bout de 3/4 d'heure à une heure. On remplit l'éprouvette d'eau distillée et on laisse encore déposer, on reprend encore par l'eau distillée; puis, pour purifier, on plonge dans cette solution une bougie Chamberland à l'intérieur de laquelle on produit une aspiration; cependant que l'eau passe de l'extérieur à l'intérieur, les grains adhèrent sur la surface externe de la bougie, et on peut les remettre en suspension dans l'eau. Pour avoir une solution aussi pure que possible, il faut renouveler plusieurs fois cette dernière opération; mais on trouve toujours comme impuretés de l'acide citrique et de l'oxyde de fer.

Treubert et Vanino, Lottermoser, obtiennent le mercure, le bismuth, le cuivre à l'état colloïdal en partant des nitrates ou des chlorures métalliques correspondants.

Bilitzer a montré que l'électrolyse sous 220 volts d'une solution de nitrate d'argent donne de l'argent colloïdal.

Méthodes physico-chimiques. Hydrolyse. — Par hydrolyse des sels métalliques (nitrate, acétate, chlorure) en solution diluée, on aboutit à la formation de solutions colloïdales d'oxyde ou d'hydroxyde.

On a ainsi préparé les oxydes de chrome, de fer, d'aluminium, de bismuth, thorium, zirconium (Crum, Péan de Saint-Gilles, Scheurer-Kestner, Debray, Rosenheim, Hertzmann, Biltz.)

Saponification. — Elle s'applique surtout à la formation de l'hydrate d'oxyde de fer colloïdal (Grimaux): 1 molécule de chlorure ferrique et 6 molécules d'éthylate de sodium sont dissoutes dans l'alcool absolu; il y a précipitation du chlorure de sodium formé et le liquide prend la couleur rouge foncé caractéristique de l'éthylate de fer. En présence d'un grand excès d'eau la solution alcoolique d'éthylate de fer donne l'hydrate d'oxyde de fer colloïdal.

Par un procédé analogue, Ley obtient l'oxyde de cuivre colloïdal.

Méthodes de division. — **Méthodes physico-chimiques.** — On part d'un composé métallique existant déjà à l'état colloïdal, et par un traitement approprié (lavage, réduction) on arrive à la formation des hydrosols métalliques correspondants (Berzélius, Davy, Kühn.)

Peptisation. — C'est, en somme, l'action de l'eau sur un gel d'hydrosol artificiel (Graham, Kuzel, Von Spring).

Mais aucun de ces procédés ne permet d'obtenir une solution pure de métal à l'état colloïdal, on y trouve toujours des impuretés diverses et on ne peut jamais se débarrasser complètement ni des réactifs qui ont servi à la préparation, ni des corps qui se sont formés au cours de la réaction. Seule, la méthode électrique permet d'obtenir des solutions absolument pures.

Méthode électrique. — *Méthode de Bredig.* — Cette méthode consiste essentiellement à faire jaillir l'arc voltaïque entre deux électrodes de même métal plongeant dans de l'eau distillée.

L'étincelle pulvérise l'extrémité de l'une des électrodes, en général la cathode; et il se forme au sein du liquide un nuage qui, petit à petit, se répand dans toute la masse; on continue l'opération jusqu'à ce que le liquide soit assez foncé pour que l'on ne voie plus l'étincelle lorsque celle-ci jaillit à 2 centimètres au-dessous de la surface du liquide; si l'on pousse plus loin, on a un dépôt de poudre métallique.

Il est à remarquer que la pulvérisation des électrodes est plus ou moins grande, et que cette pulvérisation est en raison inverse de la ductilité du métal qui forme l'électrode. Le dispositif employé est le suivant:

Une capsule rigoureusement propre, contenant de l'eau distillée et purifiée par congélations successives, flotte sur une cuve remplie d'eau et de glace.

Les électrodes, que l'on doit pouvoir tenir à la main, de façon à faire éclater l'étincelle en des points différents de l'eau de la capsule, sont placées sur un circuit de 110 volts, sur lequel une résistance permet d'obtenir une intensité de 4 à 12 ampères.

Les solutions préparées par cette méthode sont absolument pures; et lorsqu'on a apporté à la préparation tous les soins méticuleux qui sont nécessaires, on obtient des solutions que l'on peut conserver pendant des années.

C'est ainsi qu'on a pu préparer des solutions colloïdales d'or, d'argent, de platine, de cadmium, de palladium, de mercure, etc...

Méthode de SVEDBERG. — L'auteur utilise des décharges oscillantes de condensateurs à grande capacité. L'avantage est ici de pouvoir obtenir des solutions dans les liquides organiques (alcool méthylique, éthylique, chloroforme, acétone, etc.).

Méthode de MÜLLER *et* NOWAKOWSKI. — La dispersion est obtenue par décharge cathodique sans arc électrique. Ce procédé pourrait être employé à la préparation des métaux colloïdaux, mais n'a jusqu'ici été appliqué qu'à celle de quelques métalloïdes (soufre, sélénium, tellure).

Dosage des solutions de colloïdes métalliques. — En principe, pour titrer une solution d'un métal colloïdal, on peut employer une des méthodes d'analyse quantitative se rapportant au métal qu'elle contient.

Lorsqu'il s'agit de colloïdes non stabilisés, il est possible d'en faire le titrage pondéral en pesant le résidu obtenu après évaporation et dessiccation complète d'un volume connu de solution.

REBIÈRE a donné une méthode très simple et très rapide de dosage volumétrique des solutions colloïdales d'or, d'argent, de platine, de palladium, de mercure.

Cette méthode repose sur la facilité avec laquelle la plupart des métaux à l'état colloïdal peuvent entrer en réaction avec le cyanure de potassium, ce qui permet de leur appliquer la méthode cyano-argentimétrique de DENIGÈS.

Le principe de la méthode argentico-cyanimétrique de DENIGÈS est le suivant :

Le cyanure de potassium forme, avec le nitrate d'argent, un cyanure double de potassium et d'argent.

$$2CyK + NO^3Ag = NO^3K + CyK, CyAg$$

Le composé est soluble dans l'ammoniaque. Donc, en opérant en milieu ammoniacal, et en présence d'une faible quantité d'iodure de potassium, lorsque tout le cyanure de potassium est entré en combinaison : l'addition du plus léger excès de nitrate d'argent détermine la formation d'iodure d'argent insoluble dans l'ammoniaque. Le milieu prend alors une teinte jaune opalescente, caractéristique, indiquant la fin de la réaction.

REBIÈRE applique la méthode cyanimétrique de DENIGÈS au titrage des métaux en solution colloïdale. Dans ce cas, comme la quantité de métal à doser est toujours très faible, il convient d'opérer avec des réactifs dilués, et la coloration jaune d'iodure d'argent ne serait visible, dans ces conditions, qu'après l'addition d'un grand excès de nitrate. L'iodure d'argent qui se forme étant à l'état colloïdal, on peut en déceler la présence en utilisant la propriété qu'ont les solutions colloïdales de diffuser latéralement la lumière (phénomène de TYNDALL). Ainsi modifiée, cette méthode est d'une extrême sensibilité.

Le mercure, l'argent, l'or, le palladium préparés électriquement peuvent être dosés directement par cyanimétrie.

Pour l'argent et le palladium, la méthode de DENIGÈS s'applique intégralement. La comparaison avec le dosage pondéral montre l'équivalence parfaite des deux méthodes.

Avec le mercure, la décomposition du cyanure double de mercure et de potassium par le nitrate d'argent en milieu ammoniacal n'est pas totale; mais l'introduction, dans le calcul, d'un coefficient de correction suffit pour obtenir le résultat théorique (DENIGÈS).

Ce procédé peut être employé pour le titrage de solutions concentrées et hétérogènes dont le mercure peut être partiellement précipité.

Dans le cas d'une solution colloïdale d'or, le volume de la solution cyanurée employée pour doser le métal sous forme de chlorure, après destruction de la matière organique, est supérieur à celui trouvé par cyanimétrie directe. Dans le cas du chlorure d'or, la formule de réaction est la suivante :

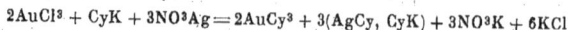

$$2AuCl^3 + CyK + 3NO^3Ag = 2AuCy^3 + 3(AgCy, CyK) + 3NO^3K + 6KCl$$

Avec l'or colloïdal, au contraire, la réaction se fait conformément à la formule d'Elsner :

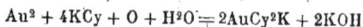

$$Au^2 + 4KCy + O + H^2O = 2AuCy^2K + 2KOH$$

La correspondance entre les quantités de cyanure de potassium et d'or est donc très différente dans les deux cas, ce qui explique les résultats indiqués plus haut.

Pour les métaux préparés par voie chimique : argent (collargol), mercure (hyrgol), une partie seulement du métal entre en réaction avec le cyanure de potassium, le reste est précipité et peut être dosé après transformation en nitrate ou en chlorure.

La cyanimétrie n'est pas directement applicable au dosage d'un certain nombre de métaux colloïdaux ; il faut s'adresser alors à des méthodes plus générales, en rapport avec chaque métal considéré.

Le platine et le rhodium peuvent, la matière organique étant détruite et le métal transformé en chlorure, être dosés par électrolyse, suivant la méthode habituelle.

Le fer colloïdal électrique peut être titré par dosage colorimétrique sous forme de sulfo-cyanate rouge. Cette méthode présente une certaine incertitude due à ce que le degré de dissociation du sulfo-cyanate varie avec la dilution des solutions. REBIÈRE a montré que, en opérant en milieu fortement alcoolique, la dissociation électrolytique est très largement diminuée et la méthode gagne en exactitude.

Propriétés des colloïdes métalliques. — « Les colloïdes métalliques sont des systèmes hétérogènes ne dialysant pas, ne diffusant pas, mais ne donnant pas de gels, ce qui les différencie des colloïdes de GRAHAM » (REBIÈRE).

Leurs propriétés participent des propriétés générales des colloïdes.

Phénomène de Tyndall. Ultramicroscope. — Les solutions de colloïdes métalliques diffusent latéralement la lumière (phénomène de TYNDALL).

Quand on les examine à l'ultra-microscope, leur aspect est un peu différent, suivant le sol considéré.

Les solutions de Bredig paraissent comme formées de granulations irrégulières et de très petites surfaces arrondies, lumineuses et colorées, de dimension uniforme, sans que d'ailleurs on puisse inférer du diamètre visible, la grandeur réelle des granulations.

Les sols des colloïdes chimiques contiennent des granulations ultra-microscopiques qui sont les unes submicroscopiques, c'est-à-dire se rapprochant d'un demi μ, les autres plus petites encore sont des particules amicroscopiques (plus petites que 6 μ μ),

Mouvements Browniens. — Les granules des solutions colloïdales se montrent animées de mouvements. ZIGSMONDY, qui les a étudiés, a prouvé que leur forme, leur amplitude et leur vitesse varient suivant la grosseur des granules du colloïde. Ces mouvements browniens sont présentés par les granules tant qu'ils demeurent en suspension ; dans une même solution colloïdale on peut les observer pendant des années.

Ultra-filtration. — On peut, par le procédé purement mécanique de l'ultra-filtra tion séparer les granules des solutions colloïdales de leur milieu. L'ultra-filtre étant constitué par une membrane à pores très fins, une membrane de collodion par exemple. Le résidu non filtrable représente la portion granulaire du colloïde.

Grosseur des grains. — Les différentes méthodes de préparation des métaux colloïdaux donnent des solutions à grains d'inégale grosseur.

Si les physiologistes n'ont point étudié l'influence de la grosseur des grains sur les différentes actions biologiques, les physico-chimistes ont nettement mis en évidence l'influence du facteur « grosseur des grains », en particulier sur l'action catalytique, et les médecins attachent une importance primordiale à l'action de la grosseur des granules sur la valeur thérapeutique des solutions colloïdales. Les solutions les plus actives à ce dernier point de vue sont celles dont les grains sont les plus petits.

Le seul examen des grains à l'ultra-microscope ne peut donner de renseignements sur leur grandeur réelle. Il faut recourir à une méthode indirecte qui consiste, d'une part à chercher le poids sec de la substance contenue en suspension dans un certain volume de la solution; d'autre part, le nombre de granules contenues dans ce même volume; de cette pesée et de cette numération, on déduit la grosseur des granules, en admettant qu'ils ont une forme sphérique.

La technique de la numération des granules et de la détermination de leur grandeur, a été donnée par SIEDENTOPF et ZIGSMONDY qui ont compté jusqu'à 15 000 000 de granules dans un millimètre cube de solution d'argent colloïdal préparée par la méthode de BREDIG, et contenant 6ᵍʳ04 d'argent par litre.

En opérant avec de l'or colloïdal à grains très fins, ZIGSMONDY et KIRCHNER trouvent, pour une solution renfermant 0ᵍʳ05 d'or par litre, 1 000 000 000 de granules par millimètre cube; la grosseur de ces grains est égale à 15 μμ.

Voici donc deux solutions, l'une d'argent, l'autre d'or, contenant des nombres très différents de granules, qui sont gros dans la première solution, petits dans la deuxième.

D'une façon générale, une solution colloïdale d'un métal dont la concentration est d'environ 0ᵍʳ25 par litre, sera à granules fins lorsqu'elle contiendra environ deux milliards de granules par millimètre cube.

Dans les solutions préparées par l'industrie et que l'on trouve couramment dans le commerce, l'électrargol, par exemple, la grosseur des granules est de 5 à 10 μμ.

Remarquons aussi que le nombre des granules varie comme le cube de leur volume, c'est-à-dire que si les granules deviennent deux fois plus petits, leur nombre dans la solution devient huit fois plus grand. Et cette augmentation dans le nombre des granules est très importante, puisque de la multiplication de ces centres d'action, dépendra l'activité de la solution.

Mais le procédé ci-dessus est sujet à critiques :

1° Il n'est pas prouvé que les grains soient sphériques.

2° La constitution physique des grains, mal connue, peut être telle que la densité de la substance envisagée à l'état colloïdal soit différente de la densité du corps à l'état ordinaire.

3° Il est inexact d'admettre que tout ce que l'on dose pour déterminer le poids p de matière contenue dans un volume donné soit à l'état colloïdal.

Pour ces raisons, et malgré les perfectionnements que les auteurs ont apportés aux différentes phases de ces mesures et en particulier à la détermination du nombre de grains, cette méthode *directe* est aujourd'hui abandonnée au bénéfice de méthodes *indirectes*. Celles-ci se fondent sur certaines propriétés physiques des colloïdes (propriétés optiques, propriétés cinétiques, diffusion, vitesse, chute, répartition en hauteur), nous ne pouvons les examiner toutes ici; qu'il nous suffise de nous arrêter un instant sur la méthode du mouvement brownien, qui conduit dans un grand nombre de cas à un résultat satisfaisant.

Si l'on considère une solution colloïdale dont la température est 20° et dont le milieu intergranulaire est de l'eau, les facteurs T et η de la formule d'Einstein sont :

$$T = 273 + 20 = 293,$$
$$\eta = 0,010.$$

En remplaçant les lettres par leur valeur et en effectuant les opérations, on obtient :

$$p = 37.10^{-14} \frac{t}{\Delta^2}$$

Ce qui nous montre en dernière analyse que la détermination de la grosseur des grains d'une solution colloïdale, par le mouvement brownien, se ramène à la mesure d'un déplacement pendant un temps donné.

Cette mesure peut être faite directement à l'ultra-microscope par l'observateur à l'aide d'un oculaire micrométrique. Un second observateur compte les temps et les annonce au premier ou bien ceux-ci sont indiqués par un métronome ou un pendule battant la seconde.

V. HENRI a proposé d'employer la méthode cinématographique pour étudier, au moyen d'un film, la marche de la trajectoire d'un ou de plusieurs grains donnés, et déterminer ainsi la valeur absolue du déplacement dans un temps connu, en tenant compte, bien entendu, des différents grossissements.

Quelle que soit la technique suivie, la méthode du mouvement brownien a l'avantage de réduire les hypothèses à leur minimum, puisque seule subsiste la supposition, d'ailleurs fort légitime, de la forme sphérique des grains et de leur état solide. En outre, la sensibilité de la méthode augmente à mesure que les grains diminuent de grosseur et que par suite les déplacements sont plus grands.

La limite de cette sensibilité est bornée par la visibilité des grains qui, avec les éclairages artificiels, s'arrête vers 15 $\mu\mu$, mais qui est susceptible d'être reculée aux environs de 6 $\mu\mu$ lorsqu'on utilise la lumière solaire pour l'éclairage de l'ultra-microscope.

En résulte-t-il que des grains au-dessous de 6 $\mu\mu$ soient inaccessibles à la mesure et ne peut-on pas concevoir une méthode permettant de pénétrer dans la zone des grains « amicroscopiques », c'est-à-dire des grains qui restent dissimulés à l'examen ultra-microscopique ?

Plusieurs savants ont fait dans cette voie des tentatives diverses :

On sait qu'il existe des solutions d'or dans lesquelles l'ultra-microscope ne décèle plus rien. Cependant, ces solutions diffusent et polarisent encore la lumière ; preuve de la présence de particules solides en suspension dans le liquide.

Pour rendre ces particules visibles, ZSIGMONDY eut l'idée de les « nourrir », de les « grossir » au moyen d'un mélange d'un sel d'or et d'un réducteur, mélange donnant naissance à des grains colloïdaux, capables de se fixer sur les grains déjà existants dans les solutions qui servent ainsi de noyau, d'armature à un grain plus gros et par conséquent visible.

C'est en vue de provoquer aussi le grossissement des grains que certains auteurs ont préconisé le traitement du colloïde par l'iode vaporisé (fumée d'iode).

Telle quelle, la première de ces méthodes nous apparaît surtout comme qualitative ; quant à la seconde, elle met en œuvre un corps, l'iode, qui donne spontanément, en solution aqueuse, des granulations ultra-microscopiques et qui, d'autre part, par l'action chimique qu'il exerce sur un grand nombre de substances, est capable de modifier la composition des colloïdes sur lesquels on le fait agir, et de rendre par suite complètement illusoire toute tentative de mesure.

Cependant, si ces méthodes détournées restent incapables de fournir sur la grosseur des grains au dessous de 6 $\mu\mu$ des renseignements précis, on possède dans l'emploi des rayons de courte longueur d'onde un moyen d'augmenter le pouvoir résolvant de l'ultra-microscope. En se servant de la lumière ultra-violette et en employant des appareils optiques en quartz, on peut arriver à photographier ainsi que l'a signalé WEIMARN, des grains ultra-microscopiques de 3 $\mu\mu$.

Action catalytique. — Certains corps poreux, la mousse de platine par exemple, provoquent des réactions chimiques auxquelles ils ne participent que par leur présence. On dit qu'ils exercent une action catalytique.

Par exemple, le noir de platine décompose l'eau oxygénée, provoque la combinaison de l'hydrogène et de l'oxygène gazeux. Les solutions de métaux colloïdaux présentent également une action catalytique et on comprend immédiatement que cette action sera d'autant plus grande, pour une même concentration en métal, que les granules seront plus petits puisque la surface d'action sera plus grande. Les grains contenus dans 1 millimètre cube d'une solution d'or colloïdal titrant 0,05 d'or par litre, ont une surface, d'après ZSIGMONDY et KIRCHNER, de 625 mètres carrés.

L'action catalytique des métaux colloïdaux a été surtout étudiée par BREDIG. Le platine colloïdal à la dilution de 1 atome gramme pour sept mille tonnes d'eau produit encore une décomposition notable de l'eau oxygénée. Cette décomposition se fait suivant la loi :

$$K = \frac{l}{t} \, log \, \frac{a}{a-x}$$

où t est le temps, a la concentration initiale de H^2O^2 ; $a-x$ la concentration de H^2O^2 au bout du temps t ; K étant la vitesse de décomposition.

La même loi régit certaines actions fermentaires, telle que le dédoublement du saccharose sous l'action de l'invertine. C'est devant cette similitude de phénomène que Bredig a donné aux métaux colloïdaux le nom de ferments inorganiques.

L'analogie peut du reste être poussée assez loin, car s'il existe des substances accélérantes et empêchantes des diastases, il en est de même pour l'action des métaux colloïdaux sur l'eau oxygénée.

La soude, par exemple, active la décomposition de l'eau oxygénée par le platine colloïdal. Le cyanure de potassium, l'hydrogène sulfuré, l'acide arsénieux, le phosphore se comportent comme de véritables poisons et entravent ou arrêtent la décomposition d'H^2O^2 par les solutions de métaux colloïdaux. L'activité de ces solutions est immédiatement retardée par l'acide cyanhydrique. L'action catalytique est diminuée de moitié lorsque la dilution de cet acide atteint une molécule dans 20 millions de litres d'eau. L'action du phosphore est telle que 0,00004 de molécule est suffisant pour amener l'action catalytique du platine colloïdal au huitième de sa valeur primitive.

Le sublimé à la dilution de une molécule dans deux millions et demi de litres d'eau retarde aussi considérablement l'action catalytique du platine colloïdal.

Pour les solutions de métaux colloïdaux comme pour les ferments le pouvoir catalytique reprend sa valeur au bout d'un certain temps, probablement à cause de l'oxydation du poison par H^2O^2. On sait que ce corps est chez l'homme l'antidote de l'acide cyanhydrique.

On peut provoquer par catalyse, en se servant de colloïdes organiques, diverses réactions chimiques : la transformation du nitrobenzol en aniline, la réduction des acides malique et fumarique par l'hydrogène, se font facilement en présence du palladium colloïdal.

Coloration. — C'est aux granules colloïdaux que les solutions doivent leur couleur, et ces couleurs varient d'un colloïde à l'autre, le platine et le palladium colloïdaux étant brun foncé, l'argent vert olive ou rouge, le fer rouge brun, l'or rouge ou violacé. Et pour une même solution colloïdale, la couleur n'est pas invariable ; elle change lorsqu'on ajoute à la solution des électrolytes, ou lorsqu'on varie le mode de préparation. Sous l'influence de ces divers facteurs, l'or présente toutes les teintes intermédiaires du rouge vif au gris violacé ; l'argent du rouge au brun et même au vert olive. Pour ces deux dernières solutions, les variations de teintes sont fonction des variations dans la grosseur des grains.

Et la grosseur approximative donnée par une longue centrifugation de même durée montre que :

Une solution d'argent vert olive donne un dépôt par centrifugation ;
Une solution d'argent vert brun ne donne presque pas de dépôt ;
Une solution d'argent brun rouge ne donne pas de dépôt ;
Une solution d'or gris donne par centrifugation un dépôt total ;
Une solution d'or gris violacé donne par centrifugation un dépôt subtotal ;
Une solution d'or violet rose ne donne par centrifugation presque pas de dépôt ;
Une solution d'or rouge violacé ne donne pas de dépôt par centrifugation.

Les renseignements ci-dessus constituent de simples indications d'ordre pratique, car les différences de coloration des solutions de métaux colloïdaux en rapport avec la grosseur des grains ont donné lieu à un grand nombre de théories.

Sans entrer dans les détails de la série de théories qui ont expliqué ou cherché à expliquer la coloration des solutions de colloïdes métalliques, rappelons celles de Ehrenhaft, Maxwell-Garnett, Mie.

Surface des granules. Adsorption. — Les granules qui sont en suspension dans une solution colloïdale, ont, en raison de leur grand nombre, une surface considérable. D'après les calculs de Zigsmondy et Kirchner, dans la solution d'or colloïdal dont il a été parlé plus haut, les granules représentent une surface totale de 625 mètres carrés.

Les colloïdes seront par conséquent le siège de réactions de contact d'une remarquable intensité et présenteront en particulier un grand pouvoir d'adsorption.

Freudlich a étudié avec détails l'influence de la nature des corps dissous, celle de la concentration des solutions, de la température, de la nature du solvant sur l'intensité de l'adsorption. Les lois d'adsorption par les colloïdes se rapprochent des lois générales de l'adsorption des liquides par les poudres. Il faut, en outre, signaler l'adsorption des colloïdes par les colloïdes.

Composition chimique et constitution physico-chimique des granules colloïdaux. — Les granules de colloïdes métalliques sont des groupements complexes. Ils n'ont pas la composition de corps chimiques définis et retiennent toujours en proportions variables, mais cependant toujours faibles, des corps existants dans le liquide intergranulaire au moment de leur formation.

Leur composition varie d'une manière continue avec celle du milieu qui les engendre. Lorsque le colloïde est préparé par voie chimique, double décomposition par exemple, des analyses successives du liquide intermicellaire au cours de la réaction permettent d'établir, à chaque instant, la composition chimique du colloïde obtenu.

J. DUCLAUX a fait une étude détaillée et minutieuse des variations continues de la composition chimique des granules colloïdaux ainsi préparés ; composition variant d'ailleurs avec les conditions mêmes de leur formation.

Les granules colloïdaux présentent une affinité variable pour le liquide dans lequel ils sont en suspension, aussi l'étude du précipité obtenu par floculation des colloïdes inorganiques permet de les classer, en deux grandes catégories : les suspensions métalliques obtenues par la méthode BREDIG se précipitent en fines granulations donnant un précipité à aspect granuleux caractéristique ; les hydrates métalliques à l'état colloïdal se rassemblent au contraire en une masse de grumeaux gélatineux renfermant toujours une assez grande quantité d'eau dont il est assez difficile de les séparer. Pour cette raison on les a appelés *lyophiles* par opposition aux précédents qui, ne se séparant pas facilement de leurs solvants, sont dits *lyophobes*.

La constitution physico-chimique des granules colloïdaux reste encore mystérieuse à beaucoup de points de vue et nombreuses sont les hypothèses émises.

BREDIG voyait dans le granule du colloïde métallique une simple particule de dimension ultra-microscopique.

GRAHAM considère les granules colloïdaux comme provenant de la polymérisation de molécules cristalloïdes, les produits de condensation ainsi obtenus donnant des corps de complexité croissante à poids moléculaires de plus en plus élevés correspondant à l'état colloïdal : ce serait le cas de la silice.

Pour DUCLAUX, le granule colloïdal serait le résultat, non seulement d'une simple polymérisation mais encore d'une hydratation : hydrate de fer colloïdal qui répondrait à la formule (Fe^2O^3, H^2O).

D'autres auteurs, au contraire, voient dans les granules colloïdaux des complexes analogues aux complexes de WERNER. Bien que cette interprétation ne puisse s'appliquer qu'à quelques cas particuliers, remarquons que certains complexes cobaltiques, tungstiques, molybdiques à grosses molécules, ont des poids moléculaires si élevés qu'on peut les considérer comme étant à la limite de l'état colloïdal.

WYRONBOF, VERNEUIL, NICOLARDOF, MALFETANO considèrent les granules colloïdaux comme des sels à radicaux condensés, l'état de condensation dépendant de la température de formation et de l'action plus ou moins prolongée de la chaleur. Ex : l'oxyde de Thorium peut être de la formule $(ThO)^{48}$ 4 HCl.

Signalons encore une des hypothèses les plus simples dans laquelle le granule colloïdal ne serait qu'un aggloméral cristallin. Cette conception ne pourrait s'appliquer qu'à un très petit nombre de métaux colloïdaux seulement. D'après la méthode de BRAGY (dispersion des rayons X pour tout réseau cristallin), il semble bien que les granules d'Or et d'Argent se présentent sous l'état cristallin.

Le granule colloïdal est donc de composition chimique variable, il renferme d'une manière constante des ions surajoutés empruntés au milieu au sein duquel il s'est formé et qu'on retrouve à l'analyse chimique. DUCLAUX, V. HENRI et MAYER ont démontré que ces ions sont fixés par adsorption, ils sont donc répartis à la surface du granule, l'adsorption constituant essentiellement un phénomène de surface.

La charge électrique du granule colloïdal ne peut pas, par conséquent, s'expliquer par la seule hypothèse de la couche double électrique de Helmholtz tout comme s'il s'agissait d'une suspension et d'un simple phénomène d'électrisation de contact (PERRIN).

La charge électrique du granule a en effet une double origine : la couche électrique de contact a laquelle s'ajoute la couche électro-ionique; la charge totale étant compensée par une charge égale et de signe contraire retenue à faible distance sur le milieu intergranulaire.

« Le granule colloïdal est un objet ultra-microscopique, de constitution complexe, de composition chimique non définie et variable, portant une couche double électrique de revêtement, d'origine à la fois ionique et de contact, se maintenant en suspension dans un milieu homogène où il est insoluble. Le granule colloïdal est donc physiquement et chimiquement hétérogène, et possède en quelque sorte une structure. » (G. Rebière).

Transport et signe électrique. — Si l'on fait passer un courant électrique de faible intensité et de différence de potentiel élevée, à travers une solution colloïdale, on voit les particules colloïdales s'accumuler au voisinage de l'un des pôles sans électrolyse : c'est le transport électrique des colloïdes (Linder et Picton).

La vitesse de transport est fonction de la différence de potentiel des électrodes et non pas de l'intensité du courant.

Le transport électrique des colloïdes est lié à l'existence d'une charge électrique des granules colloïdaux les faisant s'orienter dans le champ et s'accumuler aux pôles de signes opposés : les colloïdes transportés vers le pôle positif sont ceux dont les granules ont une charge négative; ce sont les colloïdes négatifs; les colloïdes transportés vers le pôle négatif, chargés positivement, sont les colloïdes positifs.

Voici quelques-uns de ces colloïdes classés d'après leur charge :

Colloïdes positifs

Hydrate ferrique.	Hydrate de cerium.
— de cadmium.	— de thorium.
— d'aluminium.	Hydroxyde de zircon
— de chrome.	

Colloïdes négatifs

Or.	Sulfures colloïdaux.
Argent.	Chlorures —
Platine.	Iodures —
Palladium.	Bromures —
Iridium.	Ferrocyanures de Cu, Zn, Fe.
Cadmium.	

Ces déterminations ont été faites sur des colloïdes en suspension dans l'eau distillée.

« Le transport des particules colloïdales est conditionné par la présence à la surface des granules d'une couche d'ions fixés par adsorption et dont le signe détermine le sens du transport » (Rebière).

Les colloïdes métalliques et la plupart des colloïdes inorganiques ont un signe fixe; d'autres, au contraire, tels que la gélatine, l'albumine, etc... sont susceptibles de changer de signes suivant l'ion prédominant dans le milieu : ce sont des colloïdes amphotères.

Précipitabilité. Action des électrolytes. — Un certain nombre de solutions colloïdales précipitent par l'addition de petites quantités de bases et ne précipitent pas par l'addition d'acide, tandis que d'autres se comportent de façon exactement inverse.

Au premier groupe appartiennent l'argent, le mercure, etc...; au deuxième groupe, les hydrates de fer, d'alumine, de chrome, etc...

Si l'agent précipitant est un sel, la précipitation dépendra, pour le premier groupe, du métal, et, pour le deuxième groupe, de l'acide.

Les granules colloïdaux sont précipités par les ions à charge électrique de signe contraire à leur charge propre. Les colloïdes dont la précipitabilité dépend du cation sont les colloïdes négatifs; les colloïdes positifs étant, au contraire, précipités par les anions.

Le pouvoir précipitant d'un électrolyte vis-à-vis d'un colloïde donné, dépend du nombre d'ions précipitants libres (dissociation électrolytique). Ce pouvoir augmente considérablement avec la valence de l'ion précipitant.

Tous les métaux colloïdaux : or, argent, platine, palladium, etc... sont des colloïdes instables, très sensibles à l'action des électrolytes, et, comme ils sont négatifs, leur précipitabilité par les sels dépend surtout de la valence du métal.

Ainsi, en comparant la quantité de sulfate et d'azotate d'un même métal nécessaire pour précipiter 2 centimètres cubes d'une même solution d'argent colloïdal, nous trouvons :

Pour NaNO^3	0,013	normale
et pour Na^{2}SO^4	0,013	—
Pour NH^4 NO^3	0,009	—
et pour (NH^4)^{2}SO^4	0,016	—
Pour Cu (NO^3)^2	< 0,0004	—
et pour CuSO^4	0,0002	—

Ainsi, quel que soit l'acide, si la base est la même, il faut employer la même quantité de sel pour précipiter l'argent; si la base varie, la quantité nécessaire varie comme elle. Mais, dans tous les cas, une quantité extrêmement faible d'électrolyte, surtout lorsqu'il s'agit de sels à métaux bi ou trivalents, suffit à précipiter complètement la solution de métal colloïdal.

Si tous les colloïdes sont précipités par les électrolytes, ils ne le sont pas tous avec une égale facilité :

Les métaux et les composés métalliques à l'état colloïdal, précipitent par l'addition de traces d'électrolytes. Les solutions colloïdales de composés naturels organiques : albumine, gélatine, glycogène, amidon, caséine, etc... exigent pour précipiter des quantités relativement considérables d'électrolytes.

Les premiers ont été appelés colloïdes instables, par opposition aux seconds, les colloïdes stables. Il faut remarquer que les colloïdes instables sont précisément ceux qui ont toujours le même signe électrique : leur précipitation est une précipitation par décharge.

Lorsque les colloïdes stables coagulent, les coagulums obtenus contiennent une forte proportion d'eau. Après dessiccation ces coagulums peuvent s'imbiber à nouveau en donnant les hydrosols correspondants. V. HENRI et A. MAYER étendent ces propriétés aux granules eux-mêmes; les granules des colloïdes stables étant également très riches en eau.

C'est en se basant sur ces considérations que J. PERRIN a donné à ces colloïdes le nom de colloïdes hydrophiles.

La précipitation des colloïdes stables se fait à la fois par déshydratation et décharge. Ces colloïdes, contenant beaucoup d'eau, ne peuvent précipiter que si l'on a préalablement enlevé toute l'eau qui leur est liée. C'est pour cela qu'il faut ajouter les sels en grande quantité et ces sels agissent non seulement par leurs signes, mais aussi par leur tension osmotique. Ce sont ces propriétés qui déterminent les actions réciproques des colloïdes les uns sur les autres.

Stabilité. — Plusieurs facteurs influent sur la persistance des solutions colloïdales : la tension superficielle, la charge électrique et la viscosité du milieu. Ces trois facteurs varient considérablement d'une solution colloïdale à l'autre, ce qui explique les grandes différences pouvant exister entre elles au point de vue de leur stabilité.

Une solution colloïdale sera d'autant plus stable que sa tension superficielle sera plus faible, sa charge électrique plus grande et la viscosité du milieu plus considérable.

Action mutuelle des colloïdes. Stabilisation. — Lorsque à une solution colloïdale, on ajoute une autre solution colloïdale, on observe des phénomènes particuliers qui dépendent, d'une part, de leur signe électrique, d'autre part de leur degré de stabilité.

LINDER et PICTON ont vu les premiers que si l'on mélangeait deux solutions colloïdales de signes électriques opposés, il se forme un précipité.

Puis Biltz a étudié la précipitation de l'or et du sulfure d'arsenic, colloïdes négatifs, par l'hydrate ferrique, les hydrates d'alumine, de chrome, de zircon, de cérium, colloïdes positifs.

En réalité, lorsqu'à un colloïde positif on ajoute des quantités croissantes de colloïde négatif, ou réciproquement, il se forme un complexe. En effet, lorsqu'une précipitation se produit les deux colloïdes précipitent ensemble.

1° Un colloïde positif instable peut être précipité par l'addition d'une quantité bien déterminée de colloïde négatif, et réciproquement. Il suffit pour obtenir le complexe que les concentrations des colloïdes dépassent une certaine limite.

2° Si à un colloïde instable on ajoute des quantités croissantes d'un colloïde de signe opposé et que l'on mesure la précipitabilité du mélange par les sels, on trouve que la stabilité du complexe diminue d'abord, puis passe par un minimum et augmente ensuite.

3° Le complexe en deçà du minimum possède des propriétés différentes de celles qu'il manifeste au delà du minimum. Ainsi, si c'est le colloïde positif qui prédomine, le complexe est précipitable par les ions acides; si c'est le négatif qui prédomine, il est précipitable par les ions métalliques.

4° Ces propriétés différentes des complexes, suivant qu'on les considère d'un côté ou de l'autre du minimum, peuvent encore se manifester en ce qui concerne la façon dont ils se comportent dans un champ électrique. D'une façon générale, le complexe se transporte tout entier dans le même sens que le colloïde prédominant.

Mélange de deux colloïdes de même signe électrique. — 1° Si l'on mélange deux colloïdes de même signe électrique, on n'observe pas de précipitation. Et le mélange ainsi formé, placé dans le champ électrique, est transporté comme l'était chacun des deux colloïdes le constituant.

2° Si l'on mélange deux colloïdes de même signe électrique, par exemple, l'argent et l'amidon, dont l'un est facilement et l'autre difficilement précipité par les électrolytes, on forme ainsi un complexe colloïdal, qui présente les propriétés du colloïde le plus stable. En particulier, ce complexe devient aussi difficilement précipitable par les électrolytes que le colloïde le plus stable.

3° En ajoutant à une quantité donnée de colloïde instable des quantités croissantes du colloïde stable, on voit que la stabilité du complexe augmente d'abord plus lentement que la quantité du colloïde stable qui entre dans la composition du complexe; mais, à partir d'une certaine limite, cette stabilité devient très grande, comparable à celle du colloïde stable.

4° La quantité de colloïde stable qu'il faut ajouter à un colloïde instable pour obtenir un complexe stable augmente avec la quantité de colloïde instable.

On a pensé à utiliser pour la conservation des solutions de métaux colloïdaux, l'action stabilisante des colloïdes stables.

Cette stabilisation à l'aide d'un colloïde stable de même signe électrique n'entraîne aucune modification de la charge; et la solution stabilisée conserve toutes ses propriétés; le pouvoir catalytique n'a presque pas varié, et la conservation de ce pouvoir catalytique est définitivement acquise.

Bien plus, du fait de la stabilisation, le métal colloïdal a acquis une immunité indéniable et envers les électrolytes et envers les poisons (V. Henri et G. Stodel), l'azotate de magnésium en particulier, agents en présence desquels les solutions de métaux non stabilisées perdent immédiatement tout pouvoir catalytique.

La stabilisation permet par conséquent d'ajouter aux solutions colloïdales sans aucun inconvénient des sels, de façon à les rendre isotoniques, et par suite injectables à l'homme et aux animaux; alors que dans les solutions colloïdales pures, non isotoniques, le véhicule eau distillée est toxique pour tous les tissus.

D'autre part, étant donné la vulnérabilité des solutions colloïdales pures, on conçoit qu'elles soient à la merci de traces d'électrolytes provenant des vases qui les contiennent, ou des liquides de l'organisme, lorsqu'on a pratiqué l'injection. Le temps, d'ailleurs, suffit à lui seul à agglomérer les granules colloïdaux et à précipiter, à l'état inactif, le métal des solutions de Bredig.

Pour ces raisons, la stabilisation des solutions colloïdales s'impose comme une véritable nécessité ; elle permet de transporter dans la pratique courante une méthode féconde, confinée tout d'abord dans le domaine expérimental.

Outre ces considérations qui nous montrent qu'une solution d'un métal stabilisé a conservé toutes ses propriétés physiques et chimiques primitives, un grand nombre de travaux qui ont été faits en physiologie, en bactériologie, en clinique et en thérapeutique en se servant de métaux colloïdaux stabilisés et isotoniques, prouvent l'activité de ces derniers.

Actions physiologiques et biologiques. — A vrai dire, les actions physiologiques et biologiques des métaux colloïdaux ont été mal étudiées dans leur ensemble et sont fort peu connues. En effet, c'est en raison du succès considérable obtenu en thérapeutique par l'emploi de ces préparations que les médecins ont étudié de ci de là quelques-unes des actions des métaux colloïdaux sur l'organisme ; et si aucun travail d'ensemble ne se dégage de ces travaux, on peut cependant grouper un certain nombre d'observations.

Réaction thermique. — D'une façon presque constante, l'introduction d'une solution de métal colloïdal dans l'organisme par voie sous-cutanée, intramusculaire ou intraveineuse, est suivie, au bout de 1 à 2 heures, d'une réaction thermique du sujet, homme ou animal. Il ne semble pas que le métal ait une quelconque importance dans la détermination de ce phénomène, qui est consécutif à l'introduction d'une solution colloïdale métallique. Les quantités injectées ne semblent pas davantage influer sur l'intensité de cette réaction thermique, de cette « crise colloïdale », comme disent certains auteurs. Cependant, dans sa thèse inaugurale, Desfarges signale qu'en ce qui concerne le manganèse colloïdal, la réaction thermique est d'autant plus forte que la dose injectée est plus faible ; ainsi, toute injection intraveineuse inférieure à 2 centimètres cubes donne une forte élévation thermique chez l'homme, cependant, qu'une injection égale ou supérieure à 2 centimètres cubes ne provoque aucune espèce de réaction.

Malgré cette réaction nette, mais s'atténuant rapidement chez les animaux et chez l'homme, les solutions de métaux colloïdaux n'ont pas de toxicité à proprement parler.

Gompel et V. Henri ont montré que l'argent colloïdal était tout à fait inoffensif pour l'organisme. Ces auteurs ont fait à des lapins des injections d'électronol, argent colloïdal électrique à petits grains et isotonique, soit pur, soit stabilisé : ils ont pratiqué des injections intraveineuses, sous-cutanées, intra-péritonéales, intra-pleurales ; et ils ont vu que ces injections étaient pour ces animaux d'une innocuité absolue. Il en est également de même pour l'ingestion par la bouche. Ils ont montré en particulier que des cobayes peuvent recevoir journellement un à deux centimètres cubes d'argent colloïdal pendant deux mois sans présenter aucun trouble. L'injection intra-péritonéale de 5 centimètres cubes d'argent colloïdal pendant huit jours successifs est absolument inoffensive pour les cobayes. L'injection à un lapin, par voie intra-veineuse, de 10 centimètres cubes d'argent colloïdal par jour est très bien supportée par l'animal, et peut être faite pendant huit à dix jours consécutifs. L'injection intra-veineuse de fortes doses, de 150 à 200 centimètres cubes à un chien ne produit aucun effet sensible, ni sur la respiration, ni sur la fréquence des battements du cœur ; la pression du sang est un peu augmentée pendant les dix ou vingt premières minutes qui suivent l'injection.

Lorsqu'à un lapin on injecte dans une veine 20 centimètres cubes d'argent colloïdal stabilisé rendu isotonique, on trouve que la température rectale monte ; mais cette ascension n'est que passagère, et, après avoir atteint son maximum, environ deux heures après l'injection, elle redescend pour atteindre rapidement la normale.

Duhamel injecte tous les jours 40 centimètres cubes de fer colloïdal dans les veines d'un lapin, sans aucune espèce d'altération dans la santé du sujet.

Sort des métaux colloïdaux introduits dans l'organisme. — A. Mayer et G. Stodel ont retrouvé des grains d'argent après injection d'argent colloïdal au chien, dans les globules blancs. J. Sabrazes, Pauzat et J. Perseguiers mettent également en évidence la présence de grains d'argent dans les différents leucocytes après injection intra-péritonéale de colloïde au rat blanc. Mayer et G. Stodel en trouvent dans les *tubuli contorti*.

B.-G. Duhamel et R. Thieulin mettent nettement en évidence que le métal colloïdal injecté à un animal est pour la plus grande partie arrêté dans le foie.

Le reste du colloïde se trouvant dans le sang, les autres organes (lavés) n'en contiennent aucune trace. Ce n'est que plus tard que le foie abandonne petit à petit le métal qu'il avait emmagasiné.

Élimination. — Les métaux colloïdaux introduits dans l'organisme sont éliminés par les urines, la salive, la bile et le suc pancréatique.

Gompel et V. Henri ont recherché ce que deviennent les métaux ainsi introduits dans l'organisme. Quelle est la durée de leur séjour? Comment sont-ils éliminés? Ils ont résolu ces questions pour l'argent colloïdal électrique. Ils ont employé pour leurs recherches la méthode spectrographique, qui consiste à photographier le spectre ultra-violet obtenu en faisant jaillir l'arc voltaïque entre deux charbons, dont l'un est creusé d'une cupule qui contient quelques milligrammes de la substance sèche. Dans l'ultra-violet, l'argent est caractérisé par deux raies très nettes. C'est à l'aide de cette méthode, dont la sensibilité permet de déceler un cent millième d'argent du poids sec du produit étudié, que ces auteurs ont montré qu'après l'injection d'argent colloïdal électrique stabilisé, on retrouvait de l'argent dans le sang trois ou quatre jours après l'injection. On retrouve le métal dans le sang, non seulement après l'injection intra-veineuse, mais aussi après l'injection intra-pleurale, intra-péritonéale, sous-cutanée, après frictions, ou encore après introduction par la bouche ou par le rectum.

A la suite de ces différents modes d'introduction les auteurs n'ont jamais retrouvé d'argent dans le liquide céphalo-rachidien. C'est cette même méthode qui a permis de suivre l'élimination de l'argent colloïdal, que l'on a retrouvé dans l'urine, dans la bile et dans le suc pancréatique.

Action sur le sang. — L'action des colloïdes métalliques sur les éléments du sang a été étudiée par Robin et P. Émile Weil, Achard et P. E. Weil, G. Etienne, qui sont arrivés à des résultats concordants.

« L'injection intra-veineuse d'un colloïde quelconque provoque une phase de leuco-pénie (choc hémoclasique); puis au bout de 24 heures, apparaît la leucocytose. Là s'arrête l'action commune à tous les colloïdes. En effet, la forme de la leucocytose varie, dès lors, suivant le produit injecté : c'est une polynu-cléose avec l'argent. La leucocytose présente alors une forme analogue à celle que l'on observe après injection d'une solution de substances actives de la même série.

« Les recherches de MM. Achard et P. Émile Weil ont montré, il est vrai, qu'après une injection de collargol, le retour à la formule normale ne se fait qu'après une période de mononucléose. De même, MM. Ribadeau-Dumas et Debré, étudiant divers colloïdes d'argent, voient, après la polynucléose, un stade de mononucléose : il s'agit dans leurs expériences, d'une mononucléose toute relative, puisque, au bout de 48 heures, le taux des polynucléaires, en s'abaissant, reste encore supérieur, et le taux des mononu-cléaires inférieur au chiffre initial. » (Grenet, Drouin et Caillard.)

G. Stodel, étudiant l'action du mercure colloïdal sur le lapin, montre que ce colloïde provoque, à doses répétées, une polynucléose neutrophile, sans augmentation des éosinophiles ni mastzellen. Lorsqu'on atteint des doses toxiques, l'anémie, qui est presque constante, s'accompagne toujours d'anisocytose.

Hémolyse in vitro. — Ascoli et Novello trouvent que l'argent colloïdal pur, aussi bien que stabilisé ou isotonisé est hémolytique. Jeanne Bourguignon a montré que les solu-tions d'argent colloïdal non stabilisées et non isotoniques possèdent un pouvoir hémo-lytique égal à celui de l'eau distillée, tandis que l'électrargol (argent stabilisé et isoto-nique) n'est pas hémolytique.

Dans leur même note, Ascoli et Novello affirment que le mercure colloïdal électrique est un très fort agent hémolysant.

Ces auteurs ne disent pas quelles solutions ils ont employées ni comment elles ont été préparées.

Mme Bourguignon et G. Stodel, avec le mercure colloïdal électrique préparé par l'un d'eux et titrant 0^{gr}30 de mercure pour 1000, ont montré que :

Une solution de mercure colloïdal stabilisée a un pouvoir hémolytique un peu plus faible que celui de l'eau distillée, tandis qu'une solution de mercure colloïdal électrique, stabilisée et isotonique n'est pas hémolytique pour les globules du chien.

Il est probable que les différences entre les résultats d'Ascoli et Novello et ceux de ces auteurs, tiennent à des différences de préparations et à des différences de stabilisation, ou encore, à l'emploi de globules d'animaux différents.

Action sur la circulation et la respiration. — Un grand nombre d'auteurs ont montré que les injections de métaux colloïdaux, soit par voie intraveineuse, sous-cutanée, intra-péritonéale, intra-pleurale, n'ont pas d'action nette ni sur la respiration ni sur la circulation.

Circulation. — La courbe de la pression artérielle n'est en rien modifiée si l'injection est poussée lentement.

La fréquence des battements du cœur et celle des mouvements respiratoires n'est en rien touchée.

Action sur les échanges nutritifs. — Les colloïdes métalliques introduits dans l'organisme semblent bien agir sur les échanges nutritifs, [mais les différents auteurs ont obtenu des résultats quelque peu variables.

Charrin expérimentant sur la souris note une élévation du coefficient azoturique.

Duhamel prenant le lapin comme sujet d'expérience trouve que, en général, le taux d'urée augmente dans l'urine et reste élevé même après la cessation des injections; les phosphates présentent une ascension plus marquée encore, cependant que les chlorures ne s'élèvent qu'après une première période au cours de laquelle une diminution nette est observée; il n'y a pas de modifications dans les composés xantho-uriques.

Ces derniers résultats de Duhamel ont été obtenus par injections de fer colloïdal et de palladium colloïdal.

Avec l'argent colloïdal injecté à des lapins normaux, Duhamel obtient l'augmentation de tous les éléments de l'urine. Mais ces résultats, comme le dit l'auteur, traduisent une modification sensible du métabolisme sous l'influence des injections des colloïdes métalliques; c'est là, comme le fait remarquer l'auteur lui-même, un phénomène global qui demande interprétation et ne suffit pas à donner la clé de l'activité biologique de ces corps.

A. Robin montre, lui, que l'azote total, l'urée, l'acide urique, le coefficient d'utilisation azoté augmentent après injection de métaux colloïdaux. Cette augmentation atteignant son maximum de vingt-quatre à soixante-douze heures après l'injection.

Ascoli et Izar, expérimentant sur eux-mêmes et sur deux sujets normaux et sains, l'argent colloïdal étant préparé par la méthode de Bredig, ont comparé l'action de ces solutions stabilisées d'une part, non stabilisées d'autre part, puis stérilisées à 120°.

Les quatre sujets ont été soumis, pendant des périodes variant de huit à quinze jours, à un régime constant se composant pour Ascoli par exemple :

	gr.
Bouillon	150
Pain	140
3 œufs	
Beefsteack	100
Lait	600
Fromage	105
Biscuit	70

Avec ce régime, une injection intraveineuse de 10 centimètres cubes d'argent colloïdal stabilisé ou de platine stabilisé donne le lendemain une augmentation de l'élimination azotée, augmentation se faisant surtout sous forme d'acide urique.

Crise colloïdale. — Chez l'homme, l'injection d'une solution d'un métal colloïdal est toujours suivie de phénomènes bruyants : élévation de température, fièvre. Chez les animaux, l'élévation de température est également à peu près constante; elle atteint son maximum deux heures environ après l'injection.

L'ensemble de ces phénomènes et les réactions leucocytaires concomitantes constituent pour une part ce que Widal et ses élèves ont désigné sous le nom de « crise colloïdale » ou « colloïdoclasie ».

Crise hépatique. — C'est sous ce nom que B. G. Duhamel et H. Thieulin définissent les phénomènes que les auteurs appellent globalement crise colloïdale, en se basant sur ce fait que le colloïde métallique injecté est, au moment de cette crise, en grande partie arrêté par le foie.

Nous avons résumé les expériences de ces auteurs dans le paragraphe consacré aux localisations des métaux colloïdaux dans l'organisme.

Duhamel affirme que cette crise hépatique s'accompagne d'une surproduction de glycogène, chez des animaux maintenus à jeun.

Crise hématique. — C'est ainsi que Duhamel et Thieulin désignent l'ensemble des modifications subies par les éléments constitutifs du sang pendant les heures qui suivent les injections dans les veines d'une solution d'un colloïde.

Ces modifications sont fort complexes et, de l'avis même des auteurs, la plupart demeurent inconnues. Ils se basent sur les travaux que nous avons déjà signalés de Robin et P. E. Weil, Achard et P. E. Weil, G. Etienne, etc., sur la variation dans le nombre, la résistance et la nature des leucocytes, et sur la variation du pouvoir agglutinatif et du pouvoir opsonisant.

En somme, l'ensemble de tous ces travaux sur la distribution dans l'organisme des colloïdes métalliques introduits par les veines met en évidence le rôle du foie, du sang et de la rate dans l'activité biologique des colloïdes, et, groupant les divers travaux des auteurs et d'eux-mêmes, amène Duhamel et Thieulin à montrer que « dans l'ensemble des phénomènes groupés sous le nom de « crise colloïdale », il faut tout d'abord distinguer une *crise hépatique* et une *crise hématique*.

La *crise hépatique* traduit une complexe réaction de défense ayant pour siège initial le foie dans lequel la plus grande partie du colloïde injecté se trouve promptement rassemblée. Les modifications dont le foie est l'objet peuvent être mises en évidence par l'étude des extraits vivants que procure l'autolyse en milieu aseptique.

L'étude des sucs autolytiques du foie montre que, pendant la crise colloïdale, cet organe acquiert des propriétés toxolytiques énergiques qui ont été éprouvées *in vitro* et *in vivo* sur les toxines du B. pyocyanique, du B. diphtérique et du streptocoque.

Ces modifications du pouvoir toxolytique du foie coïncident avec une suractivité de la glycogénèse.

La *crise hématique* est caractérisée par une modification dans le nombre, dans la quantité et dans la résistance des leucocytes et par des modifications humorales comprenant une exaltation des fonctions agglutinatives et opsonisantes.

L'élévation du pouvoir agglutinatif du sérum pendant la crise colloïdale n'est constante qu'avec les colloïdes d'un signe électrique défini. L'activité spécifique immédiate des colloïdes paraît donc en rapport avec la nature de leur charge électrique.

Le coefficient phagocytaire s'élève pendant la crise colloïdale. Cette modification est sous la dépendance essentielle des propriétés opsonisantes du sérum.

La crise hématique est principalement une crise humorale et semble subordonnée à la crise hépatique. C'est donc sur le foie que repose en grande partie l'activité biologique des colloïdes.

Action sur les microbes. — Depuis longtemps, les auteurs, tels que Baldoni, Brunner, Beyer et Cohn ont montré que l'argent colloïdal chimique avait une action importante sur les microbes. Ces travaux sont résumés par Netter qui montre que si l'action bactéricide du collargol n'est pas très intense, il n'en est pas de même de son action empêchante, qui est considérable.

Les métaux colloïdaux électriques, tels que l'argent, le platine, l'or, le palladium, le cuivre, le sélénium, le nickel, le manganèse, le cadmium ont une action sur les microbes; mais les auteurs ont tout particulièrement étudié l'action de l'argent colloïdal électrique, et on trouve de nombreuses expériences faites, les unes, *in vitro* sur des cultures microbiennes, les autres *in vivo* sur des animaux inoculés avec différents microbes. Ces expériences ont mis en évidence l'action bactéricide de cet argent colloïdal.

Mlle Cernovodeanu et M. V. Henri ont étudié l'action de ces solutions sur la bactéridie charbonneuse, le bacille d'Eberth, le coli bacille, la phléole, le staphylocoque doré, le streptocoque blanc, le bacille de la dysenterie de Flexner. Ces auteurs ont ensemencé ces différents microbes sur du bouillon gélosé additionné d'argent colloïdal électrique, et ils ont montré qu'une quantité extrêmement faible d'argent empêchait le développement de toute culture.

Les auteurs constatent que pour une même concentration, l'argent colloïdal à fins granules arrête le développement des bactéries, alors que l'argent colloïdal à gros grains est inefficace.

Cette importance de la grosseur des grains a aussi été montrée par les expériences de CHARRIN, V. HENRI, MONNIER-VINARD, qui arrivent aux mêmes résultats en expérimentant sur le bacille pyocyanique.

FOA et AGGAZOTTI ont étudié également l'action microbicide de l'argent colloïdal à gros grains et à petits grains et ils ont montré que si l'argent colloïdal à petits grains empêche déjà le développement des micro-organismes à la dose de 5 gouttes par centimètre cube de bouillon, l'argent colloïdal à gros grains n'a pas d'action.

CHIRIÉ et MONNIER-VINARD ont fait en série des recherches sur l'action de l'argent colloïdal électrique à petits grains sur le pneumocoque.

Dans une série d'expériences in vitro, ils ont mis en évidence qu'un milieu contenant 1 pour 80 000 d'argent ensemencé avec du pneumocoque, reste parfaitement stérile et que, si des quantités plus faibles n'empêchent pas le développement du pneumocoque, elles lui font cependant perdre un certain nombre de propriétés.

Ces mêmes auteurs ont expérimenté in vivo sur le rat blanc et sur la souris blanche. Avec des souris, les résultats ont été sensiblement différents suivant la virulence et la quantité de la culture inoculée; lorsque des septicémies relativement atténuées étaient réalisées, septicémies telles que les témoins mouraient en trente ou quarante heures, ces auteurs ont obtenu la survie définitive de la plupart des animaux qui, concurremment, recevaient de l'argent colloïdal isotonique et stabilisé distribué à la dose de 2 centimètres cubes par jour.

Dans d'autres séries où, en raison de la virulence extrême du pneumocoque, la septicémie était violente et tuait les témoins en seize à dix-huit heures, les animaux traités par l'argent sont tous morts, mais ont présenté sur les témoins correspondants une survie de vingt à quarante heures.

Des résultats analogues ont été obtenus avec le rat blanc et, dans un lot d'animaux où le témoin mourut seulement au bout de six jours, présentant à l'autopsie une péritonite à fausses membranes, et, dans tous les organes, du pneumocoque en grande abondance, les animaux qui avaient reçu la même quantité de la même culture et, d'autre part, de l'argent colloïdal (les uns in situ, les autres à distance de l'inoculation microbienne) ont survécu définitivement.

Dans deux autres séries, dont les témoins moururent en quatorze à vingt-quatre heures, les animaux qui reçurent de l'argent moururent en moyenne au bout de quarante heures.

FOA et AGGAZOTTI ont étudié l'action de l'argent colloïdal électrique à petits grains sur des animaux infectés par des doses mortelles de streptocoques, de diplocoques, de staphylocoques et de bacilles d'EBERTH; ils ont vu que si on injecte à des lapins infectés par le staphylocoque ou le streptocoque, une heure après l'infection, de l'argent colloïdal électrique à petits grains, on retardait la mort de l'animal de un à cinq jours; tandis que, dans les infections par le diplocoque et celles par le bacille d'EBERTH, ces injections, faites une heure, douze heures, et même vingt-quatre heures après l'infection, sauvaient l'animal de la mort.

De l'ensemble de ces expériences, il se dégage nettement que l'argent colloïdal électrique, à condition qu'il soit à petits grains, est doué d'un pouvoir bactéricide considérable, et qu'il constitue un antiseptique puissant.

Mlle CERNOVODEANU et G. STODEL ont étudié l'action exercée sur quelques microbes par le mercure colloïdal électrique.

Ces expériences ont porté sur les microbes suivants : bacille typhique, vibrion cholérique, staphylocoque pathogène, le bacille de FRIEDLÆNDER, le charbon, le coli.

Des expériences qualitatives sur ces microbes ont permis de voir que le mercure colloïdal, ajouté même en petites quantités à des milieux de culture, empêchait le développement de ces micro-organismes.

Des expériences comparatives faites avec des solutions de sublimé et de mercure colloïdal, exactement dosées, ont permis à ces auteurs de constater de façon très nette que le métal est beaucoup plus actif à l'état colloïdal qu'à l'état de sel.

TORRAGCA observe également l'action bactéricide des colloïdes sur le bacille du charbon.

Action sur les toxines. — L'action des métaux colloïdaux électriques sur les toxines a été étudiée par FOA et AGGAZOTTI qui ont vu qu'*in vitro* les toxines tétanique, diphtérique, ou dysentérique, ne sont pas modifiées, tandis qu'*in vivo*, si on injecte à des lapins une dose de toxine égale ou supérieure à la dose mortelle, et tout de suite après de fortes doses d'argent colloïdal, celles-ci empêchent l'action de la toxine; et les auteurs concluent que l'argent électrique à petits grains injecté à fortes doses dans les veines de l'animal aussitôt après l'infection par la toxine tétanique, diphtérique ou dysentérique, permet aux animaux de résister à une dose de toxine dix fois supérieure à la dose mortelle.

Comparant ces résultats à l'action sur les toxines *in vitro*, les auteurs pensent que l'argent colloïdal n'agit pas directement sur les toxines, mais qu'il confère à l'organisme un pouvoir oxydant supérieur, qui lui permet de détruire les toxines bactériennes par oxydation.

LE FÈVRE DE ARRIC a recherché l'action des différents métaux colloïdaux sur la toxine diphtérique, la staphylo-toxine et la staphylo-lysine.

Toxine diphtérique. — L'auteur fait deux séries d'expériences. Il injecte à des lapins, d'une part la toxine et le colloïde, en mélange immédiat, et d'autre part, la toxine plus le métal colloïdal préalablement mélangés et mis 1 heure à l'étuve (37e).

Dans le premier cas, aucune conclusion nette n'a été possible. Dans le 2e cas, avec le fer et surtout le manganèse, l'activité des toxines est considérablement réduite. L'or, l'argent, le platine sont peu actifs dans ces conditions avec cette durée de contact.

Staphylo-toxine, staphylo-lysine. — Des expériences conduites aussi de la même façon donnent des résultats analogues.

Avec la staphylo-lysine, le platine, l'or, le fer, l'argent, se montrent indifférents; le manganèse, au contraire, retarde nettement l'hémolyse.

DUHAMEL et THIEULIN ont entrepris une série de recherches portant sur l'action des sucs autolytiques de foie de lapins normaux et de lapins sacrifiés six heures après une injection intraveineuse d'un métal colloïdal donné. Le pouvoir toxolytique des extraits ainsi obtenus, employés *in vitro*, vis à vis des toxines hémolysantes (bacille pyocyanique, streptocoque, bacille de la diphtérie) est très nettement supérieur à celui des foies normaux.

Le mélange d'extrait hépatique et du colloïde ne possède pas cette action anti-hémolysante.

Les expériences *in vivo* conduisent aux mêmes résultats. Les injections d'extraits hépatiques et de toxines pouvant être faits séparément sur le même animal.

Les extraits de foie en crise colloïdale semblent donc avoir un pouvoir toxolytique supérieur aux extraits de foie normaux.

Bibliographie. — AGHARD et WEILL (P. E.). *Le sang et les organes hématopoiétiques du lapin après l'injection intraveineuse d'argent colloïdal électrique* (C. R. Soc. de Biol., 1, 19 janvier 1907, 96). — AGGAZZOTTI. Voir FOA. — ASCOLI et IZAR. *Katalysche Beinflussung der Leberautolyse durch kolloidale Metalle* (Berliner klinische Wochenschrift, 1907, n° 21); — *Physiopathologische Wirkung kolloidaler Metalle auf den Menschen* (Berliner klinische Wochenschrift, 1907, n° 21). — ASCOLI et NOVELLO. *Hémolyse par l'argent colloïdal, l'argent et les sels d'argent* (C. R. Soc. de Biol., 22 mai 1908, 724). — BAILEY (G.-H.) et FOWLER. *Suboxide of Silber*, Ag⁴O (Chem. News, 55, 185, 263, 4887; Journ. Chem. Soc., 51, 416-420, 1887). — BALLES (Édouard). Voir MAYER. — BARDET. Voir ROBIN. — BERZÉLIUS (J.-J.). *Untersuchungen über die Flubspatsäure und deren merkwürdigste Verbindungen* (Ann. d. Physik. u. Chem., (2), I, 1-41; 169-230; (2), II, 113-150, 1824; (2), IV, 1-23, spez. 17-57, 1825); — *Kolloides Zirkon*, spez. (2), IV, 122; — *Kolloides Zirkonerde*, spez. (2), IV, 139. — BIBRA (E.). *Ueber die Schwärzung des Chlorsilbers am Lichte und über Silberchlorur* (Journ. f. pr. Chem., (2), XII, 39-54, 1875; Ber. Dtsch. Chem. Ges., 8, 741). — BILITZER (J.).

Elektrische Herstellung von kolloidalem Quecksilber und einigen neuen kolloidalen Metallen (Ber. Dtsch. Chem. Ges., xxxv, 1929-1935, 1902). — BILTZ (W.). *Ueber kolloide Hydroxyde* (Ber. Dtsch. Chem. Ges., xxxv, 4431-4438, 1902). — BOECK (G. de). Voir SPRING (W.). — BOURGUIGNON (Mme). *De l'argent colloïdal* (Thèse de Paris, 1908) ; — *Sur le pouvoir hémolytique de l'argent colloïdal* (C. R. Soc. de Biol., 13 juin 1908). — BOURGUIGNON (Mme) et STODEL. G. *Du pouvoir hémolytique du mercure colloïdal* (C. R. Soc. de Biol., 25 juillet 1908). — BREDIG (G.). *Einige Anwendungen des elektrischen Lichtbogens* (Zeitschr. f. Elektrochem., IV, 514-515, 1898). — BREDIG et HABEER (Ber. Chem. Gesell., xxxi, 274, 1898). — CAREY LÉA. *On Allotropic Forms of Silver* (Amer. J. Science, (3), xxxvII, 476-491, 1889 ; xxxvIII, 47-50, 1889 ; *Philosophical Magazine*, 5e série, xxxII, 337; Zeitsch. Anorg. Chem., III, 186 ; vII). — CAILLARD. Voir GRENET. — CASTORO (N.). *Darstellung kolloidalen Metalle* (Z. f. anorg. Chem., xLI, 126-131, 1904). — CERNOVODEANU (Mlle) et HENRI (V.). *Action de l'argent colloïdal sur quelques microbes pathogènes ; importance du mode de préparation et de la grosseur des granules* (C. R. Soc. de Biol., 1906). — CERNOVODEANU (Mlle P.) et STODEL (G.). *Action du mercure colloïdal électrique sur quelques microbes pathogènes* (C. R. Soc. de Biol., 13 juin 1908). — CHARRIN. *Étude expérimentale des propriétés thérapeutiques de l'argent colloïdal ; mécanisme de son action* (C. R. Soc. de Biol., 1907, 83). — CHARRIN, HENRI (V.) et MONNIER-VINARD. *Action des solutions d'argent colloïdal sur le bacille pyocyanique* (C. R. Soc. de Biol., 1906, 120). — CHIRIÉ et MONNIER-VINARD. *Action expérimentale in vitro et in vivo de l'argent colloïdal électrique sur le pneumocoque* (C. R. Soc. de Biol., II, 1906, 673). — CRUM (W.). *Ueber Essigsäure und andere Verbindungen der Thonerde* (Journ. Chem. Soc., vI, 217 ; Ann. d. Chem. u. Pharm., 89, 156-181, 1853 ; Journ. f. pr. Chem., LXI, 390, 1854). — DAVY (H.). *An Account of some new analytical Researches on the Nature of certain Bodies, particulary the Alkalis, Phosphorus, Sulphur, Carbonaceous Matter, and the Acids hitherto undecompounded ; with some general observations on chemical Theory* (Phil. trans., 1809 ; Part. I, 39-104, spéz. 78, 1808) ; — *Versuche über die Zersetzung und Zusammensetzung der Boracsäure* (Schweigg. Journ. f. Chem. u. Physik, II, 48-57, 1811). — DEBRAY (H.). *Note sur la décomposition des sels de sesquioxyde de fer* (C. R. Acad. des Sciences, LXVIII, 913-916, 1869 ; Ber. Dtsch. Chem. Ges., II, 190, 1869 ; Bull. Soc. Chim. de Paris, xII, 346, 1869). — DEBBÉ (Voir RIBADEAU-DUMAS). — DENIGÈS (Ann. de Chim. et de Phys., vI, 1895). — DESFARGES (G.). *Les pyodermites et leur traitement* (Thèse de Paris, 1920). — DONAU (J.). *Ueber eine rote, mittels Kohlenoxyd erhaltene kolloidale Goldlösung* (Monatsh. f. Chem., xxvi, 525-530, 1905). — DROUIN. Voir GRENET. — DUHAMEL (B.-G.). *Action du fer colloïdal électrique sur l'excrétion urinaire* (C. R. Soc. Biol., 15 mars 1913). — DUHAMEL (B.-G.) et REBIÈRE (B.-G.). *Étude expérimentale du fer colloïdal électrique* (Presse médicale, 15 février 1913). — DUHAMEL (B.-G.) et THIEULIN (R.). *Localisation de l'or colloïdal dans les organes* (C. R. Soc. de Biol., 15 novembre 1919) ; — *Nouvelles recherches sur l'activité biologique des colloïdes. Crise hépatique* (C. R. Soc. de Biol., 6 et 13 mars 1920) ; — *Variations du pouvoir agglutinatif et du pouvoir opsonisant d'un sérum en état de crise colloïdale* (C. R. Soc. de Biol., 27 mars 1920) ; — *Variations de la teneur en glycogène du foie pendant la crise colloïdale* (C. R. Soc. de Biol., 17 avril 1920) ; — *Influence du foie sur le pouvoir agglutinatif du sérum* (Bull. de l'Ac. de Méd., 25 mai 1920) ; — *Nouvelles recherches sur l'activité biologique des colloïdes* (Ann. des Laboratoires Clin., 1921, no 4). — EHRENHAFT. (Sitzungsber. d. Akad. Wiss. Wien., 112, II a, 181-209, 1903 ; 114, II a, 1115-1141, 1905). — ETIENNE (G.). *Modification des courbes thermiques sous l'action des métaux à l'etat colloïdal électrique dans plusieurs infections* (Revue médicale de l'Est, 1er septembre 1907) ; — *Note sur l'action de l'électrargol sur l'infection streptococcique expérimentale* (C. R. Soc. de Biol., novembre 1907, 527) ; — (Archives de Médecine expérimentale, xxIII, no 2, mars 1911). — FOA (C.) et AGGAZZOTTI (A.). *Sull'azione microbicida e antitossica dell'argento colloïdale* (Giorn. della R. Acad. di Medic. di Torino, vol. xIII, anno LXX, fasc. 5-6) ; — *Ricerche sull' argento colloïdale elettrico* (Communicazione fatta alla R. Acad. di Med. di Torino, 12 aprile 1907). — FOWLER. Voir BAILEY. — FREUNDLICH (Z. f. physik. Ch., xLIV, 1903, 129). — GOMPEL (M.) et HENRI (Victor). *Action physiologique de l'argent colloïdal* (C. R. Soc. de Biol., 3 novembre 1906) ; — *Recherche de l'argent dans le sang et les tissus après l'injection d'argent colloïdal électrique* (C. R. Soc. de Biol., 10 novembre 1906) ; — *Passage de l'argent colloïdal dans la bile, l'urine et le suc pancréatique, absence dans le liquide céphalo-rachidien* (C. R. Soc. de Biol., 24 novembre 1906). — GRAHAM (T.). *Liquid diffusion applied to Analysis* (Phil. Trans., CLI, Part. I, 183-224, 1861; Ann. d. Chem. u. Pharm., CXXI, 1-77, 1862; (4), III, 127, 1864). — GRENET (H.), DROUIN (H.) et CAILLARD (M.). *Étude de quelques réactions leucocytaires consécutives aux injections intraveineuses* (Gaz. des Hôpitaux, 1921, n° 35, 549). — GRIMAUX (Ed.). *Sur l'éthylate ferrique et l'hydrate ferrique colloïdal* (C. R. Acad. des Sciences, XCVIII, 105-107, 1884 ; Ber. Dtsch. Chem. Ges., XVII, 104, 1884) ; — *Sur quelques substances colloïdales* (C. R. Acad. des Sciences, XCVIII, 1434-1437, 1884 ; Ber. Dtsch. Chem. Ges., XVII, 3, 109, 1884). — GUTBIER (A.). *Beiträge zur Kenntnis anorganischer Kolloïde* (Z. f. anorg. Chem., XXXII, 347-356, 1902). — HABER. Voir BREDIG. — HARTL (F.). Voir VANINO (L.). — HENRI (V.). *Mesure du pouvoir catalytique des métaux colloïdaux* (C. R. Soc. de Biol., II, 1906, 1040) ; — *État actuel de nos connaissances sur le mécanisme de l'immunité* (Semaine Médicale, 4 septembre 1907) ; — Voir CHARRIN, GOMPEL. — HENRI (V.) et MAYER (A.). *L'état actuel de nos connaissances sur les colloïdes* (Rev. générale des Sciences, 1904, 1015, 1079). — HENRI (V.), LALOU (S.), MAYER (A.) et STODEL (G.) (C. R. Soc. de Biol., décembre 1903). — HERTZMANN (J.). Voir ROSENHEIM (A.). — IZAR. Voir ASCOLI. — KIRCHNER (F.) und ZSIGSMONDY (R.) (Drudes Annalen d. Phys., (4), XV, 573-595, 1904). — KOHLSCHUTTER (V.). *Ueber Reduktion von Silberoxyd durch Wasserstoff und kolloidales Silber* (Z. f. Electrochem, XIV, 49-63, 1908). — KÜHN (H.). *Ueber die Auflöslichkeit der Kieselsäure im Wasser* (Journ. f. pr. Chem., LIX, 1-7, 1853). — KUZEL (H.). *Verfahren zur Herstellung kolloïder Elemente* (Patent) (Œsterreichische Patentanmeldung Kl., 12 b, Nr. A 2573-06 vom. 26, 4, 1906) ; — *Verfahren zur Peptisation von koagulierten, kolloïden Elementen* (Patent) (Œsterreichische Patentanmeldung Kl., 12 b, Nr. A 2572-06 vom. 26, 4, 1906). — LALOU (S.). Voir HENRI (V.). — LEFÈVRE DE ARRIC. *Action des colloïdes métalliques sur la staphylotoxine et la staphylolysine* (C. R. Soc. de Biol., 20 décembre 1919) ; — *Action des colloïdes métalliques sur la toxine diphtérique* (C. R. Soc. de Biol., 11 octobre 1919). — LEY (H.). *Ueber kolloïdes Kupferoxyd* (Ber. Dtsch. Chem. Ges., XXXVIII, 2199 bis, 2203, 1905). — LOTTERMOSER (A.). *Ueber kolloidales Quecksilber* (J. f. pr. Chem., (2), LVII, 484-487, 1898) ; — *Ueber anorganische Kolloide* (Stuttgart, 1901). — LINDER et PICTON (J. Chem. Soc., LXVII, 63, 1895). — MAYER (André). *Forschungen auf dem Gebiet Agricultur Physik*, II, Helft. 3, 1879 ; — (C. R. Soc. de Biol., 30 novembre 1907, LXIII, 553 ; LXIV, 599, 1908). — MAYER (A.) et STODEL (G.). *Examens histologiques des reins, après injection dans le sang de métaux colloïdaux* (C. R. Soc. de Biol., 15 avril 1905). — MAYER (A.) et SCHAEFFER (C. R. Soc. de Biol., 20 juillet 1907, 184 ; LXIV, 681, 1908). — MAYER (A.), SCHAEFFER et TEROINE (C. R. de l'Acad. des Sciences, 1907, 918). — MAYER (A.) et BALLES (Edouard) (C. R. de l'Acad. des Sciences, 1908) ; — MAYER (A.). Voir HENRI (V.). — MIE (G.) (Koll. Zeit., II, 129-133, 1907). — MONIER-VINARD. Voir CHARRIN, CHIRIÉ. — MÜLLER (E.) et NOWAKOWSKI (R.). *Herstellung kolloïder Lösungen von Selen und Schwefel durch elektrische Verstäubung* (Ber. Dtsch. Chem. Ges., XXXVII, 3779-3781, 1905) ; — *Ueber das kathodische Verhalten von Schwefel, Selen und Tellur II* (Zeitschr. f. Electrochem, II, 931-936, 1905). — MUTHMANN (W.). *Zur Frage der Silberoxydulverbindungen* (Ber. Dtsch. Chem. Ges., XX, 983-990, 1887). — NETTER (Presse Médicale, 21 janvier et 11 février 1903). — NOVELLO. Voir ASCOLI. — NOWAKOWSKI (R.). Voir MÜLLER (E.). — NEWBURY (S.-B.). *On the so-called silver sub-chloride* (Chem. News, LIV, 57-58, 1886 ; Amer. Chem. Journ., VIII, 196). — PAUZAT (D.). Voir SABRAZÈS (J.). — PÉAN DE SAINT-GILLES. *Action de la chaleur sur les acétates de fer* (I-II, C. R. Acad. des Sciences, XL, 1243-1247 ; Journ. f. pr. Chem., LXVI, 137, 1855). — PICTON. Voir LINDER. — PERRIN (Jean). *Mécanisme d'électrisation de contact et solutions colloïdales* (J. de Chim. Phys., II, n° 10 et III, n° 1). — PERSÉGUIERS. Voir PAUZAT et SABRAZÈS. — PRANGE (A.-J.-A.). *Sur un état allotropique de l'argent* (Rec. des trav. chim. des Pays-Bas, IX, 121-133, 1890). — REBIÈRE (G.). *Dosage calorimétrique du fer colloïdal électrique* (Soc. de Biol., 15 mars 1913) ; — *Sur le dosage des métaux dans les solutions colloïdales* (C. R. de la Soc. de Biol., II, 1907 ; I, 1908) ; — *Sur la composition chimique de l'argent colloïdal électrique* (C. R. Acad. des Sciences, 1909) ; — *Introduction à la connaissance des solutions colloïdales*, Gounouilhou, Bordeaux, 1915) ; — *Recherches expérimentales sur quelques hydrosols à micelles argentiques* (Thèse Dr. ès sciences, Paris, 1916) ; — Voir DUHAMEL (B.-G.). — RIBADEAU-DUMAS et DEBRÉ (Soc. de Biologie, 4-25 juillet 1908). — ROBIN (A.) (Bull. Ac. méd., 6 décembre 1904 ; Bull. Soc. Thérap., 15 décembre 1904) ; — *Les ferments métalliques et leur emploi en thérapeutique* (Paris, J. Rueff, 1907) ; — (Société thérapeutique,

21 décembre 1904; *Bull. de l'Acad. de Médecine*, 1906, 487). — Robin et Bardet (*Acad. des Sciences*, 22 mars 1904; *Revue scientifique*, 1905). — Robin et Weill (*Académie de Médecine*, 1905; *Bulletin général de thérap.*, 23 avril 1905). — Rosenheim (A.) und Hertzmann (H.). *Zirkoniumtetrachlorid und kolloide Zirkoniumhydroxyde* (*Ber. Dtsch. Chem. Ges.*, xl, 810-814, 1907). — Sabrazès (J.), Pauzat (D.) et Perséguiers (J.). *Réaction au collurgol dans le péritoine du rat blanc* (*Gaz. hebd. des Sc. méd. de Bordeaux*, 13 août 1922). — Schaeffer. Voir Mayer. — Scheurer-Kestner (A.). *Recherches sur les azotates de fer* (*Ann. de Chim. et de Phys.*, (3), lvii, 231, 1859). — Siedentopf (*Berl. Klin. Wochenschr.*, Nr. 32, 1904). — Spring. *Sur la floculation des milieux troubles* (*Bull. Acad. Roy. de Belgique*, 1900; *Recueil des Tr. chim. Pays-Bas*, 1900, xix. In *Les travaux récents de M. Quincke sur la floculation des milieux troubles*, dans la *Rev. gén. des Sciences* du 30 juin 1902). — Spring (W.) et de Boeck (G.). *Sur le sulfure de cuivre à l'état colloïdal* (*Bull. de la Soc. de Chim. de Paris*, (2), xlviii, 165-170, 1887). — Stodel (G.). *Sur le mercure colloïdal préparé par voie électrique* (*C. R. Soc. de Biol.*, 18 janvier 1908); *Des colloïdes en biologie et en thérapeutique; le mercure colloïdal électrique* (*Thèse de Paris*, 1908); — Voir Bourguignon (Mme), Cernovodeanu (Mlle P.), Mayer, Henri. — Svedberg. *Ueber die elektrische Darstellung einigen neuen kolloiden Metalle* (*Ber. Dtsch. Chem. Ges.*, xxxviii, 3618-3620, 1905); — *Ueber die elektrische Darstellung kolloider Lösungen* (II, *Ber. Dtsch. Chem. Ges.*, xxxix, 1705-1714, 1906); — *Die Methoden zur Herstellung kolloider Lösungen anorganischer Stoffe* (Dresden, 1909). — Terroine. Voir Mayer. — Thieulin. Voir Duhamel (B.-G.). — Treubert. Voir Vanino. — Torraca (L.). *Action bactéricide de quelques colloïdes métalliques sur le bacille du charbon* (*Pathologica*, n° 75, 1911); — *Nouvelles recherches sur l'action bactéricide exercée par quelques colloïdes métalliques sur le bacille du charbon* (*Pathologica*, 1er janvier 1913). — Vanino (L.). *Ueber die Einwirkung von Zuckerarten auf Goldchloridlösungen* (*Kolloid. Zeitschr.*, ii, 51, 1907). — Vanino (L.) et Hartl (F.). *Ueber neue Bildungsweisen kolloidaler Lösungen und das Verhalten derselben gegen Bariumsulfat* (*Ber. Dtsch. Chem. Ges.*, xxxvii, 3620-3623, 1904). — Vanino (L.) et Treubert (F.). *Ueber das Wismutoxydul, I, II, III* (*Ber. Dtsch. Chem. Ges.*, xxxi, 1113, 2267, 1898; xxxii, 1072-1081, 1899). — Weil (P. E.). Voir Achard, Robin. — Wöhler (F.) u. Rautenberg, *Neue Silberoxydul zalze* (*Ann. d. Chem. u. Pharm.*, cxiv, 119, 1860). — Zsigmondy (R.). *Ueber losliches Gold*. (*Z. f. Electrochem.*, iv, 546-547, 1898); — *Nature des solutions métalliques colloïdales* (*Zeitsch. f. Phys. Chem.*, xxxiii); — *Kolloïdchemie*, New-York, 1917); — Voir Kirchner.

R. DÉRIAUD et G. STODEL.

MÉTHYSTICINE. — La racine de *Piper methysticum* renferme 1. p. 100 de méthysticine, principe analogue à la pipérine et 2 p. 100 d'une résine âcre à laquelle sont dues sans doute les propriétés sudorifères de *Piper methysticum*.

PHYSIOLOGIE DE LA MOELLE ÉPINIÈRE. [1]

SOMMAIRE. — Chapitre premier. Considérations historiques sur la physiologie de la moelle épinière. — Chapitre II. L'anatomie et l'histologie de la moelle épinière. — Chapitre III. Les méthodes d'étude des fonctions médullaires. — Chapitre IV. L'excitabilité de la moelle épinière : I. *L'excitabilité de la substance grise*; II. *L'excitabilité de la substance blanche*. — Chapitre V. Transmission des incitations motrices par la moelle épinière. Les voies pyramidales et parapyramidales. — Chapitre VI. Transmission des impressions sensitives par les racines rachidiennes et par la moelle épinière : 1. *Considérations historiques*; II. *Transmission des impressions sensitives par les racines postérieures. La sensibilité récurrente*; III. *Influence des racines postérieures sur la motilité*; IV. *Transmission des impressions sensitives par les cordons et la substance grise de la moelle* : *A*) Les faits expérimentaux : 1°. Rôle des cordons postérieurs; 2° Rôle des cordons latéraux; 3° Rôle de la substance grise; 4°. Le syndrome de Brown-Séquard. *B*) Les documents anatomo-cliniques chez l'homme; V. *Les théories, les hypothèses*. — Chapitre VII. La topographie radiculaire. Territoires d'innervation des racines rachidiennes : I. *Les localisations radiculaires motrices*; II. *Les localisations radiculaires sensitives*. — Chapitre VIII. La topographie médullaire. Les localisa-

(1) Cet article ayant été déposé en 1920 et imprimé en 1921, les auteurs n'ont pu tenir compte, dans leur exposé, des travaux parus postérieurement à cette époque (G. Guillain et Guy Laroche).

tions motrices et sensitives spinales. I. *Les localisations motrices spinales*; II. *Les localisations sensitives spinales*; III. *Les hyperesthésies cutanées en rapport avec les affections viscérales. Les zones de* HENRY HEAD; IV. *Physiologie pathologique des lésions segmentaires médullaires.* — CHAPITRE IX. **Le tonus médullaire.** — CHAPITRE X. **Les réflexes médullaires :** I. *Définition des mouvements réflexes*; II. *Considérations historiques sur les réflexes*; III. *Méthodes d'étude des réflexes*; IV. *Classification des réflexes médullaires*; V. *Physiologie générale des actes réflexes : A)* Les réflexes simples : 1° Période latente des réflexes; 2° Phénomène de l'ébranlement prolongé (After discharge de Sherrington); 3° Le rythme des réponses réflexes; phase réfractaire; 4° Rapports entre l'intensité des excitations et l'intensité des réponses réflexes. Variabilité dans l'intensité des excitations capables de déterminer une réaction motrice; 5° Phénomène de la sommation; 6° L'irréversibilité de direction des excitations; 7° Fatigabilité de l'arc réflexe. B) Les réflexes composés : 1° Réflexes alliés; 2° Réflexes antagonistes; 3° Voies communes des arcs réflexes composés; 4° Facteurs régissant la séquence des réflexes; 5° Lois de propagation des actions réflexes. — C) L'inhibition; D) La dynamogénie; E) Parallélisme entre les réflexes spinaux et cérébraux; F) Influence des réflexes psychiques sur l'activité médullaire; VI. *Les réflexes tendineux, périostiques et osseux; les clonus;* VII. *Les réflexes cutanés;* VIII. *Les centres médullaires des réflexes tendineux, périostiques, osseux, cutanés. Influence sur ces réflexes des régions supérieures du névraxe;* IX. *Les réflexes proprioceptifs;* X. *Les réflexes d'automatisme médullaire;* XI. *Les réflexes dits de défense;* XII. *Les réflexes pilo-moteurs;* XIII. *Les réflexes viscéro-moteurs;* XIV. *Les réflexes chez les fœtus;* XV. *Causes modifiant la réflectivité médullaire.* — CHAPITRE XI. **Rapports de la moelle épinière avec le système sympathique.** — CHAPITRE XII. **Influence de la moelle épinière sur l'appareil circulatoire :** I. *Influence sur le cœur;* II. *Influence sur les vaisseaux;* III. *Influence sur les lymphatiques.* — CHAPITRE XIII. **Influence de la moelle épinière sur l'appareil respiratoire.** — CHAPITRE XIV. **Influence de la moelle épinière sur l'intestin.** — CHAPITRE XV. **Influence de la moelle épinière sur la miction et la défécation.** — CHAPITRE XVI. **Influence de la moelle épinière sur les organes génitaux de l'homme et de la femme.** — CHAPITRE XVII. **Influence de la moelle épinière sur les organes glandulaires :** I. *Influence sur le rein;* II. *Influence sur le foie;* III. *Influence sur le pancréas;* IV. *Influence sur la rate;* V. *Influence sur les glandes mammaires;* VI. *Influence sur les glandes sudoripares.* — CHAPITRE XVIII. **Influence de la moelle épinière sur l'appareil oculaire. Le centre cilio-spinal. Phénomènes oculo-pupillaires. Phénomènes optico-pupillaires.** — CHAPITRE XIX. **Influence de la moelle épinière sur la calorification.** — CHAPITRE XX. **Rôle trophique de la moelle épinière.** — CHAPITRE XXI. **Influence de la circulation sanguine sur les fonctions de la moelle épinière.** — CHAPITRE XXII. **Influence du sommeil sur les fonctions de la moelle épinière.**

CHAPITRE PREMIER

CONSIDÉRATIONS HISTORIQUES SUR LA PHYSIOLOGIE DE LA MOELLE

Lorsqu'on étudie les travaux des anciens auteurs, il est remarquable d'y trouver, à côté de théories vagues et nuageuses, des faits positifs soit d'observation, soit d'expérimentation. On ne recueille, il est vrai, dans ces travaux que peu de renseignements sur la moelle, car, quand les anciens parlent du système nerveux, ils envisagent presque toujours le cerveau. Bien qu'HIPPOCRATE déclare déjà que le cerveau est l'interprète de l'intelligence, on ne trouve dans ses écrits que des hypothèses sans intérêt sur la moelle et les nerfs. PLATON et ARISTOTE professaient également que le cerveau est le siège de l'intelligence, le cœur étant le siège de la sensibilité, mais le cerveau avait une autre fonction, il refroidissait le sang et produisait la semence qui parvenait aux organes génitaux par la moelle. ARISTOTE confond les nerfs avec les artères, il spécifie que l'aorte donne naissance aux nerfs de l'organisme; ERASISTRATE, HÉROPHILE et GALIEN réfuteront plus tard cette erreur. ARISTOTE le premier expose la conception des esprits qui, ultérieurement, sous le nom d'esprits animaux, aura une grande influence parmi les médecins et les philosophes.

Les études de GALIEN (131-210 ap. J.-C.) marquent une date importante dans l'histoire évolutive de la physiologie nerveuse; c'est avec beaucoup de justesse que le Professeur CHARLES RICHET écrit : « Galien est peut-être de tous les mortels celui qui a le plus fait pour la physiologie, il a créé cette science, il en a indiqué la méthode; il a appliqué aux phénomènes pathologiques les résultats de ses expérimentations, celles-ci sont admirables. Pour l'ingéniosité des vues et la grandeur des résultats, Galien ne le cède à aucun physiologiste... Il achète des cochons, des singes, et fait avec ces animaux des expériences ingénieuses et décisives. Tous les malades qu'il traite sont pour lui matière à observations physiologiques et, par un juste retour, il applique au diagnostic et au traitement des maladies ses connaissances en anatomie et en physiologie. » GALIEN enseigne que les nerfs ne viennent pas du cœur, qu'ils viennent de la moelle et du cerveau. Il observe, après avoir sectionné la moelle, que l'animal est paralysé dans toute la région du corps située au-dessous de la section; lorsque la section médullaire est faite à une région élevée, l'animal, complètement paralysé, ne respire plus que par son diaphragme; si la section est faite plus haut encore, le jeu du diaphragme s'arrête. GALIEN remarque qu'une section longitudinale de la moelle ne détermine pas de paralysie et qu'une demi-section transversale détermine une paralysie des membres du même côté que la section. Ces expériences de GALIEN restées classiques sont des modèles de précision expérimentale et de raisonnement scientifique. GALIEN note que la moelle et les nerfs servent à la motilité et à la sensibilité; il y des nerfs du mouvement et des nerfs de la sensibilité; les nerfs du sentiment sont mous et les nerfs du mouvement sont durs pour que les excitations du dehors puissent les ébranler; quand un nerf de mouvement est coupé le muscle ne peut plus se mouvoir, quand un nerf de sentiment est coupé il n'y a plus de sensibilité dans les parties d'où il vient. La physiologie et la médecine ont vécu sur les expériences et les idées de GALIEN jusqu'au XVIIᵉ siècle. BARTHOLIN admet encore la division des nerfs en nerfs sensitifs mous et nerfs moteurs durs, HARVEY ne modifie pas l'enseignement de Galien.

DESCARTES, au XVIIᵉ siècle, émet la théorie des esprits animaux; ses idées philosophiques eurent une influence considérable sur la physiologie, ses conceptions sont extrêmement suggestives. En remplaçant le mot « esprits animaux » par le mot « influx nerveux », nombre de phrases de DESCARTES deviennent modernes. « Soyons sincères, écrit le Professeur CHARLES RICHET, nous n'en savons pas plus que DESCARTES. Nous disons que l'excitation des nerfs optiques transmise au cerveau va provoquer par une action réflexe l'excitation des nerfs moteurs de l'orbiculaire des paupières, mais nous sommes forcés d'admettre comme seule explication que c'est parce que notre machine humaine est ainsi composée. »

WILLIS (1622-1675) a des idées plus exactes que DESCARTES sur l'action réflexe. Suivant lui le cerveau sécrète les esprits animaux qui passent dans la substance médullaire pour être ensuite envoyés par les nerfs dans les diverses régions du corps. WILLIS reprend l'expérience de GALIEN consistant à lier le nerf d'un membre, la conductibilité nerveuse est supprimée au-dessous de la ligature, ce qui, pour lui, démontrait nettement l'existence des esprits animaux arrêtés par le lien placé sur le nerf.

SWAMMERDAMM, ROBERT WHYTT, au XVIIIᵉ siècle, montrent que les animaux peuvent vivre privés de cerveau. Haller cherche, après Descartes, le sens de l'influx nerveux et reconnaît que l'influx sensitif va, par la moelle, de la partie sensible au cerveau. PROCHASKA, au XIXᵉ siècle, établit la théorie des réflexes ébauchée dans les hypothèses de DESCARTES, de WILLIS, de ROBERT WHYTT. Ultérieurement LEGALLOIS, MARSHALL HALL, MUELLER, PFLÜGER firent faire des progrès considérables à l'étude de la physiologie des réflexes médullaires. Ce fut l'époque à laquelle BICHAT développa les idées anatomiques qui eurent une répercussion si grande sur toutes les sciences médicales.

La notion des centres médullaires est établie par LEGALLOIS; CHARLES BELL, MAGENDIE, LONGET distinguent les fonctions spéciales des racines antérieures et postérieures; CLAUDE BERNARD (1851) décrit l'action du sympathique sur les glandes et les vaisseaux; quelques années auparavant F. et H. WEBER (1845) avaient découvert les premiers nerfs d'inhibition en montrant que l'excitation du pneumogastrique arrête le cœur.

La plupart des grandes questions concernant la physiologie médullaire étaient étudiées quand VULPIAN, en 1874, fit la synthèse des connaissances acquises dans son très remarquable article sur la Physiologie de la moelle publié dans le Dictionnaire encyclopédique des Sciences médicales, où il ajoutait d'ailleurs un nombre considérable de faits personnels.

Les travaux anatomo-cliniques ont été nombreux à la fin du XIXᵉ siècle et ont permis à CHARCOT, PIERRE MARIE, DEJERINE, BABINSKI, VAN GEHUCHTEN, etc., de préciser les voies de conductibilité de la moelle, les centres des réflexes chez l'homme. L'école anglaise a donné des travaux de physiologie expérimentale de la plus haute importance et les recherches de Sherrington sur les réflexes doivent être mises au premier plan.

La guerre européenne de 1914 a permis à la physiologie de la moelle de faire de nouveaux progrès; des blessures médullaires par projectiles de guerre ont créé de véritables lésions expérimentales et certaines observations cliniques contrôlées par des examens anatomiques constituent des documents importants au point de vue des fonctions de la moelle.

Sans doute, il reste encore bien des points obscurs sur la physiologie de la moelle épinière et il ne faut pas craindre de les mettre en relief, sans doute nos connaissances sur l'influx nerveux sont encore presque inexistantes, mais, en envisageant avec un certain recul l'évolution des travaux poursuivis depuis cent ans, on ne peut s'empêcher de reconnaître avec Charles Richet que le xixe siècle «a fait beaucoup pour la physiologie du mouvement, de la sensibilité et de l'intelligence ».

CHAPITRE II

L'ANATOMIE ET L'HISTOLOGIE DE LA MOELLE ÉPINIÈRE

Une description complète et détaillée de l'anatomie normale de la moelle épinière ne saurait trouver ici sa place, mais la physiologie de la moelle ne peut être comprise que si l'on en connaît, au moins dans ses grandes lignes, l'architectonie; aussi nous a-t-il paru rationnel de faire figurer, en tête d'une étude sur les fonctions médullaires, un court résumé de nos connaissances actuelles sur l'anatomie de la moelle épinière. Les phrases suivantes de Dejerine[1] méritent d'être rappelées : « En médecine, il faut penser physiologiquement. Or, dans le domaine de la Neurologie, physiologie et anatomie se confondent. Peut-être n'est-ce là qu'une période transitoire, et la Physiologie du système nerveux arrivera-t-elle un jour à constituer une science autonome en relation plus avec l'Histologie qu'avec l'Anatomie proprement dite. Mais nous sommes encore loin de cette époque et je ne puis m'empêcher de constater que pour l'instant, et sans qu'on puisse prévoir sa déchéance, l'Anatomie du système nerveux domine largement la Pathologie nerveuse. Seule elle permet de la comprendre. »

La moelle épinière, logée dans le canal rachidien, s'étend du trou occipital au bord supérieur de la deuxième vertèbre lombaire. Elle présente deux renflements : l'un supérieur, cervical, correspond à l'émergence des nerfs du membre supérieur; l'autre inférieur, lombaire, correspond à l'émergence des nerfs du membre inférieur. La moelle comprend une substance blanche disposée en écorce à la périphérie et une substance grise, centrale, entourant un canal étroit, le canal épendymaire.

La substance grise affecte la forme de deux virgules accolées par leur convexité et réunies par un pont intermédiaire, *la commissure grise.* En avant de ce pont de substance grise existe une bande de substance blanche réunissant les deux hémi-moelles blanches, *la commissure blanche.*

Chacune des deux moitiés de la substance grise est divisée en une corne antérieure et une corne postérieure. La corne antérieure est large, à contours dentelés, elle contient les cellules radiculaires antérieures, gros éléments cellulaires riches en prolongements protoplasmiques et dont le cylindraxe se continue par une fibre des racines antérieures. Ramón Cajal distingue d'ailleurs dans la corne antérieure trois groupes de cellules : le noyau moteur antéro-externe, le noyau commissural antéro-interne et le noyau postérieur ou postéro-externe placé près du cordon latéral.

La corne postérieure, plus étroite et plus allongée, comprend trois régions : 1o la substance gélatineuse de Rolando coiffant la tête de la corne postérieure; 2o la tête de cette corne postérieure; 3o la base de la corne. Dans la région supérieure de la moelle

1. J. Dejerine. Sémiologie du système nerveux. Masson, édit: Paris, 1914. Introduction, p. vii.

lombaire et dans la moelle dorsale, depuis le deuxième segment lombaire jusqu'au huitième cervical, il faut ajouter la colonne vésiculaire de LOCKHART-CLARKE, noyau dorsal de Stilling, situé à l'extrémité antéro-interne de la corne postérieure, tout près de la commissure grise. C'est de cette colonne que naissent les fibres du faisceau cérébelleux direct.

Un autre groupe cellulaire important est représenté par le tractus intermedio-lateralis (LOCKHART-CLARKE) qui occupe la corne latérale et les processus réticulaires depuis la partie supérieure du troisième segment lombaire jusqu'à la partie inférieure du huitième segment cervical. Cette zone a des connexions avec l'origine du sympathique.

La SUBSTANCE BLANCHE entourant la substance grise est divisée en cordons ou faisceaux par les sillons médians antérieur et postérieur et par des sillons collatéraux antérieurs et postérieurs qui correspondent à l'émergence des racines antérieures et postérieures. Chaque hémi-moelle comprend ainsi trois cordons (antérieur, postérieur et latéral). Ces cordons sont formés par des faisceaux de fibres nerveuses exogènes provenant d'autres régions du système nerveux (nerfs périphériques, cerveau, bulbe, cervelet, etc.), et de fibres endogènes constituant des voies d'association entre les divers étages de la moelle. Ces fibres endogènes peuvent elles-mêmes se diviser en voies longues et voies courtes. En général, les fibres courtes sont plus profondément situées, près de la substance grise, que les fibres longues.

Le cordon latéral.

Le cordon latéral comprend le faisceau pyramidal croisé, le faisceau de FLECHSIG et de GOWERS, le faisceau de la corne postérieure, le système du noyau intermédiaire et les fibres cérébelleuses descendantes.

La voie pyramidale est une voie motrice constituée par des fibres provenant du cortex et se terminant dans les noyaux moteurs des nerfs crâniens et rachidiens. L'origine du faisceau pyramidal est non pas l'écorce des deux circonvolutions rolandiques, frontale et pariétale ascendantes, mais seulement l'écorce de la frontale ascendante et de la lèvre correspondante du sillon de Rolando, comme l'ont démontré GRÜNBAUM et SHERRINGTON (1901-1903) dans des expériences sur les singes anthropoïdes. Le faisceau pyramidal, après avoir traversé la capsule interne, le pédoncule cérébral, la protubérance et le bulbe et abandonné des fibres aux noyaux moteurs des nerfs crâniens, arrive au collet du bulbe et se dédouble en deux faisceaux importants : le faisceau pyramidal direct qui descend dans la moelle du même côté que la voie primitive sans subir d'entrecroisement, le faisceau pyramidal croisé, plus épais, qui passe dans la moelle du côté opposé, s'entrecroisant ainsi avec son homologue (décussation pyramidale). Le faisceau pyramidal direct descend dans le cordon antérieur, le faisceau pyramidal croisé dans le cordon latéral. Il existe en outre dans l'aire du faisceau pyramidal croisé des fibres homolatérales directes (DEJERINE et THOMAS, MELLUS, SHERRINGTON), ce dernier faisceau a été désigné par DEJERINE sous le nom de faisceau pyramidal homolatéral. Il peut exister des variations de la décussation pyramidale qui expliquent le volume différent de ces divers faisceaux suivant les individus; l'absence totale de décussation pyramidale est exceptionnelle.

Le faisceau pyramidal croisé, le plus important en général, descend dans le cordon latéral où il occupe un espace ovoïde situé en dehors et en avant de la corne postérieure et en dehors du faisceau de FLECHSIG. « Les fibres pyramidales croisées, écrivent PIERRE MARIE et GEORGES GUILLAIN [1], diminuent de nombre à mesure que l'on examine des coupes plus inférieures de la moelle; cette diminution est surtout accentuée au-dessous du renflement cervical et lombaire. Sur les coupes examinées avec la méthode de WEIGERT nous avons constaté que la dégénération du faisceau pyramidal

---

1. PIERRE MARIE et GEORGES GUILLAIN. Article *Dégénérations secondaires*, in *Traité de Médecine de* BOUCHARD et BRISSAUD, 2ᵉ édition, IX, 550.

croisé se rencontrait encore au niveau des 2e et 3e segments sacrés, mais déjà au niveau de la région sacrée supérieure elles sont fort peu apparentes. L'examen de plusieurs cas avec le procédé de MARCHI nous a montré des corps granuleux dans toute la moelle sacrée, nous en avons même aperçu, comme DEJERINE et THOMAS, dans la partie supérieure du filum terminale. »

TCHERNICHEFF [1] a proposé une méthode indirecte pour déterminer l'aire des faisceaux pyramidaux de la moelle épinière. La méthode repose sur ce fait, démontré par FLECHSIG et vérifié par TCHERNICHEFF, que l'aire relative des faisceaux de Goll oscille dans des limites peu considérables et constitue, d'après FLECHSIG, 8,5 p. 100 de la superficie totale de la coupe horizontale de la moelle épinière. TCHERNICHEFF, dans deux moelles épinières où les faisceaux pyramidaux faisaient totalement défaut, a constaté que l'aire des faisceaux de Goll était en unités carrées 32 et 24; la superficie totale de la moelle, qui suivant les calculs devait être de 402,4 et de 292,6, n'était en réalité que de 357 et 256. Cette différence entre les résultats des mensurations directes (357 et 256) et les résultats des calculs théoriques doit être attribuée à l'absence des faisceaux pyramidaux dont l'aire est par conséquent pour le premier cas $402 - 357 = 55$ et pour le second cas $292 - 256 = 36$ unités carrées ou 13 et 14 p. 100 de la superficie de la moelle. Cette méthode indirecte pour déterminer l'aire des faisceaux pyramidaux aurait, pour son auteur, un avantage sur la mensuration directe, parce que le faisceau pyramidal, comme on le sait, ne présente pas de limites bien distinctes.

Les connexions des fibres du faisceau pyramidal avec les cellules des cornes antérieures ne sont pas connus. Les résultats obtenus avec la méthode de GOLGI chez l'homme sont imprécis; avec la méthode de MARCHI, d'autre part, on ne peut poursuivre jusqu'au niveau des cellules radiculaires les collatérales du faisceau pyramidal. VON LENHOSSEK [2], avec l'imprégnation au chromate d'argent, a vu des collatérales se rendre du faisceau de TÜRCK vers les cornes antérieures, mais il n'a pas pu suivre les collatérales du faisceau pyramidal du cordon latéral jusqu'à ces cornes. MAX ROTHMANN [3], pour expliquer cette impossibilité de suivre les fibres du faisceau pyramidal jusque dans la substance grise, admet que les fibres pyramidales perdent leur gaine de myéline en un certain point de leur trajet ou que les collatérales du faisceau pyramidal sont privés de myéline sur tout leur parcours. VON MONAKOW [4] n'a jamais pu, même dans les lésions corticales très anciennes avec dégénération pyramidale, constater d'atrophie secondaire des grandes cellules des cornes antérieures de la moelle, ce qui, ainsi qu'il le fait remarquer, est étonnant, si on admet que les fibres pyramidales ont leur terminaison dans le voisinage des grandes cellules des cornes antérieures. Les seules dégénérations médullaires de la substance grise que l'on trouve, d'après VON MONAKOW, dans les cas de lésions étendues du faisceau pyramidal siègent dans le processus reticularis (du moins à la région cervicale) et dans la région intermédiaire entre la corne antérieure et la corne postérieure et consistent dans la première zone en une disparition des cellules ganglionnaires, dans la seconde en une disparition de la Zwischensubstanz; son opinion est donc qu'il y a des connexions entre le faisceau pyramidal et ces deux régions. VON MONAKOW pense qu'il existe, entre le neurone des cellules radiculaires et le neurone des fibres pyramidales, un système cellulaire intercalaire (Schaltzelle), de telle sorte que c'est autour de celui-ci et non des grandes cellules motrices que se fait la terminaison du faisceau pyramidal. REDLICH [5] remarque qu'il est intéressant de constater l'absence de rapports des fibres du faisceau pyramidal avec les cornes antérieures et la médiocrité des phénomènes de déficit moteurs observés chez les animaux consécutivement aux lésions des voies pyramidales. G. GUILLAIN a constaté dans plusieurs cas de dégénération de faisceau pyramidal que le reticulum de la colonne de CLARKE était beaucoup moins dense du côté de la dégénération, mais n'a jamais pu déceler avec

1. TCHERNICHEFF. Société physico-médicale. Moscou, 1894.
2. VON LENHOSSEK. Der feinere Bau des Nervensystems, IIe Auflage. Berlin, 1897.
3. MAX ROTHMANN. Ueber die Degeneration der Pyramidenbahnen nach einseitiger Extirpation der Extremitätencentren. Neurologisches Centralblatt, 1896.
4. VON MONAKOW. Arch. f. Psych., XXVII, 1895.
5. REDLICH. Beiträge zur Anatomie und Physiologie der motorischen Bahnen bei der Katze. Monatschrift für Psychiatrie und Neurologie, v, 1899.

la méthode de Marchi des corps granuleux dans cette colonne de Clarke. Aux travaux des auteurs précédents on peut ajouter ceux de Probst [1] et de Starlinger [2], qui, après lésions expérimentales du faisceau pyramidal, n'ont pas trouvé de fibres dégénérées dans la commissure antérieure de la moelle et dans la substance grise. Il est par contre intéressant de remarquer que Probst a pu poursuivre dans les cornes antérieures les fibres du faisceau rubro-spinal de von Monakow, du faisceau descendant des tubercules quadrijumeaux (*Vierhugelvorderstrangbahn*), du faisceau descendant du cervelet dans le cordon antérieur (*Kleinhirnvorderstrangbahn*) et des fibres descendantes de la substance réticulée du pont (*Fasern der seitliche Substantia reticularis der Brücke und Medullæ oblongatæ zum Vorderstrang des Rückenmarkes*). Nombre d'autres auteurs d'ailleurs ont pu poursuivre dans la substance grise les fibres de ces divers faisceaux moteurs accessoires que nous avons appelés les voies parapyramidales motrices.

On peut donc dire que, chez l'homme, on n'a aucune notion anatomique précise sur le mode de terminaison dans la substance grise des fibres du cordon latéral ; ou ignore dans quelles parties de la substance grise se terminent ces fibres et avec quels groupes cellulaires elles sont en connexion, on ignore si les collatérales du faisceau pyramidal sont en rapport avec plusieurs cellules motrices et avec des cellules d'étages différents, si d'autres collatérales traversent la commissure et se rendent dans la substance grise de l'autre côté de la moelle.

Les fibres pyramidales homolatérales, qui existent chez l'homme et chez les animaux, proviennent de la pyramide dégénérée (Dejerine et A. Thomas). Pierre Marie et G. Guillain, qui partagent cette opinion, n'ont jamais constaté, contrairement à Sherrington, Unverricht, Vierhuff, Dejerine et Spiller, le passage dans la moelle des fibres dégénérées d'un faisceau pyramidal dans l'autre à travers les commissures ; ils rejettent également la conception de Marchi et de Ugolotti, qui pensent que les fibres pyramidales homolatérales sont amenées dans le faisceau pyramidal du côté opposé à la lésion par l'intermédiaire du corps calleux. La dégénération des fibres pyramidales homolatérales expliquerait pour certains auteurs les troubles du côté sain observés chez les hémiplégiques. Pierre Marie et G. Guillain [3], sans nier le rôle possible de ces fibres, font remarquer qu'elles sont peu nombreuses, qu'en plus les troubles du côté sain sont inconstants chez les hémiplégiques, ils pensent, d'après leurs examens anatomo-cliniques, que les troubles accentués du côté sain se constatent surtout dans le cas de lésions bilatérales atteignant les deux faisceaux pyramidaux soit dans les hémisphères soit dans la protubérance ou le bulbe.

En dehors des fibres pyramidales homolatérales qui naissant de la pyramide bulbaire et, se portant en dehors et en arrière, transversent la corne antérieure pour venir dans le cordon latéral de la moelle, M. et Mme Dejerine [4] décrivent des fibres aberrantes de la pyramide se rendant au cordon latéral par un trajet spécial. Ils écrivent : « Ces fibres aberrantes se groupent en fascicules affectant un trajet superficiel. Les unes contournent l'olive bulbaire à la manière des fibres arciformes superficielles, les autres, s'infléchissant au-dessous de l'olive, toutes deux descendent dans le cordon latéral de la moelle soit en arrière de l'olive bulbaire, soit en avant de la corne postérieure. Leur présence au devant de l'olive a été signalée par Russell, Spiller, Long, Pick, van Gehuchten. Elles représentent à notre avis de véritables fibres pyramidales homolatérales superficielles tout à fait comparables aux fibres pyramidales homolatérales profondes qui décapitent la corne antérieure homolatérale. »

A côté de la voie pyramidale d'origine corticale, Pierre Marie et G. Guillain distinguent des voies motrices parapyramidales qui jouent un rôle important au point de vue de la physiologie de la motricité (fibres strio-spinales, thalamo-spinales, rubro-spinales, fibres

1. Probst. Zur Kenntniss der Pyramidenbahnen. *Monatschrift f. Neurologie und Psychiatrie*, 1899, vi.

2. Starlinger. Die Durschneidung beider Pyramiden beim Hunde. *Jahrbücher f. Psychiatrie*, xv, 4.

3. Pierre Marie et Georges Guillain. Le faisceau pyramidal homolatéral, le côté sain des hémiplégiques. Étude anatomo-clinique. *Revue de Médecine*, octobre 1903, 797.

4. M. et Mme Dejerine. Anatomie des centres nerveux, Paris, 1901, ii, 549.

descendantes des tubercules quadrijumeaux, faisceau longitudinal postérieur, fibres descendantes de la substance réticulée du pont et du bulbe, etc.).

Nous croyons spécialement intéressant de donner quelques précisions sur l'anatomie comparée du faisceau pyramidal qui, somme toute, est un des faisceaux les plus importants de la moelle épinière.

Chez les singes, SCHAEFER (1883), MARCHI et ALGERI (1886), SHERRINGTON (1890), MELLUS (1894, 1899) ont décrit un faisceau pyramidal croisé et un faisceau pyramidal homolatéral, ce dernier n'a pas été retrouvé par ROTHMANN. Les recherches de MELLUS contredisent l'opinion généralement admise qu'il n'y a pas de faisceaux pyramidaux directs chez ces animaux.

KÖLLIKER a constaté que, chez la chèvre, une partie des pyramides se continue dans le cordon latéral du côté opposé et qu'une autre partie va dans le cordon de BURDACH.

Chez les carnivores, VULPIAN, FLECHSIG, VON MONAKOW, SINGER, BINSWANGER et MOELI, FÜRSTNER et KNOBLAUCH, ZIEHEN ont vu le seul faisceau pyramidal croisé. FRANCK et PITRES, SHERRINGTON, MARCHI et ALGERI, MOELI, LÖWENTHAL, MURATOFF, BOYCE, REDLICH, SANDMEYER, ZIEHEN ont constaté un faisceau pyramidal homolatéral. L'existence d'un faisceau pyramidal direct chez les carnivores est douteuse. SCHIFFERDECKER, MARCHI et ALGERI, BEYER disent l'avoir constaté. BEYER (1894), après extirpation du gyrus sigmoïde chez le chien, note, en plus de la dégénération du faisceau pyramidal latéral et du faisceau pyramidal du cordon antérieur, la dégénération d'une zone marginale comprenant un peu le faisceau de GOWERS et se prolongeant en avant jusqu'à la sortie de la racine antérieure.

Chez les rongeurs, le faisceau pyramidal a été étudié par différents auteurs. ZIEHEN dit que le faisceau pyramidal croisé et le faisceau pyramidal homolatéral existent chez les lapins et les lièvres et qu'on trouve aussi, après l'extirpation des zones corticales motrices, des fibres dégénérées dans les cordons antérieurs et postérieurs des deux côtés. BECHTEREW, chez le lapin, n'a décrit que la dégénération du faisceau pyramidal croisé. STIEDA a montré que les faisceaux pyramidaux de la souris se rendent dans les cordons postérieurs; FLECHSIG, SPITZKA, BECHTEREW ont fait la même constatation. VON LENHOSSEK a vu aussi que, chez la souris, les pyramides occupent une situation antérieure, mais que, après décussation, les fibres vont dans les cordons postérieurs du côté opposé. Chez les lapins, VON LENHOSSEK a remarqué que la décussation est totale et que les fibres pyramidales vont dans le cordon latéral : il n'y a de fibres pyramidales ni dans le cordon antérieur ni dans le cordon postérieur. VON LENHOSSEK, BECHTEREW, PONTIER et Gérard ont vu que, chez les cobayes, le faisceau pyramidal se rend dans le cordon postérieur.

Chez les ongulés et les insectivores, on a constaté le faisceau pyramidal dans le cordon latéral.

Chez les marsupiaux et les monotrèmes, le faisceau pyramidal a été spécialement étudié par KÖLLIKER. Cet auteur a vu que les fibres pyramidales se rendaient dans le faisceau de BURDACH chez Phascolarctus cinereus, chez Phalangista vulpina. KÖLLIKER pense aussi que, chez Ornithorynchus, le faisceau pyramidal existe dans le faisceau de BURDACH, mais il ne se croit pas autorisé, d'après ses observations, à nier que certaines fibres des pyramides se continuent dans les cordons latéraux. ZIEHEN, d'autre part, écrivait en 1899 que l'existence d'une voie pyramidale au propre du mot, c'est-à-dire d'un faisceau cortico-spinal ininterrompu, restait à prouver chez l'ornithorynque. KÖLLIKER [1] fait remarquer que la présence des fibres pyramidales dans les cordons postérieurs n'enlève rien à leur signification de conducteurs d'impressions motrices, si l'on admet que ces fibres agissent par des collatérales qui se terminent autour des cellules de la substance grise qui donnent naissance aux racines motrices des nerfs spinaux. D'ailleurs VON LENHOSSEK a trouvé que, chez la souris et le cobaye, les fibres pyramidales contenues dans les cordons postérieurs émettent des fibres collatérales nombreuses qui se terminent dans un noyau bien circonscrit situé à la partie médiale-ventrale des cornes postérieures, et dont les cellules envoient leur cylindre-axe vers les

1. KÖLLIKER. Sur l'entrecroisement des pyramides chez les Marsupiaux et les Monotrèmes. Cinquantenaire de la Société de Biologie, 1899, 640.

cornes antérieures. Kölliker a constaté l'existence de ce noyau chez les marsupiaux et propose de l'appeler le noyau moteur dorsal.

Chez les oiseaux, les recherches sur les dégénérations secondaires d'origine corticale ont donné des résultats négatifs à nombre d'auteurs. Munzer et Wiener, avec la méthode de Marchi, ont constaté après destruction du cerveau moyen du pigeon une dégénération croisée dans les parties internes et postérieure du cordon latéral : ils en concluent à l'existence d'un tractus mesencephalo-spinalis ou diencephalo-spinalis, ils n'admettent pas chez ces animaux un faisceau pyramidal allant du cerveau à la moelle ; ils rapportent la dégénération marginale observée après section transversale de la moelle à un faisceau pyramidal médullaire (*Rückenmarkspyramidenbahn*), faisceau [différent du faisceau pyramidal d'origine cérébrale des mammifères (*Grosshirnpyramidenbahn*) et du faisceau pyramidal qu'ils ont décrit comme ayant son origine dans le cerveau moyen (*Mittelhirnpyramidenbahn*).

On a peu de données sur le faisceau pyramidal des reptiles. Sandmeyer et Ziehen, chez des amphibiens, la grenouille et le crapaud, n'ont pas trouvé de dégénération dans la moelle après extirpation du cerveau. Chez les poissons le faisceau pyramidal n'est pas connu.

Ainsi qu'on le voit par ces données de l'anatomie comparée, le faisceau pyramidal est moins développé chez les animaux que chez l'homme. Von Lenhossek donne les chiffres suivants montrant les différences qui existent entre l'homme et certains animaux quant à la surface occupée dans une coupe de moelle par les faisceaux pyramidaux : souris, 1,14 ; cobaye, 3 ; lapin, 5,3 ; chat, 7,76 ; homme, 11,87.

En parcourant l'échelle animale, on voit que ce n'est que chez les mammifères que l'on constate un faisceau pyramidal ayant quelques analogies avec celui de l'homme. Il ne faut pas oublier que, chez beaucoup d'animaux, et parmi eux chez des animaux dits de laboratoire, le faisceau pyramidal se rend non dans les cordons latéraux mais dans les cordons postérieurs. Ces faits anatomiques sont d'une extrême importance au point de vue de la physiologie, car on comprend par eux combien il faut être prudent dans la généralisation à la moelle humaine des conclusions tirées d'expériences sur la moelle des animaux. Si déjà pour la voie pyramidale motrice, qui paraît être une des voies de conduction primordiale de névraxe, existent des variations anatomiques si accentuées dans l'échelle des êtres, combien plus grandes encore doivent être les variations pour les autres voies de conduction de la moelle épinière. On a trop souvent, dans les ouvrages d'anatomie, proposé des schémas qui sont une synthèse des recherches faites sur les animaux les plus différents, schémas qui pour cette raison sont erronés et conduisent en physiologie à des hypothèses qui ne répondent nullement à la réalité. Il est, croyons-nous, d'une rigueur plus scientifique de laisser des questions physiologiques non résolues, d'avouer la relativité de nos connaissances, plutôt que de vouloir tout expliquer avec des schémas purement hypothétiques.

Le faisceau cérébelleux direct ou de Flechsig est une voie longue cérébelleuse ascendante, mettant en communication les fibres radiculaires moyennes de la région dorsale avec l'écorce du vermis du cervelet. Ses fibres naissent dans la colonne de Clarke du même côté, depuis le premier segment dorsal jusqu'au premier segment lombaire (Dejerine) ; quelques fibres paraissent venir de la région cervicale ; les fibres se portent en dehors, traversent horizontalement la moitié postérieure du cordon latéral, montent dans ce cordon, en occupant une situation superficielle, en dehors du faisceau pyramidal croisé. Ce faisceau, écrit Dejerine, « appartient donc en propre à la moelle et reçoit par les fibres radiculaires moyennes lombo-sacrées, lombaires et dorsales inférieures, les incitations sensitives profondes provenant du membre inférieur, de la moitié correspondante du tronc et de la queue chez les animaux ». Les fibres, après s'être entrecroisées pour la plupart, se terminent dans la partie antéro-supérieure de vermis.

Le faisceau de Gowers est une voie cérébelleuse longue et ascendante, surtout croisée. L'origine de ses fibres est discutée ; pour Ramón Cajal, elles naissent d'un territoire encore indéterminé de la substance grise médullaire, pour Dejerine des cellules de la zone intermédiaire contre les cornes antérieure et postérieure. Les fibres sont de longueur inégale ; certaines sont directes et montent dans le cordon latéral correspondant ;

d'autres, les plus nombreuses, s'entrecroisent et passent dans le cordon opposé où elles se placent à la périphérie en avant du faisceau de Flechsig. Le faisceau de Gowers apparaît dans le premier segment lombaire et augmente de volume dans la moelle dorsale et cervicale; il transmet, d'après Dejerine, « par les fibres radiculaires courtes les incitations sensitives profondes du tronc, du cou et du membre supérieur, surtout du côté croisé ». Les fibres du faisceau de Gowers se terminent, les unes dans les noyaux latéraux du bulbe, les autres dans la partie antéro-inférieure du vermis.

Voies courtes d'association. — En dehors de ces grands systèmes de conductilité, le cordon latéral contient de nombreuses fibres d'association reliant entre eux les divers étages de la moelle au tronc encéphalique, ce sont les fibres antéro-latérales ascendantes. Dejerine s'exprime ainsi à leur sujet : « Elles naissent des cellules cordonales de la base de la corne postérieure, de la zone intermédiaire, et des cellules commissurales de la corne antérieure. 1° Les unes s'articulent avec les fibres radiculaires courtes, passent immédiatement dans la commissure grise, abordent le cordon antéro-latéral du côté opposé, et atteignent, après un trajet ascendant oblique plus ou moins long, le segment postérieur de ce cordon. L'apport incessant de nouvelles fibres, originaires des segments médullaires sus-jacents, refoule peu à peu ces fibres ascendantes vers la périphérie où elles empiètent d'autant plus sur le champ des voies cérébelleuses et du faisceau pyramidal croisé qu'elles sont plus longues et proviennent de segments médullaires plus inférieurs. 2° Les autres sont en rapport surtout avec les fibres radiculaires moyennes; elles montent pendant un trajet plus ou moins long dans la substance grise, puis s'entrecroisent dans la commissure antérieure et poursuivent leur trajet ascendant oblique dans le segment antérieur du cordon antéro-latéral du côté opposé de la moelle. Elles se placent peu à peu le long de la corne antérieure à une certaine distance du sillon médian antérieur et atteignent la périphérie de la moelle au niveau de l'émergence des racines antérieures. La surface de section de l'ensemble de ces fibres forme un croissant à concavité interne — *faisceau en croissant* de Dejerine (1903) — qui contourne la partie externe de la corne antérieure, et occupe une situation plus périphérique que celle du faisceau antéro-latéral descendant de Dejerine et Thomas. »

Les fibres du segment antérieur du faisceau antéro-latéral ascendant se terminent dans la substance grise de la moelle cervicale et dans la formation réticulée du bulbe et de la calotte ponto-pédonculaire. Les fibres du segment postérieur de ce faisceau antéro-latéral ascendant, plus nombreuses, accompagnent le faisceau de Gowers dans le bulbe et la protubérance, mais poursuivent leur trajet ascendant alors que le faisceau de Gowers pénètre dans le cervelet; elles se terminent, d'après Dejerine, dans la substance grise de la moelle, les formations cérébelleuses du bulbe (noyaux latéraux, olive bulbaire), dans la partie externe de la formation réticulée bulbo-ponto-pédonculaire et dans le thalamus et le tubercule quadrijumeau postérieur.

« Sur toute la hauteur de la moelle et du tronc encéphalique, écrit Dejerine, une série de neurones superposés se trouvent ainsi échelonnés sur le trajet des fibres antéro-latérales ascendantes. Dans la moelle, ces courtes voies d'association intra-spinales relient entre eux plusieurs étages médullaires plus ou moins éloignés, dans le tronc encéphalique, elles relient de même entre eux les différents étages de la formation réticulée (courtes voies d'association intra-réticulées) en s'articulant avec les fibres spino-réticulées bulbaires, pontines ou pédonculaires et arrivent au thalamus (fibres réticulo-thalamiques). »

Le cordon antérieur.

Le cordon antérieur comprend tout d'abord le faisceau pyramidal direct ou faisceau de Türck. Les anatomistes insistent beaucoup sur les variations de volume de ce faisceau. Charpy [1] écrit à ce sujet : « Dans son volume moyen il occupe la partie interne de cordon antérieur et une bande assez étroite à la périphérie de la moelle; il se termine au milieu de la région dorsale. Etroit, il se confine à la face interne du sillon

---

[1]. Charpy in Poirier et Charpy, *Traité d'Anatomie humaine*, 2ᵉ édit., iii, 205. Paris, 1901.

médian et finit au-dessous du renflement cervical ou même au milieu de ce renflement. Si, au contraire, il est de grand volume, qu'il représente la moitié ou plus des voies pyramidales, il s'étale et déborde sur la face externe de la moelle, s'étendant jusqu'aux racines antérieures ; il se détache alors en saillie comme le cordon postérieur ; un sillon, dit sillon intermédiaire antérieur, le limite en dehors à la région cervicale et ses fibres se propagent sur la plus grande partie de la moelle ; au moins les a-t-on constatées jusqu'aux 3e et 4e nerfs sacrés et même jusqu'au cône terminal (Dejerine). Ces variations s'étendent plus loin encore ; il peut manquer complètement ou inversement absorber la presque totalité du faisceau pyramidal, le faisceau latéral n'étant plus que la dixième partie du faisceau total ; fréquemment enfin il est asymétrique de droite à gauche. Comme le faisceau pyramidal croisé, dont il n'est qu'une partie séparée dans la moelle, fusionnée dans le cerveau, le faisceau antérieur provient des cellules nerveuses de l'écorce hémisphérique. »

Pierre Marie et Georges Guillain[1] rappellent que, depuis les travaux de L. Türck et de Bouchard, l'existence de faisceau pyramidal direct est admise par tous les anatomistes, et que dans les traités d'Anatomie de Van Gehuchten, Edinger, Obersteiner, Charpy, le territoire du faisceau pyramidal direct est figuré occupant environ la moitié interne du cordon antérieur ; souvent même on montre le faisceau pyramidal direct s'étalant vers le bord antérieur de la moelle. Une telle description du faisceau pyramidal direct ne leur paraît pas absolument exacte. Sans nier les variations possibles dans l'entrecroisement des pyramides, ils pensent toutefois que ces variations sont assez rares et que les apparences différentes sous lesquelles se présente la dégénération du faisceau pyramidal direct répondent à des lésions primitives différentes. S'appuyant sur de nombreux cas de lésions cérébrales dont certaines étaient très vastes, ils montrent que le tractus de sclérose du faisceau pyramidal examiné avec la méthode de Weigert n'occupe pas, suivant l'opinion classique, la moitié interne du cordon antérieur, mais est très limité ou même fait totalement défaut. La décussation totale ou presque totale du faisceau pyramidal direct semble donc être infiniment plus fréquente qu'on ne l'enseigne. Les dégénérations du cordon antérieur consécutives aux lésions du myélencéphale, du métencéphale, du mésencéphale et de l'isthme du rhombencéphale, lésions intéressant principalement la calotte de ces régions, sont beaucoup plus étendues en hauteur et en largeur que celles observées dans les cas de lésions du faisceau pyramidal dans le cerveau ; elles affectent la forme d'un croissant. La dégénération de ce faisceau en croissant (Pierre Marie et Georges Guillain) tient à ce que, chez l'homme, comme chez les animaux, descendent dans le cordon antérieur des fibres auxquelles Pierre Marie et Georges Guillain donnent le nom de fibres parapyramidales, voulant spécifier par ce néologisme que ces fibres n'appartiennent pas au faisceau pyramidal, quoique occupant dans la moelle une situation adjacente. Il existe incontestablement des fibres parapyramidales dans la calotte pédonculo-protubérantielle ; il est possible que des fibres analogues descendent dans l'étage antérieur de la protubérance et du bulbe. Ces fibres naîtraient des cellules que l'on voit dans la région sousoptique, le pédoncule et la protubérance, au voisinage de la voie pyramidale ; elles se mélangeraient suivant une partie de leur trajet avec la voie pyramidale d'origine corticale et la quitteraient avant la constitution de la pyramide bulbaire, laquelle semble exclusivement constituée de fibres corticales. La question de l'origine précise du faisceau pyramidal ventro-latéral et de toutes les fibres pyramidales aberrantes est une question trop récente dans la science pour que l'on puisse affirmer une opinion absolue sur ces faits.

L'aspect en croissant des dégénérations d'origine pédonculaire doit être examiné à la région cervicale moyenne et inférieure où on le constate déjà, alors que dans ces régions il fait défaut dans les cas de lésions cérébrales ayant amené la seule dégénération du faisceau pyramidal d'origine corticale. Il ne faut pas interpréter comme faisceau en

1. Pierre Marie et Georges Guillain. *Le faisceau pyramidal direct et le faisceau en croissant.* Semaine médicale, 21 janvier 1903, 17. — *Les dégénérations secondaires du cordon antérieur de la moelle. Le faisceau pyramidal direct et le faisceau en croissant. Les voies parapyramidales du cordon antérieur.* Revue Neurologique, 30 juillet 1904, 697.

croissant l'aspect fréquent que l'on observe au niveau des premiers segments cervicaux, alors que l'entrecroisement pyramidal n'est pas encore terminé. Cet aspect en croissant des régions hautes de la moelle peut exister dans les cas de lésions cérébrales, même alors que, à la région cervicale inférieure, la dégénération du faisceau pyramidal direct est presque nulle. Ce que Pierre Marie et Georges Guillain ont voulu montrer, en décrivant le faisceau en croissant, est tout différent. A la région dorsale supérieure on peut remarquer parfois que le faisceau pyramidal direct a une tendance à se porter en avant, à s'élargir. Il ne faut pas interpréter cette figure de la région dorsale supérieure comme un faisceau en croissant, car la dégénération du cordon antérieur, dans les lésions du pédoncule cérébral, a déjà un aspect relativement volumineux et large à la région cervicale moyenne et inférieure.

La conclusion de Pierre Marie et Georges Guillain est que : « Quand on étudie les dégénérations du cordon antérieur on voit que, tout en tenant un très grand compte des variétés dans l'entrecroisement des pyramides, la contingence seule ne préside pas à la morphologie macroscopique et structurale de ces dégénérations, mais qu'au contraire les données de l'anatomie comparée et de l'anatomie pathologique humaine permettent de distinguer dans le cordon antérieur : des fibres pyramidales d'origine corticale et des fibres parapyramidales tirant leur origine du mésencéphale, du méten-céphale et du myélencéphale. »

La terminaison des fibres pyramidales directes est très discutée. Pour Kölliker, Van Gehuchten, Ramón Cajal, les fibres subissent une décussation le long de la commissure antérieure, et elles se mettent en rapport avec les cellules de la corne antérieure opposée. Von Lenhossek et Long n'admettent pas cette décussation, les fibres se rendraient directement dans la corne antérieure du même côté. Ziehen et Hoche auraient observé des collatérales se rendant aux deux cornes antérieures. Dans les cas qu'ils ont examinés avec la méthode de Marchi, P. Marie et G. Guillain n'ont pu que rarement « poursuivre les fibres en dégénérescence vers l'une ou l'autre des cornes de la moelle. Cela tient sans doute à ce que les collatérales du faisceau pyramidal ne possèdent pas de gaine de myéline, et, partant, ne sont pas visibles avec les méthodes employées. En conclusion, si l'on veut faire abstraction des hypothèses, la question des connexions terminales du faisceau pyramidal direct reste entière à résoudre. »

On ignore aussi comment les fibres pyramidales se mettent en rapport avec les cellules des cornes antérieures de la moelle. Les connexions directes n'ont pas été vues ; von Monakow a admis que les collatérales des fibres pyramidales s'arborisent autour de cellules spéciales (Schaltzellen) qui commanderaient à leur tour plusieurs centres moteurs. Si l'on admet cette hypothèse de von Monakow, la moelle serait un centre non seulement de transmission mais de coordination ; la cellule motrice primaire réceptrice de l'influx moteur cérébral le transmettait aux cellules motrices secondaires d'émission après l'avoir modifié ; cette hypothèse est intéressante, car, dans la physiologie des réflexes, la notion de coordination est très importante.

Voies courtes d'association. — Il existe, dans le cordon antérieur, des fibres d'association courtes directes et croisées qui mettent en communication les divers étages des cornes antérieures ; nous avons déjà signalé plus haut les fibres antéro-latérales ascendantes de Dejerine dont le segment antérieur appartient au cordon antérieur. Sous le nom de faisceau marginal antérieur, on a décrit une voie dont la nature est discutée, située en bordure le long de la scissure médiane et qui pour Lœwenthal se poursuivrait jusqu'au bulbe.

Le cordon postérieur.

Il y a lieu de considérer dans les cordons postérieurs : 1° les fibres exogènes ou fibres radiculaires postérieures ; 2° les fibres endogènes.

I. Fibres exogènes des cordons postérieurs. Fibres radiculaires postérieures. — Après section d'une racine postérieure entre la moelle et le ganglion spinal, le bout médullaire de cette racine subit une dégénération centripète à l'exception de quelques fibres qui restent intactes. Les fibres centripètes dégénérées sont les prolongements centraux des cellules en T du ganglion rachidien correspondant, les fibres centrifuges viennent de la moelle et, ainsi que nous le verrons ultérieurement, paraissent en rapport avec l'innervation vasculaire.

Les fibres radiculaires, dès leur entrée dans la moelle, se dirigent vers la tête de cornes postérieures qui est entourée par la substance gélatineuse de ROLANDO, elle-même recouverte par un second croissant, la substance spongieuse (couche spongieuse de la substance gélatineuse).

Le faisceau des fibres radiculaires est à ce niveau divisé en trois groupes : un groupe externe ou latéral qui empiète sur le cordon latéral ; un groupe intermédiaire, peu important chez l'homme, et qui se confond avec un groupe interne à grosses fibres situé dans la région externe du faisceau de BURDACH. On pensait autrefois que ces fibres, après un trajet horizontal plus ou moins long, devenaient ascendantes, mais KÖLLIKER en a montré le trajet réel.

Chacune de ces fibres, dès son entrée dans la moelle, au niveau des zones radiculaires de LISSAUER, après avoir émis une à trois branches collatérales, se divise en deux branches terminales, ascendante et descendante. La branche ascendante est longue et volumineuse, la branche descendante plus courte et plus grêle, elles émettent l'une et l'autre des collatérales nombreuses. Cette riche subdivision des fibres radiculaires a évidemment pour but d'augmenter les moyens d'union des divers étages de la moelle et des groupes cellulaires entre eux.

Les fibres radiculaires ascendantes montent verticalement dans le cordon postérieur ; elles sont de longueur inégale dans une même racine ; les courtes ne dépassent pas 5 ou 6 centimètres ; les moyennes plus longues pénètrent dans la substance grise des cornes postérieures ; les longues passent successivement dans les faisceaux de BURDACH et de GOLL et vont jusqu'au bulbe, pour se terminer autour des noyaux de GOLL, de BURDACH et de VON MONAKOV (partie externe du noyau de BURDACH, noyau du corps restiforme).

Durant leur trajet, ces fibres n'occupent pas toujours le même point sur une coupe transversale, elles sont repoussées en dedans et un peu en arrière, à chaque étage, par celles de l'étage sus-jacent (loi de KAHLER et PICK), si bien qu'elles occupent successivement le côté interne de la corne postérieure (zone cornu-radiculaire de MARIE), puis plus en dedans la bandelette externe de CHARCOT et PIERRET, enfin le faisceau de GOLL. Chacun des faisceaux de GOLL et de BURDACH ne doit donc pas être considéré comme un système ; ils sont formés par des fibres de provenance diverse, lesquelles après avoir fait partie de l'un font partie de l'autre, puisque nous savons que, à chaque étage, les fibres radiculaires inférieures du segment sous-jacent sont repoussées en dedans par les fibres radiculaires du segment sus-jacent qui entrent à leur tour dans la moelle.

La loi de KAHLER et PICK permet de comprendre que les fibres les plus internes du faisceau de GOLL sont les fibres nées dans les segments les plus inférieurs de la moelle. D'après DEJERINE, les fibres longues des racines sacrées occupent dans la région cervicale la partie interne et postérieure du cordon de GOLL ; les fibres longues des racines lombaires se placent en avant et en dehors d'elles, et les fibres longues des racines dorsales sont situées en avant et en dehors de celles-ci. « Les dégénérescences secondaires, consécutives aux lésions radiculaires limitées et étudiées à l'aide des méthodes de PAL et de MARCHI, écrit DEJERINE [1], montrent que, dans la région cervicale, le cordon de GOLL est exclusivement formé de fibres radiculaires longues provenant des racines sacrées, lombaires, dorsales inférieures et moyennes (DEJERINE et SOTTAS). Ni la première racine dorsale, ni les racines cervicales n'envoient de fibres dans le cordon de GOLL ; leurs fibres longues et moyennes restent cantonnées dans le cordon de BURDACH ; elles y occupent une situation d'autant plus interne qu'elles appartiennent à des racines plus inférieures (DEJERINE et SOTTAS). »

Les rameaux descendants des fibres radiculaires sont beaucoup plus courts ; ils ne dépasseraient guère deux à trois centimètres d'après certains auteurs, et se termineraient, en se recourbant, dans la corne postérieure des segments sous-jacents.

Cette opinion n'est pas celle de RAMÓN CAJAL, qui pense que les branches des-

1. J. DEJERINE. Sémiologie des affections du système nerveux. Masson édit., 1914, 795.

cendantes ont dans la moelle une longueur variable suivant le segment médullaire étudié. Dans la région cervicale, le nombre des fibres descendantes longues serait élevé, tandis qu'il serait faible dans la région lombaire. Sans doute, cette disposition a-t-elle pour but de provoquer facilement des communications réflexes entre les étages de la moelle. NAGEOTTE (1895), DEJERINE et THOMAS (1896), ZAPPERT (1898), RAMÓN CAJAL ont vu en outre que la situation topographique de cette branche descendante est très variable, elle tend à se placer de plus en plus au contact de la ligne médiane, à mesure qu'on s'éloigne de la région cervicale ; la loi de KAHLER et PICK s'appliquerait donc aux fibres descendantes autant qu'aux fibres ascendantes. D'après DEJERINE et André THOMAS, les fibres courtes se terminent immédiatement dans la substance grise de la corne postérieure, les fibres moyennes empruntent la voie de la virgule de SCHULTZE et de la zone cornu-commissurale ; enfin les fibres longues des racines dorsales, lombaires et sacrées suivent en outre la voie du faisceau de HOCHE, du centre ovale de FLECHSIG, du triangle médian de GOMBAULT et PHILIPPE (DEJERINE et SPILLER, WALLENBERG, A. BRUCE) et s'y trouvent mélangées à des fibres endogènes ascendantes.

Les collatérales des fibres radiculaires moyennes et longues sont très nombreuses. Les branches terminales et collatérales se terminent ainsi : 1° celles du faisceau interne vont se perdre dans les cellules de la colonne de CLARKE homolatérale, dans la substance gélatineuse de ROLANDO, quelques-unes dans les cellules motrices des cornes antérieures du même côté (fibres collatérales réflexes de KÖLLIKER ou fibres sensitivo-motrices) ; 2° celles du faisceau externe vont se perdre autour des cellules de la substance gélatineuse de ROLANDO, dans le plexus de la substance gélatineuse et dans le groupe intermédiaire latéral.

RAMÓN CAJAL décrit des collatérales commissurales, système croisé qui relie le cordon postérieur à la corne postérieure opposée (fibres commissurales arciformes). Les fibres commissurales, d'après CAJAL, existent chez l'homme et les animaux, mais sont moins développées chez l'homme que chez les mammifères (chiens, rats, lapins, etc). D'après DEJERINE, chez l'homme, aucune fibre ne rejoint la corne postérieure opposée en passant par la commissure grise postérieure.

II. **Fibres endogènes des cordons postérieurs.** — Ce sont des voies d'association, courtes ou moyennes, ascendantes et descendantes.

1° En arrière de la commissure grise est la *zone cornu-commissurale* de MARIE (faisceau fondamental postérieur de VAN GEHUCHTEN), occupant toute la hauteur de la moelle mais accusée surtout dans les régions dorsale et lombaire.

2° *La virgule de* SCHULTZE, faisceau en forme de virgule, située en dedans des cornes postérieures, importante surtout dans la région cervico-dorsale, mais qui se retrouve également sur toute la hauteur de la moelle (DEJERINE).

3° *Le faisceau de* HOCHE sous forme d'une bandelette périphérique à la partie postérieure et superficielle des cordons postérieurs ; il apparaît dans la région dorsale supérieure, se porte en dedans à partir du huitième segment dorsal, et vient se placer dans le sillon médian postérieur dans les segments lombaires supérieurs.

4° *Le centre ovale de* FLECHSIG lui fait suite dans la région lombo-sacrée (L³ — S³) ; il siège plus profondément à l'intérieur des faisceaux de GOLL, sur la ligne médiane.

5° *Le triangle sacré médian de* GOMBAULT *et* PHILIPPE, qui continue le centre ovale de FLECHSIG dans la moelle sacrée inférieure (S³ — S⁶), se présente sous forme d'un triangle à sommet antérieur et à base postérieure.

Ces diverses zones sont constituées par des fibres endogènes ascendantes et descendantes mélangées à des fibres exogènes, on y constate aussi des fibres radiculaires ascendantes et descendantes (DEJERINE).

La constitution de la virgule de SCHULTZE a été discutée. SCHULTZE, BRUNS, LENHOSSEK, OBERSTEINER, C. WINCKLER la considèrent comme une zone à fibres radiculaires, TOOTH, PIERRE MARIE, GOMBAULT et PHILIPPE comme une zone à fibres endogènes descendantes. Pour DEJERINE et ANDRÉ THOMAS elle contient à la fois des fibres endogènes et des fibres radiculaires moyennes et longues descendantes des différents segments de la moelle.

Les fibres du centre ovale de FLECHSIG seraient uniquement endogènes pour certains auteurs, endogènes et exogènes pour DEJERINE et SPILLER. DEJERINE considère que ces fibres exogènes sont les fibres radiculaires longues lombaires et lombo-sacrées descendantes. Nageotte pense que le centre ovale de Flechsig n'est nullement formé de fibres endogènes, il serait constitué par les fibres longues des racines les plus inférieures de la moelle.

Des divergences d'opinion existent analogues pour le triangle de Gombault et Philippe.

Le triangle de Gombault et Philippe est considéré par ces auteurs comme formé exclusivement de fibres endogènes; pour Dejerine et Spiller, Marburg, Wallenberg, Bruce, il contiendrait deux ordres de fibres, des fibres endogènes et des fibres exogènes ou radiculaires; pour Schultze, Redlich, Zappert et Goldstein, il serait formé exclusivement de fibres exogènes. André Thomas et E. Landau[1] pensent qu'il est vraisemblable que le triangle de Gombault et Philippe est formé de fibres endogènes.

Nageotte et Marinesco décrivent en outre des fibres endogènes fines disséminées dans tout le cordon postérieur, même dans les faisceaux de Goll. Dejerine et Sottas, Spiller nient leur présence dans ces faisceaux. Nous rappellerons aussi que, pour Nageotte, les zones de Lissauer seraient formées non pas de fibres radiculaires, mais de fibres endogènes condensées à l'extrémité de la corne postérieure. André Thomas et E. Landau concluent de même que la zone de Lissauer est composée exclusivement de fibres endogènes, conformément à l'opinion de Nageotte et aux constatations de A. Thomas et Lamussière, qui ont pu étudier la dégénérescence des racines postérieures à la région dorsale dans deux cas de zona.

Il semble, d'après différents travaux, que les faisceaux nerveux de la moelle ont une composition chimique différente, G. Buglia et D. Maestrini[2] ont noté en effet des différences de composition chimique entre les faisceaux moteurs et sensitifs de la moelle.

Les racines rachidiennes.

I. Racines antérieures. — Elles sont constituées par les axones des cellules des cornes antérieures. Stilling évalue chez l'homme à peu près à 300 000 le nombre des fibres radiculaires et par conséquent le nombre total des cellules motrices de la moelle. Les fibres radiculaires sont grosses ou fines; pour Kölliker les fibres fines, qui naissent surtout dans les groupes interne et postérieur de la corne, sont spécialement des fibres motrices destinées au grand sympathique. Golgi, Van Gehuchten, Sala, Von Lenhossek ont montré que l'axone des fibres radiculaires émet des collatérales dans la substance grise ou la substance blanche adjacente. Golgi pensait que ces fibres collatérales s'anastomosaient avec les radiations sensitives, et créaient une voie directe sensitivo-motrice; von Lenhossek, admettant également ces anastomoses, croyait que l'influx sensitif parvenait par les collatérales réflexes sensitives-motrices de la corne postérieure à ces collatérales motrices qui les transmettaient aux cellules radiculaires antérieures, d'où partait alors l'influx moteur. Ramón Cajal incline à penser que ces collatérales entrent en connexion avec les cellules motrices voisines; leur rôle serait de faire participer un certain nombre de neurones moteurs aux excitations sensitives ou motrices volontaires reçues par l'un d'entre eux seulement. « Ainsi, dit-il, se trouveraient assurés le concours d'un grand nombre de cellules motrices, une plus grande diffusion de leur décharge et peut-être aussi un accroissement de leur énergie. »

---

1. André Thomas et E. Landau, Contribution à l'étude des cordons postérieurs de la moelle. Le triangle de Gombault et Philippe. Les fibres endogènes. La zone de Lissauer. *Comptes rendus de la Société de Biologie*, séance du 3 février 1917, 151.

2. G. Buglia et D. Maestrini. Contribution à la chimie du tissu nerveux. I. Différences dans la composition chimique entre les cordons médullaires ventraux et les cordons médullaires dorsaux du bœuf. *Archives italiennes de Biologie*, lxii, fasc. 1, 31-34, paru le 30 novembre 1914. — Contribution à la chimie du tissu nerveux. II. Détermination du phosphore dans les cordons médullaires ventraux et dorsaux du bœuf. *Archives italiennes de Biologie*, lxii, fasc. 2, 212-217, paru le 25 janvier 1915. — Contribution à la chimie du tissu nerveux. III. Nouvelles recherches sur la composition chimique des cordons médullaires ventraux et dorsaux du bœuf. *Archives italiennes de Biologie*, lxii, fasc. 2, 218-221, paru le 25 janvier 1915.

II. **Racines postérieures**. — Elles sont constituées par le prolongement cellulifuge des cellules en T des ganglions rachidiens, leur bout central dégénère lorsqu'on sectionne la racine entre le ganglion et la moelle.

III. **Les fibres centrifuges des racines postérieures.** — On a beaucoup discuté sur l'existence de fibres vaso-motrices centrifuges autonomes dans les nerfs spinaux, c'est-à-dire de fibres ne contractant aucune relation avec les cellules ganglionnaires sympathiques. On a admis la présence de ces fibres dans le troisième nerf cervical (fibres vaso-motrices), dans les nerfs du plexus brachial (fibres vaso-motrices et sécrétoires), dans les nerfs du plexus lombo-sacré (fibres vaso-motrices et sécrétoires).

SCHIFF pensait que ces fibres passaient par les racines antérieures; il donnait comme exemple que la section des racines antérieures du plexus lombo-sacré entraîne chez le chien une élévation de température de la peau. CLAUDE BERNARD refit l'expérience sur le plexus lombo-sacré et aussi sur le plexus brachial, mais avec un résultat négatif.

La plupart des physiologistes admettent que ces fibres vaso-motrices centrifuges passent par les racines postérieures. VÉJAS (1883) admit le premier l'existence de ces fibres. MAX JOSEPH (1887) montra, chez le chien et le chat, la présence de fibres saines dans le bout médullaire des racines postérieures dégénérées après leur section entre le ganglion et la moelle; sur le bout ganglionnaire il constatait en même temps la présence d'un petit nombre de fibres dégénérées; il s'agissait donc de fibres centrifuges. MAX JOSEPH, après section de ces racines postérieures, vit l'apparition de différents troubles trophiques (pâleur de la peau, œdèmes), il en conclut que ces fibres trophiques avaient une origine médullaire et passaient par les racines postérieures.

RAMÓN CAJAL (1890), VON LENHOSSEK (1890), VAN GEHUCHTEN (1893), RETZIUS chez l'embryon du poulet, MARTIN (1895) chez la truite, STEINACH (1895) chez la grenouille, décrivirent des fibres venant des racines postérieures et se perdant dans les cornes antérieures du même côté. KÖLLIKER (1896) ne put les retrouver ni chez les mammifères ni chez l'homme, mais regarda toutefois leur existence comme probable; elles doivent, dit-il, être centrifuges, vaso-motrices et en rapport avec le système sympathique.

SHERRINGTON[1] constata que, chez le chien et le chat, toutes les fibres des nerfs des muscles que l'on trouve saines après section des racines antérieures viennent du ganglion et qu'aucune ne provient de la moelle.

SHERRINGTON[2] reprit la question dans un nouveau mémoire et n'obtint encore que des résultats négatifs. Considérant l'ensemble des vertébrés, il montre ainsi l'évolution des fibres centrifuges :

1° Chez l'Amphioxus, la racine postérieure n'a pas de ganglion spinal. Toutes les fibres sont d'origine médullaire (RETZIUS);

2° Chez Pétromyzon et chez Pristirius, la racine postérieure possède un ganglion extra-spinal, mais quelques-unes des fibres des racines dorsales viennent de la moelle;

3° Chez Myxine, toutes les fibres dorsales viennent du ganglion spinal, aucune des neurones intra-spinaux;

4° Chez la grenouille, des réactions périphériques (intestinales) peuvent s'obtenir par excitation du bout périphérique des racines dorsales;

5° Chez le poulet, l'existence des fibres centrifuges de ces racines a été démontrée; les cellules d'origine ne diffèrent pas des cellules motrices;

6° Chez le chien, le chat, le singe, les observations sont négatives (SINGER et MUNZER, SHERRINGTON).

CH. BONNE[3] fit des expériences chez le chien; après section des racines postérieures, il constata des fibres dégénérées dans le segment central médullaire, il put même suivre la régénération tardive de ces fibres de la moelle vers le ganglion; il en conclut que, chez le chien, des fibres centrifuges existent dans les racines postérieures mais en petit

1. SHERRINGTON. On the anatomical constitution of nerves of skeletal muscles; with remarks on recurrent fibres in the ventral spinal nerve root. *Journ. of Physiology*, 1894, XVII, 211.

2. SHERRINGTON. On the question whether any fibres of the mammalian dorsal (afferent) spinal root are of intraspinal origin. *Journ. of Physiology*, 1897, 209.

3. CH. BONNE. Recherches sur les éléments centrifuges des racines postérieures. *Thèse de Lyon*, 1897.

nombre. Jean-Charles Roux et Heitz[1], reprenant ces expériences, virent, chez le chat, plusieurs mois après la section des racines postérieures, des dégénérescences dans les nerfs cutanés, dégénérescences peu étendues et fines, mais non douteuses, qui témoignaient de l'existence de fibres centrifuges dans les racines postérieures de la moelle.

En dehors des arguments précédents d'ordre histologique, d'autres arguments d'ordre physiologique ont été donnés pour démontrer l'existence de fibres vaso-motrices dans les racines postérieures.

Schiff (1867) avait vu que, chez le lapin, la dégénération des fibres nées du ganglion cervical supérieur n'abolit pas l'action vaso-motrice du nerf auriculaire; il conclut que ce nerf reçoit directement des fibres médullaires; mais Fletcher montra plus tard que le nerf auriculaire du lapin reçoit aussi des fibres de ganglion étoilé. Morat (1891), enlevant à la fois le ganglion étoilé et le ganglion cervical supérieur, constata encore une vaso-dilatation de l'oreille par excitation du nerf auriculaire. Toutefois Sherrington, reprenant ces expériences sur le chat et le lapin, ne constata aucun effet vaso-moteur par excitation des nerfs cervicaux en dedans de la dure-mère.

Le même problème a été discuté au sujet des fibres vaso-motrices des membres antérieurs et postérieurs. Stricker (1876-1885) constata que l'excitation du bout périphérique des 6e et 7e racines lombaires postérieures chez le chien provoque une vaso-dilatation et élève la température dans les membres inférieurs. Ces faits furent controuvés par Cossy (1876), Vulpian (1877), Kühlwetter (1885), Sherrington; mais par contre Gartner (1889), Dastre et Morat (1892), Biedl (1893), Werziloff apportèrent des résultats analogues à ceux de Schiff.

Dastre et Morat[2] purent vérifier la vaso-dilatation périphérique consécutive à l'excitation des racines postérieures; cette vaso-dilatation est active, directe et primitive, c'est-à-dire non précédée de vaso-constriction. D'après Morat, les éléments vaso-moteurs de la moelle passent par les racines antérieures lorsqu'ils proviennent de la région dorsale et par les racines postérieures lorsqu'ils proviennent de la région lombaire. Morat (1897), ayant sectionné chez un chien les deux racines postérieures lombaires et la première racine postérieure sacrée du même côté entre la moelle et le ganglion spinal, constata, après le délai suffisant pour la dégénération, que l'excitation du bout périphérique ne provoquait pas de vaso-dilatation dans le membre correspondant; le centre trophique de ces fibres vaso-dilatatrices est donc bien médullaire. La dégénération de ces fibres est lente et ne se produit que vers le 50e ou le 60e jour. Ces expériences furent refaites sur le chien par Bonne (1897) avec les mêmes résultats.

Bayliss[3] conclut de ses expériences sur le chien que les membres postérieurs reçoivent des fibres vaso-motrices des 5e, 6e, 7e racines lombaires et de la 1re racine sacrée, que les membres antérieurs en reçoivent des 6e, 7e, 8e racines cervicales et de la 1re racine thoracique, peut-être aussi de la 5e racine cervicale.

Il semble donc résulter de toutes ces expériences que des fibres centrifuges existent sans doute dans les racines postérieures, mais en petit nombre par rapport au grand nombre de fibres d'origine extra-spinale.

Nous avons insisté sur le rôle vaso-moteur de ces fibres centrifuges des racines postérieures. Leur rôle moteur n'a été envisagé jusqu'ici que chez la grenouille, mais aucun fait probant n'a été constaté chez les vertébrés supérieurs. Water (1885) signale que l'excitation des 3e, 4e, 5e et 6e nerfs rachidiens détermine chez la grenouille des contractions œsophagiennes et gastriques. Steinach (1895) décrit des fibres destinées au tube digestif; les fibres de la 2e racine se rendent à l'œsophage, celles de la 3e et 4e à l'estomac, celles de la 5e et 6e à l'intestin grêle, celles de la 6e et 7e au rectum, celles de la 7e et 9e à la vessie. Smith (1897) pense, contrairement à Steinach, que les fibres

1. J. Ch. Roux et Heitz. Note sur les dégénérescences observées dans les nerfs cutanés chez le chat plusieurs mois après la section des racines médullaires correspondantes. Comptes rendus de la Société de Biologie, 1904, p. 623. Contribution à l'étude des fibres centrifuges des racines postérieures de la moelle. Comptes rendus de la Société de Biologie, 1906, ii, 165.

2. Dastre et Morat. Les fonctions vaso-motrices des racines postérieures. Archives de Physiologie normale et pathologique, 1892, 689-698.

3. Bayliss. On the origin from the spinal cord of the vaso-dilator fibres of the hind-limb and on the nature of these fibres. Amer. Journ. of Physiology, 1900, 173-207.

efférentes se dirigent non vers les viscères, mais vers les muscles du squelette. Bonne, ayant constaté chez ses animaux des ulcérations des doigts et de l'alopécie disséminée des membres, conclut à un rôle probable des éléments centrifuges sur le trophisme des tissus. Cette opinion est discutable.

Les rapports existant entre les émergences médullaires des nerfs rachidiens et les apophyses épineuses du rachis sont très importants à connaître.

Le tableau suivant est emprunté à Reid (*Journal of Anatomy and Physiology*, 1889, 351). Nous le transcrivons d'après l'*Anatomie* de Poirier (III, fascicule 3, 936).

Tableau des rapports qui existent entre les émergences médullaires des nerfs rachidiens et les apophyses épineuses des vertèbres.

(D'après Reid, *Journal of Anatomy and Physiology*, 1889, p. 351.)

Pour chaque nerf rachidien la lettre h indique le niveau le plus élevé de l'émergence des fibres les plus supérieures et la lettre b le niveau le plus inférieur de l'émergence des fibres les plus inférieures qui ont été relevés dans les six observations de Reid. C désigne les vertèbres cervicales, D les dorsales et L les lombaires.

PREMIÈRE PAIRE CERVICALE. . . . Au niveau du trou occipital et d'égale hauteur avec la paroi de ce trou (Nuhn).

DEUXIÈME PAIRE CERVICALE. . . . h. Un peu au-dessus de l'arc postérieur de l'atlas C_1. b. Entre l'arc postérieur de l'atlas C_1 et l'apophyse épineuse de l'axis C_2.

TROISIÈME PAIRE CERVICALE. . . . h. Un peu au-dessous de l'arc postérieur de l'atlas C_1. b. A l'union des 2/3 supérieurs et du 1/3 inférieur de l'apophyse épineuse de l'axis C_2.

QUATRIÈME PAIRE CERVICALE . . . h. Juste au-dessous du bord supérieur de l'apophyse épineuse de l'axis C_2. b. Au milieu de l'apophyse épineuse de C_3.

CINQUIÈME PAIRE CERVICALE. . . h. Juste au-dessous du bord inférieur de l'apophyse épineuse de l'axis C_2. b. Juste au-dessous du bord inférieur de l'apophyse épineuse de C_4.

SIXIÈME PAIRE CERVICALE. . . . h. Au bord inférieur de l'apophyse épineuse de C_3. b. Au bord inférieur de l'apophyse épineuse de C_5.

SEPTIÈME PAIRE CERVICALE . . . h. Au-dessous du bord supérieur de l'apophyse épineuse de C_4. b. Au-dessus du bord inférieur de l'apophyse épineuse de C_6.

HUITIÈME PAIRE CERVICALE . . . h. Au bord supérieur de l'apophyse épineuse de C_5. b. Au bord supérieur de l'apophyse épineuse de C_7.

PREMIÈRE PAIRE DORSALE. . . . h. Au milieu de l'espace compris entre l'apophyse épineuse de C_6 et de C_6. b. A l'union des 2/3 supérieurs et du 1/3 inférieur de l'espace compris entre l'apophyse épineuse de C_7 et de D_1.

DEUXIÈME PAIRE DORSALE. . . . h. Au niveau du bord inférieur de l'apophyse épineuse de C_6. b. Juste au-dessus du milieu inférieur de l'apophyse épineuse de D_1.

TROISIÈME PAIRE DORSALE . . . h. Juste au-dessus du milieu de l'apophyse épineuse de C_7. b. Au niveau du bord inférieur de l'apophyse épineuse de D_2.

QUATRIÈME PAIRE DORSALE. . . . h. Juste au-dessous du bord supérieur de l'apophyse épineuse de D_1. b. A l'union du 1/3 supérieur et des 2/3 inférieurs de l'apophyse épineuse de D_3.

CINQUIÈME PAIRE DORSALE . . . h. Au bord supérieur de l'apophyse épineuse de D_2. b. A l'union du 1/4 supérieur et des 3/4 inférieurs de l'apophyse épineuse de D_4.

SIXIÈME PAIRE DORSALE. . . . . { *h.* Au bord inférieur de l'apophyse épineuse de D_2.
b. Juste au-dessous du bord supérieur de l'apophyse épineuse de D_5.

SEPTIÈME PAIRE DORSALE. . . . { *h.* A l'union du 1/3 supérieur et des 2/3 inférieurs de l'apophyse épineuse de D_4.
b. Juste au-dessus du bord inférieur de l'apophyse épineuse de D_5.

HUITIÈME PAIRE DORSALE. . . . { *h.* A l'union des 2/3 supérieurs et du 1/3 inférieur de l'espace compris entre les apophyses épineuses de D_4 et de D_5.
b. A l'union du 1/4 supérieur et des 3/4 inférieurs de l'apophyse épineuse de D_6.

NEUVIÈME PAIRE DORSALE. . . . { *h.* Au milieu de l'espace compris entre les apophyses épineuses de D_5 et de D_6.
b. Au niveau du bord supérieur de l'apophyse épineuse de D_7.

DIXIÈME PAIRE DORSALE. . . . { *h.* Au milieu de l'espace compris entre les apophyses épineuses de D_5 et de D_6.
b. Au milieu de l'apophyse épineuse de D_8.

ONZIÈME PAIRE DORSALE. . . . { *h.* A l'union du 1/4 supérieur et des 3/4 inférieurs de l'apophyse épineuse de D_7.
b. Juste au-dessus de l'apophyse épineuse de D_9.

DOUZIÈME PAIRE DORSALE. . . . { *h.* A l'union du 1/4 supérieur et des 3/4 inférieurs de l'apophyse épineuse de D_8.
b. Juste au-dessous de l'apophyse épineuse de D_9.

PREMIÈRE PAIRE LOMBAIRE . . . { *h.* Au milieu de l'espace compris entre les apophyses épineuses de D_8 et de D_9.
b. Au niveau du bord inférieur de l'apophyse épineuse de D_{10}.

DEUXIÈME PAIRE LOMBAIRE . . . { *h.* Au milieu de l'apophyse épineuse de D_9.
b. A l'union du 1/3 supérieur et des 2/3 inférieurs de l'apophyse épineuse de D_{11}.

TROISIÈME PAIRE LOMBAIRE . . . { *h.* Au milieu de l'apophyse épineuse de D_{10}.
b. Juste au-dessous de l'apophyse épineuse de D_{11}.

QUATRIÈME PAIRE LOMBAIRE. . . { *h.* Juste au-dessous de l'apophyse épineuse de D_{10}.
b. A l'union du 1/4 supérieur avec les 3/4 inférieurs de l'apophyse épineuse de D_{12}.

CINQUIÈME PAIRE LOMBAIRE. . . { *h.* A l'union du 1/3 supérieur avec les 2/3 inférieurs de l'apophyse épineuse de D_{11}.
b. Au milieu de l'apophyse épineuse de D_{12}.

LES CINQ PAIRES SACRÉES. . . . { *h.* Juste au-dessous du bord inférieur de l'apophyse épineuse de D_{11}.
b. Au niveau du bord inférieur de l'apophyse épineuse de L_1.

NERF COCCYGIEN . . . . { *h.* Au niveau du bord inférieur de l'apophyse épineuse de L_1.
b. Juste au-dessous de l'apophyse épineuse de L_2.

GOWERS a indiqué des points de repère plus simples. Cet auteur est parti de ce fait anatomique que les extrémités des apophyses épineuses correspondent à l'extrémité inférieure de leur propre corps pour les vertèbres cervicales et les deux premières dorsales, à l'extrémité supérieure du corps de la vertèbre immédiatement inférieure pour le reste de la région dorsale, au milieu de leur propre corps pour la région lombaire, puis il adopte les formules suivantes : les apophyses épineuses de la région cervicale sont opposées aux racines inférieures des nerfs de numéro inférieur, la proéminente est au niveau de la première dorsale ; de la deuxième à la dixième vertèbre dorsale, les apophyses épineuses répondent aux fibres radiculaires du nerf qui émerge deux vertèbres plus bas ; l'apophyse épineuse de la onzième dorsale se trouve en regard des premier et deuxième nerfs lombaires ; l'apophyse épineuse de la douzième dorsale est à la même hauteur que les troisième, quatrième et cinquième nerfs lombaires ; la première vertèbre lombaire correspond aux premier, deuxième et troisième nerfs sacrés ; la partie supérieure de la deuxième vertèbre lombaire est en relation avec la fin de la moelle, c'est-à-dire avec les quatrième et cinquième nerfs sacrés et le nerf coccygien.

CHIPAULT a donné quelques formules pratiques. Pour avoir le numéro des racines, qui naissent au niveau d'une apophyse épineuse, il faut ajouter au numéro de la vertèbre correspondante : un dans la région cervicale, deux dans la région dorsale supérieure, trois dans la région dorsale inférieure (de la sixième à la onzième vertèbre). La partie inférieure de la onzième dorsale et l'espace inter-épineux sous-jacent répondent aux trois dernières paires lombaires ; l'apophyse épineuse de la douzième dorsale et l'espace sous-jacent répondent aux paires sacrées. Chez l'enfant, les rapports diffèrent un peu, il faut ajouter trois de la première à la quatrième dorsale, quatre de la sixième à la neuvième dorsale.

Il est quelquefois assez difficile chez les individus obèses de compter les apophyses épineuses. Il faut faire cette numération le sujet ayant les pieds joints et fléchissant le tronc autant qu'il le peut. Nous rappellerons que l'apophyse épineuse proéminente est la septième cervicale, que la ligne horizontale passant par le sommet des crêtes iliaques correspond à l'apophyse transverse de la quatrième lombaire. A la région dorsale, il n'existe pas de points de repère pour les apophyses épineuses, il est nécessaire de les compter en partant soit de la septième cervicale soit de la quatrième lombaire. Cette recherche des apophyses épineuses, qui paraît au premier abord d'une grande simplicité, est souvent fort délicate.

CHAPITRE III

LE MÉTHODES D'ÉTUDE DES FONCTIONS MÉDULLAIRES

Les physiologistes, qui ont étudié les fonctions de la moelle, n'ont eu pendant longtemps à leur disposition que des moyens d'investigation assez primitifs. Ils ne possédaient que des connaissances très vagues sur la structure intime de la moelle et sur le trajet des cordons médullaires, ils ignoraient les connexions qu'ont entre eux les divers étages de la moelle, ils se bornaient à sectionner ou à exciter certaines régions du névraxe en observant les modifications survenues chez l'animal en expérience. Cette méthode de physiologie expérimentale, qui fut longtemps la seule, est certes utile, mais à deux conditions : la première, que les résultats obtenus sur un animal ne doivent être généralisés qu'aux animaux de la même espèce ; la seconde que les destructions des zones étudiées doivent être contrôlées histologiquement. Il est malheureusement notoire que ni l'une ni l'autre de ces deux règles n'ont pas été toujours observées et ainsi l'on trouve l'explication de tant de résultats contradictoires dans les écrits physiologiques et médicaux.

C'est seulement dans les dernières années du XIXe siècle que les méthodes histologiques sont devenues suffisamment fines et précises pour permettre le contrôle des lésions expérimentalement provoquées. Il est nécessaire d'envisager aussi toute une série d'effets à distance (diachisis de VON MONAKOW) pour l'interprétation exacte des expériences de section ou d'excitation médullaire. D'autre part, on a trop souvent généralisé et déduit d'un fait expérimental observé chez un animal une loi applicable à toutes les espèces animales et à l'homme ; il ne faut pas chercher ailleurs la cause de certaines discussions parfois oiseuses qui se sont poursuivies sur la physiologie des faisceaux de la moelle. En effet, même chez les vertébrés supérieurs, l'histologie comparée, pour imparfaite qu'elle soit encore, montre des différences très grandes dans la topographie des différents faisceaux de la moelle ; c'est ainsi que chez le cobaye et le rat les fibres pyramidales sont dans les cordons postérieurs, alors que chez les singes et l'homme elles sont dans les cordons antéro-latéraux. Plus nos connaissances en anatomie comparée seront étendues, mieux nous pourrons interpréter les expériences de physiologie comparée ; mais il est prudent de ne pas faire de généralisations trop hâtives. Actuellement, sur un grand nombre de points, spécialement pour les questions de localisation des centres, la physiologie de la moelle humaine ne peut être basée que sur des données expérimentales ou anatomo-cliniques recueillies sur les singes supérieurs ou chez l'homme. A ce propos il nous paraît utile d'insister sur ce point qu'on aurait tort d'opposer les méthodes de la physiologie expérimentale à la méthode anatomo-clinique. En clinique humaine se trouvent réalisées de véritables lésions expérimentales que l'examen anatomique permet de contrôler; durant la guerre les projectiles ont créé souvent de telles lésions; la physiologie nerveuse ne peut que retirer un grand profit de l'étude de toutes ces observations. Il serait d'ailleurs facile de démontrer que toutes les découvertes réalisées par les histologistes ont eu des répercussions heureuses sur la physiologie du système nerveux.

Au début du xixᵉ siècle, l'histologie du névraxe était basée surtout sur les méthodes de dissociation purement mécaniques pratiquées avec des aiguilles sur pièces fraîches ou fixées par l'acide chromique, le bichromate de potasse ou le sérum iodé. Ces méthodes suffirent à EHRENBERG (1833) pour découvrir dans les nerfs les fibres nerveuses et à REMAK, HANOVER, HELMHOLTZ et WAGNER pour décrire la cellule nerveuse et ses prolongements que DEITERS (1865) classe en cylindraxiles et protoplasmiques. La théorie des réseaux fut également édifiée par GERLACH (1871) sur des préparations de tissus dissociés. Avec la méthode des coupes fines (STILLING), avec l'imprégnation osmiée (EXNER) et le chromage (WEIGERT), on fit de nouveaux progrès d'où sortirent nombre de faits intéressant la physiologie nerveuse. La découverte des neurofibrilles et leur étude par APATHY (1897), BETHE (1900), GENNARO (1903), BIELCHOWSKY (1903) entraîna des discussions multiples sur la valeur du neurone, conception née des investigations de GOLGI par la méthode au nitrate d'argent et de celles d'EHRLICH par la méthode au bleu de méthylène.

La méthode d'embryogénie de FLECHSIG (1878), consistant à colorer par l'acide osmique le système nerveux de fœtus, permet de suivre le développement des faisceaux cérébro-médullaires qui se myélinisent à des époques différentes.

La méthode des dégénérations décrite par TÜRCK (1850), qui avait vu que certaines lésions produisent des altérations systématisées de la substance blanche de la moelle, se développe et prend toute son ampleur à la suite des recherches de WALLER (1852). Par cette méthode des dégénérations, CHARCOT, BOUCHARD, FLECHSIG, KAHLER et PICK, SCHULTZE, WESTPHAL, PIERRE MARIE, M. et Mme DEJERINE, etc., recueillent des faits dont la valeur physiologique est inappréciable. La méthode des dégénérations en physiologie expérimentale a rendu les plus grands services; l'expérimentateur en effet peut faire varier l'étendue des lésions et leurs localisations, l'histologiste étudie ensuite les dégénérations obtenues; chez les singes cette méthode a donné des résultats particulièrement intéressants à PITRES et FRANCK, SINGER, SCHIEFFERDECKER, LANGLEY, MARCHI, SHERRINGTON.

La méthode des dégénérations rétrogrades, permettant de voir les atrophies cellulaires médullaires en rapport avec des lésions des conducteurs périphériques, a été souvent utilisée pour la localisation des centres moteurs médullaires.

Les progrès réalisés dans l'inscription graphique des mouvements ont eu aussi des répercussions heureuses sur les recherches de physiologie expérimentale du système nerveux; un grand nombre des remarquables travaux de Sherrington sur les réflexes sont basés sur les données de la méthode graphique.

Il n'est pas jusqu'aux progrès réalisés en chirurgie expérimentale qui n'aient une importance grande en physiologie. Il ne faut pas oublier que toutes les expériences de physiologie médullaire de la plus grande partie du xixᵉ siècle ont été faites sans asepsie, et que, dans l'interprétation des résultats, les auteurs n'ont pas tenu compte des phénomènes infectieux inflammatoires secondaires; nombre de ces expériences sont sans valeur pour cette cause. Les techniques de SHERRINGTON, qui permettent d'étudier la physiologie médullaire chez des animaux vivants décérébrés, non anesthésiés, n'ont été possibles que grâce aux procédés chirurgicaux modernes.

C'est par la confrontation et la discussion des faits établis par les différentes méthodes d'investigation biologique que pourront être développées nos connaissances sur la physiologie du névraxe.

CHAPITRE IV

L'EXCITABILITÉ DE LA MOELLE ÉPINIÈRE

I. L'excitabilité de la substance grise. — Pendant longtemps l'inexcitabilité de la substance grise a été considérée comme un dogme par les physiologistes (Ch. Bell, Magendie, Flourens, Longet, etc...). Stilling (1842) avait bien admis que la partie postérieure de la substance grise de la moelle est excitable et sensible, mais cette opinion était resté isolée. Vulpian[1] écrivait : « Tous les expérimentateurs ont constaté que la substance grise est tout à fait inexcitable ; on peut même la détruire sans éveiller le moindre signe de douleur, ni aucune secousse convulsive chez les animaux mis en expérience. » Brown-Séquard a la même opinion. Expérimentant chez l'oiseau dont le ventricule rhomboïdal, dans la région lombaire, est constitué par de la substance grise étalée entre les cordons postérieurs écartés, il montrait qu'on n'obtenait que des résultats négatifs en excitant cette région ; les seuls résultats positifs qu'il ait observés concernaient des moelles enflammées ; il en conclut que la substance grise de la moelle inexcitable à l'état normal devenait excitable à l'état pathologique.

Chauveau qui dans un mémoire publié en 1861 relatant des expériences faites sur des solipèdes, écrivait que la substance grise de la moelle est inexcitable, montra ultérieurement que l'on peut obtenir des mouvements des muscles des lèvres, de la langue et de la face en excitant électriquement les noyaux moteurs du quatrième ventricule. Vitzou constata que le sinus rhomboïdal des oiseaux pouvait être excité par des irritations mécaniques. Au niveau de l'écorce cérébrale les expériences de Fritsch et Hitzig (1870) ont prouvé l'excitabilité de la substance grise. Il paraît vraisemblable que les centres gris médullaires sont susceptibles de la même excitabilité que les centres gris corticaux. Il convient d'ajouter que l'excitation de la substance grise médullaire ne peut se faire qu'en traumatisant les parties périphériques de la moelle, en excisant la substance blanche périjacente, sinon on exciterait par l'électrode à la fois la substance blanche et la substance grise. Pour ces raisons de technique opératoire, l'excitabilité de la substance grise médullaire chez les singes et chez l'homme est une question qui n'est pas encore élucidée dans ses détails.

II. L'excitabilité de la substance blanche. — L'excitabilité des faisceaux blancs de la moelle semble avoir été plus facilement démontrée que celle de la substance grise ; néanmoins bien des expériences sont restées contradictoires et indécises ; d'ailleurs beaucoup de ces expériences remontent à une époque où l'on ne connaissait que très imparfaitement l'histologie médullaire.

Charles Bell (1811), avait constaté, sur un lapin qui venait d'être tué, que l'excitation des parties antérieures de la moelle épinière déterminait des contractions musculaires plus constamment que l'excitation des parties postérieures. Cette expérience cadrait bien avec celles qu'il avait réalisées sur les racines ; il pensait que les racines antérieures étaient à la fois motrices et sensitives ; dès lors les faisceaux antérieurs qui pour lui continuaient ces racines devaient avoir les mêmes fonctions. Quant aux faisceaux latéraux, il les considérait comme ayant des fonctions spéciales respiratoires.

Bellingeri (1823) pensait que l'excitation des faisceaux antérieurs détermine des mouvements de flexion, alors que l'excitation des faisceaux postérieurs entraîne des mouvements d'extension et de la douleur ; les deux faisceaux seraient donc moteurs, les postérieurs étant en même temps sensitifs.

Valentin (1839) répéta ces expériences avec des résultats analogues.

Calmeil (1828), opérant sur des agneaux, reconnut que l'excitation des faisceaux postérieurs de la moelle intacte entraîne de violentes douleurs. Pour le démontrer il mettait la moelle à nu et excitait sa face postérieure avec un compas, ce qui provoquait des bêlements douloureux. L'excitation d'un seul faisceau postérieur déterminait uniquement des contractions musculaires dans le côté correspondant ; l'excitation des deux

---

1. Vulpian. *Leçons sur la Physiologie du système nerveux*, 1866, 356.

faisceaux provoquait des convulsions générales. Vulpian[1], rapportant les expériences de Calmeil, écrit : « M. Calmeil soulevait alors la moelle et irritait la face antérieure soit dans la région dorsale, soit dans la région lombaire, soit dans la région cervicale sans obtenir jamais le moindre résultat ; il en conclut naturellement que la face antérieure de la moelle était inexcitable. Coupant ensuite la moelle en travers à deux pouces en avant du renflement crural, il excitait les faisceaux postérieurs du bout caudal et provoquait ainsi des convulsions dans le train postérieur. Puis il soulevait l'extrémité libre de ce bout de la moelle avec une pince plate et irritait alors à plus de vingt reprises les faisceaux antérieurs sans produire un seul mouvement. Il faisait ensuite, sur le même animal, une nouvelle section au niveau de la troisième vertèbre dorsale, irritait la face postérieure du tronçon intermédiaire aux deux sections et obtenait des secousses convulsives dans les muscles auxquels se distribuent les nerfs qui partent de ce tronçon ; l'excitation lui donnait encore un résultat négatif pour les faisceaux anté-rieurs. Enfin il faisait une dernière section au-dessous des pyramides et les mêmes essais, répétés sur le nouveau tronçon ainsi formé, lui donnaient encore les mêmes résultats. Les faits indiqués par M. Calmeil ont été évidemment bien observés et sont d'une grande exactitude. Nous verrons qu'ils ont été confirmés plus ou moins complète-ment par d'autres expérimentateurs, mais les conclusions tirées de ces faits n'ont qu'une valeur relative, car, ainsi que nous le verrons, les effets d'excitation des faisceaux antérieurs sont différents de ceux qu'a signalés M. Calmeil, lorsqu'on met en œuvre un autre procédé d'excitation que celui qu'il a employé. »

Magendie et Flourens reprirent ces expériences et émirent des conclusions sem-blables à celles de Ch. Bell. Magendie cependant fit quelques réserves ; pour lui l'exci-tation des faisceaux antérieurs et postérieurs entraîne des contractions musculaires et de la douleur, mais l'excitation des faisceaux antérieurs détermine plus de mouvement et celle des faisceaux postérieurs plus de sensibilité. Ces conclusions étaient d'accord avec les faits observés, car, à cette époque, on ne connaissait ni les mouvements réflexes, ni la sensibilité récurrente. « Or, il est bien vrai, dit Vulpian, que l'excitation des faisceaux postérieurs produit à la fois de la douleur et des mouvements plus ou moins violents ; ceux-ci sont dus à des actions réflexes et ne sont point par conséquent sous l'influence directe des faisceaux postérieurs. Magendie le reconnut plus tard. De même, l'excitation des faisceaux antérieurs et latéraux peut donner lieu à de la douleur, mais Magendie, étudiant la sensibilité récurrente en 1839, montra que ces faisceaux ne sont sensibles qu'à leur surface et qu'il s'agit là d'une sensibilité récurrente dépendant des racines postérieures. »

Longet, en 1839 et 1841, publia toute une série d'expériences sur ce sujet. Il opérait sur des chiens adultes de grande taille, mettait à nu la moelle lombaire et la sectionnait au-dessous de la partie dorsale, puis il excitait les faisceaux à l'aide d'une pile galva-nique de faible intensité. L'excitation galvanique du bout caudal des faisceaux posté-rieurs ne déterminait aucun phénomène, au contraire l'excitation des faisceaux antérieurs d'un seul ou des deux côtés déterminait des contractions violentes dans le train postérieur d'un seul ou des deux côtés. L'excitation des faisceaux latéraux de ce même segment caudal déterminait aussi quelques contractions dans le train postérieur, mais moins violentes que précédemment. Les excitations mécaniques lui donnèrent des résultats moins nets, mais cependant concordants. Il conclut que les faisceaux postérieurs sont sensitifs et que les faisceaux antéro-latéraux sont moteurs, mais que sans doute les faisceaux latéraux doivent avoir d'autres fonctions. Le fait que Longet n'a obtenu aucun mouvement par excitation du segment caudal des cordons postérieurs est en contradiction avec les expériences des autres physiologistes. Longet opérait, disait-il, après que la moelle avait perdu son pouvoir réflexe ; en réalité, fait observer Vulpian, il opérait non pas lorsque le pouvoir réflexe avait disparu, mais lorsqu'il n'avait pas encore reparu. Dans leur ensemble, les conclusions de Longet étaient à peu près les mêmes que celles de Charles Bell et de Magendie, elles furent admises à peu près par tous les physiologistes.

La question semblait donc tranchée, quand des expériences de Van Deen apparurent

1. Vulpian. Leçons sur la Physiologie du système nerveux, 1866, 362.

contradictoires. Van Deen (1841-1843), expérimentant sur des grenouilles, formula les conclusions suivantes : les faisceaux antéro-latéraux et les faisceaux postérieurs sont inexcitables ; si l'on a soin d'exciter les cordons entre les racines, l'animal reste impassible. Stilling (1842), Brown-Séquard (1846) expriment des idées analogues, la sensibilité cordonale serait une « sensibilité d'emprunt ». Brown-Séquard fait remarquer en outre que « la piqûre des cordons antérieurs de la moelle chez des grenouilles, des anguilles, des pigeons, des lapins et des chiens, ne cause pas des contractions locales, fait important qui démontre l'inexcitabilité des fibres longitudinales des cordons antérieurs ».

Chauveau publia, en 1861, une étude dont les conclusions étaient semblables aux précédentes. Il opérait sur des chevaux, séparait la moelle du cerveau, excitait les diverses parties de la moelle en les grattant ou en les piquant ou encore en employant des courants galvaniques faibles. Chauveau a posé en principe la complète inexcitabilité des cordons antéro-latéraux ; il n'en est pas de même des faisceaux postérieurs ; en effet, l'excitation du bord externe des faisceaux donne lieu à des contractions et à des manifestations de douleurs plus accusées, la douleur tend à disparaître au fur et à mesure que l'on se rapproche du sillon médian. Il a constaté, de plus, dans ces expériences comme dans les suivantes, que la moelle était plus excitable à la surface que dans ses parties profondes. Après avoir expérimenté sur la moelle épinière séparée de l'encéphale, Chauveau refit ces expériences sur la moelle non sectionnée et obtint les mêmes résultats. Il en conclut que les faisceaux antéro-latéraux n'étaient pas excitables et que les faisceaux postérieurs inexcitables dans leurs couches profondes sont excitables à leur surface, spécialement près du bord externe.

Schiff et Vulpian soutinrent les idées classiques. Schiff opérait d'une façon assez différente de ses devanciers. « Son procédé opératoire, écrit Vulpian, est à l'abri de tout reproche ; il fait sur la moelle une section transversale des faisceaux postérieurs puis les sépare d'arrière en avant des autres parties de la moelle, dans une étendue de plusieurs centimètres, de telle sorte qu'ils ne tiennent plus à la moelle que par leur extrémité antérieure. Si l'on pince alors, après quelque temps, les faisceaux postérieurs ainsi isolés, très loin de l'endroit où ils tiennent encore à la moelle, on détermine de la douleur. Cette expérience nous semble démontrer d'une façon irréfutable que les cordons postérieurs possèdent une sensibilité propre indépendante des racines postérieures, car, pour nous, en supposant même que les racines postérieures concourent à la formation des faisceaux postérieurs par un grand nombre de leurs fibres, il est certain que ces fibres se séparent des faisceaux, peu après y avoir pénétré, pour se rendre dans la substance grise. En pinçant les faisceaux postérieurs à une grande distance du point où, dans l'expérience de M. Schiff, ils sont en rapport avec les autres parties de la moelle, la douleur produite ne saurait donc pas être attribuée à l'excitation des fibres des racines postérieures mêlées à celles des faisceaux, puisque ces fibres sont nécessairement rompues par l'opérateur dans les points où elles pénètrent dans la substance grise. »

Vulpian fit des expériences sur des grenouilles, des lapins, des chiens. Il constate que, si l'on met à nu la moelle épinière d'une grenouille de forte taille et si l'on irrite par grattage ou par piqûre avec la pointe d'une aiguille la face supérieure de la moelle près du sillon médian à une certaine distance en arrière des nerfs brachiaux, on provoque des mouvements dans les muscles des parois abdominales et des soubresauts violents de tout le corps. Si l'on coupe transversalement la moelle et qu'on irrite la face supérieure de son tronçon postérieur, on observe seulement des réactions réflexes dans les muscles des parties postérieures du tronc. L'excitation d'un seul côté de la moelle détermine des mouvements dans les deux côtés du corps. Vulpian reconnut aussi chez les mammifères l'excitabilité des différents cordons ; pour lui, les résultats négatifs obtenus par différents auteurs proviennent de l'insuffisance des procédés d'excitation dont ils se sont servis. Voici, par exemple, comment il opère pour démontrer l'excitabilité et les propriétés motrices des faisceaux antéro-latéraux chez le lapin. Il met à nu, après éthérisation, la partie postérieure de la région dorsale de la moelle et la partie antérieure de la région lombaire, puis il ouvre la dure-mère et coupe la moelle à travers ; il laisse reposer l'animal une heure après avoir recousu la plaie, il rouvre alors la plaie, coupe les racines antérieures et postérieures, en dedans de la dure-mère, sur toute la longueur de la portion de la moelle située en arrière de la section transversale, soit sur 6 à 10 centimètres, puis il enlève par arrachement ou excision les faisceaux postérieurs et une partie des faisceaux latéraux sur toute cette longueur. Si alors il excite avec une épingle les faisceaux antérieurs à une faible distance de l'endroit où la moelle a été préalablement coupée en travers, on voit se produire des contractions dans le train postérieur de l'animal, surtout du côté correspondant au faisceau piqué. Ces expériences de VULPIAN démontrent l'excitabilité des faisceaux antérieurs. Dans une autre série d'expériences complémentaires, VULPIAN divise les cordons antérieurs en deux faisceaux au niveau du sillon médian antérieur et voit que l'excitation d'un faisceau d'un côté détermine des contractions dans le côté correspondant du train postérieur de l'animal et parfois aussi, mais moins intenses, dans le côté opposé. VULPIAN démontre encore l'excitabilité des cordons postérieurs; il refait les expériences de SCHIFF et obtient les mêmes résultats que lui. Il opère aussi sur des chiens de forte taille, met à nu la moelle épinière vers la partie postérieure de la région dorsale, la sectionne à ce niveau, puis gratte avec une épingle la surface d'un des faisceaux postérieurs au-dessous de la section; il provoque ainsi des mouvements réflexes violents dans le train postérieur des deux côtés. Lorsqu'il n'y a pas section préalable de la moelle, il obtient des douleurs aussi violentes qu'en excitant les racines postérieures. VULPIAN en conclut que les faisceaux postérieurs sont à la fois sensitifs et excito-moteurs si on laisse la moelle intacte, et seulement excito-moteurs si la moelle est séparée de l'encéphale.

GIANUZZI a constaté que si l'on sectionne une série de racines postérieures et si l'on excite ultérieurement les cordons postérieurs, l'excitabilité cordonale persiste, excitabilité qui serait due aux fibres endogènes, car les fibres exogènes radiculaires ont disparu par dégénération secondaire.

Nous avons vu qu'une question souvent soulevée dans les expériences précédentes est celle de savoir si les faisceaux blancs sont uniformément excitables dans toutes leurs parties. Pour MAGENDIE, CHAUVEAU, CLAUDE BERNARD, les parties superficielles des faisceaux sont seules excitables. CHAUVEAU remarque que l'excitabilité des cordons postérieurs est d'autant plus vive qu'on se rapproche de la partie externe; cette constatation, confirmée par VULPIAN, n'a rien d'étonnant, puisqu'on se rapproche en même temps du point d'implantation des racines postérieures. Ces faits ne sont pas d'ailleurs régulièrement observés chez tous les animaux et par tous les auteurs. CLAUDE BERNARD pensait que la partie interne des faisceaux postérieurs est plus excitable que l'externe chez le chien. VULPIAN, chez le chien, n'a pu, par contre, constater de différences d'excitabilité entre la partie interne et externe des cordons postérieurs et, chez le rat, la partie interne lui a paru plus sensible que l'externe. A l'assertion de MAGENDIE, CLAUDE BERNARD et CHAUVEAU que la partie superficielle des cordons est plus excitable que la partie profonde, VULPIAN fait remarquer que l'existence de la sensibilité récurrente apporte des causes d'erreur dans les expériences et que, d'autre part, quand on excite la moelle dans sa partie profonde, on traumatise les faisceaux, on détermine des modifications de la circulation qui troublent profondément les données normales de la physiologie nerveuse.

L'excitabilité motrice des cordons antéro-latéraux a été reconnue par presque tous les physiologistes. MAGENDIE et CLAUDE BERNARD ont admis que les cordons antérieurs et latéraux possédaient un certain degré de sensibilité. Peut-être s'agit-il de sensibilité récurrente communiquée à la surface des cordons antéro-latéraux par des fibres sensitives allant des racines antérieures aux postérieures; CLAUDE BERNARD a montré qu'en sectionnant les racines correspondant à un certain nombre de segments médullaires, ceux-ci perdaient presque toute sensibilité, le léger degré de sensibilité propre qui persisterait relèverait de fibres endogènes.

BECHTEREW (1887) a constaté qu'il existait des fibres motrices centripètes dans le cordon latéral, il a vu chez le chien nouveau-né que certaines parties des cordons latéraux sont excitables non seulement au-dessous, mais au-dessus d'une section transversale de la moelle; ainsi l'application des électrodes d'un courant induit de faible intensité sur le segment supérieur, à la périphérie de la moitié postérieure du cordon latéral ou à l'extrémité du diamètre transversal, détermine un mouvement caractéristique de la tête et du tronc, celui-ci se tourne légèrement sur son axe et la tête s'incline sur l'épaule du même côté. BECHTEREW pense que cette réaction motrice est due à l'excitation du faisceau cérébelleux direct, myélinisé complètement chez le chien au moment de sa naissance, alors que les faisceaux voisins ne le sont pas encore. Un peu plus tard (du 2e au 4e jour après la naissance), BECHTEREW a vu, chez le chien, que la partie antérieure du cordon latéral (segment central de la moelle sectionnée transversalement) commence à réagir aux excitations artificielles, ce qui prouverait à ce niveau l'existence de fibres motrices également centripètes.

L'excitation des cordons latéraux entraîne des effets cardio-vasculaires. DITTMAR (1870) a fait des expériences sur des animaux curarisés, soumis à la respiration artificielle et munis d'un manomètre en communication avec les carotides pour indiquer la pression artérielle ; il a constaté que les excitations galvaniques, même faibles, du faisceau latéral entraînent une augmentation de pression artérielle, celles du faisceau antérieur ou de la substance grise ne déterminent aucun effet.

CHAPITRE V

TRANSMISSION DES INCITATIONS MOTRICES PAR LA MOELLE ÉPINIÈRE. LES VOIES PYRAMIDALES ET PARAPYRAMIDALES.

Après Charles BELL, qui avait considéré les faisceaux antérieurs comme servant à la transmission des incitations motrices et sensitives, MAGENDIE soutint, le premier, avec certaines raisons, le rôle moteur des faisceaux antérieurs. BELLINGERI et VALENTIN croyaient que les faisceaux antérieurs conduisaient les incitations motrices destinées aux muscles fléchisseurs et les faisceaux postérieurs celles destinées aux muscles extenseurs. Pour ROLANDO, les faisceaux antérieurs et postérieurs conduisaient indistinctement les incitations motrices et sensitives. BUDGE soutenait l'opinion inverse à celle de BELLINGERI : les faisceaux antérieurs contenaient les fibres destinées aux extenseurs, les faisceaux postérieurs les fibres destinées aux fléchisseurs. SCHIFF expliquait ces opinions contradictoires en disant que la pression exercée sur la moelle pendant les expériences diminuait plus ou moins la motilité et pourrait même l'abolir complètement tout en laissant intacte la transmission des impressions sensitives ; une pression moyenne atteignait surtout les muscles fléchisseurs des jointures, une pression plus forte supprimait tous les mouvements ; les résultats étaient les mêmes, que la compression fût faite d'arrière en avant, latéralement, ou d'avant en arrière ; il expliquait ainsi les résultats de ROLANDO qui avait observé une paralysie des membres postérieurs après section des faisceaux postérieurs. VULPIAN n'admet pas cette hypothèse ; chez les chiens et les lapins il a vu souvent, dit-il, à la suite de la mise à nu de la moelle épinière et de la section des faisceaux postérieurs dans la région dorsale, survenir un affaiblissement plus ou moins considérable des membres postérieurs, tantôt passager, tantôt durant quelques heures ; si, au lieu d'une section, on pratique deux sections séparées l'une de l'autre par un intervalle de plusieurs centimètres, le résultat est encore plus constant, mais il n'a jamais obtenu de paralysie isolée des extenseurs ; VULPIAN signale, et cette constatation est très importante, qu'aux phénomènes parétiques passagers se joint d'ailleurs un état d'ataxie des membres postérieurs qui est beaucoup plus durable.

Il nous paraît important de faire remarquer incidemment ici que, chez l'homme, dans certaines paralysies spasmodiques telles que les paralysies spasmodiques syphilitiques ou les paralysies dues à des scléroses médullaires, on observe la conservation de la force des muscles extenseurs des membres inférieurs, alors que les muscles fléchisseurs sont plus ou moins paralysés. Il convient d'ailleurs d'ajouter qu'il existe, chez l'homme, une prédominance normale des muscles extenseurs sur les muscles fléchisseurs.

LONGET apporta, en 1841, une méthode nouvelle, celle des excitations des faisceaux par le courant galvanique. Il sectionnait complètement la moelle d'un chien de forte taille au niveau de la dernière vertèbre dorsale et en excitait le bout périphérique et le bout central. L'excitation du segment caudal au niveau des faisceaux postérieurs ne donnait aucun résultat et celle des faisceaux antérieurs déterminait des contractions musculaires dans le train postérieur, de même, à un plus faible degré, celle des faisceaux latéraux. L'excitation du segment céphalique, soit d'un côté, soit des deux côtés, au niveau du faisceau antéro-latéral, ne provoquait ni douleur ni contraction musculaire, « ce qui démontre, dit LONGET, que le principe nerveux, mis en action par l'irritant galvanique, se propage dans les faisceaux antérieurs du centre à la périphérie, comme dans les nerfs moteurs où ce principe agit seulement dans la direction des branches que ceux-ci fournissent et jamais en sens inverse ou rétrograde ». Les excitations mécaniques lui donnèrent les mêmes résultats.

BROWN-SÉQUARD (1846), appliquant, dans des expériences analogues, le courant galvanique au segment céphalique n'observe aucun signe de douleur et aucune contraction par excitation des cordons antérieurs, détermine au contraire des convulsions violentes par excitation des cordons postérieurs. Le courant galvanique appliqué au bout caudal détermine des contractions par excitation des cordons antérieurs, aucun phémonène n'est visible par excitation des cordons postérieurs.

Comme le fait très justement remarquer VULPIAN, ces expériences prouvaient que les faisceaux antérieurs et latéraux étaient excitables et que leur excitation déterminait des mouvements, mais elles ne démontraient pas que les faisceaux antérieurs fussent conducteurs d'incitations motrices. Il eût fallu ajouter que leur section détermine la paralysie des membres, ce que LONGET n'avait pas dit.

VAN DEEN, le premier, fit des expériences pour étudier l'influence des lésions de la moelle sur la conservation, soit des mouvements volontaires, soit de certains mouvements réflexes. Il coupait sur des grenouilles la partie supérieure (postérieure chez l'homme) de la moelle épinière, en ne laissant intacte que la partie inférieure de cet organe, et les deux bouts de la moelle ne se reliaient plus alors l'un à l'autre que par les faisceaux antérieurs, ou même par une portion seulement de ces faisceaux. Lorsque cette vivisection était pratiquée en arrière des points d'origine des nerfs brachiaux, les membres postérieurs n'avaient pas perdu leurs mouvements volontaires ; si ces mouvements disparaissaient dans les premiers moments après l'opération, ils se montraient de nouveau un peu plus tard ; mais ils n'avaient ni l'énergie, ni la précision des mouvements volontaires normaux. De plus, on pouvait provoquer des mouvements dans les membres antérieurs, en excitant soit les membres antérieurs, soit une partie quelconque de la tête. (VULPIAN.)

SCHIFF, répétant ces expériences, a obtenu les mêmes résultats. Chez les mammifères, il constate des faits moins nets, mais analogues.

VULPIAN refit lui aussi ces expériences sur des grenouilles, il vit que la contractilité volontaire subsiste dans les muscles des membres postérieurs. Il suffit d'exciter par pression les membres antérieurs pour voir survenir des mouvements dans les membres postérieurs. Il fait remarquer à ce propos combien ces expériences sont délicates, et combien il est difficile de sectionner la moelle d'une grenouille à l'exception des seuls faisceaux antérieurs.

SCHIFF fit l'expérience inverse, — tout aussi difficile, — et sectionna les seuls faisceaux antérieurs sur des grenouilles et des chats. Il vit que les mouvements volontaires ne disparaissent que pour un temps et finissent par réapparaître dans les membres postérieurs. Bien plus, il assure que les mouvements volontaires ne sont pas abolis lorsque l'on sectionne presque toute la moelle transversalement, en allant de la partie antérieure à la partie postérieure en ne laissant intacts que les cornes postérieures, les parties postérieures des faisceaux latéraux et les cordons postérieurs.

EIGENBRODT, d'après SCHIFF, aurait observé également que les grenouilles ayant subi une section des faisceaux antérieurs conservent quelques mouvements des membres postérieurs.

SCHIFF, rapporte VULPIAN à qui nous empruntons tous ces détails, aurait vu aussi des chats ainsi opérés se mouvoir au bout de quelque temps avec une apparence tout à fait normale. En coupant le reste des faisceaux latéraux chez les animaux opérés comme nous l'avons dit, les mouvements des membres postérieurs reparaîtraient, affaiblis, il est vrai, chez le chat et le chien.

SCHIFF dit encore que chez les grenouilles les mouvements volontaires persistent lorsqu'on pratique une première section transversale allant de la face inférieure à la substance grise centrale, ou lorsqu'on fait une deuxième coupe parallèle à celle-ci, en allant de la face postérieure aux environs du canal central. Cette expérience prouve pour lui que les parties centrales, c'est-à-dire la substance grise, sont suffisantes pour la transmission des impressions motrices volontaires et provoquées.

Vulpian a fait une critique très serrée de cette opinion. La section de toutes les parties antérieures de la moelle dorsale chez les grenouilles (faisceaux antéro-latéraux et cornes antérieures) entraîne la paralysie des membres. Les mouvements réflexes sont conservés, mais les mouvements volontaires n'existent que pour les membres antérieurs. La sensibilité est conservée dans les membres antérieurs et postérieurs. Les résultats sont différents lorsque la moelle est sectionnée de haut en bas, c'est-à-dire de la face postérieure à la face antérieure, jusqu'aux environs du canal central. On observe dans ce cas une diminution ou une abolition du mouvement volontaire, mais cela ne dure pas et bientôt après la motilité réapparait. Il n'a pu observer cependant le retour de la motilité après section plus profonde, ne laissant intacte qu'une partie des faisceaux antérieurs et la portion contiguë des faisceaux latéraux et interrompant complètement la continuité de la substance grise.

« Ainsi donc, d'une part, écrit Vulpian, la section complète des faisceaux antéro-latéraux abolit la motilité volontaire; d'autre part, la section de toute la moelle à l'exception de ces faisceaux ne fait pas, suivant toute probabilité, disparaître cette motilité. On peut en conclure que ces faisceaux constituent la véritable voie, la voie indispensable pour la transmission des incitations volontaires et de toutes les incitations motrices partant d'un point quelconque de l'encéphale ou des parties supérieures de la moelle épinière pour gagner les parties inférieures de ce dernier centre nerveux. Il en est de même, par conséquent, pour les incitations motrices réflexes. Si l'on détruit en un point de la moelle toute la substance blanche et la substance grise, à l'exception des cordons antérieurs, les mouvements réflexes peuvent encore d'après M. Schiff se transmettre de la partie céphalique à la partie caudale de l'animal, tandis que la transmission en sens inverse est impossible. »

Les anatomistes et les physiologistes ont discuté sur la terminaison médullaire du faisceau pyramidal, ils se sont demandé si les fibres pyramidales se terminent autour des cellules radiculaires de la corne antérieure du même côté ou autour des cellules radiculaires des deux cornes antérieures.

L'expérience de Galien avait montré que lorsqu'on coupe transversalement une moelle d'un seul côté, on observe une paralysie du même côté alors que le membre inférieur opposé conserve sa motilité. Ce fait a été contrôlé par tous les observateurs et la transmission directe de la motilité volontaire dans la moelle est une donnée acquise. Van Deen (1838) cependant, expérimentant sur la grenouille, avait montré qu'une hémisection transversale de la moelle n'abolit pas complètement la motilité volontaire; Valentin et Stilling, ayant répété les expériences de Van Deen chez la grenouille et le chat, obtinrent des résultats identiques. Brown-Séquard (1847-1850) remarqua que les effets de l'hémisection médullaire sont variables suivant les espèces animales; chez la grenouille, l'hémisection transversale laisse persister la motricité volontaire en arrière de la lésion, chez les oiseaux elle ne subsiste que partiellement et chez les mammifères la paralysie est complète; chez le cobaye cependant les résultats sont variables, une hémisection vers la 4e vertèbre cervicale ne le paralyse que partiellement, la paralysie est plus marquée quand l'hémisection est pratiquée vers la 10e vertèbre dorsale. Schiff a observé les mêmes faits et a pu voir chez des animaux longtemps observés après l'opération la force revenir presque normale. Les chiens, après une hémisection au niveau de la 4e vertèbre cervicale, restent couchés durant quelques jours, présentent des mouvements affaiblis dans les membres du côté opposé, mais bien plus faibles que dans les membres du côté correspondant, puis les animaux commencent à se lever, à marcher irrégulièrement, mais, en somme, il n'y a pas de paralysie persistante. Van Kempen (1859), observant chez les grenouilles, les oiseaux, les mammifères, aurait vu qu'après une hémisection médullaire, dans la région dorsale, c'est-à-dire en avant de l'origine des nerfs destinés aux membres pelviens, il existe une paralysie complète dans le membre postérieur correspondant; lorsque l'hémisection est faite dans la région cervicale, il y a affaiblissement des deux membres postérieurs, surtout du côté correspondant à la lésion médullaire; le trajet des conducteurs serait donc direct dans la région dorsale, il serait croisé, mais en partie seulement, dans la région cervicale. VULPIAN, auquel nous empruntons ces détails bibliographiques, a refait ces expériences sur des chiens. Après une hémisection de la moelle cervicale, les animaux peuvent se tenir un moment encore dressés sur les deux membres postérieurs; le membre postérieur, du côté de l'hémisection, quoique notablement plus faible que l'autre, n'était donc pas paralysé complètement. « Quant au membre antérieur du côté de l'hémisection, dit VULPIAN, il paraissait entièrement paralysé sous le rapport de la motilité, et le train antérieur, n'étant soutenu que par l'autre membre antérieur, s'affaissait presque aussitôt qu'on avait relevé l'animal et qu'on avait cherché à le faire tenir sur ses quatre membres. La motilité volontaire paraissait, au contraire, tout à fait abolie dans le membre postérieur correspondant à l'hémisection, lorsque cette lésion était faite dans la région lombaire, immédiatement en avant des points d'origine des nerfs destinés à ce membre. J'ajouterai qu'une hémisection pratiquée dans la région dorsale, vers la sixième, septième ou huitième vertèbre de cette région, ne détermine pas toujours non plus une paralysie complète du membre correspondant; mais l'affaiblissement de ce membre est bien plus considérable que lorsque la lésion est faite dans la région cervicale. »

Chez des pigeons, VULPIAN a pu constater, comme BROWN-SÉQUARD et VON KEMPEN, la persistance de la motilité volontaire, affaiblie seulement, dans le membre postérieur du côté correspondant à une hémisection cervicale de la moelle. Il a même vu, après une hémisection transversale de la moelle dorsale du côté droit, chez des pigeons, les mouvements spontanés persister, plus faibles, il est vrai, que du côté gauche.

« Sur les grenouilles, écrit-il, rien de plus net, de plus facile à constater que cette persistance du mouvement volontaire dans le membre postérieur du côté correspondant à une hémisection pratiquée sur la moelle, soit immédiatement en arrière de l'origine d'un des nerfs brachiaux, soit entre cette origine et le bec du calamus scriptorius. Les grenouilles, ainsi opérées, peuvent se tenir dans l'attitude normale, y revenir lorsqu'on étend les membres postérieurs; elles se retournent avec une certaine vivacité lorsqu'on les a renversées sur le dos. On pourrait croire, en les examinant sans y mettre une grande attention, surtout lorsque l'opération a été faite près du calamus, qu'elles ne diffèrent pas des grenouilles intactes. Et cependant il y a des différences très réelles. Les grenouilles opérées ne sautent plus avec la même vivacité, elles marchent plus souvent que de coutume à la façon des crapauds, c'est-à-dire en remuant successivement leurs deux membres postérieurs. Si on les met dans un bassin plein d'eau elles nagent, mais elles n'exécutent que rarement les mouvements ordinaires d'extension simultanée des deux membres postérieurs, elles étendent plus souvent ces deux membres l'un après l'autre. Parfois l'un des deux membres postérieurs se contracte plus énergiquement que l'autre ou se meut seul, et c'est le membre postérieur du côté correspondant à la moitié coupée de la moelle qui exécute les mouvements prédominants ou isolés. Il en résulte une direction circulaire de la natation. »

Ces expériences, d'après VULPIAN, démontrent qu'une hémisection transversale de la moelle n'empêche pas les ordres de la volonté d'arriver aux parties du corps en relation avec la moitié coupée de la moelle, pourvu que la section soit haut située; VULPIAN d'ailleurs ajoute : « mais il est bien certain que les mouvements volontaires ou d'apparence volontaire, exécutés par le membre postérieur qui correspond à la partie coupée de la moelle, ont chez la plupart des animaux une énergie bien plus faible que ceux du membre opposé. L'hémisection qui exalte la sensibilité du membre postérieur correspondant diminue donc beaucoup la motilité volontaire de ce membre. »

On est en droit, croyons-nous, de se demander si les mouvements des grenouilles décrits par VULPIAN sont bien des mouvements volontaires et ne sont pas des mouvements réflexes en rapport avec l'automatisme médullaire, car on ne voit guère la différence entre les mouvements ainsi exécutés par des grenouilles ayant subi une hémisection médullaire et ceux qu'on peut observer chez des grenouilles décérébrées.

Des faits que nous venons de rapporter il semble résulter que les résultats obtenus chez les différents animaux ne sont pas entièrement comparables, ce qui dépend sans nul doute de raisons anatomiques, la topographie des conducteurs nerveux n'étant pas identique dans les différentes espèces. Chez la grenouille et chez le pigeon l'hémisection médullaire n'entraîne que peu ou pas de perte de la motilité volontaire, alors que chez les mammifères elle détermine une paralysie plus ou moins marquée des mouvements. Il semble aussi que, lorsque la lésion est haut située, la paralysie est moins marquée que lorsqu'elle est bas située. Cette constatation rend vraisemblable que sur toute l'étendue de la moelle s'échangent des fibres anastomotiques entre les deux moitiés de la moelle épinière par les fibres terminales des faisceaux pyramidaux directs et croisés qui traversent la commissure et viennent en contact avec les cellules radiculaires opposées. Cette hypothèse est en accord avec les données anatomiques, puisque tous les auteurs, même ceux qui comme RAMÓN GAJAL et VON LENHOSSEK n'admettent pas l'entrecroisement du faisceau pyramidal direct, pensent cependant que ces fibres ont des connexions physiologiques avec les groupes cellulaires situés du côté opposé au moyen de collatérales. Une expérience de VULPIAN prouve nettement l'existence de ces connexions physiologiques. Il coupe une moelle dorsale en travers chez le chien ou le lapin et sectionne les racines antérieures et postérieures sur le bout caudal de la moelle sur une longueur de 6 à 8 centimètres, puis il excise les faisceaux postérieurs et la partie postérieure des faisceaux latéraux dans toute la région ainsi privée de ces racines; la moelle se trouve réduite aux faisceaux antérieurs proprement dits, à la partie contiguë des faisceaux latéraux, partie qu'on peut rendre aussi étroite que possible, et à une petite portion des cornes antérieures de la substance grise. On peut alors renverser d'avant en arrière cette substance grise de façon à avoir sous les yeux le sillon médian antérieur; à l'aide de ciseaux il divise cette sorte de lambeau médullaire en deux languettes de 5 à 6 centimètres de long adhérentes par leur bout postérieur au reste du bout caudal de la moelle. Or, en pinçant entre les mors d'une pince à dissection l'une de ces languettes à peu de distance de son extrémité libre, on détermine une contraction très nette, mais beaucoup plus faible dans l'autre membre postérieur. L'irritation des fibres du faisceau antérieur a donc passé dans le côté opposé de la moelle.

Le faisceau pyramidal croisé diminue de volume à mesure qu'il descend, car il abandonne des fibres aux divers étages de la moelle. BLOCQ et ONANOFF (*Académie des Sciences*, 1892) ont étudié le nombre comparatif pour les membres supérieurs et inférieurs des fibres nerveuses d'origine cérébrale destinées au mouvement; ils ont examiné des coupes de dégénérations secondaires du faisceau pyramidal en choisissant des cas où l'hémiplégie avec contracture avait été complète et remontait à une date ancienne. BLOCQ et ONANOFF procèdent de la manière suivante pour évaluer sur des coupes de moelle le nombre des fibres d'origine cérébrale renfermées dans le champ des faisceaux pyramidaux; ils déterminent: 1° l'étendue de champ de dégénération du faisceau pyramidal direct et du faisceau pyramidal croisé; 2° le nombre de fibres contenues du côté sain dans une aire égale à celle du champ de dégénération; 3° le nombre des fibres demeurées saines dans l'étendue du champ de dégénération; en retranchant ces derniers chiffres des précédents, on obtient comme résultat le nombre correspondant aux fibres nerveuses d'origine cérébrale du faisceau pyramidal direct et du faisceau pyramidal croisé; 4° il suffit d'évaluer alors par la même méthode le nombre des fibres du faisceau pyramidal au-dessus de renflement cervical, le nombre des fibres du faisceau pyramidal au-dessous du même renflement et d'en faire la différence pour connaître le nombre des fibres destinées d'une part au nombre supérieur, d'autre part à la moitié du tronc et au membre inférieur. BLOCQ et ONANOFF ont établi que, dans la région cervicale de la moelle, immédiatement au-dessus du renflement, il y avait 79 131 fibres d'origine centrale destinées à la motilité du membre supérieur, de la moitié du tronc et du membre inférieur. Dans la région dorsale supérieure de la moelle, ils ont constaté qu'il y avait 30 554 fibres d'origine cérébrale destinées à la motilité de la moitié inférieure du tronc et du membre inférieur. Il y aurait par conséquent 48 577 fibres destinées au membre supérieur alors qu'on ne trouve que 30 554 fibres pour le membre inférieur et la moitié du tronc, ce qui, en négligeant même de déduire le nombre des fibres destinées à cette partie du tronc, donne une différence de 18 023 fibres en faveur du membre supérieur, différence vraiment considérable si l'on considère le rapport de volume inverse de l'un et de l'autre membre. Il ne faut certes pas considérer les chiffres donnés par Blocq et Onanoff comme ayant une valeur absolue, mais il semble résulter de leurs calculs que les fibres d'origine cérébrale destinées à la motilité sont plus nombreuses pour les membres supérieurs que pour les membres inférieurs dans la proportion de 5 pour 4 environ. Cette proportion est intéressante et peut s'expliquer. Il y a lieu, en effet, de remarquer que les mouvements du membre supérieur, de l'avant-bras, de la main, sont beaucoup plus nombreux que les mouvements du membre inférieur; l'homme se sert spécialement des membres supérieurs pour les diverses nécessités de la vie; les membres inférieurs ont surtout des mouvements automatiques et inconscients.

Les conclusions de Blocq et Onanoff rendent peut-être compte aussi de ce fait clinique que, dans les lésions en foyer du cerveau accompagnées d'hémiplégie, le membre supérieur est souvent plus atteint que le membre inférieur, et que, lorsque les symptômes paralytiques reparaissent, le retour de la motilité est souvent moins rapide et moins complète dans le membre supérieur.

Gad et Flatau [1], en excitant électriquement chez le chien des sections de la moelle mises à nu, sont arrivés à cette conclusion que les fibres motrices destinées aux parties du corps les plus rapprochées étaient adjacentes aux cornes antérieures de la substance grise et qu'au contraire les fibres pyramidales destinées aux parties du corps les plus éloignées étaient situées dans le cordon latéral en arrière et à la périphérie. La loi de la position excentrique des voies longues dans la moelle épinière formulée par Flatau [2] ne nous paraît pas avoir de valeur pour les fibres contenues à l'intérieur du faisceau pyramidal. On trouve d'ailleurs une objection aux conclusions de Gad et Flatau dans un travail de Hoche [3]. Cet auteur a montré, en excitant la moelle de décapités deux ou trois minutes après la mort, que les fibres du faisceau pyramidal sont inexcitables. Il est probable, ainsi que le dit Hoche, que, dans le cas où l'on obtient des mouvements des membres par excitation électrique du faisceau pyramidal sur une section de la moelle, ces mouvements sont dus à une excitation des fibres radiculaires motrices ou à une propagation de l'excitation par la voie réflexe des éléments sensibles aux éléments moteurs.

Il ne semble pas, en effet, que l'on puisse distinguer dans le faisceau pyramidal des fibres spéciales destinées à un territoire musculaire déterminé; telle est du moins l'opinion de Hoche [4], de Oscar Fischer [5], de Gierlich [6], de Kehrer [7]. En opposition avec les auteurs précédents, H. Fabritius [8] conclut de ses recherches que les fibres destinées aux membres inférieurs sont en arrière des fibres destinées aux membres supérieurs et que, dans le territoire des fibres des membres inférieurs, celles destinées aux parties proximales occupent une zone médiane par rapport à celles destinées aux parties distales qui occupent une zone latérale. Ziehen, d'ailleurs, chez un chien auquel Munk avait enlevé l'écorce motrice du membre antérieur, constata au niveau de la moelle cervicale supérieure, la dégénération des fibres pyramidales les plus proches de la substance grise.

1. Gad et Flatau. *Neurologisches Centralblatt*, 1897, 547.

2. Flatau. Das Gesetz der excentrischen Lagerung der langen Bahnen im Rückenmark. *Sitzungsber. der königl. preuss. Akad. d. Wiss. zu Berlin*, 1897.

3. Hoche. Weitere Mittheilungen über elektrische Reizungsversuche am Rückenmark von Enthaupteten. *Neurologisches Centralblatt*, 1900, 994.

4. Hoche. Ueber die Lage der für die Innervation der Handbewegungen bestimmten Fasern in der Pyramidenbahn. *Deutsche Zeitschrift für Nervenheilkunde*, xviii, 4 décembre 1900, 149.

5. Oscar Fischer. Ueber die Lage der für die Innervation der unteren Extremitäten bestimmten Fasern der Pyramidenbahn. *Monatschrift für Psychiatrie und Neurologie*, xvii, n° 5, mai 1905, 385.

6. Gierlich. Ueber die Lage der für die oberen und unteren Extremitäten bestimmten Fasern innerhalb der Pyramidenbahn des Menschen. *Deutsche Zeitschrift für Nervenheilkunde*, xxxix, 3-4.

7. Kehrer. Ueber die Lage der für die Innervation des Vorderarms und der Hand bestimmten Fasern in der Pyramidenbahn des Menschen. *Deutsche Zeitschrift für Nervenheilkunde*, xli.

8. H. Fabritius. Ueber die Gruppierung der motorischen Bahnen innerhalb der Pyramidenseitenstränge des Menschen. *Finska läkaresällskapets Handlingar*, mai 1907; Zur Frage nach der Gruppierung der motorischen Bahnen im Pyramidenseitenstrang des Menschen. *Deutsche Zeitschrift für Nervenheilkunde*, 1912, xlv, 3.

Nous signalerons incidemment que A. Van Gehuchten [1] admet, dans le faisceau pyramidal latéral, l'existence de fibres cortico-spinales indépendantes pour la fonction de la miction et pour celle de la défécation.

Certains auteurs ont soutenu que le faisceau pyramidal direct avait un rôle spécial. Ce faisceau, se montrant presque exclusivement chez l'homme, a été considéré comme une voie de perfectionnement pour les membres supérieurs. Macewen (1890) a soutenu que le faisceau pyramidal direct contient des fibres destinées aux bras et aux muscles intercostaux. Williamson [2] a réfuté cette opinion en publiant une observation où le faisceau pyramidal était dégénéré jusqu'à la région dorsale inférieure sans que le sujet ait présenté de paralysie du bras. J. Dejerine et A. Thomas, Pierre-Marie et Georges Guillain ont poursuivi d'ailleurs la dégénération du faisceau pyramidal direct jusqu'au niveau de la moelle sacrée. Il est évident, d'après ces faits anatomiques, que, si le faisceau pyramidal direct contient des fibres pour le membre supérieur, il en contient d'autres encore.

Plusieurs auteurs ont admis que le faisceau pyramidal croisé représentait spécialement la voie des mouvements volontaires des extrémités et le faisceau pyramidal direct la voie des mouvements volontaires des muscles du tronc. Wertheimer [3], s'appuyant sur la constatation faite par les anatomistes de collatérales du faisceau de Turck se rendant aux deux cornes antérieures, écrit : « Ce qui s'accorde bien avec l'hypothèse que le faisceau de Turck serait destiné à l'innervation des muscles du tronc, c'est que d'une part le faisceau direct n'arrive qu'à la partie inférieure ou moyenne de la région dorsale, d'autre part l'expérience a démontré que les connexions de l'écorce cérébrale avec les muscles du tronc sont en partie directes, en partie croisée. » Ziehen avait aussi fait cette constatation ; Unverricht a même soutenu, d'après des expériences sur les animaux, que les communications de l'écorce cérébrale avec les muscles du tronc sont purement directes.

L'opinion qui spécifie que le faisceau pyramidal direct est destiné à l'innervation des muscles du tronc nous paraît très hypothétique. Cette opinion est basée d'une part sur ce fait que le faisceau pyramidal direct se termine à la région dorsale moyenne, ce qui n'est pas anatomiquement exact, d'autre part sur ce fait que l'innervation des muscles du tronc est directe et non croisée, ce qui chez l'homme n'est pas encore démontré.

F. H. Kooy [4] pense que le faisceau pyramidal direct peut amener le stimulus moteur aux deux cornes antérieures ; il se base sur l'observation d'un enfant qui, après des accidents de dystocie (version et extraction), eut une section presque complète de la moelle avec cependant persistance d'un faisceau pyramidal direct dans sa partie ventrale ; or cet enfant pouvait fléchir les deux jambes.

Nous avons spécifié, en étudiant l'anatomie de la moelle épinière, qu'il existait un faisceau pyramidal homolatéral ; certains auteurs ont pensé que la dégénération de ces fibres pyramidales homolatérales expliquait les troubles du côté sain (diminution de la force musculaire, exagération des réflexes) observés chez les hémiplégiques. Pierre Marie et Georges Guillain [5] n'admettent pas cette action des fibres homolatérales. Ils remarquent en effet que le faisceau pyramidal homolatéral est constant et que, si les troubles du côté sain étaient sous la dépendance de sa dégénération, ces troubles devraient aussi être constants ; or ils sont peu fréquents, se constatent surtout dans les hémiplégies des vieillards, font défaut le plus souvent dans les hémiplégies infantiles et dans les hémiplégies traumatiques où l'unilatéralité de la lésion cérébrale est indiscutable. D'autre part les fibres pyramidales homolatérales leur ont paru être peu nom-

---

1. A. Van Gehuchten. Coup de couteau dans la moelle lombaire. Essai de physiologie pathologique. *Le Névraxe*, ix, 207.
2. Williamson. The direct pyramidal tract of the spinal cord. *British medical Journal*, 6 mai 1893, 946.
3. E. Wertheimer. Article *Bulbe* du *Dictionnaire de Physiologie* de Charles Richet, ii, 1896.
4. F. H Kooy. Rupture of the spinal cord in dystocia. *The Journal of nervous and mental Disease*, July 1920, 1.
5. Pierre Marie et Georges Guillain. Le faisceau pyramidal homolatéral. Le côté sain des hémiplégiques. Étude anatomo-clinique. *Revue de Médecine*, octobre 1903, 797.

breuses et par conséquent être insuffisantes pour avoir une influence durable sur la motilité du côté sain. Pierre Marie et Georges Guillain pensent que, dans les cas où la méthode de Marchi permet de constater une grosse dégénération homolatérale, dans les cas où la méthode de Weigert permet de constater une zone de sclérose très apparente dans le cordon homolatéral, il existe alors des lésions, minimes souvent d'ailleurs, dans l'hémisphère cérébral ou la protubérance du côté opposé. Ce sont ces lésions hémisphériques ou protubérantielles bilatérales qui tiennent sous leur dépendance, au point de vue clinique, les troubles du côté sain chez les hémiplégiques et, au point de vue anatomo-pathologique, les grosses dégénérations homolatérales.

La terminaison du faisceau pyramidal autour des cellules motrices ne se fait pas d'une façon irrégulière, mais bien spéciale et systématisée suivant le type radiculaire ; il existe des faits anatomo-cliniques qui le démontrent très nettement.

J. Dejerine et E. Gauckler[1] ont publié l'observation d'une malade atteinte d'hémiplégie spinale par hématomyélie avec syndrome de Brown-Séquard. Dans le membre inférieur il existait un état parétique avec contracture légère comme dans un cas d'hémiplégie cérébrale. Au membre supérieur on constatait par contre, sans trace d'atrophie musculaire, une paralysie distribuée suivant le type radiculaire. Le groupe radiculaire supérieur (deltoïde, biceps, brachial antérieur, long supinateur) était intact. Il existait de l'affaiblissement du triceps, de l'extenseur commun des doigts, des radiaux et du cubital postérieur; conservation relative de l'extenseur propre du pouce et de l'extenseur du petit doigt, conservation d'une grande partie des mouvements de flexion du pouce et de l'index. Enfin contracture marquée des muscles fléchisseurs de la main et des doigts dont la force était plus diminuée que celle du triceps et des extenseurs du poignet et des doigts. Somme toute, dans ce membre supérieur, la paralysie présentait une distribution qui n'a jamais été encore observée jusqu'ici dans l'hémiplégie de cause cérébrale ou spinale. Elle était en effet limitée aux muscles innervés par les VIIe et VIIIe cervicales et Ire dorsale, le groupe radiculaire supérieur, Ve et VIe cervicales, étant absolument intact, et les troubles de la sensibilité correspondaient exactement aux territoires innervés par la VIIIe cervicale et la Ire dorsale. Au territoire de la VIIe cervicale correspondait également le réflexe olécrânien aboli chez cette malade. « En présence de ces symptômes dont le début avait été foudroyant, aucun autre diagnostic que celui d'hématomyélie ne pouvait être porté, et, en particulier pour ce qui concerne les troubles de la motilité, ils ne pouvaient s'expliquer que par la localisation du foyer hémorragique dans le cordon latéral au niveau des segments VIIIe cervical et Ier dorsal. Il se prolongeait en haut dans le même cordon au niveau des VIIe et VIe segments cervicaux, mais à ce niveau il avait certainement beaucoup moins intéressé le faisceau pyramidal, puisque le triceps et les muscles de la région postérieure de l'avant-bras étaient très faiblement paralysés. »

F. Raymond et G. Guillain[2] ont observé un cas analogue dans lequel les troubles paralytiques et les contractures étaient limités au segment radiculaire inférieur du renflement cervical. Dejerine et Lévy Valensi (1911) ont rapporté une autre observation de paralysie cervicale par écrasement traumatique de la moelle sans autopsie avec limitation radiculaire des troubles moteurs et sensitifs au-dessus de la lésion. Mattirolo (1911) a publié une observation clinique caractérisée par des altérations de la motilité et de la sensibilité à topographie radiculaire ; le malade présentait une paralysie flasque des membres inférieurs avec abolition des réflexes et une paralysie radiculaire sensitive et motrice avec réaction de dégénérescence dans le domaine de C_7, C_8, D_1 : le foyer médullaire siégeait au niveau des segments C_7 C_8, D_1 ; la topographie radiculaire correspondait exactement à la lésion de la substance grise.

---

1. J. Dejerine et E. Gauckler. Contribution à l'étude des localisations motrices dans la moelle épinière. Un cas d'hémiplégie spinale à topographie radiculaire dans le membre supérieur avec anesthésie croisée et consécutif à une hématomyélie spontanée. Revue Neurologique, 30 mars 1905, 313.

2. F. Raymond et G. Guillain. Hématomyélie ayant déterminé une hémiplégie spinale à topographie radiculaire dans le membre supérieur avec thermoanesthésie croisée. Contribution à l'étude des connexions du faisceau pyramidal avec les segments médullaires. Étude de mouvements réflexes spéciaux de la main. Revue Neurologique, 30 juillet 1905, 697.

Nous ne connaissons pas, avons-nous dit plus haut, les relations exactes qui existent entre les fibres terminales du faisceau pyramidal et les cellules de la substance grise médullaire. A ce sujet on s'est demandé, comme d'ailleurs pour l'ensemble du névraxe, si l'on pouvait déceler des modifications physiques dans un tissu nerveux en activité. WIEDERSHEIM, MATHIAS DUVAL ont admis l'amiboïsme des cellules nerveuses. DEMOOR a parlé des variations de plasticité de ces cellules, LUGARO de leur gonflement; RENAUT a décrit des appuis adhésifs, des grains perlés, RAMÓN CAJAL des épines, Mlle STEFA-NOWSKA des appendices piriformes. DASTRE synthétisa les théories en mentionnant une certaine « adventicité » des connexions entre les neurones. Il ne s'agit dans toutes ces descriptions que d'hypothèses basées sur des figures histologiques. D'ailleurs la théorie du neurone elle-même ne peut être soutenue dans son intégralité depuis les travaux de BETHE, APATHY, RAMÓN CAJAL, NISSL, etc., qui ont montré les anastomoses des neurofibrilles des neurones. Somme toute, actuellement, les méthodes histologiques donnent des renseignements trop peu précis pour que l'on puisse en déduire des indications sur les phénomènes éventuels existant dans le névraxe durant la phase d'activité de l'énergie nerveuse.

Le rôle moteur du faisceau pyramidal ne peut être mis en doute. Tous les anatomistes ont constaté, chez les hémiplégiques, la dégénération du faisceau pyramidal; l'électrisation de l'origine corticale du faisceau pyramidal a montré le rôle moteur de celui-ci; l'électrisation des pyramides bulbaires provoque des mouvements dans les membres (LONGET, VULPIAN, LABORDE, WERTHEIMER et LEPAGE). Toutes ces données anatomiques, physiologiques et cliniques ne prouvent pas que le faisceau pyramidal soit l'unique voie de la motilité; cette conclusion d'ailleurs a été prévue par de nombreux auteurs.

MAGENDIE[1] écrit : « J'ai coupé directement une pyramide sur des animaux vivants, je n'ai pas remarqué de lésions sensibles dans les mouvements et surtout je n'ai aperçu aucune paralysie soit du côté lésé, soit du côté opposé. J'ai fait plus, j'ai coupé entièrement et en travers les deux pyramides vers le milieu de leur longueur et il ne s'en est suivi aucun dérangement bien apparent dans les mouvements, j'ai cru remarquer seulement un peu de difficulté dans la marche en avant. La section des pyramides postérieures ne produit non plus aucune altération visible des mouvements généraux; pour obtenir la paralysie de la moitié du corps il faut couper la moitié de la moelle allongée, alors le côté correspondant devient non immobile, car il offre des mouvements irréguliers, non insensible car l'animal meut les membres quand on le pince, mais cette moitié du corps devient incapable d'exécuter les déterminations de la volonté.

BROWN-SÉQUARD[2] donnait les résultats d'expériences où il montrait que, chez le chien, deux hémisections de la base de l'encéphale faites à une assez grande distance l'une de l'autre (bulbe et pédoncule cérébral, bulbe et protubérance), dont l'une à droite et l'autre à gauche, permettent encore aux centres dits moteurs de produire leur action croisée sur les membres quand on les galvanise. DUPUY[3] dit qu'après la section des pédoncules cérébraux la galvanisation de la zone motrice du cortex du même côté peut donner lieu à une attaque de convulsions épileptiformes dans les membres du côté opposé absolument comme si le pédoncule n'avait pas été coupé. BROWN-SÉQUARD[4] a fait la même constatation. HERZEN et LOEWENTHAL[5] ont produit des mouvements croisés par l'excitation de l'écorce cérébrale alors que le faisceau pyramidal était dégénéré dans presque toute son étendue; les auteurs ont conclu que le faisceau pyramidal est la voie habituelle, la voie de moindre résistance pour les impulsions motrices, mais que, lorsqu'elle vient à être interrompue, les voies collatérales habituellement inactives la remplacent peu à peu.

1. MAGENDIE. Précis élémentaire de Physiologie, 1834, 147.
2. BROWN-SÉQUARD. Bulletin de la Société de Biologie, 1882, 331.
3. DUPUY. Bulletin de la Société de Biologie, 1886, 19.
4. BROWN-SÉQUARD. Recherches cliniques et expérimentales sur les entrecroisements des conducteurs servant aux mouvements volontaires. Archives de Physiologie, 1889, 219.
5. HERZEN et LOEWENTHAL. Trois cas de lésions médullaires au niveau de la jonction de la moelle épinière et du bulbe rachidien. Archives de Physiologie, 1886, 260.

Brown-Séquard[1] donne les expériences suivantes qui nous paraissent très intéressantes à rappeler.

Expérience I. — Chez un lapin très vigoureux on lie les deux carotides à leur arrivée au cou, on met à nu les centres moteurs des deux côtés. Cela fait, on enlève la mâchoire inférieure, la langue, l'os hyoïde et toutes les parties molles et osseuses qui cachent les pyramides antérieures. Celles-ci sont placées dans toute leur étendue sous les yeux de l'expérimentateur. Après avoir laissé reposer l'animal pendant une ou deux minutes, on faradise la zone motrice corticale et l'on constate que sa puissance d'action sur les membres est à peu près normale. On coupe alors transversalement au voisinage du pont de Varole les deux pyramides antérieures et une très minime quantité de tissu bulbaire qui les avoisine (ceci pour être absolument sûr qu'elles ont été sectionnées complètement). On procède ensuite à la recherche de la puissance d'action des centres psycho-moteurs et l'on trouve que la faradisation de la zone excitable dans toute sa longueur donne lieu à des mouvements presque aussi forts et quelquefois sont aussi forts que ceux que l'on avait constatés avant la section.

Expérience II. — Sur un chien très vigoureux on met à nu la zone motrice des deux hémisphères, on mesure le degré de puissance de ces parties sur les membres et on le trouve normal. Cela fait, on met à nu la bulbe. On coupe transversalement et par petites parties, en ayant soin de s'arrêter un instant après chaque incision, toute la moitié postérieure du bulbe au voisinage du pont, on ne laisse en arrière des pyramides qu'une partie extrêmement minime de substance nerveuse. La galvanisation des centres dits moteurs donne lieu alors aux mouvements croisés ordinaires des membres, mais avec une force assez notablement diminuée.

Brown-Séquard concluait de ces expériences que la transmission nerveuse motrice de l'écorce cérébrale à la moelle épinière et de là aux muscles peut se faire par les pyramides ou sans ces parties, qu'elle se fait mieux par d'autres cordons du bulbe que par les cordons pyramidaux, que les voies de conduction des diverses parties de l'encéphale avec la moelle épinière sont bien plus nombreuses qu'on ne le croit.

Schiff[2] écrivait : « Contrairement à ceux qui pensent que les faisceaux pyramidaux sont les intermédiaires nécessaires entre les excitations et les paralysies de la zone irritable du cerveau et les manifestations motrices et ataxiques des membres, il n'y a aucune preuve suffisante en faveur des fonctions motrices des pyramides. » Schiff[3] disait que la lésion isolée de la pyramide peut n'entraîner aucune paralysie ni aucun trouble dans les extrémités.

Starlinger[4] a fait des expériences très suggestives. Il trépane l'apophyse basilaire pour sectionner les pyramides par la face antérieure du bulbe. Tous les animaux auxquels il fait cette opération peuvent, deux heures après celle-ci, descendre plusieurs marches sans difficulté. Un à trois jours après ils se montraient moins disposés à se mouvoir, mais surtout parce qu'ils évitaient de tirailler la grande plaie du cou qu'on avait dû leur pratiquer; ils couraient d'ailleurs en furetant comme d'autres chiens, se grattaient la tête et le cou, levaient la patte pour uriner et, si on immobilisait une des pattes, ils continuaient à mouvoir les trois autres. Au bout de deux semaines ils ne se distinguaient nullement d'animaux non opérés, exécutaient tous les mouvements normaux, sautaient sur les chaises et sur les tables, se servaient des pattes antérieures pour ronger les os. L'examen microscopique du bulbe de l'un des chiens, un mois après l'opération, montra que la section était complète, aussi bien en profondeur que sur les côtés. Starlinger concluait de ces expériences que le faisceau pyramidal n'a chez le chien qu'une importance secondaire pour la locomotion et qu'il doit exister, chez cet animal, en dehors des pyramides, une voie de conduction qui sert d'intermédiaire aux impulsions de l'écorce cérébrale aux muscles.

1. Brown-Séquard. Expériences montrant combien est grande la dissémination des voies motrices dans le bulbe rachidien. *Archives de Physiologie*, 1889, 606.

2. Schiff. *Centralblatt f. Physiologie*, 1893, 7.

3. Schiff. Congrès international de Physiologie de Berne, 1895. *Centralblatt für Physiologie*, 1895, n° 15.

4. Starlinger. Die Durschneidung beider Pyramiden beim Hunde. *Neurologisches Centralblatt*, 1895, 390. — *Jahrbücher für Psychiatrie*, xv, 1.

ZIEHEN [1] écrivait aussi : « S'il se confirme que des mouvements spécialisés sont encore possibles après la destruction des pyramides, la doctrine régnante doit subir de nombreuses corrections. »

WERTHEIMER et LEPAGE [2] ont obtenu des résultats semblables à ceux de STARLINGER. Après avoir coupé les deux pyramides ils ont excité les deux gyrus sigmoïdes pour voir si la faradisation de la zone corticale motrice avait encore ses effets habituels, et ils ont conclu de leurs expériences que la section des pyramides et de toute la partie sous-jacente du bulbe n'empêche pas la transmission des excitations parties de la zone corticale motrice.

PRUS [3], HERING [4] ont constaté aussi qu'après la section des pyramides, l'extirpation des centres corticaux amène encore des mouvements des extrémités. D'autre part, REDLICH [5] confirme sur le chat les résultats que STARLINGER avait obtenus chez le chien.

GIRARD [6], à la suite de vingt et une expériences chez le chien, est arrivé aux conclusions suivantes : si l'on sectionne une moitié du bulbe, la moitié droite par exemple plus la pyramide gauche, l'excitation de la région motrice de l'écorce, à droite n'en continue pas moins à produire, comme chez l'animal intact, des mouvements croisés. Si pour plus de garanties on réséque les mêmes parties sur une étendue plus ou moins grande, les résultats sont aussi nets et peut-être plus saisissants encore. Après ces sections, l'action du cerveau peut encore s'exercer non seulement sur les mouvements du membre postérieur, mais aussi sur ceux du membre antérieur.

MAX ROTHMANN [7] reprit les expériences de STARLINGER ; il insista sur les difficultés opératoires et constata que la section des pyramides au-dessus de la décussation, si cette section est totale, est accompagnée de la lésion d'autres voies nerveuses importantes de la moelle allongée, des olives, de la couche interolivaire, de la Schleife, du faisceau longitudinal postérieur. Pour obvier à ces inconvénients, MAX ROTHMANN opéra ses chiens avec une technique spéciale ; par la région cervicale à droite du larynx il détruisit avec une fine aiguille les fibres médullaires. Huit de ses chiens sur neuf survécurent. Par sa méthode, M. ROTHMANN arriva à faire une section complète des pyramides ; la blessure du faisceau fondamental du cordon antérieur est presque inévitable ; parfois, il créa une lésion de l'un ou de l'autre des cordons postérieurs au voisinage des noyaux de GOLL et de BURDACH, parfois une lésion légère de la Schleife ; les faisceaux du cordon latéral, le faisceau cérébelleux, le faisceau de VON MONAKOW restaient toujours intacts. Les huit chiens de ROTHMANN après l'opération couraient bien ; l'excitation électrique des centres des extrémités ne donna aucune différence avec les cas normaux, tant sur la possibilité d'obtenir des mouvements des extrémités que sur l'intensité des courants nécessaires à employer pour obtenir ces mouvements.

MAX ROTHMANN [8] est revenu sur cette question. Il a détruit chez le chien le faisceau pyramidal au niveau de l'entrecroisement, a constaté la conservation des fonctions des extrémités et de l'excitabilité électrique de la zone corticale des membres. Il a détruit le faisceau de VON MONAKOW à la partie latérale de la moelle allongée et constaté la restitution complète de la fonction. Au contraire, la combinaison des deux lésions dans la moelle allongée ou la section des deux faisceaux dans le cordon latéral de la moelle

1. ZIEHEN. Centralblatt f. Physiologie, 1895, 503.
2. WERTHEIMER et LEPAGE. Sur les fonctions des pyramides bulbaires. Archives de Physiologie, 1896, 614.
3. PRUS. Ueber die Leitungsbahnen und Pathogenese der Rindenepilepsie. Wiener klinische Wochenschrift, 1898, n° 38.
4. HERING. Ueber Grosshirnrindenreizung nach Durchschneidung der Pyramiden oder anderer Theile der centralen Nervensystems mit besonderer Beruchsichtigung der Rindenepilepsie. Wiener klinische Wochenschrift, 1899, n° 33.
5. REDLICH. Ueber die anatomischen Folgeerscheinungen ausgedehnter Extirpationen der motorischen Rindencentren bei der Katze. Neurologisches Centralblatt, 1897, n° 18.
6. GIRARD. Recherches expérimentales sur les voies croisées de la motilité volontaire chez le chien. Thèse de Lille, 1899.
7. MAX ROTHMANN. Die Zerstörung der Pyramidenbahn in der Kreuzung. Neurologisches Centralblatt, 1900, 1055.
8. MAX ROTHMANN. Ueber die funktionnelle Bedeutung der Pyramidenbahn. Berliner med. Gesellschaft, 13 février 1901 ; — Experimentelle Läsionen der Medulla oblongata, XIX Congress f. inn. Med, von 16-19 April 1901 zu Berlin. Neurologisches Centralblatt, 1901, 486.

dorsale amène des manifestations spasmodiques, l'excitation des centres corticaux n'est plus possible. MAX ROTHMANN a vu aussi, dans d'autres expériences, que chez le singe la section du faisceau pyramidal au niveau de l'entrecroisement des pyramides n'amène pas de paralysies.

PROBST[1], dans une série d'expériences, arrive à cette conclusion que, après section d'une moitié de la moelle épinière, de la moelle allongée, du pont, de la région des tubercules quadijumeaux, après section aussi du faisceau pyramidal dans la capsule interne, les manifestations paralytiques obtenues disparaissent en grande partie après un certain temps.

Tous ces faits de physiologie expérimentale démontrent, semble-t-il, que chez les animaux, le faisceau pyramidal n'est pas nécessaire à la transmission des mouvements volontaires; une semblable conclusion paraît s'imposer en physiologie humaine. On voit souvent dans les moelles humaines des dégénérations complètes du faisceau pyramidal croisé et cependant des mouvements volontaires étaient encore possibles durant la vie. De plus on sait que chez l'homme des lésions extra-pyramidales peuvent amener des troubles de la motilité. Le rôle du faisceau pyramidal dans la conduction des incitations motrices est incontestable, mais il ne constitue pas la seule voie de la conduction motrice, il existe d'autres faisceaux descendants (faisceau thalamo-spinal, faisceau rubro-spinal, fibres descendantes du faisceau longitudinal postérieur, fibres descendantes des tubercules quadijumeaux, fibres descendantes de la substance réticulée du pont et du bulbe, faisceau cérébelleux descendant, etc.), que l'on peut grouper sous le nom de voies parapyramidales motrices (Pierre MARIE et Georges GUILLAIN), lesquelles ont un rôle certain sur la motilité, sur le tonus.

D'après des recherches récentes sur l'anatomie et la physiologie du corps strié, certains auteurs ont admis que les impulsions motrices volontaires d'origine corticale suivent dans la moelle le faisceau pyramidal et que les impulsions motrices pour les mouvements automatiques suivent les fibres du système strio-spinal. RAMSAY HUNT distingue les fonctions paléo-kinétiques et les fonctions néo-kinétiques. Dans l'hémiplégie centrale les troubles de la motilité, la raideur, les modifications des réflexes sont dus à une perte de la fonction néo-kinétique, les phénomènes moteurs au contraire que l'on rencontre dans la paralysie agitante dépendent de lésions du système strio-spinal et sont dues à une perte de la fonction paléo-kinétique. On peut ajouter d'ailleurs à cette conception que RAMSAY HUNT distingue aussi dans le cervelet deux grandes divisions fonctionnelles, le paléo-cérébellum qui contrôle la fonction posturale et statique des mouvements automatiques et associés et le néo-cérébellum qui contrôle la fonction posturale des mouvements synergiques isolés d'origine corticale.

CHAPITRE VI

TRANSMISSION DES IMPRESSIONS SENSITIVES PAR LES RACINES RACHIDIENNES ET PAR LA MOELLE

I. **Considérations historiques.** — De tout temps les observateurs se sont demandé comment des membres pouvaient être paralysés sans avoir perdu la sensibilité et inversement pourquoi l'on pouvait observer des membres privés de sensibilité alors qu'ils avaient conservé leurs propriétés motrices. GALIEN paraît avoir eu quelques notions sur la division des nerfs en moteurs et sensitifs; la tradition raconte que quelques-uns de ses contemporains lui ayant demandé comment il avait guéri une paralysie partielle d'un doigt, en appliquant des moyens actifs sur la colonne vertébrale, il répondit que, de « ce point partaient deux espèces de nerfs, ceux-ci présidant à la sensibilité de la peau, ceux-là donnant aux muscles la faculté de se contracter sous l'influence de la volonté ». BOERHAVE, en 1761, dans son traité « De morbis nervorum », enseigne que certains nerfs sont moteurs alors que d'autres président aux phénomènes

---

1. PROBST. Zur Kenntniss der Pyramidenbahn. *Monatschrift für Psychiatrie und Neurologie,* 1899, VI.

de la sensibilité. C'était également l'opinion de Lamarck qui fait naître les nerfs moteurs et sensitifs de « foyers » différents. Dans sa *Philosophie zoologique* il écrit : « A l'égard des animaux qui ont une moelle épinière, il part de toutes les parties de leur corps des filets nerveux d'une certaine finesse qui, sans se diviser ni s'anastomoser, vont se rendre au foyer des sensations. Quant aux nerfs qui sont destinés au mouvement musculaire, ils partent vraisemblablement d'un autre foyer et constituent dans le système nerveux un système particulier, distinct de celui des sensations, comme ce dernier l'est du système qui sert aux actes de l'entendement. »

Un physiologiste anglais, ALEX. WALLER, avança, le premier, que les fonctions des racines spinales étaient différentes; il se trompa d'ailleurs en assignant le rôle sensitif aux racines antérieures et aux cordons antérieurs et en attribuant le rôle moteur aux racines et aux cordons postérieurs.

L'honneur de la découverte des fonctions des racines rachidiennes revient à CHARLES BELL et à MAGENDIE. Pendant longtemps on a discuté la part qui revenait à ces deux physiologistes.

CHARLES BELL avait cette idée que les nerfs émanés de parties différentes du système nerveux avaient des propriétés différentes et il s'appuyait sur des expériences faites soit sur des animaux récemment morts, soit sur des animaux vivants. Les premières expériences portaient sur les nerfs de la face et de la respiration. Il écrivit, en 1811, un petit livre [1] où il exposait ses théories et ses expériences. Les physiologistes français étaient au courant de ces faits. JOHN SHAW, élève et ami de CHARLES BELL, vint en France et, avec DUPUY, répéta les expériences de CHARLES BELL devant MAGENDIE à l'école d'Alfort; elles portaient sur les nerfs de la face et consistaient à démontrer que la section du rameau maxillaire supérieur du nerf de la 5e paire n'a pas d'effet sur les mouvements de la respiration alors qu'elle entraînait une gêne considérable de la mastication par suite de l'insensibilité de la peau. Ces recherches de BELL firent l'objet d'un mémoire de MAGENDIE [2] en 1821. MAGENDIE n'avait entre les mains, écrit-il, que les notes de SHAW et son travail *Manual for the student of Anatomy, London,* 1821; il ajoute : « M. BELL, dans le mémoire qu'il a lu devant la Société Royale de Londres, se borne, m'a-t-on dit, aux observations qu'il a faites sur les nerfs de la face. » MAGENDIE [3] continua ces expériences et, en août 1822, fit les constatations suivantes sur de jeunes chiens âgés de six semaines. « Le rachis ouvert, ce qui fut fait à l'aide d'un scalpel bien tranchant, et pour ainsi dire d'un seul coup, j'eus sous les yeux les racines postérieures des paires lombaires et sacrées... je pus les couper d'un côté, la moelle restant intacte.... je crus d'abord le membre correspondant aux nerfs entièrement paralysé, il était insensible aux piqûres et aux pressions les plus fortes, il était aussi immobile; mais bientôt, à ma grande surprise, je le vis se mouvoir d'une manière très apparente, bien que la sensibilité y fût toujours tout à fait éteinte. Une seconde, une troisième expérience, me donnèrent exactement le même résultat; je commençai à regarder comme probable que les racines postérieures des nerfs rachidiens pouvaient bien avoir des fonctions différentes des racines antérieures et qu'elles étaient plus particulièrement destinées à la sensibilité. Il se présentait naturellement à l'esprit de couper les racines antérieures, en laissant intactes les postérieures... Comme dans les expériences précédentes, je ne fis la section que d'un seul côté pour avoir un terme de comparaison... Le membre était complètement immobile et flasque, tandis qu'il conservait une sensibilité non équivoque... *Les racines postérieures paraissent plus particulièrement destinées à la sensibilité, tandis que les antérieures semblent plus spécialement liées avec le mouvement.* »

Quelques jours après avoir fait sa communication (1822), il reçut de SHAW une lettre, où celui-ci disait que BELL avait fait des expériences analogues, et lui envoyait peu après l'ouvrage en question avec le passage important marqué au crayon : « *On laying*

---

1. CHARLES BELL. An idea on a new Anatomy of the Brain, London, 1811.
2. CH. BELL. Recherches anatomiques et physiologiques sur le système nerveux. *Journal de Physiologie,* 1821, 284; Rapport de MAGENDIE.
3. MAGENDIE. Expériences sur les fonctions des nerfs rachidiens. *Journal de Physiologie,* 1822, 276 — Expériences sur les fonctions des racines des nerfs qui naissent de la moelle épinière. *Journal de Physiologie,* 1822, 366.

bare the roots of the spinal nerves, écrivait BELL, *I found that I could cut across the fasciculus of nerves, which took its origin from the posterior portion of the spinal marrow, without convulsing the muscles of the back; but on touching the anterior fasciculus with the point of the knife the muscles of the back were immediately convulsed.* « On voit, ajoute MAGENDIE, par cette citation d'un ouvrage que je ne pouvais connaître puisqu'il n'a point été publié, que M. BELL, conduit par ses ingénieuses idées sur le système nerveux, a été bien près de découvrir les fonctions des racines spinales; toutefois le fait que les antérieures sont destinées au mouvement, tandis que les postérieures appartiennent plus particulièrement au sentiment, paraît lui avoir échappé; c'est donc à avoir établi ce fait d'une manière positive que je dois borner mes prétentions. »

Il semble donc que les deux physiologistes, marchant dans la même voie, aient eu chacun une certaine part dans les découvertes des fonctions des racines; MAGENDIE a eu le mérite de faire le premier des expériences précises et de les publier d'une façon « positive ».

Les opinions restaient cependant divisées. Tandis que FODÉRA (1822), BÉCLARD (1823) et Herbert MAYO (1823) partageaient les idées de BELL, BELLINGERI (1823) écrivait que les racines postérieures n'étaient pas seulement destinées à la sensibilité, mais encore à la contraction des muscles extenseurs, et que les racines antérieures agissaient sur les fléchisseurs; les faisceaux postérieurs serviraient donc à la transmission du mouvement des muscles extenseurs et les faisceaux antérieurs à la transmission du mouvement des muscles fléchisseurs; la substance grise transmettrait les impressions sensitives. SCHOEPS (1827), opérant sur le pigeon et le lapin, affirme que la section des deux faisceaux antérieurs détruit définitivement la motilité, la sensibilité restant intacte, alors que la section des faisceaux postérieurs n'abolit le mouvement que d'une façon temporaire et laisse également intacte la sensibilité. ROLANDO (1828) conclut également que pour obtenir des contractions musculaires des muscles volontaires il faut l'action simultanée des cordons antérieurs et postérieurs.

CALMEIL et BACKER (1828) ne sont pas partisans non plus de la loi de MAGENDIE-BELL. Le premier, expérimentant sur le lapin et le mouton, admet que la section des racines postérieures des muscles abdominaux produit une paralysie incomplète du mouvement, que l'irritation des faisceaux antérieurs ne détermine pas de mouvements et qu'en somme il semble bien que les deux sortes de racines et de faisceaux jouissent des mêmes prérogatives. Il ajoute d'ailleurs que « la détermination du rôle des différentes racines spinales réclame de nouveau la lumière de l'expérimentation ».

Les travaux de MULLER (1831) et de VALENTIN (1839) ramènent aux idées de BELL et de MAGENDIE et semblent démontrer qu'elles sont exactes. Les expériences classiques de MULLER furent répétées par RETZIUS, THOMSON, STANNIUS, PANNIZZA, HENLE, SCHWANN avec des résultats identiques. MARSHALL HALL ne fait de réserves que pour la raie et la tortue.

A cette époque où la loi de BELL-MAGENDIE est entièrement acceptée, surgirent de nouvelles discussions sur les fonctions des racines rachidiennes. Les polémiques entre MAGENDIE et LONGET (1839-1841) sur la sensibilité récurrente n'aboutirent pas à des résultats définitifs, d'autant que les auteurs ne pouvaient reproduire le phénomène avec certitude. C'est CLAUDE BERNARD qui réussit à démontrer que tant de discussions et d'expériences contradictoires provenaient des conditions expérimentales différentes dans lesquelles se trouvaient les animaux opérés.

PFLUGER (1855-1856) montra avec ADAMKIEWICZ et VULPIAN (1878) les propriétés vaso-motrices des racines antérieures. Nous verrons aussi ultérieurement les discussions non encore closes qui ont suivi le mémoire de BROWN-SÉQUARD sur la présence de fibres vaso-motrices dans les racines postérieures.

II. Transmission des impressions sensitives par les racines postérieures. La sensibilité récurrente. — Les expériences classiques de CHARLES BELL, MAGENDIE, MULLER, CLAUDE BERNARD ont démontré la transmission des impressions sensitives des nerfs périphériques aux cordons postérieurs par la voie des racines postérieures. L'excitation des racines postérieures chez la grenouille, le chien, le lapin, le chat, etc., détermine des phénomènes douloureux intenses, tandis que celle des racines antérieures produit des convulsions musculaires. Après section des racines postérieures, l'excitation du bout périphérique ne détermine aucune douleur, l'excitation du bout central provoque des phénomènes douloureux. On constate en outre après l'opération une anesthésie de la région dans laquelle se distribuent les filets de la racine coupée, anesthésie complète (abolition de la sensibilité au toucher, à la température, de la sensibilité musculaire et profonde). Si chez une grenouille on coupe les quatre racines postérieures qui donnent la sensibilité au membre postérieur correspondant, on voit que ce membre est animé de mouvements pour nager et sauter, mais si on pince les deux membres postérieurs, on constate que du côté où toutes les racines sont respectées on ne peut y toucher sans provoquer une douleur qui se traduit par un retrait du membre et des efforts pour fuir, tandis que l'on peut pincer la patte dont les racines postérieures ont été coupées sans provoquer la moindre sensation, sans déterminer le retrait du membre.

Chez l'homme, quand les racines postérieures sont irritées par une cause compressive ou inflammatoire, on observe des douleurs dans le domaine de ces racines ; les lésions destructives des racines entraînent des troubles de la sensibilité qui affectent une topographie spéciale dite radiculaire, c'est-à-dire que les territoires atteints ne correspondent pas à la zone de distribution des nerfs périphériques, mais à celle des racines suivant des schémas classiques.

La conductibilité des impressions sensitives par les racines postérieures est, au point de vue physiologique, une donnée définitivement acquise.

Le phénomène dit de la sensibilité récurrente, observé par Magendie en 1839, vient compliquer la question de la transmission des impressions sensitives. Longet[1] écrit, à ce propos, dans un de ses mémoires : « J'assistais, en 1839, aux leçons professées au Collège de France par M. Magendie. Il crut, en expérimentant sur les racines rachidiennes, trouver alors, comme en 1822, un peu de sensibilité dans les racines antérieures. Or, j'aurais voulu un résultat absolu et non un demi-résultat, je ne m'expliquais pas pourquoi cette dose légère de sensibilité existait dans ces racines, les postérieures pouvant, dans mon opinion, présider seules à cette fonction ; je poussai donc l'incrédulité jusqu'à demander au Professeur la permission de vérifier moi-même l'exactitude de ce fait intéressant sur le chien qui venait de servir à ses démonstrations. Quel fut mon étonnement quand du côté où toutes les racines postérieures lombaires étaient coupées, je constatai l'insensibilité complète des racines antérieures correspondantes, tandis qu'en agissant sur la racine antérieure d'un nerf rachidien intact je crus la trouver sensible. Ce fait constaté devant le Professeur lui-même me suggéra l'idée que, malgré des connections anatomiques différentes, la racine postérieures pouvait bien avoir sur l'antérieure une influence analogue à celle que le nerf trijumeau exerce sur le nerf facial, c'est-à-dire qu'admettant alors que les deux racines, dans leur intégrité, sont sensibles, quoique à des degrés différents, je pensai que la racine antérieure emprunte sa propriété de sentir, non à ses relations avec le faisceau antéro-latéral de la moelle, mais à celles que cette racine entretient au niveau du ganglion spinal avec la racine postérieure correspondante. » Magendie communiqua le fait à l'Académie des Sciences (3 et 10 juin 1839) sans citer le nom de Longet, qui protesta. Plus tard, d'ailleurs, Longet changea d'avis et, ne retrouvant plus cette sensibilité des racines antérieures, il en nia l'existence. Dans son Traité de Physiologie du système nerveux (1850), il rappelle avec ironie les variations de Magendie sur les fonctions des racines antérieures de 1822 à 1840, et il conclut que les racines antérieures sont complètement insensibles. Magendie d'ailleurs, pas plus que Longet, ne put retrouver le phénomène qu'il avait décrit sous le nom de sensibilité récurrente ou en retour.

Claude Bernard[2] expliqua le phénomène. Lui aussi assistait aux leçons de Magendie en 1839, et avait été fort intrigué par cette sensibilité des racines antérieures ; lui non plus ne put la retrouver jusqu'en 1846. « Pourtant, écrit-il, un phénomène que l'on a

1. Longet. Recherches pathologiques et expérimentales sur les fonctions des faisceaux de la moelle épinière et des racines des nerfs rachidiens. Archives générales de Médecine, 1841.

2. Claude Bernard. Leçons sur la Physiologie et la Pathologie du système nerveux, 1858.

observé même une seule fois existe. Que des résultats contraires viennent ensuite se produire, ils ne détruisent en rien les premiers, et en présence de l'incertitude qu'ils peuvent jeter sur des conclusions trop affirmatives, le moyen d'arriver à la vérité n'est pas de nier les résultats positifs au nom des résultats négatifs, ou réciproquement, mais bien de chercher les raisons de leur divergence. » Il chercha donc et retrouva la sensibilité récurrente en 1846, époque à laquelle il constata que, chez le chien, on la trouve toujours, quand on n'ouvre pas largement le canal vertébral, et qu'on attend quelque temps pour laisser reposer l'animal; on ne la trouve pas chez les animaux fatigués par le shock opératoire et les hémorragies.

« Voici d'abord, écrit-il, le fait sur lequel s'établit cette sensibilité commune aux deux racines. Lorsque sur un animal vivant dont le canal rachidien a été ouvert et les racines nerveuses mises à nu dans de bonnes conditions, on vient à pincer successivement la racine postérieure et la racine antérieure, on voit que toutes deux sont sensibles. Cette sensibilité se reconnaît aux cris de l'animal. Si alors on coupe la racine antérieure, la postérieure étant intacte, on constate que le bout central de la racine antérieure coupée est complètement insensible, tandis que le bout périphérique est resté sensible. D'où vient donc cette sensibilité qui persiste dans un bout de nerf séparé du centre nerveux ? En analysant le fait, on peut le voir. Si, en effet, on vient à couper à son tour la racine postérieure, on ne retrouve plus cette sensibilité notée précédemment dans le bout périphérique de la racine antérieure correspondante coupée. A ce moment de l'expérience, les deux racines étant coupées, si l'on interroge la sensibilité des quatre bouts qui résultent de cette double section, on trouve que le bout central de la racine antérieure est insensible, ainsi que son bout périphérique; que le bout périphérique de la racine postérieure est insensible, seul le bout central de la racine postérieure a conservé sa sensibilité: c'est donc de là que venait la sensibilité de toute la paire. » La section des racines postérieures sus et sous-jacentes n'empêche pas la sensibilité récurrente, tant que l'on respecte la racine postérieure correspondante. Cette sensibilité se transmet à la racine antérieure non par la moelle, puisque son bout central est insensible, mais par son bout périphérique. On avait pensé d'abord que les fibres qui la transmettent passent d'une racine dans l'autre au point de jonction des deux racines, un peu après le ganglion, mais CLAUDE BERNARD a montré que la section des nerfs mixtes abolit la sensibilité récurrente ; « la communication physiologique se fait donc beaucoup plus loin, probablement à la périphérie », et ce fait fut confirmé plus tard par les observations de LAUGIER (1864), de RICHET (1867) et les expériences D'ARLOING et TRIPIER (1876). Ces auteurs ont montré en outre que tous les filets récurrents ascendants des nerfs moteurs n'atteignaient pas la racine antérieure, que la sensibilité récurrente diminue à mesure que l'on s'éloigne de la périphérie. BOUCHARD aurait constaté chez certains animaux le passage direct de fibres sensitives de la racine postérieure dans la racine antérieure. CLAUDE BERNARD insista sur ce fait que cette sensibilité récurrente établit entre les deux racines « une communauté de propriétés qui fait de la paire nerveuse une unité physiologique ».

CLAUDE BERNARD expliqua comment cette sensibilité des racines antérieures avait pu être si discutée, au point que MAGENDIE, qui l'avait découverte, n'avait pu la mettre en évidence après 1839 pour répondre aux attaques de LONGET. Il montra qu'il fallait, pour bien l'observer, expérimenter sur des animaux vigoureux, bien nourris et jeunes, non épuisés par l'opération douloureuse qu'ils venaient de subir, et qu'il fallait veiller en outre à ce que la moelle ne se refroidisse pas pendant l'expérience. Lorsque l'animal s'affaiblit, la sensibilité disparaît d'abord dans les points les plus éloignés du centre, c'est-à-dire des racines antérieures tout d'abord, puis de la peau, de la racine postérieure et de la moelle, ce qui explique l'absence de sensibilité des racines antérieures chez l'animal fatigué ou épuisé par l'opération. On observe le même ordre de disparition de la sensibilité par l'éthérisation.

Cette sensibilité récurrente se propage à la moelle. CLAUDE BERNARD a montré que, lorsqu'on pique avec une aiguille la moelle d'un animal non épuisé, on la trouve sensible partout; si on coupe la racine antérieure, on trouve autour de sa zone d'insertion une zone médullaire insensible dans le faisceau antérieur et le faisceau latéral ; au contraire, la section d'une racine postérieure n'empêche pas le faisceau postérieur d'être sensible ; le faisceau antéro-latéral recevrait donc sa sensibilité par l'intermédiaire des fibres récurrentes de la racine antérieure.

Il résulte de tous ces faits que, selon le mot de Claude Bernard lui-même, les deux racines antérieures et postérieures sont sensibles, mais que les racines postérieures seules sont « source de sensibilité ».

III. Influence des racines postérieures sur la motilité. — Il existe des rapports indirects mais évidents entre les racines postérieures et les racines antérieures. Non seulement la section des racines postérieures abolit dans l'arc réflexe correspondant la voie centripète et par conséquent empêche les actes réflexes de se produire, mais elle entraîne une série d'autres troubles de la motilité.

Charles Bell démontra que la section du nerf sous-orbitaire chez le cheval, nerf sensitif pur, détermine des troubles de préhension des lèvres qui empêchent l'animal de saisir sa nourriture ; ainsi, au lieu de happer l'avoine et le foin avec la lèvre supérieure, le cheval presse fortement la gueule contre le fourrage pour le saisir avec la langue. Il s'agit là d'une incoordination et non d'une paralysie, car pendant la mastication l'animal peut écarter les lèvres et ouvrir la bouche. On observe un phénomène analogue dans les rapports des racines antérieures et postérieures.

Panizza (1834), Stilling (1842), Claude Bernard, Schiff (1858) ont attiré l'attention sur les troubles d'incoordination consécutifs à la section des racines postérieures chez la grenouille ; l'animal opéré ne peut plus nager, saute avec difficulté, fait des mouvements désordonnés des pattes quand on excite des régions du corps qui ont conservé leur sensibilité.

Brondgeest (1860), Cyon (1865), Guttmann (1867), Tschiriew (1879), Marcacci (1882), Oddi (1890) ont constaté que la section des racines postérieures entraîne l'allongement des muscles de la jambe qui deviennent hypotoniques. Cyon nota également la diminution de l'excitabilité de la racine antérieure par section de la racine postérieure correspondante ; Harless confirma le fait et vit que l'excitabilité du nerf sciatique de la grenouille diminue par section des racines postérieures en connexion avec lui ; Belmondo et Oddi retrouvèrent le même phénomène chez les mammifères. La cocaïnisation des racines postérieures a les mêmes conséquences que leur section. Hering a fait de ces troubles d'incoordination chez la grenouille une étude approfondie. Lors d'un petit saut, les différences sont insensibles entre le côté sain et le côté hypoesthésié, mais lorsque le saut est long, l'animal tourne la tête du côté opéré. Si les deux membres sont anesthésiés, le saut ne peut se faire qu'à courte distance. Hering pense que la rotation de la tête du côté du membre hypoesthésié tient à la faiblesse des muscles extenseurs ; ces troubles sont d'ordre ataxique. Pour la natation, bien que les mouvements se fassent d'une façon synchrone, l'animal nage avec un seul ou avec les deux membres postérieurs en extension permanente suivant qu'un seul ou les deux côtés ont été privés de leurs racines postérieures. Quand les quatre membres sont anesthésiés, l'animal peut encore sauter, mais à courte distance, et souvent on le voit pencher ou même rouler de côté.

Baldi, Raimers ont constaté chez le chien que la section des racines d'un membre postérieur entraîne une certaine difficulté dans les mouvements, ce membre ne peut supporter le poids du corps, il reste demi-fléchi et l'animal ne s'en sert pas pour marcher. Plus tard la marche redevient possible, mais les mouvements restent irréguliers et ataxiques. Si l'on opère les deux membres postérieurs, l'animal s'avance en les traînant sur le sol ; plus tard les membres postérieurs peuvent soutenir le poids du corps et faire des mouvements de flexion et d'extension, mais ils restent toujours maladroits et demi-fléchis. Baldi a observé également des mouvements ataxiques dans les membres antérieurs par section des racines cervico-dorsales.

L'ablation des labyrinthes (Bichel, Baldi) ou l'occlusion des yeux (Hering, Bichel) augmentent les phénomènes ataxiques déterminés par la section des racines postérieures.

Mott et Sherrington (1895) ont fait chez les singes des constatations similaires ; l'animal présente de l'ataxie dans les membres correspondants aux racines opérées. Ils ont vu que les articulations proximales des membres sont moins maladroites que les distales, ce qui peut être dû à ce fait que le nombre des racines nerveuses destinées aux muscles du segment proximal des membres est moins grand que celui des racines destinées aux muscles du segment distal. Chez les singes, la position du membre postérieur anesthésié était une flexion de la hanche et du genou, celle du membre antérieur une flexion du coude et du poignet avec adduction de l'épaule.

La section des racines postérieures diminue l'aptitude convulsivante de la moelle (Luchsinger, Hering). Sherrington (1898) a constaté que la contracture des animaux décérébrés disparaît à la suite de la section des racines postérieures.

C'est en se basant sur ce fait que les racines postérieures ont une action normale sur le tonus et que leur section diminue les contractures, que l'on a préconisé la section chirurgicale des racines postérieures pour le traitement de certaines paraplégies spasmodiques (opération de Förster, de van Gehuchten).

La transmission normale des impressions sensitives est nécessaire pour la coordination des mouvements; si cette transmission est troublée, l'ataxie peut apparaître. Ce sont surtout les sensibilités profondes et le sens musculaire qui sont importants à ce point de vue, sensibilités « proprioceptives » de Sherrington, c'est-à-dire qui nous renseignent sur les mouvements et les modifications survenues dans les articulations, les tendons, les ligaments. Il est intéressant d'ailleurs de rappeler ici que c'est Claude Bernard (1858) qui a montré le premier l'importance des sensations profondes, car, après avoir vu que la section des racines postérieures amène l'ataxie, il constate qu'une grenouille dont on a enlevé la peau des pattes continue à nager correctement malgré l'anesthésie superficielle des membres postérieurs. Chauveau, de même, sectionnant les filets nerveux de la patte d'un pigeon au niveau de l'articulation tibio-tarsienne et amenant ainsi des troubles de la sensibilité cutanée en laissant intacte la sensibilité profonde, constate que ce pigeon ne présente qu'une légère hésitation dans les mouvements de la patte. W. Bechterew[1] rappelle à ce propos les expériences que Jacob et Bickel ont rapportées au XIIIe Congrès international de Médecine à Paris (1900). Ces auteurs sectionnent chez des chiens les racines postérieures des extrémités inférieures; lorsque les troubles ataxiques commencent à s'atténuer, ils enlèvent les régions sensitivo-motrices de l'écorce ; les troubles de la motilité réapparaissent alors dans les membres inférieurs combinés à ceux que l'on observe après l'ablation de l'écorce. Inversement, après ablation des centres corticaux, les troubles spasmodiques et parétiques, d'abord marqués, disparaissent progressivement; la section des racines postérieures effectuée dans un deuxième temps fait réapparaître des troubles de la motilité combinés analogues à ceux de la première série d'expériences.

Tous ces faits montrent qu'il existe une corrélation fonctionnelle intime entre les racines postérieures et les centres moteurs. Les impressions sensitives d'ordre proprioceptif transmises par les racines postérieures suivent dans la moelle, d'après Dejerine, la voie des fibres radiculaires longues des cordons postérieurs. Il existe en clinique deux syndromes où les phénomènes d'ataxie sont au premier plan : le syndrome tabétique de Duchenne (de Boulogne) et le syndrome des fibres radiculaires longues des cordons postérieurs isolé par Dejerine.

IV. Transmission des impressions sensitives par les cordons et la substance grise de la moelle. — Les impressions sensitives qui ont suivi la voie des nerfs périphériques et des racines rachidiennes postérieures sont transmises au cerveau par la moelle, mais il ne faut pas se dissimuler que, malgré les plus beaux schémas des livres, cette transmission est encore très imprécise dans ses détails; c'est là une des questions les plus difficiles de la physiologie du système nerveux.

Nous croyons, au début de ce chapitre, devoir insister encore sur les causes d'erreurs multiples qui proviennent de la généralisation à d'autres espèces et spécialement à l'homme des résultats obtenus chez une espèce animale déterminée. Chez les animaux on juge le plus souvent les résultats des excitations sensitives par les manifestations de la douleur somme toute assez grossières : dilatation de la pupille, modifications de la tension vasculaire, mouvements de défense. Or il ne faut pas ignorer combien sont compliqués les actes réflexes, et il est difficile de faire la part dans toutes ces manifesta-

---

1. W. Bechterew. Les fonctions nerveuses. Fonctions bulbo-médullaires. Paris, Doin, édit., 1909, p. 123.

tions de ce qui est conscient ou non. On a même discuté de l'existence des diverses sensibilités chez les animaux, et HERZEN a soutenu que chez eux la sensibilité à la chaleur n'existe pas et se confond avec la sensibilité à la douleur; seule existerait pour lui la sensibilité au froid. Il n'est pas inutile non plus d'attirer l'attention sur l'absence de contrôle anatomique et histologique dans nombre d'expériences anciennes.

Quand on réfléchit aux difficultés si nombreuses des examens de la sensibilité chez l'homme, difficultés sur lesquelles HENRY HEAD a insisté avec tant de justesse, on arrive à cette conclusion que les expériences concernant la sensibilité chez les animaux sont certes du plus haut intérêt, permettent d'édifier les bases de la physiologie comparée, mais elles ne sauraient prétendre résoudre tous les problèmes posés en physiologie humaine. Il est certain que nombre de schémas des voies de la sensibilité dans la moelle de l'homme n'ont été construits qu'en juxtaposant ou même en amalgamant les résultats les plus divers obtenus chez les animaux les plus différents. C'est à notre avis une erreur de méthode absolue, et il nous paraît plus scientifique d'avouer notre ignorance sur certains points, de laisser des problèmes non résolus plutôt que de vouloir apporter toujours des conclusions absolues, lesquelles ne reposent pas sur une documentation suffisante. En tout cas, il est prudent de n'appliquer à la moelle de l'homme que les résultats obtenus chez l'homme par la méthode anatomo-clinique ou chez les singes supérieurs par la méthode expérimentale. Nous exposerons d'ailleurs successivement les faits expérimentaux et les faits anatomo-cliniques et nous verrons dans quelle mesure il est possible d'en déduire des conclusions générales.

A. Les faits expérimentaux. — 1° *Rôle des cordons postérieurs.* — Si on sectionne chez un mammifère ou un autre vertébré les faisceaux postérieurs de la moelle dorsale, on constate que la sensibilité est conservée dans les membres postérieurs. BELLINGERI (1823) a le premier signalé le fait, puis SCHÖPS (1828), CALMEIL (1828), SEUBERT (1833), VAN DEEN (1841), BUDGE (1842), STILLING, TURCK (1852), LUDWIG (1861), BROWN-SÉQUARD, SCHIFF, VULPIAN ont constaté le même phénomène. BROWN-SÉQUARD put pratiquer une deuxième section analogue sur le même côté à 4 ou 5 centimètres en avant de la première sans que la sensibilité soit modifiée, dans certaines expériences il la trouva même exagérée. TURCK pratiquait cette expérience sur des grenouilles en se servant non pas d'excitants mécaniques, mais d'excitants chimiques, il faisait ainsi une hémisection de la moelle et trempait les deux pattes dans de l'eau acidulée; c'était toujours le côté opéré qui présentait la sensibilité la plus vive. Cette hyperesthésie n'est pas inconsciente, car CLAUDE BERNARD a vu, dans des expériences analogues sur le lapin, que la rétraction de la patte était accompagnée d'un cri, prouvant que l'animal avait conscience de la douleur.

La section des deux cordons postérieurs n'empêche pas non plus la transmission des impressions sensitives d'après les expériences de BROWN-SÉQUARD, SCHIFF, CLAUDE BERNARD. Ces expériences et les conclusions qu'on peut en tirer vont à l'encontre des opinions de BACKER (1830), KURSCHNER (1841) et LONGET qui admettaient qu'une perte absolue de la sensibilité accompagnait l'altération profonde des cordons postérieurs.

Si, inversement aux précédentes expériences, on sectionne la moelle dans la région dorsale en laissant intacts les cordons postérieurs, la sensibilité à la douleur est abolie dans les membres postérieurs (VAN DEEN chez la grenouille, BROWN-SÉQUARD, SCHIFF, PHILIPPEAUX, VULPIAN chez les mammifères). SCHIFF assure qu'après cette opération tous les points des cordons postérieurs en arrière de la section et toutes les racines postérieures naissant de cette partie des cordons postérieurs conservent une sensibilité très nette. BROWN-SÉQUARD et VULPIAN ont constaté le fait également, mais seulement jusqu'à 4 ou 5 centimètres de l'opération; au delà, faisceaux postérieurs et racines postérieures ont perdu toute sensibilité ; ce phénomène tient à la disposition anatomique des fibres radiculaires postérieures qui suivent un trajet assez long dans les faisceaux postérieurs avant de pénétrer dans la substance grise ; les fibres les plus rapprochées du lieu de section n'ont pu pénétrer dans la substance grise et sont épargnées par l'opération, les fibres plus éloignées au contraire sont entrées dans la substance grise et leurs relations avec les étages supérieurs de la moelle sont interrompues par la section médullaire. VULPIAN explique de la même façon comment après une section transversale de la moelle, à l'exception des faisceaux postérieurs, on peut voir les membres postérieurs conserver leur sensibilité. « Un pareil résultat ne s'observe que lorsque la lésion porte sur la région lombaire, immédiatement en avant des racines postérieures des nerfs destinés à ces membres. Comme ces racines peuvent alors, comme je viens de le dire, ne pas perdre absolument en définitive leur sensibilité, les membres postérieurs peuvent eux-mêmes ne pas offrir une anesthésie absolue et définitive ; mais, lorsque la lésion est pratiquée un peu en avant de ces nerfs ou à la région dorsale, elle abolit toute sensibilité dans les membres postérieurs. »

Max Borchert[1] fit chez des chiens des expériences démontrant que la section complète des faisceaux postérieurs n'abolit pas entièrement la sensation à la douleur et au toucher ; le sens des attitudes et la faculté de localisation sont aussi assez bien conservés ; l'animal opéré marche correctement et exécute avec précision tous les mouvements ; la sensibilité est sans doute diminuée, mais non supprimée. L'auteur conclut que le rôle conducteur de la sensibilité n'appartient pas exclusivement aux faisceaux postérieurs, mais que la substance grise et les faisceaux latéraux possèdent également des voies sensitives.

De l'ensemble de toutes les expériences des physiologistes du xixe siècle, on arrive à cette notion que la section de la moelle, à l'exception des faisceaux postérieurs, abolit la sensibilité à la douleur, à la chaleur, au froid. Brown-Séquard, Vulpian et Philippeaux ont vu également la sensibilité tactile disparaître. Chez les animaux il semble donc que, si les faisceaux postérieurs jouent un certain rôle dans la transmission des impressions sensitives, ils ne peuvent seuls conduire ces impressions jusqu'à l'encéphale.

2o *Rôle des cordons latéraux.* — Charles Bell, et plus tard Ludwig Turck, pensaient que les cordons latéraux avaient un rôle dans la transmission des impressions sensitives, mais d'autres physiologistes ont observé que la section des cordons latéraux n'empêche pas la transmission des impressions sensitives et Brown-Séquard a constaté que la conservation seule du faisceau latéral ne suffit pas à laisser intacte la sensibilité.

Miescher (1870), en suivant la technique de Dittmar, c'est-à-dire en étudiant les variations de la pression artérielle dans la carotide de lapins curarisés et soumis à la respiration artificielle, a cherché à connaître la voie de propagation médullaire des excitations faites sur le nerf sciatique ou les nerfs lombaires. Il sectionnait toute la moelle dorsale ou lombaire, à l'exception d'un faisceau latéral : il vit que l'excitation du nerf sciatique déterminait encore dans ces conditions une élévation de la pression carotidienne. Lorsque deux sections transversales au même niveau ont divisé les faisceaux latéraux, tout en respectant le reste de la moelle, c'est-à-dire les faisceaux antérieurs, postérieurs et la substance grise, les excitations ne déterminent aucune élévation de pression artérielle, Miescher en conclut, d'après Vulpian, que « les éléments conducteurs centripètes du nerf sciatique, susceptibles de déterminer une augmentation réflexe de la pression artérielle, sont situés, pendant leur trajet au travers de la moelle entre la dernière thoracique et la troisième racine lombaire, entièrement ou en très majeure partie dans la substance blanche latérale et la moelle ». Ces expériences ont été confirmées par celles de Navrocki (1870).

Vulpian, faisant la critique de ces expériences, constate qu'elles ne donnent aucune indication précise. Examinant chez des chiens curarisés et soumis à la respiration artificielle les variations de la pupille au lieu de celles de la pression artérielle, il vit que la section complète des faisceaux latéraux laisse persister la conduction sensitive. Des expériences sur la sensibilité à la douleur faites sur des chiens non curarisés lui donnèrent les mêmes résultats.

Holzinger (1894), dans le laboratoire de W. Bechterew, reprit chez le chien les expériences de Schiff. Pour cet auteur la sensibilité tactile et musculaire suit la voie des cordons postérieurs, ce qu'on peut démontrer par la section de ces derniers ; il constata, après section des cordons postérieurs, de la substance grise et d'une partie des cornes antérieures, que la sensibilité à la douleur ne disparaissait pas, au contraire il observa l'analgésie par section des cordons latéraux en avant des faisceaux pyramidaux. D'après Holzinger les fibres de la sensibilité à la douleur se trouvent surtout dans

---

1. Max Borchert. Experimentelle Untersuchungen an den Hintersträngen des Rückenmarks. *Arch. f. Anat. and Physiol.*, Physiol. Abth., 1902, 889.

la partie moyenne des cordons latéraux, elles manquent complètement dans la couche limitante de la substance grise et dans la couche profonde.

MUNZER et WIENER, WOROSCHILOFF semblent avoir reproduit ces expériences avec les mêmes résultats.

Les recherches de WOODWORTH et SHERRINGTON [1] méritent d'être mentionnées. WOODWORTH et SHERRINGTON font subir à des chats l'ablation des hémisphères cérébraux et des couches optiques, puis, sous l'influence d'une sensation douloureuse d'une région quelconque du corps, ils voient se produire un certain nombre de variations motrices, qui chez l'animal entier traduisent un état émotif (réflexes dits affectifs). WOODWORTH et SHERRINGTON posent en principe que, lorsque les réflexes accompagnant les sensations douloureuses sont capables de se produire, c'est que les voies qui les transmettent sont intactes ; ils admettent en outre que lorsque les réflexes qui sont l'expression de la douleur (réflexes nociceptifs algésiques) apparaissent, on peut être certain que la sensation aurait existé si le cerveau avait été intact ; en conséquence toute lésion de la moelle qui entraîne la suppression de ces réflexes peut être regardée telle qu'elle déterminerait l'analgésie pour la même excitation douloureuse si le cerveau était intact. WOODWORTH et SHERRINGTON, en se basant sur ces propositions préliminaires, ont recherché la voie suivie par ces sensations douloureuses, ils ont comparé l'effet de deux excitations appliquées successivement en des points symétriques de chaque côté du corps après une hémisection de la moelle en avant de l'origine de la voie nerveuse excitée. Ils se basaient sur les réactions suivantes : mouvements des membres, rotation de la tête et du cou du côté de la partie du champ cutané excité, ouverture de la bouche, mouvements des lèvres et de la langue, hérissement des poils, dilatation des pupilles, cri bref parfois plaintif, élévation de la pression artérielle. Les lésions de la moelle étaient contrôlées histologiquement après les expériences. Dans ces conditions, après section du treizième segment thoracique, ils obtinrent une réaction pseudo-affective par excitation du tronc du nerf sciatique opposé, mais plus fortement et plus vite par excitation du nerf sciatique du côté lésé ; ceci est en faveur du croisement non total mais partiel des sensations douloureuses. Après une hémisection dans la région des troisième et quatrième segments cervicaux, l'excitation des nerfs brachiaux du même côté que l'hémisection donne également une réaction pseudo-effective plus forte que celle provoquée par l'excitation des nerfs du côté opposé. Cette réaction pseudo-effective s'obtient aussi par l'excitation des nerfs splanchniques ; l'excitation mécanique ou électrique des nerfs reliant le ganglion semi-lunaire à la chaîne sympathique produit rapidement la réaction. Une hémisection dans la région cervicale antérieure diminue surtout les effets de l'excitation des nerfs du côté opposé. La voie qui conduit ces excitations au cerveau est à la fois directe et croisée, mais surtout croisée. WOODWORTH et SHERRINGTON ont étudié les voies de conduction de ces excitations douloureuses (arcs nociceptifs, algésiques) en pratiquant des sections partielles de la moelle ; ils ont vu que la section des deux cordons postérieurs, du faisceau antérieur et même de la substance grise des deux côtés n'empêche pas le réflexe de se produire ; si on sectionne le faisceau latéral seul, on peut encore obtenir le réflexe par excitation de la moitié opposée du corps en arrière de la section, mais par une lésion bilatérale des faisceaux latéraux toute réaction pseudo-affective disparaît. WOODWORTH et SHERRINTON concluent que ce sont les faisceaux latéraux qui conduisent cette sensibilité à la douleur ; chaque faisceau latéral amènerait au cerveau les excitations provenant des deux côtés du corps et d'une façon prépondérante celles du côté opposé.

On peut rapprocher de ces expériences celles de SUTHERLAND, SIMPSON et P. HERING [2] sur le chat ; ces auteurs plongeaient les pattes de leurs animaux dans de l'eau très chaude, la sensation douloureuse se transmettait quelle que soit la partie de la moelle qu'ils avaient sectionnée ; seule la section des faisceaux latéraux entraînait un certain retard de la sensibilité ; la section transverse totale de la moelle abolissait complètement la conduction sensitive.

1. WOODWORTH et SHERRINGTON. A pseudo-affective reflexe and its spinal path. *Journal of Physiology*, 1904, 31, 234.

SUTHERLAND, SIMPSON et P. HERING. The conduction of sensory impression in the spinal cord. *British Medical Journal*, 1906, II, 1804.

Max Rothmann[1] a fait une série d'expériences sur les singes et les chiens. Par la section des cordons antérieurs au-dessous de l'entrecroisement pyramidal, il a déterminé des troubles de la sensibilité tactile et de légères manifestations ataxiques, par conséquent des troubles de sens musculaire. Dans d'autres expériences il a sectionné les cordons latéraux ou postérieurs. M. Rothmann pense que la sensibilité tactile est transmise principalement par les cordons antérieurs et postérieurs, que la sensibilité douloureuse prend principalement la voie des cordons latéraux ; il remarque toutefois que, chez le chien, après section des cordons latéraux, les excitations douloureuses intenses sont encore perçues, ce qui laisse supposer qu'une partie des fibres affectées à la sensibilité douloureuse appartient aux voies courtes. La sensibilité à la pression est transmise par les mêmes voies. La sensibilité thermique, d'après Rothmann, ne peut être étudiée chez les animaux.

William B. Cadwalader et J.-E. Sweet[2] ont, chez des chiens, détruit complètement et exclusivement les cordons artéro-latéraux, y compris le faisceau de Gowers ; les animaux opérés eurent une paralysie transitoire, de l'ataxie des membres postérieurs, ils avaient perdu nettement bien qu'incomplètement la sensibilité douloureuse et thermique.

3° *Rôle de la substance grise.* — Bellingeri, Calmeil, Stilling, Van Deen, Brown-Séquard, Schiff, Vulpian, ont mis au premier plan le rôle de la substance grise dans la transmission de la sensibilité. Brown-Séquard, par exemple, a toujours trouvé la sensibilité abolie chez les chiens auxquels il avait coupé la substance grise par une section transversale de la moelle ; il en a été de même chez les animaux sur lesquels il avait pu réussir à l'aide d'un instrument spécial à détruire, dans une certaine étendue, la substance grise de la moelle sans léser beaucoup la substance blanche. Schiff a refait l'expérience sur des grenouilles avec les mêmes résultats ; par contre, chez les mammifères, il a vu que la même opération n'abolit pas toute sensibilité. Inversement, Brown-Séquard avait constaté que si l'on sectionne les divers faisceaux antérieurs, latéraux et postérieurs, en laissant la substance grise comme seul moyen de communication entre les deux portions de la moelle, la sensibilité persiste dans les membres postérieurs, mais plus faible qu'à l'état normal.

Brown-Séquard, Schiff et Vulpian ont montré en outre qu'en pratiquant chez des animaux (oiseaux, chiens ou lapins) des sections transversales incomplètes, mais de plus en plus profondes, soit de la face antérieure à la face postérieure, soit dans le sens inverse, on voit que « la sensibilité persiste dans les membres postérieurs (l'opération étant faite dans la région dorsale) tant que la section n'a pas divisé entièrement la substance grise, elle disparaît au contraire dès que la continuité de cette substance est entièrement interrompue ».

Vulpian déclare que cette sensibilité des membres postérieurs persiste, non seulement lorsqu'il reste une bande de substance grise appartenant aux cornes postérieures et à la commissure grise postérieure, mais même lorsqu'il n'existe plus que les parties tout à fait antérieures des cornes antérieures. « Dans quelques-unes de mes expériences, dit-il, lorsqu'il s'agissait de voir si les cornes antérieures peuvent servir à la transmission des impressions sensitives, je ne me suis pas borné à des sections de la moelle, j'ai excisé, sur une certaine longueur de cet organe (2 cm. environ) toutes les parties postérieures ou supérieures, de telle sorte que, dans toute cette longueur, la partie céphalique de la moelle ne communiquait plus avec la partie caudale que par les cordons antérieurs (inférieurs) et les cornes antérieures de la substance grise de la région ainsi mutilée ; j'ai constaté que, dans ces conditions, la sensibilité des membres postérieurs persistait très reconnaissable. »

Vulpian a constaté qu'après une hémisection médullaire chez le chien, si on vient

1. Max Rothmann. Ueber die Leitung der Sensibilität im Rückenmark. Vortrag gehalten in der Berliner medizinischen Gesellschaft am 6 Dezember 1905. *Berliner klinische Wochenschrift*, 8 et 15 janvier 1906.

2. William B. Cadwalader et J. E. Sweet. Recherches expérimentales sur la fonction des cordons antéro-latéraux de la moelle. *The Journal of the American Medical Association*, 18 mai 1912, 1490.

à faire sur l'autre moitié une section telle qu'il ne reste plus comme parties intactes que le faisceau antérieur, une portion du faisceau latéral et la corne antérieure de la substance grise, ou bien dans un sens inverse le faisceau postérieur, une portion du faisceau latéral et la corne postérieure, la sensibilité persiste dans les deux membres postérieurs, plus prononcée toutefois du côté de l'hémisection que du côté opposé.

SCHIFF avait obtenu des résultats analogues, puisqu'il admet que la sensibilité persiste dans les deux côtés du corps, bien que ralentie, pourvu qu'on ait laissé subsister une zone de substance grise des régions latérales, antérieure ou postérieure.

VOLKMANN et VALENTIN rapportent que, sur une grenouille, on peut diviser la moelle en deux moitiés par une section antéro-postérieure ne laissant subsister intact en un point qu'un petit pont formé par les commissures. Malgré la fragilité de ce moyen de communication entre les deux hémimoelles, une excitation d'un membre postérieur peut mettre en mouvement les deux membres antérieurs.

MUNZER et WIENER (1895) ont essayé de résoudre le problème d'une façon indirecte en provoquant des troubles circulatoires, lesquels affectaient la substance grise avant que la substance blanche ne soit lésée. Après avoir arrêté la circulation dans la moelle lombaire, ils constatèrent que les excitations cutanées sur les membres postérieurs ne déterminaient plus de sensations douloureuses. Cette expérience peut être invoquée en faveur du rôle principal de la substance grise dans la conduction de la sensibilité.

SHERRINGTON pense que « la colonne dorsale, les faisceaux longs, ne sont pas la voie utilisée pour les excitations du tact et de la douleur », mais il ajoute que, dans les conditions d'arrêt circulatoire, de fortes excitations douloureuses peuvent être perçues alors que les membres postérieurs sont paralysés et flasques. Ce fait montrerait, d'après SHERRINGTON, que les excitations peuvent également se transmettre par les cordons postérieurs, mais il considère d'ailleurs la question comme encore non résolue, et a tendance à penser que les cordons postérieurs transmettent des sensations musculaires plutôt que des sensations douloureuses.

Ces expériences sur les modifications circulatoires de la moelle sont intéressantes, mais il ne faudrait pas leur attacher une importance trop grande, car nous sommes loin d'être fixés sur les possibilités d'inhibition de conductibilité créés par ces troubles circulatoires qui sont variables suivant les conditions de l'expérience, et de plus nous ne sommes pas assurés que toute la substance grise à l'exclusion de la substance blanche soit ainsi détruite ou privée de sa fonction.

4° *Le syndrome de* BROWN-SÉQUARD. — Il nous paraît indispensable, en raison de l'importance du sujet, de consacrer une étude spéciale au syndrome de BROWN-SÉQUARD ; la connaissance de ce syndrome a suscité en effet de multiples théories sur l'entrecroisement des voies sensitives dans la moelle.

FODÉRA (1823) a, d'après VULPIAN, constaté le premier chez le lapin que l'hémisection transverale de la moelle a pour conséquence une sensibilité plus vive du côté opéré que du côté opposé, il vit aussi que cette sensibilité disparaît après une section longitudinale de la moelle. SCHÖPS (1827) sur des oiseaux, ROLANDO et CALMEIL (1828), VAN DEEN (1841), VALENTIN (1839-1842) chez des grenouilles, BUDGE (1842) chez le chat, retrouvèrent cette hyperesthésie du côté opéré.

BROWN-SÉQUARD[1] publia ses premières expériences dans sa thèse de doctorat en 1846 ; il constata alors qu'après avoir coupé le faisceau antéro-latéral et le faisceau postérieur d'un côté de la moelle sur des grenouilles, des pigeons, des lapins, les parties situées en arrière et du même côté étaient aussi sensibles en apparence que celles du côté sain, il signala la facilité avec laquelle les impressions sensitives se transmettent d'un côté à l'autre de la moelle. BROWN-SÉQUARD[2] reprit plus tard ses expériences, les répéta en 1849

---

1. BROWN-SÉQUARD. Recherches et expériences sur la physiologie de la moelle épinière. *Thèse de Paris*, 1846.
2. BROWN-SÉQUARD. De la transmission des impressions sensitives par la moelle épinière. *Comptes rendus de la Société de Biologie*, 1849, 193 ; — Expériences sur les plaies de la moelle épinière. *Comptes rendus de la Société de Biologie*, 1849, 1850, 1851 ; — Recherches expérimentales sur la transmission croisée des impressions sensitives dans la moelle. *Gazette hebdomadaire de Médecine et de Chirurgie*, 1855, 575, 655, 674, 721.

devant les membres de la Société de Biologie, et arriva aux principales conclusions suivantes :

1° En coupant sur un mammifère une moitié de la moelle au niveau des deux ou trois dernières vertèbres dorsales, on constate que le membre postérieur du côté correspondant présente de l'hyperesthésie, tandis qu'il y a de l'anesthésie du côté opposé.

2° Après avoir fait une première hémisection transversale de la moelle dans la région dorsale et après s'être assuré que le membre postérieur du côté correspondant est hyperesthésique, si on coupe l'autre moitié de la moelle dans la région cervicale, on trouve alors que le membre postérieur de ce dernier côté a perdu entièrement ou presque sa sensibilité.

3° Si on coupe les deux faisceaux postérieurs et qu'au même point on fasse ensuite une hémisection de la moelle, on constate après la première opération une hyperesthésie notable des deux membres postérieurs et après la seconde une anesthésie du membre du côté opposé à l'hémisection.

4° Si on divise la moelle longitudinalement en deux unités latérales en suivant la ligne de séparation des deux faisceaux postérieurs dans la région lombaire, on constate que la sensibilité est abolie dans les membres postérieurs.

5° Si on sépare les deux moitiés du renflement cervical par une section longitudinale, la sensibilité est perdue dans les deux membres antérieurs; elle est conservée et même accrue dans les membres postérieurs. Si on divise transversalement vers sa partie antérieure une des deux moitiés du renflement cervical ainsi séparées, on observe que l'hyperesthésie du membre postérieur correspondant augmente notablement, tandis que la sensibilité du membre potérieur opposé est abolie.

BROWN-SÉQUARD, ayant constaté que la section longitudinale du renflement cervical de la moelle la séparant en deux moitiés détermine la disparition de la sensibilité dans les membres antérieurs et laisse la sensibilité intacte dans les membres postérieurs, explique le fait en admettant que les racines postérieures s'entrecroisent à une courte distance de leur entrée dans la moelle. Une section longitudinale faite dans la région cervicale divise dans ce cas les fibres sensitives des deux membres antérieurs au moment de leur entrecroisement sur la ligne médiane, ce qui entraîne l'anesthésie des membres antérieurs ; au contraire cette opération laisse intactes les fibres sensitives des membres postérieurs qui se sont entrecroisées beaucoup plus bas dans la région lombaire et cheminent plus haut dans chacune des moitiés latérales intactes de la moelle cervico-dorsale.

VULPIAN a critiqué longuement les expériences de BROWN-SÉQUARD, faisant remarquer que les résultats de cet auteur sont loin d'être aussi constants qu'il le dit, que l'hémisection médullaire donne des résultats différents chez les batraciens, les oiseaux, les mammifères. VULPIAN admet que les éléments conducteurs de la sensibilité ne s'entrecroisent pas totalement, mais seulement partiellement dans la moelle des mammifères, et même que « la transmission des impressions ne se fait pas dans la moelle par des routes nécessaires, invariables ». Chez le chien, après hémisection de la moelle, VULPIAN a constaté que « il y a conservation de la sensibilité dans les deux membres postérieurs, les impressions étant toutefois senties un peu plus vivement lorsqu'elles sont produites sur le membre postérieur du côté où toute une moitié de la moelle est coupée que de l'autre côté où les parties les plus voisines du plan médian antéro-postérieur sont seules sectionnées. La sensibilité persiste, même dans le membre du côté opposé à la section d'une moitié de la moelle, quand cette section pénètre assez avant dans l'autre moitié de la moelle pour ne laisser intacte que la partie la plus externe de la substance grise de cette moitié ».

Nous avons vu plus haut que BROWN-SÉQUARD a constaté l'anesthésie des membres postérieurs à la suite de la séparation par une section longitudinale des deux moitiés du renflement lombaire de la moelle ; VALENTIN, STILLING, SCHIFF, ONY n'ont pu observer le même fait. VULPIAN ajoute que cette expérience est difficile à faire sans traumatiser violemment la moelle, ce qui doit déterminer une perturbation profonde de la circulation médullaire et un shock considérable sur les éléments nerveux d'où naissent les nerfs des membres postérieurs.

Au sujet du syndrome de Brown-Séquard, les études de Gotsch et Horsley [1] nous paraissent mériter d'être rappelées. Gotsch et Horsley ont recherché les modifications électriques qui surviennent dans les divers faisceaux de la moelle quand on excite le sciatique; ils sont arrivés à cette conclusion que, chez le chat et le singe, le courant est unilatéral dans la moelle dans une proportion de 80 p. 100 et surtout dans les faisceaux postérieurs. Plusieurs mois après une hémisection médullaire, les modifications électriques au-dessus de celle-ci sont trois fois moins fortes que si l'excitation porte du côté opposé.

Brown-Séquard [2], à la fin de sa vie, publia un mémoire intéressant au point de vue de l'évolution de ses idées sur le syndrome qu'il avait décrit en 1846; il abandonna en effet, toutes ses explications anciennes sur la conduction de la sensibilité dans la moelle. Il fait remarquer que la méthode de recherche des fonctions des centres nerveux, fondée sur la notion que les fonctions qui disparaissent après la destruction ou la simple section d'une partie de ces centres sont celles de la partie lésée, est essentiellement vicieuse; les pertes de fonction peuvent avoir lieu aussi bien par une inhibition due à l'irritation que cause la lésion et agissant à distance sur les éléments nerveux possédant la fonction qui disparaît. Il écrit : « D'une part, comme je vais le montrer, des lésions portant sur un nombre extrêmement minime d'éléments nerveux ou sur des parties autres que celles où, d'après certaines expériences, on a placé le siège d'une certaine fonction, ont pu produire la perte totale de cette fonction ; d'une autre part, une lésion destructive ou une section, au lieu de produire toujours les mêmes effets, ont pu, au contraire, donner origine à des effets variés et quelquefois absolument autres que ceux consistant en perte de la fonction attribuée à la partie lésée. »

Brown-Séquard fut impressionné par le fait suivant: l'anesthésie produite par une hémisection de la moelle cervicale est remplacée immédiatement par de l'hyperesthésie après une hémisection de la moelle dorsale, en même temps que l'hyperesthésie causée par la première section est remplacée par de l'anesthésie. A la suite de cette constatation, Brown-Séquard abandonna la théorie qu'il soutenait depuis plus de trente ans sur la transmission croisée de la sensibilité. Il est évident, fait-il remarquer, que ce n'est pas parce que les conducteurs des impressions sensitives sont coupés lors de la première section que l'anesthésie s'est montrée, puisqu'une deuxième section fait non seulement disparaître cette anesthésie, mais la remplace par de l'hyperesthésie. De plus, après la deuxième section, chacune des deux moitiés latérales de la moelle étant coupée, la transmission des impressions sensitives se fait autrement que par des fibres montant directement dans un ou plusieurs des cordons blancs ou dans la substance grise jusqu'au centre percepteur de l'encéphale. D'autres faits d'ailleurs sont encore inexplicables :

1° La simple piqûre d'un cordon postérieur de la moelle dorsale suffit parfois, comme Brown-Séquard et Vulpian l'ont constaté, à produire non seulement de l'hyperesthésie du côté correspondant et de l'anesthésie du côté opposé, mais aussi de la paralysie motrice et vaso-motrice du côté opéré, exactement comme si la moitié de la moelle était coupée.

2° La section, d'un côté, des racines postérieures des nerfs provenant de la partie supérieure de la moelle dorsale peut suffire aussi à déterminer de l'hyperesthésie du membre postérieur correspondant et de l'anesthésie du côté opposé.

3° Les effets de la section d'une moitié latérale de la moelle diffèrent notablement chez les différents animaux.

4° Brown-Séquard rappelle avoir montré que, chez un mammifère ayant eu une hémisection de la moelle dorsale, l'anesthésie du membre postérieur disparaît si on pratique modérément l'élongation du sciatique du côté opposé à celui de l'hémisection. Cette disparition de l'anesthésie ne pourrait se produire si l'anesthésie avait été causée par la section des conducteurs des impressions sensitives. Mott d'ailleurs, dont Brown-

1. Gotsch et Horsley. On the mammalian nervous system, its functions and their localisation determined by an electrical method. Proceed. Royal Society, 1891, xlix, 49, 235-240.
2. Brown-Séquard. Remarques à propos des recherches du D' F. Mott sur les effets de la section d'une moitié latérale de la moelle épinière. Archives de Physiologie, 1894, 195.

Séquard commente les travaux, est arrivé, dans ses expériences sur le singe, à cette conclusion que les impressions douloureuses et thermiques peuvent être conduites par les deux côtés de la moelle, la transmission étant surtout directe. La rapidité d'apparition de l'hyperesthésie à la place de l'anesthésie dans le fait signalé par Brown-Séquard montre pour lui que ces changements sont des effets dynamiques, l'anesthésie étant due à l'inhibition et l'hyperesthésie à la dynamogénie. Pour Brown-Séquard, la véritable explication de ces phénomènes est « qu'une irritation partant des éléments nerveux sectionnés détermine à distance, sur les éléments nerveux servant à la sensibilité de la moelle au-dessous de la lésion, des changements purement dynamiques et conséquemment pouvant disparaître soudainement et être remplacés par d'autres effets dynamiques ».

On voit combien évoluèrent les idées de Brown-Séquard sur la physiologie pathologique de son syndrome ; il apparaît évident que nombre d'auteurs, voulant tout expliquer, ont cherché trop souvent à faire cadrer les faits expérimentaux avec des schémas théoriques. Il subsiste encore dans l'interprétation des éléments du syndrome de Brown-Séquard des incertitudes, il est inutile de le dissimuler.

B. **Les documents anatomo-cliniques chez l'homme.** — Toute section transversale complète de la moelle chez l'homme s'accompagne d'une anesthésie absolue superficielle et profonde dans les territoires au-dessous de la lésion. Les lésions incomplètes de la moelle, lésions traumatiques, ischémiques ou inflammatoires, entraînent des troubles de la sensibilité d'une interprétation beaucoup plus difficile. Les troubles de la sensibilité d'origine médullaire présentent des caractères qui permettent de les distinguer de ceux d'origine névritique périphérique.

D'après les travaux de Henry Head, qui expérimenta sur lui-même, on sait que la section d'un nerf périphérique sensitif a pour conséquence une anesthésie dissociée qui respecte la sensibilité profonde. Henry Head[1] s'exprime ainsi : « Après la section de deux des nerfs cutanés de mon bras, rameau cutané externe et rameau cutané dorsal du radial, il survint une anesthésie complète d'une large région de la peau de la partie radiale de l'avant-bras et du dos de la main, je ne sentis plus ni le pinceau d'ouate, ni la pointe d'épingle, ni le chaud ni le froid ; mais quand je touchais la même région soit avec la pointe d'un crayon, la tête d'une épingle, ou même avec le doigt, la pression était immédiatement perçue et localisée avec précision ; je reconnaissais aussi les vibrations d'un diapason et la rugosité d'un objet ; je pouvais reconnaître les mouvements passifs aussi bien que du côté sain. La douleur profonde provoquée par les pressions fortes sur les masses musculaires était également conservée. »

D'après Dejerine, dans les troubles de la sensibilité d'origine médullaire, la douleur profonde et la douleur superficielle subissent des altérations parallèles ; c'est, dit Dejerine « la sensation douleur qui est diminuée ou abolie d'une façon globale, sans dissociation ». Cette règle toutefois n'est pas absolue et il existe des cas d'anesthésie médullaire dissociée avec conservation de la sensibilité superficielle et perte de la sensibilité profonde, ainsi par exemple dans les syndromes décrits par Dejerine sous le nom de syndrome des fibres radiculaires longues des cordons postérieurs. Dejerine fait remarquer que dans les lésions périphériques, les sensibilités thermiques peuvent être dissociées en deux groupes, sensibilité aux températures moyennes et sensibilité aux températures extrêmes ; dans les lésions médullaires les sensations thermiques sont altérées d'une façon globale « sans distinction entre les températures extrêmes ou moyennes, mais une dissociation peut se produire, les sensibilités au froid et au chaud sont distinctes et peuvent être altérées indépendamment l'une et l'autre. » La sensibilité tactile superficielle, qui est nettement distincte de la sensibilité à la pression, peut être abolie isolément dans les lésions des nerfs périphériques, alors que dans les lésions médullaires elles sont parallèlement troublées. Enfin, pour Dejerine, le sens des attitudes ou sens musculaire, qui dans les lésions périphériques est associé au sens de la pression et de la douleur profonde, forme au contraire dans les lésions médullaires un groupe distinct, pouvant être altéré d'une façon isolée ou nettement prédominante. Ce sens musculaire a pour corollaire, selon H. Head, le sens de l'appréciation

---

1. Henry Head. Cité par J. Dejerine. Sémiologie des affections du système nerveux, 1914, 902.

des distances tactiles — cercles de WEBER — recherchée par l'épreuve du compas; ce sens, dit de « discrimination tactile » ou d'appréciation de la distance qui sépare deux points de la peau ou des muqueuses simultanément touchés, est toujours associé aux troubles du sens musculaire. Il forme avec lui dans la moelle un groupe autonome. Il semble donc que, suivant l'expression de H. HEAD, les différentes formes de sensibilité, groupées dans les nerfs périphériques selon certains modes, réalisent dans la moelle des groupements différents, groupements plus conformes en somme à l'ancienne description classique et qui sont constitués ainsi :

Sensibilité tactile, y compris le sens de la pression;

Sensibilité thermique, comprenant la sensibilité au chaud et la sensibilité au froid;

Sensibilité douloureuse;

Sens des attitudes ou sens musculaire, auquel il faut joindre le sens des discriminations des pointes du compas, de localisation exacte et d'appréciation des distances tactiles.

La question est très discutée de savoir s'il existe des voies médullaires spéciales pour les excitations aboutissant à la perception de ces diverses sensations.

On ne peut se fonder sur le tabes pour spécifier, comme l'ont fait nombre d'auteurs, que les impressions sensitives passent par les cordons postérieurs. En effet dans le tabes où les troubles de la sensibilité existent sous tous les modes, mais portent spécialement sur la douleur et la sensibilité profonde, les lésions radiculaires sont tellement importantes et souvent tellement prédominantes que l'on ne peut en faire abstraction et considérer les lésions des cordons postérieurs comme seules en cause.

J. DEJERINE[1] a décrit un syndrome spécial dit des fibres radiculaires longues des cordons postérieurs. Ce syndrome est caractérisé par la conservation des sensibilités tactile, douloureuse, thermique et une altération très marquée parfois du sens des attitudes, de la sensibilité douloureuse à la pression, de la sensibilité osseuse; le sens de localisation, la notion de poids sont aussi altérés, l'astéréognosie est fréquente. Ce syndrome s'observe dans certaines scléroses combinées d'origine infectieuse ou toxique ou survenant au cours des anémies pernicieuses; les racines postérieures sont intactes. Ce mode spécial de dissociation des troubles de la sensibilité tactile serait dû, pour DEJERINE, aux lésions des fibres radiculaires longues des cordons postérieurs.

A. SOUQUES[2] a attiré l'attention sur ce même syndrome.

Il y a lieu cependant d'attirer l'attention sur ce fait qu'il existe des dégénérations des cordons postérieurs très accentuées dans le tabes, la maladie de FRIEDREICH sans troubles sensitifs cliniquement observables ou avec des troubles sensitifs extrêmement légers. Nombreux sont aussi les cas de compression médullaire avec dégénération ascendante des cordons postérieurs sans troubles de la sensibilité superficielle ni profonde.

Le faisceau de GOWERS, d'après VAN GEHUCHTEN, BRISSAUD, PETREN, serait conducteur des sensations thermiques et douloureuses; tel était aussi, d'après DEJERINE, l'avis de GOWERS lui-même. DEJERINE[3] n'admet pas cette opinion, il s'exprime ainsi :

« L'opinion suivant laquelle le faisceau de GOWERS, écrit-il, serait par ses fibres spino-cérébelleuses un faisceau conducteur des impressions douloureuses et thermiques ne me paraît pas reposer sur des preuves démonstratives. L'observation anatomo-clinique n'est pas en sa faveur; nombreux sont les cas où, à la suite de lésions transverses de la moelle épinière, ce faisceau est complètement dégénéré des deux côtés ainsi que du

1. J. DEJERINE. Le syndrome des fibres radiculaires longues des cordons postérieurs. Comptes Rendus de la Société de Biologie, 13 décembre 1913, 554.

2. A. SOUQUES. Dissociation cutanéo-musculaire relative de la sensibilité et astéréognosie à propos d'un cas de lésion du bulbe. Société de Neurologie de Paris, séance du 5 mars 1908 in Revue Neurologique, 1908, n° 6, 225; — Dissociation cutanéo-musculaire de la sensibilité et syndrome des fibres radiculaires longues des cordons postérieurs. Société de Neurologie de Paris, séance du 8 janvier 1914, in Revue Neurologique, 1914, 1, 128.

3. J. DEJERINE. Sémiologie des affections du système nerveux, Paris, Masson, édit., 1914, 807.

reste que le faisceau cérébelleux direct, sans qu'on ait noté pendant la vie des troubles de la sensibilité douloureuse et thermique comparables, en intensité, à ceux que l'on constate lorsque la base des cornes postérieures ou la partie intermédiaire aux cornes antérieure et postérieure sont lésées sur une certaine hauteur, comme dans la syringo-myélie par exemple, ou dans l'hématomyélie. » Il rappelle en outre que FERRIER et TURNER, MOTT, dans leurs expériences sur le singe, n'ont jamais constaté de troubles de sensibilité à la suite de la section de ce faisceau. Il est possible que par leurs fibres spino-cérébelleuses et bulbo-cérébelleuses, le faisceau de GOWERS et le faisceau cérébel-leux direct et les fibres issues du noyau de VON MONAKOW « jouent un rôle important dans la transmission de certaines sensations kinesthésiques inconscientes et subcons-cientes, nécessaires pour la locomotion et la statique, l'équilibration, la stabilisation, la synergie musculaire; que le cervelet, en particulier son écorce, reçoive par cette voie les impressions dévolues à la fatigue ou préposées à la tonicité musculaire, à la coordination, à la direction d'un mouvement, à la notion de poids, la chose est plus que probable, étant donné que ces faisceaux se terminent dans le cervelet; encore ces impressions sont-elles inconscientes ou subconscientes; elles ne deviennent pas la base d'une sensation et n'arrivent qu'exceptionnellement et par voie détournée à la cons-cience... »

D'après DEJERINE, les fibres qui dans le cordon latéral joueraient un rôle de conduc-tion pour la sensibilité douloureuse et thermique se trouvent à la partie profonde du faisceau de GOWERS; ce sont les fibres spino-spinales et spino-réticulées qui passent dans le segment postérieur du faisceau antéro-latéral ascendant. Ces fibres proviennent des fibres radiculaires courtes qui, pour la plupart, s'entrecroisent immédiatement après leur entrée dans la moelle et montent obliquement dans le segment postérieur du cordon latéral du côté opposé; quelques-unes cependant sont directes et montent dans le cordon latéral du même côté.

SPILLER et MARTIN (1911) ont réussi par la section des cordons antéro-latéraux de la moelle chez l'homme à atténuer des douleurs dues à une tumeur de la moelle sacro-lombaire. E. BEER [1] a rapporté une observation analogue; cet auteur, chez une malade présentant des douleurs violentes dans le membre inférieur droit et dans la région sacro-lombaire droite, douleurs dues à une compression nerveuse par une métastase cancé-reuse pelvienne, fit, après la laminectomie des 9e et 10e dorsales, la section du cordon antéro-latéral gauche par une incision commençant à 2 millimètres 1/2 en avant de l'entrée de la racine postérieure, longue de 2 millimètres 1/2, en cherchant à éviter le faisceau pyramidal; à la suite de l'opération on nota une anesthésie à la douleur absolue au niveau du membre inférieur droit, accompagnée d'une anesthésie totale au froid, presque totale à la chaleur; les sensibilités à la pression et au tact étaient à peine atteintes, les douleurs spontanées violentes cessèrent.

L'étude de la syringomyélie et de l'hématomyélie a montré chez l'homme l'impor-tance de la substance grise dans la conductibilité des impressions douloureuses et thermiques; il semble que le syndrome syringomyélique caractérisé par l'abolition de la sensibilité douloureuse et thermique avec intégrité de la sensibilité tactile corresponde à une lésion de la substance grise postérieure. Il convient de rappeler cependant qu'il existe dans la littérature médicale un certain nombre de cas de syringomyélie sans troubles de la sensibilité; inversement, le syndrome syringomyélique peut se constater sans syringomyélie dans la lèpre, certaines névrites, les compressions de la moelle.

Il est intéressant de rapprocher de ces faits une expérience de SHERRINGTON [2] consis-tant à sectionner une seule racine et à examiner ensuite la sensibilité. SHERRINGTON observa que la section d'une seule racine entraîne, en une zone de la peau très limitée et beaucoup plus petite que le champ total de distribution de la racine, une abolition

1. E. BEER. La suppression de douleurs incurables et persistantes dues à des métastases com-primant les plexus nerveux par la section du cordon antéro-latéral de la moelle du côté opposé au-dessus de l'entrée des nerfs atteints. *The Journal of the American Medical Association*, 25 janvier 1913.

2. SHERRINGTON. The spinal roots and dissociative anesthesia in the monkey. *Journal of Physiology*, 1901-1902, XXVII, 360.

de la sensibilité à la chaleur et à la douleur sans abolition du tact; ce fait provient de ce que les champs de sensibilité à la douleur et à la chaleur pour une seule racine sont moins étendus que le champ de sensibilité tactile.

Le syndrome de Brown-Séquard a été souvent observé chez l'homme. Dejerine[1] en donne, lorsqu'il est complet, la symptomatologie suivante :

« I. *Du côté correspondant à la lésion* : — 1° Paralysie du mouvement volontaire — hémiplégie assez rarement observée, le plus souvent hémiparaplégie, les lésions unilatérales de la moelle dorsale étant plus communes que celles de la région cervicale supérieure; — cette paralysie, flasque d'abord, devint par la suite spasmodique. La paralysie peut être plus ou moins marquée, mais son intensité n'est point forcément en rapport avec celle des troubles de la sensibilité du côté opposé. On peut, en effet, observer le syndrome de Brown-Séquard dans des cas où la motilité est à peine altérée. C'est là toutefois une éventualité assez rare;

2° Perte du sens musculaire et des attitudes segmentaires ;

3° Abolition ou diminution de la sensibilité douloureuse à la pression des os, des articulations et des masses musculaires;

4° Diminution ou abolition de la sensibilité osseuse ;

5° Diminution ou abolition de la perception stéréognostique, quand la lésion siège dans la région cervicale ;

6° Hyperesthésie au toucher, au chatouillement, à la douleur et à la température. En général cette hyperesthésie ne persiste pas très longtemps ;

7° Une zone d'anesthésie radiculaire plus ou moins étendue, correspondant au territoire cutané des racines postérieures lésées, et située exactement au-dessus de la limite supérieure de l'hyperesthésie ;

8° Une zone d'hyperesthésie plus ou moins marquée surmontant encore la zone d'anesthésie ;

9° Une élévation absolue ou relative de la température par paralysie vaso-motrice dans les parties paralysées et souvent aussi dans les parties hyperesthésiées situées au-dessus de cette zone d'anesthésie.

II. *Du côté opposé à la lésion*. — 1° Conservation parfaite des mouvements volontaires ;

2° Anesthésie au toucher, au chatouillement, à la douleur, à la température, dans les parties situées au-dessous de la lésion médullaire et élargissement des cercles de Weber. Cette anesthésie est assez souvent à type syringomyélique ; sa limite supérieure ne correspond pas toujours à la distribution sensitive du segment lésé, mais bien à celle du deuxième ou du troisième segment sous-jacent;

3° Intégrité complète du sens musculaire et des attitudes segmentaires, ainsi que de la sensibilité osseuse ;

4° Une bande transversale peu étendue d'hyperesthésie à un faible degré au-dessus des parties anesthésiées. »

Georges Guillain[2], dans deux cas de syndrome de Brown-Séquard, a noté, contrairement aux descriptions classiques, que les troubles de la sensibilité osseuse existaient non du côté des troubles moteurs, côté de la lésion, mais du côté opposé, côté des troubles sensitifs. Dans un de ces cas G. Guillain a remarqué de plus des troubles de la sensibilité profonde du même côté que les troubles de la sensibilité superficielle, fait contraire encore aux schémas classiques.

C. Winkler[3] rappelle que, dans les descriptions classiques du syndrome de Brown-Séquard, les fibres radiculaires ascendantes des cordons postérieurs étant coupées, la kinesthésie est perdue dans les membres du même côté que la lésion ; que de plus l'interruption du faisceau antéro-latéral, et spécialement du tractus spino-thalamicus, explique que les excitations cutanées du côté opposé ne sont plus perçues. Cette conception des cliniciens demande une correction, car on a vu : 1° que la sensibilité

1. J. Dejerine. Sémiologie du système nerveux. Paris. Masson, édit., 1914, 890.
2. Georges Guillain. Syndrome de Brown-Séquard. *Revue Neurologique*, 15 décembre 1912, 625 ; — Georges Guillain et P. Lechelle, Étude sémiologique d'un cas de syndrome de Brown-Séquard. *Bull. et Mém. de la Société méd. des Hôpitaux de Paris*, séance du 9 juillet 1920, 983.
3. C. Winkler. *Manuel de Neurologie*, I. L'Anatomie du système nerveux. Haarlem, 1918.

tactile du même côté est souvent fortement altérée; 2° que la sensibilité tactile n'est jamais supprimée complètement du côté opposé; 3° que très rarement il y a perte complète de la perception des excitations de douleur et de chaleur du côté opposé. Ces faits sont dus, d'après WINKLER, à ce qu'il existe pour les excitations tactiles de multiples voies ascendantes permettant à nombre d'excitations venant de la surface cutanée de remonter le long de tous les cordons. WINKLER, dans son schéma du syndrome de BROWN-SÉQUARD, mentionne qu'il existe : du côté de la lésion une altération de la motilité, de la kinesthésie et une altération partielle du toucher; du côté opposé un trouble partiel du toucher, une thermanesthésie et une analgésie à peu près complètes.

Le syndrome de BROWN-SÉQUARD existe incontestablement chez l'homme au point de vue clinique, l'interprétation physiologique des symptômes peut être discutée comme elle l'a été chez les animaux. L'interprétation suivante est souvent formulée.

L'anesthésie est directe dans la région étroite dont les conducteurs sensitifs sont lésés à leur entrée dans la moelle avant leur entrecroisement, elle est croisée dans la région plus étendue dont les conducteurs sont lésés après leur entrecroisement médullaire. La limite supérieure de l'anesthésie correspond à la distribution périphérique des racines postérieures comprises dans la lésion, aussi est-elle distribuée suivant le type radiculaire. L'hyperesthésie se développe par irritation de voisinage dans les régions limitées dont les conducteurs sensitifs passent à côté de la lésion.

RAYMOND, DEJERINE et A. THOMAS ont fait remarquer que, dans nombre de cas, l'anesthésie est sans rapport direct avec le siège de la lésion; en 1909, J. DEJERINE et A. THOMAS [1] écrivaient : « Quoi qu'il en soit, il est impossible actuellement d'appuyer sur des bases solides une théorie quelconque du syndrome de BROWN-SÉQUARD, surtout quand on laisse de côté les schémas pour ne considérer que les faits. »

V. Les théories. — Les hypothèses. — Un grand nombre de théories ont été soutenues sur la conduction des impressions sensitives.

SCHIFF, se basant sur ses expériences, a le premier soutenu une théorie spécifique. La sensibilité tactile passerait par les cordons postérieurs (fibres kinésodiques), la sensibilité thermique et douloureuse par la substance grise (fibres esthésodiques); les faits de syringomyélie chez l'homme ont apporté à cette théorie des arguments importants.

BROWN-SÉQUARD admet que toutes les sensations passent par la substance grise, il combat la théorie de SCHIFF, mais il croit à la spécificité des fibres. Les nerfs périphériques, les racines et les cordons contiendraient toute une série de fibres qui sont chargées des impressions de contact, de douleur, de température, de sens musculaire et qui aboutiraient dans les cornes postérieures à des îlots différenciés de substance grise d'où repartiraient des fibres spécifiques. BROWN-SÉQUARD admettait dans les nerfs crâniens, rachidiens et sympathiques, ainsi que dans la moelle, l'existence de onze espèces de fibres.

LLOYD, SCHLESINGER, BRISSAUD, GRASSET, MAX LAEHR sont également partisans de la conductibilité spécifique, et la plupart de ces auteurs considèrent le faisceau de Gowers comme conduisant les impressions thermiques; nous avons dit plus haut, après BECHTEREW, DEJERINE et THOMAS, que le faisceau de Gowers était un faisceau cérébelleux et que sa dégénération ne s'accompagnait d'aucun trouble de la sensibilité thermique.

EDINGER (1890) admet une voie secondaire née de la substance grise, s'entrecroisant dans la commissure centrale et passant dans le cordon antéro-latéral (fibres disséminées) pour se terminer ensuite dans la couche interolivaire et le ruban de Reil principal. Cette voie secondaire est réservé aux sensibilités cutanées, les cordons postérieurs au sens musculaire.

Pour VAN GEHUCHTEN (1899) les voies sensitives sont longues ou courtes. Les voies longues sont constituées par les fibres des cordons postérieurs qui se terminent dans les noyaux de Goll et de Burdach; elles transmettraient la sensibilité musculaire, tendineuse et articulaire. Ces fibres s'entrecroisent dans le bulbe (décussation du ruban de Reil). Les voies courtes, formées par les fibres radiculaires postérieures qui se terminent dans la substance grise de la moelle, serviraient à la propagation des impres-

---

1. J. DEJERINE et A. THOMAS. Maladies de la moelle épinière. *Traité de Médecine de* A. GILBERT et THOINOT, Baillière édit., Paris, 1909, 149.

sions tactiles, douloureuses et thermiques. Les neurones successifs parcourus par elles seraient : les noyaux d'origine du faisceau de Gowers et du faisceau cérébelleux ascendant, le premier étant croisé, le second direct ; le neurone de Purkinje ou cérébello-olivaire terminé dans l'olive cérébelleuse ; le neurone olivo-thalamique ou pédonculo-cérébelleux supérieur, enfin un neurone transmettant le courant de la couche optique à l'écorce. RAMÓN CAJAL objecte à cette théorie le caractère centrifuge des branches de bifurcation du pédoncule cérébelleux supérieur et le caractère moteur de la voie issue du noyau rouge, principale station terminale de ce pédoncule.

KARL PETREN [1] admet que les voies de la sensibilité douloureuse et thermique sont situées d'abord dans les cornes postérieures, puis dans le cordon latéral opposé après entrecroisement dans la commissure grise. La sensibilité tactile suivrait deux voies, l'une dans le cordon postérieur du même côté, l'autre dans le cordon latéral croisé ; la dernière voie passerait ensemble ou presque ensemble avec les voies de conduction de la sensibilité douloureuse et thermique. K. PETREN pense que les fibres conduisant le sens musculaire montent par la moelle sans entrecroisement sur la ligne médiane, qu'il y a une conduction de ce sens dans le cordon postérieur du même côté et une conduction aussi dans le faisceau cérébelleux direct. Cet auteur est donc arrivé à cette conclusion qu'il y a deux voies différentes de conduction pour la sensibilité tactile et de même deux voies pour le sens musculaire ; il pense que ces différentes voies peuvent se remplacer les unes les autres, si complètement qu'après la destruction de l'une on n'observe en général aucun trouble de la sensibilité. M. ROTHMANN avait décrit en outre une voie de conduction spécifique dans les cordons antérieurs pour la sensibilité tactile et musculaire, K. PETREN n'en reconnaît pas l'existence.

RAMÓN CAJAL (1909) décrit des voies distinctes pour les diverses sensibilités. Les excitations tactiles se transmettent par les fibres radiculaires postérieures à grand parcours et montent le long de leurs branches ascendantes jusqu'aux noyaux de GOLL et de BURDACH, et au ruban de REIL. Il admet une voie sensitive cérébelleuse, née dans les cellules de la colonne de CLARKE et située dans la partie superficielle du cordon latéral, ce faisceau transmet au cervelet les impressions de position des muscles et des tendons. RAMÓN CAJAL fait remarquer que tout mouvement réflexe a besoin de l'action coordinatrice du cervelet et qu'une voie ascendante est donc nécessaire. Les impressions douloureuses passent par les voies sensitives courtes de MARIE, et les collatérales sensitives croisées de la commissure postérieure ont pour fonction principale, sinon exclusive, de transporter l'impression douloureuse dans la moitié opposée de la moelle. Le courant suivi par les impressions sensitives passe des fibres radiculaires postérieures aux fibres collatérales commissurales ; celles-ci qui s'arborisent dans la corne postérieure du côté opposé le transmettent aux neurones funiculaires du cordon latéral ; le courant monte alors le long de ce cordon jusqu'au bulbe où il pénètre dans un autre neurone afin d'arriver à l'encéphale ; en effet toute dégénération ascendante déterminée par une hémisection de la moelle s'arrête toujours avant le bulbe ou dans le bulbe lui-même.

A. SOUQUES et R. MIGNOT [2], après avoir analysé les conceptions des auteurs et en particulier les travaux de K. PETREN sur les voies de conduction de la sensibilité, arrivent à ces conclusions empreintes d'une sage réserve : « La preuve anatomique de voies différenciées pour la conduction des divers modes de la sensibilité dans la moelle n'est pas faite. On peut accepter avec autant de vraisemblance la théorie de la transmission indifférente. Il faut alors, afin d'expliquer les anesthésies dissociées, admettre que la conduction est inégale pour les divers modes de sensibilité, que, dans les cas de dissociation syringomyélique, par exemple, la conduction tactile est facile et résistante, et

---

1. KARL PETREN. Ein Beitrag zur Frage von Verlaufe der Hautsinne im Rückenmarke. *Skand. Arch. für Physiologie*, 1902, XIII, 9 ; — Ueber die Bahnen der Sensibilität im Rückenmarke besonders nach den Fällen von Stichverletzung studiert. *Arch. f. Phys.*, 1910, XLVII, 2, 495 ; — Sur les voies de conduction de la sensibilité dans la moelle épinière. *Revue Neurologique*, 1911, 1, 548.

2. A. SOUQUES et R. MIGNOT. Syndrome de BROWN-SÉQUARD avec dissociation springomyélique de la sensibilité. Voies de sensibilité dans la moelle épinière. *Revue Neurologique*, 30 avril 1913, 509.

les conductions thermique et douloureuse difficiles et fragiles. Tout ou presque tout est hypothèse dans nos connaissances sur les voies de sensibilité dans la moelle. L'hypothèse qui, à notre avis, s'adapte le mieux aux faits anatomo-cliniques est la suivante : les voies de la sensibilité s'entrecroisent dans la moelle, qu'il y ait ou non des voies distinctes pour chaque mode de sensibilité. »

DEJERINE, dans une première période, semble avoir été orienté vers la non spécificité des conducteurs sensitifs. Dans son *Traité des maladies de la moelle épinière* publié en 1909 en collaboration avec ANDRÉ THOMAS [1], il admet toutes les conclusions formulées dans la thèse de son élève LONG [2]. Ces conclusions étaient :

1° Il existe dans la moelle pour les impressions sensitives venues par les racines postérieures des moyens de transmission complexes ; la substance grise en est l'élément fonctionnel principal ;

2° Il n'y a pas lieu d'admettre que les sensations dites tactiles, douloureuses, thermiques, musculaires, constituent autant de fonctions distinctes et que leur conduction médullaire se fait par des systèmes de neurones spécialement affectés à chacune de ces fonctions.

DEJERINE, en 1914, admet la spécificité des voies nerveuses sensitives dans la moelle. Il écrit [3] :

« 1° Les impressions douloureuses et thermiques abordent la moelle par les fibres radiculaires courtes, s'entrecroisent immédiatement sur la ligne médiane dans le plan même de leur pénétration, et montent obliquement dans le segment postérieur du cordon antéro-latéral de la moelle du côté opposé, en particulier dans les fibres antéro-latérales ascendantes. Quelques fibres ne s'entrecroisent pas, montent dans le cordon homolatéral de la moelle et peuvent suppléer ou même compenser la voie hétéro-latérale croisée ;

« 2° Les impressions tactiles superficielles — attouchement léger — et les impressions de pression tactile montent dans le cordon postérieur homolatéral de la moelle en suivant le trajet des fibres radiculaires moyennes. Les voies secondaires sensitives qui s'articulent avec ces dernières sont des fibres plus ou moins longues qui s'entrecroisent dans la moelle à différentes hauteurs, passent dans le segment antérieur du faisceau antéro-latéral ascendant et atteignent par étapes successives et superposées la formation réticulée blanche et grise du bulbe et le thalamus ; elles sont renforcées par des fibres issues du noyau de BURDACH et qui participent à la décussation piniforme. Comme la terminaison des fibres radiculaires moyennes et le trajet intramédullaire de la voie centrale croisée s'effectuent au moins sur une hauteur de quatre à cinq segments médullaires, l'anesthésie tactile permanente ne s'observera que dans les lésions médullaires très étendues en hauteur ; encore devront-elles intéresser à la fois la voie radiculaire dans le cordon postérieur et la voie secondaire croisée dans le cordon antéro-latéral du côté opposé et partant s'étendre plus ou moins aux deux moitiés de la moelle ;

« 3° Les impressions préposées à la perception stéréognostique et les sensations kinesthésiques dévolues au sens des attitudes segmentaires et à la sensibilité osseuse montent dans la moelle par la voie des fibres radiculaires longues du cordon postérieur qui aboutissent, au niveau du bulbe, aux noyaux de GOLL, de BURDACH, de VON MONAKOW. Jusqu'au bulbe ces impressions suivent donc un trajet homolatéral, ainsi que BROWN-SÉQUARD l'avait déjà démontré en 1847 pour le sens musculaire. »

C. WINKLER [4] synthétise ainsi la conduction intra-médullaire :

« A. — La conduction des impressions cutanées peut se faire :

1° *Vers le cerveau.*

a) Par des *chaînes de voies courtes (faisceau marginal du cordon antérieur, faisceau*

---

1. J. DEJERINE et ANDRÉ THOMAS. Maladies de la moelle épinière. Paris, J. B. Baillière et fils, 1909.

2. LONG. Les voies centrales de la sensibilité générale (Étude anatomo-clinique). *Thèse de Paris,* 1899.

3. J. DEJERINE, Sémiologie des affections du système nerveux, 1914, 803 et suiv.

4. C. WINKLER. *Manuel de Neurologie.* I, L'Anatomie du système nerveux, Haarlem, 1918, 234.

ascendant court du cordon latéral, champ ventral du cordon postérieur) des excitations cutanées même faibles peuvent, par tous les cordons ou même par la substance grise, atteindre le lemnisque médial et par là le thalamus opticus (sensation de contact). Ces conductions sont les unes directes, les autres croisées.

b) Par des voies longues, c'est-à-dire :

α. Par le tractus spino-thalamicus peuvent passer vers le cerveau des impressions cutanées. Les impressions fortes suivent la voie précédente et celle-ci. Elles font aussi intervenir dans le processus in la substantia Rolando et la pars intermedia ; et le phéno-mène (excitation cutanée et réflexes végétatifs) trouve dans les cellules terminales et les cellules cordonales de la pars intermedia des cellules qui en transmettent la suite à ce faisceau spino-thalamique, lequel est en grande partie une voie croisée, mais con-tient une part, variable suivant les individus, de fibres directes (sensations tactiles, thermiques et douloureuses).

β. Par les longues fibres ascendantes des racines postérieures, des excitations de la peau, qui peuvent agir en même temps sur des parties sous-jacentes, peuvent suivre cette voie (impressions tactiles avec correspondantes kinesthésiques).

2° Vers le cervelet.

Surtout dans les segments cervicaux se trouvent pour les courants venus de la pars intermedia une voie croisée, le tractus spino-olivaris de Helweg qui va au cervelet. Il est probable que la pars intermedia reçoit non seulement des impressions venues de la peau, mais aussi d'autres, venues des viscères. Ces impressions sont conduites de là dans le système coordinateur compliqué du cervelet. Elles ne deviennent pas cons-cientes.

B. — La conduction des impressions venues des parties profondes (impressions kines-thésiques, impressions intéro-réceptives et proprio-réceptives) peut se faire :

1° Vers le cerveau.

Les systèmes longs des racines postérieures du cordon postérieur conduisent les impressions kinesthésiques, provenant plutôt des muscles des membres que des tuni-ques des organes profonds, vers les noyaux du cordon postérieur. La voie secondaire qui y fait suite va, après croisement dans le lemniscus medialis, au thalamus. Dans la moelle épinière les fibres radiculaires ne sont pas encore croisées (impressions proprio-réceptives).

2° Vers le cervelet.

a) Par le tractus spino-cerebellaris dorsalis. Des fibres radiculaires, qui se rendent directement aux colonnes de Clarke, s'y terminent provisoirement et continuent ensuite dans le faisceau cérébelleux direct du cordon latéral. Une série d'impulsions autonomes, et des impulsions kinesthésiques venues de la musculature du tronc, sont ainsi conduites au cervelet (impressions proprio-réceptives et impressions autonomes).

b) Par le tractus spino-cerebellaris ventralis. Des impulsions arrivent des parties pro-fondes dans la pars intermedia par les fibres radiculaires, passent après décussation dans ce faisceau croisé et se rendent ainsi au cervelet. Tout comme le précédent, le tractus en question conduit aussi bien des impulsions intéro-réceptives que des impres-sions autonomes. Ces deux systèmes aboutissent au vermis du cervelet. »

Ziehen pense qu'il est possible que des chaînons consécutifs de systèmes courts ascendants puissent servir, au même titre qu'une voie longue directe, à la conduction des excitations tactiles vers l'organe de la conscience. C. Winkler[1] partage cette opinion et ajoute : « Outre les arguments invoqués par Ziehen, on peut faire valoir que l'exis-tence de ces voies courtes centripètes peut expliquer anatomiquement ce fait clinique trop méconnu qu'une anesthésie tactile persistante consécutive à une lésion transverse aiguë de la moelle est d'une extrême rareté. Quelque complète que cette anesthésie puisse être peu de temps après la lésion, il reparaît, après des semaines ou des mois, une sensibilité tactile partielle, tant qu'il persiste pour la conduction une portion de plan transversal. Il me semble que la situation de cette portion intacte est tout à fait indifférente, les cordons latéraux, antérieurs ou postérieurs peuvent être entièrement

1. C. Winkler. Manuel de Neurologie, i, L'Anatomie du système nerveux, Haarlem, 1918, 230.

détruits; pour peu qu'il reste d'un côté un petit champ intact, il reparaît une partie de la sensibilité tactile dans la région cutanée d'abord devenue insensible. » Ces voies courtes peuvent être des voies croisées ou des voies directes. WINKLER ajoute : « Il ne suffit pas, pour expliquer le retour de la sensibilité tactile, d'admettre deux voies pour les excitations tactiles, par exemple le trajet par les longues fibres radiculaires ascendantes et le trajet par le tractus spino-thalamicus. Je possède des cas où rien ne persistait du cordon postérieur et du cordon latéral et où cependant a reparu une sensibilité tactile partielle. »

HENRY HEAD et GORDON HOLMES [1] donnent les conclusions suivantes au sujet des voies de la sensibilité :

1° Les excitations amenant des sensations de douleur, de chaud et de froid sont conduites par des voies secondaires dans la moitié opposée de la moelle où elles ont pénétré;

2° Les excitations dont dépendent la reconnaissance de la posture et de la discrimination spaciale ne sont pas croisées et passent par les cordons postérieurs. Parmi les fibres de la sensibilité les unes, appartenant au système de la sensibilité profonde, servent à la reconnaissance de la posture, des mouvements passifs, du poids, des vibrations; les autres, provenant des organes terminaux de la peau, permettent la discrimination de deux points appliqués simultanément, l'appréciation de la grosseur, de la forme dans ses trois dimensions;

3° La sensibilité au contact évoquée par le toucher et par la pression peut rester intacte dans les lésions unilatérales de la moelle et semble dépendre d'impulsions qui ont une voie bilatérale, constatation faite par M. ROTHMANN [2], K. PETREN [3], H. HEAD et T. THOMPSON [4].

Dans l'étude physiologique de la conduction normale de la sensibilité dans la moelle épinière certains points nous paraissent acquis : le rôle de la substance grise, le rôle du faisceau fondamental du cordon latéral, le rôle des fibres longues des cordons postérieurs; mais nous ne sommes pas convaincus du caractère absolument spécifique des voies de conduction. Nous nous demandons si, sous l'influence de certaines lésions, des conditions de transmission suffisantes pour certaines impressions ne deviennent pas insuffisantes pour d'autres; il nous semble que pour la conduction des impressions douloureuses et thermiques l'intégrité des voies de conduction doit être plus absolue que pour la conduction des impressions tactiles. Il nous paraît vraisemblable aussi que certaines excitations très fortes peuvent amener un changement dans les voies de conduction; LEYDEN et GOLDSCHEIDER avaient soutenu une idée analogue en parlant du rôle de la sommation dans la conductibilité de la substance grise. Ce qui mérite d'être envisagé par ailleurs, c'est plus peut-être la qualité variable de l'excitation que la différence du conducteur. W. BECHTEREW a justement écrit : « Si pour une même surface impressionnée les différentes sensations perçues ne sont fonction que de la nature ou même uniquement du degré de l'excitation causale, il devient évidemment impossible d'attribuer à chacune de ces sensations une voie réservée qui la conduise à l'écorce cérébrale. » Dans les expériences de physiologie on n'a pas toujours non plus, nous semble-t-il, tenu un compte suffisant des phénomènes de shock immédiat qui inhibent toute conduction.

Le rôle des suppléances fonctionnelles nous paraît, en physiologie médullaire, extrêmement important. Combien souvent avons-nous vu des moelles de syringomyéliques presque entièrement détruites, réduites à quelques fibres périphériques intactes autour de la grande cavité, et cependant les malades ne présentaient durant leur vie

1. HENRY HEAD. Studies in Neurology. Oxford Medical Publications. Henry Frowde, Hodder et Stoughton, London, 1920, vol. II, 540.

2. MAX ROTHMANN. Ueber die Leitung der Sensibilität im Rückenmarke. Vortrag gehalten in der Berliner medizinischen Gesellschaft am 6 Dezember 1905. *Berliner klinische Wochenschrift*, 8 et 15 janvier 1906.

3. K. PETREN. Ein Beitrag zur Frage vom Verlauf der Bahnen der Hautsinne im Rückenmarke. *Skandinav. Arch. f. Physiol.*, 1902, XIII, 9.

4. H. HEAD et T. THOMPSON. The grouping of afferent impulses within the spinal cord. *Brain*, 1906, XXIX, 537.

aucun trouble ou des troubles insignifiants de la sensibilité tactile. Il faut donc bien peu de fibres pour assurer une conduction presque normale, lorsque les lésions sont lentement progressives ; on serait presque tenté de dire qu'il y a dans la moelle, comme d'ailleurs dans le foie, dans le rein, du tissu de luxe. Si des voies de conduction sensitive normale sont détruites, bien souvent des voies nouvelles de suppléance se créent.

Nous croyons, somme toute, que l'on a abusé des schémas, que l'on a une tendance trop grande à multiplier les conducteurs différents pour les diverses variétés de sensations, et que les suppléances aux voies dites normales sont beaucoup plus faciles qu'on ne l'enseigne, quand celles-ci sont progressivement détruites.

CHAPITRE VII

LA TOPOGRAPHIE RADICULAIRE. — TERRITOIRES D'INNERVATION DES RACINES RACHIDIENNES

L'étude des localisations radiculaires motrices et sensitives a fait l'objet de nombreux travaux ; les expériences des physiologistes et les investigations anatomo-cliniques des neurologistes ont conduit à des conclusions qui, abstraction faite de divergences portant sur certains points de détail, paraissent définitivement acquises.

I. Les localisations radiculaires motrices. — Panizza, en 1834, expérimentant sur le nerf sciatique de la grenouille, arrive à cette conclusion que les racines n'ont aucune action particulière. Ce sont de simples conducteurs de la motricité ; les plexus jouissent d'une conductibilité indifférente de l'influx médullaire. La section progressive des racines détermine un affaiblissement général, graduel, de tous les muscles du membre, et la conservation d'un seul filet suffit à maintenir tous les muscles en relation avec la moelle.

Müller excite avant leur réunion les trois nerfs rachidiens qui forment le nerf sciatique de la grenouille, il établit qu'un nerf rachidien qui pénètre dans un plexus, et qui contribue avec d'autres racines à la formation d'un gros tronc nerveux, ne communique pas sa force motrice au tronc tout entier, mais uniquement aux fibres par lesquelles il se continue depuis le tronc jusque dans les branches.

Müller et Van Deen, Kronenberg, Peyer pensent que les différents muscles synergiques reçoivent leurs nerfs de plusieurs racines différentes. Peyer, en sectionnant les racines du plexus brachial, dit avoir reconnu qu'une seule racine fournit à presque tous les muscles.

Krause, chez le lapin, constate qu'une même racine peut fournir à des muscles antagonistes. Il pense que la contraction simultanée de deux muscles d'action opposée est nécessaire pour l'équilibre de certains mouvements.

Paul Bert et Marcacci cherchent dans les fonctions des racines une loi pour les grouper. Ils expérimentent sur le plexus lombaire du chat et du chien. Dans les racines, disent-ils, il existe une systématisation évidente. Chaque racine innerve un groupe de muscles synergiques et répond dans la moelle à des centres de flexion, d'extension, d'adduction, d'abduction.

Ferrier et Yeo, expérimentant sur le singe, arrivent à une conclusion un peu différente. Pour Ferrier et Yeo, l'excitation d'une racine donnée amène des mouvements parfaitement coordonnés. Par exemple, lors de l'excitation de la première thoracique, on voit les membres supérieurs accomplir un mouvement approprié à la cueillette d'un fruit; par l'excitation de la sixième paire cervicale, le bras s'approche de la bouche; par l'excitation de la septième, l'animal fait le geste de se redresser en se servant de la main; par l'excitation de la huitième, il se gratte le substratum anatomique de la position assise. La section d'une racine, d'après Ferrier et Yeo, ne provoquerait pas la paralysie complète des muscles correspondants, car ils reçoivent les filets de plusieurs racines, mais seulement la suppression de cette combinaison fonctionnelle.

Lannegrace et Forgue dans plusieurs communications, Forgue dans sa thèse, ont repris l'étude des localisations radiculaires. Forgue montre que la méthode des sections radiculaires donne des résultats peu nets, parce qu'il se produit de l'inflammation ou de la suppuration; il montre que le procédé de l'excitation en masse des racines est à rejeter parce qu'il amène des actions trop complexes. Aussi adopte-t-il la méthode qu'il appelle l'excitation dissociée des racines. Il dénude le plexus sans ouvrir le rachis, les racines du plexus sont liées ou sectionnées pour supprimer les mouvements réflexes, puis il procède à l'excitation isolée des filets différents qui constituent les racines. Forgue, expérimentant sur le plexus brachial et le plexus lombaire du chien, du chat, du singe, arrive à d'intéressantes conclusions. La question de la distribution topographique, dit-il, prime celle de la spécialisation physiologique. La distribution des racines n'obéit pas à un ordre fonctionnel préétabli; elle n'est réglée que par la distribution respective des groupes musculaires. Chaque racine commande à une région donnée; elle s'y distribue dans des territoires topographiquement constants, mais fonctionnellement indéterminés; elle est la racine d'un département donné, elle n'est pas la racine d'une fonction. Le plexus, dit encore Forgue, est un centre de répartition qui concentre en un même tronc définitif des filets nerveux qui naissent des différents noyaux moteurs superposés et des racines qui leur correspondent, mais dont le territoire de distribution est le même.

Herringham vit par la dissection qu'une racine fournit des fibres à plusieurs muscles et qu'un muscle reçoit des fibres de plusieurs racines différentes; les territoires des racines antérieures empiètent les uns sur les autres.

Risien Russell montre que le mouvement complexe réalisé par l'excitation des racines peut être décomposé en des mouvements élémentaires, si l'on parvient à séparer les divers faisceaux qui constituent la racine. Par exemple, après séparation des faisceaux de la 7e cervicale, l'excitation de chaque faisceau produit un mouvement différent: l'excitation de l'un d'eux produit la flexion du coude, d'un autre l'extension, d'un troisième la flexion du poignet, d'un quatrième l'extension. Ces faisceaux ainsi constitués sont simplement juxtaposés et conservent leur individualité jusqu'au bout de leur trajet. Un courant minimum appliqué sur les divers points de la circonférence de la racine produit des mouvements différents correspondant aux différents points, mais toujours les mêmes. On voit que des mouvements différents, même opposés, se trouvent représentés par la même racine, mais selon Russell l'un d'eux est prédominant. Si, par exemple, l'extension et la flexion se trouvent ainsi localisées dans une seule racine, c'est la flexion qui sera prédominante, mais alors, dans la racine suivante, on trouvera que c'est l'extension qui prédomine.

Thorburn conclut de ses recherches que chaque muscle est sous la dépendance de plusieurs racines, mais qu'il en possède toujours une principale, une prépondérante. D'autre part, chaque racine se rend à des muscles divers, souvent très nombreux. Ces muscles sont parfois très différents par leur situation et par leur fonction.

Sherrington explique comment les plexus se sont formés par le fusionnement des myomères. Comme tout muscle vient de plusieurs myomères, il recevra nécessairement son innervation de plusieurs racines. Partant, une même racine fournira à plusieurs muscles. Ainsi les fibres motrices répondant à tel mouvement déterminé sont également et régulièrement réparties dans plusieurs racines consécutives. Si un même muscle est innervé par plusieurs racines, il faut donc admettre que celles-ci empiètent les unes sur les autres. Sherrington a montré que l'excitation électrique des filets radiculaires constituant une racine rachidienne détermine le même mouvement, mais plus faible, que si l'on excite la racine entière; les mêmes muscles dans les deux cas entrent en contraction. Chez l'homme, comme chez l'animal, la lésion d'un filet radiculaire ne détermine pas la paralysie d'un muscle, non plus d'ailleurs que la lésion d'une seule racine, ces lésions entraînent la faiblesse de tout un groupe de muscles. Sherrington ne croit pas que les fibres contenues dans une racine spinale motrice forment un ensemble destiné à faire contracter les muscles correspondant à une figure réflexe, à une attitude; il a montré en effet que, le plus souvent, dans les mouvements des membres, les muscles antagonistes, loin de se contracter d'une façon synergique, sont innervés de façon telle que les uns soient en état de contraction et les autres en état d'inhibition. De même Nerwell, Martin et Hartwell ont pu constater que, dans la respiration chez le chien, la contraction des muscles intercostaux interne et externe est alternante et non simultanée, et cependant ces muscles reçoivent leurs nerfs de la même racine spinale. Sherrington a constaté que, chez le singe, l'excitation des racines antérieures ne détermine pas de mouvements coordonnés, et que d'ailleurs la section d'une racine n'amène pas la perte d'un mouvement, mais la faiblesse de plusieurs groupes musculaires ; il faut sectionner au moins deux racines pour que l'on constate la perte d'un mouvement. Sherrington remarque que les muscles antagonistes qui agissent sur une même articulation sont innervés par des segments différents de la moelle. En s'appuyant sur tous ces faits, Sherrington oppose la constitution hétérogène des racines à la constitution homogène des troncs nerveux ; il écrit, dans le *Traité de Physiologie* de Schäfer, cette phrase qui résume sa pensée : « La racine nerveuse est un assemblage morphologique ; elle contient, mélangée en un seul tronc, des fibres aussi hétérogènes que celles de l'adducteur du gros orteil et celles des muscles postérieurs du plancher pelvien. »

Sherrington a noté que la distribution radiculaire peut varier suivant les sujets ; ainsi, par exemple, il a constaté que le muscle court supinateur peut être innervé soit par les 5e et 6e racines cervicales, soit par les 6e et 7e, mais il a attiré l'attention sur ce fait que, lorsque le court supinateur est innervé par les racines plus bas situées, l'innervation des autres muscles est également modifiée, de sorte que la situation réciproque des muscles et des racines reste identique.

Des recherches des physiologistes, il faut rapprocher, dans cette étude des localisations motrices radiculaires, les travaux électro-physiologiques de Erb, qui font époque dans l'histoire des paralysies radiculaires du plexus brachial. Duchenne (de Boulogne) avait signalé une variété de paralysie obstétricale intéressant des muscles du bras innervés par des nerfs différents. Erb localise cette variété de paralysie dans les 5e et 6e nerfs cervicaux. Le professeur d'Heidelberg décrit dans la région sus-claviculaire un point précis dont l'excitation électrique détermine une contraction simultanée des muscles deltoïde, biceps, brachial antérieur, long supinateur, le plus souvent aussi des sus et sous-épineux et un peu celle du grand pectoral. Ce point, qui à très juste titre, a reçu le nom de point de Erb, siège à deux ou trois centimètres au-dessus de la clavicule, un peu en dehors du bord externe du muscle sterno-cléido-occipito-mastoïdien, en face de l'apophyse transverse de la 6e vertèbre cervicale. Par l'excitation du point de Erb, Secrétan a trouvé constamment une contraction du grand pectoral, Vierordt a observé la contraction du sous-scapulaire et du court supinateur, Mlle Klumpke a toujours vu la contraction du grand pectoral.

Le cas clinique de Rose a la valeur aussi d'une véritable expérience de physiologie. Cet auteur, chez un malade affecté d'un névrome, dut réséquer les racines des 5e et 6e nerfs cervicaux sur une étendue de plusieurs centimètres. La conséquence de cette résection fut une paralysie des muscles scalènes antérieurs, sous-épineux, sus-épineux, petit rond, grand rond, deltoïde, biceps, brachial antérieur, coraco-brachial, long supinateur.

Des observations anatomo-cliniques chez l'homme ont apporté des documents suffisamment nombreux pour permettre de fixer les schémas de la distribution radiculaire motrice.

Nous reproduisons ci-dessous :

1o Le tableau de Sherrington montrant les effets de l'excitation des racines dorsales (afférentes) et ventrales (efférentes) de quelques nerfs spinaux chez le Macacus rhesus (Sherrington in *Text-Book of Physiology* edited by E. A. Schäfer, Edinburgh and London, 1900, II, 880).

2o Le tableau de l'innervation motrice des nerfs rachidiens de l'homme emprunté au Traité d'Anatomie publié par P. Poirier et A. Charpy (P. Poirier et A. Charpy, *Traité d'Anatomie humaine*, Masson, édit., Paris, 1901, III, 1165).

3o Le tableau de l'innervation médullaire motrice emprunté à R. Wichmann (*Die Rückenmarksnerven und ihre Segmentbezüge*, Berlin, 1900).

Tableau montrant les effets de l'excitation des racines dorsales (afférentes) et ventrales (efférentes) de quelques nerfs spinaux chez le **Macacus rhesus** (SHERRINGTON, in *Text-Book of Physiology*, edited by E. A. SCHÄFER, Edinburgh and London, 1900, Volume second, p. 880).

RACINES POSTÉRIEURES DORSALES	RACINES ANTÉRIEURES VENTRALES
XIV° post-thoracique. — Elévation et incurvation latérale de la queue, le plus souvent du côté opposé. Pas de mouvements des bras ni des cuisses.	
XIII° post-thoracique. — Même mouvement.	
XII° post-thoracique. — Même mouvement.	
XI° post-thoracique. — Même mouvement.	
X° post-thoracique. — Mouvement de la queue souvent du côté opposé; protrusion de l'anus. Pas de mouvement de la cuisse.	*X° post-thoracique.* — Incurvation latérale de la queue du côté excité.
IX° post-thoracique. — Mouvement de la queue, moins souvent du côté opposé; protrusion de l'anus, flexion de l'orteil et moins souvent des autres doigts.	*IX° post-thoracique.* — Incurvation de la queue; chez quelques animaux rotation externe légère de la cuisse, adduction avec flexion du gros orteil et des doigts; contraction de la vessie.
VIII° post-thoracique. — Incurvation de la queue du même côté; protrusion de l'anus comme pour les racines précédentes; flexion et adduction du gros orteil et flexion des autres doigts; flexion légère du genou, flexion légère du cou de pied (dans un cas bilatérale, mais plus forte du côté excité que du côté opposé). Quand tous les réflexes ont été abolis par le chloroforme, le mouvement du pouce est en général le premier rétabli.	*VIII° post-thoracique.* — Incurvation latérale de la queue; légère rotation externe de la hanche; flexion du genou; extension de la hanche et de la cheville; forte flexion des doigts avec flexion et adduction du pouce; mouvements des bras; contraction de la vessie.
VII° post-thoracique. — Incurvation de la queue du même côté; flexion du genou, flexion du pouce et des doigts, spécialement du 1er et du 2e; flexion dorsale du cou de pied; (très rarement flexion plantaire); flexion plantaire croisée de la cheville. Quand les filets de cette grosse racine sont séparés en 3 cordons, l'excitation de l'un de ces 3 cordons antérieur, moyen et postérieur donne des résultats identiques.	*VII° post-thoracique.* — Extension de la hanche; flexion du genou; extension de la cheville; flexion et adduction du pouce; inversion de la plante; mouvements de la queue et des bras.
VI° post-thoracique. — Mouvement de la queue du même côté, flexion du genou; flexion de la jambe avec rotation interne; flexion du pouce et des autres doigts, moins aisément flexion dorsale de la cheville avec soulèvement du bord externe du pied; adduction de la cuisse, réflexe croisé facilement obtenu.	*VI° post-thoracique.* — Extension de la hanche; adduction de la cuisse, faible flexion du genou; flexion dorsale de la cheville; extension des orteils; adduction du pouce.

RACINES POSTÉRIEURES DORSALES.	RACINES ANTÉRIEURES VENTRALES

V⁵ post-thoracique. — Flexion de la hanche; flexion du genou; flexion du pouce et flexion légère des autres orteils; légère flexion dorsale du cou de pied (inconstante); adduction de la hanche (effet croisé); mouvements de la queue (inconstants); phénomène du genou.

V⁵ post-thoracique. — Adduction de la hanche; extension du genou; légère flexion du cou de pied; légère extension du pouce.

IV⁵ post-thoracique. — Incurvation du corps de façon à ce que les membres postérieurs se tournent vers le côté excité; flexion de la hanche; parfois flexion du pouce et moins souvent flexion des doigts; très rarement légère flexion dorsale du cou de pied; adduction de la hanche avec parfois adduction croisée; phénomène du genou.

IV⁵ post-thoracique. — Rétraction des muscles abdominaux inférieurs; flexion et adduction de la hanche; extension du genou.

III⁵ post-thoracique. — Incurvation du corps comme pour la IV⁵, mais plus accentuée; flexion de la hanche, rarement flexion du genou; parfois flexion du pouce et des autres doigts. Relèvement des testicules (crémaster).

III⁵ post-thoracique. — Rétraction des muscles abdominaux inférieurs; flexion de la hanche; contraction du ligament rond de l'utérus et du crémaster.

II⁵ post-thoracique. — Même incurvation du corps, flexion de la hanche, élévation des testicules (crémaster), parfois flexion du pouce;

II⁵ post-thoracique. — Contraction des muscles abdominaux, légère flexion de la hanche.

I⁵ post-thoracique. — Contraction des muscles du flanc, contraction des muscles inférieurs de l'abdomen, flexion de la hanche.

I⁵ post-thoracique. — Contraction des muscles abdominaux, aucun mouvement des membres.

XII⁵ Thoracique. — Contraction des muscles du flanc et de l'abdomen; flexion de la hanche (inconstante).

XI⁵ thoracique. — Contraction des muscles du flanc, de l'abdomen et des espaces intercostaux; avec une excitation légère il ne se produit aucun mouvement des membres.

VII⁵ thoracique. — Contraction des muscles du dos et de la poitrine, en particulier des muscles superficiels. Les intercostaux qui se contractent le plus régulièrement sont ceux des 7⁵ et 8⁵ espaces puis du 6⁵. Il est difficile de provoquer la contraction des muscles intercostaux du côté opposé.

V⁵ thoracique. — Contraction des muscles du dos et de la poitrine, en particulier les intercostaux des 5⁵ et 6⁵ espaces. Parfois contraction des muscles de l'épaule.

IV⁵ thoracique. — Rétraction de l'épaule; légère dilatation pupillaire du même côté. Parfois contraction du triceps.

III⁵ thoracique. — Rétraction des épaules; contraction du triceps; dilatation pupillaire homonyme.

II⁵ thoracique. — Mouvements de l'épaule, légère flexion du pouce et des doigts, parfois contraction du triceps et dilatation, inconstante de la pupille homonyme.

II⁵ thoracique. — Rétraction de l'épaule, légère flexion du poignet, flexion des doigts et du pouce avec opposition du pouce, parfois légère pronation du poignet, incurvation latérale de la colonne vertébrale. Dilatation pupillaire avec ouverture des paupières.

RACINES POSTÉRIEURES DORSALES	RACINES ANTÉRIEURES VENTRALES

I⁰ thoracique. — Mouvements de l'épaule avec parfois rétraction, contraction d'une portion du triceps, adduction et flexion des doigts, extension parfois flexion du coude ; avec une excitation plus forte, flexion légère et pronation du poignet.

VIII⁰ cervicale. — Adduction et flexion du pouce, flexion des autres doigts, flexion et plus souvent extension du poignet, adduction et abaissement de l'épaule, rétraction du bras. Au coude extension rare, flexion plus fréquente (le long supinateur se contracte et le biceps agit peu).

VII⁰ cervicale. — Adduction et flexion du pouce et flexion des autres doigts, flexion du coude, rétraction de l'épaule.

VI⁰ cervicale. — Flexion du coude, adduction et flexion du pouce ; flexion des autres doigts et rétraction de l'épaule moins nettes que pour la VII⁰ cervicale.

V⁰ cervicale. — Flexion du coude ; mouvements de l'épaule, parfois rétraction, parfois élévation, parfois simple adduction ; adduction et flexion du pouce.

IV⁰ cervicale. — Rétraction et parfois protraction et élévation de l'épaule, flexion du coude (inconstant), parfois flexion et adduction du pouce, flexion latérale du cou.

III⁰ cervicale. — Elévation de l'épaule avec incurvation latérale de la tête de ce côté, flexion légère du coude (long supinateur), rotation de la tête et du cou du côté opposé.

II⁰ cervicale. — Elévation de l'épaule, abaissement de la tête de ce côté, torsion du menton et du cou vers l'épaule opposée. Aucune contraction dans les muscles de la région hyoïdienne quand l'excitation est modérée.

I⁰ cervicale. — Pas de racine dorsale.

I⁰ thoracique. — Rétraction de l'épaule, légère flexion latérale et rétraction du cou, légère extension du coude, flexion et pronation du poignet, flexion des doigts et du pouce avec opposition du pouce. En général légère abduction du poignet.

VIII⁰ cervicale. — Abaissement de l'épaule (long dorsal), l'adduction est moins marquée que pour la racine précédente. Rotation interne du bras, flexion et pronation du poignet, flexion des doigts avec flexion et opposition du pouce.

VII⁰ cervicale. — Rétraction et adduction de l'épaule avec rotation interne du bras, extension du coude, pronation et flexion légères du poignet, flexion légère des doigts, abaissement de l'épaule, légère rétraction et flexion latérale du cou.

VI⁰ cervicale. — Adduction modérée de l'épaule, forte flexion du coude, légère extension des doigts et de la main (inconstante), légère supination du poignet, légère extension du poignet chez la plupart des sujets, mais parfois flexion du poignet. Chez certains sujets la flexion des doigts fut obtenue, mais cela peut être dû à un effet mécanique, par extension forcée du poignet. Très légère flexion latérale du cou du côté excité et légère rétroflexion du cou et de la tête.

V⁰ cervicale. — Elévation, abduction et rotation externe légère de l'épaule, flexion du coude, le poignet se place en supination avec légère abduction radiale. Très légère flexion latérale du cou du côté excité avec légère rétroflexion de la tête et du cou.

IV⁰ cervicale. — Elévation de l'épaule entraînée vers la tête et la colonne vertébrale, légère flexion latérale de la tête du côté excité avec rétraction très marquée. Quand l'épaule est fixée, la rotation de la tête du côté opposé que l'on obtenait est moins prononcée.

III⁰ cervicale. — Pas de mouvement des membres, flexion latérale du cou du côté excité avec forte torsion et rétropulsion du cou de façon à ce que le menton soit porté en haut et en dehors du côté opposé.

II⁰ cervicale. — Pas de mouvement des membres, flexion latérale et rétroflexion du cou vers le côté excité, rotation de la tête, faible ou nulle, mais le menton peut se tourner du côté de l'aisselle opposée.

I⁰ cervicale. — Pas de mouvement des membres, flexion latérale du cou vers le côté excité sans rotation de la tête.

Tableau de l'innervation motrice des nerfs rachidiens
(d'après P. Poirier et A. Charpy, *Traité d'Anatomie humaine*,
Masson, édit., Paris, 1901, III, 1165).

PAIRES RACHIDIENNES.	BRANCHES ANTÉRIEURES.		BRANCHES POSTÉRIEURES.	
	NERFS.	MUSCLES.	NERFS.	MUSCLES.
PREMIÈRE CERVICALE.	Nerf des	Grand droit antérieur. Petit droit antérieur. Droit latéral.	Nerf sous-occipital.	Grand droit. Petit droit. Grand oblique de la nuque. Petit oblique.
	Anastomose avec l'hypoglosse.	Génio-hyoïdien et muscles de la région sous-hyoïdienne.	Grand nerf occipital.	Grand et petit complexus.
DEUXIÈME CERVICALE.	Nerfs des	Grand droit antérieur. Long du cou. Sterno-mastoïdien.	Nerf sous-occipital.	Petit oblique de la nuque.
	Anastomose avec l'hypoglosse.	Génio-hyoïdien et muscles de la région sous-hyoïdienne.	Grand nerf occipital.	Complexus. Splénius.
TROISIÈME CERVICALE.	Nerf des	Grand droit antérieur, long du cou, scalène moyen, trapèze, angulaire et rhomboïde. Accessoirement : sterno-mastoïdien.	Grand nerf occipital?	Complexus. Splénius. Transversaire épineux du cou.
	Branche descendante interne.	Muscles de la région sous-hyoïdienne.	Branche postérieure.	Épi-épineux. Intertransversaire.
	Phrénique	Diaphragme.		
QUATRIÈME CERVICALE.	Nerf des	Long du cou, trapèze, angulaire et rhomboïde, scalène moyen. Accessoirement : scalène antérieur.	Branche postérieure.	Complexus. Splénius. Transversaire épineux du cou. Épi-épineux. Intertransversaire.
	Phrénique	Diaphragme.		
CINQUIÈME CERVICALE.	Nerf des	Long du cou, scalènes, angulaire et rhomboïde, grand dentelé, sous-clavier, sous-scapulaire.	Branche postérieure.	Transversaire épineux du cou. Intertransversaire et muscles des gouttières vertébrales.
	Sus-scapulaire . .	Sus et sous-épineux.		
	Circonflexe. . . .	Deltoïde, petit rond.		
	Musculo-cutané. .	Biceps, brachial antérieur.		
	Access. { Radial	Triceps? extenseurs.		
	Phrénique . . .	Diaphragme.		
	Nerf des . . .	Grand pectoral, grand rond.		
SIXIÈME CERVICALE.	Nerfs des	Long du cou, scalènes. Sous-scapul., grand rond. Grand pectoral.	Branche postérieure.	Muscles des gouttières vertébrales.
	Circonflexe	Deltoïde.		
	Musculo-cutané . .	Biceps, brachial antér.		
	Médian	Rond pronateur, grand palmaire, muscles de l'éminence thénar.		
	Radial	Triceps, long et court supinateurs.		

PAIRES RACHIDIENNES.	BRANCHES ANTÉRIEURES.		BRANCHES POSTÉRIEURES.	
	NERFS.	MUSCLES.	NERFS.	MUSCLES.
SIXIÈME CERVICALE (Suite).	Access. { Nerf du. . . . Sus-scapulaire Circonflexe . .	Sous-clavier. Sus et sous-épineux. Petit rond.		
SEPTIÈME CERVICALE.	Nerfs des. . . . . Nerfs thoraciques. Musculo-cutané. . Médian. . . . . . Radial . . . . . Cubital.	Long du cou? scalène moyen. Grand dorsal, sous-scapulaire. Grand et petit pectoral. Coraco-brachial. Fléchisseur superficiel. Triceps, anconé, radiaux, cubital postérieur, extenseurs des doigts. Cubitaux, fléchisseur profond, lombricaux III et IV.	Branche postérieure.	Muscles des gouttières vertébrales.
	Accessoirem. { Nerf des . . Médian. . . .	Grand dentelé, grand rond. Fléchisseur profond, fléchisseur propre du pouce, carré pronateur, muscles de l'éminence thénar.		
HUITIÈME CERVICALE.	Nerf des . . . . Nerfs thoraciques. Médian. . . . . Radial. . . . . Cubital.	Long du cou, grand dorsal. Grand et petit pectoral. Fléchisseur des doigts. Lombricaux I et II. Triceps et anconé. Cubital antérieur, fléchisseur profond. Muscles de l'éminence hypothénar. Adducteur du pouce, interosseux.	Branche postérieure.	Muscles des gouttières vertébrales.
PREMIÈRE DORSALE.	Nerfs thoraciques. Médian. . . . . Cubital. . . . . Premier nerf intercostal.	Grand et petit pectoral. Fléchisseur des doigts, carré pronateur. Cubital antérieur, lombricaux III et IV. Intercostaux, surcostaux. Dentelé postérieur et supérieur.	Branche postérieure.	Muscles des gouttières vertébrales.
DEUXIÈME DORSALE.	Deuxième nerf intercostal.	Intercostaux, surcostaux. Dentelé postérieur et supérieur. Access.: Triangulaire du sternum.	Branche postérieure.	Muscles des gouttières vertébrales.
TROISIÈME ET QUATRIÈME DORSALES.	Troisième et quatrième nerfs intercostaux.	Intercostaux, surcostaux. Dentelé postérieur et supérieur. Triangulaire du sternum.	Branche postérieure.	Muscles des gouttières vertébrales.
CINQUIÈME ET SIXIÈME DORSALES.	Cinquième et sixième nerfs intercostaux.	Intercostaux, surcostaux. Triangulaire. Grand droit et grand oblique de l'abdomen.	Branche postérieure.	Muscles des gouttières vertébrales.

PAIRES RACHIDIENNES.	BRANCHES ANTÉRIEURES.		BRANCHES POSTÉRIEURES.	
	NERFS.	MUSCLES.	NERFS.	MUSCLES.
SEPTIÈME ET HUITIÈME DORSALES.	Septième et huitième nerfs intercostaux.	Intercostaux, surcostaux. Grand droit, grand et petit oblique. Transverse de l'abdomen.	Branche postérieure.	Muscles des gouttières vertébrales.
NEUVIÈME, DIXIÈME ET ONZIÈME DORSALES.	Neuvième, dixième et onzième nerfs intercostaux.	Intercostaux, surcostaux. Grand droit, grand et petit oblique, transverse. Petit dentelé postérieur et inférieur.	Branche postérieure.	Muscles des gouttières vertébrales.
DOUZIÈME DORSALE.	Douzième nerf intercostal.	Grand droit, grand et petit oblique. Transverse pyramidal. Access.: carré des lombes.	Branche postérieure.	Muscles des gouttières vertébrales.
PREMIÈRE LOMBAIRE.	Nerf du . . . . . Grand et petit abdomino-génital . . Génito-crural . . . Access. Crural . .	Carré des lombes. Grand droit, grand et petit oblique. Transverse, pyramidal. Psoas iliaque.	Branche postérieure.	Muscles des gouttières vertébrales.
DEUXIÈME LOMBAIRE.	Grand et petit abdomino-génital . . Génito-crural . . . Nerf du . . . . . Crural . . . . . . Obturateur . . . . Access. Nerf du. .	Grand droit, grand et petit oblique. Transverse, pyramidal. Crémaster. Psoas. Pectiné, couturier. Pectiné, moyen et petit adducteur. Droit interne. Carré des lombes.	Branche postérieure.	Muscles des gouttières vertébrales.
TROISIÈME LOMBAIRE.	Crural . . . . . Obturateur	Psoas iliaque, couturier. Quadriceps, pectiné. Obturateur externe, droit interne, les trois adducteurs.	Branche postérieure.	Muscles des gouttières vertébrales.
QUATRIÈME LOMBAIRE.	Crural . . . . . . Obturateur . . . . Fessier supérieur. Nerf du. . . . . Grand nerf sciatique . . . . . . Sciatique poplité externe . . . . Accessoirem.: Crural . . . . Fessier inférieur. . . Nerf de l' Grand nerf sciatique . .	Quadriceps. Obturateur externe, droit interne, petit et grand adducteur. Moyen et petit fessier. Tenseur du fascia lata. Carré crural. Demi-membraneux. Muscles de la région antéro-externe de la jambe, pédieux. Psoas iliaque. Grand fessier. Obturateur interne. Muscles de la région postérieure de la cuisse.	Branche postérieure.	Muscles des gouttières vertébrales.
CINQUIÈME LOMBAIRE.	Nerf des . . . . . Fessier supérieur . Fessier inférieur .	Carré crural, jumeaux. Obturateur interne. Moyen et petit fessier. Tenseur du fascia lata. Grand fessier.	Branche postérieure.	Muscles des gouttières vertébrales.

PAIRES RACHIDIENNES.	BRANCHES ANTÉRIEURES.		BRANCHES POSTÉRIEURES.	
	NERFS	MUSCLES.	NERFS.	MUSCLES.
CINQUIÈME LOMBAIRE (*Suite*).	Grand nerf sciatique	Grand adducteur. Muscles postérieurs de la cuisse.	Branche postérieure.	Muscles des gouttières vertébrales.
	Sciatique poplité externe et poplité interne. . .	Muscles de la jambe (sauf le triceps sural), muscles internes de la plante du pied, pédieux.		
	Access. { Crural	Quadriceps.		
	Nerf du . . .	Pyramidal.		
PREMIÈRE SACRÉE.	Nerf des	Obturateur interne, jumeaux. Carré crural, pyramidal.	Branche postérieure.	Muscles des gouttières vertébrales.
	Fessier supérieur.	Moyen et petit fessier. Tenseur du fascia lata.		
	Fessier inférieur .	Grand fessier.		
	Grand nerf sciatique	Muscles postérieurs de la cuisse.		
	Sciatique poplité externe et int. .	Muscles de la jambe et du pied.		
	Accessoir. : grand nerf sciatique. .	Grand adducteur.		
DEUXIÈME SACRÉE.	Nerf des.	Pyramidal, obturateur int.	Branche postérieure.	Muscles des gouttières vertébrales.
	Fessier inférieur .	Grand fessier.		
	Grand nerf sciatique.	Biceps, demi-tendineux.		
	Sciatique poplité interne.	Triceps sural. Fléchisseur propre du gros orteil. Muscles externes du pied.		
	Accessoirement. { Honteux interne .	Muscles du périnée.		
	Fessier supér.	Moyen et petit fessier. Tenseur du fascia lata.		
	Sciatique poplité extern.	Muscles de la région antérieure de la jambe. Péroniers.		
	Sciatique poplité interne.	Jambier postérieur. Long fléchisseur commun des orteils.		
TROISIÈME SACRÉE.	Grand nerf sciatique.	Longue portion du biceps.	Branche postérieure.	Muscles des gouttières vertébrales.
	Honteux interne .	Muscles du périnée.		
	Accessoirem. { Nerf du . . .	Pyramidal. Releveur de l'anus. Ischio-coccygien.		
	Sciatique poplité interne.	Triceps sural. Muscles de la plante du pied.		
QUATRIÈME SACRÉE.	Honteux interne .	Muscles du périnée.	Branche postérieure.	Muscles des gouttières vertébrales.
	Nerf des.	Releveur de l'anus. Ischio-coccygien.		
CINQUIÈME SACRÉE NERF COCCYGIEN.	. . . .	Muscles coccygiens.	Branche postérieure.	Muscles des gouttières vertébrales.

Innervation des muscles par les segments médullaires.

(D'après WICHMANN, *Die Rückenmarksnerven und ihre Segmentbezüge*, Berlin, 1900.)

C_1

M. rectus capitis posterior minor, 1.
M. rectus capitis posterior major, 1, 2.
M. obliquus capitis superior, 1.
M. semi-spinalis capitis, 1, 2.
M. spinalis capitis (pars cranialis), 1, 2.
M. rectus capitis anterior, 1.
M. longus capitis, 1, 2, 3, 4.

M. rectus capitis lateralis, 1.
M. genio-hyoideus, 1, 2, (3).
M. omo-hyoideus, 1, 2, 3.
M. sterno-hyoideus, 1, 2, 3.
M. thyreo-hyoideus, 1, 2.
M. sterno-thyroideus, 1, 2, 3, 4.
Un faisceau du m. intertransvers. post. cerv.

C_2

M. rectus capitis post. major, 1, 2.
M. obliquus capitis inferior, 2.
M. semi-spinalis capitis, 1, 2.
M. spinalis capitis (pars cranialis), 1, 2.
M. longus atlantis, 2, 3, 4.
M. longus colli, 2, 8.
M. longus capitis, 1, 4.
M. genio-hyoideus, 1 2 (3).

M. omo-hyoideus, 1, 2, 3.
M. sterno-hyoideus, 1, 2, 3.
M. thyro-hyoideus, 1, 2.
M. sterno-thyroideus, 1, 2, 3, 4.
M. splenius capitis et cervicis, 2, 8 (?).
Faisceaux extrèmes des m. m. intertransv. et
   longissimus.
M. sterno-cleido-mastoideus : n. accessor. 2, 3.
M. trapezius : n. accessor. 2, 3, 4.

C_3

M. longus atlantis, 2, 3, 4.
M. longus colli, 2, 8.
M. longus capitis, 1, 4.
M. diaphragma, 3, 4, 5.
M. scalenus medius, 3, 8.
M. genio-hyoideus, 1, 2 (3).
M. omo-hyoideus 1, 2, 3.

M. sterno-hyoideus, 1, 2, 3.
M. sterno-thyroideus, 1, 2, 3, 4.
M. splenius capitis et cervicis, 2, 8 (?)
M. sterno-cleido-mastoideus : n. accessor. 2, 3.
M. trapezius : n. accessor. 2, 3, 4.
M. levator scapulæ, 3, 4, 5.
Faisceaux extrèmes des m. m. multifidus, semi-
   spinalis cervicis, intertransversarii post. et
   anter. cerv., longissimus cervicis.

C_4

M. longus atlantis, 2, 3, 4.
M. longus colli, 2, 8.
M. longus capitis, 1, 4.
M. diaphragma 3, 4, 5.
M. scalenus anterior, 4, 5, 6, 7.
M. scalenus medius, 3, 8.

M. sterno-thyroideus, 1, 4.
M. splenius capitis et cervicis, 2, 8 (?)
M. trapezius, 2, 3, 4.
M. levator scapulæ, 3, 4, 5.
M. rhomboideus major, 4, 5.
M. rhomboideus minor, 4, 5.
Faisceaux externes de m. m. semispinalis
   cervicis, spinalis cervicis, multifidus inter-
   transversarii post. et ant. cervicis, longissi-
   mus cervicis.

C_5

M. multifidus spinæ, m. semi-spinalis cervicis,
   m. spinalis cervicis, m. m. intertransversarii
   post. et anter. cervicis, m. longissimus cervi-
   cis, m. ilio-costalis cervicis, m. longus colli.
M. splenius capitis et cervicis.
M. diaphragma, 3, 4, 5.
M. scalenus anterior, 4, 5, 6, 7.
M. scalenus medius, 3, 8.
M. pectoralis major clavicularis, 5, 6.
M. subclavius, 5, 6.
M. levator scapulæ, 3, 4, 5.
M. rhomboideus major, 4, 5.
M. rhomboideus minor, 4, 5.
M. subscapularis, 5, 6.
M. teres major (5), 6, (7).

M. supraspinatus, 5.
M. infraspinatus, 5, 6.
M. brachialis, 5, 6.
M. biceps brachii, 5, 6.
M. deltoideus, 5, 6.
M. teres minor, 5.
M. serratus anterior, 5, 6, 7.
M. supinator (brevis), 5, 6, 7.
M. brachio-radialis (supin. long.), 5, 6.
M. extensor carpi radialis brevis (5), 6, 7.
M. extensor carpi radialis longus (5), 6, 7.

C_6

M. m. multifidus spinæ, semi-spinalis cervicis,
   intertransversarii post. et anter., longissimus
   brevis, ilio-costalis cervicis, longus colli.

M. triceps brachii caput longum 6, 7, (8).
M. triceps brachii caput mediale, 6, 7, (8).
M. triceps brachii caput laterale 6, 7, (8).

M. scalenus anterior, 4, 5, 6, 7.
M. scalenus medius, 3, 8.
M. scalenus posterior, 6, 7, 8.
M. splenius capitis et cervicis, 2, 8.(?)
M. adductor pollicis, 6, 7.
M. flexor pollicis brevis, 6, 7.
M. pronator teres, 6, 7.
M. flexor carpi radialis, 6, 7.
M. flexor pollicis longus, 6, 7.
M. abductor pollicis brevis, 6, 7.
M. flexor pollicis brevis, 6, 7.
M. opponens pollicis, 6, 7.
M. coraco-brachialis, 6, 7.
M. brachialis, 5, 6.
M. biceps, 5, 6.
M. pectoralis major clavicularis, 5, 6.
M. subclavius, 5, 6.
M. triceps brachii caput longum, 6, 7 (8).

C7

M. m. multifidus, semi-spinalis cervicis, inter-
 transversarii post. et ant., longissimus cerv.
 ilio-costalis cerv., longus colli, splen. capit.
 et cervicis.
M. scalenus anterior, 4, 5, 6, 7.
M. scalenus medius, 3, 8.
M. scalenus posterior, 6, 7, 8.
M. flexor carpi ulnaris (7), 8, 1.
M. opponens digiti quinti (7), 8, (1).
M. flexor brevis digiti quinti (7), 8, (1).
M. flexor pollicis longus, 6, 7.
M. pronator teres, 6, 7.
M. palmaris longus (7), 8, (1).
M. flexor carpi radialis, 6, 7.
M. pronator quadratus, 7, 8, 1.
M. flexor digitorum profondus, 7, 8, 1.
M. flexor digitorum sublimis, 7, 8, 1.
M. abductor pollicis brevis, 6, 7.
M. flexor pollicis brevis, 6, 7.
M. opponens pollicis, 6, 7.
M. coraco-brachialis, 6, 7.

C8

M. m. multifidus, semi-spinalis cervicis, spinalis,
 intertransversarii post. et ant., longissimus,
 ilio-costalis, longus colli, levatores cost.
 brev., splenius.
M. scalenus medius, 3, 8.
M. scalenus posterior, 6, 7, 8.
M. flexor digitorum profondus, 7, 8, 1.
M. flexor carpi ulnaris (7), 8, 1.
M. abductor digiti quinti, 8, 1.
M. interosseus dorsalis, I, II, III, IV, 8, (1).
M. interosseus volaris, I, II, III, 8, (1).
M. opponens digiti quinti (7), 8, (1).
M. flexor brevis digiti quinti (7), 8, (1).
M. adductor pollicis, 8, (1).
M. lombricalis, III, IV, 8, (1).
M. palmaris brevis, 8, 1.
M. palmaris longus, (7), 8, (1).
M. pronator quadratus, 7, 8, 1.

Thor. I.

M. M. rotatores dorsi, semi spinalis dorsi (?),
 spinalis, longissimus, multifidus, iliocostalis,
 intercostalis I, internus et externus.
M. serratus, posterior, superior, 1, IV.
M. flexor digitorum profundus, 7, 8, 1.

M. supinator (brevis), 5, 6, 7.
M. extensor carpi radialis brevis (5), 6, 7.
M. extensor carpi radialis longus (5), 6, 7.
M. brachio radialis, 5, 6.
M. extensor pollicis brevis, 6, 7.
M. abductor pollicis longus 6, 7.
M. extensor pollicis longus, 6, 7, (8).
M. extensor indicis proprius, 6, 7, 8.
M. extensor digiti quinti proprius (6), 7, 8.
M. extensor digitor. communis, 6, 7, 8.
M. extensor carpi ulnaris, (6), 7, 8.
M. deltoideus, 5, 6.
M. serratus anterior, 5, 6, 7.
M. teres major (5), 6, (7).
M. latissimus dorsi, 6, 7, 8.
M. infraspinatus, 5, 6.
M. subscapularis, 5, 6.

M. pectoralis major costalis, 7, 8, (1).
M. pectoralis minor, 7, 8, (1).
M. triceps brachii caput longum, 6, 7, (8).
M. triceps brachii caput mediale, 6, 7, (8).
M. triceps brachii caput laterale, 6, 7, (8).
M. anconœus, 7, (8).
M. supinator, 5, 6, 7.
M. extensor carpi radialis brevis, (5), 6, 7.
M. extensor carpi radialis longus, (5), 6, 7.
M. extensor pollicis brevis, 6, 7.
M. abductor pollicis longus, 6, 7.
M. extensor pollicis longus, 6, 7, (8).
M. extensor indicis proprius, 6, 7, 8.
M. extensor digiti quinti proprius, (6), 7, 8.
M. extensor digitorum communis, (6), 7, 8.
M. extensor carpi ulnaris (6), 7, 8.
M. serratus anterior, 5, 6, 7.
M. teres major, (5), 6, (7).
M. latissimus dorsi, 6, 7, 8.

M. flexor digitorum sublimis, 7, 8, 1.
M. pectoralis major costalis, 7, 8, (1).
M. pectoralis minor, 7, 8, (1).
M. triceps brachii caput longum, 6, 7, (8).
M. triceps brachii caput mediale, 6, 7, (8).
M. triceps brachii caput laterale, 6, 7, (8).
M. anconœus, 7, (8).
M. extensor pollicis longus, 6, 7, (8).
M. extensor indicis proprius, 6, 7, 8.
M. extensor digiti quinti proprius, (6), 7, 8.
M. extensor digitorum communis, 6, 7, 8.
M. extensor carpi ulnaris, (6), 7, 8.
M. latissimus dorsi, 6, 7, 8.

M. adductor pollicis, 8, (1).
M. lumbricalis, III, IV, 8, (1).
M. palmaris brevis, 8, 1.
M. palmaris longus, (7), 8, (1).
M. pronator quadratus, 7, 8, 1.

M. flexor carpi ulnaris (7), 8, 1.
M. abductor digiti quinti, 8, 1.
M. interosseus dorsalis, I, II, III, IV, 8, (1).
M. interosseus volaris, I, II, III, 8, (1).
M. opponens digiti quinti (7), 8, (1).
M. flexor brevis digiti quinti, (7), 8, (1).

Thor. II. — Thor. XII.

M. M. rotatores dorsi, II-XI.
M. multifidus spinalis, II-XII.
M. spinalis lumbo-thoracicus, II-XII.
M. longissimus, II-XII.
M. ilio-costalis dorsi, II-VII.
M. semi-spinalis dorsi, IV-XI.
M. ilio-costalis lumborum, VII, L1.
M. serratus posterior superior, I-IV.
M. serratus posterior inferior, IX-XII.

M. M. intercostales interni, II-XI.
M. intercostales externi, II-XI.
M. M. levatores costarum breves, II-XI.
M. M. infracostales, II-IV et VII-IX.
M. M. intertransversarii posteriores, X-XII.
M. M. levatores costarum longi, VII-X.
M. transversus thoracis, III-VI.
M. transversus abdominis, VII-L1.
M. obliquus abdominis internus, VIII-L1.
M. obliquus abdominis externus, V-XII.
M. rectus abdominis, V-XII.
M. pyramidalis, XII-1.

Lomb. I.

M. M. multifidus, spinalis lumbo-thoracicus,
  intertransversarii posteriores lumba es, ilio-
  costalis lumborum.
M. transversus abdominis, VII-1.
M. obliquus abdominis internus, VIII-1.
M. quadratus lumborum, XI-2, ou 1-4.
M. psoas major (XII), 1, 2, 3, (4).
M. psoas minor (XII), 1, 2, 3, (4).
M. cremaster, 1.
M. pyramidalis, XII, 1.

Lomb. II.

M. M. multifidus, intertransversarii poste-
  riores lombales, longissimus.
M. adductor brevis, 2, 3, 4.
M. adductor longus, 2, 3.
M. gracilis, 2, 3, 4.
M. pectineus, 2, 3.
M. sartorius, 2, 3.

M. vastus medialis, 2, 3.
M. vastus intermedius, 2, 3, 4.
M. rectus femoris, 2, 3, 4.
M. psoas major (XII), 1, 2, 3, (4).
M. psoas minor (XII), 1, 2, 3, (4).
M. iliacus, 2, 3, 4.
M. quadratus lumborum XI-2, ou 1-4 (?)

Lomb. 3.

M. M. multifidus spinæ, intertransversarii post.
  lomb.
M. obturator externus, 3, 4.
M. adductor magnus et minimus, 3, 4.
M. adductor brevis, 2, 3, 4.
M. adductor longus, 2, 3.
M. gracilis, 2, 3, 4.
M. pectinus, 2, 3.
M. sartorius, 2, 3.

M. vastus medialis, 2, 3.
M. vastus intermedius, 2, 3, 4.
M. rectus femoris, 2, 3, 4.
M. vastus lateralis, 3, 4.
M. subfemoralis, 3, 4.
M. psoas major et minor, (XII), 1, 2, 3, (4).
M. iliacus, 2, 3, 4.
M. quadratus lumborum, XI-2, ou 1-4 (?)

Lomb. IV.

M. multifidus.
M. soleus, (4), 5, 1, (II).
M. popliteus, 4, 5, 1.
M. plantaris, 4, 5, 1.
M. gastrocnemius, 4, 5, 1, II.
M. semimembranosus, 4, 5, 1.
M. semitendinosus, 4, 5, 1.
M. obturator externus, 3, 4.
M. adductor magnus et minimus, 3, 4.
M. adductor brevis, 2, 3, 4.
M. gracilis 2, 3, 4.
M. gemellus superior, (4), 5, 1, (II).
M. gemellus inferior, 4, 5, 1.
M. quadratus femoris, 4, 5, 1.

M. extensor digitorum longus, 4, 5, 1.
M. extensor hallucis longus, 4, 5, 1.
M. tibialis anterior, 4 (5).
M. biceps caput breve (4), 5, 1, (II).
M. rectus femoris, 2, 3, 4.
M. vastus lateralis, 3, 4.
M. vastus intermedius, 2, 3, 4.
M. psoas major, (XII), 1, 2, 3, (4).
M. psoas minor (XII), 1, 2, 3, (4).
M. iliacus, 2, 3, 4.
M. glutæus maximus, (4), 5, 1, (II).
M. glutæus medius, 4, 5, 1.
M. glutæus minimus, 4, 5, 1.
M. tensor fasciæ latæ, 4, 5.

M. extensor digitorum brevis, 4, 5, 1.
M. extensor hallucis brevis, 4, 5, (1).

Lomb. 5.

M. multifidus.
M. flexor hallucis longus, 5, 1, 11.
M. flexor digitorum communis longus, 5, 1, 11.
M. lumbricalis, 1, 11, 5, 1.
M. flexor hallucis brevis (medialis), 5, 1.
M. abductor hallucis, 5, 1.
M. flexor digitorum brevis, 5, 1.
M. tibialis posterior, 5, 1, (11).
M. soleus, (4), 5, 1, (11).
M. popliteus, 4, 5, 1.
M. plantaris, 4, 5, 1.
M. gastrocnemius, (4), 5, 1, 11.
M. adductor magnus (condyl), 3, 4, 5.
M. semimembranosus, 4, 5, 1.
M. semitendinosus, 4, 5, 1.
M. biceps caput longum, 5, 1, 11.
M. obturator internus, 5, 1, 11.

Sacr. I.

M. multifidus.
M. interosseus externus dorsalis, 1, 11, 111 : 1, 11.
M. interosseus internus plantaris, 1, 11 : 1, 11.
M. flexor hallucis brevis (lateral), 1, 11.
M. adductor hallucis, 1, 11.
M. transversalis plantæ, 1, 11.
M. flexor hallucis longus, 5, 1, 11.
M. flexor digitorum communis longus, 5, 1, 11.
M. caro-quadrata Sylvii, 1, 11.
M. lumbricalis, 111, 1v : 1, 11.
M. interosseus dorsalis, 1v : 1, 11.
M. interosseus plantaris, 111 : 1, 11.
M. abductor digiti quinti, 1, 11.
M. opponeus digiti quinti, 1, 11.
M. lumbricalis, 1, 11 : 5, 1.
M. flexor hallucis brevis (medial), 5, 1.
M. abductor hallucis, 5, 1.
M. flexor digitorum brevis, 5, 1.
M. tibialis posterior, 5, 1, (11).
M. soleus (4), 5, 1, (11).
M. popliteus, 4, 5, 1.

Sacr. II.

M. multifidus.
M. interrosseus externus dorsalis, 1, 11, 111 : 1, 11.
M. interrossens internus plantaris, 1, 11 : 1, 11.
M. flexor hallucis brevis (lateral), 1, 11.
M. adductor hallucis, 1, 11.
M. transversalis plantæ, 1, 11.
M. flexor hallucis longus, 5, 1, 11.
M. flexor digitorum communis longus, 5, 1, 11.
M. caro quadrata Sylvii, 1, 11.
M. lumbricalis, 111, 1v : 1, 11.
M. interosseus dorsalis, 1v : 1, 11.
M. interrosseus plantaris, 111 : 1, 11.

Sacr. III.

M. multifidus.
M. spinoso-sacer, 111, 1v, v. Cocc.
M. transversus perinei profundus, 111.
M. sphincter urethræ, 111.
M. levator ani, 111, 1v.
M. bulbo cavernosus, 111.
M. transversus perinei superficialis, 111.
M. ischio cavernosus, 111.

M. quadratus lumborum, x1-2, ou 1-4 (?)
M. subfemoralis, 3, 4.

M. gemellus superior (4), 5, 1, (11).
M. gemellus inferior, 4, 5, 1.
M. quadratus femoris, 4, 5, 1.
M. extensor digitorum brevis, 4, 5, 1.
M. extensor hallucis brevis, 4, 5, (1).
M. extensor digitorum longus, 4, 5, (1).
M. peroneus tertius, 5, (1).
M. extensor hallucis longus, 4, 5, (1).
M. tibialis anterior, 4, (5)
M. peroneus brevis, 5, 1.
M. peroneus longus, 5, 1.
M. biceps caput breve, (4), 5, 1, (11).
M. glutæus maximus, (4), 5, 1, (11).
M. glutæus medius, 4, 5, 1.
M. glutæus minimus, 4, 5, 1.
M. tensor fasciæ latæ, 4, 5.

M. plantaris, 4, 5, 1.
M. gastrocnemius, (4), 5, 1, 11.
M. semi-membranosus, 4, 5, 1.
M. semi-tendinosus, 4, 5, 1.
M. biceps caput longum, 5, 1, 11.
M. obturator internus, 5, 1, 11.
M. gemellus superior, (4), 5, 1, (11).
M. gemellus inferior, 4, 5, 1.
M. quadratus femoris, 4, 5, 1.
M. extensor digitorum brevis, 4, 5, 1.
M. extensor hallucis brevis, 4, 5, (1).
M. extensor digitorum longus, 4, 5, 1.
M. peroneus tertius, 5, (1).
M. extensor hallucis longus, 4, 5, (1).
M. peroneus brevis, 5, 1.
M. peroneus longus, 5, 1.
M. biceps caput breve, (4), 5, 1, (11).
M. glutæus maximus, (4), 5, 1, (11)
M. glutæus medius, 4, 5, 1.
M. glutæus minimus, 4, 5, 1.
M. piriformis, 1, 11.

M. abductor digiti quinti, 1, 11.
M. opponens digiti quinti, 1, 11.
M. tibialis posterior, 5, 1, (11).
M. soleus, (4), 5, 1, (11).
M. gastrochemius, (4), 5, 1, 11.
M. biceps caput longum, 5, 1, 11.
M. obturator internus, 5, 1, 11.
M. gemellus superior (4), 5, 1, (11).
M. biceps (caput breve), (4), 5, 1, (11).
M. glutæus maximus (4), 5, 1, (11).
M. piriformis, 1, 11.

M. sphincter ani externus, III, IV.
Centre de l'érection, II, III.
Centre de l'éjaculation, III.
Centre du detrusor et sphincter vaginæ, III, IV.
Centre du sphincter ani, III, IV.
Centre du sphincter vaginæ, III, (IV).

Sacr. IV.

M. spinoso-sacer, s. coccygeus, III, IV, V. Cocc.
M. levator ani, III, IV.
M. sphincter ani externus, III, IV.
Centre du detrusor et sphincter vaginæ, III, IV.
Centre du sphincter ani, III, IV.
Centre du sphincter vaginæ, III, (IV).

Sacr. V et Cocc.

M. spinoso-sacer, s. coccygeus, III, IV, V. Cocc.
M. sacro-coccygeus anticus, V. Cocc.
M. sacro-coccygeus posticus, V. Cocc.

II. Les localisations radiculaires sensitives. — Les mêmes méthodes anatomiques, physiologiques et anatomo-cliniques ont été employées pour la recherche des localisations sensitives des racines postérieures de la moelle que pour la recherche des localisations motrices. Dès la fin du XVIII⁰ siècle, les anatomistes s'adressèrent à la dissection pour résoudre le problème de la distribution des racines, et des travaux nombreux furent publiés depuis lors par PETER SCHMIDT (1794), SCARPA (1797), PROCHASKA, SOEMMERING, HALLER, KLINT, KRONENBERG, VOIGT, KAHAN, FÉRÉ, HERRINGHAM, THORBURN, PATERSON, BOLK.

FÉRÉ (1883) déduisait de ses investigations anatomiques les conclusions suivantes : la variété dans la disposition des racines, la distribution d'une racine à plusieurs nerfs, la constance de la distribution périphérique. FÉRÉ disait : « S'il n'y a pas de groupement systématique dans les trous de conjugaison, il est vraisemblable qu'il existe ailleurs et on peut se demander s'il n'existe pas en effet dans la moelle. »

HERRINGHAM formule les lois suivantes : 1° De deux points cutanés d'un même membre, le plus rapproché du bord préaxial est innervé par un filet provenant d'une racine plus élevée ; 2° de deux points situés dans la moitié préaxiale, le plus inférieur est innervé par un filet provenant d'une racine plus inférieure ; 3° de deux points situés dans la moitié post-orale, le plus inférieur reçoit son filet d'une racine plus élevée.

Les résultats donnés par ces méthodes de dissection ne pouvaient conduire à des résultats très précis, car l'union des fibres nerveuses est trop intime, leurs intrications et leurs anastomoses sont trop nombreuses.

Parmi les recherches des physiologistes, celles de SHERRINGTON (1898) sont les plus précises. SHERRINGTON constata que l'ablation d'une racine ne donne pas d'anesthésie cutanée et qu'il faut sectionner deux ou trois racines pour obtenir une zone anesthésique. Aussi, au lieu de rechercher l'anesthésie correspondant à la suppression d'une racine, il modifia la technique expérimentale et détermina les limites du territoire qui conserve sa sensibilité après la section de la série des racines sus et sous-jacentes à celle qu'il étudiait. Par cette méthode dite de la sensibilité persistante on constate qu'il existe, au milieu d'un vaste territoire anesthésié, une petite zone sensible que l'on rapporte à la racine laissée intacte. Sherrington formule les conclusions suivantes :

1° Les champs de distribution sensitive radiculaires sont différents de ceux des nerfs périphériques ;

2° Une racine contribue à former plusieurs branches d'un plexus, mais une branche du plexus reçoit des fibres de plusieurs racines ;

3° Le champ de distribution d'une racine est représenté non par des îlots séparés mais par des territoires continus ;

4° Un point quelconque de la peau est innervé par deux et souvent trois racines. Sur la ligne médiane il y a empiètement léger des deux racines symétriques ;

5° La topographie des champs radiculaires n'est pas absolument fixe. Cette opinion est contraire à celle de Krause, Féré, Voigt ;

6°. Les muscles ne sont pas innervés par les racines antérieures de même numéro que celles qui fournissent la sensibilité à la peau sus-jacente. Cette opinion est contraire à celle de Meyer, Peyer, Krause ;

7° Dans la région où le corps représente un cylindre à peu près régulier, chaque rhizomère forme une bande régulière. C'est l'apparition des membres qui a déformé la régularité métamérique des rhizomères.

Sherrington a montré aussi que le champ récepteur d'un réflexe n'est pas conforme au champ de distribution d'une racine spinale afférente ; les champs cutanés des réflexes correspondent non pas à une seule racine, mais au moins à deux racines spinales postérieures.

Des recherches anatomo-cliniques chez l'homme, l'étude des troubles de la sensibilité dans le zona (H. Head et Campbell) et les radiculites ont permis de fixer la topographie des territoires radiculaires sensitifs. C'est en juxtaposant et en synthétisant les constatations faites par les différents auteurs que Thorburn, Allen Starr, Kocher, Seiffert, Sherrington, Dejerine, ont pu préciser sur des schémas ces territoires radiculaires. De tous les documents recueillis il ressort que les racines rachidiennes postérieures transmettent la sensibilité de territoires cutanés disposés en bandes parallèles et longitudinales pour les membres supérieurs et inférieurs, en bandes obliques ou horizontales pour le tronc. Les schémas publiés ne correspondent pas tous exactement entre eux, toutefois il convient d'ajouter que les différences sont relativement peu accentuées.

CHAPITRE VIII

LA TOPOGRAPHIE MÉDULLAIRE. — LES LOCALISATIONS MOTRICES ET SENSITIVES SPINALES

I. **Les localisations motrices spinales.** — Les cellules radiculaires des cornes antérieures de la moelle constituent le centre trophique des muscles auxquels se distribuent les fibres radiculaires. Toute lésion grave des cellules radiculaires antérieures a pour conséquence l'atrophie des muscles qui en dépendent. De nombreuses recherches ont été poursuivies pour préciser les localisations motrices spinales. M. et Mme Dejerine ont fait remarquer que les noyaux décrits par les auteurs et constitués par des amas cellulaires dans les cornes antérieures de la moelle ne sont que de prétendus noyaux représentant les plans superposés de colonnes cellulaires. Il existe non pas une, mais plusieurs colonnes cellulaires dans les cornes antérieures et le contour des cornes dépend essentiellement du nombre et de la disposition des colonnes qu'elle contient. D'après M. et Mme Dejerine il existe dans la corne antérieure de chaque côté deux colonnes : la colonne interne et la colonne latérale. La colonne interne se poursuit dans toute la hauteur de la moelle à l'exception de quelques courtes interruptions dans la région lombo-sacrée, la colonne latérale n'existe qu'au niveau des renflements, elle est en rapport avec le développement considérable des nerfs des membres qui naissent à ce niveau. M. et Mme Dejerine mentionnent qu'il existe de grandes variétés individuelles dans la conformation intérieure de la moelle ; la hauteur des segments médullaires varie d'une moelle à l'autre et aussi d'un côté de la moelle à l'autre ; rarement les moelles sont symétriques, mais elle se ressemblent toutefois suffisamment pour permettre la description d'un type de contour particulier à chaque segment médullaire. C'est au niveau de ces colonnes cellulaires que naissent les fibres efférentes qui se distribuent aux muscles.

La nature des localisations motrices spinales a été discutée.

Pour certains auteurs chacun des troncs nerveux des membres a dans la moelle un centre spécial. Cette opinion a été critiquée. Marinesco, Parhon et Popesco ont montré, par l'expérimentation sur le chien et le lapin, que chaque nerf possède plusieurs noyaux d'origine, l'un principal et les autres accessoires, leur origine est donc diffuse. KNAPPE partage le même avis. MARINESCO, ayant pratiqué la résection de différents nerfs, a vu que les colonnes qui constituent les origines du crural, de l'obturateur, du sciatique, sont indépendantes les unes des autres et ne se mélangent pas; quant aux muscles, MARINESCO pense que leurs noyaux sont souvent fusionnés, il y aurait cependant des groupes cellulaires spécialisés pour les différentes régions (cuisse, jambe, avant-bras, etc.), et, dans ces groupes cellulaires existeraient des noyaux secondaires en rapport avec les muscles de chaque région.

M. et Mᵐᵉ PARHON ont soutenu une théorie musculaire : chaque muscle serait innervé par un noyau spécial et même lorsqu'un muscle est formé de plusieurs faisceaux chacun d'eux possède un noyau distinct. Pour démontrer cette conception M. et Mᵐᵉ PARHON enlevaient chez le chien un ou plusieurs muscles, puis recherchaient dans la moelle par la méthode de NISSL les dégénérescences cellulaires. BLUMENAU, NIELSON décrivent chez l'homme l'innervation du grand pectoral par les cellules du groupe central de C⁶ et celle du deltoïde par les cellules du groupe latéral du même segment. SANO, en étudiant la moelle d'individus amputés, a décrit ainsi la localisation spinale des muscles des membres inférieurs. DEJERINE et A. THOMAS font justement remarquer que l'amputation d'un membre sectionne non seulement les muscles, mais encore les tendons et les nerfs périphériques et que, par conséquent, les dégénérescences cellulaires observées dans la moelle ne sont pas uniquement sous la dépendance de l'ablation des muscles. DEJERINE et A. THOMAS rappellent cependant une observation de A. BRUCE dans laquelle il s'agissait d'une désarticulation de la hanche qui n'avait respecté que le psoas-iliaque, le pectiné, l'obturateur interne, le pyramidal et les jumeaux; A. BRUCE put ainsi localiser dans les groupes antéro-latéral, postéro-latéral et central des deuxième et troisième segments lombaires les cellules d'origine du psoas-iliaque et du pectiné et dans la partie interne du groupe antéroo-latéral des premier et deuxième segments sacrés les cellules d'origine de l'obturateur interne, du pyramidal et des jumeaux. Ce fait tend à montrer que l'innervation des muscles est assez diffuse; d'ailleurs cette même diffusion a été constatée dans un cas de PARHON et GOLDSTEIN qui trouvèrent trois groupes cellulaires en réaction dans une moelle d'un cancéreux qui avait subi l'ablation du grand et du petit pectoral. Ces observations concordent aussi avec les données de la physiologie expérimentale; FERRIER et YÉO, LANNEGRACE, FORGUE, SHERRINGTON, ont en effet montré que la contraction d'un même muscle peut être obtenue par l'excitation de plusieurs racines.

Il semble résulter de ces faits que les colonnes cellulaires de la substance grise antérieure de la moelle ne répondent pas chacune à l'innervation d'un seul muscle, mais de plusieurs d'entre eux, ce qui d'ailleurs n'empêche pas une certaine systématisation.

BRISSAUD, VAN GEHUCHTEN et DE BUCK, VAN GEHUCHTEN et NÉLIS, DE NEEF, ont soutenu une théorie segmentaire. Pour ces auteurs la localisation motrice médullaire n'est ni nerveuse, ni musculaire, elle est segmentaire, c'est-à-dire que chacun des groupes cellulaires de la moelle innerve un segment de membre comprenant des muscles à fonctions opposées; il existerait ainsi dans la moelle un noyau pour les muscles du bras, un noyau pour ceux de l'avant-bras, un noyau pour ceux de la main, etc. Les groupements cellulaires constituant les noyaux seraient étagés de haut en bas, les groupes les plus inférieurs correspondant aux extrémités des membres. Cette théorie segmentaire repose sur l'existence d'une métamérie spinale spéciale.

Les recherches expérimentales sur lesquelles on s'est basé pour soutenir la théorie de la métamérie spinale ont été critiquées par MARINESCO, PARHON, GOLDSTEIN. D'autre part, se plaçant au point de vue de la clinique humaine, DEJERINE a formulé contre cette théorie métamérique une série d'objections très démonstratives. DEJERINE [1] fait remarquer que, si la théorie métamérique était exacte, on observerait en clinique « des atrophies musculaires myélopathiques limitées uniquement à un segment de membre, segment occupant soit l'extrémité, muscles de la main ou du pied, soit une partie de la continuité de ce membre. Or, on ne rencontre pas en clinique d'atrophie musculaire d'origine médullaire aussi rigoureusement circonscrite. Sans parler d'une atrophie segmentaire siégeant dans la continuité d'un membre, le milieu de l'avant-bras ou du

---

1. J. DEJERINE. Sémiologie des affections du système nerveux, Masson, édit., 1914, 638.

bras par exemple, les extrémités de ce dernier étant intactes, particularité qui n'a jamais encore été rencontrée, on n'observe pas davantage dans les atrophies myélopathiques et du côté des extrémités des membres des atrophies rigoureusement et strictement limitées aux muscles de la main et du pied avec intégrité absolue des muscles de l'avant-bras dans le premier cas, de ceux de la jambe dans le second. La clinique journalière fournit des exemples très nets de cette manière de voir et pour le membre supérieur en particulier ces exemples sont fréquents. Dans certains cas de poliomyélite aiguë, de syringomyélie ou d'hématomylie, on peut observer une atrophie musculaire excessive des muscles de la main, thénar, hypothénar, interosseux. Au premier abord il semble que l'on soit en présence d'une atrophie segmentaire limitée aux muscles de la main. Or, lorsqu'on examine attentivement, dans ces cas, les muscles de la région antérieure de l'avant-bras on trouve toujours : 1° une atrophie plus ou moins accusée des muscles du groupe de la face interne (groupe cubital) de l'avant-bras ; 2° même dans les cas où cette atrophie est peu apparente, la force musculaire des groupes correspondants est très diminuée, ainsi qu'il est aisé de le constater par l'examen dynamométrique. Par contre, les muscles de la face postérieure de l'avant-bras ont conservé leur volume et leur énergie normales. En d'autres termes, dans ces cas, on observe une atrophie dans le domaine des muscles innervés par la huitième cervicale et la première dorsale, — muscles de la main — et de ceux innervés par la septième et surtout par la huitième cervicale et la première dorsale, — fléchisseurs superficiel et profond des doigts. — Par conséquent, ici, la topographie de l'atrophie est radiculaire et non segmentaire. Dans les cas plus rares où la syringomyélie, au lieu de se se présenter sous la forme du type ARAN-DUCHENNE, affecte le type scapulo-huméral (SCHLESINGER, DEJERINE et THOMAS), la distribution radiculaire est si nette qu'elle ne peut laisser aucun doute dans l'esprit de l'observateur. »

DEJERINE (1) a relaté plusieurs observations de syringomyélie avec autopsie par lesquelles il a pu démontrer la topographie radiculaire de l'atrophie musculaire. On retrouve cette même topographie radiculaire dans la poliomyélite aiguë ou chronique.

DEJERINE a montré qu'une lésion du premier segment médullaire dorsal donnera une atrophie musculaire identique à celle que détermine la lésion de la première racine dorsale. Dans ce cas, fait-il remarquer : « l'atrophie musculaire portera sur les petits muscles de la main et peut-être aussi sur le groupe des muscles épitrochléens. C'est pourquoi, on rencontrera souvent, dans la poliomyélite aiguë ou chronique, dans la sclérose latérale amyotrophique, le syringomyélie, l'hématomyélie, des paralysies atrophiques qui, au membre supérieur, simuleront, à s'y méprendre, les paralysies radiculaires inférieures du plexus brachial. De même, si la lésion est plus haut située, — cinquième et sixième segments cervicaux — observera-t-on le type radiculaire supérieur, de même qu'on pourra observer des paralysies uniradiculaires. Toutefois, si on veut bien y réfléchir, les processus pathologiques de la moelle sont des processus assez diffus ; ils se localisent rarement à un étage très limité. Lorsque leur évolution est chronique, comme dans la maladie d'ARAN DUCHENNE, il s'agit encore beaucoup moins d'une lésion en foyer et les limites des lésions dans tous les sens sont assez indécises. Malheureusement on ne saurait trouver dans ces dispositions des éléments de diagnostic différentiel avec les affections radiculaires, parce que, dans celles-ci comme dans les lésions médullaires, le processus de destruction, très rarement localisé à une seule racine, y varie d'une racine à l'autre, et prend, suivant les cas, un plus ou moins grand nombre de racines. »

L'observation suivante de DEJERINE [2] mérite d'être citée. « Dans un cas de paralysie infantile des membres inférieurs, écrit DEJERINE; et où l'autopsie fut pratiquée soixante-dix ans après le début de l'affection, j'ai constaté avec ANDRÉ THOMAS l'intégrité d'une

1. J. DEJERINE. Un cas de syringomyélie suivi d'autopsie. *Comptes rendus de la Société de Biologie*, 1890, 1 ; — Sur un cas de syringomyélie unilatérale et à début tardif suivi d'autopsie. *Comptes rendus de la Société de Biologie*, 1892, 716. — J. DEJERINE et A. THOMAS, Un cas de syringomyélie type scapulo-huméral avec intégrité de la sensibilité. *Comptes rendus de la Société de Biologie*, 1897, 701.

2. J. DEJERINE, Sémiologie des affections du système nerveux, 1914, 641.

seule racine sacrée au milieu des autres qui étaient extrêmement atrophiées. Or, au niveau du segment correspondant à la racine saine, la corne antérieure était normale, tandis que dans le segment situé immédiatement au-dessous, elle était très atrophiée et ses cellules fortement diminuées de nombre. En un mot, en cas de lésion destructive de la corne antérieure dans un segment de moelle, l'atrophie musculaire présente la même topographie que si la lésion avait détruit la racine antérieure correspondante. »

Il semble bien prouvé par tout cet ensemble de faits qu'il existe une correspondance étroite entre le niveau de l'origine apparente des racines rachidiennes et celui de leur origine réelle, que les localisations motrices segmentaires spinales sont absolument semblables aux localisations motrices radiculaires, d'où cette conséquence intéressante au point de vue de la physiologie pathologique que les atrophies musculaires d'origine myélopathique sont identiques, quant à leur topographie, à celles qui surviennent à la suite de lésions des racines rachidiennes.

II. Les localisations sensitives spinales. — Au sujet de la topographie des anesthésies d'origine spinale deux théories ont été soutenues : la théorie métamérique et la théorie radiculaire.

Brissaud admettait que l'anesthésie d'origine médullaire était segmentaire, c'est-à-dire qu'un segment médullaire recevait les incitations sensitives d'un segment du corps limité par deux parallèles perpendiculaires à l'axe du corps ; il donnait en exemple la topographie de l'anesthésie segmentaire dans la syringomyélie et la topographie métamérique des zonas. Brissaud opposait cette métamérie spinale à la distribution sensitive radiculaire. Dejerine a critiqué dans de nombreux mémoires la théorie métamérique de Brissaud et a soutenu que les localisations sensitives spinales, de même que les localisations motrices, affectaient le type radiculaire. L'exemple du zona que donnait Brissaud n'est valable que pour les zonas thoraciques supérieurs dont les éruptions sont en effet perpendiculaires à l'axe du corps et rappellent la disposition métamérique, mais le fait n'est plus exact pour les zonas thoraco-abdominaux et les zonas des membres dont la topographie est nettement radiculaire. D'ailleurs le zona relève d'une lésion des ganglions rachidiens postérieurs et non pas de la moelle. L'exemple de la syringomyélie donné par Brissaud n'est nullement probant. Sans doute, dans les syringomyélies anciennes, les troubles de la sensibilité étendus paraissent avoir une disposition perpendiculaire à l'axe du membre, mais une étude plus soignée des troubles sensitifs montre que, même dans ces cas, la limite supérieure des zones anesthésiées a un dessin de type radiculaire parallèle à l'axe du membre. Dans les syringomyélies moins accentuées la disposition radiculaire des troubles de la sensibilité est très nette et facile à observer. Dejerine a fait remarquer également que très souvent dans la syringomyélie l'anesthésie varie d'intensité selon le territoire cutané de telle ou telle racine, de sorte que l'anesthésie du membre se présente sous forme de bandes inégalement anesthésiées correspondant chacune à un territoire radiculaire déterminé. Laehr (1896), Hahn (1897), Obersteiner et Redlich (1899), Huet et G. Guillain (1900) ont insisté sur la topographie radiculaire des troubles de la sensibilité dans la syringomyélie.

Dejerine [1] a montré à l'aide d'une observation suivie d'autopsie qu'une lésion destructive limitée de la corne postérieure de la moelle épinière sans aucune lésion concomitante des racines postérieures se traduisait par des troubles de la sensibilité cutanée à type syringomyélique et à topographie radiculaire aussi pure que si la lésion avait porté sur les racines postérieures elles-mêmes. Dejerine, rappelant cette observation, écrit : « Ce cas me montre en outre — et la chose me paraît importante dans l'espèce — que les fibres courtes des racines postérieures s'arborisent dans la substance grise de la corne postérieure à la même hauteur que l'émergence de ces racines. En effet, dans le cas dont je viens de parler, la limite supérieure de la lésion de la corne postérieure correspondait exactement à la limite supérieure de l'anesthésie, c'est-à-dire au terri-

---

1. J. Dejerine. Sur l'existence de troubles de la sensibilité à topographie radiculaire dans un cas de lésion circonscrite de la corne postérieure. *Société de Neurologie de Paris*, séance du 6 juillet 1899 in *Revue Neurologique*, 1899, 518.

toire radiculaire innervé par la racine émergeant de la moelle à ce niveau. Matti-rolo (1911) a publié un cas tout à fait semblable suivi d'autopsie. En résumé, et de par les raisons que je viens d'énumérer, il n'existe pas dans la moelle épinière une métamérie sensitive segmentaire, pas plus qu'il n'existe de métamérie motrice segmentaire. Le cas dont je viens de parler prouve que les fibres radiculaires courtes des racines postérieures — conductrices des sensibilités douloureuse et thermique — viennent s'arboriser dans la substance grise successivement et les unes au-dessus des autres dans toute l'étendue de l'axe gris. Chaque terminaison radiculaire une fois arrivée dans la substance grise postérieure conserve son individualité propre, et partant chaque partie de cette substance grise représente une projection cutanée dont la topographie est la même que celle de la racine postérieure correspondante. »

Dejerine a insisté sur ce fait que même les terminaisons des fibres des cordons postérieurs s'étagent suivant un type radiculaire, de même d'ailleurs que celles du faisceau pyramidal.

Toutes les localisations motrices et sensitives spinales présentent somme toute le même type radiculaire.

III. Les hyperesthésies cutanées en rapport avec les affections viscérales. Les zones de Henry Head. — Au sujet des localisations sensitives de la moelle il paraît utile de mentionner certains travaux concernant les hyperesthésies cutanées en rapport avec les affections viscérales.

Ross (1878), Dana (1887) avaient émis l'hypothèse que l'hyperesthésie constatée au niveau des territoires cutanés dans quelques affections viscérales était due à ce que les fibres sensitives qui se terminent dans ces régions proviennent des mêmes segments médullaires que les fibres afférentes du viscère affecté Ross pensait que les affections viscérales se traduisent par deux douleurs, l'une splanchnique locale en rapport direct avec l'organe, l'autre somatique pouvant siéger en un point plus ou moins éloigné et répondant au territoire des racines postérieures. Mackenzie (1892) signale de nouveau les rapports de l'hyperesthésie cutanée et des douleurs viscérales.

Henry Head (1893-1896) publia sur ce sujet des travaux nombreux et particulièrement intéressants. Henry Head recherche ces hyperesthésies soit en mettant au contact de la peau un tube d'eau tiède lequel est senti très chaud, soit en appuyant légèrement sur la peau une tête d'épingle qui est perçue comme une piqûre, soit en faisant un pli à la peau, sensation interprétée alors comme très pénible. Ayant étudié dans les diverses affections viscérales les zones d'hyperesthésie, Henry Head a donné un tableau de ces zones cutanées et des segments médullaires qui leur correspondent.

Zone dorso-cubitale (D_1). Trois maximas : près de la première vertèbre dorsale, à l'extrémité interne du deuxième espace intercostal, au bord cubital du bras.

Zone dorso-brachiale (D_2) et scapulo-brachiale (D_3). Trois maxima : épine de l'omoplate, extrémité antérieure du troisième espace et bord interne du bras.

Zone dorso-axillaire (D_4). Trois maxima : bord postérieur de l'omoplate, aisselle, et point au-dessus du mamelon.

Zone scapulo-axillaire (D_5). Deux maxima : point juxta-rachidien et point sous le mamelon.

Zone sous scapulo-sous mammaire (D_6). Deux maxima : l'un sous le bord postérieur de l'omoplate au niveau de la septième dorsale, l'autre sous le sein.

Zone sous scapulo-xyphoïdienne (D_7). Deux maxima : appendice xyphoïde et près de l'angle de l'omoplate à la huitième et neuvième côte.

Zone épigastrique moyenne (D_8). Deux maxima : dans le huitième espace intercostal, en dehors de la ligne mamelonnaire ; à deux pouces et demi au-dessous de l'angle de l'omoplate.

Zone supra-ombilicale (D_9). Deux maxima : extrémité interne de la douzième côte au niveau de la onzième vertèbre dorsale.

Zone sus-ombilicale (D_{10}). Deux maxima : extrémité antérieure de la douzième côte, épine iliaque antéro-supérieure.

Zone sacro-iliaque (D_{11}). Deux maxima : en arrière au niveau des cinquième lombaire et première sacrée ; en avant à l'orifice interne de l'anneau inguinal.

Zone sacro-fémorale (D_{12}). Deux maxima : au-dessous de la crête iliaque et au bord interne du triangle de Scarpa.

Zone glutéo-crurale (L_1). Deux maxima : au-dessous et en dedans du genou et au niveau du grand trochanter.

Au-dessous de cette zone, Head ne décrit par les zones correspondant à L_2 L_3 L_4 L_5.

Zone de S_1. Deux maxima: l'un en avant du talon, l'autre à la racine du gros orteil.

Zone du S_2. Deux maxima: l'un à la partie postérieure du mollet, l'autre à la face postérieure de la cuisse.

Zone gluteo-pudendale (S_3). Trois maxima: extrémité inférieure du scrotum, tubérosité de l'ischion et testicule.

Les hyperesthésies cutanées décrites par HENRY HEAD affectent la forme de bandes, ce sont des hyperesthésies douloureuses et thermiques mais non tactiles; les réflexes sont exagérés dans le territoire hyperesthésié. D'après HENRY HEAD ces zones hyperesthésiées ne correspondent pas à des champs radiculaires, mais à des champs médullaires. A ces champs médullaires aboutissent à la fois des rameaux sympathiques amenant les excitations d'origine viscérale et des rameaux appartenant aux nerfs périphériques, partant transmettant l'innervation sensitive de certains territoires cutanés. Comme normalement les viscères sont insensibles, la souffrance de l'un d'eux est, par une erreur de localisation du sujet, reportée, réfléchie à la périphérie dans la zone cutanée dont les fibres sensitives aboutissent au même segment médullaire. Telle est l'hypothèse de HENRY HEAD.

D'après HENRY HEAD les zones cutanées correspondant aux différents viscères sont réparties ainsi. A la crosse de l'aorte correspond le territoire laryngé inférieur; à la partie ascendante de la crosse le 3e et 4e segment cervical, le 1er, 2e, 3e segment dorsal, peut-être le 4e; au ventricule le 2e, 3e, 4e, 5e segment dorsal, peut-être le 6e; à l'oreillette le 5e, 6e, 7e, 8e segment dorsal, peut-être le 9e. L'angine de poitrine se traduit par une hyperesthésie dans le 1er et 4e segment dorsal, parfois dans le 5e, 6e, 7e, 8e, 9e; les affections pulmonaires aiguës provoquent de l'hyperesthésie dans le 2e, 3e, 4e, 5e segment dorsal; les affections de l'estomac ont une action sur le 7e, 8e, 9e segment dorsal, celles de l'intestin dans sa portion comprise entre le pylore et le colon descendant sur le 9e, 10e, 11e, 12e segment dorsal. La colique hépatique détermine de l'hyperesthésie dans le 8e et 9e segment dorsal, parfois dans le 5e, 6e, 7e. Le rein et l'uretère réfléchissent leur douleur sur le 10e, 11e, 12e segment dorsal et le 1er segment lombaire; la vessie correspond pour sa muqueuse au 2e, 3e, 4e segment sacré et pour son muscle au 11e et 12e segment dorsal, au 1er segment lombaire; le testicule répond au 10e segment dorsal et l'épididyme au 11e et 12e, la prostate au 9e et 10e segment dorsal et aux trois premiers segments sacrés, l'ovaire au 10e segment dorsal, les trompes au 11e et 12e, l'utérus au 10e, 11e, 12e segment dorsal.

Il existerait en outre, d'après HENRY HEAD, des rapports entre les douleurs céphaliques, les zones médullaires et les affections viscérales. Ces relations sont spécifiées dans le tableau suivant emprunté à une *Revue critique* de G. GUILLAIN[1].

Zones médullaires.	Zones de la tête en relation avec celles-ci.	Organes en relation avec ces zones.
3e C.	Naso-frontale.	Sommet du poumon, estomac, foie, aorte.
4e C.	Naso-frontale.	
2e D.	Orbitaire moyenne.	Poumon, ventricule de cœur, aorte ascendante.
3e D.	Orbitaire moyenne.	Ventricule du cœur, crosse aortique.
4e D.	Douteux.	Poumon.
5e D.	Fronto-temporale.	Poumon, cœur.
6e D.	Fronto-temporale.	Poumon, oreillette.
7e D.	Temporale.	Poumon, oreillettes, partie de l'estomac adjacente au cardia.
8e D.	Vertex.	Estomac, foie, intestin grêle.
9e D.	Pariétale.	Pylore, intestin grêle.
10e D.	Occipitale.	Foie, intestin, ovaires, testicules.
11e D.	Occipitale.	Intestin, utérus, trompes, vessie.
12e C.	Occipitale.	Colon, utérus.

Des critiques ont été faites aux conclusions de HENRY HEAD et nombre d'auteurs n'ont pas retrouvé ces zones hyperesthésiques dans les affections viscérales; d'après

---

1. GEORGES GUILLAIN. *Les hyperesthésies cutanées en rapport avec les affections viscérales. Étude critique et comparée des idées de* HENRY HEAD. *Revue de Médecine*, mai 1901, 429.

nos propres recherches ces zones hyperesthésiques sont peu fréquentes et on ne saurait, lorsqu'elles existent, en déduire des localisations précises sur les affections des différents viscères. Les travaux de HENRY HEAD sont incontestablement très suggestifs, mais il semble prématuré d'en tirer des conclusions définitives.

IV. **Physiologie pathologique des lésions segmentaires médullaires.** — Par les recherches que nous avons résumées, les localisations motrices et sensitives spinales ont été fixées avec une suffisante précision pour que la physiologie pathologique des lésions segmentaires médullaires puisse être déterminée. Dans le tableau suivant emprunté à Grasset, on trouvera les éléments du diagnostic en hauteur des lésions médullaires chez l'homme ; ces données de physiologie pathologique sont le corollaire des conclusions de la physiologie normale.

Lésions segmentaires médullaires.	Troubles moteurs.	Troubles sensitifs.
Ier, IIe, IIIe, IVe segments cervicaux.	Quadriplégie avec paralysie des muscles du cou. Paralysie des muscles sterno-cléido-mastoïdien et trapèze.	Anesthésie remontant jusqu'à la tête.
V^e segment cervical.	Paralysie des membres inférieurs et du tronc. Paralysie des doigts, de la main, de l'avant-bras, du bras (deltoïde, brachial antérieur, long supinateur). Paralysie des scalènes et de la plupart des muscles cervicaux et occipitaux. Gêne très marquée dans les mouvements de la tête et du cou, la tête ne peut être maintenue immobile. Le trapèze et le sterno-cléido-mastoïdien sont intacts. Élévation de l'omoplate encore possible. Dyspnée par parésie du diaphragme.	Anesthésie des membres inférieurs, du tronc, des membres supérieurs.
VIe segment cervical.	Paralysie des membres inférieurs et du tronc. Paralysie complète de tous les muscles des doigts, de la main. Extension du coude impossible (triceps), flexion du coude difficile (parésie du biceps, brachial antérieur, long supinateur). Pronation affaiblie (parésie du court supinateur). Adduction et abduction des bras impossibles (muscles pectoraux, grand et petit rond, sous-épineux, grand dentelé). Élévation du bras impossible (deltoïde). Rotation du cou et de la tête difficile (parésie des scalènes, du splénius, des muscles cervicaux profonds et occipitaux).	Anesthésie des membres inférieurs, du tronc, de la main, des doigts, de la zone interne du bras, de la zone postérieure et moyenne du bras.
VIIe segment cervical.	Paralysie des membres inférieurs et du tronc. Paralysie des fléchisseurs des doigts et de la main, des petits muscles de la main, du carré pronateur. Mouvements du pouce possibles, mais difficiles (éminence thénar). Extension du 2e doigt encore possible, extension des autres doigts presque impossible. Supination de l'avant-bras encore possible. Extension de l'avant-bras difficile (triceps). Flexion de l'avant-bras bonne. Adduction du bras diminuée (pectoraux et grand dentelé). Paralysie du grand et du petit rond. Omoplates saillantes (grand dentelé).	Anesthésie des membres inférieurs et du tronc. Anesthésie de la moitié interne du bras et de l'avant-bras. Hypoesthésie du bord radial de la main et de la région moyenne du bras et de l'avant-bras. Hypoesthésie des 5e, 4e, 3e doigts et de la paume de la main.
VIIIe segment cervical.	Paralysie des membres inférieurs et du tronc. Abduction du 5e doigt impossible. Paralysie des interosseux et des lombricaux. Flexion et extension des doigts difficiles. Parésie du triceps. Parésie du grand dorsal (partie interne), des pectoraux, des scalènes moyen et postérieur. Signes pupillaires.	Anesthésie des membres inférieurs et du tronc. Anesthésie du bord interne du bras, de l'avant-bras et de la région dorsale de la main, de la face dorsale des 5e, 4e, 3e doigts, de la face palmaire des 5e et 4e doigts.

Lésions segmentaires médullaires.	Troubles moteurs.	Troubles sensitifs.
Ier segment dorsal.	Paralysie des membres inférieurs et du tronc. Paralysie des fléchisseurs des doigts, des muscles de l'éminence hypothénar, des interosseux. Parésie du carré pronateur, de la partie inférieure du grand et petit pectoral. Signes pupillaires.	Anesthésie des membres inférieurs et du tronc remontant en avant à la 3e côte, en arrière à l'apophyse épineuse de la 1re vertèbre dorsale. Anesthésie empiétant à la région axillaire sur la face interne du bras. Parfois bande d'anesthésie s'étendant le long de la face interne du bras, de l'avant-bras, de la paume de la main et des 5e, 4e et 3e doigts.
IIe segment dorsal.	Paralysie des membres inférieurs. Paralysie des muscles du dos et de l'abdomen. Paralysie des muscles respiratoires, d'où respiration diaphragmatique et dyspnée.	Anesthésie des membres inférieurs et du tronc remontant en avant jusqu'au niveau de la 3e côte, en arrière jusqu'à l'apophyse épineuse de la 1re vertèbre dorsale. Bande d'hypoesthésie à la face interne du tiers supérieur du bras.
IIIe à XIIe segment dorsal.	Paralysie des membres inférieurs. Paralysie des muscles du dos et de l'abdomen. Paralysie des muscles respiratoires, d'où respiration diaphragmatique et dyspnée.	Anesthésie remontant le long du tronc d'autant plus haut qu'il s'agit d'un segment plus élevé.
Ier segment lombaire.	Paralysie de tous les muscles des membres inférieurs. Paralysie du psoas iliaque.	Anesthésie de tout le membre inférieur depuis le pli inguinal et l'épine iliaque antéro-supérieure en avant, depuis l'apophyse épineuse de la 5e vertèbre lombaire en arrière.
IIe segment lombaire.	Paralysie de tous les muscles des membres inférieurs. Parésie du psoas iliaque.	Anesthésie de toute la partie postérieure du membre inférieur depuis le sacrum. Anesthésie de toute la face antérieure du membre inférieur depuis le pli inguinal. Hypoesthésie de la région lombo-inguinale, hypoesthésie du territoire innervé par le nerf fémoro-cutané. Anesthésie testiculaire.
IIIe segment lombaire.	Paralysie des muscles pulvi-trochantériens. Parésie des extenseurs du genou (paralysie complète du vaste externe), paralysie des fléchisseurs de la cuisse (la jambe peut encore être soulevée par le psoas iliaque), des extenseurs de la cuisse, des adducteurs de la cuisse, des fléchisseurs du genou, des fléchisseurs du pied, des fléchisseurs et extenseurs des orteils, des releveurs du pied. Paralysie de la vessie, des organes génitaux, du colon.	Anesthésie du sacrum, de la partie postérieure du bassin, de la surface moyenne et inféro-interne de la cuisse, anesthésie de la jambe et du pied. Hypoesthésie de la surface antérieure de la cuisse jusqu'au pli inguinal, de la surface supéro-interne de la cuisse; hypoesthésie légère de la face externe du fémur jusqu'au grand trochanter.

Lésions segmentaires médullaires.	Troubles moteurs.	Troubles sensitifs.
IVᵉ segment lombaire.	Rotation en dehors de la cuisse impossible (paralysie de l'obturateur externe). Rotation interne de la cuisse impossible. Extension de la cuisse impossible. Adduction de la cuisse difficile (parésie du grand adducteur, du petit adducteur, du droit interne). Extension de la jambe difficile (parésie du vaste externe et du vaste interne, du droit antérieur, du crural). La flexion plantaire du pied, la flexion et l'extension des orteils, le relèvement des bords interne et externe du pied sont impossibles. Paralysie de la vessie, des organes génitaux, du colon.	Anesthésie du sacrum, des fesses, du périnée, des organes génitaux, de la surface postéro-interne de la cuisse, de la moitié externe de la face antéro-interne de la cuisse, de la surface postérieure et externe de la jambe, de tout le pied. Hyperesthésie de la face interne de la jambe et de la moitié inférieure de la face interne de la cuisse.
Vᵉ segment lombaire.	Paralysie des muscles pelvi-trochantériens entraînant l'impossibilité de la rotation externe de la cuisse. Parésie du petit et moyen fessier et du tenseur du fascia lata, d'où difficulté de rotation interne de la cuisse. Paralysie du grand fessier, d'où extension de la cuisse impossible. Parésie très accentuée du biceps, du semi-tendineux et du semi-membraneux, d'où flexion du genou impossible. Paralysie des muscles de la jambe et du pied, l'extension légère du gros orteil est possible. Paralysie de la vessie, des organes génitaux, du colon.	Anesthésie du sacrum, de la région fessière, du périnée, des organes génitaux, de la surface postéro-interne de la cuisse et de la jambe, de la surface postéro-externe de la jambe, de la moitié latérale et externe de la jambe, de la région du tendon d'Achille, de toute la surface dorsale du pied.
Iʳᵉ segment sacré.	Rotation de la cuisse en dehors et en dedans très gênée (paralysie des muscles pelvitrochantériens, du petit et du moyen fessier). Paralysie des muscles biceps, semi-membraneux, semi-tendineux, poplité, entraîne difficulté de flexion du genou. Paralysie des jumeaux et du soléaire, d'où difficulté de la flexion plantaire. Parésie du tibial postérieur d'où gêne dans le relèvement du bord interne du pied. Paralysie des péroniers latéraux d'où difficulté de relever le bord externe du pied. Paralysie des extenseurs et fléchisseurs des orteils. Paralysie de l'anus, de la vessie, des organes génitaux.	Anesthésie du sacrum, du coccyx, de la fesse, des organes génitaux (sauf le pénis), de la surface postérieure de la cuisse jusqu'au jarret. Anesthésie de la partie postérieure et médiane de la jambe, de la région du tendon d'Achille, du bord latéral de la surface dorsale du pied. Hyperesthésie de la surface externe du tibia depuis le genou, de la région interne de la plante du pied, de la région dorsale du pied.
IIᵉ segment sacré.	Parésie des muscles pelvitrochantériens, d'où gêne dans la rotation de la cuisse en dehors. Parésie du grand fessier, d'où difficulté d'extension de la cuisse. Parésie du biceps fémoral d'où difficulté de flexion de la jambe. Parésie des jumeaux et du soléaire, parésie des petits muscles du pied d'où difficulté de rester debout sur les doigts de pied, de relever le bord interne du pied (tibial postérieur) et de fléchir la plante du pied. Paralysie du releveur de l'anus, des sphincters anal et vésical. Absence d'érection et d'éjaculation.	Anesthésie du sacrum, du coccyx, de la fesse, des organes génitaux (sauf le pénis), de la surface postérieure de la cuisse jusqu'au jarret. Hyperesthésie de la partie postérieure et moyenne de la jambe, de la région du tendon d'Achille, de la partie latérale de la plante du pied et de la face dorsale du 5ᵉ orteil.

Lésions segmentaires médullaires.	Troubles moteurs.	Troubles sensitifs.
III° segment sacré.	Paralysie du releveur de l'anus, des sphincters anal et vésical. Parésie du rectum (rétention des matières). Érection possible, mais affaiblie ; absence d'éjaculation.	Anesthésie du sacrum, du coccyx, de la plus grande partie de la surface postérieure des fesses, de la marge de l'anus, du périnée, de la partie postéro-inférieure du scrotum ou des lèvres, du pénis. Anesthésie dite « en selle » de la partie postérieure de la cuisse. La sensibilité du testicule persiste.
IV° segment sacré.	Parésie de l'élévateur et du sphincter anal, parésie du sphincter vésical.	Petite plaque d'anesthésie sur le sacrum (partie inférieure), le coccyx, la marge de l'anus et la partie adjacente de la surface postérieure des fesses.
V° segment sacré.	Aucun trouble moteur.	Petite plaque d'anesthésie sur le coccyx et autour de lui.

Cône médullaire.

CHAPITRE IX

LE TONUS MÉDULLAIRE

La question des rapports du tonus musculaire avec le système nerveux et particulièrement avec la moelle épinière est une des plus difficiles de la pathologie nerveuse.

On a distingué deux variétés de tonus : le tonus physiologique et le tonus pathologique ; ce dernier ne s'observe que dans certaines lésions organiques des centres nerveux et semble n'être que l'exagération du premier.

Le tonus physiologique est permanent. Un exemple de tonus musculaire continu est donné par les sphincters anal et urinaire qui s'opposent par leur contraction à la sortie des matières et des urines. Pour que les muscles cèdent il faut que l'organisme force leur résistance pour ainsi dire en faisant appel aux contractions des autres muscles du bassin. VULPIAN écrit à ce sujet : « Puisque les fibres musculaires des sphincters sont dans un état de contraction continue, les nerfs moteurs qui les innervent doivent être aussi en activité d'une façon incessante et il en est de même de la partie de la moelle épinière qui donne naissance à ces nerfs. Cet état de contraction continue des muscles a reçu le nom de tonus musculaire. » Le tonus musculaire est un phénomène général, tous les muscles de la vie de relation pendant leur période de repos sont dans un état de contraction moyenne qui est le tonus ; lorsqu'il existe une paralysie d'un groupe de muscles d'un membre, les muscles opposés par leur tonus agissent sur l'articulation ; ainsi dans une paralysie des muscles extenseurs du pied, celui-ci se fléchit par action antagoniste du tonus des muscles fléchisseurs. Les muscles de la vie organique, muscles de l'intestin, muscles des vaisseaux, sont également en état de tonus. Normalement en effet les vaisseaux sont en état de vaso-constriction moyenne, mais, après section des filets nerveux vasculaires, il se produit une vaso-dilatation, preuve de l'existence antérieure d'une action active du tonus.

La connaissance du tonus est relativement ancienne. D'après CROCQ, GALENUS et HALLER signalèrent les premiers qu'après section d'un muscle ses deux segments se rétractent, ils admettaient que ce fait était dû à une propriété particulière du muscle indépendante du système nerveux. MULLER, MARSHALL-HALL, HENLE émirent l'hypothèse que la tonicité musculaire dépendait d'une influence nerveuse centrale. L'expérience de BRONDGEST (1860) est importante ; cet auteur montre que, lorsqu'un muscle est tendu par un poids, il suffit de couper le nerf qui s'y rend pour obtenir un allongement du muscle.

Les muscles en état de tonicité donnent à l'auscultation microphonique, ainsi que l'ont constaté BOUDET et BRISSAUD, un bruit rotatoire continu.

D'après CLAUDE BERNARD, la contraction tonique du muscle se traduit par une modification chimique du sang, la quantité d'oxygène du sang veineux est alors notablement plus faible que celle du sang artériel, les deux quantités sont égales lorsque le muscle a perdu sa tonicité.

Cependant les phénomènes chimiques qui ont lieu dans les muscles en hypertonie sont très réduits. ROAF [1] a constaté que le dégagement d'acide carbonique des muscles qui maintiennent l'activité de posture chez le chat décérébré n'est pas plus grand que celui de la musculature paralysée par le curare ; BAYLISS a noté que les échanges chimiques qui accompagnent l'activité tonique des muscles striés sont restreints. H. MEYER et ALFRED FRÖHLICH ont vu que la contracture due au bacille du tétanos réclame un métabolisme très réduit et que la quantité de glycogène augmente dans les muscles en état de contracture. G. MARINESCO a noté aussi, en examinant la température des muscles des segments des membres à l'aide de l'appareil de Mlle GRUNSPANN, que toutes les fois que le tonus normal est modifié d'une façon durable, il y a des modifications de la température des muscles (hémiplégie, maladie de Little).

BORNSTEIN [2], dans un cas de contracture, a constaté que la chaleur dégagée représentait 85 p. 100 de la normale, chiffre voisin de celui trouvé chez un tabétique.

H. PIERON [3], étudiant la dualité du métabolisme musculaire, admet que la fonction tonique des muscles doit s'accompagner d'un métabolisme d'albuminoïde aboutissant à la formation de créatine, tandis que la fonction clonique dépend d'un métabolisme hydrocarboné dans lequel l'acide lactique joue un rôle essentiel.

J. IOTEYKO, qui a admis la dualité fonctionnelle du muscle, distingue dans l'organisme deux espèces de contractions : 1° la contraction tétanique formée de la fusion des secousses élémentaires et qui produit des transformations chimiques intenses, un dégagement important de chaleur, un grand travail mécanique avec fatigue survenant rapidement ; 2° la contraction tonique durable, localisée dans le sarcoplasme, qui ne s'accompagne pas de transformations chimiques importantes et peut être soutenue longtemps. BOTAZZI [4] considère que, dans le muscle strié, il y a association de deux substances, le sarcoplasme siège des phénomènes cloniques et les myofibrilles siège des phénomènes toniques.

Des expériences nombreuses ont été faites pour voir l'action de la moelle épinière sur le tonus.

VULPIAN écrit à ce sujet : « La moelle épinière agit d'une façon incessante sur tous les muscles aux nerfs moteurs desquels elle donne origine, elle y produit et y maintient le tonus musculaire. Cette action continue de la moelle est sans doute provoquée par des stimulations excito-motrices centripètes provenant soit des muscles eux-mêmes, soit des téguments qui les recouvrent. »

La section des racines antérieures abolit le tonus musculaire, tous les auteurs sont d'accord sur ce point. La section des racines postérieures abolit également le tonus (CYON, TCHIRIJEW, HERMANN, HARLESS, NEUMANN, VON BEZOLD, MOTT et SHERRINGTON, HERING, TISSOT, CONTEJEAN, MUSKENS, CROCQ, etc.). CROCQ a vérifié qu'un lapin, un chien, un

---

1. ROAF. cité par G. MARINESCO. Autonomie de la moelle consécutive à la section complète de l'axe spinal. *Revue Neurologique*, avril 1919, 257-276.

2. BORNSTEIN. Ueber Muskeltonus und Muskeltkontraktur beim Menschen. *Arch. f. d. ges. Physiol.*, 1919, CLXXIV, 352-357. Cité par H. PIERON.

3. H. PIERON. Les formes et le mécanisme nerveux du tonus (tonus de repos, tonus d'attitude, tonus de soutien). *Revue Neurologique*, 1920, n° 10, 896-1011.

4. BOTAZZI. Nouvelles recherches sur les muscles striés et sur les muscles lisses d'animaux homéothermes. *Archives italiennes de Biologie*, 1916, 17.

singe, chez lesquels on sectionne toutes les racines postérieures depuis la région dorsale inférieure jusqu'à la région sacrée, présente une atonie complète du train postérieur avec incontinence des matières fécales et des urines.

La section de la moelle chez les animaux semble entraîner des effets différents suivant les espèces. Nous donnons à ce sujet une documentation que nous avons empruntée à un rapport de M. Crocq.

Chez la grenouille une section de la moelle cervicale n'abolit pas le tonus. Une grenouille décapitée ramène à elle les pattes postérieures dans l'attitude du repos musculaire, et, si on dérange une de ses pattes, elle la ramène à la position primitive, les sphincters ne sont pas paralysés.

Chez le lapin la section de la moelle détermine une abolition du tonus musculaire avec contracture des sphincters, il y a paralysie des pattes postérieures, rétention des urines et des matières fécales. Crocq a vu qu'après quarante-huit heures environ le tonus reparaît, les muscles ne sont plus flasques et il suffit de soulever les membres paralysés pour y percevoir une trémulation assez énergique. Les lapins sur lesquels expérimentait Crocq n'ont d'ailleurs survécu que soixante heures.

Chez le chien, on observe les mêmes phénomènes : abolition du tonus des muscles volontaires et contracture des sphincters; après huit jours, le tonus musculaire réapparaît, mais il est et reste inférieur à la normale ; les fonctions sphinctériennes se régularisent progressivement (Goltz et Ewald (1896), Crocq (1901).

Chez le singe, la section de la moelle cervicale ou dorsale supérieure diminue considérablement le tonus des muscles volontaires et exagère le tonus des sphincters. Crocq a constaté chez des singes (bonnets chinois) que le retour de la tonicité des muscles volontaires, disparue complètement après l'opération, se faisait après dix à douze jours ; l'exagération de la tonicité des sphincters cesse après quelques jours.

Chez l'homme, d'après Sano (1898), Crocq (1901) et la plupart des auteurs, les lésions transverses complètes de la moelle à la région cervicale ou dorsale supérieure provoquent l'abolition permanente et complète du tonus des muscles volontaires et l'exagération de la tonicité des sphincters. On trouvera plus loin, un exposé de la question de l'état des réflexes dans les sections médullaires totales.

G. Guillain et J.-A. Barré [1] ont pu étudier chez l'homme, durant la guerre de 1914, quinze cas de section médullaire totale contrôlée par l'autopsie; ils n'ont pas retrouvé l'atonie complète décrite par les auteurs. G. Guillain et J.-A. Barré s'expriment d'ailleurs ainsi : « L'accord semble si bien fait entre les différents neurologistes qui se sont occupés de l'état de la tonicité musculaire dans les sections de la moelle, qu'il peut paraître superflu de répéter après eux qu'il y a atonie complète, ou subversif d'exprimer, même avec des réticences, une opinion partiellement contraire. Il n'est pas très hasardé cependant de dire que nous connaissons beaucoup mieux le tonus exagéré, diminué ou absent, le tissu anormal en un mot que le tonus normal, et l'on doit convenir, après la lecture des travaux physiologiques et cliniques qui le concernent, qu'on s'est plus efforcé d'en expliquer le mécanisme que d'en préciser les caractères.

Nous avons déjà été frappés au début de la campagne par la dureté, la conservation du modelé normal, les reliefs nettement distincts des muscles de plusieurs paraplégiques dont la moelle avait été détruite le jour même ou quelques jours auparavant. Nous avons pu récemment poursuivre, sur un nombre malheureusement considérable de paraplégiques, notre enquête sur le tonus, et parallèlement nous en avons continué l'étude sur des sujets où il n'avait pas de raison connue d'être altéré; nous avons pu l'observer aussi chez des blessés porteurs de lésions variées du système nerveux central et périphérique, enfin chez des malades divers et des convalescents.

Nous nous basions pour fixer le caractère de la tonicité sur une série d'observations ou de manœuvres dont voici les plus habituelles : nous notions l'état des contours, fermes ou affaissés, des muscles, leur consistance, l'attitude d'ensemble du membre, l'angle spontané des pieds sur les jambes, des orteils sur les pieds, l'amplitude des mouvements passifs des divers segments des membres les uns sur les autres, l'état de

---

1. Georges Guillain et J. A. Barré. Étude anatomo-clinique de 15 cas de section totale de la moelle. *Annales de Médecine*, IV, n° 2, mars-avril 1917, 178-222.

dépression ou de dépressibilité du tendon rotulien ; l'étendue de l'abaissement provoqué de la rotule, etc.

Or de cette étude il ressort une impression générale, c'est que la tonicité, ou ce que nous avons analysé sous ce nom, est assez variable chez les sujets normaux ou non atteints de troubles nerveux.

Aussi ne formulerons-nous, à propos du tonus chez les paraplégiques par destruction totale de la moelle, que les conclusions suivantes dont le souci de ne pas dire plus qu'il ne convient explique en partie le manque de fermeté :

1° Chez certains d'entre eux (3), la consistance des muscles était faible, mais l'amplitude des mouvements passifs restait ordinaire, moyenne ; ces premiers paraplégiques étaient très comparables, sous le rapport de la tonicité, à beaucoup d'individus dits normaux ;

2° Chez certains autres (7), la consistance des muscles était ferme et l'amplitude des mouvements passifs gardait le degré qu'on lui trouve chez des gens en bonne santé et bien musclés ;

3° Chez d'autres enfin, le tonus était différent aux cuisses et aux mollets, ou plus élevé à droite qu'à gauche. Ajoutons que chez aucun d'eux il ne fut possible de donner aux membres les attitudes d'hyperflexion ou d'hyperextension des segments les uns sur les autres, comme cela a lieu si facilement chez de nombreux tabétiques et dans le cas de certaines lésions des nerfs périphériques. L'absence de toute sensibilité permettait cependant de pousser les mouvements passifs jusqu'à leurs extrêmes limites mécaniques.

Il nous semble donc qu'il y a lieu de revenir, au moins partiellement, sur la formule qu'on applique très généralement au tonus musculaire dans les sections de la moelle. Nous devons ajouter que nous n'avons eu en vue dans cet aperçu concernant la tonicité musculaire des paraplégiques en question que son état pendant les premiers jours ou la première semaine, car de très bonne heure les muscles subissent une atrophie à évolution rapide et leur consistance diminue presque toujours. »

La destruction des lobes cérébraux provoque sur le tonus des résultats différents suivant les animaux. Chez les batraciens, les reptiles, les oiseaux on n'observe aucune modification du tonus. Chez le chien (Fr. Franck, 1887), il suffit d'enlever le gyrus sygmoïde d'un côté pour observer une paralysie flasque de la patte opposée, l'animal peut encore marcher, mais les membres fléchissent de ce côté ; cette hypotonie musculaire disparaît progressivement. Chez le singe, le « reliquat des troubles paralytiques » (Goltz) est plus important et l'hypotonie reste permanente. Chez l'homme la destruction d'un hémisphère cérébral entraîne l'hémiplégie avec hypotonie ; Babinski, Van Gehuchten ont insisté sur le relâchement des muscles dans l'hémiplégie organique.

Certaines expériences de Sherrington sur le tonus ne concordent pas avec les conclusions d'autres physiologistes. Sherrington a étudié le tonus spécialement chez des animaux décérébrés (singe, chien, chat) ayant subi l'ablation du cerveau antérieur ou une section mésencéphalique. Il a vu que si, chez un chat ou un singe, on fait une section dans la moitié inférieure du bulbe et qu'on maintienne la vie avec la respiration artificielle, les membres restent flasques. Si on enlève les hémisphères cérébraux on obtient une rigidité complète des membres, plus accentuée dans les membres antérieurs que dans les postérieurs, et que l'on peut maintenir quatre jours ; la queue est presque rigide et on observe un léger opisthothonos de la région vertébrale ; cette rigidité est due à un spasme prolongé des élévateurs de la queue et des muscles extenseurs des différents segments des membres ; Sherrington fait remarquer qu'elle est plus marquée dans les membres antérieurs, comme on l'observe aussi dans le shock spinal, elle cède au $CHCl^3$ et à l'éther, mais réapparaît quand l'intoxication a disparu. La section des faisceaux dorsaux de la moelle n'abolit pas la rigidité, mais, par section d'un cordon latéral au niveau de la région lombaire, elle disparaît dans la patte postérieure du côté de la lésion ; par section du faisceau antéro-latéral au niveau de la région cervicale, elle disparaît dans les pattes antérieure et postérieure du même côté. La rigidité ne s'obtient pas sur des membres dont les racines afférentes ont été sectionnées quelques jours auparavant. L'ablation du cervelet n'empêche pas la rigidité. Somme toute, les expériences de Sherrington montrent que la section sous-bulbaire de la moelle entraîne une paralysie des membres avec hypotonie, tandis que l'ablation des hémisphères cérébraux détermine une rigidité spasmodique des membres.

L'augmentation du tonus, l'hypertonie et l'exagération des réflexes tendineux sont pour la plupart des auteurs des faits parallèles. FERRIER appréciait le degré du tonus d'après la modalité de réponse des muscles à la percussion des tendons. CHARCOT, BRISSAUD, GRASSET, PARHON et GOLDSTEIN, etc. ont admis ce parallélisme. Il convient de rappeler que MANN, VAN GEHUCHTEN, MUSKENS, CROCQ, etc. ont soutenu l'indépendance réciproque du tonus et des réflexes. D'après les faits empruntés à la pathologie humaine, il nous paraît aussi que, si l'exagération des réflexes est fréquente dans l'hypertonie, on ne peut cependant considérer comme constants les rapports de la surréflectivité avec l'augmentation du tonus [1].

La question si souvent envisagée des rapports du tonus avec les contractures est une question de pathologie très complexe, que nous ne pouvons étudier dans cette monographie consacrée à la physiologie des fonctions médullaires. Nombre d'auteurs, d'ailleurs admettent avec CROCQ que les lois qui régissent le tonus régissent aussi la contracture et que les différences observées expérimentalement chez les divers animaux dans le déterminisme des contractures par lésions corticales ou centrales de la voie pyramidale s'expliquent par ce fait que les voies du tonus sont dissemblables dans les diverses espèces.

Certains physiologistes, en effet, faisant la synthèse des multiples expériences, ont tenté de schématiser les voies du tonus, spécifiant que chez la grenouille elles sont médullaires, chez le chien cérébro-spinales et médullaires pour les muscles volontaires et médullaires pour les sphincters, chez le singe cérébro-spinales et basilo-spinales pour les muscles volontaires, chez l'homme cérébro-spinales pour les muscles volontaires, cérébro-spinales et médullaires pour les sphincters. Chez l'enfant nouveau-né le faisceau pyramidal n'est pas encore myélinisé (FLECHSIG, VAN GEHUCHTEN), l'influence corticale est donc à peu près nulle sur la moelle, l'enfant a de l'hypertonie, ce qui prouverait que les voies du tonus sont chez lui médullaires et ne deviennent cérébro-spinales qu'après myélinisation du faisceau pyramidal.

Des physiologistes ont pensé que le sympathique joue un rôle dans le tonus des muscles des vertébrés. A. PERRONCITO [2], J. BOEKE [3] ont décrit, dans les muscles volontaires, des terminaisons nerveuses paraissant d'origine sympathique. Mosso, d'après ces faits, a émis l'hypothèse que les fibres sympathiques terminées dans la fibre musculaire servent à l'innervation tonique et que les fibres cérébro-spinales agissent pour les contractions rapides.

S. DE BOER [4], en sectionnant les rami communicantes chez le chat et la grenouille, a constaté une diminution de tonus semblable à celle produite par la section de sciatique; de plus, après la section des rami communicantes, la section de sciatique n'avait plus d'influence sur le tonus. KEN KURE, TOHEI HIRAMATSU et HACHIRO NAITO [5] ont vu que le diaphragme est maintenu en état de tonus par les excitations sympathiques suivant les nerfs splanchniques; quand ces nerfs sont coupés, le diaphragme en effet perd son tonus.

FOIX et BERGERET [6] ont apporté une contribution à la nature des réflexes tendineux

1. Voir sur les rapports du tonus avec les réflexes, le chapitre x, p. 900.
2. A. PERRONCITO. Etudes ultérieures sur les terminaisons de nerfs dans les muscles à fibres striées. *Archives italiennes de Biologie*, 1902, XXXVIII, 393-412.
3. J. BOEKE. Beiträge zur Kenntniss der motorischen Nervenendigungen. Die akzessorischen Fasern und Endplättchen (*Intern. Mon. Anat. Phys.*, 1911, XXVIII, 419-436); — Die doppelte (motorische und sympathische) efferente Innervation der quergestreiften Muskelfasern. *Anat. Anzeiger*, 1913, XLIV, 343-356.
4. S. DE BOER. Die quergestreiften Muskeln erhalten ihre tonische Innervation mittels die Verbindungsäste des Sympathicus. *Folia Neuro-biologica*, 1913, VII, 378-385. — S. DE BOER. Ueber den Skelettmuskeltonus. *Folia Neuro-biologica*, 1913, VII, 837-840); — S. DE BOER. Die autonome tonische Innervation des Skelettmuskulatur. *Folia Neuro-biologica*, 1914, VII, 429.
5. KEN KURE, TOHEI HIRAMATSU et HACHIRO NAITO. Zwerchfelltonus und Nervi splanchnici. *Zbl. Physiol.*, 1914, XXVIII, 130-134.
6. FOIX et BERGERET. Contribution à l'étude de la nature des réflexes tendineux dans leurs rapports avec le tonus musculaire et le grand sympathique. Résection unilatérale de la chaîne

dans leurs rapports avec le tonus musculaire et le grand sympathique. Ils ont vu que l'extirpation unilatérale du sympathique lombaire et des premiers ganglions de la chaire sacrée avec section des splanchniques entraîne un certain degré d'hypotonie transitoire chez le chien, ainsi qu'une diminution transitoire de réflexe patellaire, mais ce trouble du réflexe leur paraît trop léger et trop inconstant pour qu'on puisse le rapporter à l'action du sympathique. Au contraire la section isolée des racines antérieures lombaires entraîne une paralysie avec flaccidité absolue, et définitive et abolition complète des réflexes tendineux.

Plusieurs auteurs (Botazzi, F. Buzzard, H. Piéron, Langelaan) ont cherché à différencier un tonus spécial pour le myoplasma et le sarcoplasma, substances morphologiquement distinctes de la fibre musculaire striée ; il existerait un tonus myoplasmatique (contractile tonus de Langelaan) et un tonus sarcoplasmatique (plastic tonus de Langelaan), le premier sous la dépendance du système nerveux cérébro-spinal, le second sous la dépendance du système sympathique. D'après Langelaan, le réflexe tendineux serait dissociable en deux phases, la première caractérisée par une contration brusque myoplasmatique, la seconde tonique dépendant de la contraction soutenue du sarcoplasma ; la section des rami communicantes du sympathique supprime la phase tonique du réflexe et laisse intacte la phase contractile myoplasmatique. J. Lhermitte [1], qui a insisté sur la phase d'automatisme médullaire dans les sections médullaires, écrit à ce sujet : « Chez l'homme spinal ayant dépassé la phase de shock, le tonus plastique reparaît quoique diminuée ; ses variations doivent être en rapport avec l'intensité et l'étendue des lésions de la colonne intermédio-latérale de la moelle, origine du système sympathique. Pour ce qui est du « tonus contractile » lequel est, nous l'avons dit, sous la dépendance de « système autonome « (nerfs périphériques, racines rachidiennes et substance grise) le problème est plus complexe. Sherrington a montré que le tonus de posture qui, chez l'homme, apparaît comme essentiellement un tonus d'extension, est réglé par une série d'arcs réflexes étagés : arcs spinaux et pré-spinaux ; ces derniers ont leur siège dans le mésocéphale, le cervelet et le bulbe, et leur activité est réglée avant tout par les excitations venues des labyrinthes et du cervelet. Or, ce tonus de posture est complètement aboli par la transsection de la moelle dorsale chez l'homme et le singe. Mais ce tonus de posture, pour primordial qu'il soit, ne constitue pas la seule activité statique de myoplasme puisque, malgré sa suppression par une section spinale complète, les muscles paralysés montrent une résistance évidente aux mouvements passifs. Le tonus résiduel des muscles paralysés ne saurait être mis tout entier sur le compte du tonus plastique sympathique pour plusieurs raisons dont la principale est son inégale distribution. Il est manifeste, en effet, que ce sont les muscles fléchisseurs des divers segments du membre inférieur dont le tonus s'affaiblit le moins et chez lesquels la tonicité est susceptible de s'exalter à une phase tardive. Est-il besoin de rappeler que ce sont précisément ces groupes de fléchisseurs du membre inférieur qui, aussi bien par les mouvements spontanés, les mouvements d'automatisme, que par le retour de la réflectivité, manifestent la vitalité la plus accusée. Tonus, activité automatique et réflexe suivent une évolution parallèle et marquent par leur progression le retour des fonctions primitives du segment spinal libéré de ses connexions supérieures. En raison de ces caractères il nous semble que l'appellation de tonus spinal autonome pourrait être appliquée au tonus résiduel de flexion, tonus essentiellement spinal, très distinct du tonus sympathique et du tonus de posture de Sherrington dont la caractéristique est de déterminer l'attitude exactement inverse, l'extension. »

La moelle a une action évidente sur le tonus musculaire. Ce tonus a été considéré par le plus grand nombre des auteurs comme la réflexion par les voies courtes des impressions périphériques. (Muller, Brondgeest, Hermann, Cohnstein, Claude Bernard, Vulpian, Charcot, Brissaud, Muskens, etc.). Charles Richet (1882) a très justement posé la question de l'activité propre de la moelle, il écrit : « En somme, on ne saurait dire encore si la moelle a, pour agir, besoin d'une excitation périphérique, ou si elle puise

---

sympathique. Section isolée des racines antérieures. Soc. de Neurologie, nov. 1922 in Rev. Neurol. 1922, p. 1389.

1. J. Lhermitte. La section totale de la moelle dorsale. Bourges, 1919, 208.

en elle-même, sans le secours d'une force extérieure, un principe d'activité... Il est impossible de révoquer en doute la tonicité ; mais, jusqu'à présent, on n'a guère pu lui assigner de cause précise. Ce qu'il y a de plus vraisemblable, c'est que, pendant la vie, une série d'excitations sensitives, faibles, incessantes remontent vers les cellules nerveuses centrales et les maintiennent constamment dans un état de demi-activité réflexe. Les contractions musculaires, le contact de l'air et de l'oxygène avec des téguments externes, le contact de la paroi interne des vaisseaux avec le sang, les changements chimiques interstitiels des tissus, sont toutes excitations qui maintiennent la moelle dans un état tonique. Peut-être aussi cet état actif de la substance nerveuse dépend-il de la circulation du sang dans la moelle. »

PIERRE MARIE[1] pense que le faisceau moteur a un rôle d'arrêt inhibiteur du tonus, analogue à celui du pneumogastrique sur le cœur : « la substance grise médullaire serait une machine motrice toujours sous pression, toujours apte à fonctionner ; le faisceau pyramidal aurait pour mission de servir de frein à cette machine, d'empêcher son fonctionnement intempestif et incessant ». ADAMKIEWICZ, ANTON, FREUD ont soutenu la même idée à laquelle CROCQ a objecté que les lésions transversales complètes de la moelle devraient s'accompagner d'hypertonie, de même que les lésions cérébrales destructives des neurones moteurs corticaux.

JACKSON (1896), BASTIAN (1898) ont pensé que le tonus résultait de deux actions antagonistes, l'une inhibitrice d'origine cérébrale, l'autre excitante d'origine cérébelleuse.

Pour VAN GEHUCHTEN le tonus est « la manifestation extérieure de l'état d'excitation dans lequel se trouvent, d'une façon permanente, les cellules motrices de la substance grise de la moelle ». Cet état d'excitation est transmise aux cellules motrices par les fibres des racines postérieures, les fibres pyramidales cortico-spinales et les fibres cérébello-spinales. Pour VAN GEHUCHTEN cette action excitante que les fibres cérébello-spinales exercent sur les cellules radiculaires de la moelle n'appartient pas en propre au cervelet, mais n'est qu'une action d'emprunt que le cervelet tient de l'écorce cérébrale ; ce qui le prouverait c'est que, chez l'hémiplégique, par l'interruption des fibres cortico-spinales et cortico-ponto-cérébelleuses, le tonus musculaire se trouve affaibli, bien que toutes les connexions cérébello-spinales soient restées intactes. L'écorce cérébrale, d'après VAN GEHUCHTEN, exerce dans les conditions normales une double action sur les cellules radiculaires de la moelle : une action inhibitive par les fibres cortico-spinales et une action excitante par les fibres cortico-ponto-cérébello-spinales. GRASSET a adopté en partie cette théorie de VAN GEHUCHTEN, en admettant un centre du tonus dans le mésocéphale.

LUGARO pense que chaque hémisphère cérébral exerce une action dépressive sur le tonus de la moitié opposée du corps par l'intermédiaire du faisceau pyramidal et une action tonique sur les deux côtés du corps par la voie cortico-ponto-cérébello-spinale directe et croisée, il s'ensuivrait qu'en clinique la lésion du faisceau pyramidal entraîne l'hypertonie.

Il convient de rappeler que EWALD a montré l'importance du labyrinthe sur le maintien du tonus et l'abolition de tonus résultant de la destruction des canaux demi-circulaires. R. MAGNUS et A. DE KLEIJN[2] ont vu que la condition tonique des muscles des membres, spécialement des membres antérieurs, chez l'animal décérébré, est influencée par le changement de position de la tête. Il semble y avoir deux facteurs à considérer dans ce phénomène, des réflexes provenant du labyrinthe et des réflexes proprioceptifs des muscles du cou.

D'autre part, d'après J. G. DUSSER DE BARENNE[3], le thalamus paraît exercer un rôle frénateur sur le tonus ; l'animal décérébré conserve des fonctions motrices et toniques

1. PIERRE MARIE. Leçons sur les maladies de la moelle, Paris, Masson, édit., 1892.
2. R. MAGNUS et A. DE KLEIJN. Die Abhängigkeit des Tonus der Extremitätenmuskeln von der Kopfstellung. Pflüger's Arch., 1912, CXLV, 455-548.
3. J. G. DUSSER DE BARENNE. Recherches expérimentales sur les fonctions du système nerveux central faites en particulier sur deux chats dont le néopallium avait été enlevé. Archives néerlandaises de Physiologie, décembre 1919, IV, 31-223.

intactes lorsque le thalamus est conservé, il présente la rigidité seulement après ablation de celui-ci.

La question de l'origine du tonus est sans doute beaucoup plus complexe que ne le laissent supposer tous les schémas. Il existe des centres du tonus dans le cervelet, le mésocéphale, la région pédonculo-sous-thalamique, peut-être aussi dans le putamen et le globus pallidus. Nous ignorons le rôle conducteur possible du tonus des voies parapyramidales descendantes, du faisceau rubro-spinal, du faisceau descendant des tubercules qradijumeaux, des fibres descendantes de la substance réticulée du pont, de la calotte du mésocéphale.

Dans l'étude du tonus, comme d'ailleurs dans l'étude des réflexes et de l'automamatisme médullaire, on a l'impression d'être rapidement arrêté, pour ainsi dire, par le problème de la nature de l'énergie nerveuse; nous sommes comme ces chercheurs de jadis, avant la découverte de HARVEY, qui connaissaient le cœur et les vaisseaux sanguins, qui donnaient des descriptions anatomiques précises, mais qui se heurtaient à une incompréhension absolue des phénomènes de la circulation du sang.

La question de l'énergie nerveuse domine toute la physiologie du système nerveux et spécialement celle de la moelle. Pour avoir des notions nettes et claires sur cette physiologie, il faudrait connaître la nature de l'énergie nerveuse, ses centres de production, ses modes de distribution. Actuellement nos notions sont fragmentaires, et il faut éviter de remplacer ces notions déficientes par des mots.

Il apparaît évident que la moelle produit et accumule de l'énergie nerveuse qu'elle peut libérer au moment voulu. L'influence exacte sur cette production d'énergie nerveuse des excitations périphériques, des excitations électriques, magnétiques, thermiques, radio-actives, l'influence des modifications chimiques résultant de la circulation sanguine intramédullaire nous sont inconnues.

Il existe dans le névraxe des éléments constitutifs des tissus qui ont des propriétés spéciales dépendant de leur composition chimique, et nous avons montré jadis, dans une série de recherches expérimentales, combien différents étaient le pouvoir d'adsorption et le pouvoir fixateur de certaines régions du système nerveux vis-à-vis des alcaloïdes, des toxines microbiennes. De la constitution cellulaire physico-chimique spécifique doivent découler sans doute des énergies spécifiques adéquates. C'est par l'étude de ces faits, qui appartiennent à la physique et à la bio-chimie, que la physiologie fera des progrès nouveaux, et c'est dans ce sens, croyons-nous, que doivent évoluer nos idées pour la compréhension de l'énergie nerveuse.

CHAPITRE X

LES RÉFLEXES MÉDULLAIRES

I. Définition des mouvements réflexes. — La moelle épinière est le siège de très nombreux réflexes; l'étude de ceux-ci est d'une importance primordiale dans la physiologie nerveuse.

L'acte réflexe dépend d'une propriété générale de toute masse protoplasmique, l'irritabilité. Les mouvements qu'exécutent les amibes, lorsqu'elles réagissent aux influences extérieures (modifications de température, excitations de nature chimique, physique ou mécanique), dépendent de l'irritabilité de leur protoplasme; on pourrait dire, en donnant au mot réflexe un sens très général, que ces mouvements des amibes ne sont que des réflexes unicellulaires; c'est une même cellule qui perçoit l'excitation et réagit sous forme de mouvement. Lorsque les organismes se compliquent en s'élevant dans l'échelle des êtres, les fonctions réceptrice et réactionnelle ne dépendent plus des mêmes éléments cellulaires. Chez les spongiaires et les cœlentérés, certaines cellules nerveuses généralement situées à la périphérie se différencient en éléments récepteurs, véritables cellules sensorielles, aptes à recueillir les impressions extérieures; par leurs prolongements, elles se mettent en rapport avec des cellules ganglionnaires motrices dont dépendent des cellules musculaires; on arrive ainsi au réflexe le plus simple qui nécessite la mise en jeu d'au moins trois cellules reliées les unes aux autres : la première perçoit l'excitation, la seconde la transforme, la troisième réagit sous forme de mouvement. Le réflexe est donc la réaction d'un organisme à une excitation ; c'est l'opinion de SHERRINGTON qui écrit : « Tout changement qui survient dans le milieu où plonge un organisme quelconque est un excitant auquel l'organisme répond par un mouvement. Tout réflexe suppose donc : une excitation, la transmission de cette excitation aux centres et la réaction sous forme de mouvement (ce terme étant pris dans le sens le plus général). »

Il est de tradition d'opposer, en physiologie, aux mouvements réflexes les mouvements volontaires. On pourrait discuter cette distinction absolue et se demander avec certains auteurs si les mouvements dits volontaires ne sont pas souvent des réflexes compliqués. Nous croyons inutile d'insister sur cette question qui serait hors du cadre de la physiologie médullaire. On peut noter d'ailleurs que les mouvements réflexes involontaires peuvent être conscients ou inconscients ; nous avons conscience d'une crise de toux, d'un éternuement, d'un frisson, nous n'avons pas conscience des mouvements de l'iris déterminés par l'illumination ou l'obscuration. Comme le dit CHARLES RICHET : « Que l'on ait conscience ou non d'un acte réflexe, cela ne change que peu le phénomène lui-même ; la conscience d'un phénomène réflexe est un phénomène surajouté, une complication particulière, mais il n'y en a pas moins action réflexe. »

Tous les réflexes involontairement exécutés sont les uns innés, les autres acquis. Les réflexes innés sont des actes plus ou moins compliqués que les animaux exécutent dès la naissance, ainsi la déglutition, la toux, le vomissement, la miction. L'existence de ces mouvements réflexes est déterminée sans doute par les connexions anatomiques qui se font durant la vie embryonnaire entre les divers groupes de cellules (RAMÓN CAJAL). Les réflexes acquis sont appris par l'éducation progressive, ainsi chez l'homme la marche, le saut, la natation, etc. ; c'est peu à peu que des actes d'abord volontaires sont transformés en actes réflexes qui, bien que soumis au contrôle de la volonté consciente, peuvent se produire en dehors d'elle.

II. **Considérations historiques sur les réflexes.** — Ce serait une erreur de croire, comme certains ouvrages le laissent supposer, que la notion des réflexes est de connaissance récente. Quand on parcourt les auteurs anciens, on peut se convaincre très facilement qu'ils avaient vu et compris les mouvements réflexes, et pour prendre un exemple, ils avaient très bien décrit ces mouvements réactionnels spéciaux d'origine médullaire que les neurologistes ont appelés récemment les réflexes de défense.

D'après LONGET et VULPIAN, c'est dans les écrits de R. WHYTT (1777) et de BLANC (1788) que l'on trouve les premières notions sur les réflexes. DESCARTES (1640) cependant, dans les lignes suivantes, paraît avoir eu une conception exacte du mouvement réflexe : « La moelle des nerfs s'étend, en forme de petits filets, depuis le cerveau où elle prend son origine jusqu'aux extrémités des membres. Ces petits filets sont enfermés dans de petits tuyaux et les esprits animaux sont portés par ces minces tuyaux depuis le cerveau jusqu'aux muscles... Si quelqu'un avance promptement sa main contre nos yeux comme pour nous frapper, quoique nous sachions qu'il est notre ami, qu'il ne fait cela que par jeu, et qu'il se gardera bien de nous faire aucun mal, nous avons, toutefois, de la peine à nous empêcher de ne pas les fermer, ce qui montre que ce n'est pas par l'entremise de notre âme qu'ils se ferment... mais c'est à cause que la machine de notre corps est tellement composée que le mouvement de cette main vers nos yeux excite un autre mouvement en notre cerveau qui conduit les esprits animaux dans les muscles qui font abaisser les paupières. » Il suffit, ainsi que nous le disions déjà plus haut, de remplacer dans les écrits de DESCARTES les mots esprits animaux par les mots influx nerveux pour que les conceptions de cet auteur soient tout à fait modernes.

WILLIS emploie le mot « reflexus » pour désigner ces mouvements : *Motus est reflexus qui a sensione prævia dependens illico retorquetur.*

REDI et SWAMMERDAMM montrent que les reptiles décapités conservent pendant plusieurs jours la faculté de se mouvoir.

ASTRUC (1743) compare les phénomènes que nous appelons réflexes à un rayon lumineux qui se réfléchit sur une glace, comparaison vraiment curieuse pour l'époque où elle fut émise.

Robert Whytt (1773), sectionnant la tête d'une grenouille, vit nettement que l'animal ainsi privé de cerveau réagissait aux excitations par des mouvements des membres.

Prochaska (1784) étudia longuement les mouvements qu'il appelle phénomènes de réflexion des impressions sensitives en impressions motrices; il cite, comme mouvements réflexes, les vomissements déterminés par titillation du pharynx, les mouvements de la grenouille décapitée qui, malgré l'absence de cerveau, saute, nage et retire un membre irrité par une application de caustique ou un pincement, tous mouvements qui ont leur centre dans la moelle épinière.

Legallois (1817) étudie aussi ces mouvements exécutés par les grenouilles décapitées et essaie de reproduire des expériences analogues chez les mammifères. Il montre que, si l'on sectionne transversalement la moelle chez le lapin entre la dernière vertèbre dorsale et la première lombaire, le train de derrière s'agite lorsqu'on pince la queue ou les pattes postérieures, tandis que l'excitation des membres antérieurs ne détermine aucun effet. Il spécifie que l'origine de ces mouvements est médullaire, la section de la moelle ayant établi deux centres de sensation bien distincts, « l'on pourrait même dire deux centres de volonté, si les mouvements que fait le train de derrière quand on le pince supposent la volonté de se soustraire au corps qui le blesse ». Le mot de volonté, dit Charles Richet (*Physiologie des muscles et des nerfs*, Paris, 1882, 662), auquel nous empruntons cette citation, est contradictoire avec ce que nous entendons aujourd'hui par action réflexe, si bien que ni Legallois, ni Pariset (1824), qui annote ses œuvres après la découverte de Magendie, ne peuvent conclure d'une façon plus précise.

Lallemand (1818) fait remarquer que les fœtus anencéphales peuvent présenter des mouvements (respiration, déplacement des membres) qui sont d'origine purement médullaire ou bulbaire, puisque le cerveau chez eux est absent.

Flourens (1822) insiste sur ce fait que les mouvements de l'animal privé de cerveau ne sont ni spontanés ni volontaires, qu'ils sont déterminés fatalement par des excitations périphériques; le cerveau est le centre qui préside aux mouvements volontaires, la moelle le centre qui préside aux mouvements réflexes.

Calmeil (1828) écrit : « La moelle épinière des reptiles, des jeunes oiseaux et des jeunes mammifères semble également susceptible, après l'enlèvement du cerveau, d'être modifiée par nos irritations, de les sentir, et par suite d'ordonner des mouvements calculés, durables, qu'il ne faut pas confondre avec les secousses convulsives et fugaces dues à l'irritabilité. »

On voit, somme toute, par les faits que nous venons d'exposer, que les notions sur les réflexes remontent à une date ancienne. Les travaux sur les réflexes que Marshall Hall publia, de 1839 à 1843, méritent de retenir l'attention. Marshall Hall a conçu et exécuté des expériences variées. Sur six grenouilles, il divisa transversalement la moelle épinière immédiatement au-dessous de l'origine du plexus brachial et il enleva un fragment du nerf sciatique de l'extrémité postérieure droite, il obtint alors les phénomènes suivants : 1° les extrémités antérieures se mouvaient volontairement; 2° le membre postérieur gauche, celui dont le sciatique était intact, quoique paralysé complètement quant aux mouvements volontaires, se mouvait très énergiquement quand on en pinçait les doigts; 3° le membre postérieur droit était paralysé et pour les mouvements volontaires et pour les mouvements réflexes.

Brown-Séquard [1] put constater que des grenouilles qui, immédiatement après la section de la moelle, ne remuaient aucunement les membres postérieurs malgré une excitation forte de ces membres, présentaient des mouvements réflexes énergiques les jours suivants; ces faits prouvaient l'influence du shock sur les réflexes médullaires. Brown-Séquard montrait aussi que l'application de chocs galvaniques forts et répétés sur les membres postérieurs de quelques grenouilles dont la moelle était coupée faisait disparaître toute faculté réflective pendant un ou plusieurs jours; cette faculté reparaissait d'abord faible, puis de plus en plus puissante. Brown Séquard découvrait ainsi la fatigabilité des arcs réflexes; il ajoutait qu'on peut obtenir le même résultat

1. Brown-Séquard. Recherches et expériences sur la physiologie de la moelle épinière. *Thèse de Paris*, 1846.

expérimental par des excitations mécaniques, mais qu'alors l'irritabilité ne disparaît pas complètement, bien qu'elle diminue beaucoup d'intensité. Brown-Séquard insista aussi sur cette constatation que plus la section de la moelle était haute chez les grenouilles, plus les mouvements réflexes étaient énergiques; lorsque la section est faite au-dessous du bec du calamus scriptorius on observe souvent des mouvements dans les membres antérieurs et postérieurs. En somme, dit-il, plus on laisse de substance dans la portion postérieure d'une moelle coupée transversalement, plus il est fréquent que cette moelle soit douée d'action réflexe.

Dans la seconde moitié du xixᵉ siècle l'étude des réflexes fit de grands progrès et nous aurons l'occasion de signaler plus loin les travaux des physiologistes (Pflüger, Chauveau, Vulpian, Hering, Sherrington, etc.) et ceux des neurologistes (Westphal, Erb, Charcot, Pierre Marie, Babinski, Dejerine, etc.) qui ont apporté sur ce sujet des précisions nouvelles.

III. Méthodes d'étude des réflexes. — On peut employer, pour faire naître des réflexes, des procédés différents d'excitation, mécaniques, chimiques, thermiques, électriques.

Les excitants mécaniques provoquent très facilement des mouvements réflexes. Si l'on touche une anguille décapitée, on la voit décrire un mouvement de natation reptatoire qui constitue une réponse réflexe à l'excitation. Ces excitations mécaniques peuvent être faibles ou énergiques, caractérisées alors par une pression ou un pincement des tissus d'un membre. Tous les vertébrés possèdent des réflexes excitables par pression mécanique; la peau d'ailleurs est une sorte de champ récepteur, en partie spécifique, adapté aux excitations mécaniques, de même que la rétine est adaptée aux vibrations lumineuses et le limaçon aux vibrations sonores.

Turck a montré que l'excitabilité réflexe des grenouilles peut être éveillée par des excitations chimiques; sa méthode consistait à toucher avec des solutions plus ou moins concentrées de substances caustiques un point de la surface cutanée des grenouilles décapitées; on observe alors le mouvement réflexe qui suit l'attouchement, on peut mesurer son intensité qui est variable suivant la concentration de la solution employée.

Sanders Ezn employait un autre procédé, il suspendait par le cou des grenouilles décapitées et plongeait une des pattes dans des solutions d'acidité plus ou moins croissante ou décroissante exactement connue; en mesurant la vitesse avec laquelle la grenouille retire sa patte, on apprécie le degré d'excitabilité réflexe de sa moelle; on peut employer par exemple l'acide acétique en solution croissante de 1/10 à 1/100; l'auteur a fait usage aussi de la térébenthine.

Tarchenoff a montré l'influence de la température dans ces expériences; les excitants chimiques sont d'autant plus aptes à provoquer le réflexe que la température est plus élevée; la même solution acide qui détermine à 15° un réflexe en 30 secondes, déterminera ce même réflexe en 15 secondes quand la température est de 30°.

Les excitants thermiques peuvent provoquer des réflexes, ainsi, par exemple, l'eau chaude ou un morceau de glace appliqué sur la peau. Il est intéressant de constater que des températures de 32° à 37°, qui ne provoquent pas de réflexes chez les animaux à sang chaud, en provoquent chez les batraciens et les autres animaux à sang froid; en effet ce ne sont pas les températures absolues, mais les différences entre la température de l'organisme et la température extérieure qui sont aptes à exciter les nerfs (Charles Richet).

Les excitations électriques sont très souvent employées dans les expérimentations physiologiques; ces excitations électriques ont le grand avantage de pouvoir être exactement graduées, soit par un rhéostat avec lequel on fait varier la résistance, soit avec une bobine d'induction. Rosenthal, Fick, Erlenmeyer sont les premiers physiologistes qui ont employé cette méthode, qui, depuis leurs travaux, s'est généralisée. L'excitation électrique provoque une régularité des réflexes beaucoup plus grande que les excitations mécaniques, chimiques ou thermiques.

L'inscription graphique des réflexes provoqués par les excitations électriques a permis de grands progrès dans leur étude, et la plupart des travaux de Sherrington sur ce sujet ont été poursuivis par cette méthode.

Il est nécessaire d'insister sur ce fait que les réflexes obtenus chez divers animaux ne peuvent être comparés que s'ils sont provoqués dans les mêmes conditions de poids, de fatigue, de température extérieure.

On pourra en physiologie étudier les réflexes chez des animaux entiers éveillés ou endormis par un anesthésique ou chez des animaux qui auront subi l'ablation du cerveau, du mésocéphale, du bulbe ou d'une partie de la moelle épinière. Nous userons souvent dans les pages qui suivent des termes « animal bulbo-médullaire », « animal spinal » ; ces dénominations de SHERRINGTON indiquent que les animaux en question ont été réduits par opération chirurgicale à la portion bulbo-spinale de leur système nerveux. Nous croyons utile d'exposer, à cause de son grand intérêt, la méthode indiquée par SHERRINGTON [1] pour obtenir un animal spinal qui reste encore vivant durant des heures après sa décapitation. L'animal (chien, chat, singe) est anesthésié au chloroforme, on fait la trachéotomie et on continue l'anesthésie par la canule trachéale, les deux carotides sont liées. Une incision transversale de la peau est faite au niveau de l'occiput, on repère les extrémités des apophyses transverses de l'atlas et on fait une incision profonde juste derrière elles à travers les muscles postérieurs du cou. On échancre la grande apophyse épineuse de l'axis avec une pince, puis on fait une forte ligature en passant un fil sous le corps de l'axis et derrière l'apophyse transverse de l'atlas, on se sert pour la fixer de l'échancrure faite précédemment dans l'apophyse épineuse de l'axis ; cette ligature a pour but de comprimer les artères vertébrales à l'endroit où elles passent de l'apophyse transverse de l'axis à celle de l'atlas. On fait une deuxième ligature épaisse autour du cou au niveau du cricoïde de façon à comprendre le cou tout entier à l'exception de la trachée. On décapite alors l'animal avec un couteau à amputation passé sur le cou de la face antérieure à la face postérieure à travers l'espace atloïdo-occipital, coupant la moelle juste en arrière de sa jonction avec le bulbe. La ligature autour du cou est reserrée au moment de la décapitation. L'hémorrhagie pendant l'opération est extrêmement légère. Si du liquide céphalo-rachidien s'écoule du canal vertébral, on soulève le cou au-dessus du reste du corps. L'animal décapité est placé sur une table de métal réchauffé en dessous par des lampes électriques. On pratique la respiration artificielle, l'air étant fourni par des réservoirs légèrement chauffés. La plaie cervicale est recouverte avec les téguments qui protègent ainsi la partie exposée de la moelle. Chez cet animal décapité on peut obtenir durant plusieurs heures des réflexes (réflexe d'extension croisée, réflexe de flexion, réflexe de grattage, etc.), bien que la pression artérielle soit basse et souvent inférieure à 80 millimètres de mercure, la température centrale se maintient presque normale si la table et l'air qui sert à la respiration sont suffisamment chauffés.

Les avantages de l'opération de SHERRINGTON sont extrêmement importants. Le physiologiste anglais rapporte que, voulant étudier chez le chien le réflexe de grattage après une section thoracique de la moelle, il avait dû attendre des semaines et même des mois avant d'obtenir des réflexes permettant des expériences utiles ; or, avec l'opération dont nous venons de spécifier la technique, SHERRINGTON a pu étudier ce réflexe de grattage une heure après l'intervention. La méthode des animaux spinaux de SHERRINGTON, aidée des tracés myographiques avec les instruments enregistreurs, a réalisé incontestablement un grand progrès dans les études de physiologie nerveuse expérimentale.

IV. Classification des réflexes médullaires. — LONGET avait classé en quatre groupes les diverses variétés de réflexes, sa classification a été adoptée par VULPIAN et CHARLES RICHET, elle mérite d'être conservée.

1° *Mouvements réflexes des muscles de la vie animale provoqués par des excitations des nerfs de la vie animale.* — Dans ce cadre rentrent les réflexes des membres provoqués par des excitations périphériques telles que contact, pression, piqûre, chatouillement, modifications thermiques de la peau, les réflexes proprioceptifs de SHERRINGTON qui naissent par excitation des nerfs sensibles des tissus profonds. LONGET fait rentrer dans ce groupe les mouvements d'ouverture et d'occlusion de sphincter anal et vésical, la

---

1. C. S. SHERRINGTON. A mammalian spinal preparation. *Journal of Physiology*, 15 juin 1909, XXXVIII, n° 5.

contraction des muscles du périnée dans le coït lors de l'émission du sperme, les tremblements généralisés qui surviennent à la suite de sensations provoquées par le.
froid.

2° *Mouvements réflexes des muscles de la vie animale provoqués par irritation des nerfs*
centripètes de la vie organique. — LONGET range dans ce groupe le hoquet, les vomissements, la défécation, la miction. MULLER a vu des mouvements se produire dans les
muscles abdominaux du lapin lors du pincement des grands nerfs splanchniques, et
VOLKMANN, irritant l'intestin des grenouilles décapitées, provoqua des mouvements des
membres inférieurs cessant par destruction de la moelle. VULPIAN ajoute à ces faits la
contraction du crémaster dans la colique néphrétique.

3° *Mouvements réflexes des muscles de la vie organique provoqués par l'irritation des*
nerfs centripètes de la vie animale. — Dans ce groupe rentrent les mouvements de
l'iris provoqués par les excitations douloureuses des nerfs sensitifs, les contractions de
la vessie par excitation violente des téguments chez le chien curarisé (PAUL BERT). VUL-
PIAN a obtenu très nettement ce phénomène réflexe chez des animaux ayant subi la
section dorsale de la moelle ; il écrit à ce sujet : « Sur un malade atteint de paraplégie
déterminée par une sclérose limitée de la moelle et chez lequel il y avait en même
temps une paralysie des mouvements volontaires des membres inférieurs, un affaiblissement de la sensibilité de ces membres, et une rétention d'urine qui nécessitait le
cathétérisme, j'ai vu le chatouillement de la plante des pieds, ou le frottement de la
peau des jambes, provoquer une émission d'urine avec jet soutenu pendant quelques
secondes. » G. GUILLAIN et J. A. BARRÉ (*Travaux Neurologiques de guerre*, Masson, éditeur, Paris, 1920) ont observé le même phénomène chez des sujets atteints de lésions
médullaires par blessures de guerre.

On peut classer dans ce groupe les contractions des vésicules séminales obtenues par
excitation des nerfs du pénis, les modifications des mouvements du cœur par excitation des téguments (MAGENDIE), la contraction des muscles pilo-moteurs sous l'influence
du froid (chair de poule) et un grand nombre de phénomènes vaso-moteurs.

4° *Mouvements réflexes des muscles de la vie organique provoqués par des excitations*
des nerfs centripètes de la vie organique. — Ces mouvements réflexes n'ont pas nécessairement pour siège la moelle épinière, un grand nombre d'entre eux se produisent dans
les ganglions sympathiques et les plexus nerveux sympathiques viscéraux, ainsi que les
mouvements de l'intestin, de la vessie, du cœur. Cependant des excitations de cette
nature peuvent parvenir à la moelle et y provoquer des actes réflexes. VULPIAN donne
l'exemple suivant : « Un afflux trop considérable de sang dans le cœur peut déterminer,
en excitant les extrémités cardiaques du nerf dépresseur, une dilatation de tous les
vaisseaux du corps et particulièrement de ceux de l'abdomen par l'intermédiaire de la
moelle épinière et des grands splanchniques. »

V. Physiologie générale des actes réflexes. — Il est classique de diviser les
réflexes en réflexes simples et réflexes composés. Les réflexes simples sont caractérisés
par une excitation suivie d'une réponse, le reste de l'organisme étant supposé indifférent. SHERRINGTON fait remarquer d'ailleurs que ce réflexe simple n'est qu'une fiction
commode, mais irréelle. Dans la règle, les réflexes sont composés, l'excitation d'un
centre met en jeu d'autres réflexes, il y a coordination des actions réflexes les unes
avec les autres, ce qui entraîne une très grande complexité dans leur étude. Les réflexes
composés ne pouvant être choisis pour une étude générale, nous n'envisagerons tout
d'abord que les réflexes simples, leurs lois s'appliquent d'ailleurs aux réflexes
composés.

A) **Les réflexes simples.** — Dans un réflexe simple l'arc nerveux est constitué par
deux neurones au moins : le neurone qui reçoit l'excitation et le neurone qui
qui la transforme et la transmet. Pour prendre un exemple, le schéma d'un
arc réflexe médullaire peut se comprendre ainsi : excitation d'un prolongement
périphérique d'une cellule d'un ganglion rachidien, transmission de cette excitation par le prolongement central de cette cellule ganglionnaire à une cellule des cornes
antérieures, laquelle transforme l'excitation en mouvement et la transmet au muscle
par son cylindraxe (racine antérieure et nerf périphérique). Le mouvement obtenu
par excitation de cet arc réflexe et celui que l'on obtiendrait par excitation directe du

nerf périphérique présentent des différences très importantes. Charles S. Sherrington[1] trouve onze caractères différentiels entre la conduction dans un arc réflexe et la conduction dans un tronc nerveux. Ces caractères différentiels sont pour les actions réflexes :

1° Un temps plus long entre l'application de l'excitant et la réaction motrice, c'est la période latente du réflexe.

2° Le phénomène de l'après-décharge (After-discharge de Sherrington).

3° Une correspondance moins étroite entre le rythme des excitations et des réponses.

4° Une correspondance moins étroite entre l'intensité des excitations et celle des réponses.

5° Le phénomène de la sommation.

6° L'irréversibilité de direction des excitations au lieu de la réversibilité qui existe pour les nerfs.

7° La fatigabilité de l'arc réflexe au lieu de l'infatigabilité relative des nerfs.

8° Une certaine variabilité dans l'intensité des excitations capables de déterminer une réponse motrice.

9° Les phénomènes d'inhibition.

10° Une corrélation bien plus étroite entre l'activité des centres réflexes et l'état de la circulation sanguine.

11° Une susceptibilité plus marquée à l'égard des anesthésiques.

1° *Période latente des réflexes.* — Les physiologistes se sont préoccupés depuis longtemps de connaître la vitesse de la vibration nerveuse. Les premières recherches ont été faites sur la vitesse de conduction dans les nerfs. Haller, dans ses *Elementa Physiologiæ*, avait songé à ce problème et imaginé un procédé ingénieux qui consistait à lire à haute voix et à compter le nombre de lettres prononcées en une seconde ; il était arriver à conclure que la vitesse de conduction dans les nerfs était de 50^m par seconde. Les difficultés de ce genre de recherches étaient si grandes que J. Müller (1848) avait dit que jamais on ne pourrait mesurer la vitesse de la vibration nerveuse. Deux ans après Helmholtz (1850) apportait de nouveaux procédés permettant ce calcul. Après s'être servi d'abord de la méthode dite de Pouillet imaginée pour calculer la vitesse des projectiles des armes à feu, Helmholtz eut recours ensuite à la méthode graphique. Il excitait en un point A le nerf moteur d'un muscle, la contraction s'inscrivait un certain temps T après l'excitation ; dans une seconde expérience le même nerf était excité plus près du muscle en un point B, la réponse s'inscrivait un certain temps T' après l'excitation. Ce temps T' étant plus petit que T, il s'ensuit que la différence T-T' représente la vitesse de la vibration nerveuse entre les deux points A et B. De 70 expériences Helmholtz avait calculé que la vitesse de la vibration nerveuse était de 27^m,25 par seconde chez la grenouille ; il avait trouvé 26^m,4 par seconde par la méthode de Pouillet.

Marey (1868) trouve une vitesse de 20^m par seconde, Bernstein de 32^m, Lemansky de 31^m, Chauveau (1878) de 21^m. Charles Richet ne pense pas que la vitesse soit de plus de 28^m chez la grenouille, quand la température est modérée (entre + 10° et + 20°). Sherrington donne le chiffre de 3 centimètres par σ (σ = 0,001 seconde) à + 15°.

Chez l'homme on a déterminé la vitesse de l'influx nerveux en excitant les nerfs à travers la peau à des hauteurs différentes et en explorant les muscles excités avec des myographes. Helmholtz a trouvé une vitesse moyenne de 33^m,9, Marey de 30^m, Wittich, de 33^m,3 ; la vitesse de l'influx nerveux dans les nerfs moteurs de l'homme est donc environ 1/6 plus grande que chez la grenouille. Les chiffres donnés pour la vitesse des impressions sensitives sont un peu différents. Marey a obtenu chez la grenouille une vitesse de 30^m. Chez l'homme Helmholtz trouve une vitesse de 60^m, Hirsch de 34^m, Schelshe 29 à 31^m, De Jaagers 26^m, Kohlrausch 94^m, Charles Richet 50^m, A. René 28^m.

Il existe donc une différence de vitesse de l'influx nerveux dans les nerfs moteurs et sensitifs, il semble de plus que la vitesse de l'influx nerveux n'est pas identique dans

1. Charles S. Sherrington. The integrative Action of the nervous system. New York, Charles Scribner's sons.

tous les nerfs moteurs. On a discuté aussi la question de l'uniformité de la vitesse de l'influx nerveux dans les nerfs. Munch et Rosenthal admettent que l'excitation met un temps moindre à aller de la partie supérieure au milieu du nerf, que pour aller du milieu à la partie inférieure ; pour Du Bois Reymond et Weiss, la vitesse est uniforme. D'après certains physiologistes, la vitesse de l'influx nerveux serait d'autant plus forte que les excitations sont plus intenses. Toutes ces variations d'ailleurs, si elles existent, doivent être relativement très faibles.

D'autres éléments sont indispensables pour le calcul du temps de conduction dans l'arc réflexe : la durée de transmission des excitations dans l'appareil nerveux sensitif périphérique, la période latente des plaques terminales (0″005 environ) et la durée d'excitation latente du muscle, élément qui est assez variable selon l'intensité des excitations et leur répétition (sommation latente). D'après Charles Richet, la période latente du muscle qui est d'environ 0″01 à la première contraction, n'est plus que de 0″003 ou 0″002 à la deuxième ou à la troisième, mais peu monter à 0″02 ou 0″03 sur un muscle fatigué.

On voit que le temps de conduction de l'excitation dans la moelle est assez difficile à calculer dans un temps déterminé ; aussi les premiers expérimentateurs, qui ne pouvaient tenir compte de toutes les variations, ne sont-ils arrivés qu'à des résultats assez vagues.

Helmholtz admettait que le temps de conduction d'une excitation dans un arc réflexe est environ douze fois plus long que le temps de conduction dans un nerf.

Turck pensait que la vitesse du mouvement réflexe est d'autant plus grande que l'excitation est plus forte ; il crut ainsi être capable de mesurer l'intensité du pouvoir réflexe de la moelle ; en effet, si la moelle a un pouvoir réflexe d'autant plus élevé que la rapidité du réflexe est plus grande, on peut connaître la puissance réflexe de la moelle en calculant la vitesse avec laquelle tel ou tel réflexe déterminé se produit. Wundt (1876) procède de la façon suivante. Il excite un nerf moteur et enregistre la contraction musculaire ; on a ainsi un temps perdu A qu'on mesure. Si alors on excite la racine sensitive qui provoque un réflexe avec le même muscle, on a un temps perdu plus considérable A + B. Le temps B correspond au temps perdu de l'action réflexe, A + B étant le temps perdu total. Wundt a vu, comme Turck, que ce temps A + B est variable suivant l'intensité des excitations ; et pour lui A varie plus que B, qui est à peu près constant. Nous verrons plus loin que cette constatation est en désaccord avec les résultats obtenus par d'autres expérimentateurs. Le temps B correspondant à l'action réflexe serait compris par Wundt entre 0″008 et 0″015, le temps total A + B étant entre 0″025 et 0″05. Le froid abaisse cette vitesse à 0″06, la strychnine l'augmente. Le passage à travers les ganglions des racines postérieures ralentit l'excitation d'environ 0″003 chez la grenouille.

Rosenthal (1873) a bien étudié le temps de latence qu'il appelle temps de réflexion (Reflexzeit). Nous croyons utile de reproduire, d'après Vulpian [1], les conclusions des expériences de Rosenthal :

« 1° On peut prouver, en excitant soit la peau intacte, soit un nerf mis à nu, qu'un temps notable est nécessaire pour le transport réflexe d'une excitation sensible jusqu'à un nerf moteur.

2° Ce temps ou temps de la réflexion (Reflexzeit) dépend de la force d'excitation. Pour des excitations qui ne donnent pas le maximum de l'action réflexe, on trouve que le temps de la réflexion est d'autant moindre que l'excitation est plus forte, et que pour des excitations très fortes il peut devenir extrêmement court.

3° Si l'on note avec soin le moment de la contraction réflexe, produite sous l'influence de l'excitation d'un point déterminé de la peau, dans les muscles homologues des deux côtés du corps, on remarque que le mouvement du côté correspondant au point de la peau excitée a lieu avant celui du côté opposé. On peut désigner le temps exigé en plus pour ce dernier mouvement sous le nom de temps de conduction transversale (Querleitung). Ce temps varie aussi avec la force de l'excitation, il offre un maximum

---

1. Vulpian. Article Physiologie de la moelle épinière in *Dictionnaire encyclopédique des Sciences médicales*. Masson et Asselin, éditeurs, Paris, 1874, 2ᵉ série, viii, 502.

lorsque l'excitation est seulement suffisante pour produire le mouvement réflexe du côté opposé au point excité de la peau. Si l'excitation est extrêmement intense, il peut devenir tout à fait inappréciable.

Le temps de la réflexion et celui de la transmission transversale varient avec l'état de fatigue de la moelle épinière. Le premier surtout peut alors devenir beaucoup plus long. On peut même voir dans de telles conditions, lorsqu'une excitation est faite sur un point de la peau, le mouvement réflexe des muscles de ce côté se produire après celui des muscles homologues de l'autre côté.

Si l'on excite un nerf sensitif mis à nu, en deux points éloignés autant que possible l'un de l'autre, on constate que le temps de la réflexion est plus long pour l'excitation faite loin de la moelle que pour celle qui est faite plus près de ce centre. Cette différence diminue lorsque les excitations sont fortes. De telles expériences ne sauraient être mises à profit pour estimer la vitesse de la propagation des excitations dans les nerfs sensitifs. Tout au moins, dans une recherche faite de cette façon, est-il nécessaire de soumettre le nerf à des excitations très fortes, pour diminuer la cause d'erreur.

7° Dans les nerfs moteurs périphériques, on ne constate pas que la vitesse de la transmission des excitations varie ainsi avec la force des excitations. Comme il est très probable qu'il n'en est pas autrement dans les nerfs sensitifs périphériques, on est en droit d'attribuer les résultats consignés dans les propositions 2 et 4 à une propriété particulière des éléments propres (ganglionnaires?) de la moelle épinière.

8° Plus le point excité est situé près de la moelle épinière, plus le temps de la réflexion est faible. Il en est de même pour le temps de la conduction transversale. Cela tient sans doute à ce que la transmission, comme cela paraît très vraisemblable d'après d'autres faits, trouve dans les nerfs périphériques un obstacle qui affaiblit progressivement l'excitation pendant sa propagation ».

Rosenthal avait donc remarqué les variations du temps de latence suivant l'intensité des excitations, il avait noté que les temps de réflexion sont différents suivant l'état de repos et de fatigue de la moelle, il avait vu la nécessité du temps de réflexion pour la conduction transversale.

Charles Richet [1] a constaté qu'on peut juger de la rapidité avec laquelle s'accomplissent les fonctions de la substance grise de la moelle en excitant simultanément le centre médullaire et le nerf moteur; la contraction obtenue est plus tardive que si l'on excite seulement le nerf moteur; ainsi, chez l'écrevisse, il a constaté par ce genre d'excitation ganglio-musculaire une durée plus grande de $0''025$ que lorsque l'excitation est directe, il admet donc que la réponse de la substance grise ganglionnaire à l'excitation a une durée de $0''025$. Charles Richet donne pour la vitesse des actions réflexes intramédullaires les chiffres de $0''007$ à $0''07$.

Sherrington a repris l'étude de la vitesse de la réaction réflexe avec les méthodes graphiques et il a constaté des temps variables : 22, 60, 200, parfois 3 000, 4 000 σ (σ = $0''001$). La période latente des réflexes varie avec l'espèce animale, dans chaque espèce avec l'individu et chez un individu avec chaque réflexe; il y a des réflexes à période latente longue, d'autres à période latente très courte. Sherrington, qui a étudié ces faits chez le chien, a remarqué par exemple que les temps de latence des différents réflexes qui consistent pour le membre postérieur en des mouvements de grattage, de flexion ou d'extension de la patte, sont très différents les uns des autres. Pour le réflexe qui consiste à porter la patte postérieure sur le flanc avec mouvements répétés de grattage, la période latente est de 140 σ pour une excitation intense et de 500 σ pour une excitation très faible, il a même vu des chiffres plus élevés 2 540 σ et 3 540 σ; le temps de latence du réflexe de flexion de la patte est beaucoup plus faible, il est d'environ 27 σ pour des excitations moyennes, de 22 σ pour des excitations fortes. Il existe donc pour ce dernier cas fort peu de différence entre la vitesse de conduction dans un nerf et dans cet arc réflexe; ceci explique comment Fr. Franck (1887) a pu penser que la période latente des actions réflexes différait peu de la conduction dans un tronc nerveux, le chiffre 17 σ qu'il donne s'appliquait à la contraction réflexe du

---

1. Charles Richet. Physiologie des muscles et des nerfs, Germer Baillière et Cⁱᵉ, édit., 1882, 703.

muscle gastrocnémien à la suite d'une excitation très forte de la racine afférente de la 1ʳᵉ paire lombaire.

La différence que signale SHERRINGTON entre les périodes latentes du réflexe de grattage et du réflexe de flexion de la patte ne peut dépendre évidemment que des centres médullaires, car les nerfs qui conduisent l'excitation à la moelle sont les mêmes pour les deux réflexes. Sherrington propose, pour expliquer ce temps perdu, l'hypothèse de ce qu'il appelle « la membrane synaptique ». Il admet que le neurone est continu d'un bout à l'autre, mais cette continuité cesse au point d'articulation de deux neurones entre eux ; il y aurait là une membrane de séparation, membrane synaptique, qui ne peut être forcée qu'au bout d'un certain temps. La période latente du réflexe serait alors comparable, d'après lui, au temps passé à fermer une clef pour compléter un circuit électrique. La clef une fois fermée, la transmission est aussi rapide que dans le reste de l'arc réflexe ; la période latente correspondrait au temps nécessité pour la fermeture du circuit nerveux. Il nous paraît important de noter que, dans ses expériences, Sherrington a vu que cette période latente d'un réflexe qui commence est presque aussi longue (486 σ) que celle qui est nécessaire pour un même réflexe passant d'une intensité faible à une intensité plus forte (386 σ). Cette faible différence, constatée pour des réflexes qui s'établissent et des réflexes en période d'augment, semble peu en faveur de la théorie de la membrane synaptique. Le circuit étant fermé, la période latente devrait être absente ou minime, or cela n'est pas, et qu'il s'agisse d'un réflexe qui s'établit ou d'un réflexe déjà en activité, il existe toujours une phase latente plus ou moins longue. Il paraît donc évident que la membrane synaptique ne peut expliquer entièrement la phase latente des réflexes, son existence d'ailleurs est hypothétique. Dans la substance grise il se produit certainement des phénomènes différents de la simple conduction, il existe un travail de transformation de l'énergie nerveuse. Les données actuelles de la physiologie ne nous permettent que de reconnaître l'existence de ce problème qui reste encore entièrement à résoudre.

2° *Phénomène de l'ébranlement prolongé (After-discharge de* SHERRINGTON). — Un caractère très particulier à l'acte réflexe est la persistance de l'excitation, même après que celle-ci est supprimée. Ainsi, lorsqu'on détermine un mouvement par excitation d'un tronc nerveux, l'effet cesse dès que s'arrête l'excitation ; dans les arcs réflexes au contraire l'effet moteur continue un certain temps après l'arrêt de l'excitation ; l'ébranlement communiqué à la moelle dure donc plus longtemps que l'excitation. RICHET appelle ce phénomène l'*ébranlement prolongé*. Si on décapite une anguille vivante, on constate que la partie postérieure continue à se mouvoir encore longtemps, bien qu'il n'y ait eu qu'une seule et unique excitation. En frappant brusquement la tête d'une grenouille contre un mur, on obtient un tétanos de tous les muscles du corps ; or, si l'on vient par un coup de ciseaux à détacher la tête, le tétanos général continue ; « la moelle, dit CHARLES RICHET, ne recouvre pas son intégrité tout de suite après l'excitation, elle vibre pendant longtemps ainsi qu'une cloche continue à résonner plusieurs minutes après avoir été frappée ».

MARCHAND avait vu qu'une excitation électrique très forte de la moelle détermine non pas une violente secousse, mais une série de secousses pouvant prendre la forme d'un tétanos qui n'atteint son maximum que quelques instants après l'excitation. SHERRINGTON a étudié ce phénomène sous le nom de l'after-discharge, « l'après-décharge ». Il donne en exemple le fait suivant : la contraction tétanique des muscles fléchisseurs du genou d'un chien par une courte excitation faradique du nerf dure 150 σ ; ce temps est très court si on le compare à la durée de la contraction tétanique produite par voie réflexe qui persiste encore 5 000 σ après que l'excitation a cessé. Cette phase de contraction persistante augmente avec l'accroissement d'intensité de l'excitation et d'autre part avec le nombre des excitations ; ainsi le réflexe produit par 9 excitations successives (chocs brefs au rythme de 20 par seconde) a une « après-décharge » trois fois plus longue que celle du réflexe produit par trois excitations. Dans ce cas l'amplitude du mouvement produit peut rester le même, mais sa durée est très prolongée. Il y a donc là deux phénomènes qui varient en même temps, mais non parallèlement : d'une part l'augmentation en hauteur de déplacement du muscle, d'autre part la persistance du mouvement. Le phénomène de l'ébranlement prolongé, de l'après-décharge, appartient essentiellement à l'arc réflexe, au centre du réflexe.

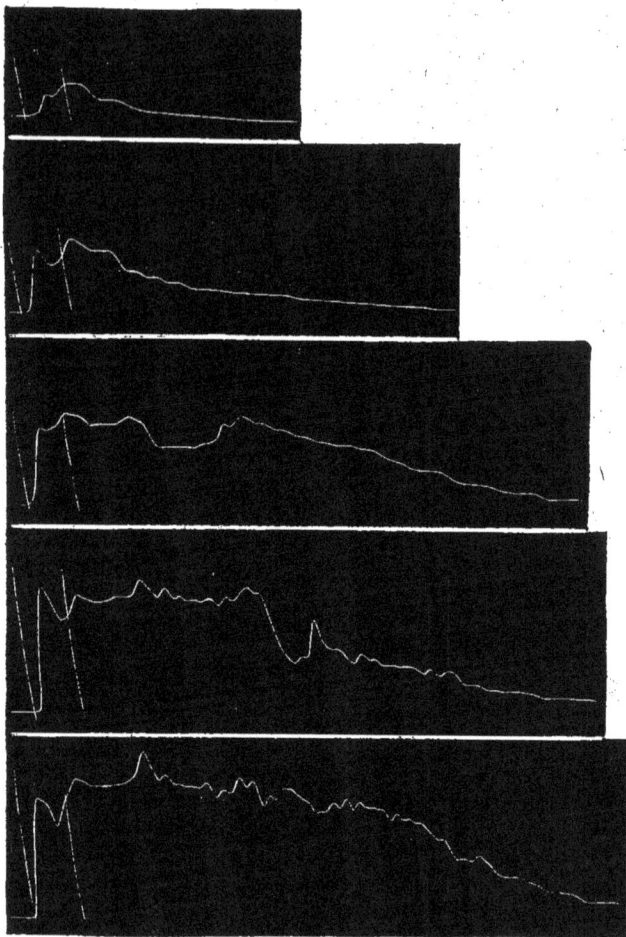

Fig. 193. — Réflexe de flexion (Flexion-reflex), produit par des ruptures de courant au rythme de 20 par seconde. L'intensité des excitations s'augmente grâce à une bobine d'induction.

	Excitation.	Réflexe.	Après décharge.
Premier réflexe	30	12	9
Second réflexe.	45	52	43
Troisième réflexe	65	130	118
Quatrième réflexe	85	176	158
Cinquième réflexe	100	258	236

L'intensité des excitations est donnée en unités de l'appareil d'induction Kronecker (Sherrington).

3° *Le rythme des réponses réflexes.* — *La phase réfractaire.* — Une des différences très bien étudiée par Sherrington entre un arc réflexe et un tronc nerveux est le rythme des réponses de ces deux éléments aux excitations qu'on leur applique.

Lorsqu'on excite un nerf on constate que la réponse du muscle suit un rythme exactement comparable à celui des excitations ; si celles-ci se suivent à la vitesse de 1 par seconde ou de 500 par seconde, les réponses nerveuses auront ce rythme de fréquence. Le cas est tout différent pour l'arc réflexe. Ainsi Schäfer [1] avait noté des ondulations de fréquence égales à 10 ou 12 par seconde sur des myogrammes de réflexes spinaux, alors que l'excitation du nerf afférent par courant faradique dépassait de beaucoup ce rythme. Sherrington a fait plus tard des constatations analogues ; c'est ainsi que le réflexe de flexion chez le chien se produit avec une vitesse de réponse de 7 et 12 secousses par seconde quel que soit le rythme d'excitation, même avec un courant constant ; de même des réflexes de faible intensité comme le réflexe d'extension croisée réagissent avec le même rythme de 8 secousses par seconde, quel que soit le rythme d'excitation.

Le centre réflexe présente donc un rythme de réponse identique à lui-même, indépendant du rythme de l'excitation ; il y a donc transformation de l'énergie reçue au niveau des centres médullaires. Ce rythme de réponse qui est ainsi particulier au centre réflexe a pour conséquence l'existence d'une phase réfractaire.

La phase réfractaire est la phase d'inexcitabilité qui survient dans un conducteur (Marey) ; on peut ajouter d'ailleurs à la phase d'inexcitabilité la phase d'excitabilité diminuée. Le phénomène de la phase réfractaire a été découvert par Kronecker et Stirling en 1874 sur le cœur des grenouilles, puis étudié par Marey en 1876 ; ces auteurs démontrèrent qu'après la systole le cœur était complètement inexcitable et ne retrouvait son excitabilité que graduellement. Zwaardemaker et Lans (1899) ont constaté, dans leurs recherches sur le réflexe de fermeture de la paupière, que pendant près d'une seconde dans 50 p. 100 des cas le deuxième réflexe ne peut être produit. Il existe aussi une phase réfractaire pour les nerfs, sinon, comme le fait remarquer Sherrington, en raison de la réversibilité de leur conduction nerveuse, les muscles seraient en tétanos continu, cette phase réfractaire est faible et ne dépasse pas 1 σ.

Charles Richet et A. Broca [2] ont montré l'existence d'une période réfractaire des centres nerveux en expérimentant sur des chiens choréïques ; ils ont vu que si, après une secousse choréïque, on essaye de déterminer une secousse musculaire par une excitation électrique, l'électricité peut rester impuissante, ce qui indique l'existence d'une phase d'inexcitabilité. Ils ont étudié aussi des chiens normaux et constaté que le système nerveux ne répond aux excitations électriques qu'une fois sur deux, trois ou quatre suivant les cas (rythme à 1/2, 1/3, 1/4) ; ils observèrent le même résultat en substituant à l'excitation électrique une excitation différente chez le chien chloralisé ; par exemple, en frappant la table avec un marteau, on voit que l'animal ne donne pas de secousse à chaque coup. La durée de cette période réfractaire varie de 0'10 à 0'70, elle diminue si la température s'élève et augmente si la température s'abaisse.

Ce phénomène intéressant a été étudié par Sherrington chez le chien ; il a utilisé pour ces expériences le réflexe de grattage de la patte postérieure, ce réflexe s'obtient facilement chez un chien dont la moelle a été sectionnée au cou quelques mois auparavant. Chaque mouvement réflexe de grattage consiste en des alternatives de flexion et d'extension des divers segments de la patte. Sherrington a vu que, si on excite ce réflexe avec une électrode très légèrement enfoncé dans les bulbes pileux de la peau du flanc, on obtient des mouvements réflexes d'un rythme de quatre par seconde, indépendant du rythme des excitations faibles ou fortes, même si celles-ci dépassent la fréquence de 100 par seconde. Le rythme de 4 par seconde persiste même si on groupe les excitations par 2 et par 3, ou encore si on les rend continues. Ce réflexe a donc une phase réfractaire. Le siège du phénomène n'est ni musculaire, ni périphérique, mais bien central et spinal. Sherrington, pour élucider ce problème, s'est encore servi du réflexe de grattage, et a fait une étude très minutieuse de son arc réflexe. Il a constaté que le réflexe n'est éveillé que par excitation de l'épaule du même côté et il

1. E. A. Schäfer. Text book of Physiology. Edinburgh and London, 1900.
2. Charles Richet et A. Broca. Période réfractaire dans les centres nerveux. Comptes rendus des séances de la Société de Biologie, 1896, 1083, et Travaux du Laboratoire de Physiologie, 1902, 111-130.

a vu qu'une lésion détruisant une moitié latérale de la moelle entre l'épaule et la cuisse abolit le réflexe de ce côté, mais laisse intact le réflexe de l'épaule opposée. Les lésions des faisceaux postérieurs, des faisceaux antérieurs ou de la substance grise n'ont pas d'influence sur lui ; au contraire la lésion du cordon latéral de la moelle l'empêche de se produire, même si tout le reste de la moelle est intact. Grâce à l'étude des dégénérations provoquées par la destruction de différents segments de la moelle, il a pu constater que la voie du réflexe est constituée par les fibres propres de la moelle descendant des troisième et quatrième segments thoraciques et se rendant en arrière vers les noyaux moteurs des membres postérieurs. SHERRINGTON distingue ainsi pour ce réflexe 3 neurones :

1° Un neurone récepteur allant de la peau à la substance grise spinale, dans le segment spinal correspondant à l'épaule.

2° Un neurone propre à la moelle allant du segment scapulaire au segment crural.

3° Un neurone moteur donnant naissance aux fibres qui régissent les muscles fléchisseurs de la jambe.

La propriété de la phase réfractaire ne peut appartenir, nous l'avons dit, qu'à l'un de ces neurones. Ce n'est pas le neurone moteur qui la possède, car on n'obtient pas de phase réfractaire en excitant les fibres pyramidales qui viennent du cortex ; ce n'est pas non plus le neurone sensitif, car on ne connaît aucun exemple de phase réfractaire qui soit la propriété d'une fibre allant de la peau à la moelle.

Pour définir plus exactement le siège de cette phase réfractaire, SHERRINGTON fait l'expérience suivante : il excite un point A de l'épaule d'un chien, ce qui détermine le réflexe de grattage, puis il excite un second point B plus ou moins éloigné du premier, ce qui introduit un second réflexe ; on constate que le rythme du réflexe de grattage n'est pas changé ; il n'y a donc pas eu modification des phases réfractaires du premier réflexe, qui sont respectées par les excitations parties du point B ; il y a eu simplement modification légère du premier réflexe de grattage, consistant en l'introduction de caractères secondaires : direction du pied et amplitude du mouvement. Ce fait montre qu'il existe évidemment une voie commune pour ces deux réflexes, voie vers laquelle sont branchés pour ainsi dire les neurones récepteurs.

La phase réfractaire commune aux deux arcs réflexes partis des points A et B ne peut siéger, pour SHERRINGTON, qu'au niveau de cette « voie commune » (common path), vers laquelle convergent tous les arcs nerveux d'une région du corps et spécialement tous ceux qui emploient les mêmes organes mécaniques ; son siège serait donc en un point situé entre le neurone récepteur et le neurone moteur sur cette voie commune. L'organe d'exécution du réflexe de grattage, réflexe compliqué, est la jambe postérieure, construction complexe dont beaucoup de parties sont opposées et capables d'exécuter les mouvements les plus divers, non seulement l'acte de se gratter, mais encore ceux de se lever, de courir, de s'arrêter, de gambader, etc. Il faut de toute nécessité, déclare SHERRINGTON, que le siège de la phase réfractaire soit tel qu'il y ait coordination des actions réflexes, il doit donc être central et siéger sur la voie commune à laquelle se relient les différentes voies secondaires.

La nature exacte de l'état réfractaire a été discutée. On a pensé que le phénomène pourrait avoir une origine chimique, la cellule nerveuse contiendrait une charge donnée de combustible qu'elle brûle de façon que toute nouvelle excitation ne peut produire un effet positif que si la cellule est rechargée. CHARLES RICHET et A. BROCA disent aussi que l'on peut penser que « pendant le fonctionnement dû à une excitation la cellule nerveuse engendre des toxines qui doivent être détruites par l'oxygène avant que la cellule puisse recommencer à fonctionner ». CHARLES RICHET et A. BROCA considèrent d'ailleurs la théorie chimique comme insuffisante. MAREY, CHARLES RICHET et A. BROCA, SHERRINGTON ont considéré que la phase réfractaire est de même nature que l'inhibition. CHARLES RICHET et A. BROCA généralisent au transport de l'énergie nerveuse les principes d'action du milieu admis en physique depuis les travaux de MAXWELL et HERTZ sur l'électricité et qui ont été appliqués au son, à la chaleur, aux radiations. Lorsqu'une « perturbation brusque, écrivent-ils, se produit dans le milieu dont les déformations produisent le champ de force, elle sera suivie d'oscillations de retour à l'équilibre qui seront de la forme la plus générale, c'est-à-dire de la forme pendulaire amortie. La force qui, en chaque point, est liée à l'état du milieu, subira donc des oscillations de même espèce... Pour que cette hypothèse soit rationnelle, il faut admettre que la contraction musculaire ne se produit que si la force due à l'influx nerveux a un certain sens, que nous appelons positif. Dans ces conditions, si nous supposons une excitation produite au moment où, pour le retour à l'équilibre après une première excitatation, se produisait une force de sens négatif, qui n'aura, elle, aucune influence sur le muscle, il y aura interférence de deux forces. Il n'y aura, par conséquent, pas de contraction musculaire, si la deuxième excitation n'est pas très grande. Cette hypothèse n'est, à vrai dire, qu'une généralisation des idées reçues pour expliquer l'inhibition ».

Il semble probable à CHARLES RICHET et A. BROCA que la vibration nerveuse affecte une forme oscillante qui lui est propre et dure 0"1 ; la phase négative de cette vibration expliquerait la période réfractaire, de même que la phase positive expliquerait la période d'addition. Ces recherches montrent également que le terme de phase réfractaire ne doit pas être pris dans son sens rigoureux. « Si après une vibration faible, disent encore CHARLES RICHET et A. BROCA, on ébranle le système nerveux par une vibration forte, celle-ci ne trouvera pas un système nerveux inexcitable, et il y aura un ébranlement perceptible, car la hauteur de cette seconde vibration dépassera la valeur négative de la première vibration ; il n'y a de période complètement réfractaire que si la seconde vibration est inférieure ou égale à la première, et si elle est provoquée au moment précis où est atteint le point extrême de la phase négative. C'est ce qui explique sans doute comment on ne peut pas toujours constater son existence. »

Nous avons vu, dans l'étude de la phase réfractaire, que CHARLES RICHET et A. BROCA admettent que les centres nerveux agissent par des vibrations ayant une durée de 0, 1 seconde. Ce fait les a conduits à des remarques intéressantes. On sait par exemple que le muscle peut donner des vibrations distinctes chez l'homme avec une fréquence de 40 par seconde ; les contractions musculaires volontaires ne peuvent atteindre que 10 à 12 par seconde et les excitations électriques du cerveau donnent précisément un rythme de contractions qui oscille entre 10 et 14 par seconde. CHARLES RICHET a montré aussi que le nombre des secousses du frisson était en général de 10 à 11 et ne dépassait pas 12 à 13 par seconde. Ces constatations physiologiques cadrent très bien avec les faits que nous venons d'exposer.

4° *Rapports entre l'intensité des excitations et l'intensité des réponses réflexes. Variabilité dans l'intensité des excitations capables de déterminer une réaction motrice.* — EICK, CYBULSKI et ZANIETOWSKI (1894), A. WALLER (1896) ont constaté que les contractions musculaires déterminées par l'excitation des troncs nerveux sont exactement parallèles à celles de l'excitant, on a même dit qu'il y avait un parallélisme mathématique entre les deux.

Le phénomène pour les réflexes est beaucoup moins net et WUNDT leur applique la formule « tout ou rien » qu'on a donnée pour le cœur. BIEDERMANN constate que, chez la grenouille refroidie, les réflexes éveillés par des shocks d'induction sont tous maxima d'emblée et qu'il n'y a pas de gradation d'intensité des réponses aux excitations. Cette opinion n'a pas été admise par tous les auteurs. MERZBACHER (1900), PARI (1904) ont même essayé de mesurer l'augmentation d'amplitude des réflexes d'une patte de grenouille lorsque l'excitation augmente d'intensité. SHERRINGTON a constaté un phénomène analogue chez le chien ; le réflexe de flexion de la patte postérieure ou le réflexe de grattage de cette patte augmentent d'intensité quand l'excitation s'accroît ; l'augmentation du réflexe se révèle moins par la rapidité des secousses qui reste à peu près identique à cause de la phase réfractaire que par l'amplitude du mouvement qui devient bien plus grande et peut varier de 1 à 6. Ce n'est pas là le « tout ou rien » du cœur et SHERRINGTON fait remarquer que ce mouvement réflexe ressemble bien à la contraction cardiaque par son rythme invariable, mais qu'il en diffère en ce que l'intensité du mouvement dépend de la force des excitations, ce qui n'a pas lieu pour le myocarde.

La variation dans l'intensité des réflexes n'est pas identique pour tous les réflexes.

58

Sherrington a étudié à ce point de vue un autre réflexe qu'il appelle le réflexe d'extension croisée ; ce réflexe d'ailleurs avait été déjà constaté par Nothnagel (1870) qui
avait vu que, si chez une grenouille ayant eu quelques jours auparavant une section de
la moelle au niveau du 4ᵉ segment, on excite le bout central du nerf sciatique, on
obtient un réflexe caractérisé par la flexion et l'extension rythmique et alternative de

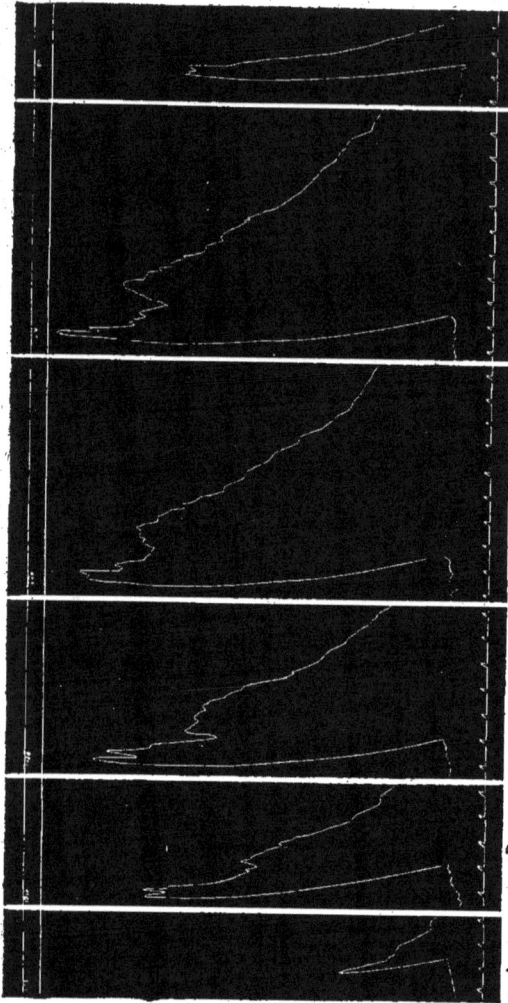

Fig. 194. — Réflexe de flexion (flexion-reflex). Variations d'intensité correspondant à des variations d'intensité de l'excitation. Le temps est marqué au-dessous en secondes. L'excitation est indiquée sur la ligne-signal supérieure ; elle consiste chaque fois en 12 chocs de rupture au rythme de 25 par seconde, appliqués par la méthode unipolaire ; l'aiguille cathodique est fixée dans la peau d'un doigt, l'autre pôle étant une plaque fixée en avant de la section de la moelle. L'intervalle entre les commencements de chaque réflexe est de deux minutes.

	Intensité des excitations.	Mesure du réflexe.
A.	690	8,5.
B.	3 000	59
C.	5 200	110
D.	9 800	168
E.	12 500	213
B₁.	∼ 3 000	29

L'intensité est donnée en unités de l'échelle Kronecker (Sherrington).

la patte postérieure opposée. Sherrington, chez le chien, a obtenu, après section de la
moelle cervicale, un réflexe rythmé analogue au niveau d'une patte postérieure, en
excitant la patte opposée par un courant faradique. Or ce réflexe, éveillé par des excitations de plus en plus intenses, commence par augmenter régulièrement d'amplitude,
puis à un certain moment apparaît brusquement un accroissement de l'intensité du
réflexe sous une forme spéciale, apparition d'une « après-décharge » très intense et
très prolongée. Ce phénomène montre bien, pour Sherrington, le rôle du système ner-

veux médullaire. La mise en action des éléments centraux ne se fait pas brusquement, mais progressivement, une partie seulement d'entre eux répondent à des excitations normales, mais, si une excitation intense se produit, des éléments nouveaux agissent pour déterminer le mouvement nécessaire.

5° *Phénomène de la sommation*. — Par suite de l'ébranlement nerveux qui se prolonge

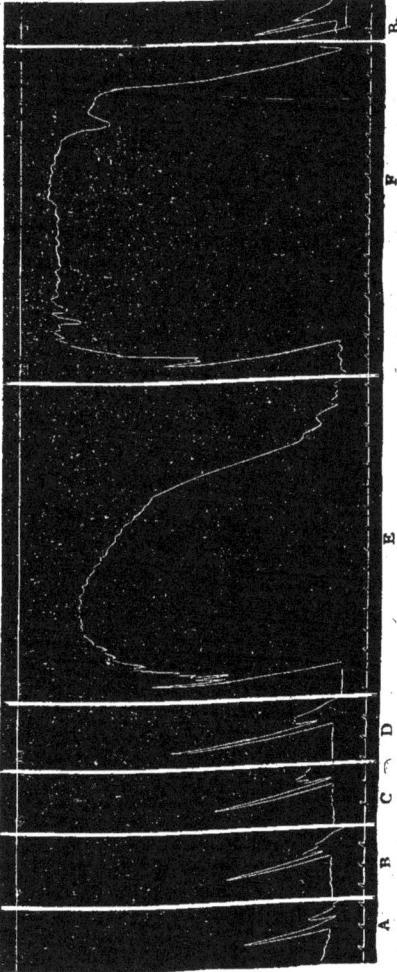

Fig. 195. — Réflexe d'extension croisée. Variations d'intensité correspondant aux variations d'intensité des excitations. Le temps des excitations est indiqué par des signaux sur la ligne supérieure; dans chaque cas l'excitation consiste en 12 chocs de rupture au rythme de 25 par seconde appliqués avec une aiguille cathodique fixée dans la peau du doigt du pied opposé, l'autre électrode consistant en une plaque fixée en avant de la surface de section spinale. On laissait un intervalle de deux minutes entre chaque observation.

	Intensité des excitations.	Mesure du réflexe.
A	475	3,5
B	560	5
C	690	7
D	890	9
E	1 100	355
F	1 400	459
B₂	560	4,5

L'intensité des excitations est mesurée en unités de l'échelle Kronecker. Le temps est marqué au-dessous en secondes (SHERRINGTON).

dans les cellules de la moelle les excitations antérieures peuvent s'y accumuler et n'y produire d'effet qu'après un certain temps d'attente. CHARLES RICHET écrit à ce sujet : « On peut comparer cette addition des ébranlements physiologiques dans les centres nerveux à l'addition des ébranlements qui font résonner une cloche. Ce n'est pas au premier coup de battant que le bruit est fort, mais chaque coup de battant, ajoutant un ébranlement aux ébranlements précédents, détermine une vibration de plus en plus forte. » PFLÜGER, SETSCHENOFF (1863), STIRLING (1874), CHARLES RICHET (1882), SHERRINGTON (1906) ont très bien étudié ce phénomène.

STIRLING avait constaté, chez la grenouille, que les excitations peuvent accumuler leurs effets, même s'il y a un intervalle de 2 secondes entre chaque décharge. Le temps de stimulation latente, c'est-à-dire le temps qui s'écoule entre le début des excitations et le moment où la moelle réagit, peut dépasser 90 secondes. STIRLING avait vu également que ce temps s'accroît proportionnellement à l'intervalle de deux excitations successives; ainsi avec des excitations d'intensité égale la période latente a été de 30 secondes pour des intervalles d'excitations de 2/5 de seconde et de 5 secondes pour des intervalles d'excitations de 1/5 de seconde.

SHERRINGTON donne en exemple le réflexe de grattage chez le chien. Ce réflexe s'obtient en excitant légèrement la peau du dos derrière l'épaule; il consiste en une série de mouvements rythmés de flexion de la patte postérieure qui se porte vers le point excité. Ce réflexe est très difficile à éveiller par une excitation unique obtenue par un choc d'induction assez fort ou même par deux. Il peut être provoqué cependant par des excitations même faibles, pourvu qu'elles soient séparées les unes des autres par un certain temps. SHERRINGTON a vu le réflexe apparaître à la 40e excitation donnée à la vitesse de 11,3 par seconde ou à la 44e à la vitesse de 18 par seconde. La loi de sommation est donc celle-ci : une série d'excitations faibles peut déterminer un réflexe alors qu'une seule isolée ne l'éveillera pas, même si elle est plus forte.

Comme STIRLING, SHERRINGTON a vu que, avec des excitations de même fréquence, la période de latence du réflexe est d'autant plus courte que chaque excitation est plus forte. Il est vraiment curieux de constater que les excitations faibles incapables isolément d'éveiller un réflexe l'éveillent par sommation. C'est comme si, dit SHERRINGTON, l'arc réflexe était le siège d'une certaine résistance qui doit être forcée, elle ne l'est que par répétition des excitations.

De tous ces faits il ressort que le seuil de l'excitabilité d'un réflexe est beaucoup plus variable que celui d'un tronc nerveux ; la notion de durée des excitations intervient en effet dans l'arc réflexe beaucoup plus que pour le nerf. Ainsi pour le réflexe du grattage une excitation bien au-dessous de l'intensité correspondant au seuil normal de l'excitation ne devient effective qu'à sa 40e répétition et seulement 4 secondes après la première application.

On peut démontrer plus directement que les phénomènes de sommation et de vibration prolongée relèvent bien des centres nerveux médullaires. WUNDT et CYON ont vu que la secousse musculaire réflexe obtenue par excitation d'un nerf de sensibilité dure plus longtemps qu'une secousse musculaire simple obtenue par excitation d'un nerf moteur. CYON a montré également qu'il y avait des différences entre une secousse musculaire obtenue par excitation d'une racine antérieure après section du tronc radiculaire et une secousse obtenue par excitation de la racine intacte. Dans ce dernier cas la secousse a les caractères d'une secousse réflexe, comme si l'excitation avait été transmise d'un côté à la moelle et de l'autre au muscle. CHARLES RICHET a observé le même phénomène en excitant d'un côté la moelle et de l'autre le tronc nerveux ou le muscle chez l'écrevisse, c'est ce qu'il a désigné du terme d'excitation ganglio-musculaire. Ce phénomène, d'après CHARLES RICHET, implique une certaine mémoire élémentaire du tissu nerveux ; « la mémoire étant la persistance consciente ou inconsciente d'une perception, on peut dire qu'il y a, par suite de la persistance d'une impression dans la moelle, une sorte de mémoire rudimentaire. »

Pour BECHTEREW le phénomène de la sommation serait un argument en faveur de l'activité rythmique des centres nerveux. Puisqu'une excitation est insuffisante à exciter un muscle, le système nerveux doit envoyer toute une série d'influx. Le fait que les excitations appliquées aux nerfs ne sont pas invariablement transmises par la moelle, mais sont transformées en un rythme particulier propre aux appareils centraux, indique que la moelle n'est pas un simple conducteur des excitations dans l'arc réflexe, elle est un centre qui les perçoit, les transforme et les renvoie plus ou moins modifiées aux nerfs et aux muscles.

6° L'irréversibilité de direction des excitations. — L'irréversibilité, propriété caractéristique de l'arc réflexe, s'oppose à la réversibilité, c'est-à-dire à la faculté de conduire les excitations et l'influx nerveux dans les deux sens, propriété qui appartient aux troncs nerveux périphériques. DU BOIS REYMOND a démontré le phénomène pour les racines spinales, KUHNE pour les nerfs périphériques, LANGLEY et ANDERSON pour les fibres sympathiques et SHERRINGTON pour certains cordons médullaires.

Depuis que CH. BELL et MAGENDIE ont montré que l'excitation du bout central d'une racine motrice n'a pas d'effet moteur, on sait que la conduction dans les arcs réflexes se fait dans un seul sens. Les expériences suivantes de MISLAWSKY sont intéressantes. Si l'on prépare des racines antérieures et postérieures en les découvrant et en reliant les racines postérieures à un appareil excitateur et les racines antérieures à un galvanomètre, on constate que chaque fois que l'on excite le bout central de la racine postérieure on a une déviation galvanométrique de la racine antérieure. Si l'on inverse alors le dispositif en reliant la racine antérieure à l'excitateur et la racine postérieure au galvanomètre on n'obtient aucun mouvement. Cependant l'excitation de la racine antérieure se propage bien jusqu'à la moelle, car si on détache le bout central de la racine et qu'on le mette en communication avec le galvanomètre il y aura une déviation. Cette expérience démontre que l'excitation ne se propage de racine à racine que dans un seul sens.

Pour expliquer l'irréversibilité de direction des excitations, différentes hypothèses ont été émises. GAD (1888) pensait que le résultat négatif de l'excitation du bout central d'une racine antérieure de la moelle indiquait que les prolongements protoplasmiques des cellules motrices des cornes antérieures ne peuvent percevoir une excitation venue en sens contraire ; il admettait que les dendrites cellulaires ne sont capables de transmettre l'excitation que dans une seule direction, allant toujours des prolongements protoplasmiques au cylindraxe. Si la transmission pouvait se faire dans toutes les directions il y aurait, d'après cet auteur, diffusion des excitations par le réseau de GERLACH et production de mouvements dans d'autres régions.

L'explication de GAD est discutable, car RAMÓN CAJAL a démontré l'inexistence du réseau de GERLACH, et KOELLIKER a refusé aux prolongements protoplasmiques toute propriété conductrice. Pour VAN GEHUCHTEN la cause de la direction du courant nerveux réside dans la structure même des diverses parties des neurones et peut-être dans l'essence des courants qui les parcourent. SHERRINGTON (1897) ne partage pas cette opinion. Ayant sectionné le bulbe de chats et de chiens au-dessous des noyaux de GOLL et de BURDACH, il excite sur la section inférieure du bulbe les cordons destinés à ces noyaux ; or, malgré tous les soins qu'il prenait pour éviter l'excitation de la voie pyramidale, il obtint toujours des mouvements. « Pour provoquer ces contractions, dit SHERRINGTON, le courant a eu à descendre par la branche supérieure des racines postérieures, il a dû rétrograder jusqu'aux collatérales réflexo-motrices le long desquelles il s'est transporté jusqu'aux neurones moteurs ; il a par conséquent circulé en sens contraire de la marche ordinaire de l'excitation nerveuse toujours cellulifuge dans toutes les branches de l'axone. » Cette expérience montre que les cylindraxes peuvent conduire une excitation en sens contraire du courant normal. SHERRINGTON explique le phénomène de l'irréversibilité par l'hypothèse de la membrane synaptique qui existerait au point d'union de deux neurones ; elle serait plus perméable dans une direction que dans l'autre.

RAMÓN CAJAL a exposé, en 1897, au Congrès de Valence la théorie de la polarisation dynamique. A l'état normal, chez les vertébrés, les expansions protoplasmiques et le corps cellulaire ont une conduction axipète. Inversement l'axone jouit d'une conduction somatofuge et dendrifuge, c'est-à-dire transporte de son origine vers ses terminaisons les courants qui lui viennent du corps ou des dendrites du neurone auquel il appartient. La cause de la polarisation pour RAMÓN CAJAL est uniquement dans les rapports qui existent entre les neurones, ou, en d'autres termes, dans le siège de l'entrée de l'excitation ; la polarisation d'ailleurs n'a rien d'immuable. RAMÓN CAJAL s'exprime ainsi sur la conduction dans le névraxe :

« 1° Le premier neurone est en rapport immédiat et seulement par son appareil prostoplasmique avec les surfaces sensibles de l'organisme, peau, sens, etc. ; 2° le dernier neurone est en relation directe par son appareil axile seul avec les surfaces réagissantes, muscles, glandes, etc. ; 3° les neurones intercalaires sont orientés de façon que leur appareil dendritique soit articulé avec le cylindraxe et les collatérales du ou des neurones précédents, et leur appareil axile avec les dendrites ou le corps du ou des neurones suivants. Dans ces conditions l'excitation ne peut manifestement progresser que dans un sens ; elle ne peut pénétrer dans les neurones successifs que par leur appareil protoplasmique et en sortir que par leur appareil axile. Mais qu'un changement survienne, par lésion artificielle ou morbide, dans les connexions des neurones, de sorte que la porte d'entrée du courant dans une cellule nerveuse se trouve transportée à son appareil axile, immédiatement le sens du courant changera dans cette cellule et on pourra voir, comme dans les expériences plus haut citées, le courant aller du cylindraxe au corps de la cellule ou d'une collatérale à son tronc d'origine. »

La conduction dans l'arc réflexe est en somme polarisée. Sherrington fait remarquer que ce n'est pas là une loi absolue, il existe des organismes chez lesquels les arcs réflexes pluricellulaires constituent des circuits nerveux réversibles, chez les méduses par exemple. Bethe admet, il est vrai, dans ce cas une disposition histologique spéciale, les neurofibrilles passeraient chez elles sans interruption d'une cellule à l'autre, et ce système nerveux serait de structure rétiforme, on comprendrait alors la réversibilité de conduction dans leurs arcs réflexes.

Chez les vertébrés, il résulte des investigations physiologiques que la loi de l'irréversibilité de l'arc réflexe est générale et très bien établie.

7° *Fatigabilité de l'arc réflexe.* — L'influence de la fatigue est plus marquée sur les centres réflexes que sur les nerfs. La fatigue existe incontestablement pour le nerf, car si on l'excite à plusieurs reprises on voit diminuer assez rapidement l'intensité de la variation négative (Du Bois Reymond), il suffit de laisser ce nerf quelque temps au repos pour qu'il recouvre son pouvoir électro-moteur et que l'on constate le retour de la variation négative. Les arcs réflexes cependant se fatiguent beaucoup plus vite que les nerfs.

Mosso (1890) a constaté que la moelle est moins résistante à la fatigue que les plaques motrices terminales. A. Waller (1898) s'appuie sur l'expérience suivante pour démontrer que la moelle est très sensible à la fatigue : lorsqu'on a excité par une série de secousses le cerveau et le bulbe d'une grenouille jusqu'à ce que le muscle gastrocnémien ne réponde plus, on peut encore obtenir des contractions en excitant le nerf périphérique et le muscle lui-même. Sherrington a montré qu'un réflexe spinal que l'on provoque pendant longtemps devient de plus en plus faible et cesse enfin, son amplitude diminue, son rythme devient plus lent et ne persiste que sous forme d'un tremblement plus ou moins irrégulier. L'apparition de la fatigue est d'ailleurs variable suivant les réflexes, certains se fatiguent très vite, d'autres plus lentement. Dans ce phénomène ce ne sont pas les muscles qui se fatiguent, mais bien les centres médullaires, car les mêmes muscles qui font partie d'un arc réflexe fatigué donnent des contractions énergiques quand on les excite au moyen d'une excitation réflexe différente, parce que dans ce cas ils font partie d'un deuxième arc réflexe non fatigué. La fatigue spinale disparaît assez vite, un repos de quelques secondes suffit en général pour que le réflexe redevienne provocable. Sherrington a fait des expériences curieuses chez le chien qui prouvent que la fatigue est bien due à un phénomène central et ne relève pas de la polarisation des électodes excitatrices ; il excite une série de points de la peau à une distance de 4 centimètres les uns des autres et obtient ainsi un réflexe de grattage ; au bout d'un certain temps le réflexe s'arrête ; si alors l'excitation est continuée, le réflexe réapparaît de temps en temps et donne des séries de secousses parfois plus intenses que les premières.

Il convient de rappeler qu'une opinion inverse a été soutenue par Mlle Ioteyko. Dans une série de recherches sur la fatigue des centres nerveux, elle objecte à Waller qu'on ne peut comparer l'excitation obtenue par l'application d'une électrode avec même intensité de courant sur des organes aussi différents que la moelle, le nerf, les muscles. Par des méthodes variées elle conclut que la moelle et les organes terminaux (plaques motrices) sont plus résistants à la fatigue que les muscles et les nerfs. Dans une expérience elle électrotonise le nerf d'un gastrocnémien, ce qui empêche la transmission de l'excitation appliquée à la moelle et par cela même la contraction du muscle ; le gastrocnémien opposé se contracte au contraire, puis finit par s'épuiser ; si, à ce moment, elle ouvre le courant continu, l'électrotonus est supprimé et le gastrocnémien de ce côté se contracte; cette expérience prouve, pour Mlle IOTEYKO, que les centres médullaires sont plus résistants que les organes terminaux, puisqu'ils ont fourni là un travail double du leur.

Malgré l'intérêt de ces faits, les physiologistes ne semblent pas avoir modifié leur opinion et ils concluent pour la plupart à la fatigabilité plus grande des centres réflexes que des nerfs périphériques.

Dans les recherches de sémiologie neurologique chez l'homme, l'influence de la fatigue sur les réflexes nous a toujours paru évidente.

B) **Les réflexes composés.** — Les divers arcs réflexes sont unis entre eux, ils agis-

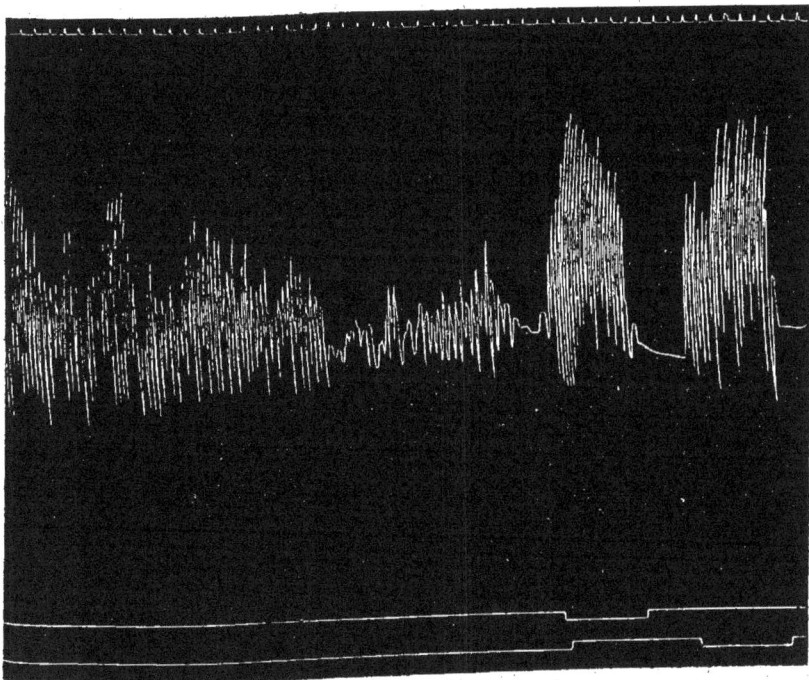

FIG. 196. — Le réflexe de grattage (scratch-reflex) vers la fin d'une excitation mécanique longtemps maintenue, appliquée à un point de la peau de l'épaule. La ligne-signal la plus basse indique le temps d'application de cette excitation, qui, lorsque le réflexe était presque épuisé, fut supprimée 10 secondes et répétée ensuite; le réflexe redevint alors énergique. La seconde ligne (en partant de la base) indique le temps d'application d'une excitation semblable appliquée sur un point de la peau distant de 2 centimètres de celui qui avait été maintenu longtemps; le réflexe éveillé par l'excitation de ce point voisin ne montre que peu de fatigue. Le temps est marqué au-dessus en secondes (SHERRINGTON).

sent les uns sur les autres (interaction between reflexes de SHERRINGTON). Le moyen d'union essentiel entre les réflexes est constitué par ce que SHERRINGTON appelle les *voies communes*. Nous avons vu que tout arc réflexe comprend : α) un neurone récepteur qui s'étend de la surface réceptrice au système nerveux central; ce neurone est employé comme voie de conduction pour toutes les excitations recueillies par la surface réceptrice; β) un neurone final qui conduit l'excitation au muscle ou à la glande; ce neurone diffère du premier en ce qu'il n'obéit pas exclusivement aux excitations recueillies sur la surface réceptrice précédente, mais à lui peuvent aboutir toute une série d'excitations recueillies dans d'autres champs récepteurs plus ou moins éloignés du premier.

On peut donc, avec Sherrington, opposer la voie privée du neurone récepteur, recevant exclusivement les excitations d'une seule origine, à la voie finale du neurone efférent commun à beaucoup d'autres excitations de provenances diverses.

Sherrington, étudiant ce principe de la voie finale commune, a montré qu'il entraîne une série de conséquences : 1° Puisque des conducteurs peuvent avoir un trajet commun, ils ne peuvent pas être très différents, la voie finale commune doit être capable de reproduire des rythmes périodiques d'une fréquence aussi élevée et aussi basse que le sont les fréquences de rythme les plus élevées et les plus basses des arcs afférents ; 2° Puisque les conducteurs, parfois d'ailleurs très différents, ont une même voie finale commune, il est nécessaire que chacun d'eux utilise successivement et non simultanément cette voie commune, ce qui serait dysharmonique ; il est donc indispensable qu'un mécanisme intérieur force les réflexes à ne pas chevaucher l'un sur l'autre et à emprunter successivement et non simultanément la même voie commune. Il n'y a qu'un cas où deux réflexes se produisent ensemble, c'est lorsque leurs actions réflexes, loin de se détruire et de se contrarier mutuellement, se renforcent l'une l'autre. Sherrington appelle *réflexes alliés* et *arcs alliés* des combinaisons de réflexes et d'arcs réflexes qui se combinent harmonieusement pour se renforcer mutuellement, les autres sont des *réflexes antagonistes*, et celui qui prédomine sur l'autre est dit « prépotent ».

1° *Réflexes alliés*. — Pour étudier les réflexes alliés, Sherrington choisit le réflexe de grattage (scratch-reflex) chez le chien. Il a constaté que lorsqu'on excite un point de la peau de l'épaule, puis un deuxième point plus ou moins éloigné, à quelques centimètres du premier, la deuxième excitation favorise la première. Si ces excitations sont « sous-minimales », c'est-à-dire si leur intensité reste au-dessous du seuil de l'excitation nécessaire pour produire ce réflexe, elles se renforceront l'une l'autre et leur alliance déterminera le mouvement réflexe. Sherrington se demande si cette action de renforcement est une question d'intensité ou d'extensité, autrement dit si la deuxième excitation ne fait que renforcer l'activité de cellules nerveuses ou si elle met en jeu d'autres groupes cellulaires. Il a constaté que le facteur intensité intervient principalement dans le renforcement d'un réflexe par un autre. Si par exemple on détermine chez le chien un réflexe de grattage par excitation de la peau en un point A, on obtient un mouvement réflexe dont le rythme est de 4 par seconde, quel que soit l'excitant ; or, si on excite un point B alternativement avec A, le rythme est inaltéré, ce qui prouve que les deux voies ne correspondent pas à des groupes différents de cellules motrices, sinon il y aurait un rythme de fréquence double. D'autre part, il ne faut pas croire que les excitations en B soient restées inefficaces, car elles augmentent l'amplitude des secousses du réflexe préexistant. Le renforcement mutuel du réflexe diminue quand la distance entre les points excités augmente.

Sherrington fait cependant quelques réserves sur la forme des réflexes naissant de divers points de la zone réceptrice ; cette forme n'est pas rigoureusement identique ; le pied, par exemple, dans le réflexe de grattage, a une direction un peu différente suivant le point excité ; aussi, pour Sherrington, le facteur « extensivité » intervient également, mais seulement dans une mesure relativement faible.

On comprend par ces faits que, lorsque Sherrington parle du réflexe de grattage, il désigne sous ce nom un groupe physiologique de réflexes dans lequel arcs et réflexes sont harmonieusement alliés en vue d'un but commun à atteindre ; les arcs réceptifs sont propres à chacun d'eux, mais il n'existe pour tous qu'une seule et même voie finale commune. La surface de la peau au niveau de laquelle l'excitant détermine un mouvement faisant partie d'un tel groupe de réflexes s'appelle le *champ récepteur*. Dans un champ récepteur tous les points de la peau ne sont pas également aptes à éveiller le réflexe. Sherrington a remarqué que les points périphériques sont moins actifs que les points centraux, ainsi une excitation légère en un point central a le même effet qu'une excitation intense à la périphérie.

Les aires réceptrices sont d'étendue variable, par exemple l'aire réceptrice est plus étendue pour le réflexe de flexion de la patte postérieure chez le chien que pour le réflexe d'extension de cette même patte postérieure.

Tous ces champs récepteurs, qui ont pour mission de recueillir les impressions extérieures et de les transmettre au système nerveux central, constituent ce que Sher-

RINGTON appelle les *exteroceptive fields*, les champs récepteurs de la surface extérieure du corps. Il les oppose aux *proprioceptive fields*, ceux-ci sont des champs récepteurs internes sensibilisés pour « résonner en consonance avec les changements qui surviennent dans l'organisme », que ces changemements soient de nature thermique, chimique, mécanique, électrique ou d'origine musculaire, articulaire, tendineuse, viscérale. Ce sont en somme des excitations engendrées par l'organisme lui-même et qu'on peut opposer aux excitations provenant du milieu où plonge l'organisme.

Les réflexes proprioceptifs dépendent souvent des réflexes extéroceptifs, mais seulement d'une façon indirecte. Ainsi, pour prendre un exemple, lorsqu'on excite la plante

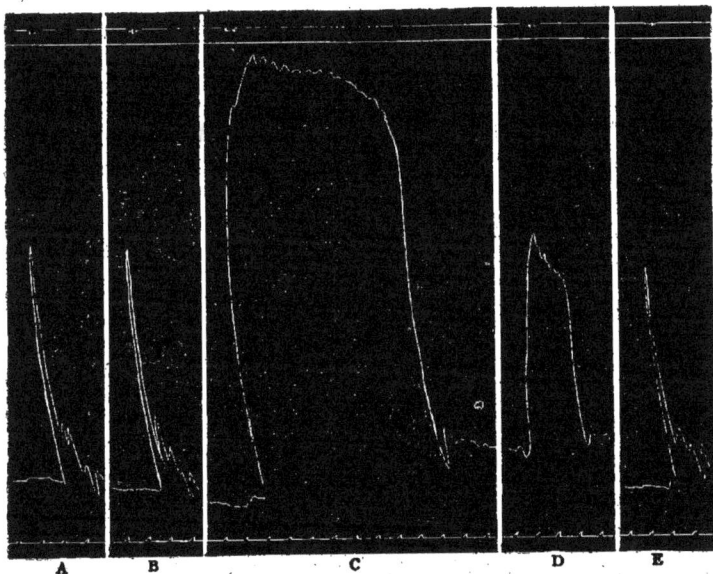

FIG. 197. — Réflexe d'extension croisée. Ce réflexe était produit par onze chocs de rupture à une minute d'intervalle (faradisation unipolaire sur la peau du pied opposé); l'excitation et le réflexe ont une faible intensité. Dans l'intervalle qui sépare B et C, on a provoqué une forte flexion réflexe de la jambe, durant 45 secondes. Le réflexe d'extension C suivant est beaucoup plus fort; cette augmentation est encore nette, mais plus faible en D. En E le réflexe est redevenu normal. Le signal indiquant l'excitation qui provoque chaque réflexe d'extension croisé est placé sur la ligne supérieure. Le temps est marqué en secondes au-dessous (SHERRINGTON).

du pied, on détermine une excitation des centres lombaires qui a pour effet un mouvement, mais en même temps et à mesure que ce mouvement se produit, que les muscles se contractent ou entrent en phase d'inhibition, que les surfaces articulaires jouent les unes sur les autres, que les centres et ligaments sont en état de tension, les centres lombaires sont excités par toute cette série de différents stimulants d'origine complexe et qui sont sous la dépendance indirecte de l'excitation primaire. Ces excitations proprioceptives secondaires engendrent à leur tour des réflexes propriocepifs qui doivent être alliés avec le réflexe primaire extéroceptif pour que le réflexe dans son ensemble se produise harmonieusement.

SHERRINGTON donne des exemples d'alliance d'arcs extéroceptifs avec des arcs proprioceptifs. Ainsi, chez le chien, le réflexe de flexion de la patte postérieure a une aire cutanée réceptrice, mais il a aussi une aire proprioceptive; il peut en effet être provoqué par excitation de nerfs afférents des muscles de la jambe, par exemple par excitation du bout central du nerf des muscles fléchisseurs ou par excitation du nerf du muscle extenseur du genou. Le réflexe obtenu de cette façon s'allie avec celui qu'on

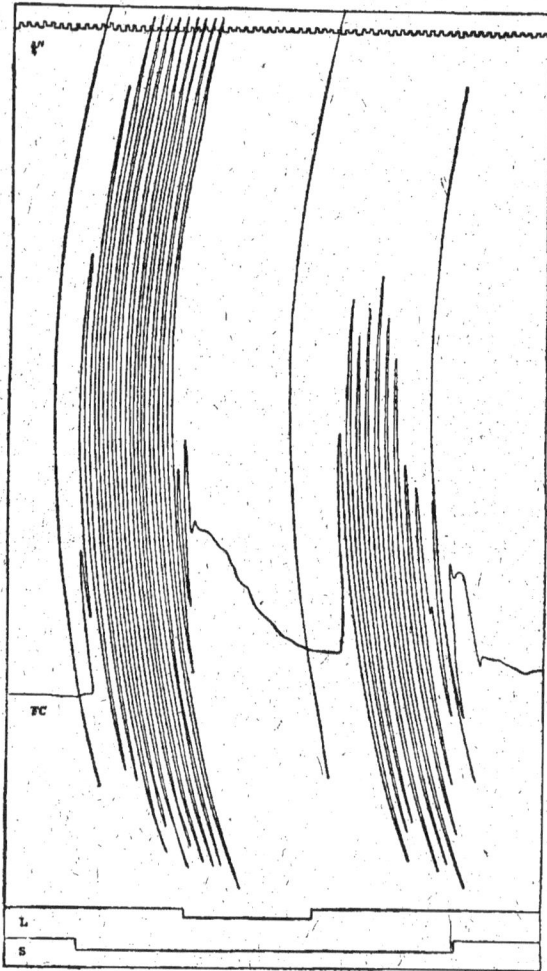

Fig. 198. — Interférence entre l'action réflexe du fléchisseur de la cuisse gauche, FC, dépendant d'un arc nerveux venant du pied gauche, et le réflexe de grattage (scratch-reflex). L'excitation de la peau du dos qui a provoqué le réflexe de grattage a commencé avec la première coche de la ligne S et continua jusqu'à la coche suivante. Plus tard, on excita le pied, ce qui se voit par la coche de la ligne L. Cette excitation interrompit le scratch-reflex. Le temps est indiqué au-dessus en cinquièmes de secondes. A noter que l'arrêt du scratch-reflex n'est pas immédiat et qu'il est nécessaire pour qu'il ait lieu que l'excitation du pied ait été faite depuis quelque temps (SHERRINGTON).

obtient par excitation de la peau. On voit dans cet exemple qu'un réflexe de l'appareil articulo-musculaire semble renforcer le réflexe né de la peau.

Cette alliance peut se faire entre des arcs réflexes très éloignés les uns des autres. Ainsi, chez le chien qui a subi la section sus-bulbaire du névraxe (chien bulbo-spinal), l'excitation du doigt externe du membre postérieur s'allie avec l'excitation des autres doigts, avec l'excitation du pied de devant du côté opposé et avec l'excitation de la queue. Si on excite ensemble tous ces points, le réflexe obtenu est plus rapide. En somme, les neurones moteurs médullaires des muscles du genou sont, dit Sherrington, la voie finale d'arcs réflexes nés non seulement du pied homologue, mais de la patte antérieure croisée, de la queue, et aussi du labyrinthe et des yeux.

Cette alliance de réflexes se fait encore non seulement en vue d'obtenir des effets actifs, mais des effets inhibiteurs associés à un mouvement actif. Sherrington a montré que le réflexe inhibiteur des muscles fléchisseurs du genou (chien spinal) est régulièrement excitable par excitation de la peau d'un doigt de la patte postérieure du côté opposé ; l'excitation concurrente de la peau de la face dorsale de cette patte ou de ses différents doigts renforce cette action inhibitrice.

Des réflexes alliés on peut rapprocher les réflexes combinés par union successive de Sherrington, réflexes combinés étudiés déjà par Exner, Mosso, Kronecker et Metzger, Chauveau. Par l'étude de courbes myographiques, Sherrington est arrivé à cette conclusion que les réflexes qui se suivent ainsi ne fusionnent jamais.

2° *Réflexes antagonistes*. — Sherrington désigne sous ce nom des réflexes qui se contrarient dans leur action sur la même voie finale commune au niveau de laquelle se passent des phénomènes d'interférence. Ainsi, chez un chien, pendant que le réflexe de grattage a lieu du côté gauche, on peut, en excitant la patte opposée à droite, arrêter immédiatement cette jambe gauche, bien que l'excitation de l'épaule gauche soit maintenue pendant le même temps. Ce phénomène provient de ce que la voie finale est commune pour les deux réflexes. L'un détermine l'extension croisée du genou, en le faisant il inhibe les neurones fléchisseurs ; l'autre détermine la contraction de ces mêmes muscles dans le mouvement de grattage ; les mêmes neurones fléchisseurs reçoivent par la voie commune des ordres contraires de contraction et d'inhibition, il y a interférence ; ici c'est le réflexe de grattage qui est inhibé et, si l'on cesse l'excitation du pied opposé, on verra le réflexe de grattage recommencer. Le réflexe d'extension croisée inhibe le réflexe de grattage et aussi le réflexe de flexion homonyme ; cette action curieuse s'obtient même avec une excitation du pied opposé dont l'intensité est à la limite suffisante pour obtenir le réflexe.

Sherrington a vu aussi que ce phénomène d'inhibition est réversible. Il écrit : « Ainsi le réflexe de grattage est non seulement capable d'être inhibé, mais il est aussi lui-même capable d'inhiber le réflexe d'extension croisée ou le réflexe de flexion homonyme, et le réflexe de flexion homonyme peut non seulement être inhibé par le réflexe d'extension croisée, mais il peut à son tour l'inhiber. Ces interférences sont donc réversibles. »

Les phénomènes d'interférence peuvent être encore plus complexes : il existe des réflexes alliés dans une partie de leur voie finale commune et antagonistes dans une autre partie de cette même voie finale. Sherrington donne en exemple de ce fait le réflexe de grattage du chien. Ce réflexe n'est pas tout à fait unilatéral ; il est exact que l'excitation de l'épaule droite entraîne un réflexe de la patte droite et que l'excitation de l'épaule gauche entraîne un réflexe de la patte gauche, et que d'autre part si on excite les deux épaules en même temps un seul réflexe se produit ; mais on peut cependant constater que la patte opposée n'est pas tout à fait immobile, même dans le cas d'une excitation unilatérale. Si, en effet, on excite l'épaule gauche, la patte gauche se meut et la patte droite se place en extension légère avec abduction ; ce mouvement a pour but de faire tenir l'animal sur trois pattes, tandis qu'il se gratte avec la quatrième. Or, si on excite l'épaule gauche d'abord, on obtient le mouvement de grattage à gauche ; si ensuite on excite fortement l'épaule droite, on voit souvent se produire l'inhibition du mouvement de la patte opposée et un mouvement de grattage de la patte droite. Ainsi l'excitation de l'épaule droite dans ce cas excite les neurones moteurs des muscles fléchisseurs à droite et inhibe ceux du côté opposé ; les neurones moteurs de ces muscles font donc partie des deux arcs réflexes de l'épaule gauche et droite et peuvent donc recevoir des ordres de mise en activité ou d'inhibition suivant les cas.

Il existe des faits particulièrement intéressants parmi les chaînes de réflexes antagonistes, ce sont les réflexes compensateurs. « Il y a réflexe compensateur, dit Sherrington, quand le réflexe consiste en un retour à un état d'équilibre qui a été troublé par un réflexe intercurrent vis-à-vis duquel le réflexe compensateur est diamétralement antagoniste. » De très beaux exemples de ces réflexes compensateurs se voient dans les modifications de l'équilibre labyrinthique ; lorsque l'équilibre est rompu par excitation labyrinthique, les membres du côté opposé du corps exécutent des mouvements d'ensemble ayant pour but de faire retrouver à l'animal l'équilibre qu'il avait perdu.

3° *Voies communes des arcs réflexes composés.* — Tous les arcs réflexes, avant de converger vers une seule voie finale commune, possèdent des voies communes qui sont, jusqu'à un certain point, des voies finales secondaires. Il est peu probable, d'après Sherrington, que, dans le réflexe de grattage, le neurone médullaire (neurone propriospinal) entre par lui-même en connexion avec tous les neurones récepteurs, il est plus logique de penser qu'il existe pour un certain nombre de neurones récepteurs d'origine identique des neurones de relais d'où partira une voie commune qui s'articulera avec le neurone proprio-spinal.

On conçoit la complexité architecturale de ces systèmes réflexes. Donaldson a montré que les fibres afférentes qui entrent dans la moelle humaine sont trois fois plus nombreuses que les fibres efférentes (voies finales communes) qui en sortent ; si l'on ajoute à ces fibres médullaires les fibres des nerfs crâniens, on arrive à cette constatation que le chiffre des voies afférentes est cinq fois plus élevé que celui des voies efférentes. Ce simple calcul montre qu'en réalité cette architecture nerveuse, si compliquée soit-elle, aboutit à une simplification histo-physiologique des arcs réflexes. Cette conception, que l'on doit pour la plus grande partie aux travaux de Sherrington sur les réflexes, fait très bien comprendre le mécanisme des réflexes et l'architectonie de leurs voies.

Le grand nombre de voies communes secondaires et le petit nombre de voies finales expliquent que les réflexes aient des répercussions si facilement obtenues les uns sur les autres. Cependant il y a des réflexes qui semblent indifférents, c'est-à-dire qui se produisent sans se troubler l'un l'autre. Ainsi Sherrington a montré sur le chien spinal qu'on peut obtenir des réflexes localisés à la queue qui laissent intact un réflexe de grattage concomitant. Ces faits ne sont exacts que pour les réflexes faibles ; s'ils sont intenses, tous ont tendance à s'interférer plus ou moins entre eux. Sherrington fait d'ailleurs remarquer que ce qui est vrai pour un « chien spinal » peut ne pas exister pour un « chien cérébral », et qu'il est probable que le nombre de réflexes vraiment neutres doit être tout à fait minime.

4° *Facteurs régissant les séquences de réflexes.* — Sherrington a classé en quatre groupes les facteurs qui régissent les séquences de réflexes : 1° l'induction spinale, 2° la fatigue, 3° l'intensité de l'excitation, 4° la variété du réflexe.

Influence de l'induction spinale. — L'induction spinale se présente sous deux formes, l'induction immédiate et l'induction successive. L'*induction immédiate* consiste dans le fait suivant : lorsque des réflexes alliés se produisent en série, ils se renforcent mutuellement ; si, d'autre part, un de ces mouvements réflexes cesse brusquement, le phénomène d'induction immédiate a pour but et pour effet de faciliter la transition avec un des réflexes alliés. L'*induction successive*, suivant Sherrington, est sur beaucoup de points l'inverse de l'induction immédiate. Par exemple, si le réflexe d'extension croisée du membre postérieur d'un chien spinal est produit à intervalles réguliers (1 fois par minute) par une excitation de durée et d'intensité définies, le mouvement réflexe qui en résultera sera répété avec beaucoup de constance en amplitude, en forme et en durée. Si, dans l'intervalle de temps qui existe entre deux réflexes, on détermine une flexion réflexe très prolongée (30 secondes), ce mouvement aura pour effet d'abaisser le seuil d'excitation du réflexe extenseur qui survient après lui et augmentera notamment la phase d'après-décharge. Cet effet renforçateur peut durer 4 à 5 minutes tout en diminuant progressivement. Ce fait est d'autant plus curieux que durant le réflexe de flexion les muscles extenseurs sont inhibés. De plus, Sherrington a vu que, si l'on maintient à une haute intensité le réflexe de flexion, on voit brusquement survenir de temps en temps des mouvements d'extension, comme s'il y avait exaltation de l'activité du réflexe contraire des extenseurs. SHERRINGTON a bien étudié ces phénomènes

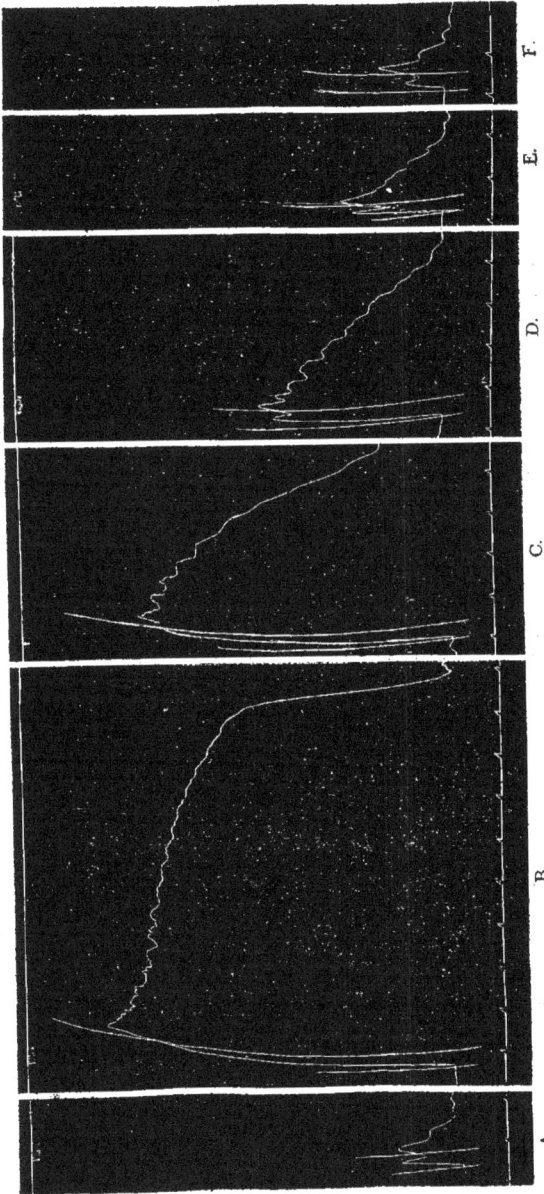

FIG. 7. — Réflexe d'extension croisé chez le chien spinal. Le réflexe était déclenché à dos intervalles d'une minute par des séries égales de ruptures de courants induits appliqués d'une façon unipolaire sur la peau du doigt du membre, les courants étant faibles; de plus le rythme choisi pour la succession des courants durait moins d'une demi-seconde. Entre les excitations A et B, on provoqua une forte flexion réflexe du membre, spécialement de ce membre qui se met en extension dans le réflexe d'extension croisée; cette flexion fut maintenue 35 secondes. Le réflexe d'extension B qui suivit montre une augmentation d'amplitude et de durée, en particulier pour l'after-discharge. Cette augmentation diminue peu à peu, mais est encore notte en C, D et E, qui sont enregistrés à des intervalles d'une minute. En F, cinq minutes après la flexion réflexe, l'augmentation n'existe plus et ce réflexe est à peu près égal à A. Les signaux d'une ligne supérieure indiquent les séries de chocs-rupture produisant les excitations. Le temps est enregistré au-dessous en secondes. L'intensité de l'excitation et le point d'application sont restés identiques durant toute l'expérience (SHERRINGTON).

très intéressants au point de vue du mécanisme de la marche; il a vu que la flexion, qui a pour but d'élever le pied, prépare les arcs antagonistes d'extension et les sensibilise pour une réponse plus tardive d'extension du membre qui supporte et propulse le corps, ce qui est nécessaire pour la progression. Un réflexe, somme toute, prédispose à l'autre, et sans doute il y a lieu de penser qu'entre les deux réflexes il en existe un troisième qui renforce le réflexe suivant, ce réflexe intermédiaire serait engendré par le mouvement lui-même. « Une réaction réflexe, dit SHERRINGTON, doit engendrer un grand nombre d'excitants et déterminer une pluie d'impulsions centripètes allant des muscles à la moelle. » Tous ces réflexes naissent des muscles, des ligaments, etc. ; ce sont les réflexes proprioceptifs si importants dans les combinaisons réflexes.

Influence de la fatigue. — SHERRINGTON dit à ce sujet : « Une autre condition qui influence l'issue de la lutte et de la compétition entre des réflexes de sources différentes pour la possession d'une seule et même voie commune, c'est la fatigue. » Un réflexe spinal qui continue longtemps devient de plus en plus faible, peu à peu l'amplitude diminue, le rythme du réflexe devient plus lent, enfin ne persiste qu'un tremblement plus ou moins régulier ; dans le réflexe de grattage ces phénomènes sont très nettement constatables. Un autre signe de fatigue pour SHERRINGTON est le fait qu'un arc réflexe interrompt plus facilement un autre arc déjà fatigué qu'un arc frais et le supplante plus aisément sur la voie finale commune. La fatigue est très variable suivant les réflexes. Nous avons vu plus haut que, pour SHERRINGTON, ce ne sont pas les muscles qui se fatiguent, mais les centres médullaires, car des muscles qui font partie d'un arc réflexe fatigué donnent des contractions énergiques dans un deuxième arc réflexe non encore fatigué.

Influence de l'intensité de l'excitation. — De toutes les conditions déterminant lequel des réflexes en compétition passera sur la voie finale commune, l'intensité de l'excitation de l'arc afférent relativement aux autres arcs est la plus puissante. Comme le dit SHERRINGTON : « Un arc afférent fortement stimulé est plus apte à capturer la voie finale commune que celui qui est excité faiblement. »

Influence de la variété du réflexe. — Certains réflexes supplantent plus facilement d'autres réflexes sur la voie finale commune. En règle générale, ce sont les réflexes de défense qui supplantent le plus facilement les autres. Les réflexes qui régissent le tonus, réflexes de posture, qui ont pour fonction de maintenir l'équilibre, sont interrompus plus facilement que les réflexes nés des organes des sens ; or, au point de vue de la lutte contre les excitations extérieures, il y a un intérêt très grand à ce que l'équilibre de posture soit rompu le plus vite possible, lorsqu'il en est besoin pour la défense de l'individu. SHERRINGTON donne à ce sujet l'exemple suivant du réflexe de grattage et du réflexe de flexion, qui sont tous deux des réflexes de la patte postérieure. Toute piqûre d'aiguille à la patte détermine immédiatement un réflexe de flexion, réflexe de défense très actif ; d'autre part le réflexe de grattage n'est qu'un réflexe de défense secondaire, bien qu'il puisse être éveillé par une excitation de la peau relativement légère. Quand ces deux réflexes sont en compétition mutuelle pour la voie finale, c'est le réflexe de flexion qui dépossède le plus facilement le réflexe de grattage, lorsque tous deux, non encore provoqués, sont éveillés par des excitations moyennes ; « mais si, tandis que le réflexe de flexion est modérément éveillé par un stimulus de faible intensité, une forte excitation est appliquée au point électif pour le réflexe de grattage, la flexion du premier réflexe est remplacée par le mouvement rythmique de grattage du second, et ceci se produira même si l'on maintient inaltérée l'excitation pour le réflexe de flexion ». Ce dernier réflexe ne réapparaît que si l'on fait cesser l'excitation pour le réflexe de grattage. Le déplacement d'un réflexe par l'autre est donc réversible lorsqu'on fait varier les excitations d'une façon adéquate.

SHERRINGTON donne aussi comme exemple le fait suivant. Il y a chez la grenouille mâle spinale un réflexe sexuel particulier, le réflexe d'embrassement, qui peut être éveillé par toute excitation de la peau de la région sternale. Chez l'animal intact tout objet autre que la femelle serait rejeté immédiatement. On ne peut détruire ce réflexe en enlevant les testicules, mais l'ablation du réservoir séminal fait diminuer son intensité, alors que la distension de ce réservoir par des liquides, même indifférents, l'exalte. Si on enlève la peau de la région sternale et des bras, le réflexe disparaît ; il n'est inhibé ni par des excitations intenses des viscères, ni par l'excitation du bout central du nerf sciatique. La puissance de ce réflexe est donc très grande.

SHERRINGTON résume l'ensemble des notions sur les alliances des réflexes et leur déplacement les uns par les autres dans cette loi : « Des réflexes dissemblables usent d'une voix commune non pas simultanément, mais successivement. »

5° *Lois de propagation des actions réflexes.* — Dès les premières recherches expérimentales sur les actions réflexes, on avait remarqué que les contractions musculaires étaient variables suivant l'intensité des excitations. HUBERT MAYO (1823), CALMÉIL (1828) avaient constaté que, si on excite légèrement le membre postérieur d'un animal ayant subi une section transversale de la moelle, les mouvements restaient localisés à la patte excitée, mais qu'ils se généralisaient si l'excitation était forte. SANDERS-EZN avait vu aussi, chez la grenouille décapitée, que les mouvements provoqués par une irritation des membres variaient dans de certaines limites suivant l'intensité et le siège des excitations. Si, chez une grenouille ainsi privée d'encéphale, on presse entre les mors d'une pince une des pattes postérieures, un mouvement réflexe se produira dans le membre correspondant ; si l'intensité des excitations augmente par une pression plus accentuée, les mouvements réflexes se produiront dans le membre postérieur du côté opposé et même dans les membres antérieurs. Cette expérience donne les mêmes résultats chez les mammifères après section de la moelle cervicale supérieure. PFLÜGER (1853) a essayé de préciser les conditions déterminant les variations des actions réflexes dans les propositions suivantes, que nous rapportons d'après VULPIAN [1].

1° « Lorsque l'irritation d'un nerf sensitif ne produit des mouvements réflexes que dans les muscles d'une seule moitié du corps, ces mouvements ont lieu constamment dans la moitié du corps qui correspond au nerf irrité. »

2° « Quand une excitation d'un nerf sensitif a produit des mouvements réflexes dans les muscles du même côté, si les muscles de l'autre côté entrent aussi en contraction, ce seront ceux qui correspondent aux précédents. »

3° « Si une excitation d'un nerf sensitif détermine des contractions réflexes dans les muscles des deux côtés, et si le mouvement est plus fort dans une moitié du corps, ce sera toujours dans celle qui correspond au nerf irrité. »

4° « Quand l'excitation d'un nerf sensitif, après avoir déterminé des contractions dans les muscles dont les nerfs moteurs naissent de la région de la moelle où se termine le nerf irrité, provoque des contractions dans d'autres muscles, cette excitation se propage toujours à des muscles animés par des nerfs naissant de racines plus rapprochées de l'extrémité céphalique de la moelle. »

5° « Les mouvements réflexes sont locaux ou généraux. Ceux qui sont locaux ont lieu par l'intermédiaire des racines motrices situées au même niveau que les racines sensitives excitées, ou des nerfs qui ont leur origine dans la moelle allongée. »

CHARLES RICHET (1882), rapportant dans ses « Leçons sur la physiologie des nerfs et des muscles » les propositions de PFLÜGER, les simplifia et les vulgarisa sous les noms de *loi de localisation* (1re loi de PFLÜGER), et *loi d'irradiation* (2e loi de PFLÜGER). Il y ajouta deux autres lois : la *loi de la coordination* et la *loi de l'ébranlement prolongé*.

Les lois de PFLÜGER sont restées longtemps classiques et sont encore mentionnées sans commentaires restrictifs dans la plupart des Traités de Physiologie. Cependant, bien qu'elles puissent être considérées comme vraies dans leurs grandes lignes, elles ne correspondent pas dans le détail à l'expression exacte de la vérité.

La première loi de PFLÜGER, qui est généralement admise sans aucunes réserves, présente des exceptions et SHERRINGTON à ce propos rappelle que, chez les mammifères, l'excitation de la queue d'un côté détermine très souvent un mouvement du côté opposé, ce qui est également une exception à la troisième loi. BIKELES et FROMOWICZ (1909) ont signalé de même chez le chien spinal un réflexe croisé ; par excitation légère de la peau du scrotum, ils obtiennent une abduction de la queue et un mouvement d'adduction du membre postérieur avec extension de l'articulation du genou et plus rarement une flexion dorsale de l'articulation astragalienne ou même une flexion des orteils ; ce

---

1. VULPIAN. Article Physiologie de la moelle in *Dictionnaire encyclopédique des Sciences médicales.* Paris, Masson et Asselin, édit., 1874 ; 2e série, VIII.

réflexe est contralatéral. S'il se produit des deux côtés il est plus énergique du côté opposé à l'excitation. De même l'excitation de la peau du pénis et du prépuce détermine des effets moteurs croisés sur les membres postérieurs.

La deuxième loi de Pflüger, vraie dans un certain nombre de cas, ne l'est pas toujours. Ainsi le réflexe d'extension croisée de la patte postérieure chez les mammifères n'est pas conforme à cette loi. Sherrington remarque à ce propos que, chez la plupart des mammifères, le réflexe est asymétrique; cependant, chez le lapin et parfois chez le chien, il est bilatéral et symétrique, ce qui semble en rapport avec la progression par sauts qu'on observe chez ces animaux.

La quatrième proposition de Pflüger a été contestée par Cayrade et par Vulpian. Pflüger pensait que l'irradiation longitudinale ne se faisait que dans un sens, de bas en haut, vers l'extrémité céphalique. Cayrade (1868) avait déjà reconnu que l'irradiation des mouvements réflexes se fait dans tous les sens, aussi bien de haut en bas que de bas en haut.

Vulpian, chez la grenouille, avait vu que, lorsque la moelle est coupée au niveau du bec du calamus scriptorius, l'excitation d'un membre postérieur a peu de tendance à se propager vers le membre antérieur. Si, d'autre part, on excite sur une grenouille spinale un des membres antérieurs, le mouvement réflexe se produira en premier lieu dans le membre antérieur excité, puis dans les membres postérieurs, d'abord du même côté, puis du côté opposé.

Sherrington et Laslett[1] ont constaté aussi l'inexactitude de cette loi. Dans un grand nombre de cas ils ont vu, chez les mammifères, l'irradiation se faire plus facilement vers le bas que vers le haut; ainsi il est plus facile d'obtenir une irradiation de la patte antérieure à la patte postérieure que de la patte postérieure à l'antérieure.

Sherrington a étudié les irradiations des excitations réflexes dans de nombreux cas; il cite l'expérience suivante. Par excitation de la peau de la patte postérieure du chien, on éveille un réflexe de flexion dont l'intensité croît avec l'augmentation de l'excitation. Si on détermine une excitation faible de la peau de la patte, on observe seulement une flexion légère du genou; par une excitation un peu plus forte, la flexion de la hanche s'ajoute à celle du genou; à un degré de plus la patte postérieure du côté opposé s'étend, puis survient l'extension de la patte antérieure homonyme avec rétraction de l'épaule, du coude, puis la flexion du coude de la patte antérieure du côté opposé avec extension du poignet et protraction de l'épaule, enfin rotation de la tête du côté homonyme, ouverture de la bouche et déviation latérale de la queue. L'irradiation se fait à partir d'un point central suivant des lois précises, ce qui prouve qu'il existe des voies pour l'extension des réflexes qui sont plus aisées à suivre que les autres.

Sherrington a donné sur la propagation des réflexes les lois suivantes:

1° Le degré d'intimité du réflexe spinal avec les racines afférentes et efférentes varie en raison directe de leur proximité segmentaire.

2° Pour chaque racine afférente il existe en son voisinage immédiat (dans son propre segment) une voie réflexe motrice dont le seuil est aussi bas et la puissance aussi élevée que pour toute autre voie motrice d'un autre segment.

Ces deux lois de Sherrington spécifient que l'excitation du bout central d'une racine afférente détermine spécialement facilement la contraction des muscles innervés par les racines motrices correspondantes et ensuite des muscles innervés par les racines adjacentes. A la seconde loi il faut ajouter que la décharge motrice éveillée par excitation d'une racine est plurisegmentaire et se fait à travers plusieurs racines efférentes.

3° Des mécanismes moteurs siégeant dans une même région de la moelle et dans un même segment spinal sont accessibles d'une façon inégale aux différentes voies afférentes locales.

Cette loi signifie que des muscles innervés par une même racine motrice (muscles fléchisseurs et extenseurs d'une articulation par exemple) n'entrent pas tous en contraction par excitation réflexe de la voie afférente correspondante. Les mouvements

_____

1. C. S. Sherrington et E. E. Laslett. Spinal reflexes and connections. *Journal of Physiology*, 1903, xxix, 58-96.

obtenus par excitation de la racine afférente peuvent donc être très différents de ceux obtenus par excitation de la racine efférente correspondante.

4° Les groupes de cellules motrices mises en jeu par action spinale réflexe innervent des muscles synergiques et non antiergiques.

Cette loi donne une conception inverse de l'opinion classique depuis Winslow et Duchenne (de Boulogne) concernant la coordination musculaire; elle s'oppose à la théorie qui signifie que la racine efférente innerve un groupe de muscles représentant une synergie fonctionnelle; c'est au contraire, d'après Sherrington, la radiation spinale qui coordonne et synthétise l'action musculaire.

5° Le mouvement réflexe spinal excitable dans chaque segment spinal sera très uniforme en dépit de la grande variété de points d'où peuvent naître les excitations.

Il résulte de cette loi que, quelle que soit la partie d'un membre excitée, le même mouvement se produira dans les trois articulations du membre, avec quelques variétés de positions secondaires. Ceci revient à dire que le champ récepteur d'un réflexe déterminé est en général très étendu ; les réflexes ne sont pas très variés et se réduisent à quelques types principaux susceptibles de présenter des sous-types secondaires très nombreux, mais peu différents en somme du type primitif.

Après avoir ainsi donné les lois des réflexes, Sherrington étudie la façon dont se généralise un réflexe des membres pour une excitation donnée, c'est ce qu'il désigne du terme de « figures réflexes ».

Pour étudier ces « figures réflexes », il suspend l'animal horizontalement et le laisse ainsi les pattes pendantes, verticales et libres. Il a constaté d'abord que certaines régions sont plus aptes que d'autres à recueillir les excitations, ainsi la plante des pieds, la paume des mains, le pavillon de l'oreille, la bouche, la queue, le museau, la région nasale. L'excitation d'une de ces aires réceptrices détermine une attitude qui sera une « figure réflexe » à peu près toujours identique à elle-même.

Chez un animal qui a subi une section sous-bulbaire de l'axe nerveux, l'excitation du pavillon de l'oreille détermine successivement un mouvement du cou, puis de la patte antérieure homonyme, puis de la patte postérieure homonyme, de la queue et du tronc des deux côtés, de la patte postérieure et de la patte antérieure croisée.

Par excitation de la patte antérieure on obtient un mouvement qui s'irradie au membre antérieur de ce côté, puis au membre postérieur homonyme, à la queue, au membre postérieur croisé, enfin au membre antérieur croisé.

Par excitation de la patte postérieure on obtient un mouvement de cette patte qui s'irradie à la patte postérieure croisée, à la queue, puis à la patte antérieure homonyme, enfin en dernier lieu on obtient une flexion du membre antérieur croisé.

On voit par ces expériences de Sherrington que les irradiations directes à travers la ligne médiane sont très difficiles à obtenir pour les membres antérieurs et pour le cou, plus faciles au contraire pour les membres postérieurs. Ce sont là des notions nouvelles en opposition avec les données classiques.

Il faut d'ailleurs remarquer que les « figures réflexes » sont sujettes à des variations, surtout pour les réflexes compliqués. Ces variations se constatent suivant les espèces et parfois même d'animal à animal suivant les expériences. Sherrington a noté, que chez les grenouilles, les « figures réflexes » sont variables suivant les saisons. Ainsi l'irradiation directe d'un membre à l'autre est beaucoup plus aisée à obtenir durant la saison d'accouplement qu'en un autre temps, on sait qu'à ce moment la grenouille présente le réflexe d'embrassement pour l'accouplement, et la moelle subit une modification physiologique passagère au point de vue de l'irradiation des réflexes.

Sherrington a bien mis en lumière que l'irradiation d'un réflexe se rattache au problème de la combinaison des réflexes les uns avec les autres. Par exemple la flexion réflexe de la patte droite peut s'irradier au coude gauche qui se fléchira, mais ce mouvement du coude gauche peut s'obtenir plus facilement par excitation de la patte antérieure gauche, « si bien que l'irradiation soude des effets réflexes qui appartiennent primitivement à plusieurs réflexes primaires ». Ces réflexes ainsi soudés ne peuvent être que des réflexes alliés. Sherrington rapporte l'expérience suivante : si on excite la patte droite et que cette excitation, ayant ainsi déterminé la flexion de cette patte, soit tout juste subliminale pour éveiller par irradiation une contraction de l'extenseur cubital homonyme, on obtiendra un réflexe très fort en excitant en même temps d'une façon très légère la patte antérieure gauche (excitation qui détermine normalement un réflexe croisé d'extension du coude). Dans cette expérience les deux excitations fusionnent leurs effets et toutes deux, bien que subliminales, aboutissent à un mouvement en s'ajoutant l'une à l'autre.

SHERRINGTON trouve tout à fait significatif que l'irradiation réflexe se fasse non pas progressivement, mais brusquement. Quand une articulation se fléchit, par exemple le coude, si l'articulation d'un segment voisin vient à se fléchir, la hanche par exemple, cette flexion se fait brusquement et non pas lentement et progressivement.

Il est intéressant de remarquer que cette coordination réflexe se constate non seulement quand le point excité est un champ cutané récepteur, mais aussi quand on excite le bout central d'un tronc nerveux afférent, même s'il s'agit d'un gros nerf ou d'une racine médullaire. Une racine comprend des fibres d'origines variées et cependant son excitation donne un mouvement réflexe harmonieux. De même, par excitation du nerf tibial au-dessus de l'articulation de la cheville, SHERRINGTON a vu se produire une flexion de la hanche, du genou et du coup de pied avec contraction des muscles fléchisseurs et inhibition des muscles extenseurs, et cependant ce nerf contient également les fibres qui proviennent d'une surface de la peau dont l'excitation entraîne le mouvement réflexe d'extension de la patte. En somme, quand on excite le tronc du nerf, un seul des deux réflexes apparaît, ce qui prévient l'incoordination dans le mouvement général ; il se produit évidemment dans le névraxe des interférences qui aboutissent à une inhibition de l'un des deux réflexes. Tous ces faits témoignent de la solidarité de l'ensemble du mécanisme spinal.

Les répercussions réciproques des excitations aptes à déterminer des réflexes sont multiples. EXNER (1882) a montré qu'un son produit devant l'oreille d'un lapin chloralisé accroissait le mouvement réflexe de la patte déterminé un moment plus tard par excitation de cette patte. Une semblable explication convient pour l'augmentation du réflexe rotulien chez l'homme par diverses excitations à distance, phénomène étudié par JANDRASSIK, MITCHELL et LEWIS, BOWDITCH et WARREN. BUBNOFF et HEIDENHAIN (1885), EXNER ont vu que, chez le chien et le lapin en état de narcose, des excitations de la peau d'une patte renforçaient des excitations faites sur la région du cortex correspondant à cette patte. EXNER, chez le lapin, a observé le même phénomène quand l'excitation était portée non plus sur le cortex, mais sur la substance blanche sous-jacente.

On arrive, par l'étude de tous ces faits, à cette conception que les excitations réflexes ainsi combinées sont d'une extrême importance en physiologie nerveuse.

C. L'inhibition. — Des phénomènes d'inhibition ont été décrits depuis longtemps, par exemple l'arrêt du cœur par excitation du pneumogastrique (WEBER, 1845).

HERING et BREUER (1868) expliquaient par l'inhibition l'action respiratoire autorégulatrice du pneumogastrique : la distension du poumon excitant les fibres afférentes du pneumogastrique pulmonaire inhibe l'inspiration et excite l'expiration.

En ce qui concerne les muscles de la vie de relation, CHARLES BELL, en 1829, écrivait déjà : « Je suspendis un poids au tendon d'un muscle extenseur, en sorte que celui-ci était légèrement étiré et tendu, et je remarquai que pendant la contraction du fléchisseur antagoniste le poids descendait, ce qui indiquait un relâchement de l'extenseur. »

HERZEN (1864), chez une grenouille décapitée, dit qu'on peut abolir tout réflexe d'un membre en excitant fortement le membre opposé. LEWISSON empêche tout mouvement réflexe dans les pattes postérieures en comprimant fortement avec un fil les pattes antérieures.

BROWN-SÉQUARD (1868), étudiant l'action d'arrêt des contractions musculaires par l'excitation de certains nerfs sensitifs, montra qu'on peut faire cesser chez l'homme un clonus tendineux par la flexion forcée du gros orteil, observation qui fut confirmée par CHARCOT. C'est BROWN-SÉQUARD qui proposa le terme d'inhibition pour désigner certains phénomènes physiologiques d'arrêt : « Toutes les cessations d'action, écrit-il, alors que leur cause subsiste, toutes les pertes de fonction dans les centres nerveux, dans les nerfs et les tissus contractils, ayant lieu sans altération organique locale visible, et aussi sans changement notable dans l'état des vaisseaux sanguins ou de leur contenu, et se produisant à quelque distance d'un point irrité, immédiatement ou peu après l'irritation, sont des inhibitions. »

CHARLES RICHET cite l'expérience suivante : l'application de quelques gouttes de térébenthine sur la patte d'une grenouille décapitée détermine une action réflexe énergique qui a pour but de chasser le caustique et de fuir; si on injecte sous la peau de la même patte quelques gouttes d'essence, tout mouvement s'arrête, les réflexes se sont neutralisés, l'excitation forte a annihilé l'excitation faible.

NOTHNAGEL, STERNBERG ont vu qu'on peut inhiber le réflexe patellaire chez le chien et le lapin par excitation du bout central du nerf sciatique de la même patte. Les mouvements réflexes des membres postérieurs chez le chien peuvent être arrêtés par le pincement des muscles. BUBNOFF et HEIDENHAIN (1881) ont obtenu le relâchement de certains muscles par l'excitation de certaines régions de l'écorce cérébrale, expériences qui furent ultérieurement confirmées par SHERRINGTON, HERING, EXNER. Des excitations violentes ne sont pas nécessaires pour obtenir des effets inhibiteurs. SCHLESINGER a montré qu'une anguille décapitée et suspendue par la tête présentait des mouvements ondulatoires qui s'arrêtent par le simple attouchement de la surface de la peau ; TARCHANOFF a remarqué que les grenouilles tenues dans la main réagissaient moins bien que des grenouilles tenues par un crochet, comme si l'excitation cutanée par la main diminuait l'excitabilité médullaire.

SHERRINGTON (1894), expérimentant sur les yeux d'un singe, montre que la contraction d'un muscle obtenue par excitation corticale entraîne l'inhibition du muscle opposé.

HERING (1895) vit que pendant la production d'un mouvement volontaire chez l'homme les muscles antagonistes se relâchent. HERING et SHERRINGTON (1897) purent inhiber par excitation électrique de l'écorce le tonus des muscles extenseurs de la patte chez le chat. SHERRINGTON (1897) montra également qu'il suffit, pour faire disparaître les spasmes toniques qui surviennent dans les muscles des animaux décapités, de provoquer par l'excitation d'un nerf périphérique la contraction de leurs antagonistes. HERING (1898) écrit à ce propos « qu'il pourrait exister des fibres de coordination ayant avec les groupes musculaires antagonistes des rapports tels que, par excitation de ces fibres, la contraction de l'un des groupes fût accompagnée de l'inhibition de l'action de ces antagonistes ».

ATHANASIU[1] montre que, chez le cheval, les muscles extenseurs et fléchisseurs du métacarpe se contractent alternativement durant la marche. PARI[2], FRANÇOIS FRANCK[3] obtinrent, chez le chien, par excitation corticale l'extension du membre antérieur avec contraction des extenseurs et relâchement des fléchisseurs. TIEDEMANN[4], déterminant chez une grenouille strychnisée des contractions réflexes par excitation du nerf brachial droit, put les inhiber en tétanisant le sciatique gauche. FLOURNOY[5] a constaté, comme l'avaient signalé antérieurement NOTHNAGEL et STERNBERG, l'inhibition du réflexe patellaire par excitation du bout central du sciatique de la même patte ; chez le chat, il a pu obtenir l'inhibition du réflexe patellaire par excitation du crural de la patte opposée. Cette inhibition est réflexe, comme le réflexe lui-même, car la section transversale de la moelle dorsale ne l'empêche pas de se produire; sa période latente existe, mais elle est extrêmement courte et difficilement appréciable avec les appareils actuels. Lorsque l'inhibition cesse, le réflexe réapparaît avec son énergie habituelle. Si l'on maintient l'inhibition au delà d'un certain temps (30 secondes environ), elle finit par s'épuiser et le réflexe réapparaît progressivement. FLOURNOY a étudié en outre l'inhibi-

---

1. ATHANASIU. Recherches sur le fonctionnement des muscles antagonistes dans les mouvements volontaires. *Comptes rendus de l'Académie des Sciences*, CXXXIV, février 1902, 311.

2. PARI. Sull'allungamento riflesso dei muscoli dello scheletro. *Zeitschrift f. allg. Physiologie*, 1904, IV, 127-140.

3. FRANÇOIS FRANCK. Inhibition coordonnée dans les muscles fléchisseurs sous l'influence d'excitations du cerveau produisant l'extension des membres. *Comptes rendus de la Société de Biologie*, 1907, LXIII, 805.

4. TIEDEMANN. Untersuchungen über das absolute Refraktärstadium und die Hemmungsvorgänge im Ruckenmark des Strychninfrogs. *Zeitsch. f. all. Physiologie*, 1910, 183-245.

5. FLOURNOY. Recherches sur l'inhibition des muscles et du réflexe patellaire. *Revue médicale de la Suisse romande*, 1910, XXX, 741-809.

tion du triceps chez des animaux en état d'asphyxie ou de crises épileptiformes ; l'inhibition qu'il a obtenue par excitation du sciatique est limitée, il n'a jamais pu interrompre la contracture totalement d'une façon immédiate, l'inhibition n'a été que progressive, comme si les cellules étaient dans un état d'excitation trop violente pour être d'emblée inhibées.

L'inhibition joue un rôle très important dans la coordination musculaire. On sait qu'une action musculaire est forte ou faible suivant l'intensité d'une excitation, mais une faible décharge motrice ne signifie pas invariablement une excitation de faible intensité à cause de l'inhibition centrale qui intervient. Une influence inhibitrice est tout aussi capable de déterminer des contractions progressivement croissantes et décroissantes qu'une influence excitatrice. Dans l'organisme il peut y avoir toute une série d'influences positives et négatives, leur différence se traduira par le mouvement. Sherrington[1] a publié sur ces faits des graphiques très concluants.

L'inhibition est utile pour l'arrêt du phénomène de l'ébranlement prolongé (« l'après-décharge » de Sherrington), que l'on observe après une contraction musculaire réflexe ;

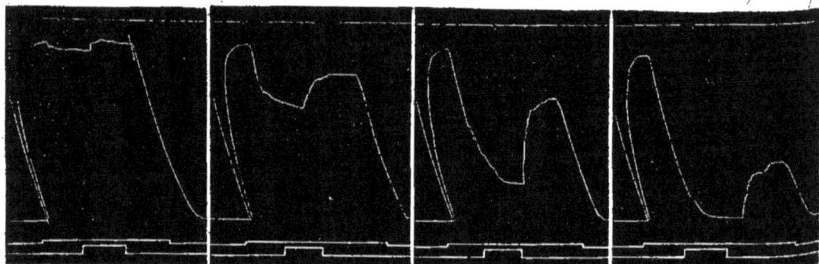

Fig. 212. — Contractions réflexes du semi-tendineux, fléchissement du genou, provoquées par l'excitation du nerf péronier homolatéral (elle est indiquée par des encoches sur la 2ᵉ ligne en partant du bas de la figure). La contraction est inhibée dans chaque cas par une excitation intercurrente du nerf poplité contralatéral (signal de la ligne la plus basse). L'intensité de l'excitation contralatérale inhibitrice est augmentée progressivement depuis I jusqu'à IV, tandis que l'intensité de l'excitation reste toujours la même. L'expérience est faite sur un chat décérébré. Temps en secondes au-dessus (Sherrington).

ces phénomènes d'après-décharge qui seraient désavantageux pour l'organisme sont inhibés et ainsi le réflexe suivant peut se produire.

Dans le mécanisme des mouvements réflexes compliqués, les phénomènes d'inhibition interviennent utilement. Il y a, par exemple, dans le cas du réflexe de flexion de la patte postérieure chez le chien ou le chat spinal, excitation du neurone moteur des muscles fléchisseurs et inhibition du neurone moteur des muscles extenseurs ; la coordination réflexe active un groupe de muscles et inhibe l'autre. Le phénomène est analogue, mais exactement inverse, dans le réflexe d'extension croisée ; on obtient alors, par excitation de la patte opposée, une inhibition des muscles fléchisseurs et une contraction des muscles extenseurs. Sherrington et Sowton[2] ont insisté sur ces faits et rapporté des expériences intéressantes. Ces auteurs ont noté que l'on obtient beaucoup plus facilement l'inhibition du réflexe déterminé par le courant galvanique du rhéonome de Kries que celle du réflexe provoqué par des excitations faradiques ordinaires. Ils ont vu aussi que dans les expériences le facteur fatigue intervient ; c'est ainsi que, lorsqu'un réflexe est fatigué, une même excitation qui donnait au début une inhibition légère donne une inhibition très intense ; mais il ne faudrait pas conclure de cette constatation que l'inhibition soit assimilable à la fatigue, ce sont deux phénomènes tout différents.

1. C. S. Sherrington. The role of reflex inhibition. *Science Progress*, avril 1911, n° 20.
2. C. S. Sherrington et Sowton, On reflex inhibition. *Proceed of the Royal Society*, 1911, LXXXIV.

Nous avons vu que, lorsque deux muscles d'action opposée s'insèrent sur une articulation, l'un se contracte et l'autre se relâche par un phénomène actif qui est l'inhibition. Le problème est souvent plus complexe. SHERRINGTON donne en exemple les muscles de l'articulation du coude. Quand cette articulation est étendue, on constate, en palpant les muscles du bras, que le triceps est contracté tandis que les muscles fléchisseurs sont relâchés; si l'on fléchit complètement le bras, on observe un phénomène inverse, le relâchement du triceps et la contraction des fléchisseurs; dans une position intermédiaire de semi-flexion les deux muscles sont dans un état de contraction simultanée qui répond à la différence d'excitation et d'inhibition sur chacun des groupes musculaires; cette contraction simultanée de deux groupes opposés, qui avait été mise en doute, est réelle, comme le démontrent les graphiques du physiologiste anglais. Le phénomène peut être encore plus complexe quand un muscle agit non plus sur une seule mais sur deux articulations. SHERRINGTON [1] donne l'exemple suivant. Au genou le muscle quadriceps est extenseur de cette seule articulation, le demi-tendineux est fléchisseur de cette même articulation, mais il est en plus extenseur de la hanche. Quand le genou se fléchit, le quadriceps se relâche et le demi-tendineux se contracte, tandis qu'à la hanche les muscles fléchisseurs de cette articulation sont en état de contraction. On a donc pour le genou la contraction du fléchisseur (demi-tendineux) et le relâchement de l'extenseur (quadriceps) et pour la hanche la contraction des fléchisseurs et la contraction d'un extenseur (demi-tendineux). SHERRINGTON appelle *pseudo-antagoniste*, par opposition avec le vrai antagoniste, un muscle qui, en fixant une articulation, renforce l'effet d'un autre muscle qui agira sur une articulation plus éloignée. Dans l'exemple précédent, le muscle demi-membraneux qui est extenseur de la hanche est un vrai antagoniste des fléchisseurs de la hanche, car il ne se contracte jamais avec eux. Les muscles pseudo-antagonistes sont très nombreux.

L'inhibition agit dans le passage d'un mouvement réflexe à un autre mouvement réflexe, par exemple chez un animal spinal dans le passage du réflexe de grattage au réflexe de la marche. Ce phénomène est nécessaire, sinon il y aurait un instant de trouble dans la séquence de ces deux réflexes où les mêmes muscles agissent différemment sur une même articulation. Par suite de l'inhibition il y a entre les deux réflexes une phase de repos.

Le phénomène de l'inhibition intervient encore dans la production des mouvements rythmiques. Lorsqu'une excitation est appliquée sur un certain point du territoire cutané chez un mammifère décapité, le mouvement résultant de cette excitation est rythmique. Pour expliquer ce fait, SHERRINGTON pense qu'il faut admettre une phase réfractaire pendant laquelle les centres nerveux ne peuvent répondre à l'excitation, et cette phase réfractaire est de nature inhibitrice. Un grand nombre de mouvements rythmiques (le vol des oiseaux, le mouvement de la queue des poissons, etc.) sont probablement de cette nature; ces mouvements cessent à la suite d'une inhibition réflexe engendrée par eux-mêmes et reprennent ensuite.

SHERRINGTON attire l'attention sur un autre phénomène physiologique qu'il appelle *l'exaltation post-inhibitrice*. Lorsqu'un muscle en contraction est relâché par inhibition, si l'on fait cesser l'inhibition réflexe qui détermine cette inhibition, le muscle relâché entre de nouveau en contraction; l'exaltation post-inhibitrice est due à une exaltation de l'excitabilité des éléments spinaux de l'arc réflexe. L'inhibition entraîne, d'après SHERRINGTON [2], non seulement l'accroissement d'intensité du réflexe suivant, mais l'augmentation de l'après-décharge et la diminution de la période latente. L'inhibition d'un réflexe rotulien entraîne après arrêt de celle-ci un accroissement dans l'intensité du réflexe. L'interruption d'un réflexe rythmé par une excitation donnée entraîne après cessation de l'excitation inhibitrice un accroissement de la fréquence et de l'amplitude du rythme.

Pour expliquer les phénomènes d'inhibition, certains auteurs ont admis que dans les nerfs périphériques existeraient des fibres inhibitrices spéciales, dont le rôle serait

1. C. S. SHERRINGTON. The role of reflex inhibition, *Science Progress*, avril 1911, n° 20.
2. C. S. SHERRINGTON. On innervation of antagonistic muscles. Successive spinal induction. *Proceed of Royal Society*, 1906, LXXVII, 478.

de produire le relâchement des muscles. Kronecker et Meltzer (1883) écrivaient qu'un nerf dont l'excitation détermine la flexion doit contenir des fibres inhibitrices pour les muscles extenseurs. Wedensky (1883) avait vu que l'excitation d'un nerf centrifuge par un courant induit produit une inhibition du muscle, c'est-à-dire de son tétanos, si l'on augmente la force du courant ou la rapidité des chocs d'induction au delà d'un certain point; Wedensky pensait que ce phénomène était dû à une sorte d'épuisement par excitations trop fortes, mais d'autres auteurs ont admis pour l'expliquer l'existence de fibres inhibitrices spéciales. Nicolaides et Doutas (1907), ayant remarqué que les contractions réflexes du gastrocnémien droit provoquées chez la grenouille par excitation du sciatique gauche deviennent plus fortes si l'on coupe à droite les racines inférieures du plexus lombaire, concluent que celles-ci contiennent donc des fibres inhibitrices.

L'existence de fibres inhibitrices spéciales n'est pas admise par la plupart des physiologistes, du moins en ce qui concerne les fibres musculaires striées chez les vertébrés, car ces fibres ne semblent pas être douteuses pour les muscles lisses et même pour les muscles striés des invertébrés (Charles Richet, Biedermann). Biedermann, Verworn, Morat font remarquer qu'il s'agit dans ces cas de fibres dépendant de ganglions nerveux locaux ; par conséquent, le système nerveux central, pour empêcher leur contraction, ne peut agir qu'au moyen de fibres inhibitrices ; il n'en est pas de même des muscles striés dont l'activité dépend du système nerveux central, c'est là qu'est le siège de l'inhibition.

Le siège central de l'inhibition est prouvé par les expériences suivantes. Setschenow, déposant un cristal de sel marin sur les lobes optiques d'une grenouille, obtient l'inhibition de tous les réflexes des membres. Fröhlich et Sherrington [1] ont montré que, chez un chien décérébré dont les membres sont raides et hypertoniques par action des muscles extenseurs, on peut inhiber la contraction musculaire non seulement par excitation de la patte postérieure croisée, mais par excitation directe électrique d'un point de la colonne latérale de la moelle sectionnée dans la région dorsale.

Les physiologistes se sont demandé si les cellules médullaires produisent un influx inhibiteur centrifuge transmis aux muscles par les fibres motrices ou si ces cellules agissent simplement en suspendant pour un moment l'influence tonique qu'elles exercent sur le muscle. C'est cette seconde thèse, soutenue par Verworn, Hering, Morat, qui paraît la plus vraisemblable. Pour Sherrington l'inhibition, comme d'ailleurs les autres propriétés du système nerveux central (période réfractaire, irréversibilité des contractions, etc.), dépendrait de processus intimes ayant pour siège les synapses ; il se produirait à ce niveau un phénomène de blocage dans la contraction de l'influx nerveux. C'est une opinion semblable à celle de Morat qui tend à admettre que l'inhibition siège non pas dans la cellule nerveuse, mais aux points d'articulation des neurones. Hering aussi spécifie que l'inhibition réflexe d'un muscle exige une excitation inhibitrice agissant dans le système nerveux central sur l'excitation positive et opposée, et que le « Kollisionsort » n'est pas la cellule nerveuse elle-même, mais un point situé en amont d'elle.

D. La dynamogénie. — Le phénomène de la dynamogénie est l'inverse du phénomène de l'inhibition. Brown-Séquard écrit : « J'appelle dynamogénie la puissance que possèdent nombre de parties du système nerveux d'augmenter subitement ou très rapidement une propriété ou une activité par une influence purement dynamique. » Bubnoff et Heidenhain (1881), Exner (1882) ont montré que chez le chien un courant appliqué sur la patte postérieure trop faible pour agir devient efficace si on excite mécaniquement légèrement la patte. Exner (1884) a constaté que si l'on excite au moyen de deux électrodes la patte d'un lapin par des chocs espacés faibles, il ne se produit aucun réflexe, mais si l'on soumet la région corticale de l'animal à une excitation très légère, qui par elle-même ne donnerait aucun mouvement, le réflexe se produit ; une excitation corticale peut donc influencer et favoriser une excitation simultanée ou subséquente (Bahnung de Exner). Sherrington a donné de nombreux exemples de phénomènes similaires qu'il appelle induction immédiate ; on peut en rapprocher le phénomène qu'il décrit dans

---

1. A. Fröhlich et C. S. Sherrington. Path of impulses for inhibition under decreebrate rigidity. *Journ. of Physiology*, 1902, xxviii, 14.

les réflexes composés sous le nom d'induction secondaire, il s'agit de ce fait qu'après exécution d'un mouvement donné un mouvement contraire a une grande tendance à se produire, un réflexe joue le rôle d'excitant pour d'autres réflexes. Tous ces phénomènes décrits sous le nom de dynamogénie, addition latente (CHARLES RICHET, BAHNUNG), induction immédiate, sont analogues. FLOURNOY fait remarquer que le mot dynamogénie est plus général et peut s'employer dans tous les cas où les centres sont devenus hyperexcitables à la suite d'une première incitation, quelle que soit sa nature.

E. **Parallélisme entre les réflexes spinaux et cérébraux.** — On pouvait penser que la coordination cérébrale est plus parfaite que la coordination spinale, mais en réalité, si l'on compare soigneusement certains mouvements d'origine cérébrale avec des mouvements d'origine médullaire, les différences sont très peu sensibles. SHERRINGTON a vu que lorsque la jambe se fléchit dans le réflexe de flexion ou lorsqu'elle se fléchit par excitation corticale, la coordination dans les deux cas est aussi complète; il admet cependant comme probable que l'excitation de l'écorce met en jeu des groupes musculaires plus nombreux que l'excitation médullaire. Les contractions de la phase d' « after discharge » existent dans les mouvements réflexes médullaires aussi bien que dans les mouvements corticaux. SHERRINGTON a constaté aussi que certains mouvements difficilement obtenus en tant que réflexes spinaux, comme par exemple l'extension du membre postérieur, sont aussi difficiles à provoquer par excitation corticale. Les expériences de SHERRINGTON sur les modifications des réflexes sous l'influence de la strychnine et de la toxine tétanique complètent le parallélisme entre les deux variétés de mouvements. Ces deux intoxications en effet modifient le régime réflexe de la moelle et, avec une dose convenable de poison, on peut transformer le réflexe de flexion du membre postérieur en réflexe d'extension ; or SHERRINGTON a pu obtenir le même phénomène chez le chat intoxiqué de la même façon en excitant l'écorce par un courant faradique. En somme, les mouvements spinaux et cérébraux peuvent être obtenus par des procédés presque identiques.

SHERRINGTON note un élément différentiel entre les réactions corticales et spinales, c'est le fait que la réaction spinale, quand elle devient intense, a tendance à s'étendre en traversant la ligne médiane, tandis que l'excitation corticale reste plus localisée et s'étend moins facilement.

Les réflexes spinaux semblent, d'après SHERRINGTON, avoir plus spécialement pour objet la protection de l'individu, la procréation, les fonctions viscérales, la locomotion. Ces réflexes sont éveillés par la stimulation des nerfs sexuels, des nerfs viscéraux, des nerfs cutanés nociceptifs, ils sont peu ou pas éveillés par une simple excitation tactile. SHERRINGTON ne pense pas qu'un contact simple, non nocif, puisse déterminer un réflexe médullaire. Il a fait cette remarque aussi que, chez le chat et le chien décérébrés, les excitations lumineuses ou sonores ne provoquent pas de mouvements spinaux, bien que les voies mésocéphaliques soient intactes ; au contraire, ces mêmes excitations chez l'animal entier amènent facilement des mouvements des membres et de la tête. Il est évident d'ailleurs que ces deux ordres de réflexes se combinent chez l'animal et que le cerveau peut modifier les réflexes spinaux. En règle générale, tout réflexe purement spinal sera plus régulièrement obtenu chez l'animal décérébré que chez l'animal entier, car le cerveau peut toujours intervenir pour modifier le mouvement réflexe.

F. **Influence des réflexes psychiques sur l'activité médullaire.** — Un mouvement réflexe involontaire peut se produire avec ou sans l'intervention de l'élément cérébral qui permet l'appréciation exacte de l'excitation et des effets qu'elle détermine.

Certains réflexes psychiques méritent d'être envisagés dans leurs rapports avec l'activité médullaire. Le réflexe d'émotion amoureuse s'accompagne de phénomènes vaso-moteurs dont le siège est lombo-sacré (érection) et de mouvements de copulation aboutissant à l'éjaculation. Le réflexe de goût s'accompagne chez le singe d'un mouvement des mains indiquant le dessein de préhension des aliments (PAWLOW). Le réflexe de dégoût comprend la production de chair de poule, de pâleur, d'arrêt des sécrétions d'origine médullaire. La peur s'accompagne de tressaillement musculaire, de chair de poule, de mouvements de fuite. Ces réflexes psychiques peuvent être provoqués par des excitations périphériques des nerfs sensibles. Entre l'excitation sensitive périphé-

rique et la réaction motrice s'intercale dans le réflexe psychique la réaction émotionnelle des centres nerveux (CHARLES RICHET). Ainsi, pour l'érection, il y a des nerfs spécifiques du gland et de la verge dont l'excitation peut amener l'érection réflexe avec
ou sans intervention du cerveau ; après section de la moelle, le contact du gland ou de
la verge peut provoquer l'érection sans que le sujet ait conscience du contact. Le
même réflexe d'érection peut être produit par des excitations diverses de la vue, de
l'ouïe, de l'odorat, du toucher. CHARLES RICHET fait justement remarquer : « le caractère réflexe de cette érection n'est pas douteux et son caractère psychique est tout
aussi évident. En effet, cette érection est réflexe, car elle n'aurait pas eu lieu sans
l'excitant extérieur. D'autre part, elle est aussi psychique, résultant d'une élaboration
intellectuelle, car l'influence des centres nerveux qui ont transformé l'excitation est
absolument évidente. » Les excitations périphériques n'auraient souvent aucune valeur
par elles-mêmes si le cerveau ne les transformait pas.

Ces actes psychiques réflexes peuvent être transformés par la volonté, mais, si
l'excitation est très forte, la réaction réflexe peut avoir lieu malgré la volonté inhibitrice (CHARLES RICHET). Il est d'ailleurs très difficile dans certains cas de fixer une
démarcation entre un réflexe et un mouvement volontaire. Pour CHARLES RICHET tout
acte, même celui qui paraît le plus nettement spontané, est un acte réflexe.

La discussion des rapports de l'émotion avec les réactions réflexes motrices, vasomotrices, viscérales, la discussion de la nature primitive ou secondaire de l'émotion,
sont des questions de psychologie que nous ne pouvons exposer dans cette étude uniquement consacrée aux fonctions médullaires.

VI. **Les réflexes tendineux, périostiques et osseux. — Les clonus.** —
ERB qui, un des premiers, étudia en neurologie humaine les réflexes tendineux, les
considérait comme de véritables réflexes cérébro-spinaux. WESTPHAL, qui signale dans
le tabes l'abolition de la contraction du quadriceps fémoral après percussion du
tendon rotulien, pensait que, dans ce phénomène, il s'agissait d'une contraction musculaire dépendant de la distension du muscle par la percussion de son tendon ; c'est dans
cet esprit qu'il dénomme le réflexe du genou « phénomène de la jambe », terme qui ne
présumait en rien de la qualité de la réaction motrice.

SCHULTZE et FÜRBRINGER (1875), à l'instigation d'ERB, essayèrent de démontrer la
nature réflexe du phénomène du genou, ils séparèrent chez le chien le tendon rotulien
du triceps crural et obtinrent la contraction du muscle par percussion du tendon et de
la rotule. On leur objecta que la vibration pouvait être transmise directement au
muscle par l'intermédiaire de l'os, mais STERNBERG, reprenant plus tard ces expériences,
put démontrer que la critique n'était pas fondée.

STERNBERG admet des réflexes osseux et des réflexes musculaires, mais il pense que
l'excitation déterminée par le choc de l'os se transmet par l'os au tendon, puis au
muscle ; là nature des deux excitations n'est donc pas très différente. Les expériences
de STERNBERG sont intéressantes. Il préparait chez des lapins le fléchisseur commun des
doigts de l'extrémité inférieure et, après avoir sectionné le tendon, il surchargeait ce
muscle du poids de 20 à 50 grammes pour le distendre, puis il étudiait le réflexe ; il vit
que celui-ci est provoqué par la percussion des ligaments des articulations et des
aponévroses d'insertion du muscle, par la percussion des os recouverts du périoste et
même des surfaces articulaires ; on obtiendrait la contraction aussi dans le cas où l'on
sectionne toutes les parties molles jusqu'à l'os, si bien que l'on ne peut invoquer dans
ces conditions que la transmission osseuse. Lorsque, chez le lapin, on scie le tibia en
deux moitiés, on constate que l'excitation mécanique du segment central de l'os et
même de la surface sciée provoque la contraction du muscle, qui n'est nullement
influencée par la destruction de la moelle osseuse. La transmission osseuse joue donc
un rôle dans la production du réflexe. Ces expériences de STERNBERG furent répétées
par KORNILOFF (1902) avec des résultats identiques. STERNBERG montra aussi que le tendon
a une action dans la production du réflexe, car, en séparant un muscle des os sur lesquels il s'insère et aussi des parties molles, en ne laissant intacts que les nerfs et les
vaisseaux, en fixant ensuite le muscle, on peut encore obtenir une contraction réflexe
par percussion de son tendon ; la ligature des vaisseaux troublant la nutrition du
muscle empêche le réflexe de se produire.

La conclusion de cette dernière expérience de STERNBERG n'est pas admise par JENDRASSIK (1900); cet auteur, après avoir détaché le tendon et le muscle de l'os, observe d'une part une contraction par percussion osseuse, et d'autre part l'absence de contraction par excitation du tendon détaché; il pense que le tendon ne fait que transmettre l'excitation aux os, au périoste, aux articulations qui seraient les origines réelles de l'arc réflexe.

TCHIRIEFF et SCHREIBER ont montré que les fibres nerveuses des tendons ne jouent pas un rôle essentiel dans la production des réflexes tendineux; SCHREIBER constate que, si l'on sectionne le tendon après l'avoir séparé des parties molles voisines, et si l'on rattache ensuite son bout libre au muscle, on peut, en appliquant une percussion sur le fil, provoquer une contraction réflexe des muscles; le tendon servirait donc principalement à transmettre l'excitation mécanique au muscle.

SHERRINGTON classe les réflexes tendineux en deux catégories : 1° de vrais réflexes spinaux et spino-cérébraux partis des tendons; 2° des pseudo-réflexes, communément nommés phénomènes tendineux ou « secousses » par les auteurs anglais et américains. Il s'exprime ainsi :

« Les premiers sont faciles à expliquer. Les tendons des muscles, que BICHAT avait depuis longtemps reconnus doués de sensibilité, contiennent les organes terminaux des nerfs afférents; ce sont les organes terminaux décrits par SACHS, GOLGI, RUFFINI et d'autres. Ces organes peuvent être excités par des moyens mécaniques et le stimulant qui est leur mode normal approprié d'excitation est probablement une tension mécanique. Les vrais réflexes tendineux n'ont pas autant d'importance en clinique que les pseudo-réflexes (phénomènes tendineux, secousses).

« Les seconds ont pour type « la secousse du genou ». On peut objecter à la dénomination de « phénomènes tendineux » le fait que le tendon n'est pas essentiel à ce phénomène.

« On voit que ce ne sont pas de vrais réflexes à ce que le temps de latence de la réaction est assez court pour exclure la possibilité d'une réaction par l'intermédiaire d'un centre nerveux. La « secousse » est une réponse directe du muscle à une tension mécanique subite. C'est seulement quand l'excitabilité du muscle est grande qu'on peut obtenir cette réponse directe. Quand le muscle est séparé des neurones spinaux moteurs qui l'innervent, son excitabilité est trop amoindrie pour que la réponse soit possible. Quand les racines spinales afférentes en rapport avec le tonus spinal du muscle sont sectionnées, l'excitabilité musculaire diminue trop aussi pour qu'il réponde directement à une tension mécanique subite. Ainsi est-il nécessaire, pour que la « secousse » se produise, que le tonus spinal du muscle subsiste. L'arc réflexe dont dépend le tonus spinal du muscle est composé des fibres nerveuses afférentes venant du muscle lui-même (le vaste crural dans le cas de la « secousse » du genou) et des neurones moteurs innervant ce muscle. L'activité de cet arc peut être exaltée ou inhibée par l'activité de divers autres arcs spinaux ou spino-cérébraux. L'ablation des hémisphères cérébraux entraîne immédiatement une très grande exaltation du tonus du muscle vaste crural, traduisant l'exaltation de l'activité des neurones spinaux. La « secousse » du genou est alors très exaltée au point qu'un simple coup sur le tendon patellaire peut provoquer toute une série de secousses rythmiques. D'autre part, l'activité des neurones spinaux moteurs innervant le vaste crural peut être amoindrie par l'excitation des neurones moteurs qui innervent les muscles antagonistes, les fléchisseurs du genou. L'activité de ces neurones moteurs des fléchisseurs du genou est habituellement associée à un certain degré d'inhibition des muscles extenseurs du genou. Le réflexe spinal le plus facile à obtenir dans les membres postérieurs des animaux par l'excitation du membre lui-même est la flexion du membre au genou et à la hanche. Aussi un moyen facile de provoquer l'inhibition de la « secousse » du genou est d'exciter le mouvement réflexe du membre postérieur dans une portion du membre, parce que les fléchisseurs du genou entrent en jeu et l'activité des cellules motrices des extenseurs est alors partiellement ou complètement inhibée. L'inhibition peut être particulièrement bien obtenue en excitant les muscles fléchisseurs eux-mêmes, par exemple le demi-membraneux. »

On a invoqué contre la nature réflexe du phénomène du genou la trop courte durée de la période latente. Pour WALLER et GÓTSCH, cette période latente est de 19 σ environ, alors qu'EXNER pour le réflexe de fermeture de la paupière a trouvé 45 σ. BRISSAUD fixe le temps perdu du réflexe rotulien entre 48 et 52 σ, PARISOT trouve comme chiffre moyen 40 à 45 σ chez l'homme et 30 à 40 σ chez le lapin. PHILIPSON [1] donne 45 σ chez le chien. SHERRINGTON a vu que chez le chien le réflexe d'extension de l'orteil (extensor thrust reflex) a une période latente aussi courte que le réflexe rotulien. MITCHELL et LEWIS ont vu que la contraction du quadriceps provoquée par excitation directe du muscle a une période latente de 0"011, alors que par excitation réflexe la période latente est de 0"022. Ces faits semblent montrer qu'il y a des contractions musculaires de nature véritablement réflexe.

H. PIÉRON [2] donne comme temps de latence du réflexe rotulien chez l'homme, d'après une moyenne obtenue chez quinze sujets, 0"0403 et comme temps de latence du réflexe achilléen 0"0482; il y a donc en moyenne huit millièmes de seconde de différence entre les temps de latence de ces deux réflexes, ce qui implique une vitesse de l'influx nerveux dans les troncs nerveux d'environ 100 mètres à la seconde, chiffre voisin de la valeur fixée par PIPER (120 mètres). H. PIÉRON conclut de ses recherches que le temps propre du réflexe (temps de transformation de l'excitation en réaction motrice) est variable chez un même individu, décroissant en fonction de l'augmentation de l'intensité efficace de l'excitation (augmentation de l'intensité absolue ou de l'intensité relative par accroissement de l'excitabilité (manœuvre de JENDRASSIK)); il est peu variable d'un individu à l'autre à intensité constante, mais l'est davantage chez les individus atteints de lésions nerveuses, la brièveté des temps étant approximativement proportionnelle au taux de l'excitabilité réflexe. H. PIÉRON a constaté que les limites pathologiques extrêmes de ce temps propre du réflexe sont comprises entre 0"008 et 0"050 avec un temps moyen normal oscillant autour de 0"025.

H. PIÉRON [3] a noté que les réflexes cutanés ont un temps perdu très long; il a trouvé, comme moyennes normales pour le réflexe crémastérien (deux sujets) 0"17, pour le réflexe cutané en flexion (quatre sujets) 0"19, pour le réflexe du tenseur du fascia lata (cinq sujets) 0"24; il existerait d'ailleurs une grande variabilité dans ce temps de latence d'un individu à l'autre et aussi, chez le même individu, d'une réaction à l'autre. Dans les cas d'atteinte du faisceau pyramidal la longueur et la variabilité des temps de latence s'exagèrent encore pour la réaction des orteils comme pour celle du tenseur du fascia lata, et il existe une influence plus grande des conditions d'excitation (phénomènes de fatigue ou de sommation, rôle de l'intensité, etc.).

H. PIÉRON fait remarquer qu'à tous les points de vue les temps de latence des réflexes cutanés contrastent avec ceux des réflexes tendineux qui sont beaucoup plus courts et varient peu, aussi bien d'un individu à l'autre que chez un même individu d'une excitation à l'autre, surtout pour des sujets normaux et des excitations d'intensité moyenne. Cette différence ne semble pas tenir aux appareils de réaction, puisque le réflexe du tenseur du fascia lata, souvent associé à une contraction du quadriceps, a un temps perdu d'environ 20 centièmes de seconde quand il est provoqué par une excitation plantaire, tandis que l'excitation du quadriceps provoquée par excitation du tendon rotulien a un temps perdu d'environ 4 centièmes de seconde, c'est-à-dire environ cinq fois plus court. H. PIÉRON conclut de ses recherches que le plus grand retard des réflexes cutanés tient non à un plus grand retard dans les appareils de réaction, mais à une lenteur particulière dans les processus de réception de l'excitation et surtout dans les processus d'élaboration de la réponse réflexe au niveau des centres, dont la localisation médullaire ne paraît plus pouvoir être mise en doute aussi bien pour les réflexes cutanés que pour les réflexes tendineux.

1. PHILIPSON. Note sur le temps de latence du réflexe rotulien du chien, *Archives internationales de Physiologie*, 1907, 131.

2. H. PIÉRON. Le temps de latence des divers réflexes tendineux. Facteurs de variation. Analyse. Détermination du « temps propre du réflexe ». *Comptes rendus de la Société de Biologie*, 30 juin 1917, 651.

3. H. PIÉRON. De la longue durée et de la variabilité du temps de latence pour les réflexes cutanés. *Comptes rendus de la Société de Biologie*, 2 juin 1917, 545.

H. Piéron[1] a insisté très justement sur l'importance des myogrammes pour l'examen des réflexes.

A. Strohl.[2] a poursuivi toute une série de recherches intéressantes sur l'examen des réflexes par la méthode graphique. D'après cet auteur, les réflexes tendineux et cutanés ne se distinguent pas seulement les uns des autres au point de vue graphique par des périodes latentes très différentes, mais encore par des courbes essentiellement dissemblables. Tandis que le myogramme d'un réflexe cutané ne présente qu'une seule contraction musculaire relativement lente, la courbe d'un réflexe tendineux, enregistrée dans certaines conditions de fidélité et de sensibilité, montre toujours une série d'élévations qui traduisent une succession de secousses musculaires, normalement au nombre de trois. La première, qui commence de 0″012 à 0′016 après le début de l'excitation, est une secousse mécanique due à l'ébranlement communiqué aux fibres musculaires par la percussion du tendon. Les deux autres, au sujet desquelles les physiologistes discutent encore, doivent, d'après A. Strohl, être considérées : la seconde assez vive, qui apparaît 0″050 après la percussion, comme une réaction purement musculaire, ne nécessitant pas l'intervention d'une action centrale; la dernière, au contraire, plus lente, qui survient environ 0″130 après le choc du marteau, comme une réponse véritablement *réflexe*. Le réflexe tendineux serait donc une réaction complexe de l'appareil neuro-musculaire constituée par une secousse *musculaire* à laquelle succède une contraction *réflexe*. Cette interprétation est appuyée par des arguments tirés de la morphologie et des périodes latentes des secousses, de l'étude des réflexes pathologiques et de l'expérimentation sur des muscles isolés de leurs connexions centrales. En observant de la même manière les contractions neuro-musculaires produites par percussion directe des fibres des muscles, on retrouve les mêmes parties constitutives que dans le cas des réflexes tendineux. Le muscle réagit donc pareillement à toute action mécanique, qu'elle soit portée directement sur lui ou sur son tendon.

L'examen graphique des réflexes chez l'homme[3] s'est montré susceptible de fournir des renseignements utiles sur l'état de la réflectivité. Mieux que la simple observation il est capable de déceler de faibles différences dans l'amplitude et la vivacité des réactions motrices, et il permet seul d'apprécier les variations du temps perdu ainsi que la partie du réflexe qui est altérée. Il résulte en effet des recherches de G. Guillain, J.-A. Barré et A. Strohl que la dernière secousse réflexe est la première à disparaître dans les cas de lésion légère de l'arc réflexe, la secousse musculaire n'étant abolie que dans les cas plus graves. Il est fréquent également d'observer des faits où le seuil de la réaction motrice ne puisse être atteint par la percussion du tendon et le soit par celle du muscle. Enfin on a pu vérifier qu'il y avait un certain parallélisme entre le degré d'altération des courbes obtenues et la durée de l'abolition des réflexes, ce qui ajoute à l'importance sémiologique de cette méthode d'investigation.

1. H. Piéron La notion d'exagération du réflexe rotulien et la réflexométrie. *Revue Neurologique*, 30 octobre 1910, 398-402; — L'analyse du réflexe rotulien. *Société de Neurologie de Paris*, 1er décembre 1910 in *Revue Neurologique*, 15 décembre 1910, 597-599.

2. A. Strohl. Étude graphique de quelques réflexes tendineux. *Bulletins et Mémoires de la Société médicale des hôpitaux de Paris*, 13 octobre 1916, 1452; — Étude graphique de la contraction neuro-musculaire. *Id.*, 16 février 1917, 275; — Sur une technique d'examen des réflexes par la méthode graphique. *La myographie clinique. Annales de Médecine*, iv, 3, mai-juin 1917, 315; — Sur l'inscription graphique des réflexes tendineux. *Comptes rendus de la Société de Biologie*, 11 mai 1918, 501.

3. G. Guillain, J.-A. Barré et A. Strohl. Sur un syndrome de radiculo-névrite avec hyperalbuminose du liquide céphalo-rachidien sans réactions cellulaires. Remarques sur les caractères cliniques et graphiques des réflexes tendineux. *Bulletins et Mémoires de la Société Médicale des Hôpitaux de Paris*, 13 octobre 1916, 1462; — Étude par la méthode graphique des réflexes tendineux dans le tabes. *Bulletins et Mémoires de la Société médicale des Hôpitaux de Paris*, 16 février 1917, p. 295; — Étude graphique des réflexes tendineux abolis à l'examen clinique dans un cas de paralysie diphtérique. *Bulletins et Mémoires de la Société médicale des Hôpitaux de Paris*, 16 février 1917, 308; — Étude graphique des réflexes tendineux abolis à l'examen clinique dans un cas de commotion par éclatement d'obus sans plaie extérieure. *Bulletins et Mémoires de la Société médicale des Hôpitaux de Paris*, 16 février 1917, p. 313.

Pour en simplifier la technique et permettre de la pratiquer dans les meilleures conditions, A. Strohl [1] a fait construire un myographe clinique à inscription directe avec lequel l'enregistrement graphique des réflexes devient une opération assez simple.

La question des rapports des réflexes tendineux avec le tonus musculaire a soulevé de multiples discussions. Nous avons vu plus haut que Sherrington avait envisagé le réflexe rotulien comme un phénomène musculaire, considérant que son temps de latence était trop court pour qu'il s'agisse d'un vrai réflexe ; cet argument n'était pas péremptoire, car d'autres réflexes ont un temps de latence d'une brièveté plus grande. D'ailleurs, dans des recherches plus récentes, Sherrington [2] reconnaît que le réflexe rotulien est un vrai réflexe « a true reflex ». Sherrington pense qu'il existe des relations entre le réflexe rotulien et le tonus musculaire ; ce réflexe serait un réflexe postural, un réflexe d'attitude dans les muscles extenseurs des mammifères, c'est-à-dire dans les muscles antigravifiques qui luttent contre la pesanteur. Les fibres afférentes du réflexe rotulien et des contractions toniques posturales seraient communes, la recherche du réflexe rotulien permettrait d'interroger l'arc réflexe commun d'où dépendent aussi les contractions toniques ; le réflexe rotulien donnerait ainsi indirectement des indications sur le tonus. Pour J. W. Langelaan [3] le réflexe rotulien est un signe direct du tonus. H. Piéron [4] a résumé dans les termes suivants la conception de Langelaan sur le tonus. « Selon lui, le muscle privé de ses connexions nerveuses possède, en dehors de l'élasticité, propriété physique, une propriété biologique propre, la plasticité, capacité d'allongement ou de raccourcissement stable. Cette plasticité, qui appartient au jeu du sarcoplasme, est régie par le système sympathique, lorsque le muscle est normalement innervé. Mais le muscle, doué de ses connexions nerveuses, possède à l'état normal, outre cette plasticité, une faible contraction tonique permanente, relevant aussi du sarcoplasme, mais régie par les cellules des cornes antérieures et répondant à un tétanos sarcoplasmique, distinct du tétanos myofibrillaire, du tétanos clonique de la contraction volontaire. Le tonus serait la résultante de ces deux composantes, la plasticité et la contraction tonique, la première autonome et stable, la seconde essentiellement variable. A l'état normal, il existe une faible contraction tonique suscitée par des excitations minimes mais continues ; par un choc sur un tendon, le tendon rotulien par exemple, il se produit une excitation brusque et intense, provoquant une contraction tonique vive et passagère, le réflexe tendineux. Examiner le réflexe tendineux, dès lors, c'est interroger une des composantes, d'ailleurs particulièrement importante, du tonus, c'est interroger le « tonus contractile » opposé au « tonus plastique » ou « autonome ».

Pour H. Piéron [5], la réponse normale d'un muscle à une percussion du tendon comprend une secousse, phénomène clonique myofibrillaire, et une contraction tonique relevant du sarcoplasme. Il divise le tonus au point de vue du mécanisme : 1° en un tonus stable, résiduel, régi par le sympathique ; 2° en un tonus variable, un tonus d'attitude, le tonus « postural », régi par le cervelet et tout le système proprioceptif de Sherrington, à voies efférentes conduites par les racines antérieures, à point de départ sensitif dans les appareils moteurs et dans le labyrinthe.

H. Piéron [6] conclut une nouvelle étude sur le tonus par les lignes suivantes : « La fonction tonique des muscles striés, fonction essentiellement statique, comporte, semble-t-il bien, un mécanisme musculaire distinct de la fonction clonique, dynamique. Elle relève du système nerveux autonome. Elle implique un certain état de

1. A. Strohl. Présentation d'un myographe clinique à inscription directe. *Réunion Biologique de Strasbourg*, 19 décembre 1919 ; *Comptes rendus des séances de la Société de Biologie*, 1919, 1423.

2. C. S. Sherrington. Postural activity of muscle and nerve. *Brain*, novembre 1915, xxxviii, fascicule 3, 191-234.

3. J. W. Langelaan. On muscle tonus. *Brain*, novembre 1915, vol. xxxviii, fascicule 3, 235-380.

4. H. Piéron. La question des rapports des réflexes tendineux avec le tonus musculaire. *Comptes rendus des séances de la Société de Biologie*, 13 mars 1918, 293.

5. H. Piéron. *Loc. cit.*

6. H. Piéron. Les formes et le mécanisme nerveux du tonus (tonus de repos, tonus d'attitude, tonus de soutien). *Revue Neurologique*, 1920, n° 10, 986-1011.

raccourcissement permanent, faible, peu variable à l'état normal, et régi par les ganglions de la chaîne sympathique (tonus résiduel ou tonus de repos), et, d'autre part, un raccourcissement variable en rapport avec la coordination générale des attitudes segmentaires pour le maintien de l'équilibre (tonus d'attitude) et avec les mouvements soutenus des membres (tonus de soutien), régi par les divers centres du système autonome, cellules des cornes latérales, noyau de Deiters et cervelet. Dès lors, il est nécessaire, au point de vue neurologique, d'envisager à part les voies motrices cloniques (écorce, voies pyramidales, cornes antérieures) et les voies motrices toniques (cervelet, noyau de Deiters, cordons antéro-latéraux, cornes latérales) qui peuvent être en certains cas (poliomyélite antérieure, sclérose latérale amyotrophique, sclérose en plaques, syringomyélie, etc.) très inégalement atteints. Un moyen particulièrement pratique pour interroger le comportement des fonctions toniques est fourni par l'enregistrement graphique des réflexes tendineux ; cet enregistrement permet en effet de distinguer, dans le réflexe, la réponse clonique des cornes antérieures et la réponse tonique du système autonome des cornes latérales, ces deux réponses pouvant être à la fois exagérées, diminuées ou même abolies, mais pouvant être l'une exagérée et l'autre diminuée ou abolie, et réciproquement. »

Le tonus postural de Sherrington provient de la moelle par les racines antérieures sans passer par le sympathique. Beritoff[1] a en effet constaté que des contractions toniques persistantes obtenues chez des grenouilles refroidies, contractions inhibées brusquement par l'excitation des muscles antagonistes, n'étaient pas troublées par la section des rami communicantes. Le tonus plastique de Langelaan est sous la dépendance des fibres sympathiques provenant de la chaîne ganglionnaire avec passage de la voie efférente par les rami communicantes. D'après les expériences de J. de Boer[2], la section de ces rami communicantes abolit chez la grenouille et le chat le tonus de repos.

L'intensité des réflexes tendineux chez l'homme normal est assez variable.

Babinski[3] a émis au sujet des réflexes chez les individus normaux les propositions suivantes :

La force des réflexes est variable d'un individu à l'autre. — Le seuil de la contraction est atteint chez le sujet dont les réflexes sont forts à la suite d'un choc d'une intensité insuffisante pour déterminer une action chez l'autre. — Chez le premier sujet, avec une même intensité de choc, le mouvement réflexe a une vitesse et une brusquerie plus grandes que chez le second. — Tandis que chez ce dernier la percussion de l'extrémité inférieure du radius ne provoque de contraction apparente que dans les muscles fléchisseurs de l'avant-bras, nous constatons chez l'autre individu (aux réflexes forts), outre la réaction des fléchisseurs, des contractions dans d'autres muscles plus ou moins éloignés, dans le deltoïde par exemple. L'étendue du territoire des réactions motrices est donc variable. — Chez le sujet aux réflexes faibles, nous obtenons la flexion par la percussion d'une zone assez limitée ; chez l'autre le réflexe peut être provoqué par la percussion d'une surface beaucoup plus considérable, par celle des différentes parties de l'avant-bras et même par celle de la région carpienne. L'étendue de la zone réflexogène est donc variable elle aussi. — A l'état normal, les réflexes tendineux du côté droit sont égaux à ceux du côté gauche.

Le fait que l'intensité des réflexes tendineux est variable chez l'homme normal conduit à cette notion qu'avant de conclure à l'absence d'un réflexe ou à son abolition, il faut avoir pratiqué des examens répétés suivant les modalités de recherches propres à chaque réflexe ; il faut se souvenir que certains réflexes n'apparaissent qu'après de multiples percussions répétées à intervalles rapprochés qui agissent par sommation ; on a vu aussi des réflexes réapparaître par des excitations cutanées douloureuses (Weir-Mitchell, Lewis), du massage, des excitations électriques. Nous avons remarqué souvent que des réflexes rotuliens douteux pouvaient devenir apparents si, avant la

1. Beritoff. Die tonische Innervation der Skelettmuskulatur und des Sympathicus. *Folia Neuro-Biologica*, 1914, viii, 421.

2. J. de Boer. Die quergestreiften Muskeln erhalten ihre tonische Innervation mittels der Verbindungsäste des Sympathicus. *Folia Neuro-Biologica*, 1913, vii, 378-385 ; — Über den Skelettmuskeltonus, id. 837.

3. J. Babinski. Réflexes tendineux et réflexes osseux. *Leçons faites à l'Hôpital de la Pitié*, 1912.

percussion du tendon, on exerce un certain nombre de percussions avec le marteau sur le corps même du muscle quadriceps.

On a essayé de mesurer la force des réflexes. SCHIFF, LOMBARD, BOWDITCH, ROSENHEIM, STERNBERG, FRANÇOIS FRANCK, CASTEX ont proposé des appareils de différents modèles. DE BAUDRE, avec le réflexomètre rotulien de CASTEX, a constaté que la valeur normale du réflexe rotulien est comprise entre 25 et 350 grammes-centimètres et celle du réflexe achilléen entre 10 et 130 grammes-centimètres, il semblerait que les réflexes du côté droit soient plus forts de 1 à 6 grammes-centimètres en moyenne que ceux du côté gauche, mais ces constatations ne doivent pas modifier la loi de symétrie dont la valeur clinique est très importante. D'ailleurs, dans ces expériences de réflexométrie, il y a de multiples causes d'erreur et ce procédé d'investigation ne nous paraît pas avoir donné des résultats précis.

Différents auteurs ont étudié l'influence de la bande d'Esmarch sur les réflexes. STERNBERG et BECHTEREW ont montré que, dans ces conditions, le réflexe achilléen disparaissait; BABINSKI a noté que l'extension des orteils n'était plus provocable et que, dans les quelques minutes consécutives à l'enlèvement de la bande, le réflexe cutané plantaire d'extension pouvait faire place à un réflexe cutané plantaire normal. J. A. SICARD [1] a constaté aussi, sous l'influence de la bande d'Esmarch, la disparition des réflexes osseux (réflexe du radius, réflexe osseux des fléchisseurs des orteils); il a vu que, par contre, l'excitabilité idio-musculaire ne disparaît pas; dans des cas de myopathie au contraire l'excitabilité idio-musculaire disparaît souvent après la mise de la bande d'Esmarch. MIGUEL OZORIO DE ALMEIDA et F. ESPOSEL [2] concluent de leurs recherches que, dans les modifications présentées par les réflexes sous l'action de la compression par la bande d'Esmarch, les altérations des organes sensibles périphériques ne jouent aucun rôle, mais que les perturbations des organes moteurs sont les seules à prendre en considération.

Il nous paraît important de mentionner les réflexes tendineux, périostiques et osseux constatables chez l'homme. Ce sont aux membres inférieurs : le *réflexe rotulien* déterminant la contraction du quadriceps fémoral ; le *réflexe achilléen* déterminant la contraction des jumeaux et du soléaire ; le *réflexe médio-plantaire* (G. GUILLAIN et J.-A. BARRÉ) déterminant la contraction des mêmes muscles que le précédent, mais indépendant de lui ; le *réflexe tibio-fémoral postérieur* (G. GUILLAIN et J.-A. BARRÉ) déterminant la contraction des muscles droit interne, demi-tendineux et demi-membraneux ; le *réflexe péronéo-fémoral postérieur* déterminant la contraction du biceps fémoral ; le *réflexe des adducteurs* par percussion du condyle interne du fémur. Le *réflexe contra-latéral des adducteurs* (Pierre-Marie) est un réflexe un peu spécial consistant en une contraction réflexe des muscles adducteurs d'un côté par percussion du tendon rotulien du côté opposé.

D'autres contractions réflexes d'origine périostique ou osseuse ont été signalées aux membres inférieurs. La percussion des 2e et 3e vertèbres lombaires fait contracter les muscles demi-tendineux et demi-membraneux (MAC CARTHY) ; la percussion du sacrum détermine une contraction du grand fessier (réflexe sacro-fessier de BECHTEREW) ; la percussion de la crête iliaque d'un sujet mis en décubitus latéral, la cuisse fléchie sur le bassin, détermine la contraction des muscles triceps, demi-tendineux, demi-membraneux (NOÏCA) ; la percussion de l'épine iliaque antéro-supérieure détermine une contraction du *fascia lata* (Schultz) et parfois des muscles de la partie supérieure de la cuisse ; la percussion du pubis fait contracter les adducteurs (FORSTER); la percussion du grand trochanter détermine la contraction du grand fessier (réflexe fémoral de BECHTEREW) ; la percussion du condyle externe du fémur fait contracter le tenseur du *fascia lata* et le muscle fessier supérieur (SCHULLER) ; la percussion de la tubérosité interne du tibia détermine l'adduction du genou ; la percussion de la tubérosité antérieure du tibia ou de la malléole interne, du tubercule de GERDY ou de la tête

1. J.-A. SICARD. Études des différents réflexes sous le contrôle de la bande d'ESMARCH. *Société de Neurologie de Paris*, 4 décembre 1919, in *Revue Neurologique*, 1919, 948.
2. MIGUEL OZORIO DE ALMEIDA et F. ESPOSEL. Action de l'anémie expérimentale produite par la bande d'ESMARCH sur les réflexes. *Revue Neurologique*, 1916, II, 169.

du péroné entraîne la contraction du demi-tendineux et du demi-membraneux ; la percussion de la malléole externe entraîne la contraction du triceps sural et parfois des péroniers latéraux et du biceps. Le réflexe métatarsien de MENDEL-BECHTEREW consiste en la flexion des orteils par percussion des os de la face dorsale du pied.

Les réflexes tendineux, périostiques et osseux des membres supérieurs sont : le *réflexe stylo-radial* déterminant la contraction du long supinateur et de l'ensemble des muscles fléchisseurs de l'avant-bras sur le bras ; le *réflexe tricipital* déterminant la contraction du triceps brachial ; le *réflexe bicipital* déterminant la contraction du biceps ; le *réflexe cubito-pronateur* (PIERRE-MARIE et J.-A. BARRÉ) déterminant par percussion de la face postérieure de l'apophyse styloïde du cubitus un mouvement de pronation de la main avec légère flexion, parfois un mouvement de flexion des doigts (réflexe cubito-fléchisseur de PIERRE-MARIE et J.-A. BARRÉ) ; le *réflexe des radiaux* (extension du poignet sur la main par percussion de l'extrémité inférieure de l'avant-bras au niveau de la région dorsale à deux travers de doigt au-dessus du poignet) ; le *réflexe du cubital postérieur* (mouvement de flexion et d'adduction de la main sur l'avant-bras par percussion du tendon de ce muscle à deux travers de doigt au-dessus de l'apophyse styloïde du cubitus) ; le *réflexe des fléchisseurs* (mouvement de flexion de la main sur l'avant-bras et de flexion des doigts par percussion des tendons du grand palmaire et des fléchisseurs des doigts au niveau de la face antérieure de l'avant-bras à deux ou trois travers de doigt au-dessus de l'interligne radio-carpien) ; le *réflexe carpo-métacarpien* de BECHTEREW (contraction des muscles épitrochléens avec flexion des doigts et saillie du grand palmaire par percussion de la face dorsale du carpe et des parties voisines du métacarpe) ; le *réflexe scapulo-huméral* de BECHTEREW (contraction des muscles deltoïde, sus et sous-épineux, petit rond, fléchisseurs du bras par percussion du bord interne de l'omoplate) ; le *réflexe acromial* de BECHTEREW (contraction des muscles fléchisseurs de l'avant-bras sur le bras par percussion de l'acromion). A ces réflexes on peut encore ajouter les suivants : la percussion de l'épicondyle entraîne la contraction du deltoïde, la percussion de l'épitrochlée celle du triceps ; la percussion de la crête de l'omoplate fait contracter le deltoïde (SCHULTZ), la percussion de la clavicule fait contracter ce même muscle (FLATAU).

Les réflexes tendineux, périostiques ou osseux normaux peuvent parfois être inversés. BABINSKI a attiré l'attention sur l'inversion du réflexe du radius ; dans ce cas, au lieu d'une flexion de l'avant-bras sur le bras, avec ou sans flexion des doigts, on observe une flexion nette et isolée des doigts de la main ; cette inversion existe lorsque le centre médullaire du long supinateur est lésé, c'est-à-dire lorsque le foyer pathologique siège au niveau du 5e segment médullaire ou au niveau de la racine correspondante. A. SOUQUES et CHAUVET, KLIPPEL et MONIER-VINARD ont observé des faits semblables. PIERRE-MARIE et J.-A. BARRÉ ont signalé l'inversion du réflexe cubito-pronateur qui devient cubito-fléchisseur et se caractérise alors par une simple flexion des doigts ; ils ont observé cette inversion du réflexe chez des malades atteints d'une lésion des 7e et 8e segments médullaires, peut-être du premier segment dorsal. BABINSKI a décrit un réflexe paradoxal du coude caractérisé par une flexion du coude obtenue non seulement par percussion de l'extrémité inférieure de l'humérus, mais encore par percussion du tendon du triceps ; l'inversion du réflexe (flexion du coude au lieu de l'extension) s'explique par la disparition du réflexe tricipital normal. DEJERINE et JUMENTIÉ ont décrit un réflexe paradoxal du genou caractérisé par la flexion de la jambe sur la cuisse après percussion du tendon rotulien. G. GUILLAIN et J.-A. BARRÉ ont mentionné l'inversion du réflexe achilléen et médio-plantaire ; dans ce cas, on observe la flexion dorsale du pied au lieu de la flexion plantaire.

L'étude de l'inversion des réflexes est un chapitre nouveau de physiologie pathologique ; la connaissance de ces faits est importante, dans les cas où l'inversion est d'origine centrale, pour le diagnostic topographique des segments médullaires lésés.

Certains phénomènes, qu'on ne rencontre que dans les cas pathologiques, présentent, au point de vue de la physiologie nerveuse, des rapports étroits avec les réflexes tendineux, ce sont les clonus : clonus du pied, clonus de la rotule, clonus des muscles fessiers, clonus de la main, clonus du triceps. D'ABUNDO, GROSSI, H. CLAUDE et F. ROSE (1906), ETTORE LEVI (1908) ont étudié graphiquement le clonus vrai du pied, clonus pyramidal

(BABINSKI), pour les distinguer du faux clonus. D'après ETTORE LEVI, le clonus vrai se compose « d'une série d'oscillations identiques comme dessin, toujours de la même amplitude, se succédant à des intervalles parfaitement égaux, avec une vitesse de 5-7 vibra-tions doubles par seconde, avec une moyenne de 6. » Le clonus de la rotule, moins fré-quent que celui du pied, présente une fréquence de 8 à 9 oscillations par seconde. Dans la période d'extinction du clonus, ETTORE LEVI observe une dégradation très régulière du phénomène, de sorte que les dernières oscillations sont en miniature la reproduction des premières; ces oscillations peuvent jusqu'à un certain point varier d'amplitude en augmentant ou en diminuant la pression exercée sur le pied, mais le nombre des oscillations et la durée de chacune d'entre elles ne dépend pas de leur amplitude. La loi de Galilée $\left(t = \pi \sqrt{\dfrac{l}{g}} \right)$ sur l'isochronisme des petites oscillations du pendule est pour ETTORE LEVI applicable aux oscillations du clonus. Le clonus fruste, clonus non pyramidal (BABINSKI), se caractérise graphiquement par une inégalité absolue de l'am-plitude oscillatoire, un polymorphisme très accentué dans le dessin de chaque vibra-tion et l'irrégularité des courbes dont la durée est très limitée, alors qu'elle peut être de une heure, deux heures et plus encore pour le clonus vrai; la vitesse des oscillations serait de 12 à 14 pour CLAUDE et ROSE, de 7 à 9 pour ETTORE LEVI.

G. GUILLAIN et J.-A. BARRÉ[1] ont remarqué que, dans le clonus du pied pyramidal, les muscles jumeaux et soléaires, bien qu'appartenant à une même masse à tendon unique, ne se trouvent pas dans le même état; les jumeaux sont flasques, dans le relâchement complet, tandis que le soléaire est contracté. Dans le clonus non pyramidal le relâche-ment ou la contraction s'établissent en même temps pour les jumeaux et le soléaire, la dissociation fait défaut; ce caractère s'ajoute à l'irrégularité des oscillations du pied pour spécifier le clonus non pyramidal. Ces auteurs attirent l'attention sur ce fait que, dans la position ventrale du sujet, les cuisses reposant sur le plan du lit et les jambes fléchies à angle droit sur les cuisses, le clonus pyramidal peut être facilement provoqué par abaissement de l'avant-pied, que par contre le clonus non pyramidal obtenu dans la position dorsale ne se produit pas. Dans la position ventrale il est très facile de constater, en cas de clonus pyramidal, la contraction du soléaire et la flaccidité des jumeaux.

Le clonus du pied disparaît par application suffisamment prolongée de la bande d'ESMARCH sur le membre. Cette action de la bande d'ESMARCH sur le clonus a été dis-cutée. Certains auteurs considèrent qu'il se produit simplement des phénomènes d'inhi-bition; d'autres pensent que la compression anémie les muscles et diminue leur excita-bilité réflexe, si bien que le clonus cesse, puis ensuite disparaissent les réflexes tendineux eux-mêmes. C'est à cette conclusion qu'aboutissent les recherches de STERNBERG; il a vu que, dans les quatre à cinq premières minutes d'application de la bande, le clonus du pied et le réflexe achilléen sont facilement obtenus, ils s'atténuent dans les six à dix minutes suivantes, puis, après dix à quinze minutes, le clonus disparaît et le réflexe achilléen diminue, enfin celui-ci disparaît.

J.-A. BARRÉ[2] a précisé plusieurs signes différentiels entre le vrai et le faux clonus de la rotule. Dans le clonus vrai, la rotule danse sur place en « position basse », dans le faux clonus elle s'élève, danse « en position haute » et s'abaisse notablement quand cesse le clonus. Un courant faradique appliqué sur le droit antérieur et dont on élève progressivement l'intensité arrête le vrai clonus dès qu'il y a ébauche de contraction, tandis qu'il peut y avoir continuation ou même augmentation du faux clonus. Dans le clonus vrai, la rotule examinée au repos complet et en dehors de toute contraction volontaire est fixée ou moins mobile que normalement dans tous les sens; dans le faux clonus elle garde sa mobilité complète. Dans le vrai clonus, on observe souvent avec une rotule fixée un quadriceps ou du moins un droit antérieur flasque et mou; dans le faux clonus on a souvent au contraire une rotule mobile avec un muscle de

1. G. GUILLAIN et J.-A. BARRÉ. Les clonus du pied, clonus pyramidal et clonus non pyrami-dal. *Bulletins et Mémoires de la Société médicale des Hôpitaux de Paris*, 7 avril 1916, 518.
2. J.-A. BARRÉ. Recherches sur le clonus rotulien vrai et considérations sur le clonus en général. Congrès des médecins aliénistes et neurologistes, Strasbourg, août 1920.

consistance normale ; la fixité de la rotule serait due à la contraction spécialisée du crural caché par les autres parties du quadriceps. D'après les constatations cliniques précédentes, J.-A. Barré conclut que le clonus rotulien vrai serait un « clonus du muscle crural ».

On peut rapprocher du clonus les réflexes polycinétiques (Babinski, A. Charpentier) caractérisés par des secousses multiples et successives se produisant après une seule percussion tendineuse ; la présence de ces secousses successives est importante en ce qu'elle permet de différencier les réflexes exagérés et anormaux des réflexes forts qui peuvent être normaux.

Dans les affections du cervelet, les réflexes peuvent affecter un type décrit par André Thomas sous le nom de « réflexe pendulaire ». Dans la recherche du réflexe rotulien, les jambes pendantes, on constate, par exemple, que le membre, au lieu de revenir à la position de repos après l'extension produite par la percussion tendineuse, décrit une série d'oscillations dans la sens de la flexion et de l'extension. Le réflexe pendulaire a d'ailleurs été observé par A. Van Gehuchten [1] dans certains cas de paraplégie spasmodique.

VII. **Les réflexes cutanés.** — Les réflexes cutanés sont déterminés par l'excitation de certains territoires de la peau du corps ; on peut les provoquer par le frôlement, le chatouillement, le pincement, la piqûre. Ces réflexes cutanés sont souvent plus difficiles à mettre en évidence que les réflexes tendineux ; ils doivent être cherchés patiemment, plutôt par des examens espacés que par des examens prolongés, en effet ils ont une tendance à s'affaiblir rapidement et à s'épuiser.

Les principaux réflexes cutanés observables chez l'homme sont les suivants.

Le *réflexe cutané plantaire* provoqué par excitation de la plante du pied et qui se traduit par la flexion des orteils avec tendance à l'adduction, par la contraction à distance du tenseur du *fascia lata* et parfois par un mouvement de flexion de la cuisse sur le bassin et de la jambe sur la cuisse ; cette dernière réaction est d'ailleurs variable suivant les sujets. Chez les enfants nouveau-nés jusqu'à six à douze mois, le réflexe cutané plantaire détermine l'extension des orteils et non leur flexion.

J. Babinski [2] a attiré l'attention sur l'inversion du réflexe cutané plantaire sous l'influence de perturbations dans le fonctionnement du système pyramidal ; dans ces cas, le chatouillement ou la piqûre de la plante du pied amène l'extension isolée du gros orteil ou associée à celle des autres orteils. J. Babinski [3] a montré aussi que, dans les lésions du système pyramidal, l'excitation de la plante du pied amène souvent l'abduction des orteils ; dans certains cas cette abduction des orteils par excitation de la région plantaire précède le phénomène d'extension des orteils. La flexion normale des orteils et leur extension pathologique peuvent être obtenues non seulement par excitation cutanée plantaire, mais encore par le pincement du tendon d'Achille ou de la peau de cette région (manœuvre de Schaefer, de Gordon), par la pression avec le pouce de haut en bas sur la région antérieure de la jambe juxta-tibiale (manœuvre d'Oppenheim). Dans la manœuvre d'Oppenheim, en cas de lésion pyramidale, la contraction se produit tantôt dans les deux muscles jambier antérieur et long extenseur du gros orteil, tantôt dans tous les muscles extenseurs, et l'on voit alors le pied se relever en même temps que le gros orteil s'étend.

Dans certains cas de lésions du système pyramidal l'inversion du réflexe cutané plantaire peut être déterminée non seulement par l'excitation de la plante du pied, mais encore par l'excitation des téguments d'une partie ou de tout le membre inférieur. G. Guillain et J. Dubois [4] ont observé, chez des sujets atteints d'hémiplégie infantile,

---

1. A. Van Gehuchten. Le mouvement pendulaire ou réflexe pendulaire de la jambe. Contribution à l'étude des réflexes tendineux. *Le Névraxe*, x, fascicule 3, 263.
2. J. Babinski. Sur le réflexe cutané plantaire dans certaines affections organiques du système nerveux. *Comptes rendus des séances de la Société de Biologie*, 22 février 1896 ; — Du phénomène des orteils et de sa valeur sémiologique. *Semaine médicale*, 27 juillet 1898, 321.
3. J. Babinski. De l'abduction des orteils. *Société de Neurologie de Paris*, 2 juillet 1903, in *Revue Neurologique*, 1903, 728.
4. Georges Guillain et J. Dubois. Le signe de Babinski provoqué par l'excitation des téguments de tout le côté hémiplégié dans un cas d'hémiplégie infantile. *Société de Neurologie de*

que l'extension des orteils se produisait par excitation des segments de toute une moitié du corps jusqu'à la zone du trijumeau.

G. GUILLAIN et J.-A. BARRÉ [1] ont décrit un phénomène spécial, la modification du réflexe cutané plantaire suivant la position de recherche; ainsi l'excitation cutanée plantaire sur un sujet en position dorsale couchée peut amener l'extension des orteils, alors que la même excitation sur un sujet en position ventrale, les jambes fléchies à angle droit sur les cuisses, peut amener la flexion des orteils.

G. GUILLAIN et J.-A. BARRÉ [2] ont insisté sur ce fait que, dans les lésions corticales du faisceau pyramidal, l'excitation cutanée plantaire amenait la flexion des orteils et non leur extension, ainsi qu'on le constate dans les lésions du faisceau pyramidal dans la capsule interne ou dans son trajet sous-jacent dans le névraxe.

J. BABINSKI [3], GANAULT [4], KLIPPEL, PIERRE WEIL et SERGUÉEFF [5], SOUQUES [6] ont noté que, chez les hémiplégiques, l'excitation de la plante du pied du côté sain amenait parfois la flexion contralatérale du gros orteil du côté malade. KLIPPEL et PIERRE WEIL [7] ont fait une constatation analogue chez un paraplégique plus atteint d'un côté que de l'autre. Dans ces différents cas, la flexion contralatérale de l'orteil était amenée par l'excitation de la plante du pied. G. GUILLAIN [8] a observé, chez un malade présentant un syndrome de BROWN-SÉQUARD, que le pincement de la cuisse du côté anesthésié provoquait une flexion contralatérale du gros orteil en hyperextension permanente.

L'explication physiologique du signe de BABINSKI, l'inversion du réflexe cutané plantaire, a été discutée.

KALISCHER (1899) émit une théorie musculaire, il fit remarquer que le réflexe plantaire se produit normalement par les muscles lombricaux et interosseux et que la flexion prédomine sur l'extension parce que les muscles fléchisseurs sont les plus forts; chez l'enfant le phénomène est inverse car les muscles extenseurs prédominent. A l'état pathologique le réflexe se produit en extension, car les muscles extenseurs des orteils ont, par suite d'un trouble de l'innervation, un tonus exagéré.

Pour BOERR et PETERSEN, le phénomène de BABINSKI se produit quand les fléchisseurs du gros orteil sont paralysés alors que les extenseurs sont en état d'intégrité absolue. Cette paralysie, pour CROCQ, n'est pas nécessaire; il suffit d'une rupture d'équilibre entre la force des muscles fléchisseurs et extenseurs des orteils. Normalement le groupe des fléchisseurs prédomine; lorsqu'il existe une perturbation du système pyramidal, le groupe des extenseurs devient le plus puissant soit par affaiblissement des muscles fléchisseurs, soit par renforcement des muscles extenseurs. CROCQ considère le

Paris, 2 avril 1914, in Revue Neurologique, 1914, 614; — Sur un cas d'athétose double avec signe de BABINSKI provoqué par l'excitation de la surface cutanée de tout le corps. Société de Neurologie de Paris, 7 mai 1914, in Revue Neurologique, 1914, 714.

1. GEORGES GUILLAIN et J.-A. BARRÉ. Sur le réflexe cutané plantaire dans un cas d'ataxie aiguë; état différent de ce réflexe suivant la position de recherche. Bulletins et Mémoires de la Société médicale des hôpitaux de Paris, séance du 4 février 1916, 131; — Sur la modalité réactionnelle différente du réflexe cutané plantaire examiné en position dorsale et en position ventrale dans certains cas de lésions pyramidales. Bulletins et Mémoires de la Société médicale des hôpitaux de Paris, séance du 26 mai, 1916, 838.

2. GEORGES GUILLAIN et J.-A. BARRÉ, Hémiplégies par blessures de guerre. Diagnostic topographique du siège des lésions. Presse Médicale, 16 mars 1916, 121; — Lésion traumatique des lobules paracentraux. Contribution à la séméiologie des troubles pyramidaux corticaux. Bulletins et Mémoires de la Société médicale des Hôpitaux de Paris, 7 avril 1916, 520.

3. J. BABINSKI. Du phénomène des orteils et de sa valeur séméiologique. Semaine médicale, 1898, 321.

4. GANAULT. Contributions à l'étude de quelques réflexes dans l'hémiplégie organique. Thèse de Paris, 1898.

5. KLIPPEL, PIERRE WEIL et SERGUÉEFF. Réflexe contra-latéral plantaire hétérogène. Société de Neurologie de Paris, 2 juillet 1908, in Revue Neurologique, 1908, 690.

6. A. SOUQUES. Discussion à l'occasion de la communication de MM. KLIPPEL, PIERRE WEIL et SERGUÉEFF. Revue Neurologique, 1908, 694.

7. KLIPPEL et PIERRE WEIL. Les réflexes contralatéraux. Le réflexe plantaire contralatéral homogène et hétérogène. Nouvelle Iconographie de la Salpêtrière, 1908, 270.

8. GEORGES GUILLAIN. Syndrome de BROWN-SÉQUARD. Revue Neurologique, 1912, 625.

réflexe de BABINSKI comme un réflexe médullo-encéphalique et a tendance à le localiser non pas dans le cortex, mais dans les glanglions opto-striés.

BABINSKI considérait son réflexe d'extension des orteils comme une perturbation du réflexe cutané plantaire normal ; VAN GEHUCHTEN, DE BUCK et DE MOOR ont pensé que le réflexe d'extension des orteils n'est pas un réflexe plantaire, car il peut survenir à la suite d'une excitation d'une partie quelconque de la jambe et même de la cuisse. VAN GEHUCHTEN a admis que, dans le signe de BABINSKI, il y avait deux phénomènes distincts : l'abolition du réflexe cutané plantaire normal et la production d'un réflexe nouveau. CROCQ ne partage pas cette conception, faisant remarquer qu'il est des cas où l'on constate en même temps l'extension du gros orteil et la flexion des autres orteils, donc le réflexe normal n'est pas complètement aboli. BABINSKI (1904) apporte, à l'appui de sa thèse, des faits nouveaux ; il montre que, chez certains malades présentant le signe de l'extension du gros orteil, on peut, en excitant la partie supérieure de la cuisse ou la partie inférieure de l'abdomen, obtenir une flexion très prononcée des orteils ; BABINSKI rappelle que REMAK (1900) avait noté un phénomène analogue sous le nom de « réflexe fémoral » ou pseudo-phénomène de WESTPHAL : « L'excitation de la plante du pied donnait lieu à une extension du gros orteil ainsi qu'à une flexion du pied sur la jambe et de la jambe sur la cuisse ; l'excitation d'un territoire déterminé de la cuisse provoquait, au contraire, une flexion du gros orteil, une extension du pied sur la jambe et de la jambe sur la cuisse. » BABINSKI fait remarquer que de ces faits on peut conclure que le réflexe cutané plantaire normal n'a pas disparu, qu'il est seulement perturbé par suite de la lésion pyramidale.

BABINSKI, en 1911, revenant sur cette question, apporta des arguments nouveaux basés sur la différenciation des réflexes cutanés en réflexes cutanés normaux et réflexes cutanés de défense ; il a montré que les modifications de la réflectivité secondaires à l'application de la bande d'Esmarch étaient différentes pour le réflexe des orteils et les réflexes de défense. Chez des malades atteints de paraplégie spasmodique avec réflexe cutané plantaire ou extension et exagération des réflexes cutanés de défense, il a vu que l'application de la bande d'ESMARCH sur un membre avait pour résultat de faire réapparaître le réflexe plantaire normal, de diminuer la contracture, et de favoriser la possibilité de quelques mouvements volontaires, mais les réflexes de défense restaient intacts ou même exagérés. Il y aurait donc, pour BABINSKI, opposition entre les réflexes de défense et le réflexe d'extension des orteils.

Les rapports entre le phénomène des orteils et le mécanisme de la marche ont été envisagés par quelques auteurs. NOICA a émis l'opinion que le réflexe plantaire normal correspond à un mouvement de marche et que le réflexe d'extension est un mouvement de défense ; chez l'enfant on observe ce dernier réflexe, mais, peu à peu, à mesure qu'il apprend à marcher et éduque sa moelle, le réflexe en flexion se substitue au réflexe en extension.

PIERRE-MARIE et CH. FOIX ont considéré aussi que le réflexe de BABINSKI appartient à l'ensemble des mouvements automatiques complexes dont le mécanisme est un mécanisme de marche. La marche comprend en effet deux temps principaux, en dehors du mouvement de balancement qui détermine la progression de l'individu : 1° un temps d'allongement où le membre inférieur, prenant fortement appui sur le sol, soulève le corps et la jambe opposée ; 2° un temps de raccourcissement où le membre inférieur se détache du sol pendant que l'autre s'allonge à son tour. Au moment de l'allongement, on voit, comme l'a montré DUCHENNE (de Boulogne), les fléchisseurs se contracter énergiquement pour que la flexion plantaire des orteils aide à l'élan de progression. Au moment de la flexion ou même du raccourcissement, les tendons du jambier antérieur et de l'extenseur propre du gros orteil se dessinent sous la peau et déterminent la flexion du pied sur la jambe et l'extension du gros orteil. Normalement, par conséquent, disent PIERRE-MARIE et CH. FOIX, l'extension des orteils ou même la flexion dorsale appartiennent au mouvement automatique de raccourcissement, la flexion plantaire au mouvement automatique d'allongement. Pour PIERRE-MARIE et CH. FOIX, le réflexe de BABINSKI et le réflexe d'automatisme médullaire qu'ils appellent le réflexe des raccourcisseurs se produisent par des excitations de même nature, mais différentes de degré. L'extension des orteils est la réaction minimale de l'automatisme médullaire, il en constitue le seuil ;

le signe d'OPPENHEIM (extension du gros orteil et relèvement du pied) exige une excitation plus forte, enfin le réflexe des raccourcisseurs est le mouvement complet. PIERRE-MARIE et FOIX discutent aussi les faits observés par BABINSKI concernant les modifications des réflexes à la suite de l'application de la bande d'ESMARCH sur les membres paralysés et contracturés ; pour eux la bande d'ESMARCH agit en supprimant momentanément l'excitabilité réflexe des muscles ischémiés. Ils ont constaté que l'ischémie seule de la plante du pied par la bande d'ESMARCH supprime chez un sujet sain le réflexe normal en flexion, et, en vingt secondes, environ, on peut parfois observer une tendance à l'extension ; chez les sujets présentant le signe de BABINSKI, ils n'ont vu aucune modification du réflexe, ce qui s'explique puisqu'alors les muscles extenseurs ne sont pas ischémiés. PIERRE-MARIE et CH. FOIX concluent que ce n'est pas en agissant sur le territoire cutané que la bande d'ESMARCH modifie les réflexes, mais en anémiant directement les muscles. PIERRE-MARIE et CH. FOIX, étudiant aussi l'intégrité ou l'augmentation des réflexes de défense signalées par BABINSKI après l'application de la bande d'ESMARCH, ont vu que ces réflexes de défense qui paraissent exagérés ne le sont qu'au niveau de la cuisse et du bassin, territoires sus-jacents à la compression, et qu'au contraire ils sont diminués au-dessous, au niveau du pied et de la jambe. PIERRE-MARIE et CH. FOIX font rentrer le phénomène des orteils de BABINSKI dans le groupe des réflexes d'automatisme médullaire ; l'apparition de ce signe dans les cas pathologiques indiquerait une substitution d'un réflexe coordonné complexe au réflexe cutané plantaire normal qui se caractérise par la flexion des orteils.

Le *réflexe d'adduction du pied*[1] est caractérisé, à la suite de l'excitation du bord interne du pied, par l'adduction du pied par contraction du jambier postérieur. Ce réflexe est souvent très nettement visible dans les lésions pyramidales.

Le *réflexe crémastérien* (JASTROWITZ) est caractérisé par l'élévation brusque du testicule après excitation de la partie supérieure et interne de la cuisse. Nous avons remarqué que le champ récepteur de ce réflexe était souvent plus étendu, il peut parfois être provoqué par excitation de la face externe de la cuisse et par excitation de la paroi abdominale du même côté. L'épuisement de ce réflexe est assez rapide. Très net chez l'enfant, le réflexe crémastérien est souvent affaibli et même absent chez le vieillard.

GIEGEL considère que ce réflexe de l'homme a son parallèle chez la femme dans la contraction des fibres les plus supérieures de la paroi abdominale sous l'influence de l'excitation crurale, il donne à ce réflexe de la femme le nom de *réflexe de l'aine*. VAN GEHUCHTEN décrit aussi un *réflexe inguinal* homologue du réflexe crémastérien de l'homme ; ce réflexe inguinal est caractérisé par une contraction des fibres du muscle oblique, immédiatement au-dessus de l'arcade inguinale, après frottement léger de la face antéro-interne de la cuisse chez la femme. Nous croyons, avec CROCQ, que ce réflexe inguinal de VAN GEHUCHTEN n'est en somme que le réflexe abdominal inférieur ; on peut le provoquer identique par excitation de la face inférieure de l'abdomen, il existe aussi souvent chez l'homme en concomitance avec le réflexe crémastérien à la suite de l'excitation de la face interne de la cuisse, CROCQ, pour ces raisons, dénomme le réflexe en question *réflexe inguino-abdominal*. Le rapprochement qui existe entre le réflexe abdominal et le réflexe crémastérien est facile à expliquer anatomiquement ; le crémaster est innervé par les deux premières paires lombaires, d'autre part les fibres musculaires de la paroi abdominale inférieure sont innervées par des filets du grand et du petit abdomino-génital, branches de la première paire lombaire.

Le *réflexe cutané abdominal* (ROSENBACH) est caractérisé par la contraction des muscles de la paroi abdominale sous l'influence d'une excitation de la peau de l'abdomen. On peut différencier des réflexes cutanés abdominaux supérieurs, moyens et inférieurs suivant que l'excitation est portée sur la région abdominale supérieure, moyenne et inférieure. Le *réflexe épigastrique* est un réflexe analogue dans la région épigastrique.

OPPENHEIM divise ces réflexes abdominaux en infra-ombilical et supra-ombilical ;

1, HIRSCHBERG. Note sur un réflexe adducteur du pied. *Revue Neurologique*, 15 août 1903, 762 ; — PIERRE-MARIE et HENRY MEIGE. Le réflexe d'adduction du pied. *Société de Neurologie de Paris*, 2 mars 1916, in *Revue Neurologique*, 1916, 1, 420.

Goners et Dinkler distinguent un réflexe hypogastrique, un réflexe mésogastrique et un réflexe épigastrique.

L'étude de ces réflexes cutanés abdominaux est importante en pathologie nerveuse pour le déterminisme du siège de certaines lésions médullaires.

Le *réflexe mammaire* est caractérisé par un soulèvement de la peau du thorax après excitation de la paroi pectorale antérieure.

Les *réflexes cutanés du dos* étudiés par Bertolotti (1904) et Noica (1912) sont surtout visibles chez les enfants et les adolescents. Si l'on excite avec une épingle la peau du dos d'un côté de la colonne vertébrale, immédiatement au-dessus de la crête iliaque, on provoque une contraction de la masse musculaire sacro-lombaire correspondante qui se dessine sous la peau. Le réflexe, d'après Noica, peut être provoqué par une excitation sur toute la hauteur du dos, mais la région optima paraît être la peau de la région des flancs. Quand l'excitation est plus forte la contraction de la masse sacro-lombaire s'accompagne d'un mouvement d'incurvation en dehors de la moitié correspondante du bassin, qui à son tour entraîne en dehors le membre inférieur de ce côté. Noica désigne ce réflexe sous le nom de *réflexe sacro-lombaire* et Bertolotti sous le nom de *réflexe dorso-lombaire*. Une excitation bilatérale simultanée détermine une légère inclinaison du tronc en arrière.

Le *réflexe du haussement d'épaule* (Noica) est provoqué par une excitation de la région interscapulaire d'un côté et caractérisé par une élévation légère de l'épaule correspondante avec abduction du coude.

Le *réflexe bulbo-caverneux* est caractérisé par la contraction des muscles bulbo-caverneux à la suite d'une excitation superficielle du gland. On peut en rapprocher le *réflexe vulvaire* chez la femme ou plutôt *réflexe vulvo-anal*.

Le *réflexe anal* se traduit par la contraction brusque du sphincter anal par excitation de la région cutanée péri-anale.

En dehors de ces divers réflexes cutanés, il existe un autre groupe de mouvements réflexes provoqués spécialement par l'excitation cutanée des membres inférieurs et se manifestant par de grands mouvements, par exemple des mouvements de flexion du pied sur la jambe, de la jambe sur la cuisse et de la cuisse sur le bassin, ce sont les réflexes cutanés dits de défense que nous étudierons dans un autre chapitre.

On a discuté beaucoup sur les rapports de la sensibilité cutanée avec les réflexes cutanés et certains auteurs ont émis l'opinion que les réflexes cutanés dépendent de la sensibilité des téguments.

Jendrassik (1894) écrit : « Pour produire les réflexes cutanés l'excitation doit porter sur certaines parties du corps douées généralement d'une grande sensibilité ; l'excitation réveille une sensation particulière, pour la plupart du temps désagréable, et le mouvement réflexe, plus compliqué, intéressant souvent tout un groupe musculaire, a évidemment pour but de se soustraire à cette sensation. » Croco partage la même opinion ; pour lui il y a un parallélisme étroit entre l'état de la sensibilité et le réflexe cutané, il pense que les voies de la sensibilité générale doivent être celles qu'empruntent pour se manifester les réflexes cutanés. Pour Dejerine il existe un lien assez étroit entre les réflexes cutanés, tendineux et la sensibilité générale, mais ce parallélisme n'est pas absolu, et l'on peut, dit-il, observer une exagération des réflexes cutanés avec abolition de la sensibilité générale et des réflexes tendineux. Geigel, Ferranini, Agostini, Leyden et Golscheider sont d'un avis contraire et pensent que l'état des réflexes cutanés dépend fort peu de l'intégrité de la sensibilité cutanée.

Il est évident que, pour que les réflexes cutanés existent, il doit y avoir une intégrité des conducteurs afférents et efférents de l'arc réflexe, que des lésions destructives dans cet arc pourront avoir pour conséquence l'abolition de la réflectivité cutanée coexistant avec l'abolition de la réflectivité tendineuse et avec des troubles moteurs ou sensitifs. D'autre part, quand l'arc réflexe et le centre médullaire sont intacts, les réflexes cutanés peuvent très bien exister en dehors de toute sensibilité consciente. G. Guillain et J.-A. Barré [1] ont rapporté un nombre important de cas de section totale de la moelle

1. Georges Guillain et J.-A. Barré. *Travaux Neurologiques de guerre*, Masson éditeur, Paris, 1920.

contrôlée à l'autopsie ; les blessés, durant leur survie, avaient présenté des réflexes cutanés (réflexes cutanés plantaires, réflexes crémastériens) tout à fait nets, et même dans les examens pratiqués quelques heures après le traumatisme.

VIII. **Les centres médullaires des réflexes tendineux, périostiques, osseux, cutanés. — Influence des régions supérieures du névraxe sur ces réflexes.** — Les expériences de Legallois avaient montré que, lorsqu'on isole un segment de moelle entre deux sections transversales, l'excitation des nerfs sensitifs qui naissent de ce segment peut entraîner des mouvements réflexes, lesquels ne deviennent impossibles que lorsqu'une très faible distance sépare les deux plans de section médullaire. C'est par ce procédé que Masius et Vanlair ont cherché à établir les centres réflexes de la grenouille, leurs expériences sont intéressantes parce qu'elles constituent un des premiers essais de localisation des centres médullaires.

Des études très nombreuses poursuivies par les physiologistes et par les neurologistes ont permis de fixer la localisation des centres des réflexes tendineux et cutanés dans la moelle humaine. On a discuté longtemps sur ces localisations, et beaucoup d'auteurs ont admis que les centres des réflexes tendineux et cutanés siégeaient dans le mésocéphale, le noyau rouge, les noyaux gris centraux, le cortex. Toutes ces discussions nous paraissent devoir être closes ; le fait que, dans les sections complètes de la moelle, on peut voir, dans le segment médullaire inférieur libéré de toutes connexions avec le segment supérieur, l'existence de réflexes tendineux et cutanés nous semble prouver d'une façon indiscutable que ces réflexes ont des centres médullaires. Il convient d'ajouter d'ailleurs que normalement ces centres réflexes ont des rapports avec les régions supérieures du névraxe, qu'ils sont influencés par les incitations énergétiques excitatrices ou inhibitrices venant de ces régions.

Il ne faut pas prendre le mot centre dans un sens anatomique trop étroit. Vulpian avait déjà remarqué que ces centres n'avaient aucune réalité et qu'ils ne correspondaient qu'au point d'émergence des nerfs moteurs médullaires affectés à une fonction déterminée. Charles Richet a émis la même opinion. Il faut, en somme, donner au mot centre une signification fonctionnelle exprimant plus, comme le dit très bien A. Strohl, « l'union temporaire de plusieurs neurones concourant à un acte déterminé qu'une entité anatomique spécialement affectée à l'accomplissement de l'action réflexe ».

Nous donnons ci-dessous un tableau indiquant la localisation médullaire des réflexes tendineux, périostés et cutanés chez l'homme. Ce tableau est établi d'après celui de Dejerine [1] complété par les recherches récentes.

Localisation des centres réflexes médullaires chez l'homme.

Réflexes tendineux, périostés et cutanés.	Siège de l'excitation.	Contraction réflexe.	Segments médullaires.
Réflexe bicipital.	Percussion du tendon au pli du coude.	Flexion de l'avant-bras sur le bras.	C_4 C_5 C_6
Réflexe périosté radial.	Percussion de l'extrémité inférieure du radius.	Flexion de l'avant-bras sur le bras.	C_5 C_6
Réflexe scapulaire.	Excitation de la peau de la région sous-scapulaire.	Contraction des muscles de l'épaule.	C_5 C_6
Réflexe du triceps brachial.	Percussion du tendon du triceps au niveau de l'olécrâne.	Extension de l'avant-bras sur le bras.	C_6 C_7 C_8
Réflexe cubito-pronateur.	Percussion de l'apophyse styloïde du cubitus.	Mouvement de pronation de l'avant-bras et de la main.	C_6 C_7 C_8 D_1
Réflexe de l'omoplate.	Percussion du bord spinal de l'omoplate.	Contraction du grand pectoral. Adduction du bras.	C_7 C_8 D_1
Réflexe des fléchisseurs.	Percussion des tendons fléchisseurs au niveau du poignet.	Flexion des doigts de la main.	C_8 D_1
Réflexe épigastrique ou abdominal supérieur.	Chatouillement de la peau de la région épigastrique.	Contraction de la peau de la région épigastrique.	D_6 D_7

1. J. Dejerine. *Sémiologie du système nerveux*, Masson édit., Paris 1914, 952.

Réflexes tendineux, périostés et cutanés.	Siège de l'excitation.	Contraction réflexe.	Segments médullaires.
Réflexe abdominal moyen ou sus-ombilical.	Excitation de la peau de la région sus-ombilicale de l'abdomen.	Contraction des parties sous-jacentes des muscles droits et obliques.	D_8 D_9
Réflexe abdominal inférieur ou sous-ombilical.	Excitation de la peau de la région sous-ombilicale de l'abdomen et de la partie supéro-externe de la région inguinale.	Contraction des parties inférieures des muscles abdominaux.	D_{10} D_{11} D_{12}
Réflexe crémastérien.	Excitation de la peau de la partie supéro-interne de la cuisse.	Élévation du testicule correspondant vers l'anneau.	L_1 L_2
Réflexe périosté des adducteurs.	Percussion du tendon du muscle grand adducteur ou de la tubérosité interne du tibia.	Contraction des adducteurs. Mouvement d'adduction de la cuisse.	L_2 L_3 L_4
Réflexe patellaire.	Percussion du tendon rotulien.	Contraction du quadriceps fémoral. Extension de la jambe sur la cuisse.	L_2 L_3 L_4
Réflexe tibio-fémoral postérieur.	Percussion des tendons du droit interne, du demi-tendineux, du demi-membraneux.	Contraction du droit interne, du demi-tendineux et du demi-membraneux.	L_4 L_5 S_1
Réflexe péronéo-fémoral postérieur.	Percussion du tendon du biceps fémoral au niveau de la tête du péroné.	Contraction du biceps fémoral.	L_5 S_1 S_2
Réflexe fessier ou glutéal.	Excitation de la peau de la fesse.	Contraction des muscles fessiers.	L_4 L_5 S_1
Réflexe achilléen.	Percussion du tendon d'Achille.	Flexion plantaire du pied.	L_5 S_1 S_2
Réflexe médio-plantaire.	Percussion de la plante du pied.	Flexion plantaire du pied.	L_5 S_1 S_2
Réflexe cutané plantaire.	Excitation de la peau de la plante du pied.	Flexion du gros et des petits orteils. Contraction du tenseur du fascia lata.	L_5 S_1 S_2
Réflexe bulbo-caverneux.	Pincement du gland ou de la peau de la face dorsale de la verge.	Contraction des muscles bulbo-caverneux.	S_3
Réflexe anal.	Chatouillement de la surface cutanéo-muqueuse de la marge de l'anus.	Contraction du sphincter anal.	S_5 S_6
Centre de l'érection.			S_2 S_3
Centre de l'éjaculation.			S_3
Centre rectal et vésical.			S_3 S_4
Centre anal.			S_5 S_6

Pour que les réflexes existent, il est tout d'abord nécessaire que l'arc réflexe (voie centripète, centre, voie centrifuge) soit normal. On s'explique donc très bien que l'abolition des réflexes soit une conséquence des sections ou des lésions graves des nerfs périphériques, des racines rachidiennes, ainsi que des lésions destructives de la substance grise des cornes antérieures de la moelle. Il y a lieu de remarquer que, dans certaines lésions non destructives des racines médullaires (radiculites syphilitiques par exemple), les réflexes cutanés peuvent persister alors que les réflexes tendineux sont abolis. D'autre part, il faut savoir que certains réflexes tendineux peuvent cliniquement, avec les méthodes de percussion usuelles, paraître complètement abolis, et cependant les examens par la méthode graphique montrent qu'ils persistent encore; G. GUILLAIN, J.-A. BARRÉ et A. STROHL ont insisté sur ces faits.

Nous avons dit plus haut que les régions supérieures du névraxe avaient des rapports avec l'arc réflexe; ce fait a été démontré par les expériences physiologiques et par les lésions pathologiques.

W. Trendelenberg [1] a constaté que le refroidissement de la moelle dorsale du cobaye et du lapin produit une diminution des réflexes tendineux des régions situées au-dessous du point de refroidissement; les réflexes récupèrent leurs qualités normales après réchauffement.

De nombreuses discussions ont existé sur l'effet de la section totale de la moelle sur les réflexes des segments médullaires sous-jacents à cette section.

La section de la moelle paraît déterminer des effets différents suivant les animaux étudiés.

Vulpian a fait les constatations suivantes chez la grenouille : « Que l'on coupe la moelle en travers dans la région dorsale sur une grenouille ou sur un triton, après avoir préalablement constaté le degré du pouvoir réflexe de la moelle en touchant ou irritant un des membres postérieurs, on reconnaîtra facilement un quart d'heure ou une demi-heure après l'opération que ce pouvoir réflexe a bien augmenté ; une excitation qui ne produisait aucun mouvement réflexe auparavant dans les membres postérieurs y produira des mouvements plus ou moins étendus et plus ou moins énergiques. » Brown-Séquard a noté que les membres postérieurs de grenouilles ainsi opérées peuvent soulever des poids deux ou trois fois plus lourds qu'avant l'opération. Vulpian a constaté cette même exagération des réflexes après section de la moelle chez les mammifères (cheval, chien, mouton, lapin, cobaye). La plupart des auteurs qui ont repris les expériences de Vulpian paraissent avoir fait les mêmes constatations sur l'état des réflexes tendineux après section de la moelle. Gad et Flatau (1896) ont vu, chez trois chiens ayant subi la section de la moelle cervicale, l'affaiblissement et l'abolition des réflexes, au contraire leur exagération chez d'autres chiens ayant subi la section de la moelle dorsale inférieure. Pierre Delbet (1899) a remarqué que, d'une façon générale, l'exagération des réflexes du début est sujette à des variations journalières et finalement tend à baisser jusqu'à la normale.

Sherrington (1898) rapporte, dans les termes suivants, les résultats de ses très intéressantes expériences :

« Pendant les 20 minutes qui suivent l'opération (section de la moelle) aucune excitation de la peau, innervée par la partie de la moelle inférieure à la section, ne produit d'action réflexe, sauf parfois le réflexe rotulien croisé qui, à l'opposé du réflexe rotulien direct, est, comme le prouve la longueur de son temps de réaction, un vrai réflexe.

« Après un certain temps, certains réflexes cutanés réapparaissent; le plus précoce est l'adduction-flexion du gros orteil, qu'on obtient en excitant les troisième, quatrième ou cinquième doigts (surface plantaire ou côtés) ou la peau de la plante des pieds. Le mouvement qu'on obtient est souvent tremblant.

« De même, après la section au-dessus du renflement brachial, le premier réflexe cutané qui apparaît est en général la flexion et l'abduction du pouce, en excitant la paume de la main ou le côté du 3e ou du 4e doigt. Plus tard, parfois en même temps, de légers mouvements de l'anus répondent à l'excitation de la région périnéale, ainsi qu'une faible abduction de la queue, puis des mouvements des doigts en excitant la paume. Plus tard, l'excitation énergique de la plante du pied produit de légères contractions du jarret. Pendant tout ce temps, les membres sont mous et flaccides, sans aucune trace de spasmes, sauf, assez fréquemment, de petits tressaillements faibles et irréguliers du gros orteil ou du pouce, parfois des autres doigts.

« Le pied est chaud. Pendant ces expériences il faut avoir soin de maintenir la température de la peau. Quant au réflexe rotulien qui n'est pas à vrai dire un réflexe, mais dépend du tonus réflexe du crural et du vaste interne, il peut souvent s'obtenir quelques secondes après la section de la moelle pour disparaître et ne revenir qu'après des jours ou même des semaines.

« Chez quelques singes, comme chez le chat et le chien, les réflexes rotuliens peuvent même ne pas être abolis temporairement après l'opération, et je les ai vus conservés après la section pratiquée à différentes hauteurs.

1. W. Trendelenberg. Der Einfluss der höheren Hirnteile auf die Reflextätigkeit des Rückenmarks. Pflüger's Arch., 1910, cxxxvi, 429-442.

« Cet état languissant des réflexes, décrit plus haut, peut persister des heures et des jours, à l'inverse de ce qui existe chez les chiens et les chats.

« Le sphincter de l'anus garde quelque tonus et n'est pas relâché, pas de trouble de défécation; mais, en sectionnant assez bas, on peut observer de la rétention d'urine rendant nécessaire le cathétérisme; à la longue, la vessie peut se contracter.

« Pour obtenir la flexion de la jambe, un moyen est l'application d'une éponge froide sur la plante du pied.

« Peu à peu, la situation s'améliore et l'on peut obtenir des mouvements réflexes par l'excitation de points de plus en plus nombreux. Mais, lorsque l'on atteint un certain degré d'excitabilité, encore bien faible, les progrès s'arrêtent et l'on n'observe plus de changements après cinq ou six mois. »

Les résultats obtenus dans les expériences de section de la moelle chez les singes ne semblent pas avoir été toujours identiques. FERRIER (1914) note que parfois les réflexes sont exagérés et persistent tels; parfois ils sont présents après l'opération, puis disparaissent et reparaissent au bout d'un temps plus ou moins long. BRAUER (1894), MOORE et OERTEL (1900) constatent que les réflexes sont abolis après l'opération et reparaissent rapidement. BRUN (1901) pense que plus la section est haute et plus lentement les réflexes reparaissent.

CROCQ (1901) a pratiqué la ligature de la moelle dorsale supérieure chez deux singes (bonnets chinois) et a observé dans les deux cas une abolition totale des réflexes tendineux et cutanés, qui persistait trois et quatre semaines après l'opération. Chez un des singes la piqûre profonde de la plante du pied donnait lieu à un mouvement de rétraction de la jambe. Pendant les lavages des membres de ces singes ou lorsque des frictions étaient pratiquées sur la peau des cuisses, on pouvait également obtenir malgré la paralysie flasque des mouvements de rétraction des membres; de même CROCQ obtint deux ou trois fois cette flexion en trempant brusquement les membres inférieurs de l'animal dans de l'eau très froide ou très chaude. Ce phénomène est analogue à celui observé par SHERRINGTON chez ses animaux et que nous avons cité plus haut : « Pour obtenir la flexion de la jambe, dit-il, un moyen est l'application d'une éponge froide sur la plante du pied. » SANO d'ailleurs a fait la même constatation chez l'homme après section de la moelle.

ANDRÉ THOMAS et JUMENTIÉ [1] ont constaté, chez le chien ayant subi une section spinale complète, l'existence de reflexes cutanés, muqueux, périostés, de réflexes de défense, mais par contre n'ont pas vu de réflexes tendineux normaux ou exagérés.

A travers les contradictions apparentes des faits observés chez les animaux, il ressort cependant nettement que la section de la moelle cervicale exagère les réflexes chez la grenouille, le chien, le lapin et que, chez les singes, l'abolition temporaire, plus ou moins durable, des réflexes est la règle.

Chez l'homme les modifications des réflexes consécutives à la section médullaire totale paraissent semblables à celles constatées par SHERRINGTON chez le singe; cette opinion résulte de l'ensemble des documents nouveaux publiés durant la guerre européenne.

VULPIAN admettait que, chez l'homme, les réflexes tendineux et cutanés étaient soumis aux mêmes lois de variation que chez les animaux qu'il avait étudiés à ce point de vue (grenouille, lapin, chien); il pensait donc que, dans les lésions transversales complètes de la moelle, les réflexes tendineux et cutanés étaient exagérés. VULPIAN avait remarqué que les réflexes pouvaient diminuer ou disparaître après une section transversale de la moelle, dans les régions sous-jacentes à la lésion, mais que cette diminution n'était que passagère, relevant de la commotion traumatique; dans les cas où cette diminution était durable, VULPIAN l'attribuait à des lésions connexes des éléments nerveux (hémorrhagie, tromboses, troubles de la circulation). VULPIAN spécifiait que, dans les cas de compression simple de la moelle, les réflexes étaient exagérés dans les régions qui

---

1. ANDRÉ THOMAS et JUMENTIÉ. Section expérimentale de la moelle dorsale chez le singe. Étude des réflexes. *Société de Neurologie de Paris*, 29 juillet 1915, in *Revue Neurologique*, août-septembre 1915, 783.

reçoivent des nerfs naissant dans la moelle en arrière de la compression. Charcot et presque tous les neurologistes de son époque ont soutenu la même opinion.

Barbé (1885) a rapporté une intéressante expérience chez un guillotiné. Il s'exprime ainsi : « L'observation fut commencée un peu plus d'une minute après l'exécution. Les membres étaient en résolution complète, je n'ai constaté aucune trace d'érection n d'éjaculation. Soulevant alors la jambe droite, j'ai obtenu très manifestement le réflexe rotulien. Me rendant compte de l'importance qu'il y avait à constater avec certitude ce réflexe persistant après la décapitation, j'ai prié les étudiants qui m'accompagnaient de prêter la plus grande attention aux nouvelles tentatives que j'allais faire, et tous ont pu constater comme moi ce réflexe qui a persisté jusqu'à huit minutes après l'exécution. » Jacskon a objecté à cette observation que l'influence excitatrice du cervelet pouvait persister plusieurs minutes après la décapitation et expliquer la conservation des réflexes tendineux.

Bastian (1882), dans un article du *Quains Dictionary* et dans un mémoire ultérieur paru en 1890, a soutenu qu'une section lente ou brusque de la moelle cervicale ou dorsale supérieure se traduit par une paralysie avec atonie et abolition des réflexes tendineux, le seul réflexe qui peut persister consiste en un léger mouvement des orteils après la piqûre profonde de la plante des pieds. Les conclusions de Bastian ont été admises par le plus grand nombre des neurologistes ; toutefois Brissaud, Raymond et Cestan, Marinesco, etc., ont formulé des réserves, lesquelles sont exprimées aussi dans les traités de Neurologie d'Oppenheim, Leyden et Goldscheider, Lewandowsky.

Avant la guerre, les physiologistes et les neurologistes étaient, somme toute, loin d'être d'accord sur l'état des réflexes tendineux et cutanés dans les sections médullaires chez l'homme ; il convient d'ailleurs de remarquer que les cas de section médullaire vraie, totale, contrôlée par l'autopsie, étaient relativement rares dans la littérature médicale.

J. et A. Dejerine et J. Mouzon [1] concluent de leurs observations chez les blessés de guerre ayant une section complète de la moelle à la valeur légitime de la loi de Bastian, à la conservation de certains réflexes cutanés comme le réflexe cutané plantaire, à l'inversion possible de ce réflexe cutané plantaire, à la fréquence des mouvements réflexes de défense. Gordon Holmes [2] a constaté que la section complète de la moelle s'accompagne de l'abolition des réflexes tendineux, de la perte du tonus musculaire, de l'apparition de mouvements automatiques analogues à ceux que Sherrington a observés chez le « chien spinal ».

Georges Guillain et J.-A. Barré [3] synthétisent ainsi les signes observés dans 17 cas de section médullaire totale pour blessures de guerre (la survie de ces blessés a été dans ces cas de 2 jours à 43 jours) : « Paraplégie motrice complète. Abolition de la sensibilité sous tous ses modes. Tonicité normale au début. Abolition des réflexes tendineux. Conservation ordinaire du réflexe cutané plantaire en flexion. Subsistance fréquente du réflexe crémastérien, plus rare des réflexes cutanés abdominaux. Abolition complète (dans les 3/4 des cas) des réflexes dits de défense observés à la manière classique. Existence, dans plus de la moitié des cas, de réactions réflexes diffusées par excitation de la plante du pied. Contraction permanente du sphincter vésical. Inversion de la répartition thermique sur les membres paralysés ». G. Guillain et J.-A. Barré ont attiré spécialement l'attention sur l'état du réflexe cutané plantaire, ils ont noté que le réflexe cutané plantaire existait en flexion chez ces paraplégiques, que s'il garde

1. J. et A. Dejerine et J. Mouzon. Sur l'état des réflexes dans les sections complètes de la moelle épinière. *Société de Neurologie de Paris*, séance du 3 décembre 1914 in *Revue Neurologique*, mars 1915, 155.

2. Gordon Holmes. Spinal Injuries of Warfare. *Gulstonian Lectures*, 1915 ; *British Medical Journal*, 1915, 769, 815, 855.

3. Georges Guillain et J. Barré, Étude anatomique de quinze cas de section totale de la moelle, *Annales de Médecine*, iv, n° 2, mars-avril 1917, 178-224 ; — Sur un seizième cas de section anatomique totale vraie de la moelle épinière. Étude spéciale du réflexe cutané plantaire. *Société de Neurologie de Paris*, séance du 6 février 1919 ; *Revue Neurologique*, 1919, n° 2, 126 ; — Un cas de section de la moelle épinière déterminée par une balle méconnue. *Société de Neurologie de Paris*, séance du 3 avril 1919 ; *Revue Neurologique*, 1919, n° 4, 322.

le sens qu'on lui connaît chez l'homme normal, il n'est pas en tout point semblable au réflexe physiologique, son type est nettement anormal ; le réflexe se fait lentement, le gros orteil s'infléchit sans brusquerie, progressivement, régulièrement, effectue un déplacement parfois faible, mais souvent très ample, commence après un temps de latence qui est variable et souvent beaucoup plus considérable que chez l'homme sain, garde un temps appréciable son attitude en flexion et présente, pendant le retour à la position initiale, la même lenteur que pendant la flexion. La réponse réflexe fut toujours directe sauf dans un cas où l'on put observer avec la plus grande netteté un réflexe plantaire croisé, l'excitation de la plante gauche provoquait une flexion réflexe du gros orteil droit. Pendant la courte survie des blessés le réflexe cutané plantaire garda la même forme en flexion, mais son intensité décrut aux approches de la mort et, au moment de l'agonie, il faisait le plus souvent défaut.

G. GUILLAIN et J.-A. BARRÉ se demandent s'il n'est pas prématuré de chercher à se rendre compte de ce qui revient, dans le tableau clinique qu'ils ont présenté, au segment inférieur de la moelle complètement isolé de l'axe médullaire. Ils s'expriment ainsi sur ce point : « Et tout d'abord, s'il y a destruction complète de la moelle, peut-on ajouter qu'aucune voie nerveuse ne relie le segment supérieur à la zone paralysée? Dans presque tous les cas qui sont la base de notre étude, la chaîne sympathique n'était en aucune manière lésée directement, au moins dans ses cordons prévertébraux. Il y avait interruption de la moelle, mais non de toute communication nerveuse entre les étages sains et paralysés du corps, et isolément d'un fragment médullaire plus ou moins important, mais non pas destruction des segments qui le composent. Quelle collaboration physiologique ont pu assurer ces voies sympathiques au territoire paralysé, et quelle part revient au segment inférieur de la moelle séparé des étages supérieurs dans les manifestations réflexes observées chez les paraplégiques? Il est, à l'heure actuelle, extrêmement difficile de répondre d'une manière satisfaisante à une pareille question. Il semble donc bien que, dans le syndrome caractéristique d'une section de la moelle, il faille procéder avec grande prudence dans l'attribution à une origine précise des symptômes constatés, positifs ou négatifs, et l'on peut se demander s'il n'est pas excessif de chercher, dans les documents anatomo-cliniques tels que ceux que nous présentons ici, des éclaircissements solides sur la physiologie normale de la moelle. Peut-être la physiologie pathologique n'est-elle dans certains cas, et en particulier dans celui que nous envisageons, qu'une physiologie nouvelle qui ne peut renseigner que très imparfaitement sur celle dont elle a pris la suite. »

Les cas de section médullaire anatomique totale chez l'homme se terminent souvent par la mort rapide, la survie ne dépasse généralement pas quatre à cinq semaines. Chez les sujets qui ne succombent pas, on a pu voir réapparaître les réflexes tendineux et même le clonus du pied et de la rotule, on a noté le réflexe cutané plantaire en extension, on a constaté des phénomènes d'automatisme médullaire. J. et A. DEJERINE et J. WOUZON, CLAUDE et LHERMITTE, ROUSSY et LHERMITTE, H. HEAD et G. RIDDOCH, MARINESCO ont particulièrement insisté sur ces faits synthétisés dans un important travail de J. LHERMITTE [1].

Les voies conductrices de la motilité, le faisceau pyramidal et les voies parapyramidales (faisceau rubro-spinal, faisceau descendant des tubercules quadrijumeaux, fibres descendantes de la substance réticulée du pont, etc.), ont une influence sur l'état des réflexes. Les lésions destructives de l'écorce cérébrale motrice déterminent chez tous les animaux une exagération des réflexes tendineux et chez quelques-uns d'entre eux un affaiblissement des réflexes cutanés. Ne pouvant entrer ici dans l'étude sémiologique de toutes les maladies du système nerveux de l'homme, il suffira de rappeler que l'exagération des réflexes tendineux et l'inversion du réflexe cutané plantaire est une conséquence des lésions destructives de la voie pyramidale ; toutefois, chez l'homme, dans les lésions purement corticales de la voie pyramidale, on peut observer la surréflectivité tendineuse et un réflexe cutané plantaire normal en flexion. Les lésions non destructives, mais seulement compressives de faisceau pyramidal, peuvent ne pas modifier les réflexes tendineux. BABINSKI a publié des observations de néoplasmes

[1]. J. LHERMITTE. La section totale de la moelle dorsale, Bourges, 1919.

intra-crâniens comprimant le faisceau pyramidal sans le détruire, entraînant de l'épilepsie et de l'hémiparésie; les réflexes dans ces cas étaient normaux.

Le cervelet semble avoir aussi une action sur la réflectivité tendineuse. LUCIANI, FERRIER, RUSSELL, TURNER ont observé l'exagération des réflexes tendineux dans les lésions destructives expérimentales du cervelet. L'asymétrie des réflexes peut se constater dans les lésions unilatérales de l'hémisphère cérébelleux, les réflexes étant plus forts du côté de la lésion que du côté sain.

En synthétisant nos connaissances physiologiques sur les réflexes tendineux et cutanés, on arrive à cette notion que ces réflexes ont des centres médullaires et que ces centres sont en connexion par les voies longues et courtes avec les zones sus-jacentes du névraxe (myélencéphale, métencéphale, isthme du rhombencéphale, mésencéphale). Ces zones sus-jacentes, par le transport de l'énergie nerveuse, ont des influences excitatrices ou inhibitives. Toute réponse réflexe dépend donc non seulement de l'arc réflexe simple, mais de l'état des centres sus-jacents du névraxe avec lesquels il est en rapport. Pour avoir des notions exactes sur ces rapports, il faudrait connaître la nature, l'origine et le mode de transmission de l'énergie nerveuse ; nous nous heurtons toujours à ce même problème, que nous avons envisagé au sujet du tonus, pour la compréhension des phénomènes intimes de névraxe.

IX. **Les réflexes proprioceptifs.** — Les réflexes dénommés par SHERRINGTON [1] réflexes proprioceptifs sont des réflexes secondaires à des excitations qui prennent naissance dans les tissus des membres et non plus sur les surfaces cutanées ou muqueuses. L'exemple suivant d'un réflexe proprioceptif est emprunté à SHERRINGTON. On prend un chien spinal, c'est-à-dire un chien qui a subi une section sous-bulbaire de la moelle; après la période de shock on le suspend sous les épaules, les membres libres. L'observateur soulève le genou de la jambe droite en prenant le membre au-dessous de l'articulation fémoro-tibiale, de façon à ce que le genou soit étendu et la hanche fléchie. Après que l'on a ainsi effectué un mouvement purement passif, le muscle extenseur du genou présente une contraction tonique intense qui permet au genou de rester étendu alors même qu'on a abandonné la jambe, le muscle extenseur oppose même une résistance considérable à tout essai de flexion du genou. SHERRINGTON pense que la condition essentielle pour obtenir cette contraction tonique de l'extenseur du genou est le rapprochement des insertions supérieures et inférieures du muscle, c'est ce qu'il appelle la « shortening reaction ».

La réaction inverse est la « lenghtening reaction » (réaction d'allongement). Lorsqu'on a obtenu la « shortening reaction », si l'observateur arrive à plier le genou malgré la forte contraction tonique des extenseurs, il sentira que l'opposition à ce mouvement cesse brusquement lorsqu'on arrive à un certain degré de pression, le genou peut être alors fléchi sans aucune opposition, et la contraction tonique de l'extenseur disparaît entièrement sous l'influence de l'allongement forcé du muscle ; cet état d'hypotonie persiste, alors même qu'on a abandonné le membre et qu'on ne le maintient plus en flexion.

Ces deux réactions sont donc inverses : le raccourcissement du muscle détermine de l'hypertonie et son allongement de l'hypotonie.

SHERRINGTON a pu étudier ces réflexes chez des animaux, 16 à 30 jours après la section de la moelle. Au début, l'animal tient les membres également fléchis sous l'action de leur propre poids; mais plus tard (4 semaines après) il a constaté que la position des genoux est asymétrique, l'un est plus fléchi que l'autre. En examinant le genou le moins fléchi, il a noté un certain degré de contracture de l'extenseur. A ce moment, on peut facilement obtenir les « shortening and lenghtening reactions » ; c'est alors seulement qu'apparaît le réflexe de la marche, ce qui montre bien l'importance de ces phénomènes dans la locomotion.

La « shortening reaction » est souvent accompagnée d'un mouvement croisé du genou opposé. Si, en même temps qu'on pratique la shortening reaction à droite, on examine le membre gauche, on voit que l'extenseur du genou gauche se relâche et le

1. C. S. SHERRINGTON. On plastic tonus and proprioceptive reflex. Quart. Journ. of experim. Physiology, II, n°.2, [mars] 1909, 109-156.

membre se met en flexion (réaction croisée). Pour obtenir ce réflexe croisé, SHERRING-TON maintient le membre inférieur droit, par exemple, la hanche demi-fléchie et le genou étendu (par suite de la shortening reaction) ; l'autre genou (gauche), qui pendait flasque et semi fléchi, se met rapidement en extension passive et élève la jambe. La période latente de cet effet croisé est relativement longue. D'autre part, la leughtening reaction est régulièrement accompagnée par un réflexe croisé au niveau du genou opposé, qui se traduit toujours par un mouvement d'extension. C'est le même réflexe qui a été étudié, d'après SHERRINGTON, par PHILIPPSON sous le nom de « crossed reflexe III ».

Des réflexes analogues peuvent s'observer chez un chien spinal présentant le « Mark-time reflex » de GOLTZ et FREUSBERG. Nous rappelons que ce réflexe consiste,

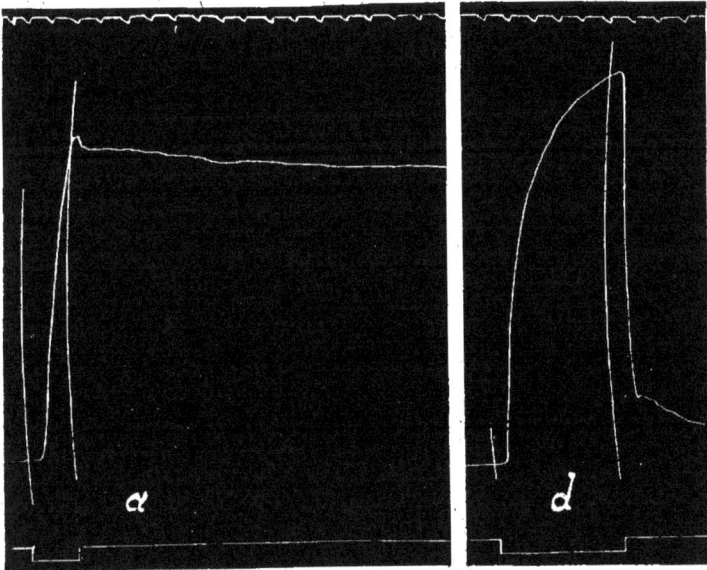

FIG. 213. — Vaste crural isolé (chat) ; réflexe d'extension croisée ; *a*, muscle avec nerfs afférents normaux ; *d*, muscle avec nerfs afférents sectionnés deux heures avant.

chez un chien spinal soulevé par les épaules et pendant les membres libres, en des mouvements alternatifs de flexion et d'extension des membres postérieurs. Or, chez un chien présentant ce « Mark-time reflex », si l'on lève la cuisse d'un côté avec la main, le mouvement de marche s'arrête immédiatement dans les deux membres aussi longtemps que persiste le point d'appui ; si on supprime ce point d'appui la hanche se met en extension de ce côté et la hanche opposée se met en flexion, il existe donc là un réflexe de flexion croisée déterminé par l'extension passive de la hanche du côté opposé.

Tous ces mouvements sont dus à des réflexes proprioceptifs, car ils naissent dans les muscles mêmes dont ils déterminent la contraction. Les réactions réflexes disparaissent par section des fibres afférentes du nerf crural. SHERRINGTON, ayant coupé les 4e, 5e et 6e racines postérieures lombaires, a vu qu'elles étaient essentielles pour obtenir des réflexes proprioceptifs. En examinant des animaux décérébrés, de la deuxième heure jusqu'au 140e jour qui suivent l'opération de section des racines, il a constaté que le muscle ainsi privé de racines afférentes est atonique et ne présente aucune trace de

« shortening » ou de « lenghtening reaction » ; il n'existe non plus aucune contraction dans le muscle homologue du côté opposé. La contraction réflexe des muscles privés de racines afférentes, au lieu de se prolonger, ainsi qu'il est habituel chez les animaux décérébrés, durant toute la durée de l'excitation, cesse immédiatement dès que l'excitation est supprimée, le muscle alors se relâche complètement. Si les excitations sont faibles et répétées les réponses de ces muscles sont cloniques au lieu que normalement on obtient un tétanos continu. SHERRINGTON pense que ces phénomènes sont dus à l'absence de la shortening reaction qui renforce et maintient le réflexe.

SHERRINGTON a montré aussi qu'un muscle privé de ses réflexes proprioceptifs présente des contractions réflexes qui ne peuvent plus être arrêtées brusquement par l'allongement du muscle qui se contracte, ce qui montre qu'une des fonctions importantes des réflexes proprioceptifs est de produire des réactions d'arrêt brusque des réflexes, lesquelles ont pour but de replacer le membre dans la situation primitive. De plus, ces muscles ne présentent plus de réflexe tonique, se fatiguent plus vite et les contractions réflexes obtenues par excitation prolongée s'affaiblissent plus vite et cessent plus rapidement qu'avec les muscles sains.

Les réflexes proprioceptifs présentent quatre réactions agissant deux sur le muscle lui-même et deux sur le muscle homologue du côté opposé ; ces réactions sont conjuguées par paires. Pour une paire de ces réflexes l'excitation adéquate, active ou passive, produit le raccourcissement tonique du muscle et le relâchement réflexe, plus rarement la contraction réflexe du muscle homologue du membre opposé ; pour la seconde paire de réflexe l'excitation est l'allongement du muscle en état de tonus et la contraction réflexe du muscle homologue du membre opposé, SHERRINGTON, après avoir mentionné ces faits, ajoute : « De ces quatre réactions, les deux qui sont à effet contralatéral sont indubitablement réflexes ; nous n'avons trouvé actuellement aucune raison valable de supposer que celles à effet homolatéral ne sont pas aussi de nature réflexe ; quant à leurs relations avec le système nerveux réflexe, il en émerge une dont l'évidence est manifeste, c'est que l'intégrité de l'arc réflexe de leurs propres muscles est absolument essentielle à leur production. »

La physiologie des réflexes proprioceptifs explique les réactions complexes qui sont nécessaires pour le mécanisme de la locomotion, les muscles d'un côté du corps ne produisant aucun mouvement qui n'ait sa répercussion sur le membre opposé.

X. **Les réflexes d'automatisme médullaire**. — HALLER avait déjà noté qu'un animal décapité peut encore produire des mouvements coordonnés. BICKEL, chez la tortue décapitée, observa des mouvements de locomotion ; GOLTZ vit la présence du réflexe d'embrassement chez la grenouille mâle privée de cerveau. Après section de sa tête l'amphioxus nage (DAMLEWSKI, 1893). L'anguille décapitée nage et ses facultés d'équilibre, quoique diminuées, sont conservées, car, mise sur le dos, elle peut encore se retourner d'elle-même. La grenouille spinale peut nager ; mise dans l'eau à 36°, elle avance vigoureusement, mais ses mouvements sont moins coordonnés que lorsque le myélencéphale et le métencéphale sont conservés. TARCHANOFF a vu des canards décapités nager, plonger et même voler ; on peut aussi constater la persistance des mouvements de locomotion chez la poule et le lapin décapités.

Ces réflexes d'automatisme médullaire ont été étudiés spécialement et minutieusement par GOLTZ, SHERRINGTON, PHILIPPSON, chez des animaux ayant subi soit une section transversale de la moelle, soit l'ablation du cerveau, soit la décapitation suivant la technique de SHERRINGTON que nous avons déjà exposée. On dénomme les réflexes qui se produisent chez les animaux « spinaux » réflexes d'automatisme médullaire, parce que la moelle, dont ils dépendent, est libérée de toute influence des centres supérieurs.

PHILIPPSON [1] décrit, chez les chiens ayant subi la section de la moelle, trois réflexes directs et trois réflexes croisés au niveau des membres postérieurs. Les trois réflexes directs sont les suivants :

1° *Flexion du métatarse*. — PHILIPPSON écrit sur ce réflexe : « Si on excite légèrement la plante du pied, la métatarse entre en flexion. L'attouchement des poils suffit à déter-

---

1. M. PHILIPPSON. Autonomie et centralisation dans le système nerveux des animaux. *Travaux du Laboratoire de Physiologie*, Institut Solvay, Bruxelles, 1905, VII.

miner ce réflexe. Ce réflexe a été décrit, croyons-nous, pour la première fois dans notre note préliminaire (1903). Nous ne pensons pas qu'il joue dans la locomotion un rôle quelconque. En effet l'examen des images chronophotographiques ne nous a pas montré entre le contact du pied sur le sol et sa flexion un intervalle de temps nécessaire à la manifestation d'un réflexe (0″04). »

2° *Extension directe.* — L'excitation plus forte de la région plantaire produit une détente brusque de la cuisse et de la jambe. Ce réflexe est remarquable par l'énergie musculaire qu'il développe (SHERRINGTON, 1899).

3° *Flexion directe.* — Si on augmente encore l'excitation appliquée au même endroit, on obtient la flexion rapide de tous les segments du membre excité (FREUSBERG, 1874).

Les trois réflexes croisés sont les suivants :

« 1° *Extension croisée I.* — La même excitation, qui a déterminé une flexion directe dans le membre excité, détermine l'extension croisée de la jambe et du tarse dans le membre opposé, la cuisse restant fléchie.

Dans notre note préliminaire (1903), nous avons attribué l'extension-croisée uniquement au réflexe suivant produit par la flexion, mais nous avons observé depuis que, en maintenant une patte étendue et en excitant fortement la surface plantaire de son pied, on obtient une extension croisée tout en ayant empêché la flexion directe de se produire (FREUSBERG, 1874).

2° *Extension croisée II.* — Le tiraillement de la peau de la région inguinale détermine l'extension de la jambe, du tarse et le début de l'extension de la cuisse (FREUSBERG).

3° *Extension croisée III.* — La flexion forcée de la jambe sur la cuisse produit l'extension de la jambe et du tarse du membre opposé, la cuisse restant fléchie (FREUSBERG).

4° En percutant les condyles du fémur immédiatement au-dessus du niveau de la rotule, on obtient du côté frappé une réaction faible, du côté opposé une extension de la jambe sur la cuisse, celle-ci restant fléchie sur le tronc. Cette position de la patte persiste, le membre étant le siège de véritables contractions tétaniques ».

Certains de ces réflexes ont été particulièrement étudiés par SHERRINGTON [1].

1° *Réflexe de flexion* (flexion-reflex). — Le réflexe de flexion est le réflexe que l'on éveille le plus aisément par excitation de la peau du membre ou de ses nerfs afférents chez le chien, le chat ou la grenouille « spinaux ». Au niveau du membre postérieur la flexion se produit à la hanche, au genou, à la cheville; au niveau du membre antérieur elle se produit à l'épaule, au coude, au poignet. Ce réflexe est obtenu chez l'animal décérébré aussi bien que chez l'animal purement spinal. SHERRINGTON, pour l'étudier, excite la branche cutanée du nerf musculo-cutané (branche du nerf péronier) en un point situé juste au-dessus du ligament annulaire du cou de pied, il faradise le bout central ou agit sur lui mécaniquement avec un simple fil attaché au tronc nerveux.

SHERRINGTON a vu que, chez le chat et le chien, certains muscles seulement se contractent pour produire le mouvement réflexe, ce sont les muscles suivants :

Psoas iliaque.
Petit pectiné.
Couturier (partie insérée sur la rotule).
Tenseur du fascia lata.
Droit antérieur.
Droit interne.

Semi-tendineux.
Biceps fémoral (partie postérieure).
Tenuissimus.
Jambier antérieur.
Long péronier latéral.
Extenseur commun des orteils.

Quelle que soit l'intensité des excitations, aucun autre muscle n'entre en jeu, et SHERRINGTON a vu que le seuil de l'excitation est presque identique pour tous les muscles qui se contractent dans la production du réflexe. En dehors des muscles qui se contractent, d'autres se relâchent. La façon la plus aisée de les mettre en évidence est de considérer, un animal décérébré ; en effet tous les muscles sont alors en rigidité hypertonique, et il

1. C. S. SHERRINGTON. Flexion reflex of the limb, crossed extension reflex and reflex stepping and standing. *Journ. of Physiology*, 26 avril 1910, XL, nos 1 et 2.

est facile de se rendre compte de leur relâchement lors de la production du réflexe. Dans le réflexe de flexion les muscles qui se relâchent par inhibition centrale sont les suivants :

Vaste externe.

Vaste interne.

Crural.

Jumeaux.

Soléaire.

Semi-membraneux.

Biceps fémoral (partie antérieure).

Long fléchisseur commun des orteils.

Carré crural.

Petit adducteur.

Grand adducteur (une partie).

De même que pour les muscles qui entrent en contraction, l'intensité de l'excitation

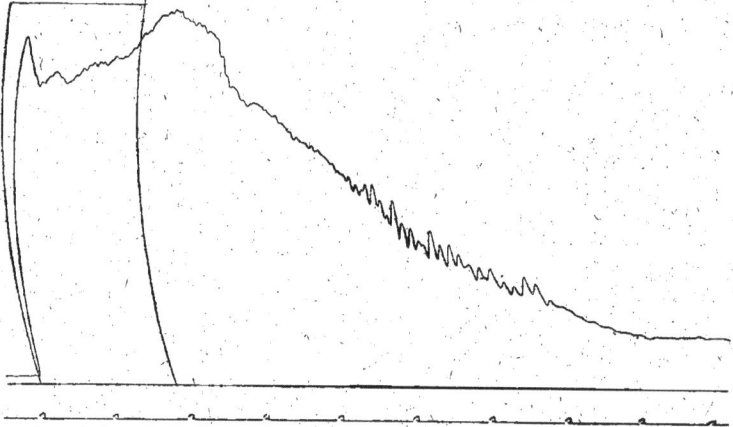

Fig. 214. — Contraction réflexe du couturier (chienspinal, après la période de shock). Excitation faradique de la peau du doigt de la patte postérieure homolatérale. L'excitation est indiquée au-dessus. Temps en secondes (SHERRINGTON).

n'augmente pas le nombre des muscles qui se relâchent et le seuil de l'inhibition est presque identique pour tous.

Le champ d'excitation cutanée du réflexe de flexion comprend tout le membre inférieur; les limites de ce champ sont le pli inguinal en avant, le périnée au milieu, la région ischiatique en arrière. Certaines zones sont plus sensibles que d'autres. SHERRINGTON a vu qu'on éveillait plus facilement le réflexe au niveau des orteils ou de la plante des pieds qu'au niveau de la jambe ou de la cuisse. Tout les nerfs afférents du membre postérieur peuvent déterminer le réflexe à l'exception du nerf lumbo-inguinalis, du nerf cutaneus clunis et du nerf pudendus, lesquels sont d'ailleurs plutôt des nerfs de la région inguinale, du périnée et de la fesse que des nerfs du membre postérieur. Bien que conformes au réflexe type de flexion, les mouvements obtenus par l'excitation de ces troncs nerveux diffèrent légèrement entre eux ; les muscles qui se contractent appartiennent tous au groupe des fléchisseurs, mais, suivant le nerf excité, on obtient la contraction ou l'inactivité de tels ou tels muscles.

Le réflexe de flexion peut être vraiment considéré comme un réflexe typique, puisqu'on l'éveille par l'excitation de tous les nerfs du membre postérieur, de la peau qui le recouvre et aussi, SHERRINGTON insiste sur ce point, par l'excitation des tissus profonds du membre (muscles, tendons, articulations).

Il y a lieu de remarquer que des muscles considérés comme des entités anatomiques ne se comportent pas dans ce réflexe comme des entités physiologiques. SHERRINGTON note que les deux parties, antérieure et postérieure, du biceps fémoral se comportent d'une façon différente ; la partie postérieure insérée au-dessous du genou et le fléchissant se contracte, tandis que la partie antérieure insérée au-dessus du genou et étendant la cuisse est inhibée. De même, au niveau du membre antérieur, le réflexe de flexion inhibe la portion humérale du triceps qui étend le coude et contracte sa portion scapulaire qui fléchit l'épaule.

SHERRINGTON ajoute cette remarque intéressante que le groupe des fléchisseurs qui agissent dans le réflexe contient des muscles, tel que le semi-tendineux, le biceps de la cuisse, le droit interne, qui sont fléchisseurs du genou en même temps qu'extenseurs de la hanche ; bien qu'antagonistes des fléchisseurs de la hanche, ces muscles se contractent en même temps qu'eux, et l'extension de la hanche qu'ils auraient pu produire est complètement annihilée par la contraction concomitante des fléchisseurs de cette articulation. On peut comparer ce fait avec cet autre bien connu de la contraction concomitante des longs fléchisseurs des doigts et des extenseurs du poignet dans l'acte de fermer la main (DUCHENNE, 1867 ; H. E. HERING, 1898 ; BEEVOR, 1904) ; les muscles fléchisseurs fléchissent non seulement les doigts, mais aussi le poignet ; leur action sur le poignet est annihilée par la contraction antagoniste des extenseurs de cette articulation ; SHERRINGTON en conclut que le réflexe de flexion emploie certains muscles comme moteurs (« protagonists » de SHERRINGTON, « principal movers » de WINSLOW, « prime movers » de BEEVOR) et d'autres comme fixateurs (« synergics » de BEEVOR, « pseudo antagonists » de H.-E. HERING). Il est particulièrement intéressant de voir qu'un même muscle agit dans ces réflexes à la fois comme moteur et comme fixateur ; ainsi, dans le réflexe de flexion, on voit les fléchisseurs de la hanche servir non seulement à fléchir la hanche, mais en même temps à fixer des muscles qui, s'ils ne l'étaient pas, étendraient la hanche au lieu de fléchir le genou. SHERRINGTON, dans l'analyse des mouvements segmentaires qui constituent le réflexe de flexion, cite des exemples analogues.

Le réflexe de flexion détermine aussi la contraction des muscles partiellement antagonistes. SHERRINGTON mentionne à ce point de vue le biceps postérieur de la cuisse et le semi-tendineux ; tous deux sont fléchisseurs du genou, mais, bien que leurs insertions supérieures soient identiques, leurs insertions inférieures se font sur les côtés interne et externe de l'articulation du genou ; le biceps détermine la rotation du membre en dehors et le semi-tendineux la rotation en dedans ; quand le réflexe de flexion se produit la rotation se fait sans déviation latérale du membre.

Le réflexe de flexion déterminé par l'excitation des nerfs profonds du membre ne présente pas de différences avec le réflexe provoqué par l'excitation des nerfs superficiels. HENRY HEAD, RIVERS, SHERREN (1905) ont montré que les nerfs profonds des bras éveillent des sensations qui ressemblent à celles déterminées par l'excitation de la peau sus-jacente ; il y a là une sorte de sens tactile profond analogue à celui de la peau, aussi n'est-il pas étonnant qu'il existe des analogies entre des réflexes provoqués par des excitations superficielles ou profondes.

SHERRINGTON décrit, en dehors de la flexion du membre postérieur du côté excité, une extension du membre postérieur du côté opposé (réflexe d'extension croisée) ; au niveau des membres antérieurs se produisent une extension avec rétraction du membre homonyme et une flexion avec protraction du membre croisé. Quand l'excitation est appliquée au membre antérieur, on constate un réflexe de flexion dans ce membre même, l'extension du membre antérieur opposé, l'extension du membre postérieur homolatéral, la flexion du membre postérieur opposé. SHERRINGTON considère ces réflexes comme accessoires et inconstants ; le plus habituel est le réflexe d'extension croisée, les autres ne se produisant pas dans toutes les expériences, et d'autre part on peut voir survenir l'extension au lieu de la flexion. SHERRINGTON a remarqué que « lorsque le réflexe d'extension remplace la flexion réflexe ordinaire, le résultat total est l'extension de tous les muscles en dehors du membre excité », celui-ci présente toujours le mouvement réflexe typique de flexion.

SHERRINGTON considère le réflexe de flexion comme un réflexe de défense, le membre excité s'écarte de l'agent irritant ; le réflexe s'accompagne d'un mouvement de la jambe opposée et parfois des autres membres qui donne l'idée de la fuite. Cette attitude est l'analogue de celle que GOLTZ a notée sur un chien qui avait subi l'ablation des deux hémisphères ; l'animal, ayant été blessé à une patte, tenait celle-ci relevée et courait sur les trois autres. Le lapin décérébré a des réactions semblables, mais les membres intacts présentent des mouvements différents, ce qui tient à la progression par sauts de cet animal. Chez le chat décérébré, on constate de plus que la tête se tourne de côté et en arrière, la bouche s'ouvre, les lèvres se rétractent et l'animal crie ; « il y a, dit SHERRINGTON, une combinaison réflexe de mouvements de protection exprimant à la fois la fuite et la préparation à la défense. »

2° *Réflexe d'extension croisée.* — Ce réflexe est un réflexe accessoire du réflexe type de flexion, mais il est assez constant pour mériter une description spéciale. Les muscles qui se contractent pour produire ce réflexe, à la suite de l'excitation du membre postérieur opposé, sont les suivants :

Vaste externe.	Carré crural.
Vaste interne.	Jumeaux.
Crural.	Soléaire.
Petit adducteur.	Semi-membraneux.
Grand adducteur (une partie).	Biceps fémoral antérieur.
Couturier (partie insérée sur la rotule).	Long fléchisseur commun des doigts.

Les muscles qui se relâchent sont : le semi-tendineux, le biceps fémoral postérieur, le tibial antérieur, le couturier (partie médiane et externe).

Au niveau du membre antérieur, le réflexe fait contracter les portions humérales du triceps et relâche par inhibition le brachial antérieur.

SHERRINGTON remarque, à propos de ce réflexe, le fait qu'il avait déjà décrit dans le réflexe de flexion, à savoir que « des muscles regardés comme unités par la nomenclature anatomique, par exemple le biceps fémoral, le triceps brachial, le quadriceps crural, ne sont pas traités par le réflexe comme des unités musculaires. Il les emploie comme des assemblages de parties antagonistes, il inhibe et diminue la contraction d'une partie d'entre eux, tandis qu'il fait contracter les autres ». Il donne de même des exemples sur le rôle fixateur de certains muscles et sur la notion des pseudo-antagonistes. Dans le réflexe de flexion, les muscles fléchisseurs d'une articulation agissent comme fixateurs pour les fléchisseurs de l'articulation suivante ; dans le réflexe d'extension, les extenseurs d'une articulation agissent comme fixateurs pour les extenseurs de l'articulation suivante.

Le champ d'excitation de ce réflexe est plus étendu que celui du réflexe de flexion, puisque, aux nerfs afférents qui éveillent ce dernier, on peut ajouter comme nerfs sensibles : le nerf génito-crural, les nerfs de l'aine et de la région périnéale.

Le réflexe d'extension croisée est plus marqué au niveau du genou et de la cheville qu'au niveau de la hanche. SHERRINGTON a vu que, chez l'animal décapité, il existe des alternatives de flexion et d'extension, bien que le premier mouvement soit l'extension. Si l'on s'adresse aux excitations proprioceptives d'un membre, on constate qu'une flexion peut être obtenue au niveau du membre opposé au lieu d'une extension : « chez le chien spinal l'extension passive d'un genou produit assez souvent la flexion du genou opposé, de même l'extension passive d'une hanche produit assez souvent une flexion immédiate de la hanche opposée. La flexion dorsale du pied se produit parfois à la suite de l'excitation d'un nerf afférent du pied opposé. »

SHERRINGTON a étudié quelques différences intéressantes entre les réflexes de flexion et d'extension chez le chien ou le chat décérébrés et chez les animaux décapités (section à 2 ou 6 millimètres en arrière du calamus scriptorius) ayant subi une section médullaire.

Le réflexe de flexion chez l'animal spinal présente un temps de contraction qui dépasse un peu la durée de l'excitation et qui est suivi d'une après-décharge dont l'intensité est assez variable, mais peut être plus grande que celle de la décharge primitive. Chez l'animal décérébré, les mouvements réflexes de flexion persistent très longtemps après la suppression de l'excitation. Chez l'animal décérébré, il y a une prolongation de la réaction réflexe des muscles extenseurs de caractère tonique, durant souvent plusieurs minutes. En dehors des extenseurs des membres, d'autres muscles présentent cette prolongation du temps de contraction, ce sont les muscles de la nuque et du cou, les extenseurs de la queue et les élévateurs de la mâchoire inférieure.

Chez l'animal décapité, la prolongation tonique de la contraction est absente, une section bulbaire ou spinale la supprime.

L'absence de prolongation de la contraction réflexe chez l'animal spinal ne semble pas due au shock, car SHERRINGTON, ayant observé des animaux de huit à trente et un mois après une section thoracique de la moelle, n'a jamais vu cette contraction secondaire se produire au niveau des membres postérieurs, alors qu'elle existait parfaite au niveau des membres antérieurs du même animal ; il fait cependant remarquer qu'il y aurait lieu d'observer les animaux pendant une période plus longue encore avant de conclure d'une façon définitive. SHERRINGTON pense que cette phase de la contraction réflexe demande pour se produire un mécanisme réflexe ayant un centre spinal ou préspinal siégeant peut-être dans le cerveau moyen ; il note que la section spinale modifie jusqu'à un certain point la réaction réflexe des muscles extenseurs de la même façon que la section des nerfs afférents des muscles extenseurs.

Chez l'animal décérébré, on voit que la contraction réflexe des fléchisseurs est peu

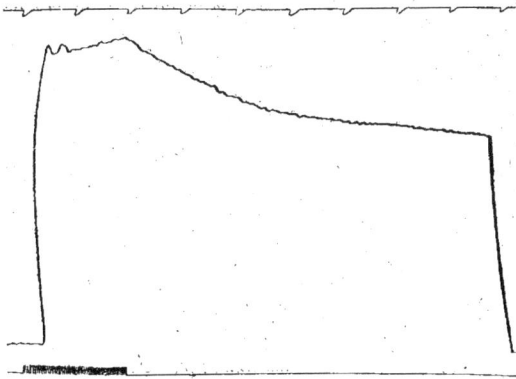

FIG. 215. — Contraction réflexe du vaste crural chez le chat décérébré. Faradisation du bout central du nerf poplité croisé, avec des excitations de force croissante. Les excitations sont indiquées au-dessous. Temps en secondes au-dessus. A la 18ᵉ seconde, on arrête la contraction en étirant fortement le muscle pour éprouver la plasticité de l' « after-contraction ». On voit que cette plasticité est très complète ; le muscle reste à la longueur qu'on lui a ainsi passivement donnée (SHERRINGTON).

modifiée à la suite d'une section spinale, tandis que, dans les mêmes conditions, le réflexe des extenseurs est très réduit en amplitude et privé de toute prolongation tonique de la contraction. De plus, le seuil de la contraction, qui était auparavant le même pour les deux groupes de muscles ; devient différent ; le seuil de la contraction des fléchisseurs devient plus bas que celui des extenseurs. L'effet dépressif de la section spinale se fait donc sentir inégalement sur les muscles fléchisseurs et sur les muscles extenseurs des membres, ce qui explique que le réflexe d'extension directe éveillé par excitation de la plante des pieds s'obtient beaucoup plus tard que le réflexe de flexion. Ces phénomènes d'affaiblissement très marqué des extenseurs après une section spinale sont dus en majeure partie au choc médullaire, car, lorsqu'on garde les animaux assez longtemps pour que le choc disparaisse, les réflexes d'extension reviennent facilement.

Le mouvement réflexe d'extension croisée chez l'animal décapité est généralement rythmique, alors qu'il est ininterrompu chez l'animal décérébré ; les mêmes différences s'observent pour le réflexe de flexion hémolatérale. En somme, il semble que les réflexes des membres chez l'animal décapité tendent plus que ceux du décérébré à prendre le caractère rythmique avec alternative de flexion et d'extension ; les animaux qui ont subi une section de la moelle ont, la période de shock passée, des réflexes qui tendent à ressembler à ceux que l'on observe chez les animaux décapités.

3° *Réflexes de locomotion. Stepping-reflex de Sherrington.* — Sherrington a étudié les réflexes de locomotion chez des animaux réduits à leur portion spinale par décapitation ou par section thoracique de la moelle; les mouvements réflexes ainsi obtenus sont semblables à ceux de la marche, le fait a été constaté dans des expériences de Philippson (1905) à l'aide de la cinématographie.

Le « stepping-reflex » est caractérisé par un mouvement rythmique de flexion et d'extension; ses phases sont les suivantes :

α) Phase de flexion pendant laquelle la cuisse se fléchit sur le bassin; durant les deux premiers tiers de cette phase le genou et la cheville se fléchissent en même temps, et durant le dernier tiers les angles du genou et de la cheville commencent à s'ouvrir, les orteils s'étendent légèrement sur les métatarsiens.

β) Phase d'extension durant laquelle l'angle antérieur ilio-crural s'ouvre graduellement, les angles du genou et de la cheville s'ouvrent aussi. A la fin de cette phase, alors que le pied abandonne le sol, les orteils se fléchissent sur le métatarse.

γ) A la fin de la phase de flexion, il se produit un mouvement de rotation en avant, quand la cuisse passe de la flexion à l'extension; à la fin de la phase d'extension, il se produit un mouvement de rotation en arrière, quand la cuisse passe de l'extension à la flexion.

δ) Il y a synchronisme entre la phase d'extension d'un membre et la phase de flexion de l'autre membre.

Le « stepping-reflex » peut être obtenu soit par des excitations externes, soit par des excitations proprioceptives. Ainsi on peut, chez l'animal décapité, exciter par pincement de la peau la région périnéale, le pied, le cou, le dos, la queue; on peut aussi faradiser un nerf mis préalablement à nu. L'excitation du périnée donne des mouvements bilatéraux, même quand l'excitation est faite en dehors de la ligne médiane ou quand les nerfs d'un côté sont coupés.

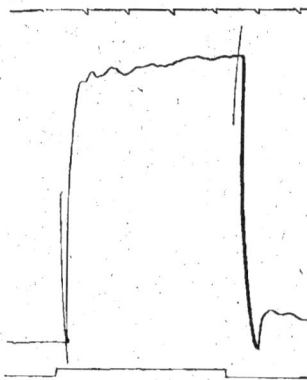

Fig. 216. — Contraction réflexe combinée du psoas et du tensor fasciæ femoris chez le chat décérébré. Faradisation du bout central du nerf péronier homolatéral. Excitation marquée en dessous. Temps en secondes au-dessus.

Le « stepping-reflex » peut être facilement provoqué chez l'animal spinal en le suspendant verticalement; les membres laissés libres se mettent immédiatement en mouvement (mark-time reflex de Goltz). Sherrington a constaté que, lorsqu'on laisse suffisamment au repos les animaux qui ont subi la section thoracique de la moelle, on peut inhiber le réflexe aussi bien en laissant l'animal horizontalement qu'en le suspendant verticalement, à la condition que les membres pendent librement. Il semble en effet que l'extension de l'articulation des hanches soit la condition nécessaire pour l'obtention du réflexe, cette extension dans ces expériences est réalisée par la traction des membres sous leur propre poids. Sherrington a remarqué que l'extension isolée de la cheville ou du genou ne suffit pas à produire le réflexe; il a vu aussi que celui-ci n'est pas provoqué par le contact de la plante du pied sur le sol, que l'excitation de la plante du pied d'autre part ne détermine qu'une légère élévation et extension des orteils et une certaine flexion dorsale de la cheville. Sherrington, ayant sectionné les divers nerfs du pied a constaté que cette intervention modifie uniquement la motilité des doigts du pied, qu'elle n'entrave nullement le « stepping reflex. »; il est donc rationnel de conclure que la surface cutanée du pied n'est pas le point de départ du réflexe. Sherrington écrit d'ailleurs sur ce point : « Le « stepping-reflex », excité par un des stimuli mentionnés ci-dessus chez l'animal décapité ou spinal, est éveillé aussi facilement et parfaitement sur des membres à pieds énervés que sur des membres dont les nerfs du pied sont intacts; bien plus, le « stepping-reflex » commence et continue aussi bien quand l'animal est couché de côté, les pieds ne touchant pas le sol, ou quand, comme nous l'avons vu plus haut, l'animal est suspendu librement au-dessus du sol de telle façon que les pieds soient maintenus en l'air. »

En plus de la section des nerfs du pied, on peut couper les nerfs cutané externe, ilio-inguinal, saphène interne, petit fessier, des deux côtés sans modifier le « stepping-reflex ».

Il existe un réflexe produit par excitation plantaire qui semble jouer un certain rôle dans le mécanisme de la marche, c'est l'*extensor-thrust*, qui se caractérise par une extension brusque du membre excité en bas et en arrière ; ce réflexe est supprimé par la section des deux nerfs plantaires. SHERRINGTON, qui décrivit ce réflexe en 1903, le considérait alors comme favorisant le mécanisme de la marche, au moyen du choc du pied contre le sol. PHILIPPSON (1905) lui attribuait aussi un rôle dans le mécanisme réflexe du trot. Ultérieurement SHERRINGTON (1910) vit que la section de tous les nerfs du pied annule l' « extensor-thrust » sans modifier le « stepping-reflex » ; aussi ne le considéra-t-il plus comme le facteur important du mécanisme de la marche. Peut-être cependant joue-t-il un rôle dans le mouvement réflexe du galop, telle est aussi l'opinion de PHILIPPSON ; il convient de remarquer en effet que l'excitation du pied, qui détermine un double mouvement réflexe d'extension en bas et en arrière incompatible avec la marche ou le trot, s'accorde avec le mouvement du galop.

Le « stepping-reflex » diffère du « flexion-reflex » en ce que, dans la phase de flexion de la marche, la flexion n'est pas maintenue, celle du genou et de la cheville cesse un peu plus tôt que celle de la hanche ; au contraire dans le « flexion-reflex », la flexion est maintenue dans toutes les articulations. D'autre part, dans le « flexion-reflex », la flexion est plus accusée et n'est suivie d'une extension du membre que lorsque l'excitation a cessé ; au contraire dans le « stepping-reflex » l'extension suit la flexion alors que l'excitation persiste.

Les muscles qui se contractent pendant la phase de flexion du « stepping-reflex » sont, d'après SHERRINGTON, les suivants :

Psoas.	Tibial antérieur.
Portion médiane du couturier.	Long extenseur commun des doigts.
Portion supéro-externe du couturier.	Tensor fasciæ femoris brevis.
Droit interne.	Long péronier latéral.
Droit externe.	Tenuissimus.
Biceps fémoral (partie postérieure).	Pédieux.
Semi-tendineux.	Petit fessier.

SHERRINGTON n'a pu s'assurer du rôle dans le « stepping-reflex » du petit psoas, du pectiné, du tenseur du fascia lata, muscles qui entrent en contraction dans le « flexion-reflex ».

Les muscles qui se relâchent sont les suivants :

Semi-membraneux.	Jumeaux.
Vaste externe.	Soléaire.
Vaste interne.	Biceps fémoral (partie antérieure).
Crural.	
Petit adducteur.	

SHERRINGTON n'a pu s'assurer du rôle dans le « stepping-reflex » du grand adducteur et de la portion de couturier qui se relâchent dans le « flexion-reflex ».

Dans la phase d'extension du « stepping-reflex » les muscles qui se contractent sont les mêmes que ceux qui agissent dans le réflexe d'extension croisée, ce sont les suivants :

Vaste externe.	Biceps fémoral (partie antérieure).
Vaste interne.	Jumeaux.
Crureus.	Soléaire.
Couturier (partie externe).	Long fléchisseur commun des orteils.
Petit adducteur.	

Les muscles qui se relâchent sont :

Psoas iliaque.	Biceps fémoral (partie postérieure).
Couturier (partie interne).	Petit fessier.
Droit antérieur.	Tibial antérieur.
Droit interne.	Long extenseur commun des orteils.
Semi-tendineux.	Long fléchisseur des orteils (contraction tardive).

De même que les réflexes précédemment étudiés, les réflexes de locomotion ne sont pas absolument identiques suivant les points d'excitation. Ainsi, chez l'animal décapité, l'excitation de la région périnéale et de la queue entraîne une flexion moins accusée de la hanche que l'excitation du cou ou d'un membre antérieur; les mouvements des doigts sont souvent absents quand le réflexe est faible, alors qu'ils sont vigoureux quand le réflexe est intense.

Dans son ensemble, le « stepping-reflex » consiste en l'alternance de deux mouvements antagonistes de flexion et d'extension qui se continuent et se succèdent sans que l'excitation externe ait besoin d'être répétée. Les centres médullaires présentent donc rythmiquement une phrase réfractaire pour la flexion accompagnée d'une disparition de la phrase réfractaire pour l'extension et ensuite une phase réfractaire pour l'extension accompagnée de la disparition de la phase réfractaire pour la flexion. Comme dans le réflexe de grattage, les centres réflexes excités dans une phase sont inhibés dans la phase suivante; chacun des centres a ainsi une systole et une diastole et le réflexe peut persister longtemps sans fatigue évidente.

Dans les réflexes de locomotion MAGNUS et SHERRINGTON ont attiré l'attention sur le phénomène de l'inversion (Umkehr). MAGNUS a vu que, chez un chien spinal, lorsqu'on éveille le réflexe en faisant pendre la cuisse, le premier mouvement de la hanche opposée qui est la flexion, quand la pose initiale du membre croisé est l'extension, devient souvent l'extension quand la pose initiale du membre croisé est la flexion (Umkehr). SHERRINGTON a vérifié le fait pour le « stepping-reflex » chez le chat décapité et il a vu qu'en excitant la queue, si la situation initiale d'une hanche est la flexion, le début du réflexe dans ce membre se fait par l'extension, alors que si la pose initiale est l'extension le début se fait par la flexion. Le pincement de la queue détermine un mouvement symétrique de saut des deux membres postérieurs; si la pose initiale des membres postérieurs est l'extension, la phase d'ouverture du réflexe se fait en flexion, et réciproquement, si la pose initiale des deux membres postérieurs est la flexion, la phase d'ouverture se fait en extension.

SHERRINGTON fait jouer un rôle, dans ses études des réflexes de locomotion, au phénomène qu'il appelle « Central rebound ». Dans la phase de flexion du « stepping-reflex », l'excitation des neurones moteurs des fléchisseurs est accompagnée de l'inhibition des neurones moteurs des extenseurs, et, lorsque survient l'extension, il y a inversement inhibition des neurones fléchisseurs. Or la dépression inhibitrice des centres spinaux est suivie d'un redoublement de l'activité motrice, qui est ainsi plus grande que celle qui existait avant l'inhibition. Ainsi lorsqu'un fort réflexe de flexion se produit sur un membre après un mouvement d'extension, le réflexe d'extension qui suivra sera plus ample et durera plus longtemps que le premier. C'est un fait analogue à celui que Head a décrit pour la respiration.

4° *Réflexe de la station debout. Standing-reflex.* — SHERRINGTON n'a pu étudier ce réflexe chez le chat décapité dont les membres ne peuvent conserver une attitude rigide, il l'a constaté chez le chien après section de la moelle au niveau du dixième segment thoracique. Au bout de quelques semaines ou de quelques mois, les membres postérieurs devinrent capables de soutenir l'animal, les membres antérieurs étant maintenus levés par un aide. Parfois, durant quelques secondes, l'animal peut se soutenir sur une seule patte. Le réflexe s'obtient plus facilement chez l'animal décérébré.

Ce réflexe, qui met en action les muscles contribuant à maintenir la station debout, naît dans les muscles mêmes qui sont en contraction tonique, il s'agit donc là d'un réflexe proprioceptif. Les labyrinthes ne sont pas indispensables au réflexe, car leur destruction ou celle des nerfs auditifs ne le modifient pas.

Les muscles qui se contractent dans ce réflexe et ceux qui sont en état d'inhibition sont les mêmes que ceux du « stepping-reflex ». Il y a entre le « stepping-reflex » et le « standing-reflex » une différence qui mérite d'être mise en évidence. Le « stepping-reflex », réflexe rythmé, appartient spécialement à l'animal spinal, le « standing-reflex », réflexe tonique et continu, appartient spécialement à l'animal décérébré.

Sherrington explique cette différence par la disparition des phases réfractaires chez l'animal décérébré, phases caractéristiques des réponses réflexes que l'on obtient chez l'animal décapité ou ayant subi une section médullaire. Il est probable que ce sont les centres préspinaux qui sont la cause de ces différences entre les deux phénomènes réflexes.

Mariette Pompilian [1], dans des expériences faites au laboratoire de Charles Richet sur différents animaux (mollusques, vers, insectes, tortues, etc.), a constaté que la moelle séparée des centres nerveux supérieurs présente non seulement une activité réflexe, mais aussi une activité automatique, c'est-à-dire qu'en dehors de toute excitation extérieure elle provoque spontanément des mouvements des membres. Mariette Pompilian donne les conclusions suivantes : « L'étude de ces mouvements nous a montré que la moelle présente des périodes d'activité variables ayant parfois un rythme bien déterminé. Ainsi, nous avons observé, chez quelques tortues, un rythme quotidien d'une régularité remarquable ; tous les jours, à la même heure, pendant cinq ou six heures de suite, les pattes étaient animées de grands mouvements, ce qui dénotait une réelle activité de la moelle. En dehors du rythme quotidien, l'activité de la moelle présente un autre rythme dont la période se mesure par plusieurs jours ; ainsi, tous les dix jours environ, les mouvements des pattes deviennent plus grands et plus fréquents. On observe parfois, quand le fragment médullaire est grand, des contractures qui durent un ou deux jours. Les mouvements automatiques des pattes postérieures ne sont pas coordonnés, une des pattes peut même rester longtemps immobile, tandis que l'autre est animée de très grands mouvements. Ce phénomène d'automatisme médullaire confirme les conclusions de nos travaux antérieurs sur le fonctionnement des cellules nerveuses, travaux qui nous avaient amené à la conclusion que la fonction fondamentale des cellules nerveuses est l'automatisme, c'est-à-dire la production d'énergie nerveuse résultant des transformations physico-chimiques internes, indépendamment des excitations extérieures. »

XI. Les réflexes dits de défense. — Cette variété de réflexes, déjà signalée par Ollivier (d'Angers), a été étudiée par Charcot, qui a montré les rapports existant entre leur apparition et le développement de la paraplégie en flexion, et par Brown-Séquard, qui les considérait comme caractéristiques de l'inflammation de la région dorsale de la moelle.

Vulpian [2] a décrit, chez les animaux et chez l'homme, ce qu'il appelle les « mouvements réflexes adaptés défensifs » ; il spécifie que, chez l'homme, on les observe dans les compressions de la moelle dorsale, quelle que soit la cause de cette compression.

Van Gehuchten (1904) a étudié sous le nom de « réflexes cutanés de défense » des réflexes existant normalement à l'état d'ébauche et qui sont très exagérés quand les voies cérébro-spinales sont atteintes.

J. Babinski, Pierre-Marie et Ch. Foix, André Thomas, H. Claude, G. Guillain et J.-A. Barré, G. Roussy et J. Lhermitte ont poursuivi des recherches sur ces réflexes spéciaux.

Vulpian décrit ainsi les réflexes défensifs chez la grenouille : « Lorsqu'on presse légèrement entre les mors d'une pince anatomique un des orteils d'un des membres postérieurs sur une grenouille dont la moelle est coupée un peu en arrière des racines des nerfs brachiaux, on détermine un mouvement réflexe de flexion des divers segments du membre les uns sur les autres, puis le membre revient, ou à peu près, à son attitude normale primitive. » Vulpian pense que la moelle serait douée d'une sensibilité spéciale, différente de la sensibilité volontaire, et qu'avec Van Deen il appelle « sensibilité de réflexion » ou sensibilité inconsciente. Il admet que ces mouvements spéciaux

1. Mariette Pompilian. L'automatisme médullaire. Mélanges biologiques. Livre dédié à Charles Richet à l'occasion du 25e anniversaire de son Professorat. Paris, 1912, 335.

2. Vulpian. Article Physiologie de la moelle épinière, in *Dictionnaire encyclopédique des sciences médicales*. Paris, Masson et Asselin éditeurs, 1874, 2e série, VIII.

qu'il décrit sont coordonnés et adaptés à un but, la soustraction de la partie irritée à la cause excitatrice : « Si l'on excite plus vivement, écrit-il, les doigts d'un des membres postérieurs sur cette même grenouille dont la moelle est coupée en avant des racines de nerfs lombaires, on verra d'ordinaire se produire un brusque mouvement d'extension des deux membres postérieurs, et, dans quelques cas, ce mouvement se fera deux fois, bien qu'on ait produit qu'une seule excitation. Les membres, après s'être étendus, ne restent pas dans cette position ; ils reviennent plus ou moins rapidement à l'attitude normale de flexion qu'ils ont dans l'état normal. Ce mouvement d'extension des membres postérieurs est tout à fait semblable à celui qui a lieu lorsque l'animal intact cherche à fuir. C'est donc encore un mouvement coordonné qui s'exécute chez l'animal mis en expérience ; c'est un mouvement qui paraît comme adapté pour un but à atteindre, et ce but semble être ici la soustraction, non plus seulement du membre excité, mais de l'animal lui-même, à la cause irritante ; c'est en un mot un mouvement de fuite, et c'est évidemment celui qu'exécuterait la grenouille, si elle était intacte et si elle était soumise au même genre d'irritation. »

VULPIAN signale un autre type de mouvements réflexes adaptés défensifs chez des grenouilles dont la moelle est coupée un peu en arrière des racines des nerfs brachiaux ; ces mouvements tendent à repousser l'agent d'irritation : « Les membres postérieurs de la grenouille étant fléchis en attitude normale, si l'on vient à pincer la peau d'une des parties latérales et postérieures du tronc, les muscles de la région correspondante se contractent et dépriment la paroi pour l'éloigner de la cause irritante ; puis le pied du côté correspondant se porte sur le point irrité, le frotte, ou bien, si la pince est encore en contact avec la peau, le pied vient repousser l'instrument comme pour l'écarter du corps. Un mouvement du même genre se produira, plus étendu encore, si l'on pince la peau de la partie supérieure et postérieure du corps. » On peut voir ces mouvements se produire aussi en irritant la peau avec de l'acide sulfurique ou de l'acide acétique étendu d'eau : « C'est l'acide acétique, dit VULPIAN, que j'emploie d'ordinaire. Si l'on dépose une gouttelette de cet acide sur la peau de la région jambière d'un des membres postérieurs d'une grenouille dont la moelle est coupée en arrière des racines des nerfs brachiaux, il se produit d'abord un mouvement exagéré de flexion de tout le membre, quelquefois répété une fois ou deux fois, puis le membre du côté opposé exécute un mouvement par suite duquel il vient frotter avec son pied le point qui a été excité par le contact de l'acide acétique. Si l'acide est déposé sur une des régions postéro-latérales du tronc, le membre postérieur correspondant exécutera un, deux ou trois mouvements énergiques à l'aide desquels il frottera le point excité et semblera chercher à enlever l'agent d'irritation. Ces mouvements seront bien différents, on le conçoit, de ceux que ce même membre exécutait auparavant, lorsque l'excitation portait sur la région jambière, et, en général, le membre du côté opposé restera immobile, ou en tout cas, ne fera, dans ces conditions, aucun effort, pour aller atteindre et frotter la région irritée du tronc. Si l'on touche avec l'acide acétique un des points de la peau qu'avoisine l'anus, à peu près sur la ligne médiane, les deux membres postérieurs entreront énergiquement en contraction, se fléchiront d'une certaine façon, et par un mouvement très complexe, ils viendront frotter la partie excitée à l'aide de la partie postérieure des tarses. Ils exécuteront donc, l'un et l'autre, un mouvement très différent de ceux qu'ils faisaient dans les circonstances précitées. » VULPIAN ajoute que, chez tous les vertébrés à moelle sectionnée, on peut provoquer des mouvements analogues, et aussi chez l'homme atteint de compression de la moelle.

Les réflexes spinaux aux excitations nocives ont été recherchés en général chez les animaux ayant des membres bien développés. ANTONINO CLEMENTI [1] a entrepris l'étude des réflexes de défense chez un invertébré, le Iulus terrestris, et chez un vertébré, le Triton cristatus, qui n'ont l'un et l'autre qu'un appareil locomoteur rudimentaire. Il a vu que ces animaux, décapités ou décérébrés, réagissent aux excitations douloureuses comme la grenouille spinale par des mouvements précis qui ont

1. ANTONINO CLEMENTI. Sur les caractères et sur la signification téléologique d'une nouvelle catégorie de réflexes nerveux de défense. *Archivio di Fisiologia*, 1913, XI, fasc. 3, 210-216.

pour but de repousser la cause du mal, mais au lieu que la défense soit directe, elle est indirecte, c'est par la rotation de leur corps sur son axe et son appui sur le sol que Iulus terrestris ou Triton cristatus tendent à supprimer l'excitation.

VULPIAN provoquait chez l'homme les réflexes de défense soit en pinçant la peau des membres inférieurs, soit en la piquant avec une aiguille; il a fait les constatations suivantes : « Quel que soit l'agent d'excitation, si l'on irrite un des orteils, cet orteil se soulèvera par un mouvement d'extension; le mouvement, il est vrai, est le même quand on excite soit la face dorsale, soit la face plantaire de cet orteil... Si l'on excite la face plantaire du pied ou sa face dorsale, il y a, en même temps qu'une extension des orteils, un mouvement de flexion du pied sur la jambe; si l'excitation de la plante du pied est un peu forte, non seulement le pied se fléchit sur la jambe, mais la jambe se fléchit sur la cuisse, et il peut même y avoir une flexion plus ou moins accusée de la cuisse sur le bassin. »

Il est à remarquer que les infirmiers de la Salpêtrière ont connu ces mouvements réflexes spéciaux et qu'ils les utilisaient pour rompre les contractures des hémiplégiques ou des paraplégiques spasmodiques.

Les réflexes dits de défense peuvent être déterminées non seulement par le pincement ou la piqûre de la peau, mais encore par des excitations thermiques froides ou chaudes. Certains sujets réagissent mieux aux excitations profondes.

Les types de réflexes dits de défense observés chez l'homme sont variés.

PIERRE-MARIE et CH. FOIX [1] ont obtenu ces mouvements réflexes dits de défense en fléchissant fortement le gros orteil, en étendant fortement le pied, en serrant l'avant-pied; le pied se relève alors sur la jambe plus ou moins rapidement, mais régulièrement et progressivement, la jambe se fléchit sur la cuisse et la cuisse sur le bassin. PIERRE-MARIE et CH. FOIX appellent ce réflexe le *réflexe des raccourcisseurs*, sa zone réflexogène s'étend jusqu'aux deux tiers inférieurs de la cuisse en avant et jusqu'à la fesse en arrière.

II. CLAUDE a constaté des phénomènes analogues d'« hyperkinésie réflexe » chez les hémiplégiques par excitation de la peau des membres supérieurs.

Le *phénomène des allongeurs*, décrit par PIERRE-MARIE et CH. FOIX, est plus rare; on le provoque par l'excitation de l'abdomen, du flanc et même de la partie supérieure de la cuisse; il consiste en la contraction des muscles extenseurs déterminant ainsi l'allongement global des trois segments du membre.

Le *réflexe d'allongement croisé* de PIERRE-MARIE et CH. FOIX est moins fréquemment observé, il consiste en l'allongement de l'un des membres inférieurs provoqué par l'excitation du membre inférieur du côté opposé; ce dernier, en même temps, exécute un mouvement de raccourcissement; il en résulte que les deux membres inférieurs présentent un mouvement asymétrique, mais synergique.

PIERRE-MARIE et CH. FOIX ont décrit aussi un *réflexe rythmique homolatéral* et un *réflexe rythmique contralatéral*. Le premier s'obtient en excitant fortement la face interne de la cuisse, on observe alors un mouvement rythmique dont la cadence est sensiblement égale à celle du pas normal et qui comporte un temps d'allongement puis un temps de raccourcissement séparés par une pause. Le réflexe contralatéral est analogue.

Ces différents réflexes décrits par PIERRE-MARIE et CH. FOIX sont très comparables aux réflexes d'automatisme médullaire de SHERRINGTON que nous avons analysés dans le précédent chapitre.

Des mouvements réflexes dits de défense peuvent aussi être observés aux membres supérieurs.

Chez les hémiplégiques, CLAUDE a constaté que le pincement de la peau de l'avant

---

1. PIERRE-MARIE et CH. FOIX. Sur le retrait réflexe du membre inférieur provoqué par la flexion forcée des orteils. *Société de Neurologie de Paris*, séance du 7 juillet 1910, in *Revue Neurologique*, 1910, II, 121 ; — Les réflexes d'automatisme médullaire et le phénomène des raccourcisseurs. Leur valeur sémiologique, leur signification pathologique. *Revue Neurologique*, 30 mai 1912, 657 ; — Le réflexe « d'allongement croisé » du membre inférieur et les réflexes d'automatisme médullaire. *Société de Neurologie de Paris*, séance du 9 janvier 1913, in *Revue Neurologique*, 1913, I, 132 ; — Réflexes d'automatisme médullaire et réflexes dits de défense. *Semaine médicale*, 20 octobre 1913, 505-508.

bras ou du bras peut amener une flexion de l'avant-bras en pronation ou une flexion de la main et des doigts. L'avant-bras étant en demi-pronation, si on cherche à le placer en supination forcée, on peut voir se produire une flexion brusque de l'avant-bras sur le bras avec pronation et mise en tension du biceps, du brachial antérieur et du long supinateur. OPPENHEIM a signalé un mouvement réflexe analogue sous le nom de « Phénomène de la pronation » par pincement de la partie interne du bras.

La constatation de ces mouvements réflexes dits de défense peut être utile pour la sémiologie et le diagnostic des lésions du névraxe. L'exagération de ces phénomènes d'automatisme se constate dans les interruptions ou les compressions des voies motrices encéphalo-médullaires.

Dans les hémiplégies, ces réflexes apparaissent souvent d'une façon très précoce, puis diminuent ensuite ; à la période des contractures ils sont provocables.

Dans les paraplégies, PIERRE-MARIE et CH. FOIX distinguent deux groupes de faits : 1° les lésions plus ou moins systématisées du faisceau pyramidal (sclérose latérale amyotrophique, paraplégie du type ERB) où ces réflexes sont modérés ; 2° les lésions équivalentes à une interruption plus ou moins complète de l'axe médullaire (paraplégies par compression, myélites transverses, syringomyélies à grandes cavités destructives, scléroses en plaque) où ces phénomènes sont très accentuées. Dans la maladie de FRIEDREICH, BABINSKI a insisté sur l'intensité des réflexes de défense. BABINSKI a attiré l'attention aussi sur ce fait que, dans le type spécial de paraplégie dite paraplégie en flexion, les phénomènes d'automatisme étaient très exagérés par rapport aux réflexes tendineux.

Les réflexes de défense dans le syndrome de BROWN-SÉQUARD ne semblent pas toujours identiques. J. BABINSKI et J. JUMENTIÉ [1] ont constaté que les mouvements réflexes de défense se produisaient le plus facilement du côté opposé à la lésion, c'est-à-dire du côté anesthésié ; ces auteurs ont observé le même fait dans un cas de syndrome de BROWN-SÉQUARD dû à des lésions syphilitiques médullaires. G. GUILLAIN [2], G. GUILLAIN et P. LECHELLE [3] ont constaté au contraire que les mouvements réflexes dits de défense ne pouvaient être provoqués que du côté où existaient les troubles moteurs et l'hyperexcitabilité réflexe tendineuse.

J. BABINSKI et J. JARKOWSKI [4] ont montré que l'étude des réflexes de défense peut servir au diagnostic en hauteur des lésions de la moelle ; ils ont constaté que la limite supérieure de l'anesthésie correspondait à la limite supérieure de la compression médullaire et que la limite inférieure de cette compression pouvait être fixée par la hauteur à laquelle s'élève le territoire des réflexes de défense.

G. GUILLAIN [5] a décrit un réflexe spécial, le *réflexe contralatéral de flexion après pression du quadriceps fémoral* chez les sujets atteints de méningites aiguës ou d'hémorragies méningées.

L'interprétation physiologique des réflexes dits de défense a été discutée. Nombre d'auteurs décrivent ces réflexes sous le nom de réflexes cutanés de défense ; or il apparaît évident qu'il ne s'agit pas de réflexes purement cutanés ; la preuve en est, font remarquer PIERRE-MARIE et CH. FOIX, qu'une des meilleures façons de les obtenir consiste en la flexion forcée des orteils qui agit sur la sensibilité articulaire des articulations

1. J. BABINSKI, J. JARKOWSKI et J. JUMENTIÉ. Syndrome de BROWN-SÉQUARD par coup de couteau. *Revue Neurologique*, 15 décembre 1911, 309.

2. G. GUILLAIN. Syndrome de BROWN-SÉQUARD. *Revue Neurologique*, 15 décembre 1912, 625.

3. G. GUILLAIN et P. LECHELLE. Étude sémiologique d'un cas de syndrome de BROWN-SÉQUARD. *Bulletins et Mémoires de la Société médicale des Hôpitaux de Paris*, séance du 9 juillet 1920, 983.

4. J. BABINSKI et J. JARKOWSKI. Sur la possibilité de déterminer la hauteur de la lésion dans les paraplégies d'origine spinale par certaines perturbations des réflexes. *Société de Neurologie de Paris*, 12 mai 1910, in *Revue Neurologique*, 1910, 666 ; — Sur la localisation des lésions comprimant la moelle. De la possibilité d'en préciser le siège et d'en déterminer la limite inférieure au moyen des réflexes de défense. *Bulletin Médical*, 17 janvier 1912, 49.

5. G. GUILLAIN. Un réflexe contralatéral de flexion du membre inférieur après compression du muscle quadriceps fémoral dans les méningites cérébro-spinales et les réactions méningées aiguës. *Bulletins et Mémoires de la Société médicale des Hôpitaux de Paris*, 1912, 714.

métatarso-phalangiennes, et en la flexion transversale du tarse qui agit sur la sensibilité osseuse du pied; de même on peut les provoquer par l'excitation des muscles et en particulier par la recherche du réflexe paradoxal de GORDON. Cet auteur (1904) a montré que la compression forte des muscles du mollet chez un sujet atteint de lésion du faisceau pyramidal amène non pas une flexion des orteils, comme il serait logique après excitation de ces muscles, mais une extension des orteils et surtout du gros orteil. PIERRE MARIE et CH. FOIX ont attiré l'attention sur ce fait que, lorsqu'on recherche avec une force progressive et une persistance suffisante le signe de GORDON, on voit se produire non plus le mouvement d'extension isolée du gros orteil, mais le « réflexe des raccourcisseurs » en son entier, débutant par la flexion dorsale du pied sur la jambe avec saillie du jambier antérieur, se poursuivant par la flexion de la jambe sur la cuisse et de la cuisse sur le bassin. Le réflexe des raccourcisseurs est donc ici provoqué par l'excitation de la sensibilité musculaire. Il faut donc admettre que ce réflexe peut résulter également de l'excitation de la sensibilité superficielle ou de la sensibilité profonde ostéo-articulo-musculaire. PIERRE-MARIE et CH. FOIX ajoutent : « Il en est de même des mouvements d'hyperkinésie réflexe que l'on peut observer de façon beaucoup moins fréquente au niveau du membre supérieur. Ces mouvements qui consistent en général en un retrait du membre excité, ainsi que l'a montré M. CLAUDE, peuvent se provoquer par le pincement de la peau ou par la pression transversale du métacarpe et des apophyses styloïdes radiale et cubitale. Nous avons, à l'occasion d'une saignée en plein ictus hémiplégique, constaté que l'on pouvait aisément provoquer ces mêmes mouvements par l'excitation du muscle, des filets nerveux et même de la paroi veineuse. Il s'agit donc là d'une propriété générale à tous les nerfs sensitifs, quel que soit leur point de départ, et l'on est autorisé à conclure que les mouvements automatiques appelés « réflexes de défense » ne sont pas des réflexes exclusivement cutanés. »

PIERRE-MARIE et CH. FOIX font encore remarquer que les réflexes cutanés proprement dits constituent des mouvements simples caractérisés par la contraction d'un nombre restreint de muscles synergiques; les réflexes de défense sont des mouvements complexes comportant l'excitation de certains groupes musculaires et l'inhibition de certains autres, ce sont en somme des mouvements complexes et coordonnés.

PIERRE-MARIE et CH. FOIX considèrent que les différents mouvements réflexes qu'ils ont décrit chez l'homme tendent, dans le segment inférieur libéré de la moelle, à reproduire l'automatisme de la marche, ils se basent sur le parallélisme entre les phénomènes observés chez l'homme et ceux déterminés expérimentalement chez l'animal par SHERRINGTON et PHILIPPSON.

ANDRÉ THOMAS[1] n'admet pas cette interprétation de PIERRE-MARIE et CH. FOIX, il ne pense pas que la marche soit un phénomène d'automatisme médullaire. Il fait remarquer aussi que certains de ces mouvements réflexes de défense prennent naissance à la suite d'excitations viscérales (écoulement des urines, passage d'une sonde). Pour cet auteur « les mouvements bilatéraux et de direction opposée (flexion d'un côté, extension de l'autre) peuvent être provoqués par des excitations diverses dont les rapports avec le mécanisme de la marche sont loin de paraître évidents ». ANDRÉ THOMAS pense que les impressions qui viennent de la périphérie ne sont plus transmises au cerveau dans les lésions transverses de la moelle, « elles sont retenues dans les segments de moelle situés en arrière de la lésion et là elles s'accumulent en venant exciter les cellules des cornes antérieures, d'où la production de mouvements défensifs ».

Nous avons vu plus haut que PIERRE-MARIE et CH. FOIX ont considéré que les réflexes dits de défense n'avaient souvent pas le caractère défensif pour l'individu, il leur paraît difficile de considérer, par exemple, comme mouvements de défense l'extension du membre inférieur provoquée par l'excitation de la hanche ou du flanc, et de même les réflexes croisés ou les réflexes rythmiques; aussi ces auteurs ont-ils interprété ces différents mouvements réflexes dans la moelle libérée comme des réflexes d'automatisme médullaire rappelant les mouvements de la marche.

1. ANDRÉ THOMAS. La paraplégie spasmodique avec contracture variable. Contracture en extension et en flexion. Mouvements réflexes de défense. *La Clinique*, 20 et 27 juin 1913.

J. Lhermitte[1], qui a constaté avec d'autres auteurs et en particulier H. Head et G. Riddoch des phénomènes d'automatisme médullaire à la suite des sections médullaires totales par blessures de guerre, fait remarquer que s'il paraît légitime de rapprocher les réflexes de flexion croisée et d'extention croisée des mouvements d'automatisme de marche, ils n'en sont pas cependant la complète réalisation. A ce sujet il écrit : « MM. Head et Riddoch insistent sur le fait que l'automatisme de marche suppose la restauration préalable du tonus de posture (postural tonus) qui, chez l'homme, est essentiellement un tonus d'extension. Or, ce tonus de posture fait complètement défaut chez « l'homme spinal », comme chez le « singe spinal ». De plus, l'automatisme de marche n'est pas exclusivement réalisé par les mouvements des membres inférieurs, car, à ceux-ci, se joignent des oscillations rythmiques des membres supérieurs et du tronc. La division complète de la moelle dorsale par la suppression complète de ces harmonies cinétique et tonique permet seulement, on le comprend, l'automatisme de marche d'apparaître sous des traits déformés et mal différenciés. »

G. Guillain et J.-A. Barré[2] ont fait remarquer aussi qu'on ne peut considérer comme réflexes de défense vrais les mouvements réflexes de triple flexion ou les mouvements contralatéraux de flexion ou d'extension décrits par les auteurs dans les paraplégies spasmodiques ; de tels mouvements ne présentant aucunement le caractère défensif. G. Guillain et J.-A. Barré ont décrit par contre sous le nom de réflexes de défense vrais d'autres mouvements réflexes, qu'ils ont observés chez des sujets atteints de lésions méningées, plongés dans un état d'inconscience absolue, ou chez des hémiplégiques durant la période de coma. Chez de tels malades, le pincement de la peau du pied ou de la jambe provoque souvent un mouvement complexe de tout le membre inférieur du côté opposé : le genou se fléchit et le pied vient gratter avec le talon la région excitée pour écarter la cause traumatisante. Quand on pince la racine de la cuisse, l'abdomen, le thorax ou le cou, c'est souvent avec le membre supérieur que le malade réagit, frotte la région où a porté le pincement ou repousse la main qui l'effectue. Les mouvements accomplis en dehors de la volonté consciente, et en tous points semblables morphologiquement à l'acte de défense voulu, méritent bien le nom de mouvements ou de réflexes de défense vrais. Ils reproduisent exactement ceux que Vulpian a observés chez la grenouille décapitée, quand on irrite une patte avec une goutte d'acide ou une piqûre d'épingle : la patte non irritée se déplace et vient repousser l'agent vulnérant. C'est bien là le réflexe de défense vrai, princeps. Il convient d'ailleurs de remarquer que les réflexes de défense vrais peuvent coexister avec les réflexes dits de défense décrits par les neurologistes (mouvements de retrait du membre par triple flexion ou mouvements contralatéraux de flexion), mais ils peuvent en être complètement indépendants. De plus, les réflexes de défense vrais ne sont pas en rapport avec la surréflectivité tendineuse et l'inversion ou l'abolition des réflexes cutanés. Les réflexes de défense vrais dans les hémorragies méningées et les méningites aiguës se constatent le plus habituellement dans les premières phases, ils disparaissent plus ou moins rapidement, soit quand le coma est absolu avec perte de toute motilité ou de toute sensibilité superficielle et profonde, soit quand l'affection s'améliore et que la conscience réapparaît. G. Guillain et J.-A. Barré ajoutent : « C'est un fait digne de remarque que le réflexe de défense type n'a jamais été observé, à notre connaissance, chez les malades atteints de lésions médullaires qui ont servi à l'étude des mouvements de triple retrait ou beaucoup plus rarement d'extension communément désignés sous le nom de réflexes de défense. Même quand le mouvement de retrait est vif et ample, quand le pied se déplace beaucoup, nous n'avons jamais vu un membre défendre l'autre chez les malades dont il vient d'être question. En pathologie humaine, il nous paraît que c'est chez les sujets plongés dans un demi-coma et atteints de lésions méningées que l'on observe dans toute sa pureté le réflexe de défense vrai. C'est même, dans certains cas, en nous basant sur sa présence, que nous avons

1. J. Lhermitte. La section totale de la moelle dorsale. Bourges, 1919, 218.
2. G. Guillain et J.-A. Barré. Les réflexes de défense vrais au cours des syndromes méningés (Hémorrhagies méningées, inflammations aiguës). Bulletins et Mémoires de la Société médicale des Hôpitaux de Paris, séance du 13 octobre 1916, 1474 ; — Travaux Neurologiques de guerre, Masson édit., 1920, 47.

fait en partie le diagnostic d'état méningé, diagnostic que la ponction lombaire a confirmé ».

XII. **Les réflexes pilo-moteurs.** — Les travaux de LANGLEY[1], SHERRINGTON, ANDERSON, de Lad. HASKOVEC[2], de SOBOTKA, HERNIG, KALMUS, KAHN[3], de KŒNIGSFELD et F. ZIERL[4], ceux plus récents d'ANDRÉ THOMAS[5] ont attiré l'attention sur les réactions pilo-motrices et sur leur intérêt en sémiologie nerveuse.

Le redressement des poils chez les mammifères, des plumes chez les oiseaux, est déterminé par la contraction de muscles lisses spéciaux, pilo-moteurs. Ces muscles sont formés de fibres musculaires lisses disposées en faisceaux cylindriques ou aplatis qui s'insèrent d'une part sur le derme et d'autre part sur le fond du follicule pileux, un peu au-dessous des glandes sébacées. ANDRÉ THOMAS, auquel nous empruntons ces détails, rappelle que l'orientation de ces fibres musculaires est telle qu'en se contractant ils attirent le follicule vers la surface de la peau et redressent les poils, leur contraction est suivie d'un double effet : la saillie de l'appareil pileux sous forme de granulations ou chair de poule et l'érection des poils.

MULLER (1860), SCHIFF (1870) ont montré que les muscles pilo-moteurs sont innervés par le sympathique ; LANGLEY, ANDERSON, SHERRINGTON ont confirmé ce fait. LANGLEY et SHERRINGTON ont vu le rôle des fibres sympathiques sur l'érection des piquants du hérisson, JEGOROW a fait les mêmes constatations pour les plumes de la tête du dindon.

L'excitation des fibres sympathiques provoque le redressement des poils, leur section entraîne le relâchement ; la section unilatérale du sympathique cervical diminue l'érection des poils de ce côté. LANGLEY, excitant le sympathique cervical chez le chat, obtint l'érection des poils dans une zone triangulaire située entre l'œil et l'oreille, zone innervée par le 3e nerf cervical ; ces fibres proviennent des 4e, 5e, 6e et 7e nerfs thoraciques, surtout des 5e et 6e. Chez le singe (*Macacus rhesus*) ces fibres proviennent des 2e ou 3e nerfs thoraciques (SHERRINGTON), leur excitation produit un effet unilatéral qui empiète un peu sur le côté opposé.

Les centres médullaires des fibres pilo-motrices chez l'homme se trouvent entre le huitième segment cervical et le troisième segment lombaire. Les centres pilo-moteurs du membre supérieur sont situés dans la moelle au-dessous des centres des muscles striés, les centres pilo-moteurs du membre inférieur au-dessus des centres des muscles striés (A. THOMAS). Ces fibres préganglionnaires sortent uniquement par les racines antérieures et abordent le ganglion sympathique par les rameaux communicants.

ANDRÉ THOMAS localise en $D_1 D_2 D_3$ les centres pilo-moteurs pour la face, le cou, la partie supérieure du thorax, en $D_4 D_5 D_6 D_7$ les centres pilo-moteurs pour le membre supérieur, en $D_9 D_{10} D_{11} D_{12} L_1$ les centres pilo-moteurs pour les membres inférieurs. Comme un même segment spinal donne des fibres à plusieurs ganglions sympathiques, il en résulte que, dans une lésion transverse sectionnant totalement la moelle, les réactions pilo-motrices descendantes pourront dépasser la limite supérieure de l'anesthésie sur une étendue de deux à trois territoires sensitifs spinaux, et de même la limite supérieure des réactions pilo-motrices réflexes de défense pourra s'élever au-dessus de

1. LANGLEY AND SHERRINGTON. On pilo-motor nerves. *Journ. of. Physiology*, 1891, XII, 278-295. — LANGLEY. The arrangement of the sympathetic nervous system based chiefly on observations upon pilo-motor nerves. *Journ. of Physiology*, 1894, XV, 176-244. — LANGLEY AND ANDERSON. On reflex action from sympathetic ganglia. *Journ. of Physiology*, 1894, XVI, 410-440. — LANGLEY. On the regeneration of preganglionic and of postganglionic visceral nerve fibres. *Journ. of Physiology*, 1897-98, XXII, 215-230.

2. LAD. HASKOVEC. Remarques sur le réflexe pilo-moteur. *Revue Neurologique*, 1902, 1210.

3. SOBOTKA, HERNIG, KALMUS, KAHN. Discussion à la Société des médecins allemands de Bohême, 6 mars 1907.

4. KŒNIGSFELD et F. ZIERL. Klinische Untersuchungen über das Auftreten der cutis anserina. *Deuts. Arch. f. klin. Med.*, 1912, CVI, 442-462.

5. ANDRÉ THOMAS. Réactions ansérines ou pilo-motrices dans les lésions et les blessures du système nerveux. *Paris Médical*, 1918, 1628 ; — Les réactions pilo-motrices et les réflexes pilo-moteurs dans les blessures de la moelle. *Comptes rendus de la Société de Biologie*, 1919, 291 ; — Les plaques d'aréflexie pilo-motrice dans les blessures de la queue du cheval et de la moelle. *Comptes rendus de la Société de Biologie*, 1919, 1102.

la limite de l'anesthésie. L'absence de réaction pilo-motrice aux membres inférieurs par excitation cervicale montre qu'une section médullaire siège au-dessus des centres pilo-moteurs des membres inférieurs, c'est-à-dire au-dessus du 9e segment dorsal ; dans les lésions de la moelle lombaire, la réaction réflexe pilo-motrice descendante sera généralisée à tous les téguments, puisque la section est située au-dessous des centres pilo-moteurs médullaires ; dans les lésions de la queue de cheval, les réactions réflexes pilo-motrices seront aussi généralisées, car les centres pilo-moteurs sont intacts et les filets sympathiques rejoignent les troncs nerveux de la queue de cheval à leur sortie des trous de conjugaison en suivant la chaîne sympathique, c'est-à-dire par un trajet extra-rachidien.

Vulpian a noté que, dans le cas d'interruption de la moelle, l'hyperexcitabilité des muscles *arrectores pilorum* s'associe parfois avec l'hyperexcitabilité des muscles striés ; il a constaté aussi, dans un cas d'hémiplégie spinale par blessure, que les poils étaient en érection du côté paralysé. D'après Kahn (cité par André Thomas), la section expérimentale de la moelle entre le cou et la poitrine a pour résultat le relâchement des muscles pilo-moteurs, ils ne se contractent plus, quelle que soit l'excitation réflexe. L'excitation de la surface de section de la moelle provoque l'érection des pilo-moteurs sauf si le sympathique est sectionné (Schiff) ; cette excitation doit porter sur les cordons antéro-latéraux, celle des cordons postérieurs n'a pas d'effet. De plus l'excitation des cordons antérieurs donne une érection pilo-motrice dans les régions innervées par les nerfs prenant leur origine immédiatement au-dessous de la section, tandis que l'excitation du cordon latéral est suivie d'une érection pilo-motrice généralisée.

Kahn mentionne qu'il existerait au niveau du plancher du 4e ventricule et sur la ligne médiane une zone dont l'excitation produit l'érection bilatérale des poils ; après destruction de cette région l'excitation du bout central du sympathique reste sans effet. De même l'excitation de certaines zones cérébrales (lobe occipital, écorce motrice) provoquerait une réaction pilo-motrice. L'influence de phénomènes psychiques (terreur), celle de certaines excitations sensorielles (audition de sons très aigus) ont été constatées. Les centres médullaires sont donc reliés à ces centres supérieurs et sont sous leur dépendance.

André Thomas a particulièrement étudié les réactions pilo-motrices au cours des maladies du système nerveux. Les modes d'excitations ont été variables : excitations mécaniques (piqûre, frottement avec la pointe d'une épingle), thermiques (froid ou chaud), électriques (électrisation faradique et galvanique), chimiques (injection d'adrénaline ou de pilocarpine).

André Thomas a fait, au sujet des sections transversales de la moelle, les constatations suivantes : « La limite inférieure de la réaction pilo-motrice par excitation de la région cervicale, la limite supérieure de la réaction par excitation des territoires innervés par les segments médullaires sous-jacents à la lésion, fournissent des renseignements importants sur le siège et la hauteur de la lésion. A ce point de vue, les limites de la réaction pilo-motrice sont à rapprocher des limites de la sécrétion sudorale sur lesquelles a insisté Head. L'écart entre la limite supérieure des réactions pilo-motrices de défense et la limite supérieure de l'anesthésie correspond vraisemblablement à l'étendue en hauteur des lésions destructives de la moelle, et il apporte des indications comparables à celles qui ont été déduites par Babinski et Jarkowski de l'écart observé entre la limite supérieure des mouvements de défense et la limite supérieure de l'anesthésie au sujet de l'étendue en hauteur des compressions médullaires. Il semble qu'il existe un certain parallélisme entre les réactions pilo-motrices de défense et les mouvements réflexes de défense... L'hyperexcitabilité réflexe des bulbes pileux a déjà été signalée par Vulpian comme s'associant à l'hyperexcitabilité réflexe des muscles de la vie animale, lorsqu'une lésion interrompt la continuité de la moelle. »

Les résultats obtenus dans les lésions unilatérales de la moelle sont peu démonstratifs.

A. Thomas a observé dans le zona l'aréflexie pilo-motrice en plaques ou en aires.

André Ceillier [1], dans un travail fait sous l'inspiration de Mme Dejerine, insiste sur

1. André Ceillier. Para-ostéo-arthropathies des paraplégiques par lésion de la moelle épinière et de la queue du cheval. *Thèse de Paris*, 1920.

ce fait que le réflexe pilo-moteur de défense permet d'apprécier l'état du tronçon de la colonne sympathique situé au-dessous de la section spinale. Dans le syndrome d'inhibition, que celui-ci soit passager ou définitif, le réflexe pilo-moteur de défense sera aboli ; l'existence de ce réflexe prouvera l'intégrité des centres médullaires pilo-moteurs : sa vivacité indiquera l'exaltation fonctionnelle de ces mêmes centres. D'après J. LHERMITTE la réaction ansérine n'est pas abolie dans les transsections de la moelle, mais son intensité est très variable ; l'érection des poils peut être sensiblement plus lente et d'étendue plus circonscrite que chez un sujet normal.

A. THOMAS [1] a constaté qu'à la suite d'une blessure d'un membre le réflexe pilo-moteur produit par une excitation à distance peut être plus fort sur le membre blessé que sur le membre homologue du côté sain, et même sur tout le côté de la blessure, mais avec un maximum sur le membre atteint ; il y apparaît plus rapidement, il est plus intense et il y persiste plus longtemps. Ce phénomène a une durée variable, il peut persister des mois et même des années. A. THOMAS désigne sous le nom de répercussivité cette propriété de subir la répercussion d'une excitation à distance. Des phénomènes analogues ont été signalés au cours d'affections diverses. VULPIAN rappelle une observation de BARÉTY où, dans un cas d'hydropneumothorax, la peau de la partie antérieure de la poitrine, du côté de la lésion, offrait une saillie très marquée des bulbes pileux depuis la clavicule jusqu'à trois travers de doigt au-dessous du mamelon ; ANDRÉ THOMAS rapporte plusieurs observations de J. MACKENZIE où, à la suite d'affections viscérales diverses, il existait des zones d'hyperesthésie cutanée coexistant avec une exagération des réflexes pilo-moteurs sur ces mêmes territoires ; ANDRÉ THOMAS a remarqué, dans plusieurs cas de zona, soit en pleine évolution, soit quelques mois ou quelques années après la poussée éruptive, d'une part une aréflexie pilo-motrice en aires dans le territoire du zona, d'autre part une surréflectivité pilo-motrice dans le tronc du même côté que la lésion ; le même auteur insiste aussi sur la répercussivité péricicatricielle dans les blessures des membres et sur ce fait que, dans les sections ou les lésions graves de la moelle, le réflexe spinal pilo-moteur, qui accompagne les mouvements réflexes de défense, est plus vif au pourtour des cicatrices des membres inférieurs. En synthétisant ses recherches, ANDRÉ THOMAS conclut que : « L'étude du réflexe pilo-moteur permet de saisir sur le fait le phénomène de la répercussivité et d'entrevoir par induction ce qui se produit dans certaines réactions de l'organisme qui échappent à une investigation aussi immédiate. La répercussivité pilo-motrice n'est sans doute qu'un exemple d'une loi plus générale qui est la répercussivité sympathique. »

XIII. **Les réflexes viscéro-moteurs.** — Sir JAMES MACKENZIE [2] désigne sous le nom de réflexe viscéro-moteur la contraction des muscles volontaires de l'enveloppe externe du corps en réponse à une excitation provenant d'un viscère ; il donne comme exemple de réflexe viscéro-moteur la contraction de la paroi abdominale au cours de certaines affections viscérales (péritonites, ulcère de l'estomac, appendicite, calcul rénal, etc.). SHERRINGTON a reproduit expérimentalement le réflexe viscéro-moteur ; il dissèque et sectionne une branche du plexus solaire se rendant à l'intestin, puis il excite le bout central, les muscles abdominaux se contractent alors sur une grande étendue ; en sectionnant les unes après les autres les racines antérieures des nerfs spinaux qui se distribuent dans la région contractée, la zone de contraction devient de plus en plus limitée jusqu'au moment où il ne persiste plus qu'une racine laissée intacte ; la contraction se trouve alors limitée à quelques fibres musculaires. Sir JAMES MACKENZIE, rappelant les expériences de SHERRINGTON qui lui en a fait une simple relation verbale, fait ressortir l'importance diagnostique du fait que l'excitation d'un nerf viscéral est capable de provoquer la contraction d'une zone musculaire limitée.

XIV. **Les réflexes chez le fœtus.** — Les réflexes chez le fœtus ont été peu étudiés. KNUD FABER [3] a constaté chez un fœtus de quatre mois l'absence des réflexes

1. A. THOMAS. La répercussivité sympathique. *Presse Médicale*, 31 juillet 1920, 521.
2. JAMES MACKENZIE. Les symptômes et leur interprétation. Traduction française. Alcan éditeur, Paris, 1920.
3. KNUD FABER. Les réflexes chez le fœtus. *Revue Neurologique*, 1912, II, 434.

tendineux, mais les muscles se contractaient par percussion directe ; par contre les réflexes cutanés abdominaux et le réflexe cutané plantaire en flexion étaient très nets.

Minkowski [1] a examiné les réflexes chez des fœtus humains de deux à six mois immédiatement après leur séparation d'avec la mère, soit dans l'amnios intact, soit après incision de celui-ci, avec ou sans section du cordon ombilical. Le fœtus était placé dans une cuvette avec de la solution physiologique de sel à 37°, où ses mouvements et ses réflexes persistaient pendant une période de temps variant de quelques minutes à une demi-heure. Chez ces fœtus humains, Minkowski a constaté des réflexes cutanés, proprioceptifs, des réflexes d'automatisme médullaire. Outre ces réflexes, le fœtus de trois mois à quatre mois et demi présente des réflexes toniques, probablement d'origine cervicale ayant leur point de départ dans les muscles et articulations du cou et déterminés par un changement de position de la tête par rapport au tronc), par exemple une extension tonique et une abduction du bras vers lequel la tête est tournée et une adduction simultanée du bras opposé. On constate aussi chez ces fœtus des réflexes labyrinthiques, des mouvements symétriques, tantôt de flexion, tantôt d'extension, d'abduction ou d'adduction, de rotation en dehors ou en dedans des deux bras ou des deux jambes, provoqués par des changements passifs de position de la tête dans l'espace. Ces deux catégories de réflexes observés correspondent à ceux que Sherrhinton, Magnus et de Kleyn ont étudiés sur des animaux décérébrés. Minkowski fait sur les réflexes des fœtus les remarques suivantes : « Au point de vue de la physiologie générale, il est à retenir que les phénomènes décrits se manifestent à une période (à partir de deux mois) où la moelle et le bulbe sont à un état complètement embryonnaire, présentant cependant une ébauche de différenciation des cellules des cornes antérieures de la moelle et des noyaux du bulbe et de quelques autres éléments, et où leurs connexions avec les parties supérieures de l'encéphale, notamment avec l'écorce cérébrale, ne sont pas encore développées. Le fœtus représente aux stades que nous avons examinés (2 à 5 mois), un être essentiellement bulbo-spinal à névraxe embryonnaire, et c'est à quoi correspondent ses réactions. Le système nerveux fœtal est capable de recevoir les excitations extéro et proprioceptives et de les conduire, mais cette conduction s'opère d'une manière plus ou moins diffuse et donne ainsi lieu à des réactions motrices plus ou moins généralisées et très variables. La différenciation des éléments nerveux augmentant, les zones réflexogènes se rétrécissent et les réactions deviennent plus limitées et plus spécialisées. »

XV. Causes modifiant la réflectivité médullaire. — I. Modifications physiologiques. — Les réflexes sont sujets à des variations très nombreuses, dépendant de causes multiples agissant sur l'arc réflexe dans son ensemble ou sur l'une de ses parties.

On a constaté des variations physiologiques dans l'intensité des réflexes. Lombard a fait mesurer son réflexe rotulien dans 239 circonstances différentes ; il a constaté que c'est le matin après le petit déjeuner que le réflexe est le plus fort et c'est la nuit qu'il est le plus faible ; après chaque repas le réflexe est en général plus fort ; il a vu que le réflexe diminuait par une fatigue modérée, la faim, le sommeil, qu'il augmentait par la coïncidence de mouvements volontaires, par de vives excitations sensorielles, par l'acte de suspendre la respiration.

Les modifications des réflexes (surréflectivité, subréflectivité, irréflectivité, inversion) dans les lésions du système nerveux sont extrêmement importantes à connaître, leur étude appartient à la neurologie et ne peut être faite dans un ouvrage de physiologie. Nous étudierons seulement, dans les pages suivantes, le rôle des agents toxiques, de l'électricité et du shock spinal.

II. Influence des agents toxiques. — Certains poisons, comme la strychnine, exaltent l'excitabilité de la moelle. Magendie, en faisant des expériences avec la noix vomique, a constaté le phénomène. Vulpian a très bien décrit l'action de la strychnine sur la réflectivité de la grenouille dans les lignes suivantes : « Quelques

1. Minkowski. Réflexes et mouvements de la tête, du tronc et des extrémités du fœtus humain pendant la première moitié de la grossesse. *Comptes rendus de la Société de Biologie*, séance du 31 juillet 1920, 1202.

minutes après qu'on a introduit sous la peau d'une des régions jambières d'une grenouille une faible quantité de strychnine (sulfate, nitrate, chlorhydrate, acétate), on voit se produire quelques brusques tressaillements du corps ou des membres, l'animal est agité de secousses instantanées lorsqu'on frappe sur la table ou auprès de l'endroit où on l'a déposé ; puis, au bout d'un moment plus ou moins court, éclate la première convulsion générale accompagnée ou non d'un cri au début; les membres postérieurs s'étendent avec force, la tête se fléchit en bas sur le tronc, les paupières se relèvent et les yeux se retirent en dedans, les membres antérieurs s'étendent le long du corps (femelles) ou se croisent sous la région sternale (mâles) ; tous ces mouvements spasmodiques durent pendant un nombre variable de secondes ou de minutes sans relâche, puis survient une tendance à la résolution, un peu d'affaissement musculaire suivi presque aussitôt d'un nouvel accès convulsif. Un peu plus tard les périodes de relâchement sont plus accusées et plus durables, et l'on voit qu'il suffit du plus léger attouchement de la peau de l'animal, ou d'un choc produit sur la table sur laquelle il repose, pour déterminer un nouvel accès de strychnisme. Lorsque la dose du poison est suffisamment forte, à cette période d'excitabilité succède une période de résolution flasque de toutes les parties du corps, avec suspension des mouvements respiratoires hyoïdiens (ce sont les mouvements qui disparaissent les derniers), et cette résolution, qui ne cesse plus pour faire place à un spasme lorsqu'on excite l'animal, dure plusieurs heures, vingt à vingt-quatre heures par exemple. Au bout de ce temps, on voit reparaître quelques mouvements respiratoires, puis quelques mouvements spasmodiques du tronc ou des membres, mouvements qui deviennent de plus en plus marqués, puis des convulsions tout à fait pareilles à celles du début de l'intoxication, et cette nouvelle période de convulsions strychniques, entrecoupées par des intervalles plus ou moins longs de repos, peut durer de quatre à trente jours pendant lesquels l'exaltation de la réflectivité médullaire s'affaiblit peu à peu pour faire place enfin à l'état normal. Comme on le sait, la période de collapsus, qui suit la première période de convulsions, est due à un affaiblissement ou même à une abolition de l'action des nerfs moteurs sur les muscles ; la grenouille est, à ce moment, dans le même état que si elle avait été empoisonnée avec du curare. »

L'intoxication par la strychnine chez la grenouille, chez les mammifères et chez l'homme passe par trois phases : avec une dose faible, l'hyperexcitabilité médullaire est légère ; avec une dose plus forte, cette hyperexcitabilité est plus accentuée ; avec une dose plus forte encore, l'excitabilité médullaire devient nulle. Si la dose de strychnine est minime, celle-ci peut s'éliminer ; Vulpian a conservé durant un mois des grenouilles en état d'hyperexcitabilité strychnique, ayant à chaque attouchement des convulsions réflexes.

La strychnine agit sur les muscles de la vie animale et sur ceux de la vie végétative. Charles Richet a montré que, chez le chien curarisé ayant reçu aussi de la strychnine, une excitation de la moelle peut encore provoquer une vaso-constriction ou une vaso-dilatation.

La moelle strychnisée est soumise, comme la moelle normale, à l'influence de la fatigue. Si l'on prend une grenouille décapitée, on constate qu'après avoir obtenu plusieurs secousses réflexes, on ne peut en provoquer d'autres ; si on étudie de même les réflexes chez une grenouille intoxiquée par 1/50 de milligramme de strychnine, on voit se produire des réflexes tétaniques par attouchement de la surface cutanée, les secousses toniques deviennent ensuite cloniques, puis disparaissent par épuisement médullaire jusqu'à réparation de l'activité des centres. Charles Richet a montré que cette réparation pouvait s'effectuer sans circulation par une sorte de régénération autogène des éléments nerveux.

Dans l'intoxication par la strychnine tous les muscles sont contracturés. Cayrade (1868) avait pensé que les muscles extenseurs seuls étaient atteints, les fléchisseurs étant respectés. Cette opinion n'est pas exacte, l'expérience suivante le prouve. Si l'on excise sur une grenouille d'un seul côté tous les muscles extenseurs du pied sur la jambe et de la jambe sur la cuisse en laissant les fléchisseurs intacts, et que l'on intoxique alors l'animal par la strychnine, on verra le membre intact se mettre en extension et le membre opéré se contracturer en flexion.

SHERRINGTON[1] a fait cette constatation intéressante que la strychnine changerait certaines actions réflexes inhibitrices en actions excitatrices ; il a vu, chez la grenouille, que les muscles pré- et post-tibiaux qui normalement entrent les uns en contraction, les autres en relâchement, se contractent tous ensemble sous l'influence de la strychnine ; il a démontré, dans des expériences ingénieuses chez le chat décérébré intoxiqué par la strychnine, la conversion d'un réflexe d'inhibition en un réflexe d'excitation ; il incline à penser que l'alcaloïde agit dans ces cas sur la moelle et convertit « le processus d'inhibition — quel qu'il puisse être — en processus d'excitation — quel qu'il puisse être ». SHERRINGTON a observé des transformations analogues en étudiant les modifications de l'excitabilité de l'écorce cérébrale chez l'animal normal ou intoxiqué par la strychnine. Ainsi, par exemple, chez le chat et chez le singe, l'excitation de l'écorce ne détermine qu'exceptionnellement un mouvement d'extension du genou, alors que le mouvement de flexion est facile à obtenir ; au contraire, en état de strychnisme, on obtient chez ces animaux un mouvement d'extension presque à chaque excitation corticale. Il en est de même pour les mouvements des membres antérieurs ; alors que l'on n'obtient qu'exceptionnellement l'extension du coude opposé par excitation corticale chez le chat, il suffit d'une dose légère de strychnine pour modifier cet état et obtenir facilement l'extension au lieu de la flexion du membre.

Le mode d'action de la strychnine sur la moelle a été discuté. La strychnine, contrairement à une opinion jadis soutenue, ne détruit pas la substance nerveuse, les lésions cellulaires plus récemment constatées avec la méthode de NISSL sont banales et nullement spécifiques. De même les phénomènes vaso-moteurs ne peuvent être invoqués. Les méthodes de la chimie biologique ont conduit à des données plus précises. WIDAL et NOBÉCOURT[2] ont démontré l'action antitoxique des centres nerveux et à un plus faible degré du tissu hépatique pour la strychnine et la morphine ; d'ailleurs toute une série de substances réduites en poudre (cerveau, foie, talc, etc.) possèdent des propriétés antitoxiques à peu près équivalentes qui résultent de la fixation de l'alcaloïde sur la substance étudiée. Les recherches de TORATA SANO[3] sur le pouvoir adsorbant du tissu nerveux vis à vis de la strychnine sont très intéressantes. En opérant avec de la moelle de lapin, de chien, de chat, de cheval, de bœuf, d'homme, il put constater que la substance blanche de la moelle est plus adsorbante que la substance grise et que les cornes antérieures sont plus adsorbantes que les cornes postérieures. G. GUILLAIN et GUY LAROCHE[4] ont repris ces expériences sous une autre forme, en étudiant non plus le pouvoir adsorbant mais le pouvoir fixateur du système nerveux, c'est-à-dire les propriétés toxiques du tissu nerveux plongé dans une solution de strychnine et lavé ensuite à plusieurs reprises dans du sérum artificiel. Cette démonstration in vitro des propriétés fixatrices du tissu nerveux est très facile. Il suffit de mettre en contact pendant douze heures de la pulpe nerveuse broyée finement dans une solution de strychnine à un demi-milligramme par centimètre cube, de la laver ensuite pendant douze heures dans de l'eau stérilisée à 7 p. 1 000, avec plusieurs centrifugations successives ; l'inoculation de 0 cmc. 1 à 0 cmc. 2 de cette pulpe nerveuse toxique dans la cavité péritonéale des grenouilles détermine une intoxication strychnique généralisée mortelle en 40 minutes à 1 h. 1/2 suivant les doses. En injectant aux grenouilles de très petites doses de

---

1. C. S. SHERRINGTON. The integrative action of the nervous system. New-York, Charles Schribner's sons, 1906. — Strychnin and reflex inhibition of skeletal muscles. *Journ. of Physiology*, 1907 ; XXXVI, 185 ; — On double reciprocal innervation. *Proceed. of the Royal Society*, LXXXI, B. 549, 249-268 ; — Owen and Sherrington. Observations on strychnine reversal. *Journ. of Physiology*, 1911, XLIII, n° 3 et 4.

2. WIDAL et NOBÉCOURT. Recherches sur l'action antitoxique des centres nerveux pour la strychnine et la morphine. *Bulletins et Mémoires de la Société médicale des Hôpitaux de Paris*, séance du 25 février 1908, 182.

3. TORATA SANO. Ueber die Entgiftung von Strychnin und Kokaïn durch das Rückenmark. *Arch. f. die gesammte Physiologie*, 1907, CX, 367 ; — Über das entgiftende Vermögen einzelner Gehirnabschnitte gegenüber dem Strychnin. *Arch. f. die gesammte Physiologie*, 1908, CXIV, 369 ; — Ein Beitrag zur Kenntniss der Strychnin und Koffeinwirkung. *Arch. f. die gesammte Physiologie*, 1908, CXIV, 381.

4. G. GUILLAIN et GUY LAROCHE. La fixation des poisons sur le système nerveux. *Semaine Médicale*, 19 juillet 1911, 337.

substance nerveuse toxique, de façon à obtenir une intoxication lente et légère, on peut constater en outre que la substance blanche médullaire ou cérébrale, puis la substance grise médullaire sont les éléments les plus fixateurs. Les noyaux gris centraux du cerveau sont par contre très peu fixateurs, il existe une différence très notable dans la toxicité comparée de la substance grise médullaire et thalamique. Il est assez difficile de faire une différenciation entre le pouvoir fixateur comparé des cornes antérieures et postérieures de la moelle, car la technique est très délicate pour séparer par raclage les deux zones et pour éviter d'y ajouter le tissu nerveux des faisceaux blancs. Cependant les expériences de Guy Laroche [1] montrent qu'en général les grenouilles injectées avec la substance grise des cornes antérieures toxiques meurent plus vite que celles injectées avec les cornes postérieures ; les cornes antérieures semblent donc plus fixatrices que les cornes postérieures.

On pouvait se demander si la fixation différente de la strychnine sur la substance blanche et sur la substance grise des cornes médullaires n'était pas la conséquence d'une propriété banale de certains tissus à adsorber plus ou moins les substances toxiques les plus diverses. Torata Sano a répondu à cette objection en montrant, dans une série d'expériences, que la cocaïne par exemple est adsorbée plus énergiquement par la substance blanche que par la substance grise du névraxe et beaucoup plus par la substance grise des cornes postérieures que par la substance grise des cornes antérieures.

Cette affinité des alcaloïdes pour certains groupes cellulaires du système nerveux est donc en partie élective et spécifique. Torata Sano, s'étant demandé à quelle substance était due la propriété adsorbante du tissu nerveux, refit des expériences similaires avec de la substance nerveuse chauffée à 100 degrés, il obtint les mêmes résultats ; la propriété adsorbante est donc thermostabile et n'est pas due à un ferment. De plus il a constaté que la substance nerveuse débarrassée de ses lipoïdes par l'éther continue à adsorber la strychnine ; cependant des expériences de de Waele montrent que l'addition d'une faible quantité de substance lipoïde à un alcaloïde facilite et active l'intoxication (strychnine, cocaïne, brucine), ce qui tendrait à montrer que les lipoïdes ont un certain rôle dans l'action des alcaloïdes sur le tissu nerveux.

Les études physiologiques avaient montré que la strychnine est un convulsivant cérébro-spinal à la fois cortical, bulbaire et médullaire ; les recherches de biochimie ont apporté des précisions et montré que la strychnine est un poison des cellules motrices et de la myéline. Aux différenciations morphologiques et physiologiques des groupes cellulaires du névraxe, il faut ajouter la différenciation de leur constitution chimique. L'ensemble de ces différenciations morphologiques, physiologiques et chimiques est caractéristique de certains groupes cellulaires et rend compte des réponses variables par lesquelles ces groupes réagissent vis-à-vis des différents poisons.

D'autres substances dérivées de la strychnine, l'éthyl-strychnine, la méthyl-strychnine, la benzoyl-strychnine, l'acétyl-strychnine, la strychnine mono-chlorée, les mono, di et tribydro-strychnines chlorées ou non chlorées agissent comme la strychnine.

L'opium lui-même, la thébaïne, la codéine produisent des accès convulsifs analogues, chez la grenouille. La picrotoxine est un agent convulsivant chez les oiseaux et les mammifères. L'extrait de racines du m'boundou exalte la réflectivité médullaire et provoque des raideurs tétaniques et des convulsions.

Certaines toxines, mais tout spécialement la toxine tétanique, déterminent une exaltation de la réflectivité médullaire et de l'hypertonie avec des crises de contractures spontanées ou survenant à la suite d'excitations périphériques très légères. La toxine tétanique se fixe spécialement sur les albuminoïdes et certains lipoïdes des corps cellulaires (G. Guillain, Guy Laroche et Grigaut). Sherrington a constaté que, dans l'intoxication tétanique, les effets inhibitoires sont transformés en effets excitateurs ; il a vu que, alors que le tétanos est encore local au niveau d'un membre injecté, l'excitation de certains nerfs (saphène interne par exemple), qui détermine un réflexe d'inhibition sur les muscles extenseurs du genou, n'a plus aucun effet sur eux, puisque peu à peu

---

1. Guy Laroche. La fixation des poisons sur le système nerveux. *Thèse de Paris*, 1911.

l'effet d'inhibition est transformé en effet d'excitation; il s'agit là évidemment d'une modification physiologique des cellules des centres médullaires. SHERRINGTON a d'ailleurs constaté aussi que, chez le chat, la toxine tétanique transforme en extension la flexion d'un membre obtenue par excitation du cortex; il a vu que, si le tétanos est encore local, la transformation de l'excitation ne se produit que pour le membre malade et nullement pour |le membre sain. Les mêmes phénomènes sont constatables chez le

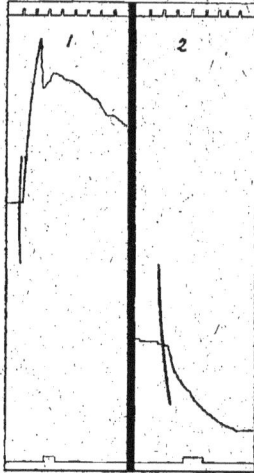

singe. La toxine tétanique, comme la strychnine, a donc pour effet de modifier les phénomènes d'inhibition réciproques dans le système nerveux central et de les transformer en phénomènes d'excitation.

Un grand nombre de substances toxiques diminuent l'excitabilité de la moelle, spécialement les anesthésiques (chloroforme, chloral, éther...). A une certaine phase de l'intoxication par ces agents chimiques les réflexes disparaissent. Il est une période de l'intoxication où, tous mouvements volontaires étant impossibles, les réflexes persistent encore, mais modifiés. BAYLISS (1893) a montré que, chez le lapin ayant reçu une dose suffisante de chloroforme, l'excitation d'un nerf afférent, qui en général provoque l'élévation de la pression artérielle, peut produire une chute de pression. SHERRINGTON et SOWTON [1] ont observé, chez le chien et le chat, que l'administration de chloroforme inverse les effets réflexes. Une excitation qui, avant la narcose, provoque la contraction d'un muscle, détermine souvent, pendant la narcose, un relâchement inhibitoire de ce muscle. L'administration de chloroforme ou d'éther aux animaux strychnisés fait réapparaître l'inhibition réflexe, celle-ci disparaît quand l'action de l'anesthésique a cessé; l'on peut à plusieurs reprises modifier ainsi les réflexes des animaux en expérience.

MARCELLE LAPICQUE [2] s'est proposé d'étudier, par la méthode d'exploration de l'excitabilité réflexe décrite par LOUIS LAPICQUE et MARCELLE LAPICQUE, l'action du chloroforme et du chloralose sur l'excitabilité de la moelle. Cette méthode consiste essentiellement à mesurer dans le réflexe l'excitabilité de la fibre sensitive par une chronaxie et l'excitabilité des centres par la sommation à des rythmes divers. Le chloroforme et le chloralose donnent par cette méthode d'exploration de l'excitabilité de la moelle des lois tout à fait différentes. Tandis que le chloroforme abaisse l'excitabilité réflexe, le chloralose exagère cette excitabilité.

FIG. 217. — Temps en seconde au dessus. Le signal est au dessous et indique la durée des excitations. Le myogramme indique la contraction par la ligne ascendante, le relâchement par la ligne descendante. En 1, avant chloroformisation, l'excitation fait contracter le muscle. En 2, après chloroformisation, la même excitation entraîne le relâchement musculaire. La différence des niveaux du point de départ des deux réponses correspond à la chute du tonus par suite du chloroforme. Préparation du vaste crural. L'excitation a été faite par un courant faradique appliqué sur le nerf genito-crural et était de même intensité et de même fréquence dans les deux observations.

Les travaux de BIBRA et HARLESS (1874), HANS MAYER et OVERTON (1901), BAUM, POHL, GRÉHANT, ARCHANGELSKY ont attiré l'attention sur le rôle des graisses et des lipoïdes dans le mode d'action des anesthésiques. Le chloroforme, l'éther, l'alcool, l'acétone se fixent sur les lipoïdes et l'intensité de l'action d'un anesthésique dépend sans doute de son affinité pour ceux-ci.

NICLOUX, ayant fait un dosage de chloroforme dans les différentes régions du système nerveux après une intoxication par ce corps, a trouvé que, pour 100 grammes de tissu

1. C. S. SHERRINGTON et SOWTON. Chloroform and reversal of reflex effect. *Journ. of Physiology*, 15 juillet 1911, XLII, 5 et 6.

2. MARCELLE LAPICQUE. Analyse de l'action du chloralose et du chloroforme sur l'excitabilité réflexe de la moelle. *Comptes rendus de la Société de Biologie*, séance du 20 juillet 1918, 749.

étudié, le cerveau contient 55 milligr. 5 de chloroforme, le bulbe 79 milligr. 5 et la moelle 80 milligr. 5. Le chloroforme dans cette expérience aurait eu l'affinité maxima pour le tissu médullaire.

Le chloral, les bromures dépriment l'excitabilité de la moelle.

La digitale agit sur la moelle et affaiblit les réflexes. A WEIL (1874) a fait à ce sujet l'expérience suivante. Il comptait avec un métronome le temps qui s'écoule entre le moment où l'on fait plonger les orteils d'un animal dans de l'eau acidulée et celui où le membre se fléchit pour échapper à l'action irritante du liquide, puis, injectant à cet animal par voie sous-cutanée un milligramme de digitaline, il a constaté que la réflectivité au bout de quelques minutes s'affaiblit au point que l'on compte 9, 12, 60 battements du métronome au lieu de 6 à 8 à l'état normal. L'action de la digitale sur les réflexes peut s'expliquer soit par une influence directe sur les éléments nerveux, soit par l'intermédiaire de la vaso-constriction qu'elle détermine dans la moelle comme dans les autres viscères.

Le sang épanché dans le liquide céphalo-rachidien et en voie d'hémolyse donne naissance, semble-t-il, à des produits toxiques susceptibles de déterminer l'hypertonie et la surréflectivité tendineuse; le phénomène est souvent constatable dans les hémorrhagies méningées cliniques et expérimentales (G. GUILLAIN et JEAN DUBOIS).

III. **Influence de l'électricité.** — L'électricité modifie les réflexes, D'après ONIMUS, des courants galvaniques descendants diminuent l'excitabilité de la moelle et les actions réflexes, tandis que des courants galvaniques ascendants augmentent l'excitabilité médullaire. Pour USPENSKY, les courants ascendants ou descendants chez la grenouille, lorsqu'ils sont de faible intensité et de faible durée, ne produisent sur la moelle aucune modification notable. Au bout de 20 à 25 minutes ils paralysent la moelle, les courants descendants agissent plus rapidement que les courants ascendants. Au bout de 5 à 10 minutes on observe les différences suivantes : sous l'influence du courant ascendant les mouvements respiratoires se font énergiquement, la grenouille saute comme normalement, peut exécuter des mouvements volontaires, les réflexes s'affaiblissent et disparaissent; sous l'influence du courant descendant la respiration s'affaiblit et disparaît, la grenouille est privée de mouvements volontaires, les réflexes persistent longtemps. USPENSKY remarque que la moelle se comporte comme un nerf périphérique, ses propriétés étant diminuées dans la zone où l'on a appliqué l'anode et exaltées dans la zone où l'on a appliqué la cathode.

IV. **Influence du shock spinal.** — Le *shock spinal* détermine un affaiblissement très marqué ou la disparition des actions réflexes.

WHYTT (1777) avait remarqué les phénomènes de shock secondaire au traumatisme, mais n'avait pas donné le mot. Ce fut MARSHALL HALL (1850) qui créa ce mot shock au sujet des troubles qu'il observait chez la grenouille après section sous occipitale de l'axe médullaire.

Le shock spinal s'observe soit à la suite des opérations douloureuses faites par vivisection sur la moelle et les racines médullaires, soit à la suite des excitations douloureuses déterminées sur les nerfs périphériques, soit à la suite des sections de la moelle traumatiques, accidentelles ou expérimentales.

NOTHNAGEL (1869) pensait qu'il existait chez la grenouille des centres modérateurs ou d'arrêt des mouvements réflexes. L'excitation du bout central de nerfs sectionnés pouvait, d'après lui, mettre en jeu ces appareils modérateurs, ce qui avait pour conséquence la diminution ou la perte de la réflectivité médullaire normale. Si, en effet, on excite avec un courant électrique chez une grenouille spinale le bout central du nerf sciatique gauche sectionné, l'irritation du membre postérieur droit ne détermine aucun mouvement réflexe.

LEWISSON, après des expériences analogues, conclut, comme NOTHNAGEL, à l'existence de centres modérateurs. GOLTZ pensait que le shock spinal était un phénomène d'inhibition.

SHERRINGTON n'admet pas l'hypothèse de GOLTZ qui nécessiterait que le trauma agisse par une véritable excitation déterminant l'inhibition dans les arcs réflexes adjacents ou plus ou moins éloignés du point lésé. SHERRINGTON donne plusieurs arguments contre cette théorie. En premier lieu, le shock agit presque exclusivement dans la direction aborale;

on s'expliquerait difficilement pourquoi les centres qui entourent le point lésé ne sont pas atteints par le shock ; ainsi une section de la moelle faite en arrière du renflement brachial ne trouble que peu ou pas les réflexes des membres antérieurs, bien que le nombre des voies lésées soit énorme ; une section vers le cinquième segment cervical déprime à peine l'activité respiratoire du phrénique, bien qu'au dessous les réflexes soient diminués ou abolis. En second lieu, les expériences suivantes plaident contre la théorie de GOLTZ. Si on fait une section médullaire au niveau du cinquième segment cervical, on observe une chute de pression intense dans la circulation générale et on ne peut obtenir de réflexes vaso-moteurs. Les jours suivants, la pression artérielle remonte et redevient normale, on peut alors obtenir des réflexes vaso-moteurs par excitation du bout central de nerfs sectionnés, réflexes qui sont purement spinaux puisqu'il y a eu section médullaire. Alors, tandis que ces réflexes vaso-moteurs spinaux sont ainsi régulièrement obtenus et servent comme témoin de l'activité réflexe en arrière de la section, on coupe à nouveau la moelle environ deux segments en arrière de la première section, on observe immédiatement une élévation de pression durant une minute, puis une chute progressive jusqu'à ce que la pression atteigne un niveau à peine inférieur à celui qui existait avant la seconde opération, cette deuxième chute de pression n'est nullement comparable à la première. SHERRINGTON ajoute : «Si la chute de la pression sanguine devait être regardée comme faisant partie du shock spinal qui suit une section cervicale, l'absence de cette chute, lorsqu'on répète le même trauma, doit signifier que le deuxième trauma n'est pas suivi par le shock qui a suivi le premier trauma. » Bien plus, on voit très rapidement, quatre minutes après, s'élever la pression artérielle. Le premier traumatisme détermine donc une profonde dépression du tonus spinal vasculaire et une abolition temporaire des réflexes vasculaires, le deuxième trauma ne lèse que peu ou pas ces réflexes ni le tonus rétabli préalablement. SHERRINGTON fait remarquer qu'on pourrait objecter que le tonus vasculaire rétabli après la première section spinale est non pas d'origine médullaire, mais de siège périphérique. Les éléments périphériques ne sont certes pas seuls en cause, car on observe une profonde dépression vasculaire par une destruction et non plus par une section de la moelle dans la région thoracique.

Le shock spinal ne serait pas dû, dans les expériences de SHERRINGTON, au traumatisme seul. « Il semble dépendre simplement, dit-il, d'une solution de continuité des voies nerveuses, et cette solution de continuité est pratiquement égale, que le traumatisme soit relativement léger (section fine), ou intense (section par contusion ou écrasement), pourvu que, dans les deux cas, il y ait égale lésion transversale de la moelle. » Le peu de shock spinal qu'on observe, comme nous l'avons vu plus haut, après la deuxième section serait dû à ce que ce second trauma ne détermine pas l'interruption de nouvelles voies nerveuses, celles-ci ayant été toutes sectionnées lors de la première opération faite à un niveau supérieur.

SHERRINGTON a constaté aussi que le réflexe de flexion du membre postérieur, très modifié par le shock après section de la moelle cervico-thoracique, est peu modifié au contraire par une deuxième section pratiquée lorsqu'il a reparu.

SHERRINGTON a étudié les modalités de certains réflexes dans le shock spinal. Ainsi, dans cet état, le réflexe de grattage présente un rythme irrégulier, des secousses plus faibles, une apparition rapide d'inexcitabilité temporaire, caractères qui se retrouvent quand on étudie ce même réflexe fatigué. Il en est de même pour le réflexe de flexion de la jambe. Ce fait, d'après SHERRINGTON, ferait supposer une sorte de relâchement dans l'union entre les divers neurones qui constituent l'arc réflexe.

Le shock ne serait dû, d'après SHERRINGTON, ni à l'irritation traumatique, ni à un phénomène d'inhibition. Il ne croit pas non plus que la baisse de la pression artérielle puisse être invoquée, car il a constaté que : « 1° la tête ne participe pas au shock, bien qu'elle participe à l'abaissement de la tension artérielle ; 2° dans une section post-thoracique, la région du corps distale de la lésion spinale présente un shock aussi intense qu'après une section cervicale, bien qu'il n'y ait pas de chute de la pression sanguine ; 3° une section faite en avant du centre bulbaire vaso-moteur et en arrière du pont laisse la pression artérielle intacte, mais détermine un shock intense ».

Le shock, traumatique, d'après les conclusions de SHERRINGTON, est proportionné au nombre et au caractère des voies nerveuses descendantes sectionnées par l'opérateur. PORTER [1] admet ces mêmes conclusions.

SHERRINGTON fait remarquer que le shock spinal a une intensité variable suivant les espèces animales, il est plus intense chez le singe que chez les autres animaux de laboratoire ; il a noté aussi que, chez le singe et chez l'homme, le shock était non seulement intense mais prolongé. C'est ainsi, par exemple, que SHERRINGTON mentionne que le réflexe tendineux du genou est parfois inexcitable durant un mois chez le singe après une section thoracique de la moelle, alors que, chez le lapin, on le voit réapparaître 10 à 15 minutes après l'opération. Ces expériences confirment ce que BASTIAN (1891), BOWLBY (1891), BRUNS (1893) ont vu chez l'homme. G. GUILLAIN et J.-A. BARRÉ [2] ont étudié durant la guerre le shock spinal dans dix-sept cas de section totale de la moelle contrôlés par l'autopsie ; il ont noté l'abolition de tous les réflexes tendineux des membres au-dessous de la section, abolition ayant persisté durant plusieurs semaines comme chez les singes opérés par SHERRINGTON. G. GUILLAIN et J.-A. BARRÉ ont constaté que les réflexes cutanés (réflexes cutanés plantaires, crémastériens, abdominaux) étaient conservés durant la phase de shock spinal ; cette dissociation contre la réflectivité tendineuse et la réflectivité cutanée leur a paru mériter d'attirer l'attention.

SHERRINGTON a noté d'autre part que, dans le shock, les réflexes « nociceptifs », autrement dit les réflexes de défense, sont moins atteints que les autres. Il a fait aussi cette remarque que le shock agit plus sur les tissus qui, comme les muscles striés, dégénèrent après une section médullaire que sur les muscles des vaisseaux ou des viscères, muscles qui ne dégénèrent pas.

Chez les animaux en état de shock spinal, les toxiques agissent d'une façon différente que chez les animaux normaux. VULPIAN (1875) avait constaté que le curare, injecté sous la peau d'une grenouille dont la moelle a été détruite, paralyse l'animal avec beaucoup plus de lenteur que chez un animal sain. H. ROGER (1893), chez des grenouilles mises en état de choc nerveux par écrasement de la tête ou par la décharge électrique d'une bouteille de Leyde, vit que la strychnine ou la vératrine en injections intra-veineuses n'exercent que très tardivement leur action toxique. GALEAZZI (1895), en écrasant la patte du lapin, a constaté le même fait avec la strychnine. BUSQUET (1910), chez des grenouilles dont la moelle avait été détruite, vérifia les faits observés par VULPIAN, mais il montra qu'une circulation artificielle générale pratiquée sous une pression constante avec du liquide de RINGER-LOCKE additionné de curare détermine une intoxication aussi rapide que chez des animaux sains. Il semble donc que les retards avec lesquels se produisent, chez les animaux en état de shock spinal, les phénomènes d'intoxication, soient pour une part importante sous la dépendance des troubles circula-toires et vaso-moteurs dus à ce shock.

CHAPITRE XI

RAPPORTS DE LA MOELLE ÉPINIÈRE AVEC LE SYSTÈME SYMPATHIQUE

On a toujours pensé que la moelle avait une grande influence sur le fonctionne-ment des viscères, mais les anatomistes admettaient jadis l'autonomie du système sympathique à l'égard de la moelle. Ainsi BICHAT décrivait une origine ganglionnaire des fibres sympathiques analogue à l'origine médullaire des nerfs périphériques. Cette opinion était erronée, car l'on sait maintenant que l'origine réelle du sympathique est dans le métencéphale et dans la moelle.

Le système sympathique comprend une série de ganglions étagés depuis la région céphalique jusqu'à la région sacrée. Chacun de ces ganglions reçoit de la moelle des

1. PORTER. The path of the respiratory impulse from the bulb to the phrenic nuclei. *Journ. of Physiology*, 1894-95, XVII, 455.
2. GEORGES GUILLAIN et J.-A. BARRÉ. Travaux Neurologiques de guerre. Masson édit., 1920, 190, 245, 252.

fibres dites préganglionnaires ; ces fibres quittent la moelle par les racines ventrales, elles sont beaucoup plus fines que le autres fibres de ces racines (GASKELL). La section d'un de ces rameaux communicants blancs entraîne une dégénérescence de son bout périphérique jusqu'au ganglion sympathique auquel il aboutit. D'autre part, l'application locale de nicotine (substance qui paralyse les cellules sympathiques) sur le ganglion sympathique ou l'injection intravasculaire de nicotine empêchent les effets ordinaires de l'excitation des fibres préganglionnaires. Les fibres des rameaux communicants blancs pénètrent dans le ganglion, certaines d'entre elles s'y terminent, d'autres traversent le ganglion et gagnent un ganglion plus éloigné (ganglions splanchniques ou viscéraux). Parmi ces dernières fibres, les unes traversent le ganglion sans changer d'étage ; d'autres prennent une direction verticale ascendante ou descendante, cheminent durant un trajet plus ou moins long dans la chaîne sympathique et quittent cette chaîne au niveau d'un ganglion sus-jacent ou sous-jacent, elles changent donc d'étage. En dehors de ces fibres blanches myéliniques qui ont traversé le ganglion sans s'y arrêter, partent de ce dernier des fibres grises, post-ganglionnaires. Les fibres grises vont les unes aux viscères, les autres à la périphérie. La voie post-ganglionnaire périphérique rejoint le nerf mixte rachidien, puis se divise en faisceaux qui continuent soit le long des nerfs spinaux, soit le long de vaisseaux, vers la peau du tronc et des membres. Ces voies post-ganglionnaires forment ainsi l'innervation sympathique autonome desservant les vaisseaux, les glandes et les poils de la peau ; probablement aussi fournissent-elles une innervation autonome aux muscles (C. WINKLER). Certaines fibres post-ganglionnaires du rameau communicant gris remontent vers la moelle, soit par sa racine antérieure, soit par sa racine postérieure ; ces fibres centripètes apportent à la moelle les impressions viscérales correspondant à la sensibilité organique.

Les fibres autonomes efférentes viennent de la région ventrale de la pars intermediolateralis de la substance grise, notamment des noyaux paracentraux, de quelques cellules solitaires du nucleus intermedius et du nucleus intermedio-lateralis. L'origine sympathique médullaire est comprise entre le septième segment cervical et le quatrième segment lombaire. La moelle de la région sacrée envoie principalement par les racines sacrées inférieures des fibres autonomes dans le nerf pelvien pour l'appareil uro-génital. D'après les recherches de LANGLEY et SHERRINGTON sur les centres vaso-moteurs et pilomoteurs de la moelle, ceux-ci occupent, chez l'homme, la corne latérale et les processus réticulaires depuis la partie inférieure du 8e segment cervical jusqu'à la partie supérieure du 3e segment lombaire ; ils font défaut au niveau des renflements cervical et lombo-sacré ; ils réapparaissent d'une part au-dessus du 4e segment cervical pour se confondre en haut avec les colonnes dorsales des nerfs mixtes, d'autre part au-dessous du 3e segment sacré où ils constituent la colonne sympathique de la moelle sacrée (A. THOMAS).

CHAPITRE XII

INFLUENCE DE LA MOELLE ÉPINIÈRE SUR L'APPAREIL CIRCULATOIRE

I. Influence sur le cœur. — LEGALLOIS plaça le premier dans la moelle le foyer d'innervation du cœur, alors qu'autrefois on le supposait dans le cerveau (PICCOLOMINI) ou dans le cervelet (WILLIS). Il se basait sur les expériences suivantes. Il détruisait chez des lapins âgés de vingt jours, à l'aide d'un stylet introduit dans le canal vertébral, tantôt la région cervicale, tantôt la région dorsale, tantôt la région lombaire ; les animaux mouraient en une à trois minutes ; ceux qui avaient subi la destruction de la moelle dorsale ou lombaire avaient encore quelques mouvements respiratoires qui allaient s'affaiblissant jusqu'à la mort ; il essaya de pratiquer la respiration artificielle sans obtenir la contraction du cœur et en conclut que la mort était due à la paralysie du cœur par lésion de la moelle. Sur des lapins âgés de dix jours ou moins encore, il vit que la destruction de la moelle dorsale ou lombaire ne provoque pas la mort rapide, la destruction de la moelle cervicale entraîne la mort, mais moins vite que chez les lapins de la première série, l'insufflation pulmonaire peut durant quelque temps les ramener à la vie. LEGALLOIS pensait que le cœur, en dehors de l'organisme, ne présentait que des mouvements trop faibles pour qu'il puisse, sans intervention de la moelle, entretenir la circulation. Cette opinion s'est trouvée démentie par les expériences ultérieures. Déjà d'ailleurs avant LEGALLOIS, ZIMMERMANN et SPALLANZANI avaient montré qu'on peut enlever le cerveau et la moelle à des batraciens et à des mammifères sans déterminer la mort. WILLSON PHILIPP, ayant enlevé la moelle et le cerveau de lapins, put entretenir les mouvements du cœur pendant une demi-heure au moins par insufflation pulmonaire. WEINFROLD, NASSE, WIDE, MEYER [1] obtinrent les mêmes résultats chez des chiens, des cobayes, des lapins, des poules. D'ailleurs il existe des fœtus amyélencéphales chez lesquels la circulation s'est faite normalement jusqu'à la naissance. On sait d'autre part que le cœur des batraciens, des serpents, des poissons, peut continuer à battre plusieurs heures après qu'on l'a extrait du thorax. On peut, en établissant la circulation artificielle avec le liquide de Locke chauffé et saturé d'oxygène, faire contracter régulièrement le cœur d'animaux supérieurs tués récemment ou depuis trois ou quatre jours; on a pu même revivifier ainsi deux, jours après la mort, le cœur d'un enfant de trois mois mort de broncho-pneumonie. Ces expériences montrent que les centres nerveux intra-cardiaques sont susceptibles de produire des contractions automatiques.

La moelle cependant a une action sur les mouvements du cœur. VOLKMAN et LONGET ont vu que l'excitation électrique de la moelle modifie le rythme cardiaque; CLIFT, WEDÉ, MEYER ont constaté que la destruction de la moelle entraîne d'abord l'accélération des mouvements du cœur et ensuite leur affaiblissement. LONGET, ayant décapité des chiens après ligature des carotides, détruit leur moelle et constate après l'opération l'affaiblissement des contractions cardiaques. D'après SCHIFF, cette action sur le cœur est indirecte, le ralentissement des battements du cœur est dû plus à la stase relative du sang dans les artérioles, les veines et les capillaires qu'à l'hypotension artérielle. Pour le démontrer, il fait la transfusion chez des chiens curarisés qui ont subi une section de la moelle cervicale et constate qu'en introduisant 250 à 300 grammes de sang chez un chien de 3 kilogrammes environ, on pouvait ramener les battements du cœur à leur énergie primitive.

LUDWIG et DE CYON ont montré l'existence de nerfs accélérateurs et de nerfs dépresseurs du cœur qui accélèrent les battements du cœur et font baisser la tension artérielle. Les nerfs accélérateurs sont centrifuges, les nerfs dépresseurs centripètes. Les nerfs dépresseurs agissent en provoquant l'excitation bulbo-médullaire qui amène la dilatation réflexe des vaisseaux abdominaux et l'hypotension artérielle secondaire. En dehors de ces nerfs accélérateurs et dépresseurs il existerait des nerfs renforceurs, qui renforcent les contractions du cœur sans modifier le rythme cardiaque. D'après PAWLOFF (1887), ces fibres ont une origine médullaire et vont par les racines antérieures au premier ganglion thoracique pour se mélanger avec les nerfs accélérateurs ou avec les fibres du vague. Ce nerf, véritable nerf moteur du cœur, serait le régulateur du travail du myocarde, son centre médullaire n'est pas exactement déterminé.

II. Influence sur les vaisseaux. — La moelle agit sur les vaisseaux par l'intermédiaire des nerfs vaso-moteurs qui règlent la circulation dans les tissus. Avant de se distribuer aux vaisseaux, ces nerfs traversent les ganglions nerveux du grand sympathique, soit ceux des grandes chaînes cervicales ou thoraco-abdominales, soit les ganglions isolés, soit les petits ganglions périphériques situés dans les viscères ou dans les parois mêmes des petits vaisseaux. Ces nerfs vaso-moteurs comprennent des fibres vaso-constrictrices et vaso-dilatatrices.

Les nerfs vaso-constricteurs ont été les premiers découverts par CLAUDE BERNARD et BROWN-SÉQUARD; ils ont leur origine dans le bulbe et la moelle. Bien que le centre vaso-moteur constricteur principal soit dans le bulbe, le rôle de la moelle est cependant important. On peut le démontrer en pratiquant des sections transversales et étagées de

---

1. Cités par VULPIAN. Article Physiologie de la moelle épinière in *Dictionnaire encyclopédique des Sciences médicales*. Paris, Masson et Asselin édit, 2e série, VIII, 542.

la moelle, il se produit une vaso-dilatation avec abaissement de la pression artérielle dans les parties du corps situées en arrière de la section, même si auparavant on a pratiqué une première section sous-bulbaire (VULPIAN), ce qui ne se produirait pas si le centre était unique. De même, si on fait des sections successives de la moelle de bas en haut, on obtient chaque fois une vaso-dilatation paralytique des vaisseaux de la région correspondante au niveau de la section, des vaisseaux des membres inférieurs si la section est faite au niveau de la région lombaire, des vaisseaux des membres inférieurs et supérieurs si elle est faite au niveau de la région dorsale. La chute générale de pression qu'on observe après section des nerfs splanchniques, alors que la moelle cervicale a été déjà coupée, montre que la région thoracique supérieure contient des centres vaso-constricteurs.

L'origine de ces fibres vaso-motrices n'est pas la même que celle des fibres motrices ou sensitives pour une région du corps. On peut le démontrer par l'expérience suivante de VULPIAN. Si l'on pratique une section de la moelle en avant de l'origine des nerfs du plexus lombaire, on produit une dilatation des vaisseaux des membres postérieurs, mais celle-ci est plus considérable encore après section de la moelle dorsale, ce qui s'explique par ce fait qu'un certain nombre de fibres vaso-motrices proviennent des ganglions abdominaux et naissent au-dessus de la moelle lombaire ; pour que ces dernières soient intéressées, il faut que la section transversale porte sur la moelle dorsale supérieure.

Les vaso-constricteurs de la tête proviennent du sympathique cervical, du grand auriculaire et du trijumeau ; les fibres du grand auriculaire proviennent du ganglion thoracique supérieur, celles du sympathique cervical des racines communicantes de la 1re à la 3e racine dorsale. Les vaso-moteurs des membres supérieurs naissent des 3e, 4e, 5e et 6e racines dorsales d'après SCHIFF, de la 4e à la 10e racine pour d'autres ; les vaso-moteurs du tronc naissent des racines dorso-lombaires ; ceux des membres inférieurs proviennent des dernières paires dorsales et des premières paires lombaires. Les vaso-moteurs des poumons passent par les racines thoraciques supérieures (BRADFORD et DEAN, 1894), ceux des reins par les 12e et 13e paires dorsales ; les vaso-moteurs du foie proviennent en partie de la moelle cervico-dorsale, mais surtout de la moelle lombaire. Les vaso-moteurs génitaux proviennent du segment inférieur de la moelle lombaire et des premières paires sacrées (BECHTEREW).

Les nerfs vaso-dilatateurs, découverts par SCHIFF et CLAUDE BERNARD, peuvent exister à l'état isolé (nerf lingual, nerf érecteur), mais généralement les fibres vaso-dilatatrices sont mélangées avec les fibres vaso-constrictives dans les troncs nerveux phériphériques. Les vaso-dilatateurs de la face proviennent du trijumeau et de la moelle dorsale par le sympathique cervical, ceux des membres supérieurs proviennent des 5e, 6e, 7e, 8e paires cervicales postérieures et 1re dorsale, ceux des membres inférieurs des 4e, 5e, 6e, 7e paires lombaires et 1re sacrée, ceux des poumons viennent du vague et du sympathique cervical, ceux des reins du vague, ceux du foie du sympathique cervical et des splanchniques. Les nerfs érecteurs d'ECKHARDT qui vont aux vaisseaux du pénis et du corps caverneux naissent des trois premières racines sacrées, la destruction de la moelle lombo-sacrée empêche l'érection (GOLTZ, 1874).

Les différentes fibres vaso-motrices sortent de la moelle par les racines antérieures et postérieures, les centres médullaires sont ceux du sympathique au niveau de la colonne latérale.

GEORGES GUILLAIN et J.-A. BARRÉ[1] ont insisté sur les troubles vaso-moteurs des paraplégiques par blessures de guerre, en particulier sur la vaso-dilatation générale abdominale qui est sous la dépendance des troubles des centres du sympathique médullaire ; ils ont décrit un syndrome péritonéal qui s'observe dans les premiers jours des plaies de la moelle et est causé par des hémorrhagies périvésicales et intrapéritonéales ; ils rattachent les hématuries précoces et les hémorragies intestinales des blessés médullaires à cette dilatation vasculaire d'origine sympathique. H. CLAUDE et J. LHERMITTE ont insisté aussi sur les hématuries par paralysie vaso-motrice de la vessie.

_____

1. GEORGES GUILLAIN et J.-A. BARRÉ. Les plaies de la moelle épinière par blessures de guerre. *Presse médicale*, 9 novembre 1916, 497 ; *Travaux neurologiques de guerre*, Masson, 1920, 161.

Les œdèmes observés chez les paraplégiques sont sans doute souvent en rapport avec des troubles organiques ou fonctionnels des centres sympathiques médullaires ; en dehors de ces œdèmes il en existe d'ailleurs d'autres qui dépendent de stases veineuses ou de lésions rénales.

Mme DEJERINE et M. REGNARD[1] ont synthétisé, dans les lignes suivantes, les signes traduisant l'irritabilité des colonnes sympathiques intermédio-latérales ainsi que celles des colonnes antérieures motrices dans le tronçon médullaire sous lésionnel chez les grands blessés nerveux médullaires présentant des lésions destructives peu étendues en hauteur : « Chez eux, après une période d'inhibition, de choc, la vitalité du tronçon sous-lésionnel de la moelle se réveille et se manifeste cliniquement : sur l'appareil urinaire, par les hématuries vésicales et rénales ; sur l'appareil digestif par les diarrhées profuses ; sur la peau et le tissu cellulaire des membres paraplégiés, par la stase des capillaires sanguines et lymphatiques et par les gros œdèmes des membres inférieurs qui ne dépassent guère en haut la limite supérieure de la zone d'anesthésie, œdèmes qui favorisent le développement des rétractions musculaires, des raideurs articulaires, des déformations des pieds et des orteils, ainsi que le développement des néoformations osseuses péri-épiphysaires et péri-diaphysaires (para-ostéo-arthropathies) décrites par l'un de nous avec CEILLIER ; sur les muscles des membres paraplégiés, par ces fibrillations et fasciculations musculaires qui précèdent et accompagnent l'apparition des mouvements d'automatisme médullaire, mouvements dont l'intensité peut être telle qu'elle empêche chez ces blessés tout sommeil. Après un temps plus ou moins long, tous ces phénomènes d'ordre irritatif se modèrent, cessent et parfois disparaissent plus ou moins complètement. Aux diarrhées profuses qui décèlent l'œdème des parois intestinales, fait suite une constipation opiniâtre ; aux gros œdèmes, une adipose sous-cutanée et intermusculaire plus ou moins accusée ; les mouvements spontanés d'automatisme médullaire s'amendent et parfois disparaissent ; d'autres fois surviennent des signes de spasmodicité : contractures, clonus du pied, exagération des réflexes tendineux, même dans des cas d'interruption complète de la moelle vérifiée à l'autopsie. Restent seules immuables l'extension et l'intensité de la paraplégie et de la zone d'anesthésie, tandis que s'accentuent lentement, progressivement, irrémédiablement les raideurs articulaires et surtout les déformations des pieds et des orteils. »

Il est probable que certains cas de trophœdème chronique des membres inférieurs sont en rapport avec des lésions des centres sympathiques médullaires. Cette opinion, qui a été soutenue par HENRI MEIGE, manque encore de confirmations anatomo-cliniques précises, une observation de ANDRÉ LÉRI et ENGELHARD[2] paraît pouvoir être invoquée en sa faveur.

Les lésions de la moelle dorsale moyenne et inférieure peuvent déterminer des troubles divers dans les membres supérieurs, troubles qui se comprennent fort bien si l'on prend en considération l'origine des fibres sympathiques des membres supérieurs qui, d'après LANGLEY, passeraient pour leur plus grande partie par les racines D_4 à D_{10}.

VULPIAN[3] s'exprime ainsi : « Ces données sont importantes à connaître pour le médecin ; elles lui permettent de se rendre compte de certains phénomènes observés à la suite des lésions de la colonne vertébrale et de la moelle, et qui se produisent plus ou moins loin des parties en rapport, par leurs nerfs sensitivo-moteurs, avec la région où siègent ces lésions. C'est ainsi que les lésions de la région dorsale de la moelle peuvent produire des effets de dilatation vasculaire dans les membres supérieurs. Si vous avez sous les yeux un malade atteint du mal de Pott, siégeant au niveau des troisième ou quatrième vertèbres dorsales, vous ne serez pas surpris de voir des modifications circulatoires dans les membres supérieurs, puisque les nerfs vaso-moteurs de ces membres

1. Mme DEJERINE et M. REGNARD. Troubles visuels et pupillaires, atrophie papillaire avec ébauche du signe d'Argyll Robertson unilatéral, troubles oculo-pupillaires d'ordre irritatif avec ébauche de syndrome basedowien, dans les lésions de la moelle dorso-lombaire et de la queue de cheval par traumatisme de guerre. Presse Médicale, 25 septembre 1920, 675.

2. ANDRÉ LÉRI et ENGELHARD. Trophœdème chronique et spina bifida occulta. Bulletins et Mémoires de la Société médicale des Hôpitaux de Paris, séance du 30 juillet 1920, 1169.

3. VULPIAN. Leçons sur l'appareil vaso-moteur. Paris, 1875, I, p. 195.

reçoivent aussi des fibres nerveuses nées de la moelle épinière dans la région correspondant à ces vertèbres. Ces connaissances sont aussi très utiles au point de vue thérapeutique. Elles nous aideront parfois à préciser, dans quelques cas difficiles, le siège de certaines lésions médullaires, et, par conséquent, elles pourront vous indiquer le point de la région vertébrale sur lequel devront porter les efforts de la médication externe. M. Cyon insiste beaucoup sur ces connaissances topographiques, et je les considère, ainsi que lui, comme absolument nécessaires, lorsqu'on veut faire servir l'électricité au traitement des désordres nerveux vaso-moteurs. »

J.-A. Barré et R. Schrapf[1] ont attiré l'attention sur l'existence, dans des cas de lésions de la moelle dorsale moyenne et inférieure (blessures de guerre, mal de Pott), de troubles des membres supérieurs caractérisés par de l'hyperthermie, des fourmillements, des sensations d'engourdissement, de la faiblesse des doigts et des mains, peut-être par des modifications des réflexes tendineux ; ces troubles siègeraient principalement aux derniers doigts des mains. J.-A. Barré et R. Schrapf mentionnent que ces troubles sympathiques peuvent constituer le signe précurseur d'une lésion médullaire qui se traduit dans la suite par une paraplégie, ils furent le premier phénomène observé par eux chez plusieurs pottiques et dans plusieurs cas de compression de la moelle par tumeur. Ces auteurs ajoutent : « La méconnaissance de leur origine dorsale moyenne peut porter à localiser faussement à la région cervicale inférieure une cause pathologique qui siège entre les 6e et 11e segments dorsaux. L'existence d'une zone normale thoraco-abdominale plus ou moins étendue entre la région troublée des membres supérieurs et celle du tronc et des membres inférieurs devra mettre sur la voie. »

Dejerine et Egger[2] avaient noté, dans des cas de paraplégie spasmodique par lésion transverse incomplète de la moelle dorsale inférieure, l'exagération des réflexes tendineux aux membres supérieurs. Il ne nous paraît pas d'ailleurs que cette exagération des réflexes soit en rapport évident avec des troubles sympathiques.

Des phénomènes que nous venons de citer on peut rapprocher les observations d'André Thomas qui a remarqué, chez des blessés de la moelle dorsale inférieure, l'éréthisme pilo-moteur des membres supérieurs et du tronc.

Mme Dejerine et M. Regnard[3] ont observé, chez un certain nombre de blessés médullaires, des phénomènes semblables à ceux décrits par J.-A. Barré et R. Schrapf ; ils ont attiré l'attention d'ailleurs, dans les blessures de la moelle, sur les troubles vaso-moteurs d'ordre irritatif qui peuvent, dans le syndrome du tronçon médullaire sus-lésionnel, dominer le tableau clinique, survenir sous forme de crises, de poussées congestives en larges placards d'un rouge parfois violacé occupant le segment sus-lésionnel du tronc (partie supérieure de l'abdomen, thorax, membres supérieurs, cou, face, tête), s'accompagner d'hyperthermie, d'éréthisme pilo-moteur, de réactions sudorales exagérées, d'éréthisme cardiaque, d'exophtalmie avec mydriase extrême, élargissement de la fente palpébrale, somme toute d'un syndrome irritatif sympathique oculo-pupillaire, d'une ébauche de syndrome basedowien avec troubles visuels subjectifs, diminution de l'acuité visuelle, dyschromatopsie.

III. Influence sur les lymphatiques. — Nos connaissances sur l'action de la moelle sur les lymphatiques sont très peu développées.

Volkmann a vu que la destruction de la moelle lombo-sacrée abolit les mouvements des cœurs lymphatiques des grenouilles; Longet, Eckhardt, Goltz, Waldeyer, Vulpian ont fait des constatations contraires, de même que plus récemment Ranvier (1880), Lachsinger (1880), Boll et Langendorff (1883), Mlle Stefanowska (1896). Les centres médullaires ont cependant une certaine influence sur les mouvements des cœurs lym-

---

1. J.-A. Barré et R. Schrapf. Troubles sympathiques (sensitifs, moteurs et vaso-moteurs) des membres supérieurs dans les affections de la région dorsale moyenne ou inférieure de la moelle, *Revue Neurologique*, mars 1920, 225.

3. J. Dejerine, Sémiologie des affections du système nerveux. Paris, Masson édit., 1914, 969.

3. Mme Dejerine et M. Regnard. Troubles visuels et pupillaires, atrophie papillaire avec ébauche du signe d'Argyll Robertson unilatéral, troubles oculo-pupillaires d'ordre irritatif avec ébauche du syndrome basedowien, dans les lésions de la moelle dorso-lombaire et de la queue de cheval par traumatisme de guerre. *Presse Médicale*, 25 septembre 1920, 673.

phatiques; ainsi J. Muller sur la tortue et Fubini sur la grenouille ont vu qu'on peut accélérer les battements des cœurs lymphatiques par irritation réflexe en excitant mécaniquement les membres postérieurs et que le réflexe disparaît par compression de la moelle.

Il est probable que c'est à des actions vaso-motrices qu'il faut également rapporter les différences dans l'absorption des diverses substances par la peau qu'on observe à la suite des lésions de la moelle épinière. Les expériences de Goltz à ce sujet sont classiques. Il prenait deux grenouilles curarisées, sur l'une il détruit le système nerveux central, sur l'autre il le laisse intact. Le cœur des deux animaux est mis à nu, les grenouilles sont suspendues verticalement à l'aide d'un fil passé dans les narines, l'aorte est sectionnée verticalement; on constate à ce moment que le sang sort abondamment de l'aorte de la grenouille à système nerveux intact, tandis que chez l'autre il s'écoule à peine quelques gouttes de liquide. Sur les deux grenouilles on injecte dans les voies lymphatiques, sous la peau du dos, plusieurs centimètres cubes d'une solution chlorurée à 0,75 p. 100. On voit alors, chez la grenouille à système nerveux intact le liquide s'écouler de l'aorte, d'abord sanglant, puis constitué par la solution salée pure, tandis que le liquide accumulé sous la peau diminue peu à peu. Chez la grenouille à moelle détruite, il ne s'écoule pas de liquide. Goltz pensait que la destruction de la moelle abolissait la tonicité des vaisseaux, mais qu'aussi il y avait une sorte d'appel dû à l'épithélium vasculaire fonctionnant chez l'animal normal et ne se produisant plus après destruction de la moelle.

Prévost et Reverdin ont répété ces expériences avec les mêmes résultats, mais Carvelle, dans le laboratoire de Vulpian, n'a pu les observer. Bernstein et Heubel refirent également ces expériences, ce dernier en plaçant une canule dans la veine cave supérieure au lieu de la mettre dans l'aorte. Les résultats obtenus sont analogues à ceux de Goltz, mais l'explication qu'ils en donnent est différente. Bernstein pense que, chez la grenouille à moelle détruite, les vaisseaux sanguins sont paralysés; il n'y a donc plus de chasse du liquide vers le cœur, partant plus d'absorption; c'est également l'opinion de Heubel et de Vulpian. L'explication est en somme la même que celle que l'on a donnée pour interpréter la moindre activité du curare et d'autres toxiques chez des animaux qui ont subi l'ablation des centres nerveux. Si les solutions salines ne sont pas absorbées, si les poisons n'agissent pas, le fait tient, semble-t-il, à des modifications de la circulation, et ce serait une erreur de faire intervenir des troubles purs d'absorption. Les fonctions d'absorption ne semblent pas régies par des centres médullaires, tout au moins cela ne ressort pas des expériences acquises.

CHAPITRE XIII

INFLUENCE DE LA MOELLE ÉPINIÈRE SUR L'APPAREIL RESPIRATOIRE

La moelle joue un rôle important au point de vue de la respiration. D'une part, elle donne naissance aux nerfs qui innervent les muscles respiratoires : nerf phrénique, nerf spinal, nerfs intercostaux, nerfs du plexus lombaire ; d'autre part, elle sert de voie de transmission aux incitations du centre respiratoire bulbaire aux centres des nerfs respiratoires. Pour certains physiologistes, le rôle de la moelle serait plus important encore, il existerait de véritables centres respiratoires médullaires sous la dépendance du centre bulbaire, mais ayant cependant une certaine autonomie et permettant à la respiration de continuer après la section sous-bulbaire de la moelle.

Le centre du nerf phrénique est situé entre les 3e et 6e segments cervicaux, les nerfs intercostaux naissent des noyaux cellulaires des cornes antérieures de la moelle dorsale, les muscles respiratoires accessoires sont innervés par le spinal et par des branches nerveuses du plexus cervico-brachial et lombaire.

Vulpian a constaté qu'après une section transversale de la moelle au-dessus de la 5e paire cervicale, toute la portion de la moelle située en arrière de la section cesse de provoquer des mouvements respiratoires; au contraire la partie de la moelle située en avant de la section reçoit encore des excitations bulbaires et les muscles innervés par les nerfs qui naissent dans cette région ont encore des contractions périodiques ; ainsi l'animal qui ne présente plus de mouvements respiratoires des muscles du tronc en a encore au niveau de la face, du nez, et le muscle diaphragme innervé par le phrénique se contracte. Lorsque la moelle est coupée entre le bulbe et l'origine des nerfs phréniques, les côtes et le diaphragme restent immobiles, mais, si l'on irrite la moelle en arrière de la section, on provoque facilement un mouvement respiratoire plus ou moins violent au niveau du tronc (FLOURENS). Il ne nous semble pas que ces mouvements puissent être considérés comme des mouvements respiratoires normaux.

BROWN-SÉQUARD (1860), LANGENDORFF (1880), WERTHEIMER (1886) ont soutenu qu'il existait des centres respiratoires dans la moelle ; ils ont vu que les muscles respiratoires du tronc peuvent se contracter après section de la moelle et observé en particulier ce fait chez des animaux empoisonnés par la strychnine et soumis à la respiration artificielle ; sous la double influence de l'asphyxie et de la strychnine, les centres respiratoires médullaires sont stimulés et l'on peut constater quelques mouvements respiratoires périodiques.

On peut objecter aux précédents auteurs que le diaphragme a souvent des mouvements réflexes qui ne sont pas dus à des impulsions respiratoires d'origine bulbo-médullaire. PORTER ajoute que, dans les expériences, on risque de prendre pour respiratoires des modifications de pression intra-thoracique dues à des contractions du trapèze et du sterno-mastoïdien. De nombreux expérimentateurs (FREDERICQ, KRONECKER, GROSS-MANN, LABORDE, GIRARD, GAD et MARINESCO, PORTER, etc.) ont étudié les mouvements dits respiratoires après section sous-bulbaire de la moelle et ont noté qu'ils ne ressemblent pas à la respiration normale ; ces mouvements sont inconstants, irréguliers, non rythmés et ne peuvent suffire à maintenir l'animal en vie ; la moelle, d'après ces auteurs, ne peut remplacer le nœud vital bulbaire.

Les noyaux respiratoires de la moelle dépendent des centres bulbaires, obéissent à leurs excitations périodiques qui sont en majorité automatiques ; ces noyaux médullaires sont en outre soumis à l'influence de la volonté qui peut ralentir, précipiter, amplifier, ou abolir le rythme respiratoire normal.

VULPIAN fait remarquer que la moelle agit aussi sur la respiration comme agent de transmission des impressions périphériques centripètes qui aboutissent au bulbe et peuvent modifier le rythme respiratoire. Ainsi, lorsque, chez un mammifère, on a fait une section de bulbe un peu en avant du bec du calamus scriptorius, la respiration continue à se produire, mais elle s'arrête en général quelques instants ; il suffit alors de pratiquer une excitation périphérique, comme de pincer la peau ou l'asperger d'eau froide, pour voir se rétablir le rythme respiratoire. Ce fait implique l'existence de voies de communication entre les centres sensitifs médullaires et le centre respiratoire, et d'autre part entre ce centre et les foyers d'origine des nerfs respiratoires. Pour que l'ensemble du système fonctionne bien, il faut que toutes les voies de communication soient intactes ; c'est ainsi que, après section du bulbe en arrière du bec du calamus scriptorius chez un mammifère, les excitations périphériques ne sont plus capables de provoquer des mouvements respiratoires réflexes, elles ne peuvent parvenir au centre coordinateur qui seul peut stimuler les noyaux respiratoires et mettre en jeu tous les nerfs simultanément pour produire un mouvement respiratoire complet.

Tous les nerfs sensitifs ne sont pas également aptes à provoquer des mouvements respiratoires réflexes ; ce sont, d'après VULPIAN, les nerfs cutanés du thorax et de la face dont l'excitation les provoque le plus aisément.

CHARLES BELL avait pensé autrefois que les nerfs qui prennent part au mécanisme de la respiration naissent des faisceaux latéraux du bulbe et de la moelle. Cette opinion ne peut plus être soutenue actuellement, puisque, si elle semble exacte pour le spinal, elle est erronée en ce qui concerne les nerfs intercostaux. SCHIFF reprit plus tard cette théorie en la modifiant ; les faisceaux latéraux du bulbe et de la moelle seraient les voies de transmission des excitations parties des centres bulbaires et destinées aux cellules des nerfs respiratoires. Pour le démontrer, SCHIFF coupait, chez des mammifères, le cordon latéral dans sa partie antérieure et voyait cesser les mouvements respiratoires. VULPIAN n'a pu reproduire cette expérience ; il fait d'ailleurs remarquer qu'il n'est pas facile de léser le faisceau latéral sans toucher à la partie externe de la substance grise.

Brown-Séquard non plus n'a pu réussir l'expérience, il publia même des faits où il avait vu se produire une contraction plus énergique des muscles respiratoires du côté de la lésion que du côté opposé. Schiff cependant, en 1870, reprit ses recherches anciennes et affirma de nouveau ses précédents résultats. Porter et Muhlberg[1], se basant sur des expériences contrôlées par une étude anatomique, ont admis que les impulsions respiratoires bulbaires passent dans le cordon latéral et rejoignent pour la plus grande partie le noyau phrénique homolatéral et pour une faible partie le noyau opposé ; le plus grand nombre de fibres sont donc directes, quelques-unes croisées. L'existence de ces fibres croisées expliquerait que parfois l'hémisection médullaire entre la 1re et la 4e racines cervicales n'arrête pas la respiration du côté opéré.

CHAPITRE XIV

INFLUENCE DE LA MOELLE ÉPINIÈRE SUR L'INTESTIN

L'intestin contient dans ses tuniques des plexus ganglionnaires périphériques (plexus d'Auerbach et de Meissner) qui le rendent en partie indépendant du névraxe au point de vue du tonus de ses tuniques musculaires et de ses mouvements péristaltiques et antipéristaltiques ; il reçoit aussi des incitations par les filets nerveux issus du pneumogastrique et du grand sympathique. Tout l'intestin grêle et la partie supérieure du gros intestin sont innervés par des rameaux de ces deux nerfs fusionnés au niveau du plexus solaire ; seule la partie inférieure du gros intestin reçoit une innervation propre constituée par les deux nerfs érecteurs d'Eckhardt (nés des première et deuxième racines sacrées) et par des rameaux du ganglion mésentérique inférieur (rameau hypogastrique de Krause) qui s'unissent entre eux pour former le plexus hypogastrique. Le grand sympathique aurait une influence inhibitrice et le pneumogastrique une influence excito-motrice sur les muscles intestinaux. Nous n'insistons pas ici sur la physiologie détaillée de l'innervation intestinale, car nous ne voulons envisager que les faits qui sont spéciaux à la physiologie de la moelle épinière.

Il existe dans l'axe nerveux des régions spéciales qui commandent aux nerfs de l'intestin, ce sont les centres médullaires intestinaux ; l'excitation de ces centres détermine la contraction des mêmes zones musculaires que l'excitation des nerfs qui en naissent. Ainsi la moelle épinière, depuis le 6e segment dorsal jusqu'au 1er segment lombaire, préside aux mouvements de l'intestin grêle par l'intermédiaire du grand splanchnique ; dans toute cette zone l'excitation électrique de la moelle détermine l'inhibition des contractions péristaltiques (Pflüger). Chez le lapin, par exemple, l'excitation de la moelle entre la 5e et la 11e vertèbre dorsale provoque l'arrêt du péristaltisme intestinal ; la section du pneumogastrique et du phrénique ne modifie pas le phénomène, mais la section du splanchnique fait réapparaître le péristaltisme ; l'effet de l'excitation médullaire est donc identique à celle des splanchniques. D'après Pflüger les splanchniques relâchent les fibres longitudinales et circulaires ; d'après Ehrmann ils sont moteurs pour les fibres longitudinales et inhibiteurs pour les fibres circulaires, le pneumogastrique ayant une action inverse. D'après Bechterew l'action des splanchniques n'est pas toujours inhibitrice ; il a vu après l'excitation le rythme se ralentir, puis se précipiter, puis se ralentir de nouveau ; il admet que ces nerfs contiennent quelques fibres excitatrices à côté des fibres inhibitrices. Dans l'ensemble toutefois on peut considérer le splanchnique comme antagoniste du pneumogastrique qui est excito-moteur de l'intestin.

La moelle n'est nullement indispensable à la production des mouvements péristaltiques de l'intestin, car, lorsqu'elle a été détruite, ils continuent à se produire.

La moelle paraît avoir peu d'action directe sur les sécrétions intestinales. Les recherches de Popelsky ont montré que, chez l'animal, la digestion de la viande conti-

---

1. Porter et Muhlberg. Spinal respiration. *American Journal of Physiology* 1900, III, 8.

XXIV.

nue, même après destruction de la moelle à partir de la 2ᵉ vertèbre dorsale, après section des nerfs splanchniques et ablation du plexus solaire.

La moelle lombo-sacrée a une influence sur l'intestin plus importante que la moelle dorsale, car elle donne naissance aux nerfs qui président à l'innervation du colon descendant et du rectum (nerfs érecteurs et filets sympathiques hypogastriques), nerfs qui agissent dans l'acte de la défécation.

CHAPITRE XV

INFLUENCE DE LA MOELLE ÉPINIÈRE SUR LA MICTION ET LA DÉFÉCATION

Les physiologistes ont décrit dans le cône terminal les centres réflexes de la miction, de la défécation, de l'érection et de l'éjaculation.

Budge (1858), excitant chez le lapin la moelle au niveau de la 4ᵉ vertèbre lombaire, vit se produire des contractions du rectum et des canaux déférents, il dénomma cette région centre ano-génito-spinal.

Giánuzzi (1863), cherchant les points d'origine des nerfs vésicaux chez le chien, admit que l'excitation de la région lombaire produit des contractions de la vessie en deux points : l'un correspond à la 3ᵉ, l'autre à la 5ᵉ vertèbre lombaire. Le point corpondant à la 3ᵉ lombaire transmet ses effets par les filets qui passent préalablement par les ganglions mésentériques avant de constituer le plexus hypogastrique ; le point correspondant à la 5ᵉ lombaire transmet son action par des filets qui viennent directement former le plexus hypogastrique.

Le centre médullaire du sphincter externe de l'anus serait situé, d'après Masius (1867-1868), au niveau de la 5ᵉ lombaire chez le lapin, de la 6ᵉ chez le chien ; d'après Kujnkssow il serait entre la 5ᵉ et la 7ᵉ lombaire chez le lapin.

Sherrington a constaté que la section transverse de la moelle entraîne des troubles de la miction chez la grenouille, le lapin, le chat, le chien, le singe et l'homme. Le rôle exact des muscles abdominaux et périnéaux dans la miction est peu connu. Sherrington indique que, les premiers jours après l'opération, on peut faire évacuer l'urine en provoquant un réflexe par pression légère sur l'abdomen ; la queue s'élève, les genoux fléchissent et il sort un jet d'urine. Ce n'est pas la pression qui vide le réservoir vésical, car la miction s'arrête au bout d'un moment bien que la pression continue, c'est un véritable acte réflexe. Parfois, au lieu d'un bref écoulement d'urine, c'est toute une miction qui se produit. Sherrington n'a pas vu de cystite chez ses animaux de laboratoire après une section de la moelle. Pour le physiologiste anglais la région de la moelle qui donne des filets vésicaux est celle des 1ᵉ, 2ᵉ, 3ᵉ lombaires et des 2ᵉ, 3ᵉ, 4ᵉ sacrées ; l'excitation de cette région amène une contraction et un relâchement réflexes du détrusor et du sphincter. Après section transversale de la moelle entre L_5 et L_6 chez le chat, entre L_6 et L_7 chez le lapin, il y a baisse de la pression intravésicale à laquelle le sphincter peut résister. La limite supérieure du centre vésical atteint à peu près la deuxième racine lombaire chez le chat.

Certains auteurs ont constaté que la miction et la défécation pouvaient exister sous la dépendance de centres non médullaires. Goltz et Ewald, en faisant l'ablation de la moelle sacro-lombaire et même dorsale, ont vu que la vessie et le rectum reprennent après quelques troubles passagers un fonctionnement régulier. Ott (1879), Bickel (1897) ont noté que, chez la tortue, après section de la moelle derrière la seconde des trois racines du plexus sciatique, la défécation peut encore se produire, des tampons de coton suffisamment larges placés dans le rectum sont expulsés avec mouvements de la queue et des pattes postérieures ; lorsque la section est faite au-dessous du plexus sciatique, l'excitation avec de petits tampons d'ouate ou une électrode appliquée dans l'anus éveillent un acte complet de défécation, le corps se soulève sur les pattes postérieures, la queue s'élève et les pattes esquissent des gestes de « nettoyage ».

On a admis l'existence d'un centre réflexe pour le sphincter anal dans le ganglion mésentérique et de même pour le sphincter vésical. Arloing et Chantre (1897), Wlasow (1901) ont vu aussi que l'isolement complet de la vessie du système nerveux central

et des ganglions sympathiques du bassin n'empêche pas un fonctionnement automa-
tiqueréflexe de l'organe dû à l'influence des ganglions intravésicaux. ARLOING et CHANTRE
pour le rectum et l'anus sont arrivés aux mêmes conclusions.

GOWERS décrit, dans les lésions de la moelle, l'état du sphincter rectal après introduction du doigt dans l'anus sous deux variétés. Si le centre lombaire est paralysé, il se
produit une contraction momentanée due à l'excitation locale du sphincter et ensuite un
relâchement définitif; si le centre médullaire et ses nerfs sont intacts, l'introduction du
doigt dans l'anus est suivie d'un relâchement puis d'une contraction tonique. SHER-
RINGTON a vérifié ce fait en introduisant dans l'anus un cylindre de caoutchouc et en
notant la pression sur ce cylindre; pour lui, l'incontinence des matières, habituelle chez
l'homme après lésion transverse totale de la moelle, ne l'est pas chez le singe.

MULLER (1906) admet que les centres réflexes de la miction et de la défécation
n'existent que dans les ganglions du bassin; la moelle ne contient que les centres des
nerfs des fibres musculaires striées qui agissent volontairement sur le sphincter, elle
servirait en outre de lieu de passage aux fibres corticipètes et corticifuges qui mettent
en relation les centres sympathiques avec les centres corticaux vésico-rectaux. MULLER
a constaté que la destruction soit du cône, soit de la moelle sacro-lombaire, chez le
chien ne détermine pas de paralysie du sphincter vésical ou détermine seulement
une paralysie passagère. Au début il existe de la rétention d'urine, de l'ischurie
paradoxale, puis, au bout de quelques semaines, la vessie fonctionne automatique-
ment, l'urine s'écoule en jet, ce qui prouve que le detrusor et le sphincter interne
de la vessie ne sont pas paralysés. Le sphincter anal est paralysé durant les premiers
jours, puis redevient fermé les jours suivants; le réflexe anal est aboli; la contraction
du sphincter est d'ailleurs lâche, l'expulsion des matières est périodique et automatique, si bien que l'ampoule rectale ne contient pas plus de matières chez ses chiens
opérés que chez un chien normal. La section dorsale de la moelle ou l'ablation de la
moelle dorso-lombaire avec conservation de la moelle sacrée inférieure (cône) donne
les mêmes résultats, mais alors le réflexe anal persiste et la fermeture de l'anus est
énergique. Pour MULLER, les troubles vésicaux et rectaux chez l'homme, à la suite d'une
lésion transverse de la moelle, sont analogues à ceux que l'on observe expérimentalement chez les animaux; ils sont pour lui d'ailleurs identiques, que la lésion siège au
niveau du cône ou au niveau de la moelle dorsale ou lombaire. MULLER n'admet pas,
dans les lésions du cône, la paralysie grave et persistante de la vessie et du rectum
décrite par les classiques; ces organes récupéreraient un fonctionnement automatique et réflexe comparable à celui que l'on voit dans les lésions transverses supercônales.

La théorie de MULLER a été acceptée par ROSENFELD, PURVES STEWART, LOEB, STRUM-
FELL; d'autres auteurs ne l'admettent que partiellement et décrivent à la fois des centres
sympathiques et des centres spinaux (OPPENHEIM, VAN GEHUCHTEN, BERGER, BALINT et
BENEDIGT, von FRANKL-HOCHWART, MINKOWSKY, PINI, BECHTEREW). Pour OPPENHEIM le réta-
blissement de la fonction vésico-rectale par le sympathique reste très incomplet, pour
VAN GEHUCHTEN au contraire il peut être absolu.

G. ROUSSY et ITALO ROSSI[1] ont repris des expériences sur le même sujet chez des
chiens et des singes; ils ont vu que l'ablation de la partie inférieure de la moelle (cône
terminal) ou la section de la queue de cheval amènent des troubles graves et durables
dans le fonctionnement de la vessie et du rectum. Chez certains de leurs animaux la
survie fut de plusieurs mois et cependant les troubles persistèrent identiques. Ils n'ont
jamais constaté le retour automatique réflexe de la fonction vésico-rectale. Contrairement à MULLER, ils ont vu, non pas la miction par jets, mais par gouttes continuelles, ce
qui prouve la paralysie durable du detrusor et l'abolition du réflexe d'évacuation de la
vessie; ils ont noté également la compressibilité de la vessie, ce qui prouve l'atonie
du sphincter lisse de cet organe. Chez les chiens ayant subi la section de la moelle lombaire, ROUSSY et ROSSI ont constaté au contraire le type de la miction automatique et
périodique par jets, sans perte notable de gouttes d'urine entre les mictions; la ves-

1. G. ROUSSY et ITALO ROSSI. Troubles de la miction et de la défécation consécutifs aux
lésions expérimentales du cône terminal ou de la queue de cheval. *Archives de Médecine expérimentale et d'Anatomie pathologique*, mars 1910, 199.

sie n'était pas compressible. Leurs conclusions sont analogues pour la défécation. Ils ont noté, chez le chien, après ablation du cône ou lésion de la queue de cheval, des défécations quotidiennes, mais par petits fragments et caractérisées par une extrême lenteur ; l'ampoule rectale et le gros intestin, parfois même l'intestin grêle, étaient remplis de matières fécales ; l'expulsion s'accomplissait presque uniquement d'une façon mécanique sur les matières contenues dans l'S iliaque et le rectum par la vis a tergo exercée par les segments supérieurs de l'intestin innervés par des régions médullaires restées intactes après l'opération. En opposition avec ces constatations, Roussy et Rossi ont vu que, chez les chiens, après section de la moelle lombaire, la défécation était régulière et l'intestin non encombré de matières fécales. Roussy et Rossi concluent leur travail par les lignes suivantes : « Nos recherches nous permettent donc d'affirmer l'existence des centres réflexes spinaux de la fonction vésico-rectale, mais elles nous autorisent en plus à refuser aux centres sympathiques, une fois isolés des centres médullaires, le pouvoir d'assurer à eux seuls un fonctionnement régulier (ou presque régulier) et automatique de la vessie et du rectum. L'activité propre et indépendante de toute influence du système nerveux central, qu'ils peuvent éventuellement exercer dans ces conditions, est, en effet, tout à fait insuffisante pour accomplir cette tâche. »

En clinique humaine, l'observation des lésions médullaires montre un tableau clinique assez constant. Dans les lésions destructives du cône terminal, on observe la vessie atonique, c'est-à-dire la paralysie du sphincter vésical et du detrusor urinæ, l'écoulement continu de l'urine en gouttes, l'abolition de la résistance à l'introduction d'une bougie ou d'un cathéter dans la vessie. Dans les lésions destructives sus-cônales, on observe la vessie tonique, c'est-à-dire la conservation de l'activité réflexe de la vessie, la miction automatique et périodique de l'urine en jet, l'absence d'émission d'urines en gouttes dans l'intervalle des mictions, la résistance normale ou exagérée au cathétérisme.

Des constatations intéressantes concernant l'influence, chez l'homme, de la section spinale complète sur le fonctionnement de la vessie ont été faites durant la guerre européenne. Vulpian avait vu jadis que l'interruption médullaire permet, après un certain temps, le retour des mictions involontaires réflexes, celles-ci pouvant être provoquées par des excitations portant sur des territoires anesthésiés (chatouillement de la plante du pied, pincement de la peau, etc.). H. Head et G. Riddoch[1] ont constaté que, dès le 25e jour après la section spinale, la vessie peut avoir une action automatique et se vider; ces auteurs insistent sur ce fait que, si l'on observe des différences suivant les sujets sur la possibilité de ces mictions réflexes, la cause en est seulement dans l'infection de la vessie. H. Head et G. Riddoch pensent que les mictions réflexes peuvent se constater non seulement dans les sections de la moelle dorsale, mais encore dans les lésions lombo-sacrées; pour eux les fonctions de la vessie peuvent se restaurer, chez l'homme comme chez l'animal, malgré la destruction des centres régulateurs de la moelle sacrée. Ces auteurs, étudiant dans les lésions de la moelle, les signes d'activité du segment inférieur, ont vu que l'excitation de la plante du pied amène non seulement un réflexe de flexion du membre, mais encore une hypersécrétion sudorale et l'évacuation de la vessie, c'est ce qu'ils appellent le « Maas Reflex ». Il y a lieu de remarquer que, dans ce cas, non seulement l'excitation de la plante du pied peut faciliter l'évacuation de la vessie et du rectum, mais que réciproquement l'injection de liquide dans le rectum ou la vessie peut provoquer un réflexe de flexion des membres. G. Riddoch[2] a insisté sur ce fait que la réponse du Maas Reflex est généralement bilatérale après un stimulus modéré, et toujours bilatérale quand l'excitation est faite sur la ligne médiane au niveau des organes génitaux. Il est intéressant de noter que l'évacuation de la vessie provoquée par le Maas Reflex peut être utilisée pour éviter le cathétérisme.

G. Roussy et J. Lhermitte[3] ont constaté aussi ces mictions réflexes chez les para-

1. H. Head et G. Riddoch. The automatic bladder, excessive sweating and some other reflex conditions in gross injuries of the spinal cord. Brain, 1917, xl, 188.
2. G. Riddoch. The Maas reflex in injuries of the spinal cord. Lancet, 21 décembre 1918.
3. G. Roussy et J. Lhermitte. Blessures de la moelle et de la queue de cheval. Paris, Masson, 1918.

plégiques par section totale de la moelle dorsale. J. Lhermitte [1] s'exprime ainsi : « Les constatations que nous avons faites chez les sujets atteints de sections dorsales complètes s'accordent assez bien avec les faits de pathologie expérimentale. Après la phase immédiate de shock pendant laquelle la rétention est absolue, la vessie peut expulser son contenu ou du moins une partie de son contenu par des mictions réflexes. Mais celles-ci, d'après notre expérience, sont moins parfaites que chez l'animal où la vessie peut reprendre intégralement ses fonctions malgré une transsection dorsale complète. Ainsi que l'avait observé Vulpian, « l'homme spinal » apparaît très sensible aux excitations périphériques, et, chez plusieurs de nos paraplégiques, il suffisait de chatouiller la région plantaire, de provoquer par une excitation quelconque des mouvements de défense, pour que le détrusor vésical se contracte efficacement. »

G. Guillain et J.-A. Barré ont noté aussi cette facilité de la provocation des mictions réflexes par des excitations cutanées chez les paraplégiques par blessures de guerre.

Les fonctions automatiques du sphincter anal semblent, après section médullaire chez l'homme, pouvoir difficilement se restaurer. J. Lhermitte admet cependant que, dans les sections hautes de la moelle, le rectum peut rejeter les matières par un mécanisme de défécation purement réflexe, automatique et inconscient.

CHAPITRE XVI

INFLUENCE DE LA MOELLE ÉPINIÈRE SUR LES ORGANES GÉNITAUX DE L'HOMME ET DE LA FEMME

Les relations de la moelle épinière avec les organes génitaux sont prévues depuis les temps les plus reculés. Platon, Aristote et les anciens pensaient que la moelle et d'ailleurs le système nerveux dans son ensemble étaient destinés à produire la semence masculine ou féminine ; Galien expliquait ainsi comment l'abus des plaisirs sexuels entraîne la paralysie des membres.

L'excitation de la moelle démontre l'existence de centres génitaux. Ségalas (1842), introduisant un stylet dans le canal vertébral des cobayes, vit se produire l'érection et l'éjaculation. Budge, en excitant la moelle à la hauteur de la 4e vertèbre lombaire, provoqua, ainsi que nous l'avons rappelé plus haut, des contractions intestinales vésicales et déférentielles et décrivit un centre génito-spinal.

Les expériences de section médullaire transversale sont intéressantes. Brachet, après section de la moelle lombaire du matou, vit se produire l'éjaculation par excitation du pénis. Goltz, de même, ayant sectionné la moelle épinière vers la région lombaire, provoqua, par le chatouillement du pénis, l'érection de l'organe. Sherrington, chez les mammifères « spinaux », a montré qu'on pouvait éveiller certains réflexes génitaux. Chez le chien, après section de la moelle au-dessus de la région lombaire, on produit des mouvements des membres par excitation de certaines régions génitales ; l'attouchement de la peau du prépuce provoque une extension bilatérale des genoux et des chevilles et à un moindre degré des hanches, en même temps la queue s'abaisse. Si on presse le gland pénien un peu en arrière, l'extrémité postérieure du corps s'incurve en bas, poussant l'os pénien en avant. Ces mouvements réflexes sont ceux de l'acte de la copulation.

A la suite de section médullaire chez l'homme, H. Head et G. Riddoch [2] ont pu provoquer l'éjaculation par excitation du pénis et même des mouvements des muscles des cuisses et de la paroi abdominale réalisant ainsi un véritable coït réflexe.

Les réflexes génitaux peuvent être arrêtés par inhibition. Goltz et Freusberg ont montré qu'on peut faire cesser l'érection chez le chien par excitation du bout central du

---

1. J. Lhermitte. La section totale de la moelle dorsale. Bourges, 1919, 220.

2. H. Head et G. Riddoch. The automatic bladder, excessive sweating and other reflex conditions in gross injuries of the spinal cord. Brain, 1917, xl, 188.

sciatique, ils ont vu d'autre part que cette inhibition réflexe est plus facile à obtenir chez un chien intact que chez un chien dont le centre génito-spinal a été isolé du reste du système nerveux par une section transverse de la moelle. Spina a démontré, dans une série d'expériences, que la région supérieure de la moelle exerçait une influence d'arrêt sur le centre génito-spinal; la section de la moelle lombaire provoque l'érection et l'éjaculation sans doute en supprimant les fibres d'arrêt qui normalement empêchent ces phénomènes de se produire. Polimanti, sectionnant la moelle entre la région dorsale et la région lombaire chez douze chiens, vit se produire dans trois cas seulement les deux phénomènes de l'érection et de l'éjaculation; dans les neuf autres, il n'y eut, chez les animaux opérés, ni érection ni éjaculation.

Poussep [1], dans le laboratoire de Bechterew, a essayé de localiser ce centre génito-spinal en utilisant des méthodes anatomiques et physiologiques. Après ablation du pénis, il recherche au bout de quelque temps, par la méthode de Nissl, les zones cellulaires dégénérées; il constate l'existence de dégénérescences cellulaires depuis le 7e segment lombaire jusqu'au 2e segment sacré. On sait, d'autre part, que l'excitation spinale cervicale, dorsale et lombaire peut provoquer l'érection. Coupant la moelle en série, de haut en bas, par tranches de 1 à 2 m/m d'épaisseur, il constate que, dès qu'on arrive à la 1re racine sacrée, il n'y a plus d'érection. Ce niveau répond donc à la limite inférieure du centre génito-spinal. Pour préciser la limite supérieure, les coupes étaient pratiquées de bas en haut; l'excitation de la moelle se faisait dans la région dorsale; l'érection ne se produisait plus lorsque les coupes passaient entre les 4e et 5e racines lombaires.

Le centre de l'éjaculation, décrit par Budge en 1841 chez le lapin, siégerait au niveau de la 4e vertèbre lombaire. Les nerfs centripètes du réflexe, qui naît des parties sensibles du pénis, passent par les 3e et 4e racines sacrées, et les nerfs centrifuges passent par les 4e et 5e paires lombaires, pour traverser le sympathique et arriver aux canaux déférents et aux vésicules séminales (Bechterew).

Les nerfs moteurs du bulbo-caverneux, muscle qui joue un rôle important dans l'éjaculation, sortent avec les 3e et 4e paires sacrées (Budge).

En clinique humaine, les lésions du cône ou des racines sacrées entraînent des troubles de l'érection et de l'éjaculation. Dejerine indique au niveau de la partie anté-rieure de la corne antérieure, depuis l'extrémité supérieure du 2e segment sacré jusqu'à l'extrémité supérieure du 3e, au-dessus des centres sphinctériens de la vessie et de l'anus, un groupe de petites cellules tassées qu'il considère comme exerçant une action sur les muscles striés de l'érection et de l'éjaculation chez l'homme, de l'érection clitoridienne et du sphincter vaginal chez la femme.

Il est vraisemblable qu'il existe des centres différents pour l'érection et l'éjaculation; les expériences faites chez les animaux le laissent prévoir; chez l'homme on observe des lésions médullaires avec érection sans éjaculation et réciproquement.

La sécrétion prostatique est soumise également à l'action de la moelle. Bechterew a montré que la section médullaire sus-lombaire provoque d'abord une augmentation temporaire de la sécrétion pendant une à deux minutes, sans doute par excitation des fibres nerveuses intra-spinales, puis une diminution très marquée de la sécrétion. Il a cherché à délimiter ce centre par des coupes en série faites de bas en haut et il a vu que la partie active se trouve depuis le 6e nerf lombaire jusqu'au 2e nerf sacré. Le 7e nerf lombaire, les 1er et 2e nerfs sacrés seraient les nerfs importants de la sécrétion prostatique; ce sont donc les mêmes racines que celles des nerfs érecteurs. Le centre médullaire prostatique peut être excité par voie réflexe, l'excitation du bout central du sciatique augmente l'excrétion prostatique; celle des nerfs cutanés amenant des sensations douloureuses la modère.

La moelle a une action sur l'utérus par l'intermédiaire des plexus nerveux hypogastriques. On peut observer des contractions utérines en appliquant des corps chauds ou froids sur l'abdomen ou en faisant des injections froides ou chaudes dans le rectum, ces contractions sont d'ordre réflexe. Schlesinger a montré que, chez les

1. Poussep. Cité par W. Bechterew. Les fonctions bulbo-médullaires. Paris, 1910, t. II, 281.

lapines, l'excitation électrique du bout central du nerf sciatique provoque des contractions utérines ; CYON (1874) a observé le même phénomène par faradisation du bout central du nerf vague et du 1ᵉʳ nerf sacré.

La localisation des centres médullaires génitaux de la femme n'est pas très bien déterminée. BUDGE et GOLTZ ont, chez la chienne, situé au niveau de la 4ᵉ vertèbre lombaire le centre génito-spinal dont l'excitation provoque des contractions utérines; KORNER, chez la lapine, le place entre les 1ʳᵉ et 2ᵉ vertèbres lombaires, KEIFFER entre les 3ᵉ et 4ᵉ vertèbres lombaires. Il semble d'ailleurs que l'excitation d'un grand nombre de points de la moelle provoque des contractions utérines, l'excitation de la moelle lombaire ayant cependant l'action la plus manifeste. Le centre utérin médullaire est en relation physiologique avec des centres plus haut situés, surtout bulbaires.

Les phénomènes de l'accouchement sont soumis à ces influences nerveuses centrales, mais il est démontré que la fécondation, la grossesse, l'accouchement peuvent se produire normalement en dehors de toute action bulbaire ou même médullaire. GOLTZ (1874) pratiqua chez une chienne une section de la moelle à la hauteur des dernières thoraciques. six mois plus tard elle fut « en chaleur », devint grosse et mit bas, les glandes mammaires fonctionnèrent normalement. GOLTZ et EWALD refirent la même expérience avec les mêmes résultats. Ces faits prouvent que les relations de la moelle avec le bulbe ou le cerveau ne sont pas indispensables à l'accouchement. De plus REINE (1880) a montré que l'utérus pouvait remplir ses fonctions après la section de tous les filets sympathiques utérins et la section des nerfs lombaires et sacrés ; l'influence de la moelle elle-même sur l'accouchement n'est pas indispensable.

L'exemple de la chienne de GOLTZ montre que la menstruation n'est pas influencée par la section de la moelle.

CHAPITRE XVII

INFLUENCE DE LA MOELLE ÉPINIÈRE SUR LES ORGANES GLANDULAIRES

I. Influence sur les reins. — L'influence du système nerveux sympathique sur la circulation rénale est connue depuis les expériences de CLAUDE BERNARD, ECKHARDT, KNOLL, VULPIAN. La section transversale de la moelle supprime, d'après ECKHARDT, la sécrétion urinaire, probablement par chute de la pression artérielle ; BECHTEREW a vu que l'excitation de la surface de section de la moelle réséquée arrête tout à fait la sécrétion urinaire, sans doute par vaso-constriction rénale, le tissu du rein pâlit.

La section des nerfs splanchniques amène la congestion des reins, la polyurie, l'albuminurie, parfois l'hématurie (BRACHET, J. MULLER, VULPIAN) ; si ensuite on coupe la moelle au-dessous du bulbe la sécrétion urinaire s'arrête ; si on excite la moelle la polyurie devient plus considérable, car la vaso-constriction générale, sauf sur le rein énervé, se traduit par l'augmentation de la sécrétion urinaire (J. MULLER, VULPIAN).

Les nerfs vaso-moteurs du rein auraient leur origine principale dans les 12ᵉ et 13ᵉ racines dorsales (BRADFORD).

J. TEISSIER (Les albuminuries curables, Baillière, édit., Paris, 1900) rappelle des expériences faites en 1884 par ARLOING et MICHEL, qui ont vu que la section des racines antérieures et l'excitation des racines postérieures entraîne l'albuminurie. G. GUILLAIN et CL. VINCENT [1] ont insisté sur certaines albuminuries massives que l'on constate parfois dans les hémorragies méningées et se sont demandé si ces albuminuries ne dépendaient pas d'une irritation des racines rachidiennes contenant les vaso-moteurs du rein par les produits toxiques de cytolyse des globules rouges extravasés dans le liquide céphalo-rachidien.

L'action de la moelle sur la glycosurie a été étudiée, mais cette question est encore assez obscure. La piqûre bulbaire de CLAUDE BERNARD, qui amène normalement la glycosurie, n'a plus d'effet après section sous-bulbaire de la moelle, par suite, a-t-on dit, de la suppression de filets nerveux qui descendraient dans la moelle.

1. C. GUILLAIN et CL. VINCENT. Valeur sémiologique de l'albuminurie massive dans les hémorrhagies méningées. *Semaine Médicale*, 27 octobre 1909, 505-508.

L'influence de la moelle sur la glycogénèse ressort également des expériences suivantes. CL. BERNARD (1855) avait remarqué que la section de la moelle d'un lapin entre la dernière cervicale et la première dorsale détermine un refroidissement général du corps, une disparition du sucre du sang, mais le foie, dit-il, contient « une quantité énorme de glycogène ». BOEHM et HOFFMANN (1878) ont confirmé le fait chez le chat. J. MAYER a refait ces expériences sur des lapins de 1 500 à 2 000 grammes à jeun depuis 4 à 6 jours et a étudié l'influence de la hauteur à laquelle est pratiquée la section médullaire. Ses expériences comprennent 6 séries, chacune de 8 animaux :

```
1re série : section entre la 5e et la 6e cervicale.
2e   —        —     la dernière cervicale et la première dorsale.
3e   —        —     la 2e et la 3e dorsale.
4e   —        —     la 6e et la 7e dorsale.
5e   —        —     la dernière dorsale et la première lombaire.
6e   —        —     la 3e et la 4e lombaire.
```

Environ deux heures après la section, il a injecté dans la jugulaire 40 centimètres cubes d'une solution de glucose à 10 p. 100, soit 4 grammes, et, quatre heures après, il a dosé le sucre de sang, puis (l'animal étant rapidement sacrifié) le glycogène hépatique par la méthode de BRÜCKE. Voici la moyenne de chaque série sous forme d'un tableau emprunté à R. LÉPINE[1].

Séries.	Sucre du sang p. 1000.	Quantité d'urée en mc³.	Sucre total excrété par l'urine.	Glycogène du foie p. 100.
1re	2,2	14	0,463	0,202
2e	2,16	13	0,409	0,861
3e	1,32	17	0,411	0,383
4e	1,36	46	1,890	traces
5e	2,00	35	0,829	0,297
6e	2,59	35	1,049	0,095
Témoin. . .	2,35	43	1,33	0,723

Les témoins ont été soumis aux mêmes conditions expérimentales, mais n'ont pas eu de lésion médullaire. Ces résultats sont d'accord avec ceux de CL. BERNARD qui admet que le glycogène est plus abondant dans le cas où la section porte entre la dernière cervicale et la 1re dorsale (2e série). NEBELTHAN (1891) a vu également que le glycogène hépatique est augmenté chez des lapins ayant subi une section au-dessus de la 1re dorsale.

R. LÉPINE a pu déterminer chez un chien une glycosurie consécutivement à la piqûre de la partie supérieure de la moelle à 1 centimètre au-dessous du bec du calamus scriptorius un peu à gauche ; l'opération avait été faite à 7 h. 45 ; à 9 h. 30 la quantité de sucre du sang était 1 gramme ; à 10 h. 30, 0 gr. 9 ; à 3 heures, 0 gr. 8 ; à 5 heures, 0 gr. 8 ; dans les urines il y eut émission de 0 gr. 34 centigrammes de sucre en chiffre absolu, le taux de sucre était de 5 gr. 5 p. 1000 deux heures après l'opération, de 7 gr. 2 p. 1000 entre la deuxième et la troisième heure.

Il existe quelques expériences sur les relations de la moelle et du foie dans la glycosurie phloridzique. D'après CLAUDE BERNARD, la section de la moelle cervicale inférieure ou dorsale supérieure interrompt la communication des centres nerveux avec le foie ; d'autre part CHAUVEAU et KAUFMANN ont vu que, si la section médullaire est faite avant l'ablation du pancréas, elle empêche l'apparition du diabète en supprimant la production du sucre dans le foie. Cette opération par contre n'empêche pas la glycosurie phloridzique. R. LÉPINE a vu que, chez le chien dont la moelle avait été sectionnée entre la 5e vertèbre cervicale et l'une des premières vertèbres dorsales, l'injection sous-cutanée de phloridzine est suivie de glycosurie comme chez les chiens sains, avec la seule différence que la section de la moelle diminuant la diurèse, la quantité totale de glucose éliminé dans les vingt-quatre heures est moindre que chez les chiens n'ayant pas subi l'opération. La section de la moelle n'empêche donc pas la glycosurie phlori-

1. R. LÉPINE. Le diabète sucré. Paris, 1900.

dzique qui, d'ailleurs, pour R. Lépine, n'est pas due à l'influence du foie. Il y a lieu de remarquer au contraire que la section de la moelle empêche la glycosurie adrénalique qui semble être d'origine hépatique (Blum).

Les observations de glycosurie médullaire chez l'homme sont rares et peu probantes. G. Guillain et J.-A. Barré, sur plus de 200 cas de blessures des diverses régions de la moelle, n'ont pas observé un seul cas de glycosurie. Il existe dans la littérature médicale un certain nombre de cas de tabes avec glycosurie, mais les lésions syphilitiques du tabes sont tellement diffuses dans l'axe nerveux qu'on ne peut avoir aucune preuve de l'origine médullaire de ces glycosuries.

II. Influence sur le foie. — Les faits expérimentaux concernant l'influence de la moelle sur la sécrétion biliaire sont contradictoires. Certains auteurs admettent que la section sous-bulbaire de la moelle entraîne de l'hypersécrétion biliaire, d'autres de l'hyposécrétion qui s'expliquerait par la chute de la tension vasculaire générale. Heidenhain, excitant la moelle cervicale ou dorsale supérieure, vit la sécrétion biliaire augmenter d'abord, puis diminuer et redevenir enfin normale ; il explique l'hypersécrétion du début par le spasme des conduits biliaires et l'hyposécrétion ultérieure par la vaso-constriction vasculaire. Wirsaladzé, dans le laboratoire de Bechterew, a refait cette expérience en réséquant la moelle au-dessus de l'origine des nerfs splanchniques ; dans ces conditions l'excitation de la moelle a un effet beaucoup plus marqué sur la sécrétion de la bile par suite de la disparition de la vaso-constriction des splanchniques. Les excitations du crural ou de nerfs sensitifs (Heidenhain, Munk) peuvent provoquer par une voie réflexe médullaire l'hypersécrétion biliaire.

L'action de ces expériences sur la sécrétion biliaire ne peut être dissociée des effets vaso-moteurs sur les vaisseaux du foie, aussi est-il difficile de dire s'il y a vraiment des centres sécréteurs pour la bile ; de plus il y aurait lieu de différencier les hypersécrétions temporaires, qui peuvent être dues à la contraction des canaux biliaires, et les hypersécrétions continues dues à une action sur la cellule hépatique elle-même. La question reste donc imparfaitement étudiée.

III. Influence sur le pancréas. — L'action de la moelle sur le pancréas n'est pas connue.

IV. Influence sur la rate. — Le système nerveux exerce une action sur les modifications de volume de la rate qui est un organe contractile. L'excitation du plexus cœliaque et des nerfs splanchniques provoque la contraction de la rate. Schäfer et Moore[1] ont montré que l'excitation des racines spinales de la 3e à la 14e, mais spécialement des 6e, 7e et 8e paires cervicales, provoquait la contraction de la rate ; l'excitation des racines gauches serait plus active que celle des racines droites. Les fibres nerveuses vaso-motrices ne parviennent à la rate qu'après interruption dans les ganglions nerveux sympathiques. Bechterew admet deux centres spléniques médullaires, l'un vaso-moteur, l'autre spléno-moteur proprement dit.

V. Influence sur les glandes mammaires. — Eckhardt a montré que la section des nerfs mammaires ne modifie pas la sécrétion du lait au point de vue quantitatif et qualitatif. Röhrig admet une influence réflexe de la moelle sur cette sécrétion. Sherrington rappelle d'autre part que les réflexes psychiques violents (émotions vives, colère) ont une action sur la sécrétion lactée.

VI. Influence sur les glandes sudoripares. — Dupuy (d'Alfort), ayant sectionné le cordon cervical du grand sympathique ou arraché le ganglion cervical supérieur chez les chevaux, vit se produire une sudation abondante du côté correspondant de la tête et du cou. Vulpian pense qu'une lésion de le moelle faite dans la région qui donne naissance aux fibres vaso-motrices du cordon cervical du grand sympathique produirait le même résultat ; il ajoute que l'augmentation de la sécrétion sudorale est conditionnée par un double mécanisme, d'une part la paralysie des fibres nerveuses sympathiques agissant comme éléments modérateurs sur les glandes sudoripares, d'autre part l'action vaso-dilatatrice déterminant un afflux plus abondant sur les capillaires sanguins. L'action sur les nerfs sécréteurs paraît prédominer sur l'action vaso-motrice, car il existe des

---

1. Schäfer et Moore. Cités par W. Bechterew. Les fonctions nerveuses. Doin éditeur, Paris, 1910, ii, 242.

sueurs locales, des sueurs dites froides avec pâleur de la peau, ce qui semble indiquer une excitation simple des nerfs sécréteurs sans action vaso-motrice. A la suite des lésions médullaires on peut constater des zones de sudation localisées. Brown-Séquard d'ailleurs avait vu, à la suite d'une hémisection transversale dorsale de la moelle épinière, des sueurs se produire sur le membre postérieur du côté correspondant à la lésion. Vulpian a mentionné aussi les troubles de la sécrétion sudorale dans les lésions médullaires.

V. Horsley a noté que, dans les transsections spinales, la sécrétion sudorale est supprimée et que le niveau où s'arrête la sudation correspond avec assez d'exactitude au segment médullaire détruit.

Chez les paraplégiques par section totale de la moelle, on peut observer des troubles de la sécrétion sudorale (anidose, hyperidose). J. Lhermitte conclut, comme H. Head et G. Riddoch, que la sécrétion sudorale des membres paralysés par une section dorsale complète est commandée d'une part par le siège de la lésion et d'autre part par l'état fonctionnel du segment spinal inférieur. Dans les sections dorsales très basses, les centres d'origine des fibres sudorales peuvent être complètement ménagés ; ils sont détruits, au contraire, lorsque la section porte sur les 9e et 10e segments spinaux (Lhermitte). H. Head et G. Riddoch mentionnent que, lorsque la section siège dans la moelle dorsale supérieure, les centres sudoraux peuvent être libérés de leurs connexions bulbo-encéphaliques et présenter une hyperexcitabilité manifeste. Lhermitte considère l'hypersudation des membres paralysés dans une section médullaire comme la manifestation de l'hyperexcitabilité des éléments sympathiques que les centres supérieurs sont incapables de modérer.

André Thomas[1] a étudié dans les blessures de la moelle la sécrétion sudorale. A la période de shock, la sueur n'apparaît que dans les régions innervées par le segment sus-lésionnel de la colonne sympathique, segment qui a conservé des relations avec l'encéphale, c'est la sueur encéphalique. Après cette phase de shock, lorsqu'apparaissent les mouvements réflexes dits de défense, on peut observer une sécrétion sudorale en rapport avec le segment sous-lésionnel, c'est la sueur spinale. Il existe souvent une corrélation entre l'intensité des mouvements de défense et l'intensité de la sueur spinale, mais elle n'est pas obligatoire, car celle-ci peut faire défaut, tandis que les mouvements de défense sont très forts. D'autre part elle n'est pas continue, elle peut ne se produire qu'à certaines heures de la journée, elle apparaît pendant plusieurs jours, plusieurs semaines, pour disparaître ensuite pendant un temps plus ou moins long, puis réapparaître pendant une nouvelle période. Les causes de ces alternances échappent souvent à l'observateur, mais certaines ont été mises en lumière par les études de H. Head et G. Riddoch, ce sont les spasmes réflexes, le fonctionnement de la vessie et de l'intestin, la température, la position. La sudation peut être produite à volonté par provocation des mouvements de défense, par une injection de liquide dans la vessie, par un lavement rectal, par le changement de position du blessé.

De l'étude d'un certain nombre d'observations anatomo-cliniques, André Thomas conclut qu'il existe des centres sudoraux pour la tête et le cou, la partie supérieure du thorax jusqu'à la 3e ou 4e côte dans cette partie de la colonne sympathique qui s'étend du 8e segment cervical au 3e segment dorsal; il existe des centres sudoraux pour les membres supérieurs dans les segments D5 D6 D7; les centres sudoraux des membres inférieurs siègent dans les premiers segments lombaires et les derniers segments dorsaux, ne remontant vraisemblablement pas plus haut que D10. Ces constatations sont en accord avec les travaux de Langley sur le sympathique, ainsi que le montrent les lignes suivantes d'André Thomas. « Chez le chat, sur lequel ont porté surtout les expériences de Langley, la colonne sympathique s'étend du 1er segment dorsal au 4e ou 5e segment lombaire, mais il ne faut pas oublier que, chez le chat, la moelle dorsale comprend 13 segments et la moelle lombaire 7 segments. Comme l'a établi Langley, les fibres qui prennent leur origine dans la colonne sympathique sortent de la moelle avec les racines antérieures, puis abordent la chaîne sympathique par les rameaux communicants

_____

1. André Thomas. Étude de la sueur dans les blessures de la moelle. La sueur encéphalique et la sueur spinale. Encéphale, 10 avril 1920, 233.

blancs. Les fibres d'un segment spinal se terminent en partie dans le ganglion vertébral correspondant, mais d'autres montent ou descendent dans la chaîne sympathique pour se rendre aux ganglions sus ou sous-jacents. C'est ainsi, pour ne prendre qu'un exemple, que le 7e nerf radiculaire fournit des fibres au ganglion étoilé et aux 4e, 5e, 6e, 7e, 8e, 9e ganglions vertébraux. Cependant les nerfs dorsaux inférieurs à partir du 11e ne donneraient que des fibres descendantes à la chaîne sympathique. De chaque ganglion vertébral sort le rameau communiquant gris, qui se rend au nerf radiculaire correspondant pour se distribuer avec lui à la périphérie. Sans doute il doit exister des différences entre le système sympathique de l'homme et de l'animal, mais il est assez curieux de constater que LANGLEY fait provenir les fibres sécrétoires et les vaso-moteurs du membre postérieur du chat du 12e nerf thoracique au 3e nerf lombaire et les fibres de même nature du membre antérieur du 6e au 9e ganglion thoracique. Ces résultats expérimentaux ne sont pas très éloignés des résultats enregistrés chez l'homme, mais il faut tenir compte de la très grande différence de surface du champ sécrétoire chez l'homme et chez le chat où la sueur reste limitée à la face plantaire des pattes. »

ANDRÉ THOMAS rappelle que VULPIAN a conclu de ses expériences que les fibres excito-sudorales des membres thoraciques et abdominaux passent en plus grand nombre par les racines mêmes des nerfs de ces membres que par la voie du sympathique thoracique ou abdominal. LUCHSINGER a vu aussi que les racines du plexus brachial et du plexus lombo-sacré peuvent contenir des fibres excito-sudorales. ANDRÉ THOMAS ajoute : « D'autre part, les anatomistes (BRUCE, JACOBSOHN) décrivent chez l'homme, en outre du noyau de la corne latérale, un noyau médian inférieur ou lombo-sacré, qui commence à L4 et se continue dans la moelle sacrée inférieure où il se confond avec le noyau sympathique sacré. Mais par sa situation (entre la commissure et l'angle médio-ventral) il semble devoir être considéré comme une formation très différente anatomiquement et physiologiquement de la corne latérale de la moelle dorso-lombaire. L'existence de fibres sympathiques naissant de la moelle au-dessous du 3e segment lombaire paraît donc fort peu vraisemblable chez l'homme. D'autre part, aucun noyau sympathique n'est décrit dans les segments spinaux où les racines du plexus brachial prennent leurs origines, si ce n'est dans le 8e segment cervical et le 1er segment dorsal ; les observations faites chez l'homme ne sont pas en faveur de centres sudoraux situés plus haut. »

ADAMKIEWITZ décrit des centres sudoraux dans les cornes grises antérieures aux mêmes points que les centres moteurs. SCHLESINGER divise le corps en quatre territoires sudoraux symétriques : α) la moitié du visage ; β) le membre supérieur : γ) la moitié de le nuque, du cou et du thorax ; δ) le membre inférieur. Les trois premiers groupes seraient placés dans le renflement cervical et le quatrième dans le renflement lombaire.

Les réflexes sudoraux ont généralement un effet bilatéral, ainsi ADAMKIEWITZ rapporte l'observation d'un homme chez lequel l'application sur la cuisse d'un vase métallique contenant de l'eau à 50° provoquait la sudation du membre inférieur de ce côté et du côté opposé.

Les centres spinaux sudoraux semblent sous la dépendance d'un centre principal bulbaire (VULPIAN, BECHTEREW) ; les réflexes sudorifiques seraient augmentés après section sus-bulbaire du névraxe et diminués après section sous-bulbaire.

CHAPITRE XVIII

INFLUENCE DE LA MOELLE ÉPINIÈRE SUR L'APPAREIL OCULAIRE — LE CENTRE CILIO-SPINAL — PHÉNOMÈNES OCULO-PUPILLAIRES — PHÉNOMÈNES OPTICO-PUPILLAIRES

BUDGE[1] et A. WALLER, par excitation de la moelle cervicale inférieure, constatent les mêmes effets sur l'iris que ceux obtenus par l'excitation du cordon cervical du grand sympathique, les pupilles se dilatent. Ces auteurs donnèrent à cette région le nom de centre cilio-spinal ; BUDGE localisa le centre au niveau du 4e segment cervical.

1. BUDGE. Über die Bewegungen d. Iris, 1855.

La destruction du centre entraîne le myosis de la pupille homolatérale. Brown-Séquard donna à ce centre cilio-spinal des limites plus larges, il siégerait pour lui entre la 6e vertèbre cervicale et la 9e vertèbre dorsale, mais l'excitation serait d'autant plus active sur les pupilles qu'on se rapproche de la 2e vertèbre dorsale. Mme Dejerine et André Thomas ont constaté que les fibres irido-dilatatrices passent par les 7e et 8e racines cervicales et la 1re dorsale; Mme Dejerine localise d'ailleurs le centre au niveau du 1er segment dorsal. Les faits cliniques humains de paralysies radiculaires inférieures du plexus brachial avec troubles oculo-pupillaires ont montré la réalité de cette localisation du centre cilio-spinal.

L'excitation du centre cilio-spinal détermine non seulement la dilatation pupillaire, mais encore l'exophtalmie et la déviation interne de la troisième paupière; sa destruction entraîne le myosis, le rétrécissement de la fente palpébrale, la rétraction du globe oculaire, la dilatation des vaisseaux de la face.

Les recherches expérimentales de Chauveau, Luchsinger, Bach et Mayer (1904), Levinsohn (1904), Trendelenburg et Bumke (1907), quoique partiellement contradictoires, semblent montrer que la section complète ou partielle de la moelle au-dessous de la pointe du calamus scriptorius, ou la section d'une moitié de la moelle cervicale au-dessus du centre de Budge, déterminent un myosis semblable à celui qu'on observe après section du sympathique cervical; il est transitoire quoique plus marqué. S'il s'agit d'une hémisection, le myosis n'existe que du côté correspondant. Si on sectionne le sympathique cervical des deux côtés, l'inégalité pupillaire créée par l'hémisection médullaire ne se produit plus.

A. Magitot[1] fait remarquer que ces interventions montrent : « 1° que le centre de Budge n'est pas unique et qu'il en existe un dans chaque moitié de la moelle, ces deux centres paraissent indépendants ; 2° ces centres de Budge ne sont pas localisés uniquement au niveau du 4e segment de la moelle cervicale. On peut leur assigner une limite inférieure (2e paire dorsale) ; on ne peut, par contre, leur donner une limite supérieure. Il ne s'agit donc pas d'un centre ramassé sur lui-même, mais d'une série de centres qui s'échelonnent dans toute la moelle cervicale. Ces centres se prolongeraient dans le bulbe sans interruption, car l'expérience montre qu'une section médiane verticale du 4e ventricule produit également une constriction pupillaire prononcée (Levinsohn). L'origine réelle du sympathique cervical prend donc, en réalité, une considérable extension. Remontant jusqu'au bulbe, non loin du mésocéphale où se trouve l'autre centre pupillaire (constricteur), ce centre de Budge existe-t-il réellement? Ne serait-il pas simplement constitué par des voies nerveuses qui, ayant une origine bulbaire, descendent dans chaque partie latérale de la moelle qu'elles quittent au niveau de la 1re paire dorsale pour remonter dans le sympathique cervical? » Il convient de rappeler qu'il existe des syndromes bulbaires avec hémiplégie croisée, hémiasynergie, hémiasnesthésie s'accompagnant de signes oculo-sympathiques analogues à ceux que l'on constate après section du sympathique cervical (Babinski et Nageotte).

Les fibres du sympathique dilatatrices de la pupille et les fibres vaso-constrictives de la face sortent de la moelle cervicale inférieure et dorsale supérieure par les racines antérieures des 7e et 8e nerfs cervicaux, 1er et 2e nerfs dorsaux. Les fibres pupillaires se dirigent en partie par les rami communicantes, en partie par les 1er et 2e nerfs dorsaux et par l'intermédiaire de la partie supérieure du tronc thoracique du nerf sympathique vers le 1er ganglion thoracique, puis vers le ganglion cervical inférieur et le sympathique cervical par l'intermédiaire de la branche antérieure de l'anse de Vieussens, puis vers le ganglion cervical supérieur ; elles parviennent ensuite au ganglion de Gasser (Fr. Franck) avec les rameaux péricarotidiens (anastomose sympathico-gassérienne) et de là avec la branche orbitaire du trijumeau et les nerfs ciliaires longs jusqu'à l'iris. La preuve que le ganglion cervical supérieur contient les cellules irido-dilatatrices est donnée par l'effet du badigeonnage local à la nicotine (Langley, Langley et Dickinson), dont l'action est de paralyser les cellules sympathiques sans léser les fibres ner-

[1]. A. Magitot. L'iris. Étude physiologique sur la pupille et ses centres moteurs. Paris, Doin, 1921, 238.

veuses. Cet alcaloïde appliqué au ganglion cervical supérieur produit les mêmes effets oculaires que la résection ; l'excitation du sympathique cervical est alors sans effet. Au contraire, si on excite les filets iriens au delà du ganglion, par exemple dans le plexus carotidien, on obtient la dilatation pupillaire (LANGLEY et DICKINSON).

VULPIAN a fait remarquer que l'opinion d'après laquelle l'excitation d'une région de la moelle autre que le centre cilio-spinal n'agit pas sur l'iris est exagérée, il dit qu'il suffit d'exciter un point quelconque de la moelle ou même un nerf sensitif, comme l'a vu CLAUDE BERNARD, pour constater une dilatation pupillaire. Il s'agit en réalité dans ces faits d'une dilatation pupillaire réflexe et non directe.

Mme DEJERINE et M. REGNARD [1] ont attiré l'attention, à côté des phénomènes oculo-pupillaires par atteinte du centre cilio-spinal ou des racines qui donnent passage aux fibres qui en émanent, sur d'autres phénomènes, d'ordre visuel, qu'ils ont observés chez des blessés de la moelle, phénomènes qu'ils proposent d'appeler optico-pupillaires et qui sont caractérisés par des troubles visuels subjectifs, une altération du fond de l'œil pouvant aboutir à l'atrophie papillaire, une lenteur, voire une perte des réactions pupillaires à la lumière avec conservation de ces mêmes réactions à la convergence (signe d'Argyll Robertson). Ces troubles optico-pupillaires, qui appartiennent à la symptomatologie du tabes, de la paralysie générale, ont été signalés par WHARTON JONES [2] et CLIFFORD ALLBUTT [3] dans les traumatismes, les commotions médullaires, la myélite aiguë. Mme DEJERINE et M. REGNARD rappellent que ces phénomènes ont été cités par J. GALEZOWSKI [4], par de LAPERSONNE et CANTONNET [5] et par DEJERINE [6].

Mme DEJERINE et REGNARD, qui ont observé chez trois blessés de la moelle des troubles visuels optico-pupillaires, pensent que l'on peut admettre, pour les interpréter, une action à distance de la moelle sur la papille et sur l'iris par voie sympathique; ces auteurs développent d'ailleurs sur ce point les considérations suivantes : « Il s'agirait soit d'une petite lésion médullaire intéressant les origines centrales des fibres vaso-motrices qui règlent et tiennent sous leur dépendance la circulation et la nutrition du nerf optique, de la rétine, de l'iris, et due à la déflagration par exemple, soit, plus fréquemment, d'une atteinte, dans leur traversée sous-arachnoïdienne ou au niveau de leur gaine radiculaire, de ces mêmes fibres vaso-motrices de l'œil par la leptoméningite du tronçon médullaire sus-lésionnel. Nées à la hauteur des 2e et 3e segments médullaires dorsaux, ces fibres vaso-motrices sortent de la moelle par les racines antérieures D_2 et D_3, montent dans le sympathique cervical (neurone préganglionnaire), s'interrompent dans le ganglion cervical supérieur (neurone post-ganglionnaire), puis passent par le plexus carotidien, l'artère ophtalmique et arrivent à la rétine par l'artère centrale du nerf optique et à l'iris par les vaisseaux ciliaires. L'atteinte des vaso-moteurs des vaisseaux rétiniens expliquerait l'hyperémie papillaire si fréquemment constatée par ALLBUTT dans les traumatismes médullaires, ainsi que les troubles visuels subjectifs qui le plus souvent rétrocèdent, mais qui, par ailleurs, peuvent aboutir à un léger œdème papillaire, voire même à une atrophie papillaire partielle, comme chez les trois blessés cités plus haut. L'atteinte des fibres vaso-motrices des vaisseaux de l'iris expliquerait l'ébauche du signe d'Argyll Robertson unilatéral ou bilatéral que présentent nos trois blessés. » Mme DEJERINE et M. REGNARD ajoutent sur ce sujet : « Et ce même mécanisme de l'atteinte des origines centrales des nerfs vaso-moteurs de l'œil ou des fibres qui en émanent ne pourrait-il pas être invoqué pour interpréter : les troubles visuels et pupillaires

1. Mme DEJERINE et M. REGNARD. Troubles visuels et pupillaires, atrophie papillaire avec ébauche du signe d'Argyll Robertson unilatéral, troubles oculo-pupillaires d'ordre irritatif avec ébauche du syndrome basedowien, dans les lésions de la moelle dorso-lombaire et de la queue de cheval par traumatisme de guerre. Presse Médicale, 25 septembre 1920, 673.

2. WHARTON JONES. On the occurrence of amaurotic amblyopie long after the injury in cases of concussion of the spinal marrow. British Med. Journ., 2 juillet 1869.

3. CLIFFORD ALLBUTT. On the ophtalmoscopic signs of spinal disease. Lancet, 1870, I, 76.

4. J. GALEZOWSKI. Le fond de l'œil dans les affections du système nerveux. Alcan édit., Paris, 1904, 71.

5. Dr LAPERSONNE et CANTONNET. Manuel de Neurologie oculaire, Masson, édit., 1910, 303.

6. J. DEJERINE. Sémiologie des affections du système nerveux, Masson édit., 1re édition, 1900, 1157, 2e édition, 1914, 1171.

observés au cours de mainte affection médullaire (méningite rachidienne, myélite diffuse aiguë, mal de Pott, sclérose en plaques, tabes, paralysie générale, syphilis spinale); le rétrécissement du champ visuel dans la syringomyélie (DEJERINE et TUILANT, 1890) qui s'accompagne parfois, comme chez nos blessés, d'un rétrécissement plus ou moins accusé pour le vert (SCHLESINGER 1902, S. FREY 1913); le signe d'Argyll Robertson unilatéral dans le syringomylie unilatérale (DEJERINE et MIRAILLÉ 1895, ROSE et LEMAITRE 1907, SICARD et GALEZOWSKI 1913); la lenteur plus ou moins grande de la réaction lumineuse dans la névrite interstitielle hypertrophique (DEJERINE); l'abolition complète de la réaction à la lumière dans l'atrophie musculaire type Charcot-Marie signalée par SIEMERLING (1908), CASSIRER et MAAS (1912). »

CHAPITRE XIX

INFLUENCE DE LA MOELLE ÉPINIÈRE SUR LA CALORIFICATION

L'influence du système nerveux sur la calorification est évidente. Chez les animaux à température constante le refroidissement est fonction de la vaso-dilatation cutanée, de la respiration, de la transpiration; d'autre part, la production de chaleur dépend de l'intensité des combustions variables suivant le travail et l'état de la circulation dans les tissus, particulièrement dans les muscles et les glandes. Ces deux facteurs opposés, qui règlent la température de l'organisme, sont en grande partie sous l'influence directe du système nerveux central et du sympathique.

L'action du bulbe sur la production du frisson thermique a été bien mise en évidence par CHARLES RICHET [1]; le rôle de la moelle semble peu important, car la section de la moelle supprime le frisson au-dessous de la lésion, alors qu'il continue à se produire dans les muscles du cou.

BROWN-SÉQUARD a montré que l'hémisection de la région dorsale de la moelle déterminait une augmentation de chaleur dans le membre postérieur correspondant et un abaissement de température du côté opposé. SCHIFF a confirmé dans l'ensemble les observations de BROWN-SÉQUARD, mais il n'a vu l'augmentation de température que dans la jambe et le pied; au niveau de la cuisse la température s'abaisserait; un phénomène inverse se produirait dans le côté opposé à l'hémisection. Schiff explique ces faits par un entrecroisement médullaire des fibres vaso-motrices de la cuisse, alors que celles du reste du membre inférieur seraient directes. Au membre supérieur d'ailleurs on constaterait après hémisection médullaire des effets comparables, l'avant-bras et le pied s'échauffent, le bras se refroidit.

Pour TCHECHIKHINE [2], les sections de la moelle entraînent de l'hypothermie dans les parties paralysées plus que dans les parties saines. NAUNYN et QUINCKE admettent que, chez le chien, l'hypothermie ne s'observe que de suite après l'opération et que ultérieurement il existe de l'hyperthermie dépassant de 3 à 4° la température normale; cette hypothermie initiale serait due à l'excès de rayonnement, car les animaux enveloppés d'ouate ne se refroidissent pas. ROSENTHAL et SCHROFF, faisant la critique de ces expériences, ont émis l'opinion que l'hyperthermie était d'origine infectieuse et due à la fièvre traumatique; cependant il convient de rappeler que NAUNYN et QUINCKE avaient déclaré que l'opération à elle seule sans lésion de la moelle ne suffit pas à provoquer l'élévation de température constatée chez les autres animaux. Pour ISRAEL les désaccords précédents s'expliquent par les niveaux différents de la section spinale; les sections hautes (entre la 5e et la 6e vertèbre cervicale) entraînent une paralysie respiratoire et un refroidissement rapide, tandis que les sections basses (au-dessous de la 6e vertèbre cervicale), ne touchant pas le centre respiratoire, n'ont pas les mêmes

1. CHARLES RICHET. Le frisson comme appareil de régulation thermique. *Travaux de Laboratoire*, 1895, II, 1-22.
2. TCHECHIKHINE. Cité par W. BECHTEREW. Les fonctions nerveuses, Doin édit., Paris, 1910, II, 556.

effets. D'après Fischer[1] la section de la moelle cervicale chez le chien entraîne une élévation de température de 0°5 à 1°7, mais, si les cordons antérieurs restent intacts, la température tombe de 0°5 à 3°; les segments dorsaux et lombaire de la moelle n'ont pas d'influence sur la calorification. Fischer admet dans la moelle cervicale un centre dont l'excitation abaisse la température et dont la paralysie l'élève.

La moelle, qui règle par ses vaso-moteurs la déperdition de chaleur cutanée, agit aussi sur la circulation viscérale, et il existe un certain balancement entre les circulations périphériques et centrales. Après section de la moelle dorsale chez l'animal, certains auteurs ont observé que la température s'élève au niveau des membres et s'abaisse au contraire au centre de l'organisme; un phénomène inverse s'observerait si, au lieu de vaso-dilatation périphérique, on provoque une vaso-constriction.

G. Guillain et J.-A. Barré ont noté, chez les paraplégiques par section récente de la moelle, l'hyperthermie des membres paralysés, souvent d'ailleurs plus accentuée à la périphérie des membres qu'à leur racine. Dans les lésions de la moelle cervicale l'hyperthermie leur a paru particulièrement accentuée.

En dehors des effets indirects de la moelle sur la température, on a décrit des centres thermiques et des nerfs thermiques. Il semble très peu probable qu'il existe des centres calorifiques et frigorifiques; les nerfs thermiques, d'autre part, sont sans doute les nerfs moteurs ou vaso-moteurs. Dans les glandes la chaleur dégagée est due à la sécrétion, c'est-à-dire à un travail chimique, dans les muscles aux contractions musculaires et aux combustions qu'elles nécessitent, dans les tissus aux combustions et à la respiration cellulaires qui sont réglées par les vaso-moteurs. Il est vrai que Morat a pu obtenir l'abaissement de la température du cœur par l'excitation du pneumogastrique et son élévation par l'excitation du sympathique, mais, dans ces expériences, Morat a vu que le myocarde se contractait plus ou moins, ce qui suffit à expliquer les variations de température. L'existence de nerfs thermiques proprement dits reste donc encore à démontrer.

CHAPITRE XX

RÔLE TROPHIQUE DE LA MOELLE ÉPINIÈRE

Il n'existe que deux variétés de nerfs, les nerfs anaboliques et cataboliques, il n'existe pas de nerfs trophiques purs, mais il est incontestable que, pour avoir une nutrition et des fonctions normales, les tissus et les organes ne doivent pas être isolés du système nerveux. La moelle épinière joue un rôle trophique certain par l'intermédiaire des nerfs vaso-moteurs qui régissent la circulation des capillaires et les échanges intimes, modifiant l'apport des matériaux nutritifs, la résorption des produits de désassimilation et réglant l'activité cellulaire. C'est souvent par une véritable ataxie des réactions vasculaires vaso-motrices que se produisent les troubles dits trophiques.

A. Waller (1855) a montré l'influence dite trophique de la moelle sur les nerfs; il a vu que le centre trophique des fibres motrices était situé dans les cellules des cornes antérieures et le centre trophique des fibres sensitives dans les cellules des ganglions rachidiens postérieurs. En pathologie, la dégénérescence des nerfs et des muscles, avec les troubles de réactions électriques qu'elle comporte, est un des meilleurs signes des lésions des racines rachidiennes et des cornes antérieures de la moelle. Il faut noter cependant que le développement des muscles semble jusqu'à un certain point indépendant de celui de la moelle. Leonowa a constaté que des monstres amyélencéphales pouvaient avoir des muscles bien développés et, d'autre part, on sait, par les examens anatomiques de Danisch, Schlesinger, Obersteiner, Bing, que l'absence congénitale de certains muscles ne tient pas à une anomalie de développement de la moelle et des cellules correspondantes.

A la suite des lésions médullaires, on observe, sur les membres inférieurs et surtout à la région sacrée, des ecchymoses, des escarres à développement rapide, des ulcéra-

1. Fischer. Cité par W. Bechterew. Les fonctions nerveuses, Doin édit., Paris, 1910, II, 358.

tions plus ou moins profondes. Il est évident qu'il faut faire intervenir souvent, dans la pathogénie de ces lésions, l'infection par des microbes aérobies et anaéréobies, et que les escarres sacrées sont parfois évitables, comme l'ont signalé PIERRE MARIE et ROUSSY [1], par des soins de propreté minutieux ; mais G. GUILLAIN et J.-A. BARRÉ ont vu que parfois ces troubles dits trophiques existent à la suite de lésions médullaires malgré toutes les précautions les plus méthodiques. VULPIAN, qui, dans la pathogénie des ulcérations des membres observées chez les animaux à la suite de section de la moelle, faisait, de même que BROWN-SÉQUARD, intervenir surtout les pressions que subissent les membres paralysés, écrivait déjà : « La production de ces ulcérations est d'ailleurs favorisée par l'état plus ou moins languissant de la nutrition dans les membres paralysés. Bien que les vaisseaux soient dilatés, il est probable que les échanges osmotiques entre le sang en circulation et les éléments anatomiques extra-vasculaires ne se font pas avec la même activité que dans l'état normal. »

Les arthropathies des tabétiques et des syringomyéliques ont été considérées par CHARCOT et nombre d'auteurs comme des troubles trophiques d'origine médullaire. CHARCOT, se basant sur des expériences physiologiques montrant que les fibres sensitives peuvent conduire les excitations dans les deux sens, avait émis l'idée que les racines postérieures et les fibres des nerfs sensitifs pouvaient avoir un rôle conducteur des influences trophiques de la moelle. Les lésions irritatives agiraient ensuite par voie centrifuge sur la peau et les tissus ; il y aurait donc par les ganglions spinaux et les voies sensitives un véritable réflexe pathologique. Dans la pathogénie de certaines ostéo-arthropathies tabétiques l'influence des artérites syphilitiques locales, comme l'a spécialement soutenu J.-A. BARRÉ, peut être prise en considération ; mais il nous semble que l'influence trophique de la moelle ne doit pas être absolument rejetée.

Mme DEJERINE, Mlle DEJERINE et ANDRÉ CEILLIER [2] ont attiré l'attention sur les para-ostéo-arthropathies constatables chez les paraplégiques par lésion de la moelle épinière et de la queue de cheval ; ces troubles spéciaux sont caractérisés cliniquement, radiographiquement, anatomiquement par l'existence, dans le voisinage des articulations et du squelette, dans le territoire situé sous la dépendance des lésions nerveuses, de néo-formations osseuses plus ou moins exubérantes. Dans la presque totalité des cas ces para-ostéo-arthropathies ont été observées dans les lésions transverses pures de la moelle, se traduisant par un syndrome d'interruption physiologique complète ou presque complète sans retour appréciable de la motilité et de la sensibilité volontaire. Mme DEJERINE, Mlle DEJERINE et ANDRÉ CEILLIER pensent que les para-ostéo-arthropathies sont surtout fréquentes chez les blessés présentant des symptômes d'exaltation fonctionnelle, d'irritabilité de la colonne grise, et particulièrement de la colonne sympathique intermédio-latérale du segment médullaire sous-jacent à la lésion traumatique ; l'œdème, qui pour ces auteurs joue un rôle important dans la genèse de ces troubles spéciaux, leur paraît dépendre primitivement et essentiellement de la lésion de la colonne sympathique. A. CEILLIER [3], au sujet de ces troubles trophiques spéciaux, s'exprime d'ailleurs ainsi : « La lésion médullaire paraît jouer un rôle considérable dans la genèse des para-ostéo-arthropathies, car elle n'intervient pas seulement plus ou moins directement en troublant le trophisme du tissu conjonctif, mais indirectement en déterminant l'œdème et la congestion qui sont nécessaires à la création d'un milieu ossifiable et qui prédisposent aux petites ruptures vasculaires et aux suffusions sanguines, point de départ vraisemblable de l'ossification hétéro-plastique du tissu conjonctif. »

1. PIERRE MARIE et ROUSSY. Sur la possibilité de prévenir la formation des escarres dans les traumatismes de la moelle épinière par blessure de guerre. Bulletin de l'Académie de Médecine, 18 mai 1915.

2. Mme DEJERINE et ANDRÉ CEILLIER. Para-ostéo-arthropathies des paraplégiques par lésion médullaire. Étude clinique et radiographique. Annales de Médecine, 1919, 497. — Mme DEJERINE, Mlle DEJERINE et ANDRÉ CEILLIER. Para-ostéo-arthropathies des paraplégiques par lésion médullaire. Étude anatomique et histologique. Revue Neurologique, 1919, 399. — ANDRÉ CEILLIER. Para-ostéo-arthropathies des paraplégiques par lésion de la moelle épinière et de la queue de cheval. Thèse de Paris, 1920.

3. A. CEILLIER. Para-ostéo-arthropathies des paraplégiques par lésion de la moelle épinière et de la queue de cheval. Thèse de Paris, 1920, 268.

Les lésions viscérales que l'on constate à la suite des plaies de la moelle, et sur lesquelles G. GUILLAIN et J.-A. BARRÉ [1] ont spécialement insisté, ne sont pas des lésions d'ordre trophique pur, mais dépendent pour la plupart de troubles vaso-moteurs très accentués déterminant des hémorrhagies multiples dans la vessie, les reins, les capsules surrénales, l'intestin. D'ailleurs des infections secondaires sont faciles dans ces organes dont l'innervation sympathique est profondément troublée.

BROWN-SÉQUARD a soutenu jadis que les brûlures provoqueraient par action réflexe sur la moelle des congestions viscérales, des ulcérations de l'intestin et de la vessie. BROWN-SÉQUARD basait son opinion sur cette expérience. Il plongeait le membre postérieur d'un animal dans de l'eau bouillante après avoir sectionné la moelle au niveau de la 3e vertèbre lombaire ; il trouvait, au bout de deux à trois jours, des lésions vésicales et rectales; si la section médullaire était faite au niveau de la 3e vertèbre dorsale, il existait des lésions des viscères abdominaux; la section préalable du sciatique et du crural lui permettait de carboniser le membre sans qu'il se produise de lésions viscérales. Ces expériences de BROWN-SÉQUARD ne sont pas probantes et l'interprétation des troubles viscéraux observés est certes plus complexe que ne le croyait ce physiologiste. La section médullaire à elle seule suffit, par la paralysie du sympathique, à amener des lésions hémorrhagiques dans tout l'abdomen; de plus, on sait que les brûlures étendues déterminent un état de shock avec perturbations du sympathique et que la résorption des produits toxiques des membres brûlés a une grande importance dans la provocation de cet état de shock et des intoxications viscérales éventuelles. Le rôle trophique de la moelle dans la pathogénie des accidents viscéraux consécutifs aux brûlures étendues n'est pas seul à prendre en considération.

CHAPITRE XXI

INFLUENCE DE LA CIRCULATION SANGUINE SUR LES FONCTIONS DE LA MOELLE ÉPINIÈRE

L'irrigation sanguine de la moelle est assurée par un système vasculaire très riche et très délicat dont la perméabilité est essentielle aux fonctions normales de cette région du névraxe. On connaît en pathologie un certain nombre de syndromes anatomo-cliniques qui dépendent de lésions vasculaires : claudication intermittente médullaire, foyers de ramollissement, scléroses d'origine vasculaire, etc. On a essayé de démontrer expérimentalement le retentissement des troubles circulatoires sur les fonctions de la moelle. Les symptômes que l'on observe chez les vertébrés inférieurs et chez les vertébrés supérieurs sont différents, ce qui s'explique aisément par les variations dans le système d'irrigation de la moelle qui, simple chez les batraciens, revêt un type plus compliqué chez le lapin, le chien et surtout chez l'homme.

VULPIAN a montré que, chez les grenouilles, la ligature du bulbe aortique arrête la circulation artérielle de tout le corps et partant du cerveau et de la moelle; le cœur cependant continue à battre, mais très faiblement. Les excitations cutanées déterminent encore des réflexes pendant trente minutes environ si la température est basse, pendant un temps plus court si la température est élevée. Après une durée variant de une à trois heures suivant l'animal et la saison, la moelle a perdu toute réflectivité et la paralysie est complète, l'animal est en état de mort apparente, seul le cœur continue à battre. La mort vraie et l'arrêt du cœur surviendraient si on laissait trop longtemps la ligature en place. Après une heure environ de mort apparente, si on délie le bulbe aortique, la circulation se rétablit peu à peu : « le premier symptôme du retour à la vie consiste dans l'apparition de quelques faibles mouvements des muscles de l'appareil hyoïdien, d'abord de petits soubresauts musculaires, puis un léger mouvement

1. G. GUILLAIN et J.-A. BARRÉ. Les plaies de la moelle épinière par blessures de guerre. *Presse Médicale*, 9 novembre 1916, 497.

d'ensemble de ces muscles qui se renouvelle après un intervalle plus ou moins long. Les mouvements respiratoires se rétablissent ainsi peu à peu, d'abord lents, irréguliers, puis réguliers et très fréquents. Les membres sont encore à ce moment dans le même état de flaccidité. Ce n'est qu'une demi-heure ou une heure après le rétablissement de la circulation que l'on peut provoquer de faibles mouvements réflexes des diverses parties du corps en irritant la peau. Les mouvements volontaires ne reparaissent que plus tard encore. Enfin la grenouille revient tout à fait à l'état normal. » Pendant l'hiver, la ligature peut être laissée plus longtemps et les mouvements ne reparaissent que deux à trois heures après son ablation.

Des expériences nombreuses ont été réalisées aussi chez les vertébrés supérieurs, elles ont donné des résultats différents de ceux qu'on observe chez les grenouilles. Avant de les exposer, il nous paraît nécessaire de rappeler les données anatomiques essentielles sur la circulation de la moelle chez les vertébrés supérieurs, spécialement chez l'homme.

La circulation médullaire artérielle de l'homme est assurée par l'artère spinale antérieure située dans la fissure médiane longitudinale antérieure et par les artères spinales postérieures situées dans les sillons collatéraux dorsaux. L'artère spinale antérieure est formée par la réunion des artères vertébrales, les artères spinales postérieures naissent des artères cérébelleuses postéro-inférieures. En outre, chaque nerf spinal est accompagné par un rameau vasculaire dont les branches de division suivent les racines antérieure et postérieure et se rendent à la moelle. Ces rameaux viennent des artères vertébrale, cervicale profonde, intercostales, lombaires et sacrées, suivant la région de la moelle que l'on considère. Ces branches secondaires donnent chacune une branche ascendante et une branche descendante qui s'anastomosent entre elles, de telle façon qu'il existe deux chaînes anastomotiques longitudinales et symétriques le long des sillons radiculaires antérieurs et postérieurs. Toutes ces artères contribuent à former un riche réseau pie-mérien d'où naissent les branches médullaires longues ou courtes qui pénètrent dans la moelle. Ces artères nourricières sont terminales et ne s'anastomosent pas ; elles ne peuvent donc se suppléer en cas de thrombose ou d'embolie.

L'artère spinale antérieure émet un grand nombre d'artères qui s'enfoncent dans le sillon médian antérieur, à droite et à gauche, artères du sillon d'ADAMKIEVICZ, et irriguent la plus grande partie des cornes antérieures et de la colonne de Clarke. La substance blanche est irriguée par le réseau pie-mérien et forme un territoire vasculaire indépendant de la substance grise, mais la limite entre les deux territoires artériels de la substance blanche et grise ne correspond pas exactement à la séparation des deux substances. KADYI a vu que la substance blanche qui borde la substance grise est irriguée par les deux systèmes artériels, aussi cette zone est-elle plus résistante dans l'ischémie médullaire (GOLDFLAM, SOTTAS, DEJERINE et A. THOMAS). Cette indépendance relative des différents territoires du tissu nerveux médullaire explique la facilité avec laquelle, au niveau de la moelle, les vascularites se traduisent par des infarctus limités, en déterminant des lésions d'apparence systématisées. On voit également que la moelle ne présente pas de gros troncs nourriciers qui lui soient spéciaux, et que les artères spinales qui l'irriguent sont, à chaque segment médullaire, rejointes par des rameaux artériels anastomotiques dont l'importance est aussi grande que celle des artères spinales. Dans la région lombaire ces rameaux anastomotiques assurent presque à eux seuls l'irrigation de la moelle; ils naissent des artères rénales et surtout des artères lombaires et sacrées. De cette disposition anatomique résulte le fait que la circulation de la moelle lombaire dépend étroitement de l'aorte abdominale; l'expérience de STENSON le démontre schématiquement.

Cette expérience de STENSON (1667) consiste à lier l'aorte abdominale chez un lapin immédiatement au-dessous de l'origine des artères rénales, on referme l'abdomen et on voit se produire un affaiblissement, puis une paralysie du train postérieur qui traîne inerte sur le sol. Si on délie l'aorte deux à trois minutes après que la paralysie est devenue complète, la circulation se rétablit dans la moelle et le train postérieur, en trois à cinq minutes les mouvements réapparaissent, d'abord les mouvements réflexes, puis les mouvements volontaires. La ligature de l'aorte abdominale entraîne donc des paralysies avec des lésions cellulaires plus ou moins marquées ; un grand nombre d'auteurs ont fait ces constatations (SWAMMERDAM, BICHAT, FLOURENS, LONGET, STANNIUS, SCHIFF, BROWN-SÉQUARD, DU BOIS REYMOND, VULPIAN, NOTHNAGEL, ERLICH et BRIEGER, SPRONCK, COLSON, MUNZER et WIENER, SARBO, JULIUS BERGER, BALLET et DUTIL, MARINESCO, LAMY, ROTHMANN, CROCQ, DEJERINE et A. THOMAS). La technique de l'expérience de STENSON peut être modifiée. La compression de l'aorte abdominale chez le lapin avec les pouces fortement appliqués sur elle amène le même résultat que la ligature. BROWN-SÉQUARD, dans ses cours, pratiquait l'expérience de STENSON en faisant passer par la région dorsale, en dehors de la colonne vertébrale, une aiguille courbe dans la cavité abdominale et en la conduisant de telle sorte qu'elle vienne sortir de l'autre côté de la colonne vertébrale. L'aorte est ainsi comprimée entre le fil et la colonne vertébrale et l'on peut doser, pour ainsi dire, la compression.

Le temps de compression nécessaire pour obtenir une paralysie est assez variable suivant les auteurs ; il doit dépendre du nombre et de l'importance des anastomoses. De même, on discute sur le temps pendant lequel une aorte peut rester liée sans que le rétablissement des fonctions nerveuses devienne impossible. BROWN-SÉQUARD et SPRONCK ont vu la compression de l'aorte au-dessous des rénales amener la rigidité cadavérique du train postérieur en 1 heure à 1 h. 20. Lorsque la ligature ne dure que 10 minutes à un quart d'heure, les mouvements reviennent. STANNIUS avait admis que, la ligature n'étant lâchée qu'au bout de 3 à 4 heures, la sensibilité et les mouvements volontaires peuvent revenir partiellement ; mais, dans ces conditions, SPRONCK a toujours vu s'établir la paralysie.

SCHIFF observa une paralysie d'un jour après une compression qui avait duré une demi-heure ; ERLICH et BRIEGER soutiennent également qu'un rétablissement complet est possible après une ligature prolongée.

La ligature de l'aorte agit en déterminant l'anémie de la moelle. BROWN-SÉQUARD a montré, chez le lapin, qu'on pouvait faire réapparaître des mouvements dans un arrière-train ainsi paralysé, en injectant dans le segment de l'aorte situé au-dessous de la ligature du sang défibriné et oxygéné.

L'ischémie prolongée entraine des lésions du tissu nerveux ; dans la pathogénie de ces lésions, il faut invoquer sans doute une intoxication locale par des produits de cytolyse créant un véritable shock. Le temps nécessaire à la réapparition des mouvements après le rétablissement de la circulation montre bien qu'il s'est fait au niveau de la moelle des lésions curables, ne disparaissant que lorsque le sang oxygéné, revenu au contact des tissus, leur a permis de se réparer. D'ailleurs ces lésions ont pu être constatées histologiquement. SPRONCK [1], ERLICH et BRIEGER ont vu que la ligature temporaire de l'aorte abdominale du lapin entraine des lésions de la substance grise (chromolyse cellulaire) et des faisceaux blancs. MARINESCO [2] a constaté la dégénérescence cellulaire périphérique et centrale, des altérations des neurofibrilles ; déjà deux heures après la ligature de l'aorte abdominale les neurofibrilles sont très lésées, après quatre heures et demie aucune cellule n'est normale, les neurofibrilles deviennent granuleuses et se fragmentent. MARINESCO et DUSTIN insistent l'un et l'autre sur ce fait que des altérations cadavériques de 40 heures sont moins accentuées que les lésions produites par une dizaine d'heures d'anémie médullaire. Les altérations cellulaires sont suivies de la disparition des fibres nerveuses qui se produit vers le deuxième jour, le cylindre axe dégénère et la myéline se réduit en boules, puis la névroglie prolifère. Les semaines suivantes le tissu nerveux nécrosé se résorbe peu à peu et le tissu interstitiel s'épaissit et se sclérose. ERLICH et BRIEGER, SPRONCK ont vu que la destruction de la substance blanche est secondaire à celle de la substance grise, tandis que les faisceaux pyramidaux restent intacts. On peut utiliser ces lésions expérimentales qui frappent d'abord la substance grise pour étudier son fonctionnement ; ainsi ERLICH et BRIEGER ont pu par cette méthode rechercher l'influence trophique des cellules grises de la moelle.

1. SPRONCK, Contribution à l'étude expérimentale des lésions de la moelle déterminées par l'anémie passagère de cet organe. *Archives de Physiologie normale et pathologique*, 1888, 1.

2. G. MARINESCO. Lésions de la moelle épinière consécutives à la ligature de l'aorte abdominale. *Comptes Rendus de la Société de Biologie*, séance du 29 juin 1896, 230.

L'aorte abdominale a donc une importance capitale sur la vascularisation de la moelle ; sur ce fait tous les auteurs sont d'accord. Le rôle des artères spinales antérieures et postérieures est plus discuté.

Vulpian et Jendrassik ont soutenu l'opinion que la compression des artères spinales au niveau de la moelle cervico-dorsale peut déterminer l'impotence fonctionnelle des membres inférieurs. Crocq [1] a repris ces expériences chez le lapin, le chien, le singe. Sur des lapins non anesthésiés il met à nu la moelle cervicale et passe au-dessous d'elle un fil de soie assez fort à l'aide d'une aiguille courbe, puis il ligature fortement la moelle recouverte des méninges, il obtient comme phénomènes immédiats l'abolition complète du tonus des muscles des membres, une exagération du tonus des sphincters, l'abolition des réflexes cutanés et l'exagération des réflexes tendineux ; alors que les réflexes cutanés vrais sont abolis, on peut encore obtenir par la piqûre profonde de la plante de la patte une extension ou une flexion du membre inférieur. Après 48 heures, le tonus des muscles volontaires n'est plus complètement aboli, on peut percevoir dans ces muscles une trémulation assez énergique et continue, le tonus sphinctérien est toujours exagéré, les réflexes cutanés réapparaissent, les réflexes tendineux sont toujours forts. Crocq n'a pu conserver ses animaux au delà de 60 heures ; la moelle examinée avec la méthode de Nissl ne présentait aucune lésion. Les chiens ont présenté des phénomènes analogues : abolition du tonus des muscles volontaires, exagération du tonus des sphincters, abolition des réflexes cutanés, exagération des réflexes tendineux ; le tonus musculaire réapparaît ensuite légèrement, l'exagération de tonus sphinctérien diminue, les réflexes cutanés réapparaissent, les réflexes tendineux restent exagérés. Chez le singe opéré dans les mêmes conditions, la ligature de la moelle dorsale supérieure amène une paralysie flasque avec abolition des réflexes cutanés et tendineux.

Il nous semble difficile d'admettre avec Crocq que tous ces phénomènes soient dus à de simples troubles circulatoires, il y a lieu de considérer dans ses expériences l'action compressive de toute la moelle et non pas seulement celle des artères spinales.

L'ischémie médullaire expérimentale peut être obtenue par d'autres procédés. Vulpian a montré qu'en injectant de l'eau contenant en suspension des poudres inertes dans l'artère crurale on peut intercepter le cours du sang dans la moelle. Ce procédé a été employé par Flourens pour abolir la sensibilité dans les membres postérieurs. Flourens injectait dans l'artère crurale du côté du cœur une suspension aqueuse de poudre inerte, celle-ci remontait à contre-courant par la force de l'injection jusque dans l'aorte, puis passait, chassée par le sang, dans les artères nées de l'aorte et en particulier dans les artères lombaires. Les spores de poudre de lycopode, qui mesurent environ trois centièmes de millimètre de diamètre, peuvent pénétrer dans les artérioles de la moelle, qui est ainsi brusquement privée de circulation ; l'interruption de la circulation serait plus complète par ce procédé que par la compression simple de l'aorte abdominale où, par suite des anastomoses collatérales, le sang peut encore pénétrer dans les artérioles. Dans cette expérience de Flourens les muscles et les nerfs conservent leurs propriétés, tandis que la sensibilité a entièrement disparu dans les membres postérieurs. A l'autopsie on trouve des lésions de ramollissement très étendues, qui expliquent le symptômes de déficit observés durant la vie.

L'anémie médullaire simple augmente l'excitabilité de la substance nerveuse. La décapitation des grenouilles exagère les réflexes à mesure que le sang s'écoule hors de l'organisme. Schiff d'ailleurs dit que, pour étudier plus facilement les réflexes, il faisait perdre un peu de sang aux chiens qu'il opérait. L'anémie aiguë de la moelle par ouverture d'une grosse artère d'un chien détermine de l'anhélation, puis des mouvements convulsifs avec exagération des réflexes.

1. Crocq. Physiologie et pathologie du tonus musculaire, des réflexes et de la contracture, *Rapport au Congrès des Aliénistes et Neurologistes de France et des pays de langue française*, Limoges, 1901.

CHAPITRE XXII

INFLUENCE DU SOMMEIL SUR LES FONCTIONS DE LA MOELLE ÉPINIÈRE

On s'est demandé si, durant le sommeil, les fonctions médullaires sont modifiées, si, somme toute, il existe un sommeil médullaire de même qu'un sommeil cérébral ?

Durant le sommeil les excitations périphériques continuent à être transmises à la moelle, l'homme endormi recueille encore des sensations périphériques ou viscérales, qui peuvent d'ailleurs être le point de départ des rêves; on sait, pour prendre un exemple, que le pincement de la peau des membres inférieurs d'un homme endormi profondément amène des mouvements réflexes de défense, sans cependant réveiller le sujet.

Mosso (1882) a vu que, durant le sommeil, la transmission nerveuse est plus lente que durant l'état de veille; l'excitation met un temps plus lent à parcourir les voies sensitives et l'influx moteur un temps plus long à parcourir les voies motrices. Mosso a fait l'expérience suivante. Il enferme la main et le pied d'un sujet dans un sphygmographe à air conjugué à un tambour de MAREY; deux électrodes peuvent être appliquées en un point quelconque des téguments ; à l'ouverture du courant un signal indique l'excitation sur le cylindre où le temps, au moyen d'un diapason, est compté en dixièmes de seconde; cette excitation électrique détermine un réflexe vaso-constricteur. Mosso a constaté ainsi que, pendant le sommeil, le temps nécessaire à la production du réflexe est plus long que durant la veille.

Le tonus musculaire des muscles striés, à l'exception des sphincters, est diminué durant le sommeil, il semble y avoir un certain ordre dans la disparition de la tonicité des muscles striés ; les muscles des yeux et ceux qui soutiennent la tête perdent les premiers leur tonus, puis ceux du tronc et ceux des membres. La marche et la station debout sont cependant possibles, au moins jusqu'à un certain point, dans le sommeil. TOURNAY [1] rapporte, à ce sujet, les lignes suivantes de Galien : « Quand j'entendais cela naguère, je n'y ajoutais pas foi, mais, obligé moi-même de marcher une nuit entière et ayant reconnu le fait par expérience, je me suis trouvé contraint d'y croire. En effet, je marchais presque la distance d'un stade, endormi et distrait par un songe, et ne me réveillais qu'en heurtant une pierre. Assurément, ce qui ne permet pas aux voyageurs d'aller loin en dormant, c'est qu'ils ne peuvent trouver une route suffisamment unie [2]. »

La tonicité des muscles lisses, comme celle des muscles striés, est diminuée. Mosso a constaté que, durant le sommeil, la tension vésicale diminue sensiblement et qu'on peut introduire dans la vessie une beaucoup plus grande quantité d'eau sans que se produise une augmentation proportionnelle de la pression. Ce phénomène explique le besoin d'uriner le matin au réveil par réapparition de la tonicité.

Les réflexes durant le sommeil sont exagérés d'après MOREAU DE LA SARTHE, NATHAN, FODÉRÉ, MARSHALL HALL, MATHIAS DUVAL. MATHIAS DUVAL [3] écrit : « Tout mouvement volontaire a disparu. Les mouvements réflexes à centre médullaire subsistent et sont même devenus plus faciles. On sait que, chez l'homme à l'état de veille, les centres cérébraux commandent complètement aux centres médullaires, et ce n'est guère qu'en surprenant un sujet dans le sommeil qu'on peut constater des mouvements purement réflexes, et, par exemple, amener, en chatouillant la peau de la plante du pied, un retrait du membre inférieur par flexion de la jambe sur la cuisse et flexion de la cuisse sur le bassin, mouvement identique à celui de la grenouille décapitée sur la patte de laquelle on dépose une goutte d'eau acidulée. Chez la grenouille décapitée, une excitation un peu plus forte (acide moins dilué) produit une réaction réflexe plus générale, un mouvement de fuite coordonnée (par les centres bulbo-médullaires). De même, chez l'homme endormi, une cause de gêne quelconque (attitude douloureuse pour un membre, piqûre d'insecte, etc.) amène des mouvements de déplacement complet, des

---

1. TOURNAY. L'homme endormi. *Thèse de Paris*, 1909.
2. GALIEN. Du mouvement des muscles. Édition Daremberg, II, 319.
3. MATHIAS DUVAL. Article Sommeil in *Dictionnaire Jaccoud*, 1882.

changements d'attitude dans le lit, mouvements bien connus, incessamment renouvelés parfois durant toute la durée du sommeil, et qui sont dans l'ordre des phénomènes purement réflexes. »

DEJERINE (1901) dit aussi : « Le sommeil établi, l'homme est comparable à un animal dépouvu d'hémisphères cérébraux, il n'a plus de mouvements spontanés, les réflexes persistent, peut-être même sont-ils provoqués avec plus de facilité. »

Tous les auteurs ne partagent pas cette opinion sur l'état des réflexes. FREDERICQ et NOEL estiment que, durant le sommeil, des excitations fortes sont nécessaires pour provoquer des réflexes. A. WALLER écrit : « Dans le sommeil profond la conscience est absente, les excitations même très fortes ne produisent aucune sensation, les muscles sont complètement relâchés, les réflexes dits tendineux sont supprimés. »

Il y a lieu, nous semble-t-il, d'envisager les différentes variétés de réflexes médullaires, car elles ne semblent pas se comporter identiquement durant le sommeil.

Les réflexes tendineux paraissent diminués ou abolis, mais il convient d'ajouter que l'examen des réflexes tendineux est si délicat et trouble si facilement le sommeil que les résultats des investigations sont très discutables. TOULOUSE et PIÉRON[1], étudiant le seuil d'excitabilité des réflexes tendineux, ont vu qu'il était beaucoup plus élevé durant le sommeil qu'à l'état de veille, ils pensent avec ROSENBACH que la diminution de la réflectivité tendineuse est de règle.

Les réflexes cutanés (réflexe crémastérien, réflexes cutanés abdominaux) paraissent conservés dans le sommeil léger, abolis dans le sommeil profond. D'après BICKEL et GOLDFLAM le réflexe cutané plantaire changerait de forme dans le sommeil et se ferait en extension comme chez le nourrisson.

Les réflexes de défense persistent durant le sommeil et même sont très facilement provocables.

On peut rapprocher du sommeil normal le sommeil par les anesthésiques (chloroforme, éther); ce sommeil comprend deux périodes : la phase d'anesthésie avec réflexes, la phase d'anesthésie sans réflexes (DASTRE, RICHET).

D'après NOTHNAGEL, on observe, pendant la chloroformisation, d'abord l'exagération des réflexes patellaires, puis leur diminution ; ensuite disparaissent les réflexes cutanés et en dernier les réflexes cornéens et conjonctivaux.

Pour LAUREYS[2], les réflexes cutanés, surtout les réflexes abdominaux et crémastériens, disparaissent dès la période d'excitation, alors que les réflexes tendineux sont encore exagérés.

M. LANNOIS et H. CLÉMENT[3] décrivent une trépidation épileptoïde du pied qui apparaîtrait dans les anesthésies au chloroforme (24 fois sur 28) et à l'éther (80 fois sur 90), de trois à sept minutes après le début de l'anesthésie.

J. BABINSKI et J. FROMENT[4] ont observé que la phase d'exagération des réflexes est très inconstante dans l'anesthésie chloroformique ; l'ordre de disparition et de réapparition des réflexes est variable ; tantôt la disparition des réflexes cutanés plantaires précède celle des réflexes tendineux, tantôt on constate le fait inverse. BABINSKI et FROMENT ont toujours noté la symétrie dans l'ordre de réapparition des réflexes et attirent l'attention sur l'importance, pour le diagnostic des maladies du système nerveux, d'une asymétrie des réflexes au cours de l'anesthésie.

GEORGES GUILLAIN et GUY LAROCHE.

1. H. PIÉRON. Le problème physiologique du sommeil, Masson, 1913.

2. LAUREYS. Quelques réflexions sur la raison physiologique et la localisation probable du réflexe patellaire. Journal de Neurologie, 20 décembre 1900.

3. M. LANNOIS et H. CLÉMENT. La trépidation épileptoïde de pied pendant l'anesthésie. Revue Neurologique, 1905, 511, 787.

4. J. BABINSKI et J. FROMENT. Les modifications des réflexes tendineux pendant le sommeil chloroformique et leur valeur en sémiologie. Bulletin de l'Académie de Médecine, 19 octobre 1915, 439 ; — Contribution à l'étude des troubles nerveux d'origine réflexe. Examen pendant l'anesthésie chloroformique. Revue Neurologique, 1915, 923.

TABLE DES MATIÈRES

DU DIXIÈME VOLUME

Paris, — Typ. Philippe Renouard, 19, rue des Saints-Pères. — 56842

DICTIONNAIRE

DE

PHYSIOLOGIE

PAR

CHARLES RICHET

MEMBRE DE L'INSTITUT

PROFESSEUR DE PHYSIOLOGIE A LA FACULTÉ DE MÉDECINE DE PARIS

AVEC LA COLLABORATION

DE

E. ABELOUS (Toulouse) — BARDIER (Toulouse) — BATTELLI (Genève) — F. BOTTAZZI (Florence)

A. BRANCA (Paris) — H. CARDOT (Lyon) — J. CARVALLO (Paris)

A. CHASSEVANT (Paris) — R. DUBOIS (Lyon) — G. FANO (Florence) — L. FREDERICQ (Liége)

J. GAUTRELET (Paris) — E. GLEY (Paris) — GOMEZ OCAÑA (Madrid) — GUILLAIN (Paris) — L. GUINARD (Lyon)

H. J. HAMBURGER (Groningen) — M. HANRIOT (Paris) — HÉDON (Montpellier)

F. HEIM (Paris) — P. HENRIJEAN (Liége) — J. HÉRICOURT (Paris) — HÉRISSEY (Paris) — F. HEYMANS (Gand)

J. IOTEYKO (Bruxelles) — P. JANET (Paris) — L. LAPICQUE (Paris)

MARCHAL (Paris) — M. MENDELSSOHN (Paris) — E. MEYER (Nancy) — NEVEU-LEMAIRE (Lyon)

M. NICLOUX (Paris) — P. NOLF (Liége) — J.-P. NUEL (Liége) — AUG. PERRET (Paris) — A. PINARD (Paris

F. PLATEAU (Gand) — M. POMPILIAN (Paris) — G. POUCHET (Paris) — E. RETTERER (Paris)

J. ROUX (Paris) — P. SÉBILEAU (Paris) — W. STIRLING (Manchester)

TIFFENEAU (Paris) — TRIBOULET (Paris) — E. TROUESSART (Paris) — H. DE VARIGNY (Paris)

G. WEISS (Strasbourg) — E. WERTHEIMER (Lille)

TROISIÈME FASCICULE (DOUBLE) DU TOME X

MAN-MO

AVEC 300 GRAVURES DANS LE TEXTE

PARIS

LIBRAIRIE FÉLIX ALCAN

108, BOULEVARD SAINT-GERMAIN, 108

30

EXTRAIT DU CATALOGUE

PHYSIOLOGIE

TRAVAUX DU LABORATOIRE

DU

Pr CHARLES RICHET

Paris, 1927. — Typ. Ph. Renouard, 19, rue des Saints-Pères. — 56842.

EXTRAIT DU CATALOGUE

PHYSIOLOGIE

TRAVAUX DU LABORATOIRE

DE

M. CHARLES RICHET

TOME I. — **Système nerveux, Chaleur animale.** 1 vol. in-8, 96 fig., 1893. *Épuisé.*

TOME II. — **Chimie physiologique, Toxicologie.** 1 vol. in-8, 129 fig., 1894. *Épuisé.*

TOME III. — **Chloralose, Sérothérapie, Tuberculose. Défense de l'organisme.** 1 vol. in-8, 25 fig., 1895. . . . . **13.20**

TOME IV. — **Appareils glandulaires, Nerfs et Muscles, Sérothérapie, Chloroforme.** 1 vol. in-8, 57 fig., 1898 . . . . **13.20**

TOME V. — **Muscles et Nerfs, Thérapeutique de l'Épilepsie, Zomothérapie, Réflexes psychiques.** 1 vol. in-8, 78 fig., 1902. . . . . **13.20**

TOME VI. — **Anaphylaxie, Alimentation, Toxicologie.** 1 vol. in-8, 1909 . . **13.20**

TOME VII. — **Anaphylaxie, Fermentation lactique, Aviation,** 1 vol. in-8, 1915. **13.20**

Paris. — Typ. PHILIPPE RENOUARD, 19, rue des Saints-Pères — 53985.

www.ingramcontent.com/pod-product-compliance
Lightning Source LLC
Chambersburg PA
CBHW031537210326
41599CB00015B/1927